空间天气及其物理原理

Understanding Space Weather and the Physics Behind It

〔美〕德洛丝·尼普（Delores Knipp） 著

龚建村 刘四清 等 译

科学出版社

北 京

图字：01-2020-0859

内容简介

本书系统介绍了日地空间环境中诸如太阳耀斑、太阳高能粒子、日冕物质抛射等基本的空间天气现象和变化特性，并深入解释了与之相关的太阳物理、空间等离子体物理、磁层物理、电离层物理、中高层大气物理的基本原理，继而进一步讨论了空间天气和空间环境对电波传播、航天装备等关键基础设施的影响。

本书条理清晰、繁简得当，附有上百幅图表，既有翔实的实验观测和理论分析，又有大量的练习题目带动读者思考，适合空间科学、行星科学、天文学等相关领域的科研工作者和高校学生，以及感兴趣的其他专业读者阅读参考使用。

图书在版编目（CIP）数据

空间天气及其物理原理 /（美）德洛丝·尼普（Delores Knipp）著；龚建村等译. —北京：科学出版社，2020.6

书名原文：Understanding Space Weather and the Physics Behind It

ISBN 978-7-03-065281-2

Ⅰ. ①空… Ⅱ. ①德… ②龚… Ⅲ. ①空间科学-天气学-研究 ②空间物理学-研究 Ⅳ. ①P44 ②P35

中国版本图书馆 CIP 数据核字（2020）第090589号

责任编辑：钱　俊　田轶静 / 责任校对：彭珍珍
责任印制：吴兆东 / 封面设计：无极书装

科 学 出 版 社 出版
北京东黄城根北街 16 号
邮政编码：100717
http://www.sciencep.com

北京建宏印刷有限公司 印刷
科学出版社发行　各地新华书店经销
*
2020 年 6 月第 一 版　开本：787×1092　1/16
2020 年 6 月第一次印刷　印张：45 1/2
字数：1 040 000

定价：**298.00** 元
（如有印装质量问题，我社负责调换）

中译本序言（一）

　　古人云：观阴阳之开阖以命物。人类文明自开启以来，对宇宙和空间现象的观测与探究生生不息，从中国的奇书《山海经》到北欧的神话传说，绚烂的极光开启了人们对空间天气现象的朦胧思索；从伽利略的望远镜到蒙德尔的蝴蝶图，对太阳黑子的科学观测培育出空间物理研究的萌芽；从卡林顿事件的研究到电磁波跨洋传播实验，人们逐渐了解了日地空间的相互作用和物理机理；从魁北克突发大停电故障到科学家广泛关注万圣节超级磁暴事件，人们切身体会了太阳风暴对现代高技术设施和人类安全的危害。自 20 世纪后半叶以来，随着卫星运行、通信导航等高技术的蓬勃发展，已经涉及从国防与国家安全到大众日常生活的方方面面，这使得认知空间天气规律成为既现实又迫切的需求。为此，进入新世纪以来，出于国家战略的需求，美国、英国、澳大利亚、韩国等多个国家相继制定了各自的"国家空间天气计划"，对空间天气和空间环境的重视被提到了国家战略层面。与此同时，空间物理学研究也在国内外众多高等院校和研究机构得到了迅速发展，人们建立了各种类别的手段来更为有效地探测空间天气现象，同时开展了系统的空间物理研究，以深入理解空间天气的产生和发展机理。观测和研究的快速进展与不断突破导致空间物理学正在从地球物理学中分离出来，有望成为一门独立的前沿基础学科。

　　近几十年来，尽管空间天气科学和空间物理学领域的研究取得了丰富成果，但由于这一学科与众多学科交叉，研究的区域十分广阔，问题极为复杂，还有许多重大科学问题有待解答，因此，空间天气科学和空间物理学仍然属于充满朝气的新兴学科。在这样的大背景之下，为我国广大的空间物理及相关领域专业的院校师生、研究人员提供一本内容翔实、繁简得当、条理清晰的参考书，将为促进本学科在我国的健康发展贡献一份力量。在众多的参考书籍当中，由美国地球物理学会权威期刊《空间天气（Space Weather）》主编德洛丝·尼普所著《空间天气及其物理原理》一书脱颖而出。该书生动形象地介绍了日地空间天气的相关过程，深入浅出地解释了不同现象背后的物理机制和因果关系，出版之后得到了业界的一致好评。为了便于我国读者学习和参考，中国科学院国家空间科学中心空间环境预报中心组织专业研究人员，历时两年，对该书英文原版进行了中文翻译，其翻译严谨专业，又不失通俗流畅。该书对于从事空间物理研究的科研人员、高校相关专业的本科生、研究生，以及对本学科感兴趣的其他专业读者等都具有很高的参考和学习价值，是一本不可多得的空间天气科学与空间物理学领域的参考书籍。

　　九层之台，起于累土；千里之行，始于足下。希望能有更多的读者朋友通过阅读本书了解、热爱、投身到空间天气科学和空间物理学领域的学习和研究当中，为我国空间事业的发展做出贡献。

中国科学院地质与地球物理研究所　万卫星　院士

2018 年 4 月 15 日

中译本序言（二）

人类半个多世纪以来的航天活动表明：空间环境的变化将直接影响航天系统和电子装备等关键基础设施的安全运行和效能发挥。空间环境中恶劣的空间天气事件，会给航天、通信、导航等关乎国家安全的高科技领域带来严重影响。未来数十年，我国的空间事业将进入高速发展的时代，尤其是载人航天、嫦娥探月、高分辨率对地观测等重大领域，都会对航天装备的运行安全和日地空间环境的监测、研究、预报提出新的需求。空间物理学是研究太阳大气、行星际空间、地球磁层、电离层、中高层大气等环境中的物理过程和演化规律的学科，本学科领域监测、研究的开展，有助于对空间环境的状态和变化趋势进行更为持续、准确、及时、可靠的预报，更加有效地减缓和规避空间环境灾害性事件，保障关键基础设施的效能发挥。

"工欲善其事，必先利其器"。对于我国从事空间天气监测、研究、预报的科研人员和进行空间物理及相关专业学习的院校学生而言，一本内容详尽、条理清晰的参考指导书是大有裨益的。由于空间物理学属于一门相对年轻的前沿基础学科，目前主要的参考指导书仍以国外英文原版教材为主。近来，中国科学院国家空间科学中心空间环境预报中心的专业研究队伍翻译引入了一本英文著作《空间天气及其物理原理》。该书由美国地球物理学会权威期刊 *Space Weather* 主编德洛丝·尼普联合 NASA、NOAA 等诸多空间科学研究机构的专业人士共同撰写，收集资料丰富翔实，内容由浅入深，分章节系统化地介绍了日地空间环境中的基本空间天气现象，并深入解释了与日地空间环境有关的太阳物理、空间等离子体物理、磁层物理、电离层物理、中高层大气物理的基本原理。更兼诸位译者较为扎实的专业功底和简洁清晰的文笔表达，使该书既可以作为高等院校空间物理及相关专业学生的学习教材，也可以作为空间科学、行星科学研究人员的参考书籍。

他山之石，可以攻玉。感谢译者团队所带来的经典译作，感谢他们为培养我国新一代空间科学领域研究人员所付出的辛勤努力，希望该书可以作为一个窗口，使更多的读者对空间天气和空间物理产生兴趣或增进了解，使更多的年轻人能投身到我国空间科学事业，推动我国空间技术、空间应用的蓬勃发展。

武汉大学　窦贤康　院士

2018 年 9 月 28 日

中译本序言（三）

俗话说"天有不测风云"，人类自诞生之日起就饱受各种极端天气的侵扰，例如干旱、洪水、台风等等，对人类生命和财产造成了严重的威胁。日常所讲的"天气"，是指发生在对流层（距离地面 10 公里以下）内、影响人类生活与生产的中性大气物理图像和物理状态，例如阴、晴、雨、雪、冷、暖、干、湿等。自 1957 年发射了第一颗人造卫星，人类从此进入了空间时代，自然就开始关心发生在太空的"天气"现象，我们形象地称之为"空间天气"。空间天气变化最主要的原因来自于太阳。我们都说万物生长靠太阳，太阳为整个太阳系提供了能源。但是，太阳并不总是安静的，它时而宁静、时而暴躁而发生爆发活动。太阳爆发是指太阳大气在短时间内的巨大能量释放现象，它会以增强的电磁辐射、高能带电粒子、等离子体云对近地空间造成三轮攻击，引起地球磁层、电离层、中高层大气环境的强烈扰动。1859 年的卡林顿事件，被称为史上最强的空间天气事件，给当时的电报业造成了极为严重的打击。时至今日，随着电子、信息、航天等高新技术产业的迅猛发展，人类越来越依赖天基和地基的高技术系统，在进入空间和利用空间的广度和深度方面不断刷新纪录。而恶劣的空间天气事件则会给航天、通信、导航、国民经济和国家空间安全构成严重的威胁。因此，如何准确地了解空间天气变化规律，发展各种空间环境探测手段和预报模型，有效地保障国家关键技术系统的安全，预防和减缓重大空间天气灾害，已经成为21 世纪空间大国的国家战略重要内容之一。

20 世纪 90 年代末，空间物理学和航天等高技术领域应用的密切结合，产生了一门专门研究和预报空间环境中特别是灾害性过程的变化规律，旨在防止或者减轻空间灾害，从而为人类活动服务的新兴学科——空间天气学。这是一门观测性、基础性、应用性都很强的前沿交叉学科，相关领域的研究者和从业者需要掌握空间天气的基本知识，才能融会贯通、成竹在胸、开拓思路、取得创新。由美国地球物理学会权威期刊《空间天气（Space Weather）》主编德洛丝·尼普编著的《空间天气及其物理原理》一书，是一本空间天气学领域的基础教科书，该书内容详尽、由浅入深，系统地论述了太阳大气、太阳风、磁层、电离层、中高层大气之间的相互作用和基本物理过程，阐述了各种空间天气现象及其物理本质。整体内容设计适合课程学习，并配有大量习题，供读者思考和检查学习效果。该书要求读者具有大学基本物理知识即可，是一本非常有学习和参考价值的书籍。时逢中国科学院国家空间科学中心的一批专业学者历时两载、修订数次，将其翻译为中文，为高等院校、科研院所、国防工业等领域从事空间天气、空间物理研究和应用的人员提供了很大的便利。

"志之所趋，无远弗届"，希望本书的出版能够带动更多的读者学习并了解这一学科，推动我国空间天气界科研和教学水平的进一步提升，使处于空间时代中的更多青年一代能够关注、理解、投身到空间天气这一造福人类的壮丽事业当中！

中国科学院国家空间科学中心　王赤　院士

2019 年 2 月 6 日

中译本序言（四）

地球空间主要由地磁场和大气所组成，可保护我们免受太阳爆发的影响。太阳是一颗具有活跃磁场的恒星，会以耀斑、高能粒子和磁化等离子体的形式爆发性地释放能量。能量爆发具有 11 年周期性，会增强太阳风（外流的太阳大气）以及广域谱段的太阳光发射。此外，数十亿个遥远的恒星和星系都有自己的爆发周期，产生的宇宙射线背景也会侵袭地球的保护层——地磁场和大气。虽然被称之为保护层，然而地磁场和大气本身也能够储存能量并产生新的释放，有时低层大气的不规则结构也会对地球空间产生影响。上述因素所引起的扰动被共同称为"空间天气"，而地球空间中等离子体和磁场更加常规的背景状态则被称为"空间环境"。

空间天气的视觉效应是蔚为壮观的，如绚丽的极光。然而大多数影响则是不可见的，它们会在航天器和地基粒子探测器与磁场设备上留下痕迹，而更糟的情况会造成卫星轨道上仪器的隐含故障。一些空间环境效应是对人类有益的，例如，太阳辐射与地球大气的相互作用产生了电离层，这一相对恒定而偶有扰动的电离大气分层结构支持了无线电波传播，从而使长距离通信成为可能。而大多数情况下，自然的空间天气会对系统产生有害的和意外的影响。在温和的空间天气条件下建立的无线电信道会被活跃的太阳快速改变甚至关闭；太阳短波辐射的周期性增长会使高层大气受热膨胀，从而给低地球轨道航天器造成额外的阻力；天基系统和在太空中工作的人可能被高能粒子击中；空间天气会在具有长导线或导轨网络的地基系统中激发电流，从而破坏电网等设备的控制系统；用于导航的电波信号也容易受到太阳或地球低层大气的扰动影响而产生闪烁；空间天气也会对精确授时和定位等应用产生干扰，尤其是对那些可能成为先进技术基础的应用，如自动驾驶汽车；对其他行星的探索也可能受到空间天气的种种挑战。

本书描述了空间天气和空间环境的来源和覆盖领域。除此之外，本书还讨论了空间天气是如何对我们生活的环境以及人类赖以生存的技术产生影响的。

原作者：德洛丝·尼普
美国地球物理学会《空间天气》期刊　主编
2018 年 12 月 1 日

译 者 序

本书 *Understanding Space Weather and the Physics Behind It* 由美国地球物理学会旗下的学术期刊《空间天气（*Space Weather*）》的主编德洛丝·尼普博士联合美国航空航天局、美国大气与海洋局、美国空军天气局等多家单位的数十位学者联合创作而成。本书对太阳大气、日球层、行星际空间、地球磁层、电离层、中高层大气等日地空间中基本的空间天气现象和其背后的物理机理进行了深入浅出的介绍。本书写作笔法专业严谨，叙述风格简明扼要，收集资料丰富翔实，既有大量的实验观测结果作为佐证，又有一定深度的理论分析提纲挈领，并配有大量练习题目带动读者仔细思考，是空间天气学和空间物理学领域一本难得的参考佳作。空间物理学是我国近年来发展较快的一门前沿基础学科，在全国范围内已有数十家高校和科研机构开设有空间物理及相关专业，对应的高校师生和相关领域的业界研究人员也是数以千计，迫切需要一本类似本书这样兼具教学指导和研究参考双重功能的书籍；而若是考虑到航天航空、天文学、大气科学等相近领域的读者需求，则本书的受众范围将会更为广泛。由此我们萌生了将此书翻译出版，与业界同行、高校师生、广大读者共同分享的想法。

全书共 14 章，首先从宏观角度介绍空间天气和空间环境的基本概念与能量传递过程；随后详细阐述了在平静和扰动情况下的太阳大气、行星际太阳风、空间等离子体、地球磁层、电离层、中高层大气等空间环境区域的基本原理和变化特性；最后讨论了空间天气和空间环境对电波传播、航天装备等关键基础设施的影响。本书可供空间科学和行星科学的研究人员参考，也可供高等院校相关专业的大学生和研究生阅读使用。

本书的翻译主要由中国科学院国家空间科学中心空间环境预报中心的科研人员共同努力完成。空间物理和空间环境领域的一批专家对本书进行了仔细的校对。本书的翻译历时两年，期间三易其稿。龚建村和刘四清负责了全书翻译的组织和协调工作。阿尔察做了最后的校对定稿工作。第 1 章的译者为刘四清，第 2、8 章的译者为阿尔察，第 3、9 章的译者为崔延美，第 4 章的译者为黄文耿，第 5、6 的译者为敖先志，第 7 章的译者为林瑞淋，第 10 章的译者为罗冰显，第 11 章的译者为师立勤，第 12 章的译者为钟秋珍，第 13 章的译者为陈东、陈善强、孟雪洁，第 14 章的译者为陈艳红。

本书的主要校对者：第 1 章为都亨研究员，第 2 章为吕建永教授，第 3 章为王传兵教授，第 4 章为杜爱民研究员，第 5 章为冯学尚研究员，第 6 章为曹晋滨教授，第 7 章为傅绥燕教授，第 8 章为薛向辉教授，第 9 章为汪毓明教授，第 10 章为沈芳研究员，第 11 章为宗秋刚教授，第 12 章为刘立波研究员，第 13 章为蔡震波研究员，第 14 章为赵正予教授。

本书原作者——美国地球物理学会《空间天气》期刊主编德洛丝·尼普、中国科学院地质与地球物理研究所的万卫星院士、武汉大学的窦贤康院士，以及中国科学院国家空间科学中心的王赤院士应邀为本书写了序言，在此表示衷心感谢！科学出版社钱俊同志为本书的出版做了大量工作，在此表示感谢！最后向为本书的出版提供帮助的中国科学院国家空间科学中心、科学出版社的领导和同志们表示感谢！

　　译著者与出版社的编辑们已竭尽全力对本书进行了多次校对修订，但疏漏之处仍在所难免，欢迎广大读者批评指正，从而能在重印时得到修正。同时，我们也希望能有更多的人通过阅读本书投身到空间科学的壮丽事业当中！

　　本书付梓之时，万卫星院士不幸去世。万院士生前对本书的翻译工作十分关心，并亲自作序。表示要成为本书的第一批读者。对他的突然离去，我们表示深切的哀悼和无限的遗憾！

译　者

2020 年 5 月 29 日

原 书 前 言

空间天气对现代社会有着巨大的影响，我们需要对空间天气的来源、实质及其如何影响人类日常生活做出清晰的解释。太阳耀斑、日冕物质抛射（CME）、射电暴等空间天气现象会影响到高空飞行、国家电网、无线电通信等先进的技术系统。源自太阳爆发和深空宇宙线的电磁辐射和高能带电粒子所造成的危害和影响是国家和地区战略规划者、系统设计和建造者必须考虑的事情。诸如全球定位系统的个人设备，在太阳爆发时也会发生暂时的性能下降。空间天气的影响无处不在，我们亟需对其加以了解，因此德洛丝·尼普（Delores Knipp）博士撰写了本书。

本书介绍了太阳及内在过程、日球层、太阳爆发产生的行星际扰动、地球磁层在太阳活动周的扩展和收缩等现象。本书利用必要的数学机理对上述概念进行了深入浅出的解释，使得学生能够对太阳爆发的原因和响应建立深层理解。为了展示日地空间天气的相关过程，本书附有上百幅图表。关于太阳活动趋势和周期的观测图有助于科研人员描述和预测太阳变化。本书形象生动地介绍了空间天气——这一关乎人类安全，我们知之甚少却始终存在的重要领域。

本书写作得到了许多机构的资助，包括美国空军研究实验室、空军航天与导弹中心、美国空军太空司令部、美国国家航空航天局、戈达德太空飞行中心、美国国防部副部长办公室、美国国家侦查局、美国国家安全太空办公室、美国空军火箭实验室、国家极地轨道环境卫星办公室。在此谨向他们对于空间天气基础教科书的认同和支持表示感谢。

以下机构为本书写作提供了重要技术材料的支持，包括美国空军学院物理系、美国空军研究实验室、美国空军气象局、美国海军研究院、美国空军技术学院、美国国家科学基金会综合空间天气模拟中心、美国空军太空司令部、美国陆军太空司令部、美国国家航空航天局、欧洲航天局、美国大学大气研究联盟、美国社群协调建模中心、科罗拉多大学航空工程科学学院、密苏里大学大气学系、空间环境技术公司。本书写作也得到了美国国家大气研究中心（NCAR）高山天文台（HAO）的支持，书稿的完成也得益于高山天文台图书馆的帮助。上述机构所贡献的专业知识帮助我们描述了复杂的空间天气现象，极大地充实了本书的技术内容和前沿性。在此谨向他们表示感谢。

本书写作得到了以下人士的首肯和指导：美国空军学院物理系主任雷克斯·基赛（Rex Kiziah）上校，以及美国空军学院航天系主任马迪·弗兰斯（Marty France）上校。本书写作还得益于威利·拉尔森（Wiley Larson）博士的鼓励和帮助，他坚定不移的支持和及时有效的督促贯穿了本书写作始终。美国空军学院物理系的许多员工和学生都对本书的写作和校对工作提供了颇有裨益的帮助。本书写作还得到了以下人士的审阅和校对帮助：詹姆斯·海德（James Head）博士、杰夫·麦克哈格（Geoff McHarg）博士、海蒂·费恩（Heidi Fearn）博士、莱安·哈兰德（Ryan Haaland）博士、海蒂·默克（Heidi Mauk）博士、加布里·罗德里格斯（Gabriel Font-Rodriguez）博士、珍妮·弗格森（Jeanie Ferguson）女士以及许多章节的参与撰写者。拉尔森博士和美国空军学院的提莫司·劳伦斯（Timothy

Lawrence）上校对于本书的经费资助方面给予了极大的帮助。我们谨在此对上述人士表示诚挚的感谢。

作者在此感谢她的丈夫大卫·贝伦斯（David Berens）和家庭对于本书誊写的支持。

本书版面和格式（以及部分图表）的设计得益于安妮塔·舒特（Anita Shute）孜孜不倦的工作，关于本书版面设计的相应版权归属于她所有。本书的艺术编辑是玛丽·托斯塔诺斯基（Mary Tostanoski），她绘制了数十幅原创的艺术佳作，并在本书写作中协助更新了部分图片，每一章里都有她丰富多彩的艺术作品。此外空间物理学界的许多研究人员也通过为本书提供数以百计的图片，参与到本书的创作中来。

我们竭尽全力对本书进行了修订整理，但仍可能有谬误存在。欢迎广大读者提出意见，批评指正，从而能在本书再版时进行修正。

我们同样认识到空间天气的研究分析是个常变常新的领域。本书所用的某些材料可能会被新的事件和知识所更替。科技永不止步，我们也会一直砥砺前行。我们期待能够与时俱进，希望本书能够接受时间的检验。

本书所有插图的使用都获得了作者和原创者的许可。

我们希望本书关于空间天气的介绍能够涵盖当前对空间环境及其影响地球的大部分内容。我们也渴望带给读者写作严谨、通俗易懂的阅读感受。我们的科学愿望是让尽可能多的读者学习、了解、热爱空间天气这一领域，从而使我们的世界变得更美好宜居。我们真诚地希望每位读者都可以在空间天气学习和应用的路上获得成功！

作者：德洛丝·尼普（Delores Knipp）

技术总编：道格·柯克帕特里克（Doug Kirkpatrick）

技术总编：玛丽莲·麦奎德（Marilyn McQuade）

2010 年 9 月

目　　录

第一单元　空间天气及其物理

第二单元　扰动的空间天气及其物理

第三单元　空间天气和空间环境的影响及效应

第1章 空间——天气之域

Edward Cliver and William Murtagh

你应该已经了解:

- 国际单位制（SI）及其科学标记
- 矢量和叉乘
- 运动学和圆周运动基础
- 力、能量和动量的基本概念和单位
- 牛顿运动定律
- 牛顿万有引力定律
- 带电粒子库仑定律
- 物质三态——固态、液态、气态
- 太阳和大部分行星的磁场

本章你将学到:

- 空间环境的构成
- 太阳半径、地球半径和天文单位之间的相对距离尺度
- 物质第四态——等离子体态
- 空间天气的本质以及它的起源和发生之处
- 空间天气暴对近地空间环境的重要影响
- 太阳爆发和平静的周期——太阳活动周
- 向外延伸的、磁化的太阳大气
- 近三个世纪的重大空间天气暴
- 空间天气暴分级标准
- 洛伦兹力

本章目录

翻译：刘四清；校对：都亨。

1.1 引　言

众所周知，飞机在地球的大气层中飞行，航班会因恶劣天气而改变。在飓风季节，停机坪上停满了从飓风路径上疏散的飞机。地球天气被一周七天，一天 24 小时监视着。但影响关键技术系统和亿万美元空间资产的空间环境情况又如何呢？谁在监视它？空间方面专业人员应该知道些什么？什么行动可以减缓空间环境对技术系统的影响？

1.1.1　空间不空

目标：读完本节，你应该能够……

- 定义空间天气、空间气候和空间环境
- 区别四种物态：固态、液态、气态和等离子体态

空间并不友善

空间环境的影响往往是看不见摸不着的。这些影响出现在无线电通信、航天器操作、高高度飞行、广大的电网等领域，甚至会影响到计算机芯片制造业。很大一部分的军用和民用操作现在都依赖于自然空间环境的"良好"表现。当环境变得不利时，空间操作者必须知晓。现在和未来的航空航天领导人需要知道空间天气以及可能的影响。下文将以 2003 年末发生的空间天气事件为例，概要揭示空间天气对当今军用和民用操作的影响。

即时影响　2003 年 10 月中旬，第 23 太阳活动周正处于下降期，空间天气预报员们也刚从过去三年的太阳活动中脱出身得到休息。但这种平静并没有持续多长时间。遥感观测显示，在太阳背面有一起正在酝酿的风暴。10 月 22 日，一个复杂扭曲的磁场结构随太阳转动进入了人们的视线（见 1.3.3 节图片）。磁场的扭曲结构将部分太阳大气像榴弹炮一样抛向行星际空间（图 1-1 显示了 2003 年 10 月 26 日的这样一个爆发）。在爆发后数十分钟内，地球上的高能粒子通量达到非常高的级别，以至于美国国家航空航天局（NASA）的

图 1-1　2003 年 10 月 26 日，太阳与日球层观测台（SOHO）中三台仪器观测到的太阳能量与物质的输出。这张组合图给出了太阳物质喷发的证据，事件中喷发出来的物质大致相当于地球上一座小山。图片由几张 SOHO 观测图重叠而成。中间绿色的是太阳极紫外图像，替代了非常亮的太阳表面和大气。两个太阳半径范围以内的大气是被遮挡的（黑圈）。遮挡物之外红色矩形图片中的亮环显示抛射物质刚刚离开太阳。随后的图片显示了抛射物质膨胀至行星际空间的情况（蓝色矩形图的右边）。图片在水平方向的尺度约 16 个太阳半径。整个抛射物质的结构是三维的，并向图片前景（地球）方向膨胀。（图片来自 ESA/NASA 的 SOHO 计划）

官员命令国际空间站（ISS）的宇航员进入防御掩体。为规避高能辐射威胁和通信中断区域，航空公司重新规划了极区航线，每个航班为此付出的代价为一到十万美元。

短期影响　据多家电力公司报道，太阳爆发后不到 24 小时，所引起的感应电流就导致了北欧地区变压器问题和随后的区域停电事件。10 月 28 日，向阳面电离层自由电子密度增加了 25%。高频无线电通信中断，珠穆朗玛峰攀登者无法与控制基地取得联系。部分地区卫星导航受到影响。在美国很靠南部的得克萨斯州的休斯敦也看到了极光。

长期和后续效应　一个月以后，同一个活动区再次向地球发起攻击。在美国西部的一所大学，一群学生正在地理课上开展精密地图测量项目，他们发现卫星引起的定位误差在几分钟内由 5 m 增加到了 75 m。在接下来的几个月里，电力系统的操作者发现电网变压器的深处发生了严重毁坏。修复的费用要高达几千万美元。可见，空间并不友善！

空间天气、空间气候和空间环境的定义

地球与行星际空间物质日复一日的相互作用，曾经被看作是高层大气物理学、天文学或者航天学的一个分支，现在普遍被称为空间天气（space weather）或者空间环境相互作用（space environment interaction）。试图解释这些相互作用中的各种变化规律的科学是空间物理（space physics）。空间天气描述的是影响天地基技术系统、地球及地球上居住者的空间状况。它是由太阳和其他恒星，以及地球的磁场和大气、地球在太阳系中的位置等一系列因素产生的结果。空间气候（space climate）取决于长期的太阳发射和它们对太阳外层大气和大气中天体的影响，如对地球的影响。实际中，空间天气常常是指一种扰动的状态，而空间环境多指常规的或背景的状态，有时候也指太阳活动上升期和下降期的状态[①]。空间天气由太阳的电磁能和向外膨胀的太阳大气产生，这种向外膨胀的太阳大气以巨大速度扫过地球（和其他行星），其中部分能量会被地球的磁场和高层大气储存、耗散和重新分配。空间天气中的绝大多数能量和物质来自于太阳，但远处的恒星和一些近处的天体也起了一定的作用，例如，流星体和地球大气中的电流体系。

空间环境的范围和物质

表 1-1 列出的是在本书中经常要用到的一些距离的测量值。实际上，我们把 200 个地球半径（$200\,R_E = 1.28 \times 10^9\,\text{m}$）以内的空间当作"近"地空间。这是一个非常大的空间，能够容纳八百万个地球，但是跟太阳系比起来它又是微不足道的。我们把这个区域简单地称为空间环境。那么这是不是意味着地球大气也是空间环境的一部分呢？肯定是的，但我们一般将讨论限定在 50 km 以上的大气相互作用上，而将 50 km 以下的大气（占总大气质量的 99.9%）交给气象学家研究。然而，空间天气对低层大气产生影响的情况也存在，偶尔还会影响到地球表面。所以，必要的时候，我们也将低层大气视作空间天气的领地。

太阳是一个巨大而稠密的等离子体团，靠太阳自身重力凝聚在一起。它以光子流和带

---

① 太阳活动包含：上升期、下降期、极大期、极小期，前两者有时也被看作是背景状态。——译者注

电粒子流的形式向外辐射其过剩的热核能量。这些带电粒子随后以稀薄等离子体形式扫过行星际空间。因此，理解空间环境的关键就在于理解等离子体。空间中的物质有四种态：固态、液态、气态和等离子体态（图1-2）。最后一种态是气体激发到一定程度后电子和离子分开的状态，它主导了空间中的相互作用。来自太阳的非常稀薄的等离子体和能量将近地空间约束在一定范围内并与之相互作用，从而产生空间气候、空间天气和空间暴。模拟这些等离子体环境依然是一个很大的挑战。

表 1-1 空间和空间环境中的典型距离。表里列出的是从日心和地心出发到达某处的近似距离。

日心距离	地心距离
到银河系中心的距离 $2.47×10^{20}$ m $=1.65×10^{9}$ AU	到太阳风监测点的距离 * $1.50×10^{9}$ m $=2.35×10^{2}$ R_{E}
到最近恒星的距离 $4.02×10^{16}$ m $=2.68×10^{5}$ AU	到月亮的距离 $3.84×10^{8}$ m $=60.3$ R_{E}
到日球层顶的距离 * $2.3×10^{13}$ m $=1.53×10^{2}$ AU	到弓激波的距离 * $9.60×10^{7}$ m $=15$ R_{E}
太阳与冥王星的距离 $5.91×10^{12}$ m $=39.4$ AU	到向阳面磁层顶的距离 * $6.38×10^{7}$ m $=10$ R_{E}
日地的距离 $1.50×10^{11}$ m $=1$ AU	到地球同步轨道的距离 $4.20×10^{7}$ m $=6.6$ R_{E}
太阳半径 $6.96×10^{8}$ m $=4.64×10^{-3}$ AU	地球半径 $6.38×10^{6}$ m $=1$ R_{E}

* 本章后半部分会定义该名词。

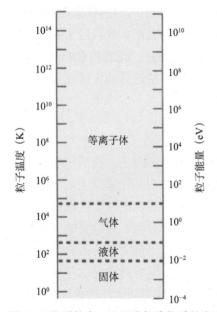

图 1-2 物质的态。这里我们将物质的态表示为平均粒子能量的函数，以开尔文（K）和电子伏特（eV）为单位。各态间的边界只是近似结果

尽管等离子体中的粒子带有电荷，但从宏观上来看它们仍保持着电中性。离子和自由电子形式上不相互绑定，但同时存在于一个共同的热"汤"中。电子受离子的吸引，但由于它们的运动速度通常太快而不会与离子重新结合。由于热能加速小质量物体更容易些，因此电子的速度一般都比离子快。如此复杂的相互作用使得等离子体非常不稳定。如果等离子体冷却，电子就会减速与离子复合从而形成气体。从宏观尺度来看，等离子体流动性很强，类似于气体。然而，与气体不同的是它展现出一种其他物质形态都很少展现的特性，这就是它与电磁场有强烈的相互作用。这种特性使得等离子体与其他物质形态区别开来。另外，带电粒子的整体运动又会产生磁场，磁场反过来又控制带电粒子的运动（参见1.4节和第4章）。

问答题 1–1

思考图 1-2 中的能量单位。对于亚原子粒子，替代开尔文的温度单位是电子伏特（eV）能量单位。一个电子伏特（eV）近似等于多少开尔文温度？（答案见本章末）

关注点 1.1　物质的态——固态、液态、气态和等离子体态

成团的大量粒子会表现出依赖于温度和压力的宏观（大尺度）物理特性。我们用三种标准态来描述物质——固态、液态和气态。但在空间物理应用中，我们需要用包含新物质态的、更加完整的模型来描述。在这个部分，我们将对熟知的物质态与用于描述地球以外大部分宇宙空间的物质态做一个对比。

具有整体行为的电离气体粒子就是**等离子体**（plasma）。与非电离气体相比，等离子体表现出更加复杂的行为。这使得对空间天气和空间环境影响的理解和预报变得复杂。图 1-3 显示物质态是如何随着温度而发生变化的。下面主要讨论这几种物质态的相似点和不同点。

固体（solid）：低能分子或原子相互紧密绑定在一起，能抵御压缩和剪切。固体可能是有组织的晶体结构，或者具有更加随机的分子排列。只有外力才能改变固体的形状。在宏观尺度上，足够大的固体拥有界限清晰的外表面。冰、冷的钢铁和岩石是我们日常生活中常见的固体例子。

液体（liquid）：在固体上加上一定的能量就会破坏物质的连接，使其变成液体。液体分子或原子相互能够做剪切运动或滑动，但在分子力的作用下它们仍相互绑定在一定的范围。在宏观尺度上，液体具有清晰的、但能变形的表面。日常生活中的液体例子有水、酒精、油和水银。

气体（gas）：在足够能量作用下，液体会蒸发成为气体。增加的能量使部分（而非全部）液体分子克服分子间作用力而相互逃离。气体粒子间的弱作用力允许气体有不固定的形状和体积。相比液体，气体受压后更容易被压缩。气体可以膨胀充满整个容器，而同等数量的液体只能占据容器的一小部分。

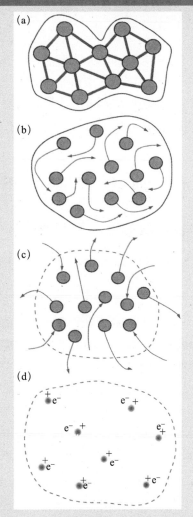

图 1-3　（a）固态物质。固体一般具有稳定的结构，只有外力才能使它变形。（b）液态物质。液体分子间可以滑动，但是依然被分子力所束缚而绑定在一起。（c）气态物质。气体分子不受分子力束缚，所以它可以膨胀填满整个容器。（d）等离子体态物质。等离子体由离子与独立于它们的电子混合而成。（图片改编自美国空军气象局）

在宏观尺度上，气体没有形状。常见的气体有空气、水蒸气、一氧化碳和挥发的汽油。

等离子体（plasma）：当物质特别是气体获得足够多的能量后，外层电子就很容易从它们的母原子中剥离。失去一个或多个电子的原子就是离子，离子带正电。因此，气体受热电离从而形成等离子体。等离子体是带正电的离子和带负电的自由电子的集合。由于某种原因（我们后面要讨论），高能等离子体常常会受到磁场约束。等离子体的例子有电火花、闪电、太阳和恒星。事实上，在可见宇宙中几乎所有物质都是以等离子体形式存在的。

我们可以将以上讨论的物质态按温度进行分类，如图 1-2 所示。我们也可以依据（流体）分子间的弱相互作用力，按照流体行为对其进行分类。流体就是能够流动的物质，如液体、气体和等离子体。

在后面的章节中，我们还要定性和定量描述等离子体的行为，特别是它们在变化的电场和磁场中的行为。

1.1.2　地球与空间天气的领地

目标：读完本节，你应该能够……

♦　区分地球大气层和地球磁层
♦　了解大气层和磁层的温度、高度和主要特性

地球和其周边环境存在于日球层（太阳的外层大气）构建的空间中。当我们研究太阳系中的各个天体时，我们发现那些拥有大气的天体具有很多共同的特性。这些大气层中的主导物理机制产生了不同的物理区域。地球大气包括了所有的物理区域，其他行星只包含其中的一部分。其中三种大气的物理区域主要与地球天气相关，但可能受到太阳活动周影响。

在 80 km 以下，重力、压力梯度和地球自转控制了地球大气的动力学过程，驱动地球的天气变化。在该区域相对稠密的中性大气中，粒子碰撞阻止或干扰了等离子体与地球磁场的强相互作用。太阳的红外（IR）、可见光和紫外（UV）辐射加热了这些区域。

- 0～15 km 的对流层，是非常湍动的天气区域，标志性特征是温度随高度上升而下降。太阳辐射加热地球表面，使得地表发射出长波辐射，从而加热对流层的底部。水蒸气将能量沿纬向和径向输运。向外的红外长波辐射会冷却地表上面的区域，使得地球大气倾向于充分混合和翻转。

- 15～50 km 的平流层，是太阳辐射产生臭氧的区域，臭氧反过来又通过加热当地大气来分享它的能量。位于凉爽的、较高对流层的顶部的这个暖层，形成了一层稳定的大气，它的标志就是温度升高。

- 50～80 km 的中间层。该层成分吸收太阳辐射相对较弱。该区域随着高度增加而快速冷却，而且非常活跃、不稳定。20 世纪 90 年代，科学家发现了从大气中间层到外空边沿

存在喷流，这是一种与闪电相关的放电形式。如今平流层和中间层被认为与紫外辐射的太阳活动周期变化有关系，而平流层的环流变化可能会影响对流层天气的长期变化，但科学家们目前还不知道这些与气候变化的联系强度有多大。

80 km 以上，由于有一小部分气体电离，电磁力的影响变大了；在 1000 km 以上的近太空高电离区，磁力、自转和压力梯度驱动着空间天气的变化。这些区域是由极紫外（EUV）和 X 射线辐射所加热的。

- 在 80～1000 km 的热层，来自太阳的短波辐射与稀薄大气成分相互作用、加热单个的原子和分子，形成一层炽热的大气。其温度持续升高并达到稳态，可能超过 1000 K。低热层中存有烧蚀剩余的流星物质所形成的薄层。中性颗粒也是热层的一部分。当中性颗粒被太阳光或粒子撞击电离时，就会形成电离层的一部分。
- 电离层存在于热层之中，一般在 80～1000 km。太阳的短波辐射将电子从它们的母原子中移出，从而形成特征明显的离化层。在这些层中，电场和磁场控制了离子的运动。
- 逃逸层是 300 km 以上大气向外延伸的部分，在这一层里单个粒子能量很高而且粒子间碰撞很少，因此它们很容易摆脱地球引力控制。这个区域向近太空等离子体控制区输送粒子。

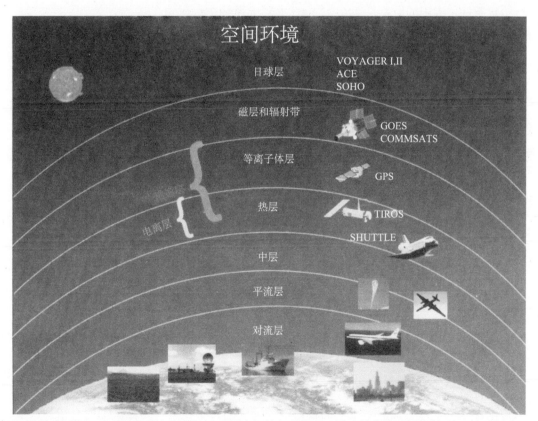

图 1-4　大气分层。地球大气层、磁层和日球层之间的相对位置。图片并非按比例绘制。（ACE：太阳风先进成分探测器；SOHO：太阳与日球层观测台；GOES：地球静止轨道环境业务卫星；COMMSATS：通信卫星；GPS：全球定位系统；TIROS：红外观测电视卫星）（图片改编自美国空军气象局）

对于缺乏磁场的行星而言，下面这些"层"是没有的。这些层存在时，它们的形状容易扭曲，而且最易受空间天气事件的影响。

● 等离子体层是逃逸层中 $1\,R_E\sim5\,R_E$ 的部分，受地球磁场和地球自转力控制。

● 磁层（包括内辐射带）是受地磁场控制的近太空区域。磁层中相距较远的区域是通过电流来联系的。磁层受日球层的影响大于受地球自转的影响。它的形状非常不对称，从向日面大约十个 R_E 延伸至夜侧的几百个 R_E（参见 1.2.3 节）。磁层以外区域受太阳的磁场和等离子体控制。

总之，低大气层（0～80 km）主要受中性成分碰撞和气体动力学控制。在高层大气中等离子体动力学变得更加重要。逃逸层以外，磁场、电场和等离子体动力学成为主导。

例题 1.1　引力事例

■ 问题：计算一个太阳半径处（即太阳表面）的重力加速度。将计算得到的值与地球表面的重力加速度进行比较。

■ 相关概念：牛顿万有引力定律。

■ 给定条件：太阳的质量是 2×10^{30} kg。太阳半径是 7×10^{8} m。

■ 解答：引力是

$$F_g = ma = -mg_s = -m\frac{GM_s}{R_s^2}$$

负号表示加速度的方向是向内的（与 $+r$ 的方向相反）。

■ 求解 g_s 的值：

$$g_s = \frac{\left(6.67\times10^{-11}\,\text{N}\cdot\text{m}^2\,/\,\text{kg}^2\right)\left(2\times10^{30}\,\text{kg}\right)}{\left(7\times10^{8}\,\text{m}\right)^2} = 272\,\text{m}\,/\,\text{s}^2$$

■ 解释：g_s 大约为地球重力加速度（9.8 m/s²）的 27 倍。

补充练习：计算地表之上 1000 km 处的重力加速度，并给出其与地表重力加速度的比例。距离日心多远处的太阳重力加速度与地球表面的重力加速度相等？

1.2　空间天气发生的位置和原因

本节将简要描述空间天气和空间环境系统中的主要因素和现象。我们将从银河系入手，然后逐渐深入到地球表面。本书后面将对空间天气的每个要素——做详细的介绍。这里只是将一些专业词汇做简单的介绍，以方便我们在中间的章节中描述空间天气效应。

1.2.1 其他恒星对近太空环境的影响

目标：读完本节，你应该能够……

♦ 认识太阳以外恒星产生的空间环境扰动
♦ 比较银河宇宙线和太阳高能粒子在太阳活动周的不同阶段对空间环境的影响

太阳以外的恒星离地球很远，似乎很难影响近地空间环境。然而，银河系和其他远处星系中的剧烈超新星爆炸（星球的死亡）会将物质加速到近光速。在这种事件中，大量的电能被突然释放。在扰乱中，电子从它们的母原子中剥离，剩下的重核在星际空间中穿越多年。这些核子的遗迹被称为*银河宇宙线*（galactic cosmic rays, GCRs）。它们带着极高的能量由各个方向抵达地球。

在太阳活动极小年时，太阳外延磁场提供的屏蔽最小，银河宇宙线在地球上的沉积最多。由于银河宇宙线的能量很高，它们能够穿过地球磁层、航天器厚厚的屏蔽层，甚至地球的大气层。在它们扫过的路径上，会影响卫星上的太阳能帆板、云、飞机上的航空电子设备，甚至地面上的生产过程，对太空中的人员和硬件设备尤为危险。大量航天器故障都与这些始终存在的粒子有关。

在很偶然的情况下，其他恒星的剧变也会导致强烈的 γ 射线暴和 X 射线暴，扰乱地球的高层大气，从而影响全球无线电波传播。科学家把这些脉冲型星际爆发的源叫做*磁星*（magnetars）。

1979 年 3 月，两个距离很远的俄罗斯和美国航天器探测仪同时被一般向着太阳系迎面而来的能量所干扰。辐射计数从每秒 100 次增加到每秒 200000 次。大约 20 年后，这次事件才终于有了一个明确合适的解释：该航天器是被大麦哲伦星云（我们银河系的姊妹星系）的一个中子星的能量暴所击中 [Kouveliotou et al., 2003]。因为受到地球大气层的保护，地球表面的人类幸运地毫无知觉。地球大气层同样也保护我们免遭来自太阳的高能粒子攻击。来自太阳高能粒子的攻击常常发生在太阳活动高年。

1.2.2 太阳对空间天气的影响

目标：读完本节，你应该能够……

♦ 描述能够产生空间天气的太阳能量释放
♦ 了解空间天气中的距离和时间尺度
♦ 解释名词：日球层、太阳风和弓激波

太阳的性质和太阳动力学

太阳是一个核反应熔炉，日核内每秒钟有成百万吨的氢转化成氦。在这个过程中，氢原子中的一小部分质量被完全转化成能量。这个能量仓库产生温度梯度，迫使太阳产生一个向外的能流。如果能量在外流的过程中没有与其他物质发生进一步的相互作用，那么本书就将到此为止。然而，每次核反应产生的高能光子在从太阳内部向外发射的途中会被物质捕获、发射、再捕获、再发射数十亿次。高能光子的每次被捕获都会将能量转移一点到周围环境中去。当它们到达太阳表面时，大部分光子已经退化为低能光子，这就是我们看到的黄色可见光。可见光只是太阳总辐射能量中的一小部分。

跟地球不同，太阳的自转并不是刚体自转。它在赤道转得最快（大约 25 个地球日转一圈），两极转得最慢（转一圈所需时间大约为 32 个地球日）。这种现象就是较差自转（differential rotation），是空间天气的基本驱动源之一。而且，太阳最外层的流体内部对流（沸腾）与壶里的水沸腾方式非常相似。太阳等离子体运动将太阳磁场扭曲、缠绕成一个个"磁岛"，称为太阳黑子。黑子的磁场比地球磁场强几百倍，甚至几千倍。因此，黑子是太阳磁场能量的密集存储区。它们常常成群出现，是太阳活动区（active region）大型磁场结构的一部分。太阳活动区常常延伸贯穿整个太阳大气。较差自转引起太阳等离子体扭曲，导致相邻黑子间的相对运动，为能量的爆发性释放做好了准备。

多年的太阳黑子观测使我们发现太阳黑子的数目呈周期性变化。有些年，每天观测到的黑子数可达 250 之多；而另外一些年，如 2009 年，很长时间一个黑子都观测不到。这个现象叫太阳（黑子）活动周（sunspot cycle），如图 1-5 所示。该图显示太阳黑子数按平均11.4 年的周期变化。有些周只有 8 年长，而有些周长达 15 年。无黑子和几乎无黑子的时期为太阳黑子极小年（sunspot minimum）。相反，拥有最大黑子数的时段就是太阳黑子极大年（sunspot maximum）。极小年和极大年之间是上升期和下降期。极小年出现在 1755 年左右的太阳黑子周为第 1 周。极大年在 2000 年的黑子周为第 23 周。

太阳以多种方式释放能量，最明显的方式是可见光辐射能量。由于太阳内部物质与能量发生了无数次的相互作用，因此我们看到的是很宽波长范围上的、相对稳定的电磁背景辐射，称之为太阳光谱（solar spectrum）。在 1 AU 处，太阳在每平方米上提供的辐射能量为 1366 W。这个能量最终用来加热我们的大气。

天基观测还发现太阳向外发射由稀薄、高电离的等离子体组成的平静背景流（100000 K），被称为太阳风（solar wind）。太阳风以平均大约 400 km/s 的极高速度扫过地球（在地球附近的速度约为每小时一百万英里[①]），比稀薄等离子体中的声速快 10 倍。太阳风的这种定向流（撞击）是动能的一种表现形式。100000 K 的等离子体的随机全向运动是热 - 动能的表现。物理学家将这种现象与温度相关联，我们将在下一章中介绍。太阳风由各种粒子组成，以离化的氢原子和氦原子为主，还有少量的氧、碳、铁和其他成分。在地球附近（离太阳 1 个天文单位（astronomical unit, AU）处），每立方米的空间中一般包含5×10^6 个带正电荷的离子和大致相同数量的自由电子。这个粒子数与海平面处空气中每立方米含有 10^{25} 的分子数相比是非常小的。径向传播的太阳风将太阳磁场拉伸并带到行星际空间。这种拉伸状态的太阳磁场被称作行星际磁场（interplanetary magnetic field, IMF）。这种拉伸可能会非常剧烈，以至于我们很难追寻磁力线在太阳上的两个足点。随着太阳的自转（平均周期为 27 天），行星际磁场变成螺旋状，类似于从一个旋转的喷头中撒出去的水

---

① 1 英里 = 1.609344 千米。

流。太阳磁场到达地球时，方向与日地径向成 45° 的夹角。太阳磁场的变化随着太阳风而向外传播，并在近地空间环境中产生扰动。光子和粒子的瞬时爆发会伴随巨大的太阳能量释放，可能引起大的空间天气暴事件。事件还会伴随长时间的太阳风增强流，叫做高速流（high-speed stream）。偶尔，磁化的物质抛射会与高速流融合在一起产生特别强的暴。

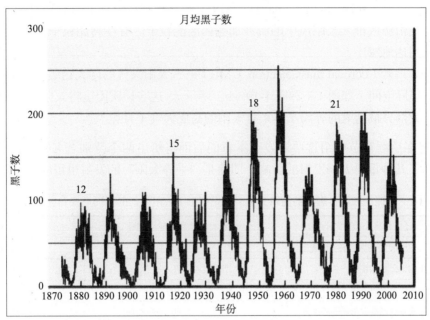

图 1-5　第 12～23 太阳活动周的太阳黑子数。几个峰值上标出的是太阳活动周的周数。（数据由美国国家地球物理数据中心提供）

问答题 1-2

对照图 1-5，思考 Sputnik 卫星已经在大气中或大气之上运行了多少个太阳活动周？（提示：你可能需要查一下 Sputnik 卫星的发射时间。）

问答题 1-3

你是在太阳活动周的什么阶段出生？上升期，极大年，下降期，还是极小年？

问答题 1-4

温度 100000 K 的太阳风持续不断地扫过太阳风监测卫星——先进成分探测器（ACE）。请问卫星在这么高的温度下为什么不会熔化？

问答题 1-5

航天员出舱活动时会被 400 km/s 速度的太阳风吹跑吗？

大部分的爆发式扰动是在太阳磁场中储存的能量被转化为其他形式时发生的。太阳爆发有三种基本类型：

- 太阳耀斑（solar flare）——全波段电磁辐射能量的强烈爆发，最大增强出现在辐射谱的 X 射线、极紫外和射电波段。
- 太阳高能粒子（solar energetic particle, SEP）——在耀斑附近加速到相对论速度的太阳质子，或由源区推入太阳风中的激波加速的高能粒子。有些高能粒子在太阳爆发 20 分钟后就到达地球。
- 日冕物质抛射（coronal mass ejection, CME）——太阳大气的巨大物质团被加速（抛射）进入行星际空间（如图 1-1 和图 1-19（b）所示）。这些物质团也将太阳磁场带入行星际空间。大部分被抛射的等离子体来自太阳的高层大气（日冕）。

我们将在后续章节介绍这些爆发。本章的后面将给出两个特别著名事件的简单历史。表 1-2 显示了几种重要太阳发射的影响。即使是"平静太阳"的发射也可能产生地磁暴。

表 1-2 空间天气事件影响的简单分类。这里列举了太阳发射的不同形式和它们的特征。

平静太阳的发射	到达地球时间	事件影响
来自~5800 K 的太阳表面的光子	8 分钟	普通状态
极少的太阳高能粒子	几小时	普通状态
普通太阳风等离子体	100 小时	普通状态
伴随有强磁场的太阳风等离子体	60~100 小时	地磁暴
伴随有高速流的太阳风等离子体	30 小时	地磁暴
扰动太阳的发射	到达地球时间	事件影响
太阳耀斑（X 射线 - 射电）	8 分钟	电波中断
太阳高能粒子爆发	15 分钟~几小时	辐射暴
日冕物质抛射	20 小时~120 小时	地磁暴

例题 1.2 质量事例

- 问题：一个 CME 的质量有多巨大？观测表明一个 CME 期间从太阳大气中吹出来的物质总量在 10^{12}~10^{14} kg 的范围内。让我们将它与澳洲内陆的古单体岩石——乌卢鲁山的质量来做个比较。乌卢鲁山曾经被称为阿叶尔斯岩石。
- 相关概念：密度的定义和圆柱的体积。
- 给定条件：石柱由长石砂岩组成，它的密度（ρ）大约是 2700 kg/m³。假设整个结构的高度为 1 km，半径约为 1275 m。
- 假设：密度均匀。
- 质量 $=\rho V$。
- 解答：我们用砂岩圆柱体来模拟山体的结构。圆柱体的体积为

$$V = \pi r^2 h$$

其中，r = 圆柱体底的半径 [m]；

h = 高度 [m]。

乌卢鲁山的质量为岩石的密度乘以山的体积。

$$M = \left(2700 \text{ kg}/\text{m}^3\right)\pi\left(1275 \text{ m}\right)^2 1000 \text{ m} = 1.38 \times 10^{13} \text{ kg}$$

图1-6 澳大利亚内陆乌卢鲁山。这个岩石柱的质量与一个 CME 相当。（数据取自澳大利亚地球科学网页，著名岩石特写，2009）

■ 解释：这个值正好在 CME 质量估计范围之内。在太阳活动峰年，太阳每天除了以太阳风的形式正常损失掉大约 8.6×10^{13} kg 的质量以及核聚变损失之外，还要向外抛射大概三个 CME。

补充练习1： 现代最大的航空母舰的质量大约为 8.5×10^7 kg。典型 CME 带入行星际空间的物质相当于多少个航空母舰的质量？

补充练习2： 如果太阳每天抛射一个 CME，要抛射与地球大气质量相当的物质需要多长时间？

关注点 1.2　太阳系星体的大小

大部分空间教科书提供的太阳及其行星系的图片都不是真实的比例尺。为了给出太阳系中相对尺度的大小，我们把太阳想象成一个直径为 0.3 m（12 in）的饼盘，尺寸接近于一个成年男性的脚。如果我们把这个盘子放下，然后走 110 ft[①]，我们将到达 1 个 AU 处的地球轨道（建议大家在一个有 12 in 地砖的长建筑物中做这个实验）。地球直径不到太阳直径的百分之一，在这个假设体系中大概就是一个小铅笔擦。为了对这些星体的相对尺寸给出更清晰的认识，我们意识到应该把整个地月系放到一个太阳半径里（图1-7）。太阳很大也很遥远，但为什么它又很重要呢？原因是太阳涉及的尺度太大，要预报哪些太阳活动会产生地球效应（地球扰动）极具挑战性。

为了给出整个日球层的合理尺度概念，我们想象太阳为一个运动场馆的大小。那么，太阳与太阳影响边界（日球层顶）的距离就近似于丹佛到芝加哥的距离（图1-8）。

---

① 110 ft 约为 33.53 m。

图 1-7　太阳系。这里我们给出了太阳系中所有行星的相对大小。（NASA 供图）

图 1-8　假设太阳为一个体育场大小时，太阳与日球层顶附近的距离。红线代表太阳与日球层顶边界附近的距离（153 AU）。

　　为了对整个太阳系有一个合理的判断，我们给出了日球层的艺术效果图（图 1-9）。在这张图中，小黄点包括了太阳的整个行星系统。

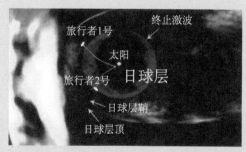

图 1-9　近地空间环境以外的日球层。这里我们给出日球层的内容，包括太阳系（黄点）、终止激波（约 100 AU）、日球层鞘（在下文中给出定义）、日球层顶，以及星际空间物质撞击日球层所形成的弓激波。（NASA 供图）

太阳环境

太阳离我们很近，这使我们能够详细地研究它的行为。我们是它能量输出的受益者（或受害者）。在我们的银河系中，太阳是一个中等年龄的黄色星球，距离地球大约一亿五千万公里（1 AU）——大约 8.3 光分的距离。我们很少将太阳与其外延的大气看成一个整体，但事实上它确实有一个范围很大的、一直延伸到 120～160 AU 的行星轨道以外的大气（表 1-1）。

日球层：延伸的太阳大气

日球层（heliosphere）是由太阳外延大气控制的空间区域，本质上是由太阳风在星际空间中产生的一个泡或洞穴。图 1-10 显示了一个遥远恒星形成的一个泡。这个泡之所以形成是因为太阳外延大气充满了可大致看作偶极场的磁场。当偶极场浸泡于一个来自外部（这里是星际介质）的流动的等离子体中时，它就变成如图 1-10 和图 1-11 所示的泪滴状。日球层与星际物质相遇的外表面就是日球层顶（heliopause）。术语"顶"，表示间断面或不连续面。这个间断面在太阳磁场中的位置依赖于太阳活动周的不同阶段。当太阳比较活跃时，太阳磁场所产生的压力较大，这个边界就会离太阳远一些。虽然一些来自星际空间的宇宙线和电中性原子会穿透这个区域，但事实上日球层中的几乎所有物质都来自太

图 1-10　我们的太阳是一颗恒星，其他的恒星则是众多的太阳。这里给出的是哈勃望远镜对气泡星云的观测图，气泡星云是拥有恒星层和超过 2000 km/s 星际风的遥远恒星系统。（图片来自美国国家光学天文台）

阳。太阳风等离子体在日球层产生的结构取决于其相对速度。在远离太阳一定距离的地方（远超过大、小行星轨道），太阳风减速，与星际气体物质相会。在这些地方，太阳风通过终止激波（termination shock）时速度降低为亚声速。在终止激波以外，太阳的磁场和等离子体形成外部日球层（日球层鞘，heliosheath）。日球层鞘与终止激波是湍流区域；一些带电粒子在这里被散射，而另一些则得到加速。因此，这里是那些容易受到宇宙线伤害的系统所关心的区域。旅行者 1 号飞船在 2004 年后期就处于终止激波附近，2009 年底通过了日球层鞘。

问答题 1-6

利用关注点 1.2 中描述的 12 in 标尺，计算从太阳到天王星有多少英尺？从太阳到最近的日球层顶有多少英尺？

问答题 1-7

典型太阳风物质团从太阳到海王星要多长时间？

问答题 1-8

耗时 30 个小时到达地球的太阳风高速流的速度是多少?

问答题 1-9

在以下标尺适当位置上,标出土星、天王星、日球层顶和半人马座阿尔法星的位置。字母 S 表示太阳。

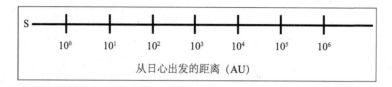

内日球层。在内日球层,太阳风是超声速的。所有的行星对超声速的太阳风来说都是一个障碍。有一种扰动波(弓激波,bow shock)在每一个行星的上游都会形成,它是使太阳风减速和转向绕过行星的方式。小的太阳系星体如卫星和小行星一般不会有弓激波。星体必须要有磁层、电离层、大气层,或者是它们的组合体,弓激波才能形成。大部分的卫星和小行星都达不到要求,因为它们太小不能产生或保持这样的区域。

地球的弓激波在地球上游大约 15 R_E 处形成。太阳风在经过弓激波与地球磁场主体接触时快速减速并转为湍流。科学家们多年来的一个目标就是要在弓激波的上游放置一个飞行器,监测到来的太阳风,目的是分析和预报。为了完成这个目标,1997 年先进成分探测器(ACE)卫星被放置在了激波的太阳一侧,大约距离地球 230 R_E 的地方。

问答题 1-10

从太阳发出的光子大约需要多长时间可以到达距离地球最近的日球层边缘?

1.2.3   地球磁层与空间天气之间的因果关系

目标:读完本节,你应该能够……

◆ 解释术语“磁层”
◆ 描述磁层的形状
◆ 区分内磁层和外磁层的各区域
◆ 理解日球层和磁层之间的相似之处

磁层的区域

在这一节,我们将描述地球磁层和日球层之间的相似之处。这种相似并非偶然。浸泡在移动的导电流体中的磁场，在多种尺度上表现出很大的自相似性。如果太阳风没有把地球磁场扭曲成子弹形状的磁层（图1-11），地磁场在离开地球很远的距离都与偶极场类似。距离地球很远的磁力线被不断地拉伸入磁尾（magnetotail），超过月球轨道（60.3 R_E）。这种扭曲的出现是因为磁力线、电流和等离子体的相互作用。在第7章和第11章对磁层的充分描述中，还会包括这些相互作用。

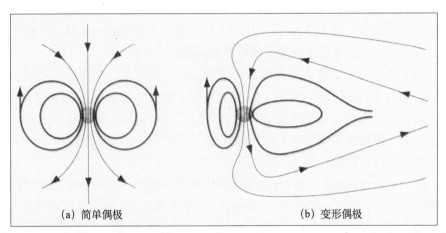

(a) 简单偶极　　　　　　　　　　(b) 变形偶极

图1-11 **地球磁场在太阳风作用下的变形。**（a）是简单的偶极磁场结构。（b）是地球磁场在外部流作用下的变形。现在的地球磁北极位于地理南极附近，反之亦然。

外磁层。现在我们将旅程拉回到我们的家园。弓激波朝向地球一侧的无序太阳风扰动区被称为磁鞘（magnetosheath）。这一扰动区是太阳风猛烈刹车而造成的（图1-12）。在磁

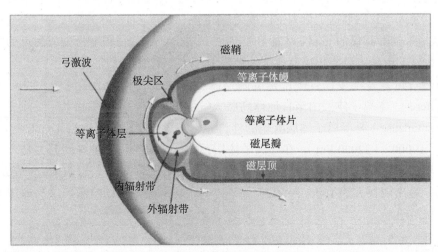

图1-12 **地球磁层。**这里我们给出的是从昏侧（地球表面随地球自转向黑夜方向移动的明暗分界线的上方）看过去的磁层截面图。弓激波通常在地球上游大约15 R_E附近形成，呈弧线形状。磁鞘太阳风等离子体以棕色表示。磁层顶用铁锈红表示。紧挨着磁层顶里面是等离子体幔（浅紫色表示）。这个区域是太阳风和地球等离子体的混合区。到达磁层最远区域的等离子体以浅蓝色表示。等离子体片是连接内外磁层的桥梁。它是内磁层在高纬地区的结构。辐射带（红、水蓝相间）与等离子体层有重叠。连接内磁层和高层大气的低纬、低能量区域的是等离子体层（绿色表示）。（图片改编自莱斯大学Patricia Reiff）

鞘中，流能量转化成扰动的涡流，并最终转化成太阳风成分的随机热运动。再靠近地球就是磁层顶，*磁层顶*（magnetopause）是将稀薄、弱磁化太阳风与地球磁场控制区分开的一个边界，是磁层与行星际介质的交界面。这个弯曲的边界是一个在动态太阳风中活动的磁薄膜。一般来说，磁层顶的前端位于约 10 个 R_E 附近。磁层顶里面是由地球磁场控制的空间区域：*磁层*（magnetosphere）。磁层局地结构与日球层－日球层顶系统非常相似，而且这种相似也不是偶然的。具有不同等离子体和磁场特性的系统总是试图保持其自身特性。系统是通过流动带电粒子（电流）组成的边界层来实现这一目的的。如果一个磁化等离子体系统流过另一个系统，边界层常常为子弹形状或泪滴状。

磁层等离子体来源于地球高层大气和太阳风。尽管按地球标准来说，磁层中大部分是近真空的，但相对于行星际空间来说，磁层中等离子体密度却很高。这使得太阳风中的能量能够驱动电流，使等离子体在磁层和地球的高层大气中运动。我们知道这种行为有两种重要的效应：①太阳风扰动使等离子体获得能量，即使是在地球磁场保护区中的等离子体；②太阳风引发与地球自转没有联系的磁层等离子体流动。

磁尾。*磁尾*（magnetotail）是由等离子体密度相对较低的磁尾瓣和密度相对较高的等离子体片区域组成的。*磁尾瓣*（magnetotail lobes），一个半球一个，拥有密度相对较低的冷等离子体（图 1-12）。位于磁层中部的*等离子体片*（plasmasheet）拥有密度较大、能量较高的等离子体。磁暴期间，这些等离子体进入地球同步卫星轨道（6.6 R_E），使卫星沐浴在能量相对较高的离子和电子环境中。这种等离子体浴可能会对卫星上的仪器造成致命的空间天气影响。

内磁层。在靠近地球的区域（5 R_E 以内），地球磁场就像一个由巨大磁棒产生的偶极场。地球附近相对强的偶极场成为捕获高能等离子体的陷阱。1958 年装载在探索者 1 号卫星上由詹姆士·范艾伦研制的一台仪器，探测到出乎预料的高的来自于偶极磁力线区域的电离辐射。今天，我们称这个近太空区域为*辐射带*（radiation belts）或*范艾伦带*（van Allen belts）。这个带的形状像甜甜圈，中心在地球磁赤道上。运行在辐射带中或附近的航天器必须要配置额外的屏蔽，以防止仪器或部件被辐射带中的高能粒子所损坏。

与辐射带位置差不多，有一个密度高但温度低很多的等离子体区域，叫*等离子体层*（plasmasphere）。等离子体层由来自地球高层大气的氢离子（质子）和电子组成。*等离子体层顶*（plasmapause）是等离子体层陡峭的外边界，一般位于距地球中心 4～6 个 R_E 的位置（地面以上 19000～32000 km）。在等离子体层顶内，等离子体与地球一起共转。等离子体层内边界与地球高层大气相混杂，位于质子取代氧原子成为大气等离子体主导成分的高度。这个边界一般出现在大约 1000 km 高度。等离子体层是地球磁场控制区域与地球大气层之间的重要联系纽带。

问答题 1-11

我们是否可以用月亮作为磁层全天时监测基地？为了解答这个问题，请在下表中指出月亮的位置（参看表 1-1 获取各种距离）。

提示：考虑在不同月相期间，月亮相对于太阳的位置。

	磁层里还是磁层外?	向阳面、背阳面还是地球晨昏线?
满月		
新月		
上（下）弦月		

问答题 1–12

回到图 1-4，在图的左边，以地球半径为单位对每个区域的边界标注距离。日球层以 AU 为单位。

1.2.4　空间天气主导地球高层大气

目标：读完本节，你应该能够……

◆　解释地球大气各层的分类机制
◆　理解热层、电离层和等离子体层之间的关系
◆　说明电离层产生的机制

太空的边界

地球的高层大气占据了重要的位置——太空的边界。对于我们而言，它是卫星（和火箭）运行舞台的一部分，是大气层以外空间物质的来源之一，是其下层空间抵御大部分高能粒子和质子的一个保护屏障。许多的航天工程师选定 130 km 为太空的边界，因为这是航天器能够成功飞行一整周的最低高度。从我们的目的出发，我们选择 50 km 及以上区域为近太空区域，因为我们所感兴趣的空间物理相关效应发生在这个高度及其以上空间。这一区域以 50 km 为下边界，是由分子、原子和离子组成的大气壳层，其中发生着以下相互作用：①通过光子与太阳相互作用；②通过等离子体、电磁场与磁层相互作用；③通过波和重力与地球低层大气相互作用。

由于受到上面和下面的能量和动量的驱动，高层大气的行为相当复杂。最佳分类法有四类：均一性、温度、滞留性和电离度。在图 1-13 中每种分类都包含了后缀词"层"，这在几何上至少是合适的。在地球附近的主导力是重力，因此高层大气中的大部分物质呈分层结构，并形成围绕地球的一个球形分布。

大气层分类

均一性。当碰撞非常频繁的时候，大气就被充分混合了。充分混合导致大气成分均匀分布。地球表面到 100 km 之间，大气成分的化学组成大致为氮 78%，氧 21%，其他成分 1%。100 km 以下区域为均质层（homosphere）。然而在 100 km 以上，粒子的低密度导致了

碰撞的减少。因此，原子和分子就趋向于分层分布，重一些的粒子就会保持在相对较低的高度上，轻一些的粒子就会分布在较高的高度上。因为它的不均匀性，这个分层的区域就是非均质层（heterosphere）。这种分层结构的一个重要后果就是在 300 km 以上氧原子相对丰度较高，而许多低地球轨道卫星运行于此。氧原子非常活跃，它会侵袭航天器部件，降低航天器工作寿命（第 3 章）。

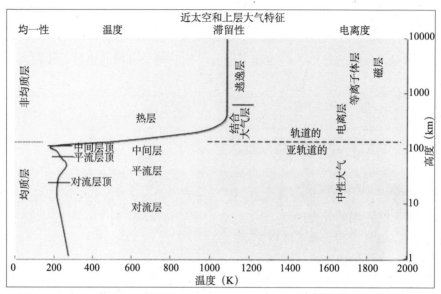

图 1-13　地球大气的分层结构。这里我们给出了地球大气的不同分层以及它们的特性。中间的曲线表示的是温度随高度的变化。图中纵坐标为对数坐标。我们在本图前面定义了"均质层"和"非均质层"。[图片改编自 Hargreaves, 1992]

　　温度。图 1-13 给出了地球大气温度廓线的整个温度范围。我们在 1.1.2 节中给出了大气温度结构的一般性讨论。100 ～ 400 km 的化学成分非常容易吸收太阳辐射。尽管这些成分的密度不高，但太阳光子很丰富，这就意味着这个叫热层（thermosphere）的区域里的每个粒子都能够分享到足够的太阳能量。因为每个粒子都可以有很高的能量，所以温度上升很快。逃逸层在整个太阳活动周中的平均温度超过 1000 K。由于太阳辐射随着太阳活动周变化，热层温度和密度也随之变化。当热层密度变化时，低地球轨道也会由于大气阻力变化而被干扰。地磁暴会引发突然的温度变化，在极区产生能量沉积。这些能量一部分被重新分配到了向外流动的等离子体羽流和行进密度波中。这些波能够传播到赤道或更远的地方，产生等离子体"涟漪"和电波传播不规则体。

　　滞留性。逃逸层（exosphere）是最远的大气层区域，地球引力（与 $1/r^2$ 成正比）在此已经大为减弱。在这里，等离子体粒子被各种太阳和磁层活动过程加热，能够对抗地球引力。一般来说，只有较轻的大气成分才能到达这个高层区域。有些粒子可能获取到足够多的能量达到从大气逃逸的速度。它们的弹道轨迹允许它们逃出地球的等离子体层和磁层。在大约 500 km 以下，频繁的粒子碰撞和重力阻挠了粒子的逃逸，粒子被限制在地球空间，除非粒子被极端空间天气暴效应所加速。这个区域的下边界叫逃逸层底（exobase），一般在 500 km 附近，在太阳活动高水平期间也可能更低。在 10000 km 附近，逃逸层的上边界与等离子体层混合在一起。

电离度。最活跃的高层大气区域是热层当中的电离层。短波长的太阳电磁辐射加热和激发地球高层大气中的原子和分子。它也将分子分裂，将电子从其母粒子的一部分中剥离。然后这些自由电子和正离子形成一些弱电离的等离子体层。这些电离化的层就构成了*电离层*（ionosphere）。由于太阳辐射的*昼夜*（diurnal）变化，白天的电离度要远远强于夜晚。

太阳光子并不是电离的唯一起因。来自于外太空（如宇宙线）和来自于磁层夜侧的高能粒子对高纬度电离层的产生也起到了重要作用。电离度和它的分布对电波传播起着重要的控制作用。电离层暴期间，通信和导航信号可能会严重下降。

问答题 1-13

中间层属于亚轨道空间，所以卫星无法停留于此。它也没有足够的物质来支撑飞机的飞行。请列举其他我们可以用来研究中间层的方法。

关注点 1.3　电离层

电离层起着短波广播和长距离通信的高度反射器的作用。耀斑期间，增强的太阳 X 射线辐射会引起电离层最底层电子浓度大幅增加。结果导致*电波中断*（radio blackout）——快速大范围的高频电波吸收（而不是反射），继而引起地球向阳面短波通信中断。此外，耀斑发生后几十个小时，由于扰动的太阳风与近太空环境相互作用，高层电离层的全球电子浓度可能会经历显著的扰动变化。这些变化能持续几天的时间。在高纬地区，很大一部分的电离是带电粒子产生的。这些带电粒子包括磁暴期间从磁层抛射进来的，也包括被磁场转移到这个纬度的来自太阳的粒子。

即使在平静时期，电离层等离子体也会表现出不稳定性。这些不稳定性使得最初（相对）均匀的等离子体产生密度扰动，一般与磁场方向一致，尺度大小在厘米到百公里量级。穿过这种扰动的电磁波会发生散射，结果导致信号源的*闪烁*（scintillation），这就像星光在穿过扰动的大气层会一闪一闪眨眼睛一样。这些闪烁会导致 GHz 频率以下电波产生强扰动，继而影响通信和一些导航系统，如全球定位系统（GPS）的信号。另外，闪烁还经常使雷达跟踪（如超视距雷达）致盲，并破坏（有时提升）通信。现在科学家正寻找方法利用这些闪烁和散射效应作为空间天气的诊断工具。

1.2.5　流星和星际尘埃对空间环境的影响

目标：读完本节，你应该能够……

◆　描述流星对空间环境的影响

由于地球绕太阳公转，它能不断地截获老的彗尾和星际尘埃。地球每年大约要截获

$10^7 \sim 10^9$ kg 的流星物质。这些物质在落入大气层的时候会烧蚀，在后面产生小的电离尾迹。这种细长的电离气体的抛物线体长达好几公里，我们称之为*流星余迹*（meteor trail）或流星回声。由于出现在 85~105 km 高度的大气层，这种流星碎片引起的电离尾迹能够反射从地球发射的无线电波。但是流星余迹的反射是很短暂的。当余迹快速消散到周围的空气中时，它反射电波的能力也很快丧失了，所引起的大部分反射时间不超过 1 s。偶尔，一个大的流星产生的余迹可能会有几分钟的电波反射能力。在流星活动增强期间，有一些形式的通信可能会增强。另外，雷达的波束可能会经历异常反射，即雷达杂波。最严重的情况下，有些雷达系统会出现短暂的失效。流星体和流星对航天器也会有碰撞威胁。由于它们撞击的速度很高，所以即使很小的碎片也会危及航天器部件。

1.2.6　空间天气对地球低层大气以及地面的影响

目标：读完本节，你应该能够……

- ♦ 解释空间天气中太阳高能粒子的重要性
- ♦ 了解太阳高能粒子能够穿过多层地球大气
- ♦ 认识到有些空间天气效应能够在地面上观测到

银河宇宙线和太阳产生的高能粒子——*太阳高能粒子*（solar energetic particles, SEPs），能够穿透地球大气层。在平流层和对流层上部，这些粒子会对在高纬度飞行的飞机上的航空器件、机组人员和乘客造成辐射危害。欧洲理事会建议机组人员应该被当作受到职业辐射危害的人员对待。因此，欧洲的机组人员每年所受到的辐射剂量必须被监测 [Jansen et al., 2000]。高能粒子（宇宙线）和它们的副产品可能会通过改变云凝结核的电离状态而影响云的形成。云量的太阳活动周变化是一个非常热门的研究领域 [Tinsley, 2000]。高能粒子已经被确认为是造成计算机数据存储软错误的原因之一。那些运行在高处、山峰地区或者是地球磁场比较弱的地区的计算机系统会更容易受到高能粒子的损害。

与剧烈耀斑相伴随的极端 SEP 事件能够在对流层和地面上观测到。能量最强的粒子在大气中产生化学复合物，随后飘落到地面。极地冰盖的雪就收集了这样的粒子，成为与超级太阳耀斑相伴随的强太阳高能粒子事件的记录仪。在 1561~1950 年，大约有 125 个地面 SEP 事件通过极地冰盖样本证认出来 [McCracken et al., 2001]。

在地球磁层中获能的电子也能穿透入平流层。在平流层上部，高能电子改变臭氧行为，使臭氧浓度短时减少。科学家正在试图确定高层臭氧是否随太阳活动周变化。研究人员已经证明平流层风与太阳活动周存在一定的联系 [Labitzke and van Loon, 1987]。在太阳活动周时间尺度上，太阳紫外辐射变化似乎改变了 30 ~ 50 km 地球大气的臭氧总量和臭氧加热的分布。反过来，这种加热又会影响平流层循环。科学家现正积极地研究平流层循环的变化与北半球冬季风暴轨迹之间的联系。

地球上的居民非常舒适地躲过了几乎所有短波太阳辐射和太阳风的影响。然而，磁层和高层大气中磁场与等离子体的空间天气扰动可以传播到地面，甚至海底。正如我们很快要讨论的，地球表面磁场扰动为我们提供了一种空间天气的最早历史线索。空间天气的地面效应包括电线中磁感应电涌对电网的毁坏以及对未加保护的长距离地面通信线路或海底线路的毁坏。一个最极端的事例就是发生在 1989 年的魁北克停电事件。即使是光纤系统，如果它们的信号增强设备需要长距离金属线路供电，那么系统也会受到影响。

这一章我们对空间环境进行了宽泛的介绍，强调了粒子、场和光子在空间天气中占据主导地位。接下来我们将描述近期历史上两个最严重的空间天气事件。我们在上面提到的许多现象在这两个简短的事例研究中都会出现。

例题 1.3 动能

- 问题：试确定 1 g 以 30 km/s 速度运动的流星体的动能。
- 相关概念：动能的定义。
- 给定条件：质量为 1 g（＝0.001 kg），速度为 30 km/s。
- 假设：合力为零，系统没有能量增加。

- 解答：$KE = \frac{1}{2}mv^2$

$$KE = 0.5 \times (0.001 \text{ kg})(30 \times 10^3 \text{ m/s})^2 = 4.5 \times 10^5 \text{ J}$$

- 解释：这个能量对于小物体来说是巨大的。受到哪怕只有 10^4 J 能量的冲击，大多数的无防护系统（包括人）都会经历灾害性的损伤。因此，我们就明白为什么即使是小片的流星体或碎片的碰撞对空间操作者来说都必须考虑。

补充练习 1：计算以每小时 60 英里运动的小轿车动能，并将计算结果与上面的流星体动能比较。

补充练习 2：太阳每秒钟发出接近 10^{31} 个粒子进入日球空间，绝大多数为质子。如果这些粒子的平均速度为 450 km/s，那么太阳每秒要失去多少动能？这些失去的动能与太阳每秒发出的太阳辐射能量相比，是多还是少？

1.3 两个空间天气暴的故事

1.3.1 空间天气观测的简要历史

目标：读完本节，你应该能够……

- ◆ 了解太阳活动有一个很长的观测历史
- ◆ 知道空间天气是因为社会对技术的依赖而出现的新兴学科

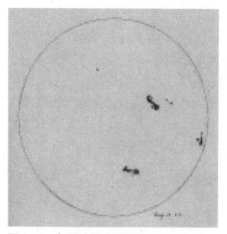

图 1-14　伽利略的太阳黑子。这是伽利略 1613 年 6 月 17 日所绘制的太阳黑子图。(莱斯大学伽利略计划供图)

对于偶尔的观测者来说，太阳的面貌只是随着天气条件和季节变化。然而，几个世纪以来，很多眼光敏锐的太阳观察者报道了一种不同类型的变化——太阳上的暗区，称为太阳黑子。中国的甲骨文和亚洲的其他记录表明古人在 3000 年以前就已经知道太阳黑子了 [Zhentao, 1990]。古希腊的资料指出早在公元前 300 年，灌溉工人就利用太阳黑子来决定灌溉量的多少。韩国文学作品中报道有鸡蛋般大小的太阳黑子。欧洲历史回顾显示，1607 年约翰尼斯·开普勒也可能观测到了太阳黑子，但他错误地把它当成了水星。1611 年，德国学生约翰尼斯·法布里修斯写了一篇关于太阳黑子的小短文，但并没有引起社会的关注。其他一些观测者也报道了太阳上的斑点，但它们被认为是太阳的卫星。

伽利略·伽利雷是第一个对该问题进行全公开论述的西方科学家。早在 1611 年，伽利略就利用新发明的望远镜观测太阳。基于长期数据，他开始总结"不完美太阳"的观测结果。他制作了大量太阳黑子的示意图，如图 1-14 所示。1616 年，他发布了一篇具有争议的文章，题为"论太阳黑子"。他的论断是太阳作为我们这个行星系统中心的星球是有斑点的，这与那个年代政治和宗教所接受的观点完全相反。政府和宗教的审查人员努力地想阻止他的观点传播到大众的耳朵里。在一段时间里他们成功了。幸运的是，伽利略不能发表的东西慢慢地通过望远镜向他的同辈人和后来人揭示。我们现在知道太阳黑子（sunspot）是近太阳表面相对较黑的强磁场区域。它们是证明太阳并非永恒不变的可见标记。

由于太阳太亮，用肉眼直接观看很危险，因此追踪黑子非常困难。伽利略最早使用的望远镜图像投影法是观测太阳黑子唯一安全的模式。但他并没有用这种方法得到连续的观测结果。直到德国科学家海因里希·施瓦布（1844 年）发表了太阳黑子数有大致 11 年周期的论述，这些暗区在天文学上才变得重要起来。施瓦布的工作随后被更著名的科学家亚历山大·冯·洪堡男爵所宣扬（1851 年）。第二年，爱德华·萨宾和其他人将地面磁场扰动与太阳黑子周联系起来。很快，理查德·卡林顿指出了太阳黑子 11 年发展规律和从中纬到低纬的位置变化（1859 年）。二十世纪初，爱德华·蒙德尔以著名的蝴蝶图形式给出了黑子发展的空间分布规律，图 1-15 是它的现代版。这个图显示了在太阳活动周初期，太阳黑子首先在

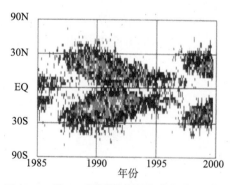

图 1-15　第 22 太阳活动周中太阳黑子纬度分布图。在新太阳活动周开始的时候，黑子首先在中纬度形成。随着每次太阳自转，新的黑子逐渐在较低纬度上形成。在接近活动周尾声时，太阳黑子在赤道附近形成，但绝不是赤道上。(图片由 NASA 的 David Hathaway 提供)

相对较高的日面纬度上发展。随着时间的推移，黑子逐渐向较低纬度地区发展。

在英格兰安装第一条电报线后的 8 年时间里，出现了太阳活动对技术系统影响的多次报道。1847 年春的一次地磁暴中，当一个闪亮的极光出现在天空时，电报员注意到电报仪器上出现了强大的交流电电流偏转 [Barlow, 1849]。1859 年 9 月 1 日，太阳能量爆发的第一次观测（称作太阳耀斑）被两个独立的观测者理查德·卡林顿和理查德·霍奇森所分别证实。同一天内，欧洲和美洲的电报员惊讶地发现他们的设备通过极光能量工作而不是电池。这次的空间天气效应在科学杂志上被报道了好几个月。

五个太阳活动周以后，1921 年 5 月，电报设备再次被激发以致引起纽约的一个转播站着火。空间天气的影响继续向新的技术系统蔓延。20 世纪 40 年代发明的雷达会由于太阳爆发而中断工作。50 年代后期海底电缆的电波传输被毁坏。70 年代到 80 年代，长的地面线路遭受感应电流效应。进入太空时代后，大量卫星的故障和一些失败都与空间天气活动相伴随。

1.3.2　1859：太阳耀斑的第一次观测和相关的地磁扰动

目标：读完本节，你应该能够……

◆　描述空间天气对技术系统影响的首次报道中的相关事件

人类是如何知道太阳活动与地磁变化之间联系的呢？一个引人注意的线索出现在 1859 年第一次对太阳耀斑的观测。那年夏末的一天，两个英国业余天文爱好者分别在伦敦南部和北部郊区的不同地方独立观测太阳黑子。格林尼治标准时 11:18 AM——现在叫协调世界时（coordinated universal time, UTC）——理查德·卡林顿在其正在研究的黑子群中心附近的两个快速变亮的光斑（在图 1-16 中标为 A 和 B）里发现了一个极亮的闪光。这个区域的闪光大约持续了 5 分钟，在 11:23 AM 强光移到了 C 和 D 的位置。理查德·霍奇森也观测到了这个异常事件。在 1859 年 11 月皇家天文学会的会议上，两人都报告了他们的观测。

> 霍奇森说道："9 月 1 日在观测一群太阳黑子时，一个非常亮的星光的突然出现让我吃惊，那光比太阳表面要亮很多，非常耀眼，临近黑子和斑纹的上边沿也被照亮，跟日出时云的边沿效应不一样；光向各个方向延伸；中心区域的光可以跟在低倍大望远镜下看天琴座亮星的耀眼光辉相比。发光持续了约 5 分钟，约在 11:25 AM 瞬间消失。在伦敦皇家裘园磁场观测站的磁场观测仪同时测到了一个很大幅度的扰动。"

这组令人吃惊的观测第一次给出了太阳耀斑的清晰描述，与耀斑是太阳等离子体突然、强烈加热的说法一致。只有最大耀斑的亮度才足以在可见光中看到。因此，我们知道这其实是一个非常特殊的例子。

图 1-17 显示了与白光耀斑同时发生的地磁偏转。这种叫地磁钩扰（geomagnetic crochet）（因为它出现的形状像钩子）的地磁信号与一种严重的电离层突然骚扰相关联。钩扰表示一种与地球高层大气快速而短暂的电离事件相关联的电流扰动。太阳大耀斑后 8 分

钟，地球向阳面高层大气遭受了巨大的改变，电离增加、电流快速增强。快速改变的电流
系统在地面就产生了地磁扰动。

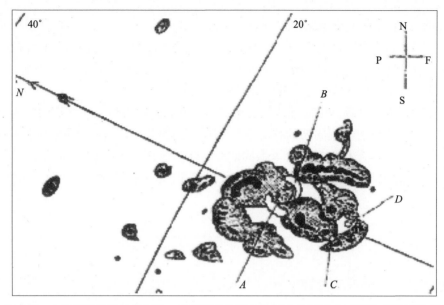

图 1-16 理查德·卡林顿手绘图的复制品。这张图给出了卡林顿在绘制活动区图像时所观测到的耀斑的位置。*A*、*B*、*C* 和 *D* 是发出极端亮光的位置。[Carrington, 1860]

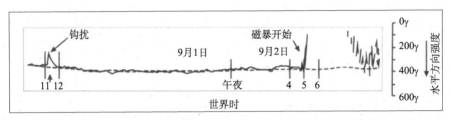

图 1-17 1859 年 9 月 1 日和 2 日裘园观测站的磁力仪记录。图中显示了在地球的向阳侧观测到磁钩扰。发生在 9 月 2 日的后续扰动是至今记录到的无可争议的最大地磁暴之一。可以看到世界时 5:00 以后，记录就超出了测量范围。[Cliver, 2006]

卡林顿和霍奇森知道附近的地磁监测仪器在几乎同样的时间记录到了强扰动，但他们都没有做出太阳爆发与地磁扰动相关联的结论。观测地磁的裘园观测站站长贝尔福·斯图尔特强烈怀疑它们之间存在联系 [Stewart, 1861]，但没有理论来解释这种联系。只有当蒙德尔 [Maunder, 1905] 给出了地磁记录存在 27 天太阳自转周期的令人信服证据后，太阳与地磁的联系才被接受。事实上，关于我们现在称之为"卡林顿事件"的完整解释当时并没有发表，直到后来科学家们才将太阳爆发、地磁扰动和电离层中的电波扰动联系到一起 [Bartels, 1937]。

科学家们之所以花了超过 75 年的时间来解释这个事件，毫无疑问的一个原因是仅在第一次地磁钩扰后的 18 小时又出现了一个更大的地磁扰动。正如图 1-17 的右边所示，一个大磁暴开始于 9 月 2 日一早，裘园观测站的地磁仪测量超出了记录范围。地磁暴通常在位

置较好的耀斑爆发 60～140 个小时后发生。这个延迟是相关联的抛射物质以 300～700 km/s 的速度从太阳传播到地球的典型时间。卡林顿事件中，这个传输时间为 18 个小时，表明被猛烈掷入行星际空间的物质抛射超过了 2000 km/s 的速度，这是现代记录的最快速度。

那么还有没有谁注意到了这次扰动？当然还有，卡洛维茨和洛佩兹（Carlowicz and Lopez, 2002）与奥登瓦尔德和格林（Odenwald and Green, 2008）对 1859 年空间天气事件给出了一个很好的报告。这次事件伴随有延伸到极低纬度的极光，圣地亚哥（智利）、火奴鲁鲁（夏威夷）和歌山（日本）都看到了极光。在美国南部的读者惊讶地发现只靠极光的亮度就可以阅读报纸。在法国，当一道闪光流过长长的电报传输线时电报连接中断了。在美国，电报员不用电池就可以发报，一些电报线仅靠伴随极光的电流就可以工作。一个倒霉的电报员被他自己的仪器电击了。在华盛顿特区，电报员弗雷德里奇·罗伊斯这么说道：

> "在极光出现期间，我正在给里士满打电话，一只手放在一个铁盘子上……恰巧当我靠向听筒时，我的额头擦过地线。立刻，我受到了一个非常强的电击……面对着我坐着的一个老人说他看见火光从我的前额跳到听筒上。" [Loomis, 1859]

最近，这次事件又获得近四个世纪以来最强太阳高能粒子事件的恶名。1561 年到 1950 年期间，由太阳质子产生的最大单一化学沉积被证实与卡林顿事件相关 [McCraken et al., 2001]。显然并没有飞机和航天器遭受到类似这次太阳爆发所产生的辐射剂量。然而，科学家们有很大的兴趣尝试通过模型重构来模拟这次事件，这样我们就可以了解现代技术系统面对最恶劣事件可能出现的场景。

下一节我们将描述一个较近期的事件，它的强度小于卡林顿事件。但在这个事件中，我们的技术系统被暴露在其中，显得如此脆弱。

1.3.3　2003：21 世纪的极端空间天气

目标：读完本节，你应该能够……

♦　描述与现代空间天气暴相关的事件
♦　了解空间环境的遥感成像

我们快速前进到 21 世纪。在 2003 年 10 月中旬，太阳表面异乎寻常得干净，没有什么黑子。太阳粒子和电磁辐射都处于平静状态。但是潜伏在太阳背面的是一个比木星还要大的黑子。10 月 22 日，这个巨大的黑子转入可见日面，产生强烈的电磁辐射暴和高能粒子暴。另外的黑子也纷纷出现。它们形成三个活动区，编号为 10484、10486 和 10488。大约 3% 的可见日面被这些不祥预兆的太阳黑子所占据，其中的磁场扭曲且相互缠绕（图 1-18）。

全球的空间天气预报员通常都忙碌于太阳最活跃、对太阳活动预报要求最高的时期（太阳活动高年）。而在 2003 年 10 月底到 11 月初的这三个星期中，美国国家海洋和大气管理局（NOAA）空间天气预报中心（SWPC）的人员发布了超过 250 条的太阳高能粒子事件关注、预警和警报，在之前的两个月里他们却只发布了两条预警。这次爆发出现在第 23 活动周的高峰 2000 年 4 月很久之后。先前，太阳爆发活动在活动周后期也出现过，但在活动周的这个阶段发生如此极端剧烈的活动是罕见的。从 2003 年 10 月 19 日到 11 月 5 日，三个黑子群爆发了 17 个大耀斑，其中很多伴随有辐射暴，包括 10 月 29 日的强空间天气暴（万圣节事件）。20 天中有 12 天达到了地磁暴水平，10 月 29 日和 30 日的两次地磁暴达到极端严重的水平。

活动区10486

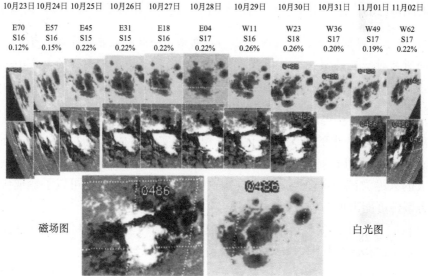

图 1-18　白光图和磁场图。这里给出了超级活动区 10486 通过日面的过程。图像的日期显示在顶部。日期下面是图像的经度、纬度和太阳黑子面积占太阳表面积的百分比。为了提高对比度，白光图用了蓝色的伪彩色。在磁场图中，黑色表示磁力线方向指向太阳，白色表示磁力线方向向外。（图片由大熊湖太阳观测站提供）

　　各种深空任务和所有高度的卫星都报道出大量的异常消息。美国戈达德太空飞行中心的空间科学任务运行团队指出：将近 60% 的地球和空间科学任务受到影响，25% 的任务关闭了仪器设备或采取了其他保护措施。由于增强的大气阻力作用，国际空间站轨道高度的下降速度是平时的两倍。那些易受空间天气攻击的行业，大多数的运行都受到了一定程度的影响。很多的地面地磁观测站观测到了 1859 年卡林顿事件的标志性地磁信号——地磁钩扰。南非国家电力网的电力变压器的内部冷却油出现了快速剧烈的加热，最终不得不替换这台价值百万美元的设备。太阳图像和太阳活动的故事出现在全世界的报纸上，一时间太阳耀斑成为家喻户晓的名词。这些事件链只是由这些太阳活动区产生的空间天气影响中的一个子集。

　　目前，尽管人们仍在用耀斑的白光亮度对其进行分类，但出现了一种更为灵敏的测量方法，那就是航天器在地球大气层以上对 X 射线辐射的观测。根据 X 射线辐射，耀斑分为 5 级，最高级为极端强级别（X 级）。2003 年 10 月 28 日 11:01 UTC，在太阳中央子午线附近发生了一个强大的 X 级耀斑（图 1-19(a)）。这个耀斑产生了覆盖整个电磁谱段的辐射，并产生了有记录以来最大的一次射电暴。该耀斑区是一个非常快速（2125 km/s[4.75×10⁶ mph]）的 CME 和一个严重辐射暴的源。这次物质抛射只用了 19 个小时就到达了地球（是有记录以来到达地球最快的 CME 之一），并对地球磁场产生影响，引起了一个持续 27 小时的剧烈地磁暴。

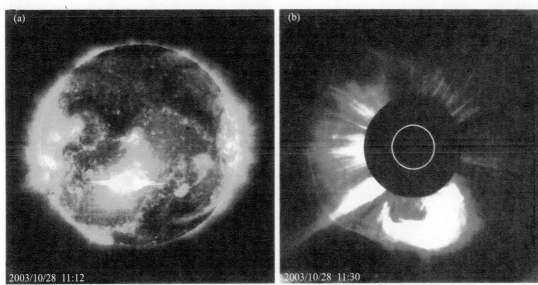

图 1-19　2003 年 10 月 28 日的 X17 级耀斑。这些图片来自太阳和日球层观测台（SOHO）的两台仪器。（a）极紫外图像给出了一个位于日面中心下方略偏左的耀斑。（b）围绕太阳的明亮喷发（全晕）显示出喷射物质是朝向地球的。X17 级耀斑爆发后不到 24 小时，该活动区又产生了另外一个大耀斑。（图片由 ESA/NASA 的 SOHO 计划提供）

　　随后，11 月 4 日，从同一个活动区产生的另一个极强（X 级）耀斑（图 1-20(a)）猛烈地扰乱地球向阳面电离层，致使通常的高频电波通信完全失效。耀斑期间，天基 X 射线探测仪在观测这个事件时有 12 分钟达到了饱和。这是自 1976 年以来天基观测到的最强耀斑之一。虽然记录到的扰动强度很大，但由于它的位置接近太阳西边沿，限制了它对地球的影响，却加强了它对土星方向的影响。由于伴随的 CME 远离地球方向传播（图 1-20(b)），地球上的辐射暴和地磁暴只达到了中、小水平。然而，在土星附近的卡西尼飞船却记录到了告警级别的高能粒子暴。

　　看到以上情况，我们会问是不是空间天气在新千年变得更加恶劣了呢？事实上，并非扰动变得更为恶劣，而是我们更多地依赖了易受空间天气影响的技术系统。在接下来的章节中，我们会描述这些技术系统有多脆弱和为什么脆弱。

　　不过在转移到这些话题之前，我们还是先更多地描述一下空间天气和空间环境的影响。接下来，我们要关注 NOAA 所制定的空间天气事件的等级。

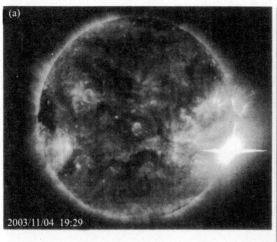
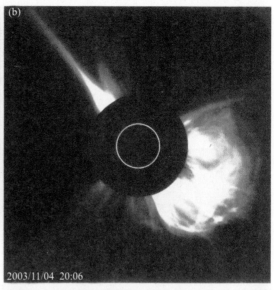

图 1-20　2003 年 11 月的太阳耀斑。（a）2003 年 11 月地球静止轨道环境业务卫星对 X28 级（估计值）耀斑的 X 射线波段成像。这个发生在太阳西边沿的耀斑是有记录以来最强的 X 射线耀斑之一。（b）SOHO 观测到的物质抛射图像。能够注意到发亮的喷射主要集中在图像的右边，表明这团物质不是冲着地球方向的。（图片由 ESA/NASA 的 SOHO 计划提供）

1.3.4　空间天气事件等级

目标：读完本节，你应该能够……

◆　区分电波中断、太阳辐射暴与地磁暴的事件等级

　　表 1-2 列举了影响人类和技术系统的太阳爆发活动。这些爆发——光、高能粒子和场——以三种不同的时间尺度在三类不同的近地空间环境中产生扰动。表 1-3 显示的是 NOAA 空间天气事件等级的缩减版，它只给出了每类空间天气事件中第 3 级别（强暴）的影响。完整的影响列表见附录 A。

表 1-3　NOAA 空间天气事件等级缩减版。这里我们只给出第 3 级别事件的影响、物理量和平均出现频次。附录 A 给出电波（R）、太阳辐射（S）和地磁（G）事件其他级别的描述。

类别		影响	物理量	平均出现频次 （1 个活动周 = 11 年）
级别 1~5	描述符号和 （位置）	事件严重影响的持续时间 有些事件持续超过一天	观测类型	符合流量级别的事件数（或 达到暴级别的天数）
R3	强无线 电暴（R） （昼侧）	高频无线电（HF）：向阳面大面积高频无线电通信中断，失去信号时间约 1 小时。 导航：低频导航信号衰减约 1 小时	GOSE 卫星 X 射线峰值通量[①] 达到 X1 级（对应于 10^{-4}）	每活动周 175 次 （每活动周 140 天）

类别		影响	物理量	平均出现频次 （1 个活动周 = 11 年）
S3	强太阳辐射暴（S）（极区）	生物：建议出舱（EVA）宇航员要规避辐射危害。高纬高空飞行的机组人员和乘客可能会暴露在辐射危险中。 卫星操作：可能会出现单粒子翻转、图像噪声和太阳帆板效率的轻度下降现象。 其他系统：可能出现过极区高频无线电传输信号衰减和导航位置误差[②]	≥10 MeV 粒子（离子）的通量水平[③]达到 10^3	每活动周 10 次
G3	强地磁暴（G）（极光带，主要是夜侧）	电力系统：可能需要电压改正，有些保护装置可能会发出假警报。 航天器操作：卫星部件可能会发生表面充电，低轨道卫星轨道阻力可能增强，姿态问题可能需要调整。 其他系统：卫星导航和低频无线电导航可能出现信号间歇现象。高频无线电通信可能时断时续，在磁纬 50° 甚至更低处可以看到极光	全球磁情指数 Kp = 7（由地面磁力仪数据得出）[④]	每活动周 200 次（每活动周 130 天）

① 通量，0.1～0.8 nm 范围，单位 W/m^2。该等级水平是根据这个物理量来定的，但其他的物理量也可作为参考。

② 其他频率也可能受到影响。

③ 通量水平是 5 分钟的平均值。通量的单位是每单位时间（秒）单位立体角（球面度）单位面积（平方厘米）的粒子数 [#/(s·sr·cm²)]。该等级水平是根据这个物理量来确定的，但其他的物理量也可作为参考。高能粒子通量（>100 MeV）对飞机乘客和机组人员是更好的辐射危险指示。孕妇是特别易受影响的人群。

④ 我们将在关注点 1.5 中描述 Kp 指数。

在耀斑开始后几分钟到几个小时里，伴随耀斑的 X 射线光子与地球电离层相互作用，改变地球向日面电波传播特性。在最恶劣的情况下，向日面高频无线电通信中断可达几个小时。目前该效应的物理测量来自于 NOAA 的地球静止轨道环境业务卫星（GOES）。太阳耀斑也会扰动太阳外层大气的等离子体，在射电频率产生扰动。一些 X 射线耀斑事件伴随有太阳射电暴。我们将 X 射线和电波效应列举在表 1-3 的电波（R）等级中。

一些耀斑和许多 CME 激波的波前会加速粒子到相对论速度，因此有能力产生电离辐射。太阳辐射（S）等级表明这些粒子具有生物、卫星运行和通信效应。它们快速进入到连接地球极区的磁力线中。当这些粒子与地球高层大气发生碰撞而减速时，它们会电离原子和分子，产生可以吸收无线电波的大气层区域——这就是极盖吸收（polar cap absorption，PCA）事件。它们的能量也会对人类或近地空间环境中的卫星器件造成危险。有时这些粒子能在太阳扰动后 20 分钟内快速到达地球，产生持续几天的极区无线电通信中断，引发对硬件设备和人员的影响，从而危害系统的完整性。辐射暴出现的频率比其他类型的暴要低，但它们更难预报。

日冕物质抛射是产生太阳耀斑的磁过程中的另一个方面。这个携带磁场和物质的气泡有时候会扫过地球。如果它们扫过，其速度和方向将决定产生极光、高能粒子和电流系统的效率，而这些又将影响技术系统和硬件系统，如卫星和输电网络。地磁（G）暴等级与这些效应有关。地磁暴效应一般滞后太阳源区爆发一天多。

在图 1-21 中，我们总结了空间环境扰动发生的时间，以及预报机构在预测或监测到事件发生时所采取的行动。通信和导航系统所用的无线电波受到多种太阳活动扰动的影响。

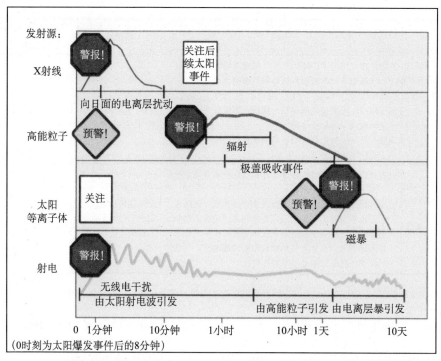

图 1-21　太阳效应时间表。太阳耀斑爆发 8 分钟后，第一波攻击——极紫外和 X 射线爆发会使电离层电子密度增加、引起高频通信衰减。30 ~ 1000 分钟以后，高能粒子可能到达地球。1 ~ 4 天以后 CME 经过，将能量注入地球磁层和电离层，影响导航系统和无线电通信。几何符号表明了预报机构在预测到或观测到事件时所采取的行动。类似于地面的天气预报，当天气条件支持有潜在灾害天气发生时要发出"关注"（watch）。当灾害情况被预见并且操作员有足够时间采取保护行动时发"预警"（warning）。当一个事件处于进展过程中的时候发"警报"（alert）。（图片由 NOAA 空间天气预报中心提供）

问答题 1–14

利用你现在所掌握的知识，根据下列现象出现的早晚对其进行排序。

极光出现

日冕物质抛射

耀斑

输电网络崩溃

电波中断

地球上出现高能粒子

问答题 1–15

除图 1-22 外，查阅表 1-3 和附录 A。请问图 1-22 中显示的地磁暴是什么级别？证明你的答案。

关注点 1.4　地球天气与空间天气的比较

这里我们主要描述地球天气和空间天气如何进行比较。其实我们整本书都在阐述，这里只是一个概要性的简述。

从大的方面说，地球气候的最终源来自太阳。在此背景上的变化和扰动（我们称之为地球天气）却是由地球大气海洋系统的内部不稳定性驱动的。地球天气通常不受外力驱动，而且大规模（全球尺度（synoptic）或大洲尺度）天气系统的时间尺度是天的量级。从观测来说，地球天气系统有很好的测量。世界范围的气象站和气象卫星为地球天气预报模式提供了足够多的数据。以中性大气为主的模式也已经发展了好几十年。

空间气候（空间环境）的源也主要来自太阳。然而，空间天气却主要由外力驱动。太阳、行星际介质和星际物质都是空间天气驱动力的一部分。空间天气的时间尺度通常都非常短，几分钟内整个空间天气系统就可以完全刷新。但不幸的是，空间环境的观测相当匮乏，空间天气模式的输入数据因此就相对非常稀少。更糟糕的是大部分处理带电粒子和中性粒子的空间天气模式还相对不成熟。

地球天气的控制方程一般是满足守恒定律的流体方程，加上适当的本构方程。而对空间天气，我们要用这些方程加上麦克斯韦方程组，因为它们要适用于等离子体。

作为一个学科，空间天气还处于婴儿阶段。从后面的章节我们可以看到，为了与空间设备和技术系统所面临的危险相匹配，空间天气需要快速成熟起来。这本书是开启空间天气技术性理解的重要一步。

关注点 1.5　描述地球上的空间天气扰动

这里先重点介绍一下地磁 Kp 指数。Kp 指数是描述电离层中电流的一个指标，由朱利叶斯·巴特尔斯在 1949 年提出。它由电流产生的地面磁场异常偏离的测量值来决定。用来计算指数的测量数据来自分布于世界各地中纬和高纬的大量的地磁观测台站（地基磁力仪）。Kp 指数直接与 3 小时内地磁扰动（相对于地磁平静日）的最大值相关，尺度范围是 0～9。

类似于其他必须覆盖很大能量范围的物理指数，Kp 指数采用的是对数值。数值超过 7 为不寻常状态。2003 年 10 月底的事件（图 1-22）显示 Kp 级别达到了 9。NOAA 将任何大于 4 的 Kp 值定义为地磁暴事件。Kp 指数是地磁扰动的整体性指数——不同形式的空间天气扰动可由其他分级所描述。

关于当前太阳活动的业务信息来自 GOES 卫星的 X 射线监测仪。GOES 卫星的 X 射线流量图（图 1-23）是整个可视日面上 X 射线积分流量的 5 分钟平均值，包括了 0.1 ～ 0.8 nm（1～8 Å）和 0.05～0.4 nm（0.5～4 Å）两个波段。一般来说，这个图像包括 GOES 主星和辅星两颗卫星的数据。

图 1-23 中的左侧坐标是对数坐标。右侧坐标是相应的字母等级，也就是我们在表 1-3 和

附录 A 中转换成 R 暴的等级。A 级和 B 级被认为是平静。弱暴级别从 M 1（$1×10^{-5}$ W/m^2）开始。NOAA 空间天气预报中心根据每分钟 X 射线流量数据，在达到 M 5 级（$5×10^{-5}$ W/m^2）和 X 1 级（$1×10^{-4}$ W/m^2）时发出警报。大的 X 射线暴会引起向阳面高频传输路径上的短波衰落。一些大耀斑会伴随有干扰卫星信号下传的强射电暴。图中最大的耀斑在太阳西边缘产生，是有记录以来最大的 X 射线耀斑之一。

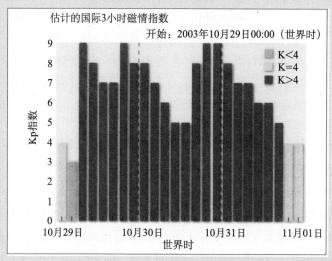

图 1-22　2003 年 10 月 29～31 日的 Kp 值。 UTC 日中每三小时一个 Kp 值。（图片由 NOAA 空间天气预报中心提供）

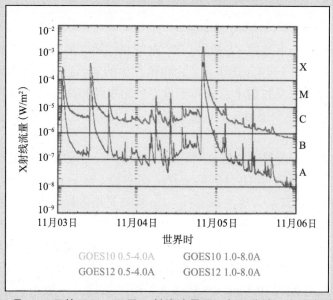

图 1-23　2003 年 11 月 3～5 日的 GOES 卫星 X 射线流量图。 每 5 分钟一个 X 射线流量值。（图片由 NOAA 空间天气预报中心提供）

1.4 洛伦兹力

等离子体在宏观尺度下与气体相似，是一种流体。然而，不像非电离气体，等离子体表现出与电磁场非常强的相互作用。这种特性将等离子体与其他物质类型区别开来。

在有磁场的时候，单个带电粒子沿曲线运动。带电粒子的整体运动产生磁场，反过来磁场又控制粒子的运动。等离子体产生力，而力又反过来控制等离子体的这种倾向是空间物理学家和空间操作人员特别感兴趣的地方。

目标：读完本节，你应该能够……

♦ 描述带电粒子在电场或磁场中的运动

非相对论状态下，简化的牛顿第二定律（$\Sigma F = ma$）能应用到单个粒子、粒子整体和带电与非带电物质的行为中。在日常生活中，我们一般对作用于不带电物体上的力比较熟悉。比如，我知道重力与升力的合力（$\Sigma F = -mg + L$）可以使飞机悬浮在空中。在空间天气应用中，重力影响很小，因此我们经常忽略它。然而，我们要考虑其他作用在带电粒子上的力，包括对单个粒子和粒子整体。这里我们给出牛顿第二定律在带电粒子和等离子体行为中的应用。带电粒子的*电场力*（electric force），也称库仑力（Coulomb force）为

$$F_E = qE \tag{1-1}$$

其中，F_E = 电场（库仑）力的矢量 [N]；

　　　q = 粒子的电荷 [C]；

　　　E = 电场矢量 [V/m]。

这个力沿电场线加速带电粒子。也就是：

$\Sigma F = ma = qE$。

如果存在的是磁场而不是电场，并且带电粒子是运动的，那么我们描述带电粒子所受的力为*磁洛伦兹力*（magnetic Lorentz force）：

$$F_B = q(v \times B) \tag{1-2}$$

其中，F_B = 磁洛伦兹力矢量 [N]；

　　　v = 粒子的速度矢量 [m/s]；

　　　B = 磁场矢量 [T]。

磁洛伦兹力不需要对带电粒子做功就能改变它们的运动方向，这让空间物理学家特别感兴趣。由于是向量积，磁洛伦兹力垂直于速度 v 和磁场 B，产生向心加速度（朝向中心），却没有增加沿作用力方向的运动。

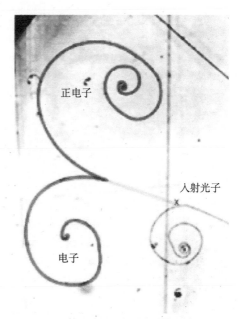

正电子

入射光子

电子

图1-24　两个带电粒子的螺旋形运动轨迹。这里我们显示的是由一个高能光子衰变产生的一个电子和一个正电子。它们的运动受磁场引导。（图片来自欧洲核研究组织（CERN））

在空间环境中，我们经常发现有两个场作用于带电粒子，产生一个叫做广义洛伦兹力的合力

$$F = qE + qv \times B = q(E + v \times B) \quad (1-3)$$

问答题 1-16

要产生图 1-24 所示的粒子运动轨迹，磁场的方向应该指向哪里？

带电粒子的合成运动是如图 1-24 所示的圆周还是螺旋线运动取决于磁场 B 和电场 E 的方向。

利用洛伦兹力的概念，我们对太阳风与磁层顶的相互作用做出了一些初步设想。从地球北极上空往下看的磁层截面上，太阳粒子以流线的形式流过磁层，如图 1-25 所示。大部分的太阳风粒子掠过磁层的两翼。一些粒子在磁层顶附近徘徊，受到地球磁场的影响。在晨侧，质子按照它们回旋运动轨迹加速进入磁层，而电子被加速出去。在昏侧，存在电子加速进磁层而质子加速出磁层的弱趋势。最后总的效果是电荷分离，即质子在磁层晨侧内堆积，电子在磁层昏侧内堆积。在磁层内，这种电荷堆积就产生了晨昏电场（E）。在后面章节的学习中，这个由磁重联过程引起的电场及其增强，奠定了太阳风与近地系统能量交换的基础。

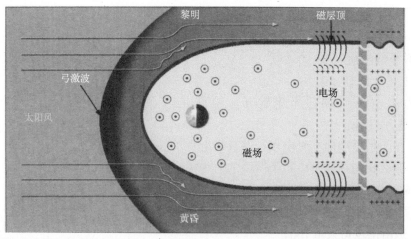

图 1-25　从磁层赤道截面来看发电机行为。太阳在左边。地球磁场（带点的深灰色小圆圈）的方向指向页面外。在磁尾的侧面，太阳风带电粒子被地球磁场捕获并产生电荷分离。电荷分离是太阳风带电粒子在磁层顶被捕获，仅完成部分回旋运动的过程所引起的。因此，太阳风等离子体在磁层内部产生了晨昏电场，在磁尾的侧面产生昏晨电场。只需少量的捕获粒子就可以建立一个可测量的电场。这些电荷分离的过程就像发电机的行为。在后面的章节，我们将学到在太阳风扰动期间出现的更有效的发电机过程。（本图未按比例绘制）

问答题 1-17

验证广义洛伦兹力的单位是牛顿［N］。

问答题 1-18

当作用于带电粒子的力只有 $q(v \times B)$ 时，下列什么会变化？

（a）粒子的质量；

（b）粒子的动量；

（c）粒子的能量；

（d）都不变。

例题 1.4 电场引起的带电粒子运动（1）

- 问题：在空间天气事件期间，地球高纬地区高层大气中的氧离子和电子会遇到强电场。计算方向向外的（在北半球反平行于地球磁场）电场作用在地球遥远高层大气中的低能氧离子上的力。假设粒子位于地球北极区（图 1-26）。

- 给定条件：离子电荷为 1.60×10^{-19} C。磁场在北极的方向向下，指向地球表面。

- 假设：电场的大小为 1 mV/m，方向远离地球，离子位于地球北极地区。

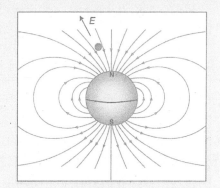

图 1-26 地球偶极场。图中显示的磁力线从南极区离开地球，再从北极进入。红点是例题中粒子的大概位置。

- 解答：沿电场线方向加速离子的电场力是 $F_E = qE$，力的大小为

$$F_E = qE = 1.6 \times 10^{-19} \text{ C} \times 0.001 \text{ V/m} = 1.6 \times 10^{-22} \text{ N}$$

力方向远离地球。

- 解释：净库仑力在近地空间环境加速带电粒子。在一些空间天气事件期间，大量电离的氧原子逃离地球大气进入近太空空间，从而改变了卫星的带电环境。

补充练习 1： 离子绕磁力线回旋运动的方向是顺时针还是逆时针？

补充练习 2： 假设氧离子绕磁力线回旋运动的速度是 1200 m/s。如果当地磁场强度为 7500 nT，那么离子的洛伦兹力是多少？

例题 1.5 带电粒子在磁场中的运动

- 问题：求解质子在磁层侧面的回旋半径。

- 概念：回旋半径。

- 给定条件：磁层侧翼的磁场强度 = 20 nT，质子的垂直速度 = 300 km/s，质子的质量 = 1.67×10^{-27} kg，质子的电荷量 = 1.6×10^{-19} C。

- 假设：磁场强度均匀，带电粒子的运动方向垂直于磁场。

■ **解答**: 质子受力本质上是向心力。设向心力大小等于磁洛伦兹力，用以求解圆周运动的半径。

$$\left| \boldsymbol{F}_B \right| = \left| \left(-\frac{mv^2}{r} \hat{r} \right) \right| = \left| q\boldsymbol{v} \times \boldsymbol{B} \right|$$

$$\left| r \right| = \frac{mv}{qB}$$

$$r = \frac{\left(1.67 \times 10^{-27} \ \text{kg} \right)\left(3 \times 10^{5} \ \text{m/s} \right)}{\left(1.6 \times 10^{-19} \ \text{C} \right)\left(20 \times 10^{-9} \ \text{T} \right)} \approx 1.56 \times 10^{5} \ \text{m} = 156 \ \text{km}$$

■ **解释**: 太阳风质子掠过地球磁层侧面的时候，会被捕获到磁层顶中的磁力线中做回旋运动，半径为几百公里。侧面磁层顶的厚度为几个回旋半径，500~1000 km。

补充练习 1: 求解与太阳风质子相似特性的太阳风电子的回旋半径。

补充练习 2: 求解太阳风质子和电子的回旋频率和回旋周期。

总结

人类观测空间天气要素可能已有几千年的历史。在过去几十年的观测中，我们已经发现太阳黑子与太阳磁场和地球极光相关。

在这一章，我们解释了空间环境。太阳的影响一直延伸到日地距离 100 倍远的空间。在这个空间范围，太阳辐射和其外层大气影响了所有的行星，在许多行星周围形成磁层，在所有行星周围形成电离层。我们地球的电离层和磁层是与太阳发射物发生大量能量交换的场所。迄今为止，大部分空间天气事件都因这两层受影响而发生。我们现在知道太阳能量并没有止步于电离层，而是进一步延伸进入大气层并一直到地面。

1859 年，一个特别亮、持续时间特别长的耀斑爆发后很快在地球上跟着爆发了一个强磁暴。关于太阳黑子、太阳耀斑与地磁暴之间联系的研究最早开始于那个事件，并一直延续至今。空间物理学家所了解的大部分知识被用于预报第 23 太阳活动周中强烈空间天气事件的发生时间和可能影响。这些事件的影响包括通信阻断、迫使部分卫星进入保护安全模式和一些卫星的永久性毁坏。

电磁力在激发空间天气事件中扮演了重要的角色。这些力使带电粒子快速地运动起来。不像地球天气事件的发展需要许多小时到许多天，空间天气事件发展的时间尺度往往是分钟到小时的量级。

关键词

英文	中文	英文	中文
active region	活动区	meteor trail	流星余迹
astronomical unit (AU)	天文单位	plasma	等离子体
bow shock	弓激波	plasmapause	等离子体层顶
coordinated universal time (UTC)		plasmasheet	等离子体片
	协调世界时	plasmasphere	等离子体层
coronal mass ejection (CME)		polar cap absorption (PCA)	
	日冕物质抛射		极盖吸收
differential rotation	较差自转	radiation belts	辐射带
diurnal	昼夜（的）	radio blackout	电波中断
electric (Coulomb) force	电场（库仑）力	scintillation	闪烁
exobase	逃逸层底	solar energetic particles (SEPs)	
galactic cosmic rays (GCRs)			太阳高能粒子
	银河宇宙线	solar flare	太阳耀斑
gas	气体	solar spectrum	太阳光谱
generalized Lorentz force	广义洛伦兹力	solar wind	太阳风
geomagnetic crochet	地磁钩扰	solid	固体
heliopause	日球层顶	space climate	空间气候
heliosheath	日球层鞘	space environment interaction	
helipsphere	日球层		空间环境相互
heterosphere	非均质层		作用
high-speed stream	高速流	space physics	空间物理
homosphere	均质层	space weather	空间天气
interplanetary magnetic field (IMF)		sunspot cycle	太阳黑子（活
	行星际磁场		动）周
ionosphere	电离层	sunspot maximum	太阳黑子极大
liquid	液体		期（年）
magnetars	磁星	sunspot minimum	太阳黑子极小
magnetic Lorentz force	磁洛伦兹力		期（年）
magnetopause	磁层顶	sunspot	太阳黑子
magnetosheath	磁鞘	synoptic	全球尺度（的）
magnetosphere	磁层	termination shock	终止激波
magnetotail	磁尾	thermosphere	热层
magnetotail lobes	磁尾瓣	van Allen belts	范艾伦带

公式表

电场力（库仑力）：$F_E = qE$。

磁洛伦兹力：$F_B = q(v \times B)$。

广义洛伦兹力：$F_L = qE + qv \times B = q(E + v \times B)$。

问答题答案

1-1： 1 eV 近似为 10^4 K。

1-2： 约 5 个太阳活动周。

1-3： 每个人有不同的答案。

1-4： 虽然太阳风的温度很高，但密度非常低。因此，太阳风中极少有能量可与卫星进行交换。

1-5： 同样由于密度很低，太阳风中极少有动量作用于航天员，因此能够加速航天员的力是微小的。

1-6： 太阳到天王星的距离为 19.2 AU×110 ft/AU＝2112 ft。近日球层顶到太阳的距离约为 150 AU×110 ft/AU＝16500 ft。

1-7： $(4.5 \times 10^{12} \text{ m})/(4 \times 10^5 \text{ m/s}) = 1.125 \times 10^7 \text{ s} = 4.34 \text{ month}$。

1-8： $(1.5 \times 10^{11} \text{ m})/(30 \text{ h} \times 3600 \text{ s/h}) = 1.4 \times 10^6 \text{ m/s} \approx 1400 \text{ km/s}$。

1-9： 土星：~ 10 AU；天王星：~ 20 AU；日球层顶：~ 150 AU；半人马座阿尔法星：2.7×10^5 AU。

1-10： $(2.3 \times 10^{13} \text{ m})/(2.998 \times 10^8 \text{ m/s}) \approx 0.89 \text{ d}$。

1-11： 不能。月亮出入于太阳风中。当它不在太阳风中时就可能在磁层里。它在磁层时是背离太阳的，朝向太阳时则在磁层以外。在晨昏线上时它是在磁层以外。

1-12：

对流层：$0 \sim 0.002 \, R_E$；

平流层：$0.002 \sim 0.008 \, R_E$；

中间层：$0.008 \sim 0.013 \, R_E$；

热层：$0.013 \sim 0.16 \, R_E$；

电离层：$0.016 \sim 0.16 \, R_E$；

逃逸层：$> 0.05 \, R_E$；

等离子体层：$1 \sim 6 \, R_E$；

磁层：$10 \sim 100 \text{s} \, R_E$；

日球层：$0 \sim 150$ AU。

1-13： 气球或探空火箭

1-14：

- 耀斑和 CME——（可能同时发生）但耀斑通常先观测到。

- 电波中断——源自耀斑，发生在耀斑后 8 分钟的向阳面，持续分钟到小时的量级。

- 地球上出现高能粒子——源自耀斑和 / 或 CME。最快的粒子会在耀斑发生后 20 ～ 25 分钟时间内，以约 1/3 的光速快速到达地球。极区电波中断可能在高能粒子到达地球不久后发生。
- 极光出现—— CME 到达地球之后发生，通常是在耀斑后的 2 ～ 3 天内。
- 输电网络崩溃——发生在 CME 到达地球之后几分钟到几小时内。

1–15： 磁暴级别为 G-5。

1–16： B 垂直纸面向外。

1–17： $[(C×N/C)+(C×m/s×N/(C\ m/s))] = N$。

1–18：（b）磁洛伦兹力通过改变粒子的运动方向改变粒子的动量。

参考文献

Bartels, Julius. 1937. Solar eruptions and their ionospheric effects-A classical observation and its new interpretation. *Terrestrial Magnetism and Atmospheric Electricity*. Vol. 42, No. 3. American Geophysical Union, Washington, DC.

Carlowicz, Michal and Ramon Lopez. 2002. Storms From the Sun: *The Emerging Science of Space Weather*. John Henry Press, Washington DC.

Jansen, Frank, Risto Pirjola, and Rene Fevre. 2000. *Space Weather: Hazard to Earth?* Swiss Re Publishing, Zurich, Switzerland.

Kouveliotou, Chryssa, Robert Duncan, and Christopher Thompson. 2003. Magnetars. *Scientific American*. February. Nature America. New York, NY.

Labitzke, Karin and Harry van Loon. 1988. Associations between the 11-year solar cycle, the quasi-biennial oscillation, ant the atmosphere: I. the troposphere and stratosphere in the northern winter. *Journal of Atmospheric and Terrestrial Physics*. Vol.50.

McCracken, Ken G., Gisela A.M. Dreschhoff, Edward J. Zeller, Don F. Smart, and Margaret A. Shea. 2001. Solar cosmic ray events for the period 1561-1994, 1, Identification in Polar ice, 1561-1950. *Journal Geophysical Research*, 106. American Geophysical Union. Washington, DC.

Odenwald, Sten and James Green. 2008. Bracing the Satellite Infrastructure for a Solar Superstorm. *Scientific American*. Vol. 299. Nature America. New York, NY.

Tinsley, Brian. 2000. Influence of Solar Wind on the Global Electric Circuit and Inferred Effects on Cloud Microphysics, Temperature, and Dynamics in the Troposphere. *Space Science Reviews*. Vol. 94. Springer. Dordrecht, Netherlands.

Zhentao, Xu. 1990. Solar Observations in Ancient China and Solar Variability. *Philosophical*

Transactions of the Royal Society of London. Vol. 330, Issue 1615. Royal Society Publishing. London, England.

图片来源

Carrington, Richard C. 1860. Description of a singular appearance seen in the Sun on September 1, 1859. *Monthly Notices of the Royal Astronomical Society*. Vol. 20. Royal Astronomical Society. London, England.

Cliver, Edward W. 2006. The 1859 Space Weather Event: Then and Now. *Advances in Space Research*. Vol. 38, Issue 2. Elsevier. Amsterdam, Netherlands.

Hargreaves, John K. 1992. *The Solar Terrestrial Environment*. Cambridge, UK: Cambridge Press, Cambridge, UK.

补充阅读

Freeman, John W. 2001. *Storms in Space*. Cambridge Press.

Siscoe, George. 2007. Space Weather Forecasting Historically Viewed through the Lens of Meteorology. *Space Weather- Physics and Effects*. Volker Bothmer and Ionnis Daglis, editors. London, England: Praxis Publishers.

Tribble, Alan C. 2003. *The Space Environment Implication for Spacecraft Design*. Princeton University Press.

Tsurutani, Bruce T., Walter D. Gonzalez, Gurbax S. Lakhina, and Sobhana Alex. 2003. The extreme magnetic storm of September 1-2, 1859. *Journal of Geophysical Research*, 108, No. A7. American Geophysical Union. Washington, DC.

VS Department of commerce, national Oceanic and Atmospheric Administration, Service Assessment: Intense Space Weather Storms, October 19-November 07, 2003, national Weather Service, Silver Spring, Maryland, 2004.

历史参考

Barlow, William H. 1849. On the Spontaneous Electrical Currents Observed in the Wires of the Electrical Telegraph. *Philosophical Transactions of the Royal Society of London*. Vol. 139. Royal Society Publishing. London, England.

Carrington, Richard C. 1859. On the distribution of the solar spots in latitude since the beginning of the year 1854; with a map. *Monthly notices of the Royal Astronomical Society*. Vol 19. Royal Astronomical Society. London, England.

Hodgson, Ricard. 1860. On a curious appearance seen in the Sun. *Monthly Notices of the Royal Astronomical Society*. Vol. 20. Royal Astronomical Society. London, England.

Loomis, Elias. 1859. The Great Auroral Exhibition of August 28th to September 4th, 1859. *Americal Journal of Science and Arts*. Vol. 78. Published by Benjamin Silliman.

Maunder, Edward W. 1905. Magnetic disturbances, as recorded at the Royal Observatory, Greenwich, and Their association with sunspots. *Monthly Notices of the Royal Astronomical Society*, Vol. 65. Royal Astronomical Society. London, England.

Sabine, Edward. 1852. On Periodical laws discoverable in the mean effects of the larger magnetic disturbances. *Philosophical Transactions of the Royal Society of London*. Vol. 142. Royal Astronomical Society. London, England.

Schwabe, S. Heinrich. 1844. Solar observations during 1843. *Astronomische Nachrichten*. Vol. 21, no. 495.

Stewart. Balfour. 1861. On the great magnetic disturbance which extended from August 28 to September 7, 1859, as recorded by photography at Kew Observatory. *Philosophical Transactions of the Royal Society of London*. Vol. 151. royal society of London. London, England.

Von Humboldt, Alexander. 1851. *Kosmos: Entwurf einer physichen Weltbeschreibung*. Vol. 3, No.2. Cotta, Stuttgart.

第 2 章　空间——能量之域

C. Lon Enloe, M. Geoff McHarg, and Brian Patterson

你应该已经了解：

❑ 点乘、叉乘、积分

❑ 牛顿运动三定律

❑ 力与动量、压强、冲量的关系

❑ 理想气体定律

❑ 能量守恒

❑ 以国际原子量单位表示的原子和分子质量

❑ 电势差与电场的关系

❑ 机械波与多普勒效应的源和一般特性

❑ 氢原子辐射模型

本章你将学到：

❑ 空间环境中能量的转换、存储和分配

❑ 空间环境中粒子、光子与场的相互作用

❑ 能量分类的不同方式

❑ 电磁能的来源和特性

❑ 压强与压强变化

❑ 普朗克辐射函数及其与黑体辐射的关系

❑ 斯特藩－玻尔兹曼定律与维恩定律

❑ 离散谱线

❑ 光谱学与光谱学符号

❑ 韧致辐射、同步辐射、等离子体振荡辐射

本章目录

翻译：阿尔察；校对：吕建永。

2.1　空间中的能量简介

本章将定义能量，描述其出现的形式，并为读者提供能量是如何在空间环境中变化、存储及分布的知识。高阶读者可以浏览 2.1 节和 2.2 节中的例题，然后继续阅读 2.3 节。

2.1.1　系统中能量的物理概念

目标：读完本节，你应该能够……

- ◆　定义功、热量、能量，并解释其关系
- ◆　区分开放、封闭和孤立的系统
- ◆　区分能量和功率
- ◆　计算空间环境中能量和功率的值

能量（energy）是自然界用于"业务交易"的货币。我们之所以关注能量，是因为空间天气的每个方面都受到能量及其在系统中转移转化的约束。

系统中的能量

能量是个复杂的概念，所以我们从其定义开始。能量是一个系统做功或者传递热量的能力。能量的基本国际单位是焦耳 [J] 或者 $kg \cdot m^2/s^2$。图 2-1 显示了一个系统和其环境的能量关系。

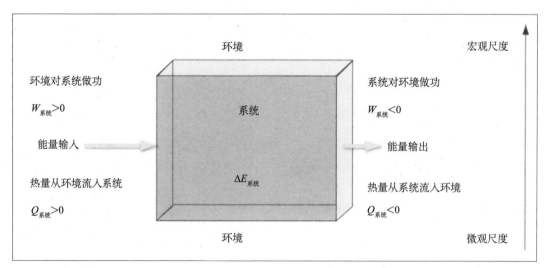

图 2-1　封闭系统中的能量关系示意图。 能量是一个标量，箭头表示了该标量的大小。当环境对系统做功（W）或者热量（Q）流入系统时，能量进入系统；当系统对外做功或者热量流出时，能量离开系统。

所有的物质都有能量，但并非所有的能量都与物质相关。能量能以光子、场、粒子静态能的形式存在。通过粒子、光子和场的作用力可以把能量转移到其他物体或场上。基本的能量转移过程是功和热。

能量是守恒的，物体的能量可以传递给其他物体、光子或者场。系统中的能量可以改变形式，但不能被创造或者被毁灭。只有系统外力才能改变能量。当内力作用时，可以改变系统中的能量形式。

整个系统中的能量是其中每个部分不同能量形式的总和。我们通常将系统定义为一个特定空间内所有的物质与能量的集合。开放系统（open system）是指与外界既有能量又有物质交换的系统，封闭系统（closed system）是指与外界只有能量而没有物质交换的系统，孤立系统（isolated system）则更受限制，指与外界既无能量又无物质交换的系统。

问答题 2-1

在下面空格中输入以下三者之一：开放、闭合、孤立。

我们在第 1 章的讨论表明能量实际上会进入地球空间。我们的地球空间明显并不是一个_____系统。地球磁场能有效地偏转太阳风所携带的绝大部分物质，只剩余 1%～2%。对此了解后，我们可以将未受扰动的磁层近似描述为一个_____系统。当太阳风和行星际磁场与地球磁层磁场在暴时发生重联时，我们的近地空间变成了一个_____系统。

功——宏观尺度的机械作用

我们需要与能量一同理解功（work）和热（heat）的概念。如同在物理学中所定义的，功（W）描述了一个系统在外力作用下能量的流入或者流出，我们设想这个外力为推力或拉力，它产生宏观尺度的机械作用，例如，火箭引擎排放的气体对航天器的推进作用。

为了做功，外力必须有与位移平行的分量（图 2-2）。如果力与位移的方向垂直，或者没有位移发生，则没有做功。

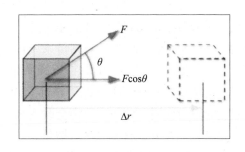

图 2-2 作用于物体上的外力。 以角度（θ）作用在物体上的外力（F），将物体移动一段距离（Δr）而对其做功。

$$\Delta E = W = \int \boldsymbol{F}_{\text{external}} \cdot \mathrm{d}\boldsymbol{r} = \int F_{\text{external}} \mathrm{d}r \cos\theta \qquad (2\text{-}1)$$

其中，ΔE = 能量变化 [J]；

W = 做功 [J]；

$\boldsymbol{F}_{\text{external}}$ = 外力矢量 [N]；

$\mathrm{d}\boldsymbol{r}$ = 微分位移矢量 [m]；

θ = 力与位移方向的夹角 [rad 或（°）]。

力与位移这两个矢量的点乘表示位移与其平行方向之分力的乘积，其结果是一个被称之为功的标量，可将能量变化进行量化。积分符号表明要将每一小段用于做功的力和距离微分乘积进行累加。在使用公式（2-1）时，我们假定在每一段小的位移（dr）上的净力是固定不变的，但是在不同位移间可以是不同的。

问答题 2-2

在下面的三种情形里，dr 是位移矢量，F 是力的矢量。请确定系统做功的正负：大于 0，等于 0 或小于 0。

问答题 2-3

假设有一个 1000 kg 的卫星，在离地球一个 R_E 的距离上作圆轨道运动，请问重力在其绕轨运行一周中做了多少功？问答题 2-2 的哪个图最佳地描述了此种情况？

热——微观尺度的热力作用

在微观层面上，温差传入或传出系统的能量被称之为热，用符号 Q 表示。加热是通过无数原子或分子的碰撞产生的。我们并不试图去追踪单个粒子的碰撞，而是用宏观的方法（如温度或物质态的改变）来测量系统内部能量的变化。例如，来自太阳辐射的能量（光子）会激发地球高层大气中的物质，受到太阳辐照的物质会获得能量，进而导致其温度增加以及电离增加；高层大气温度增加会导致地球大气层膨胀，密度上升，继而增加对低轨道卫星的阻力作用；此外，电离会改变高层大气的化学组成。

如果我们用 dQ 来表示热量增量，那么我们就可以依据相应的温度变化，或是热流体系统通过改变体积来做功的能力来研究热量的变化。在一定质量流体里的热量变化可以描述为

$$\mathrm{d}Q = mc_v\mathrm{d}T + p\mathrm{d}V \tag{2-2}$$

其中，m = 流体质量 [kg]；
　　　c_v = 比热容 [J/（K·kg）]；
　　　dT = 温度变化 [K]；
　　　p = 压强 [J/m³]；
　　　dV = 体积变化 [m³]。

公式（2-2）是热力学第一定律（First Law of Thermodynamics）的一种形式，即能量守

恒定律：热量（微观尺度的能量）可以通过温度或体积改变的方式来传递或转换，但其总量保持不变。

问答题 2-4

假设我们将一定量的气体用真实或者虚构的边界来隔绝，使其无法与外界交换热量。如果其体积膨胀而对外界做功，请问该部分能量从何而来？

功率——能量交换的速率

通常我们对能量变化量和变化速率都感兴趣。功率（power）是指功（或热量）产生或者耗散的速率，其单位为 J/s 或者瓦特 [W]。

$$P = \frac{\mathrm{d}E}{\mathrm{d}t} = \frac{\mathrm{d}(W+Q)}{\mathrm{d}t} \tag{2-3}$$

其中，$P=$ 系统功率 [W]；

$E=$ 系统能量 [J]；

$t=$ 时间 [s]；

$W=$ 系统做功 [J]；

$Q=$ 传入或传出系统的热量 [J]。

功率大小告诉了我们能量在系统和外界交换的快慢。在地球的作用中，能量的区间从几焦耳到几百万焦耳；类似地，功率的范围从几瓦特到几百万瓦特。

表 2-1 和表 2-2 进行了能量和功率值的比较，关注点 2.1 给出了日常和重大事件所涉及的能量与功率对比。大的太阳爆发是我们太阳系中功率最大和能量最高的事件之一。

表 2-1　系统能量值。此处给出普通和显著事件的典型能量值。

系统	能量
把一本书从地下拿到桌上	约 10 J
健康的成年人每日所需营养	约 8×10^6 J
一颗大型商用卫星日常损耗	约 3×10^8 J
一颗百万吨级氢弹	约 6×10^{15} J
全球每年人类的生产	约 3×10^{20} J
大型太阳耀斑爆发	约 10^{25} J

表 2-2　系统功率值。此处给出不同条目或者事件的功率级别。

系统	功率
吹风机	约 10^3 W
一颗大型商用卫星功率损耗	约 4×10^3 W

续表

系统	功率
对人类和大部分硬件的电力灾害	约 10^4 W
大型煤电厂或核电厂	约 10^9 W
大型太阳耀斑	约 10^{22} W
一颗百万吨级氢弹	约 6×10^{24} W
太阳总功率输出（光度）	约 4×10^{26} W

问答题 2-5

一次持续 5 天的中度飓风对应于图 2-3 中的何处？一辆 1500 kg 的车，在高速行驶中撞到混凝土围栏 3 s 后停下来，对应于图中何处？

例题 2.1　耀斑中的能量

- 问题：一次太阳耀斑具有多大能量？观测表明 2003 年 10 月 28 日的太阳爆发在 2 个小时内释放出 10^{25} J 辐射能，请问这占太阳光度（3.81×10^{26} J/s）的比例是多少？
- 相关概念：对能量和功率的定义。
- 给定条件：2 个小时释放出 10^{25} J 能量。
- 解答：功率是单位时间内的能量变化：功率 $= dE/dt$。太阳耀斑辐射的平均功率是 10^{25} J/7200 s $= 1.39 \times 10^{21}$ J/s，所以占太阳光度的比例为 $(1.39 \times 10^{21}$ J/s$)/(3.81 \times 10^{26}$ W$)$ $= 3.6 \times 10^{-6}$。
- 解释：耀斑爆发大约释放出太阳光度的百万分之三（3×10^{-6}），但是在太阳光谱的 X 射线部分，耀斑会达到背景级别的几千倍（图 1-23）。

补充练习：把此结果与将 CME 加速至 2000 km/s 的平均功率做个比较，使用 2 小时的时间间隔（回忆第 1 章结尾处计算 CME 的方法）。

关注点 2.1　能量与功率

空间天气风暴与我们日常生活中的普通或是热点事件相比影响如何？我们应该进行能量还是功率的比较呢？为解决上述问题，图 2-3 给出了典型事件的能量与功率对比，如跑马拉松、雷暴、地震等。其中一些在短时间内释放出大量能量，有很高的功率输出；而另一些则花费较长时间，其释放的能量和功率输出都较低。

总体而言，越强大的自然事件越能引起关注，但它们若没有巨大的储能也无法发生。太阳爆发是我们太阳系中最高能的事件，其释放的是太阳所储存的磁能。幸运的是，只有很少一部分能量和功率被地球接收到。由偶然的太阳爆发所导致的全球地磁暴，会引发强烈的地面事件（管线电流、极光增强、变压器熔毁等）。对全球地磁暴的重点认知在于它们每年会发生多少次，并会对整个空间环境造成什么影响。

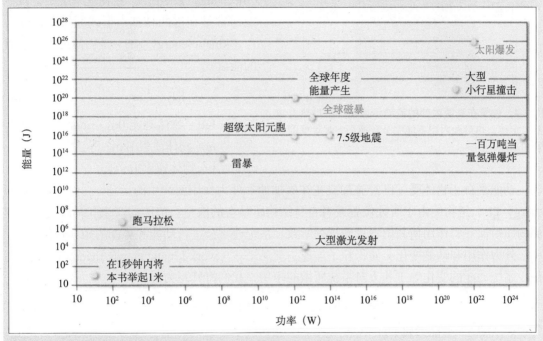

图 2-3 **不同事件的能量与功率对比图。** 此处绘制了我们生活中的一些事件和太阳系中的一些过程。图的横纵轴均采用对数坐标，以方便绘制跨越不同强度量级的事件。有些事件短时间内释放出巨大的能量，有些事件耗时较长、能量输出较低，所以前者的功率要高于后者。空间天气事件以红色表示。（数据来自 NOAA 空间天气预报中心的 Steve Hill）

2.1.2　能量的形式与转化

目标：读完本节，你应该能够……

- 进行动能和势能的类比与对比
- 解释内能的概念
- 描述温度与分子和原子运动速度的关系
- 解释为何电子伏特（eV）和焦耳（J）是空间物理有用的单位

我们对能量有以下两点兴趣所在：①外力如何将能量输入或者输出一个系统，也就是说，系统如何做功？②系统内力如何进行能量的转化？

机械能——宏观尺度的系统能量

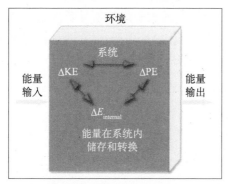

图 2-4 能量在系统内部的流动示意图。 根据热力学第二定律，热量和内能不能完全转换为宏观尺度的势能和动能。

图 2-4 显示了一个系统当中的能量通道。能量最基本的形式是动能和势能。这两者在宏观层面的累加组成了机械能（mechanical energy）。在物理系统中，机械能通常是在这两种基本形式间转化的。动能（kinetic energy, KE）是物体运动所具有的能量。

$$KE = \frac{1}{2}mv^2 \qquad (2\text{-}4)$$

其中，KE = 物体动能 [kg · m²/s² = J]；

m = 物体质量 [kg]；

v = 物体速度 [m/s]。

动能来自于物体受（已经施加或正在施加的）外力作用而产生的运动。势能（potential energy, PE）是物体由于所处位置或者自身结构所具有的能量。势能的产生和释放是系统内部物质由保守力作用使其位置重新排列所致。系统通常会进行动能和势能的相互转化。

外力作用和动能变化会使得粒子加速。动能定理（work-kinetic energy theorem）的描述是：系统动能的变化等于外力对系统所做的净功，我们将其写为

$$\Delta KE = KE_{final} - KE_{initial} = \int \boldsymbol{F} \cdot d\boldsymbol{r} = W_{net} \qquad (2\text{-}5)$$

其中，ΔKE = 动能变化 [J]；

$\boldsymbol{F}$ = 施加在系统上的外力矢量 [N]；

$d\boldsymbol{r}$ = 系统位移矢量 [m]；

W_{net} = 外力对系统所做的净功 [J]。

图 2-5 给出一个钟摆在重力作用下运动的轨迹。当钟摆从静止位置向下加速时，重力对其做正功。钟摆初始的势能在地球重力场作用下被转换为动能。当钟摆回到其静止位置的高度时，被释放的动能转换回势能，与此循环过程相伴随的力是保守力——可将能量复原为其初始形式的力。

如果我们忽略非保守力，例如，空气阻力和线在连接点的摩擦力，那么物体到达弧形底部的动能等于其损失的重力势能，因此球摆回到其初始高度时动能为零（球摆停止，速度为零），而势能完全复原。在这个例子里，重力"保存"了能量，首先将其以动能的方式释放，

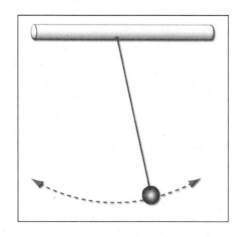

图 2-5 机械能守恒。 总的机械能，即动能与势能之和在保守场里是守恒的。我们用一个简单的球摆来进行展示。在弧形摆动的底部，球的速度最大而高度最低，因此动能最大而势能最小；当球摆向弧顶上升时，动能转化为势能，直至球在最高处停顿的瞬间，势能最大而动能等于零。

继而以势能的形式复原。势能的改变完全等于物体上升时重力所做的负功

$$\Delta PE = -\int \boldsymbol{F} \cdot d\boldsymbol{r} = -\int F dr cos\theta \qquad (2\text{-}6a)$$

$$\Delta PE = -W \qquad (2\text{-}6b)$$

其中，ΔPE 等于势能变化 [J]。

通常 $\boldsymbol{F}$ 是重力矢量，但其一般也可以是任何保守力矢量。公式里的负号很重要，公式（2-6a）和公式（2-6b）表明要想增加势能，系统必须以做功的形式提供能量。这一转移过程的本质就是能量守恒。储存的势能可以转移回动能（例题 2.2 和例题 2.3）。因为自然界有多种形式的保守力，所以势能也有多种形式。我们在表 2-3 里列举了若干势能形式。动能与势能这两种基本能量形式间的转换使得我们能够对机械能守恒做出更一般的描述

$$-\Delta KE = \Delta PE \qquad (2\text{-}7a)$$

用机械能的改变（ΔE）重新改写上式可以得到

$$\Delta E = 0 = \Delta KE + \Delta PE \qquad (2\text{-}7b)$$

表 2-3　动能和势能分类及示例。

动能 （由于运动具有的能量）	势能 （储存在物质或场结构中的能量）
运动动能 物体从一点移动至另一点或绕轴运动的能量	**重力势能** 储存在重力场中的能量
电动能 带电粒子有序运动所致	**电势能** 带电粒子在电场中所具备的能量
热能 粒子在物体内部微观尺度的运动：平移、旋转、振动、扭转	**化学能（潜热能）** 原子或分子间电子键作用所具备的能量，也被称为内能
机械波 物质的振荡运动所致	**存储的机械能** 外力作用所致
	核能 原子核内部质量转化所释放的能量
动能与势能相互结合的能量形式	
辐射能：通过电磁场振动传播的电磁能	
磁能：带电粒子运动在磁场中创造的能量	

例题 2.2　机械能转换

■ 背景：太阳暗条是太阳上冷且稠密的通量管，可能由于磁场张力所支持，在太阳大气中可存在几天至数周（图 2-6）。暗条长度可以跨越 1/4 的太阳半径。尽管磁场重联被认为是大部分太阳耀斑的驱动源，但是少数一部分耀斑可能是由暗条突然崩塌到太阳表面所致，被称之为海德耀斑，以提出这种耀斑形成机制的查尔斯·海德所命名。

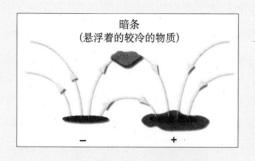

图 2-6　由磁拱形成的暗条悬浮物。 太阳大气中的暗条结构能支撑冷等离子体物质抵抗太阳低层大气的重力，图中显示了其截面。磁场以黄色标注，其足点可能位于太阳黑子处

■ 问题：太阳暗条中一半物质突然崩塌，导致了巨大的太阳耀斑，请计算其中释放出的重力势能。假设暗条半径 500 km，中心位于 2000 km 高度，密度 10^{-3} kg/m^3（图 2-6 和图 2-7）。

■ 相关概念：功和势能，通量管体积（圆柱形）。

■ 给定条件：暗条质量密度 10^{-3} kg/m^3，暗条管长度 1.75×10^8 m，太阳质量 2×10^{30} kg，暗条管半径 500 km。

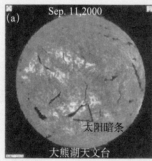 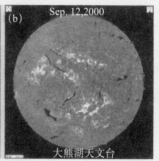

图 2-7　在大熊湖天文台用 H-α 滤镜观测的太阳图像。（a）2000 年 9 月 11 日，太阳表面出现许多深色线性暗条。暗条中的低温物质相对于热的背景呈现出暗黑色。（b）2000 年 9 月 12 日，临近中央子午线的一个暗条缺失。在两幅图像间隔期，暗条崩塌，产生了一个强烈的太阳 X 射线耀斑和一次剧烈的 CME。（大熊湖天文台 / 新泽西理工学院供图）

■ 假设：作用在暗条上的磁场张力和重力达到静态平衡，并由于激波和其他形式的扰动所破坏。重力加速度在该高度上保持固定，等于例题 1.1 里所给的 272 m/s^2。

■ 解答：如图 2-6 和图 2-7，确定磁场张力抬升暗条所做的功。磁场张力做功与重力场做功大小一致、方向相反。激波可以使暗条中储存的能量转化为大尺度动能，继而变为热能与辐射能。

$$\text{暗条管质量的一半} = 0.5 \times \text{暗条管体积} \times \text{暗条管密度}$$

$$0.5 \times \pi r^2 l \times \rho = 0.5 \times 3.14 \times (5 \times 10^5 \text{ m})^2 (1.75 \times 10^8 \text{ m})(10^{-3} \text{ kg/m}^3) = 6.87 \times 10^{16} \text{ kg}$$

磁场张力做功为

$$\int \boldsymbol{F} \cdot \mathrm{d}\boldsymbol{r} = \int \boldsymbol{F}_{g_{\text{sun}}} \cdot \mathrm{d}\boldsymbol{r} = -m_{\text{tube}} g_{\text{sun}} h$$

$$= (6.87 \times 10^{16} \text{ kg})(272 \text{ m/s}^2)(2 \times 10^6 \text{ m}) \approx 3.74 \times 10^{25} \text{ J}$$

如果暗条崩塌，这一能量可以完全转化为动能。

■ 解释：表 2-1 表明一个大的太阳耀斑所释放的能量约为 10^{25} J，所以暗条物质的部分崩塌会为太阳耀斑提供相当大的能量，而剩余的部分能量可以将另一半暗条推向

空间当中。科学家相信大多数耀斑的能量来自于磁并合过程，这个过程可以将磁能（而非重力势能）转化为辐射能。在某些情形下，两种能量源都会被用到。

补充练习：试估计暗条在接近太阳表面时的速度。

例题2.3 逃逸速度

■ 问题：计算一个被中心引力体所吸引物体的逃逸速度。

■ 相关概念：机械能守恒。

■ 给定条件：万有引力常量（$G = 6.67 \times 10^{-11}$ N·m²/kg²）。

■ 假设：我们的系统是宇宙，逃逸物体（质量为 m）在中心引力体的表面（半径为 $R_{surface}$）。

■ 解答：质量分别为 M 和 m，距离为 r 的两个物体之间的重力势能可以表示为

$$PE = -\frac{GMm}{r}$$

其中，PE = 重力势能 [J]；

G = 万有引力常量 [6.67×10^{-11} N·m²/kg²]；

M = 中心物体质量 [kg]；

m = 逃逸物体质量 [kg]；

r — 两物体中心间距 [m]。

负号表明物体受万有引力作用而互相吸引。

机械能总量为

$$E_{total} = KE + PE = \frac{1}{2}mv^2 - \frac{GMm}{r} = 常量$$

为了挣脱引力束缚，物体需要能离开至无限远（$r = \infty$）。若以最小的能量达到该距离，速度应为零，则依据能量守恒定律：

$$\frac{1}{2}mv_i^2 - \frac{GMm}{R_{surface}} = 0 - \frac{GMm}{\infty}$$

等式右边为零，则

$$\frac{1}{2}mv_i^2 = \frac{GMm}{R_{surface}}$$

物体逃逸的初始速度 v_i 可以表示为

$$v_i = v_{escape} = \sqrt{\frac{2GM}{R_{surface}}}$$

■ 解释：能量守恒定律能有效地确定：①物体逃离中心引力体所需的逃逸速度；②物体将初始动能完全转化为势能时所运行的距离。这是一种纯粹假设的情况，但它是对航天飞行有用的一种极限情形。

> **补充练习 1：** 计算物体相对于太阳的逃逸速度，使用第 3 章里表 3-1 的数据。
>
> **补充练习 2：** 为了从太阳系逃逸，旅行者 1 号飞船在一个 AU 处所需的初始速度是多少？

内能——微观尺度的系统能量

微观尺度的动能。系统中质点相互作用会产生微观尺度的势能和动能

$$E_{internal} = KE_{internal} + PE_{internal}$$

追踪气体或等离子体里面每个原子的能量是难以做到的，所以对于能量中动能的部分，我们使用统计结果。图 2-8 给出了在不同给定温度下，气体分子运动速度的统计分布。该分布是一种数学函数形式，被称之为麦克斯韦－玻尔兹曼方程（Maxwell-Boltzmann function）（第 6.3 节）。该分布表现了粒子群中能量扩散的自然特性，大部分的粒子速度分布在中心位置，速度非常小或者非常大的粒子出现的概率则很有限。较冷的（慢速）粒子群所具备的能量较少，并且分布在高端部分的能量比例很低。速度分布是不对称的，因为有些粒子在碰撞后获得较高的速度，因而移动到分布的右侧；这一趋势在高温条件下更为显著。

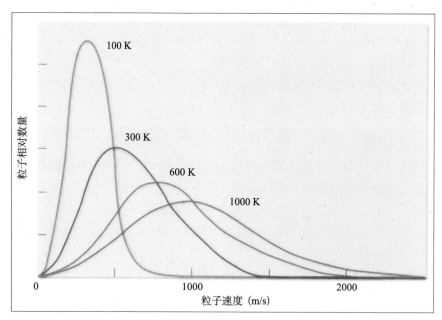

图 2-8　不同温度下气体粒子速度的麦克斯韦－玻尔兹曼分布。每一条分布曲线都有同样数量的粒子。低温粒子的速度分布范围较为狭窄。随着粒子温度上升，其速度呈现扩展趋势，并且一些粒子具备非常高的速度。我们将在 6.3 节介绍产生这种曲线的函数。

图 2-8 显示了气体温度和其粒子速度分布的关系。事实上，均方根速度（root-mean-square speed, v_{rms}）与温度的关系为

$$\frac{1}{2}mv^2_{\text{rms}} = \frac{3}{2}k_{\text{B}}T \qquad (2\text{-}8\text{a})$$

其中，$m =$ 原子质量 [kg]；

$v_{\text{rms}} = \sqrt{v_x^2 + v_y^2 + v_z^2} = \sqrt{v^2}$ = 均方根速度 [m/s]；

$k_{\text{B}} =$ 玻尔兹曼常量（1.38×10^{-23} J/K）；

$T =$ 温度 [K]。

等式（2-8a）显示宏观尺度上的温度是气体内部动能的统计测量。在温度高于绝对零度时，气体总是具有微观尺度的平移能量，该能量随着温度上升而增加。原子型气体微粒具有三个维度的运动，每个维度贡献能量 $(1/2)k_{\text{B}}T$，总能量为 $(3/2)k_{\text{B}}T$。在作近似估计时，我们一般忽略等式前面的常量，而将气体或等离子体的能量简写为 $k_{\text{B}}T$。

对于多粒子型气体，通常会有额外的热运动形式被激发。为解释这些运动形式，可以通过在等式（2-8a）里添加适当的项数，并以 $k_{\text{B}}T$ 作为单位，将等式扩展为

$$\text{KE}_{\text{internal}} = \text{KE}_{\text{translation}} + \text{KE}_{\text{rotation}} + \text{KE}_{\text{vibration}} + \text{KE}_{\text{bending}}$$

$$= \frac{3}{2}k_{\text{B}}T + \frac{2}{2}k_{\text{B}}T + \frac{1}{2}k_{\text{B}}T + \frac{1}{2}k_{\text{B}}T = \frac{7}{2}k_{\text{B}}T \qquad (2\text{-}8\text{b})$$

对于多原子物质而言，围绕其共同质心的旋转会在纬向（θ）和经向（φ）的自由度上各自增加 $(1/2)k_{\text{B}}T$ 的能量，对旋转能量的总贡献为 $(2/2)k_{\text{B}}T$。振荡和弯曲各自提供 $(1/2)k_{\text{B}}T$ 的能量。等式（2-8b）表明多原子气体分配热量的方式很多，因为其能呈现出不同类型的小尺度运动，所以有很高的热容。

通常我们感兴趣的是粒子系统的总能量。为了确定总能量，我们将单个粒子能量与总粒子数（N）相乘；而为了确定其能量密度，我们将单个粒子能量与单位体积的粒子数（n）相乘。

例题 2.4 热能

- **问题**：计算一个原子氧离子在热层里的均方根速度。

- **相关概念和等式**：温度与能量的关系，$\dfrac{1}{2}mv^2_{\text{rms}} = \dfrac{3}{2}k_{\text{B}}T$。

- **给定条件**：原子氧的原子量为 16 amu。

- **假设**：热层大气温度为 1000 K。

- **解答**：离子平均的随机运动与其温度的关系为 $\text{KE} = \dfrac{1}{2}mv^2 = \dfrac{3}{2}k_{\text{B}}T$。
  其中，k_{B} 为玻尔兹曼常量：1.38×10^{-23} J/K。

$$\text{氧离子的速度 } v = \sqrt{\frac{3k_{\text{B}}T}{m}} = \sqrt{\frac{3(1.38 \times 10^{-23}\text{ J/K})(1000\text{ K})}{(16\text{ amu})(1.67 \times 10^{-27}\text{ kg/amu})}} = 1245\text{ m/s}。$$

- **解释**：在非常典型的情况下，地球高层大气中的氧原子以超过 1 km/s 的速度运动。此外，因为该速度只是一个均值，所以有些原子运动更快（2000 m/s）或更慢（200 m/s）也是有可能的。作为参考，一个优秀马拉松选手的速度大约是 4 m/s。

补充练习 1：计算日冕中质子的均方根速度，可参考表 3-1 中日冕的温度范围。

补充练习 2：计算 1 m³ 太阳风的热能，其中粒子平均温度为 10^5 K，粒子数密度为 5 个 /cm³。

问答题 2–6

　　试将平动速度改成旋转速度以推导旋转动能的表达式：$\mathrm{KE}_{\text{rotation}} = (1/2)mr^2\omega^2$。其中，$r$ 是质点围绕其旋转轴的距离；ω 是旋转角速度。

问答题 2–7

　　比较热层中氧的均方根速度与地球的逃逸速度（参考例题 2.4），并且解释为何地球能保持住大气。

　　能量、功、热量的单位都是焦耳（J）。然而，在空间当中的粒子密度要比我们所呼吸的空气低好多个量级；空间科学家通常使用一个较小的能量度量，即适合于微观粒子质量的电子伏特（eV）。电子伏特等于一个电子在经过 1 V 的电势差时所损失的电势能，或者是获得的动能。电子伏特与焦耳的关系是：$1\ \mathrm{eV} = 1.602 \times 10^{-19}$ J。

　　作用在一定距离上的电场会制造出电势差，可以表示为

$$\Delta V = -\int \boldsymbol{E} \cdot \mathrm{d}\boldsymbol{r} \tag{2-9}$$

其中，ΔV = 电势差 [V]；

　　　　$\boldsymbol{E}$ = 电场强度矢量 [V/m]；

　　　　$\mathrm{d}\boldsymbol{r}$ = 电场所施加作用的距离矢量 [m]。

　　如果一个带电粒子经过电压（势）差，或与其发生作用，则该粒子会被加速。在数学上，我们把这种关系写成电量（q）和电势差（ΔV）的乘积：

$$q\Delta V = -q\int \boldsymbol{E} \cdot \mathrm{d}\boldsymbol{r} = -\int q\boldsymbol{E} \cdot \mathrm{d}\boldsymbol{r} = -\int \boldsymbol{F}_E \cdot \mathrm{d}\boldsymbol{r} \tag{2-10}$$

其中，$q\Delta V$ = 带电粒子获得的电势能 [J]；

　　　　$\boldsymbol{F}_E$ = 电场力矢量 [N]。

　　利用等式（2-6），我们可以将上式的最后一项用 ΔPE 取代，从而写出

$$\Delta \mathrm{PE} = -W = q\Delta V = -\Delta \mathrm{KE} \tag{2-11}$$

　　如果一个电子带电量是 $-e$，电势差增量是 1 V，那么改变的能量即为一个电子伏特（eV）

$$\Delta \mathrm{KE} = -\Delta \mathrm{PE} = -q(\Delta V) = -(-e)\Delta V = +1\mathrm{eV}$$

　　在所有的能量等式中，我们都可以适当地用电子伏特（eV）取代焦耳（J）。表 2-4 给出了其他有用的单位与焦耳的转换。

表 2-4　能量转换。此处列举了一些能量值及其对应的焦耳数。

1 尔格（erg）	10^{-7} J	1 英国热量单位	1.054×10^3 J
1 卡路里（calorie）	4.184 J	1 千瓦·时	3.6×10^6 J
1 大卡（kilocalorie）	4184 J	1 百万吨当量	4.18×10^{15} J

微观尺度的势能。微观尺度的势能同样以多种形式出现，如潜热能、电子能、电能、核能等。我们在这里主要描述两种形式的微观能量：电子结合能与核能。

电子结合能与电离能。在描述中性物质时，我们通常会忽略将电子与原子核相结合的能量。在微观尺度上，该能量是很重要的，尤其是当我们想了解电离需要多少能量时。分离电子-离子键的能量可以来自于热能驱动、高能碰撞、短波光子，甚至无线电频率振荡。一般来说进入系统的能量并不严格等于电离所需的能量，在这种情况下，如果粒子达到激发态，多余的能量就会被其以动能释放或者储存起来。例题 2.5 探究了电离氢原子所需的能量。

问答题 2-8

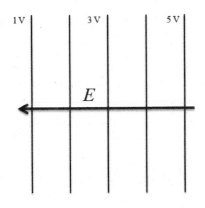

本图显示了电势等值线，与电压差相伴随的电场方向如箭头所示。电压值标注在图顶端。

试判断一个质子在沿哪个方向运动时动能增加。

（a）上；（b）下；（c）左；（d）右。

试判断一个电子在沿哪个方向运动时动能增加。

（a）上；（b）下；（c）左；（d）右。

核能。太阳内核与地球的核反应堆可以从原子核结构变化中提取其释放的势能。通过核聚变，氢原子核结合为氦原子核。在核反应堆里，铀或钚原子会在核裂变过程中分裂。核聚变和核裂变所释放出来的能量来自于核子（质子与中子）向较低能级的重新排列。为了达到这一较低能级，会有少量物质在反应中转化为能量。这个转化过程是如何发生的？答案是物质是能量的一种形式，这一概念在爱因斯坦著名的物理公式里得到了量化

$$\Delta E = \Delta mc^2 \qquad\qquad （2\text{-}12）$$

其中，ΔE = 能量变化 [J]；

Δm = 质量变化 [kg]；

c = 真空中的光速 $(2.998 \times 10^8 \text{ m/s})$。

储存在一个静止物质当中的能量本质上等于其质量和光速的乘积，mc^2 是其静质能（rest mass energy），Δ 代表其能量变化，整个等式是一种质能守恒的表述。

例题 2.5　热能与电离能

■ 问题：试确定能使氢原子在热碰撞下电离所需的温度。

■ 相关概念：热能和能量转换。

■ 给定条件：电离一个氢原子所需的能量为 13.6 eV。

■ 假设：电离是由热碰撞所引起。

■ 解答：与平均内能相关的温度可以表示为 $(3/2)k_B T = (13.6 \text{ eV})(1.6 \times 10^{-19} \text{ J / eV})$。

求解温度，可以得到 $T = \dfrac{2(13.6)(1.6 \times 10^{-19} \text{ J / eV})}{3(1.38 \times 10^{-23} \text{ J / K})} = 1.05 \times 10^5 \text{ K}$。

■ 解释：使氢原子热碰撞电离所需的温度相当高。太阳内部和外层大气远端的温度要比此高一个量级，因此大部分的氢原子能在这些区域被电离。回忆我们之前讨论过的温度－速度分布关系：即便在较低温度下，某些原子也可能有极高的速度，故而有足够的能量被电离，但低温条件下的碰撞作用无法使其长时间维持在电离状态。

补充练习：基于氢的电离温度，你觉得太阳表面大部分的氢都会电离吗？

例题 2.6　核聚变

■ 问题：在太阳内核的质子聚变中，每个转换周期所得的净能量为 26.7 MeV。在此过程中损失的质量有多少？损失的质量占聚变的四个质子的百分比为多少？

■ 相关概念：质能守恒。

■ 已知：$\Delta E = 26.7 \text{ MeV}$。

■ 假设：只有核力起作用，一个质子的质量为 1.007276 原子质量单位（amu）。

解答：质能守恒；每个氢原子核有一个质子，四个质子聚变形成一个氦原子核

$$\Delta E = \Delta mc^2 = 26.7 \text{ MeV}$$

$$\Delta mc^2 = 26.7 \text{ MeV} \times 1.6 \times 10^{-19} \text{ J / eV} = 4.272 \times 10^{-12} \text{ J}$$

$$\Delta m = 4.272 \times 10^{-12} \text{ J} / (2.998 \times 10^8 \text{ m / s})^2 = 4.75 \times 10^{-29} \text{ kg}$$

$$\frac{质量损失}{初始质量} = \frac{4.75 \times 10^{-29} \text{ kg}}{4(1.007276 \text{ amu}) \times 1.66 \times 10^{-27} \text{ kg / amu}} = 0.007 = 0.7\%$$

■ 解释：核聚变中极其微小的一部分质量损失了，被转换为能量。

关注点 2.2　太阳热核反应

太阳能主要是由强核力与电磁力反应所产生。在太阳内核中最重要的核反应是质子链式反应（proton-proton (PP) chain），共有三条不同分支，我们在此探究其主要的一条分支——PP I。基于模型假设，太阳核反应的 70%～90% 由该分支引起。它包含多个反应步骤，如图 2-9 所示。每个主要步骤的平均耗时大不相同。在太阳内核的温度下，每一亿个质子中只有一个能在碰撞中获得足够发生聚变的能量，反应速率非常慢，以至于每个质子平均需花费超过 10 亿年才能找到另一个"够热"的质子，与其碰撞出成功的核聚变。太阳的年龄只有 45 亿年，所以大部分质子是无法找到其聚变"伙伴"的。图中间的步骤耗时不到 10 s，最后一步需要 100 万年。如果聚变要耗费这么长时间，太阳是怎么发光的呢？记得我们曾经介绍过太阳巨大的质子数，所以尽管单个质子反应概率很小，但反应的总量是很大的。

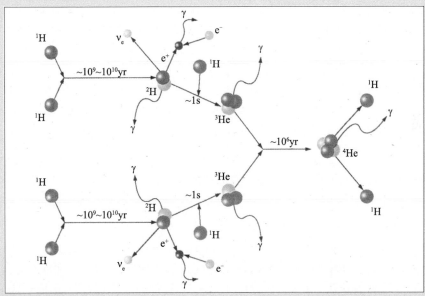

图 2-9　质子链式反应（PP I）。 如图所示，质子链式反应从四个质子的相互作用开始。过程从左至右，在最终形成氦原子核之前，分别释出正电子、中微子、γ 射线。每次反应会释放出 26.7 MeV 的能量。尽管单个质子能找到与其相互作用的另一个质子的概率很小，但质子总量巨大，足以维系整体反应链条。

只有当重力压缩太阳内核，使其温度超过了 10^6 K 时，热核聚变反应才能发生。高速的氢原子核互相碰撞，最终聚变成为氦原子。由此产生的氦原子质量要略小于创造其的四个质子（以及两个外围电子）。损失的质量以能量的形式释放，根据 $\Delta E = \Delta mc^2$，总计四个质子质量的 0.7% 转换为能量。

聚变过程详细如下。两个质子（^{1}H）相互作用形成一个氘原子核（^{2}H）、一个正电子（e^+）、一个电子中微子（v_e），以及一个带有 0.42 MeV 能量的伽马射线光子（γ）。中微子以接近光速的速度从太阳飞入宇宙，与周边物质产生微乎其微的反应：

$$2[^1\text{H} + ^1\text{H}] \longrightarrow 2[^2\text{H} + e^+ + v_e + \gamma]，\text{其中能量输出} = 2[\gamma\text{光子能量为}0.42\text{ MeV}] \quad （1）$$

正电子在 1 s 内就会与环境电子（e^-）反应，发射出两个伽马射线光子（2γ）

$$2[e^+ + e^-] \longrightarrow 2[2\gamma]，\text{其中能量输出} = 2[2\gamma\text{光子能量为}1.022\text{ MeV}] \quad （2）$$

链式反应继续进行，一个质子（^{1}H）迅速与氘原子核结合，生成一个氦 3 原子核（^{3}He）以及一个伽马射线光子

$$2[^2\text{H} + ^1\text{H} \longrightarrow ^3\text{He} + \gamma]，\text{其中能量输出} = 2[\gamma\text{光子能量为}5.49\text{ MeV}] \quad （3）$$

接下来的反应中，两个氦 3 原子核最终合并，生成氦 4 原子核（α 粒子、两个质子、一个光子）

$$[^3\text{He} + ^3\text{He} \longrightarrow ^4\text{He} + 2^1\text{H} + \gamma]，\text{其中能量输出} = \gamma\text{ 光子能量为 } 12.86\text{ MeV} \quad （4）$$

最终六个质子和两个电子作用，生成一个氦原子核，两个电子中微子，两个质子，以及 26.7 MeV 能量。式（5）总结了上述反应

$$[6^1\text{H} + 2e^- \longrightarrow ^4\text{He} + 2v_e + 2^1\text{H} + 26.7\text{ MeV}] \quad （5）$$

由汉斯贝特在 20 世纪 30 年代发展起来的理论认为：每次核聚变都会产生一个不带电的副反应物——中微子（neutrino）。中微子和光子离开太阳的时间尺度截然不同。光子需要几百万年的时间才能逃离太阳内部，而中微子在其生成后几秒钟就能离开太阳。如果我们能够感知每一个太阳中微子，则其巨大的数量会使我们致盲。数十亿个中微子每秒钟能通过指甲大小的区域，然而这些幽灵般的粒子忽略了物质的存在，其中大部分在穿过地球时不发生反应。只有最高能的中微子才可以被现在的科技所探测到。科学家们预期每天能观测到上百个中微子，但最佳的捕获设备每天也仅能观测到 10 个而已。如今，研究仍在继续，我们有图 2-10 的结果：一幅模糊的太阳核反应中微子成像图。

科学家通过研究中微子（太阳核聚变所产生的极其轻微质量的粒子）以获取太阳内部深层信息。这些粒子是检验我们对核物理理解的关键角色，也是我们监测太阳内部的主要方法。然而直到 1998 年，我们的主要研究才有了确定的答案：即便是这些隐形的粒子也是有质量的 [Fukuda et al., 1998]。日本的超级神冈探测器提供数据表明一些类型的中微子是有质量的；加拿大安大略省的萨德伯里中微子天文台的进一步试验表明：中微子在穿越空间时会有外形变化（它们有天生的隐身能力）[Ahmad et al., 2002]。这些发现有助于解释观测的不足，但相比于科学家的预期而言，即便这些实验所捕获的中微子也少得多。中微子不带电且质量最轻，这使得它们很难被探测到，此外它们似乎会间断性消失。捕获中微子的最大希望被寄托于质子链式反应中较为罕见的分支（质子链

III，其发生概率不足 1%）；该条链会产生一个特殊的高能中微子。如果我们测量此反应的中微子通量，我们就能在验证所有链式反应速率上取得进展。

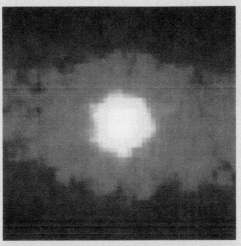

图 2-10　利用日本超级神冈探测器试验得到的太阳中微子成像图。亮色区域代表中微子通量较大。这幅太阳图像是收集 300 天的中微子数据所生成的。尽管图像覆盖了天空很大的比例，但绝大部分的中微子来自于太阳内核附近。（美国国家航空航天局和路易斯安那州立大学的 Robert Svoboda 供图）

2.1.3　能量守恒与熵

目标：读完本节，你应该能够……

♦　定义熵
♦　描述热力学第二定律与系统做功的能力的关系

热力学第一定律表明能量既不会被创造也不会被消灭。进入一个系统的能量一定会与系统储存的能量和离开系统的能量达成平衡，如图 2-4 所示。解决能量守恒问题的关键在于对系统的定义。在本章前面部分，我们举例说明了保守力机械能守恒问题。接下来，我们们会给出一个稍微宽泛些的思维例子，其中包含了非保守力所导致的耗散功。

$$总能量_{初始} = 总能量_{最终} = 常量（E_{\text{total initial}} = E_{\text{total final}} = \text{constant}）$$

但是我们总会听到"能量损失"的说法。能量损失会发生吗？能量损失通常指的是系统向外界环境损失能量，所以表面上的损失问题可以通过能量向环境的转移来解释。

假设一颗流星与卫星相碰撞，流星会在短时间内对卫星施加外力并做功，导致其运动更快（如果从后部撞击），并进入较高轨道，或导致卫星某些部分变形（图 2-11）。卫星同样有可能获得内能，例如，其温度会上升，并产生声波。卫星在宏观和微观尺度上新获得的动能总量，以及由于碰撞而存储在其变形部件里的能量，等于流星传递给卫星的总能量。

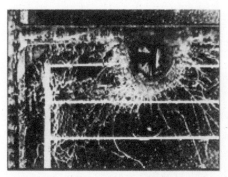

图 2-11 哈勃太阳阵列望远镜的损害。这一损害是由空间环境效应引起。图片是由航天飞机宇航员在与望远镜交会进行修复时所摄。洞的直径为 2.5 mm。（NASA 供图）

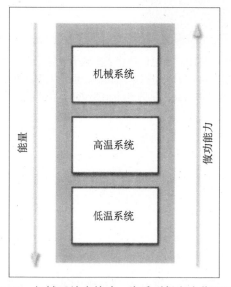

图 2-12 机械系统中的功。当受到保守力作用时，机械系统具有最大的做功能力。然而维持做功是与熵增大的趋势相反的，所以它们做功代价高昂，因为需要连续的高品质能量输入。

流星损失的能量等于卫星获得的能量，这样解释的前提是系统只包含流星和卫星。但我们仍然怀疑在此过程中会有能量损失。损失的高品质能量[①]可以有效做功，但其品质无法在流星或者流星 - 卫星系统当中得到恢复。在某些工程应用上，如果能量无法再用于做功，而可利用的是热量，这种情况被称为能量损失或能量损耗。这种能量亏损中涉及的力被称为*非保守力*（non-conservative force）。

在大多数人类创造的产品中（热水器、汽车引擎、冰箱等），热能或者以随机形式储存的能量价值不高，因为我们没有能让其做功的简便方法。然而，这些能量形式仍然是能量整体构成的一部分。这种即便能量守恒也无法提取有用功的情形，构成了熵的基础。

熵（entropy, S）是系统无序度的度量。*热力学第二定律*（Second Law of Thermodynamics）表明：自然界倾向于创造无序状态。随着熵的增加，能够做有效功的能量减少。这是热力学第二定律的准则之一，如图 2-12 所示。该定律的推论之一是低温系统（低品质能量）无法将净能量转移到高温系统。当太阳上复杂活动区储存的磁能被释放时，部分能量就进入耀斑当中，最终加热太阳大气。一些能量以高品质磁能的形式被保存在日冕物质和磁场抛射物里，但其中大部分最终以热的形式耗散。CME 加热了太阳风，也加热了与其碰撞的行星磁层和大气层。关注点 2.3 描述了 CME 是如何增加熵的。

问答题 2-9

低地球轨道的卫星受到阻力作用。在此过程中，卫星系统的

（a）熵增加；

（b）机械能增加；

[①] 高品质能量指可以高效做功的能量（如电磁能）；低品质能量做功效率低下（如热能）。——译者注

（c）势能增加；

（d）以上所有。

2.1.4 高速下的能量

♦ 计算高速运动物体的动能

♦ 定义静能量

到目前为止，我们关于动能的公式非常简单，足以描述低速运动的物体：$KE = (1/2)mv^2$。在 20 世纪早期，爱因斯坦认识到此公式是对低速物体的一种有效近似；但对高速运动而言，我们仍需要更普遍的公式。此外，爱因斯坦还认识到原公式无法解释每个物体所固有的能量，而通过引入静质能可以修正这种情况

$$E_0 = mc^2$$

上式是公式（2-12）的变形，表明质量可以被转化为能量。静能量可用于做功（请参考 2.1.2 节以及关注点 2.2 关于核能的讨论）。

为了对系统中速度接近光速的情况进行适当的解释，我们引入了爱因斯坦对动能公式的修正：

$$KE = \left(\frac{1}{\sqrt{1 - \dfrac{v^2}{c^2}}} - 1 \right) mc^2 \tag{2-13}$$

当物体速度远小于光速时（$v \ll c$），我们将括号里的第一项进行泰勒展开，并近似取其前两项：（$1 + \frac{1}{2}(v^2 / c^2) + \cdots$），就恢复到普通的动能公式：

$$KE \approx mc^2 + \frac{1}{2}\frac{v^2}{c^2}mc^2 - mc^2 = \frac{1}{2}mv^2$$

假设势能没有发生改变，一个移动物体的总能量由静质能和动能组成：

$$E_{\text{total}} = mc^2 + KE = \frac{mc^2}{\sqrt{1 - \dfrac{v^2}{c^2}}} = \gamma mc^2 \tag{2-14}$$

其中相对论因子 $\gamma = \dfrac{1}{\sqrt{1 - \dfrac{v^2}{c^2}}}$。

注意：请勿将本公式中的 γ 与伽马射线光子中同样的希腊符号相混淆。

通过扩展，在包含有势能的系统中，其总能量等于静质能加上机械能。高能系统惯性

更大，需要相对更多的能量来加速；它们也会向与其作用的系统释放更多能量（例题 2.7 和关注点 2.3）。

例题 2.7　太阳粒子的相对论动能

- **问题**：在一次太阳质子事件期间，质子会撞击并停留在卫星太阳电池板上，试确定太阳质子的相对论动能变化。假设质子以 0.33 c 的速度撞击太阳电池板。将相对论和非相对论情况下的结果作比较。
- **相关概念**：相对论动能。
- **给定条件**：质子质量 1.67×10^{-27} kg。
- **假设**：最终动能为零。
- **解答**：

$$KE_i = \left(\frac{1}{\sqrt{1 - \frac{v^2}{c^2}}} - 1 \right) mc^2 = \left(\frac{1}{\sqrt{1 - \frac{(0.33c)^2}{c^2}}} - 1 \right) mc^2 = 0.059 mc^2$$

$$W = \Delta KE = 0 - (0.059)(1.67 \times 10^{-27} \text{ kg})(9 \times 10^{16} \text{ m}^2 / \text{s}^2)$$

$$= -8.87 \times 10^{-12} \text{ J} = -5.54 \times 10^7 \text{ eV} \approx -55.4 \text{ MeV}$$

不恰当地使用非相对论公式会得出

$$KE_f = 0$$

$$KE_i = \frac{1}{2} mv^2$$

$$W = \Delta KE = 0 - (0.5)(1.67 \times 10^{-27} \text{ kg})(9.80 \times 10^{15} \text{ m}^2 / \text{s}^2)$$

$$= -8.18 \times 10^{-12} \text{ J} = -5.11 \times 10^7 \text{ eV} \approx -50 \text{ MeV}$$

- **解释**：利用相对论公式计算碰撞，其能量改变（做功）要多 10%。当航天器仪器设计者开发在空间环境中使用的材料时，必须考虑到这一结果。

补充练习：相对论电子在地球同步轨道非常普遍。1 MeV 电子的速度是多少？这样的粒子的静能量和动能相比如何？

关注点 2.3　太阳高能粒子

在图 2-13 中逐渐增加的斑点是相对论粒子在 POLAR 卫星的望远镜筒里碰撞减速所致。这些粒子是在 2000 年 7 月 14 日被朝向地球的 CME 前端在太阳附近所加速的。它们经历了多重加速，这取决于粒子带电量和电磁场方向。经过反复作用之后，一些粒子以大约 1/3 光速的速度飞向地球。如果这些粒子遇到了传感器里面的物质，则其会减速。在减速过程中，粒子能量转换为高能光子，使传感器"失明"。高能粒子通量突然增加是重大的空间天气事件，现在尚无法对其进行较好的预报。

正如我们在本章和即将在下一章所讨论的，能量系统倾向于混乱无序。然而达到系统无序度最有效的方式是创造类似于太阳上的磁活动区结构；活动区能产生快速 CME，使得单个的高能粒子快速移动至空间当中以分散能量。

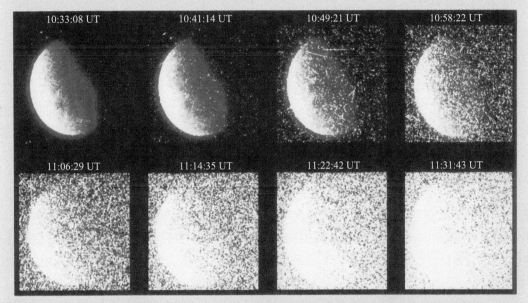

图 2-13　2000 年 7 月 14 日，POLAR 卫星对到达地球附近的高能粒子成像图。图片顺序从左向右。在第一幅图中，地球的日侧通过反射 130.4 nm 的紫外线能量成像。能量反射在高纬地区下降，最终变得黑暗。在第一幅图 6 分钟后，图片出现了噪点，这是由太阳高能粒子撞击 POLAR 的照相机并产生光子而干扰成像所致。在半个小时的事件发展期，POLAR 的极紫外成像器被杂散光子所覆盖，并有几个小时无法使用。（NASA 供图）

2.2　空间环境中的能量相互作用

2.2.1　粒子和场的能量转移

目标：读完本节，你应该能够……

◆　将粒子和场的能量转移过程进行比较和对比

◆　描述能量密度的概念与压强的关系

能量通过粒子和场的转移和传输过程

在宏观尺度上，带电和中性粒子的整体运动、碰撞运动，以及振荡运动能够使其做功、传输能量，以及施加压力。静态的重力场、电场、磁场能产生力并以势能的形式储存能量。如果这些场变为动态场（随时间变化），它们会产生能传输能量的波。表 2-3 给出了一些储存和传输能量的方式。

微观尺度的能量传输过程通常是不可见的，并且方式多样。科学家们将这些过程简化为三种形式：传导、对流、辐射。传导（conduction）和对流（convection）是粒子随时间变化通过相互作用调和温差的过程。辐射过程（radiative process）阐释了热能与光子相互转化，因而以光速进行后续作用的过程。

光子能施加压力。当光子被吸收时，电磁力会对吸收物质做功或将其加热。我们将在第 2.2.2 节对此过程进行更深入的描述。在热能情况下，辐射是热能与光子之间的转换以及接下来的光子传输过程。太阳表面的辐射降温是很重要的，热能从对流体中逃逸，使得太阳表面物质冷却并下降至低高度。

粒子相互作用

传导（conduction）是指热量从高温物质向低温物质的扩散过程。金属是热的良导体；木头和塑料则不是，而是绝缘体。太阳高层大气里的一小部分能量转移过程是由电子热传导引起的。

对流（convection）是指流体较热和较冷部分之间大尺度运动导致的热量转移过程。对流只发生在流体当中，通常是液体和气体当中主要的热量转移形式。在一锅沸水中上升的气泡就是对流运动的例子。我们一般会区分两种对流形式：自由对流（free convection）——由自然力（重力或浮力）引起的流体运动；强制对流（forced convection）——由外力驱动或搅拌流体产生的对流。自由对流是太阳内部对流区主要的能量转移过程。在地球磁层，太阳风外力驱动磁场和等离子体会发生强制对流。

辐射（radiation）是指能量以光子或电磁（EM）波形式传输的过程。在处理辐射能量时，我们既可以用光的粒子（光子）模型，也可以用光波（电磁波）模型。某些测量和应用由其中之一描述起来更简便。当电磁波遇到物质时，就会通过辐射传输能量。被吸收的能量通常会在物体内部产生光热能（photothermal energy）（热），光子能量会由此转换为分子振动的热能，被称为声子（phonon）[①]。例如，卫星或行星的向阳面会被光子作用加热，继而将能量转移到其背阴面。另一种可能性是通过光电转换（photoelectric transfer），将光子能量转换为传导电子的动能（电能）。太阳能可以转化为电势能储存在电池中，太阳电池板可以通过光电转换产生电能来驱动卫星。光化学过程（photochemical process）能引起化学变化以有效储存能量。例如，在高层大气当中，含氮和氧的化合物会在太阳风暴和极光扰动时改变性质。具有充足能量的光子会引起光致电离（photoionization），随即导致其他的光学过程。

[①]　声子：结晶态固体中晶格状原子或分子的振荡能量。

场的作用

场是在没有物理接触的情况下，自然界储存和交换能量的一种方式。场会施加压力，场有如下几种类型。

引力场：当一个物体在引力场中下落加速时，它的势能会转换为动能。类似地，当一个物体被举起来时，引力场会把托举者的能量转换为地球－物体系统中的势能。例如，地球引力场中下降的航天器会把重力势能转变为大尺度的动能、热以及声波。

电场：电场会导致电场力，从而加速带电粒子并将势能转化为动能，反之亦可。带电粒子在电场中具有电势能，类似于物体在引力场中具有的势能。此外，带电粒子可以通过其创造的电磁场来相互作用并传递能量。例如，导体中的电流运送电荷，导致分子振荡，将电势能转变为动能和热能。微观尺度的电场会产生固体的摩擦和液体的黏滞。

磁场：静态磁场对带电粒子不做功，因为磁场方向总是与带电粒子运动方向垂直（力与位移间没有平行分量，则做功为零）。然而，磁场可以通过其位形变化来施加压力并储存能量。例如，当太阳风流过地球磁层时，地球磁力线被拉伸。一个拉伸后的偶极场会比之前储存更多的能量。变化的磁场会产生电场，改变带电粒子的动能，因此对其做功。这一概念正是在各种空间环境过程和地基发电系统当中的电磁发动机。

强核场：当原子的强力场和弱力场做功时，一些原子核达到了激发态，并且一些亚原子粒子将部分质量转换为能量。基本转换类型有两种：核聚变（原子核结合）和核裂变（原子核分裂）。

我们将在第 4 章深入讨论场和能量的关系。

能量密度和压强

对于通过粒子、光子和场进行的能量储存和传输，一个统一的概念是能量密度，即在一定（单位）体积内能做功的能量。能量密度越高，对周围环境的压强越大（单位面积受力）。在表 2-5 中，我们提供了一些与粒子、场、波相关的不同形式能量密度的例子。

热压把热量从空气传递到皮肤，使我们感觉到温暖。有时候传递反向进行，我们则感觉到冷。我们知道从消防带里喷出的快速水流具有能量，可传递给其他物体。类似地，太阳风高速流会把能量传递给其路径上的其他物体，尤其是地球磁层。我们把太阳风和水流的能量密度都称为动压。场和波所造成的压强与体积内部场强平方呈相关性。当磁场在太阳大气中增强时，能量密度会超过稳定的阈值，其结果是日冕物质（及磁场）抛射。波强（能量通量 I）通过波的形式以速度 v 传播，将能量传送到一定体积中，储存为能量密度（I/v），或是以电磁能的形式储存（I/c）。我们将在下一节对能量通量进行更多讨论。

问答题 2-10

证明表 2-5 每个公式的单位都是 J/m^3 和 N/m^2（压强）。

表 2-5　能量密度形式。此处列举了空间环境中重要的能量密度形式（磁感应强度单位：T 或 N/A · m）。

压强（J/m³）	公式	备注
热压	$nk_B T$	n＝粒子数密度 k_B＝玻尔兹曼常量（1.38×10^{-23} J/K） T＝温度
动压	$\frac{1}{2}\rho v^2$	ρ＝质量密度（kg/m³） v＝流速（m/s）
磁压	$B^2 / 2\mu_0$	B＝磁感应强度（T） μ_0＝磁导率常量（1.26×10^{-6} N/A²）
电场	$\varepsilon_0 E^2 / 2$	E＝电场强度（V/m） ε_0＝介电常量（8.85×10^{-12} C²/(N · m²)）
电磁波	$\frac{1}{2}(\varepsilon_0 E^2 + B^2 / \mu_0)$	电磁场平均强度
辐射	I / c	I＝电磁波强度（W/m²） c＝光速（2.998×10^8 m/s）

关注点 2.4　热流体当中的能量密度

　　静止流体里，能量密度跟粒子碰撞引起的压强（单位面积受力）有关。为了阐述这一观点，我们使用一个"流体盒"的方法，然而这一概念也适用于其他几何位形和其他介质。如图 2-14，我们考虑在立方体容器内部密度相对较低的气体的一维行为。假设一个粒子（如电子、原子或分子），沿着 y 轴以速度 v_1 运动，撞击到立方体右侧面，并以速度 v_2 反射回来。如果粒子质量为 m，则其动量变化为 $\Delta(mv) = -2mv_y\hat{y}$。

　　根据牛顿第二和第三定律，动量的改变对应于粒子施加在立方体右侧面的冲量（$F\Delta t\hat{y}$）。

　　如果容器当中平均有一半的粒子以速度 v_y 向右运动，粒子密度为 n，则单位时间撞击立方体右侧面（设面积为 A）的粒子数为 $\frac{1}{2}nv_y A$。在该面上所产生的压强 P 为

$$P = \frac{F}{A} = \frac{\text{单位时间的撞击粒子数} \times \text{每个粒子的冲量}}{\text{面积}} = nmv_y^2$$

　　实际上并非容器内所有粒子的速度都是 v_y，所以我们用粒子的平均速度 $(v_y^2)_{av}$ 来代替 v_y^2，并且基于粒子在 y 轴上的平均动能 $(\frac{1}{2}mv_y^2)_{av}$ 来表示其对容器面的压强

$$P = 2n\left(\frac{1}{2}mv_y^2\right)_{av}$$

此处除以 2 再乘以 2 可以使我们将压强、随机动能和温度用公式（2-8a）的一维形式相关联：

$$\frac{1}{2}k_{B}T = \left(\frac{1}{2}mv_{y}^{2}\right)_{av}$$

将该一维表达式代入上式，可以得到理想气体定律（Ideal Gas Law）：压强是温度和粒子密度的函数：$P = nk_{B}T$。

在理想气体当中，粒子是均匀混合的，且沿不同方向的速度一样，所以压强是各向一致的。

我们把这一压强的概念扩展到完全电离的热等离子体当中，在这样的流体中的压强为 $P = 2nk_{B}T$。之所以乘以 2，是因为脱离了原子的自由电子也会产生压力；电子和离子个数相同，因此完全电离的等离子体热能密度是非电离气体的两倍，直观上来说是合理的。我们知道电离需要额外的能量，所以系统中要有这部分能量。

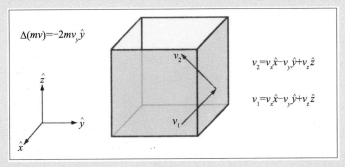

图 2-14　粒子与容器壁进行动量交换。粒子以速度 v_1 撞击容器壁，并以速度 v_2 弹回来。因为粒子撞击墙壁后改变方向，其动量发生了变化。

例题 2.8　太阳风中的热能密度与动能密度

■ 问题：太阳风是热的、稀薄的磁化等离子体流。试比较太阳风热压和动压各自的贡献。

■ 假设：太阳风包含同样数量且温度相同的氢离子和电子。

■ 给定条件：太阳风平均数密度为 5 个粒子 /cm^3，平均速度 400 km/s，平均离子温度 10^5 K。

■ 解答：热压等于 $nk_{B}T$；动压等于 $\frac{1}{2}\rho v^2$。

离子和电子的热能密度（热压）之和等于

$$2\,nk_{B}T = 2\times(5\ \text{particles/cm}^3)\times(100\ \text{cm})^3/\text{m}^3\times(1.38\times10^{-23}\ \text{J/K})\times10^5\ \text{K}$$

$$= 1.4\times10^{-11}\ \text{J/m}^3 = 1.4\times10^{-11}\ \text{Pa} \approx 0.01\ \text{nPa}$$

动能密度（动压）$= \frac{1}{2}\rho v^2 = \frac{1}{2}n_i m_i v^2 + \frac{1}{2}n_e m_e v^2$

$$= \left(\frac{1}{2}\right)(2n_i)(m_i + m_e)v^2 \approx (n_i)(m_i)v^2$$

$$= (5 \times 10^6 \text{ ions/m}^3)(1.67 \times 10^{-27} \text{ kg/(m}^3 \cdot \text{ion)})(4 \times 10^5 \text{ m/s})^2$$

$$= 1.37 \times 10^{-9} \text{ Pa} \approx 1 \text{ nPa}$$

■ 解释：太阳风动压大约是热压的 100 倍，这与太阳风超音速的特性直接相关。

补充练习： 计算太阳风磁压，并与上述结果进行比较。太阳风平均磁场是 5 nT。

2.2.2 电磁能量转换：电磁波与光子

目标：读完本节，你应该能够……

- ◆ 使用基本的波的术语来描述电磁波
- ◆ 计算电磁波中的光子能量
- ◆ 描述电磁波谱的波长与频率特征
- ◆ 计算电磁波的多普勒频移
- ◆ 计算电磁辐射的功率通量

能量可以通过电磁波和光子进行转移和转换，电磁能是空间天气和空间环境的主导要素。

电磁辐射

电磁辐射（electromagnetic (EM) radiation）是能量不通过物质而进行的传输。辐射能量在没有物质支持的条件下，以光速在空间中传播。电磁辐射也会在大部分介质当中以较低的速度传播。实际上，光在不同物质中传播的速度反映了电磁波与物质相互作用的程度，这一速度总是低于真空中的光速。例如，在电波发射天线里加速传导电子的电磁波，以及原子里面的电子能级跃迁产生的电磁波。

我们知道电磁场可以储能；带电粒子加速运动时会产生具有电场和磁场分量的电磁波，可以将能量从一点传输到另一点。电磁波是通过振荡的电场和磁场来传输能量的。我们有时候把辐射能量描述为粒子状的物体流动，称之为光子（photon）。在量子力学中，电磁辐射的波动性和粒子性描述通常是合二为一的（一个公认的原子结构理论）。无论是波还是粒子，辐射都源自电磁振荡。

在光子模型当中，我们将能量量化为

$$E = hf \tag{2-15}$$

其中，E = 光子能量 [J 或 eV]；

h = 普朗克常量（6.26×10^{-34} J·s = 4.136×10^{-15} eV·s）；

f = 波的频率 [Hz]。

光子（在真空中）以光速运动，无论其能量或起源何在。

在波的模型当中，更高的频率伴随着更高的能量。电磁波振幅（amplitude, A）描述了振荡偏离平衡态的最大高度或深度。对电磁波而言，电场 [V/m] 和磁场 [T] 的振荡类似于机械波在池塘表面的振荡，从源点沿各个方向向外传播。水波的波峰形成了环形，接着是环形的波谷，因此我们看到交替出现的波峰和波谷同心圆。我们的视线倾向于跟随移动的波峰，将其称为波前（wave front）。与波峰相垂直的，即沿着环形波峰的径向，是表示该部分波移动方向的法线（ray）。电磁波呈现出类似的波动特征，但是沿着三维空间传播。我们在图 2-15 中阐释了不同的波动特征。

对于水波和电磁波，我们将波峰的位移称为正，波谷的位移称为负，所以未扰动的位置为零。波长（wavelength, λ）是指两个连续波峰或波谷之间的距离，而频率（frequency, f）是指每秒钟通过一个固定位置的完整波数。波的相速度（phase velocity）是指波单位时间传播的距离，等

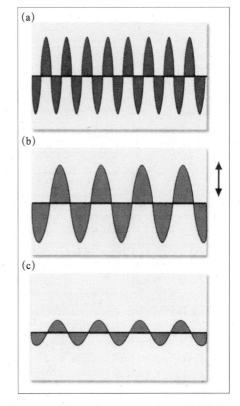

图 2-15 波的传播。我们在此比较了不同波的特征。（a）一列波向右传播。（b）一列波，其波长是（a）的两倍。我们测量峰-峰间距来获得波长，波的振幅可由右侧的箭头所表示。（c）一列波，其振幅是（b）的 1/3。

于波长乘以单位时间通过一个固定位置的波数（即频率）。对于机械波（水波或声波）而言，相速度可以表示为

$$v = \lambda f \tag{2-16a}$$

对于电磁波而言

$$c = \lambda f \tag{2-16b}$$

其中，v = 机械波相速度 [m/s]；

λ = 波长 [m]；

c = 电磁波相速度（光速）（在真空中为 2.998×10^8 m/s）。

（有些教科书用希腊字母 v 代替 f 来表示频率）

尽管所有的电磁波在真空中以光速用同样的方式传播，但为了方便起见，我们将电磁波谱按照波长划分为若干区域。如果我们将最短和最长的波长分别安排在谱序列的两端，我们就可以得到如图 2-16 所示的电磁波谱（electromagnetic spectrum）。电磁波谱覆盖了将近 20 个量级的频率和波长。人眼所能感受到的是波长较短侧非常有限的一部分，即可见光谱（visible spectrum）（可见光或光）。眼睛对可见光谱不同频率的生理感应就产生了我们所

感知的颜色。

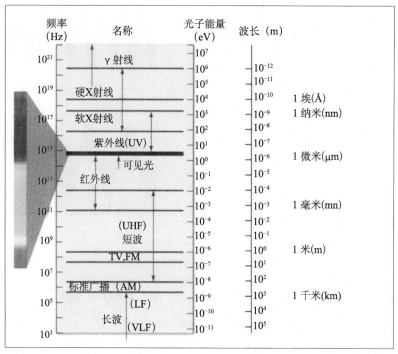

图 2-16　电磁辐射谱。此处所示为电磁波频率和波长范围。左侧的色标是可见光带的扩展。我们在整个辐射谱的不同区域进行标记，并非因为辐射的内在差异，而是因为不同的辐射依据其波长有不同的产生方式。此外，探测系统和生物系统与不同频段电磁辐射的相互作用也有差异。（UHF：特高频；TV：电视；FM：调频；AM：调幅；LF：低频；VLF：甚低频）

可见光谱里波长最短的是紫光，随着波长增加，我们可以逐渐识别出靛蓝色、蓝色、绿色、黄色、红色。可见光波长处于 350～700 nm，对应的频率在 $8.5 \times 10^{14} \sim 4.3 \times 10^{14}$ Hz。

γ 射线和 X 射线的能量足以穿透人体组织和航天器敏感设备的防护层。极紫外和紫外线的能量则足够电离高层大气中的物质，也会造成人的体表和眼睛的物理损害。我们在篝火旁边所感觉到的电波和辐射热量同样是电磁辐射的形式（红外线和光谱更低端的长波部分），这部分辐射无法被人眼所感知。

由于历史原因，在描述电磁波谱的不同区域时，某些波长测量单位比起其他要更为便利。1 埃（angstrom, Å）等于 10^{-10} m。埃常用于对可见光和更短波长进行定量描述；而在红外部分则一般使用微米（μm）来描述（1 μm = 10^4 Å = 10^{-6} m）。在本书当中，我们给"米"加以不同的前缀（如厘米、微米、纳米等），但有些图表会用其他单位来描述波长。赫兹（Hz 或者周 / 秒）是测量所有电磁辐射频率的单位。

例题 2.9　光子能量

- 问题：比较波长为 10 nm 的太阳 X 射线光子和波长为 10.7 cm 的射电光子的能量。
- 相关概念：能量与电磁辐射谱。

■ 给定条件：$\lambda_{\text{X-ray}} = 10$ nm，$\lambda_{\text{radio}} = 10.7$ cm。
■ 假设：无。
■ 解答：

$$E = hf = h\frac{c}{\lambda}$$

$$\frac{E_{10\text{nm}}}{E_{10.7\text{cm}}} = \frac{\dfrac{1}{10 \times 10^{-9}\,\text{m}}}{\dfrac{1}{1.07 \times 10^{-1}\,\text{m}}} = 1.07 \times 10^7$$

■ 解释：X 射线的光子比射电光子的能量超过千万倍。

补充练习：比较波长分别为 1 Å 和 1 μm 的光子能量，它们分别对应于哪个电磁辐射谱区间？

电磁辐射的多普勒效应

火车在接近和远离时，我们听到的汽笛音调（频率）声会发生变化，这种现象被称为多普勒效应（Doppler effect），得名于首次解释该现象的奥地利物理学家：克里斯蒂·多普勒（Christian Doppler）。一个相对于波源移动的观测者会感受到波长的变化，这种效应的大小唯一取决于观测者和波源在视线方向上的净相对运动。波源和观测者都有可能在运动。对于电磁波而言多普勒效应也很明显；当波源和观测者相互靠近时，所检测到的辐射波长变短（蓝移）；当波源和观测者远离彼此时，所检测到的辐射波长变长（红移）。波长的变化与波源－观测者连线上的相对速度成正比。

我们用 $\Delta\lambda$ 表示波长变化，即测量波长（λ_{m}）和没有相对运动时的波长（λ）之差（$\Delta\lambda = \lambda_{\text{m}} - \lambda$）。光的多普勒频移与其相对运动速度的关系式为

$$\Delta\lambda / \lambda = dv_{\text{rel}} / c \tag{2-17}$$

其中，$\Delta\lambda = \lambda_{\text{m}} - \lambda$ 为多普勒波长变化 [m]；

$v_{\text{rel}} =$ 光源与观测者视线方向的相对运动（天文学家称之为径向速度 [m/s]）。

辐射的波长越长，其波长变化就越大，如果我们知道无相对运动时的波长，就可以测量出多普勒频移。幸运的是，如果我们寻找像氢这样普通元素的谱线，这一未受扰动的波长则相对易于测量。我们将在下一节对此予以描述。

如果波长向红端移动，我们将其称为波长正移（位移增加）；反之向蓝端移动为波长负移（位移减小）。通过测量恒星光谱（发射谱）相对于特定波长的多普勒频移，可以帮助我们确定星球靠近或离开的速度。在附近有大星体的情况下，我们可以测量其旋转速率，因为星体边缘朝向或背离观测者运动最快，会产生相反的多普勒频移。图 2-17 给出了太阳的此种观测。

图 2-17　全日面多普勒图。因为太阳旋转，其左边缘朝向多普勒仪器运动，而右边缘则远离。图像是 SOHO/MDI 仪器测量的太阳表面速度成像图，颜色代表朝向仪器（暗色）或者远离仪器（亮色）的运动。叠加在主导的左右旋转梯度之上的是小尺度太阳特征，由太阳米粒组织和超米粒组织等现象所引起。这将会在第 3 章予以介绍。（NASA 的 Edward J. Rhodes 供图）

电磁波强度

电磁波的特性和数学描述，决定了对电磁能量相关过程进行量化的能力。波在单位面积上传输的功率叫做波的强度（intensity）或能量通量（energy flux, I）（能流密度）。总体而言，波强正比于波的振幅平方

$$I = kA^2 \tag{2-18}$$

其中，I = 波强（在电磁波中也被称为电磁波辐射照度）$[\text{W/m}^2]$；

$\quad\quad k$ = 比例常数，取决于波的类型 $[\text{W/m}^4]$；

$\quad\quad A$ = 波的振幅，其单位取决于波的类型 [m]。

图 2-15（b）和图 2-15（c）给出了振幅分别为 A 和 $\frac{1}{3} A$ 的波。其中小振幅波的强度是大振幅波强度的 1/9。表 2-6 给出了一些波的强度值的例子。

表 2-6　电磁波能量强度。此处列举了一些波源和其对应的能量。

波源	波强或辐射照度 / (W/m^2)
明亮的极光	1.5×10^{-7}
1 AU 处的太阳 X 射线耀斑 (0.05～0.8 nm)	$10^{-7} \sim 10^{-4}$
声音——1 m 外的普通交谈	10^{-4}
声音——达到疼痛阈值	1
100 W 灯泡	～8
1 AU 处全波长的阳光累加	1366

光向外扩张所照亮的光球表面积（或其中一部分），是与其到光源距离平方成正比增加的。然而，如果缺乏将电磁能转换为其他能量形式的过程，则当光球从光源向外扩张时，

电磁能总量是守恒的。因此，光的强度（单位面积的功率）会随着到光源距离的平方减少。我们在图 2-18 里给出了观测的强度 I 和到光源距离 r 的平方的反比例变化关系。

$$I_{\text{final}} \times \text{Area}_{\text{final}} = I_{\text{initial}} \times \text{Area}_{\text{initial}}$$

$$I_{\text{final}} \times (4\pi r_{\text{final}}^2) = I_{\text{initial}} \times (4\pi r_{\text{initial}}^2) \qquad (2\text{-}19)$$

$$I_{\text{initial}} (r_{\text{initial}}^2) / (r_{\text{final}}^2) = I_{\text{final}}$$

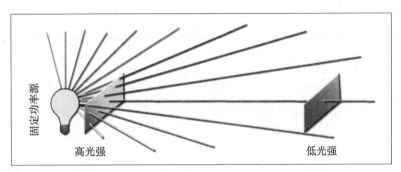

图 2-18 光强随远离固定功率源而衰减。如果我们用表面积为 $4\pi r^2$ 的球形包围本图，那么我们所获得的辐射能量，与仅包围灯泡的球形所获得的能量是相同的。因此我们得知能量守恒。

例题 2.10 多普勒频移

- 问题：恒星光谱在 500 nm 吸收谱线所测量到的多普勒频移为 -0.05 nm。试确定该恒星相对于地球的径向运动速度。
- 相关概念：多普勒频移。
- 给定条件：$\Delta\lambda = -0.05$ nm。
- 假设：恒星与地球仅有视线方向的运动。
- 解答：从多普勒公式当中可以得出恒星相对于地球径向运动的速度

$$v = (\Delta\lambda / \lambda)c = \frac{-0.05 \text{ nm}}{5 \times 10^2 \text{ nm}} (2.998 \times 108 \text{ m} / \text{s}) = -30 \text{ km} / \text{s}$$

其中，负号表明恒星在向地球运动。如果速度符号为正（即波长变化为正），则恒星在远离地球。

补充练习： 假设向地传播的 CME 产生频率为 75 MHz 的无线电波。如果 CME 对地球的径向运动速度为 2000 km/s，则该信号的多普勒频移为多少？

例题 2.11 能量的平方反比减少

- 问题：假设距离太阳 1 AU 处，在 1 m² 上的亮度为 1 个单位，则在 2 AU 和 5 AU 处的亮度分别是多少？
- 相关概念：电磁波强度。

- 给定条件：距离光源的距离为 2 AU 和 5 AU。
- 假设：没有电磁波吸收。
- 解答：使用平方反比定律来确定在 1 AU 处和所求距离处的亮度关系。在 2 AU 处，每平方千米收到（$1/2^2$）或者 1/4 单位的光照。在 5 AU 处，亮度是（$1/5^2$）或者 1/25 单位的光照。
- 解释：太阳的辐射强度随距离增加显著减小。在 1 AU 处，地球获得的辐射强度（照度）足以维持生命，而在木星（5 AU），辐射强度非常低，不足以维持我们所知的生命形式。

补充练习 1： 计算太阳辐射在日球层顶的强度。

补充练习 2： 计算太阳表面爆发的耀斑的辐射强度（利用表 2-6 的数据）。

2.3　电磁辐射特征

电磁能量在空间环境和空间天气中起着重要作用。我们将对其能量起源进行更详细的研究。

2.3.1　黑体辐射

目标：读完本节，你应该能够……

- ◆ 将黑体辐射与其他辐射进行比较和对比
- ◆ 识别线性和对数坐标下所表现出的黑体辐射曲线
- ◆ 使用维恩定律判断黑体辐射的峰值波长
- ◆ 使用斯特藩-玻尔兹曼定律计算黑体的功率通量
- ◆ 描述普朗克方程与维恩定律和斯特藩-玻尔兹曼定律的关系
- ◆ 描述普朗克辐射定律与黑体的关系

黑体辐射

黑体连续辐射（blackbody continuum radiation）是由相对密集和不透明的物质中恒定的电磁随机振荡引起的。在适当密度的固体、液体或者气体中的加速粒子集合，引起了无数个量化频率上的波动。所有温度高于 0 K 的物体都会不断辐射出连续波长的电磁波，这种辐射的来源就是物体的热能，即物体内部微观尺度的电子、离子、原子、分子的电磁振荡。黑体辐射体（blackbody radiator）是同样良好的吸收体和发射体。太阳的黑体辐射连续谱在紫外-红外波段最为显著。

黑体温度决定了任意给定波长的辐射功率大小（每秒钟辐射的光子数）。在图 2-19 和

图 2-20 当中，我们绘制了不同温度下的黑体辐射能量通量与波长的关系图。普朗克辐射定律（Planck's Radiation Law）曲线给出了特定波长间隔的黑体辐射与其温度的关系（关注点 2.5）。从每条曲线峰值开始，辐射急剧下降但并不对称，并在两极变得越来越小。辐射曲线的形状与图 2-8 所示类似，这一相似并非意外。解释之一是普朗克曲线表征了所有的光子能量在样本物体内的分布。热光子能量是按照最可能的方式分布的，这与其特定能量是相符的。换句话说，对于一个特定温度，光子最可能具有的能量是普朗克曲线峰值。

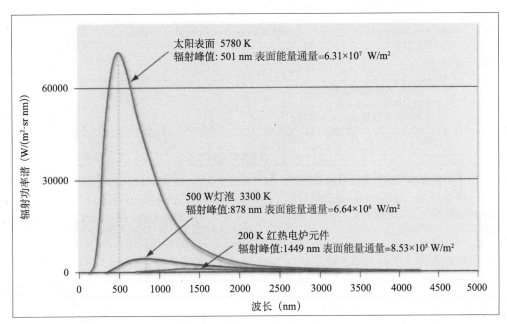

图 2-19　三个不同温度下的黑体表面辐射功率谱分布（普朗克曲线）。物体越热，其辐射峰值波长越短，在所有波长范围的辐射能量越高。每个温度的功率通量是曲线下方的总面积。对于天文学家和空间物理学家所研究的物体而言，其黑体辐射会覆盖诸多能量级别。因此，我们通常用对数坐标绘制普朗克曲线，如图 2-20 所示。注意在线性坐标轴下，将电炉元件加热到红热状态的对应曲线几乎不可见。

普朗克方程（关注点 2.5 中的公式（2-23））给出了黑体的两方面特性：曲线峰值波长（λ_{max}）和辐射总功率（曲线下面所有波长积分的总面积）。图 2-19 和图 2-20 中的每条曲线都有一个独特的波长峰值，并且温度越高，峰值波长越短。对普朗克方程进行微分，就得到了维恩位移定律（Wien's Displacement Law），描述了最大辐射对应的波长。

$$\lambda_{max}T = \alpha \tag{2-20}$$

其中，λ_{max} = 辐射峰值波长 [m]；

　　　T = 黑体温度 [K]；

　　　α = 常数 $(2.898 \times 10^{-3}\ \text{m·K})$。

对于相对较低的温度（如室温），大部分黑体辐射谱是由人眼不可见的红外（IR）线组成的。例如，桌上的一个普通物体似乎并没有辐射（尽管其有），因为大部分辐射位于红外波长。随着温度增加，辐射谱峰值波长变短。当电烤箱加热时，它最终会达到某一温度，发出覆盖可见光区域的黑体辐射，从而呈现出红光。

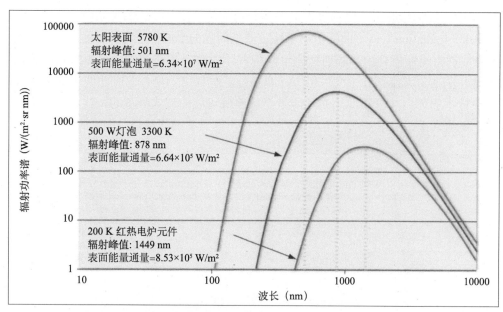

图 2-20　三个不同温度下的光谱能量通量与波长的关系。虚线表示在每个温度下辐射最大时的曲线峰值。这一数据与图 2-19 是一致的，但这里是以对数坐标显示。这种形式能使我们看到比图 2-19 中更低的辐射能级。这些能级对总能量贡献不大，它们比起其上层能量要少几十到上千倍，但它们的变化通常会有重要的影响。

将普朗克方程（关注点 2.5 里的式（2-23））对所有波长进行积分，可以得到黑体表面单位面积向全空间的总辐射 $R(T)$。该值可以由斯特藩－玻尔兹曼定律（Stefan-Boltzmann Law）给出

$$R(T) = \int_0^\infty R(\lambda, T)\mathrm{d}\lambda = \varepsilon_\lambda \sigma T^4 \tag{2-21}$$

式中，$R(T)$ = 所有波长的能量通量（辐射照度）[$\mathrm{W/m^2}$]；

　　　ε_λ = 辐射效率系数 [无单位]；

　　　σ = 斯特藩－玻尔兹曼常数（5.67×10^{-8} $\mathrm{W/(m^2 \cdot K^4)}$）。

对于所有黑体而言，$\varepsilon = 1$。ε 小于 1 的物体叫做灰体辐射体。当一个物体通过其整个表面均匀辐射时，总的能量通量叫做光度，由下式给出：

$$L = \varepsilon \sigma A T^4 \tag{2-22}$$

其中，L = 光度 [W]；

　　　A = 辐射面积 [$\mathrm{m^2}$]。

关注点 2.5　普朗克辐射定律

普朗克辐射定律是定量描述图 2-19 和图 2-20 曲线中任意特定波长的辐射能量通量的公式。

$$R(\lambda, T)\mathrm{d}\lambda = \frac{2\pi hc^2}{\lambda^5}\left(\frac{1}{\mathrm{e}^{(hc/\lambda k_B T)}-1}\right)\mathrm{d}\lambda = \frac{c_1}{\lambda^5}\left(\frac{1}{\mathrm{e}^{(c_2/\lambda T)}-1}\right)\mathrm{d}\lambda \tag{2-23}$$

式中，$R=$ 单位波长辐射的能量通量 $[W/(m^2 \cdot nm)]$；

$\quad\quad \lambda=$ 波长 [m]；

$\quad\quad T=$ 温度 [K]；

$\quad\quad h=$ 普朗克常量 $(6.626 \times 10^{-34} \text{ J} \cdot \text{s} = 4.136 \times 10^{-15} \text{ eV} \cdot \text{s})$；

$\quad\quad c=$ 光速 $(2.998 \times 10^8 \text{ m/s})$；

$\quad\quad c_1 = 3.74 \times 10^{-16} \text{ W} \cdot \text{m}^2$；

$\quad\quad c_2 = 1.44 \times 10^{-2} \text{ m} \cdot \text{K}$。

辐射方程是两项的乘积，$1/\lambda^5$ 项表征了在长波端，单位波长的能量通量减少；而反比例指数项则表征在短波端，单位波长的能量通量减少。因此在特定温度下，非常长和非常短的波长处出现的高能量光子的概率趋近于零。对这一辐射方程的微分产生了公式（2-20），表明曲线辐射峰值的波长仅依赖于黑体温度。对辐射方程的积分产生了公式（2-21），同样是只依赖于黑体温度的方程。

通常情况下的物体并非理想黑体，所以公式（2-21）包含了光谱辐射系数（spectral emissivity）ε_λ，用于描述物体在特定波长处符合黑体的程度。在 $\varepsilon_\lambda < 1$ 时，普朗克曲线（现在成为灰体辐射曲线）只能达到黑体辐射曲线的部分高度。一些物体在特定波长时表现出黑体辐射特征，但在其他波长处有着不同的辐射谱特征。它们可能有类似于图 2-21 蓝线的锯齿状曲线。空间环境当中大部分辐射体的辐射系数接近于 1，严格来说它们应该被称为灰体，不过我们通常将其认为是黑体。

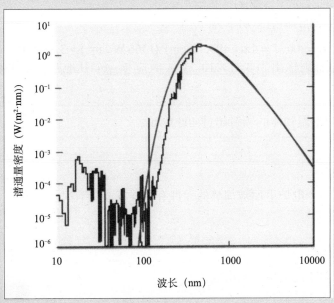

图 2-21　太阳光谱比较。这幅图以对数坐标显示了在地球大气层顶的太阳辐射（蓝线），以及黑体辐射谱（红线）。太阳在 100 nm 以下的短波段辐射要多于黑体。在 100～140 nm，太阳是灰体辐射体，在这一区间 ε_λ 是小于 1 的。纵坐标进行了 $(R_S/\text{AU})^2$ 的归一化处理，以解释能量强度从太阳表面传输到地球时随距离平方的衰减。（空间环境科技公司的 Kent Tobiska 供图）

如果我们将地球大气顶端的太阳辐射谱与理论黑体曲线进行比较，则会发现太阳辐射谱与温度 5770 K 的黑体吻合最好，其辐射峰值出现在 503 nm，是太阳光谱中可见光的黄色部分。然而，5770 K 的辐射曲线在较短和较长的波长处符合很差，这是太阳表层对辐射的吸收，以及太阳高层大气所附加的多变辐射成分所致。

对太阳而言，ε_λ 的值在 300～10^6 nm 近似为 1。在可见光和红外波段太阳表现为黑体，其大部分能量都辐射于此；但在最短波长（X 射线和极紫外）以及长波（微波和无线电波）区域，太阳并非黑体，反而辐射出更多的能量。其中长波的过量辐射来自于下面章节要描述的等离子体振荡。平静太阳的大部分短波能量来自于太阳高层大气的特定谱线。在距离太阳表面几千公里处，上百万度的日冕维持了一个高度电离的气体覆盖层，它们的辐射形成了太阳光谱中极紫外和 X 射线部分。我们将在下一节讨论这个话题。

例题 2.12　太阳光度

- 问题：在 1 AU 处的太阳辐射照度为 1366 W/m^2，用该值来确定太阳表面的总辐射（光度）。
- 相关概念：太阳光度和辐射强度。
- 给定条件：太阳半径为 7×10^8 m；1 个 AU 为 1.49×10^{11} m。
- 假设：日地之间无能量吸收。
- 解答：1 个 AU 处的辐射总功率为

$$E = 4\pi r^2 I = 4\pi (1.49 \times 10^{11} \text{ m})^2 (1366 \text{ W}/\text{m}^2) = 3.81 \times 10^{26} \text{ W}$$

- 解释：太阳总辐射输出为 3.81×10^{26} W，对应于一个日地距离处 1366 W/m^2 的辐射照度。

补充练习：试说明室温物体的辐射超过 400 W/m^2。

问答题 2-11

解释为什么一个电炉里面被加热的元件有时候发光，有时候不发光。

问答题 2-12

为什么比太阳冷的恒星显示出红色？

问答题 2-13

参考图 2-21，在哪个波段范围太阳最近似一个黑体？在哪个波段范围太阳最近似一个灰体？在哪个波段范围太阳是非热能辐射体？

问答题 2-14

当能量从太阳传播到 1 AU 处，其幅度以 $1/r^2$ 衰减。试说明图 2-21 里能量通量峰值是否符合这一级别。

普通物体辐射的能量是很显著的，即便我们通常不曾注意到。例如，室温 24 ℃（297 K）下的物体，其表面辐射大约为 450 W/m²（例题 2.12 的补充练习）。如果维持在这一辐射水平，为什么并不是所有物体都会快速变冷？为什么我们没有感觉到这一辐射？实际上，如果一个物体被突然放置于外太空，远离任何强能量输入，则物体会由于辐射热量而快速变冷。然而在通常情况下，一个物体是被与其同样温度的其他物体所包围（如空气）的，并且这些物体会以同样的速度辐射能量。大部分物体会与其环境达到热平衡。因此，从环境中吸收的辐射与自身辐射的能量损失相平衡。我们没有感觉到这一辐射效果正是因为这种平衡，除非我们正好处于有温差的物体之间。例如，如果我们站在一面被太阳加热的墙边，正值日落，则我们会由于电磁能量传播而感到墙的温暖。

图 2-19 和图 2-20 表明热的物体会发出连续波长的辐射。当浏览连续辐射谱时，色散现象可使我们分离和识别光谱中不同的波长。例如，当光谱的可见光部分通过一个棱镜时，会沿着如图 2-22 所示的一定角度偏折；不同波长的偏折差异就是色散（dispersion）。实际中，我们会用衍射光栅代替棱镜以制造分光，因为光栅分辨力和其他性能更好，而结果则相同。

图 2-22　光通过棱镜的色散。 白光通过玻璃棱镜会分解为彩色光。（Adam Hart-Davis 供图）

色散光谱可以被拍摄下来，生成光谱图（spectrograph）。同样也可以使用电荷耦合器件（CCD），即一种光敏半导体，对光谱进行数字操控。CCD 可以把光转化为电流，电流会在数码相机里成像。如果相机底片或者 CCD 被一个目镜所取代，则仪器可以被叫做分光镜（spectroscope）。

2.3.2　离散谱线吸收和辐射

目标：读完本节，你应该能够……

- 解释离散谱线辐射的起源
- 区分发射与吸收谱线和连续辐射谱
- 计算光波辐射和吸收的对应能量

在 20 世纪早期，科学家了解到原子中的电子只能具备某些离散的能量，其中每一种都是一个电子能级（能态（energy state））。当一个电子在两个不同能态跃迁时，原子会发射或者吸收特定频率的辐射。

为了阐释激发态间的能量跃迁，我们将使用氢原子的能级图，如图 2-23 所示。这些能态对于所有价电子为一的原子是相似的，但对于其他原子类型则不同。原子最低的能级被称为基态（ground state），也是最稳定的状态。较高的能级表征的是原子的激发态。原子在激发态停留的时间称为受激态寿命（lifetime）。这一时间对某些能态来说短至纳秒，而对另一些能态而言则长至数年。

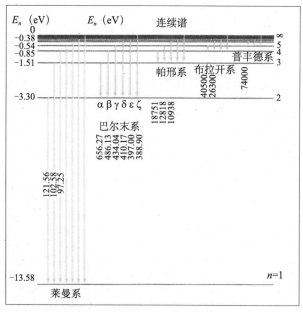

图 2-23　氢原子线状光谱和能级图。我们在此展示了许多可能的能级跃迁。左侧的数字为不同能级之间的能量差，单位是电子伏（基态的值为 -13.58 eV）。图右侧的数字是主量子数（n），标明电子能级。垂直线旁边的数字表示跃迁所发出的辐射波长，单位为 nm。当 13.58 eV 能量被提供给一个中性氢原子时，在 $n=1$ 的电子会跃迁至 $n=\infty$（离开原子），则我们说原子被电离。巴尔末系旁边的希腊字母为历史称谓。

线状光谱（line spectra）是在低密度气体中，当原子中的电子在不同能级之间跃迁时，或是从自由（电离）电子转变为束缚态时，所发出的特定波长辐射。吸收谱线源自于相反的过程。分子所发出的是类似于线状谱的带状光谱（band spectra）。在太阳光谱的 X 射线至红外部分可以看到许多线状和带状光谱。

当电子从一个激发态返回较低能态时，会放出光子。两个能级之间的能量改变和放出光子的频率公式为

$$\Delta E = E_f - E_i = hf = h(c/\lambda) \tag{2-24}$$

其中，E_f 和 E_i 分别是最终和初始的电子能态。

某种跃迁所能达到的最低能级（n）被定义为系底。例如，莱曼系底为 $n=1$。莱曼 -α 辐射是 $n=2$ 到 $n=1$ 的跃迁所致，其辐射波长为 121.6 nm（太阳和地球大气极紫外辐射研究者对此感兴趣）。氢原子巴尔末系的第一条辐射（H-α）是 $n=3$ 到 $n=2$ 的跃迁所致，其辐射波长为可见光区的 656.3 nm（红光）。H-α 辐射被用于监测太阳活动。

图 2-24 的不同部分可帮助区分黑体连续辐射谱和电子能级跃迁的线状谱。正如我们在 2.3.1 节所讨论的，黑体连续辐射（图 2-24（a））是由黑体内部物质无数的随机振荡所致。如果黑体还有较热的稀薄气体成分，如太阳大气，则处于无碰撞区域的原子会辐射出一组离散的波长谱线，如图 2-24（b）所示。波长是气体中特定原子或分子成分的特征，故而是确定辐射物质构成的有力工具。在没有遮挡物吸收辐射时，透光气体里最容易见到发射光谱。与此相反，如果连续辐射穿过较冷的气体遮挡层，冷的气体中的原子或者分子会吸收一组离散的波长，产生一系列吸收谱线（图 2-24（c））。图 2-24（d）给出了在通过冷而稀薄的遮挡气体，而使部分辐射通量损耗时，黑体辐射的可能情形。个别未与环境达到热动力平衡的激发态原子或分子，会在连续辐射谱上叠加由电子跃迁所发出的线状辐射。

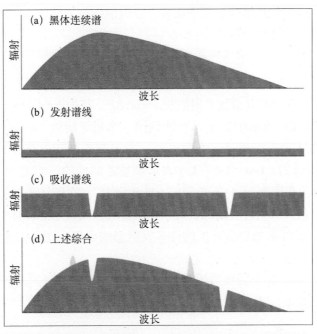

图 2-24 连续谱、发射谱线、吸收谱线的辐射图。（a）黑体的辐射 - 波长连续谱图。（b）发射谱线图，其中由于辐射体运动的多普勒效应会造成谱线展宽。（c）吸收谱线图，其中由于辐射体运动的多普勒效应会造成谱线展宽。（d）连续谱、发射谱线、吸收谱线的叠加图。

太阳的黑体辐射在穿过太阳大气时，部分向外的辐射会被吸收。图 2-25 的第一行给出了太阳可见光的黑体辐射谱与暗色吸收谱线（夫琅禾费谱线（Fraunhofer line））的叠加，这些暗色谱线得名于德国物理学家，约瑟夫·冯·夫琅禾费（Joseph Von Fraunhofer），他在 1814 年研究太阳光谱时发现了这些暗线。太阳大气的遮挡气体吸收了部分向外的黑体辐射，并在非视线方向重新辐射出其中一部分，造成了特定光子的缺失。

离散谱线不仅由电子跃迁产生，当原子结合以生成双原子或多原子分子时，原子会围绕一个共同的质心旋转，或者作为微弹簧‐质子系统而往复振荡，亦或是因热碰撞而弯曲。这些伴随的运动会在离散（量子化）的波长发出辐射。激发这些运动所需的能量相对较少，所以其辐射谱线波长要高于激发电子跃迁的波长。地球高层大气的气辉和部分太阳色球辐射都处于光谱的红外部分。

关注点 2.6　谱的标记

对于电子能级图里的谱线和跃迁，科学家们使用了许多标定。其中一些源于量子力学准则下的能量跃迁。原子系统可以用四个量子数进行量化，其中两个可以用字母 n 和 l 表示：n 为主量子数，l 为角量子数——表示与电子角动量效应相伴随的主能级分裂。其余的两个量子态分别是磁量子数 m，以及多电子原子的自旋量子数 m_s。

对氢而言，与主量子数 n 相对应的能量参见下式。这是由丹麦著名的量子物理学家尼尔斯·玻尔（Niels Nohr）所给出的

$$E_n = 13.6\,\text{eV}\,/\,n^2$$

对氢原子（$Z=1$）和其他简单原子而言，发射谱线与不同能级之间的能量改变和跃迁有关。我们利用下式计算能量改变：

$$\Delta E = 13.6\,\text{eV}(Z^2)\left(\frac{1}{n_f^2} - \frac{1}{n_i^2}\right) \tag{2-25}$$

其中，Z 为质子数。我们可以得到发射波长 $\lambda = hc/\Delta E$，其中 $h = 4.136 \times 10^{-15}\,\text{eV}\cdot\text{s}$。

图 2-23 的每组线所表示的是电子跃迁到同一个最终能级（n）的线系。图 2-23 显示了莱曼系、巴尔末系、帕邢系、布拉开系、普丰德系，其中符号 H-α、H-β、H-γ 等表示巴尔末系。同样的，L-α、L-β、L-γ 表示莱曼系最低的三组能量跃迁。H-α、H-β、H-γ 波长的辐射出现在图 2-25 的氢光谱里（标注为 H）。而像铁（Fe）这样更大的元素会经历多次跃迁，从而产生许多谱线，每条谱线都会被其价态、晶体结构位置，以及其他特性所影响。铁在可见光和紫外区的许多发射谱线出现在图 2-25 的铁光谱里（标注为 Fe）。

对于多原子体系，电子绕核轨道被描述为壳层，最底层（离原子核最近）的是 K 层，依次向外分别是 L、M、N、O 等层。电子从 L 层向 K 层跃迁产生的谱线被称为 K 谱线。

对于中性原子或离子，太阳光谱学家采用另一种标记法，他们所关注的是最易受激

发的电子。对中性原子而言是其最外层电子，例如，中性钙原子被记为 Ca I。一价钙离子（Ca⁺）缺少了最外层电子，但其第二个电子仍可被激发，所以我们将其称为 Ca II，并将其离子记为 Ca^{2+}。

例题 2.13　巴尔末系 H-α 辐射

- 问题：证明巴尔末系 H-α 辐射对应于波长为 656 nm 的光。
- 相关概念：氢原子能级中电子跃迁的光量子辐射。光波与能量的关系。
- 给定条件：辐射为 H-α 谱线。
- 假设：孤立原子。
- 解答：

$$\Delta E = 13.6 \text{ eV}(Z^2)\left(\frac{1}{n_f^2} - \frac{1}{n_i^2}\right)$$

$$\lambda = hc / \Delta E$$

$$\Delta E = 13.6 \text{ eV}(1)^2\left(\frac{1}{2^2} - \frac{1}{3^2}\right) = (13.6 \text{ eV})(0.139) = 1.889 \text{ eV}$$

$$\lambda = hc / \Delta E = (4.136 \times 10^{-15} \text{ eV} \cdot \text{s})(2.998 \times 10^8 \text{ m / s}) / (1.889 \text{ eV}) = 656.4 \text{ nm}$$

- 解释：在孤立的氢原子里，从 $n=3$ 到 $n=2$ 的跃迁产生了光谱中的红色可见光。太阳主要成分是氢，在一些区域中，氢受热被激发到 $n=3$ 的能级，会存在显著的 H-α 辐射。这一受热激发的合适温度通常位于太阳表面之上的大气层中——光球层和色球层。

问答题 2-15

在图 2-25 中间的氢原子光谱里，有两条亮色的发射谱线，一条蓝色一条红色。图 2-23 中的巴尔末系对应于其中哪条线？

问答题 2-16

太阳色球层中存有微量的一氧化碳（CO）分子。其中转动跃迁减少了 4.75×10^{-4} eV 的转动能量。该过程伴随的辐射波长为多少？CO 分子离解需要 11.1 eV 能量，则气体温度要达到多少才能提供足够的碰撞热能？

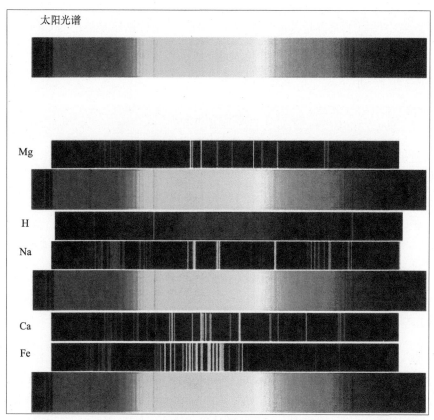

太阳光谱

Mg

H

Na

Ca

Fe

图 2-25 光谱。第一行是太阳黑体辐射的可见光谱。强度的下降（垂直暗线）表示黑体辐射在通过太阳大气时被吸收能量的波长。图下端给出不同元素各自的发射谱线（镁 -Mg，氢 -H，钠 -Na，钙 -Ca，铁 -Fe）。太阳光谱也重复显示于这些元素线谱之下以备参考。发射谱线对应于太阳光谱里的暗线，意味着太阳大气中的这些元素对特定波长的辐射吸收。

2.3.3 · 其他辐射源

目标：读完本节，你应该能够……

♦ 描述等离子体波、韧致辐射、同步加速辐射的物理起源

太阳和其他恒星发出的电磁辐射，其范围从非常高能的 γ 射线到低能无线电波。我们根据不同辐射形式的物理起源来对其进行区分。在本节中，我们将描述非黑体的电磁辐射起源，包括同步加速辐射、等离子体波辐射、韧致辐射。它们一般是背景辐射，但在太阳发生扰动期间可能会增强。它们都来自于带电粒子的加速过程。

等离子体波辐射

当电磁波形式的扰动或快速运动物体穿过等离子体时，会激发电子的相对运动，导致其围绕较大的离子进行振荡（图 2-26）。当电子尝试返回平衡位置时，它们会表现

得像弹簧－质点系统一样：加速的电子不断地越过其静态位置。这一运动会激发起水平传播的电磁波，其频率由局地电子密度所决定。当这些传播的波遇到背景等离子体中的电子密度不规则体时，它们会向各个方向散射，并可以在等离子体外部被探测到。其效果是电子从扰动中获取能量，并重新将能量辐射出去，辐射频率由等离子体密度所决定。因为太阳大气的电子密度是变化的，所以上述辐射形成了从紫外到射电波段的连续辐射谱。地基雷达可以搜索到这些辐射，尤其是像 CME 这样快速移动的扰动所引起的辐射。

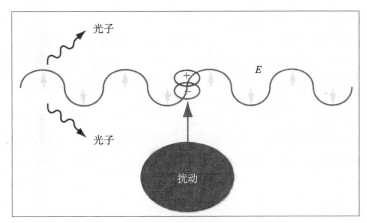

图 2-26　等离子体振荡辐射。在受到电磁波扰动后，电子围绕其平衡位置振荡，并发射出光子。

轫致辐射

　　高速运动的电子骤然减速是空间 X 射线辐射的重要来源之一。当电子接近另一个带电粒子而减速时，或是在电磁场中发生偏折时，会辐射出电磁能量（图 2-27）。这一能量被称为轫致辐射（bremsstrahlung）（德语：制动辐射之意）。轫致辐射是实验室（或医生）生成 X 射线的常见过程。电子束会产生连续波长的辐射谱，最短波长由 $\lambda_{min}=hc/E_{max}$ 给出，这里的 E_{max} 是初始电子能量。轫致辐射会覆盖整个电磁波谱，但引起空间环境扰动的最主要轫致辐射是 X 射线。在太阳耀斑时期，X 射线甚至 γ 射线波

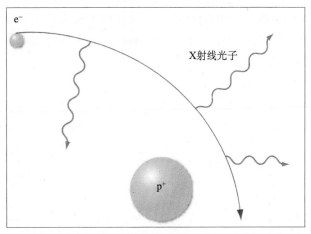

图 2-27　离子存在所致的电子加速。当电子路径弯曲时，会发射出连续光子。

长的轫致辐射会非常剧烈。在极其平静的太阳风环境里，太阳风电子会直接到达地球极区。高能带电粒子会撞击地球高层大气并电离粒子，造成 X 射线轫致辐射。当此情况发生时，

卫星的 X 射线传感器能记录到后向散射的 X 射线事件。

例题 2.14　韧致辐射

- 问题：试确定一束 30 keV 的电子韧致辐射的最短波长。
- 相关概念：辐射的最短波长来自于单一能量交互中的电子减速。
- 给定条件：30 keV 的电子束。
- 假设：只有韧致辐射作用。
- 解答：$\lambda_{min} = hc/(E_{max})$

$$\lambda = (4.136 \times 10^{-15}\ \text{eV} \cdot \text{s})(2.998 \times 10^{8}\ \text{m/s})(30000\ \text{eV}) = 0.04\ \text{nm}$$

- 解释：这一发射是在光谱的 X 射线波段，该波长的光可以在太阳日冕中被看到。在通常情况下，如果电子减速度较小，则发出的波长会更长，所以韧致辐射普遍被观察到的是从最短到较长波长的连续谱。

补充练习：10～1000 eV 的太阳风电子束有时会伴随高速太阳风传播。如果电子束遇到检测器而停止运动，则其能发出的韧致辐射最短波长是多少？

同步加速和回旋加速辐射

　　带电粒子会围绕磁力线旋转。因为粒子持续改变方向，所以它们会被加速并发出辐射（图 2-28）。同步加速辐射来自磁场中以近乎光速运动的电子。回旋加速辐射的过程类似，不过是针对较低能的电子运动。电子在磁场中的时间越长，损失的能量越大。因此电子会围绕磁场做更大的螺旋运动，并发出更长波长的电磁辐射。为了维持同步加速辐射，需要有相对论电子的持续供应。这些电子通常是由像超新星残骸或者类星体这样强大的能源所提供。在地球上所能感知到的高能同步加速辐射仅仅偶尔出现于太阳耀斑活动相伴随的射电爆发。

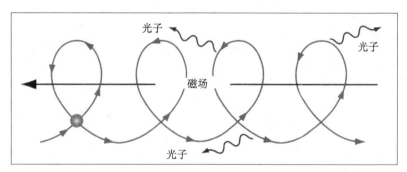

图 2-28　一个电子在绕磁力线旋转时被加速。这些光子的频率通常位于电磁频谱的无线电波段。

　　迄今为止，我们已经掌握了足够多的关于能量的信息，可以进入第 3 章，学习宁静太阳的粒子和光子发射。我们会在第 4 章继续研究能量在场里的储存和传输。

总结

能量是自然界进行"业务交易"的货币。作为空间天气的核心,能量从太阳内核的核聚变到地球的磁层和大气层都是守恒的,主要表现为作用于宏观和微观尺度上的动能和势能。热是微观尺度的动能;场在宏观和微观尺度都能储存能量;辐射是运动能量,并且在两种尺度上都能量化。

能量守恒这一关键概念有助于我们追踪空间环境中的能量。能量总量守恒,但其可能会进入或离开空间环境中不同的子系统,而快速的能量流入流出会引发强烈的空间天气事件。自然界总是会向着无序(熵增加)状态发展,但是要达到较低状态,通常涉及创造高度有序的能量结构,对能量进行储存和快速转化。下一章要描述的太阳黑子和活动区即为符合此的实体。

在描述能量与物质相互作用或以电磁波形式传播时,对能量进一步细分是很有用的。粒子、场、光子都可以传递能量。能量传递的过程包括:整体运动、循环运动、传导、对流、辐射。根据自然中的相互作用,我们可以用下列形式描述能量:单位时间的能量(功率)、单位面积的功率(能量通量)、单位体积的能量(能量密度)。电磁能不需要物质即能传播。

普朗克定律、维恩位移定律、斯特藩-玻尔兹曼定律是对理想黑体辐射的电磁能描述。我们使用光谱来研究辐射和辐射体的组成、温度及特性。

能量以光子、高能粒子、拉伸的磁场结构等形式离开太阳。在太阳大气中,氢、氦以及不同电离态的微量重元素,都在太阳光谱中留下了印记。吸收谱线消耗了太阳的表面辐射,而炽热的电离气体产生了数千条发射谱线和一些弱连续谱。在大约 6000 K 的太阳黑体辐射上,这些线谱和连续谱将极紫外光子辐射通量提升了许多级别。黑体辐射之外的电磁振荡来源对空间天气同样重要。轫致辐射和等离子体振荡是平静太阳非黑体辐射的重要组成。

关键词

英文	中文	英文	中文
amplitude (A)	振幅	mechanical energy	机械能
angstrom (Å)	埃	neutrino	中微子
band spectra	带状光谱	non-conservative force	非保守力
blackbody continuum radiation		open system	开放系统
	黑体连续辐射	phase velocity	相速度
blackbody radiator	黑体辐射体	phonon	声子
bremsstrahlung	韧致辐射	photochemical process	光化学过程
closed system	封闭系统	photoelectric transfer	光电转换
conduction	传导	photoionization	光致电离
convection	对流	photon	光子
dispersion	色散	photothermal energy	光热能
Doppler effect	多普勒效应	planck's Radiation Law	普朗克辐射定律
electromagnetic (EM) radiation		potential energy (PE)	势能
	电磁辐射	power	功率
electromagnetic spectrum	电磁波谱	proton-proton (PP) chain	质子链式反应
energy	能量	radiation	辐射
energy state	能态	radiative process	辐射过程
entropy (S)	熵	ray	法线
First Law of Thermodynamics		rest mass energy	静质能
	热力学第一定律	root-mean-square speed (v_{rms})	
forced convection	强制对流		均方根速度
Fraunhofer line	夫琅禾费谱线	Second Law of Thermodynamics	
free convection	自由对流		热力学第二定律
frequency (f)	频率	spectral emissivity (ε_λ)	光谱辐射系数
ground state	基态	spectrograph	光谱图
heat	热	spectroscope	分光镜
Ideal Gas Law	理想气体定律	Stefan-Boltzmann Law	斯特藩-玻尔兹
intensity (energy flux, I)	强度（能量通量）		曼定律
isolated system	孤立系统	visible spectrum	可见光谱
kinetic energy (KE)	动能	wave front	波前
lifetime（受激态）	寿命	wavelength (λ)	波长
line spectra	线状谱	wien's Displacement Law	维恩位移定律
Maxwell-Boltzmann function		work	功
	麦克斯韦-玻尔兹曼方程	work-kinetic energy theorem	
			动能定理

公式表

做功、能量、力的关系：$\Delta E = W = \int \boldsymbol{F}_{\text{external}} \cdot \mathrm{d}\boldsymbol{r} = \int F_{\text{external}} \mathrm{d}r \cos\theta$。

流体元的能量改变：$\mathrm{d}Q = mc_v \mathrm{d}T + p\mathrm{d}V$。

功率定义：$P = \dfrac{\mathrm{d}E}{\mathrm{d}t} = \dfrac{\mathrm{d}(W+Q)}{\mathrm{d}t}$。

非相对论动能定义：$\mathrm{KE} = \dfrac{1}{2}mv^2$。

做功与动能的关系：$\Delta\mathrm{KE} = \mathrm{KE}_{\text{final}} - \mathrm{KE}_{\text{initial}} = \int \boldsymbol{F} \cdot \mathrm{d}\boldsymbol{r} = W_{\text{net}}$。

势能变化：$\Delta\mathrm{PE} = -\int \boldsymbol{F} \cdot \mathrm{d}\boldsymbol{r} = -\int F \mathrm{d}r \cos\theta$，$\Delta\mathrm{PE} = -W$。

无耗散力的机械能守恒：$-\Delta\mathrm{KE} = \Delta\mathrm{PE}$，$\Delta E = 0 = \Delta\mathrm{KE} + \Delta\mathrm{PE}$。

动能与温度关系：$\dfrac{1}{2}mv^2_{\text{rms}} = \dfrac{3}{2}k_B T$。

内（动）能构成：$\mathrm{KE}_{\text{internal}} = \mathrm{KE}_{\text{translation}} + \mathrm{KE}_{\text{rotation}} + \mathrm{KE}_{\text{vibration}} + \mathrm{KE}_{\text{bending}}$

$$= \dfrac{3}{2}k_B T + \dfrac{2}{2}k_B T + \dfrac{1}{2}k_B T + \dfrac{1}{2}k_B T = \dfrac{7}{2}k_B T$$

电压降：$\Delta V = -\int \boldsymbol{E} \cdot \mathrm{d}\boldsymbol{r}$。

电场与势能的关系：$q\Delta V = -q\int \boldsymbol{E} \cdot \mathrm{d}\boldsymbol{r} = -\int q\boldsymbol{E} \cdot \mathrm{d}\boldsymbol{r} = -\int \boldsymbol{F}_E \cdot \mathrm{d}\boldsymbol{r}$，$\Delta\mathrm{PE} = -W = q\Delta V = -\Delta\mathrm{KE}$。

静质能：$\Delta E = \Delta mc^2$。

相对论动能：$\mathrm{KE} = \left(\dfrac{1}{\sqrt{1-\dfrac{v^2}{c^2}}} - 1 \right) mc^2$。

非保守力场中的运动物体总能量：$E_{\text{total}} = mc^2 + \mathrm{KE} = \dfrac{mc^2}{\sqrt{1-\dfrac{v^2}{c^2}}} = \gamma mc^2$。

电磁波能量：$E = hf$。
一般波速关系：$v = \lambda f$。
电磁波运动速度：$c = \lambda f$。
多普勒频移：$\Delta\lambda / \lambda = \mathrm{d}v_{\text{rel}} / c$。
与波的振幅相关的强度（能量通量）：$I = kA^2$。
能量守恒（波的强度公式）：$I_{\text{final}} \times \mathrm{Area}_{\text{final}} = I_{\text{initial}} \times \mathrm{Area}_{\text{initial}}$。
黑体辐射最大波长：$\lambda_{\text{max}} T = \alpha$。
斯特藩-玻尔兹曼定律：$R(T) = \int_0^\infty R(\lambda, T)\mathrm{d}\lambda = \varepsilon_\lambda \sigma T^4$。
光度：$L = \varepsilon\sigma A T^4$。

普朗克黑体辐射方程：$R(\lambda, T)\mathrm{d}\lambda = \dfrac{2\pi hc^2}{\lambda^5}\left(\dfrac{1}{\mathrm{e}^{(hc/\lambda k_\mathrm{B}T)}-1}\right)\mathrm{d}\lambda = \dfrac{c_1}{\lambda^5}\left(\dfrac{1}{\mathrm{e}^{(c_2/\lambda T)}-1}\right)\mathrm{d}\lambda$。

光子辐射能量（从粒子的一个激发态）：$\Delta E = E_\mathrm{f} - E_\mathrm{i} = hf = h(c/f)$。

简单原子能级间的能量改变：$\Delta E = 13.6\ \mathrm{eV}(Z^2)\left(\dfrac{1}{n_\mathrm{f}^2} - \dfrac{1}{n_\mathrm{i}^2}\right)$，$Z$ 为质子数。

问答题答案

2–1：孤立、封闭、开放。

2–2：（a）$W>0$，（b）$W<0$，（c）$W=0$。

2–3：$W=0$，重力与位移矢量垂直。最右侧的图极好地阐明了该情况。

2–4：扩散能量来自于气体内能。这意味着气体会随着扩散冷却。

2–5：假设飓风持续 5 天，功率约 5×10^{12} W，会有约 2×10^{18} J 能量耗散。汽车：约 830 kJ，280 kW。

2–6：弧长增量：$\mathrm{d}l = r\mathrm{d}\theta$。

角速度：$\omega \equiv \mathrm{d}\theta/\mathrm{d}t$。

运动速度：$v = \mathrm{d}l/\mathrm{d}t = r\mathrm{d}\theta/\mathrm{d}t = r\omega$。

因此：$\mathrm{KE} = (1/2)mv^2 = (1/2)mr^2\omega^2$。

2–7：从例 2.4 中可知，热层中氧的均方根速度约为 1.2 km/s。逃逸地球的速度约为 11.2 km/s。即便是在玻尔兹曼分布的高速端，也极少能有氧原子获得超出平均值 10 倍的速度。氧原子没有足够的动能以克服重力势能。因此大部分的氧留在地球。

2–8：离子左旋，电子右旋。

2–9：（a）熵增加。

2–10：$nk_\mathrm{B}T$ 的单位是 $(\#/\mathrm{m}^3)(\mathrm{J/K})(\mathrm{K}) = (\mathrm{J/m}^3)$；　$(1/2)\rho v^2$ 的单位是 $(\mathrm{kg/m}^3)(\mathrm{m}^2/\mathrm{s}^2) = (\mathrm{J/m}^3)$；$B^2/2\mu_0$ 的单位是 $(\mathrm{N/A}\cdot\mathrm{m})^2/(\mathrm{N/A}^2) = (\mathrm{N/m}^2) = (\mathrm{J/m}^3)$；其余留给读者思考。

2–11：当元件被加热到炽热时，其中一小部分会发射出覆盖可见光波长的光谱；如果元件只是被加热至温暖，则辐射能量几乎只位于光谱的红外区域。

2–12：冷恒星更多地辐射较长的波长，这与可见光谱的红色区域一致。

2–13：使用图 2-21。从 700 nm 到大于 10000 nm 最近似黑体；200 nm 到 700 nm 近似灰体；200 nm 以下为非热能辐射体。

2–14：从图 2-20 可见，太阳辐射峰值（功率谱通量密度）大约是 7×10^4 W/(m²·nm)。太阳表面积和 1 AU 处的球体表面积比值为 $4\pi(7\times10^8\ \mathrm{m})^2/4\pi(1.5\times10^{11}\ \mathrm{m})^2$。将这两值相乘可得 1.5 W/(m²·nm)。

2–15：巴尔末系 H-α 为 656.3 nm；H-β 为 486.1 nm。

2–16：$\lambda = hc/\Delta E = (4.136\times10^{-15}\ \mathrm{eV}\cdot\mathrm{s})(2.998\times10^8\ \mathrm{m/s})/(4.75\ \mathrm{eV}) = 261.2$ nm

$hf = \Delta E, f = \Delta E/h = (4.24\times10^{-20}\ \mathrm{J})/(6.63\times10^{-34}\ \mathrm{J/s}) = 6.39\times10^{13}$ Hz

$T = (1.78\times10^{-18}\ \mathrm{J})/(1.38\times10^{-23}\ \mathrm{J/K}) \approx 1.3\times10^5$ K

参考文献

Ahmad, Qazi R., et al. 2002. *Direct Evidence for Neutrino Flavor Transformation from Neutral-Current Interactions in the Sudbury Neutrino Observatory*. Physical Review Letters. Vol. 89. American Physical Society. College Park, MD.

Fukuda, Y., et al. 1998. *Measurements of the Solar Neutrino Flux from Super-Kamiokande Collaboration*. Physical Review Letters. Vol. 81. American Physical society. College Park, MD.

补充阅读

Burnell, S. Jocelyn Bell, Simon Green, Barrie Jones, Mark Jones, Robert Lambourne, and John Zarnecki. 2004. *An Introduction to the Sun and Stars*. Edited by Simon Green and Mike Jones. Cambridge University Press.

Enloe, C. Lon, Elizabeth Garnett, Jonathon Miles, and Stephen Swanson. 2001. *Physical Science: What the Technology Professional Needs to Know*. John wiley and Sons.

Fleagle, Robert G. and Joost A. Bussinger. 1980. *An Introduction to Atmospheric Physics*. 2nd Edition. Academic Press.

Serway, Raymond. 1997. *Principles of Physics*. 2nd Edition. Saunders College Publishing.

Schroeder, Daniel V. 1999. *An Introduction to Thermal Physics*. Addison Wesley Longman.

Wallace, John M. and Peter V. Hobbs. 2006. *Atmospheric Science, An Introductory Survey*. 2nd Edition.

Wolfson, Richard and Jay M. Pasachoff. 1999. *Physics with Modern Physics*. 3rd Edition. Addison Wesley.

第 3 章　宁静太阳及其与地球大气的相互作用

C. Lon Enloe and Charles Lindsey

你应该已经了解：

- 指数和对数函数的使用
- 如何描述角向运动
- 理想气体定律
- 动量守恒
- 地球大气和它的分层（第 1 章）
- 能量（第 2 章）
- 光谱辐射（第 2 章）

本章你将学到：

- 宁静太阳及其大气的组成和结构
- 能量从日核到太阳大气的传输过程
- 太阳较差自转和环流
- 热浮力和磁浮力
- 太阳磁场起源的发电机理论
- 太阳磁场的全球特征和大尺度特征
- 太阳特征的 11 年变化
- 太阳的遥感观测

- 指数特征变化的大气层中的光学深度
- 宁静、电离的地球大气层结构
- 宁静太阳对地球大气的影响

本章目录

翻译：崔延美；校对：王传兵。

3.1　宁静的太阳及其内部

3.1.1　太阳——我们的磁恒星

目标：读完本节，你应该能够……

- ◆　描述太阳的主要化学成分和它们的相对丰度
- ◆　了解变化最大的太阳大气区域
- ◆　描述太阳表面和内部不同位置的自转速率
- ◆　用周期和频率描述自转速率
- ◆　解释日震学提供的知识

　　能量和化学组成。日核内每秒钟都有数百万吨的氢核聚变为氦核。正如在第 2 章中所讨论的，在每次反应中都会有一小部分质量转化为能量，这些能量最终到达太阳表面和大气中。大部分的能量在这里会以太阳光的形式在很宽的波长范围内辐射出去；小部分能量能够在太阳大气中加速粒子，使其成为太阳风的一部分。

　　为了理解宁静太阳对空间环境的影响，我们先要了解太阳背景辐射。太阳是个中等大小，相对稳定的恒星，它连续地向外发射电磁辐射和磁化等离子体。来自太阳相对冷的低层大气中的辐射通量是稳定的，随时间的变化量约在 0.1% 的范围内。来自太阳几百万度高层大气的 X 射线、极紫外（EUV）和射电的辐射通量变化很大（变化量有时超过 10000%）。图 1-23 显示了 X 射线的辐射变化。尽管来自这些高层大气的辐射通量占太阳总辐射通量的比例小于 2%，但它们却对地球和其他行星影响巨大。表 3-1 总结了太阳的一些基本参数。

表 3-1　**太阳基本参数**。来自实际观测和模型计算结果。

太阳特征	
质量 $= 1.99 \times 10^{30}$ kg	年龄 $= 4.6 \times 10^{9}$ 年
光度 $= 3.86 \times 10^{26}$ W	日核压力 $= 2 \times 10^{16}$ Pa
表面重力加速度 $= 272$ m/s^2	日核温度 $= 1.5 \times 10^{7}$ K
表面的逃逸速度 $= 618$ km/s	日核密度 $= 1.6 \times 10^{5}$ kg/m^3
有效的黑体温度 $= 5780$ K	光子逃逸时间 $= 10^{5} \sim 10^{6}$ 年
表面的磁场强度 $= 10^{-4}$ T	半径 $R_S = 6.96 \times 10^{8}$ m 或 ~ 111 R_E
平均日地距离 $= 1.50 \times 10^{11}$ m $= 215$ 个太阳半径 $= 1$ AU	日冕温度 $1 \sim 2 \times 10^{6}$ K
原子成分：$\sim 92\%$ H、$\sim 7.8\%$ He、0.2% 的其他元素（C，N，O，…）	平均密度 $= 1.4 \times 10^{3}$ kg/m^3
平均自转周期 $= 27$ 天，$\omega = 2.7 \times 10^{-6}$ rad/s	质量损失率 $= 10^{9}$ kg/s
相对黄道面的赤道倾角 $= 7°$	

在太阳的发展过程中，它收集了超新星爆炸在宇宙中的残留（极大质量死亡恒星的残余），因此有着和背景宇宙相似的化学组成。平均来看，太阳中约 92% 的原子是氢，7.8% 的是氦，其余为重元素，如锂、碳、氧和铁。由于在太阳中心区的核反应中，氢被转化为氦，因此氦的相对丰度高于其他重元素。大约有 60 种元素存在于太阳中。尽管微量元素只占太阳总质量很小的部分，但它们却对太阳大气的线状光谱贡献很大。光谱能够提供太阳温度、密度、结构和太阳活动的重要信息。

自转。伽利略早期的太阳观测和绘图中揭示了太阳以逆时针方向进行自转（在地球上我们看到的方向是从左到右）。自转来自恒星形成过程中的角动量守恒。在太阳的生命周期中，自转一直持续到今天，其速率已经减慢至原来的 1/10 左右。在太阳形成的早期，角动量可能通过气体喷射的形式从极区转移出去。现在，太阳磁场是自转减慢的主要原因。我们能够想到，一个快速旋转的滑冰者通过伸开胳膊或者腿能够使自己的旋转变慢。这正如太阳风拉伸了太阳磁场，磁场产生力矩使太阳自转变慢一样。与我们的太阳（天文学家定义的 G 类恒星）有着相似光谱特征的年轻恒星，相对太阳 27 天的自转周期，它们的自转周期为 3～10 天。

太阳是一个气体球，其自转速率随纬度和深度变化。太阳最外层部分的剪切和拉伸运动将能量集中在产生太阳风暴的磁场区域（参看3.1.3 节、3.3 节和第 8 章）。图 3-1（a）阐述了太阳内部自转运动的一些特征，如太阳外层赤道部分的自转明显快于极区（例题 3.1）。这种*较差自转*（differential rotation）会产生一种大尺度的剪切运动，通过湍流涡旋重新分布角动量。如在例题 3.1 中，太阳表面的自转周期是纬度的函数，它从赤道附近约 25 天到极区 33天之间变化。

图 3-1（b）显示了太阳内部与中纬度表面有相近的自转速率。在大约 0.7 个太阳半径（R_s）以下，太阳由较差自转变为一个整体自转，内部深层在所有纬度上的自转速率近似相同，就像刚体一样。在较差自转与刚体自转之间，存在着一个速度剪切的薄层，称之为差旋层。差旋层被认为是磁场变化的源，磁场的变

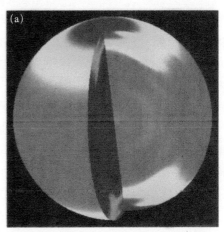

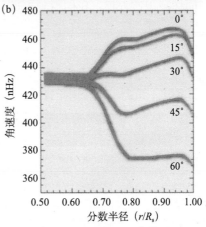

图 3-1 （a）太阳内部较差自转的全球可视化图像。可视化图像是基于全球日震观测网（GONG）、太阳和日球层观测台（SOHO）卫星的观测数据。红色表示较快的自转，蓝色为较慢的自转。太阳的内部近似刚体自转。（ESA/NASA-SOHO 计划供图）。**（b）几个纬度上的以半径为函数的角速度图。**这是 144 天的平均结果，结果均基于 SOHO 卫星上迈克尔孙多普勒成像仪（MDI）的数据。[图片改编自Thompson et al., 2003]

化又是太阳活动周的产生原因。在近赤道附近，快速旋转的外部和旋转稍慢的内部之间形成一个前向的强剪切。相反，在极区附近则形成一个后向剪切。加热、变冷、剪切和循环的共同作用，产生了太阳磁活动周。

问答题 3-1

利用图 3-1（b），求解太阳表面纬度 45° 上的自转周期（以天为单位）。

例题 3.1 较差自转（基于 Snodgrass and Ulrich（1990）的自转模型）

- 问题：确定太阳赤道上的气团相对纬度 ± 40° 上气团的角前进量，并利用该信息确定经过半个太阳活动周，赤道上气团的前进量。
- 相关概念：较差自转。
- 给定条件：我们利用一系列正弦函数 $\omega=a_0+a_1\sin^2\theta+a_2\sin^4\theta+\cdots$ 模拟太阳表面的较差自转，ω 是以（°）/d 为单位的旋转速率，θ 是太阳的纬度。
- 假设：自转模型为 $\omega=14.3+(-2.4)\sin^2\theta+(-1.8)\sin^4\theta$ [(°)/d]。
- 解答：在赤道南北纬 40°，由上面的方程可以得到旋转速率 ω 为

$$\omega=14.3+(-2.4)\sin^2(40°)+(-1.8)\sin^4(40°)=13.0\ [(°)/d]$$

因此自转周期是 360°/(13.0°/d)=27.6 d。

同样利用该方程，我们得到赤道上的旋转速率 ω

$$\omega=14.3+(-2.4)\sin^2(0°)+(-1.8)\sin^4(0°)=14.3\ [(°)/d]$$

因此自转周期是 360°/(14.3°/d)=25.1 d。

纬度 40° 位置，光球在 1 年中的自转周数为 365 d/(27.6 d/周)=13.2 周。

赤道上，光球在 1 年中的自转周数为 365 d/(25.1 d/周)=14.5 周。

因此，在半个太阳活动周中，赤道上气团的总的相对角前进量为 1.3 周/年 ×5.5 年=7.15 周。

- 解释：在一年时间里，赤道区域相对纬度 40° 的区域前进了 14.5-13.2=1.3（周）。因此，从太阳活动极小年到峰年的 5.5 年时间里能够产生足够的缠结。图 3-9 阐释了这一状态。

补充练习：如果太阳内部的自转速率为每天 13.2°。在 27 天时间里，赤道表面的气团相对内部的气团前进了多少？极区表面的气团相对内部的气团落后了多少？以度和弧度为单位给出答案。

科学家通过分析由太阳内部波动引起的表面振动来确定太阳内部的自转速率（关注点 3.1）。通过分析这种日震记录的运动，能帮助我们理解太阳可见表面以下的物理状态。自转会影响声波在太阳内部传播的有效速度，科学家用这些知识来确定太阳内部不同深度的转速。

关注点 3.1　太阳内部探测

日震学是通过对太阳表面各种振动的观测来研究太阳内部的科学。某种程度上类似于内科医生用超声波在人的身体里检查软组织的健康，科学家利用声波在太阳中的反射来研究太阳内部，甚至太阳的背面。太阳充当声波的共振腔，而声波主要由太阳的对流运动产生（图 3-2）。

声波涉及等离子体的压缩和稀疏。通过将两张相隔几分钟拍摄的太阳表面图像相减，科学家观测到明暗交替的斑块，这是由内部声波振动引起的加热和变冷所导致的，这一现象被称为太阳振动。大多数可探测到的振动功率在 2～5 mHz 范围内，对应于大于 8×10^3 km 的水平波长。这些驻波（符合太阳周长的整数波）引起太阳共振，在某种程度上就像一口钟一样。

在太阳内部，一些声波的波前在与径向成一定角度的方向上传播。这些波前的速度正比于温度的平方根（$T^{1/2}$）。由于太阳温度朝向日核方向急剧增加，因此波前越靠近日核传播得越快。由此，声波反射、弯向太阳表面（图 3-3）。

近太阳表面，温度快速下降。声波的截止频率与温度相关。截止频率以下的声波不能传播。截止频率以上的波会向上进入太阳大气发生扩散，从而加热大气气体和等离子体。截止频率以下的波又反射回到太阳内部，在太阳内部被捕获，引起太阳整个区域的重复性振动（共振）。那些穿入太阳深层内部的波能够持续很久，以致在整个太阳圆周中传播。这种环周传播需要几个小时。如此低频的波能够产生持续几天或几周的共振。

日震学有很多应用。科学家以半径为函数估计太阳的自转速率（图 3-1（b）），以及

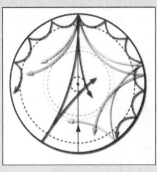

图 3-2　声波在太阳内部折射的横截面图。多种波反射或折射离开太阳内部的上层，期间会引起太阳振动，产生日震。[图片改编自 Christensen-Dalsgaard, 2002]

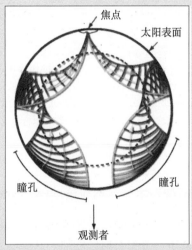

焦点　　太阳表面　瞳孔　瞳孔　观测者

图 3-3　波在太阳内部弹跳的横截面图。点线显示的是太阳对流区的底部。从太阳背面点源（焦点）出发的波前（每间隔 286 s）（～3.5 mHz）经太阳表面（左右两侧）一次反射后，到达太阳近表面（朝向观测者）的瞳孔。利用近表面处产生的扰动图像，来自焦点的波（绿箭头）可以得到重构。计算机模拟显示了重构的波如何在反向路线中传播（黄箭头），以产生能汇聚到焦点上的近乎相同的波，这有助于局地扰动的产生和定位。受对称性约束，这里介绍的全息成像术仅对距太阳背面中央子午线约 50° 以内的区域是实用的。利用波结构的变化能够探测太阳边缘附近的活动区。（美国西北研究协会的 Doug Braun 和 Charlie Lindsey 供图）

太阳内部的成分、温度和运动。他们确定了驱动大尺度等离子体运动的力的径向位置。他们甚至设计了一个方法来确定太阳背面的黑子群位置，这项研究具有成为空间天气预报工具的巨大潜力。图 3-4 是由日震探测得到的整个太阳的磁图。深色区域显示了磁场的聚集。相对可见日面，太阳背面数据的噪声大，不确定性大。尽管如此，当太阳背面的磁场聚集变得强烈时，预报员能较早地得到潜在太阳活动的警报。

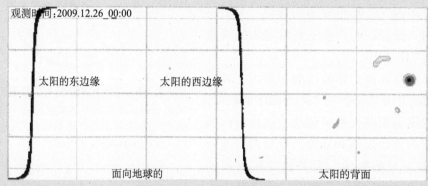

图 3-4　整个太阳的磁图。这是从太阳南极到北极的等面积投影图。图中标注了太阳赤道、每 30° 一条的纬度线和每 60° 一条的经度线。在大约纬度 27° 的位置从球形表面到平面图的变形最小。这个纬度接近前半个太阳活动周中活动区出现的纬度，因此活动区的变形在此期间是最小的。黑色曲线将整个太阳分成可见日面（面向地球）和太阳的背面（远侧）。关注点 3.2 讨论了太阳的坐标系。图中的数据均来自同时段。（斯坦福大学太阳日震研究项目供图）

3.1.2　太阳分层结构

目标：读完本节，你应该能够……

- ♦　利用动量平衡描述太阳内部气团的运动
- ♦　描述日核和辐射区的能量传输机制
- ♦　描述差旋层与其以上和以下区域的联系
- ♦　描述基本的太阳坐标系

天文学家认为大多数的准稳态恒星都是径向分层的，这些分层结构是由不同物理过程主导的同心层。本节，我们将对太阳由内而外进行简单描述。

日核

图 3-5 从能量传输的角度展示了太阳内部的不同区域。日核（solar core）（$r < 0.25 R_S$）中，致密物质的重力产生高压和高温。理论显示，日核的温度超过了 1.5×10^7 K，压力约 2×10^{16} Pa（图 3-6）。如第 2 章中介绍，温度太高会发生氢聚变为氦的核反应，偶而还会发生氦聚变为碳的核反应。核聚变反应产成的能量开始主要是 γ 射线（MeV 光子）。通过与日核中电子和离子的相互作用，这些 γ 射线会迅速降级为硬 X 射线（>10 keV），但它们在

太阳内部会被捕获数百万年，不断地被日核物质散射，从而慢慢扩散出去（图 3-7）。

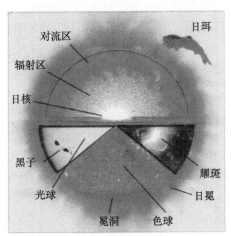

图 3-5　太阳内的基本过程和状态。图中显示了太阳的内部，包括高亮的日核、对流区和温度。（ESA/NASA- 太阳和日球层观测台（SOHO）计划供图）

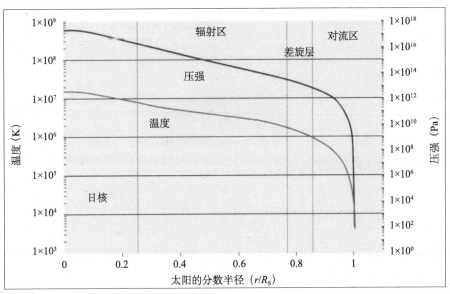

图 3-6　太阳内部的温度和压力模型。在太阳内部的深层，温度和压力随着高度缓慢下降；在外部的对流区，温度随着高度快速下降，导致对流过冲。（数据由 Jørgen Christensen-Dalsgarrd 提供）

辐射区

辐射扩散。围绕日核的是一个巨大的区域，其日心距延伸到 $0.7R_S$ 处，光子形式的能量传输在这里占主导，这个区域被称为辐射区（radiative zone）（图 3-7）。在辐射区，热量经过一系列冷的覆盖层向外流动，温度随日心距的增大而减小。当硬 X 射线光子向外蜿蜒前进时，它们会与离子和自由电子相互作用，被多次地吸收和发射。每一次相互作用，光子能量会有所损失，且运动方向也会发生改变，有时甚至反过来朝向日核。辐射扩散（radiative diffusion）过程包含了大量随机游走模式的不连续阶段。作为多次相互作用的结果，光子的平均能量在向外扩散过程中逐渐降至软 X 射线。当光子到达辐射区的上部时，则最终会降为极紫外线。由于行程的曲折，光子从日核到太阳表面花费了数十万年的时间（真空环境它们只需要 2 s）。因此，今天我们在天空中看到的光是很久以前的核聚变反应产生的，而绝不会观测到近些年产生的光。

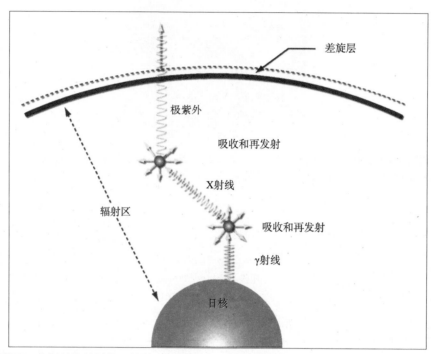

图 3-7　辐射区。 当辐射能量缓慢地扩散进入辐射区上部时，已经发生了无数次的吸收和再发射过程。（图片改编自美国空军气象局）

　　太阳内部的流体静力学平衡。 日核和辐射区处于*流体静力学平衡*（hydrostatic equilibrium）状态。向内的万有引力与向外的压力（气压梯度力）达到平衡。从守恒原理的角度，这种平衡可以用变量 x 表达为

$$\frac{\mathrm{d}x}{\mathrm{d}t} = 源 - 汇$$

　　如果量 x 为动量（mv），则外力为动量变化率的源和汇。守恒方程变为

$$\frac{\mathrm{d}(mv)}{\mathrm{d}t} = 外力之和 \tag{3-1a}$$

式中，m = 粒子质量 [kg]；

　　　v = 粒子的矢量速度 [m/s]；

　　　t = 时间 [s]。

　　对于流体，方程（3-1a）可以写成物质密度和单位体积受力的形式

$$\rho \frac{\mathrm{d}v}{\mathrm{d}t} = \rho a = \sum F_{\text{ext}} / \text{volume} \tag{3-1b}$$

式中，ρ = 物质密度 [kg/m³]；

a = 流体元的加速度矢量 [m/s²]。

在垂直（径向）方向，力与重力和气压梯度力相关，

$$\rho \frac{dv}{dt} = -\frac{GM\rho}{r^2}\hat{r} - \frac{dP}{dr}\hat{r} = \sum F_{ext} / volume \quad (3\text{-}2)$$

式中，G = 万有引力常数（6.67×10^{-11}[N·m²/kg²]）；

M = 半径为 r 的球体的质量 [kg]；

r = 半径，向外为正向 [m]；

P = 压强 [Pa 或 N/m²]。

在流体静力学平衡（hydrostatic equilibirum）中，流体元所受的净力为 0，则方程（3-2）简化为

$$\frac{dP}{dr}\hat{r} = -\frac{GM\rho}{r^2}\hat{r} = \rho g\hat{r} \quad (3\text{-}3)$$

式中，$g = \frac{GM}{r^2}$ = 局地的重力加速度 [m/s²]。

方程（3-3）为流体静力学平衡的状态，单位质量的气压梯度力与单位质量的重力大小相等，方向相反。

问答题 3-2

证明方程（3-3）每一项的单位都是力 / 体积 [N/m³] 和压力 / 距离 [Pa/m]。

差旋层

热的、大质量的、短寿命的恒星拥有相当大的辐射区，几乎只通过辐射过程就可将内核产生的能量传输到恒星表面。相反，那些不足 0.3 个太阳质量的恒星则完全是通过对流的方式，依靠整体的等离子体运动将能量向外传输。

像太阳这种长寿且冷的恒星则依靠这两种能量传输方式。科学家们认为在这些恒星辐射区的顶部存在一个薄层，作为两种能量传输过程的分界区域。对于较差自转的恒星来说，这个分界区叫做差旋层（tachocline）。图 3-8 中的亮红色壳显示了这一薄层。在差旋层，相对平静、分层的辐射区过渡为它上面的扰动对流区。

运动的等离子体产生磁场。穿过差旋层的流体速度变化拉伸和加强了局部磁场。厚度小

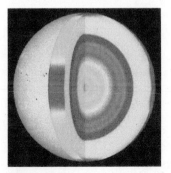

图 3-8 太阳剖面图。基于 SOHO 卫星的观测数据，图中用亮红色显示了差旋层。SOHO 测量到的声速比预期的要快，在快速旋转的外层区域和旋转较慢的内部之间存在着自转速度的快速变化。这个薄的剪切层可能在大约 $0.1R_S$ 厚度中产生了强磁场。简便起见，更小尺度的速度变化在图中没有显示。（ESA/NASA-SOHO 计划供图。图片数据来自斯坦福大学的 Alexander Kosovichev）

于 0.1 R_S 的差旋层，可能是太阳产生、储存、增强磁场的区域。由于这个区域位于相对稳定的辐射区的上部，磁能储存可能需要很长时间，几年或者几十年。来自上面对流区的湍动加强了局部区域的磁场。一些研究者认为差旋层中磁场的局地集中正是太阳活动极大期间强烈磁活动的源场。

差旋层的剪切流使从一个极点到另一极点的极向场（poloidal magnetic field）变形为集中的、沿方位角拉伸的场，称为环向场（toroidal magnetic field）（图 3-9（a）和（b））。集中的磁场产生很大的压力，反过来又将等离子体推出受压的区域，产生低质量密度的泡，这种泡是上浮的。下节中我们将要描述的"冒泡"运动有助于一些集中的磁绳上浮到太阳表面，产生太阳黑子（图 3-9（c）和（d））。磁通量的产生和循环就是太阳发电机过程（solar dynamo process）。这个过程有多种尺度，最大尺度是从差旋层向上穿过不稳定的对流区一直连接到太阳大气层。

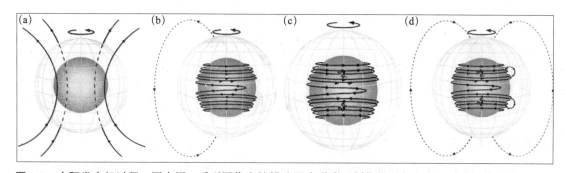

图 3-9　太阳发电机过程。图中用一系列图像定性描述了赤道附近周期性磁场变化的连续过程。内部的半透明球代表太阳辐射区或差旋层，蓝色网表示太阳的表面。两者之间的太阳对流区是发电机存在的区域。（a）在对流区底部附近，太阳较差自转导致极向场的剪切运动。太阳在赤道上的自转要快于极区。（b）在剪切作用下产生了环向场。经历多个太阳自转周后，磁场包裹了整个太阳，如例题 3.1 中的讨论。最终，产生了剪切的环向场。（c）强环向场。当环向场变得足够强时，上浮的通量环上升到太阳表面，它们在上升时受自转影响产生了扭曲。在通量环的底部，形成了黑子的偶极区（"＋""－"表示磁场方向）。（d）通量浮现。与之前极向场方向相反的磁通量浮现出来，衰减的黑子磁场在纬度和经度方向扩展。图片改编自 Babcock, 1961 和 Dikpati and Gilman, 2006

在差旋层附近太阳等离子体温度冷却到大约 5×10^6 K。径向距离越大，温度降得越多，导致少量碳、氧、钙、铁重元素的离子与自由电子复合。在大约 0.86 个太阳半径处，温度变得充分低，很大一部分的自由电子运动变慢到被氢核或氦核重新捕获。光子更容易被中性产物吸收。光子吸收阻碍了辐射传输，等离子体变得更加不透明。不透明度的增加引起了温度随高度的强烈变化（图 3-6），这有助于在太阳的外层产生热不稳定性。

例题 3.2　压强梯度

- 问题：确定差旋层上的压强梯度值，并与海平面附近地球大气的垂直压强梯度作比较。约 95% 的太阳质量被认为在差旋层以内。

- 相关概念：流体静力学平衡时，流体静力学力必须保持平衡。
- 给定条件：太阳的质量 $= 2\times10^{30}$ kg ，差旋层位于 $0.7\,R_S$ 位置，其密度 $= 250$ kg/m³。
- 假设：差旋层满足流体静力学平衡。
- 解答：对于差旋层， $0 = -\dfrac{GM\rho}{r^2}\hat{\boldsymbol{r}} - \dfrac{\mathrm{d}P}{\mathrm{d}r}\hat{\boldsymbol{r}}$

$$\frac{\mathrm{d}P}{\mathrm{d}r}\hat{\boldsymbol{r}} = -\frac{GM\rho}{r^2}\hat{\boldsymbol{r}} = -\frac{\left(6.67\times10^{-11}\ \mathrm{N\bullet m^2/kg^2}\right)(0.95)\left(2\times10^{30}\ \mathrm{kg}\right)\left(250\ \mathrm{kg/m^3}\right)}{\left(0.7\times7\times10^8\ \mathrm{m}\right)^2}\hat{\boldsymbol{r}}$$

$$= -132\,000\ \mathrm{Pa/m}\,\hat{\boldsymbol{r}}$$

对于地球海平面，

$$0 = -\frac{GM\rho}{r^2}\hat{\boldsymbol{r}} - \frac{\mathrm{d}P}{\mathrm{d}r}\hat{\boldsymbol{r}}$$

$$\frac{\mathrm{d}P}{\mathrm{d}r}\hat{\boldsymbol{r}} = -\frac{GM\rho}{r^2}\hat{\boldsymbol{r}} = -\frac{\left(6.67\times10^{-11}\ \mathrm{N\bullet m^2/kg^2}\right)\left(5.97\times10^{24}\ \mathrm{kg}\right)\left(1\ \mathrm{kg/m^3}\right)}{\left(6378\times10^3\ \mathrm{m}\right)^2}\hat{\boldsymbol{r}} = -9.97\ \mathrm{Pa/m}\,\hat{\boldsymbol{r}}$$

- 解释：压强随着高度降低。在大约2/3太阳半径以外的压强梯度比地球海平面上大气垂直压强梯度的1万倍还要大。

补充练习：与太阳表面的压强梯度进行比较。

问答题 3-3

太阳科学家通常用百万米（Mm）作为距离单位。请以 Mm 为单位给出差旋层和对流区的厚度。

关注点 3.2 太阳坐标系

我们需要用坐标系来描述太阳上的位置。图3-10总结了我们如何用坐标系中的两个变量来标定太阳表面上的一个点。大多数的太阳坐标系都采用纬度和经度这两个变量。

纬度（latitude, θ）是到太阳赤道的角距离，定义为两个自转极点之间的等距离线。太阳纬度从 $\theta = -90°$（太阳南极）到 $\theta = +90°$（太阳北极）。赤道处为 $\theta = 0°$。

中央子午线（central meridian, CM）。正对地球的日面经度线为中央子午线。为了描述可见日面上的特征，CM 被定为0°。在太阳的可见半球上，到 CM 的距离是从90°E到90°W。太阳上的东西方向与地图相反。当我们从地球上看太阳时，要看太阳的西半球就必须向右看。经度向着西边缘增加，向着东边缘减小。

卡林顿经度（Carrington longitude, L）是从原初经线测量的东西向角距离。原初经线是随着太阳旋转而预先确定的初始点。经度范围为0°～360°，随着太阳自转方向增加。由于太阳在不同纬度处的自转速率不同（较差自转），我们选择了平均自转速率：每天 13.2° 或者说每 27.3 天一周。此外，太阳上并没有让我们仅利用目测的方法来识别原初经线的常规特征，我们只能通过时间的发展来追踪原初位置。1853 年 11 月 9 日 00 UTC，理查德·卡林顿爵士随意指定了可见日面上的一个南北向中心线作为 $L_0 = 0°$。从那时起我们一直追踪原初经线。（这位卡林顿先生就是第 1 章所述的观测白光耀斑的人）。

卡林顿周数（Carrington rotation number, CR）是原初经线从 1853 年开始围绕太阳旋转的周数。每年约 13.4 个卡林顿周数，到现在卡林顿周数已经超过了 2050。我们采用 Duffet-Smith（1992）提供的方程，以儒略日（JD）来计算卡林顿周数：

$$CR = 1690 + [(JD - 2444235.34) / (27.2753)]$$

儒略日从公元前 4713 年 1 月 1 日开始计算。它等于天数加上该天的小数部分，能够利用互联网上的简单应用程序计算得到。2009 年 7 月 4 日 00 UTC 的儒略日为 2455016.50。

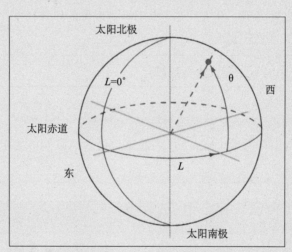

图 3-10　日面坐标系。大部分的太阳图像遵从上北下南、左东右西。由于太阳自转轴与黄道面的垂直矢量存在 7° 的倾角，我们能在半年时间中看到北极，在另半年时间中看到南极。（美国空军气象局供图）

问答题 3–4

计算 2009 年 9 月 14 日的卡林顿周数，并利用互联网验证结果。

3.1.3　对流的太阳

目标：读完本节，你应该能够……

◆　阐述对流不稳定与温度和密度的关系，以及与浮力的关系

◆　对比热对流和磁对流

◆　比较和对比米粒组织和超米粒组织

◆　描述对流层中基本的子午环流模式

对流区

对流基本原理。在 0.7～1.0 个太阳半径之间，太阳内的物质密度和温度都不够高，致使内部热能无法通过辐射的方式有效地向外转移出去。太阳依靠热对流柱将能量携带到表面。温差产生的流体静力学不平衡驱动了热对流（thermal convection）。高温低密的热气团受到了浮力加速而上升。这就是对流不稳定（thermal instability）的本质。这个区域被称为太阳的对流区（convection zone）。向上和向下的气团将能量转移到太阳的外层（图 3-11 和图 3-12）。尽管对流本质上是一种湍流，看上去是无序的过程，但它促进了太阳磁场大尺度结构、太阳发电机和太阳活动周的形成。

携带额外热能的、上升的、孤立的气团具有比周围环境高的温度和低的密度。具有比周围环境密度低的气团保持上浮状态。上浮气团在向上运动过程中进入低压环境，通过膨胀做功，从而冷却。冷却过程中浮力会慢慢减小，但只要气团的密度比周围环境低，它就会受到向上的净力（见关注点 3.3 中的图 3-13）。自然环境下，温度和密度最终会调整到与周围环境达到平衡的状态，浮力因此消失，气团也不再加速。然而，气团仍会继续运动以致超过它们的平衡位置，就像滑行中的汽车即使已经刹车制动了还是会保持运动一样。

对流区的气团持续上升和冷却，直到它们到达一定高度。在这个高度上，温度和密度充分低，向外发射的光子能够有机会逃逸到空间中去。光子逃逸的高度基本定义了太阳可见表面的位置（图 3-14）。太阳表面的物质通过辐射致冷后会再返回到对流区的底部，以从辐射区的上部获取更多能量。科学家认为，由于要保持动量守恒，在对流区的底部会发生向下的对流过冲，将向下的湍流带入到辐射层的外层。

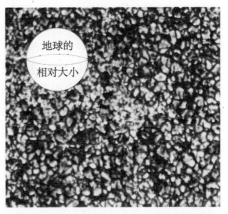

图 3-11　米粒对流元。亮的区域表征热的、向上的运动。窄的暗径是较冷的、向下的运动。在米粒暗径上小的暗斑是磁场聚集区，叫做气孔。图像的分辨率约 100 km。发射线是来自分子 CH 在 430 nm 的跃迁，在太阳大气较冷的部分存在微量的 CH。（瑞典真空望远镜供图，由皇家瑞典科学院和 Goran Scharmer 运行）

图 3-12　太阳外部 200 Mm。图中的顶端为光球，底边界恰在差旋层之前。该图是从模拟中截取出来的，其中的米粒结构为灰色。黑的手指样的结构为相对快速的下降流，嵌入在慢的上升流中。科学家正在尝试确定突然向下的下降流是否与太阳内部的超米粒结构相关。（科罗拉多大学 Dewey Anderson 和密西根州立大学 Robert Stein 供图）

太阳等离子体中的带电粒子和太阳磁场会发生强烈的耦合。事实上，磁场通常冻结在等离子体上（第 6 章）。在磁化等离子体中发展了一种修改过的对流形式。对流使磁力线聚集，产生磁压和密集的磁通量。为了平衡总压力，高磁压区域会排出一些物质。物质损失使磁通量管上浮。那样，磁场聚集区通常是浮力不稳定的，产生磁对流（magneto-convection）。磁化气团的运动依赖于等离子体动能与储存在磁场结构中能量的相对值。太阳外层部分的湍动对流产生了小尺度发电机，即在整个太阳表面上产生了具有南北极性的磁极。对流帮助了太阳磁场的产生、聚集和上浮。第 9 章我们将进一步描述对流活动、太阳黑子和活动区的联系。

关注点 3.3　对流

在 $0.85\ R_S$ 以上，温度快速上升。这导致太阳的最外层区域容易发生强烈的对流。如果上升流体元的密度比周围环境密度低，对流就会发生。理想气体定律告诉我们额外的热能就是密度扰动的源。质量稍微减少的气团受到的重力要比周围介质中的相似气团小一点。受力的不平衡使上浮的气团加速向上。

假设气团受到的压力与周围气体相同。但它有一个减少的密度，$\rho^* < \rho_S$。ρ^* 是气团的物质密度，ρ_S 是周围气体的物质密度。对于周围气体来说，满足流体静力学的平衡环境

$$\left|\frac{\mathrm{d}P_S}{\mathrm{d}r}\right|_{\text{out}} = \left|-\frac{GM\rho_S}{r^2}\right|_{\text{in}} \quad (1a)$$

但对于密度减少的气团，

$$\left|\frac{\mathrm{d}P^*}{\mathrm{d}r}\right|_{\text{out}} > \left|-\frac{GM\rho_S}{r^2}\right|_{\text{in}} \quad (1b)$$

受力不平衡的结果是产生一个上浮的力（每单位体积），

$$\frac{\sum \boldsymbol{F}_{\text{ext}}}{\text{Vol}} = \rho\boldsymbol{a} = (\rho_S - \rho^*)\boldsymbol{g} \quad (2)$$

方程（2）表明低密度的气团向上加速，传输动量和能量。加速度正比于局地的重力加速度 g，方向向上。

相似地，嵌入磁通量的等离子体气团会产生通量的压力（第 4 章将更加详细地讨论这个问题）。为了保持与周围环境的压力平衡，磁化的气团通常会排出等离子体，从而减小气团的热压和施加在气团上的向下的重力。等离子体从磁化气团中的排出使该气团获得了比周围气团更小的密度，出现方程（2）中描述的状态，即产生浮力。这个过程就是磁对流的本质。

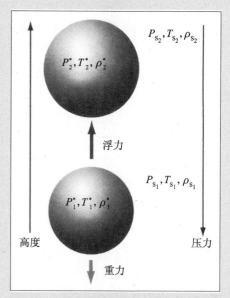

图 3-13　浮力与重力。气团（* 标注的参量）与其周围环境（S 标注的参量）之间的密度差异对气团产生了一个向上的净力。

对流尺度。对流热元胞在太阳表面上表现为太阳米粒组织和超米粒组织。太阳表面包含了多层次的对流元胞（图 3-11 和图 3-14）。米粒样的元胞即为米粒组织（granulation），在白光图像上很明显，尺度有 1 Mm。在米粒元胞内，向上的速度约为 1 km/s，水平速度约 0.5 km/s。在元胞边界，向下的典型速度为 2 km/s。这些元胞的寿命在 10～15 分钟。元胞通过彼此间的相互作用以及与边界磁场的相互作用，快速地发生着演变。元胞中心的温度一般要比周围气体的温度高 300 K，因此在白光观测中容易看到米粒组织。

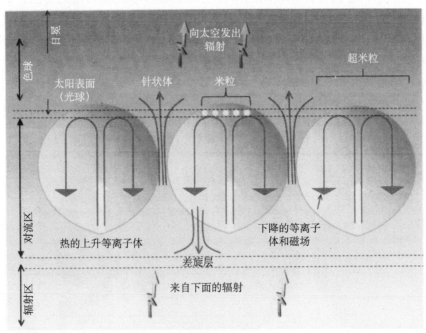

图 3-14 米粒元胞、超米粒元胞和对流层的动力学。图中显示多种尺度的太阳对流。米粒元胞的半径在 1 Mm 内，超米粒元胞的半径为 20～30 Mm，巨米粒元胞的半径有 400 Mm。聚集磁场的下降羽延伸到差旋层。在那里，自转运动进一步加强了磁场的聚集。（图片改编自美国空军气象局）

问答题 3-5

对于一个分层系统，下面哪种环境条件最容易导致气团不稳定？
（a）顶层冷，底层冷；
（b）顶层冷，底层热；
（c）顶层热，底层热；
（d）顶层热，底层冷。

问答题 3-6

在关注点 3.3 加速方程中，用理想气体定律将密度和温度联系起来。证明气团中物质密度的减小等价于温度的增加。

问答题 3-7

到达光球顶端的上浮气团会通过辐射的方式将多余的能量转移到空间去。能量损失后，气团的垂直运动会发生什么变化？

伴随米粒组织的小尺度湍流会使亚表面的磁元上升。这些小的偶极磁元大部分会扩散到背景中。偶尔，它们会在米粒间的暗径上聚集起来形成小的强磁场区，称作微气孔（micropore）和气孔（pore）。这是太阳黑子的先兆，但只有磁场强、寿命长的气孔才会发展成太阳黑子（图 3-11）。针状体（spicule）是具有 5～10 分钟寿命的等离子体喷射。它们刻画了超米粒元胞在色球层的轮廓。针状体起源于光球，穿过色球到达日冕（图 3-14）。

科学家认为米粒运动产生声噪声。噪声以波的形式向上传播，在太阳大气中耗散能量；噪声向下传播产生声振。声振相互间干涉，并在下面的高密度区折射，产生声波的聚集区，从而引发太阳表面五分钟的振动（图 3-15（a））。

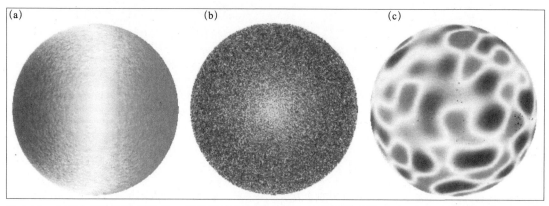

图 3-15　太阳大尺度运动的比较。图像显示的是由 SOHO 卫星探测到的运动。（a）自转和振动。在左侧图像中，太阳的自转运动是明显的。右边的物质远离观测，左边的物质向着观测运动，这与太阳的逆时针自转相一致。小尺度的变化与太阳振动有关。（b）超米粒。与左图相关的多普勒位移去除后，图中显示了超米粒的上升和下降运动。蓝色表示向着观测方向的运动（上升运动）。（c）巨元胞。这是近期发现的大尺度的运动。我们可以认为这些巨元胞类似于地球上全球尺度的气团系统。（NASA 的 David Hathaway 供图）

有一种更大尺度的对流元胞，它们的顶端在太阳表面或以上是明显的，被称之为超米粒组织（supergranulation）。超米粒元胞的尺寸为 20～30 Mm（约 2 倍于地球直径），分布于整个宁静太阳上（图 3-15（b））。超米粒元胞的寿命维持在 1 天左右。在每个元胞的中心，物质以相对较慢的速度作上升运动，然后沿水平方向以大约 0.5 km/s 的速度流向元胞的边界。在对流区超米粒元胞间的边界上，等离子体的向下流动汇聚了磁场，并把磁场拉回到深层对流区中。在那里磁场参与大尺度发电机过程，产生太阳活动周。模拟发现，向下的流动通道对等离子体和磁场运动起着重要的控制作用。这些高速、细丝状结构形成了并合的下冲气流，穿入差旋层，在对流区底部将再生磁场叠加到由旋转剪切产生的磁场上。

超对流元胞从对流区的底部浮现出来。在那里，等离子体动能密度远大于磁能密度，流场在元胞边界汇聚了磁场。在湍动过程中，磁力线被扫荡到超米粒的向下暗径中，被垂直拉伸（图 3-14）。一些磁力线向外拉伸到太阳大气中，勾画出成千上百个米粒元胞轮廓的网络。围绕超米粒的上流区域可能是太阳风的根源，太阳风从这些汇聚通道中流出。在较低的网络区域中，磁力线会在超米粒之上拱起来形成蓬盖状。被进一步拉伸到高层太阳大气中的磁力线，在日冕中形成磁环。磁环结构的模拟显示，这些磁环构成了由磁力线交互编织的"毯子"（3.3 节）。

长时间以来，科学家猜测还有更大尺度的对流元延伸到太阳对流区的底部，寿命比一个太阳自转周还要长。这些巨对流元胞（giant convection cell）（图 3-15（c））在光球发射线的多普勒位移中被发现了 [Hathaway et al., 2000]。这些元胞形成了小幅度的类气候模式，有较为剧烈的、小尺度的太阳活动叠加在里面。由于运动很小，科学家通过对多个小时数据进行平均，才发现向两个方向以 2 km/s 运动的物质里面存在着 1 m/s 的流动。

对流区的动力学是许多空间天气事件的根源。等离子体和磁场、对流和较差自转的强烈耦合，使对流过程成为三维环状系统的一部分。天基和地基的观测数据都揭示了子午环流（meridional circulation）（沿子午线）和带状环流（zonal circulation）（穿越经线），它们如同地球上交叉的大气和海洋环流一样。对流层顶部的流动使气体和等离子体以 20 m/s 的速度从低纬流向高纬。另外，我们也发现了物质在低纬区域向上流动和在高纬区域向下流动的迹象。为了完成这个循环和保持质量流动守恒（质量连续性），在对流区的底部必定存在一个从高纬向低纬的物质回流。由于对流区底部的等离子体密度更高，要完成一个循环，该物质回流的速度约为 2 m/s。

问答题 3-8

本节中提到的速度同普通高速路的速度相比是慢、快，还是相同？并将这些速度同一般的客机速度相比。

问答题 3-9

太阳对流区顶部附近的气团以 20 m/s 的速度，从纬度 20° 向 80° 运动，它需要花费多长时间？如果对流区底部的物质密度比顶部密度大 10 倍左右，那么从对流区底部的返回流动需要花多长时间？

总之，天地基观测和新的模拟已经给我们呈现出了图 3-16 所示的太阳物质流动的图像。在差旋层以下，太阳作刚性自转。在差旋层，剪切流产生了快速流和慢速流的交互带。在差旋层以上，我们观察到了径向和纬向的较差自转。叠加在子午环流上的对流运动驱动了对流区的三维运动，扭曲和增强了磁场（图中没显示）。这些场线可能会上升到太阳表面，形成太阳黑子和活动区。某些太阳模型研究者已经认识到子午流速度的变化可能控制了太阳活动周的强度和周期长度。他们建立的模型中已经包含了先前太阳活动周的流记忆项。

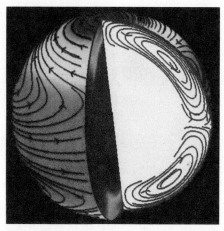

图 3-16 较差自转和子午环流。图中左侧的颜色表示太阳表面上不同区域的自转速度：红－黄色表示比平均自转速度快，蓝色表示比平均自转速度慢。SOHO 观测表明这些自转速度的差异会向太阳表面以下延伸约 20 Mm。太阳磁场扰动产生的黑子通常出现在这些区域的边缘。为了简化，我们没有显示在这些带下面的小尺度变化。图中右侧剖面的蓝线表征从太阳赤道到两极的表面流，其向下扩展的深度至少为 26000 km（4% 个太阳半径）。在对流区底部显示的返回流是根据遵守物质流守恒的简单模型得到的。（图片由 ESA/NASA-SOHO 计划和斯坦福大学太阳日震研究团组提供）

3.2 太 阳 大 气

3.2.1 太阳低层大气

目标：读完本节，你应该能够……

♦ 描述宁静光球、色球和过渡区的特性和辐射
♦ 对比分析不同区域的密度、温度和磁场特征
♦ 辨别太阳黑子、光斑和谱斑
♦ 描述太阳监测中 H-α 和 Ca-II 成像的应用

光球

在对流区上部，光子与太阳物质很少作用。在薄边界上的可见光子有很好的机会飞离太阳，这个边界就是太阳的"表面"，称为光球（photosphere）（图 3-17（a））。光球的厚度小于 500 km（＜0.1 个地球半径），然而到达地球的 99% 的可见光和红外辐射都来自于这里。仔细看图 3-17（a）能发现太阳的边缘要比中心黑，这是临边昏暗（limb darkening）现象，是光球温度随高度下降的结果。在边缘上，光子来自于光球上较高、较冷的部分，因此会

辐射较低的能量通量到观测者的位置。

　　尽管光球是由非常稀薄的气体组成的（$\rho \sim 10^{-4}\,kg/m^3$），但它对可见光仍具有一定的不透明性。不透明性起因于光球中密度和温度的联合，致使一些氢原子能够捕获额外的电子，形成负氢离子。在远红外和可见光波段的光子作用下，这些松散连接的电子很容易被移走。光球中包含了足够多的负氢离子，能够有效地吸收可见光，从而使光球变得不透明，成为有效的黑体。黑体光谱通常是由致密物体产生的，而不是像光球这样的稀薄气体。但是，负氢离子使光球变得像致密物体一样不透明，光球的可见光和远红外光谱与黑体辐射很像。我们在图 3-18 中展示了这种近似。

　　由于光球相对较冷（约 5800 K），大量的物质由中性的氢和氦原子（不是离子）组成。电离的比例与地球的上层大气相似（每 10000 个粒子中有一个离子）。即使这样，这小部分的离子会与光球磁场发生强烈的作用。光球中的对流冲撞摇动着延伸到太阳高层大气中的磁力线的根部。磁力线的摇动可以将部分能量传输到平静的太阳高层大气中。

　　光球中，大的磁场特征植根于活动区并向高层太阳大气延伸。在磁场聚集区和太阳黑子附近，光球上经常出现比周围亮的区域。这些亮区域称作光斑（faculae），出现在米粒墙的位置，实质是加热气体的发光，利用来自光球上层的 G 频带发

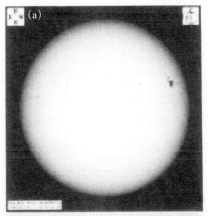

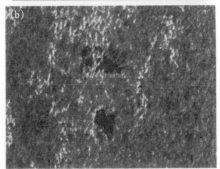

图 3-17　太阳白光像。（a）我们观测到太阳是一个有边界的"光子"球——光球。圆盘的边缘看起来较暗，这是因为这里的光子来自光球较高、较冷的部分（美国大熊湖太阳观测站供图）。（b）430.5 nm 上的光斑。围绕太阳黑子的小的亮区是热米粒元的亮墙。（由瑞典皇家科学院运行的瑞典真空望远镜供图）

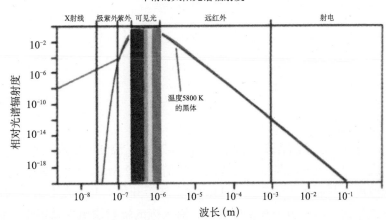

图 3-18　太阳辐射与黑体辐射的比较图。波长大于 X 射线的太阳光谱（红色曲线）中，大部分光谱是由光球发射的，它与黑体辐射（蓝色曲线）相似。图中彩色柱状显示的是可见光谱区。（美国大学大气研究联盟（UCAR）的 COMET 计划供图，美国国家大气研究中心（NCAR）/高山天文台（HAO）改编）

射线（430.5 nm）能够看到（图 3-17（b）和图 3-19）。光斑存在于磁场增强的地方，在这里气体密度由于强磁场的存在而快速减小。密度低的气体具有透明性，因此能看到磁场聚集区靠近日面边缘上的深层米粒。这些深层区域的气体很热，辐射很强，因此看上去会发亮。在宁静太阳的边缘，由于临边昏暗提供了很好的对比度，光斑在那里最容易看到。我们认为没有黑子的光斑是发展或消散中的磁场聚集区。太阳黑子使太阳看上去更黑，光斑使太阳看上去更亮。在太阳活动周最活跃的阶段，光斑的能力战胜太阳黑子，从而使太阳活动高年的太阳比低年的太阳更亮（约 0.1%）。

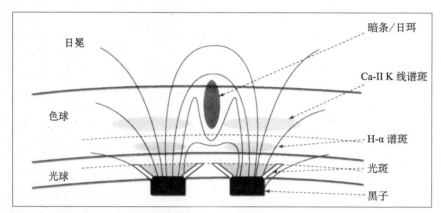

图 3-19 宁静太阳和活跃太阳在太阳大气不同高度上展现的特征。深蓝色的细曲线表示太阳表面以上的磁力线。太阳黑子中的聚集磁场产生了我们在这节讨论的多种太阳特征。光斑和谱斑（在下文中定义）可能先于或延续太阳黑子的发展。（图片未依照比例）（改编自美国空军气象局）

问答题 3–10

穿过图 3-17（a）中心（从左到右）来测量能量通量，能量曲线最可能是：

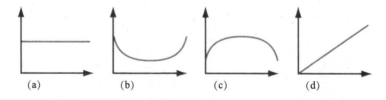

色球和过渡区

光球的温度随着高度而降低。图 3-20 中，温度最小值的地方定义了色球（chromosphere）的底边界。色球的厚度约为光球的 4 倍（约 2 Mm）。由于密度低，色球产生很少的光。色球温度在其底边界最低，为 4300 K，然后开始上升，在上边界约达到 20000 K。色球对可见光是透明的，由于其密度稀薄，对太阳的辐射输出贡献很小。然而，它却是发射线的有效辐射体（见第 2 章）。中高层色球中，高温条件容许电子在剩余的中性氢原子中发生跃迁，产生氢的巴尔末 -α（H-α）线。电子从 $n=3$ 到 $n=2$ 的跃迁中产生了很多可见的色球发射线。如果用窄带滤光器或挡板屏蔽掉光球的宽谱可见光，我们就能用橘红色的 H-α 谱线看到具有色球特征的图像。图 3-21（a）是太阳的 H-α 像。

在色球上层，粒子密度下降很快，磁压（能量密度）接近并最终超越热压。磁场力起控制作用。这些磁场主导区域是色球中增强的紫外辐射的源，称为谱斑（plage）（第 9 章中会进一步讨论光斑与谱斑）。一次电离的钙离子（Ca-II）的辐射从太阳表面上约 2 Mm 的高度上发射出来，这有助于观测者直观地看到磁场。这个谱线在波长中心（393.4 nm）处吸收了大约 98% 的光。谱线线心对物质中磁场的存在特别敏感。如果磁场存在，将会有更多的光传输出

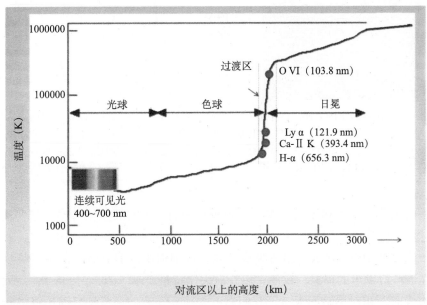

图 3-20　太阳大气的温度轮廓。对数－线性坐标图显示了太阳大气的温度轮廓。过渡区中，氢、钙、氧的一些特别的发射线用蓝点标注出来。（温度数据由美国史密森天体物理天文台的 Eugene Avrett 提供）

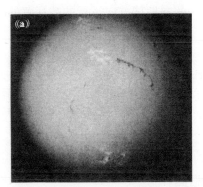

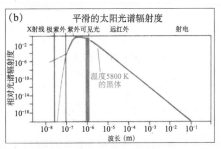

图 3-21　（a）氢的巴尔末 -α（H-α）谱线。太阳科学家在望远镜上放置一个窄带滤光器，只允许橙红色的 H-α 光线传输过来，其他所有的光都不能通过（美国马里兰州罗克韦尔 Greg Pieol 供图）。（b）H-α 发射线在太阳光谱中的相对位置。图片中的红色竖线是 H-α 线对应的波长位置，该光线被允许穿过滤光器进入到望远镜中。（美国大学大气研究联盟的 COMET 计划供图，NCAR/HAO 改编）

去（图 3-22（a））。束状场线与那些围绕着超米粒的线很相似，允许更多的光子从 Ca-II 离子中传输出去。因此，观测者利用 Ca-II 发射线去观察超米粒网络（supergranule network）的轮廓，也用来观察色球中谱斑和谱斑残余中的磁场增强区域，称为增强网络（enhanced network）。

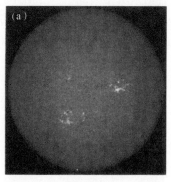
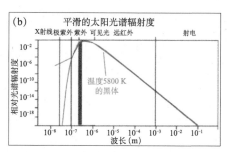

图 3-22　（**a**）**Ca-II K 谱线下的太阳**。图中显示了太阳上的中等强度磁场区。随机分布的亮区勾画出超米粒网络。较大的亮区显示了与下方太阳黑子相关的增强网络（谱斑）。图像下半部分中的小黑子具有足够强的磁场阻止 Ca-II 的发射（美国马里兰州罗克韦尔 Greg Pieol 供图）。（**b**）**Ca-II 发射线在太阳光谱中的相对位置**。蓝色竖线是 Ca-II 线对应的波长位置。（美国大学大气研究联盟的 COMET 计划供图，NCAR/HAO 改编）

暗条是由色球中气体和等离子体组成的相对冷的、紧密的丝状结构，在大致水平的磁场作用下悬浮于较热的上层大气中（图 3-19）。它们的温度在 7000～15000 K，其周围的物质热很多，温度在 $10^5 \sim 10^6$ K。暗条吸收光球连续辐射中的 H-α 波段能量，吸收的能量要多于它们在该波段发出的辐射，致使它们看上去比背景要暗（图 3-21（a））。然而，当暗条处于日面边缘时，相对黑暗的太空，它们看上去很亮。我们通常把日面边缘的暗条叫日珥（prominence）。相对又黑又冷的太空，日珥在 H-α 波段的发射是显著的。因而，我们常说发射线看到的叫日珥，吸收线看到的叫暗条。大多数的暗条或日珥是稳定的，能够维持数星期，被称作"宁静日珥"。有时，支撑日珥或暗条的磁场会变得不稳定，一些等离子体会落入光球，另一些则会被加速进入到行星际空间。朝向地球方向运行的被瓦解的暗条是地球上空间天气事件的源头之一。

问答题 3–11

比较太阳 656.3 nm 和 393.4 nm 谱线的起源。

问答题 3–12

对比用 656.3 nm 和 393.4 nm 谱线对太阳的监测。

在对流层的上方，如果辐射加热和冷却是唯一的过程，那么随着光子不断地将能量带入太空中去，太阳大气的温度将持续下降。然而，在色球层的顶端有一个薄层（100～200 km 厚），温度从大约 10^4 K 快速升至 10^6 K 以上。这个边界区域叫做过渡区（transition region）（图 3-20）。

过渡区中温度上升的一部分原因被归结为来自光球的压缩波向上传播耗散加热造成的。物质密度，也即电子密度，随着高度上升呈指数下降（见 3.4 节）。过渡区中高度较低的部分有相对低的热传导率。大气的冷却能力正比于电子密度的平方，并随着温度上升而上升。随着电子密度的快速下降，太阳大气失去了大部分的冷却能力。由于来自波的加热速率随高度下降的速度要慢于大气冷却能力的下降速度，因此温度只能随高度上升。

如果这是事实的话，为什么波的加热速率下降得那么慢？对流区中的湍动产生了低频声波形式的机械能。过冲的对流元和冲撞的磁场产生各种波。这些波向上传播，太阳大气密度的陡降使声波转换为激波。我们知道动能正比于 ρv^2，由能量守恒可知，粒子密度下降，粒子速度必然上升。某些类型的波动在磁化介质中更容易发展，这些波倾向于在密度最小的地方沉积能量。因此在太阳的遥感观测图像中，色球上层中的磁化区域很明显。

温度在大约 10^4 K 的地方，氢原子很容易被激发到更高的能态，甚至被电离。这些原子退激产生光子，光子与邻近的原子相互作用并加热原子。

一部分光子的逃逸产生发射线，相当于该区域的冷却剂。尽管逃逸光子有致冷效果，但温度继续上升。当温度接近 1.5×10^4 K 时，受激的氢原子更容易离子化，将能量辐射掉的中性氢原子的数目因此快速下降。温度超过 1.5×10^4 K 时，辐射冷却率（压强不变时）开始下降，不平衡的波加热引起温度上升，直至日冕中另一个致冷机制开始起作用。

其他少数元素的电离态也强烈地依赖于高度，可以利用与这些电离态的发射线所在波长处的光对太阳进行成像（图 3-20 和图 3-23 的中间图像）。而且，由于过渡区高度电离，它被太阳磁场牢牢控制，从超米粒边界上升的磁通量管在过渡区扩张为"磁毯"。科学家利用这两个事实，对上层太阳大气的动力学行为和太阳磁场的状态进行成像（图 3-23 和关注点 3.5）。

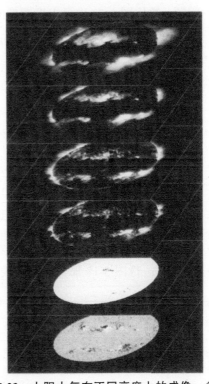

图 3-23　太阳大气在不同高度上的成像。多层图中的最下面图是磁图（磁场极性用不同的灰度表示）。紧挨在它上面的是 SOHO 卫星 1999 年 8 月 2 日拍摄的白光图像。在色球以上，温度快速上升到几百万开尔文。在这样的温度下，依然含有电子的少量元素在 X 射线和极紫外波段发射光线。我们用不同"颜色"的光来观察不同的温度。多层图上面的 4 幅图片，从上到下依次是日本 Yohkon 卫星上的软 X 射线望远镜观测到的 3～4 MK 的等离子体，NASA 小探测卫星——过渡区和日冕探测（TRACE）卫星观测到的 2 MK、1.5 MK 和 1 MK 的等离子体。这些图像经常用伪彩色来展示。为简便起见，这里我们在灰色色调中对它们进行比较。不同波段的观测特征也不相同。（美国史密森天体物理天文台的 Patricia Jibben 供图）（TRACE 是斯坦福 - 洛克希德研究所的航天研究和 NASA 小探测器计划下的任务卫星）

请简要解释：为什么太阳大气的冷却能力与电子的密度有关。

例题 3.3　太阳大气的发射波长

- **问题**：确定图 3-23 中最上端图像的发射波长。
- **相关概念**：$E_{radiation} = hf$ 和 $E_{thermal} = k_B T$。
- **给定条件**：温度为 3.5 MK。
- **假设**：热平衡。
- **解答**：

$$E = hf = h\frac{c}{\lambda} = k_B T$$

$$\lambda = \frac{hc}{k_B T} = \frac{\left(6.63 \times 10^{-34}\ \text{J} \cdot \text{s}\right)\left(2.998 \times 10^8\ \text{m / s}\right)}{\left(1.38 \times 10^{-34}\ \text{J / K}\right)\left(3.5 \times 10^6\ \text{K}\right)} = \sim 4 \times 10^{-9}\ \text{m} = 4\ \text{nm}$$

- **解释**：热的、外层日冕中的发射线对应着波长约几个 nm 的 X 射线。

补充练习 1：　对图 3-23 中的其他图像进行同样的计算。

补充练习 2：　像图 3-18 那样，在曲线上画出这些波长的位置。

3.2.2　太阳高层大气

目标：读完本节，你应该能够……

- ♦ 描述宁静日冕的特性和辐射
- ♦ 描述宁静日冕对空间环境的影响
- ♦ 对比分析日冕与其他区域的密度、温度和磁场特征
- ♦ 给出日冕加热源的建议
- ♦ 解释宁静太阳的射电辐射源

日冕

白光、极紫外和 X 射线下的内日冕。 日冕（corona）（西班牙语中意为"皇冠"）是太阳外层大气最热的区域。尽管它温度很高，但日冕等离子体的密度非常稀薄，以致热含量很低（航天员置身其中会感到很冷）。日冕自身并不产生可见光，由于热等离子体中的电子散射了光球的白光才使日冕发亮。其亮度约为满月亮度的一半。因为地球蓝色的天空比日冕亮，所以历史上只有在日全食期间才能观测到日冕。日食期间，月球挡住了来自光球

的光，使之不能进入地球大气中散射。在探测气球、地基和天基仪器中，具有与低层太阳大气相同视角大小的阻挡装置（遮挡盘）可通过人为制造微型日食来对日冕成像。现在，绕行在地球大气（及散射光）之上的飞行器能够用日冕仪实时观测到日冕（图 3-24）。

磁平静区的日冕温度为 1~2 MK，磁活动区的日冕温度为 2~5 MK，耀斑区域的温度更高。日冕的温度为什么这么高？根据热力学第二定律，日冕不能依靠热传导从它下面获得能量。可能的解释有两种。光球充满着"沸腾"的物质，由上升和下降的柱状热流构成。光球中物质的对流翻转使大气中充满了声波。一些声波进入到日冕，通过耗散过程将能量转换为热能。声波加热理论的磁流体变种则认为，扎根于光球中的磁场可以将沸腾运动中的能量以磁流体波的形式向上传播。这些磁流体力学波类似于声波，只不过它们的特征依赖于磁场的强度和方向。部分磁流体力学波对能量的传输和储存特别有效。

另一种解释是加热来自太阳低层大气中磁结构与对流运动的相互作用。近太阳表面层是由无数大大小小的磁通量环组成的，看上去就像连接磁棒两极的磁力线。当沸腾运动到处扭曲、推挤磁力线足点时，会沿着磁场的方向产生强的感应电流。近太阳表面层磁力线变得就像一张巨大的相互扭绞、连接和缠绕的电流网。最终，通过已知的磁并合过程（类似于电线的短路），磁力线重新排列成一种简单的位形。在这个过程中，大量的能量释放出来对日冕进行加热。

日冕非常稀薄，只要吸收微小的光球能量就可以加热到观测温度。日冕中相对很少的粒子收到大量的能量，但它们的冷却方式却很受限。这样一来，这些粒子就被加热到很高的温度，从而发射出极紫外波段和 X 射线波段的辐射（图 3-23 和图 3-25）。与日冕温度相应的短波光子来自完全电离的日冕物质。轻的离子会失去所有的电子，像铁一样大质量的离子可能会失去 10 个或以上的

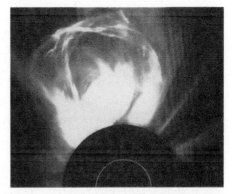

图 3-24 SOHO 卫星观测到的日冕。在这幅图像中，遮挡盘挡住了来自低层太阳大气和日冕最里面部分的光。遮挡盘的半径为两个太阳半径。遮挡盘以外的亮区域是 CME 散射的白光，暗区域是宁静日冕散射的白光。（ESA/NASA-SOHO 计划供图）

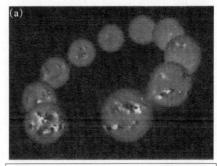

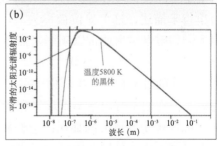

图 3-25 （a）第 23 太阳活动周向第 24 周过渡中的日冕。极紫外的伪彩色图显示的是 19.5 nm 波段上的日冕辐射，左边是太阳极大年，中间是太阳极小年，右边是下一个太阳周的极大年。太阳极大年期间的外层日冕比太阳极小年时要热，也因此有更多的辐射（ESA/NASA-SOHO 计划供图）。（b）19.5 nm 辐射在太阳光谱中的相对位置。极紫外发射线（红色竖线）的辐射超过了 5800 K 黑体辐射的值（蓝色曲线）。（美国大学大气研究联盟的 COMET 计划供图，NCAR/HAO 改编）

外层电子。

19 世纪 60 年代，观察者在日食期间记录到了来自日冕的红色和绿色的发射线。这些发射线与任何已知的实验室光谱都不匹配。后来的研究证实了观测到的谱线就是已知的禁线，它们是由非常热（10^6 K 或更高）的原子在非常稀薄条件下发射出来的。也就是说，只有在极低密度的高温介质中，如在日冕中，原子的碰撞概率是如此之低，位于合适的能级状态的原子数目才能维持足够多，产生观测到的禁线。

日冕的密度稀薄，以至于不能被看作一个合理的黑体发射体。最好的方法是把宁静日冕看作一个具有强发射线的准黑体。来自日冕的电离辐射具有更远的影响，其在地球上层大气和其他多数行星的大气中产生了电离层。

日冕的温度太高以至于太阳的重力不能阻止其向外膨胀。每一秒钟，都有小部分的日冕等离子体向外流出逃逸到太空中去，称之为太阳风。太阳风源源不断地向外延伸，可超过 100 个天文单位，包裹着地球和所有的行星。我们生活在太阳大气中，并受到其中扰动的影响。

问答题 3-14

在网络上查找太阳图像的网址。你发现了哪些波长的图像？

宁静太阳在光球以上的射电辐射

太阳大气的所有部分都辐射射电波，但来自光球的信号被来自色球和日冕的等离子体过程产生的射电辐射所淹没。高层大气的辐射产生了射电的背景连续谱。地球上许多太阳射电望远镜接收到的是较窄的频段，能量很小。所以，射电辐射值通常以 10^{-22} W/(m$^2 \cdot$ Hz) 为单位来描述，这个单位被称为太阳通量单位（solar flux unit, SFU）。由于历史原因，来自太阳的射电输出通常以频率来描述，而非波长。我们将在此讨论射电背景辐射的产生和观测。

加速的带电粒子产生辐射（见 2.3 节）。光球以上的等离子体中，电子和离子彼此加速靠近，但它们常常因达不到动量和能量间的准确平衡而不能复合。由于电子质量轻，它们在这些区域受到更大的加速，会释放出大量的电磁能。在太阳大气的温度和密度条件下，该电磁能主要通过轫致辐射的形式向外发射射电波。带电粒子到处运动时，会产生电荷的局部聚集，聚集的电荷产生电场和磁场。这些场会影响其他位置的带电粒子的运动。整个区域的等离子体发生振荡，振荡频率正比于自由电子的密度。这样，只要大量的自由、带相反电荷的粒子在一个相对小的空间中共存，它们的集体作用就会产生强烈的、连续的、宽波段的射电辐射。由于这些辐射依赖于温度，由发射粒子的集体行为产生，因此它们具有热辐射的特征。

来自太阳色球的射电辐射主要有两种成分：背景成分和缓变成分。背景成分（background components）来自宁静的太阳，主要是色球的贡献。在太阳极小年，背景成分是太阳射电的主要输出。在整个太阳活动周，背景成分的强度仅随频率有很小的变化。缓变成分（slowly varing components）也主要来自色球，但与太阳活动区更密切相关。第二次世界大战（第 18 太阳活动周）中，为了同盟军共同作战，工程师发明了雷达，但他们注意到雷达被干扰后便开始担心敌人已经知道了这一发明。事实上，这种"干扰"是第一次直接观测到的太阳射电干扰。

20 世纪 40 年代，太阳科学家开始监测太阳射电在 2.8 GHz（波长 10.7 cm）上的缓变成分。加拿大不列颠哥伦比亚省的彭蒂克顿太阳辐射观测站对日面 2.8 GHz 的积分辐射（图 3-26）进行每日观测。不受地面天气影响，这个频率的射电波能够穿透地球大气，在地面上很容易观测到。如图 3-26 所示，太阳黑子数与 10.7 厘米通量具有很强的相关性。太阳黑子与高层太阳大气中的磁扰相关，磁扰又激发等离子体发出射电辐射。等离子体具有热行为，也能够发出极紫外波段的辐射。因此，太阳黑子数，某些太阳射电辐射和太阳极紫外辐射之间有着紧密的关系。在很多应用中，10.7 厘米射电流量被用来描述太阳活动的状态，而不是用太阳黑子数。在基于物理的建模中，科学家用地球大气之上测到的极紫外辐射通量作为描述太阳活动和驱动模型的更适合的指数。

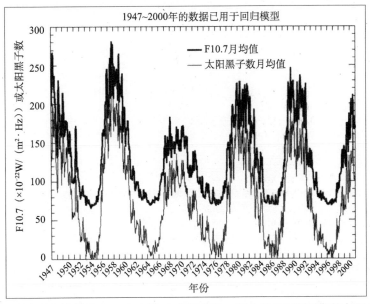

图 3-26 太阳 10.7 厘米射电流量（F10.7）大约 50 年的记录。 图中显示了同时期的太阳 10.7 cm 射电流量和太阳黑子数。这两种数据有时可以相互替换使用，但它们并非完全一致。在一些太阳活动周中，10.7 cm 波段的输出比黑子活动更活跃。（数据来自美国国家地球物理数据中心）

与短波辐射一样，太阳在射电波段的形态依赖于频率（或波长）。在 3～30 GHz（波长 1～10 cm）频段的射电太阳同光学太阳的大小大致相同，因为该频段的辐射来自色球。在更低的频率上，射电太阳的尺寸看起来会增大，这是因为低频辐射来自一系列更高的，密度更低的日冕。图 3-27（a）给出了太阳在 327 MHz 频段的外延大气。图 3-28 提供了在各种射电频率上太阳的大致大小。因为射电太阳的尺寸大于光学太阳，所以射电太阳比光学太阳的日出要早几分钟。而在光学太阳落山后，太阳的射电辐射还能持续几分钟。这一点对于雷达操作员在黎明前和日落后的几分钟内扫描地平线很重要。

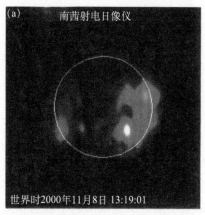
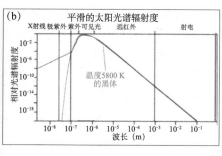

图 3-27　（a）太阳在射电频段 **327 MHz（0.92 m）**的成像。这是由法国南茜射电望远镜得到的，图中的白色圆圈为太阳的可见表面（光球）。该图没有 17 GHz 成像的分辨率高，这是因为低频射电的波长较长，从而产生较大的衍射极限造成的（法国南茜射电天文台供图）。**（b）**射电波段 **0.92 m** 辐射在太阳光谱中的相对位置。1 m 波长的辐照度远小于太阳光谱中其他波段的辐照度。图中右侧红条表明射电辐射没有与类太阳的黑体辐射曲线相交。（美国大学大气研究联盟中的 COMET 计划供图，NCAR/HAO 改编）

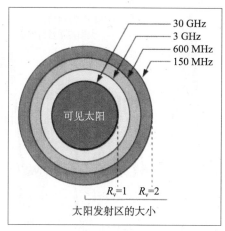

图 3-28　光学太阳与射电太阳的比较。射电太阳的大小超过了光学太阳。R_v 为光学太阳的半径。（改编自美国空军气象局）

　　太阳辐射是一个很宽的光谱。没有一台仪器或者一个观测站能够完整测量整个光谱。图 3-29 给出了目前监测太阳的几个地基观测站。大熊湖观测站（图 3-29（a））对太阳低层大气活动提供了长期观测。这个观测站位于高海拔湖的旁边，这保证了大气的稳定和好的视宁度。邓恩太阳观测站（图 3-29（b））也坐落于高海拔地区，干燥的气候有助于图像的清晰。

问答题 3-15

请给出射电频率和波长的关系式。

射电望远镜的挑战是要获得充分的信号强度。图 3-29（c）显示了一个射电天线阵，它用于收集通常较弱的太阳射电信号以构建太阳射电图像。正如我们在关注点 3.4 中讨论的那样，一些射电天线的接收系统会不经意间收集到太阳射电辐射。天气雷达易受太阳射电噪声的影响，尤其在日出和日落时。在强烈的太阳射电活动期间，手机天线的噪声在面向太阳时也会增加。

图 3-29 地基太阳望远镜。（a）大熊湖太阳观测站（BBSO）。BBSO 以对太阳低层大气的长期观测而闻名。它坐落于美国加利福尼亚州圣布那迪诺山脉海拔 2070 m 的湖中半岛上。这个山上的湖以具有稳定的大气为特征，这对清晰的视野很重要（BBSO 供图）。（b）邓恩太阳天文台的真空塔。这个望远镜坐落在美国新墨西哥州的一个山顶上（2800 m）。塔结构包含了一个进光窗口和两面镜子，镜子能够引导阳光向下进入 100 m 长的真空管道。真空环境能够阻止光与物质的相互作用和光对物质的加热，以避免其引起的图像模糊（美国国家太阳天文台供图）。（c）日本的野边山射电日像仪（NoRH）。这个射电成像系统的测量包括两个频率：17 GHz 和 34 GHz。射电干涉仪由 84 个抛物面天线组成，每一个天线的直径为 80 cm。它们沿东西方向的排列长度为 490 m，南北方向的排列长度为 220 m。科学家利用射电望远镜来探测、识别太阳在射电波段能量的突然增加。（日本野边山射电天文台（NRO）和日本国家天文台（NAOJ）供图）

例题 3.4 太阳辐射与黑体辐射的光谱比较

- 问题：在图 3-30 中，画出图 3-17、图 3-27 提供的和例题 3.3 中计算得到的太阳辐射波长的位置。
- 相关概念：$c = \lambda f$。
- 给定条件：本章中的知识和图片及图 3-30 中的太阳光谱。
- 假设：该图包含了太阳辐射的整个光谱。
- 解答：图 3-17 提供的辐射是可见光辐射，位置应该在辐射曲线的最顶部。图 3-27 中的辐射频率是 327 MHz，因此其波长是（2.998×10^8 m/s）/（327×10^6/s）≈ 0.92 m（约 10^9 nm）。在例题 3.3 中计算得到的辐射波长约 4 nm。
- 解释：空间天气中感兴趣的辐射通常是太阳不满足黑体辐射的部分。气象学家和气候学家采用的标准黑体曲线不能对空间天气提供重要的太阳辐射信息。

补充练习 1： 在图中标出本节（3.2 节）其他图像中辐射波长的位置。
补充练习 2： 图中标记了与色球和日冕辐射相关的部分波长，请在图中可见光的短波一侧标记与色球和日冕辐射相关的波长。利用本章中的图片指导你的选择。

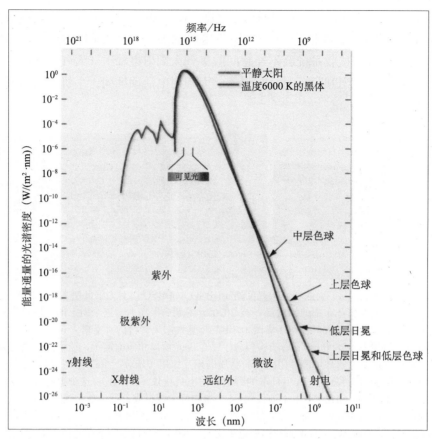

图 3-30　平静太阳的背景辐射。图中显示了平静太阳的光谱范围，以及它与温度 6000 K 黑体辐射曲线的比较。

关注点 3.4　意外的太阳射电观测

对宁静太阳的射电观测并不都是有意进行的。图 3-31 显示的是对所有雷达操作员都很熟悉的一个现代现象：在雷达光束中探测太阳（太阳回声（sun echo））。太阳射电辐射干扰民用和军用雷达的运行。操作员需要注意太阳在雷达视场中的位置和射电太阳比光学太阳大的事实。航空部门在通信时严重依赖射电波段，因此需要注意太阳每天运行中穿过当地时区时的位置。当飞机飞行至当地时区的中午附近时，空中交通管制员经常建议改变射电频率来保持联系。

卫星部门会经历一种不同的宁静太阳的影响，称作"日凌"（sun-in-view）。春 / 秋分附近，地基探测器、地球同步卫星和太阳在一条线上时，日凌就会发生（图 3-32）。当地面探测器的跟踪目标在太阳附近或与地球同步卫星通信时，射电干扰问题就会发生。大量的射电噪声出现在探测器中，降低探测器接收较弱的卫星信号的能力。这种现象在一年中的发生时间会根据地基观测台站的纬度而不同。在最大影响日期前后，这种干扰大概发生一周。干扰的持续时间依赖于接收天线的光束宽度，从几分钟到一个多小时。日凌的干扰在一天中的发生时间依赖于卫星的相对位置。位于西部天空中的卫星在下午易被干扰,位于东部天空的卫星在上午易受到影响。当太阳活跃时,干扰会更严重,这将在第9章中讨论。

图3-31 美国国家气象局部署的多普勒雷达。 这些雷达在约0.01m(1 cm)波长上工作,主要用于探测来自大气现象的回波。12月26日日落时分,在美国中西部,由7个多普勒雷达组成的雷达光束在太阳下降到地平线以下的时候探测到了来自太阳的射电辐射。在每一个雷达中,这些辐射都是以窄的、锥形样的结构出现,正如我们在图中用编号1~7的西南向的矢量所示。12月份,日落发生在西南天空。(NOAA 供图)

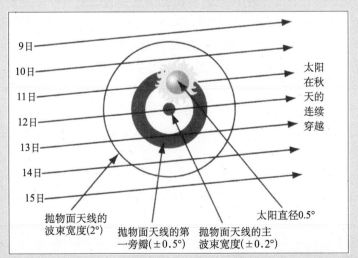

图3-32 探测器跟踪地球同步卫星(轨道面约在0纬度)。 图中显示了太阳在雷达视场中的位置。即使太阳没有穿过主瓣,干扰也可能产生自雷达束的旁瓣。图中显示出的日期是9月份的白天时间,可能存在日凌的射电干扰。(改编自 Peter Vince)

3.3　宁静太阳的磁场特征

3.3.1　多尺度的太阳磁场

目标：读完本节，你应该能够……

♦ 描述近太阳的磁场特征和这些特征的相关性
♦ 解释太阳磁场什么时候、为什么偏离偶极磁场
♦ 比较太阳表面和近地球太阳风中的磁场强度
♦ 区分开放磁场区和封闭磁场区

　　1908 年，天文学家乔治·海尔报告了太阳具有像偶极子一样的整体磁场。现在，我们已经知道太阳全球尺度的磁场是倾斜且被拉伸的，有时候还是非偶极的。新的成像技术发现了许多随太阳磁活动周变化的更小特征。太阳磁场存在多种尺度：全球、大尺度、中尺度、小尺度和微小尺度。全球尺度指整体上倾斜的偶极结构；大尺度指极区开放区域和赤道上的封闭区域。中尺度指活动区、日珥、（米粒或超米粒）网络，以及在第 9 章中描述的大的偶极群。小尺度主要与黑子和瞬现区相关联。微小尺度是在米粒间的暗径上形成的。

　　在太阳表面上，全球尺度的磁场强度一般约为 10^{-4} T（1 G），是地球磁场（$(3\sim6)\times10^{-4}$ T）的 2～3 倍大。利用近 430 nm 的 G 频段光谱得到的太阳图像，展示了光球湍流作用下的 100 km 尺度上的磁场特征（图 3-11 中最小可分辨的特征）。与大而黑的 1000 km 尺度的气孔区域不同，这些磁场特征表现为亮点。这些小尺度磁场通常在较大的活动区衰减时出现。科学家还不确定有多少小尺度通量是衰减过程的结果，有多少是在对流区上层湍流发电机机制下局地产生的。光球上的典型特征是亮点、气孔和米粒暗径间的磁场聚集区：（网络内磁场（intranetwork field））。网络内磁场的混合极性似乎是从米粒元胞的局地源区连续地产生。网络内磁场在超米粒边界上聚集成带状。

　　在米粒元胞边界聚集的磁场在色球上进一步组成了一个更大的磁网络（network），磁场强度约 0.1 T。磁场在色球产生的加热比在光球多，也因此产生了尺寸约 10 Mm 的更亮的磁场图样。利用 UV 波段 396.8 nm（Ca-II H 频段）谱线观测的图像显示出了色球网络的磁场结构（图 3-22（a））。

　　磁网络场有时候分为宁静网络和活动网络。它们是一些磁场结构并合和对消的动态产物，这些磁场结构包括米粒或网络内磁场、瞬现区和活动区的残留。磁网络的一般寿命为几个小时。

　　太阳表面或近表面上的总磁通量有很大部分集中在瞬现活动区（ephemeral active region）。这些小的、存在时间短的偶极区域跨越 10～30 Mm，平均寿命 12 个小时。瞬现区是很小的、新生成的偶极子。这些偶极子随着一个或者一系列偶极区成长起来，它们的磁极会从出现的位置向相反的方向运动。瞬现区的衰减允许残留的磁通量迁移到超米粒区域

的边界。尽管瞬现区通常不与黑子伴随，但它们能影响色球层的结构，在色球层发展为可见的谱斑。在任一个给定时刻，可能存在数百个瞬现区（图 3-33 中的白色区域）。同黑子类似，瞬现区的数目变化也具有 11 年活动周期，但是它们的磁场方向却非常随机，不像黑子那样遵从极性规则。黑子的极性规则在 3.3.2 节描述。

图 3-33　瞬现区和太阳磁毯。图中白色的磁力线从磁毯中发出，从一个磁极（白色）到另一个磁极（黑色）形成磁拱。磁拱下方的热成像图是由 SOHO 卫星上搭载的极紫外成像望远镜（EIT）利用铁线 19.5 nm 观测所得。亮绿色对应相对热的区域，暗绿色对应冷的区域。（洛克希德马丁先进技术中心太阳和天体物理实验室的 Neal Hurlburt 与 Karel Schrijver 供图）

　　偶极瞬变区的复杂分布和极性混合在整个太阳上构成了磁毯（magnetic carpet）。连接反极性区域的磁环上升到日冕中形成大规模的环状结构——磁拱（arcade）（图 3-33）。在湍动环境中小尺度电流片容易形成，磁并合会促进日冕加热。广泛的日冕加热与到处存在的磁毯相关联。

　　如图 3-34 所示，在大尺度上，太阳近赤道区域有两个足点连接在太阳上的磁场——封闭磁通量（closed magnetic flux）区。这些区域捕获了热等离子体，在 EUV 和 X 射线波段发出辐射。封闭区中的很大一部分被拉向太空中，形成的结构叫做盔状流（helmet stremer），它们看起来就像是古代士兵带的尖状的帽盔。一些盔状流能够延伸到地球。相反，极区磁场看起来是开放的且被拉向行星际空间，形成开放磁通量（open magnetic flux）。开放的场线在太阳系以外很远的地方与反极性端相连。因为这些开放场线是太阳等离子体向外流出的导管，所以它们不能有效捕获等离子体。在 X 射线日冕成像中，这些区域表现为黑的、相对冷的冕洞（coronal hole）。为了更充分地描述场的变化，在第 4 章中我们将介绍一些必要的物理知识。在第 9 和第 10 章中，我们对磁场的变化将给出更详细的描述。

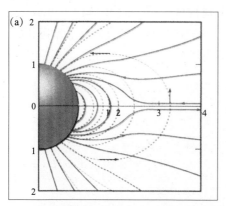
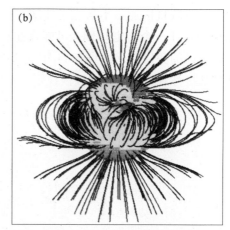

图 3-34　（a）太阳偶极场（短划线）与近真实场（实曲线）的比较。太阳自转和偶极轴都沿着左边缘，太阳赤道是水平的。短划线显示了偶极结构，实曲线显示的是被拉伸的行星际磁场结构。近太阳的赤道区域有近似的偶极场。到达地球的太阳磁场的足点位于中纬度 [改编自 Pneumann and Kopp, 1971]。（ b ）**太阳磁场模型**。通常极区场线是接近径向的、向外张开进入太空。尽管磁力线必须是闭合的，但闭合路径很远、观测不到，因此称其为"开放磁通"。红色表示磁场方向向里，绿色表示磁场方向向外。赤道附近，从黄色区域出来的磁力线明显是闭合的。在闭合磁力线中小的红 - 绿区域为偶极区。在太阳活动峰年，黄色区域充满着那样的偶极区。太阳磁场的动力学使磁场方向约每 11 年发生一次翻转。(美国加州大学伯克利分校 Yan Li 供图)

在太阳活动极小年，偶极模式最为明显，太阳磁场沿着自转轴排列（图 3-34（a））。但在太阳活动极大年，沿自转轴排列的磁场很难观测到，或者不存在。随着太阳活动的增加，整体偶极场经常由于许多局地偶极区（bipolar region）的出现而受到破坏，如太阳黑子的出现（图 3-34（b））。在所有时间里，太阳磁场均被向外拉伸到热的、流动的太阳大气中。赤道附近，在 2~3 个太阳半径处，太阳风向外的拉力变得要强于磁场中的张力，磁力线被向外拉出，延伸入反向磁场并存的薄片中。这个薄片投射到行星际空间的时候会产生波动和扭曲。无论磁力线如何被极端地拉伸，最终都会回到太阳。由于太阳的自转，这些波动的磁力线以螺旋结构向外传输，在第 5 章中会有描述。太阳的磁场强度在地球上会降至 5~10 nT。膨胀的太阳风和约束的磁场角逐的净结果就是产生开放场区和封闭场区并存的两个不同区域。开放区和封闭区分界线附近的流场变化在地球上产生了小到中等强度的空间天气扰动。

3.3.2　典型太阳活动周的磁变化

目标：读完本节，你应该能够……

- ◆　描述 22 年和 11 年太阳活动周的特征
- ◆　预测下一个太阳活动周的极区磁场方向
- ◆　区分海尔黑子极性定律和乔伊黑子倾角定律

在这里我们描述太阳特征的多年变化。太阳是一个变化的、磁化的恒星。磁场的周期循环使传播到地球的光子、场和粒子产生了扰动。11 年周期通常受到最多的关注；而 22 年是更基本的周期，在这个时间里全球尺度的偶极场方向又完全回到它初始的结构。

在 11 年太阳活动周期的开始，新的黑子开始在南北纬 25°～30° 形成。之后，活动区和黑子逐渐在低纬形成。乔治·海尔是第一个发现黑子是磁现象的人，他观察到在南北半球，活动区磁场中的前导黑子极性是不同的。*海尔黑子极性定律*（Hale's Law）的内容包括：

- 黑子成对出现时，其中一个的磁极性通常与另一个的磁极性相反，即它们是偶极的；
- 在一个 11 年的周期中，南北半球上的前导黑子的极性通常是反向的；
- 在随后的太阳活动周中，南北半球上前导黑子的极性与先前太阳活动周中的极性相反

另外，海尔的学生，阿尔佛雷德·乔伊，发现太阳黑子对在纬度上通常是倾斜的：前导黑子比后随黑子更接近赤道。这个特性称作*乔伊黑子倾角定律*（Joy's Sunspot Tilt Law）。近来的研究显示后随黑子易于向极区方向扩散和迁移。这种行为对全球磁场方向的翻转是有贡献的，见图 3-35。在大尺度上看，太阳黑子磁场的周期循环就像是一组扇动着翅膀的蝴蝶，所以图 3-35 中的图像通常被叫做磁蝴蝶图。

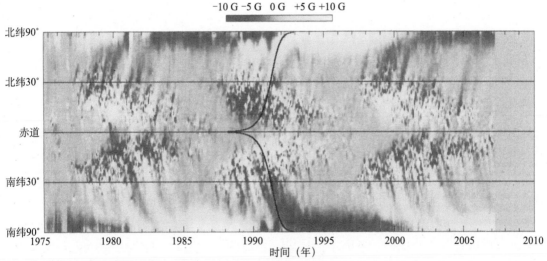

图 3-35　太阳表面的磁蝴蝶图。纵轴是日面纬度，横轴是以年为单位的时间。黑色曲线表征了在子午流作用下向极区方向运动的磁元的预期轨迹，子午流的最大速度为 10 m/s。黄色表示向外的磁场，蓝色表示向里的磁场。磁场范围从 -10^{-3} T（蓝色）到 10^{-3} T（黄色）。在 11 年太阳活动周开始时，偶极黑子群首先在纬度 30° 附近出现。随着时间的发展，黑子的出现越来越接近赤道；后随黑子的磁场向极区方向扩散和迁移（如图中黑色曲线所示）。当黑子在日面覆盖最多的时候，极区磁场发生方向反转。注意到北纬 90° 和南纬 90° 地方的颜色变化（G 为高斯，1 G = 10^{-4} T）。（NASA 的 David Hathaway 供图）

图 3-35 描述了全球尺度和小尺度的磁场结构在时间和空间上的变化。例如，在 20 世纪 80 年代末第 22 太阳活动周刚开始的时候，新的太阳偶极黑子群在接近纬度 30° 的地方形成，南北半球上的前导黑子（向着赤道方向）极性是反向的。在北半球，前导黑子的磁场方向向里。随着活动周的发展，新的黑子在较低的纬度形成，后随黑子的残留磁场同时向极区方向迁移。正极向或者负极向磁通量就在极区区域积累起来，这样的区域通常被认

为是单极的（unipolar）。随着黑子继续在较低纬度形成，太阳表面的等离子体团继续向极区方向流动，图中黑色曲线追踪了这一路径。

极区磁场在 1991 年发生方向反转。尽管如此，向赤道方向迁移的黑子的极性仍是 11 年太阳活动周开始时偶极场的极性。在第 22 太阳活动周的末尾，大多数的黑子在接近赤道（并非在赤道上）位置上形成。在接下来的太阳活动极小年，太阳黑子基本不出现，磁通量在极区聚集。当与第 22 太阳活动周磁性相反的极区磁场和中纬度上偶极黑子极性出现时，第 23 太阳活动周开始了。

问答题 3-16

在第 23 太阳活动周中，极区磁场是在哪一年发生的方向反转？两个极区的极性是同时反转吗？

问答题 3-17

在第 24 太阳活动周中，南半球的磁场极性是向里的还是向外的？

磁场变化的效应并不局限于太阳表面。在每一个太阳活动周中，极区磁场最终被从赤道方向迁移过来的磁场替代。极区磁场的一部分下沉，一部分经过高纬冕洞释放到太阳风中。太阳峰年到太阳极小年之间的时间被称为太阳活动周的下降相。在这个时间段中，大的极区冕洞向赤道方向扩展，冻结的单极磁场进入到太阳风的大扇区中。

关注点 3.5 近期的太阳观测

新的天基和地基太阳观测站为更清楚地理解太阳及它与地球的相互作用提供了宝贵的观测资料。在这里我们重点介绍其中的几个。

GONG：全球日震观测网（GONG）是通过日震学研究太阳内部结构和动力学的全世界范围的地基观测计划。GONG 计划开始于 1995 年，受到 20 个国家近 70 个研究机构的支持。为了获取太阳 5 分钟振荡的近连续的观测，GONG 已经发展为由地球上 6 个台站构成的网络，具备极其敏感和稳定的等离子体速度成像仪。仪器的联合具备了对速度测量精确成像的能力，对于等离子体 10^7 m/s 的运动速度，测量的精度远小于 1 m/s。来自 GONG 计划的数据经常与航天器数据协同使用。

SOHO：从 1995 年 12 月运行以来，太阳和日球层观测台（SOHO）已经提供了前所未有的太阳观测（图 3-14、图 3-23 和图 3-24）。航天器处于围绕日地拉格朗日 L1 点运动的晕状轨道上，来自太阳和地球的很小的引力差准确地提供了向心力，使之围绕太阳的航天器轨道与地球绕日轨道相匹配。因此，航天器在它的整年轨道期间都待在近日地连线上，距离地球约 1.5×10^9 m，距离太阳约 148.5×10^9 m。卫星每 6 个月绕 L1 点轨道运动一圈，避开了准确的 L1 点位置。这样，卫星与地球之间的无线电通信就不会被来自太阳的射电噪声污染。SOHO 支持多项试验。有些试验提供的准业务化数据非常重要，以致航天器服役时间被多次延长。其中，为了重构背日面状态而新发展的技术就是很重要的一个长期收益（图 3-4）。SOHO 是欧洲太空局（ESA，以下简称欧空局）和 NASA 联合支持的项目。

TRACE：NASA 的太阳过渡区和日冕探测器（TRACE）于 1998 年 4 月 2 日在 Pegasus 火箭发射下进入到低地球轨道。TRACE 用于探索太阳大气中的三维磁场结构，帮助定义太阳上层大气（过渡区和日冕）的几何形态和动力学。TRACE 对太阳表面磁场扩散和加热变化的关系、对过渡区和日冕的结构提供了更为深刻的理解。太阳大气不同深度的同时成像有助于确定磁拓扑的变化率、局地磁重构和重联的本质。

图 3-36　来自 TRACE 卫星观测到的太阳表面以上的冕环。 冻结在拱形磁场上、在 EUV 17.1 nm 波段上明亮发光的热等离子体正在变冷、快速回到太阳表面。（美国斯坦福－洛克希德空间研究所和 NASA 供图）

GOES SXI：地球静轨道环境业务卫星（GOES）能够沿视线方向一周 7 天，一天 24 小时不间断地直接观测太阳。唯一例外的时候是在春秋分附近时，GOES 进入地球的阴影中，每天会有长达一个小时的时间观测不到太阳。搭载在最新的 GOES 卫星上的太阳 X 射线成像仪（SXI）每分钟都用来收集太阳图像。为了观测太阳大气中的三个主要现象：日冕结构、活动区和太阳耀斑，SXI 的曝光设备采用了最优排序。SXI 望远镜对太阳进行 X 射线到 EUV 波段的成像。从 2010 年 1 月，GOES-14 SXI 开始对第 24 太阳活动周提供图像。

HINODE：HINODE 卫星是由日本、美国、英国和欧洲联合研制的，于 2006 年 9 月发射，用于研究太阳及其磁场。HINODE（日语中"日出"的意思）围绕地球旋转，处于近极地太阳同步轨道。卫星搭载了一套 3 个科学仪器的设备，对太阳进行光学、EUV 和 X 射线波段观测。这些仪器结合起来可实现以很高的分辨率来研究磁能从光球到日冕的产生、传输和扩散。卫星数据提供了磁场上浮到外层太阳大气时，磁能缓慢或猛烈的释放过程。日本宇航局宇宙研究所负责 HINODE 的运行。

STEREO：太阳日地关系天文台（STEREO）在 2006 年 10 月发射。为了研究 CME 的本质，STEREO 采用两个近乎相同的天基观测站对太阳进行三维立体成像。在两个观测站各自的轨道上，其中的一个观测站运行在地球的前方，另一个在地球的后面。类似人的两只眼睛在景深感觉上的少量偏移，STEREO 两个观测站的位置排放使其能够对太阳进行三维成像。图 3-37（a）分别用红线、蓝线和绿线显示了 STEREO-A（前面的）、STEREO-B（后面的）和地球的轨道。STEREO-A 的椭圆轨道在地球轨道以内，围绕太阳的运行速度要快于地球；STEREO-B 的轨道比地球轨道要大，围绕太阳的运行速度要慢于地球。图 3-37（b）显示了相对日地连线（黄线）而言，两个观测站对于地球的漂移（每年 22°）。"扇形边"的曲线是由卫星椭圆轨道所致。

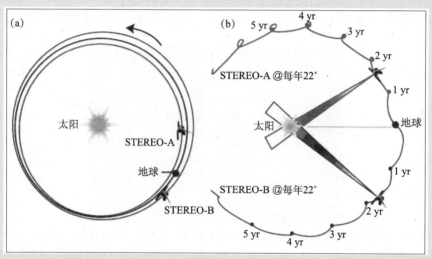

图 3-37　STEREO 卫星的轨道。为了实现对太阳和其大气的三维成像，图中展示了 STEREO 卫星的两个观测站是如何分离的。（NASA 供图）

3.4　大气的基本物理

我们已经了解了太阳大气的结构，现在我们介绍恒星和地球大气中的一些普通物理过程。

3.4.1　大气定律

目标：读完本节，你应该能够……

- ◆　利用流体静力学平衡解释大气层的结构
- ◆　在大气定律中应用压高方程
- ◆　解释标高的概念

本节我们研究大气密度随高度的变化。在一般大气中，密度随高度以指数形式下降。指数轮廓对大气的冷却能力有重要影响。在地球应用中，大气是卫星拖曳的控制因素。

接下来我们解释为什么大气底部的密度大而上面的密度稀薄，为什么大气的原子和分子不能在一个深池中累积。答案在用理想气体定律和流体静力学方程来描述的多因素的组合中，见方程（3-3）。具备充足能量成为气体的大气成分能够对热扰动自由响应。其中的一些分子或者原子在与高能分子的碰撞下跳跃到更高的地方，但是它们受重力约束。

为了量化这个过程，我们研究大气中分子的分布。通过假设大气温度为常数 T，我们对研究作了简化。同时，我们利用了理想气体定律（$P = nk_BT$）的知识来表达热平衡下气体的压力 P，粒子数密度 n 和温度 T 的基本关系。

如果我们知道气体的数密度 n 和温度 T，我们能得到气体压强；反过来也是一样的。在给定的一个大气切层上，大气压用来平衡这个切层以上的大气重力。切层的位置越高，它上面的大气重力越小。因此，大气压力明显地随着高度的增加而下降。为了确定大气压力随高度的变化，我们分析了厚度为 dz，横截面积为 A 的大气切层，如图 3-38，m 是单个气体粒子的质量。向上和向下的力的总和见方程（3-3），该方程解释了流体静力学平衡的概念。如图 3-38 中所示，压强梯度力与重力达成平衡。在极其微小的气体切层中，气体重力是 $dW = mgdN = mgndV$，或者 $dW = mgnAdz$。将切层受到的所有力加起来，我们得到 $PA - (P+dP)A = mgnAdz$，简化后得到

$$dP = -mgndz \qquad (3-4)$$

式中，$dP =$ 气压变化量 [Pa]；
$\qquad m =$ 单个分子或原子的质量 [kg]；
$\qquad g =$ 局地重力加速度 [m/s^2]；
$\qquad dz =$ 高度的变化 [m]。

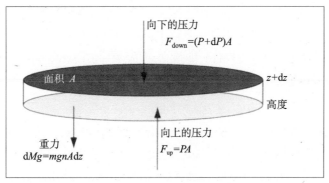

图 3-38　流体静力学和热平衡下的大气切层。由于大气处于流体静力学平衡状态，切层底部受到的向上的压力，$F_{up} = PA$，必须大于切层上部受到的向下的压力，$F_{down} = (P+dP)A$，上下压力差用来平衡切层的气体重力 dW。

因为 $P = nk_BT$，我们假设 T 是常数，则有 $dP = k_BTdn$。结合方程（3-4），得到

$$\frac{dn}{n} = -\frac{mgdz}{k_BT} \qquad (3-5)$$

式中，n = 粒子的数密度 [#/m³]；

　　　$\mathrm{d}n/n$ = 与背景相比的数密度的相对变化 [无量纲]；

　　　k_B = 玻尔兹曼常量 [1.38×10^{-23} J/K]；

　　　T = 温度 [K]。

通过积分或者知道导数正比于变量自身的函数是指数函数，我们求得方程（3-5）的解。这个解被称为大气定律（Law of Atmosphere），

$$n(z) = n_0 \exp\left(-\frac{mg}{k_B T} \Delta z\right) \qquad (3\text{-}6a)$$

式中，n_0 = 在参考高度 $z = z_0$ 的密度，为常数，即 $n(z_0) = n_0$ [#/m³]；

　　　$\Delta z = z - z_0$ [km]。

我们将密度 n 表达成 $n(z)$，是为了强调密度会随高度变化。尽管大气中的分子在重力作用下趋于向下降落，但与其他分子间的碰撞会让它们具备足够的能量跳跃到更高的高度上。这就是为什么大气不会坍塌成"池塘"。即使在重力将分子向下拉的时候，热躁动仍不断地发生作用。结果就在方程（3-6a）指数分布状态下达到了平衡。

我们将方程重新写成下面的形式：

$$n(z) = n_0 \exp\left(-\frac{mg}{k_B T} \Delta z\right) = n_0 \exp\left(-\frac{\Delta z}{k_B T / mg}\right) = n_0 \exp\left(-\frac{\Delta z}{H}\right) \qquad (3\text{-}6b)$$

这里，我们把方程中 $k_B T/mg$ 项（假定全为常数）用 H 来代替，H 被称作标高（scale height）。标高是比较流体中热能（$k_B T$）和重力势能（$mg\Delta z$）的基本方式。在对流流体中，标高在控制对流规模大小中起到重要的作用。较大的标高伴随着较厚的大气，会产生大的对流元。有趣的是，H 的数值也是假如大气会坍塌成一密度均匀的气体池时的深度。在以质量进行分层的大气层（如地球的高层大气）中，标高随着高度变化。

方程（3-6）告诉我们处于热平衡中的大气密度随着高度呈指数形式下降。在太阳大气底部的数密度（n_0）约为 10^{23} 个粒子 /m³ 的若干倍。高度越高，密度越小，气压也越小。

应用理想气体定律，方程（3-6a）能够表达成 $P = n_0 \left[\exp(-mg\Delta z / k_B T)\right] k_B T$。因此，大气压随高度的变化可表示成

$$P(z) = P_0 \mathrm{e}^{(-mg\Delta z / k_B T)} = P_0 \mathrm{e}^{(-(\Delta z)/H)} \qquad (3\text{-}7)$$

这里，$P_0 = n_0 k_B T$。这个方程就是压高方程（barometric equation）。图 3-39（a）和（b）给出了太阳大气压作为高度的函数。图 3-39（b）给出了半对数坐标下的近直线形式。这明显表明气压和高度之间是指数关系。因此，我们这个简化模型是适用的。

问答题 3-18

标高数值大意味着密度随高度的变化大还是小？

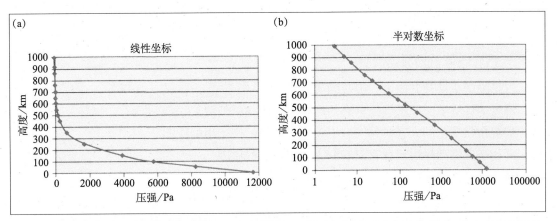

图 3-39 太阳低层大气的气压变化轮廓。（a）线性坐标：横坐标从右边全部大气压（1 个大气压）开始，气压随高度而减小。（b）半对数坐标：横坐标是对数的。这里的大气压图与通常绘图不一样，横轴对应的是自变量（压强），纵轴对应的是因变量（高度）。我们作这个改变是为了与人类经验的"高度"是竖直的相一致。

例题 3.5 大气密度和光学深度

- **问题：** 太阳光球以上 500 km 高度处的大气密度是多少？
- **相关概念：** 应用大气定律。
- **给定条件：** $\Delta z = 5 \times 10^5 \text{ m}$。
- **假设：** 光球的平均分子质量为 1.2 u，u 为统一的原子质量单位，1 u = 1.66×10^{-27} kg。1.2 u 的得来是由于大气中氢原子占 92%，氦原子占 7.8%，而氢原子的质量为 1 u，氦原子的质量为 4 u。假定温度为 5800 K。
- **解答：** 假设大气恒温，根据方程（3-6b）的大气定律，可知大气密度随高度指数下降。代入合适的数值，得到

$$n(5 \times 10^5 \text{ m}) = n_0 \exp\left[-\frac{1.2 \text{ u}\left(1.66 \times 10^{-27} \text{ kg / u}\right)\left(274 \text{ m/s}^2\right)\left(5 \times 10^5 \text{ m}\right)}{\left(1.38 \times 10^{-23} \text{ J / K}\right)\left(5800 \text{ K}\right)} \right]$$

$$= n_0 \exp(-3.41) = 0.033 n_0$$

- **解释：** 太阳光球以上 500 km 高度处的大气密度只有光球底部（大气温度 $T = 5800$ K）密度的 3.3%。

补充练习 1： 在上面的例子中，标高（H）的数值是多少？

补充练习 2： 假定你想在日冕中利用大气定律。分子质量你采用什么值？对于 z 和 T 你取什么数值？如何调整 g 的数值？

3.4.2　大气中的吸收作用

目标：读完本节，你应该能够……

♦ 解释光学深度及其与大气吸收的关系
♦ 解释地球臭氧、原子氧、电离的产生与太阳辐射的关系
♦ 理解指数变化的大气在大气分层和电离峰值的产生中的作用
♦ 解释平流层和热层相对它们周围大气层要热的原因
♦ 描述卫星长期暴露在原子氧中的影响

　　本节中，我们将大气密度的知识与辐射吸收的基本物理结合起来。来自某个地方的电磁辐射束与物质作用时，撞击的光子被反射、传输或者吸收。由于吸收光子会增加气体的能量，因此我们关注吸收。

吸收和光学深度

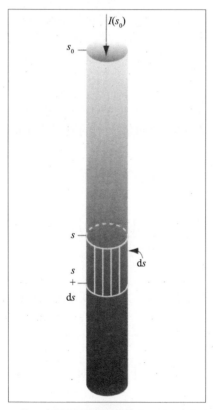

图 3-40　沿着圆柱管传输的光。 光束沿着图中示意的管子方向传输。坐标 "s" 是 "自然"坐标，沿光束传播方向增大。光束经过一定路径到达 $s+ds$ 处，我们需要扣除光束的损失才能确定有多少能量从光束转移到大气中。

　　当物质保留了入射的电磁辐射能时，吸收就发生了。对电磁辐射能转化为热能来说，这是很重要的一步。为了更好地理解吸收现象，我们用一个充满气体的无限长的管子来模拟 "柱形" 大气，如图 3-40 所示。一束光沿着 s 方向进入管子中。在管子中，光子离开光束有两种途径：吸收和散射。沿着光束路径的辐射源也会发出辐射进入到光束中。不过，我们现在忽略这样的复杂过程，只关注基于吸收过程的辐射变化。通过圆柱体位置 $s+ds$ 处截面的光子数等于光束源减去光子经过路程 ds 后的损失（吸收）值。辐射强度（I）随着位置（s）的增加而减小：$I(s_0)>I(s)>I(s+ds)$。

　　辐射强度的变化（dI）正比于路径长度（ds）和辐射源强度（I_s），

$$dI \propto I_s ds$$

　　吸收截面（absorption cross section）是入射粒子被吸收的有效靶核面积。为了解释粒子密度（n）和吸收截面（σ），我们将辐射强度的减少表达为

$$\frac{dI}{I_s} = -\sigma n ds \tag{3-8a}$$

其中，$\dfrac{dI}{I_s}$ = 辐射强度变量与源强度值的比例 [无

单位];

σ = 气体的吸收截面 [m²]；

n = 气体粒子的数密度 [#/m³]；

ds = 路径长度 [m]；

负号表明辐射强度随距离增大而减小。

我们知道，任何一个量的导数若依赖于这个量的原始值，那么这个量肯定呈指数形式变化。为了得到辐射强度随距离变化的函数，我们需要对方程（3-8a）两边进行积分，以得到由吸收造成的辐射强度相对减少量。我们将积分结果用光学深度这一参量来给出：

$$\int \frac{\mathrm{d}I}{I_s} = \ln(I)\big|_0^s = (-\sigma ns + C)\big|_0^s$$

$$= (-\sigma ns + C) - (-\sigma n0 + C) = -\sigma ns$$

对两边采用反对数（求幂）：

$$\exp[\ln(I)]\big|_0^s = \frac{I_s}{I_0} = \exp[-\sigma ns] \tag{3-8b}$$

如果路径长度已知或者是确定的，那么指数项可以转化为参数 τ：光学深度（optical depth）（光学厚度）。

$$\tau = \int \sigma n \mathrm{d}s = 气体的光学深度 [无量纲]$$

该结果称为比尔定律（Beer's Law）。它反映了光束通过气体管子后，其辐射强度相对原始辐射强度是如何减少的：

$$I_s = I_0 \mathrm{e}^{-\sigma ns} = I_0 \mathrm{e}^{-\tau} \tag{3-8c}$$

如果 σ 和 n 是常数，它们的乘积有时被写成吸收系数（k），单位为 1/m。光学深度反映了介质吸收辐射的有效性。它描述了管子的有效长度，是无量纲参量。从数学的角度来看，光学深度是一种综合了多种影响辐射传输因素的表述方式，能够回答光子数要耗尽到某一数值时，光束必须沿着管子传输的有效距离。对于给定的吸收系数，光学深度随着管子几何长度的增加而增加。随着管子变长，到达管子终点的光子数会减少，因此指数相为负值。为了更好地理解方程（3-8c），我们来打个比方，可以把辐射照度看作辐射公路上的光子数，把光学深度看作与行驶在辐射公路上的光子数无关的公路状态。

$\tau = 1$ 的高度（与波长相关）及以上，是太阳上各种波长的辐射都可能从其大气逃逸的高度。对于太阳，具有大的光学深度的层更可能困住和保留住光子。而光学薄的层具有小的光学深度，则难以留住光子，被认为是太阳的外层。对于可见光波长，$\tau \approx 1$ 处的高度是很小的范围值，这个高度就是可见的太阳表面——光球。在光球层顶，光子在统计意义上很难再遇到其他的吸收物质，能够自由地飞入太空中。

逃逸的光子在太空飞行一段时间后，会与探测器或别的物质碰撞，如地球大气。基于遇到的新物质的特征，它们会被吸收。图 3-41（a）示意了太阳上各种电磁辐射波段的源区。图 3-41（b）是对应图 3-41（a）中太阳各种电磁辐射波段的地球吸收区。当光子进入地球大气，在 τ 接近 1 的高度，这些光子就可能被吸收。

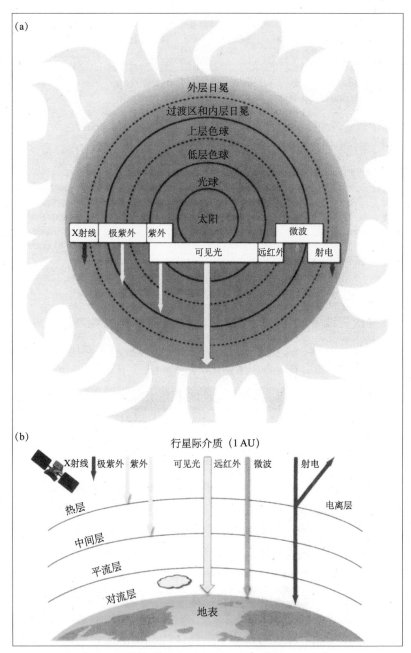

图 3-41 （a）太阳电磁辐射源区。太阳辐射的可见光来自光球和色球，更短和更长的波来自更高的太阳大气。（b）地球上的能量吸收区域。比可见光短的波，能量传输图像大致是：辐射源区在太阳大气中的位置越高，在地球大气中的吸收位置越高。比可见光长的波，地球大气与太阳辐射的相互作用是复杂的。对流层中的水蒸气在微波波段作选择性吸收。在无线电波段，一些波长被吸收，一些被传输，还有一些甚至被完全反射

问答题 3-19

在 $\tau = 1$ 的地方，光束的强度衰减了多少？

与地球大气的相互作用

地球大气中的吸收和加热。正如在第 2 章中计算，太阳对地球向阳面大气层顶发射的太阳总辐射照度（total solar irradiance, TSI）约 1366 W/m²。这个数值以前被称作太阳常数。"总"是指所有波段的能量和。辐射照度是指到达地球大气的光子在 2π 立体角上的辐射积分。地球大气中的吸收、反射和散射，使到达地球表面的辐射量减少到约 340 W/m²。如图 3-41（b）所示，地球大气对一部分紫外辐射，近乎所有的可见光辐射和大部分的红外辐射是透明的（光学薄）。对 X 射线，极紫外和一部分紫外辐射，地球大气是不透明的（光学厚）。

尽管短于 300 nm 的波约占 TSI 的 1.5%，但它们是整个地球大气从 15～500 km 以上高度的主要加热源。地球大气中的原子和分子控制着能量的吸收和储存。短波辐射激发、离解、电离大气气体。随后，大气原子退激发或再次结合，电子和离子复合。在每一次相互作用中，有些能量转化为热能。气体的动能通过热传导被运送至更低的大气层中。

光致离解。以质量计，在大部分的地球大气中，氧的含量次于氮。尽管如此，在地球广泛高度范围上，氧在吸收过程中起到了独有的重要作用。双键分子氧的原子比三键分子氮的原子更容易破坏。在这里，我们以氧为重点，简单回顾一些对地球很重要的太阳辐射相互作用。图 3-42 显示了地球大气中波长短于 300 nm 的太阳能量吸收轮廓。

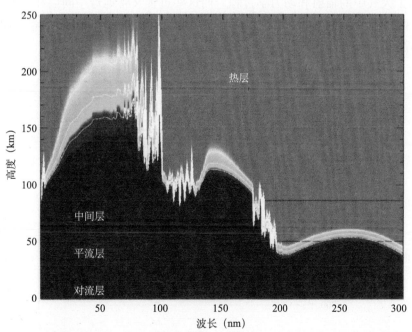

图 3-42 地球大气中以高度和波长为函数的吸收。红色区域包含很多光子，但几乎没有可与之相互作用的物质。黑色区域几乎没有光子，不发生或近乎不发生相互作用。过渡色显示了某种波长的光子被快速吸收的区域。最顶端的白色曲线对应于 $\tau=1$。在所有辐射能量均被大气气体吸收的高度，图像变为黑色。（NASA 戈达德太空飞行中心 Dean Pesnell 供图）

问答题 3-20

从图 3-42 的顶端开始，每一个重要的颜色变化表示了一个单位光学深度 τ 的变化。

黑色区域的最顶端对应着 $\tau = 4$。对于原始太阳光束而言，在这里还剩多少比例的光子？

问答题 3-21

图 3-42 没有覆盖太阳光谱中可见光部分。如果覆盖的话，红色区域在高度上要向下扩展多远？

问答题 3-22

与地球高层大气相互作用的光子具有多高能量（以 eV 为单位）？

波长在 125～300 nm 的光子参与了分子氧的光致离解过程和其他过程。回顾第 1 章，我们知道平流层（stratosphere）的范围在 15～50 km，覆盖了峰值密度高度大约在 25 km 的臭氧层。波长短于 176 nm 的太阳光子通过离解 O_2 产生 O。随后，原子 O 与 O_2 复合形成三原子的臭氧（O_3）。波长在 200～300 nm 的光子离解臭氧。图 3-43 显示了光子－氧相互作用的稳态结果。臭氧似乎对太阳活动周带来的太阳紫外辐射的微小变化有响应。因为臭氧吸收驱动了大气中的辐射和动力学过程，而这些过程又将地球中间层和较低层的大气耦合在一起，因此这种循环在平流层空间环境－气候关系链中的作用正被大量地研究。表 3-2 提供了地球高层大气中化学物的产生和复合的例子。

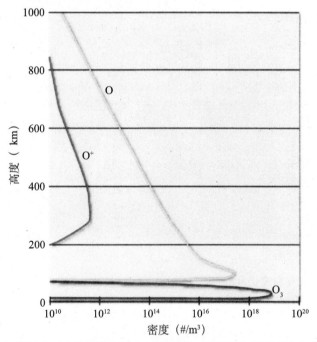

图 3-43 臭氧（O_3），氧离子（O^+）和原子氧（O）的剖面。剖面图代表了产生与损失之间的平衡态。这些轮廓曲线对应着夏季的赤道上空。每种成分的轮廓在峰值密度对应高度的以上和以下都呈指数衰减。较低的红色曲线以下的区域是对流层。臭氧密度最高的区域是平流层。热层以原子氧为主。在太阳短波辐射电离原子氧的区域，氧离子（O^+）开始变得丰富。

表 3-2 吸收和辐射过程。表中给出了地球大气成分产生和损失过程。吸收和辐射过程主要以氧反应为例

过程	产生				损失			
	反应物	结果	例子		反应物	结果	例子	
光致电离								
原子	$X+hf$	$X^{+}+e^{-}$	$O+hf$	$O^{+}+e^{-}$	$X^{+}+e^{-}$	$X+hf$	$O^{+}+e^{-}$	$O+hf$
光致离解								
双原子	$XY+hf$	$X^{*}+Y^{*}$	O_2+hf	$O^{*}+O^{*}$	$X^{*}+Y^{*}+Z^{*}$	$XY+Z^{*}+hf$	$O^{*}+O^{*}+O^{*}$	$O_2+O^{*}+hf$
三原子	$XYZ+hf$	$X^{*}+Y^{*}+Z^{*}$	O_3+hf	$O_1^{*}+O_2^{*}$	$X^{*}+YZ^{*}$	$X+YZ+hf$	$O_1^{*}+O_2^{*}$	O_3+hf

* 代表电子激发或热激发的物质。

如第 1 章提到的，地球大气的*中层*（mesosphere）是最冷的部分，它对太阳辐射的吸收相对较弱。而 100 km 以上的区域虽然几乎没有质量，但却有大量高能的太阳光子可用于相互作用。这一层就是*热层*（thermosphere），是低地球轨道（LEO）卫星运行的区域，也是大多数人类空间活动发生的区域。由于热层中的粒子碰撞并不频繁，粒子根据其质量发生了分层。氧原子主要分布在相对较低的高度（120～600 km），氦和氢原子主要分布在 600 km 以上。太阳活动会改变某种成分为主的高度。波长在 125～176 nm 的太阳辐射离解分子氧，产生原子氧。图 3-43 阐述了原子氧的分布。最终，大量具有额外动能的离解的氧原子和受激的氧原子对其高层大气进行加热。如图 1-13 所示，热层底部的温度随着高度的增加快速升高，直到在 300 km 以上达到一个相对稳定的值。表 3-2 提供了地球高层大气中化学物的产生和复合的例子。

光致电离。地球最上层的大气也吸收波长短于 125 nm 的光子，其结果就是电离。这些光子在 70～1000 km 的中性上层大气中产生了电子和离子组成的导电层——电离层。当某原子或分子 X 拦截到极紫外或 X 射线光子时，光子的能量 hf 足够分离电子，就发生电离。结果如表 3-2 所示，即产生带正电的离子和自由电子（$X^{+}+e^{-}$）。每次相互作用减少的太阳光束能量以 hf 计量。在单位时间单位面积上的能量减少率为方程（3-8a）中的 dI。

例题 3.6　臭氧实例

- 问题：给定臭氧层等效厚度和吸收系数，确定平流层臭氧峰值处由臭氧引起的有效衰减辐射。
- 相关概念：光学深度。
- 给定条件：对波长 255 nm 的辐射，臭氧的吸收最强，吸收截面和数密度的乘积，即吸收系数 k，约为 276 个粒子 /cm。
- 臭氧层的积分柱形厚度（等效厚度，$s=\Delta z$）约为 0.25 cm。
- 假设：光致离解是主要的损失过程，产生率等于损失率。
- 解答：

$$I = I_0 e^{-\sigma n \Delta z}$$

$$= I_0 \mathrm{e}^{-k\Delta z} = I_0 \exp(-276\,\text{particles/cm})(0.25\ \text{cm}) = I_0 \times 10^{-30}$$

■ 解释：尽管在臭氧层中，臭氧的含量只有大气密度的百万分之几，然而它却能非常有效地吸收太阳 255 nm 波段的辐射。

补充练习 1： 利用图 3-43 中臭氧的最大密度数据和吸收系数，确定臭氧的吸收截面（σ）。

补充练习 2： 图 3-42 中的每一条白色曲线代表了一个单位的光学深度。当光子向下通过第三条白色曲线时，对给定的波长还有多少原始辐射量？

产生率。为了量化描述发生在高层大气中光致电离或光致离解过程中光子与物质的相互作用，我们定义一个新的量，*产生率*（production rate, R）。产生率量化描述了可被吸收的辐射量、可吸收辐射的物质量以及物质参与到吸收中的可能性这三个量之间的关系。物质参与到吸收中的可能性是以吸收截面为表征的。电离或离解过程中的产生率（R）是

$$R = -\sigma n I = \frac{\mathrm{d}I}{\mathrm{d}z} \tag{3-9}$$

其中，R = 新产物的产生率 [#/s]；

σ = 气体的吸收截面 [m^2]；

n = 气体粒子的数密度 [#/m^3]；

I = 太阳辐射照度 [W/m^2]；

$\mathrm{d}I/\mathrm{d}z$ = 太阳辐射照度随高度的变化 [W/m^3]。

地球大气对典型太阳波长辐射的吸收截面 σ 的数值范围为 $10^{-27} \sim 10^{-22}\ \text{m}^2$。方程（3-9）表达了电磁辐射损失的产生结果。大气定律告诉我们密度 n 具有指数变化特征，辐射强度也呈指数衰减。那么，方程（3-9）的完整形式是指数项的乘积，使产生率在某一高度达到峰值，其峰值高度依赖于粒子种类。

关注点 3.6　中性原子氧效应

除了加热，原子氧在高层大气中还有很重要的空间环境效应。受激的中性氧产生 135.6 nm 的紫外辉光（图 3-44）。科学家通过对这些辉光及其变化成像，来追踪其在高层大气中的行为和运动。耀斑和地磁暴期间，气辉能用于表征伴随加热现象的中性物质密度的变化。

原子氧对卫星和表面部件的腐蚀是高度反应活性的。LEO 卫星飞行在腐蚀性的原子氧浴中。当原子氧与其他物质相遇时，它就会从其表面掠走碳、氢、氮和其他元素的原子。久而久之，这个过程就会腐蚀物质。它最终会削弱航天器的部件，改变它们的热特性，降低探测性能。腐蚀受到航天器设计者与运行者的极大关注。空间物理学者已经投入了大量的资源去理解这个问题。为了研究这个问题，长期曝光设施（LDDF）卫星于 1984 年发射（图 3-45（a））。

由于光致离解，热层中的氧以原子形式为主。它的密度随高度和太阳活动变化。太

阳活动较低时，氧的中性成分主要分布于 200～400 km 高度范围。

在 LEO 高度，原子氧与飞船上不稳定的硅酮、碳氢化合物发生相互作用。这些相互作用沉积的污染物能够在太阳探测器、星象跟踪仪和光学部件的表面产生光学的可吸收膜，或者增加热控表面的太阳辐射吸收。在同时受到太阳紫外辐射、微流星体的冲击损坏、溅射和污染效应的作用下，原子氧的效应更加严重，导致一些物质表面机械、光学、热特征的严重恶化（图 3-45（b））。

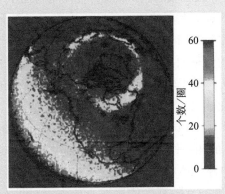

图 3-44 **原子氧辐射。** 图中给出了中性氧（O_2）在 135.6 nm 远紫外（FUV）波段产生气辉辐射的模拟结果。模拟显示了受激中性氧在 FUV 波段的发光辐射，若飞船装载了合适滤光器就能够观测到。颜色表征了发射的光子数——从红（高）到蓝（无）。因为光致离解产生了受激的氧，发出了 FUV 波段光子，所以地球的日下点是红色的。随着太阳光在大气中的倾斜路径，它离解分子氧的效果减弱，辐射强度在较高的纬度降低。北极区域也有离散的发光区，这是那个区域的氧被极光粒子轰炸受激所致。（NASA 的 James L. Green 供图）

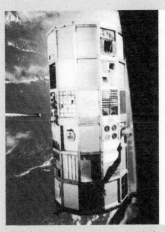

图 3-45 **长期曝光设施卫星上的原子氧效应。**（a）运行早期的 LDEF。（b）在轨运行 5.7 年后，LDEF 卫星上一些金属的腐蚀和生锈。（NASA 供图）

问答题 3-23

验证方程（3-9）的单位为功率密度单位（W/m³）。

损失率。只有存在对受影响的物质进行恢复或补充机制时，电离和离解的产生才可以持续进行。在稳态条件下，物质的复合与产生达到平衡。复合率正比于参与反应的成分的密度。根据质量作用定律（Law of Mass Action），复合率正比于相互作用的粒子密度，我们可以用方程表达复合率。例如，在原子氧 O 复合形成 O_2 的过程中，$O+O+M \longrightarrow O_2+M$，这里 M 表示带走动量和能量的大气粒子，复合率为

$$\text{recombination} \propto (n(O))^2(n_{\text{atmospheric particle}})$$

稳态的产生和复合过程导致吸收的副产品集中分布在某些特定高度上，如图 3-43 所示。图中分别描述了臭氧、原子氧和电离的原子氧的密度剖面。剖面轮廓有清楚的极大值，在极大值的两侧呈快速的指数下降趋势，下降斜率依赖于辐射与不同成分粒子相互作用的具体特性。剖面是大气吸收的两种自然特性的综合结果。高空中含有很多可被吸收的光子，但却含有极少的可吸收物质。低于轮廓峰值高度的大气中，存在着丰富的可吸收物质，却缺乏可被吸收的光子，这是由于光子已经被上层大气所吸收。这个过程就是查普曼机制（Chapman mechanism）的本质，该机制是以西尼·查普曼命名的。在 20 世纪 30 年代，他首次对电磁辐射与大气物质的相互作用作出了简单的解释 [Chapman, 1931]。

地球大气中的物质是中性气体粒子。由于重力作用，气体分子遵从大气定律，见方程（3-6a）和方程（3-6b）。密度 $n(z)$ 随高度的增加而减小，如图 3-46 所示，图中给出了密度和高度的相对值，而非绝对值。

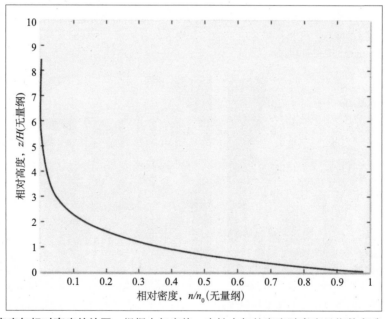

图 3-46 相对密度与相对高度的绘图。根据大气定律，中性大气的密度随高度呈指数衰减。横轴是大气密度相对地球表面最大密度的归一化值。纵轴是高度除以标高。在地球表面以上的 5 个标高处，密度已经减少到 $e^{-5} = 0.0067$

下面我们重点讨论电离和电离层，其主要思想对于中性大气中的离解也是适用的。为了获取电离层中等离子体密度的剖面曲线，我们需要确定产生电离的光子强度随高度变化

的函数。它随高度的变化是单调的（随高度增加而增加），但因为吸收介质的密度变化，其函数形式不像大气定律的表达式那样简单。

通常我们都是从下而上（以高度增加的方式）测量大气的，所以光强在大气中随高度增加的变化应该是正的。通过假设太阳在正上方，方程（3-8a）得到简化，式中的 ds 等于 $-$dz，因此有 d$I = \sigma n I$dz。

从大气定律中我们已经知道密度 n 是高度 z 的函数，光强的增量可写为

$$dI = \sigma n_0 I \exp\left(-\frac{z}{H}\right)dz \tag{3-10a}$$

重新组织方程（3-10a），使强度位于方程的左边，然后两边进行积分

$$I(z) = I_0 e^{-(\sigma n_0 H)e^{\left(\frac{\Delta z}{H}\right)}} \tag{3-10b}$$

光强的函数为指数形式，指数的幂是另外一个指数函数。光强曲线显示在图 3-47。光强近似为常数，直到太阳光穿透到较浓密的大气中时辐射光强才会减弱，这是因为浓密的大气能够吸收更多的光子。

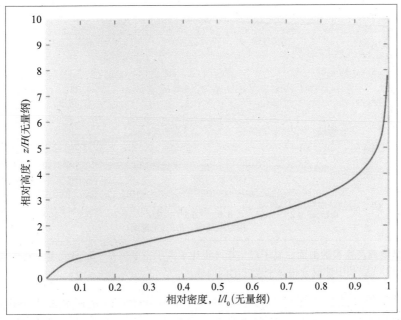

图 3-47 相对辐射强度与相对高度的绘图。太阳光的强度在大气顶端最强。在接近地球表面过程中由于光子被吸收，光强逐渐减弱。

光子的损失率（用负号表征）等于离子的产生率（用正号表征）。当然，离子和电子的复合态相比分离的离子和电子具有更低的势能，因此分离的离子和电子总会去复合，从而持续地产生离子﹣电子对，以维持电离层的等离子体密度。处于平衡态时，产生率和复合率必须是平衡的，因此我们可以说产生率 $R(z)$ 就描述了电离层的剖面。

我们从大气定律（方程（3-6a）和方程（3-6b））中得到了中性大气密度的变化，也知道了辐射强度随高度的变化（方程（3-10a）和方程（3-10b）），我们将每一项都代入方程

（3-9），并作合适的符号变换，就得到了随高度变化的电离率（也就是产生率）

$$R(z) = -\frac{\mathrm{d}I}{\mathrm{d}s} = \sigma n(z)I(z) \tag{3-11a}$$

$$R(z) = -\frac{\mathrm{d}I}{\mathrm{d}s} = \sigma n_0 I e^{\left(-\frac{\Delta z}{H}\right)}\left(e^{-\sigma n_0 H e^{\frac{\Delta z}{H}}}\right) \tag{3-11b}$$

因此，产生率是两个指数衰减函数的乘积。一个指数对应峰值高度以上的电离减少；另一个对应峰值高度以下电离率的减少。合起来，它们就产生查普曼函数的形状。图 3-48 描绘了对应一组特殊参数（$\sigma n_0 H = 5$），该函数在相对单位下的曲线。为了便于比较，我们在图中也画出了相对强度和相对密度的剖面曲线。图 3-43 中的曲线等于该图中两个指数函数的乘积，也就是损失函数（图中未显示）。

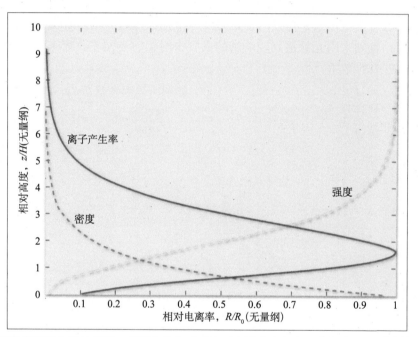

图 3-48　查普曼电离产生率的剖面。 离子产生率（正比于离子密度）在一定高度上达到峰值。为了比较，图中也画出了相对光强和中性成分相对密度的剖面曲线。

　　模型假设了单一波长（能量）的光对单种原子或分子在固定横截面上的电离，也假设了每一次光子相互作用产生单一的电离过程。实际上，来自太阳的导致电离的光子覆盖了很宽的波长范围和能量范围，它们在地球大气中以不同的概率与多种成分发生着相互作用。该模型还假设了太阳位于天顶（我们在第 8 章中将放宽假设）。

　　此外需要注意的是，随着高度增加和密度降低，中性大气中的不同成分会根据其相对质量发生分层。所以在电离层中存在好几个局地峰值，这些峰值是电离层分层的依据（D、E、F1、F2 和顶部电离层）。这个模型描述了地球向阳面的平衡态；在背阳面，离子停止产生，随着离子和电子复合，这些分层结构以不同的速率衰退。表 3-3 总结了地球电离层各个层次的一些重要特征，包括主要的离子成分。

问答题 3-24

验证 $\sigma n_0 H$ 的乘积为无量纲。

表 3-3 **电离层各层的特征**。表中给出了电离层各层的一些特征。

电离层的分层	高度范围 /km	主要组成成分	显著特征
D	70~90	NO^+ O_2^+（分子的）	日落后几分钟内很迅速地消失（复合）
E	90~140	O_2^+（分子的） NO^+	通常在午夜前迅速复合消失
F1	140~200	O^+（原子的） NO^+	日落后大部分复合，但仍有小部分电离
F2	200~400	O^+（原子的）	由于碰撞率低会一直存在，但日落后密度下降
顶部电离层	>400	O^+（原子的） H^+	与等离子体层融合，在低高度处以原子氧为主，在高高度处以氢为主

总结

太阳是个变化的、磁化的恒星，它的输出是空间天气的主要源头。日核中核聚变的剩余辐射向外渗透入对流区，在这为太阳发动机和对流元胞提供动力。对流运动一方面向太空辐射电磁能，另一方面在太阳表面组织磁场。磁场进一步穿入太阳大气。较差自转拉伸和扭曲了磁场，产生非势磁能。非势磁能易引发太阳爆发，尤其在 11 年太阳活动周的峰年。尽管太阳磁场通常是偶极的，但大尺度偶极磁场结构会被众多的活动区磁场破坏。

太阳大气包含几个层。最低层（光球）对其下面的辐射是不透明的，但却发射最多的太阳光，且主要为可见光和红外光波段的电磁辐射。光球之上是色球，它始于太阳大气中最冷的区域。从色球底部开始，温度快速上升。上升最快的地方是过渡区，它是一个薄层，大部分的太阳极紫外辐射就来自这里。过渡区形成了日冕的底部。日冕是太阳大气中发射非常热的 X 射线的区域。加热太阳高层大气的源还不完全清楚，但至少有一部分是来自于磁并合。太阳高层大气中的等离子体运动也会产生射电辐射。射电辐射随 11 年太阳活动周变化，因此有时用于表征太阳活动水平。在太阳大气的低层，等离子体（流体压力）占主导；在太阳大气的高层，磁压占主导。

太阳磁场在大尺度上是偶极的，特别是在太阳活动周的极小年。在此期间，太阳磁场是极向的（从一个极点到达另一极点）。较差自转使低纬区域的磁力线快速超过极区磁力线，使之环绕在太阳上，形成环向磁场。对流区中的速度剪切形成通量绳或管，磁场因此得到加强并上浮。当通量管穿出太阳表面时，小的偶极磁场就发展为黑子对。环向场的方向决定了黑子极性。

在新的黑子周开始时，前导黑子的极性与它所在半球的极区磁场极性相同。黑子开始出现的纬度依赖于较差自转和磁场强度。当第一个黑子群出现于高纬时，磁压减小。伴随着黑子的爆发，黑子出现的位置逐渐向低纬迁移并靠近赤道。两个半球上的前导黑子会融合。后随黑子会与极区磁场融合。当来自后随黑子的磁场在极区占主导时，极区磁场发生极性反转。在太阳活动极小年，整个磁场又变回到偶极结构，不过磁场极性发生了反转。

我们分析了不同太阳大气层或不同尺度背景下的太阳磁场特征。黑子是太阳光球上的强磁场区。它们持续一天到几个星期的时间，通常以极性相反的偶极对出现。光斑是光球上另一种形式的磁场增强区。它们是亮区域，勾画了太阳超米粒对流元胞，通常出现在黑子群的附近。在强磁场出现导致气体密度突然下降的地方，气体变得几乎透明，强磁场区边缘的更深层处的米粒因此被观测到。在这些深层处，由于气体很热，辐射更强，所以米粒看上去会更加明亮。光斑很可能以网状模式出现，有时也被称为磁网络。磁网络勾画了超米粒元胞。网络的形成则是由于超米粒中流体运动形成的磁力线束。

针状体是等离子体的喷流，其寿命为 $5\sim10$ min。这些针状体勾画了超米粒元胞在色球中的轮廓。它们起源于光球，穿过色球进入日冕。在色球中，谱斑是围绕在黑子旁边、且在黑子之上的亮区。谱斑也是磁场聚集区，构成了色球特征的辐射网络的一部分。暗条是黑的、稠密的并且有些冷的物质云。磁环将暗条悬浮在太阳表面以上。日珥和暗条是不同视角观测到的同一现象。日珥是在太阳边缘的投影中观测到的。这些结构能保持宁静状态几个月。然而，当支撑它们的磁环变化时，暗条或日珥会在几分钟或几个小时内向外爆发离开太阳。

日冕中，闭合的场线连接着从太阳表面浮现出的磁场通量，也与谱斑和光斑相伴随，被称为活动区。密集的等离子体被捕获在封闭的场线中，在可见光波段仅有微弱的光，使日冕黯然失色。在活动区之上的很宽的弥散区中会发出很强的软 X 射线辐射。冕拱用磁环连接多个区域。在拱的上面，两个相邻区域的磁力线被电流片分开，它们的场线变得反平行。这个结构就是盔状冕流。多个活动区的演化产生了围绕盔状冕流的大的单极磁场区。单极区内部的磁场接近于径向方向，从而产生冕洞，它是高速太阳风的源。开放的场线不会捕获等离子体，因此在 X 射线图像上看起来是黑的。冕洞通常出现在极区。那些跨越赤道的冕洞是到达地球的高速太阳风的源。

关于流体行为，低层的太阳大气遵从大气定律。压力和密度随高度上升呈指数下降。然而，输入到高层太阳大气的能量使温度随高度增加。来自极其热的太阳高层大气的短波辐射会与地球的上层大气相互作用。这些短波辐射电离、离解和加热地球大气中的原子和分子。它们强烈地影响氧分子，也是地球大气层（平流层和热层）加热和电离层形成的原因。

关键词

英文	中文	英文	中文
absorption cross section, σ	吸收截面	magnetic carpet	磁毯
arcade	磁拱	magneto-convection	磁对流
background components	背景成分	meridional	子午线的
barometric equation	压高方程	mesosphere	中层
Beer's Law	比尔定律	micropore	微气孔
bipolar region	偶极区	network	（磁）网络
Carrington longitude（L）	卡林顿经度	open magnetic flux	开放磁通量
Carrington rotation number	卡林顿周数	optical depth	光学深度
central meridian (CM)	中央子午线	photosphere	光球
Chapman mechanism	查普曼机制	plage	谱斑
chromosphere	色球	polodial magnetic field	极向（磁）场
circulation	环流	pore	气孔
closed magnetic flux	封闭（闭合）磁通量	production rate（r）	产生率
		prominenc	日珥
convective instability	对流不稳定性	radiative diffusion	辐射扩散
convective zone	对流区	radiative zone	辐射区
core	日核	scale height	标高
corona	日冕	slowly varying components	缓变成分
coronal hole	冕洞	solar dynamo process	太阳发电机过程
differential rotation	较差自转	solar flux unit (SFU)	太阳通量单位
enhanced network	增强网络	spicule	针状体
ephemeral active region	瞬现活动区	stratosphere	平流层
faculae	光斑	sun echo	太阳回声
giant convection cell	巨对流元胞	sun-in-view	日凌
granulation	米粒组织	supergranulation	超米粒组织
Hale's Law	海尔黑子极性定律	supergranule network	超米粒网络
		tachocline	差旋层
helmet streamer	盔状（冕）流	thermal convection	热对流
hydrostatic equilibrium	流体静力学平衡	thermosphere	热层
intranetwork field	内网络磁场	toroidal magnetic field	环向（磁）场
Joy's Sunpot Tilt Law	乔伊黑子倾角定律	total solar irradiance (TSI)	太阳总辐射照度
latitude（θ）	纬度	transition region	过渡区
Law of Atmosphere	大气定律	unipolar	单极的
Law of Mass Action	质量作用定律	zonal	带状的
limb darkening	临边昏暗		

公式表

$\dfrac{\mathrm{d}(m\boldsymbol{v})}{\mathrm{d}t} = $ 外力之和。

$\rho \dfrac{\mathrm{d}\boldsymbol{v}}{\mathrm{d}t} = \rho \boldsymbol{a} = \sum \boldsymbol{F}_{\text{ext}} / \text{volume}$。

$\rho \dfrac{\mathrm{d}\boldsymbol{v}}{\mathrm{d}t} = -\dfrac{GM\rho}{r^2}\hat{\boldsymbol{r}} - \dfrac{\mathrm{d}P}{\mathrm{d}r}\hat{\boldsymbol{r}} = \sum \boldsymbol{F}_{\text{ext}} / \text{volume}$。

流体静力学平衡：$\dfrac{\mathrm{d}P}{\mathrm{d}r}\hat{\boldsymbol{r}} = -\dfrac{GM\rho}{r^2}\hat{\boldsymbol{r}} = -\rho g\hat{\boldsymbol{r}}$。

重力场中压力随高度的变化：$\mathrm{d}P = -mgn\mathrm{d}z$。

大气定律——微分形式：$\dfrac{\mathrm{d}n}{n} = -\dfrac{mg\mathrm{d}z}{k_{\text{B}}T}$。

大气定律——积分形式：$n(z) = n_0 \exp\left(-\dfrac{mg}{k_{\text{B}}T}\Delta z\right) = n_0 \exp\left(-\dfrac{\Delta z}{k_{\text{B}}T/mg}\right) = n_0 \exp\left(-\dfrac{\Delta z}{H}\right)$。

标高：$H = k_{\text{B}}T/mg$。

压高方程：$P(z) = P_0 \mathrm{e}^{(-mg\Delta z/k_{\text{B}}T)} = P_0 \mathrm{e}^{(-(\Delta z)/H)}$。

以路径长度为函数的辐射亮度——微分形式：$\dfrac{\mathrm{d}I}{I} = -\sigma n\mathrm{d}s$。

以路径长度为函数的辐射亮度——积分形式：$\exp[\ln(I)]\big|_0^s = \dfrac{I_{\text{s}}}{I_0} = \exp[-\sigma ns]$。

光学深度（光学厚度）：$\tau = \int \sigma n\mathrm{d}s$。

比尔定律：$I_{\text{s}} = I_0 \mathrm{e}^{-\sigma ns} = I_0 \mathrm{e}^{-\tau}$。

产生率：$R = -\sigma nI = \dfrac{\mathrm{d}I}{\mathrm{d}z}$。

以高度为函数的强度——微分形式：$\mathrm{d}I = \sigma n_0 I \exp\left(-\dfrac{z}{H}\right)\mathrm{d}z$。

以高度为函数的强度——积分形式：$I(z) = I_0 \mathrm{e}^{-(\sigma n_0 H)\mathrm{e}^{\left(-\frac{\Delta z}{H}\right)}}$。

以海拔为函数的电离率——微分形式：$R(z) = -\dfrac{\mathrm{d}I}{\mathrm{d}s} = \sigma n(z)I(z)$。

以海拔为函数的电离率——积分形式：$R(z) = -\dfrac{\mathrm{d}I}{\mathrm{d}s} = \sigma n_0 I \mathrm{e}^{\left(-\frac{\Delta z}{H}\right)}\left(\mathrm{e}^{-\sigma n_0 H \mathrm{e}^{\frac{\Delta z}{H}}}\right)$。

问答题答案

3-1： 图 3-1（b）上 $45°$ 处的频率为 410×10^{-9} Hz。

$$周期 = \dfrac{1}{f} = \dfrac{2\pi}{\omega} = \dfrac{2\pi}{(2\pi)(410 \times 10^{-9}\ \text{Hz})} = 2.44 \times 10^6\ \text{s} = \dfrac{410 \times 10^{-9}\ \text{Hz}}{86400\ \text{s}/\text{d}} = 28.3\ \text{d}$$

3-2: $\left[\dfrac{Pa}{m}\right] = \left[\dfrac{N/m^2}{m}\right] = \left[\dfrac{\left(N\dfrac{m^2}{kg^2}\right)kg\left(\dfrac{kg}{m^3}\right)}{m^2}\right] = \left[\dfrac{N}{m^3}\right]$。

3-3: 差旋层的厚度～$0.05\,R_S$，因此为 $0.05 \times 7 \times 10^8\,m = 3.5 \times 10^7\,m = 35\,Mm$；对流区的厚度～$0.30\,R_S$，因此为 $0.30 \times 7 \times 10^8\,m = 2.1 \times 10^8\,m = 210\,Mm$。

3-4: 对于 2009 年 9 月 14 日，JD＝2455088.5，那么卡林顿周数＝1690＋(2455088.5-2444235.34)/ 27.2753＝2087.912。

3-5: （b）顶层冷，底层热。

3-6: 在关注点 3.3 中的方程（2）中，如果气团密度低于周围环境，气团会有向上的加速度。用理想气体定律代替密度：

$$\rho\boldsymbol{a} = \left(\rho_S - \rho^*\right)\boldsymbol{g} = \left(\dfrac{P_S}{RT_S} - \dfrac{P^*}{RT^*}\right)\boldsymbol{g}$$

假定压力平衡（$P_S = P^*$），

$$\rho\boldsymbol{a} = \left(\dfrac{T^* - T_S}{T^* T^*}\right)\boldsymbol{g}$$

因此，如果气团密度（n^*）低于周围环境密度（n_S），且气团温度（T^*）高于周围环境温度（T_S），那么气团将向上加速。

3-7: 上浮气团在光球顶部释放能量后，它们的温度和压力变低，因此它们开始下降回到差旋层。

3-8: 太阳米粒和超米粒的速度大约为 1 km/s。常规高速路的速度为 100 km/h（0.028 km/s）左右。因此高速路的速度远低于米粒的速度。典型客机的速度约为 220 m/s 或 0.22 km/s，也远小于米粒的速度。

3-9: 表面流动的时间 1 年多一点，返回流动大约 8 年。整个周期的时间可与 11 年太阳黑子数的变化相比较。

3-10: 图（c）。

3-11: 656.3 nm 的能量来自氢巴尔末 -α（H-α）线，它是中性氢中电子从 $n=3$ 到 $n=2$ 的跃迁线。该发射线位于可见光谱中的红色部分。H-α 线来自光球和色球，那里的温度相对较低能够允许小部分的中性氢存在。发射线 393.4 nm 来自单次电离的钙。附属于钙原子的最外层电子发生了电子跃迁产生高能光子（UV）。这个能量来自色球上层，那里的温度较高能够产生较强烈的碰撞，从而电离钙，激发其剩余的电子。

3-12: 可见光中 656.3 nm 发射线用于监测低层太阳大气中的结构。这条发射线在太阳活动时会增强。393.4 nm 发射线受磁场强度调制。中等强度的磁场能够阻止这条发射线。较短波长的光用于监测光球上层和色球中的磁场结构，它们也具有太阳活动周的周期性。

3–13: 从第 2 章中得知，自由电子在介质中运动时与介质相互作用产生光子，光子发射从而使物质变冷。自由电子的碰撞使受约束的电子跃迁到激发态；它的衰退即发射光子。在碰撞过程中，自由电子也可能电离之前的受约束电子，受约束电子从自由电子上获取能量。

如果一个自由电子与一个离子重组，结合能和自由电子的动能会被辐射掉。此外，被离子加速的自由电子也会发生轫致辐射。

3–14: 网络上的太阳图像的波长一般是在可见光到 X 射线波段。

3–15: $f = c/\lambda$。

3–16: 2001 年。南极的磁场反转稍晚一点。

3–17: 在 24 太阳活动周的上升期，太阳南半球的磁场是向外的。在 24 太阳活动周的峰值期间，南半球的磁场开始转为向里。

3–18: 大的标高表示密度随高度的变化较小。

3–19: 衰减到原来值的 $1/e$ 或～0.37。

3–20: ～2%。

3–21: 扩展到地球的表面。

3–22: 波长范围为 X 射线到 UV 波段（几个 nm 到大约 300 nm）。这些值相应于～300 eV 到 4 eV。

3–23: σ 的单位为 m^2，n 的单位为 #/m^3，I 的单位为 W/m^2，因此 R 的单位为 $(m^2)(\#/m^3)(W/m^2) = W/m^3$。

3–24: $\sigma[m^2]$，$n[\#/m^3]$，H[m]。因此，$\sigma n_0 H$ 的单位为（＃），即无量纲。

参考文献

Chapman, Sydney. 1931. The Absorption and Dissociative or Ionizing Effect of Monochromatic Radiation in an Atmosphere on a Rotating Earth. In *Proceedings of the Physical Society*. Vol. 43. London, UK.

Duffer-Smith, Peter. 1992. Carrington Rotation Numbers. In *Practcial Astronomy with Your Calculator, 3rd Edition*. Cambridge, England: Cambridge University Press.

Snodgrass, Herschel B. and Roger Kulrich. 1990. Rotation of the Doppler features in the solar photosphere. *Astrophysical Journal.* Part 1, Vol. 351. Americian Astronomical Society. Washington, DC.

图片来源

Babcock, Horace W. 1961. The Topology of the Sun's Magnetic Field and the 22-YEAR Cycle. *The Astrophysical Journal*. VOl. 133. American Astronomical Society. Washington, DC.

Christensen-Dalsgaard, Jφrgen. 2002. Helioseismology, *Review of Modern Physics*. Vol. 74. American Physical Society: College Park, MA.

Dikipati, Mausumi and Peter A. Gilman. 2006. Simulating And Predicting Solar Cycles Using A Flux-Transport Dynamo. *The Astrophysical Journal.* Vol. 649. American Astronomical Society. Washington, DC.

Hathaway, David H., John G. Beck, Richard S. Bogart, Kurt T. Bachmann, Gaurav Khatri, Joshua M. Petitto, Samuel Han, and John Raymond. 2000. The Photospheric Convection Spectrum. *Solar Physics.* Vol. 193, No. 1/2. Dordrecht, Netherlands: Springer Publishers.

Pneumann, Gerald W. and Roger A. Kopp. 1971. Gas-Magnetic Field Interactions in the Solar Corona. *Solar Physics.* Vol. 18, No. 2. Dordrecht, Netherlands: Springer Publishers.

Stein, Robert F. and Aake Nordlund. 2000. Realistic solar Convection Simulations. *Solar Physics.* Vol. 192, No. 1/2. Dordrecht, Netherlands: Springer Publishers.

Thompson, Michael J., Jφrgen Cristensen-Dalsgaard, Mark S. Miesch, and Juri Toomre. 2003. The Internal Rotation of the Sun. *Annual Review of Astronomy and Astrophysics.* Vol. 41. annual Reviews: Palo Alto, CA.

补充阅读

Lang, Kenneth. 2000. *The Sun from Space (Astronomy and Astrophysics Library)*. Berlin: Springer-Verlag.

Living Reviews in Solar Physics. http://solarphysics.livingreviews.org/

Stix, Michael. 1991. *The Sun: An Introduction (Astronomy and Astrophysics Library)*. Berlin: Springer-Verlag.

第 4 章　空间中的场和电流

Devin Della-Rose

你应该已经了解：

❑ 矢量的定义
❑ 散度和旋度的算符和定义
❑ 线积分和面积分
❑ 电场、磁场和引力场的单位
❑ 带电粒子的洛伦兹力
❑ 高斯定律、法拉第定律、安培定律
❑ 来自点电荷的场位形和场的叠加
❑ 麦克斯韦方程组的基本形式
❑ 欧姆定律
❑ 在连续回路中电流如何流动
❑ 等离子体的定义

本章你将学到：

❑ 场概念在科学中的使用
❑ 矢量的散度和旋度的应用
❑ 麦克斯韦方程组的理解和解释
❑ （电磁）感应
❑ 电场、磁场和电流密度
❑ 欧姆定律的理解和解释
❑ 磁通量冻结

❑ 空间中的发电机和磁重联
❑ 近地环境中的电流和场

翻译：黄文耿；校对：杜爱民。

4.1　场　的　介　绍

在空间，电、磁和引力为控制物质进行着永不休止的争斗。引力使物质聚集。多种过程电离物质，有时会产生电荷不平衡。电场力试图去中和电荷的不平衡。流动的电荷（电流）能产生磁场，加强物质聚集；而有时磁场会爆发性地调整到较为分散的状态[①]。这些强大的剧变会产生破坏性的电磁波，并且将带电粒子加速到接近光速。人类、硬件设施和技术系统会处于这种剧变的风险中。

第 1 章我们描述了粒子、光子和场作为能量转移的媒介。第 2 章介绍了光子和粒子，在这一章中，我们将简单回顾场和电流的基础知识，并且描述它们在空间天气中的基本作用。我们首先关注物理学中场的一般概念，然后描述电场和磁场的源和它们在能量存储中的角色。4.2 节中对电流的讨论为 4.3 节、4.4 节以及后面的 9～12 章中关于空间环境中的场和电流的主题介绍提供背景知识。对电磁学有良好掌握的读者应该简要回顾本节和 4.2 节的例子，然后进行到 4.3 节和 4.4 节。

4.1.1　场的概念

目标：读完本节，你应该能够……

- ♦ 描述"场"的物理含义
- ♦ 描述与质量、电荷、运动电荷的简单位形相关的场
- ♦ 识别和使用电磁场和力的单位
- ♦ 能够对空间中力的作用的量级进行比较

场。术语*场*（field）描述了某个量在空间每个点的分配。物理中这个量是一个物理实体，经常是一个标量，如温度或者压强。场也可以是一个矢量，如动量或者力。本章中，我们只考虑矢量场。相对于力而言，场量化描述了由质量、电荷或运动电荷引起的每个点的空间变化。我们不能直接接触场或者给场照相，但我们或许可以通过测量带电粒子对场的响应，间接了解场的存在。

迈克尔·法拉第（Michael Farady）是将场理论应用于电磁学的创始人，他想象出了带电粒子对其周围环境（包括空间）的影响。法拉第的工作消除了超距作用的观念，而是用场来传递物质或电荷的相互作用这一思想来代替。詹姆斯·麦克斯韦（James Maxwell）用一组方程进一步发展了这种想法，他用波状的场来描述电荷如何以光速传递作用。

第 1 章中，我们提到可用三个力学方程及其组合来描述场：引力：$F_g = mg$；电力：$F_E = qE$；磁力：$F_B = qv \times B$。机械实验通常直接测量力，我们可以通过这些力推导场的特征。知道了场的特征，我们就可以归纳物质－场－力相互作用的本质。即使没有详细了解

[①]　例如，耀斑爆发的过程。——译者注

导致场产生的质量、电荷或电流分布信息，然而，对场模式的数学描述能使我们预测诸如放置在场中的带电粒子这样的物质的行为。场的概念有助于我们描述等离子体在空间环境中的行为。

图 4-1 中，我们将引力场用单位质量受力 [N/kg] 或等价于加速度 [m/s²] 的矢量场来表示。这使得我们不依赖于其中的物体质量也能画出场。如果质量被指定，那么我们就能非常容易地计算出物体所受到的作用力。类似地，在点电荷周围的电场矢量所绘制的图案表示每单位电荷所受到的力 [N/C]。

所有与力相关的场，其量纲都是 [牛顿 / 单位源]。我们回顾一下洛伦兹力 $F=qE+qv\times B$，所以磁场的单位为 N/(C·m/s)。这些单位经常会被重新整理为 N/(A·m) 的形式，也就是大家熟悉的特斯拉

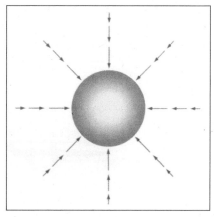

图 4-1　二维空间中的引力场。 蓝色箭头代表一个具有对称分布质量的场矢量。依据牛顿万有引力定理，越靠近表面场越强。（更加靠近质量的中心）

[T]，特斯拉是磁场强度（**B** 的大小）的国际单位，然而在大部分应用中，这个单位非常大，因此经常用其他单位来表示。

问答题 4–1

用洛伦兹力方程证明，磁场 **B** 有 N/(A·m) 形式的单位。

问答题 4–2

假设图 4-1 代表地球，地球表面的矢量场有多大？当你离开地球表面多远时，该处的矢量场为地表矢量场的一半？

问答题 4–3

如何调整图 4-1 来表示：
（a）一个带正电荷粒子的场？
（b）一个带负电荷粒子的场？
（c）一个正 - 负带电粒子对的场？

表 4-1 列出简单粒子构形下的静态场和电流的特性。静态指的是不随时间变化。表 4-1 中的信息告诉我们，一个质点 m 所产生的引力场会对另外一个物体施加引力，同样，带电粒子 q 产生的电场会对另外一个带电粒子施加电场力，电流 qv（运动的带电粒子）产生的磁场会对另外一个运动的带电物体施加磁力。

表 4-1　简单场的数学形式。这里我们列出在空间环境中遇到的最基本的静态场的位形，在其他应用中我们将考虑更加复杂的位形。

场：定律	来源	公式	单位	说明
重力场：牛顿万有引力定律	质点	$-\dfrac{Gm}{r^2}\hat{r}$	$\dfrac{N}{kg}$	可以简化为：$g\hat{r}$
电场：库仑定律	静态带电质点	$\dfrac{kq}{r^2}\hat{r}$	$\dfrac{N}{C}$	可以写为：$E\hat{r}$
磁场：毕奥－萨伐尔定律	具有恒定速度的运动带电质点	$\dfrac{\mu_0 q}{r^2}(v\times\hat{r})$	$\dfrac{N}{A\cdot m}$	对于非相对论运动有效

注：$k=\dfrac{1}{4\pi\varepsilon_0}$；$G=$ 万有引力常数 $=6.67\times10^{-11}\ \mathrm{m^3/(kg\cdot s^2)}$；$\mu_0=$ 真空中磁导率，$4\pi\times10^{-7}\ \mathrm{N/A^2}=1.26\times10^{-6}\ \mathrm{N/A^2}$；$\varepsilon_0=$ 真空中的介电常数，$8.85\times10^{-12}\ \mathrm{C^2/(N\cdot m^2)}$。

场的叠加。依据叠加原理，简单电荷和电流元的线性叠加会产生更加复杂的结构和场的位形。例如，单个电荷按线排列可以产生电荷片状结构。表 4-2 中展示了相关的单个和叠加结构，这里我们重点强调静态偶极子和片状位形。静态的片状电荷或电流分别产生均匀的电场和磁场，尽管空间环境永远不会真正处于静止状态，但片状近似在描述大尺度空间等离子体系统时尤其有用。

表 4-2　不同源分布的场。这里我们列出和展示来自不同源分布的场的位形和关系。

分布	与距离的关系	图片形式
电偶极子 偶极子方向是从正电荷到负电荷，场源位于两个电荷中间 $$E=\dfrac{kqd}{r^3}(2\cos\theta\,\hat{r}+\sin\theta\,\hat{\theta})$$ 这里 d 是两极子的距离，$\hat{r}$ 是径向距离，$\hat{\theta}$ 是源上部或下部的纬度，k 是库仑常数 $$k=\dfrac{1}{4\pi\varepsilon_0}=8.9876\times10^9\ \mathrm{N\cdot\dfrac{m^2}{C^2}}$$	$\dfrac{1}{r^3}$ 在远距离处，电荷相互抵消，电场强度迅速下降	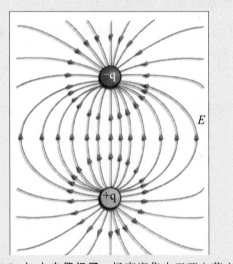 **图 4-2　（a）电偶极子**。场高度集中于两电荷之间，偶极子方向从正电荷到负电荷。

分布	与距离的关系	图片形式
无限均匀电荷片 $\|\boldsymbol{E}\| = \left\|\dfrac{\sigma}{2\varepsilon_0}\right\|$ 这里 σ 是表面电荷密度 $[C/m^2]$	场强在整个空间均匀分布	 **图 4-2 （b）无限电荷片。**电荷之间的场相互抵消，但是电荷之外的场叠加为一个均匀电场。电荷片向页面的左右两端和内外两侧无限延伸。
磁偶极子 偶极子方向是从磁南极到磁北极，场源位于两个磁极中间 $\boldsymbol{B} = \dfrac{\mu_0 IA}{4\pi r^3}(2\cos\theta\hat{\boldsymbol{r}} + \sin\theta\hat{\boldsymbol{\theta}})$ 这里 I 是电流 $[A]$；A 为面积 $[m^2]$；IA 称为磁动量；$\hat{\boldsymbol{r}}$ 为径向方向，$\hat{\boldsymbol{\theta}}$ 是极坐标	$\dfrac{1}{r^3}$ 随距离增大，场强度迅速下降	 **图 4-2 （c）磁偶极子。**磁场在两极之间极其密集，偶极子方向从磁南极到磁北极。
无限均匀电流片	场强在整个空间均匀分布 $\|\boldsymbol{B}\| = \|\mu_0 J_s / 2\|$， J_s 是片电流密度 $[A/m]$	 **图 4-2 （d）无限均匀电流片。**来自各个电流元的场在电流之间彼此抵消，但在电流元的外面则相互叠加从而产生均匀磁场。

图 4-3 显示了一个无穷长电流片的一段。在空间环境中，流动的电荷片是重要的结构，和电流片的长度相比，电流片是非常薄的，通常当作零厚度处理，因此这些电荷流动发生在表面而不是在体内。电子通常比离子更容易移动，电子和离子在移动上的差别会产生一个电流，并必然伴随有剪切磁场。图 4-3 中的反向磁场就是剪切场。任何剪切磁场必定有一个电流片（图 4-3 中的符号 J），这样的电流片在太阳大气、太阳风、磁场顶、磁尾和电离层中广泛存在。电流片是使不同等离子体束保持分离的物理结构。电流密度大的电流片一般具有强磁场和相应的大的能量密度，它们倾向于不稳定，容易崩溃，或者以被称为磁重联的方式被破坏。我们将在下一章中更多地讲述关于磁重联的知识。

在空间环境中，偶极子构形也扮演了重要的角色。为了方便地描述偶极场，我们使用球坐标系，其中 r 代表径向距离，θ 表示到两极中间的场源的纬度，偶极场是径向对称的（图 4-2(a)），因此不需要描述经度变化。对于偶极场而言，在远距离处的场强以 $1/r^3$ 的形式减小。在无限环形里流动的理想的稳定电流，也会在远距离处产生一个偶极场位形。简单的磁体可以由一个电流环形场所表示。

图 4-3　反向磁场之间的电流片。B 的旋度（或剪切）与片电流 J 有关，因此我们有传导电流的安培定律：$\nabla \times \boldsymbol{B} = \mu_0 \boldsymbol{J}$。（图片来自美国大学大气研究联盟的 COMET 计划）

问答题 4–4

图 4-3 中，如果上面的磁场不存在，电流会仍然流向右边吗？如果上面的磁场强度增加，电流的强度如何变化？

有时，我们可以把空间环境当作一个各种电系统的集合来简化，这里面填充着表 4-2 中所描述的结构，以及发电机、电阻器、电容器和其他的电设备，所有结构都由电磁场联系在一起。图 4-4 是一个示意图，显示了静电场、电流和磁场是如何联系在一起的。为了适当简化，在一个特定的情况下，我们需要知道哪些场是重要的。在等离子体中，引力场通常是决定等离子体运动的次要因素，电场和磁场起主导作用。例题 4.1 提供了在地球高层大气中一个带电粒子受到的场和力作用的相对大小的信息。

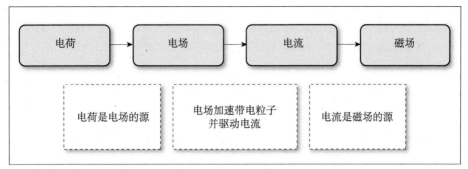

图 4-4　静电荷、电场、电流和磁场之间的关系。电荷的影响由电场来表征，一个静电场会推动电荷运动而产生电流，电流又产生磁场。

例题 4.1　力和场的比较

- 问题：在地球高层大气中，比较一个质子所受到的引力和电场力的大小。对于此例，我们仅用相关量的量级大小来比较。
- 相关概念和方程：牛顿万有引力定律（简化），库仑定律，洛伦兹定律。
- 给定条件：质子质量 $m_p \sim 10^{-27}$ kg，质子电荷 $q_p \sim 10^{-19}$ C，$|g| \sim 10$ m/s²，$|E| \sim 10^{-3}$ V/m，$|B| \sim 10^{-5}$ T，$v_{p\perp} \sim 100$ m/s（下标 $\perp$ 表示垂直于 B 方向的速度分量）。
- 解答：量级大小。

◆　引力：$F = mg$

$$F_g = m_p g \approx (10^{-27})(10) = 10^{-26} \, \text{N}$$

◆　电场力：$F = qE$

$$F_E = q_p E \approx (10^{-19})(10^{-3}) = 10^{-22} \, \text{N}$$

电场力比引力大 10^4 倍，对于电子，这个量还要大 1000 倍。

◆　磁场力：$F = q(v \times B)$

$$F_B = q_p v_{p\perp} B \approx (10^{-19})(100)(10^{-5}) = 10^{-22} \, \text{N}$$

这个值与电场力有相同的量级。

- 解释：在高层大气中，单个带电粒子受到的引力弱于电场力和磁场力。在本例中，尽管所有力的大小都看起来相当小，但在空间环境中，等离子体质量足够小，以至于电场和磁场显得十分重要。我们将在第 6 章中展述等离子体运动的数学表达，给出更多的数值算例来支持这一观点。

补充练习：证明 $(v \times B)$ 和 E 的单位一样。

问答题 4-5

画出一个无限长的线状电荷产生的电场；画出一个线状电流和环状电流产生的磁场。

问答题 4-6

如何配置多条电流线来产生一个无限长的电流片？两个电流线之间的场会怎样（如果不清楚，可以参考基础物理课本）。

4.1.2　静电场和磁场

目标：读完本节，你应该能够……

- ♦ 描述静电场的源
- ♦ 描述场和电流的联系
- ♦ 定义磁通量

电场和磁场起源

电场的源和电流。表 4-1 中第二行指出带电粒子是电场的源。在地球上，我们很少能发现来自单一电荷的电场，因为我们所面对的物质都是由正负电荷共同组成的，在大尺度上，它们所产生的电场相互抵消。电子装备制造商可将用户完全屏蔽于携带净电荷的系统电压和电流之外，所以除了一些衣服表面的静电附着和冬天我们接触金属门把手之外，自然界中一般是不存在净电荷的。在我们的日常活动中，即使有相对少量的正负电荷分离，我们也一般不会感受到很大的力。只有大量电荷的积累而导致像雷电的放电时，才能真正引起我们的注意力。

电场作用在可相对移动的带电粒子上而产生传导电流（conduction current）。在地球上我们最熟悉的情形是电子被推动或拉动，而重的离子几乎保持不动。在空间大部分区域，电子也是主要的电流载体，然而，当碰撞不频繁时，离子也可以携带电流。

太空中，通常有足够的电荷移动来阻止大量电荷的积累。然而空间等离子体中的一些过程仍会继续分离电荷，产生电流，然后又重新分配电荷（例子见 1.4 节和图 1-25）。自然界会以这种方式来自我调节，由空间暴所引起的电场位形的突然变化可能会暂时打破电荷平衡。与技术设备应用中在完好屏蔽的线路里流动的电流不一样，空间环境中的电流是自由流动且无屏蔽的，这些电流产生的磁场可以在远距离外被感应到。例如，磁暴所引起的电流在地球表面几百公里高度上流动，可以在地球表面产生几十到上百 nT 的磁场扰动。表 4-3 给出了地球和太阳上磁场强度的相对值。

表 4-3　**典型的磁场强度**。在这里我们列举了一些典型的磁场强度和单位换算。

位置	特斯拉（T）	高斯（G = 0.0001 T）	纳特（nT）
太阳黑子	1×10^{-1}	1000	1×10^{8}
冰箱磁铁	1×10^{-2}	100	1×10^{7}

续表

位置	特斯拉（T）	高斯（G = 0.0001 T）	纳特（nT）
平静太阳表面	1×10^{-3}	10	1×10^{6}
地球表面（中纬）	5×10^{-5}	0.5	50000
近地太阳风	5×10^{-9}	5×10^{-5}	5

图 4-4 显示了静电场、电流和磁场之间关系的概念图。在本节和下一节，我们会构建起这一链式关系，并且显示如何调整该链条来描述图 4-4 中时变的、带有元素反馈的交互系统。空间环境中有多条反馈回路。

磁场源、位形和强度。正如我们在 1.4 节中所述，太阳风磁场和地球磁层磁场之间的相互作用会加速带电粒子，并且驱动空间天气暴。太阳磁场是空间天气的核心，电流在对流区和整个太阳大气中流动，电流流动之处就有磁场存在。表 4-1 的第三行显示电流是磁场的源，并且在空间任一点的磁场方向垂直于产生这些场的电流。如果磁场强度足够大，电流可以被磁场控制。图 4-5 显示了围绕强太阳磁场做回旋运动的被捕获的、流动的带电粒子（电流）的电磁辐射。在太阳活动区，磁场像一个虚拟的线，使等离子体环绕其流动。图 4-6 显示了活动区和磁环驻足处的可见黑子。

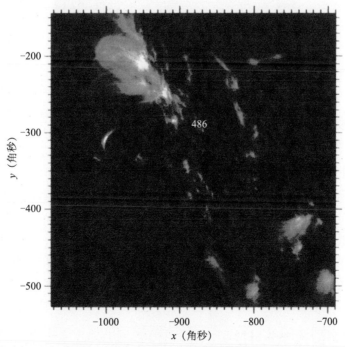

图 4-5　太阳活动区 AR10486 的磁图。这里我们看到包裹在极紫外辐射的粒子中的磁力线。等离子体绕磁力线做回旋运动，向外辐射极紫外波段电磁波。这个由 TRACE 卫星成像的活动区在 2003 年 10 月 24 日产生了几个大的太阳耀斑，随后使近地空间发生空间天气暴。图中的水平和垂直距离的单位为角秒。（美国洛克希德·马丁太阳与天文物理实验室供图）

因为场的位形通常并不单一，科学家们有时根据场线的密集度来描述场的相互作

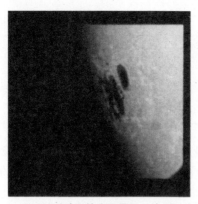

图 4-6 AR10486 活动区的太阳黑子。该可见光图像显示出 AR10486 活动区底部的磁岛，即暗色的太阳黑子，在这个图像中看不见磁环。但是，遥感技术对磁场指向是非常灵敏的，可以让我们判定磁场的方向。（美国洛克希德·马丁太阳与天文物理实验室供图）

用。穿过单位横截面积的场线数量单位被称为场的**通量**（flux, Φ）。电场通量表示为 Φ_E。磁场通量有自己的专用名称：韦伯 $[T \cdot m^2 = Wb]$。太阳物理学家经常使用厘米－克－秒体系（CGS）中被称为麦克斯韦（Mx）的一种相关单位。1 韦伯的磁通量等价于 10^8 Mx。图 4-7 显示地球偶极磁场相应的磁力线，就像在表 4-2 中描述的那样，磁力线在极区附近更为集中，因此，在地球极区，磁通量值相对较高。在平静条件下，在地球的两极（磁纬高于～78°），磁通量约为 3×10^8 Wb，在磁扰期间，极盖区磁通量会接近 1 GWb。

图 4-7 地球外部磁场二维示意图。图中的地磁场被用理想化的偶极场来表示，场线的切线方向为当地磁场的方向。（美国大学大气研究联盟的 COMET 计划供图）

　　需要提示一下，物理学家会以两种方式来使用通量这个术语。一种是指在单位时间内流出或流入单位面积的量。像这种方式使用的通量是一个有方向的量，因而是个矢量。太阳风质量通量是在单位时间内通过单位面积的太阳大气质量 $[kg/m^2 \cdot s]$。太阳总辐射度是地球上接收到的太阳能量通量，单位为 W/m^2。在电磁学中会出现另一种方式：一个矢量对表面积作积分，这里面积被当作一个矢量。电通量和磁通量的量纲等于场强乘以面积，因而是标量。在这种情况下，磁通量的单位是 $T \cdot m^2$。对单位的快速核查会揭示出"通量"属于上面哪种描述。

问答题 4–7

　　表 4-2 中的磁偶极子图（图 4-2（c））显示磁场从磁南极进入，从磁北极出来。图 4-8 显示磁力线进入地球地理北极，请指出地球真实的磁南极位于何处？

例题 4.2

- 问题：说明地球极盖区的磁通量约为 3×10^8 Wb。

- 相关概念：圆面积和磁通量。

- 假设：极盖伸展 12° 的弧度（90°-78°），磁力线与极盖垂直，因此极区面积矢量 $\boldsymbol{A}$ 垂直于地面且反平行于 $\boldsymbol{B}$。

- 给定条件：在地理北极，极区磁场强度～60000 nT，方向向内。

- 解答：首先算出极区截面积，πr^2：

$$r = [\sin(12°)R_{\mathrm{E}}] \sim [(0.21)(6378 \times 10^3 \text{ m})] = 1.326 \times 10^6 \text{ m}$$

极盖面积为

$$3.14(1.76 \times 10^{12} \text{ m}^2) = 5.52 \times 10^{12} \text{ m}^2$$

磁通量 =

$$\boldsymbol{B} \cdot \boldsymbol{A} = BA(\cos 180°) = (6 \times 10^{-5} \text{ T})(5.52 \times 10^{12} \text{ m}^2)(-1) = -3.31 \times 10^8 \text{ Wb}$$

- 解释：进入地球北极盖区的磁通为 -3.3×10^8 Wb，负号说明磁通方向向内，其原因我们将在第 7 章中讨论，这一磁通区域可以和太阳风相连，使行星际－地磁场发生间歇性相互作用。

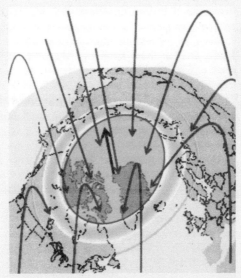

图 4-8 北极极盖。北极极盖用蓝色的阴影显示，进入极区的磁力线用暗灰色显示，黑线代表极盖的面积矢量，它与表面垂直并反平行于当地磁力线。（美国阿拉斯加大学地球物理研究所供图）

补充练习：一个典型太阳黑子覆盖面积与地球截面大小相当，试计算太阳黑子磁通量的合理值。

4.1.3　麦克斯韦方程组

旋度和散度

　　表 4-1 描述了不随时间变化的由物质产生的静态场，这些方程的一般形式由牛顿、高斯和安培所创建。法拉第和麦克斯韦研究了随时间变化的场，麦克斯韦的研究揭示了电磁场变化以光速传播。进一步地，有时场不是由带电物质产生的，而是由已经存在的场的变化感应所产生。因此他认定随时间变化的场的位形能扮演场源的角色。

　　非物质源是一个具有革命性的概念，需要场和瞬时场变化之间的非线性反馈机制，电磁场具有显示这个非线性行为的特征。这些特征来自于场的空间位形，特别是在散度和旋度方面的倾向。举例来说，麦克斯韦发现：当空间中的电场变化时，会出现位移电流。在这种情况下，没有带电电荷的运动，但是一个电流所具有的全部效应都存在。这种位移电流的产生需要较大的通量变化率，这在空间天气事件中通常是观测不到的，因此我们将继续重点关注传导电流。

　　散度（divergence）（"∇•"算子）描述一个矢量如何穿入或穿出一定的空间体。散度是一个标量值，显示一个量的源或汇，负的散度有时称作汇集。图 4-9 描绘了一个从正电荷源发散出来的电场。

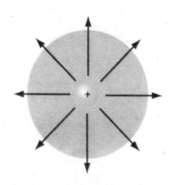

图 4-9　点电荷电场的散度。 这里的电场由一个正电荷质点所产生，并在所有方向上离开此正电荷而发散。

　　旋度（curl）（"∇×"算子）描述一个矢量场的旋转或剪切。为了理解这个算子，我们可以把一个矢量场想象成某种液体的流动，然后想象将一个极小的桨轮放在这个流体中，如图 4-10 所示。如果流体旋转，则桨轮也会旋转。旋度描述矢量旋转的性质。和散度不一样，旋度有大小和方向，是一个矢量。旋度矢量的大小表示旋转的强度（桨轮旋转有多快），旋度的方向遵从右手定则。换而言之，如果我们把右手手指指向旋转的方向（桨轮旋转方向），然后展开的大拇指的指向即为旋度矢量的方向，例如图 4-10 中，**B** 的旋度方向指向页面的上方，对应于图例中的电流。

算子"∇·"和"∇×"有相同的量纲：某个量每单位距离的变化率。麦克斯韦注意到另一个相似之处，两个算子都和密度形式相关。例如，在图 4-9 中，散开的场线的密度与此封闭空间内的电荷密度相关，如果我们将封闭的电荷数扩大一倍，也就将散开场线的数目扩大一倍。表 4-4 和表 4-5 中麦克斯韦方程组中的一个方程（电荷的高斯定律）描述了这种情况。

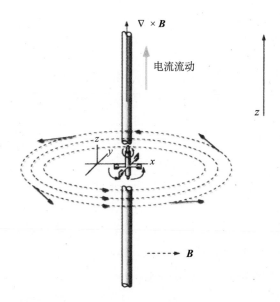

图 4-10 描述旋度算子。 这里我们展示一个小的、无质量的桨轮自旋，它被置于一个旋转的矢量场中。在单一平面中，只有少数的磁力线被画出。实际情况中，电流被同心圆场线所包围。本例中，旋度矢量和电流指向＋z 方向。[改绘自 Schey, 1973]

与旋度相关的密度则更为微妙，就是环流的密度。参考图 4-10，中心处电流的大小和包围这个电流的磁力线的密度有关，因此将源扩大一倍（本例中为电流），一定体积或空间中的环形场线密度也会扩大一倍。在麦克斯韦方程中，被称为传导电流的安培定律描述了这种情况。

问答题 4–8

对于一个负的点电荷，这个场

（a）散度是负的；

（b）汇集；

（c）方向处处指向里；

（d）上面都是正确的。

问答题 4-9

假设我们将无穷个如图 4-10 显示的单个电流单元左右排列，描述 B 的位形和 B 的旋度。（提示：看表 4-2 中最后一条）

问答题 4-10

图 4-2（a）和 4-2（c）中的偶极位形明显地有非均匀场的形态，在这个示意图中，旋度或散度哪种特征能最好地描述这种非均匀的二维场？（提示：如果你在图中除了中心（源）的任一点，放一个桨轮，它会旋转吗？）

电磁学和电动力学方程

麦克斯韦方程组的形式。像那些我们在太阳和空间环境中面对的等离子体一样，等离子体不仅可用质量守恒、能量守恒和动量守恒方程来描述，而且还可用矢量的电场和磁场方程描述。矢量的数学定理认为：如果矢量场的散度和旋度已知，那么其就被唯一确定下来。麦克斯韦不仅建立了散度与旋度的关系，也同样建立了时变电场和磁场的关系。麦克斯韦闭合方程组有两种表达式：微分形式和积分形式。

微分形式给出了最一般情况下场的计算方法，并且提供了一种更益于讨论光的波动属性的方式。在更高级的应用中，微分形式能描述电极化（电介质）或者磁化物质。积分形式在一些特殊情况下是有用的，比如对于非连续场，以及有着特殊几何位形的电荷与电流（通常是具有较好对称性的几何位形）。使用积分和微分形式的解必须一致。表 4-4 中为了简化，仅显示麦克斯韦方程的微分形式，并没有给出方程的历史名字。表 4-4 强调了电场和磁场的源和变化。表 4-5 给出了方程的历史名字，提供了简要的描述并且比较了它们的形式。

在没有远距离加速电荷的局地真空中，麦克斯韦的场方程有表 4-4 顶部所显示的形式。在这种对场的旋度和散度没有贡献的情况下，麦克斯韦方程组的右边为零。如果我们给系统增加局部非平衡电荷，方程组就会变成表 4-4 中部显示的形式。静电荷产生发散的局地电场 E，局地电流产生弯曲的磁场 B。如果再添加局地或者远距离的时变的源，就会产生如表 4-4 下端所显示的场的方程组。散度方程没有变化，但是每个旋度方程都获得一个新的源项。一个变化的磁场感生出电场的旋度（*感应项*（induction term）），一个变化的电场能够感生出并且增加磁场的旋度（*位移电流项*（displacement current term））。

表 4-4　描述场源和场特性的麦克斯韦方程组。我们通常在真空和近真空条件下应用这些方程。当我们将其应用到致密物质中时，我们必须给出这种物质对应的 ε 和 μ 值。

来源	散度	旋度	场
无局地场源	$\nabla \cdot E = 0$	$\nabla \times E = 0$	静电场 E
只有远距离静态场源	$\nabla \cdot B = 0$	$\nabla \times B = 0$	静磁场 B
局地静电场源（也可能有远距离源）	$\nabla \cdot E = \rho_c / \varepsilon_0$	$\nabla \times E = 0$	静电场 E
	$\nabla \cdot B = 0$	$\nabla \times B = \mu_0 J$	静磁场 B

来源	散度	旋度	场
局地静电及时变场源（也可能有远距离场源）	$\nabla \cdot \boldsymbol{E} = \rho_c/\varepsilon_0$	$\nabla \times \boldsymbol{E} = -\partial \boldsymbol{B}/\partial t$	电动场 $\boldsymbol{E}$
	$\nabla \cdot \boldsymbol{B} = 0$	$\nabla \times \boldsymbol{B} = \mu_0 \boldsymbol{J} + \mu_0 \varepsilon_0 \partial \boldsymbol{E}/\partial t$	电动场 $\boldsymbol{B}$

注：$\boldsymbol{E}$ = 电场矢量 [V/m]；μ_0 = 真空磁导率，$4\pi \times 10^{-7}[\text{N/A}^2] = 1.26 \times 10^{-6}[\text{N/A}^2]$；$\boldsymbol{B}$ = 磁场矢量 [T]；ρ_c = 电荷密度 [C/m^3]；ε_0 = 真空介电常数，$8.85 \times 10^{-12}[\text{C}^2/(\text{N} \cdot \text{m}^2)]$；$\boldsymbol{J}$ = 电流密度矢量（4.2.1 节中所述）[A/m^2]。

表 4-5 麦克斯韦方程组的微分和积分形式。这里我们列出了描述电磁场强度和电磁场相互作用的基本方程。空间环境模型研究者分别使用这些方程来描述电场和磁场（$\boldsymbol{E}$ 和 $\boldsymbol{B}$）以及它们之间的相互作用。单个方程带着历史上发现者的名字，麦克斯韦的贡献表现为把这些方程联系在一起来描述随时间变化的场。他添加了方程（4-4）中最后一项，即位移电流项。μ_0 和 ε_0 的使用显示了方程在真空和近真空条件下的应用。（在积分形式中，d$\boldsymbol{A}$ 和 d$\boldsymbol{l}$ 分别是微分面积和微分路径长度）

微分形式	积分形式
电场的高斯定律 （Gauss's Law for Electric Field）	带电粒子产生电场； 不均匀带电产生电场散度
Div $\boldsymbol{E} = \nabla \cdot \boldsymbol{E} = \rho_c/\varepsilon_0$ （4-1a）	$\oint \boldsymbol{E} \cdot d\boldsymbol{A} = \dfrac{Q}{\varepsilon_0}$ （4-1b）
法拉第电磁感应定律 （Faraday's Law for Electric Field）	回旋电场是由随时间变化的磁场产生
Curl $\boldsymbol{E} = \nabla \times \boldsymbol{E} = -\partial \boldsymbol{B}/\partial t$ （4-2a）	$\oint \boldsymbol{E} \cdot d\boldsymbol{l} = -\dfrac{d\Phi_B}{dt}$ （4-2b）
磁场的高斯定律 （Gauss's Law for Magnetic Field）	磁场散度为零，因为磁单极不存在
Div $\boldsymbol{B} = \nabla \cdot \boldsymbol{B} = 0$ （4-3a）	$\oint \boldsymbol{B} \cdot d\boldsymbol{A} = 0$ （4-3b）
带有麦克斯韦附加项的磁场安培定律 （Ampere's Law for Magnetic Field with Maxwell's Addition）	回旋磁场是由电荷流动（传导电流）及随时间变化的电场 （位移电流）产生的
Curl $\boldsymbol{B} = \nabla \times \boldsymbol{B} = \mu_0 \boldsymbol{J} + \mu_0 \varepsilon_0 \partial \boldsymbol{E}/\partial t$ （4-4a）	$\oint \boldsymbol{B} \cdot d\boldsymbol{l} = \mu_0 I + \mu_0 \varepsilon_0 \dfrac{d\Phi_E}{dt}$ （4-4b）

注：$\oint$ 沿着闭合曲线或者封闭曲面的线（面）积分；$\boldsymbol{E}$ 为电场矢量 [V/m]；$\boldsymbol{B}$ 为磁场矢量 [T]；ε_0 为真空介电常数，$(8.85 \times 10^{-12}\ \text{C}^2/(\text{N} \cdot \text{m}^2))$；$\Phi_B$ 为磁通量 [T · m^2]；Φ_E 为电通量 [V · m]；μ_0 为真空磁导率 $(4\pi \times 10^{-7}\ \text{N/A}^2 = 1.26 \times 10^{-6}\ \text{N/A}^2)$；$\rho_c$ 为电荷密度 [C/m^3]；Q 为总电荷（表面积分所包围的）[C]；$\boldsymbol{J}$ 为体电流密度矢量（4.2.1 节所述）[A/m^2]；I 为线积分包围的总电流 [A]。

问答题 4–11

表 4-4 中的零是说明场不存在吗？

问答题 4–12

重新写出真空条件下，表 4-4 底端部分。（提示：如果局地电荷移走，表 4-4 底端中哪些项会去掉？）

问答题 4-13

真空中场源能存在吗?

麦克斯韦方程组的解释。电场高斯定律 (方程 (4-1)) 和法拉第定律 (方程 (4-2)) 的右边显示电场 E 由净电荷积累和时变的磁场产生。类似地,方程 (4-4) 右边 (带附加项的安培定律) 说明磁场 B 来自于传导电流和产生位移电流的时变电场。

方程 (4-3) 右边为零意味着磁场在封闭的空间体中从来不积累,进去的磁力线一定会出来 (图 4-11)。磁极子总是成对出现,不存在磁单极子。例如,如果我们试图通过将磁棒分裂成两段以隔离出磁单极子,我们会发现磁棒的断裂端总是呈现和另一端相反的极性。磁场的高斯定律正是这一现象的数学表达。磁场源产生于运动的电荷 (传导电流) 和时变的电场,两者都会产生一个剪切 (环流的) 的磁场。

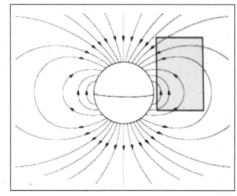

图 4-11 磁场高斯定律。这里给出与地球磁场位形相应的理想化的磁场偶极子线。所有进入盒子里的场线会离开此盒子,即使盒子包住偶极子,这一情况也是成立的。

麦克斯韦方程组说明场来自于带电物质和变化的场。在一些情况下,区分感应场和静态物质产生的场十分重要。"(电磁)感应"(induction) 这个词说明场不是来自于物质,而是来自事先存在的场的时间变化。下面我们再次解释一下法拉第定律和带有麦克斯韦附加项的安培定律,以说明场如何通过感应而产生。图 4-12 中的概念图是图 4-4 的扩展,包括了电动力学相互作用和电磁波的源。

- **法拉第定律**: $\mathrm{Curl}\, E = \nabla \times E = -\dfrac{\partial B}{\partial t}$ 在空间任一区域中,随时间变化的磁场会产生感应电场,感应电场的方向垂直于变化的磁场,感应电场的强度正比于磁场的变化率。

- **安培定律的麦克斯韦附加项**: $\mathrm{Curl}\, B = \nabla \times B = \mu_0 J + \mu_0 \varepsilon_0 \dfrac{\partial E}{\partial t}$。右边的第二项说明,在空间任一区域中,随时间变化的电场会产生感应磁场,感应磁场的方向垂直于变化的电场,感应磁场的大小正比于电场的变化率。

联合上述感应方程可以揭示:振荡的电荷能产生在真空和介质中传播的波状磁场 (图 4-13)。类似地,变化的磁场产生波状的电场。麦克斯韦的最大贡献之一是认识到在其

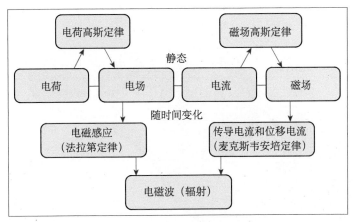

图 4-12　描述时变场时，麦克斯韦所作的贡献的概念图。电场和磁场的时间变化率是电磁波和辐射的根源。

方程组中所描述的变化会互相维持，最终产生以光速（light speed）c 传播的电磁波。实际上，在真空中传播的电磁波电场和磁场的强度是通过光速相关联的

$$|\boldsymbol{E}| = c|\boldsymbol{B}| \tag{4-5}$$

如图 4-13 所示，当平面电磁波有电场和磁场分量时，它们相互垂直且与波的运动方向也垂直，形成横波。

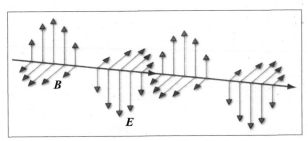

图 4-13　一个平面偏振波的瞬时图像。这里我们展示沿着特定射线路径的电场和磁场矢量，波以光速 c 向右传播（根据 $\boldsymbol{E} \times \boldsymbol{B}$ 方向）。包含电场振荡矢量和传播方向的平面是偏振面，射线的方向是能量传播方向。

麦克斯韦方程组的应用。我们在此举出几个应用麦克斯韦方程组的事例。问答题 4-4 和例题 4.5 说明了其在静态中的应用，例题 4.4，例题 4.6 和问答题 4-14 说明了其在电动力学中的应用。

问答题 4–14

图 3-34（a）说明了外流的太阳风是如何将太阳磁场延伸到空间的。图 4-14 提供了一个三维侧视图，相反方向的磁力线（带灰色箭头线）被电流阴影区域分开。依据安培定律，电流片中电流是什么方向？11 年后电流将会是什么方向？

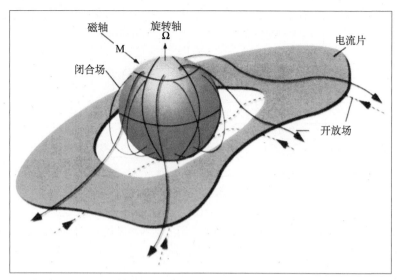

图 4-14　行星际磁场（IMF）线的三维视图。 根据安培定律，电流片一定会将指向太阳和离开太阳的磁力线分开。[Smith et al., 1978]

例题 4.3　电场强度

- **问题**：在地球同步轨道严重充电条件下，过量的电子可以在航天器表面或者内部积累。计算在电荷累积到 10^{11} 个电子 /cm^2 时近似的电场强度。

- **相关概念**：电场和高斯定律。高斯面（一个封闭的三维表面，通过它能计算得到电场通量）。

- **假设**：我们考虑的电荷积累的表面相对于电子的尺度是足够大的，因此我们能使用无限电流片近似。

- **给定条件**：电子面密度 10^{11} 个电子 /cm^2，电荷密度用 σ 表示，总电量用 Q 表示。

- **解答**：图 4-15 显示，对于无限电荷片而言，电场垂直于表面，因此只有穿过圆柱高斯面底端的电场对通过面积 A 的电场通量有贡献。一半电场向上，一半电场则向下。这种情况下，高斯定律为

$$\oint \boldsymbol{E} \cdot \mathrm{d}\boldsymbol{A} = \frac{Q}{\varepsilon_0} = E(2A) = \frac{\sigma A}{\varepsilon_0}$$

这个电场为表面电荷密度所产生的电场的一半：$E = \dfrac{\sigma}{2\varepsilon_0}$

$$E = \frac{10^{11}\,\text{electrons}\,/\,\text{cm}^2(10^4\,\text{cm}^2/\,\text{m}^2) \times (1.6 \times 10^{-19}\,\text{C}/\,\text{electron})}{2 \times 8.85 \times 10^{-12}\,\text{C}/(\text{V} \cdot \text{m})} \approx 9.04 \times 10^6\ \text{V}/\,\text{m}$$

- **解释**：过大的电场引起一些材料的击穿，导致放电、短路、弧光以及卫星电路损毁。当没有绝缘材料或者其被损毁时，会发生击穿和放电（图 4-16）。为了保证能在恶劣的辐射带环境中生存，绝缘材料必须能抵御每米十几兆伏量级电场的冲击。

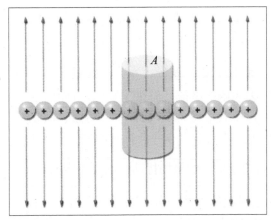

图 4-15 一个薄的无限电荷片。为了方便说明，一些电荷被假想的高斯柱包围，来自电荷的电场穿过柱子的底端（面积 A），而不是其侧面。

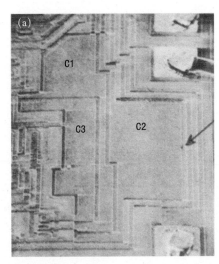

图 4-16 放电引起的电路损坏。一个 CMOS 电容被静电放电损坏，（a）图像放大了 175 倍；（b）放大了 4300 倍。左边图像中黑色箭头指向右图中放大的区域，作为卫星设备一部分的电容变得无法工作。（NASA 喷气动力实验室供图）

例题 4.4 法拉第定律和安培定律

- 问题：试计算一个环形线圈对穿过其中磁通变化的响应。

- 相关概念或方程：桨轮旋度概念和方程（4-2）（法拉第定律），$\mathrm{Curl}\,\boldsymbol{E} = \nabla \times \boldsymbol{E} = -\dfrac{\partial \boldsymbol{B}}{\partial t}$。

- 解答：考虑一个矩形线圈，如图 4-17 所示，考虑一个均匀的垂直方向的磁场 $\boldsymbol{B}$。如果磁场 $\boldsymbol{B}$ 的大小是一个常数，法拉第定律预测在线圈中不会有感应电流。然而，如果 $\boldsymbol{B}$ 的大小改变，则会产生感应电流，且仅当磁场变化的情况下才发生；当场停止变化时，电流消失。另外，场强 $|\boldsymbol{B}|$ 增加会导致某一方向的电流，而 $|\boldsymbol{B}|$ 减小

则引起电流反向流动。在任一情况下，感应电场 $\boldsymbol{E}_{\text{ind}}$ 的方向与电流的方向一致。我们使用方程（4-2）来显示这一过程。

图 4-17（a）中，我们假定磁场 $\boldsymbol{B}$ 的大小是增加的，因此 $\dfrac{\partial \boldsymbol{B}}{\partial t}$ 指向上，用加粗灰色箭头表示。法拉第定律表明感应电流的旋度 $\nabla \times \boldsymbol{E}_{\text{ind}}$ 方向向下，感应电流 $\boldsymbol{E}_{\text{ind}}$ 产生抵制原始磁场变化的磁场。这个效应被称为*楞次定律*（Lenz's Law），这是自然界"控制自身"保持最低可能能态的一个很好的例子。图 4-17（a）显示电场与顺时针方向流动的感应电流 I_{ind} 有关，来自感应电流的磁场扰动（虚线）指向与原始 $\dfrac{\partial \boldsymbol{B}}{\partial t}$ 方向相反。

补充练习：用类似于上述讨论的方式，分析并讨论法拉第定律在图 4-17（b）当中的应用。在本例中，磁场随时间减小。

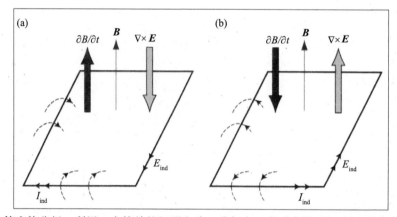

图 4-17　法拉第定律分析。利用一个简单的矩形电路，我们在一个时变的磁场中测量感应电流和感应磁场。磁场 $\boldsymbol{B}$ 指向与电路平面垂直的方向。图（a）中，$|\boldsymbol{B}|$ 增加，图（b）中，$|\boldsymbol{B}|$ 减小。每个图中都显示了感应电流的方向 I_{ind} 以及它产生的磁场（带箭头的虚线）。[Wangsness, 1986]

例题 4.5　极光带电场强度的变化

■ 问题：在平静条件下，地球极盖的磁通量约为 3×10^8 Wb，假设磁暴期间极光带内边缘在一小时内从 78° 膨胀到 50°，极光带电场会如何变化？

■ 相关概念：磁通变化和法拉第定律（方程（4-2））。

■ 假设：极盖张角为 40° 的弧（50°～90°），磁力线与极盖垂直。面积矢量 $\boldsymbol{A}$ 垂直于表面，并与 $\boldsymbol{B}$ 平行。$\boldsymbol{B}$ 的大小均匀分布，我们把极盖看作一个盘状来确定极盖的平均周长。

■ 给定条件：膨胀极区磁场强度～60000 nT，几何位形如图 4-18 所示。

■ 解答：首先找出新极盖区的近似面积 πr^2，让 $r = \left[\sin(40°)R_{\text{E}}\right] \sim \left[(0.64)(6378 \times 10^3 \text{ m})\right]$ $= 4.1 \times 10^6$ m；

极盖截面积：$\boldsymbol{A} \sim 3.14\,(1.68 \times 10^{13} \text{ m}^2) = 5.28 \times 10^{13} \text{ m}^2$。

磁通：$(\boldsymbol{B} \cdot \boldsymbol{A}) = (6.0 \times 10^{-5} \text{ T})(5.28 \times 10^{13} \text{ m}^2)(\cos 180°) = -3.2 \times 10^9$ Wb。

现在我们确定通量的变化率，并且将其与 $\oint E \cdot dl$ 相关联。

$$\frac{d\Phi_B}{dt} = (-3.2 \times 10^9 \text{ Wb} - (-3 \times 10^8 \text{ Wb})) \Big/ 3600 \text{ s} = 8.0 \times 10^5 \text{ Wb/s} \quad ^{①}$$

现在我们推导这段间隔期间极盖的平均周长 C。

78° 处的极盖半径为：$\sin(12°)\, R_E = 1.3 \times 10^6$ m。

长度：$l = C = 2\pi r_{\text{avg}} = 2\pi \left[(1.3 \times 10^6 + 4.1 \times 10^6)/2 \right] \approx 1.7 \times 10^7$ m

我们求出

$$|E| = \left| -\frac{d\Phi_B}{dt} \right| \Big/ l = \left(8.0 \times \frac{10^5 \text{ Wb}}{\text{s}} \right) \Big/ (1.7 \times 10^7 \text{ m}) = 0.049 \text{ V/m} \text{ 或 } 49 \text{ mV/m}$$

■ 解释：与极盖区典型的几个 mV/m 的电场相比，这个电场值是非常大的。然而大磁暴可以使得电场强度增加一个数量级。

补充练习 1： 法拉第定律中负号的意义是什么？

补充练习 2： 当膨胀停止，电场如何变化？

补充练习 3： 当极区磁通回到平静值时，电场会如何变化？

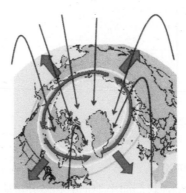

图 4-18 具有感应电场的膨胀的极盖。这里我们展示磁暴期间极盖膨胀的几何图示。粗蓝色箭头显示极盖赤道向的膨胀，膨胀可以使极盖捕获更多的磁通，如图中灰色的曲线所示。与法拉第定律一致，感应电场在导电的极光带中流动，用红色箭头显示的电场产生电流，电流产生的磁场与极盖区增加的磁通相反。（美国阿拉斯加大学地球物理学院供图，有改动）

4.1.4 电、磁、电磁波能量密度（压强）

目标：读完本节，你应该能够……

◆ 描述坡印廷通量矢量与传播能量的电磁场变化的联系

◆ 计算与电和磁有关的压强和能量密度

2.2.1 节中，我们简单介绍了能量密度的概念及其与压强的关系。表 2-5 中的条目显示

---

① 原文有误，写作 $\partial B/\partial t$，此处应为 $d\Phi_B/dt$。——译者注

当电场和磁场强度增加时，来自这些场的压强也会增长。随着压强的增长，其可用于做功的势能也会增加，因而场的能量密度是对可以加速、加热粒子或者重构系统的势能的一种便捷测量。

我们在前面的章节中学过：变化的电场和磁场产生电磁波，这些电磁波能传播能量（第 2 章）。坡印廷通量矢量（Poynting flux vector, $\boldsymbol{S}$）用于描述波的能流密度，表示为单位时间通过（垂直于流向）单位面积的能量：

$$S = \frac{\boldsymbol{E} \times \boldsymbol{B}}{\mu_0} \tag{4-6}$$

其中，$\boldsymbol{S}$ 为坡印廷通量矢量（电磁波能量通量）$[\text{W/m}^2]$。

波场携带了动量，使得电磁波能施加压力。

电磁波以光速 c 运动，虽然按照经典力学的观点，光子没有质量因而不会携带动量，但狭义相对论显示光子能携带能量和动量。当电磁动量随时间变化时，就会施加力的作用。电磁力作用在空间一定面积上时会产生压强（辐射），此压强等价于能量密度 u，我们根据电场和磁场分量将其表示如下：

$$u_E = \frac{1}{2} \varepsilon_0 E^2 \tag{4-7}$$

$$u_B = \frac{B^2}{2\mu_0} \tag{4-8}$$

其中，u_E = 电场能量密度（压强）$[\text{J/m}^3]$ 或 $[\text{Pa}]$；

$\quad \varepsilon_0$ = 真空中的介电常数（8.85×10^{-12} $\text{C}^2/(\text{N} \cdot \text{m}^2)$）；

$\quad \boldsymbol{E}$ = 电场强度 $[\text{V/m}]$；

$\quad u_B$ = 磁场能量密度（压强）$[\text{J/m}^2]$ 或 $[\text{Pa}]$；

$\quad \boldsymbol{B}$ = 磁场强度 $[\text{T}]$；

$\quad \mu_0$ = 真空中的磁导率（$4\pi \times 10^{-7}$ $\text{N/A}^2 = 1.26 \times 10^{-6}$ N/A^2）。

对于波的总电磁能量密度 u_{EB}，我们简单地把电和磁分量能量密度相加。合并方程（4-5）、方程（4-7）和方程（4-8）会产生一个更加简化的形式，我们用此来描述真空中光波的能量密度。

$$\frac{E}{B} = c = \frac{1}{\sqrt{\mu_0 \varepsilon_0}}$$

$$\varepsilon_0 E^2 = \frac{B^2}{\mu_0}$$

那么，总电磁能量密度为

$$u_{EB} = \frac{1}{2}\varepsilon_0 E^2 + \frac{B^2}{2\mu_0} = \varepsilon_0 E^2 = \frac{B^2}{\mu_0} = \frac{EB}{\mu_0 c} \tag{4-9}$$

u_{EB} $[\text{J/m}^3]$ 或 $[\text{Pa}]$ 代表与此波相应的总电磁能量密度（压强），因为每个波周期中电场和磁场是变化的，所以平均能量密度为

$$\langle u_{EB} \rangle = \frac{1}{2}\varepsilon_0 E_{max}^2 = \frac{B_{max}^2}{2\mu_0} = \frac{E_{max}B_{max}}{2\mu_0 c} \qquad (4\text{-}10)$$

分母中 "2" 这个因子来自于电场和磁场幅度在波周期的平均。把方程（4-10）除以光速，可得到电磁波动量密度的表达式。

这些表达在空间科学中有重要的应用，我们用它们来描述电磁场中单位体积能量的多少，例如，描述这些场能转移能量或做功的能力。第 12 章中，我们将评估由扰动地球磁场的场向电流转移到极光区的能量多少。

问答题 4-15

证明能量密度也能写成平均坡印廷通量除以光速的形式。证明方程（4-10）除以光速后具有动量密度的单位。

例题 4.6 能量密度 I——地球上的太阳光

■ 问题：确定地球高层大气顶部太阳光的电磁能量密度。

■ 相关概念：坡印廷通量 S。

■ 给定条件：太阳总辐射度（TSI）= 1366 W/m^2，光速 $c = 2.998 \times 10^8$ m/s。

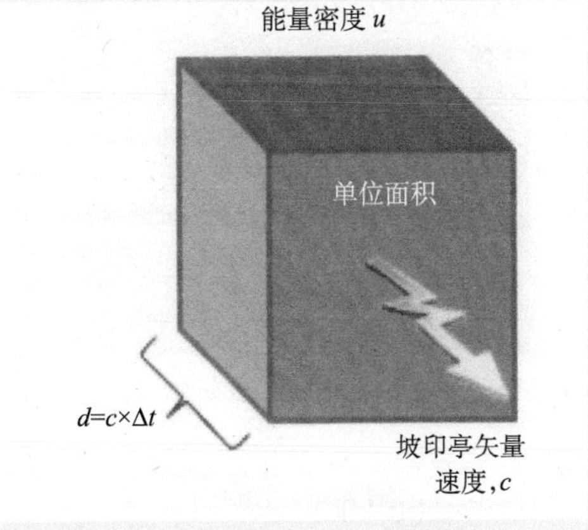

图 4-19 坡印廷通量流过的体积。我们用这个体积来确定电磁能量密度。

■ 假设：TSI 不变。

■ 解答：坡印廷通量 S 是指单位面积单位时间内的能量，或者单位面积的功率。我们知道单位面积功率，想要求解能量密度。在 Δt 的时间内，入射到单位面积 A 的能量为 $E = SA\Delta t$。我们需要将其除以体积以获得能量密度。光在 Δt 的时间内行进的距离为 d，$d = c\Delta t$。

体积 $V =$ 距离 $\times$ 面积 $= (c\Delta t)A$。

每单位体积能量 $= (SA\Delta t)/(c\Delta t A) = S/c$。

在大气层顶部，每立方米体积内太阳能量为

$$E = (1366\ \text{W/m}^2) / (2.998 \times 10^8\ \text{m/s}) = 4.56 \times 10^{-6}\ \text{J/m}^3$$

补充练习 1： 在太阳日冕处（$\sim 3\,R_s$）的太阳光能量密度为多少？

补充练习 2： 能影响空间环境辐射的（X 射线和极紫外）波长的能量通量约为 $1.5\ \text{mW/m}^2$。试确定这些波段在大气层顶部的能量密度。

例题 4.7　能量密度 II——太阳黑子

- **问题：** 推导储存在活动区（太阳黑子）里的磁能。
- **相关概念：** 磁能密度的定义。
- **假设：** 在太阳大气中，穿过活动区体积的能量密度为常数。
- **给定条件：** 在强太阳黑子活动区上部的太阳大气中，太阳磁场大小可能大约为 0.1 T（表 4-1）。对于活动区，一个合理的垂直深度大约为 2000 km（靠近色球层顶部）；合理的水平长度在其一侧大约为 5 个地球半径（~ 30000 km）。

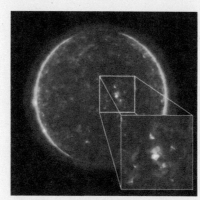

图 4-20　太阳活动区。 太阳大气中的亮点位于具有高能量密度的光球层太阳黑子之上。（ESA/NASA 的 SOHO 项目供图）

- **解答：** 磁能密度为：$u_B = \dfrac{(0.1\ \text{T})^2}{(2)(4\pi \times 10^{-7}\ \text{N/A}^2)} \approx 4 \times 10^3\ \text{J/m}^3$。

  如果我们能估计体积，那么就可以计算活动区的全部磁能。这一储存的能量表征了在一次太阳耀斑事件所能释放的最大能量，包括粒子加速、加热、电磁波激发。

  活动区体积：$(2000 \times 10^3)(3 \times 10^7)^2 \approx 10^{21}\ \text{m}^3$。

  因此，储存的总磁能为 $(4000\ \text{J/m}^3)(10^{21}\ \text{m}^3) = 4 \times 10^{24}\ \text{J}$。

- **解释：** 只有最大的太阳耀斑才释放这么多的能量，并且正如我们在第 1 章末所计算的那样，能量会在几十分钟到几小时的时间内全部释放。尽管来自一个大耀斑释放的能量大约只等于太阳每秒释放能量的十分之一，但这是非常局部的能量释放。如此集中的能量释放能破坏太阳磁场位形，并且引发日冕物质和磁场抛射。

例题 4.8 能量密度 III——储存在电池中的电能

当 NASA 的火星探测车"勇气号"于 2004 年 1 月登上这个红色星球时，其部分动力是由高能量密度的锂离子蓄电池提供的。太阳能对电池充电，为其在没有日照的阴面和紧张的系统操作期间提供能源。"勇气号"电池由美国空军"能源储能和热科学计划"研发，额定值为 300 W·h/liter。电池设计可供 2000 次充﹣放电。

■ 问题：将 W·h/liter 单位变化为国际单位制下的能量密度单位。

■ 相关概念：能量和功率的单位

■ 解答：$300 \text{ W·h / liter} = 300 \dfrac{\text{W·h}}{\text{liter}} \left[\dfrac{\frac{\text{J}}{\text{s}}}{\text{W}}\right] \left[\dfrac{3600 \text{ s}}{\text{h}}\right] \left[\dfrac{\text{liter}}{10^{-3}}\right] = 1080 \text{ MJ / m}^3$

■ 解释：将这个结果和例 4.7 中讨论的太阳黑子中的能量密度进行比较，显示电池的能量密度远高于太阳黑子中的能量密度。然而，太阳黑子的巨大体积会产生大得多的能量储存，可用于爆发性的能量释放。

图 4-21 勇气号火星探测车。300 W·h/liter，能进行 2000 次充放电。（NASA 供图）

补充练习： 试计算火星上太阳光的能量密度。

4.2 电流和电导率

4.2.1 电荷守恒、电流连续性及电流密度

目标：读完本节，你应该能够……

♦ 描述电流连续性的基本含义

♦ 把散度概念应用到电流

♦ 掌握使用电流密度不同形式的应用

♦ 解释带电粒子的速度差异如何产生电流

电流是空间环境区域之间的通信链路之一。只要正负电荷之间发生相对运动，就会产生电流。在空间中，这些电流依赖于等离子体的电导率，而电导率又依赖于磁场的强度和方向。麦克斯韦方程组与欧姆定律一起描述空间电荷、电场、电导率、电流和磁场之间的自洽。在本节中，我们将描述电流的不同形式，电流可能位于一定体积内、表面上或是在线中。在下一节，我们将考察电流、电场和介质电导率之间详细的联系。

电荷守恒和电流连续性

我们已经知道，能量和动量是守恒量。现在，我们考虑电荷守恒。我们将这种想法用电荷守恒（电流连续性）方程来表示：

$$\nabla \cdot \boldsymbol{J} + \partial \rho_{c} / \partial t = 0 \qquad (4\text{-}11\text{a})$$

$$\nabla \cdot \boldsymbol{J} = -\partial \rho_{c} / \partial t \qquad (4\text{-}11\text{b})$$

其中，$\boldsymbol{J}$ = 电流密度矢量 $[\text{A/m}^2]$；

ρ_{c} = 电荷密度 $[\text{C/m}^3]$。

方程（4-11a）和（4-11b）表明如果电荷密度的时间变化率等于零，那么电流密度没有散度：$\nabla \cdot \boldsymbol{J} = 0$。方程（4-11）更深刻的含义是，电流必须是连续的。电流不会突然地形成或者消失。关注点 4.2 讨论了电流连续性的概念如何与麦克斯韦方程相联系。在本节的所有图中，电流系统必须在图像边界外完成其回路。

电流密度

不像近地表面的电流通常是被限制在导线、电缆和闪电通道内，空间电流在难以定义的结构中流动。为了描述这些电流的特征，我们介绍积分电流 I 和体电流密度 $\boldsymbol{J}_V$。如果电流在一个体腔内流动，它的大小可以用总电荷 ΔQ 除以时间间隔 Δt 给出：

$$I = \frac{\Delta Q}{\Delta t} = \frac{n_{ci} q_i A l}{l / v} = n_{ci} q_i A v = \rho_{ci} A v \qquad (4\text{-}12\text{a})$$

其中，I = 积分电流 [A]；

$\Delta Q / \Delta t$ = 电荷在时间间隔内的变化 [C/s];

n_{ci} = "i" 种类电荷单位体积内的数量 [#/m³];

q_i = "i" 种类电荷量大小 [C];

v_i = "i" 种类电荷的漂移速度 [m/s];

A = 电荷流过的面积 [m²];

l = 电荷流过的腔体长度 [m];

ρ_{ci} = "i" 种类体电荷的密度 [C/m³]。

因为电荷运动有速度和方向，我们用一个矢量方程将运动和体电流密度矢量 J_V 联系起来，

$$J_V = \frac{I}{A}\hat{v} = n_{ci}q_i v = \rho_{ci} v \tag{4-12b}$$

合并方程（4-12a）和（4-12b）得到电流大小 $\int J_V \cdot dA$。两个矢量之间的点积表明电流是一个标量。体电流密度的单位是 C/(m²·s) 而不是 C/(m³·s)，这表明将流速单位（m/s）与电荷密度单位（C/m³）相乘，产生电荷流密度 [(C/m³)(m/s)] 或者体电流密度 [A/m²]。体电流密度大小（J_V，上下文清晰时也可简写为 J）显示了通过单位截面积的电流多少，以及以给定的速度在某体空间内移动的电荷多少。图 4-22 显示在一个体积内流动的均匀电流 I 和 J 的关系。图 4-22 中的电流可能是由正离子向右移动，或者负电荷向左移动所产生。

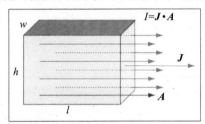

图 4-22 均匀电流的体电流密度。 一个均匀体电流流过宽度为 w、高度为 h、截面积为 A[m²] 的物体。I 是垂直流过 w 和 h 相乘的面积的总积分电流，J 是体电流密度矢量 [C/m²·s] 或 [A/m²]。我们只展示了这个连续电流电路的一部分。

关注点 4.1 推导电流连续性方程

首先应用安培定律，然后结合高斯定律，我们就可以获得电荷守恒定律。安培定律将磁场的旋度和电流联系起来。

$$\nabla \times B = \mu_0 J + \mu_0 \varepsilon_0 \partial E / \partial t$$

因为纯回路没有散度，这个方程的散度为零，即 $\nabla \cdot (\nabla \times (任意场)) \equiv 0$。

$$\nabla \cdot \nabla \times B = \mu_0 \nabla \cdot J + \mu_0 \varepsilon_0 \partial(\nabla \cdot E) / \partial t = 0$$

$$\nabla \cdot J + \varepsilon_0 \partial(\nabla \cdot E) / \partial t = 0$$

电场的高斯定律为 $\nabla \cdot E = \rho_c / \varepsilon_0$，我们将这个量代入上面的方程，得到三维电流连续性方程

$$\nabla \cdot \boldsymbol{J} + \partial \rho_c / \partial t = 0$$

这个方程显示如果电荷离开（进入）一个微分体积，则这个体积内的电荷量将减少（增加），因此电荷密度的变化率为负（正）。电流连续性方程等同于电荷守恒定律。图 4-30 说明了在近地系统中的电流连续性。

在空间中，电荷可以在一个体状、片状或线状物体内流动。为了适合这些位形，我们需要调整电荷密度的含义来适应其几何形态。如果几何形状是片状或者线状，电流密度的量纲就分别变为 A/m 和 A。电流密度有多个含义（以及单位），这可能会带来困惑。我们在此提供了一些图表和例子来帮助说明这种用法。图 4-23 显示对于在某表面或片上流动的均匀电流情况下，I 和 J 之间的关系。片的长度和宽度通常大于它的厚度，与一张纸片相似。例如，低纬和中纬电离层里的电流厚度大约为 20 km，而他们的水平长度通常有几千公里。我们经常把电离层电流当作面电流或者片电流。例 4.11 提供了一些关于低纬电流系中日侧电流片电流密度的一些认识。例 4.13 给出关于夜侧电流密度的一些观点。

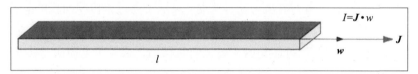

图 4-23　面电流密度几何图。这里把体积压缩为一个片状，因而消除了高度 h。一个均匀的面电流沿着宽度为 w 的片流动，面电流密度单位为 A/m。面电流沿着电流片的长度流动，I 是通过此宽度的总积分电流 [A]。

例题 4.9　电流密度

- 问题：写出对于具有不同速度的两种电荷情况下电流密度的公式。
- 相关概念：体电流密度的定义。
- 给定条件：
    （1）离子电荷 $+e$，密度 n，速度 v_i。
    （2）电子电荷 $-e$，密度 n，速度 v_e。
- 解答：$J_V = ne(v_i - v_e)$
- 解释：正电荷在给定方向运动，等量的负电荷在反向运动的情况下，我们可以获得电流密度 J_V。电流方向定义为正电荷（如果其为实际的电荷载流子）运动的方向。电流可以被描绘为在某一方向上运动的正电荷，或者等价于在相反方向上运动的负电荷。如果所有种类的电荷以相同速度运动，则总（净）电流密度为零。

补充练习：假设电离层高度上的电荷密度为 10^5 粒子 /cm³，如果场向电流密度为 1×10^{-6} A/m²，电子相对于离子的速度为多少？

问答题 4–16

证明例 4.9 的解有体电流密度的单位 $[A/m^2]$。

通过把 w 减小到无穷小的值，我们能进一步简化体电流，这样产生一个条状或线状电流，如图 4-24 所示。在这样的电流中，电流密度 J 大小等于 I，方向为正电荷净速度的方向。

图 4-24 线电流。丝状的线电流与电线里电流相似。这里 J 和电流 I 有相同的单位 $[A]$。

空间环境中流动的电流经常随距离变化（图 4-25）。对于一些应用，我们需要将体电流当作片电流的切片考虑，并对每个片进行电流密度积分。在其他的应用中，我们将单个电流丝密度相加（图 4-25），并用单位截面积与每个丝的电流相乘来产生一束线电流。空间环境中电流的全尺寸建模需要这种方法。

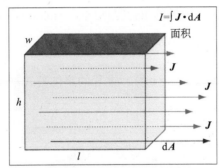

图 4-25 非均匀的电流。为了量化这种流动，我们将电流密度对于一个小面积 dA 积分，通过将 $J \cdot dA$ 对整个截面积积分来计算电流 I。

关于极光和电流有何关系的问题会经常出现，大多数平静时可见的极光对应于上行电流区域，并且一般有片状的结构，但极光本质上讲不是片电流。由下行电子流所组成不可见的电流，会在大部分中性原子中将电子激发到较高能级，从而（在电子回落基态时）形成发光的极光。极光和电流拥有公共的空间，但一般不是携带电流的粒子。

4.2.2 欧姆定律和电导率

目标：读完本节，你应该能够……

♦ 使用电场形式的欧姆定律
♦ 区分电导和电导率

◆　描述电压、电阻、电场、电导率与电流的关系

在导电介质中，将电场作用于带电粒子上，会产生电荷运动——传导电流，电场和电流的关系由欧姆定律（Ohm's Law）来描述。欧姆定律的一种简单形式为

$$J_V = \sigma E \qquad\qquad (4\text{-}13)$$

其中，J_V = 体电流密度 [A/m^2]；

σ = 电导率 [1/($\Omega \cdot$ m)=mho/m]；

E = 电场 [V/m]。

这个方程表明，在稳态环境中，体电流密度正比于电场强度且方向相同。欧姆定律的这一描述假设电荷运动的原因仅是电场作用，而电导率的变化或磁场的介入会改变这种表述形式。空间等离子体包含其他引起电荷运动的来源，这些内容将在以后探讨。

电导率（conductivity）σ 表示电荷在导体中自由移动的程度。前面的章节强调，我们可以把空间环境中的许多电流当作薄片进行分析——其厚度相对于薄片面积可忽略不计。在包括高纬度极区的很多地方，这些电流片伸展到很高的高度。如果我们忽视整个导体厚度上电导率变化，将整个电流片长度上的电导率简单相加，就得到高度积分电导率，这就是电导（conductance）Σ。电导率和电导的单位容易混淆。电导率的单位名字是 mho/m≡1/(ohm·m)，由 1/($\Omega \cdot$ m) 标记。电导的单位是西门子＝mho，由 S 或 1/Ω 标记。

问答题 4-17

说明电导率的单位是 A·C/(N·m^2)，电导的单位是 A·C/(N·m)。

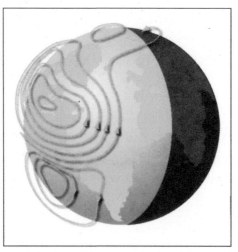

图 4-26　高度积分电流。这个电流被压扁成等效片电流，在北半球向阳面区域流动（逆时针），南半球的回路为顺时针。（美国地质调查局供图）

关注点 4.2　欧姆定律

欧姆定律的宏观电路表达把电压差 ΔV，总电流 I 和电阻 R 联系起来：$\Delta V = IR$。如果我们把方程（4-13）两边都乘以面积 A，面积的量纲为长度的平方，我们得到

$$JA = \sigma |E| l$$
$$I = \Sigma \Delta V$$
$$IR = \Delta V$$

这里，电导 Σ 是电阻 R 的倒数。通过这样的操作，我们把方程（4-13）由欧姆定律的微观形式转变为熟悉的电路关系。在空间环境中，欧姆定律的微观形式有更普遍的应用，该形式中还允许除电场之外的电流驱动项。我们经常将稳态的欧姆定律用到空间物理的问题中，即使会有变化发生。在空间环境中应用该定律时，我们假设在任何的电导率和电场变化后，稳态条件通常能很快恢复。这个假设在大多数时间是有效的。

方程（4-13）描述电场和导致的电流密度之间的线性关系，并揭示出这两个矢量指向相同的方向。如果 E 的方向变化，那么 J 会与 E 的新方向一致，物理中我们知道这种情况为各向同性（isotropic）过程。但是，在空间物理中各向同性不是普遍适合的，因为地球的磁场为空间电流的流动建立了一个首选的方向，这样就排除了各向同性，我们将在下节重点强调这种情况。空间环境中的电流和电场一般不指向相同的方向，这里面有复杂的空间物理和空间天气过程，这一复杂性在数学上涉及线性代数和张量，超出了本书的范围。这里我们简单考虑其中的一个结果：电离层发电机。

地球磁场的存在导致三个不同类型的电导率，一个沿着（平行于）磁场方向（称为直接、场向或者平行电导率），其他两个电导率在垂直于 B 的平面内。在地球电离层中，平行电导率随着高度指数增加，这是中性密度随高度指数衰减的结果。平行电导率总是比垂直电导率高很多，因为带电粒子沿磁场运动比穿越磁场容易得多（洛伦兹力效应）。另一方面，垂直电导率仅在一小段高度范围内（90～120 km）是重要的，这里电子和离子的运动差别很大。

地球绕着太阳旋转，大气的加热不均匀使得向阳面大气膨胀，背阳面大气收缩。在月球引力场作用下，主要是地球旋转驱动的潮汐增加了这种扰动。这些周期性的力的结合产生了电离层风，进而产生了越过磁力线的流体运动，因为电子比离子更容易移动，所以产生了电流，这就是电离层发电机（ionospheric dynamo）——一个机械能转化为电磁能的区域。我们在 4.3 节、第 8 章和第 12 章中会进一步讨论发电机。

例题 4.10 和例题 4.11 集中讨论了与此发电机相关的电流系中的一种。

例题 4.10　欧姆定律在日侧电离层的应用

- 问题：推导向阳面平静发电机电流系中的电流密度。
- 相关概念和方程：欧姆定律 $J = \sigma E$。
- 假设：稳态条件，电流在电流片中流动。

- 给定条件：在白天电离层发电机区域，典型的电导率（在垂直于 B 的平面）大约为 5×10^{-4} mho/m，电场强度约为 1 mV/m。

- 解答：$J = \sigma E$

$$J = (5 \times 10^{-4} \text{ mho/m})(1 \text{ mV/m}) = 0.5 \text{ } \mu A/m^2$$

- 解释：这个值看起来非常小，但当电流密度对地球向阳面的低纬和中纬部分积分时（图 4.26 中的回路等值线区域），总电流可达到 10 MA 的数量级。

例题 4.11 电离层表面等效电流密度

- 问题：推导向阳面平静电流系中等效表面电流密度（图 4-26）。

- 相关概念和方程：$J_V = \sigma E$，电导率、电导和表面电流密度 J_S 的概念。为了获得表面（片）电流密度，我们将发电机区域的电导率沿高度积分。这个过程将电导率 σ [mho/m] 转化为高度积分电导 Σ [mho]。

- 假设：稳态条件和发电机区域电导率均匀分布。

- 给定条件：厚度为 2×10^4 m (20 km)

$$J_S = \Sigma E$$

- 解答：我们通过对 σ 在发电机区域范围内沿厚度进行积分，得到电导。当 σ 均匀时，我们简单地把它和厚度 Δz 相乘。

$$\Sigma = \sigma \Delta z$$
$$\Sigma = (5 \times 10^{-4} \text{ mho/m})(2 \times 10^4 \text{ m}) = 10 \text{ mho}$$

把电导与电场相乘就可以计算得到片电流密度

$$\Sigma E = (10 \text{ mho})(10^{-3} \frac{V}{m}) = 10^{-2} \frac{A}{m} = 10 \text{ mA / m}$$

- 解释：物理上，如果发电机区域被压扁成为如图 4-26 所示的电流片，这个值就是我们要得到的等效电流。电流大小的解释为：发电机区域水平方向每米携带大约 0.01 A 的电流，这个电流片流入中纬电离层。

补充练习： 极光带强烈的垂直电流值为 100 mA/m，电场为 5 mV/m。计算相应的电导。如果这一区域有 100 km 厚，则电导率为多少？

4.3 空间环境中的磁行为

4.1 节和 4.2 节描述了电场、电流和磁场如何相互作用，本节我们描述磁场和导电等离子体之间相互作用的一些深远影响。这些影响包括磁通量冻结、发电机和磁重联，我们稍后将对这些主题作详细的介绍，这里先对等离子体行为进行概述。

4.3.1 磁通量冻结

♦ 描述磁通量冻结

♦ 比较磁通量冻结和磁重联的条件

在高导电的等离子体中，围绕磁力线旋转的粒子使磁力线分开。洛伦兹力要求无束缚的带电粒子沿磁力线做螺旋式运动。任何改变等离子体内磁力位形的尝试都会感应出电场，驱动等离子体运动，使其进一步被束缚和隔绝在磁力线上。阿尔文用磁通量冻结（frozen-in magnetic flux）来归纳这一相互作用的概念。场和等离子体是相互冻结在一起的。

一个更深入的解释是：通过随着等离子体运动的某表面的磁通量是守恒的。因此，最初位于同一根磁力线上的等离子体会保持在那里。等离子体沿着磁力线自由运动，就像穿在线上的小珠子一样，然而，在垂直于磁场方向上，等离子体和场必须一起移动。图 4-27描绘了这种情况。尽管适合于很多应用，但通量冻结模型并不是实际的完美表征，在足够长的时间间隔内，一些磁力线会通过它们伴随的等离子体扩散，发生这种过程的程度依赖于等离子体的电导率。

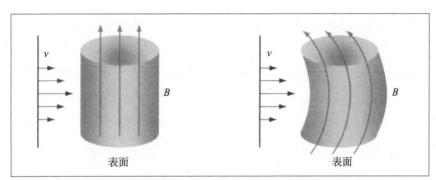

图 4-27　磁通量冻结。 如果磁场冻结到等离子体中，则磁场可以随等离子体运动而扭曲，反之亦然；但是，它们仍保持互相联系。如果没有磁通量冻结条件，磁场和等离子体就会迅速分开，我们的宇宙结构就会截然不同。

在冻结情况下，是等离子体还是磁场控制着这种运动？答案依赖于等离子体和磁场的能量密度。如果等离子体中的热能密度占优，那么等离子体控制场，如果磁场能量密度高于等离子体，则磁场控制等离子体运动。它们之间的竞争是通过等离子体贝塔（plasma beta, β）值来反映的，它被定义为热能和磁能密度（压强）的比值。

$$\beta = \frac{nk_{\mathrm{B}}T}{\left(\dfrac{B^2}{2\mu_0}\right)} \tag{4-14}$$

其中，β = 等离子体贝塔 [无量纲]；

n = 等离子体数密度 [#/m^3]；

k_B = 玻尔兹曼常量（1.38×10^{-23} J/K）；

T = 温度 [K]；

B = 磁场强度 [T]；

μ_0 = 自由空间磁导率（$4\pi \times 10^{-7}$ N/A^2 = 1.26×10^{-6} N/A^2）。

问答题 4-18

下面哪种条件下，磁场明显地控制等离子体行为？

（a）$\beta \gg 1$；（b）$\beta \ll 1$；（c）$\beta \approx 1$。

例题 4.12　日冕中的等离子体 β

- 问题：计算日冕中的等离子体 β 值。
- 假设：日冕磁场强度为 10^{-3} T，日冕质量密度为 5×10^{-14} kg/m^3。太阳由氢组成，日冕温度大约为 1×10^6 K。

- 解答：$\beta = \dfrac{nk_B T}{\left(\dfrac{B^2}{2\mu_0}\right)}$，

质量密度转化为数密度

$$\beta = \frac{\left[\left(5 \times 10^{-14}\ \text{kg}/\text{m}^3\right)/\left(1.67 \times 10^{-27}\ \text{kg}\right)\right]\left(1.38 \times 10^{-23}\ \text{J}/\text{K}\right)\left(1 \times 10^6\ \text{K}\right)}{\left(10^{-3}\ \text{T}\right)^2/\left(2 \times 4\pi \times 10^{-7}\ \text{N}/\text{A}^2\right)}$$

$$\beta = \frac{0.0004\ \text{J}/\text{m}^3}{0.3981\ \text{N}/\text{m}^2} \approx 0.001\ [\text{无量纲}]$$

- 解释：太阳日冕等离子体 β 值非常小，所以磁场能量密度占优。因为日冕磁场强度值大而多变，且与高度有关，所以 β 值的范围在 0.0001～0.01 变化。

补充练习：计算光球层中的等离子体 β 值。日冕光球中的平均质量密度为 1×10^{-4} kg/m^3，平静光球磁场强度为 10^{-2} T。证明等离子体热能密度相比磁能密度占优。

4.3.2　发电机的电磁特性

目标：读完本节，你应该能够……

- ◆ 描述支持发电机的电磁相互作用过程
- ◆ 解释磁重联的基本特征

发电机是将机械能转化为电磁能的一种自然方式。磁场以势能的形式储藏能量，最低能量的磁结构是偶极子，外力必须做功才能将偶极子场重构为其他的位形，如磁层

（图 1-11）或者与日球电流片有关的剪切场（图 4-14）。其结果可能是用蜂窝状和绳状形式的磁结构来束缚等离子体。日球层和磁层是大尺度的例子。CME 是相对较小的，传输能量和磁通量的瞬态磁结构形式。

当导电物质的运动（如旋转的电力线、转动的盘子、空间中的等离子体、雷暴中下落的带电云块、行星核中的导电液体）产生磁场时，都会发生能量转变。移动导体的复杂运动导致磁场形成非常扭曲的形状，结果使磁场储存更多的能量，磁能来自于介质运动所致的机械能消耗。例如，在太阳活动区，太阳深层对流的能量会转化为磁能。

图 4-28 给出发电机工作的电磁能量概念图。在等离子体中，这个过程需要能在等离子体中被外力作用的种子（背景）磁场。外力和自然的热运动一起推动磁化等离子体运动。带电粒子产生自己的内在电场。当在背景磁场中运动时，它们产生一个附加电场。这些电场使电荷发生不同的运动，从而产生新的电流，改变背景磁场并产生整体洛伦兹力（$J \times B$）。反过来，又产生新的等离子体运动，这个过程是磁流体发电机的本质。与流动相关的洛伦兹电动力必须克服流体中的磁耗散以使发电机能自我维持，小幅度种子磁场由流动维持并放大，场强会增加，直到引起的电磁力足以对流场进行反馈。

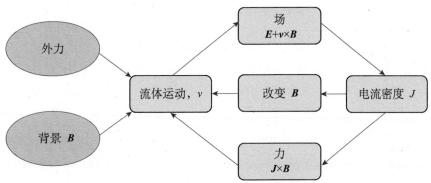

图 4-28　发电机循环。 循环中的反馈通常放大磁场。发电机必须有外力提供能量来使发电机在面对阻力（图中没有显示）时保持运行。

自然界会通过电磁场对流体运动的逆反应和磁能耗散（通量冻结的逆效应）最终主导发电机过程。耗散可以是缓慢的，如黏滞相互作用，也可以是爆发性的，提供能量爆发来加热等离子体，并加速流体和粒子。磁重联（magnetic merging）是指相反方向的磁场迅速结合在一起释放它们储存的能量的过程，它是磁能耗散的主要机制。在磁化等离子体中，通过磁重联，磁能经常快速地转化为光子（耀斑）和粒子的动能（CME 和能量粒子）。

问答题 4-19

证明力 $J \times B$ 等效于磁力 $q v \times B$ 的力密度。

磁重联

磁重联本质上是发电机机制的一部分，但是在某种意义上讲，它是一个反发电机过程。

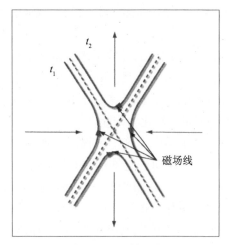

图 4-29　磁重联。在 t_1 时刻，方向相反的磁力线流进一个有不稳定电流的小区域，附近场线拼接成高度扭曲的结构，在 t_2 时刻加速离开重联区。分开的场线形成大写的 "X"，如图中虚线所示。

与安培定律一致，电流片会在磁场剪切之处形成，这通常发生在磁结构边界或者偶极结构被严重破坏的地方。如图 4-29 所示，磁重联会通过破坏电流片、打破及重新排列磁力线来改变磁场的拓扑形态，随着磁场拓扑从原始位形改变，重联将磁能转化为其他形式（光子和等离子体动能）。

磁重联需要的独特条件在典型等离子体中是不满足的。一方面，磁通量冻结条件消失，维持磁场剪切的电流耗散。当发生这种情况时，场靠近并且互相抵消（图 4-29）。等离子体从重联区域喷出，产生减小的压力区，拖动更多的场线重联，场线会以这种方式来重新配置，并且给周围的等离子体增加能量。图 4-29 的磁场位形像一个大写的 "X"，如果重联位置在空间上延伸，则这个区域叫作 "X 线" 重联（merging "X-line"）。

磁重联和大多数太阳耀斑 -CME 过程相关。近地磁重联允许地磁场与行星际磁场连接，并且从中提取能量，如我们在 4.4.2 中讨论的那样。在磁尾，间歇性的重联是粒子的能量来源，最终产生和磁暴相关的漂亮的极光。

例题 4.13　地球磁尾磁重联过程中的能量释放

- 问题：推导高度为 $2R_E$、长度 $7R_E$、厚度为 10 m 的磁化平板状等离子体中由磁重联所释放的能量大小，磁场为典型的行星际磁场，大小为 5 nT。
- 相关概念：磁场中的能量密度。
- 给定条件：片的体积 = 10 米厚 × $2R_E$ 高 × $7R_E$ 长，$|B|$ = 5 nT。
- 假设：100% 的能量转换。
- 解答：

$$\text{磁能密度} = \frac{B^2}{2\mu_0} = \frac{(5 \times 10^{-9}\,\text{T})^2}{2 \times (1.26 \times 10^{-6}\,\text{N}^2/\text{A})} \approx 10^{-11}\,\text{J}/\text{m}^3$$

总能量 = $(10^{-11}\,\text{J/m}^3)(10\,\text{m})(2)(6378000\,\text{m})(7)(6378000\,\text{m}) = 5.7 \times 10^4\,\text{J}$

- 解释：在 $2R_E$ 高 × $7R_E$ 长 × 10 m 厚的平板状等离子体中，磁重联会产生几十千焦的能量，即使能量转化效率非常低，磁重联也提供了可观能量的重新分配。随着时间的推移，这些能量激发近地环境中的等离子体，或者为进一步重新分布而以其他形式储存起来。爆发性的能量释放使重联线上的等离子体能量增加，等离子体沿着新重构的磁力线加速，猛烈地撞击地球高层大气，产生极光。

4.4 近地空间中的电流和电场

我们现在对空间环境中部分场和电流的特性来进行描述。其影响区域的范围从极光结构中相对较小的空间结构到整个磁层乃至更大的尺度。这些结构的寿命短至几分钟或几小时,长至永久。

4.4.1 近地空间中的电流

目标:读完本节,你应该能够……

♦ 描述磁层顶边界电流
♦ 描述磁尾越尾电流
♦ 描述电离层中的电集流

电流会在磁化等离子体所有空间梯度处和电导率梯度区域流动——梯度扮演了边界的作用。一些电流系统会持久存在,另一些则只在空间天气暴期间活跃。

磁尾电流

太阳风流过地球磁场,形成一个像子弹形状的腔体——磁层。因为磁层顶边界将磁层中相对较强的磁场和磁鞘中相对较弱的磁场分开,所以根据安培定律,在边界处必须存在表面电流。这一电流是自然界区分两个不同磁特性区域的方式。我们在图 4-30 里给出了磁层顶电流(magnetopause current)系统。在日侧(图中 D 所示处),东向流动(从晨向昏)的表面电流增强了电流片在地球一侧的磁场,而削弱了日侧磁场。这一电流的大部分在磁层顶闭合,形成了完整的电流回路。日侧的部分磁层顶电流也会通过与地球极区磁力线平行的电流而闭合,即我们通常所称的场向电流(FAC)体系(图 4-30 和图 4-31)。类似的电流回路会从更远的磁层顶尾部流回(在 A 与 E 连接的位置),也会与流过磁尾内部的电流相连,正如我们接下来要描述的。

延长的磁尾是两个磁场方向相反的区域,这两个区域也必须被电流片所分隔。我们在图 4-30 标注为 E 的地方给出了该电流系中的两条。电流连续性要求这一电流系必须是一个更大电流结构的一部分。实际上,相对平坦的磁尾电流是完整的电流回路的一部分,形成了图 4-30 中的半圆形电流。磁尾电流有时被称为中性片电流,因为其沿着地球磁场的磁中性区域流动。例题 4.14 描述了地球磁尾的电流密度。

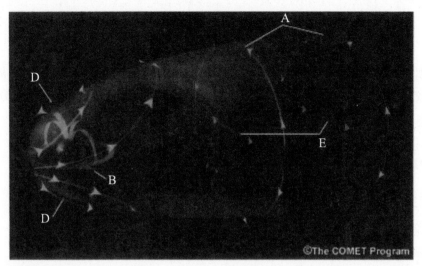

图 4-30　主要的空间天气电流系。本图画出了子弹状的磁层和相应的磁层顶电流（A 处和 D 处）。磁层顶电流通过电离层场向电流而闭合，我们将在图 4-31 里予以详细说明。A 处的电流流经磁层顶尾部，并通过磁尾中性片闭合（E 处）。B 处的电流形成了内磁层环电流，部分环电流通过场向电流而分散进入电离层，并在极光区或者极盖区闭合。D 处的电流主要在日侧磁层顶闭合，尽管其中一部分也会作为场向电流而分散进入日侧电离层，并在极光区和极盖区闭合。（美国大学大气研究联盟的 COMET 计划供图）

例题 4.14　磁尾电流密度

- 问题：试确定能支持磁尾中性片结构所需的电流密度。中性片附近的磁场强度约为 10 nT。
- 相关概念：安培电流定律。
- 给定条件：电流片每一侧的磁场为 10 nT。
- 假设：电流均匀流过厚度为 10 km，长度为 $50\,R_E$ 的体积。
- 解答：体电流密度可以由下式获得：

$$\nabla \times \boldsymbol{B} = \mu_0 \boldsymbol{J}_V$$

$$\frac{\partial B}{\partial z} = \mu_0 J_V$$

单位体积的电流密度强度为

$$J_V = \frac{[10^{-8}\ \text{T} - (-10^{-8})\ \text{T}]}{10^4\ \text{m} \times 1.26 \times 10^{-6}\ \text{N/A}^2}$$

$$J_V = 1.6 \times 10^{-6}\ \text{A/m}^2 \approx 2 \times 10^{-6}\ \text{A/m}^2$$

从磁层体系的观点来看，这一电流流经一个薄的体积，可以被视作电流片。通过将单位体积的电流密度乘以电流片厚度（10 km），可以得到其等效的片电流密度。

$$J_S = 2 \times 10^{-6}\ \text{A/m}^2 \times 10^4\ \text{m} = 20\ \text{mA/m}$$

流经这一区域的总电流 I 等于片电流密度乘以其长度（$50\,R_E$）

$$I = 0.02\ \text{A/m} \times 50 \times 6.38 \times 10^6\ \text{m} \approx 6.4\ \text{MA}$$

■ 解释：支持磁尾中性片的体电流密度非常小，然而对电流流过的整个体积积分后则相当大。

补充练习：试确定这一电流密度的方向。

磁层内部电流

环电流。环电流是在地球赤道面内或赤道面附近环绕地球的变化的电流体系（如图 4-30 的 B 处所示）。在太阳风－磁层剧烈相互作用下形成的强电场会加速带电粒子，使其在距地球 4 个 R_E 处做环形漂移。一些临界能量在 20～300 keV 间的粒子会被近地偶极场所捕获，形成一个电流环。电流环实际上更多的是一个环状体，而非一个薄层，通常用总电流而非电流密度来描述。环电流的粒子通量在磁暴期间急剧增加。带电粒子会围绕地球旋转多次。平静期的环电流主要包含电子和氢离子，而磁暴时环电流的主要成分是氧离子。环电流内部磁场与低纬地磁场方向相反。在磁暴期间，环电流磁场和地磁场的叠加会引起地球表面磁场强度千分之几的减少，在最强烈的磁暴期间，磁场会减少近百分之一。第 7 章和第 11 章进一步讨论了环电流。

场向电流。场向电流（又称伯克兰（Birkeland）电流，得名于挪威极光科学家克里斯蒂安·伯克兰）从磁层向电离层延伸。这些电流在两个主要的区域沿着地球高纬磁力线流动，如图 4-30 和图 4-31 所示。1 区场向电流位于高纬区域，从晨侧流入电离层，并从昏侧流出，其主要流动路径为：①连接晨昏侧磁层顶电荷分离区与地球高纬的磁力线；②与太阳风相连的地球极区磁场；③与夜侧等离子体片内边缘相连的地磁场。1 区场向电流勾勒出了极光卵的高纬边缘。2 区场向电流在较低的纬度从昏侧流入电离层，并从晨侧流出，其勾勒出极光卵的低纬边缘。磁尾等离子体流导致的电荷分离和环电流不均匀体是 2 区场向电流来源。在太阳风－地磁场强烈相互作用时，这些电流也会变大。在最强烈的驱动作用下，1 区和 2 区场向电流都会对流经极光带的电流起贡献。

电离层电流与场

电离层支撑了若干电流体系。有一些电流体系是持续活跃的；而在空间天气爆发期间，强烈的发电机电场使另一些电流体系更为显著。

太阳静日（Sq）电流系。正如此名所示，在相对平静的空间天气条件下，该电流系是明显的。该电流系在磁暴期间不会消失，但是从极光区向赤道传播的电离层空间天气效应使其结构有所改变。太阳静日电流系（Sq current system）是由热层中性粒子的动能转化为电磁能这一发电机过程所产生的。

在低纬地区太阳对地球大气的加热最为强烈。在白天，日下点（日地连线与地球表面的交点）附近会形成高压区域，产生从这一区域向外流动的日间热层风，风场受科里奥利力加速所控制，产生一个顺时针的空气环流。中性粒子会拖拽导电的较低高度电离层（90～120 km）一起运动。离子与中性成分一起流动，但其受到的碰撞较多。而另一方面，

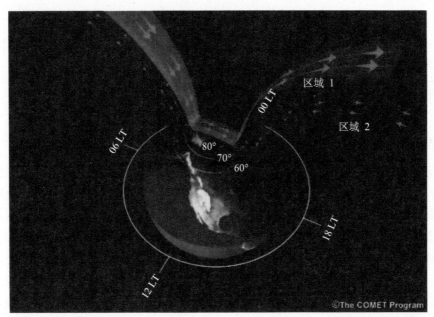

图 4-31　场向电流和极盖电流回路。正午在地方时 12 点，早晨为 06 点，黄昏在 18 点。区域 1 场向电流的远端在磁层顶闭合，区域 2 场向电流的远端在环电流里闭合。高纬电流回路是三维的，具有沿高纬磁力线流动的、近乎垂直的场向电流，以及通过极盖闭合的水平电流。本图只显示了此电流系的一个经向切片。大部分电流的载流子是电子，因为离子太大，无法被一般强度的电场所明显加速。暴时电场则更强且可以加速离子。（美国大学大气研究联盟的 COMET 计划供图）

电子受到的碰撞要少很多，所以会绕过离子而运动。电子的这一相对运动会产生逆时针电流。因此，太阳加热间接地引发了带电粒子穿越地球磁场的运动，导致了发电机行为。这些与我们在图 4-26 所示的电流流动过程是一样的。

　　赤道电集流。赤道电集流是低高度电离层在磁赤道附近流动的强电流系。这一"电集流"是太阳静日电流系的一部分，并且由于地球磁赤道附近增强的电导率而格外强烈。电导率高是赤道附近强烈的光照提升了等离子体密度所致。

　　电集流存在于磁赤道周围 ±2° 附近。在较高纬度，地磁场垂直倾角的增加会减弱电集流效应。从磁赤道附近的地面测量来看，赤道电集流产生的磁场为 150～200 nT，这比太阳静日电流系其他部分引起的磁场要强 3～4 倍。在测量其他会对技术系统产生危害的暴时变化的电流系强度时，观察者必须要考虑到电集流产生的这一大的磁场特征。

　　极光电集流。极光电集流是在较低区域的极光电离层（90～120 km）流动的大尺度水平电流。电集流的发生是极光电离层里的电导率和水平电场强度要大于低纬地区所致。尽管在任何具有电离层水

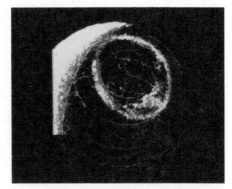

图 4-32　呈现电导率变化的极光带。在极光椭圆带，粒子撞击引起电离增强，从而使电导率相对于周边区域增加。在极光带里的电流流动更加自由。（美国国家航空航天局的 POLAR 卫星任务供图）

平电场和较大电导率的纬度上，都有水平电离层电流，但极光电集流的强度和持续性都是最显著的。

在地磁平静期，电集流相对较弱，且局限于高纬地区。然而在扰动时期，其强度会增加，并向更高纬度和低纬区域扩展（图 4-32）。这一扩展是由两个因素导致的：增强的粒子沉降和电离层电场。最强的电流倾向于在夜侧极光区流动。子夜前的几个小时会出现东向流动（黄昏向子夜）的电集流；子夜后则会出现西向流动（早晨向子夜）的电集流。极光电集流通过场向电流与磁层电流系相连，并且这一连接在西向电集流时通常更强。第 11 章进一步讨论了这一话题。

问答题 4–20

图 4-31 中的条带状结构表示了高纬区域的一组场向电流。假设条带尖端指示出电流方向，则它们必须被磁场所环绕。在最右侧的条带中间[①] 的磁场应该指向？

（a）下；（b）上；（c）进入页面；（d）离开页面。

4.4.2　空间中的电场

目标：读完本节，你应该能够……

◆　描述空间环境中的电场源
◆　定义极化电场
◆　理解尺度分析如何估计场强大小
◆　计算磁化等离子体相对于静态参考系移动所产生的电场强度和方向

电导率梯度引起的静电场

电场有以下两个来源：电荷和时变的磁场。来自电荷的电场通常被称之为*极化电场*（polarization electric field），因为正负电荷（电极）必须互相分离，以在空间某一位置获得净带电密度。这引起了两个问题：什么导致了这一电荷分离，以及这在空间环境何处发生？

空间环境中很少有稳定的电流，电导率变化是其原因之一。此效应最好的一个例证是夜间的极光区边界。在极光区内部，来自磁尾的高能粒子与低电离层的中性成分相碰撞，使电荷密度和电导率增加（图 4-31 和图 4-32）。然而在极光区以外，等离子体密度和电导率要小得多。因为电导率变化，所以沿着这一边界流动的电流导致了极化电荷的积累。作为另一个例子，晨昏线是电导率剧烈变化的位置，导致了高层大气中的极化电场。到底需要多少极化电荷才能产生空间中显著的电场？我们将在关注点 4.3 处理这一问题。

---

① 右侧 1 区和 2 区场向电流中间。——译者注

1.4 节的图 1-25 提供了另一个电导率变化产生电流的例子。流过磁层的太阳风带电粒子在接近磁层侧面时会产生正负电荷的流动差异。质子被束缚在晨侧磁层，而电子在昏侧。极化电荷建立了电场，驱动磁层越尾电流，如图 1-25 和图 4-30 所示。表 4-6 给出了近地空间环境中粗略的电磁场和电流强度。

问答题 4–21

在图 4-30 里与"E"处电流相应的电荷堆积在何处？

表 4-6 空间环境中的典型电磁场和电流大小。我们在此列出了空间环境中典型的电磁场大小。

参量		大小
电场	电离层	$1\sim10$ mV/m
	磁层	0.1 mV/m
	太阳风	0.1 mV/m
磁场	地球表面磁场	3×10^4 nT
	电离层空间电流	$10\sim10^3$ nT
	内磁层	$10^2\sim10^3$ nT
	远磁尾	$1\sim10$ nT
	太阳风	几 nT
电流密度	电离层	1 μA/m^2
	磁层	$1\sim10^3$ μA/m^2
	太阳风	$10^{-6}\sim10^{-4}$ μA/m^2

例题 4.15 磁层电场强度和电荷密度

- 问题：试确定在磁层顶侧面，强度为 1 mV/m 电场所伴随的静电荷密度（图 1-25）。包含空间电荷的边界层厚度大约为 $0.01R_E$。在边界的一侧是太阳风等离子体，在另一侧是束缚在磁层中的电荷。

- 相关概念：高斯电流定律、电荷密度。

- 给定条件：$dl = (0.01)(6378\times10^3 \text{ m})$。质子和电子的电荷量为 1.6×10^{-19} C。

- 假设：所适用的为一维静电环境，则 $\nabla \cdot \boldsymbol{E}$ 可以写作 $\dfrac{dE}{dl}$。

- 解答：

$$\nabla \cdot \boldsymbol{E} = \rho/\varepsilon_0 = qn/\varepsilon_0$$

$$\frac{dE}{dl} = \frac{qn}{\varepsilon_0}$$

$$n \approx \frac{\varepsilon_0 \Delta E}{q \Delta l} = \frac{(8.85\times10^{-12} \text{ C}^2/\text{N}\cdot\text{m}^2)(1\times10^{-3} \text{ V/m})}{(1.6\times10^{-19} \text{ C})(6.34\times10^4 \text{ m})} \approx 0.87 \text{ 个/m}^3$$

■ 解释：仅仅 1 电子 $/m^3$ 的附加电荷密度就能产生 1 mV/m 的极化电场。这一电场足以驱动如图 4-30 所示的电流，此电流有助于将中磁尾电场强度降低到 0.1 mV/m。

补充练习： 验证关注点 4.3 中提到的要求：每立方米几十个离子或电子的电离层电荷密度能产生 1 mV/m 的电离层电场。

等离子体相对磁场运动产生的电动力学场

之前的章节描述了与电荷积累相伴随的场和电流。现在我们转向另一个视角——与参考系变化相关的电场。尽管在所有的惯性（非加速）参考系里，物理定律都是一样的，而所有惯性观察者所测量到的净力也是一样的，但是与力相关联的场在任何两个参考系之间可能会有差别。例如，相对于某一实验，静止的观察者可能只探测到一个电场，但是相对于同样的实验一起运动的观测者可能会同时看到电场和磁场。

为了解释这一观测差异，我们构建了图 4-33 所示的实验来观测带电量为 q 的粒子被两个观察者所见的力。一个观察者在参考系 S 里是静止的，另一个观察者在惯性参考系 S' 里是静止的，并相对于 S 中的观察者在 y 方向上以速度 v 运动。S 里存在一个磁场 B，带电粒子最初在 S' 中是静止的。为了不失一般性，我们将 z 轴对准磁场方向。两个参考系的坐标轴是平行的。假设速度 v 远小于光速，我们知道 S 和 S' 里的磁场是相同的，并且我们按照如下方式分析带电粒子在两个参考系中所测的洛伦兹力。

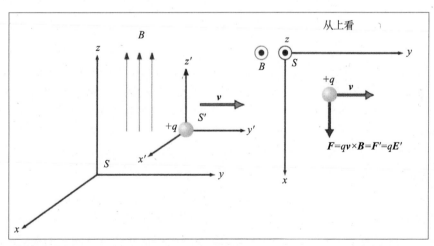

图 4-33　两个惯性系观察者所见的带电粒子加速。左图显示了参考系 S' 以速度 v 相对于参考系 S 移动。两个参考系中的磁场都与 z 轴对齐。右图给出了此情形的俯视图，以及一个在 S' 坐标系相对静止的电荷 q（电荷相对于 S 以速度 v 运动）。在电荷被释放的瞬间，作用于其上的净力在两个参考系中是一样的，都朝着 x 方向。备注：无撇号的量通常表征地球参考系。

假设粒子最初被 S' 中的观察者所束缚，继而释放。因为两个观察者都在惯性参考系下，所以在粒子刚刚释放时，作用于带电粒子的力的矢量强度和方向对他们是一样的。然而这两个观察者将无法认同产生力的原因。S 中的观察者会看到带电粒子在 $+x$ 方向被加速，并将洛伦兹力描述为 $F = qv \times B$，因为粒子在释放后有相对于 S 的速度 v。而另一方面，S' 中的观察者会看到带电粒子在 $+x'$ 方向从静止开始加速，并将洛伦兹力纯粹描述为一个电场力，因为磁力无法使一个粒子由静止开始加速。在参考系 S' 里，洛伦兹力 $F' = qE'$。我们知道 $F = F'$，所以数学上我们可以写出：$E' = v \times B$。

此外，如果参考系 S 里有电场 E 存在，这一等式变为：$E' = E + v \times B$。这一等式的解释意味着两个参考系下的电场差别为 $v \times B$。

这一结果在空间物理中有着非常重要的应用。我们将大部分磁层中所测的电场归因于太阳风（带撇参考系 S'）通过地球的不带撇静止参考系（S）时的相对运动 v_{sw}。这是将太阳风动能转换为磁层电能的一个显著的发电机电场。

接下来我们将使用上述电场关系式来对这一发电机电场进行数学描述。假设 $v = v_{sw}$，则带电的太阳风粒子在这一参考系下是静止的。因为太阳风是非常好的导体，现在我们可以得出结论认为 $E' = 0$，否则带电粒子就不可能静止不动。换言之，太阳风在其自身参考系中并没有嵌入电场。因此之前的等式变为

$$E = -v_{sw} \times B_{sw} \tag{4-15}$$

其中，E 为地球参考系下测量到的行星际电场 [N/C 或 V/m]。

磁化高导电的太阳风在流过地球时会在地球参考系里产生一个电场。这个电场与 v_{sw} 和 B_{sw} 垂直，并且会使地球参考系（磁层）中的粒子加速（注能）。其净结果是太阳风确实会对近地空间环境产生影响。

图 4-34 汇集了 4.3 节和 4.4 节的想法。如果太阳风里的磁场有南向分量（负向的 B_z，与地磁偶极场方向相反），则在日侧磁层顶会发生太阳风磁场和地磁场的重联。在这些事件里，我们在 4.3.1 节所描述的磁通量冻结情形就不成立了。如果能量以这种方式反复但不定期地传递到磁层，则在几个小时或几天的过程中，磁层电流就会在磁层顶和磁层内部连续地放大和衰减。电流变化会在地球内部磁场中产生波，波又与带电粒子发生共振并加速粒子。电子因其质量较小特别容易受到此过程影响。地球同步轨道高度附近的高能电子与卫星碰撞，会将电荷嵌入卫星表面或内部组件，有时会引起严重的充放电事件（例题 4.3）。

我们的结果将在例题 4.16 的图 4-34 中予以说明。太阳风速度 v_{sw} 指向图右侧，IMF B_{sw} 指向下，这导致了与地球磁场相连的发电机。在地球参考系中，这个发电机产生了一个电场 E，由公式（4-15）给出，并指向页面外。

问答题 4-22

如果行星际磁场 B_{sw} 指向北，则作用于磁层的电场指向哪个方向？如果行星际磁场 B_{sw} 指向南，则电场又指向哪个方向？

关注点 4.3　高层大气电场和尺度分析 [Kelley, 1989]

我们要在此估计：需要多少净极化电荷才能在空间中产生足够大的电场，其场强为多少？根据表 4-6，典型的电离层电场强度为 1 mV/m，这足以对高层大气的等离子体运动产生极大影响。我们将从高斯定律（公式（4-1b））来估计产生电场所需的电荷密度。

我们将使用被称为微分方程尺度分析的技术。这一工具非常强大，可用于估计微分方程未知量的粗略大小。其原理是用等效代数表达式来替换微分项。例如，一个物体的瞬时速度可以用以下方式重新计算：

$$\frac{dx}{dt} \Rightarrow \frac{x}{t}$$

其中，x 是在时间间隔 t 内所行进的距离。

这一方法类似于将平均斜率求极限转换为导数的逆过程。我们将此转化应用于高斯定律为例，微分运算符 ∇ 的量纲为其长度的倒数。

$$\nabla \cdot \boldsymbol{E} = \frac{E}{L} = \frac{\rho_c}{\varepsilon_0}$$

其中，L 是电场在 0（没有场）和 E（净电荷密度 ρ_c 所产生的场）之间变化的长度范围。给定对 L 的合适估计，我们就可以计算产生 1.0 mV/m 电离层电场所需的净电荷密度。例如，在 $L = 1.0$ km 的极光弧里：

$$\rho_c = \frac{\varepsilon_0 E}{L} = \frac{(8.85 \times 10^{-12}\ C/(V \cdot m)) \times 10^{-3}\ V/m}{10^3\ m \times 1.6 \times 10^{-19}\ C/particle} \approx 55\ particles/m^3$$

所需的净离子或电子量为每立方米几十个。这个量只是电离层等离子体最小密度（10^{10} 个每立方米）微不足道的一部分，这意味着空间中很大的电场是由非常小的电荷不平衡所产生的（例题 4.15）。

例题 4.16 太阳风的电场强度

- **问题**：计算如图 4-34 所示的太阳风发电机的电场强度。
- **相关概念**：不同参考系下的电场。
- **假设**：磁化的太阳风流过地球，并携带着与流向垂直的磁场。
- **给定条件**：太阳风速度 $|\boldsymbol{v}_{sw}|$：~ 500 km/s；IMF 场强 $|\boldsymbol{B}_{sw}|$：$\sim 5 \times 10^{-9}$ T。
- **解答**：使用公式（4-15），可以得到

$$|\boldsymbol{E}| \approx (5 \times 10^5\ m/s)(5 \times 10^{-9}\ T) = 2.5 \times 10^{-3}\ V/m = 2.5\ mV/m$$

电场 $\boldsymbol{E}$ 指向 $+y$ 方向（指向页面外）。

- **解释**：一个没有出现在移动参考系里的电场会在地球静止参考系里被观察到。电场强度可能看起来很小，然而当电场在整个日侧作用区积分时，跨越磁层宽度的电位降（电压）可能会超过 100 kV。该电势会为整个磁层电流回路供电，产生 $+y$ 方向（指向页面外）的电流。当电势差因为突然增加的 $\boldsymbol{v}_{sw}$ 或 $\boldsymbol{B}_{sw}$ 而迅速增大并保持时，发生的效应会遍及空间环境。

总结

术语"场"描述了一个量在空间中每一点的分配。本章描述了能改变周边环境而对带电粒子施加作用力的电场和磁场。场的单位是每单位源受到的力。电磁场的积累会产生压强（能量密度）。我们描述了一些常见的静电荷和电流分布产生的场。在空间研究中经常使

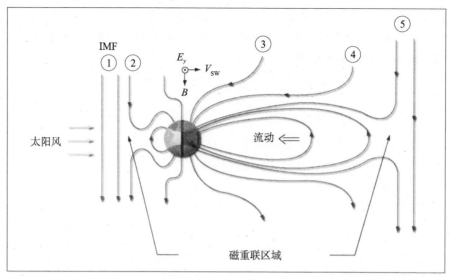

图 4-34　太阳风 – 磁层发电机从磁层顶到磁尾的侧视图。磁力线上边的数字表示的是其移动顺序，太阳风从左侧注入磁层，其流体动能会在日侧的磁重联区转换成磁层参考系的电能。随后，电能会在夜侧磁重联区域转换回流体动能。在这个例子当中，行星际磁场 B_{sw} 指向下（$-z$），由太阳风引起的电场指向页面外（$+y$）。两极附近的暗色区域表示磁场一端连接地球，而另一端连接太阳风。[改绘自 Kelley, 1989]

用的一个重要概念是磁通量，即磁感应强度与其穿过面积的乘积。

在静态情况下，电场给带电粒子加速，产生能导致磁场的电流。在动态情况下，我们需要用麦克斯韦方程来描述场的相互作用和位形，以及场的变化最终如何成为场源。单个麦克斯韦方程的静态形式能使我们描述可以分离强剪切磁场的电流片位形。高斯、安培以及法拉第都研究了场的行为，使得麦克斯韦能够总结出：变化的磁场会产生变化的电场，反之亦然。这些变化共同产生了以光速传播的电磁波。从一处至另一处所传递的电磁波能量可以用坡印廷矢量来量化。

我们同样描述了带电粒子的速度差是如何在连续回路中产生电流的。欧姆定律表达了电场和电流的直接关系。载流介质的电导率可以调节一个电场所产生的电流大小。

在典型的等离子体环境下，磁场和等离子体通过洛伦兹力束缚在一起。等离子体和场在与磁力线垂直的方向上一起运动，我们将这一情形称之为磁通量冻结。平行于磁力线的运动不受磁场束缚，而是受电场和碰撞束缚。

发电机是将系统机械能转换为电磁能的过程。当磁化等离子体受外力作用而运动时，磁场会拉伸、剪切、聚集，从而储存能量。自然界通过耗散力和被称为磁重联的反发电机过程来抑制这一过程。在磁通量冻结条件被破坏时，磁场会发生重联而改变其拓扑结构，反向的磁力线会融合在一起以形成更简单的结构。复杂场结构的能量会被释放回周围的等离子体中。

当具有不同磁特性的等离子体相遇时，它们会形成由电流片分开的流元结构。在近地系统中，磁层顶电流系和越尾电流系会通过磁层场向电流与电离层相连。电离层中的电流是被日侧的机械能加热和极光区的电场力所驱动的。许多控制极光区过程的电场都源自于太阳风 – 磁层相互作用。磁化太阳风在经过相对静止的地磁场时，会给地磁场和等离子体注入能量。地球观察者会将此相互作用视为电场，其来源是太阳风的机械运动。因此太阳风扮演了给地球磁层增加能量的发电机角色。

关键词

英文	中文	英文	中文
Ampere's Law for Magnetic Fields with Maxwell's Addition	带有麦克斯韦附加项的安培定律	Gauss's Law for Magnetic Field	磁场的高斯定律
conductance Σ	电导	induction	（电磁）感应
conductivity σ	电导率	induction term	感应项
curl	旋度	ionospheric dynamo	电离层发电机
current continuity	电流连续性	isotropic	各向同性
displacement current term	位移电流项	Lenz's Law	楞次定律
divergence	散度	light speed c	光速
Faraday's Law for Electric Field	法拉第电磁感应定律	magnetic merging	磁重联
field	场	magnetopause current	磁层顶电流
flux Φ	通量	merging "X-line"	X线重联
frozen-in magnetic flux	磁通量冻结	Ohm's Law	欧姆定律
Gauss's Law for Electric Field	电场的高斯定律	plasma beta	等离子体β
		polarization electric field	极化电场
		pointing flux vector	坡印廷通量矢量
		Sq current system	太阳静日电流系
		static	静态的

公式表

电场的高斯定律：

$$\mathrm{Div}\ E = \nabla \cdot E = \rho_c / \varepsilon_0$$

$$\oint E \cdot \mathrm{d}A = Q / \varepsilon_0$$

法拉第电磁感应定律：

$$\mathrm{Curl}\ E = \nabla \times E = -\partial B / \partial t$$

$$\oint E \cdot \mathrm{d}l = -\frac{\mathrm{d}\Phi_B}{\mathrm{d}t}$$

高斯磁场定律：

$$\mathrm{Div}\ B = \nabla \cdot B = 0$$

$$\oint B \cdot \mathrm{d}A = 0$$

带有麦克斯韦附加项的安培定律：

$$\mathrm{Curl}\ B = \nabla \times B = \mu_0 J + \mu_0 \varepsilon_0 \frac{\partial E}{\partial t}$$

$$\oint B \cdot \mathrm{d}l = \mu_0 I + \mu_0 \varepsilon_0 \frac{\mathrm{d}\Phi_E}{\mathrm{d}t}$$

电磁波中电磁场强度关系：$|\boldsymbol{E}|=c\,|\boldsymbol{B}|$。

电磁波能量通量（坡印廷矢量）：$\boldsymbol{S}=\dfrac{\boldsymbol{E}\times\boldsymbol{B}}{\mu_0}$。

电场的能量密度：$u_E=\dfrac{1}{2}\varepsilon_0 E^2$。

磁场的能量密度：$u_B=\dfrac{B^2}{2\mu_0}$。

电磁波能量密度：$u_{EB}=\dfrac{1}{2}\varepsilon_0 E^2+\dfrac{B^2}{2\mu_0}=\varepsilon_0 E^2=\dfrac{B^2}{\mu_0}=\dfrac{EB}{\mu_0 c}$。

电磁波平均能量密度：$\langle u_{EB}\rangle=\dfrac{1}{2}\varepsilon_0 E_{\max}^2=\dfrac{B_{\max}^2}{2\mu_0}=\dfrac{E_{\max}B_{\max}}{2\mu_0 c}$。

电荷守恒：

$$\nabla\cdot\boldsymbol{J}+\partial\rho_{\mathrm{c}}/\partial t=0,\quad \nabla\cdot\boldsymbol{J}=-\partial\rho_{\mathrm{c}}/\partial t$$

$$I=\frac{\Delta Q}{\Delta t}=\frac{n_{\mathrm{ci}}q_{\mathrm{i}}Al}{l/v}=n_{\mathrm{ci}}q_{\mathrm{i}}Av=\rho_{\mathrm{ci}}Av$$

体电流密度：$\boldsymbol{J}_V=\dfrac{I}{A}\hat{\boldsymbol{v}}=n_{\mathrm{ci}}q_{\mathrm{i}}\boldsymbol{v}=\rho_{\mathrm{ci}}\,\boldsymbol{v}$。

欧姆定律：$\boldsymbol{J}_V=\sigma\,\boldsymbol{E}$。

等离子体 β：$\beta=\dfrac{nk_{\mathrm{B}}T}{\left(\dfrac{B^2}{2\mu_0}\right)}$。

地球参考系下的 $\boldsymbol{E}$ 和太阳风参考系中的 $\boldsymbol{B}$ 关系：$\boldsymbol{E}=-\boldsymbol{v}_{\mathrm{SW}}\times\boldsymbol{B}_{\mathrm{SW}}$。

问答题答案

4–1： $[\mathrm{N}]=[\mathrm{C}][(\mathrm{m/s})]$ 乘以 $\boldsymbol{B}$ 的单位，所以 $\boldsymbol{B}$ 的单位为 $[\mathrm{N/(C\cdot m\cdot s)}]=[\mathrm{N/(A\cdot m)}]$。

4–2： 在地表的重力加速度为 $a_g=9.81\,\mathrm{m/s^2}=GM/r^2$，所以为了得到 $(1/2)a_g$，我们所需的到地心高度为 $r=\sqrt{2}R_{\mathrm{E}}\approx 1.4R_{\mathrm{E}}\approx 9020\,\mathrm{km}$。

4–3： 正电荷——反转箭头方向；负电荷——保持不变；正负电荷对——从正电荷向负电荷弯曲的场线。

4–4： 因为一个电流片必然会产生磁场，所以缺乏顶部磁场表明缺乏电流（缺乏底部磁场也是一样结论）。如果顶部的场幅度增加，那么电流也会增加（底部的场也一样）。

4–5：（a）与无限长的线电荷相应的电场是均匀指向外的；

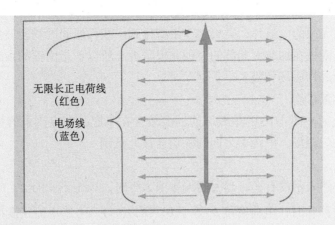

（b）与线电流对应的磁场是环绕电流线的，如果右手拇指与电流方向一致，则磁场与右手另外四指卷曲的方向一致；

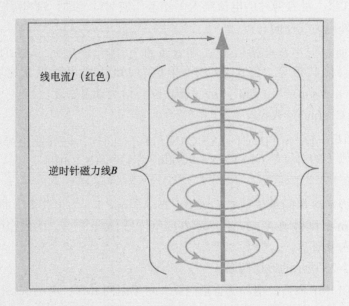

（c）电流环所对应的磁场是包围这一电流的，并且在环内部指向上，在外部指向下。

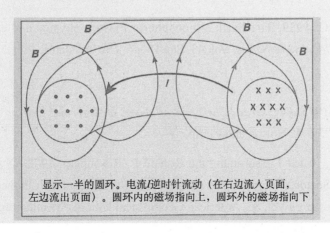

显示一半的圆环。电流I逆时针流动（在右边流入页面，左边流出页面）。圆环内的磁场指向上，圆环外的磁场指向下

4-6： 为了形成无限的电流片，需要将线平行排列。线与线间的场会彼此抵消。

4-7： 地球磁场南极在加拿大北部的地理北极附近。所以，指南针的指北端会指向南磁极，因为异性磁场相吸。

4-8： （d）以上都正确。

4-9： 单个电流元（图 4-10 的单线）的场会结合在一起，在电流束的任一侧产生方向相反的均匀磁场。电流束之间的磁场会彼此抵消。

4-10： 旋度。

4-11： 零并不必然表示没有场，当时间偏导项为零时，场是不变的。

4-12： 当电荷被移除时，电荷密度 ρ_c 等于 0；所以 $\nabla \cdot \boldsymbol{E} = 0$。电流密度同样为零，所以 $d\boldsymbol{J} = 0$；因为 J 等于 0，所以 $\nabla \times \boldsymbol{B} = \mu_0 \varepsilon_0 \partial \boldsymbol{E}/\partial t$。

4-13： 是的，变化的电磁场会产生新的场。

4-14： 在图 4-3 里，沿着薄片的电流绕太阳赤道作逆时针流动；11 年后，流动会反向，因为内外磁力线反向。

4-15： 坡印廷通量大小 $S = EB/\mu_0$（$\boldsymbol{E}$ 和 $\boldsymbol{B}$ 垂直）。能量密度 $u_{EB} = EB/\mu_0 c$。所以将 S 除以 c 会使其相等。公式（4-10）单位为 J/m^3，所以除以光速后会得到 $J \cdot s/m^4 = N \cdot m \cdot s/m^4 = N \cdot s/m^3 = (kg \cdot m/s)/m^3$，恰为动量密度。

4-16： $(\#/m^3) \cdot C \cdot (m/s) = A/m^2$。

4-17： $\sigma = |\boldsymbol{J}|/|\boldsymbol{E}| = [A/m^2]/[N/C] = [A \cdot C/(N \cdot m^2)]$。同样，电导是电导率沿距离的积分，所以 Σ 的单位是 $(A \cdot C/(N \cdot m^2))(m) = [A \cdot C/(N \cdot m)]$。

4-18： （b）$\beta \ll 1$。

4-19： 洛伦兹力 $q\boldsymbol{v} \times \boldsymbol{B}$ 的单位是 $C \cdot (m/s) \cdot T = A \cdot m \cdot T$。为了获得力的密度，我们将其除以 m^3，则得到 $A \cdot T/m^2$。$\boldsymbol{J} \times \boldsymbol{B}$ 的单位是 $(A/m^2) \cdot T$。力的密度也是一样。

4-20： （c）进入纸面。

4-21： 在如图 1-25 所示的磁层侧面。

4-22： 对于北向 IMF 而言，电场从昏指向晨。对于南向 IMF，电场从晨指向昏。

参考文献

Kelley, Michael C. 1989. The Earth's ionosphere: Plasma physics and electrodynamics. *International Geophysics Series*, Vol. 43. San Diego, CA: Academic Press.

图片来源

Schey, Harry M. 1973, *Div, Grad, Curl, and all That*: *an Informal Text on Vector Calculus*. New York, NY: W. W. Norton and Company.

Smith, Edward J., Bruce T. Tsurutani, and Ronald L. Rosenberg. 1978. Observations of the Interplanetary Sector Structure up to Heliographic Latitudes of 16°: Pioneer 11. *Journal of Geophysical Research* Vol. 83. American Geophysical UnionL Washington, DC.

Wangsness, Roald. 1986. *Electromagnetic Fields*. 2nd Edition. Hoboken, NJ: Wiley Publishing Company.

补充阅读

Hargreaves, John K. 1992. *The solar-terrestrial environment*. Cambridge, England: Cambridge University Press.

Serway, Raymond A. 1997. *Principles of physics*. Fort Worth, TX: Saunders College Publishing.

Wolfson, Richard and Jay M. Pasachoff. 1999. *Physics with modern physics for scientists and engineers*. 3rd Edition. Reading, MA: Addison-Wesley.

第 5 章　宁静太阳风：空间天气的通道

Delores Knipp

你应该已经了解：

- 声波和马赫数
- 电势能和内（热）能（第 2 章）
- 洛伦兹力（第 3 章）
- 太阳的结构（第 3 章）
- 场以及场与物质之间的相互作用（第 4 章）
- 热压、动压和磁压的定义（第 2 章和第 4 章）
- 等离子体 β（第 4 章）
- 磁通量冻结和磁重联（第 4 章）

本章你将学到：

- 三个太阳半径以外的膨胀太阳大气——日球层
- 太阳风的特性和太阳风加速
- 准稳态太阳风
- 平均自由程和碰撞截面
- 超声速和阿尔文速度

- 行星际磁场（IMF）
- 太阳风等离子体和行星际磁场图像
- 行星际电流片和扇形结构
- 冕洞的更多特性
- 地球弓激波
- 太阳影响力的边缘

本章目录

翻译：敖先志；校对：冯学尚。

5.1　宁静太阳风

太阳风（solar wind）是太阳高层大气向外流动所形成的超声速等离子体流。太阳磁场被这些等离子体携带到行星际空间形成行星际磁场（interplanetary magnetic field, IMF）。这些流体合起来组成了行星际介质（interplanetary medium）。行星际介质一直扩展到太阳系最外层行星的轨道之外非常遥远的地方，然后终止于一个叫做日球层顶（heliopause）的间断面处。行星际介质在此地和处于弱电离状态的星际介质发生相互作用。本章我们将介绍与宁静状态的行星际介质有关的物理过程以及相关的空间天气方面的内容。

5.1.1　太阳风等离子体的特性

目标：读完本节，你应该能够……

- ♦　描述太空时代以前所发现的太阳风存在的证据
- ♦　描述地球附近准稳态太阳风的基本特性
- ♦　在碰撞过程中应用平均自由程的概念
- ♦　解释为什么太阳风被认为是无碰撞的

地球附近整体太阳风的观测与统计

图 5-1　太阳风证据：海尔·波普彗星的两条彗尾。彗星碎片围绕太阳运行，碎片中大一些的颗粒构成了图中翠白色的尘埃彗尾。这类颗粒的大小更加倾向于反射白色和青绿色的光。由于太阳光子（光辐射）施加的背离太阳方向的外力，它们的位置滞后于彗星母体。这些尘埃表明了彗星的踪迹。蓝色的等离子体彗尾由微小的离子组成，它们沿着太阳风的方向流动，越来越远离太阳。这些离子更倾向于反射波长更短的蓝色太阳光。（图片由 NASA 提供）

太阳风非常稀薄，因而很难通过它的（光学）辐射来确定它的存在或者分辨出太阳风的重要特征。尽管如此，科学家们很久以前就怀疑太阳风是存在的。在俄罗斯卫星 LUNIK 于 1959 年第一次探测行星际介质以前，太阳风存在的间接证据来自于太阳风和彗星的相互作用。艾萨克·牛顿（Issac Newton）注意到彗尾总是倾向于背向太阳。其他人发现彗星的彗尾经常扭结或者分叉。分叉的彗尾（图 5-1）是离子、光子和尘埃粒子远离太阳向外流动的痕迹。离子流和太阳风的变化方向一致。我们现在知道太阳风结构和彗尾相互作用会产生扭结。1896 年挪威科学家克里斯蒂安·伯克兰（Kristian Birkeland）提出从太阳猛烈投掷出来的带电粒子由于某种原因和地球极区连接起来，形成了北极光。

太阳粒子流持续存在的证据来自于 1962 年 NASA 的水手 2 号飞船在前往金星的途中对行星际空间的探测。不久之后一系列的实验对流经地球的太阳大气进行了详细测量，不过其中有些测量并非是持续不断进行的。在五次阿波罗登月计划中，宇航员在太阳风中将金属箔片展开并带回实验室进行研究。太阳神（Helios）号和旅行者（Voyager）号飞船分别对近处和远处的太阳风进行了取样测量：太阳神飞船离太阳不到 0.3 个天文单位（AU），而旅行者飞船则前往 100 个 AU 甚至更远的地方。尤利西斯（Ulysses）飞船从黄道面以外进行观测以探索三维日球层。先进成分探测器（Advanced Composition Explorer, ACE）卫星自 1996 年起就位于地球上游的太阳风中，几乎一刻不停地监测着奔向地球的太阳风物质。

表 5-1 提供了在超过 40 年的时间里收集的对地球附近太阳风等离子体观测的统计数据。这些数据显示太阳风温度高、稀薄并且是磁化的。它也是高导电性的、几乎无碰撞的（太阳风粒子之间）和超声速的。太阳风有三种形态——低速、高速和瞬变，分别对应于不同起源：冕流边界、冕洞和日冕物质抛射（CME）。每种形态的太阳风与近地空间环境的相互作用均不相同。本章我们只讨论准静态流动的低速和高速太阳风，而瞬变形态的太阳风我们留到第 10 章再来讨论。

表 5-1 **地球轨道附近非瞬态太阳风特征**。本表列出了准静态低速和高速太阳风的特征。出于方便，科学家通常使用公里每秒来描述太阳风速度和每立方厘米的离子个数来描述太阳风的（数）密度。密度值指的是正离子的个数。因为有些离子会失去多于一个的电子，所以一定体积内电子的个数可能会稍微多一些。[Schwenn, 1990 和 Gosling, 2007]

宁静太阳风流体参数	高速太阳风	低速太阳风	均值
质子温度	1.5×10^5 K	5×10^4 K	1.2×10^5 K
电子温度	7.5×10^4 K	2×10^5 K	1.4×10^5 K
整体速度	450～800 km/s	250～450 km/s	468 km/s
速度变化幅度	5%	25%～50%	～15%
马赫数	11～20	6～11	11
阿尔文马赫数	5～10	3～5	5
离子数密度	～3 个离子 $/cm^3$	～10 个离子 $/cm^3$	8.7 个离子 $/cm^3$
成分	～95% H, 4% He, ～1% 其他离子	～94% H, 5% He, ～1% 其他离子	～95% H, 4% He, ～1% 其他离子
磁场	$\|B\|$ ～5 nT	$\|B\|$ <5 nT	$\|B\|$ = ～6.2 nT[*]
起源	冕洞	冕流边界	—
出现频次	44%[*]	34%[*]	—

[*] 太阳风流体中，瞬变太阳风占大约 23%；在太阳风的磁场平均值计算当中，瞬变太阳风部分所提供的磁场强度数值较大。

电子、质子、α 粒子（二次电离的氦原子），以及重离子的速度大约为每秒几百公里。每秒大概有 10^9 kg 的物质脱离太阳（例题 5.1）。SOHO 卫星和"日出"（Hinode）计划暗示我们太阳风的源头是根植于色球网络磁场的漏斗状结构（图 5-2）。有些太阳风可能来自于活动区边缘。高速太阳风似乎起源于光球之上大概 20 Mm 的地方。这个地方的典型速度约为 10 m/s。在不到 10 个太阳半径（R_S）的距离内，高速太阳风被加速到约 800 km/s。起源于带状冕流的低速太阳风在 20 个太阳半径以内达到接近 300 km/s 的速度。

图 5-2 开放磁场区域里太阳风的源头。通过追踪高度电离的氖离子，科学家观察到太阳风从漏斗形状的磁场中流出，漏斗状磁场则扎根于太阳表面上方一条条的网络状磁场之中。从右下方的图像中我们看到周围密密麻麻的环形磁场有助于形成漏斗状结构。（图片由 ESA/NASA-SOHO 提供，改编自 Tu et al., 2005）

作为高温日冕膨胀的一部分，进入日球层的太阳风离子和电子各自携带着其动力学起源的印记。一定程度上它们的能量随着太阳风膨胀一起耗散。如果没有额外的热源（绝热膨胀），太阳风温度应该大致上按照 $T(r) \propto 1/r^{2/3}$ 下降。如果逃逸中的带电粒子的随机运动把太阳的热量传导出来，那么太阳风温度随距离的下降应该更慢一些（$T(r) \propto 1/r^{2/7}$）。实际的降温速度在两者之间。平均而言，从太阳到地球，电子温度下降得慢一些，而离子温度似乎基本上是绝热下降的。表 5-1 显示到达地球的粒子温度范围在 10000～100000 K。尽管这样的温度似乎暗示热压强高，但是粒子数密度以 $\sim 1/r^2$ 下降，所以地球附近太阳风的热压强极其微小。

例题 5.1 太阳质量损失

- **问题：**太阳风会造成太阳的质量损失，假设地球附近观测到的太阳风数密度约为每立方厘米 5 个质子 - 电子对，验证太阳质量损失率的数量级大约为 10^9 kg/s。
- **相关概念：**质量守恒和流体连续性——一定体积内的质量随时间的变化等于从该体积表面流出的质量。
- **给定条件：**地球附近太阳风数密度 $n_{SW} = 5$ 个离子 / cm³。
- **假设：**静态太阳风速度 400 km/s，球对称，忽略电子质量。
- **解答：**根据流体连续性原理，我们将某体积内的质量变化用流经该体积表面的质量通量来表示。即如果质量从一定体积的空间离开，那么它必然通过包围这个空间体积的表面流出。不失一般性，我们假定这个表面是一个球体。

$$\frac{\partial m}{\partial t} = \int_V \frac{\partial \rho}{\partial t} \mathrm{d}V = -\int_S \rho v \mathrm{d}s = -\rho v \left(4\pi r^2\right)$$

在 1 AU 处，质量通量主要受质子质量影响。

$$-\rho v\left(4\pi r^2\right) = -\left[\left(\frac{5\times10^6 \text{ protons}}{\mathrm{m}^3}\right)\left(\frac{1.67\times10^{-27}\text{ kg}}{\text{proton}}\right)\left(400\times10^3\text{ m/s}\right)\left(4\pi\left(1.5\times10^{11}\text{ m}\right)^2\right)\right]$$

$$-\rho v\left(4\pi r^2\right) = -9.44\times10^8\text{ kg/s} \approx -10^9\text{ kg/s} = \frac{\partial m}{\partial t}$$

■ 解释：太阳每秒钟以太阳风的形式向行星际空间输运的物质超过 10 亿千克（约 20 艘战列舰重量）。这个数量对地球而言是巨大的，但对太阳来说即便是几千年损失的质量也是微不足道的。

补充练习 1： 比较太阳风引起的质量损失率和 CME 引起的质量损失率。假设每天发生一次 CME。使用 1.3 节内容提供的数值。

补充练习 2： 测算每年因太阳风输运到行星际空间的总质量，并与火卫一（Phobos）以及月亮的质量进行比较。

太阳风流体的动压会对日球层内的物体产生作用，其中也包括地球的磁层。压强包含两个因素：速度和密度。图 5-3 显示了地球附近太阳风的速度和密度分布。不同于钟形曲线，太阳风的速度分布是不对称的，速度低的一端边缘很陡，而高的一端呈现长尾状。太阳风的密度分布斜交于低密度值一端但不会等于零。太阳风总会有些物质在里面。进一步

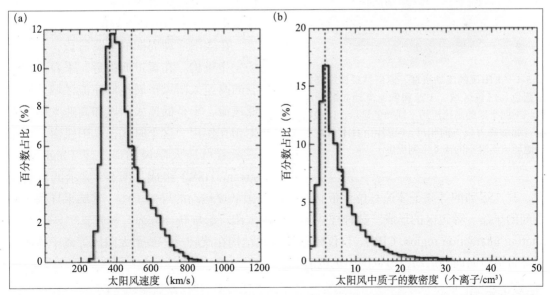

图 5-3 1990~2007 期间太阳风等离子体的分布图。（a）太阳风速度。地球附近（1 AU）观测到的太阳风速度，以 25 km/s 为间距归组。（b）太阳风数密度。地球附近观测到的太阳风离子数密度，以每立方厘米一个质子为间距归组。图中占整个分布 33% 的地方用虚线画出。图中数据来源于数个太阳风观测仪器。分布图包括所有的三种类型的太阳风（低速、高速和瞬变的太阳风）。（数据来自 NASA OMNIweb）

的数据分析显示太阳风存在两种状态：高速和低速。太阳风密度和速度变化反相关，高速流倾向于伴随低密度而低速流伴随高密度。相当有趣的是，太阳存在一种平衡作用，使得对于每一种流动类型而言，它们所需的能流密度基本相同。低速流太阳风里的能流大多用来使太阳风物质克服太阳的引力场。高速（低密度）太阳风里的能流主要用来加速粒子到更高的速度。

问答题 5-1

图 5-3 显示的是太阳风数密度。假设太阳风由氢原子组成，那么太阳风的质量密度范围是多少？

太阳风流动变化

图 5-4 太阳风的流动机理。模型结果显示高速流在深蓝色和红色区域。中速和低速流动起源于绿色区域。不同半球的高速流用不同颜色显示，以表明和它们一起的磁力线方向相反。（图片由日本名古屋大学日地环境实验室的德丸宗利提供）

太阳风模型的剖面见图 5-4。如第 3 章所述，向外流动的等离子体既来自于日冕闭合磁力线区域又来自于开放磁力线区域。一般而言，来自冕洞的高速太阳风（速度高、密度低）形成于纬度高于 60° 的开放磁力线区域。图 5-4 中的蓝色和红色区域（以及图 3-34（b）中的绿色和红色区域）代表来自冕洞的高速流。带状冕流位于太阳赤道附近闭合磁力线区域内，从这里逃离的太阳风速度较低，密度较大。

在太阳活动周期的下降阶段，太阳磁场发生重构。在黄道面附近，来自高纬冕洞的高速太阳风扩展至低速流区域并取代低速流，于是低速太阳风和高速太阳风发生相互作用。这个时候，太阳风由一连串夹杂着低速太阳风的高速流（high-speed stream, HSS）组成。图 5-5 显示的黄道面中，高速运动的等离子体追赶位于带状冕流前后做低速运动的等离子体。其结果导致了一系列的压缩-稀疏区的形成。这种样式的结构随太阳一起旋转，称为共转相互作用区（co-rotating interaction region, CIR）。仅仅是这种样式结构在旋转——每个太阳风等离子体团几乎都是沿径向向外运动，参见图中黄色箭头。

问答题 5-2

在图 5-5 中，想象从图片上方标注"周围的太阳风"的地方到下方标注"周围的太阳风"的地方之间有一条直线，沿此直线画出太阳风流体的速度和密度。

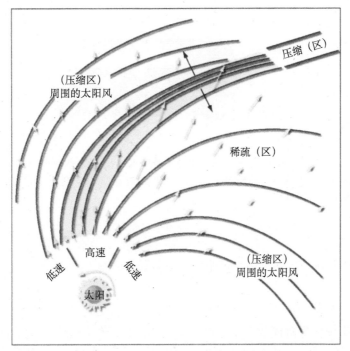

图 5-5　太阳风中的高速流。此图片艺术地展示了高速流取代冕流边界前后的低速流的过程。其形成的压缩区"犁入"周围径向流动的太阳风等离子体。图中的压缩区对应于图 5-4 中红色区域的前后沿。一对黑色箭头表示压缩流体向周围流体的扩展。(美国空间天气预报中心 Victor Pizzo 供图)

太阳风中的粒子碰撞

　　表 5-1 中的数据揭示太阳风是非常稀薄的等离子体，粒子在日冕以外发生的碰撞很少。例题 5-2 中，据我们估算发生碰撞的时间大致上和太阳风从太阳膨胀到一个 AU 所需时间相当。这基本上意味着太阳风是近似无碰撞等离子体。由于碰撞很少，太阳风很容易就把热和带电粒子带离太阳。实际上，碰撞是如此之少，以至于太阳风中的电子、质子和其他种类的粒子拥有各自的温度、能量和动量平衡，参见表 5-1。模型设计者在做太阳风模拟的时候必须考虑到这种区别。

　　尽管碰撞次数有限，太阳风一般来说仍表现得跟流体一样，这是因为电场和磁场的影响使得太阳风具有了碰撞流体的特征。和桌球的碰撞不同，引起带电粒子运动路径偏移的原因有等离子体不稳定性、跟随磁力线的回旋运动以及和其他带电粒子之间偶尔发生的相互作用等。

　　我们首先在非电离气体中定义平均自由程来定量描述无碰撞条件，然后把这个想法扩展到等离子体。平均自由程是一个粒子在两次碰撞之间运动的平均距离。把粒子之间的碰撞当作坚硬物体之间的碰撞，单个粒子的碰撞截面是 σ，我们把某测试粒子在气体中几乎会 100% 发生碰撞之前所移动的距离当作平均自由程并进行计算。图 5-6 表现了这个概念。

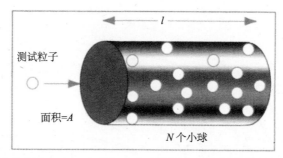

图 5-6 平均自由程。 单位体积内包含 N 个独立小球（数密度 n），每个截面积为 πr_S^2，总的累积截面积为 $n\pi r_S^2 Al$。当一个测试粒子进入到这个体积内时，它沿直线运动直到碰上另外一个粒子。我们把两次碰撞之间的平均距离定义为平均自由程。

问答题 5–3

为什么温度升高，相互作用半径距离（有效长度）减小？

我们想象有一个截面积为 A、长度为 l 的管子，里面充满了半径为 r_S 的小球。某个测试粒子和管子里的小球发生碰撞的概率是所有小球总的截面积和管子末端表面积的比值

$$\frac{\text{体积内所有粒子累计的截面积}}{\text{末端表面积}} = \frac{n\left(\pi r_S^2\right)\left(A \times l\right)}{A} = nl\left(\pi r_S^2\right) = nl\sigma$$

其中，n = 小球数密度 [#/m³]；

$\quad$ l = 测试粒子几乎会"100%"发生碰撞的平均自由程（距离）[m]；

$\quad$ σ = 每个球体的截面积 [m²]。

如果碰撞事件发生了，那么发生碰撞的概率是

$$nl\sigma = 1$$

对于一次碰撞事件，方程可以改写为

$$l = \frac{1}{n\sigma} \tag{5-1}$$

把这个想法应用到等离子体：如果一个带电粒子 q_1 运动路径的偏移来自于从另外一个带电粒子 q_2 附近经过（为简单起见，我们假设 q_2 的质量非常大，因而基本不动），那么我们称这种相互作用为库仑碰撞。使得其他粒子路径发生偏移的这个粒子的有效碰撞截面积由 πr_e^2 给出，其中有效半径 r_e 是相互作用半径。例题 5.3 中我们假设这个半径为库仑（电）势能大致上等于粒子动能（内能）时的距离。表 5-2 列出了某些空间环境中的等离子体和非离化气体的典型平均自由程。

问答题 5–4

高速太阳风中的库仑平均自由程比低速流中的长还是短？

表 5-2　等离子体和非离化气体的特征。我们这里的例子列出了带电粒子和中性粒子的数密度、温度以及平均自由程。

等离子体	数密度 / (#/m³)	温度 /K	平均自由程长度：库仑 /m
光球层顶部	10^{18}	5×10^3	10^{-2}
色球层	10^{16}	10^4	10^3
日冕	10^{13}	$(1 \sim 2) \times 10^6$	10^6
太阳风	10^1	10^5	10^{10}
非离化气体	**数密度 / (#/m³)**	**温度 /K**	**平均自由程长度：碰撞 /m**
海平面大气	2×10^{25}	300	10^{-8}
热层底部	10^{19}	200	10^{-1}
热层中部	10^{13}	1000	10^4

例题 5.2　太阳风中的平均自由程

- **问题**：估算太阳风中库仑碰撞的平均自由程长度。

- **相关概念**：两个点电荷之间的电势能；平均自由程长度。

- **给定条件**：电荷大小 1.6×10^{-19} C，太阳风温度 $T = 1 \times 10^5$ K，太阳风数密度 $n_{SW} = 7$ 个离子 /cm³。

- **假设**：距离与有效长度 r_e 有关，在这个距离上库仑势能大致上等于动能（内能）。

$$\text{势能} \approx \text{内能：} \quad \text{PE} = \frac{q_1 q_1}{4\pi\varepsilon_0 r_e} = \frac{q^2}{4\pi\varepsilon_0 r_e} = k_B T$$

- **解答**：有效长度是温度 T 的函数。

$$r_e = \frac{q^2}{4\pi\varepsilon_0 k_B T} = \frac{\left(1.6 \times 10^{-19} \text{C}\right)^2}{4\pi\left(8.85 \times 10^{-12} \text{ C}^2/\left(\text{N} \cdot \text{m}^2\right)\right)\left(1.38 \times 10^{-23} \text{ J/K}\right)T}$$

$$= \frac{1.67 \times 10^5 \text{ m} \cdot \text{K}}{T(\text{K})} = \frac{1.67 \times 10^5 \text{ m} \cdot \text{K}}{10^5 \text{ K}} = 1.67 \times 10^{-10} \text{ m}$$

库仑平均自由程为 $l = \dfrac{1}{n\sigma} = \dfrac{1}{n\pi r_e^2} = \dfrac{1}{7 \times 10^6 \text{ 个离子}/\text{m}^3 \times \pi \times \left(1.67 \times 10^{-10} \text{ m}\right)^2} \approx 1.63 \times 10^{12} \text{ m}$

这里 $\sigma\left[\text{m}^2\right]$ 是碰撞截面。

- **解释**：我们运用一些假设在这里求出的太阳风的平均自由程，有时候被称作朗道长度（Landau length, L），大约为 10 AU。太阳风中的粒子从太阳到 1 AU 基本上不会发生库仑碰撞。实际中，磁场方向改变以及粒子和太阳风中的结构发生相互作用会减小平均自由程，日地之间的太阳风中的粒子会发生数次碰撞。因此表 5-2 中显示的平均自由程为 10^{10} m。

补充练习：CME 前面的激波波前的数密度为 $n = 50$ 个电子－离子对 /cm³。计算这种结构里的朗道长度。

5.1.2　超声速和超阿尔文速的太阳风

目标：读完本节，你应该能够……

♦　描述太阳风的加速形态和超声速太阳风的起源
♦　解释太阳风速度和温度之间的区别
♦　计算声速和阿尔文速度
♦　找到太阳和地球之间的平动点 L1
♦　解释 ACE 卫星观测的太阳风等离子体图

太阳风的加速

我们在 3.1.2 小节中考虑了太阳流体团的一维流体静力学运动。等温、非加速运动条件下，粒子的运动只用动量守恒来描述就足够准确了。对于加速运动，模型设计者需要其他守恒方程的信息。20 世纪 50 年代，西尼·查普曼（Sydney Chapman）运用动量守恒（气压方程，方程（3-7））和能量守恒来模拟太阳大气。他的结果显示太阳大气被重力束缚在太阳上，只有很小部分的粒子拥有足够的能量逃逸掉（例题 5.3）。

然而，在 20 世纪 50 年代中期，尤金·帕克（Eugene Parker）（如今因为系统地阐述了现代太阳风理论而广为人知）注意到太阳大气受重力束缚的看法和不断变化的彗尾不相符合。他采用质量守恒和一个形式简单的能量守恒方程来描述太阳风加速。他的结果表明恒星和太阳类似（那些恒星大气具有合适的温度和重力变化），可以从它们的大气层里向外加速气体。这种加速类似火箭喷管在合适条件下形成的超声速气流。

合适的上层太阳大气条件和扩展很广的日冕所具有的高温有关。质量守恒要求密度以 $1/r^2$ 下降。如果密度下降的比 $1/r^2$ 快（如果 T 很高而 g 随距离快速下降就会发生），那么径向速度 $v(r)$ 就必须上升以维持质量流不变。这样的结果就是太阳风在 $5\,R_S$ 和 $20\,R_S$ 之间加速向外。

太阳风加速的物理机制是日冕（高压）和远处空间（低压）之间的压强梯度。图 5-7 显示了处于流体静力学平衡态的地球大气（或者无加速的恒星大气）以及太阳的加速大气。由于重力以 $1/r^2$ 变化，其影响随高度快速下降。在扩展的、温度很高的恒星大气中，流体团底部的压强远远大于其顶部的压强。差别之大以至于重力无法束缚住流体团。

与其在这里推导帕克的解，我们倒不如以图示说明求解的过程。流体速度和加速度是流体与太阳距离的函数，图 5-8 展示了求解所需的信息。具体的解需要在球坐标系下同时求解几个方程。其结果是好几类解的集合，参见图 5-9。图中的解按比值来显示。纵轴是太阳风速度和声速的比值。横轴是离日冕底部的距离和临界距离之间的比值，所谓临界距离（critical distance）指的是在这个距离上，太阳风变成超声速。

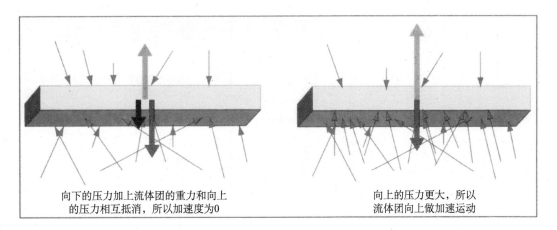

向下的压力加上流体团的重力和向上的压力相互抵消，所以加速度为0

向上的压力更大，所以流体团向上做加速运动

流体静力学大气（地球）

- 假设重力随高度变化缓慢
- 下方通过碰撞获得的动量大于上方
- 如果没有重力向下的拉力，气团将会向上加速运动
- 流体静力学大气中，重力和压强梯度力平衡

非流体静力学大气（例如，太阳这类"冷"恒星的日冕）

- 重力不是常数，随气体厚度快速下降，密度梯度非常大
- 下方通过碰撞获得的动量大于上方
- 压强梯度（热推动）大于重力的拉力
- 总的结果是向外的加速运动
- 加速导致最终速度超过了声速，形成超声速太阳风

图 5-7 **一层地球大气和一层太阳大气之间的比较。** 高温膨胀的太阳大气中的压强梯度把气体加速到超声速。重力的变化对于确定大气层的自然属性非常重要。重力随高度快速的下降增加了大气层逃逸的可能性。

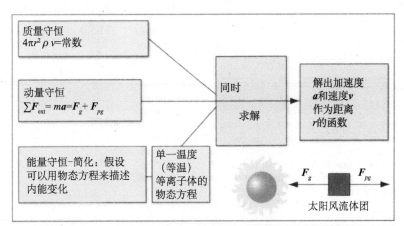

图 5-8 **求解太阳风速度的概念图。** 这个流程图描绘了求解太阳风速度和日冕距离之间的函数关系的过程。（这里 r 是日心距离；ρ 是太阳成分的密度；v 是粒子的速度；F_{ext} 是外部作用力；m 是质量；a 是加速度；F_g 是重力；F_{pg} 是压强梯度力）

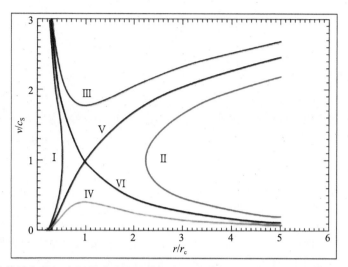

图 5-9　帕克简化的等温条件下太阳风速度和距离问题可能的解。 图中给出了流体速度的多个解，纵轴是除以声速的流体速度（马赫数）。横轴表示的是以临界距离为单位的相对距离，太阳风在临界距离处达到超声速。六个不同的解类中，只有 V 类解和观测符合，而且可以形成所需的压强和星际风分庭抗礼。图 5-10 显示了 V 类解更多的细节。（这里 v 流体速度；c_s 声速；r 是 v 变成超声速的距离；r_c 是临界距离）[Parker, 1958]

　　不是所有的解都具有物理意义，而那些具有物理意义的几类解当中，只有一种符合观测结果。I 类和 II 类的解是没有物理意义的。它们在某些位置有两个值，或者有的地方根本没有值。III 类解给出的是太阳风在任何地方都是超声速的，即使是在太阳表面也是如此，这不符合观测结果。IV 类解给出的是太阳风在任何地方都是亚声速的，这也不符合观测，对于质量非常巨大的恒星来说，有可能是这样的，但是太阳不是。VI 类解得到的是在太阳附近太阳风是超声速的，而地球附近是亚声速的——又一次和观测不符。

　　我们只剩下第 V 类解，太阳附近的太阳风是亚声速的，而在某个临界半径之外的太阳风是超声速的。V 类解得到的是一系列的太阳风速度单调上升的曲线。图 5-10 显示的是不同日冕温度下的 V 类解的例子。绝大多数加速过程发生在大约 $20\,R_s$ 以内。

例题 5.3　粒子逃离太阳

- 问题：估算日冕外层 $2R_s$ 粒子的随机热速度，并判定这个速度能否摆脱太阳重力场的束缚。
- 相关概念：热（内）能和重力势能。
- 假设：日冕温度为 $T = 2 \times 10^6\ \mathrm{K}$，带电粒子受磁场约束，运动自由度是二，因而热能 $= k_B T$。
- 解答：（1）关联热能和各个粒子的随机运动（以质子为例）。
　　　　（2）让重力势能等于随机运动的动能，求出逃逸速度。

$$\frac{1}{2} m v_{th}^2 = k_B T$$

$$v_{\text{th}} = \sqrt{\frac{2k_{\text{B}}T}{m}} = \sqrt{\frac{2\left(1.38 \times 10^{-23}\,\text{J/K}\right)\left(2 \times 10^{6}\,\text{K}\right)}{1.67 \times 10^{-27}\,\text{kg}}} = 1.82 \times 10^{5}\,\text{m/s}$$

$$\frac{1}{2}mv_{\text{esc}}^{2} = \frac{GMm}{r}$$

$$v_{\text{esc}} = \sqrt{\frac{2GM_{\text{S}}}{2R_{\text{S}}}} = \sqrt{\frac{2\left(6.67 \times 10^{-11}\,\text{N}\cdot\text{m}^{2}/\text{kg}^{2}\right)\left(2 \times 10^{30}\,\text{kg}\right)}{1.4 \times 10^{9}\,\text{m}}} = 4.4 \times 10^{5}\,\text{m/s}$$

■ 解释：高温粒子热逃逸不是太阳风的来源。日冕外层的逃逸速度是~4.4×10^{5} m/s。太阳日冕里质子的平均热速度为 1.82×10^{5} m/s，不足以使平均能量的质子逃离太阳。当然，随机碰撞可以提升个别粒子的能量，因此有些粒子可以逃离并在日球层内形成稀薄的等离子体。尽管如此，纯粹的热运动机制没办法使质子达到 440 km/s（4.4×10^{5} m/s）的平均速度。

尽管太阳风会达到一个速度平衡，在典型的日冕温度下，处于 400～500 km/s，但是太阳风速度的精确解是太阳上初始温度条件的函数。依据流体不同的来源（日冕或者冕流），图 5-10 中任意一条曲线都有可能适合地球附近的太阳风。地球周围的太阳风测量见关注点 5.1。

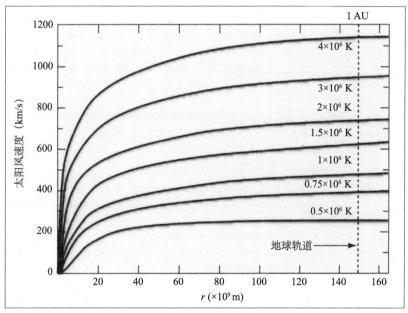

图 5-10　不同日冕温度下的太阳风速度 V 类解。图中显示的是太阳日冕几种不同初始温度状态下太阳风速度的解。横轴是离日冕底部的距离。每个温度下都是等温大气。（图片来自加州大学洛杉矶分校 Christopher Russell 和 Eugene Parker[1963]）

例题 5.4 将例题 5.1 中的质量流失率和太阳风速度结合起来，证明了在一个 AU 处太阳风的动功率大致上是 10^{20} W。地球磁层面截留了大约其中的千万分之一。不过，动功率只是（地球从太阳那里获得能量的总功率）的一部分；辐射和电磁功率也会传到位于行星际介质中的地球。

问答题 5-5

图 5-10 中的数据预示 1 AU 和 5 AU 处的压强会有什么区别？

问答题 5-6

图 5-10 中的数据表明一个太阳活动周期中流体速度会有什么样的变化？

例题 5.4　太阳风动功率

- **问题**：求太阳传递到太阳风中的动能损失率。
- **相关概念**：动能和功率。
- **给定条件**：质量损失率是 10^9 kg/s，流体速度是 425 km/s。
- **假设**：流体速度恒定。

- **解答**：我们用 $\dfrac{\mathrm{d}}{\mathrm{d}t}\left(\dfrac{1}{2}mv^2\right)$ 来计算动能损失率。

$$损失率 = \frac{\mathrm{d}}{\mathrm{d}t}\left(\frac{1}{2}mv^2\right) = \frac{1}{2}v^2\frac{\mathrm{d}m}{\mathrm{d}t}$$

$$损失率 = 0.5\left(4.25\times10^5\ \mathrm{m/s}\right)^2\left(10^9\ \mathrm{kg/s}\right) = 9.0\times10^{19}\ \mathrm{W} \approx 10^{20}\ \mathrm{W}$$

- **解释**：这个过程比起地球上发生的绝大多数物理过程都要强烈得多；但是动功率和耀斑以及 CME 耗散的功率比起来只是很小的一点。（参见第 1 章例题）

补充练习 1：比较动能损失率和太阳辐射的能量损失率。

补充练习 2：假设地球磁层的半径为 $15R_{\mathrm{E}}$。证明地球所截获的太阳风动功率为 10^{13} W。

现在我们知道地球附近的太阳风速度非常快，我们想把它的速度和其他本征速度进行比较：声速和磁声波速。

声速

声音的传播依赖碰撞，平均碰撞距离和平均碰撞频率是非常重要的参数。我们已经知道太阳风中支持信息传递的机械碰撞和库仑碰撞很少，但是还有一种其他的可能性——磁"碰撞"。对于理想（热）等离子体来说，粒子垂直于磁场做回旋运动的平均速度 $v_\perp$ 基本上等于声速 c_{S}。让回旋运动的动能大约等于内能 $k_{\mathrm{B}}T$ 得到

$$\frac{1}{2}mv_\perp^2 = k_{\mathrm{B}}T$$

$$v_\perp \approx \sqrt{\frac{2k_B T}{m}} \approx c_S \qquad (5\text{-}2)$$

我们知道太阳风非常快,但是我们如何确定它是不是超声速呢?我们用流体速度和声速比例来表示(或者有序运动和无序运动之比,参见图 5-11)。例题 5.5 揭示出太阳风整体流动速度大约是声速的 10 倍($v/c_S = M = 10$),也就是说,太阳风是超声速的,马赫数是 10。空间天气模式开发者和预报员描述太阳风状态时需要考虑整体流速、热速度以及密度等基本参数。

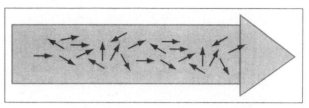

图 5-11　太阳风流体团定向速度和随机速度的比较。 大的橙色矢量箭头表示的定向运动速度一般为~450 km/s。我们通常指这类流速为太阳风速度。蓝色短箭头代表的随机速度通常为~40 km/s。这是和太阳风温度相关的运动。

问答题 5-7

太阳风热速度是随机动能的一种表现形式。以一个太阳风离子为例,求随机速度(图 5-11)和能量之间的关系,能量以 eV 为单位。

阿尔文速度

我们已经了解到太阳风无法通过碰撞形成声波。但是,其他类型的波的确可以在磁化介质当中传播。以诺贝尔奖获得者汉尼斯·阿尔文(Hannes Alfvén)名字命名的阿尔文波,是空间环境中非常重要的一种波。阿尔文波是磁场的三维振动。正如我们在第 6 章里描述的那样,这类横波沿磁力线传播。离子的运动和磁场的扰动在同一个方向,垂直于传播方向。磁场扰动的传播速度是磁感应强度和等离子体密度的函数。阿尔文速度可以通过磁张力和等离子体密度的比值得到,差不多和计算绷紧的绳子的波速类似,即张力和绳子质量密度的比值。磁阿尔文速度等于

$$v_A = \sqrt{\frac{B^2}{\rho \mu_0}} \qquad (5\text{-}3)$$

其中,v_A = 阿尔文速度 [m/s];

　　　B = 磁感应强度 [T];

　　　ρ = 太阳风质量密度 [kg/m³];

　　　μ_0 = 真空中的磁导率 [$4\pi \times 10^{-7}$ N/A²]。

阿尔文速度和太阳风的整体速度的比值是一个非常重要的衡量太阳风行为的参数(例题 5.5)。得到这个比值后,我们发现太阳风既是超声速的又是超阿尔文速的。

例题 5.5　太阳风中的声速和阿尔文速度

- 问题:求太阳风中的声速和阿尔文速度。
- 相关概念:阿尔文速度和马赫数。

■ 给定条件：太阳风数密度 = 7 个离子 /cm³；太阳风速度 v_{SW} = 400 km/s；太阳风温度 T = 1.0×10^5 K；行星际磁场强度 $|B|$ = 10 nT。

■ 假设：静态条件。

■ 解答：

从方程（5-2）得到声速

$$c_S = \sqrt{\frac{2k_B T}{m}} = \sqrt{\frac{2(1.38 \times 10^{-23}\ \text{J/K})(1 \times 10^5\ \text{K})}{1.67 \times 10^{-27}\ \text{kg}}} \approx 4 \times 10^4\ \text{m/s}$$

阿尔文速度 = $v_A = \sqrt{\dfrac{B^2}{\mu_0 \rho}}$

$$v_A = \sqrt{\frac{\left(1 \times 10^{-8}\ \text{T}\right)^2 / \left(4\pi \times 10^{-7}\ \text{C}^2/(\text{N} \cdot \text{m}^2)\right)}{\left(7 \times 10^6\ \text{个离子/m}^3\right)\left(1.67 \times 10^{-27}\ \text{kg/离子}\right)}} = 8.25 \times 10^4\ \text{m/s}$$

马赫数 = $v_{SW}/c_S = \left(400 \times 10^3\ \text{m/s}\right)\left(4.0 \times 10^4\ \text{m/s}\right) \approx 10$

阿尔文马赫数 = $v_{SW}/v_A = \left(400 \times 10^3\ \text{m/s}\right)\left(8.25 \times 10^4\ \text{m/s}\right) \approx 5$

■ 解释：太阳风是超声速的和超阿尔文速的。

补充练习： 在一些极少见的情况下，太阳风变成亚阿尔文速。什么样的磁场和等离子体条件下会导致这样的情况？

问答题 5-8

图 5-14 中的哪条曲线对应于图 5-11 中的橙色箭头（整体速度）？

图 5-14 中的哪条曲线对应于图 5-11 中的蓝色箭头（随机速度）？

问答题 5-9

求图 5-14 中的时间段里最高和最低的马赫数。

大型冕洞发出的高速太阳风要求流体在超声速区域内的能量增加。日冕中的阿尔文波，即使波的能量密度比较小，也能携带可观的能流。这些波在日冕的传播中，不会明显增加太阳风的质量通量，但是能把它们携带的能流沉积在超声速流当中。地球处所观测到的太阳风充满了各种扰动，这些物理量扰动的最大值都存在于高速太阳风中。流体速度扰动和磁场矢量的扰动往往耦合在一起。阿尔文扰动可能是加热日冕和加速太阳风的波以及湍流的残余（图 5-12）。扰动幅度随日心距离的增加而减小；它们的耗散过程可以加热离太阳很远的太阳风。

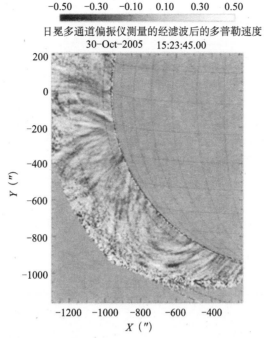

日冕多通道偏振仪测量的经滤波后的多普勒速度
30-Oct-2005 15:23:45.00

图 5-12　太阳日冕里的阿尔文波。这幅图片是位于美国新墨西哥州的美国国家太阳天文台拍摄的，通过对速度的数据进行过滤，图中只显示了等离子体每五分钟一次的周期速度振荡，非常清晰。（NCAR 的 Steve Tomczyk 和 Scott McIntosh 供图）

关注点 5.1　判读先进成分探测器卫星的太阳风等离子体测量记录

　　先进成分探测器（ACE）飞船被安置在自由流动的超声速太阳风中。这颗卫星位于拉格朗日点（L1），随地球一起围绕太阳运行，离地球大约 1.5×10^6 km，离太阳大约 148.5×10^8 km（图 5-13）。意大利-法国数学家约瑟夫·拉格朗日（Joseph Lagrange）在研究了天体轨道动力学之后，在两个相互之间沿轨道运行的天体附近发现了五个特殊的位置，质量小一些的第三个天体可以固定在这几个位置上随质量大的两个天体一起运行。在这些拉格朗日点（Lagrange point）上，两个大质量天体的引力精准地抵消了围绕它们旋转的向心力。五个拉格朗日点里，处于大质量天体中心连线上的三个是不稳定的（L1, L2 和 L3）。每个稳定的拉格朗日点（L4 和 L5）是一个等边三角形的顶点，大质量的两个天体是等边三角形的另外两个顶点。在 L1 点可以不受阻碍地观测太阳；但是大约每 23 天就会变得很不稳定。这个位置的卫星必须定期校正轨道和姿态。ACE 飞船用以维持轨道的推进剂可以用到大约 2019 年。未来可以在 L4 点和 L5 点配置特别设计的卫星，从而更好地从多个点观测太阳。

　　图 5-14 是 ACE 卫星的太阳风磁场和等离子体流的观测记录，时间为七天。在此期间，有两个很大的磁场扰动经过地球。第一个扰动和太阳风速度差不多，但是密度有显著增大。第二个速度稍快，但密度上升不多。

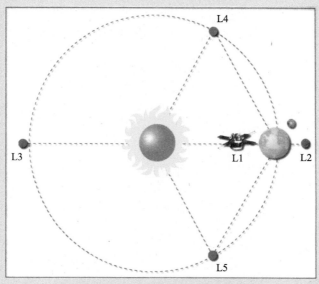

图 5-13　拉格朗日点。 图中（不按比例尺）画出了日地系统的拉格朗日点。（图片由美国空军技术学院提供）

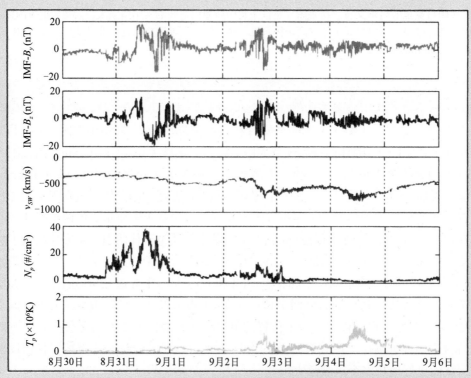

图 5-14　ACE 卫星 2005 年 8 月 30 日到 9 月 5 日期间磁场和等离子体的测量。 最上面的曲线是行星际磁场东西向的分量（B_y）。第二条曲线是南向分量（B_z）。中间的是太阳风速度 [km/s]。磁场分量和速度都是以地心参考系为参考。负号表示流体是从太阳流向地球。第四条曲线是粒子数密度（#/cm³），最底下的曲线是粒子的温度 [K]。8 月 31 日和 9 月 2 日发生的磁场方向的大角度旋转与 CME 有关。（数据来自 NASA OMNIweb）

太阳风的传导性

物质的传导性（conductivity）指的是它导（传输）电或者导（传输）热的能力。日冕和太阳风都是高电离的，因而它们的电导率几乎是无限大，高度自由的电子占主导地位，且非常依赖于温度（$\propto T^{5/2}$）。典型状态的日冕，其热导率是室温下铜的热导率的二十倍。高热导率使得日冕的热量传递到日球层里，使得太阳风随距离的冷却率比（绝热）膨胀下降的慢，5.1.1 节也有提及。

5.1.3 行星际磁场特征

目标：读完本节，你应该能够……

♦ 解释太阳风磁通量冻结的基本理念
♦ 计算离太阳任意距离处太阳风的"花园水管夹角"
♦ 区分径向等离子体流和行星际磁场的螺旋形态

太阳风膨胀和磁场冻结这两者结合起来把近似偶极场的太阳磁场拉伸出去，到达地球的时候，磁场呈现扭曲和波动。

冻结在太阳风里的磁通量

洛伦兹力使得太阳等离子体和太阳磁场形成一个紧密耦合的系统。当磁能比内能大的时候，磁场约束等离子体。当磁场弱的时候，它倾向于跟随等离子体一起运动。如果用真空中的偶极场来近似描述太阳磁场，它依照 $1/r^3$ 随距离下降。太阳磁场下降得非常快，在 $\sim 1\, R_S$ 处已经难以遏制日冕的膨胀。在太阳磁场很强的区域，磁场可以引导日冕等离子体的运动，这样的区域是内日冕（inner corona）。内日冕的磁能量密度大于热能能量密度（低 β，参见 4.3.1 小节）。由于磁场把角动量传递给等离子体，内日冕随太阳一起做准刚体旋转运动。包容内日冕的表面（通常取 $r \approx 2R_S$）是源表面（source surface），似乎是在这个地方，离开太阳的宁静磁场变成径向。$3R_S$ 以外，磁能量密度比等离子体内能能量密度下降得快。外日冕（outer corona）受到太阳重力和磁场的束缚要小得多，自这个区域，向外流动的等离子体把太阳磁力线拉伸到行星际空间中去。

太阳风等离子体是非常良好的导电体，因此太阳磁场被冻结在膨胀的太阳风里面。我们在第 4 章里描述了磁场随太阳风一起流动的磁通量冻结（frozen-in flux）条件，并绘制在图 4-26 中。磁通量冻结的形成是因为电磁场的相互作用。回顾第 4 章，导体在磁场中的运动引起电场 $\boldsymbol{E}$。然后，电场形成电流，使得导体中的磁场 $\boldsymbol{B}$ 保持不变。当一个内部存在磁场的理想导体从其场源处离开时，感应电流使得导体内部的磁通量是个常数，这也就意味着导体携带着磁场一起运动。

冻结条件意味着磁通量管里的磁力线保持完整不变，并且

● 即使体积形状发生改变，体积内的磁通量仍然不变；
● 初始时附着在某条磁力线上的所有等离子体一直保持在这条磁力线上。

极区径向磁场

离开太阳的等离子体团拽着磁力线延伸到行星际空间。在高纬地区，磁场基本上沿径向，磁通量守恒要求磁场强度随距离按 $1/r^2$ 减小。因而我们可以这样计算高纬度地区的径向磁场在任意距离上的强度：

$$B_r A = B_0 A_0$$

$$B_r \left(\frac{4\pi r}{4\pi r_0} \right)^2 A_0 = B_0 A_0$$

$$B_r = B_0 \left(\frac{r_0}{r} \right)^2 \qquad (5\text{-}4)$$

在低纬地区，等离子体团沿径向向外运动，太阳自转导致低纬地区的磁力线弯曲成螺旋线，以上计算关系需要修正，下面我们来说说低纬度的情况。

低纬度的螺旋线磁场

两到三个太阳半径以内，太阳磁场倾向于跟随太阳一起旋转，但是在更远的距离上，磁场被超声速等离子体运动拉伸到行星际介质当中。想象有一个表面，在 $2R_S$ 和 $3R_S$ 之间，就是磁场径向扩展的源表面（source surface）。图 5-15 展示了这两种过程。

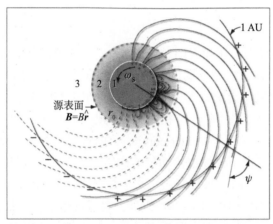

图 5-15　行星际磁场螺旋线。图中绘制的是从太阳北极所看到的黄道面的磁场。虽然太阳风等离子体沿径向运动，但是太阳自转再加上磁通量冻结条件创造了一种螺旋线结构的行星际磁场。实线和虚线分别代表黄道面上方和下方的磁场。黄道面上方的磁场方向向外（＋）；下方虚线所表示的磁场方向向内（－）。太阳表面是 $1R_S$。在 $1R_S$ 和 $2R_S$ 之间的太阳磁场随太阳旋转，而且和活动区相关的磁场方向不断变化。$3R_S$ 以外，磁场不再随太阳旋转。[Schatten, 1969]

当磁场一个足点位于太阳上时，另一个足点随等离子体路径延伸。于是，磁场沿经度方向（东西向）上的分量可以由角速度和径向速度的比值来求得

$$B_\psi = -B_r \left(\frac{\omega_S r}{v_{SW}} \right) \qquad (5\text{-}5a)$$

下标 Ψ 表示经度方向，或者说东西向的分量。

根据方程（5-4）代入磁场在半径 r_0 的初始值 B_0，上式可改写为

$$B_\Psi = -B_0 \left(\frac{\omega_s r}{v_{SW}} \right) \left(\frac{r_0^2}{r^2} \right) = -B_0 \left(\frac{\omega_s r_0^2}{v_{SW} r} \right) \quad\quad (5\text{-}5b)$$

方程（5-5）说明在靠近黄道面的地方太阳偶极磁场被拉伸、变平。磁场的经向分量取决于太阳转速、太阳风速度和距离源表面的远近。磁场被极度拉伸会导致在某个半球磁场方向朝向太阳而另外一个半球磁场背向太阳。地球所处的位置探测到的磁场方向经常变化。

磁力线的一个足点在磁场源表面上，另外一个足点冻结在膨胀的等离子体里缠绕起来，在赤道面附近形成螺旋线结构的磁力线。尤金·帕克的太阳风理论的升级版预言了这种特征结构。因而我们有时候把这种螺旋线结构称之为帕克螺旋（Parker spiral）。我们也把它称为花园水管螺旋（garden hose spiral），因为这种图样类似于从一个旋转着的花园喷水器里喷出来的水流。每一个从喷头出来的水滴都沿径向运动，但是连续的水滴形成一段弧形。

磁场方向和径向的夹角就是花园水管夹角（garden hose angle, Ψ）。角度的大小依赖于离旋转着的源表面的距离以及太阳风速度，可以由下式给出：

$$\psi = \tan^{-1}\left(-\frac{B_\Psi}{B_r}\right) = \tan^{-1}\left(\frac{\omega_s r}{v_{SW}}\right) \quad\quad (5\text{-}6)$$

地球轨道处的花园水管（帕克螺旋）夹角有两个近似值：45°或者225°。

图 5-16 绘出了各种不同纬度的太阳磁场在日球层内的样子。由于极区的旋转比赤道的要慢，最高纬地区的磁场扭曲很小，近似于径向。极区流体的高速度也使得极区的螺旋线更为松散。另一方面，靠近赤道面的磁场螺旋线缠绕得更为紧密。

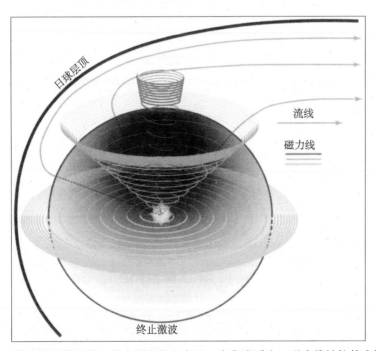

图 5-16　各个纬度的太阳风螺旋线。从太阳北极上方呈一定角度看去，磁力线被拉伸成螺旋结构。1 AU 处，赤道面内的平均磁场的螺旋线和背离太阳的径向方向的倾角为～45°。黄道面上方和下方的磁力线的螺旋线要松散一些。（图片由 NASA 的 Steve Suess 提供）

问答题 5-10

黄道面以外的太阳转速要低一些，太阳风的速度要高一些。如果其他参数都一样，这样的变化会对花园水管（帕克螺旋）夹角产生什么样的影响？

问答题 5-11

为什么太阳风速度高一些会使得螺旋结构变得更加松散？

来自旅行者 2 号（Voyager 2）宇宙飞船的数据显示黄道面的行星际磁场强度在地球以外几十个 AU 的地方按 $\sim 1/r^2$ 的函数关系下降。更远的距离上，太阳风的不规则结构以及太阳风与星际介质之间的相互作用会使磁场形成挤压（5.2 节）。

我们的讨论很理想化，认为黄道面内的磁场结构很平滑，实际上，这些磁力线和太阳上振荡移动的源连接在一起，因而这些磁力线一直处于沿各个方向不停的运动当中。行星际空间里的各个太阳风监测仪器观测到磁场的变化，其根源来自于光球层，进而影响到太阳风。拉伸的偶极场和螺旋运动包含大量的扰动，使得行星际磁场的位形在很小的时间和空间尺度上发生改变。行星际磁场的数据分析表明黄道面以外（z 方向）的磁场扰动比东西向（x 和 y 方向）的扰动要大（$\Delta B_z / B_z > \Delta B_y / B_y$ 或者 $\Delta B_x / B_x$）。正如我们在第 4 章末尾描述的那样，黄道面外的行星际磁场能有效地和地磁场耦合在一起将能量和动量传递到地球空间。

例题 5.6　行星际磁场螺旋线夹角

- 问题：求木星附近行星际螺旋线（花园水管）夹角最可能的两个值。
- 相关概念：方程（5-6）帕克螺旋（花园水管）夹角。
- 给定条件：太阳风速度 $v_{SW} = 400 \, \text{km/s}$，太阳自转速度 $2.7 \times 10^{-6} \, \text{rad/s}$，木星距离太阳 $7.78 \times 10^{11} \, \text{m}$。
- 假设：静态条件。
- 解答：

$$\tan(\psi) = \omega_s r / v_{SW}$$

$$\psi = \tan^{-1}(\omega_s r / v_{SW})$$

$$\psi = \tan^{-1}\left[\left(2.7 \times 10^{-6} \, \text{rad/s}\right)\left(7.78 \times 10^{11} \, \text{m}\right) / \left(4 \times 10^{5} \, \text{m/s}\right)\right]$$

$$\psi = 79.2° \text{ 或 } 259.2°$$

- 解释：离太阳越远，帕克螺旋夹角越大。

补充练习：求高速流中土星附近的帕克螺旋夹角。

问答题 5-12

离太阳非常远的地方帕克螺旋夹角大概是多少？

5.1.4 电流片和磁场扇形结构

目标：读完本节，你应该能够……

♦ 解释为什么会存在日球层电流片并计算其电流密度
♦ 描述太阳风的扇形结构
♦ 区分向内（－）和向外（＋）的扇形结构

日球层的电流片是上下半球的分界面

我们知道太阳磁场在远离源表面的地方不像偶极场。日球层电流片（heliospheric current sheet, HCS）靠近赤道面，是太阳磁场极性发生改变的分界面。我们在图 4-14 里显示了磁力线的几何形状（没有螺旋线特征）。为简单起见，图 5-17（a）忽略了螺旋结构，艺术性地描绘了拉伸到日球层里的理想偶极磁场。图中的碟形物体代表了把反向磁场隔开的电流片。由于太阳偶极轴倾斜，当太阳自转时，地球会碰到上下半球的行星际磁场。从地球的角度看来，电流片有时候向上倾斜，有时候向下倾斜。太阳赤道两边的反向磁场的螺旋线行星际磁场夹角有两个峰值（图 5-17（b））。观测到的两个夹角峰值为 $\psi = 45°$ 和 $225°$，与预想的一致。前者的磁场背离太阳，后者的磁场指向太阳，属于另外一个半球。

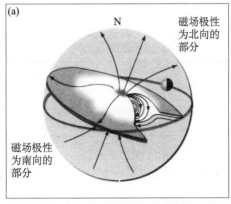
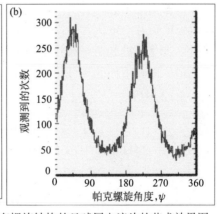

图 5-17　（a）行星际电流片。本图是倾斜、平滑、没有螺旋结构的日球层电流片的艺术效果图。极区有几条发散或者收敛的磁力线。浅绿色表面上的磁力线方向向外，向外流动的太阳风猛烈地拉伸这些偶极磁力线，表面下方的磁力线与上方类似，只是方向相反。剪切的磁场之间必然有一个电流片将其隔开。地球轨道和电流片相交于两个点，红色和蓝色的曲线分别代表被这两个点分开的地球轨道。每次地球跨越电流片的时候，地球磁层和不同极性的太阳磁场发生相互作用。极性的改变使得切向角发生 180° 的改变。这种改变引起图 5-17（b）中的螺旋角分布出现双峰结构 [改绘自 Hundhausen, 1997]。**（b）行星际螺旋角数据**。1981～1990 年在 1 AU 处观测到的帕克螺旋角，数据按一小时步长进行分组。两个峰之间相差 180°。在这期间，北纬磁场向外。和峰值差距较小的数值与太阳风速度的变化有关；和峰值差距很大的数值源于地球处于电流片内部或者 CME 事件。图中数据依据太阳径向方向绘制 [改绘自 Luhmann et al., 1993]

图 5-17 展示了一个平滑的日球层电流片。这个不断变化的边界往往是不规则的，类似图 5-18 所示，像芭蕾舞女演员皱起来的裙子。尤利西斯（Ulysses）飞船的数据揭示电流片有稍微倾斜的趋势，或者朝南半球（-z）方向形成锥形的趋势。其他飞船证实这种倾斜会至少持

续两个太阳活动周。科学家们幽默地形容为害羞的女芭蕾舞演员不断地把张开的裙子按下去。

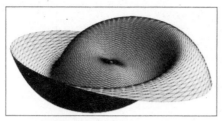

图 5-18　6 个 AU 内的日球层电流片计算结果。模型中的自转轴倾角为 22.5°，太阳风速度为 400 km/s。图中展示的电流片翘起来呈波浪形，与设想中的旋转的芭蕾舞裙相符。磁力线没有画出来。（图片由 NASA 的 Steve Suess 提供）

问答题 5-13

图 5-18 用芭蕾舞裙来描绘日球层电流片。你能想象出什么东西会使电流片更加扭曲吗?

例题 5.7　电流片电流密度的例子

- **问题：**求日球层电流片的总电流。
- **相关概念：**安培定律。
- **假设：**静态电流片。电流片范围大约为 100 AU。
- **给定条件：**70 AU 处的磁场强度等于 0.05 nT。我们把这个值作为我们所感兴趣的区域的平均值，即在下面的积分中把 B 当作常数。电流片的厚度大约为 3.0×10^4 km。
- **解答，参见图 5-19：**

$$\oint \boldsymbol{B} \cdot \mathrm{d}\boldsymbol{l} = \boldsymbol{B} \cdot \boldsymbol{l}_{\mathrm{up}} + \boldsymbol{B} \cdot \boldsymbol{l}_{\mathrm{out}} + \boldsymbol{B} \cdot \boldsymbol{l}_{\mathrm{in}}$$

静态电流片里，磁场垂直于 $\mathrm{d}\boldsymbol{l}_{\mathrm{up}}$ 和 $\mathrm{d}\boldsymbol{l}_{\mathrm{down}}$ 这两段，因而对点乘没有贡献

$$\oint \boldsymbol{B} \cdot \mathrm{d}\boldsymbol{l} = 0 + \boldsymbol{B} \cdot \boldsymbol{l}_{\mathrm{out}} + \boldsymbol{B} \cdot \boldsymbol{l}_{\mathrm{in}} + 0 = 2(B)(\mathrm{d}l) = \mu_0 I$$

$$I = \frac{2(B)(\mathrm{d}l)}{\mu_0} = \frac{2(0.05 \times 10^{-9}\ \mathrm{T})(100 \times 10^{11}\ \mathrm{m})}{4\pi \times 10^{-7}\ \mathrm{N/A}^2} = 1.1 \times 10^9\ \mathrm{A}$$

- **解释：**日球层电流片的电流超过十亿安培。当然，电流片面积巨大，电流密度很低。

补充练习：求日球层电流片的电流密度。

扇形结构

电流片除了倾斜以外，还会起涟漪。电流片随太阳流体变化上下起伏波动。平静期的电流片数月内随太阳磁场缓慢变化。但是瞬变事件可以在几个小时内显著地改变电流片的形态。扭曲的电流片在经过地球的行星际磁场中产生各种结构。如图 5-20 所示，早先行星际磁场的测量揭示了磁场的扇形结构，就像芭蕾舞裙沿赤道面的横截面一样。每个扇形（sector）所包含区域内的磁场极性相同，即要么都指向太阳（－径向）要么都背离太阳（＋径向）。

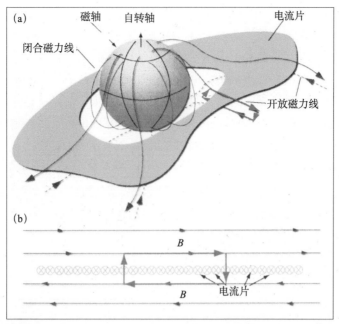

图 5-19 （**a**）日球层电流片。斜视图所见的两个半球被拉伸的磁力线位形。（**b**）侧视图。理想电流片的横截面显示出反向的磁场和相应的定向电流。红色箭头是该问题的积分路径 [Smith et al., 1978]

从一个扇区到相邻的扇区，磁场极性反转。通常一个扇区扫过地球的时间是几天，但是也观察到持续达到两个星期的单极性的例子。太阳每 27 天旋转一周，因此类似的扇形结构周期性地扫过地球。在处于固定参考系内的观察者看来，这些磁场扇形结构似乎跟随太阳一起旋转。靠近太阳赤道面，行星际磁场通常呈现两个到四个扇区（图 5-20）。

地球沿轨道运行的速度比较慢，跟不上旋转的电流片，因而分界明确的扇形边界只要几个小时就能扫过地球。*扇形边界*（sector boundary）相对较薄，卫星数据显示地球和木星附近的扇形边界只有几个 R_E（R_E 为地球半径）厚。空间天气分析者对回溯扇形边界在太阳源表面的根源很有兴趣，这是预报有可能扫过地球的太阳风结构的第一步。

图 5-21（a）和（b）是形成扇形结构的开放以及闭合磁场区域的模拟结果，

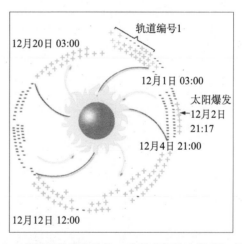

图 5-20 **太阳风的螺旋结构**。这是我们从太阳北极看到的螺旋线和扇形结构。图中标出了日期和世界时。行星际监测平台（IMP-1）飞船于 1973 年后半年在三个太阳 27 天旋转周期里的测量结果显示在图中。第一个 27 天周期刚开始的时候用轨道编号 1（orbit no.1）标注。黑色曲线之间的楔形区域内磁场方向一致，要么背离太阳（＋），要么指向太阳（－）。每一个"＋"或者"－"号都表示了从三小时 IMP-1 数据中得到的磁场方向。最外层的"＋"号和"－"号代表第一个 27 天的周期；内部的两个圆圈依次代表后面的两个周期。在这个长期的观测过程中，扇形结构一直存在。（图片来自 NASA 和 Wilcox and Ness[1965]）

类似于图 3-34（b）的平面图。红色和绿色区域是具有特定磁场位形的高速流的源区。每一根拱形的蓝色曲线从一边半球出发，跨过赤道，闭合于另外一个半球。图 5-21（a）中的开放磁场和相对应的高速流只存在于高纬地区，于是扇形结构不和地球相遇。图 5-21（b）是后一个时期的模拟结果，其中偶极场发生翻转，电流片更加弯曲起伏。当地球磁层遇到来自 180° 附近区域的流体时，行星际磁场方向向内（朝向太阳）。随着太阳旋转，地球将会遇到方向向外（背离太阳）的行星际磁场，如图中红色部分所示。起伏弯曲的电流片在地球处形成了扇形结构。图 5-22（a）和（b）中太阳 X 射线辐射快照与图 5-21（b）相符合。

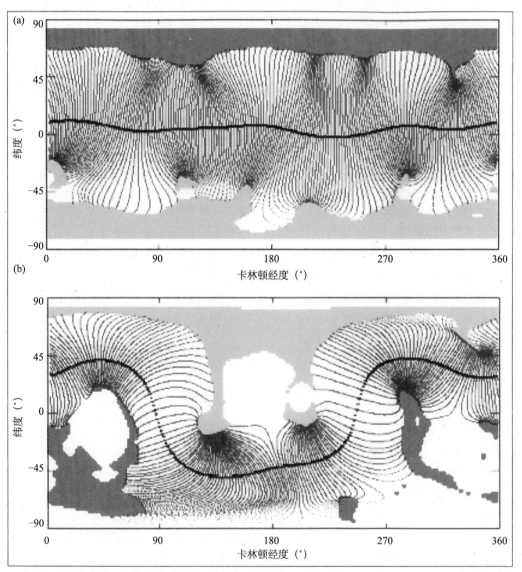

图 5-21　太阳磁场位形。（a）图为 1928～1929 卡林顿周期间太阳日冕以及太阳风磁场扇区（向外和向内）的平面视图。红色区域是背离太阳的磁场（＋），绿色区域是朝向太阳的磁场（－）。蓝色区域表示两个足点都在太阳上的闭合磁场的最外层。其他闭合磁场（图中未画出）均聚集在蓝色线条以下。黑线代表电流片，大约在 2.5R_S 处。电流片起源于靠近蓝色磁力线顶点的地方。（b）图为 1996～1997 卡林顿周期间的磁场扇区（向外和向内）。（图片由 NASA 社区协调建模中心（CCMC）源表面势场模型提供）

问答题 5-14

根据图 5-21（b）描述在 1996～1997 卡林顿周期间太阳风流过地球的一系列特征。（关注点 3.2 讲述了卡林顿周期。）什么时候流体速度低？什么时候高？

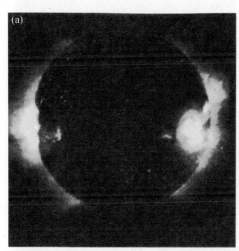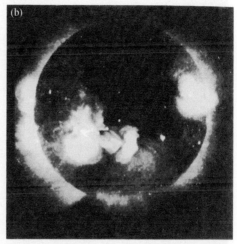

图 5-22 "阳光"（Yohkoh）卫星的太阳 X 射线图像。（a）图片拍摄于 1995 年，接近太阳活动极小期间，闭合磁力线环靠近赤道，极区冕洞位于南半球。图中黑色代表 X 射线辐射最小。（b）图片拍摄于 1993 年，太阳活动处于衰退期，一个大冕洞向太阳赤道伸展。地球遇到了来自这个区域的高速流。（图片由蒙大拿州立大学太阳科学与工程实验室以及 Yohkoh 过往数据存档提供）

问答题 5-15

来自图 5-22（b）中黑色区域的太阳风抵达地球，它具有什么样的特征？
（a）不存在或者没有太阳风流动；
（b）速度低、密度高；
（c）速度高、密度低；
（d）温度高；
（e）c 和 d。

我们用图 5-23 来总结此节。图中以很好的视觉角度展示了大约两个太阳活动周期间的太阳风周年变化。太阳风数据来自于尤利西斯（Ulysses）飞船，该飞船由 NASA 和 ESA（欧空局）联合运行了 18 年，飞船绕太阳飞行了三圈，我们展示了其中的两圈。飞船被木星甩出去，绕过太阳两极，然后回到木星轨道，飞船在此期间收集了行星际的数据。左图中的数据显示太阳活动极小时的太阳风流动具有两种形态（高纬度为高速流，低纬度为低速流）。在低纬地区，太阳风速度常常小于 400 km/s，偶尔出现间歇性的高速流。在高纬地区，太阳风速度常常高于 700 km/s。偶极场位形与第 22 太阳活动周的磁场吻合，磁北极和日面北极相重合。太阳活动极大期间，尤利西斯飞船在第二次（绕太阳运行的）轨道期间遇到了各种类型的流体。太阳闭合磁力线结构占据更大的区域，冕洞则小一些。

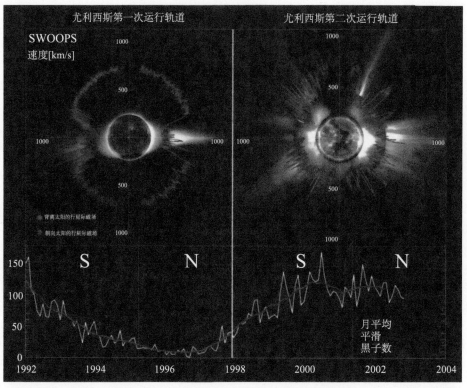

图 5-23 尤利西斯飞船第一、第二次（环日）轨道运行期间的太阳风速度观测。数据来自"飞跃太阳极区太阳风观测"（SWOOPS）仪器装置包。上图所示为太阳速度和纬度之间的函数关系；横纵坐标标识为 500 km/s 和 1000 km/s。飞船在高纬度取样，但是没有直接飞跃极点，因而在极点附近有空白。图中叠加了 SOHO 卫星观测到的太阳图像。流体曲线不同颜色代表行星际磁场的不同位形，红色为向外的磁场，蓝色为向内的磁场。下图显示的是两次运行轨道期间的太阳黑子数，第一次轨道运行发生在太阳活动周的下降及最小值期间，第二次轨道运行跨越了太阳活动极大期。太阳风图像和太阳活动极小（1996 年 8 月 17 日）以及极大（2000 年 12 月 7 日）的图像叠加在一起，太阳图像由以下几个仪器观测的图像（从内向外）组合而成：SOHO 极紫外成像望远镜（195 Å 的 Fe XII 离子：11 个电子的铁离子），夏威夷莫纳罗亚观测站的 k 冕仪（700~950 nm）以及 SOHO 上搭载的 C2 广角日冕光谱仪（白光）。尤利西斯飞船的每个轨道分别自 1992 年和 1998 年，从东面（太阳左边）开始反时针运行。字母"S"和"N"分别表示数据是从日面南半球或者北半球获得的 [McComas et al., 2003]。

5.2　日球层内太阳风的相互作用

我们在本节中介绍当等离子体流和行星际介质中的磁场结构遇到太阳系内的天体时会怎样变化，以及这些变化对地球造成的影响。我们也会描述地球弓激波及其与太阳风之间的相互作用。

5.2.1　太阳风在磁化障碍物周围的减速

目标：读完本节，你应该能够……

- ◆ 解释地球上游太阳风中弓激波的存在
- ◆ 描述跨激波时流体参数的变化
- ◆ 描述跨激波时磁场参数的变化
- ◆ 区分自由流动的太阳风和磁鞘

前几节介绍了日球层内流经地球的宁静太阳风。我们在这里研究一下行星际介质是如何对于障碍物（如地球磁层等）作出反应的。

我们现在知道太阳风能被加速，那么当太阳风遇到太阳系内的星体和障碍物发生相互作用减速时会发生什么呢？流体必须绕障碍物（如地球磁层）偏转，但是"挡道"的物体不会提醒超声速的太阳风。物体在流体中以超声速运动时会形成激波（shock）（流过来的超声速流的突然减速），或者等同的，超声速流体经过一个障碍物也会形成激波。磁化行星附近、流体边界层以及日球层边缘会产生太阳风激波。

在一般的流体中，各个粒子之间碰撞非常频繁，流体行为就像一个整体，而不是分离的粒子。在超声速流体中，声波速度不够快，无法将有用的信息从障碍物沿流动路径传播到上游，流体也就不能有序地交流和作出反应。这样，在超声速流中，信息在运动流体里有序的传递过程被打破了。取而代之，激波（声波的堆积）产生了。粒子的平均自由程是这个过程中的主要参数之一，并且决定着声波的速度。

运动的流体团从远处接近一个静止的物体。初始时候流体不受路径上的障碍物影响。流体内部在靠近障碍物的地方形成一个边界层。压强扰动以声速把信息从边界层传播出去（声波的压强扰动是流体与自己及周边相互作用的一种手段）。障碍物通过对流动的扰动开始影响流体。声波使得流动偏转。流体的参数（密度、速度等）决定这种影响在上游中能传播多远。对于在稠密大气层中飞行的飞机来说，比起飞机的大小，激波层非常小。太阳风流体非常稀薄（低密度），因而障碍物（如包裹在自身磁场中的地球）和激波之间的距离相对要大许多。

声波、激波以及其他很多波的传播速度与波的幅度有关。如果传播速度随波幅增加得足够快，那么波可以非线性地变陡（因为波包强的部分堆积）而形成激波。在激波处，上游流动高级的、定向形式的能量被转化为下游流动里面低级的热能。激波下游是高密度的湍流流动。

地球弓激波和磁鞘

非线性的行星弓激波（bow shock）处于行星磁场上游太阳风中，弓激波引起上游流体形成绕流，从超声速、定向流动突然变成下游亚声速的湍流。我们称之为"突然"的变化是因为相对于以数万公里计的行星际空间而言，这个变化发生在几十公里以内。通过卫星跨越激波的测量，弓激波呈弧形，在日下点（距离太阳最近的点）有一个钝形的鼻子，见图 5-24。鼻子处的激波最强，而侧面最弱。

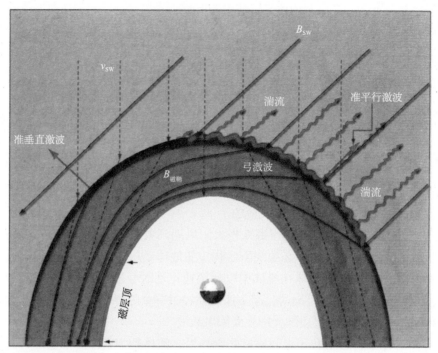

图 5-24 **从北极看去的太阳风–地球磁流体腔。**太阳风等离子体在弓激波处减速、加热并且改变流动方向。太阳风的磁场强度、密度和温度在通过激波后增加。弓激波可以反射带电粒子。反射回上游的粒子在行星际磁场的控制下运动。被反射的粒子能量常常会增加并且和流过来的太阳风发生相互作用。（图片改编自 Bruce Tsurutani）

　　我们可以把地球的弓激波和船艏波进行比较。位于船头前方的船艏波是一种高密度、亚声速的流体波。在船艏波中，流动扰动的信息以声速传播，而在超声速流中，声波速度很低，无法传递信息。（在超声速流中传递扰动信息）需要一种振幅更高、速度更快的波。从某种意义上来说，地球的弓激波只是一种非线性变陡的艏波，速度够快使得过来的超声速流产生偏移。有意思的是，月球没有这种常见的弓激波。当月球位于日地之间时，太阳风直接撞击到月球表面。人类第一次登上月球，他们最初所做的事情之一就是设置一个收集太阳风粒子的采样站。

　　地球弓激波区域有几个特征。激波上游存在一个激波前兆，由来自弓激波向上游运动并和上游过来的等离子体相互作用的高能粒子组成。这个区域通常充满了各种等离子体波。弓激波面向地球一面是一个磁化的鞘——磁鞘（magnetosheath），几个地球半径厚，这里的等离子体受到加热，磁鞘把弓激波和磁层顶分隔开来。亚声速太阳风和行星际磁场在磁层顶受到地球磁场的阻碍。磁层顶以内，是地球磁层的场和流体。尽管在磁鞘区域观测到的等离子体和磁场明显来自于太阳，但是磁鞘具有和太阳风以及磁层都不一样的特征。在磁鞘侧面，地球一边的下游里，受激波影响的太阳风最终再次加速到超声速，和自由流动的太阳风汇合。

　　图 5-24 中显示了一个自由流动的太阳风区域，一个和弓激波相关的湍流区域以及一个和磁层相关的层流区。激波上游流体的特征（如密度、温度、流速等），与激波下游不同。下游的压强、温度和总磁场强度增大。图 5-24 中标注为行星际磁场（B_{sw}）的线代表

了到达地球的磁场，呈典型的帕克螺旋角。当行星际磁场穿过弓激波后，磁场被压缩并且会稍微弯曲偏转一些。图中也显示了行星际磁场矢量大致上平行于激波法向（*准平行激波*（quasi-parallel shock））的区域。这些区域是激波最厚，扰动最强烈的部分。由于在这部分区域里粒子被激波反射回上游，和行星际磁场相互作用，因此这些区域内的激波会加厚。在行星际磁场大致上垂直于激波法向（*准垂直或者切向*（quasi-perpendicular or tangential））的区域，上游的流体更加呈现层流状态。

太阳风的变化会引起弓激波的位置发生变动，当弓激波越过卫星的时候，卫星就能够观测到弓激波。有时候，卫星相对于弓激波的运动也能穿越激波。卫星穿越激波的时间通常很短（几秒到几分钟）。这个时候，星载仪器用高分辨率来记录激波内的电场、磁场以及粒子的分布函数。从这些测量中，我们可以了解到等离子体和激波的物理过程，以及太阳风参数的变化是如何影响这些物理过程，并进一步影响激波结构的。

因为太阳风是完全电离的等离子体并包裹在磁场当中，一般条件下，另一个磁场区域是无法大尺度穿透太阳风的。行星磁层基本上是无法透过的障碍物，太阳风在接近磁层的过程中，必须绕行，两边的磁场都必须改变形态。所有带有固有磁场的行星都会发生这种相互作用，只是我们的注意力集中在地球上。激波造成的绕流对空间环境有三个方面的重要影响：

● 在上游太阳风中相对固定的距离处形成一个激波；
● 能量的耗散导致各种高能粒子和等离子体波；
● 行星磁场位形发生改变形成流线型的磁层。

磁化等离子体里存在多种磁波模。科学家们认为，气体激波一般情况下通过碰撞来实现能量转换，而等离子体激波通过波的耗散来实现能量转换。激波也能反射太阳风离子。有些准平行激波的结构来自于被反射的粒子。波的活动也依赖于热能密度和磁能密度。我们在第4章中用热能密度和磁能密度的比值来定义等离子体β。低β值时，波的活动很低，随着β增大，激波处和激波下游的波的幅度变得很大。

表5-3是地球弓激波的一些信息。空间物理里，一般用引起扰动的物体的半径来衡量激波的距离。弓激波通常距离地球$15R_E$。激波的位置和宽度经常变化，依赖于太阳参数，尤其是太阳风的密度和速度。激波位置随太阳风变化的时间尺度以分钟计。

表5-3 弓激波特征。我们在这里列出了地球弓激波的特征参数。

特征	范围	典型值
位置	地球上游$(12\sim20)R_E$	$15R_E$
移动速度	$10\sim100$ km/s	50 km/s
厚度	$100\sim1000$ km	200 km
形状	圆弧形至拉伸的圆弧形	大致上双曲型

磁鞘具有加热和压缩的特征。太阳风在穿越地球弓激波后减速到~200 km/s，动能转化为内能，温度升高到5×10^6 K（大约是自由流动的太阳风速度的$5\sim10$倍）。磁场强度一般升高到原来的4倍。磁鞘内的温度增加意味着声速c_S要大一些，这样太阳风就变成了亚声速。在绕流磁层障碍物的日下点处，流动停滞。周围的流体向晨昏两侧偏离。受到影响的

太阳风流体团在到达两侧后受到加速以维持和其他太阳风在一起的连续流动。

问答题 5-16

磁鞘区域的熵高还是低？

在普通的气体激波中，气体分子平均自由程的突然变化使得有序的流动产生混乱。流动的崩溃使得分子被散射，随着碰撞平均自由程的增加，激波厚度也增加了。在空间等离子体中，平均自由程往往非常之大，体系几乎是无碰撞的。不过，平均自由程的概念仍然有用。等离子体粒子之间通过电场和磁场而不是碰撞发生相互作用。流动带电粒子产生的磁场和电场组织着粒子的集体运动。这些电磁场相互作用使得太阳风中的带电粒子呈现集体运动行为。因此，无碰撞激波（collisionless shock）听上去似乎自相矛盾，但却是等离子体环境中非常重要的相互作用机制。

在磁相互作用中，平均自由程是粒子运动方向发生改变前移动的平均距离。在第 1 章里，我们看到洛伦兹力使得电荷为 q 质量为 m 的带电粒子围绕磁场 $\boldsymbol{B}$ 做回旋运动，其有效相互作用距离等于回旋半径 r，有效碰撞频率等于回旋频率 ω。这些物理量由洛伦兹力相互作用来定义，$\boldsymbol{F} = q\boldsymbol{v} \times \boldsymbol{B}$（参见 1.4 小节），我们依此推导出回旋半径 r 和回旋频率 ω

$$|F| = \left| \frac{mv_\perp^2}{r} \right| = |qv_\perp B|$$

$$r = \frac{mv_\perp^2}{qB}, \quad \omega = \frac{v_\perp}{r} = \frac{qB}{m}$$

例题 5.8　激波厚度

- **问题**：比较地球弓激波下游里氢离子回旋半径和弓激波的厚度。
- **相关概念**：回旋半径。
- **给定条件**：磁鞘内太阳风速度，$v_{SH} = 200\,\text{km/s}$；磁鞘磁场增强为 $|\boldsymbol{B}| = 5\,\text{nT} \times 4 = 20\,\text{nT}$。
- **假设**：氢离子不受其他外力影响。
- **解答**：

$$\text{回旋半径} = r = \frac{mv_\perp}{qB} = \frac{\left(1.67 \times 10^{-27}\,\text{kg}\right)\left(2 \times 10^5\,\text{m/s}\right)}{\left(1.67 \times 10^{-19}\,\text{C}\right)\left(20 \times 10^{-9}\,\text{T}\right)}$$

$$r \approx 104\,\text{km}$$

- **解释**：磁鞘内氢离子的回旋半径与表 5-3 中列出的弓激波厚度相当。当磁鞘压缩行星际磁场和太阳等离子体时，离子的回旋半径会发生改变，激波的宽度也会随新状态而调整。

补充练习：求自由流动的太阳风中氢离子的回旋半径和回旋频率。

激波跃变条件

在激波参考系下，对于磁化流体流经（如地球弓激波等）激波时的行为表现，有一些一般化的说明。把守恒定律应用到一维流体，可以把激波上下游流体的特征关联起来；我们忽略不计离激波非常非常近的流体的特征；我们还假设没有源项。由兰金－于戈尼奥（Rankine-Hugoniot）方程（关注点 5.2）描述的流体跃变条件（jump condition）来自于冻结在等离子体里的磁通量守恒以及质量、动量和能量守恒。图 5-25 显示了当流体越过激波时等离子体和磁场的变化。磁场用垂直或者平行激波的矢量来描述，平行于激波法向的磁场分量是 B_{normal}，垂直于激波法向的分量是 $B_{tangent}$[①]。表5-4 对激波上下游的参量进行了对比。激波上游的等离子体是超声速的，温度相对要低一些，而且处于未被压缩的平衡态。下游的等离子体是亚声速的，温度高一些，处于压缩平衡态。关注点 5.2 对激波跃变条件的各个方程做了一个简单总结。这些方程描述了（如质量、能量和动量等）守恒量跨激波时的通量。

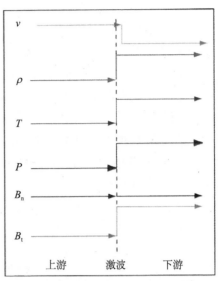

图 5-25 太阳风跨越弓激波时的参数变化。图中显示了行星际介质在地球磁层边缘跨越弓激波时参数值的跃变。（这里 v 是速度；ρ 是密度；T 是温度；P 是压强；B_n 是垂直激波面的法向磁场强度；B_t 是切向磁场的强度）

表 5-4 准理想磁化等离子体的激波跃变条件。我们在这里列出了等离子体激波上下游的跃变条件。

上游	下游
整体速度：高 自由流动，$v>$声速	整体速度：低 受激波影响，$v<$声速
数密度：低 自由流动	数密度：高 堆积
温度：低 内部运动弱	温度：高 内部运动强
压强：低 与 T 和 ρ 一致	压强：高 与 T 和 ρ 一致
B 的切向分量 B_t：低 随等离子体流动	B 的切向分量 B_t：高 随等离子体堆积
B 的法向分量 B_n：常数 沿 B 方向高电导率	B 的法向分量 B_n：常数 沿 B 方向高电导率

求解激波跃变条件的想法和计算帕克超声速太阳风类似，除了那几个守恒量，再加上磁通量。把关注点 5.2 里的结果应用到理想气体上，可以得到上游（u）和下游（d）速度

① 原文有误，磁场切向和法向写反了。——译者注

和数密度之间的关系 $\dfrac{v_{\mathrm{d}}}{v_{\mathrm{u}}} = \dfrac{1}{4} = \dfrac{\rho_{\mathrm{u}}}{\rho_{\mathrm{d}}}$ 。不论是切向或者法向，参数的改变最大只能是原来的四倍。

　　虽然太阳风不是理想气体，但是磁相互作用控制着粒子的运动，使得太阳风近似体现出理想气体的特征，因而太阳风中准垂直激波的速度和数密度的跃变条件几乎和理想气体情况下一模一样。大多数的激波中，只有磁场沿激波法向的分量在穿越激波时保持不变。垂直激波法向的分量强度会增加，最大能增加到原来的 4 倍。行星际介质的其他参量必须相应地做出调整。

　　图 5-26 显示了太阳风穿越弓激波后数密度的变化。下游紧靠激波的地方数密度上升到了原来的 ~3.5 倍。下游更远一些的地方数密度增强到原来的 ~2.5 倍。这是 CLUSTER 卫星在 2000 年 12 月 25 日测量到的。

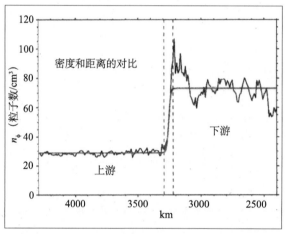

图 5-26　测量到的太阳风穿越地球弓激波时的数密度变化。纵轴是数密度 [#/cm³]。横轴是距离 [km]。图中，地球位于右边，太阳位于左边。上游流体数密度低于激波后被压缩的下游流体的数密度。穿越激波后数密度平均上升到原来的 2.5 倍。激波厚度略小于 100 km（红色虚线）。绿色曲线是对数据的最佳拟合。上游条件位于左边[①]。[Bale et al., 2003]

关注点 5.2　磁化激波的兰金－于戈尼奥方程

　　准理想磁化激波的流体运动存在几个限制条件。这些限制条件被称为兰金－于戈尼奥方程，如果上游流体状态已知，我们可以通过这些方程来确定下游流体的运动状态。几个主要的等离子体参量在穿越准理想磁化激波前后保持恒定，我们采用一个特殊的记号来表示。[X] 表示某个参量 X 在上下游介质之间的差值：$[X] = X_{\mathrm{u}} - X_{\mathrm{d}}$。对于守恒量来说 $[X] = 0$。这些（兰金－于戈尼奥）方程都是矢量方程。下文中的公式里所有的点乘和叉乘都已经计算完成，因而我们用的是矢量的法向分量 n 和切向分量 t。进一步的细节请参考 Kivelson and Russel [1995]。守恒定律包括 6 个方程。如果想从上游流体参量得出下游流体参量，那么我们需要求出 6 个未知数（$\rho, v_{\mathrm{n}}, v_{\mathrm{t}}, p, B_{\mathrm{n}}, B_{\mathrm{t}}$）。

---

① 　原文有误，激波厚度写为了 500 km，上游写为在右边。——译者注

守恒量	解释
质量流量： $$[\rho v_\mathrm{n}] = 0$$	如果等离子体速度降低，那么等离子体密度升高
沿激波法向的动量流量： $$\left[\rho v_\mathrm{n}^2 + p + \frac{B_\mathrm{t}^2}{\mu_0}\right] = 0$$ 垂直激波法向的动量流量： $$\left[\rho v_\mathrm{n} v_\mathrm{t} - \frac{B_\mathrm{n}}{\mu_0} B_\mathrm{t}\right] = 0$$	在垂直和平行激波面的每个方向上，动压、气压和磁压在穿越激波后进行调整，从而使得动量保持平衡
能量流量： $$\left[\frac{1}{2}\rho v_\mathrm{n}^2 + \left(p + \frac{B^2}{2\mu_0}\right)v_\mathrm{n} + \left[\left(\frac{\gamma}{\gamma-1}\right)p + \frac{B^2}{2\mu_0}\right]v_\mathrm{n}\right] = 0$$	流体动能、内能和电磁能在穿越激波后进行调整，从而使得能量保持平衡
磁通量： $$[B_\mathrm{n}] = 0$$	高斯定律（磁单极子不存在）
电场： $$[\boldsymbol{v} \times \boldsymbol{B}]_\mathrm{t} = [v_\mathrm{n}B_\mathrm{t} - v_\mathrm{t}B_\mathrm{n}] = 0$$	法拉第电磁感应定律

其中，ρ = 密度 $[\mathrm{kg/m^3}]$；

$\quad\quad v_\mathrm{n}$ = 激波法向方向的太阳风速度 $[\mathrm{m/s}]$；

$\quad\quad v_\mathrm{t}$ = 激波切向方向的太阳风速度 $[\mathrm{m/s}]$；

$\quad\quad p$ = 热压强 $[\mathrm{N/m^2}]$；

$\quad\quad B$ = 磁场强度 $[\mathrm{T}]$；

$\quad\quad \gamma$ = 比热比，通常等于 5/3[无量纲量]；

$\quad\quad B_\mathrm{n}$ = 激波法向方向的磁场强度；

$\quad\quad B_\mathrm{t}$ = 激波切向方向的磁场强度。

问答题 5-17

比较自由流动的太阳风和磁鞘内太阳风的数密度、速度、温度和磁场。

5.2.2 内行星以外的太阳风

目标：读完本节，你应该能够……

- ◆ 描述 1 AU 以外太阳风等离子体的变化
- ◆ 计算日球层内太阳风数密度与到太阳距离的函数关系
- ◆ 区分终止激波和日球层顶
- ◆ 给出日球层顶和终止激波的大概位置

◆　比较日球层顶和磁层顶的形状

日球层内太阳风的速度、数密度和温度

　　星际介质包裹着日球层并限制着太阳所能影响的尺度。流动的行星际介质越过行星一直扩展到星际介质中去，直到达到一个动态的压强平衡（例题 5.9）。超声速的太阳风在到达那个边界之前必须减速，这样就形成了一个**终止激波**（termination shock）。实际上，超声速太阳风流和星际风的相互作用可能会形成三个间断面：终止激波、日球层顶，如果星际风是超声速的，还会形成一个弓激波。超声速的太阳风穿过终止激波后到达亚声速区域。**日球层顶**（heliopause）是一个间断面，它把两种介质的磁场分隔开。日球层顶靠星际空间一侧可能存在一个星际弓激波。图 5-27 给出了两艘旅行者（Voyager）号飞船在它们离开日球层时的位置。

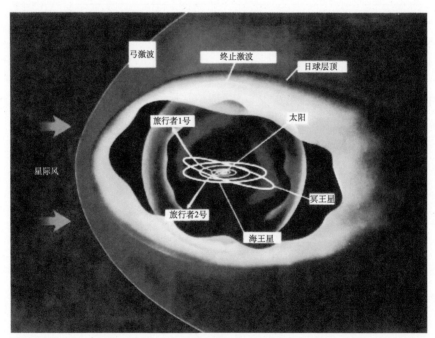

图 5-27　日球层及其各个边界的想象图。两艘旅行者号飞船现在均位于终止激波以外。（图片由 NASA 提供）

　　2004 年的后半年，旅行者 1 号在距离太阳～95 AU 处穿越了终止激波。图 5-28 显示在遇到终止激波时磁场迅速增加。2007 年，旅行者 2 号在距离太阳较近的位置遇到了终止激波，这是因为在太阳活动极小期间较低的压强使得这个边界朝向太阳运动。

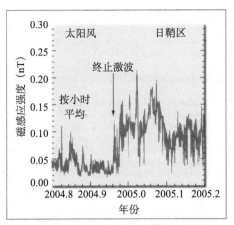

图 5-28 旅行者 1 号测量的磁场强度（B）小时平均值。 横轴是小数表示的年份。在 2004 的后半年，旅行者 1 号逐渐接近终止激波。它在 2004 年 12 月 6 日或者前后跨越激波（～95 AU）进入一个具有更强磁场的区域，此区域被认为是日鞘区。$B_{solar\ wind}$ 和 $B_{heliosheath}$ 的比值是～1/3。（图片由 NASA 的 Leonard Burlaga 提供）

旅行者 2 号飞船的数据（图 5-29）显示日球层内的太阳风即使是在 80 AU 也是不断变化的。20 AU 以外的速度增加并叠加有扰动，其扰动大致上被一个太阳自转周期所隔开。太阳风的平均速度为 440 km/s，和 5.1.2 小节所讨论的一致。在大约 84 AU 处，旅行者 2 号遇到了终止激波的亚声速太阳风。在终止激波以外的日鞘里，太阳风速度随径向距离下降，直到其到达日球层顶。

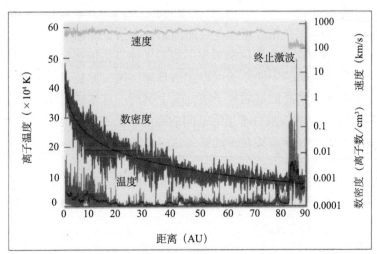

图 5-29 旅行者 2 号在 1～90 AU 探测到的等离子体数据。 太阳风直到～84 AU 仍保持很高的速度，速度在终止激波处下降。太阳风等离子体的数密度以 $1/r^2$ 的趋势下降。太阳风的温度从地球以外到大约 25 AU 处呈下降趋势，在 30 个 AU 以外由于存在其他的热源，温度有微弱增加。终止激波处的温度显著上升。图中所画每条黑色平滑曲线代表了飞船在遇到朝向太阳移动的终止激波之前时所获得数据的变化趋势。旅行者 2 号在 2007 年 8 月进入终止激波。（数据由麻省理工学院的空间等离子体研究组提供）

回顾 2.2.2 小节的内容，任何一个物理量的密度向外流经同心球壳一定会按 $1/r^2$ 减小。

因此，太阳风数密度（n_{SW}）按如下关系变化：

$$n_{SW}(r) = n_0 \left(\frac{a}{r}\right)^2 \qquad (5\text{-}7)$$

其中，n_0 = 初始或者参考数密度 [#/m³]；

　　　a = 参考距离，通常是一个太阳半径 [km 或 AU]；

　　　r = 感兴趣的位置离日心的距离 [km 或 AU]。

根据旅行者 2 号的数密度数据（如图 5-29 中对数坐标所示），这个关系式一直到 80 AU 以外都仍然成立。相应地，地球附近的数密度为 10 粒子 /cm³，在大约 90 AU 的地方数密度下降为 0.001 粒子 /cm³。

小一点尺度上的数密度结构与太阳风中的融合相互作用区有关，图中对数坐标的显示效果不是很好。后面的高速流最终追上前面的高速流形成融合区。它们之间相互叠加压缩太阳风，导致压缩区内数密度增强，我们也能推断得出磁场会增强。更多细节描述参见第 10 章。

磁重联和日冕底部堆积的波的能量加热并且电离日冕里的粒子，形成高电导率和高热导率的等离子体。受到加热的等离子体克服太阳引力和磁场的约束向外膨胀。太阳风本质上是向外吹出膨胀冷却的太阳日冕。太阳风的温度在整个距离上都有扰动。图 5-29 线性地显示了旅行者 2 号测量到的 1～80 AU 的离子温度变化。流与流之间的相互作用、磁重联以及宇宙线粒子（和太阳风之间的）相互作用是太阳风中可能的加热机制，这些机制抵消了太阳风的冷却过程，尤其是在遥远的日球层区域。随着流体状态的改变，终止激波处的等离子体温度迅速升高。

太阳和星际介质之间存在相对运动。目前的估计表明星际离子和中性原子相对于太阳的流速为～25 km/s。超声速的太阳风造成星际等离子体发生偏移，形成一个类似地球磁层的日球层结构。星际介质中的中性原子可以穿透日球层顶，但是星际粒子倾向于绕过日球层顶。被称为宇宙线的非常高能量的粒子成分是个例外。日球层顶作为日冕磁场非常广阔的延伸，能使得大约 90% 的、来自于星际空间的高能粒子发生偏离。它就像一把漏雨的伞一样，剩下的 10% 的高能量宇宙线粒子能够到达内日球层和地球空间（图 5-30）。

问答题 5-18

运用方程（5-7）估算土星附近的太阳风数密度。假设 4 个太阳半径（R_S）处的太阳风数密度为 ~ 3×10^{10} 粒子 /m³。

两艘旅行者号飞船应该在 2017 年的时候到达日球层顶，其距离为 130～150 AU。日球层顶是一个动态边界层，受太阳活动影响，在时间上有些滞后，时而膨胀时而收缩。在例题 5.9 中我们基于压强平衡来估计日球层顶的距离。日球层内存在朝着日球层顶传播的大尺度行星际扰动，我们可以通过观测这些扰动形成的激波之间相互作用所导致的无线电噪声来大致确定日球层顶的位置。

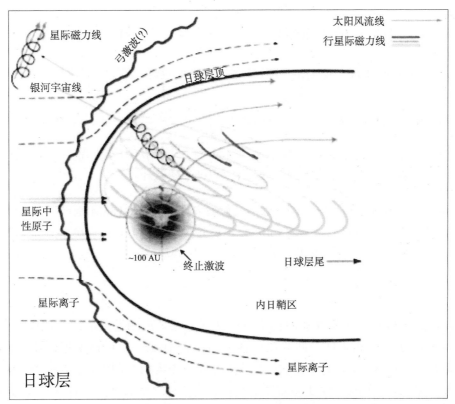

图 5-30 日球层。示意图中灰色流线表示太阳风，太阳风在终止激波处减速为亚声速；越过终止激波后，太阳风改变方向，并携带着行星际磁场朝日球层尾运动。类似地球磁层，磁场形成一个"尾部"和"鼻部"。大部分的星际离子绕过日球层顶。不过，星际中性原子的确可以穿透日球层顶进入太阳系，当它们靠近太阳时，部分原子被电离，然后受到日球层内电磁场的作用，运动方向发生改变。终止激波内的小小的橘红色区域代表了太阳的整个行星系统。（图片由 NASA 的 Steven Suess 提供）

问答题 5-19

一个大尺度的磁场扭结和密度扰动结构（CME 和激波）在经过大约 13 个月的传播之后到达日球层顶，其产生的无线电嘶声被旅行者飞船接收到。假设这个结构的传播速度比典型的太阳风速度稍微快一点，比如为 450 km/s，求太阳和日球层顶之间的距离。

例题 5.9　日球层顶的位置

- 问题：根据压强平衡原理估算日球层顶的位置。
- 相关概念：动压和动量平衡。
- 给定条件：星际介质的压强是 $\sim 1.3 \times 10^{-13}\,\mathrm{Pa}$。星际粒子质量采用质子质量，典型的太阳风数密度为 5×10^6 个粒子 $/\mathrm{m}^3$。
- 假设：动压以 $1/r^2$ 的趋势下降。在日球层顶停止点处，动压和星际介质的压强平衡。
- 解答：地球附近太阳风的动压为

$$m_p n_p v_{SW}^2 = \left(1.67 \times 10^{-27} \text{ kg}\right)\left(5 \times 10^6 \text{ 个粒子} / \text{m}^3\right)\left(4 \times 10^5 \text{ m/s}\right)^2 \approx 1.34 \times 10^{-9} \text{ Pa}$$

如果压强按 $1/r^2$ 下降，那么在日球层顶的动压为：$P_{HP} = P_{Earth} \left(\dfrac{1 \text{ AU}}{R_{HP}}\right)^2$

日球层顶的位置为：$R_{HP} = \sqrt{\dfrac{P_{Earth}}{P_{HP}}} (1 \text{ AU}) = \sqrt{\dfrac{1.34 \times 10^{-9} \text{ Pa}}{1.3 \times 10^{-13} \text{ Pa}}} (1 \text{ AU}) \approx 100 \text{ AU}$

■ 解释：通过比较地球附近太阳风的压强和日球层顶的太阳风压强（等于星际介质的压强），我们发现太阳的影响力扩展到至少 100 AU 以外。

补充练习 1： 求日球层顶星际一侧的磁压。假设 $B_{ISM} = 0.5 \text{ nT}$（ISM 是星际介质）。

补充练习 2： 假设日球层顶星际一侧的质子数密度是 0.1 个粒子 $/\text{cm}^3$，流体速度是 25 km/s，温度是 10^4 K，求这一侧的动压和热压。

总结

　　彗尾提供了行星际介质存在的首个模糊证据。天基观测发现了流经地球的高温、高电导率、超声速的等离子体。此等离子体源自太阳日冕，压强梯度把太阳大气加速到 300～800 km/s 的速度。离开太阳的太阳风拖曳着一缕缕的太阳磁场，这些弯曲的磁力线向外延伸，在空间中形成一个类似蚕茧的结构，我们称之为日球层。日球层大约有 100 个 AU，包裹着各个行星和其他遥远的物体。

　　平静太阳风有两种形态：低速和高速。前者主要起源于太阳赤道区域，而后者起源于占太阳极区主要部分的开放磁力线区域，开放磁力线区域在一个太阳活动周的下降期也会延伸到靠近赤道的低纬地区。太阳风在电离环境中形成，膨胀到空间中的太阳风仍然保持完全的电离。由于太阳自转，当太阳风球状膨胀时，太阳磁场被拉伸为螺旋线结构。上下半球被拉伸的磁力线之间构成一个被称为日球层电流片的中性区域，电流片在太阳磁赤道面附近起伏不断，看起来像旋转的芭蕾舞裙。固定在太阳上的磁场比地球围绕太阳运动的要快，因而受扰动的单极性磁场所组成的扇形结构扫过地球。这些扰动常常由高速的太阳风流迅速地流到低速流区域引起，并相互挤压而形成共转相互作用区，最终可能与地球磁层发生相互作用。地球经常被扇形界扫过。靠近扇形边界时，不规则的磁场可能会引起中等磁暴。

　　太阳风在和地球发生相互作用之前必须减速为亚声速。地球磁层前面的弓激波使得流体速度降低。弓激波的罕见之处是其发生在无碰撞环境下。太阳风粒子速度和轨迹的改变由电磁相互作用引起，而不是由真正的粒子之间的碰撞引起。ACE 卫星位于弓激波上游的自由太阳风中，可以测量太阳风到达地球之前的属性。由于导电磁化等离子体能够对地球空间做功，所以为了预报空间天气事件，空间天气预报员非常想知道功的形式是什么以及做了多少功。

　　太阳风越过地球继续向外，直到在日球层顶遇到当地的星际介质。另外一个激波，终止激波，在这个过程中使得太阳风减速为亚声速。终止激波所处位置的等离子体受到热扰动和磁扰动的加热作用，在这个地方来自日球层内部的低能离子有可能被加速到中等能量。

　　对于本章内容，John (Jack) Gosling 提供了非常有用的讨论和深刻的见解。

关键词

英文	中文	英文	中文
bow shock	弓激波	interplanetary medium	行星际介质
collisionless shock	无碰撞激波	jump condition	跃变条件
conductivity	电导率	Lagrange point	拉格朗日点
co-rotating interaction region (CIR)		Landau length (L)	朗道长度
	共转相互作用区	magnetosheath	磁鞘
critical distance	临界距离	outer corona	外日冕
frozen-in flux	磁通量冻结	Parker spiral	帕克螺旋
garden hose angle ψ	花园水管夹角	quasi-parallel shock	准平行激波
garden hose spiral	花园水管螺旋线	quasi-perpendicular or tangential	
heliopause	日球层顶		准垂直或者切向
heliospheric current sheet (HCS)		sector	扇形
	日球层电流片	sector boundary	扇形边界
high-speed stream (HSS)	高速流	shock	激波
inner corona	内日冕	solar wind	太阳风
interplanetary magnetic field (IMF)		source surface	源表面
	行星际磁场	termination shock	终止激波

公式表

平均自由程 $l = \dfrac{1}{n\sigma}$ 。

磁场中粒子速度和声速之间的关系 $v_\perp \approx \sqrt{\dfrac{2k_{\mathrm{B}}T}{m}} \approx c_{\mathrm{S}}$ 。

阿尔文速度 $v_{\mathrm{A}} = \sqrt{\dfrac{B^2}{\rho\mu_0}}$ 。

高纬太阳风在距离太阳 r 处的磁场强度 $B_{\mathrm{r}} = B_0 \left(\dfrac{r_0}{r}\right)^2$ 。

距离太阳 r 处的太阳风磁场强度的经向分量 $B_\psi = -B_{\mathrm{r}}\left(\dfrac{\omega_{\mathrm{S}}r}{v_{\mathrm{SW}}}\right)$, $B_\psi = -B_0\left(\dfrac{\omega_{\mathrm{S}}r}{v_{\mathrm{SW}}}\right)\left(\dfrac{r_0^2}{r^2}\right) = -B_0\left(\dfrac{\omega_{\mathrm{S}}r_0^2}{v_{\mathrm{SW}}r}\right)$ 。

花园水管夹角 $\psi = \tan^{-1}\left(-\dfrac{B_\psi}{B_{\mathrm{r}}}\right) = \tan^{-1}\left(\dfrac{\omega_{\mathrm{S}}r}{v_{\mathrm{SW}}}\right)$ 。

回旋半径 $r = \dfrac{mv_\perp}{qB}$ 。

回旋频率 $\omega = \dfrac{v_\perp}{r} = \dfrac{qB}{m}$ 。

距离太阳 r 处的太阳风数密度 $n_{\mathrm{SW}}(r) = n_0 \left(\dfrac{a}{r}\right)^2$ 。

问答题答案

5-1: 离子计数范围从1个离子/cm³到~30个离子/cm³。所以，密度范围是从1.67×10^{-27} kg/cm³ 到~5×10^{-26} kg/cm³。

5-2: 速度和数密度趋势图。从上部开始，中等速度（~450 km/s）。速度一过压缩区边缘就快速上升（600~800 km/s），然后可能慢慢地下降到底部附近平均速度（~350 km/s）以下。类似地，数密度从中等大小开始（~7个离子/cm³）。在压缩区迅速升高（~20个离子/cm³或者更高）。经过压缩区以后，数密度的值下降到低于一般的数值（2~3个离子/cm³），然后在第二个标注的区域恢复到一般值大小。

5-3: 当温度上升时，粒子的速度上升，使得相互作用更频繁，因而相互作用半径更小。

5-4: 由于高速流体密度较低，因此它的平均自由程更长。

5-5: 因为在 1 AU 处所有温度下的速度曲线均接近水平，而且可能直到 5 AU 仍保持水平状态，我们推断从 1 AU 到 5 AU 没有压强差。

5-6: 流体速度依赖于日冕温度，而日冕温度和太阳活动周期相关。所以，流体速度间接地是太阳活动周的函数。

5-7: 我们求得随机速度为 40 km/s 时的温度（eV）是：

$$T = 1/2\left(mv^2\right)/k_B = 1/2\left(1.6 \times 10^{-27}\,\text{kg}\right)\left(1.6 \times 10^{9}\,\text{m}^2/\text{s}^2\right)/\left(1.38 \times 10^{-23}\,\text{J/K}\right) = 9.3 \times 10^4\,\text{K}$$,

其相应的离子能量是 8 eV。

5-8: 速度曲线对应于橘红色箭头（整体速度）。温度曲线对应于蓝色箭头（随机速度）。

5-9: 从例题 5.4 和图 5-14 中的温度图像中，我们用 $c_S = \sqrt{2k_B T/m}$，求得最低温和最高温的声速。温度最低是 1×10^4 K，最高是 3×10^5 K。因此，较低的声速是 $c_S = 129\sqrt{1 \times 10^4\,\text{m}^2/\text{s}^2} = 12900\,\text{m/s}$，较高的声速是 $c_S = 129\sqrt{3 \times 10^5\,\text{m}^2/\text{s}^2} = 70700\,\text{m/s}$。对于每个温度下的马赫数，我们采用同时刻的太阳风速度。那么，温度最低时的 $v_{SW} = 380\,\text{km/s}$，最高时的 $v_{SW} = 530\,\text{km/s}$。马赫数最大为 29.5，最小为 7.5。

5-10: 较低的自转速度和较高的太阳风速度会减小花园水管夹角的度数。

5-11: 较高的太阳风速度把冻结磁力线拉伸得更多一些，因而螺旋线夹角要更小。在螺旋夹角方程中，dr 项变大而 $d\psi$ 项保持不变，导致螺旋线夹角减小。

5-12: 随着距离变得越来越大，帕克夹角渐渐趋于 90°。

5-13: CME 和高速流所形成的压缩区会破坏电流片平滑性。

5-14: 当代表开放磁力线的纯色部分靠近赤道时，流体速度高。当代表闭合磁力线的蓝色条纹部分处于赤道附近时，流体速度低。

5-15: （c）速度高，数密度低。

5-16：由于磁鞘内的加热和压缩，磁鞘区域的熵要大一些。

5-17：磁鞘内的速度下降，数密度和温度上升。磁场垂直激波面（平行于激波法向）的分量不变，平行激波面（垂直激波法向）的分量增加。

5-18：运用方程（5-7），我们把参考距离 $4R_S$ 代入分子，把土星的距离（9.582 AU）代入分母，然后求平方根，$=3.8\times10^{-6}$。我们把比值乘以参考数密度（3×10^{10} 个离子 $/\text{m}^3$）。于是，$n_{\text{SW}}=1.2\times10^5$ 个离子 $/\text{m}^3=0.12$ 个离子 $/\text{cm}^3$。

$$n_{\text{SW}}\left(r_{\text{saturn}}\right)=n_0\left(\frac{a}{r_{\text{saturn}}}\right)^2=\left(3\times10^{10} \text{个离子}/\text{m}^3\right)\left(\frac{2.8\times10^9 \text{ m}}{1.4\times10^{12} \text{ m}}\right)^2=1.2\times10^5 \text{个离子}/\text{m}^3$$

5-19：$R_{\text{日球层顶}}=$ 速度 $\times$ 时间 $=450$ km/s$\times13$ 个月。$R_{\text{日球层顶}}=1.5\times10^{10}$ km $=100$ AU。

参考文献

Kivelson, Margaret G. and Christopher T. Russell. 1995. *Introduction to Space Physics*. Cambridge, UK: Cambridge University Press.

图片来源

Bale, Stuart D. et al. 2003. Density-Transition Scale at Quasi-perpendicular Collisionless Shocks. *Physical Review Letters*. Vol. 91. American Physical Society. College Park, MD.

Gosling, John T. 2007. The Solar Wind in *Encyclopedia of the Solar System*, Second Edition, edited Lucy-Ann McFadden, Paul R. Weissman, and Torrence V. Johnson, San Diego, CA: Academic Press.

Hundhausen, Arthur. 1977. "An interplanetary review of coronal holes." *Coronal Holes and High Speed Wind Streams*. (ed. Jack Zirker) Boulder, Colorado. University of Colorado Press.

Luhmann, Janet G., Tie-Long Zhang, Steven M. Petrinec, Christopher T. Russell, Paul Gazis, and Aaron Barnes. 1993. Solar Cycle 21 Effects on the Interplanetary Magnetic field and Related Parameters at 0.7 and 1.0 AU. *Journal of Geophysical Research*. Vol. 98, No. A4. American Geophysical Union. Washington, DC.

McComas, David J., Heather A. Elliott, Nathan A. Schwadron, John T. Gosling, Ruth M. Skoug, and Bruce E. Goldstein. 2003. The three-dimensional solar wind around solar maximum. *Geophysical Research Letters*. No. 30. American Geophysical Union. Washington DC.

Parker, Eugene N. 1958. Dynamics of the Interplanetary Gas and Magnetic Field. *Astrophysical Journal*. Vol. 128. American Astronautical Society. Springfield, VA.

Parker, Eugene N. 1963. Interplanetary Dynamical Processes. New York, NY: Interscience

Publishers.

Schatten, Kenneth H., John M. Wilcox, and Norman F. Ness, 1969. A Model of Interplanetary and Coronal Magnetic Fields, *Solar Physics*. Vol. 6. Springer. Dordrecht, Netherlands.

Schwenn, Rainer. 1990. Large Scale Structure of the Interplanetary Medium in Schwenn, Rainer and Eckert Marsch (eds): *Physics of the inner Heliosphere I: Large Scale Phenomena*. Berlin: Springer-Verlag.

Smith, Edward J., Bruce T. Tsurutani, and Ronald L. Rosenberg. 1978. Observations of the Interplanetary Sector Structure up to Heliographic Latitudes of 16°: Pioneer 11. *Journal of Geophysical Research*. Vol. 83. American Geophysical Union. Washington, DC.

Tu, Chuan-Yi, Cheng Zhou, Eckart Marsch, Li-Dong Xia, Liang Zhao, Jing-Xiu Wang, and Klaus Wilhelm. 2005. Solar Wind Origin in Coronal Funnels. *Science Magazine*. Vol. 308. American Association for the Advancement of Science. Washington, DC.

Wilcox, John M. And Norman F. Ness. 1965. Quasi-stationary Co-rotating Structure in the Interplanetary Medium. *Journal of Geophysical Research*. Vol. 70. American Geophysical Union. Washington, DC.

补充阅读

Bingham, Robert. 1993. *Space Plasma Physics: Microprocesses in Plasma Physics*. (Edited by Richard Dendy.) Cambridge, UK: Cambridge University Press.

Cranmer, Steven R. 2002. Coronal holes and high speed solar wind. *Space Science Review*, Vol. 101. Springer. Dordrecht, Netherlands.

Kallenrode, May-Britt. 2004. *Space Physics: An Introduction to Plasmas and Particles in the Heliosphere and Magnetospheres*, 3rd Edition. Berlin: Springer-Verlag.

Kamide, Yohsuke and Abraham C-L. Chian. 2007. *Handbook of the Solar Terrestrial Environment*. Berlin: Springer.

第6章　空间中的等离子体

Linda Krause and Michael Dearborn

你应该已经了解：

- 牛顿运动定律
- 矢量的叉乘
- 质量、能量和动量守恒定律
- 带电粒子在电场和磁场中的运动（第1章和第3章）
- 中性粒子的能量和能量密度公式推导（第2章）
- 库仑碰撞（第3章）
- 电势（第4章）
- 磁场的能量和能量密度公式推导（第4章）
- 阿尔文速度（第5章）

本章你将学到：

- 等离子体能量、温度和电离率的范围
- 描述等离子体行为的单粒子、热运动和动力学模型
- 基于萨哈（Saha）方程的热等离子体电离率的定量描述
- 平衡力和非平衡力如何影响等离子体粒子的运动
- 电场、重力场和不均匀磁场产生的漂移速度
- 引导中心漂移运动
- 等离子体的能量密度

- 等离子体的磁流体力学（MHD）近似
- 磁感应
- 磁流体力学在空间环境中的应用
- 等离子体参数：克努森（Knudsen）数，磁雷诺（Reynolds）数，等离子体贝塔（beta）值
- 常见的等离子体波和振荡

本章目录

翻译：敖先志；校对：曹晋滨。

6.1　等离子体的特征和行为

太阳和空间环境中产生的等离子体可以长时间存在。与地面的天气不同，空间天气发生于等离子体环境中。随着人类社会越来越依赖于空间技术，我们的活动也相应地扩展到等离子体区域之中。等离子体是超视距无线电通信的关键因素。不仅所有的卫星都在等离子体环境中运行，现代卫星的精密导航信号也在等离子体环境中传播。本章将介绍等离子体的行为特征，以及等离子体给空间天气带来的奇特属性。

6.1.1　等离子体行为的定性描述

目标：读完本节，你应该能够……

- ♦ 了解等离子体的基本特征
- ♦ 描述电离能量的来源
- ♦ 区分高能粒子和等离子体
- ♦ 解释等离子体为什么被称为物质的第四种状态

特征和起源

等离子体（plasma）是电中性、电离化的流体（通常是气体，有时还包含尘埃颗粒），它一般由离子、电子和中性粒子组成。它是物质的一种形态，不同于固态、液态和完全中性的气态（第 1 章）。宇宙中有 1% 的部分是温度低而稠密，而且等离子体罕见的环境，我们恰好生活在这样的环境里。自然情况下，热等离子体在高温区域（通常温度 > 10^4 K）形成。正如我们所知道的那样，在温度比较低的地方（几百开尔文）有机分子才能保持住它们的结构，因而适合生命存在。我们在书中介绍了很多不同的空间物质成分，图 6-1 展示了其中一些成分的能量以及电离密度的范围。表 6-1 给出了几种等离子体的例子。

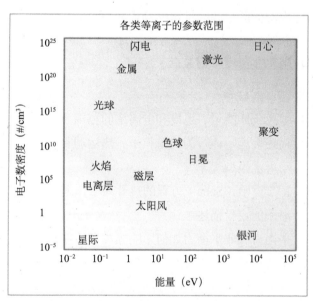

图 6-1　各类等离子体的温度和密度范围。该图显示的是各类天然和人造等离子体在密度－温度图表中所处的位置。色彩梯度定性地表明了等离子体的冷热程度。[改绘自 Peratt, 1966]

表 6-1　天然和人造等离子体。本表分别以尺度和能量粗略地列出来部分天然和人造等离子体。两列都以降序排列。

不同尺度大小的天然等离子体	不同能量大小的人造等离子体
星际风	核聚变等离子体
太阳风	宇宙飞船脉冲等离子体推进器
太阳和其他恒星	等离子体电视机显示屏
电离层	霓虹灯
闪电	荧光灯

　　在理想中性气体中，粒子之间通过碰撞发生相互作用，并形成类似图 2-8 的速度分布。同样的流体行为在弱电离状态的等离子体（有时候也称为冷等离子体或者热等离子体）中起主导作用。在强电离状态（高温）的等离子体中，粒子之间还通过电场和磁场发生相互作用。反过来，电场和磁场也受到等离子体粒子集体行为的影响而发生改变。这种等离子体被称为非热等离子体，因为除了碰撞以外还有许多其他的力控制着它们的行为。在空间环境中，等离子体的不同成分可以通过温度以及受电磁场和碰撞影响的程度不同来进行区分。

　　特征。等离子体的基本特征如下：

- 等离子体近似电中性。尽管由带电粒子组成，流体的整体净电荷为零。
- 等离子体导电。有些等离子体导电性强，有些等离子体导电性弱。
- 等离子体在电磁场中呈现出集体效应。因为带电粒子受到洛伦兹力的作用，电场和磁场可以影响等离子体的流动。
- 等离子体经常表现出波动。等离子体扰动产生的电磁场引起恢复力。相应地，恢复力产生的振荡会传播出去。
- 等离子体有不稳定性（波的增长不受控制）。不稳定结构引起的等离子体湍流试图恢复稳定的结构。等离子体中流体（热力学的）和动力学（非热力学的）不稳定性普遍存在。

　　注释：部分电离的气体可以是等离子体，这取决于它的温度和密度。我们将在 6.1.2 小节里说明如何定量区分等离子体和气体。

问答题 6-1

　　地球的中性大气处于图 6-1 中的哪个角上？

问答题 6-2

　　在图 6-1 的右边以电子个数 /m³ 为单位标上坐标刻度。在图的上边以 K 为温度单位标上刻度。

　　尽管等离子体行为倾向于具有集体性，但其中存在一些不同的等离子体活动也是很自然的：动量和动能往往由质量较大的离子携带，与此同时电流和热能则由移动性更强的电子携带。等离子体里的任何电荷分离都会产生极化电场，相应地，极化电场会影响等离子体并使之保持局部电中性。如果磁场穿透等离子体，那么等离子体在平行磁场和垂直磁场方向将表现出不同的特征。

　　物质电离产生等离子体的过程需要耗费一定的能量（每原子或分子）。我们本能地知道，在实验室里演示像闪电一样发光放电的时候，不能把手伸进去。幸运的是，自然界中大多数可能的等离子体放电都是短时的并且离我们很远。在我们的中性世界里，电子和离子复合得非常快，以至于等离子体很容易就恢复成非电离态。我们通常不会在外套口袋里发现等离子体的原因是快速复合，这是由于附近没有足够的能量来源来维持电离。在地面上，我们可以人为地采用某些能量机制不断地为荧光灯和等离子体电视产生和补充等离子体。另一方面，在太空中，天然的长寿命等离子体无处不在。星际空间中往往存在着长寿命的等离子体，这是由于那里的电子和离子不具有复合所需的合适的能量和动量。

　　等离子体源。使物质电离的方法有很多。强电场可以把电子从原子上剥离。波长很短的太阳光可以电离中性物质，这个过程被称为光致电离（photoionization）。极紫外光是地球上层大气主要的电离源。高能粒子束或者像宇宙线中的单粒子可以把中性物质的电子击出，称为碰撞电离（impact ionization）。高热气体里粒子相互碰撞可以产生类似的效果。某些物质里的电子能和电波发生共振受到激发从而逃离母体物质。

等离子体模型分类

　　对等离子体行为的描述常常依具体情况而定。例如，在空间物理学中，如果等离子体处于磁场中并且粒子的碰撞频率非常低（与粒子绕磁力线回旋运动的频率相比），则使用单粒子动力学来描述等离子体的行为（6.2 节）。如果粒子通过碰撞达到热平衡，则等离子体变成热等离子体。我们通常采用改进过的流体（力学）理论来描述（没有外力作用下的）热等离子体，即我们将热等离子体看成一个具有单一的温度、平均热速度、整体速度等参量的流体。其中一种改进方法就是将磁场因素（磁流体力学）考虑进去。热等离子体中粒子由于碰撞太频繁，很少能绕磁场一圈而不被打断。如果等离子体的行为明显使得附近的电场和磁场发生改变，那么我们通过动力学理论来考虑等离子体的集体行为，这需要更多的数学。图 6-2 显示了等离子体不同处理方法之间的基本关系。

问答题 6-3

　　图 6-1 显示金属可以是等离子体。考虑一下等离子体的特征。哪些特征最适用于金属？哪些特征最适用于电离的星际尘埃微粒？

关注点 6.1　等离子体"态"和高能粒子

　　等离子体被称为物质"第四态"的依据来自于如下事实：当有电磁场时，等离子体行为与中性气体行为非常不同。但是"第四态"这个说法从技术角度上来讲是不太合适的。对于固体、液体和气体而言，粒子的热能（即随机运动的动能）和结合能的平衡决定物质的状态。物质从一种状态转换为另外一种状态的时候释放或者吸收相变潜热。在这个过程中，温度通常是恒定的。与之相反，气态到等离子体态的转变是渐进和持续的，甚至温度也是变化的。如果我们采用自然界的相变潜能转换过程来定义物态的模型，那么等离子体并不太符合这样的模型。

以某种由分子组成的气体从气态转化成等离子体态为例来说明这个转化过程。分子气体受到加热，直至其离解成原子气体，如果继续加热，气体内部的粒子碰撞次数越来越多，更多的碰撞能量被用来电离气体原子，于是气体被电离的程度逐渐升高。这样获得的等离子体混合了中性粒子、正离子（原子或者分子损失了一个或以上的电子）以及带负电的电子。如果进一步加热，那么离子所占的比例继续增加。

人们经常想知道极光是不是等离子体。极光的光不是等离子体，而是电压超过 6 keV 的电子流冲击地球大气时的受激发光。这些高能粒子使得大气原子和分子里的束缚电子受到激发达到更高的能态。当激发态的电子回到低能级的时候发出可见光和 UV（紫外）光。高能粒子流也能电离某些大气成分，所以极光区域会有一些等离子体，但是能被人看见的极光只是光而已。

许多情况下等离子体和高能中性粒子混合在一起。中性粒子可能具有（和等离子体）差不多大小的热（内）能，只是因为刚刚发生的复合变成中性粒子而已。除了热离子、电子和中性粒子以外，等离子体往往还包含被称为高能粒子（energetic particle）的高温超热（suprathermal）组分。高能粒子这部分通常温度更高，密度更低，不过有时候密度和温度的此消彼长使得高能粒子带来和热离子差不多大小的压强。高能粒子更倾向于表现出个体行为。有时候它们以离子束的形式表现出集体行为，这时准中性条件就被破坏了。高能粒子和等离子体的相互作用常常产生波和不稳定性。表 6-2 给出了区分中性粒子、等离子体和高能粒子能量范围的一些粗略判据。

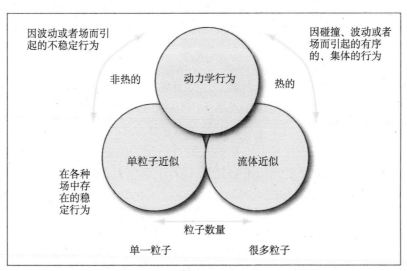

图 6-2 等离子体行为的描述。 等离子体的动力学行为和非热环境中的低频率碰撞以及粒子易于改变周围电磁场相对应。等离子体行为的动力学描述最为普遍，但在数学上也是最复杂的。当等离子体内粒子碰撞足够多、热力学特性起主导作用，即达到平衡态时，我们把等离子体当作流体来近似处理。当电磁场中的等离子体呈稳定状态时，如果粒子的运动不会显著地改变等离子体所处的电磁场，我们可以采用单粒子运动来近似描述等离子体的行为。

表 6-2　高能粒子。 我们在这里根据不同的能量范围将粒子和等离子体进行分类，其中能量范围为近似估计。

粒子 / 等离子体类型	能量范围	举例
高能粒子	～0.5 MeV～GeV 甚至更高	宇宙线、太阳高能粒子、辐射带粒子
高能等离子体	～100 eV～0.5 MeV	辐射带粒子、太阳和恒星耀斑粒子成分
等离子体	～0.1 eV～100 eV	电离层、等离子体层、太阳风、烛焰
中性粒子	<0.1 eV	气体、液体、尘埃等

非热平衡、碰撞等离子体是不稳定的，有可能经历快速的变化达到热平衡状态，这种变化被称为动力学不稳定性。即使是热平衡态的等离子体，如果施加外力的话也可能变得不稳定。这些不稳定性可以产生湍流混合，导致等离子体不再处于平衡状态。如果两种不同的粒子群体或者等离子体群体（如热等离子体和高能粒子）处于同一个空间体积内，那么流体不稳定性就会不断增长，等离子体的运动很快变得非常复杂。在接下来的内容里，我们主要讨论：①可以用无碰撞的单粒子动力学来描述的等离子体；②可以用流体力学来描述的具有单一温度、处于碰撞平衡态的热等离子体。

6.1.2　等离子体特征的定义

目标：读完本节，你应该能够……

- ◆ 计算等离子体的德拜长度（Debye length）
- ◆ 计算等离子体的自然振荡频率
- ◆ 根据德拜判据确定流体是否属于等离子体

德拜长度：受影响的尺度

从流体的角度研究等离子体，我们需要考虑：

- 德拜长度 —— 粒子对其周围产生影响的作用距离
- 等离子体频率 —— 电子围绕质量相对很大而几乎不动的质子进行振荡运动的频率
- 等离子体的规范定义 —— 采用德拜长度和等离子体频率

回顾第 4 章我们记得当质量或者电荷对其附近空间产生影响时，我们将其称为场。库仑定律给出等离子体中的粒子受到的影响是 $F = qE$ ，这里 E 是电场大小。从表 4-1 中我们得出真空中的电荷所产生的静电场是

$$E(r) = \frac{kq}{r^2}\hat{r}$$

其中，E = 静电场矢量 [N/C]；

　　　k = 库仑常数（ $9\times10^9\,\mathrm{N\cdot m^2/C^2}$ ）；

　　　q = 点电荷大小 [C]；

　　　$\hat{r}$ = 单位矢量，方向从电荷指向观察点；

　　　r = 从电荷到观察点之间的距离 [m]。

电势差为

$$\Delta V = -\int \boldsymbol{E}(r)\boldsymbol{\cdot}\mathrm{d}\boldsymbol{r} = -\int \frac{kq}{r^2}\hat{\boldsymbol{r}}\boldsymbol{\cdot}\mathrm{d}\boldsymbol{r}$$

由于我们只对电势差感兴趣，出于方便，我们把电势低的一边设置为零。积分可以通过连接零电势处和观察点的任意路径进行（通常是最短路径）。电荷 q 在距离 r 处所产生的电势为（假设无限远处电势为零）

$$V = \frac{kq}{r} \tag{6-1}$$

点电荷可以影响多远？无穷远。然而，如果该电荷处于移动的电子和离子构成的流体里，那么德拜屏蔽（Debye shielding），也称静电屏蔽（electrostatic screening）现象就发生了。其他电荷的存在和运动会缩短此电荷的作用距离。带有正电的点电荷对其他的正离子施加排斥力，而对电子施加吸引力。电荷周围的等离子体流体会自行调整，使得该电荷附近的电子数目多于离子数目（德拜描述因 1936 年诺贝尔化学奖获得者皮特·德拜而得名）。我们用德拜长度（Debye length, λ_D）来表征任意点电荷在等离子体中的作用长度，

$$\lambda_\mathrm{D} = \sqrt{\frac{k_\mathrm{B}T_\mathrm{e}\varepsilon_0}{n_\mathrm{e}e^2}} \tag{6-2}$$

其中，λ_D = 德拜长度 [m]；

k_B = 玻尔兹曼常量（1.38×10^{-23} J/K）；

T_e = 等离子体里电子的背景温度 [K]；

ε_0 = 真空中的介电常数（8.85×10^{-12} C^2/(N·m^2)）；

n_e = 电子数密度 = 离子数密度 [#/m^3]；

e = 电子电荷（1.6×10^{-19} C）。

"近"是什么意思呢？德拜长度表征了电荷对外界施加影响的特征长度。电荷 q 和等离子体流体的相互作用使得电场强度随离开 q 的距离增大而快速减小。距离一个德拜长度的地方，电场减小到原来的 $1/e$。我们修正前面的表达式为

$$\boldsymbol{E}(r) = \frac{kq}{r^2}\exp\left(\frac{-r}{\lambda_\mathrm{D}}\right)\hat{\boldsymbol{r}} \tag{6-3}$$

$$V(r) = \frac{kq}{r}\exp\left(\frac{-r}{\lambda_\mathrm{D}}\right) \tag{6-4}$$

某点电荷在真空中的电势和在等离子体中受到周围电荷屏蔽的电势见图 6-3。

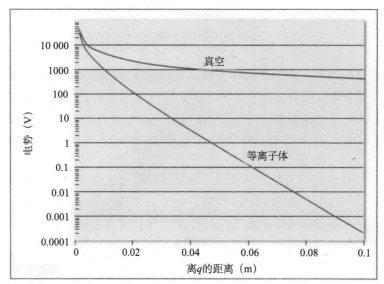

图 6-3　德拜屏蔽。图中比较了真空中的点电荷（$q = 5$ nC）的电势（红色曲线）和在等离子体中的电势（蓝色曲线），等离子体温度为 1000 K，粒子的数密度为 10^{11} 个粒子／m^3，屏蔽点电荷的德拜长度为 0.0069 m。这些数值和例题 6.1、问题 6.2 的计算相对应。在真空中，电势先是快速下降，但是 1 m 以外直到整个宇宙该点电荷产生的电势仍然能对电子产生显著作用！这个距离我们称之为"长程相互作用"——在这个区域内，电子和点电荷通过电场力发生"碰撞"。然而，当该点电荷处于等离子体中时，其他带电粒子会以德拜长度为特征尺度来屏蔽此电荷的影响。实际上，在距离该点电荷 0.1 m 的地方，等离子体电势比真空中的电势低了 10^{-5} 倍。

问答题 6-4

更大的带电粒子数密度会不会减小屏蔽距离？

问答题 6-5

假设卫星上的仪器容易带电。如果真的带电，会造成和其他仪器的相互干扰。为了减少干扰我们应该在如下哪种环境中使用仪器？

（a）等离子体数密度高的环境；

（b）等离子体数密度低的环境；

（c）高温环境；

（d）低温环境。

如果有多于一个答案，说明为什么。

例题 6.1　德拜屏蔽（I）

- 问题：求特定等离子体的屏蔽长度。
- 给定条件：电量为 5 nC 的电荷 q 置于温度为 1000 K 的等离子体中，等离子体的电子数密度为 10^{11} 个 /m^3。
- 相关概念：德拜长度。

■ 解答：德拜长度为

$$\lambda_D = \sqrt{\frac{k_B T_e \varepsilon_0}{n_e e^2}} = \sqrt{\frac{(1.38 \times 10^{-23} \ \text{J/K})(1000 \ \text{K})(8.85 \times 10^{-12} \ \text{C}^2 (\text{N} \bullet \text{m}^2))}{(10^{11} \text{个}/\text{m}^3)(1.6 \times 10^{-19} \ \text{C})^2}} = 0.0069 \ \text{m} = 6.9 \ \text{mm}$$

■ 解释：该电荷对于 ~0.007 m 以外的等离子体实际上是不可见的。德拜长度不依赖于电荷 q 所带电荷大小。

补充练习：日冕中的等离子体密度为 10^7 粒子 /cm^3，温度为 10^6 K，求该区域的德拜长度。

例题 6.2　德拜屏蔽（Ⅱ）

■ 问题：点电荷 q 所带电量为 5 nC，求距离该点电荷 0.1 m 处的静电势。
■ 假设：电荷 q 置于温度 1000 K 的等离子体中，等离子体的电子数密度为 10^{11} 个 /m^3。
■ 给定条件：等离子体的德拜长度采用例题 6.1 的计算结果，即 6.9 mm。
■ 相关概念：受屏蔽的静电势（方程（6-4））。
■ 解答：该点电荷在给定等离子体里所产生的静电势为

$$V(r) = \left[(kq/r) \exp(-r/\lambda_D) \right]$$

$$V(r) = (9 \times 10^9 \ \text{N/C}^2)(5 \times 10^{-9} \ \text{C})(\frac{1}{0.1 \ \text{m}})[\exp(-0.1 \ \text{m}/0.0069 \ \text{m})]$$

$$V(0.1 \, \text{m}) = 0.229 \ \text{mV}$$

■ 解释：静电势依赖于电荷电量以及德拜长度。我们在图 6-3 中画出了点电荷在等离子体中的电势并和不存在等离子体的情况进行了比较。

补充练习：分别求真空中和等离子体中电量为 5 nC 的点电荷在 1 m 处产生的电势。

屏蔽的效果取决于大部分运动电荷（通常是电子）的温度和给定带电粒子周围带不同电荷粒子的数目。我们用 N 来表示处于*德拜球*（Debye sphere）内的粒子数量，德拜球的体积为 $\frac{4}{3}\pi\lambda_D^3$。

N 越大，屏蔽的效果越好。图 6-4 显示的是半径为（λ_D）的德拜球。处于球内的粒子数等于球的体积乘以等离子体的数密度。因为等离子体具有有限的温度，所以电荷不断地穿越这个假想的边界。从统计上来说，屏蔽电荷要更靠近被它们所屏蔽的带电粒子。与被屏蔽电荷同极性的带电粒子则距离较远一些。

尽管图 6-4 显示德拜球是个具有明确表面的球体，但实际上并非如此。在等离子体里，并不能对点电荷实现完全屏蔽。德拜边界是模糊而不确

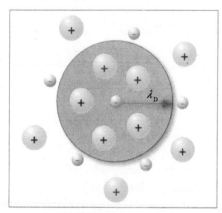

图 6-4　德拜球。正负两种电荷持续不断地移进和移出德拜球。在假想的边界以外，等离子体粒子受到球中心的负电荷的影响微乎其微。

定的。屏蔽电荷在一定距离上拥有足够强的动能可以逃离被屏蔽的带异性电荷的粒子。结果导致部分被屏蔽的粒子有微弱的电场泄漏到等离子体中，影响其他电荷，使等离子体表现出重要的集体行为。任何等离子体中，集体行为只发生在尺度大于 λ_D 的情况下。在小尺度情况下，带电粒子表现出单个行为（仍然受周围所有粒子产生的场的影响）。

等离子体频率

接下来我们来了解几乎没有热运动的冷等离子体。假设对等离子体临时施加一个电场，于是电子都向相反的方向移动，而质量大很多的离子则基本不动。位移在每一个离子 - 电子对之间产生了一个小小的电场，见图 6-5（图中画的是有序的晶体结构，真实的等离子体其实并不是这样的）。每个电子受到和新产生的电场方向相反的恢复力，使得它朝原来的位置移动。不过，当电子一旦运动起来，它具有的动量又使得它越过平衡点，产生另外一个电场，从而受到相应的恢复力，建立一个简单的谐振，导致等离子体振荡。

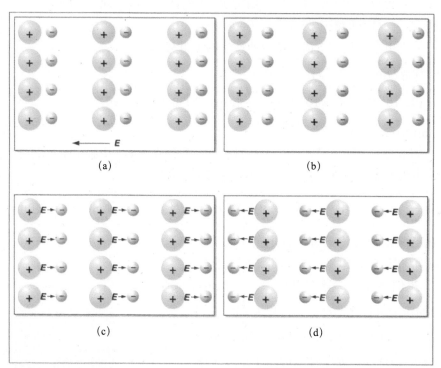

图 6-5　电子和离子分开。由于临时性的外力（电场 **E**）把电子（小蓝色点）拖曳到右边，使得它们和离子（大些的小球）分开。由于分开电荷之间的电场会形成恢复力，当外力消失时，分开的电荷就会产生一个简单的谐振。（a）冷等离子体被施加一个临时性的电场。（b）电子离开原来的平衡位置。重离子相对保持不动。（c）位移在每个离子 - 电子对之间建立一个微小的电场。电子向左加速。（d）动量使得电子越过平衡位置，在每对离子 - 电子之间建立反向的电场，导致等离子体振荡。

电子围绕（相对大质量、不动的）离子做振荡运动可以用等离子体的自然频率来刻画，我们赋予它一个合适的名称：等离子体频率（plasma frequency, ω_p）。

$$\omega_{\mathrm{p}} = \sqrt{\frac{n_{\mathrm{e}} e^2}{\varepsilon_0 m_{\mathrm{e}}}} = \frac{1}{\lambda_{\mathrm{D}}} \sqrt{\frac{1}{k_{\mathrm{B}} T_{\mathrm{e}} m_{\mathrm{e}}}} \qquad (6\text{-}5)$$

其中，$\omega_{\mathrm{p}} =$ 等离子体角频率 [rad/s]；

$n_{\mathrm{e}} =$ 电子数密度 [#/m³]；

$e =$ 电子电荷（1.6×10^{-19} C）；

$\varepsilon_0 =$ 自由空间的介电常数（8.85×10^{-12} C²/(N·m²)）；

$m_{\mathrm{e}} =$ 电子质量（9.11×10^{-31} kg）；

$\lambda_{\mathrm{D}} =$ 德拜长度 [m]；

$k_{\mathrm{B}} =$ 玻尔兹曼常量（1.38×10^{-23} J/K）。

等离子体频率表征电荷为了维持德拜屏蔽运动的快慢。代入各种常数并利用线性频率和角频率之间的关系 $\omega = 2\pi f$，我们把表达式改写为更为方便的形式

$$f_{\mathrm{P}} \approx 9\sqrt{n_{\mathrm{e}}} \qquad (6\text{-}6)$$

其中，$f_{\mathrm{P}} =$ 线性等离子体频率 [Hz]；

$n_{\mathrm{e}} =$ 电子数密度 [#/m³]。

这里的等离子体振荡例子没有向外部传播能量，因而所有的能量均存在于等离子体内部。

等离子体的规范定义

现在我们已经定义了一些与等离子体特征相关的定量参数，这些参数可以用来给出等离子体的规范定义。等离子体需要满足如下条件：

（1）德拜长度必须远小于介质的特征长度 L：$\lambda_{\mathrm{D}} \ll L$。$L$ 应该取什么值呢？对实验室等离子体来说，大概是等离子体的长度。在电离层中，我们通常使用标高 H。在磁层里，我们使用等离子体附着的磁力线的长度。

（2）等离子体频率必须远远大于碰撞频率：$\omega_{\mathrm{p}} \gg v_{\mathrm{c}}$。

（3）德拜球（Debye sphere）内的粒子个数必须远大于 1.0。

$$N_{\mathrm{D}} = \left(\frac{4}{3} \pi \lambda_{\mathrm{D}}^3 \right) n_{\mathrm{e}} \gg 1$$

例题 6.3　辨别等离子体

- 问题：根据上述条件判断电离层组成成分是不是等离子体。
- 给定条件：电离气体的温度大约为 1000 K，带电粒子的数密度是 10^{11} 个 / m³，碰撞频率是 ~ 2×10^4 Hz。
- 假设：给出的数值代表电离层整体情况。
- 相关概念：

条件 1：$\lambda_D \ll L$；

条件 2：$\omega_P \gg \nu_c$；

条件 3：$N_D = \left(\dfrac{4}{3}\pi\lambda_D^3\right)n_e \gg 1.0$。

- 解答：

（1）长度尺度

$$\lambda_D = \sqrt{\frac{k_B T_e \varepsilon_0}{n_e e^2}} = \sqrt{\frac{(1.38\times10^{-23}\,\text{J/K})(1000\,\text{K})(8.85\times10^{-12}\,\text{C}^2(\text{N}\bullet\text{m}^2))}{(10^{11}\,\text{个}\,/\,\text{m}^3)(1.6\times10^{-19}\,\text{C})^2}} = 6.9\,\text{mm}$$

长度尺度 L 为几百公里（电离层的厚度）。这个数值远远大于 6.9 mm，满足长度条件。

（2）比较等离子体频率和碰撞频率：

$$\omega_P = \sqrt{\frac{(10^{11}\,\text{个}\,/\,\text{m}^{-8})\times(1.69\times10^{-19}\,\text{C})^2}{8.85\times10^{-12}\,\text{C}^2/(\text{N}\bullet\text{m}^2)\times9.11\times10^{-31}\,\text{kg}}} = 1.78\times10^7\,\text{Hz}$$

$\omega_P = 1.78\times10^7\,\text{Hz} \gg 2\times10^4\,\text{Hz}$

满足频率条件。

（3）一个德拜半径内的数密度为

$$N_D = \left(\frac{4}{3}(3.14)(6.9\times10^{-3}\,\text{m})^3\right)(10^{11}\,\text{个}\,/\,\text{m}^3) = 1.4\times10^5\,\text{个} \gg 1\,\text{个}$$

- 解释：所有条件均满足，电离层是等离子体。令人惊讶的是，电离层里电离部分的比例仅为 10^{-6} 到 10^{-4}，是中性背景大气中只含有很微小比例离化粒子的等离子体态。

后续概念性问题：在太阳强耀斑期间，地球大气的中间层（mesosphere）含有离化粒子组分。但是中间层不是等离子体。你认为，为什么即使在耀斑期间中间层也不能满足等离子体定义的条件呢？

6.2　单粒子动力学 I

6.2.1　单粒子的加速运动

目标：读完本节，你应该能够……

- ♦　描述和计算均匀电场中带电粒子受到的力和加速运动
- ♦　描述和计算均匀磁场中带电粒子受到的力和加速运动
- ♦　计算粒子在磁场中的回旋半径和回旋频率
- ♦　描述和计算带电粒子在均匀但不平衡的磁场和电场中的受力和加速运动
- ♦　解释电场和磁场同时存在时粒子运动和只有电场或者磁场存在的情况下粒子运动的区别

我们最终想理解等离子体的集体行为。为此，我们需要知道在统计处理等离子体流体时，等离子体粒子的哪些个体行为是能被消除的。本节简要介绍一下单粒子动力学。我们从牛顿第二运动定律出发，引入洛伦兹力的电场和磁场部分，并根据需要讨论其他力的影响，包括压强梯度力、重力、非均匀磁场以及碰撞的影响。这些力对电荷为 q、质量为 m 的一个粒子的作用使其动量的改变率为

$$m\frac{\mathrm{d}\boldsymbol{v}}{\mathrm{d}t} = \boldsymbol{F}_{\text{total}} = q\boldsymbol{E} + q(\boldsymbol{v} \times \boldsymbol{B}) + \boldsymbol{F}_{\text{other}} \tag{6-7}$$

其中，$\boldsymbol{E}$ = 电场矢量 [N/C 或 V/m]；

$\boldsymbol{B}$ = 磁场矢量 [N/(A·m)]；

$\boldsymbol{v}$ = 带电粒子的速度矢量 [m/s]。

这些力合起来使得粒子产生线性加速度和导致回旋运动的向心加速度。我们把方程（6-7）所描述的动力学进行分类：加速（线性和回旋）运动和跨电磁场的漂移运动。表 6-3 总结了粒子受力不平衡情况下牛顿第二定律的各种结果。详细结果见以下各小节。

电场均匀且没有磁场：恒定线性加速

我们从最简单的带电粒子在电场中的运动开始（表 6-3 中第一项）。电场对电荷施加作用力，使其沿电场方向加速。假设没有其他力的作用，只要电场存在，粒子就一直不断地加速下去。根据牛顿第二运动定律得出运动方程为

$$\Sigma\boldsymbol{F} = m\frac{\mathrm{d}\boldsymbol{v}}{\mathrm{d}t} = q\boldsymbol{E}, \quad \boldsymbol{a} = \frac{\mathrm{d}\boldsymbol{v}}{\mathrm{d}t} = \frac{q\boldsymbol{E}}{m} \tag{6-8}$$

表 6-3 单个带电粒子的加速运动。表中列出了均匀电场和磁场加速带电粒子的各种方式。

加速运动	$\boldsymbol{F} = \dfrac{\mathrm{d}(m\boldsymbol{v})}{\mathrm{d}t}$ $= q\boldsymbol{E} + q(\boldsymbol{v} \times \boldsymbol{B}) + \boldsymbol{F}_{\text{other}}$	$\boldsymbol{a} = \dfrac{\mathrm{d}\boldsymbol{v}}{\mathrm{d}t} = \dfrac{\boldsymbol{F}}{m}$	速度	注释
均匀 $\boldsymbol{E}$	$\boldsymbol{F} = q\boldsymbol{E}$	$\boldsymbol{a}_{\parallel} = \dfrac{q\boldsymbol{E}}{m}$	$\boldsymbol{v}_{\parallel} = \boldsymbol{v}_{\parallel 0} + \boldsymbol{a}_{\parallel}t$ $\boldsymbol{v}_{\perp}$ 是常量	洛伦兹力电场部分导致的线性运动
均匀 $\boldsymbol{B}$	$\boldsymbol{F} = q(\boldsymbol{v} \times \boldsymbol{B})$	$|\boldsymbol{a}_{\perp}| = \dfrac{qB v_{\perp}}{m}$	$|\boldsymbol{v}_{\perp}| = \dfrac{rqB}{m}$ $|\boldsymbol{v}_{\perp}| = r\Omega$ $\boldsymbol{v}_{\parallel}$ 是常量	洛伦兹力磁场部分导致的圆周运动 $\Omega = \dfrac{qB}{m}$
均匀 $\boldsymbol{E}$ 和 $\boldsymbol{B}$	$\boldsymbol{F} = q\boldsymbol{E} + q(\boldsymbol{v} \times \boldsymbol{B})$	$\boldsymbol{a}_{\parallel} + \boldsymbol{a}_{\perp}$	$\boldsymbol{v}_{\parallel} + \boldsymbol{v}_{\perp}$	螺旋运动

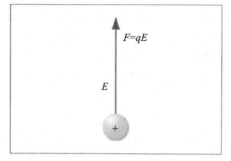

图 6-6　电场力和正电荷。 受力由总的电荷和电场的方向及大小决定。

运动方程告诉我们电荷受到的力为 $q\boldsymbol{E}$。加速度为动量的变化除以质量。我们对运动方程积分可以得到粒子的速度和运动轨迹。如果电场不随时间和空间变化，且粒子没有垂直方向上的速度分量，那么运动轨迹是一条直线（图 6-6）。

无限的电场是不存在的。不过，局地电场（如极光加速区域）可以在很短的距离内产生很强的加速。在这样的区域内，场可以把能量传递给带电粒子并改变粒子的动量。

磁场均匀且没有电场：速度大小不变的恒定圆周加速运动

表 6-3 中的第二项是洛伦兹力的磁场部分。如果没有初始运动，此项力为零。但是，粒子的热运动使得粒子速度（v）具有一个垂直于磁场 $\boldsymbol{B}$ 的随机分量。具有垂直速度分量的离子在均匀磁场中受到的力为

$$\boldsymbol{F} = q(\boldsymbol{v} \times \boldsymbol{B})$$

$$m\frac{\mathrm{d}\boldsymbol{v}}{\mathrm{d}t} = m\frac{v^2}{r}\hat{\boldsymbol{r}} = q(\boldsymbol{v} \times \boldsymbol{B})$$

根据牛顿第二定律，使向心力和洛伦兹力相等得到方程（6-9）。加速度方向同时垂直于 v 和 $\boldsymbol{B}$，导致圆周运动。

$$a_{\perp} = \frac{\mathrm{d}v}{\mathrm{d}t} = \frac{qBv_{\perp}}{m} = \Omega v_{\perp} \tag{6-9}$$

其中，$v_{\perp}$ = 粒子速度矢量垂直磁场的分量 [m/s]；
　　　Ω = 回旋频率 [Hz]。

记得例题 1.5 里通过牛顿第二定律推导出的回旋运动的半径，也叫*回旋半径*（gyroradius）或者*拉莫尔半径*（Larmor radius）

$$r = mv_{\perp}/qB = v_{\perp}/\Omega \tag{6-10}$$

这里

$$\Omega = qB/m \tag{6-11}$$

是*回旋频率*（gyrofrequency）。

这种情况下，粒子运动方向上没有外力作用，所以粒子运动的速度大小不变。但是，运动的方向不断改变，在运动平面上形成圆形（回旋）轨迹（例题 6.4）。图 6-7 显示，在没有外力的作用下，粒子在均匀磁场中以空间中的一个固定点为圆心做圆周运动，粒子的圆周运动会产生一个很小的电流以及相伴随的反方向的微弱磁场。磁化等离子体的这个特性称为*抗磁性*（diamagnetic）。空间环境中有些情况下等离子体的集体抗磁性非常重要。

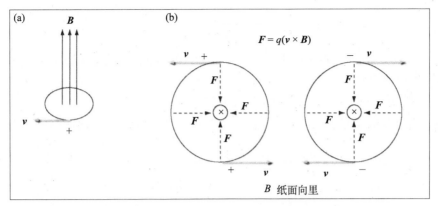

图6-7 粒子在磁场中的运动。 (a) 正离子在均匀磁场中回旋。如果我们的右手手掌和粒子速度方向 v 一致，然后指头沿磁场方向弯曲，伸开大拇指，那么大拇指的指向和径向向内的向心力方向一致。(b) 图中所示分别从圆周运动平面下方看 (a) 中正电荷和负电荷的运动。回旋半径没按比例绘制。

例题 6.4 离子质谱仪

    空间环境中可以用质谱仪来测量离子成分的相对浓度。它依靠磁场把质量不同的单电离态原子或者分子分离开。图 6-8 显示离子从仪器的开口进到内部的磁场中。磁场使得离子的轨迹以 r 为半径弯曲，弯曲半径则和离子的质量相关。我们以地球高层大气中常见的氧原子举例说明。

■ 问题：使进入质谱仪的氧离子打中收集器所需要的磁场大小是多少？

■ 给定条件：卫星的速度是 7.5 km/s。氧原子收集器离开口处 0.02 m。

■ 假设：我们假设粒子速度与质量无关。这个假设相对于地球高层大气而言不算很糟糕：一般来说携带载荷的卫星速度远大于离子的速度。

    我们还假设卫星附近的大尺度电场可以忽略不计，而且卫星运动的速度矢量垂直于磁场。

■ 解答：

向心力

$$F = q(v \times B)$$

导出

$$\frac{v^2}{r}(\hat{r}) = \frac{q(v \times B)}{m}$$

只考虑大小

$$\frac{v^2}{r} = \frac{qvB}{m}$$

解出

$$B = \frac{mv}{qr}$$

O^+ 的质量是 16 amu=16(1.67×10^{-27} kg) = 2.67×10^{-26} kg。半径是直径的一半，$r=0.01$ m。代入以上数据得到

$$B = (2.67 \times 10^{-26} \text{ kg})(7500 \text{ m/s})/((1.6 \times 10^{-19} \text{ C})(0.01 \text{ m})) \approx 0.13 \text{ T}$$

■ 解释：质谱仪的磁场远大于地球磁场。我们通过质量和半径的对应关系来分离各类离子。

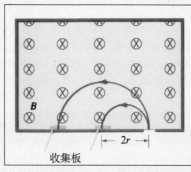

图 6-8　质谱仪。粒子从开口进去，在磁场中运动。根据质量电荷不同，它们积累在收集板上不同位置。B 指向纸内。

问答题 6-6

电子回旋频率和离子回旋频率哪个大？大几个数量级？

问答题 6-7

写出电场加速一个带电粒子所做的功的表达式。

问答题 6-8

验证回旋半径和回旋频率的单位。

问答题 6-9

回旋运动中磁场所做的功是多少？

均匀磁场和平行电场：拉伸的螺旋运动

平行于磁场 B 方向的电场 E 会引起粒子轨迹沿磁力线方向拉伸呈螺旋形。方程（6-12）描述了加速度的各个分量。图 6-9（a）显示了带电粒子在磁化介质中常见的螺旋运动。

$$a_\parallel = \frac{dv_\parallel}{dt} = \frac{qE}{m}$$

$$a_\perp = \frac{dv_\perp}{dt} = \frac{qBv_\perp}{m} = \Omega v_\perp \qquad (6\text{-}12)$$

这里∥和⊥符号分别代表平行磁场和垂直磁场的分量。

图 6-9（b）是美国阿拉斯加州费尔班克斯（Fairbanks, Alaska）上空电子围绕地磁场做螺旋运动的图像。可见光尾迹是电子和地球大气中的中性粒子碰撞形成的。

问答题 6-10

为什么图 6-9（b）中的弹簧样结构看起来和图 6-9（a）中的扭向相反？

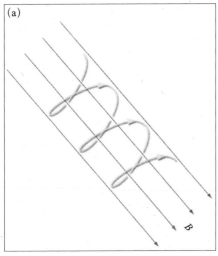 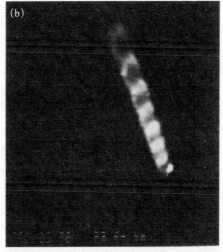

图 6-9　（a）带正电粒子围绕磁力线做螺旋运动。沿磁力线做加速运动的效应不是很强。（b）北半球高纬地区电子绕磁力线的螺旋运动。这是 1988 年 2 月阿拉斯加州费尔班克斯附近的 Poker Flats 研究区进行探空火箭测试时拍摄的照片。两级探空火箭携带一支很大的电子枪，在～100 km 的高度发射。36 keV, 180 mA 的电子射流沿磁力线向上做螺旋运动。图片由提前释放的子卫星微光摄像仪所拍摄。[Winckler, 1989]

6.2.2　单粒子的非加速运动

目标：读完本节，你应该能够⋯⋯

◆　描述和计算带电粒子在均匀磁场和有垂直磁场方向其他场的作用下的受力和运动

◆　描述为什么垂直 **B** 方向存在其他均匀场会使得粒子发生漂移运动

◆　计算带电粒子受电场和重力场影响的漂移运动

◆　计算带电粒子在磁场中的梯度漂移和曲率漂移

◆　定义"引导中心运动"

现在我们研究等离子体粒子在力平衡情况下的运动，即合力为零。均一的漂移运动是粒子唯一的运动方式。微观尺度下，粒子做加速运动，同时在宏观尺度下，粒子随某个引导中心做漂移运动。在一些特殊情况下，磁化等离子体总合力可以使带电粒子沿垂直驱动力的方向做漂移运动。表 6-4 和表 6-5 总结了不同情况下将牛顿第二定律应用到单个等离子体粒子的各种结果。详细介绍见如下小节。

表 6-4　单个带电粒子的漂移运动。 电场和磁场都是均匀场，宏观上看加速度为零，但是粒子个体具有加速度。

漂移运动	$\Sigma \boldsymbol{F} = \dfrac{\mathrm{d}(m\boldsymbol{v})}{\mathrm{d}t} = 0$	$\boldsymbol{v}_{\mathrm{d}} = \dfrac{\boldsymbol{F} \times \boldsymbol{B}}{qB^2}$	注释
均匀 $\boldsymbol{E}$ 和 $\boldsymbol{B}$	$q\boldsymbol{E} = -q(\boldsymbol{v} \times \boldsymbol{B})$	$\boldsymbol{v}_E = \dfrac{\boldsymbol{E} \times \boldsymbol{B}}{B^2}$	垂直 $\boldsymbol{E}$ 和 $\boldsymbol{B}$ 漂移，运动与电荷大小无关
均匀 $\boldsymbol{g}$ 和 $\boldsymbol{B}$	$m\boldsymbol{g} = -q(\boldsymbol{v} \times \boldsymbol{B})$	$\boldsymbol{v}_g = \dfrac{m\boldsymbol{g} \times \boldsymbol{B}}{qB^2}$	垂直 $m\boldsymbol{g}$ 和 $\boldsymbol{B}$ 漂移，运动与电荷大小有关
其他均匀受力，碰撞，压强梯度	$\boldsymbol{F}_{\mathrm{other}} = -q(\boldsymbol{v} \times \boldsymbol{B})$	$\boldsymbol{v}_{\mathrm{other}} = \dfrac{\boldsymbol{F}_{\mathrm{other}} \times \boldsymbol{B}}{qB^2}$	漂移运动由外力和粒子电荷大小决定

为了分析单个等离子体粒子受多个外力作用下的净漂移运动，我们认识到洛伦兹力的磁场部分必须和其他外力（$\boldsymbol{F}_{\mathrm{other}}$）的垂直磁场部分相平衡

$$\boldsymbol{F}_{\mathrm{other}} = -q(\boldsymbol{v} \times \boldsymbol{B}) \tag{6-13}$$

这里 $\boldsymbol{F}_{\mathrm{other}}$ 可以是重力、电场力、压强梯度力或者其他外力。叉乘运算确保 $\boldsymbol{F}_{\mathrm{other}}$ 垂直于 $\boldsymbol{v}$ 和 $\boldsymbol{B}$。

方程（6-13）两边同时叉乘 $\boldsymbol{B}$，得到

$$\boldsymbol{F}_{\mathrm{other}} \times \boldsymbol{B} = -q(\boldsymbol{v}_{\mathrm{d}} \times \boldsymbol{B}) \times \boldsymbol{B} = qB^2\boldsymbol{v}_{\mathrm{d}}$$

其中，两次叉乘的大小等于 $qB^2\boldsymbol{v}_{\mathrm{d}}$。解出 $\boldsymbol{v}_{\mathrm{d}}$

$$\boldsymbol{v}_{\mathrm{d}} = \frac{\boldsymbol{F} \times \boldsymbol{B}}{qB^2} \tag{6-14a}$$

其中，$\boldsymbol{v}_{\mathrm{d}}$ = 引导中心瞬时漂移速度矢量 [m/s]；

　　　$\boldsymbol{F}$ = 粒子受到的外力 [N]。

漂移总是同时垂直于外力方向和磁场方向。下标 d 常常换成另外一个符号，代表导致漂移的外力来源，比如 E 代表电场引起的漂移，g 代表重力引起的漂移。

垂直于均匀磁场方向的均匀外力作用：摆线漂移

$\boldsymbol{E} \times \boldsymbol{B}$ **漂移。** 考虑真空中的两种均匀场：磁场 $\boldsymbol{B}$ 和与之垂直的电场 $\boldsymbol{E}$。两种场均由外界电荷和电流源产生，与我们这里分析的等离子体的带电粒子无关。我们希望求得等离子体粒子的运动

$$\boldsymbol{v}_E = \frac{q\boldsymbol{E} \times \boldsymbol{B}}{qB^2}$$

电荷上下消去，得到 $\boldsymbol{E} \times \boldsymbol{B}$ 漂移的一般表达式

$$v_E = \frac{E \times B}{B^2} \qquad (6\text{-}14b)$$

图 6-10 展示了离子和电子在电场 E 和磁场 B 中的漂移运动。粒子的轨道由窄圈和宽圈组成。跨磁场和电场的漂移运动和回旋运动混合在一起。曲线较宽的部分 E 和（$v \times B$）方向相反，作用在每个粒子上的合力相互抵消，使得回旋半径增大。曲线较窄的部分，E 和 $v \times B$ 方向相同，合力加大，相应的回旋半径减小。回旋半径交替增大减小使得运动轨迹不再是圆形而是摆线。在不考虑相对论的情况下，粒子本身的属性（q, m, v）与漂移速度无关，故而电子与离子同向漂移。反之，如果 v_d 和光速 c 相比不能忽略，粒子的属性则很重要。

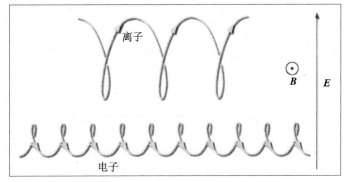

图 6-10　离子和电子垂直于电场 E 和磁场 B 中的漂移运动。图中显示电子和离子沿 $E \times B$ 方向漂移（B 垂直纸面向外且 E 向上）。电场力和磁场力方向相同时，合力加大，回旋半径减小，反之则回旋半径增大。从整个回旋周期来看，粒子的轨迹看起来像一条摆线。

图中仅仅简单展示了回旋运动半径上下部分的差异。总的漂移运动的方向既垂直于磁场也垂直于电场。尽管为了清楚起见我们只分别展示了单个粒子的运动轨迹，实际上这些粒子都沿着同一个引导中心做漂移运动。粒子做 $E \times B$ 漂移运动的更多例子参见例题 6.5 和例题 6.6。

我们在关注点 6.2 这部分的学习内容中，稍微放宽了单粒子运动的前提假设，允许带电粒子之间相互碰撞。碰撞也是 F_{other} 作用的一个例子。这样我们能够了解更多热层底部等离子体的行为特征，因为在那个区域、等离子体和相对稠密的中性大气相互混合。

问答题 6–11

假定图 6-10 中电场有一个垂直纸面向下的分量。离子和电子会如何运动？会不会形成电流？

例题 6.5　E 和 $v \times B$ 的相对影响

- **问题**：比较图 6-10 中 E 和 $v \times B$ 大小。
- **相关概念**：洛伦兹力和牛顿第二运动定律。
- **给定条件**：图 6-10 所含相关信息。
- **假设**：离子绕圈上半部分和下半部分半径比例为 5∶1。

解答：$r_{top} = 5r_{bottom}$，所以 $F_{top} = 5F_{bottom}$。

$$|q(\boldsymbol{E} + \boldsymbol{v} \times \boldsymbol{B})| = |5q(\boldsymbol{E} - \boldsymbol{v} \times \boldsymbol{B})|$$

$$E + vB = 5E - 5vB$$
$$6vB = 4E$$
$$E = (3/2)vB$$

■ 解释：图 6-10 所示例子中 $\boldsymbol{E}$ 和 $\boldsymbol{v} \times \boldsymbol{B}$ 大小比值为 $1.5 : 1$。

重力场漂移。我们现在考虑重力对带电粒子在磁场中运动的影响。粒子受到的"外力"为 $\boldsymbol{F}_{other} = m\boldsymbol{g}$，其中 m 是粒子的质量。代入引导中心漂移运动方程（6-14a），得到

$$\boldsymbol{v}_g = \frac{m\boldsymbol{g} \times \boldsymbol{B}}{qB^2} \tag{6-14c}$$

例题 6.6　$E \times B$ 漂移运动

■ 问题：使用磁层中具有代表性的电场和磁场数值，求磁层中离子和电子的漂移速度和方向。

■ 相关概念：$\boldsymbol{E} \times \boldsymbol{B}$ 漂移运动。

■ 给定条件：磁层晨昏电场大小为（0.1 mV/m），磁场北向分量大小为 20 nT。

■ 假设：均匀电磁场且相互垂直

■ 解答：$\boldsymbol{v}_E = \dfrac{\boldsymbol{E} \times \boldsymbol{B}}{B^2}$

$$v_E = \frac{(1 \times 10^{-4}\ \text{V/m})(20 \times 10^{-9}\ \text{T})}{(20 \times 10^{-9}\ \text{T})^2}$$

$$v_E = \frac{(1 \times 10^{-4}\ \text{V/m})}{(20 \times 10^{-9}\ \text{T})} = 5 \times 10^4\ \text{m/s} = 50\,\text{km/s}$$

方向指向地球。

■ 解释：在磁层典型电场和磁场条件下，粒子以 50 km/s 的速度朝向地球做漂移运动。

补充练习：磁尾中偶尔能观测到突发性的等离子体流动，速度达到 300 km/s。如果是因为 $\boldsymbol{E} \times \boldsymbol{B}$ 漂移引起，需要多大的电场？磁场大小如上例。

关注点 6.2　磁场中相互碰撞的带电粒子

我们前面讨论的是无碰撞环境。现在我们来简单谈谈碰撞带来的改变。碰撞会打断带电粒子的回旋运动。在外力引起的漂移运动中，任何的碰撞均会使得运动形态进一步发生变化。尽管这类情况很复杂，但是我们可以用几幅示意图来说明粒子的运动。我们以电场作外力源为例，其他外力情况与之类似。

如图 6-11 所示，假设刚开始电场 **E** 和磁场 **B** 中有一个电子。如果电场 **E** 远远强于磁场 **B**，那么电子的摆线运动近似于半圆形运动。碰撞会导致电子部分免除摆线漂移运动的束缚，使其某个方向上的运动受到外界电场的影响。极端情况下，摆线运动会被破坏掉，粒子运动行为就好像磁场不存在一样。

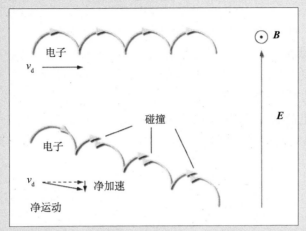

图 6-11　碰撞对单粒子运动的影响。 示意图的上半部分中，一个电子受垂直于磁场 **B** 的强电场 **E** 的影响做漂移运动。在没有碰撞的情况下，粒子沿 **E × B** 方向漂移。示意图的下半部分，漂移运动被碰撞打断，电场的作用稍微增大。电子除了沿 **E × B** 方向漂移外，还沿电场反方向加速。

图 6-12 展示了离子和电子在相互垂直的重力场 **g** 和磁场 **B** 中的漂移运动。粒子运动轨迹的下半部分受力比上半部分要大。

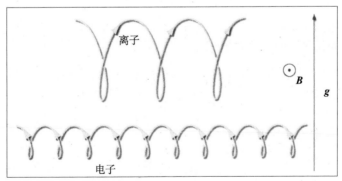

图 6-12　粒子同时在磁场和重力场影响下的运动。 离子在回转过程中向右漂移。电子向左漂移，转的圈小一些，转圈速度快一些。电流方向朝右，和离子漂移方向一致。

这类漂移运动与电荷相关。等离子体中，离子和电子所带电荷极性不同，在重力场中的漂移导致正电和负电分离。不仅如此，重力场漂移运动正比于粒子的质量。因为离子的质量远大于电子质量，所以离子的漂移速度也要大得多。带正电和负电的粒子分别向相反方向流动产生了电流，这种主要由离子携带电流的例子非常少见。大部分电子器件的电路中，电流基本上由电子携带。由于质量很小，所以电子很容易被电场加速。

问答题 6-12

图 6-12 中的带电粒子没有受到外界电场的影响也形成了电流。解释为什么会这样。

带电粒子在非均匀磁场中的运动：摆线漂移运动

非均匀性磁场（如弯曲和梯度），也能导致粒子产生漂移运动。

磁场 *B* 的梯度漂移。如果磁力线呈直线，但是磁场 *B* 的大小随空间变化，那么粒子的运动轨道看起来像图 6-13 中一样。回路的上半部分磁场增强使得受力增大而曲率半径减小。这种情况的运动不是来源于 *B*，而是来源于 *B* 的梯度，因而被称为梯度漂移（gradient drift）。由于带异性电荷的粒子绕磁场沿相反方向回旋，再加上粒子沿回路中较长的弧线的方向漂移，所以异性电荷的粒子沿相反方向做漂移运动。电流的方向与离子漂移运动的方向一致。

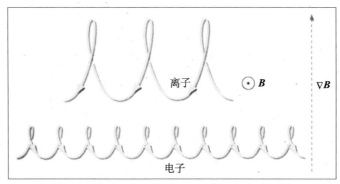

图 6-13 粒子在磁场和磁场梯度联合作用下的运动。离子在一个回路的路径中向左移动。电子在一个回路的路径中向右移动。电流方向向左，和离子一样。

这种由磁场梯度产生的力，其性质不是本章讨论的内容，我们在这里只是给出结果

$$F = -\frac{1}{2}mv_\perp^2 \frac{\nabla B}{B}$$

从表 6-4 我们知道漂移速度为

$$v_d = \frac{F \times B}{qB^2}$$

将这些方程联立，我们得到

$$v_{\nabla B} = -\frac{1}{2}mv_\perp^2 \frac{\nabla B \times B}{qB^3} \tag{6-15}$$

表 6-5 单个带电粒子在非均匀磁场中的漂移运动。磁场一般不是均匀的：非均匀场导致粒子漂移。宏观上看，加速度为零，但是粒子个体是有加速度的。

漂移运动	$\Sigma \boldsymbol{F} = \dfrac{\mathrm{d}(m\boldsymbol{v})}{\mathrm{d}t} = 0$	$\boldsymbol{v}_{\mathrm{d}} = \dfrac{\boldsymbol{F}_{\perp} \times \boldsymbol{B}}{qB^2}$	注释
磁场梯度	$\boldsymbol{F}_{\nabla B} = -\dfrac{1}{2}mv_{\perp}^2 \dfrac{\nabla \boldsymbol{B}}{B}$ $= -q(\boldsymbol{v} \times \boldsymbol{B})$	$\boldsymbol{v}_{\nabla B} = -\dfrac{1}{2}mv_{\perp}^2 \dfrac{\nabla \boldsymbol{B} \times \boldsymbol{B}}{qB^3}$	漂移垂直于 $\nabla \boldsymbol{B}$ 和 $\boldsymbol{B}$，与电荷大小有关
磁场曲率	$\boldsymbol{F}_{\nabla \times B} = \dfrac{mv_{\parallel}^2}{R_C^2}\boldsymbol{R}_C$ $= -q(\boldsymbol{v} \times \boldsymbol{B})$	$\boldsymbol{v}_C = \dfrac{mv_{\parallel}^2}{R_C^2}\dfrac{\boldsymbol{R}_C \times \boldsymbol{B}}{qB^2}$	漂移垂直于 $\boldsymbol{F}_C$ 和 $\boldsymbol{B}$，与电荷大小有关，R_C 是曲率半径

磁场 $\boldsymbol{B}$ 的曲率漂移。偶极场随空间变化，曲率发生改变，是所有的偶极场都具有的自然特征。一个粒子以速度 $v_{\parallel}$ 沿着弯曲的磁力线做回旋运动，必须施加某种力使得它跟随磁力线。这种力是弯曲的磁力线所固有的，弯曲的粒子轨迹见图 6-14。弯曲导致的外力为

$$\boldsymbol{F} = \frac{mv_{\parallel}^2}{R_C}\hat{\boldsymbol{R}}_C = \frac{mv_{\parallel}^2}{R_C^2}\boldsymbol{R}_C$$

其中，$\boldsymbol{F}$ = 引起弯曲的外力 [N]；

m = 粒子质量 [kg]；

$v_{\parallel}$ = 粒子平行于弯曲磁场方向的瞬时速度 [m/s]；

$\hat{\boldsymbol{R}}$ = 某时刻沿曲率半径方向的单位矢量 [无量纲]；

$\boldsymbol{R}_C$ = 沿曲率半径方向的长度矢量 [m]。

曲率漂移速度为

$$\boldsymbol{v}_C = \frac{mv_{\parallel}^2}{R_C^2}\frac{\boldsymbol{R}_C \times \boldsymbol{B}}{qB^2} \quad\quad (6\text{-}15\mathrm{e})$$

磁偶极场既有曲率也有梯度，所以在研究偶极场时常常把两者合二为一称作梯度 - 曲率漂移。

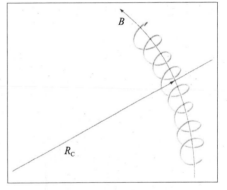

图 6-14 粒子在弯曲磁力线磁场中的运动。图中带电粒子沿磁力线运动，磁力线的弯曲半径是 $\boldsymbol{R}_C$。

$$\boldsymbol{v}_{\nabla \boldsymbol{B}C} = \left(\frac{mv_{\parallel}^2 \boldsymbol{R}_C}{R_C^2} - \frac{1}{2}mv_{\perp}^2 \frac{\nabla \boldsymbol{B}}{B}\right) \times \frac{\boldsymbol{B}}{qB^2} \quad\quad (6\text{-}15\mathrm{f})$$

在方程（6-15f）中矢量 $\boldsymbol{R}_C$ 和 $\nabla \boldsymbol{B}$ 均和 $\boldsymbol{B}$ 叉乘。

受力的大小与粒子的动能相关（mv^2）。平行磁场方向的速度带来的动能决定曲率力的大小，而垂直方向的速度带来的动能决定梯度力的大小。方程（6-15f）似乎令人望而生畏。不过，即使不做太多的数学计算，我们也能通过思考漂移运动的方向来学习到不少有关磁场的知识。关于这一点，我们将在例题 6.7 中解释。

问答题 6-13

对某一粒子来说，曲率漂移的贡献和梯度漂移的贡献是同向的还是反向的？

例题 6.7　曲率 - 梯度漂移

- 问题：求位于地球夜晚一侧磁层赤道面的正离子的曲率 - 梯度漂移方向。
- 相关概念：带电粒子的曲率 - 梯度漂移运动。
- 给定条件：地球中磁层和内磁层的磁场近似偶极场（图 6-15），方程（6-15d）、方程（6-15e）。
- 假设：静态场。
- 解答：

（1）曲率漂移为

$$v_{C} = \frac{m v_{\parallel}^{2}}{R_{C}^{2}} \frac{R_{C} \times B}{q B^{2}}$$

因此，漂移方向为 $R_{C} \times B$。R_{C} 矢量（图中红色箭头）背向地球。靠近赤道面的磁场方向朝北。因而 $R_{C} \times B$ 的方向在午夜垂直纸面朝外。黄昏时分的曲率漂移方向朝向日侧。

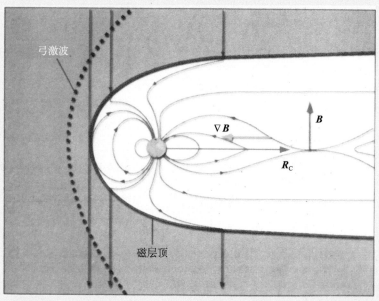

图 6-15　地球磁层。 图中所绘为正午 - 午夜子午面上地球偶极场及受其影响的周围空间。

（2）梯度漂移为

$$v_{\nabla B} = -\frac{1}{2} m v_{\perp}^{2} \frac{\nabla B \times B}{q B^{3}}$$

漂移的方向为 $B \times \nabla B$（我们通过改变叉乘的顺序消除了负号）。赤道面内的 ∇B 矢量

（图 6-15 中绿色箭头）朝向地球，即离地球越近磁场 B 越强。靠近赤道面的磁场方向朝北。$B \times \nabla B$（或者 $-\nabla B \times B$）在午夜垂直纸面朝外。黄昏时分的梯度漂移方向朝向日侧。

- 解释：对位于地球内磁层赤道面内的带正粒子来说，梯度和曲率漂移的影响引导粒子围绕地球从午夜到黄昏侧到正午一侧，从那里再到晨侧然后回到午夜一侧。带负电的粒子运动方向相反。带异性电荷的粒子反向运动产生了电流，被称为环电流，环电流的影响可以在地表测量到。这是我们在第 4 章末尾讨论过的环电流的物理根源。

宏观角度：引导中心漂移运动

绝大多数空间等离子体粒子都受到各种力的综合影响。我们从前述所学中获得一个单粒子运动"宏观物理图象"，形成一个概念叫做"引导中心漂移"，见图 6-16。

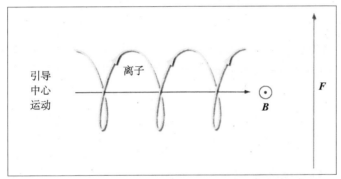

图 6-16 摆线和引导中心运动。水平箭头代表漂移运动（v_d）。磁场 B 垂直纸面向外，外力 $F_\perp$ 垂直磁层沿纸面向上。

如果垂直磁场方向的外力对做回旋运动的带电粒子的作用时间远大于粒子绕一周的时间，那么粒子的运动可以分为两种形态：均匀的圆周运动和粒子轨道中心的相对位移（漂移）。用一个大家比较熟悉的例子来类比，我们考虑汽车轮胎边缘某点的运动。当汽车开动时，该点运动的轨迹是摆线，我们把它的轨迹分为两个更为简单的运动：具有和轮胎一样角速度的圆周运动以及具有和汽车一样速度的线性运动。如果我们保持和汽车一样的速度运动，那我们能看见的只有那个点在轮胎上的圆周运动。或者，当汽车开过去时，我们可以站在路边通过观察轮胎中心的移动来监测轮胎的线性运动。换言之，如果忽略粒子的圆周运动，正如我们上面讨论过的一样，我们看到一种均匀的漂移运动（漂移速度）。我们也把这种运动称为引导中心漂移（guiding-center drift），如图 6-16 所示。在许多等离子体的宏观应用中，引导中心漂移比摆线运动更为重要，所以后者常常被平均后消除掉了，当然如果没有摆线运动，（引导中心）漂移运动也不会存在。

问答题 6-14

对正负带电粒子来说，图 6-16 中的引导中心运动是否均成立？如果电荷反转，$v_\perp$ 的方向会发生什么变化？

对于给定的净受力 $F_\perp$ 来说，方程（6-14a）给出的漂移速度不随时空变化，与引导中心漂移运动的概念相一致。如上面提到的轮胎边缘上一个点的运动一样，怎么看待粒子的这种均匀（加速）圆周运动呢？显然这个运动分量是不会消失的，但是它通过平均处理来消除。假设 $F_\perp$ 固定不变，如果我们在较长的一段时间内对粒子的位置进行测量，测量时间远远大于粒子绕圈的周期，那么方程（6-14a）可以很准确地描述粒子的运动过程。也就是说，粒子被观测到的实际位置随时间的变化非常符合函数关系 $x(t) = v_\mathrm{d}t$，这里 t 是流逝的时间，v_d 是引导中心漂移速度。

6.3　热等离子体流体动力学

每立方米的空间等离子体中包含 $10^6 \sim 10^{12}$ 个带电粒子。即使对目前最快的计算机而言，模拟几百万个这样的粒子也是个沉重的负担。流体力学为我们描述等离子体总体行为提供了另外一种手段。

6.3.1　麦克斯韦 - 玻尔兹曼分布与萨哈方程

目标：读完本节，你应该能够……

♦　描述麦克斯韦-玻尔兹曼分布方程中各项的含义
♦　根据萨哈方程描述等离子体在哪种情形下能增大电离率

我们在这里暂时忽略磁场，着重于热平衡态的等离子体，在这种等离子体中粒子通过频繁地碰撞达到热平衡态（热化）。我们可以估算等离子体在一定的密度和温度下电离率大概会是多少，也能统计估算等离子体粒子的速度。

分布函数。空间等离子体包含数目巨大的粒子。我们不采用先计算每个粒子的运动和位置然后求平均的方法，而是采用含有统计量的方程。从第 2 章我们知道，气体分子的平均动能与气体的温度之间的关系如下：

$$\frac{1}{2}mv_\mathrm{rms}^2 = \frac{3}{2}k_\mathrm{B}T$$

这里，$v_\mathrm{rms} = \sqrt{|v^2|}$。

这是粒子集合中一个原子或者分子的平均动能。这些粒子相互之间不断地碰撞，碰撞使得小部分粒子被加速到非常高的速度。如果碰撞的能量足够高，粒子里的电子受到撞击变成自由电子，那么这个粒子就被电离了。

如果气体分子处于平衡态分布，那么温度等概念才有意义，我们通常发现（往往也是假设）原子或者分子的分布符合麦克斯韦-玻尔兹曼分布（Maxwell-Boltzmann distribution）。热动力学平衡态气体中的粒子之间相互碰撞，碰撞过程持续时间很短，在两次碰撞发生时间间隔之内，粒子可以自由移动。速度分布函数 $\chi(v)$ 描述了粒子处于速度区间 $[v, v+dv]$ 内的概率，这个概率为

$$\chi(v)dv = 4\pi\left(\frac{m}{2\pi k_B T}\right)^{\frac{3}{2}} v^2 \exp\left(-\frac{mv^2}{2k_B T}\right)dv \tag{6-16}$$

这个函数图参见图 2-8，我们绘出了好几种不同速度的情况。第一个括号内的那一项是归一化常数，使得粒子速度分布在所有速度值区间内的概率等于 1。指数项代表了热化等离子体中具有很大动能粒子概率的下降趋势。这个方程给出了粒子速度处于某个给定速度值左右的概率，它是粒子质量 m，速度 v 和等离子体系统温度 T 的函数。

我们可以从这里得到粒子分布，用它来描述给定速度范围内的粒子个数 [1]

$$N(v)dv = 4\pi N_T\left(\frac{m}{2\pi k_B T}\right)^{\frac{3}{2}} v^2 \exp\left(-\frac{mv^2}{2k_B T}\right)dv \tag{6-17a}$$

其中，$dv =$ 速度增量 [m/s]；

$N_T =$ 粒子总数。

速度分布函数与其他能量形式也有关系。举个例子，大气中的速度分布函数和势能有关，需要考虑高度的因素，引入势能项（mgz）。热动力学平衡态的大气粒子分布函数为

$$N(v)dv = 4\pi N_T\left(\frac{m}{2\pi k_B T}\right)^{\frac{3}{2}} v^2 \exp\left(-\frac{(1/2)mv^2 + mgz}{k_B T}\right)dv \tag{6-17b}$$

对速度积分并除以体积，得到 $n = n_0 \exp(-mgz/k_B T)$，这就是第 3 章中提到的大气定律。在第 2 章中，我们把 mgh（或 mgz）称作位置势能。指数项意味着在离地面很高的地方遇到粒子的概率很小。

与处于热动力学平衡态的等离子体更为相关的势能往往具有 qV 的形式，在远处电荷产生的势能为零。

$$N(v)dv = 4\pi N_T\left(\frac{m}{2\pi k_B T}\right)^{\frac{3}{2}} v^2 \exp\left(-\frac{(1/2)mv^2 + qV}{k_B T}\right)dv \tag{6-17c}$$

方程积分后简化为 $n = n_0 \exp(-qV/k_B T)$。指数项说明具有很强电势能的粒子很少。

在一定体积内，玻尔兹曼方程（6-17a）～方程（6-17c）预言动能或者势能较低的粒子占多数，高能粒子是少数。尽管空间等离子体经常远远地偏离平衡态，普遍也不是麦克斯韦分布，但是麦克斯韦 - 玻尔兹曼分布仍然是个不错的近似。

萨哈方程。某种气体需要多少能量才能够被称为等离子体呢？以印度天体物理学家梅格纳德·萨哈（Meghnad Saha）命名的萨哈方程（Saha equation）回答了这个问题。萨哈方程定量地给出了某热化气体的电离率和温度之间的关系。离化粒子和中性粒子的比率为

$$\frac{n_i}{n_n} = \frac{n_e}{n_n} = \frac{(2\pi m_e k_B T)^{3/2}}{n_i h^3}\exp\left(-\frac{U_i}{k_B T}\right) \tag{6-18a}$$

---

[1] 原书有误，漏掉了自然指数项。——译者注

其中，n_e = 电子数密度 [个 /m³]（等于离子数密度，n_i）；

n_n = 中性粒子数密度 [个 /m³]；

m_e = 电子质量 [9.11×10^{-31} kg]；

U_i = 气体的电离能 [J]；

k_B = 玻尔兹曼常量（1.38×10^{-23} J/K）；

h = 普朗克常量（6.63×10^{-34} J·s）。

我们代入常数后方程简化为

$$n_i = [n_n (2.4 \times 10^{21} T^{3/2})] \exp(-U_i / k_B T)]^{1/2} \tag{6-18b}$$

萨哈方程量化了自然界中一种不停的较量：维持热等离子体的电离。当电离成分相对比例增加时，离子数 n_i 增加，中性粒子的数目 n_n 减少。这样，可供电离的原生物质就被消耗掉了。气体中被电离的粒子越多，可供复合（离子和电子结合形成中性粒子的过程）的自由电子就越多。自由电子越多，那么电离成分相对比例就会减小。行星际等离子体能维持存在出于如下原因：一定体积里能够和离子复合的电子数目非常之少，不管出于什么原因，等离子体一旦形成，即便产生等离子体的因素不再起作用了，等离子体也能维持等离子体态。

维持或者增加热等离子体电离率有三种办法：

（1）激烈的热运动扰动（$k_B T \approx U_i$）。较高动能的粒子通过碰撞导致电离，可以发生在太阳内核、日冕和地球高层大气中。

（2）低密度。这种情况导致低复合率：原子离化后，基本上不太可能在保持能量和动量守恒的情况下和电子复合（如太阳风中）。

（3）偏离热平衡态。这种情况下萨哈方程不适用。空间等离子体中，碰撞平均自由程通常很长，碰撞频率很低。这就意味着等离子体需要非常长的时间才能达到热平衡态。

问答题 6–15

假设温度不变，当电离势能增加时，电离的相对比例如何变化？

问答题 6–16

如果 $n_i = n_e$，证明热等离子体中的电子数密度正比于 $(n_n)^{1/2}$。

例题 6.8　运动与电离势

- 问题：估算电离一个处于基态的氢原子需要的温度。
- 相关概念：运动与电离势。
- 给定条件：基态氢原子的电离能是 13.6 eV。
- 假设：没有磁场且处于热平衡态。
- 解答：

$$k_B T_{ionization} = 13.6\,eV(1.6\times10^{-19}\,J/eV)$$

$$T_{ionization} = 13.6\,eV(1.6\times10^{-19}\,J/eV)/1.38\times10^{-23}\,J/K = 1.6\times10^{5}\,K$$

■ 解释:"热"电离氢原子需要的温度非常之高,如日冕温度。但是氢离子可以存在于较低温度之中。温度较低的低层太阳大气中含有受激发的能量高于基态的氢原子。离化已经受激发的粒子只需要提供部分电离能。

6.3.2 等离子体中的能量密度

目标:读完本节,你应该能够……

♦ 描述和计算等离子体中离子和电子的能量密度
♦ 判断何时可以把等离子体当作单一种类粒子来处理

等离子体一般没有固定的形状,因此我们经常用能量密度 u 来描述等离子体单位体积具有的能量大小,并通过对合适的空间体积求积分来计算总能量。我们下面列出的能量密度计算公式和我们在第 2 章还有第 4 章里提到的非常相似。最明显的区别是对离子和电子分别定量计算(有时候对每种离子种类也分开计算)。

等离子体中随机运动的能量密度是

$$u_{thermal} = \frac{3}{2}k_B(n_i T_i + n_e T_e) \tag{6-19a}$$

一般而言离子和电子的数密度相同,但是温度不同。代入这些条件,方程(6-19a)变成

$$u_{thermal} = \frac{3}{2}n_i k_B(T_i + T_e) \tag{6-19b}$$

如果穿过等离子体的磁场相对而言很强,那么粒子运动的自由度从 3 降低为 2,使得方程(6-19a)中最左边的常数项 3/2 变成 1。这时,如果离子和电子的温度相同,那么能量密度大致上相当于理想气体的两倍

$$u_{thermal} = 2n k_B T \tag{6-19c}$$

离子和电子对压力均有贡献。稳定流体状态下的等离子体还具有定向流动的动能

$$u_{KE} = \frac{1}{2}n_i m_i v_i^2 + \frac{1}{2}n_e m_e v_e^2 \tag{6-20a}$$

如果离子和电子速度不同,引入质量密度,方程简化为

$$u_{KE} = (1/2)(\rho_i v_i^2 + \rho_e v_e^2) \tag{6-20b}$$

如果离子和电子速度相同,动能密度为

$$u_{KE} = \frac{1}{2}\rho v^2 \tag{6-20c}$$

等离子体的电磁能量密度与场有关,与粒子无关

$$u_{B+E} = \frac{1}{2}\left(\frac{B^2}{\mu_0} + \varepsilon_0 E^2\right) \tag{6-21a}$$

通常来说，电场项比磁场项小得多，于是

$$u_{B+E} \approx u_B = \frac{1}{2}\left(\frac{B^2}{\mu_0}\right) \tag{6-21b}$$

在以后其他章节中，我们会经常比较这些项的相对贡献大小以确定哪种物理过程在等离子体中占主导地位。举个例子，太阳风中流体的动能常常处于主导地位，而地球磁场中温度项和与电磁场有关的项往往居于主导地位。

问答题 6-17

以第 5 章中的太阳风速度值为例，方程（6-19c）、方程（6-20c）以及方程（6-21b）中的各项能量密度，哪个最大？哪个最小？

问答题 6-18

如果离子和电子的速度相同，验证方程（6-20a）可以简化为方程（6-20c）。

例题 6.9　内能与动能的能量密度

■ 问题：求太阳风中电子的内能能量密度与动能能量密度的比值。
■ 相关概念：内能与动能的能量密度（方程（6-19b）和方程（6-20b））。
■ 给定条件：（$T_e = 1.4 \times 10^5$ K）（比太阳风离子温度稍微高一点）。
■ 假设：温度为常数，太阳风速度使用平均值，太阳风数密度为 5 离子 - 电子对 /cm³，运动的自由度为 2。
■ 解答：
（1）电子内能的能量密度

$$\frac{2}{2}k_B n_e T_e = [(1.38 \times 10^{-23} \text{ J/K})(5 \times 10^6 \text{ electrons/m}^3)(1.4 \times 10^5 \text{ K})]$$
$$= 9.66 \times 10^{-12} \text{ J/m}^3 \approx 10 \text{ pPa}$$

（2）电子动能的能量密度

$$u_{KE} = (1/2)mv_e^2 = (1/2)(5 \times 10^6 \text{ electrons/m}^3)(9.11 \times 10^{-31} \text{ kg/electron})(400 \times 10^3 \text{ m/s})^2$$
$$\approx 3.6 \times 10^{-13} \text{ J/m}^3 = 0.36 \text{ pPa}$$

电子内能能量密度与动能能量密度的比值等于 $10/0.36 = 26.8$。
■ 解释：相比于动能，电子更易于通过内能来携带能量。

补充练习 1： 为离子重复以上计算。
补充练习 2： 计算离子内能能量密度和电子内能能量密度的比值，计算离子和电子动能能量密度的比值。离子和电子传递这两种能量形式的能力一样吗？

6.4 磁化等离子体流体动力学

当磁场对等离子体的影响很强时，等离子体流体呈现集体行为，如同携带电流的一元流体一样。这种行为在磁化流体内的"碰撞"足够强的时候就会显现出来。如果在某些区域流体的电导率很高，流体的变化相对缓慢，磁力看成是作用在带电粒子上的准碰撞力，那么建模者们可以采用磁化流体动力学（磁流体力学，MHD）来模拟这类区域内的等离子体运动。

6.4.1 磁流体力学基础

目标：读完本节，你应该能够……

- ♦ 说出 MHD 方法的适用范围
- ♦ 描述从流体力学转化为理想 MHD 需要什么样的额外条件和简化条件
- ♦ 描述等离子体适用 MHD 近似的关键参数

磁流体力学方程和近似

在第 4 章和第 5 章中，我们用流体力学来描述非磁化流体——包括守恒定律和状态方程（物质宏观特性之间的联系）。正如图 5-8 所展示的一样，流体力学可以描述流体在不同作用力下的运动。当描述一个受到磁场影响的流体时，我们除了保留基本的流体力学方程外，还需要加上麦克斯韦方程和欧姆定律来引入电场和磁场的行为。*磁流体力学*（Magnetohydrodynamic，MHD）是特殊条件下的磁化等离子体物理或者说是一种近似，用于研究具有类似流体行为特征的带电粒子气体。图 4-28 显示了 MHD 中存在的各种场和力之间的相互作用。MHD 的流程图见图 6-17，我们在图中综合了图 5-8 和图 4-28 的内容。

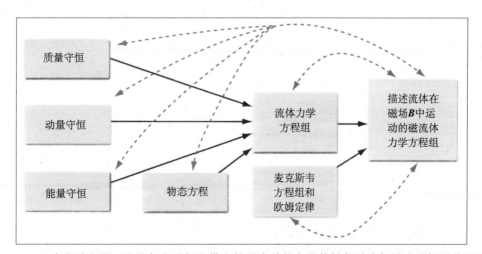

图 6-17　MHD 方程流程图。这些与电磁场和带电粒子有关的方程能够帮助我们描述磁场影响下的流体运动。

MHD 模型的使用者们希望能够用一个时间和空间的方程来明确（最终预测）磁化流体的运动。比如，他们想通过 MHD 来了解太阳风的质量、能量和动量是如何传递给磁层的，还有能量是如何沉积并影响磁层－电离层耦合系统的。

MHD 近似需要假定：

- 我们可以忽略粒子个体的回旋运动，以引导中心的运动来代替。
- 等离子体的电导率很大，因此没有电荷积累，磁场和流体冻结在一起（4.3 节）。
- 动力学的特征长度远远大于离子的回旋半径，也远远大于平均碰撞自由程。
- 动力学的特征时间远远大于离子的回旋周期，也远远大于等离子体振荡周期。因此，电场和磁场随时间的变化是缓慢的——意味着我们可以忽略麦克斯韦－安培方程中的位移电流而不太受到影响。
- 等离子体里速度均为非相对论速度。

表 6-6 是本小节余下内容的总结。

表 6-6　高电导率等离子体（理想）MHD 方程形式。我们在这里列出了一些基本的 MHD 方程，这些方程以单位体积的形式给出。我们在本节讨论的 MHD 近似均包括在这些方程里。

	流体方程		麦克斯韦方程		本构方程	
矢量方程	$\rho\dfrac{\mathrm{d}}{\mathrm{d}t}\boldsymbol{v} = -\nabla P + \boldsymbol{J}\times\boldsymbol{B}$	（1）	$\nabla\times\boldsymbol{E} = -\dfrac{\partial\boldsymbol{B}}{\partial t}$　（2） $\nabla\times\boldsymbol{B} = \mu_0\boldsymbol{J}$　（3）		欧姆定律 $\boldsymbol{J} = \sigma(\boldsymbol{E}+\boldsymbol{v}\times\boldsymbol{B})$　（4） 如果 $\sigma\to\infty$，则 $\boldsymbol{E}=-\boldsymbol{v}\times\boldsymbol{B}$	
标量方程	$\dfrac{\mathrm{d}\rho}{\mathrm{d}t} = \dfrac{\partial\rho}{\partial t}+\nabla\bullet(\rho\boldsymbol{v})=0$ [①]	（5）	$\nabla\bullet\boldsymbol{B}=0$	（6）	—	
	$\dfrac{\mathrm{d}}{\mathrm{d}t}(P\rho_m^{-\gamma})=0$ 这里 γ 是等压过程热容量和等容过程热容量的比值	（7）	$\nabla\bullet\boldsymbol{E}=0$	（8）	$P=2(\rho/m_i)k_\mathrm{B}T$	（9）

问答题 6–19

表 6-6 中的这些基本 MHD 方程体现了 MHD 系统几个方面的特征。找出表 6-6 中与如下各个表述相符合的方程并把方程的编号填入相应的空格里。方程编号可以使用不止一次。

- 质量可以传输但不能产生或者消失。方程 ____
- 绝热系统的内能是一种最简单的能量表现形式，能量守恒。方程 ____
- 压强梯度力和电流与磁场的相互作用能改变动量。方程 ____

---

① 此处原书不够严谨，仅在不可压流体情况下适用。——译者注

- 没有电荷积累。方程 ____
- 磁单极子不存在。方程 ____
- 电场仅仅来自于变化的磁场。方程 ____
- 磁场的唯一来源是电流。方程 ____
- 方程是修正过的，仅能处理缓变的电场。方程 ____
- 描述加速度来源的方程。方程 ____
- 物态方程。方程 ____
- 修正过的麦克斯韦方程，适用于高电导率的情况。方程 ____
- 这个方程关联磁化等离子体的运动和电场。方程 ____
- 这个方程包括洛伦兹项。方程 ____

流体方程。（表6-6中方程（1）、（5）和（7））。MHD适用的地球范围内，质量是守恒的。我们进一步假设重力和黏滞力可以被忽略，以及在高电导率系统中不存在大尺度电场。这样，我们在动量方程中就略去了重力、电场力和黏滞力，只保留了压强梯度以及由电流和磁场产生的体积力（$\boldsymbol{J} \times \boldsymbol{B}$）。本节末尾我们会再次讨论压强梯度项。更进一步，我们常常在处理能量守恒的时候假设绝热过程，因此能量方程里只包含压强和密度的绝热关系。表6-6中的方程（7）表明没有外界的能量源和能量损失。综上所述，我们可以忽略黏性加热、焦耳热、辐射冷却和传导冷却。

本构方程。（表6-6方程（4）和（9））。这些方程描述的是MHD流体能够被我们测量到的属性。方程（4）是欧姆定律最简单的形式。我们假设气体压强由离子和电子组成的二元流体产生（方程（9））。

电场高斯定律和电流安培定律的简化。（表6-6方程（8）和（3））。我们假设等离子体是高导电性的，电荷可以自由地移动和调整自己，因此等离子体内没有局部的电荷积累。这也意味着局地不存在产生电场的源电荷。

$$\nabla \cdot \boldsymbol{E} = \frac{\rho_c}{\varepsilon_0} = 0$$

这个方程并不代表没有电场，而是电场由法拉第定律和磁感应方程来描述。

第4章中我们提到真空中的磁导率以及介电常数和光速之间的关系是（$\varepsilon_0 \mu_0 = 1/c^2$）（我们经常假设空间物理是真空环境）。MHD的适用性要求变化必须是缓慢的，那么安培定律的最后一项除以c^2后，变得非常小。这个假设意味着传导电流远远大于位移电流，表6-6中的方程（3）就是这么得来的。

$$\nabla \times \boldsymbol{B} = \mu_0 \boldsymbol{J} + \frac{1}{c^2} \frac{\partial \boldsymbol{E}}{\partial t} \approx \mu_0 \boldsymbol{J}$$

通过缓变假设，我们再次推导出了安培定律最原初的形式。

法拉第定律和磁感应方程。（表6-6方程（2））。接下来我们从法拉第定律消去 $\boldsymbol{E}$（用 $\boldsymbol{J}$ 和 $\boldsymbol{B}$ 来表示）。由于电场的确会引起等离子体的运动，这一步需要一点技巧。在第4章里我们知道，当导电性的等离子体相对于外加磁场运动时，等离子体所经受的电场是静止参考系中的电场 $\boldsymbol{E}$，再加上等离子体在磁场中以速度 v 运动产生的另一种形态的电场之和

$$E' = E + (v \times B) \qquad (6\text{-}22)$$

其中，E' = 电场矢量之和 [N/C]；

E = 静止参考系中的电场矢量 [N/C]；

v = 等离子体速度 [m/s]；

B = 磁场强度矢量 [T]。

重新整理欧姆定律（表6-6方程（4）），有

$$\frac{J}{\sigma} = E + (v \times B)$$

然后我们将其代入法拉第定律中，得到磁感应方程（magnetic induction equation）

$$\frac{\partial B}{\partial t} = \nabla \times (v \times B) - \left(\nabla \times \frac{J}{\sigma} \right) \qquad (6\text{-}23a)$$

法拉第定律中的电场 E 包含两个部分：一个由电流（J/σ）引起而另外一个由等离子体相对于静止参考系的运动引起（$v \times B$）。

磁通量冻结。如果等离子体具有很高的电导率，那么电荷无法积累形成电场，我们可以做进一步的简化：

$$\frac{\partial B}{\partial t} \approx \nabla \times (v \times B) \qquad (6\text{-}23b)$$

这个方程表明，在高电导率的等离子体中，磁通量的演化由等离子体的对流运动控制。磁通量"冻结"（4.3 小节）的关键就在于这点。穿过等离子体环的磁通量不随时间变化，即使是和磁场绑定在一起的面积发生扭曲变化，磁通量也不改变。磁通量管之间不能相互穿过。如果导电性足够强，感应电流和感应磁场足够大，就能阻止外界磁场发生任何改变。在这些条件下，磁力线被"冻结"在等离子体里，磁场 B 也无法脱离等离子体。

磁通量的这种冻结情况在空间环境中有非常重要的影响：不同来源不同特征的空间等离子体相互之间不会发生混合；除了某些特殊情况，它们之间相互排斥。所以，一般来说太阳风不会进入磁层，只有当理想 MHD 假设不再合理，发生了磁重联时，才会导致太阳风进入磁层。

磁通量扩散。在某些空间环境中，考虑到电流的空间变化（旋度）的确会对磁场造成影响，我们必须保留方程（6-23a）中的（$\nabla \times \frac{J}{\sigma}$）项。在等离子体的电阻很大（$\sigma$ 很小）的情况下，需要用电阻 MHD 来代替理想 MHD。将安培定律中的 $J = (\nabla \times B)/\mu_0$ 代入磁感应方程，我们得到一个修正后的方程。它既描述了磁场对流的贡献，也描述了磁场在等离子体中扩散带来的贡献，这时磁场并没有完全冻结在等离子体里。

$$\frac{\partial B}{\partial t} = \nabla \times (v \times B) - \nabla \times \frac{(\nabla \times B)}{\mu_0 \sigma} \qquad (6\text{-}23c)$$

$$\text{对流项} + \text{扩散项}$$

此方程表明，在低电导率的条件下，磁场的演化来源于两个方面：包含 v 的对流项和磁场在等离子体里的扩散项（B/σ）。等离子体具有一定的电阻，磁力线不再被冻结在等离子体里，而是可以在等离子体内移动（或者说扩散）。在高电阻情况下（低电导率），对流

项 $v \times B$ 变得无足轻重，方程又回到了简单的欧姆定律和法拉第定律的最初形式。在磁重联发生的区域，扩散项非常重要。对流项占主导地位的区域，磁场会显著增强。我们观测到的例子有太阳黑子和活动区，当磁场非常强的时候，这些区域就像泡泡一样从太阳的对流区里冒出来。

MHD 流体方程包含三个矢量场方程（三个维度总共九个分量方程）和四个标量方程。这些方程中的未知数有 14 个——两个标量：P 和 ρ，以及 12 个矢量分量：v, B, E, J。13 个方程，14 个未知数，方程组无法闭合（我们在能量守恒方程里用到了状态方程，所以状态方程并没有提供独立的信息）。欧姆定律提供了额外所需的方程来闭合方程组。包含 14 个方程 14 个未知数的系统非常复杂，最好用计算机程序来求解。即使近似求解空间环境中最为简单的状态，也需要几百甚至几千个网格点来计算这些方程。在下一小节里，我们选了一些问题做例子，这些例子可以通过表 6-6 中方程组的子集来求解。

本节所介绍的这些方程有着更为一般化的方程形式，有时候可以在非常动态的情况下应用。图 6-18 所示为日冕物质抛射到太阳风中的 MHD 数值模拟。没有以上讨论过的这些方程，我们是不可能得到这个结果的。

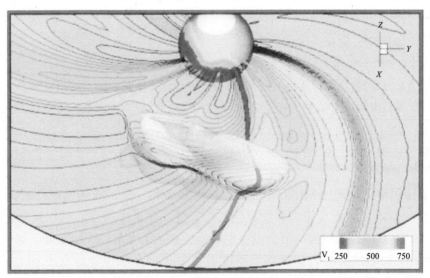

图 6-18 MHD 的应用。 在一个非常基础的水平上，MHD 数值模拟者想知道等离子体和磁场是如何在日球层内循环（对流）的。这幅图片描绘了日冕物质抛射从太阳沿径向向外到磁化太阳风中的过程。半透明的灰色轮廓是日冕物质抛射。图中只画出了一条磁力线。彩色等值线对应于太阳风的速度。除了靠近日冕物质抛射粒子数密度增加的区域内以外，其他区域的等离子体没有在图中画出来。（图片由科罗拉多大学和波士顿大学空间天气综合模拟中心工作的 Dusan Odstrcil 提供）

等离子体参数

我们用三个非常有用的参数来研究磁化等离子体并以之决定如何对表 6-6 中的公式进行简化：

● 克努森数揭示我们把等离子体当作 MHD 流体来处理是否合理；

- 磁雷诺数揭示何时"冻结"条件成立；
- 等离子体贝塔值告诉我们磁压力和热压力哪个在等离子体中占主导地位。

克努森数。克努森数（Knudsen number, K_n）是粒子的平均自由程和等离子体具有代表性的物理长度尺度之间的比值：

$$K_n = \frac{l}{L} \tag{6-24}$$

这里，l = 平均自由程 [m]；

　　　L = 等离子体的特征长度 [m]。

如果克努森数远远大于 1.0，流体基本上是无碰撞的，只要 B 随时间是缓变的，那么等离子体可以用 MHD 来描述。太阳风中的 $K_n \gg 1$。

磁雷诺数。磁感应方程各项的尺度分析告诉我们何时"磁场冻结"适用。我们定义磁雷诺数（magnetic Reynolds number）R_M 为

$$R_M = \frac{\text{对流项}}{\text{扩散项}} = \frac{|\nabla \times (v \times B)|}{\left(\dfrac{|\nabla^2 B|}{\mu_0 \sigma}\right)} \approx \frac{vB/L}{\left(\dfrac{B/L^2}{\mu_0 \sigma}\right)} = \mu_0 \sigma v L \tag{6-25}$$

这里，R_M = 磁雷诺数 [无量纲]；

　　　v = 流体速度矢量 [m/s]；

　　　σ = 流体电导率 [S/m]；

　　　μ_0 = 真空中的磁导率（$4\pi \times 10^{-7}\,\text{N/A}^2 = 1.26 \times 10^{-6}\,\text{N/A}^2$）；

　　　L = 等离子体系统大致的大小 [m]。

如果 $R_M \gg 1$，那么对流项起主导作用，适用于 MHD 分析，磁场 B 冻结在流体里随流体一起运动。反之，如果 $R_M \ll 1$，那么扩散项起主导作用，流体对磁场 B 的影响不大。太阳风中的磁雷诺数很大。

等离子体贝塔值。理想 MHD 动量方程中包括两项：（热）压强梯度力和 $J \times B$。磁场对压强梯度项有贡献，于是压强梯度项包括两部分：热压强梯度和磁压强梯度。在某些情况下，我们有兴趣想知道哪一项会占据主导地位。从第 4 章中我们知道等离子体贝塔值（plasma beta parameter, β）（方程 4-14）是热能量密度 nk_BT 和磁能量密度 $B^2/2\mu_0$ 的比值。假定磁场和等离子体冻结在一起，热压相对于磁压的大小可以让我们明白是粒子拖曳着磁场移动呢，还是磁场决定着等离子体的移动。等离子体贝塔值的公式是

$$\beta = \frac{P_T}{P_B} = \frac{n_e k_B (T_e + T_i)}{(B^2/2\mu_0)} \tag{6-26}$$

这里，β = 等离子体贝塔值 [无量纲]；

　　　P_T = 热压强 [J/m³]；

　　　P_B = 磁压强 [J/m³]；

　　　B = 磁感应强度 [T]；

　　　T_e, T_i = 电子和离子的温度 [K]；

μ_0 = 真空中的磁导率（$4\pi \times 10^{-7}\,\mathrm{N/A^2} = 1.26 \times 10^{-6}\,\mathrm{N/A^2}$）；

k_B = 玻尔兹曼常量（$1.38 \times 10^{-23}\,\mathrm{J/K}$）。

例题 6.10　太阳风中的等离子体贝塔

- 问题：求太阳风的等离子体贝塔值。
- 给定条件：太阳风数密度 = 5 个质子 /$\mathrm{cm^3}$，温度 $\sim 10^5\,\mathrm{K}$，行星际磁场（IMF）大小 $5 \times 10^{-9}\,\mathrm{T}$。
- 假设：太阳风离子和电子温度相同。
- 解答：

$$\beta = \frac{P_T}{P_B} = \frac{n_e k_B (T_e + T_i)}{(B^2/2\mu_0)}$$

$$\beta = \frac{(5 \times 10^6 \text{ 个质子/m}^3)(1.38 \times 10^{-23}\,\mathrm{J/K})(2 \times 10^5\,\mathrm{K})}{\left[\dfrac{(5 \times 10^{-9}\,\mathrm{T})^2}{2(4\pi \times 10^{-7}\,\mathrm{N/A^2})} \right]} = 1.39 \ [\text{无量纲量}]$$

- 解释：太阳风中的磁场压强（能量密度）和等离子体热压强（能量密度）基本相同。

补充练习： 有时候等离子体贝塔值的计算包括动压。如果考虑动压，计算结果会如何变化？

6.4.2　磁流体力学的应用

目标：读完本节，你应该能够……

- ◆ 描述确定等离子体是否适用 MHD 近似的关键参数
- ◆ 列出描述磁发电机机制最重要的方程
- ◆ 计算静态太阳黑子内的磁压强

　　动量和磁感应：发电机的形成。 宇宙中到处都充满了卷曲和波动的磁场。某些地方一定存在着制造磁场的"工厂"。实际上，宇宙中有很多这样的"工厂"：恒星内部，也可能是星系的中心和行星熔化的内核。所有这些都存在着磁场和等离子体之间的相互运动。其结果之一是磁化流体对流运动的机械能转化为电磁能量。假设磁通量冻结，那么简化的动量方程（表 6-6 中方程（1））和法拉第定律（磁感应方程（6-23c））是发电机的控制方程。这两个方程，再加上合适的密度和压强的边界条件，就构成了包含两个矢量未知数 v 和 B 的矢量方程（实际上，我们有六个标量方程和六个未知数，不过至少是个闭合方程组[1]）。

---

[1]　原作者这里表述不太准确，首先需要加入表 6-6 中方程（3），其次，方程组也不是闭合的，因为动量方程包含未知数 P。——译者注

对磁发电机而言，我们对克努森数、磁雷诺数和等离子体贝塔值都很大的情况特别感兴趣。当这些条件都满足时，图 6-17 中的反馈回路就会形成发电机作用。在这一点上，太阳的对流区是一个例子。在对流区中，沸腾着的等离子体的机械运动使得冻结在等离子体里的磁场产生运动，依次形成了电场和电流，电场的旋度进一步增强了磁场。电流和增强后的磁场一起通过 $J\times B$（动量方程）的作用来加速等离子体。这类例子中，磁场得到了显著增强。

太阳黑子以及和它们相关的太阳活动区就是这么形成的，当磁场变得太强烈的时候，活动区就会鼓起来到日冕里去。太阳的 11 年和 22 年周期是由处于深处的、长期的发电机机制作用的结果。

磁压强平衡。前面的讨论让人感觉应用 MHD 似乎是很复杂的一件事情。在这里我们做一点简化来揭示太阳黑子的特征。我们会应用到动量方程（表 6-6 中方程（1））。

首先，我们对动量方程最右边的 $J\times B$ 项进行处理。根据安培定律，我们将其转化为只含有磁场项：$J=(\nabla\times B)/\mu_0$。动量方程变为

$$\rho\frac{\mathrm{d}v}{\mathrm{d}t}=-\nabla P+\frac{1}{\mu_0}(\nabla\times B)\times B$$

右边两次叉乘运算可以通过矢量运算恒等式（参见 2009 年版美国海军研究实验室等离子体公式表中矢量运算恒等式 # 11）表示为

$$(\nabla\times B)\times B=-\nabla\left(\frac{1}{2}B\cdot B\right)+(B\cdot\nabla)B$$

两边同时除以 μ_0

$$\frac{1}{\mu_0}(\nabla\times B)\times B=\left[-\frac{1}{2\mu_0}\nabla(B^2)+\frac{1}{\mu_0}(B\cdot\nabla)B\right]=磁压强＋磁张力$$

方程的左边等于 $J\times B$，也是动量方程最右边的一项。它有两个部分：①磁压强项，对抗磁场的挤压（或者试图使磁场均匀化）；②磁张力项，试图抚平磁场的弯曲。

我们把这些项代回动量方程，合并压强项，得到

$$\rho\frac{\mathrm{d}v}{\mathrm{d}t}=-\nabla\left[P+\frac{(B^2)}{2\mu_0}\right]+\frac{1}{\mu_0}B\cdot\nabla B$$

动量方程有两个压强项，热压和磁压，还有磁张力项。在静磁情况下，如果磁力线基本平直，动量的变化率（方程左手边）等于零，磁张力也近似为零。这样，磁压强和热压强必须保持平衡。我们会在例题 6.11 中以太阳黑子为例讨论这种简单的情形。

例题 6.11　静磁平衡下的太阳黑子

- 问题：太阳表面上的黑子具有低温且相当长寿命的特征。证明太阳黑子内的热压强要小于周边区域的热压强。我们认为黑子是一组不随时间变化、垂直太阳表面的磁力线。
- 假设：①太阳黑子和周边环境的电导率非常大，所以除了磁通量管边界很薄的区域，

其他地方的电流密度 $\boldsymbol{J} \approx 0$；②磁场 $\boldsymbol{B}_S$ 垂直且只存在于黑子内；③黑子的热压强 P_S 等于（黑子内部）环境的压强 P_E；④静稳平衡态；⑤磁力线平直，因此我们可以忽略磁张力项，如图 6-19 所示。

■ 解答：黑子内及其周边环境的动量守恒。

静态条件下，MHD 方程简化为

$$\rho \frac{\mathrm{d}\boldsymbol{v}}{\mathrm{d}t} = 0 = -\nabla \left[P_{\text{thermal}} + \left(\frac{1}{2\mu_0} \boldsymbol{B}^2 \right) \right]$$

这个条件表明总压强梯度保持平衡，即黑子内外的总压强相等。太阳黑子外的磁场可以忽略不计。因此，

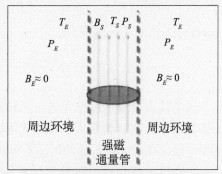

图 6-19 磁通量管。图中显示的磁通量管包含一个静态太阳黑子

$$\nabla \left[P_{\text{thermal environment}} + \frac{B_{\text{environment}}^2}{2\mu_0} \right] = \nabla \left[P_{\text{thermal spot}} + \frac{B_{\text{spot}}^2}{2\mu_0} \right]$$

$$P_{\text{thermal environment}} + 0 = P_{\text{thermal spot}} + \frac{B_{\text{spot}}^2}{2\mu_0}$$

$$P_{\text{thermal spot}} = P_{\text{thermal environment}} - \frac{B_{\text{spot}}^2}{2\mu_0}$$

■ 解释：太阳黑子内的等离子体热压强必须小于黑子外的热压强。这个压强差可以由下面几个因素产生——黑子内的数密度较低或者温度较低，或者两者都有。我们知道黑子比其周围环境的温度要低一些。通常来说，它们的数密度也要低一些。磁压强把粒子沿着垂直的磁力线推出去，使得黑子区域内的粒子数减少。

6.5 等离子体波基础

等离子体里的自由离子和电子在很多情况下经常受到力的影响，表现出波动或者类似波动的行为，一般来说，这样的波动行为可以分为两类：①等离子体组分往复地做振荡运动，但是能量限于局地（不向外传播）；②依赖等离子体或其组分集体行为的波动，能量向外传播。下面将定量地描述等离子体的这些行为特征。

6.5.1　波的传播

所有的波动都是恢复力作用的结果。从各种角度来看，波的传播和波的频率 ω 以及波数（wave number, k）（电磁波的幅度和方向）牢固地联系在一起。等离子体是一种色散传播介质，即能量传播的速度：群速度（group speed, v_{gr}）以及波形的速度：相速度（phase speed, v_{ph}）依赖于波的频率。

$$v_{gr} = \partial\omega/\partial k \tag{6-27}$$

$$v_{ph} = \omega/k \tag{6-28}$$

这个特点类似于可见光透过三棱镜时色散呈各种颜色的光，其原因是光在三棱镜里的传播速度和光的频率有关。在磁化等离子体中，波的传播方向与磁场方向之间的关系非常重要。仅仅在局部做振荡的运动不会向外传播能量。这样的运动波矢为零。

我们以波前相对于电场矢量 E 的方向来描述等离子体里的波。根据麦克斯韦方程组，所有纵波（k 方向与 E 方向一致）都是静电波，所有横波（k 垂直于 E）都是电磁波，磁场会产生扰动。如果波矢垂直于电场 E，那么磁场的扰动就会存在。根据定义，这就是电磁波（electromagnetic wave）。

我们也以相对于磁场的方向来描述磁化等离子体中的波动。磁化等离子体（外界存在强磁场的情况下）中的波动要么是平行波（parallel wave）：k 平行于 B，垂直波（perpendicular wave）：k 垂直于 B；要么是斜波（oblique wave）：相对于 B，k 有垂直和平行的分量。

我们进一步根据波是否需要碰撞介质来传播对波进行分类。声波需要物质进行传播。电磁波的传播不需要介质。我们发现磁场中的等离子体存在一种混合型的波动，既有声波的特征，又有电磁波的特征。这种混合型的波是阿尔文波（Alfvén wave），汉尼斯·阿尔文（Hannes Alfvén）发展了磁化等离子体里波的传播理论，因而以他的名字命名。磁张力是阿尔文波的恢复力。

6.5.2　等离子体振荡和波动

等离子体振荡是离子和电子类似于波但不传播的行为。波矢 k 等于零，能量保留在做振荡运动的粒子里。波的传播需要恢复力，例如，气体中的声波，其恢复力是局部的压强梯度力。考虑到等离子体里还存在其他的力，我们会在接下来的内容中定性地描述相应的等离子体运动，如果需要的话，我们也会给出波的数学表达式。

粒子的回旋运动 —— 磁化等离子体

单粒子运动近似描述中有一个振荡运动的例子，即带电粒子绕磁力线的二维回旋运动。6.2 节里给出的振荡频率是 $\Omega = qB/m$，正比于磁场强度，被称作回旋频率（cyclotron frequency）。

等离子体振荡 —— 低温、非磁化等离子体

电场扰动形成等离子体振荡（电子振荡），对热运动影响很小。我们在 6.1.2 小节里讨论过这种运动并定义了等离子体频率：方程（6-5） $\omega_{\mathrm{P}} = \sqrt{(n_e e^2)/(\varepsilon_0 m_e)}$。这种振荡运动也被称为朗缪尔振荡（Langmuir oscillation），正比于电子数密度的平方根。对于遥感测量来说，如果我们测量到等离子体频率，那么我们可以得到等离子体的电子数密度。

由于没有能量传播，电子的等离子体频率似乎没有什么能引起人们兴趣的地方，然而，实际情况恰恰相反。假设有某种振荡波（如无线电波），它的频率低于电子等离子体频率，要想进入某种等离子体，等离子体里的电子就会做出反应并以和无线电波相同的频率振荡。电子吸收了波的能量，阻止波穿透进入等离子体。对无线电波来说，地球电离层里的这种现象非常重要。低频波被吸收，但是电子无法对高频波做出反应。携带信息的高频波可以穿透电离层。电子等离子体频率有时候被称为临界频率（critical frequency），对无线电通信十分重要。

与之相关的另外一种等离子体振荡，由离子运动产生，其频率要低很多，振荡频率的数学表达式也类似电子振荡频率：

$$\omega_{\mathrm{Pi}} = \sqrt{(n_i e^2)/(\varepsilon_0 m_i)}$$

等离子体波 —— 热等离子体

在有热碰撞发生的热等离子体中，电场的扰动也能激发与电子运动有关的波。前述大部分与等离子体振荡相关的内容仍然适用。不过，热运动使得粒子之间相互作用，这样扰动的能量就传播出去了。库仑力充当了恢复力，产生了平行传播的静电波（$k\!\parallel\!E$）。这种波可以是一维、二维或者三维的，我们称之为郎缪尔波（Langmuir wave）。

离子声波 —— 热等离子体

这种波的传播来自于等离子体中电场扰动引起的压强微扰。压强的变化使得离子产生一个很小的运动，因此这样的波动类似声波，要求流体是可压缩的。压强脉冲以可压流体的特征速度远离发生源进行传播。压强梯度充当恢复力。和中性气体中的压缩波或者声波类似，离子声波是色散波。并且也和我们前面段落里讨论的一样，这种波是纵向传播的静电波（$k\!\parallel\!E$）。

阿尔文波 —— 磁化等离子体

阿尔文波是一种混杂性质的波，既有物质波的特点也有电磁波的特点（见 5.1.2 小节）。这种波可以借由背景磁场 B_0 的一个轻微扰动 B_1 来激发。阿尔文波需要在介质中传播，但是却不要求介质是可压缩的。阿尔文波形成的原因是流体对压缩的反抗和具有张力的磁力线要回归最低能量状态的趋势。恢复力来自于磁张力而不是热压强梯度。阿尔文波类似电磁横波传播，k 垂直于 B_1 和 E_1。然而由于 $k // B_0$，阿尔文波应该被归类于平行波。阿尔文波的效应是横向振动磁力线。图 6-20 显示的是阿尔文波的传播过程，其速度为 $v_A = \sqrt{B^2/(2\mu_0\rho)}$。等离子体中阿尔文波非常普遍，等离子体模型的研究者必须考虑它们的行为。

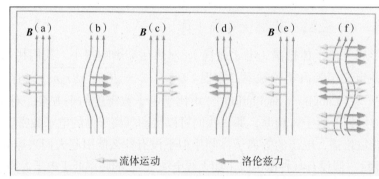

图 6-20　阿尔文波。这些波沿着磁力线传播。我们在一系列的图形中展示了流体速度变化是如何引起洛伦兹力介入并产生阿尔文波的过程。波矢方向指向页面顶端。

磁声波 —— 磁化热等离子体

尽管压缩等离子体会遭到反抗，但是和中性气体一样，也会形成压缩波。通常来说，等离子体里存在声波。扰动能横越（垂直）磁力线传播。磁声波和离子声波类似，均受到压强梯度带来的恢复力。但是，磁声波还有磁压强梯度力的作用。压缩系数以及波速由等离子体和磁场决定。冻结的磁场随着波动一会儿变稀疏一会儿被压缩。这种波被归类为电磁横波（$k \perp B_1$ 和 $k \perp E_1$），同时也是垂直波 $k \perp B_0$。

总结

等离子体是自由移动的电子和离子的集合体。弱电离的等离子体里，被剥离电子的原子只占很小的一部分。强电离的等离子体里，大部分的原子会失去至少一个电子。电场使得离子和电子相互靠近，因此一般来说等离子体整体上是电中性的。由于电子的移动性很强，等离子体具有良好的导热性和导电性。等离子体中，电磁相互作用深刻地影响着体系的动力学，使得整个体系呈现出集体行为。等离子体是最为常见的物质组成形式，我们能见到的宇宙 99% 的部分都是由等离子体构成的。它们遍布行星际、星际和星系间的环境。电离能来自于多种形式：热能、电能或者光能（如紫外线或者激光发射器的强可见光）。等离子体形成没有相变；反而，根据电离来源的不同，等离子体的产生是个渐变的过程。

三个因素决定某种带电粒子的集合是不是等离子体：

（1）德拜（屏蔽）长度必须远小于体系的特征尺度；

（2）等离子体频率必须远大于碰撞频率；

（3）德拜球内的带电粒子数必须远远大于1。

萨哈方程描述了电离的程度。假如中性粒子很多，带电粒子的动力学过程基本上由它们与中性粒子之间的碰撞决定，那么这样的等离子体可以被认为是弱电离的等离子体。地球的电离层就是一个例子。相反，如果与中性粒子的碰撞对等离子体粒子的动力学过程影响很小，这样的等离子体则被认为是强电离的等离子体。地球磁层的很多区域都是强电离的等离子体。

单个带电粒子在变化电磁场中的运动能让我们更深入地洞察等离子体的许多重要物理属性。假设单个粒子的运动不会改变周边的环境，单粒子运动和引导中心漂移使我们能够观测到等离子体粒子的行为。电场和磁场可以加速等离子体粒子，粒子经历线性加速和回旋运动过程。一般来说，处于磁场中的低碰撞频率的等离子体在平行磁场和垂直磁场方向分别具有不同的属性。垂直于磁场的外力场产生漂移运动，可以借由引导中心运动的概念来描述。漂移运动不一定形成电流，只有当漂移运动与粒子所携带的电荷相关时，才能产生电流[①]。

在运动的导电流体中，磁感应电流能对流体施加作用力并使磁场发生改变。描述这些MHD相互作用的方程组由流体力学方程和麦克斯韦方程构成。MHD是一种描述磁化等离子体的简化模型，等离子体被当作携带电流的一元流体。下面三个参数有利于我们理解等离子体MHD模型所做的简化。

克努森数是平均自由程和等离子体特征长度尺度的比值。克努森数较大的等离子体可以用MHD来模拟。磁雷诺数描述的是磁场和等离子体冻结在一起的程度。如果对流运动起主导作用，这个参数会比较大，可以应用冻结假设。等离子体贝塔值是内能的能量密度和磁能的能量密度之间的比值。如果内能起主导作用，磁场随粒子运动；如果磁能处于主导地位，那么粒子受磁场控制。

在很多情况下，等离子体里的自由离子和电子受到各种力的影响，表现出波或者类似波的行为特征，这些行为可以被分为两类：①等离子体单个成分往复振荡，但能量限于局地（没有传播）；②传播能量的波动，这样的波依赖于等离子体整体或者某些组分的集体行为。等离子体内部可以维持好几种不同的波动现象，有横波和纵波，高频的和低频的波，还有平行于磁场方向传播和垂直于磁场方向传播的波。阿尔文波同时具有物质波和电磁波的特征。这类混合波由背景磁场的微小扰动引起。

粒子和波之间可以发生相互作用。波可以因为粒子碰撞失去能量。有些等离子体粒子可以和波发生共振从而吸收波的能量，导致粒子加速和波的衰减。反之亦然，波如果获得了粒子的能量就会增长。

---

① 原书有误，写成了"只有与电荷无关的漂移运动才能形成电流"。——译者注

关键词

英文	中文	英文	中文
Alfvén wave	阿尔文波	Larmor radius	拉莫尔半径
critical frequency	临界频率	magnetic induction equation	
cyclotron frequency	回旋频率		磁感应方程
Debye length (λ_D)	德拜长度	magnetic Reynolds number R_M	
Debye shielding (electrostatic screening)			磁雷诺数
	德拜屏蔽（静电	magnetohydrodynamic	磁流体力学
	屏蔽）	Maxwell-Boltzmann distribution	
Debye sphere	德拜球		麦克斯韦-玻尔
diamagnetic	抗磁性的		兹曼分布
electromagnetic wave	电磁波	oblique wave	斜波
energetic particle	高能粒子	parallel wave	平行波
gradient drift	梯度漂移	perpendicular wave	垂直波
gradient-curvature drift	梯度-曲率漂移	phase speed v_{ph}	相速度
group speed v_{gr}	群速度	photoionization	光致电离
guiding-center drift	引导中心漂移	plasma	等离子体
gyrofrequency	回旋频率	plasma beta parameter (β)	等离子体贝塔值
gyroradius	回旋半径	plasma frequency (w_P)	等离子体频率
impact ionization	碰撞电离	Saha equation	萨哈方程
Knudsen number K_n	克努森数	suprathermal	超热
Langmuir oscillation	朗缪尔振荡	wave number (k)	波数
Langmuir wave	朗缪尔波		

公式表

未受屏蔽的电势：$V = \dfrac{kq}{r}$。

德拜长度：$\lambda_D = \sqrt{\dfrac{k_B T_e \varepsilon_0}{n_e e^2}}$。

受屏蔽的电场矢量：$\boldsymbol{E}(r) = \dfrac{kq}{r^2} \exp\left(\dfrac{-r}{\lambda_D}\right)\hat{\boldsymbol{r}}$。

受屏蔽的电势：$V(r) = \dfrac{kq}{r} \exp\left(\dfrac{-r}{\lambda_D}\right)$。

等离子体角频率：$\omega_P = \sqrt{\dfrac{n_e e^2}{\varepsilon_0 m_e}} = \dfrac{1}{\lambda_D}\sqrt{\dfrac{1}{k_B T_e m_e}}$。

线性等离子体频率：$f_P \approx 9\sqrt{n_e}$。

动量变化率：$m\dfrac{\mathrm{d}\boldsymbol{v}}{\mathrm{d}t} = \boldsymbol{F}_{\text{total}} = q\boldsymbol{E} + q(\boldsymbol{v}\times\boldsymbol{B}) + \boldsymbol{F}_{\text{other}}$。

电荷在电场 $\boldsymbol{E}$ 中的加速度：$\boldsymbol{a} = \dfrac{\mathrm{d}\boldsymbol{v}}{\mathrm{d}t} = \dfrac{q\boldsymbol{E}}{m}$。

电荷垂直于磁场 $\boldsymbol{B}$ 方向上的加速度：$a_\perp = \dfrac{\mathrm{d}v}{\mathrm{d}t} = \dfrac{qBv_\perp}{m} = \Omega v_\perp$。

回旋半径：$r = mv_\perp/qB = v_\perp/\Omega$。

回旋频率：$\Omega = qB/m$。

电荷平行于电场 $\boldsymbol{E}$ 方向上的加速度

$$a_\parallel = \frac{\mathrm{d}v_\parallel}{\mathrm{d}t} = \frac{qE}{m}, \quad a_\perp = \frac{\mathrm{d}v_\perp}{\mathrm{d}t} = \frac{qBv_\perp}{m} = \Omega v_\perp, \quad \boldsymbol{F}_{\text{other}} = -q(\boldsymbol{v}\times\boldsymbol{B})$$

广义引导中心漂移速度：$\boldsymbol{v}_d = \dfrac{\boldsymbol{F}\times\boldsymbol{B}}{qB^2}$。

$\boldsymbol{E}\times\boldsymbol{B}$ 漂移速度：$\boldsymbol{v}_E = \dfrac{\boldsymbol{E}\times\boldsymbol{B}}{B^2}$。

重力漂移速度：$\boldsymbol{v}_g = \dfrac{m\boldsymbol{g}\times\boldsymbol{B}}{qB^2}$。

梯度 $\boldsymbol{B}$ 漂移速度：$\boldsymbol{v}_{\nabla B} = -\dfrac{1}{2}mv_\perp^2\dfrac{\nabla\boldsymbol{B}\times\boldsymbol{B}}{qB^2}$。

曲率漂移速度：$\boldsymbol{v}_C = \dfrac{mv_\parallel^2}{R_C^2}\dfrac{\boldsymbol{R}_C\times\boldsymbol{B}}{qB^2}$。

梯度 – 曲率漂移速度：

$$\boldsymbol{v}_{\nabla BC} = \left(\frac{mv_\parallel^2\boldsymbol{R}_C}{R_C^2} - \frac{1}{2}mv_\perp^2\frac{\nabla\boldsymbol{B}}{B}\right)\times\frac{\boldsymbol{B}}{qB^2}$$。

麦克斯韦 – 玻尔兹曼分布：

$$\chi(v)\mathrm{d}v = 4\pi\left(\frac{m}{2\pi k_B T}\right)^{\frac{3}{2}}v^2\exp\left(-\frac{mv^2}{2k_B T}\right)\mathrm{d}v$$

$$N(v)\mathrm{d}v = 4\pi N_T\left(\frac{m}{2\pi k_B T}\right)^{\frac{3}{2}}v^2\exp\left(-\frac{mv^2}{2k_B T}\right)\mathrm{d}v$$

$$N(v)dv = 4\pi N_T \left(\frac{m}{2\pi k_B T}\right)^{\frac{3}{2}} v^2 \exp\left(-\frac{(1/2)mv^2 + mgz}{k_B T}\right)dv$$

$$N(v)dv = 4\pi N_T \left(\frac{m}{2\pi k_B T}\right)^{\frac{3}{2}} v^2 \exp\left(-\frac{(1/2)mv^2 + qV}{k_B T}\right)dv$$

萨哈方程：

$$\frac{n_i}{n_n} = \frac{n_e}{n_n} = \frac{(2\pi m_e k_B T)^{3/2}}{n_i h^3} \exp\left(\frac{-U_i}{k_B T}\right)$$

$$n_i = \left[n_n\left(2.4\times10^{21} T^{3/2}\right)\exp\left(-U_i/k_B T\right)\right]^{1/2}$$

等离子体内能能量密度：

$$u_{\text{thermal}} = \frac{3}{2}k_B\left(n_i T_i + n_e T_e\right)$$

$$u_{\text{thermal}} = \frac{3}{2}n_i k_B\left(T_i + T_e\right)$$

$$u_{\text{thermal}} = 2n k_B T$$

等离子体动能能量密度：

$$u_{KE} = \frac{1}{2}n_i m_i v_i^2 + \frac{1}{2}n_e m_e v_e^2$$

$$u_{KE} = \frac{1}{2}\left(\rho_i v_i^2 + \rho_e v_e^2\right)$$

$$u_{KE} = \rho_i v_i^2$$

等离子体电磁能量密度：

$$u_{B+E} = \frac{1}{2}\left(\frac{B^2}{\mu_0} + \varepsilon_0 E^2\right)$$

$$u_{B+E} \approx u_B = \frac{1}{2}\left(\frac{B^2}{\mu_0}\right)$$

运动磁化等离子体的电场：$\boldsymbol{E}' = \boldsymbol{E} + (\boldsymbol{v} \times \boldsymbol{B})$。

磁感应方程：$\dfrac{\partial \boldsymbol{B}}{\partial t} = \nabla \times (\boldsymbol{v} \times \boldsymbol{B}) - \nabla \times \dfrac{(\nabla \times \boldsymbol{B})}{\mu_0 \sigma}$。

高电导率等离子体的磁感应方程：$\dfrac{\partial \boldsymbol{B}}{\partial t} \approx \nabla \times (\boldsymbol{v} \times \boldsymbol{B})$。

磁压平衡：$\dfrac{\partial \boldsymbol{B}}{\partial t} = \nabla \times (\boldsymbol{v} \times \boldsymbol{B}) - \nabla \times \dfrac{(\nabla \times \boldsymbol{B})}{\mu_0 \sigma}$。

克努森数：$K_n = \dfrac{l}{L}$。

磁雷诺数：$R_M = \dfrac{\text{对流项}}{\text{扩散项}} = \dfrac{|\nabla \times (\boldsymbol{v} \times \boldsymbol{B})|}{\left(\dfrac{|\nabla^2 \boldsymbol{B}|}{\mu_0 \sigma} \right)} \approx \dfrac{vB/L}{\dfrac{B/L^2}{\mu_0 \sigma}} = \mu_0 \sigma v L$。

等离子体贝塔值：$\beta = \dfrac{P_T}{P_B} = \dfrac{n_e k_B (T_e + T_i)}{(B^2/2\mu_0)}$。

群速度和相速度：$v_{gr} = \partial \omega / \partial k$，$v_{ph} = \omega / k$。

问答题答案

6-1： 左下角，这里电子密度和温度都比较低。

6-2： 电子数密度范围 10^1 个 $/m^3$ 到 10^{31} 个 $/m^3$（从下到上）。温度范围 $10^2 \sim 10^9$ K（从左到右）。

6-3： 金属整体上呈电中性。有些金属由于它们价电子的原因易于携带电荷。携带电流的金属里的自由电子受电场和磁场的影响而运动；但是这种运动会被碰撞所限制。在外界强加的一定条件下能形成波动和不稳定性。带电尘埃微粒附近存在游离电荷。只有在非常大的尺度上带电尘埃微粒才能被当作电流的携带者，受到电场和磁场的影响，并激发波动和不稳定性。在很大的尺度上，带电尘埃微粒表现出集体行为。这时，它们被称为"尘埃等离子体"。

6-4： 德拜长度是等离子体中自由电荷携带者（通常是电子）屏蔽电场的尺度。电荷密度大的物质拥有更多自由电子来屏蔽电场。正电荷周围有更多的电子来中和正电荷的电场，因此屏蔽的有效长度会减小。

6-5： 如果想减小有效屏蔽长度，可以降低温度和增加等离子体的密度。

6-6： 增大 $m_i/m_e \approx 1836$ 倍，大约三个数量级。

6-7： $W = q \displaystyle\int \boldsymbol{E} \cdot \mathrm{d}\boldsymbol{r}$。

6-8： 回旋半径：$r = mv/qB$。量纲是 $(\mathrm{kg \cdot m/s})/\left(\mathrm{A \cdot s}\left(\mathrm{kg}/(\mathrm{A \cdot s^2})\right)\right)$，化简后为 m。回旋频率：$\Omega = qB/m$。量纲是 $(\mathrm{A \cdot s})(\mathrm{kg}/\mathrm{A \cdot s^2})/\mathrm{kg}$，化简后为 $1/\mathrm{s}$。

6-9： $W = 0$，因为磁场垂直于运动方向。

6–10: 图 6-11（a）中的运动粒子是离子，图 6-11（b）中的是电子，电子绕磁力线旋转的方向与离子旋转的方向相反。

6–11: 粒子沿电场方向加速（指向纸面），电子沿电场反方向加速（指出纸面）。存在电流，方向指向纸面。

6–12: 电子和离子沿相反方向漂移，形成电流。

6–13: 同向。

6–14: 引导中心的运动依赖于引起漂移的外力性质。外力与电荷无关，离子和电子沿相同方向漂移。外力与电荷有关，离子和电子沿相反方向漂移。如果电荷的正负符号反转，那么 $v_\perp$ 的符号也会反转。

6–15: 温度恒定时，电离能越高，离化粒子数越少。

6–16: 在方程（6-18a）两边都乘以 $n_i n_n$。假设 $n_i = n_e$。方程左边等于 n_e^2。方程右边正比于 n_n。两边取平方根得到 $n_e \propto \sqrt{n_n}$。

6–17: $u_T = 2nk_BT = 2\left(5\times10^6 \text{ ions/ m}^3\right)\left(1.38\times10^{-23} \text{ J/K}\right)\times10^5 \text{ K} = 1.38\times10^{-11} \text{ J/m}^3$

$$u_{KE} = \left(\rho_i v_i^2\right) = \left(5\times10^6 \text{ ions/ m}^3\right)\left(1.67\times10^{-27} \text{ kg/ion}\right)\left(4\times10^5 \text{ m/s}\right)^2 = 1.3\times10^{-9} \text{ J/m}^3$$

$$u_B = B^2/2\mu_0 = \left(5\times10^{-9} \text{ N/}\left(\text{A}\cdot\text{m}\right)\right)^2 \Big/ \left(2\left(1.26\times10^{-6} \text{ N}\cdot\text{A}^2\right)\right) \approx 10^{-11} \text{ J/m}^3$$

$$u_{KE} \gg u_T \approx u_B$$

6–18: $u_{KE} = (1/2)\left(n_i m_i v_i^2 + n_e m_e v_e^2\right)$

假设 $n_i = n_e = n$，则

$$u_{KE} = (1/2)n\left(m_i v_i^2 + m_e v_e^2\right)$$

假设 $v_i = v_e = v$，则

$$u_{KE} = (1/2)nv^2\left(m_i + m_e\right)$$

$$m_i \sim 1000 m_e$$

$$u_{KE} = \frac{1}{2}nv^2 m_i \approx \frac{1}{2}\rho_i v^2$$

6–19:

- 质量可以传输但不能产生或者消失（方程（5））。
- 绝热系统的内能是一种最简单的能量表现形式，能量守恒（方程（7））。
- 压强梯度力和电流与磁场的相互作用能改变动量（方程（1））。
- 没有电荷积累（方程（8））。
- 磁单极子不存在（方程（6））。
- 电场仅仅来自于变化的磁场（方程（2））。
- 磁场的唯一来源是电流（方程（3））。

- 方程是修正过的，仅能处理缓变的电场（方程（3））。
- 描述加速度来源的方程（方程（1））。
- 物态方程（方程（9））。
- 修正过的麦克斯韦方程，适用于高电导率的情况（方程（8））。
- 这个方程关联磁化等离子体的运动和电场（方程（4））。
- 这个方程包括洛伦兹项（方程（1））。

图片来源

Peratt, Anthony L. 1966. Advances in Numerical Modeling of Astrophysical and Space Plasmas. *Astrophysics and Space Science*. Vol. 242. Springer. Dordrecht, Netherlands.

Winckler, John R. and Robert J. Nemzek. 1989. Observation and Interpretation of Fast Sub-visual Light Pulses from the Night Sky. *Geophysical Research Letters*. No. 16. American Geophysical Union. Washington, DC.

补充阅读

Baumjohann, Wolfgang and Rudolf A. Truemann. 1997. *Basic Space Plasma Physics*. London: Imperial College Press.

Chen, Francis F. 1984. *Introduction to Plasma Physics and Controlled Fusion*. Vol. 1, 2nd Ed. New York, NY: Plenum Press.

Cravens, Thomas E. 1997. *Physics of Solar System Plasmas*. Cambridge, UK: Cambridge University Press.

Kivelson, Margaret G. And Christopher T. Russell. 1995. *Introduction to Space Physics*. Cambridge, UK: Cambridge University Press.

Naval Research Laboratory. 2009. *NRL Plasma Formulary*. Washington, DC: Beam Physics Branch. NRL/PU/6790-09-523(available online).

第7章　平静的地球磁层在空间环境和空间天气中的角色

Jeffrey Love

你应该已经了解：

- 球坐标和极坐标
- 地球偶极磁场的基本特性
- 热压、动压、磁压的定义（第 2 章和第 4 章）
- 磁重联和磁发电机理论（第 4 章）
- 磁化等离子体如何诱发电场（第 4 章和第 6 章）
- 太阳风（第 5 章）
- 带电粒子在磁场中如何运动（第 6 章）
- 带电粒子在非均匀磁场中如何漂移（第 6 章）
- 等离子体在均匀电磁场中如何漂移（第 6 章）

本章你将学到：

- 地磁场
- 偶极磁力线和被拉伸的偶极磁力线所用的坐标系
- 磁层结构
- 磁层粒子

- 磁层捕获机制
- 磁层电场的作用
- 平静太阳风和磁层的相互作用
- 平静磁层中的亚暴

本章目录

翻译：林瑞淋；校对：傅绥燕。

7.1　地　磁　场

地球磁场就像一把巨伞保护着地球以及人类在太空中的资产。在地球内部深处流动的电流产生了约 90% 的地球磁场。其余的磁场来源于电离层、磁层，甚至是海水的运动。太空专业人士必须了解地球磁层这把巨伞的结构及其随时间的演化。必须先了解"内太空"，才能更好地了解"外太空"。

7.1.1　地磁场的基础知识

地球表面磁场的全球特征

地球表面的磁场可以近似地看成是偶极场，磁轴偏离自转轴约 11°。在地表，地核和地壳磁场占主导地位。目前，地球磁力线从地理南极点附近出发，汇聚于地理北极点附近（图 1-11 和图 4-7）。非偶极场成分使指南针的方向偏离了北–南连线。例如，地壳中的巨大铁矿，使北太平洋区域的磁场出现轻微的增强，使南大西洋区域的磁场出现显著减弱。

在地磁暴期间，地磁场会出现短时的偏离。磁场偏离的程度（磁偏角）随地理位置和空间环境活动水平而变化。在历史上，这种变化成为令航海家们头疼的问题，也是早期空间天气令人感兴趣的原因之一。

在距离地表 20000 km 以上的空间，地磁场相对偶极场的偏离主要来源于磁层中的电流体系，如图 4-30 和图 4-31 所示。图 7-1 描绘了内磁层中近似偶极场的磁力线，以及拉伸的磁力线。这些磁力线与中磁尾电流体系和被太阳风扭曲的远磁尾相关。图片中的彩色区域显示了在偶极磁力线中被磁场束缚的带电粒子。我们将在 7.3 节中对此做详细描述。

磁场强度分布图显示，磁赤道附近

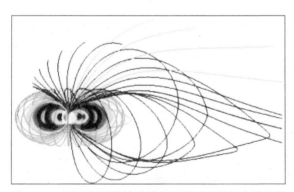

图 7-1　一种理想化的地球外部磁场以及受其束缚的带电粒子示意图。北半球的磁场指向地球。图中绿线近似于偶极磁力线，它们与磁赤道面交点到地心的距离大约为 $6R_E$。与磁赤道面相交于更远位置的磁力线（紫色）产生了形变。还有一些来自高纬的磁力线与太阳风相连（黄色），不与磁赤道面相交。（美国空军研究实验室供图）

磁场最弱，两极区域磁场最强。图 7-2 给出了除极点区域以外的地表磁场总强度地图。

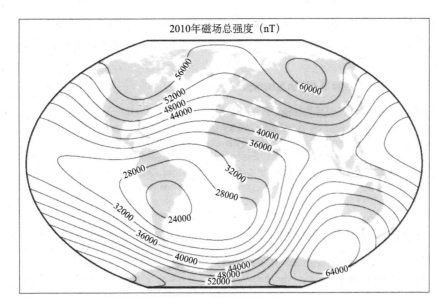

图 7-2　地球表面磁场强度等值线图。等值线为地球表面磁场强度相等的点连接而成的线。一般而言，磁极附近磁场最强，磁赤道面附近磁场最弱，和偶极场情况一致。图中的等值线表征了图 7-1 中三类磁力线在地球上的足点。（NOAA 国家地球物理数据中心供图）

图 7-3 显示了地球内部准偶极场的计算机模拟结果。图中颜色混合区域表示地磁场中非偶极场成分。这些成分可能使主磁场增强或减弱。南半球蓝色线条汇集的区域对应于地球主磁场的一处弱区，被称为南大西洋异常区（South Atlantic anomaly, SAA）。这种特征在磁场强度等值线（图 7-2）以及航天器异常（图 7-4）中都可以很明显地看到。

度量磁场几何结构的一种简单方法是磁极位置。在地磁北极，自由活动的磁针将向下指向地球中心，而在地磁南极，磁针将指向背离地球中心的方向。因此，地磁磁极有时被称为"磁倾陷极"[①]。目前，一个磁极位于加拿大边境之外的北冰洋中，大约位于北纬 84°、东经 245° 位置（地理坐标系）。另一磁极位于澳大利亚往南的南极洲中，大约位于南纬 65°、东经 138° 位置。这种对跖磁极的非对称性是地磁场复杂性的一个表征。

为保证数学上的一致性，位于地理南半球的磁极应被称为地磁北极——在这里磁力线由内指向外。然而，通常提及的地磁北极，指的是位于地理北半球的磁极。在后续讨论中，将沿用这个惯例。

图 7-3　地球发电机所产生的地球内部磁场。橙色磁力线方向朝外（背离地心），蓝色磁力线方向朝内（指向地心）。（匹兹堡超级计算机中心 Gary Glatzmaier 供图）

① 英文原文为 dip pole。——译者注

地球内部磁场及其变化

发电机理论。地球内部由固态的铁内核、液态的铁外核，以及覆盖于外核之上的岩石地幔组成。热能和化学能驱动着外核中的液态铁做对流运动，释放的能量伴随着地球的自转为地球发电机（geodynamo）提供动力。发电机所维持的电流产生了地球的主磁场。岩石的古地磁测量结果表明，地球拥有磁场至少已经有 35 亿年。和太阳类似，地磁具备一种再生能力，可以自我补偿因发电机电流欧姆耗散（电阻）所致的不可避免的能量损耗，否则地球磁场将在 15000 年后消失。

该再生过程依赖于磁感应基本原理（第 6 章）。事实上，地核就是一个天然的发电机，将对流动能转化为电磁能，其中对流动能所需的能量由化学能和热辐射所提供。导电的流体切割磁力线会感应出电流，该电流将产生出磁场。当流体和磁场达到某种合适的几何关系时，感应磁场将补充原有磁场，所以，这种发电机理论是自洽的。

地球内部磁场的变化。地球主磁场的变化远远超过了大多数人的认识。天基和地基观测所得的磁图显示了全球磁场的变化。在过去的 150 年里，地球主磁场强度大约衰减了 10%。全球磁场的衰减大部分来自于南大西洋异常区磁场的变化（图 7-2 和图 7-4）。目前，该区域磁场比理想的偶极场大约要弱 35%，磁场的减弱也就意味着低轨道卫星将面临更强的粒子辐射，如图 7-4 所示。当前地磁场的衰减率大约比无地球发电机情况下的衰减率强 10 倍。也就是说，当前的发电机是反发电机，将抵消掉部分的地球磁场。这么强的衰减率是地磁倒转的一个重要特征。虽然在时间上有很大的变化区间，但平均来讲，地磁极性倒转（polar reversal）大约每 25～50 万年发生一次。古地磁学的记录表明，地球磁场已经经历过几百次的极性倒转。与之相比，太阳存在着比较有规律的磁场极性倒转，其倒转周期大约是 11 年。地球磁场极性倒转的平均周期大约是 25 万年，而下一次极性倒转已经"迟到"了 50 万年。

图 7-4　南大西洋异常区（SAA）。2000 年 2 月 3～16 日，在靠近南美洲东海岸的上空，NASA Terra 卫星所搭载的敏感照相机记录到轰击它的高能质子。相机盖还没有去掉，然而高能质子仍然可以穿透设备，并以光的形式被记录下来。图中彩色条纹为 Terra 卫星轨道，黑色条纹表示这个时段没有卫星轨道覆盖。卫星异常图均呈现类似的图案。（NASA/GSFC/JPL 多角度成像光谱辐射计科学组供图）

地球极区很显然也存在着磁场的变化。在 20 世纪中，磁极的移动速度大约为 10 km/a。在这段时间里，北半球的磁极大约移动了 1100 km。大约自 1970 年以来，磁极的运动加快了，目前运动的速度超过了 40 km/a。磁极的徘徊运动也是地磁场大尺度变化的一部分。磁极每天都在其平均位置附近徘徊。当发生地磁扰动时，磁极一天之内游移的距离可达 80 km，甚至更远。虽然磁极每天的运动是不规则的，但其平均运动路线在地球表面上呈现近似椭圆形状。

关注点 7.1　发电机理论、地磁场衰减、磁极倒转

通过高准确性的磁图比较可知，在地磁南北两个半球存在着不断增加的极性倒转的小区域，且大多数往磁极移动。这一过程开始于沉浸在地球外核中的东西向磁通量管。在地核对流运动过程中，湍流和涡流托起磁通量管向外运动。当通量管上升时，地球自转所带来的科里奥利力将磁通量管拧成南北方向，并透过地幔浮现出一块极性倒转的区域，即与本半球磁极极性相反（图 7-5）。这些极性倒转的区域开始侵蚀地球主磁场。这一过程与人类所认识的太阳极性倒转类似，只是地球磁极倒转的实际周期更加不规则，更加慢。

行星自转所带来的科里奥利力使得向外对流的外核物质发生偏转，形成螺旋线轨迹（图 7-5）。科学家认为，这一机制持续不断地产生出新的磁场，取代那些扩散出去的磁力线。对流过程产生湍流，地核的湍流是极性倒转的一个重要因素。

科学家们正在发展三维计算机模型来模拟这一过程。可能需要等到 2020 年，计算机的运行速度才满足精确计算的需求，但即使是现在，模型已经可以给出不错的结果，如图 7-6 所示。随着时间的消逝，极性倒转的小区域数量及其范围开始增加，大约经过 9000 年的过渡期，主地磁场的磁极发生倒转。下一次磁极倒转大约在未来 2000 年之内开始，这必将对空间天气事件和地球生态系统产生影响。需要强调的是，地球磁极倒转原理和第 3 章所描述的太阳发电机理论类似。

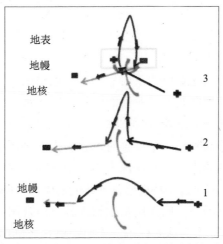

图 7-5　极性倒转的小区域形成过程。 在时刻 1，地球外核中的湍流托起东西方向的磁通量管向地幔运动。经过几千年之后（时刻 2），旋转和上涌使得磁力线扭结，在地幔中形成了垂直分量的磁场。进一步的扭结（时刻 3）在地幔中形成极性反转的小区域，并延伸到地表和地球空间中。

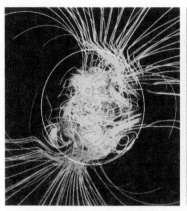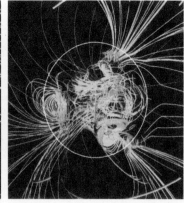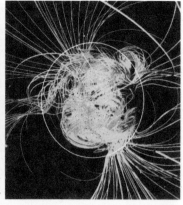

图 7-6　格拉兹迈尔 – 罗伯茨（**Glatzmaier-Roberts**）发电机模型所得的地球自发主磁场极性倒转计算机数值模拟结果。图中白色圆圈表示地球表面。蓝色磁力线方向朝内，黄色磁力线方向朝外。通过几千年演化，由地核湍流和地球自转所产生的极性反转区域将使得地球主磁场的极性发生倒转。该过程的初始状态如图 7-3 所示。（匹兹堡超级计算机中心 Gary Glatzmaier，加利福尼亚大学圣克鲁斯分校和洛斯阿拉莫斯国家实验室供图）

7.1.2　地磁场坐标系

> **目标：读完本节，你应该能够……**
>
> ◆　判定距地表 6 个地球半径以内的地磁场强度和方向
> ◆　理解地磁强度分布图
> ◆　使用 L 壳层坐标系定位地球附近磁力线
> ◆　区分不同的地心坐标系

用简单的偶极场定量表述地球主磁场

我们简要讨论一下用于描述磁层的重要坐标系。地磁场真实存在最常见的证明大概就是罗盘的磁针总是"寻求"指向北方。罗盘的磁针可以在水平面上自由旋转。如果我们允许磁针全向自由，例如，将磁针用绳子悬挂着，让它可以在水平和垂直方向上自由指向，那么，从空间中的一个点移动到另一个位置时，它的指向将在水平方向和垂直方向连续变化。如果我们测量磁针所受的力，会发现该力正比于当地的磁场强度，并随着测量位置的移动而连续变化。我们可以利用这些特性绘制连续的磁力矢量图。

为了定量地描述地球磁场，我们使用基础物理教材所常用的偶极场来描述地磁场，如表 4-2 中所述。最适合的坐标系为球坐标系，采用距离 r、纬度 λ 和经度 ϕ 三个参量。假设偶极场关于旋转轴对称，那么，就可以忽略经度方向上的分量。我们同样忽略非偶极场分量。这种处理方式所得结果就是，在图 7-2 中所有的磁场强度等值线都将和磁赤道面平行。在这种简单的偶极场近似下，随着纬度和地心距离而变化的磁场强度由一组常量描述，包括生成磁场（ $M\mu_0/4\pi$ ）的电流强度信息，以及由 r 和 λ 描述的几何信息。

$$B_r = \left(\frac{M\mu_0}{4\pi} \right) \left(\frac{-2\sin\lambda}{r^3} \right) \tag{7-1}$$

$$B_\lambda = \left(\frac{M\mu_0}{4\pi} \right) \left(\frac{\cos\lambda}{r^3} \right) \tag{7-2}$$

其中，B_r = 径向磁场分量 [T]；

B_λ = 纬向磁场分量 [T]；

μ_0 = 真空介电常数（$4\pi \times 10^{-7}\,\text{N/A}^2 \approx 1.26 \times 10^{-6}\,\text{N/A}^2$）；

M = 地球磁偶极矩强度（$8.1 \times 10^{22}\,\text{A} \cdot \text{m}^2$）；

λ = 磁纬度 [度或弧度]，磁赤道面上 $\lambda = 0°$；

r = 地心距离 [m]。

图 7-7 显示了理想地磁偶极场二维截面上的磁力线图。利用方程（7-1）和方程（7-2）可计算出磁场强度。每根磁力线各点的切线方向为该点磁场方向，磁场强度和方向沿磁力线而变化。

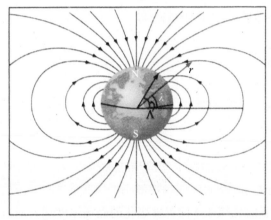

图 7-7 地球简化偶极场横截面。 利用位置矢量 r 和磁纬度 λ 绘制磁力线。每根磁力线与地球表面相交所对应的地磁纬度为 Λ。图中 S 和 N 表示地理坐标系中的南北半球。在偶极坐标系中，朝外的磁力线（正）所在的区域为地磁南极。

我们可以利用三角函数等式 $\sin^2(\lambda) + \cos^2(\lambda) = 1$ 以及方程（7-1）和方程（7-2）计算出空间任意点的磁场强度 $|\boldsymbol{B}|$。在地球表面，任意点理想化的磁场强度 B_s 为

$$B_s = \sqrt{B_r^2 + B_\lambda^2} = \frac{M\mu_0}{4\pi R_E^3} \sqrt{1 + 3\sin^2\lambda} \tag{7-3}$$

从赤道面到极点，磁场强度增强了一倍。在赤道面上，磁场两分量的值分别为

$$B_r = 0$$

$$B_\lambda = \left(\frac{M\mu_0}{4\pi R_E^3} \right)$$

所以，赤道面上总磁场强度 B_{Seq} 为

$$B_{Seq} = \sqrt{B_r^2 + B_{\lambda=0}^2} = \left(\frac{M\mu_0}{4\pi R_E^3}\right) \approx 31\,000\,nT$$

问答题 7-1

以下哪个选项中可以存在磁场强度 B 为常数的情况：

（1）在任意一个半球的对称圆环中；

（2）连接两个半球的磁力线中；

（3）只能在极区的垂直磁力线中。

问答题 7-2

在磁极点，地球偶极场方向是纯纬向还是纯径向的？只存在垂直分量还是水平分量？

问答题 7-3

在简单的偶极场近似下，赤道上的磁场

（1）是水平的；

（2）没有径向分量；

（3）没有经向分量；

（4）其大小只与地心距离有关；

（5）以上所有情况。

例题 7.1　地磁场例题

- 问题：计算出地球表面北纬 45° 位置理想化的磁场强度和方向。
- 相关概念：地磁偶极场方程。
- 给定条件：$B_{Seq} = 3.1 \times 10^{-5}\,T$。
- 假设：地磁场为纯偶极场。
- 解答：纬度 45° 位置的磁场。

$$B_r = B_{Seq} R_E^3 \left(\frac{-2\sin(\pi/4)}{r^3}\right) = (-2)(3.1 \times 10^{-5}\,T)(0.707)$$

$$= -4.38 \times 10^{-5}\,T$$

$$B_\lambda = B_{Seq} R_E^3 \left(\frac{\cos(\pi/4)}{r^3}\right) = (3.1 \times 10^{-5}\,T)(0.707)$$

$$= 2.19 \times 10^{-5}\,T$$

$$B_{S45} = \sqrt{(-4.38 \times 10^{-5}\,\text{T})^2 + (2.19 \times 10^{-5}\,\text{T})^2}$$
$$= 4.9 \times 10^{-5}\,\text{T}$$

■ 解释：在纬度 45° 位置，磁场的径向分量是纬向分量的两倍。负号表示磁场的径向分量朝内，北半球的地磁场正是如此。

补充练习 1： 证明例题 7.1 所得的磁场大小与用 $B_{S45} = B_{Seq}\dfrac{R_{\text{E}}^3}{r^3}\sqrt{1 + 3\sin^2(\lambda)}$ 方程计算结果一致。

补充练习 2： 计算出地球表面北纬 60° 位置的地磁场强度和方向，以及南纬 70° 距地表 $1R_{\text{E}}$ 位置的地磁场强度和方向。

在地理坐标系下地表磁场的方向

许多地磁场的测量是在地球表面进行的，所以我们通常需要在地理坐标系中描述地磁场，如图 7-8 所示。地理坐标系（GCS）是这样定义的：X 轴在地球赤道面上，与地球一起自转，并通过格林尼治子午线（经度为 0°），Z 轴平行于地球自转轴并经过地心，Y 轴按右手法则确定，即 $Y = Z \times X$。

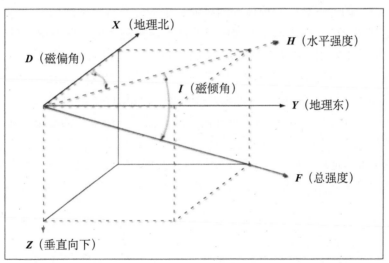

图 7-8 地球表面地理坐标和地磁坐标系。 磁场总矢量 F 包含了水平分量 H 和垂直分量 Z。水平分量通常用地理坐标系下 X（北向）和 Y（东向）分量来表示。X、Y、Z 的大小可以由磁偏角 D、磁倾角 I 和总矢量 F 求得。磁偏角 D 为地磁场水平分量与地理北向之间的夹角。磁倾角为地磁场水平分量与地磁场总矢量之间的夹角。磁偏角 D 朝东为正，磁倾角 I 朝下为正

在地球表面任意一点，我们可以采用磁偏角（declination, D）和磁倾角（inclination, I）两个角度参量来描述地磁场矢量在地理坐标系下的方向。磁偏角 D 为地磁场水平分量与地理北向（地球自转轴）之间的夹角。磁倾角 I 为地磁场水平分量与地磁场总矢量之间的夹角。这两个角度可以帮助计算地磁场水平分量（horizontal magneticintensity vector）H 和总磁场（total magnetic field vector）F。F 的长度表示总磁场的大小，不随着坐标系的变化而

变化。磁场的三分量 F_X、F_Y 和 F_Z（通常写成 X、Y、Z）是笛卡儿坐标系下的三个分量（北向、东向、垂直向下）。以下式子表示了 H 和 D 与这三分量之间的关系：

$$X = H \cos D \tag{7-4a}$$

$$Y = H \sin D \tag{7-4b}$$

$$Y / X = \tan D \tag{7-4c}$$

以下式子表示了 Z、H 和 I 之间的关系：

$$\tan I = Z / H \tag{7-4d}$$

$$|F|^2 = |B|^2 = |Z|^2 + |H|^2 \tag{7-4e}$$

问答题 7-4

有一处磁场总强度为 48500 nT，磁偏角为 -1°，磁倾角为 54°，那么该处的磁场水平分量是多少？该处的磁场东向分量是多少？该处的磁场偏离地理北极有多大？该位置是在极区、赤道面，还是中纬度区域？

磁层中的磁场和 L 壳层坐标系

早期空间探测的数据表明：地球周围高能粒子的分布具有地磁场壳层结构。空间物理学家卡尔·麦基文（Carl McIlwain）利用了地球准偶极磁场的一些对称特性，发展了一套坐标系。该坐标系主要用于中低纬度靠近地球的区域（$6R_E$ 以内）。

地球磁场在经度方向上近似对称，所以一个给定的磁力线可以沿着偶极轴旋转，形成一个空心的圆环壳（如图 7-1 中浅绿色磁力线所示）。壳层中各磁力线与磁赤道面交点到偶极中心的距离为一个常数，不随经度而变化。该壳层可以用单一的参量 L 来表示，L 为磁力线和磁赤道面交点到偶极中心的距离与地球半径的比值。图 7-9 给出了 3 个 L 壳的横截面示意图。磁力线与地球表面（$r=1R_E$）交点所对应的纬度定义为 Λ。在 L 壳层上，可以利用磁场 B 的大小来确定出特定的位置。L 和 B 两参量构成了 L-B 坐标系。

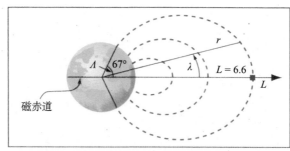

图 7-9　偶极场示意图。在一根磁力线上，有一点到偶极中心的距离为 r，其磁纬度为 λ。磁力线与地球表面交点所对应的磁纬度为 Λ。磁力线与磁赤道面的交点到偶极中心的距离与地球半径的比值为 L 值。

磁力线上任一点的切线方向为该点的磁场方向。在偶极场中，不用考虑经度影响，磁力线可以用以下方程描述：

$$rd\lambda / B_\lambda = dr / B_r \tag{7-5}$$

利用方程（7-1）和方程（7-2）对以上方程进行稍微的改造和替换，可得

$$dr / r = (-2\sin\lambda \, d\lambda) / \cos\lambda$$

两边积分可得磁力线方程：

$$r = r_{eq} \cos^2(\lambda) \tag{7-6a}$$

$$= L\cos^2(\lambda) \tag{7-6b}$$

其中，r = 磁力线上的点到偶极中心的距离 [km 或 R_E]；

r_{eq}=L = 磁力线与磁赤道面交点到偶极中心的距离 [km 或 R_E]，对应的 $\lambda = 0°$；

λ = 地磁纬度 [（°）或 rad]。

（注意，在地球表面处 $\lambda = \Lambda$。）

问答题 7–5

证明在地球表面处，$\Lambda = \cos^{-1}(1 / L)^{1/2}$。

例题 7.2　地磁纬度

- 问题：计算穿过地球同步轨道的磁力线与地球表面相交位置所对应的磁纬度 Λ。
- 相关概念：L-B 坐标系。
- 给定条件：问答题 7-5 的结果，以及地球同步轨道到地心的距离为 $6.6R_E$。
- 假设：地磁场为纯偶极场，地球同步轨道面在磁赤道面上。
- 解答：

$$L = r / \cos^2(\lambda)$$

$$L = 6.6R_E / \cos^2(0°) = 6.6R_E$$

$$\Lambda = \cos^{-1}(1 / L)^{1/2} = \cos^{-1}([1 / 6.6]^{1/2}) = 67°$$

- 解释：经过地球同步轨道的磁力线与地球表面相交所对应的磁纬度为 67°，该位置通常对应于极光带低纬边界。

补充练习：计算出与地球表面相交于磁纬度 60° 的磁力线所对应的 L 值。

相对于太阳的磁层坐标系

20 世纪六七十年代的数据显示，磁层中粒子和场的分布与太阳－太阳风－磁层的几何结构相关。这里介绍几种地心坐标系，如图 7-10 所示。

地心太阳磁层坐标系（GSM）。在 GSM 坐标系中，X 轴在地球中心和太阳中心连线上，并指向太阳。Y 轴垂直于磁轴和 X 轴所构成的平面，即垂直于包含有磁轴的 X-Z 平面。Y 轴

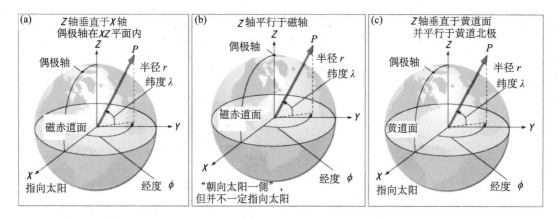

图 7-10 磁层坐标系。（a）地心太阳磁层坐标系。磁轴偏向或远离太阳，偏离的角度为地磁偶极倾角，所以相对于惯性坐标系，Y 轴和 Z 轴在不断地运动。（b）太阳磁坐标系。相对于太阳，X 轴在不断地运动。（c）地心太阳黄道坐标系。相对于该坐标系中的坐标轴，磁层在不断地摆动。图中矢量 P 表示某点在各坐标系中的位置。（根据 Russell[1971] 和 Fraenz and Harper[2002] 绘制）

和 Z 轴每天绕着 X 轴转动，因为它们取决于地球磁轴的方向。随着地球自转，磁轴沿一个虚拟的圆锥面移动。磁层观测卫星数据通常采用 GSM 坐标系。太阳风观测卫星数据通常被转化到该坐标系中，以研究太阳风对地磁活动的影响。

太阳磁坐标系（SM）。 在 SM 坐标系中，Z 轴平行于磁轴指向北半球磁极，Y 轴垂直于日地连线，朝昏侧为正。X 轴和 Z 轴每天绕着 Y 轴转动。因此，X 轴并不总是指向太阳。旋转的角度为地磁偶极倾角的值。和 GSM 坐标系一样，相对于惯性坐标系来讲，SM 坐标系具有年和日的变化周期。

地心太阳黄道坐标系（GSE）。 在 GSE 坐标系中，X 轴从地球指向太阳，Y 轴在黄道面上，指向黄昏（与地球运动方向相反），Z 轴垂直于黄道面。该坐标系通常用于显示卫星轨道、太阳风和行星际磁场。

7.2 地磁场结构以及带电粒子种类

7.2.1 磁化的地球空间

目标：读完本节，你应该能够……

- ♦ 给磁层各区域及其边界分类
- ♦ 描述磁层的空间尺度
- ♦ 区分内磁层、中磁层和外磁层

地球磁场可以延伸到地球空间中，受太阳风的作用，地磁场又被限定在特定的区域中，该区域被称为*磁层*（magnetosphere）。太阳风使向阳侧的磁层被挤压成钝形的子弹头形状（磁鼻），而将夜侧的磁层拉伸成一个长的圆柱形状（磁尾）。磁层被定义为电离层以上的空间区域，其中的带电粒子运动受地磁场控制。图 7-11 显示了子午面上按比例绘制的磁层图像，以及磁层以外的区域，如弓激波和磁鞘。包围磁层的电流所构成的边界叫做*磁层顶*（magnetopause）。磁层顶的电流体系有效地阻挡了太阳风进入地球磁层。贯穿于磁层中的电流体系有助于磁层中各区域的相互作用，也有助于磁层和电离层之间的相互耦合。一些电流体系是一直存在的，但是变化剧烈。当瞬变结构的太阳风和磁层相互作用时，其他电流体系会形成并随之变化。在磁层能量转移过程中，粒子、准静态磁场以及低频电磁波起到关键的作用（总地来说，光子的作用相对比较小）。

地球磁力线具有三种结构形态。图 7-11 中显示的偶极磁力线，与地球表面有两个交点。这些闭合磁力线所在的区域对应于内磁层。那些开放的磁力线所在的区域对应于外磁层或者远磁层。在内外磁层中间的区域范围广阔且多变，其磁力线是闭合的、被剧烈拉伸的。许多有趣的空间天气动力学过程发生在中磁层区域。

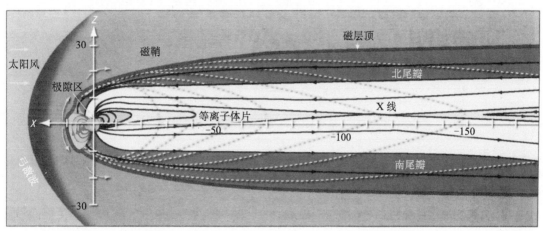

图 7-11　磁层正午 – 子夜截面图。太阳在左侧，地球在原点处。坐标轴单位为地球半径，*X* 轴指向太阳，*Z* 轴指向纸的顶部，*Y* 轴垂直于纸面向外。径向运动的太阳风将向日面的磁层压缩在 $6\sim12R_{\mathrm{E}}$ 范围之间，将夜侧的磁层（磁尾）拉伸到 $1000R_{\mathrm{E}}$ 甚至更远的区域。为了后面更清楚地讨论，图像中磁层的长度范围做了压缩。图中各彩色区域表示的是不同粒子的种类和温度，表 7-1 和表 7-2 对此进行了描述。[改绘自 Pilipp and Morfill，1978]

除了磁力线结构，我们也用被束缚在磁力线上的带电粒子来描述磁层。有趣的是，磁层中并没有原生的带电粒子。磁层中的粒子来自于宇宙线、太阳粒子辐射以及地球电离层。在磁层中粒子碰撞的概率非常小，也就是说磁层的电导率几乎是无穷大的。因此，磁场和低能粒子是相互冻结的。当等离子体运动时，贯穿于其中的磁力线也一起运动。在磁层中的粒子进行着不同方式的运动。它们会因磁场的梯度而发生漂移，其漂移运动与能量和电荷有关，所以会产生电流。这些电流将产生磁场，并叠加到起源于地球的地磁场之上。由于这些电流的存在，在中磁层和外磁层中（几个地球半径以外区域），总磁场明显不同于地球内源场简单外推所得的结果。

在图 7-12 非等比例的立体透视图中，我们展示了更多的磁层特征。标注区域显示了各种磁力线和各类粒子的分区。极隙区相对于太阳风－磁鞘粒子是开放的。内磁层中包含了等离子体层、辐射带以及部分等离子体片。延伸出来的等离子体片大约在远磁尾区域变得平坦。整个磁层被电流包裹起来（磁层顶电流），电流之外是由扰动太阳风构成的磁鞘。在下一小节，我们将介绍磁层中磁场的结构。表 7-1 和表 7-2 列出了这些结构中各类粒子相关参量的平均值。

表 7-1　地球磁层中各区域热等离子体和磁场大小特征值。

	数密度 (n)	电子温度 (T_e)	质子温度 (T_i)	磁场	备注
等离子体层	>10^2 个 /cm³	10^4 K	0.1～1 eV	5000 nT	源自地球的冷等离子体
等离子体片	0.1～1.0 个 /cm³	2×10^6～2×10^7 K	比电子温度高 3～5 倍	在远磁尾为 9 nT	厚度为 4～6 R_E，在距离地球 5～6 R_E 处形成环电流
等离子体片边界层	0.1～1.0 个 /cm³	2×10^6～1×10^7 K	1×10^7～5×10^7 K	在 20R_E 处为 20～50 nT	与极光带相连接，产生离散的极光弧
尾瓣	10^{-3}～10^{-2} 个/cm³	<10^6 K	<10^7 K	几个 nT	磁尾中低密度区域
等离子体幔	0.5～50 个/cm³	10^5～10^6 K	5×10^5～8×10^6 K	10～30 nT	磁鞘等离子体进入磁层的区域

表 7-2　地球磁层中各区域非热高能粒子和磁场大小特征值。

	通量	电子能量	质子（离子）能量	磁场	备注
内辐射带和南大西洋异常区	1.5R_E 处> 10 MeV：10^5个/(cm²·s)	—	1～500 MeV 典型值：10 MeV	20000 nT	由宇宙线和地球大气相互作用产生
外辐射带	4R_E 处>1MeV：10^6e/(cm²·s)	1 keV～10 MeV 典型值：0.1 MeV		100 nT	可能来源于地球空间和太阳风中的电子
槽区	非常低，2R_E 处>1 MeV：10^4个/(cm²·s)	0.01 MeV～20 MeV	0.01～50 MeV	1000～5000 nT	异常太阳风期间粒子将被加速
环电流离子	非常低	—	10～300 keV	5000 nT	磁暴期间粒子将被加速

问答题 7-6

在图 7-11 中标注出月球轨道所在的位置。

例题 7.3　地球磁尾粒子总质量

■ 问题：估算地球磁层中直到磁尾 100R_E 以内所有粒子的总质量，并与地球大气总质量（5×10^{18} kg）进行比较。

- 相关概念：体积和质量密度。
- 给定条件：图 7-11 和磁层中平均粒子数密度为 10 个质子 /cm³。
- 假设：总体积包括向日面半球体以及背阳面到磁尾 100R_E 处的圆柱体。半球体的半径为 10R_E，圆柱体的横截面半径为 10R_E。
- 解答：将向阳侧半球体的体积和磁尾长圆柱体的体积相加，所得的总体积乘以平均数密度即可得整个磁层的总质量。

$$半球体体积 = (2/3)\pi r^3$$
$$圆柱体体积 = \pi r^2 l$$

$$半球体体积 = (2/3)\pi(10R_E)^3 = (2/3)\pi(10\times6378\times10^3\ m)^3 = 5.4\times10^{23}\ m^3$$
$$圆柱体体积 = \pi r^2 l = \pi(10\times6378\times10^3\ m)^2(100\times6378\times10^3\ m) = 8.1\times10^{24}\ m^3$$
$$总体积 = 5.4\times10^{23}\ m^3 + 8.1\times10^{24}\ m^3 = 8.6\times10^{24}\ m^3$$
$$磁层中粒子总质量 = (10\times10^6\ 个质子/m^3)(1.67\times10^{-27}\ kg/质子)(8.6\times10^{24}\ m^3) \approx 1.4\times10^5\ kg$$

- 解释：磁层粒子总质量只有地球大气总质量的 2.8×10^{-14}。

补充练习： 假设地球等离子体层为地心距 1～6R_E 区域的球壳。使用表 7-1 中的数密度，比较等离子体层中的粒子总质量和整个磁层中的粒子总质量。

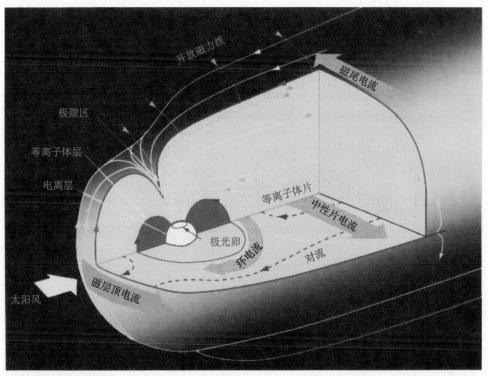

图 7-12 磁层倾斜剖切图。 该图片的视线方向大约在地方时午后两点。图中显示了文中所描述的大部分磁层区域和边界层。为简单起见，图中并没有显示与等离子体层相互交叠的辐射带。图中橙色箭头表示各电流体系。远磁尾延伸到页面右侧以外。（NASA 戈达德太空飞行中心供图）

7.2.2 内磁层

目标：读完本节，你应该能够……

- ◆ 比较内磁层中各种磁场结构以及粒子种类
- ◆ 了解等离子体层和辐射带的相对位置

内磁层中磁力线是闭合的，包含两种完全不同类型的等离子体。等离子体层中是温度较低的冷等离子体[①]，通常用温度和数密度来描述。在同样的空间区域中，还存在另一类温度较高的等离子体，包含两种非常稀薄的高能粒子，通常用能量通量来描述，这些粒子被称为辐射带粒子。在平静时期，这两类等离子体基本不相互作用。

内磁层

等离子体层。我们将从拥有多重身份的空间区域开始认识磁层：等离子体层和辐射带。该区域的等离子体来自于不同地方，其行为也非常不同。此外，区域中存在一些中性原子，形成了地冕的一部分，我们将在第 8 章介绍。

等离子体层（plasmasphere）是电离层向外的延伸（图 7-13（a）），其外边界通常在地球同步轨道附近。这种具有圆环形态的闭合磁力线区域包含了从地球电离层中逃逸出来的稠密、相对冷的、低能量的等离子体。我们将等离子体层视为一个独立的实体，含有丰富的等离子体。名义上来讲，电离层－等离子体层之间的边界大约在 1000 km 高度处，虽然之间的过渡并不是很明显。

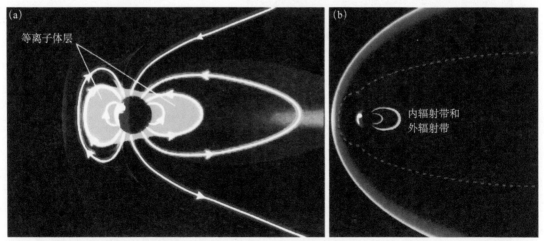

图 7-13　磁层中闭合磁力线区域示意图。 图中显示了地球磁力线及其在地面上的足点。（a）绿色区域为等离子体层，来源于电离层的冷等离子体，红色的短划线是磁层顶。（b）浅蓝色区域为被束缚的多种来源的高能粒子，红色的短划线是磁层顶。（美国大学大气研究联盟的业务气象、教育和培训计划项目（COMET）供图）

---

① 等离子体通常分为冷等离子体、热等离子体和高温等离子体。——译者注

等离子体层中的离子和电子的特征能量为 0.5～1.0 eV。离子主要是 H^+ 和 He^+，通常还有少量的氮离子和氧离子。同步轨道卫星在午后到傍晚时间段内（地方时在 15:00～20:00）通常处于等离子体层中，在傍晚到破晓时间段内（地方时在 20:00～06:00）通常处于相邻的等离子体片中（我们稍后介绍）。在其他的地方时，卫星通常处于混合等离子体的模糊区域。

虽然等离子体层的内边界是非常稳定的，但等离子体层作为一个整体，磁层中其他位置的扰动，都可能引起等离子体层大小和数密度的变化。在赤道面上，等离子体层的外边界到地心的距离为 $4～6R_E$。在高纬度区域，其边界要更靠近地球，因为等离子体会沿着磁力线运动到高纬区域电离层的位置，其磁纬度在 60°～70°。在磁暴条件下，等离子体可能从等离子体层脱离，成为磁层中更大尺度等离子体对流过程的一部分。我们将在第 11 章中更深入地介绍这一过程。

在地球的夜侧，等离子层顶（plasmapause）将等离子体层和等离子体片分开。冷等离子体冻结在地球磁场中，并随其一起旋转。这意味着等离子体层以近似刚体运动的方式与地球一起共转或漂移（7.4 小节）。与这种运动相关联的是电场，该电场足以产生可观测到的 $E \times B$ 漂移运动（7.4 小节）。该影响在等离子体层之外明显减弱。等离子体层顶是共转运动停止的边界。

辐射带。辐射带占据了等离子体层的大部分区域。为什么还要使用一个不同的名称呢？因为辐射带粒子的能量很高，对探测器和当地环境有着非常不同的影响。我们于 1958 年认识到这种现象。当时美国第一颗人造卫星 Explorer 1 搭载的盖革计数器探测到了辐射带中 MeV 能量范围的高能粒子。随后的卫星任务收集了大量的辐射带粒子数据，发现两个类似甜甜圈形状的区域环绕着地球，里面存在着被束缚的电子和质子。这些"带"基本处于等离子体层中，并以范艾伦的名字命名，因为他第一个向公众阐述了这些高能粒子的重要性。范艾伦辐射带中的粒子通过多种物理过程被束缚在它们各自的区域里，7.3 节和 7.4 节中将对其进行介绍。

被束缚的电子和质子广泛存在于磁层中，但大多数集中于范艾伦辐射带中。内辐射带主要是非常高能的质子，由宇宙线和高层大气分子相互作用产生。内辐射带被捕获的质子可以维持几天甚至数年，因此，质子辐射带被认为是磁层中的一个稳定特征。许多离子具有几十 MeV 甚至更高的能量。内辐射带大约从 400 km 的高度一直延伸到大约 10000 km 的高度，有时可达到 12000 km 的高度。质子通量峰值区域大约在 3200 km 的高度处（约地表之上 0.5 R_E 处），但是不同能量的质子其通量峰值所处的高度是不同的。图 7-14 显示了 NASA 辐射带模型的计算结果。赤道面附近的小红色弧形区域表示内辐射带辐射最强的区域。

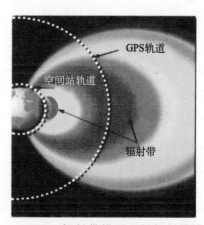

图 7-14　NASA 辐射带模型所得辐射带横截面图。图中靠近地球的红色区域为内辐射带辐射通量峰值位置。外辐射带辐射通量峰值区域为深红色所示。GPS 轨道横穿过外辐射带辐射中心区域。浅色表示高能粒子的通量比较低。（NASA 供图）

外辐射带的一个重要特征就是多变性。相比于内辐射带，外辐射带是磁层中磁场较弱的区域，太阳风和行星际磁场对其影响要明显强于内辐射带。这就导致了外辐射带中被束缚的粒子寿命更短，变化更剧烈。这些粒子的加速机制是当前研究的热点。

外辐射带主要是高能电子，来源于宇宙线、太阳粒子以及磁层粒子的加速过程。外辐射带从内辐射带的顶部，即 10000～12000 km 的高度，一直延伸到大约 60000 km 的高度处，有时甚至更高，这取决于电子的能量以及太阳活动水平。在平静时期，外辐射带辐射强度中心区域与 GPS 轨道重合。辐射带电子通量峰值高度大约在 16000 km 处（距地表约 $2.5R_E$）。在内外辐射带间粒子通量相对较低，该区域被称为 槽（slot）或 槽区（slot region），如图 7-14 中黄色区域所示。

在磁层稳定状态下，粒子并不会逃出束缚区域。但在磁层扰动期间（第 11 章），被加速的粒子通常会进入或者逃离辐射带。当粒子的通量和能量增加时，粒子和卫星之间有害的相互作用概率也会增加。当来源于太阳的行星际扰动影响到磁层时，在内外辐射带之间有时会出现新的辐射带。在下一节和第 11 章中，我们将对这方面做更多的介绍。

辐射带中被束缚的高能带电粒子，对于穿越其中的卫星构成了持续的危险。有些影响虽不严重但令人厌烦。例如，当卫星穿越辐射带时，探测器背景噪声将增加。而有些影响则真正具有破坏性——高能粒子穿透卫星表皮，沉积到微芯片电子设备中，产生物理破坏或者错误指令（例题 4.3）。当粒子进入卫星材料时，它们将沉积其动能，引起原子位移，在粒子入射区域尾部产生带电原子束流。几乎所有绕地球运行的卫星都依赖太阳能电池板提供能量，而当卫星不断地穿越辐射带时，电池板性能就会慢慢衰退。南大西洋异常区的磁场相对比较弱（7.1 节），对那些穿越这一区域的低轨道卫星来讲，该问题尤为突出。

7.2.3　与远磁尾之间的连接

目标：读完本节，你应该能够……

- ◆ 比较中磁层磁场结构和粒子种类之间的差异
- ◆ 了解等离子体片和极隙区的相对位置

日侧太阳风 - 磁层 - 电离层相互耦合

极隙区。如图 7-15 所示的正午 - 子夜磁层横截面，极隙区（polar cusps）将地球向阳一侧的磁力线和被拉伸的磁尾磁力线分隔开来。极隙区处于高纬区域，在这里磁力线向外延伸，基本上与磁层顶相互垂直。极隙区的磁场非常微弱，对于太阳风来讲，极隙区并不是一个屏障，更像是一个漏斗状通道。当太阳风进入极隙区之后，它们将沿着磁力线流向地球。通过极隙区，高速的带电粒子将在中心磁纬度约 75° 狭窄区域中轰击高层大气。这些粒子同样也可以与磁力线相互作用产生电磁波，并以热能的形式耗散掉。

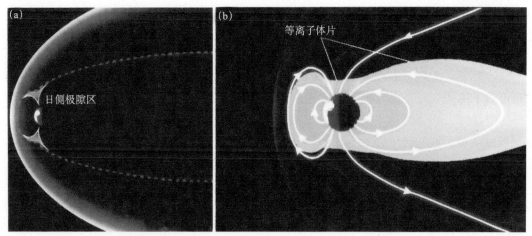

图 7-15　地球与太阳风和磁尾相连的区域。（a）极隙区。磁零点区域允许磁鞘中的太阳风粒子进入极隙区。图中红色点划线为磁层顶。（b）等离子体片。该区域的热等离子体和高温等离子体来源于太阳风和地球的电离层。等离子体片粒子存在于向日面被压缩的磁层及背阳面磁尾中，能够进入极光带。图中红色点划线为磁层顶。（图片来源于美国大学大气研究联盟的 COMET 项目）

　　极隙区充当了一个局地粒子加速器的作用，为非常远的区域提供高能粒子。许多粒子都是在极隙区这个狭窄的通道中获得能量。一些粒子被加速之后，沿着磁力线逃逸，成为磁尾所存储粒子的一部分。

与磁尾相连接的内磁层

　　等离子体片。在等离子体层和辐射带以外是一个包含相对热的、稀薄等离子体的区域，称为**等离子体片**（plasmasheet）。等离子体片的厚度和数密度是变化的，共存着太阳风等离子体和地球等离子体。等离子体片包含了起源于太阳风的 H^+，以及起源于地球电离层的 O^+。正如第 4 章及 7.4 节所描述的，磁重联过程是太阳风等离子体进入磁尾的一种可能机制。与夜侧磁重联相对应的磁力线的运动很大程度上主导着等离子体片中的粒子行为。

　　等离子体片连接着内磁层区域和外磁层区域。正如 7.4 节和第 11 章所描述的，这种连接在磁层能量重新分配过程中起到了重要的作用。在等离子体片和尾瓣之间很薄的区域叫做**等离子体片边界层**（plasmasheet boundary layer），是大多数极光事件的源。同步轨道卫星有一部分时间在该区域中运行，暴露于热等离子体中。这些热等离子体可能附着于卫星表面，也可能沉积到卫星内部。

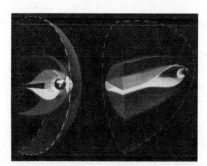

图 7-16　**等离子体片和尾瓣的结构图**。在黄色区域以内，粒子受到各种力的作用。深蓝色尾瓣区域存在的是温度较低的低密度粒子。红色线表示磁层顶。等离子体幔是磁层顶和尾瓣之间很薄的区域。半透明的蓝色区域为弓激波。（图片来源于美国大学大气研究联盟的 COMET 项目）

　　图 7-16 显示了等离子体片如何随着被拉伸的外磁层而变化。在远磁尾区域，等离子体片变得相对平坦。在平坦的等

离子体片中，有一个很薄的中性电流片将等离子体片分开。中性电流片的名称起源于其所处区域的磁场是"中性"的，即该区域中南北半球磁场相互抵消。

外边界区域

等离子体幔。磁尾是与极隙区相连的尾部区域。与极隙区相比，磁尾的磁场更强，它就像一个屏障，部分阻挡了磁鞘中的太阳风进入磁层。一些太阳风粒子被磁尾边界增强的地磁场所束缚，这些被束缚的等离子体所在的区域即为等离子体幔（plasmasheet mantle），其厚度大约几千米。

尾瓣。在南北半球等离子体幔以内是磁场尾瓣（lobes）。在图 7-16 中，我们用深蓝色的空腔来表示尾瓣。在尾瓣磁力线上存在少量的等离子体，它们来源于电离层中逃逸出来的低温等离子体。尾瓣的磁力线发源于南北半球极区。图 7-11 显示了磁尾磁力线反向的两个区域。在该区域中，磁场足够强，能够产生足够的压力以避免磁层自身塌陷。在尾瓣上半（北半球）部分，磁场的方向朝着地球，在尾瓣下半（南半球）部分，磁场的方向背向地球。只要太阳风相对稳定，尾瓣将处于平衡状态。

远磁尾

磁层被拉伸，形成长长的磁尾，在地球背离太阳一侧可长达几百个地球半径，远比大部分示意图中显示的要长。远磁尾到底是什么样的？只有少部分赤道面大椭圆轨道卫星可以观测到远在 $100R_E$ 之外的远磁尾区域。结合模型，从卫星的观测数据可知，远磁尾磁场比较稀薄，易遭受到太阳风湍流的影响。如果磁尾是可见的，那么，它就像是（太阳）风中飘动的旗子。

在磁尾中，与地球磁力线相连接的太阳风磁场最终仍将"展翅高飞"，重新成为"自由翱翔"的太阳风。这一过程只有在磁场断裂的情况下，才会在磁尾 30～150 R_E 区域中发生，类似于太阳大气所产生的 CME 过程。事实上，有明显的证据表明，在活跃期间，小规模的物质抛射（被称为等离子体团（plasmoid））爆发脱离出磁尾区域。这一过程将产生背离地球运动的等离子体团，以及朝向地球在磁尾中运动的反向爆发的等离子体流。在磁层对流的过程中，这些等离子体加入到其他被加速的粒子当中。在 7.4 节以及第 11 章中，我们将做进一步的介绍。

问答题 7-7

将磁层中各区域、各边界层的描述配对上相应的名称。

描述	名称
● ____ 白天一侧的区域，将向阳一侧与地球相交的磁力线和背阳一侧被拉伸的磁尾磁力线分隔开来。该区域的磁场为零或者非常弱。	等离子体片
● ____ 外边界区域，太阳风等离子体可能被束缚。	等离子体幔
● ____ 夜侧高纬外侧区域，几乎无等离子体。	极隙区
● ____ 主要是夜侧区域，具有中等能量和中等数密度的离子，该区域一直延伸到磁尾。通过磁力线与极光卵相连，延伸到磁尾区域。	等离子体层

续表

描述	名称
• ____ 比较靠近地球的区域，聚集着大量相对冷的等离子体（能量小于 1 eV），并且因为磁耦合与地球一起共转。	远磁尾
• ____ 和等离子体层几乎据相同的区域，其中高能电子和高能质子（能量在 100 keV～100 MeV）在闭合的磁力线中做回旋运动。	辐射带
• ____ 远离地球的区域，具有开放的或被拉伸的磁力线。	尾瓣
• ____ 磁层外边界层，将磁层和太阳风分隔开来。	等离子体层顶
• ____ 在地球后方沿背阳方向延伸，将磁尾分成磁力线朝向和背离地球的尾瓣。	环电流
• ____ 在辐射带边缘发展的电流体系，受地磁活动影响。	中性电流片
• ____ 等离子体层和等离子体片之间的边界。	磁层顶

问答题 7-8

中性片中的电流方向是什么样的？提示：利用安培定律。

（a）从日侧指向夜侧；

（b）从夜侧指向日侧；

（c）从昏侧指向晨侧；

（d）从晨侧指向昏侧。

关注点 7.2 在磁层各区域进行探测和运行

我们对磁层的了解有一部分来自于地面观测，但绝大部分来自于卫星的测量。图 7-17 绘制出了磁层探测的几种卫星轨道。地球同步轨道卫星运行于地磁场所束缚的粒子外边缘区域，表 7-3 列出了该轨道特征。中轨道（MEO）卫星和半同步轨道卫星会穿越辐射带辐射中心区域，一些大椭圆轨道（HEO）卫星同样如此。高倾角低轨卫星可能探测到从辐射带内边缘脱逃的粒子，以及极区太阳风沿着磁力线进来的粒子。低轨道卫星几乎能够探测到磁层中每一个区域，因为各区域的磁力线至少有一端与地球相连。一些低轨道卫星携带专门设备用于探测低高度稀薄的高能粒子，其他低轨卫星设备在强地磁扰动期间以及穿越南大西洋异常区期间也将探测到高能粒子，成为计划之外的高能粒子探测器。

卫星，特别是运行于辐射带附近的卫星，所遭受到的辐射强度可能破坏卫星上的电子元器件。这种恶劣辐射环境具有几分钟到太阳活动周（11 年）不同时间尺度的动态变化特征。卫星设计者和运控者想构建模型以描述这些离化粒子在任意时刻的空间分布。所构建的模型将有助于他们对未来卫星的设计，并为在轨卫星异常提供诊断工具。

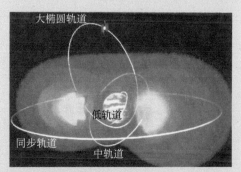

图 7-17 磁层中四种卫星轨道。渐变颜色对应于不同能量的粒子。蓝色区域中的粒子能量更低。（美国航空公司 B.Jones、Peter Fuqua 和 James Barrie 等供图）

表 7-3　地球空间中卫星探测或运行的几种常见轨道。表中列出了这些常见轨道的高度。

轨道名称	简称	周期（τ）或高度范围（h）
低轨道	LEO	$\tau < 225$ min, $h < 2000$ km
中轨道	MEO	h：$18000 \sim 25000$ km
半同步轨道	SSO	h：20200 km
同步轨道	GEO	h：$35486 \sim 36086$ km
大椭圆轨道	HEO	近地点 < 5000 km，远地点 > 5000 km
地外轨道	BEI	日球层转移轨道或行星轨道

7.3　单粒子动力学 II

磁层中充斥着由非均匀磁场串联的大量带电粒子。一部分粒子强烈受制于地磁场，被地磁场有效地捕获。被捕获粒子的引导中心运动由三种运动叠加而成，分别为回旋运动、弹跳运动和漂移运动。回旋运动和平行于磁力线运动构成了螺旋线运动轨迹。在第 6 章中，我们简单地介绍了粒子在非均匀磁场中的漂移运动。本章将更深入地介绍在缓变的磁场中粒子的哪些运动参量是守恒的，并阐明这三种运动如何应用于范艾伦辐射带中被捕获的粒子。

7.3.1　回旋运动和弹跳运动

目标：读完本节，你应该能够……

- ◆　描述和计算一个电流环的磁矩
- ◆　确定回旋粒子的投掷角
- ◆　计算出磁镜点处的磁场强度
- ◆　描述磁镜与投掷角变化以及速度损失锥之间的关系
- ◆　解释捕获区中的粒子如何损失到大气中
- ◆　描述回旋运动和弹跳运动的特征周期

回旋运动

在第 1 章和第 6 章中，已经知道一个质量为 m、电荷为 q 的粒子在强度为 $|\boldsymbol{B}|$ 的磁场中将围绕着其引导中心做回旋运动，其回旋频率 Ω 和回旋半径 r 分别为

$$\Omega = qB/m$$

$$r = mv_\perp / qB$$

这种运动相当于带电粒子回旋运动产生了电流为 I 的微小电流环，I 为

$$I = qv_\perp / (2\pi r) \tag{7-7}$$

其中，I = 带电粒子运动所产生的电流 [A]；

　　　q = 电荷的电量 [C]；

$v_\perp$ = 垂直于磁力线方向上的粒子运动速度 [m/s];

r = 回旋半径 [m]。

电流环具备一种稳定的特性——磁矩，类似于转轮的稳定性。电流环磁矩（magnetic moment）矢量 $\boldsymbol{\mu}$ 等于电流 I 乘以电流环的面积 A（有时一些特定的磁矩，如地球的磁矩可能用 M 来表示，如方程（7-1）所示）。

将回旋频率和回旋半径公式代入磁矩公式中，即可得到回旋粒子磁矩的大小与垂直于磁力线方向上动能之间的关系（虽然动能是一个标量，但为了方便，我们将该能量简称为垂直动能）

$$|\boldsymbol{\mu}| = IA = \left(\frac{q\Omega}{2\pi}\right)\pi r^2 = \left(\frac{q^2 B}{2m}\right)\left(\frac{mv_\perp}{qB}\right)^2 = \frac{(1/2)mv_\perp^2}{B} \tag{7-8}$$

其中，$|\boldsymbol{\mu}|$ = 磁矩大小 [A·m²];

A = 电流环的面积，πr^2 [m²];

$\propto = \dfrac{KE}{B}$ = 垂直动能 [J]。

磁矩方向的判定遵从右手定则，即右手四个手指的方向和电流方向保持一致，大拇指所指的方向即为磁矩方向。带电粒子的回旋运动会使其磁矩保持守恒。因此，根据方程（7-8）可知，回旋粒子所产生的电流环可以维持垂直动能和磁场强度之比不变。

问答题 7-9

验证方程（7-8）的替换过程。

例题 7.4 一个高能粒子的磁矩

- 问题：计算内辐射带中一个典型高能离子的磁矩。
- 给定条件：表 7-2 中的数据。
- 假设：粒子的运动速度垂直于磁场，有 $\mu = \dfrac{KE}{B}$。
- 解答：$= 10\ \mathrm{MeV}/(2\times10^4\ \mathrm{nT}) = (10^7\ \mathrm{eV}\times1.67\times10^{-19}\ \mathrm{J/eV})/(2\times10^{-5}\ \mathrm{T})$

  $\approx 8.0\times10^{-8}\ \mathrm{J/(N/(A\cdot m))} = 8.0\times10^{-8}\ \mathrm{A\cdot m^2}$
- 解释：虽然这个磁矩显得很小，但对于单个粒子而言这个磁矩已经很大了。只有当磁场的快速扰动达到一定程度，才能改变这个粒子的磁矩。偶尔，快速运动的 CME 撞击地球磁场，使地球磁场发生剧烈的变化，可产生这种扰动。

补充练习：计算外辐射带中一个典型高能电子的磁矩。

为了理解带电粒子在磁力线上的回旋运动，我们引入投掷角的概念（图 7-18）。投掷角（pitch angle）α 是粒子运动速度与磁场之间的夹角

$$\alpha = \tan^{-1}\left(\frac{v_\perp}{v_\parallel}\right) \tag{7-9}$$

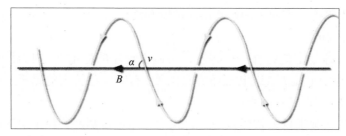

图 7-18　粒子在一根磁场强度为 B 的磁力线上螺旋运动。黄色螺旋线表示带电粒子 q 绕深灰色磁力线的运动轨迹，其中磁场强度为 B。粒子具有沿着磁力线方向的运动分量。相对于磁力线，粒子具有大小为 α 的投掷角。如果投掷角为 0°，表示粒子运动的速度与磁力线平行。如果投掷角为 90°，表示粒子将绕着磁力线做圆周运动而不沿磁力线方向运动。

在偶极场中（或者其他的非均匀或非静态磁场）做回旋运动的粒子，如果它们在运动过程中要保持磁矩守恒，那么它们就要改变垂直动能。这将使得粒子运动方向和磁场之间的夹角发生改变（图 7-19）。当带电粒子运动到更强的磁场区域时，其回旋运动轨迹的螺旋程度将更弱，运动轨迹将变得更圆。当带电粒子运动到更弱的磁场区域时，结果相反。

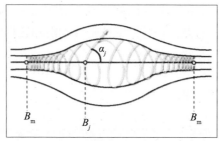

图 7-19　磁瓶与磁镜的结构图。粒子绕磁力线做螺旋运动，当它运动到磁镜点 B_{m} 时，将被反弹回去。在磁镜点，粒子的投掷角不断靠近 90°，粒子运动趋向于圆周运动，这种运动称为磁镜运动。虽然粒子经历了加速过程，实际上在变化过程中其能量是守恒的。也就是说 $\frac{1}{2}mv_{\perp}^2 + \frac{1}{2}mv_{\parallel}^2$ 是守恒的。（美国空军研究实验室供图）

问答题 7-10

关于 $v_{\perp}$ 下列哪个等式是正确的？

（1）$v_{\perp} = v\mathrm{cotan}(\alpha)$ ；

（2）$v_{\perp} = v\sin(\alpha)$ ；

（3）$v_{\perp} = v\cos(\alpha)$ ；

（4）$v_{\perp} = v(\alpha)$ 。

问答题 7-11

假设在地球内部有个产生偶极场的电流环，要产生与地球等效偶极场方向一致的磁场，电流环中的电流应该如何流动？

如果磁场变化的时间尺度比粒子回旋周期长得多，变化的空间尺度也比回旋半径大得多，那么磁矩 μ 是守恒的。我们称之为绝热不变量，因为 μ 不会变化，除非系统有快速的能量注入。磁矩守恒将在很大程度上控制着粒子垂直于和平行于磁力线的能量分布。在无外力的情况下，粒子的总动能是守恒的。也就意味着，当粒子垂直速度 $v\sin(\alpha)$ 增大时，粒子的平行速度 $v\cos(\alpha)$ 将减小。因此，投掷角是随着磁场 $\boldsymbol{B}$ 而变化的

$$\mu = \frac{(1/2)m\left[v\sin(\alpha)\right]^2}{B} = \frac{KE_\perp}{B} \approx \text{constant} \tag{7-10}$$

在汇聚或发散的磁场中的弹跳运动

在偶极场中或其他非均匀的磁场中，带电粒子将经历弹跳运动过程。当粒子向不断增大的磁场 $\boldsymbol{B}$ 区域运动时，粒子的回旋半径将收缩，但是 μ 是守恒的。当磁场 $\boldsymbol{B}$ 增大时，$v_\perp$ 必须也增大。因为粒子总能量不变，所以 $v_\parallel$ 必须减小。实际上，粒子将被汇聚的磁力线弹回，如同在一个磁镜中一样。粒子投掷角变为 90° 的位置，也就是粒子平行于磁场的速度为 0 的位置，即磁镜点（mirror point）。

汇聚的磁场向粒子施加了一个排斥力，使得粒子获得了向更弱磁场区域运动的速度分量。图 7-19 显示了磁镜的磁场结构图。在行星近偶极场中，磁场的强度随着磁纬度的增大而增强，在南北半球都存在着磁镜点。在这些磁镜点处，绕磁力线运动的粒子将被反射，做弹跳运动（振荡运动）。如果相比于粒子的弹跳周期，磁场的变化速度比较慢，那么这种周期性的弹跳运动是守恒的，即第二绝热不变运动。粒子的弹跳运动和回旋运动的相互叠加是辐射带捕获粒子的一个重要因素（图 7-20）。

粒子从磁赤道面运动到磁镜点之间的距离是由磁赤道面上粒子投掷角所决定的，即磁赤道面上粒子的运动速度与磁力线之间的夹角。汇聚的磁场向运动的粒子施加一个排斥力，粒子投掷角将发生改变，不断适应新的磁场环境。在磁赤道面上，投掷角接近于 90° 的粒子磁镜点位置将比投掷角为 70° 的更加靠近于磁赤道面。

虽然无法给出粒子弹跳周期的解析解，但是数值积分过程将获得非常好的近似结果。质子和电子的弹跳周期分别为

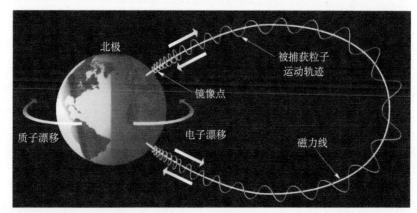

图 7-20　周期性的弹跳和回旋运动。带电粒子在偶极场磁力线中将经历两种形式的周期性运动：回旋运动和弹跳运动。第一和第二绝热不变量将用于定量描述粒子绕着和沿着磁力线的运动。图中沿着单根偶极磁力线的螺旋线是粒子一边回旋运动一边弹跳运动的叠加结果。那些磁镜点在大气层以上的粒子被地磁场所捕获并不断弹跳，除非有外力作用。那些投掷角小的粒子，磁镜点在大气层中，可能和大气层粒子相互碰撞，从而导致弹跳运动被破坏。这些粒子会成为损失锥粒子沉降到高层大气中。（美国航空公司 Joseph Mazur 供图）

$$\tau_{\text{bounce e}} = 0.15 \frac{L}{\sqrt{E}} (3.7 - 1.6 \sin(\alpha_{\text{eq}})) \qquad (7\text{-}11\text{a})$$

$$\tau_{\text{bounce p}} = 0.65 \frac{L}{\sqrt{E}} (3.7 - 1.6 \sin(\alpha_{\text{eq}})) \qquad (7\text{-}11\text{b})$$

其中，τ = 弹跳周期 [s]；

　　　L = 磁力线与磁赤道面交点处的 L 值 [无量纲]；

　　　E = 粒子能量 [MeV]；

　　　α = 磁赤道面上的投掷角 [rad 或（°）]。

　　在闭合偶极磁力线中，大多数粒子都被束缚在偶极磁瓶中，但一些磁赤道面上投掷角接近于 0° 或 180° 的带电粒子，它们的磁镜点高度处于稠密大气层以下。这些粒子会与大气层粒子相互碰撞，从而破坏它们的弹跳运动，使得一部分带电粒子损失于大气层中。我们引入了速度损失锥的概念以区分这些损失的带电粒子和被束缚的带电粒子。那些与大气碰撞且损失的粒子，它们的速度矢量分布于损失锥体内，它们的投掷角从 0° 到某临界角 α，或者从 180° 到 180°-α。在图 7-21 中，我们用相对于磁力线的速度矢量来表示损失锥（loss cone）。在地球静止轨道上（$6.6R_{\text{E}}$），典型能量粒子的损失锥角小于 3°。

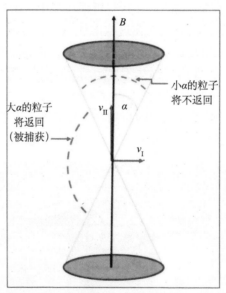

图 7-21　损失锥示意图。速度矢量在损失锥之内的粒子将不会被反射，而是损失掉。速度矢量在损失锥之外的粒子被持续束缚，在磁瓶中做回旋-弹跳运动。

例题 7.5　带电粒子镜像运动

- 问题：在磁赤道面上 $L=2$ 处的粒子，所处的磁场强度为 $|B|=3.75 \times 10^{-6}$ T。如果该粒子在磁场强度为 4.5×10^{-5} T 的地方被镜像反弹，那么该粒子在磁赤道面上的投掷角 α_{eq} 是多大？
- 相关概念：磁矩不变量（方程 (7-10)）、镜像捕获（$\alpha = 90°$）和中纬度表面磁场强度。
- 给定条件：在地球表面以上 1 个地球半径处的磁赤道磁场强度为 3.75×10^{-6} T，磁镜

点磁场强度为 4.5×10^{-5} T。

■ 假设：静态磁场的磁场强度 B 随着高度的减小而增大。粒子不与大气层相互作用。

■ 解答：当 α_{eq} 满足如下条件时，会被反弹：

$$\frac{\sin^2(\alpha_{eq})}{3.75 \times 10^{-6} \text{ T}} = \frac{\sin^2(90°)}{4.5 \times 10^{-5} \text{ T}} \, , \quad \sin^2(\alpha_{eq}) = \frac{3.75 \times 10^{-6} \text{ T}}{4.5 \times 10^{-5} \text{ T}} = 0.083 \, , \quad \alpha_{eq} = 16.8°$$

■ 解释：磁赤道面上投掷角 $\alpha_{eq} > 16.8°$ 的粒子，将被镜像反射并捕获，小于该投掷角的粒子将不会被反射，而是轰击向地球。实际上，这些粒子在到达地球表面之前就已经与大气层中的粒子产生了碰撞。

补充练习： 计算 $L = 3$ 处被束缚带电粒子在磁赤道面上的投掷角。

7.3.2 漂移运动

目标：读完本节，你应该能够⋯⋯

♦ 确定地球非均匀磁场中带电粒子漂移方向

♦ 比较漂移周期与回旋周期、弹跳周期之间的差异

在第 6 章中，我们已经说明，如果磁场是随空间变化的，那么带电粒子可能横越磁力线做漂移运动。这种漂移运动的直接原因是：越靠近地球，磁场越强，粒子运动轨迹的曲率半径越小。在偶极场中，磁场梯度使带电粒子发生漂移，产生了第三类周期性运动。图 7-22 和图 7-23 显示了梯度漂移和曲率漂移的综合结果。这些粒子围绕着地球进动。当带电粒子不断靠近离地球较近的磁场时，粒子将偏离之前的直线运动方向。在沿着朝向太阳方向运动的过程中，一些粒子只发生微小的路径偏移（图 7-23）。能量越高的高能粒子，其路径偏移越大。拥有足够能量的粒子将形成围绕地球的完整漂移路径。这些粒子围绕地球做圆周运动，运动的周期从几秒到几小时，呈现出又一个运动不变量。自然地，相反电荷的粒子其漂移方向相反。正负电荷相反的漂移运动最终形成西向电流（从夜侧到昏侧到午侧到晨侧，最后回到夜侧）。该电流就是 4.4 节所介绍的环电流（ring current）。

相同能量的质子和电子，其漂移周期是相似的，可近似为

$$\tau_{\text{drift e 或 p}} = \frac{0.367}{E \cdot L(0.35 + 0.15\sin(\alpha_{eq}))} \tag{7-12}$$

其中，τ = 漂移周期 [h]；

$\quad E$ = 粒子能量 [MeV]；

$\quad L$ = 磁力线与磁赤道面交点到地心的距离与地球半径的比值 [无量纲]；

$\quad \alpha$ = 磁赤道面上的投掷角 [rad 或 (°)]。

表 7-4 给出了两种高能粒子的运动周期。

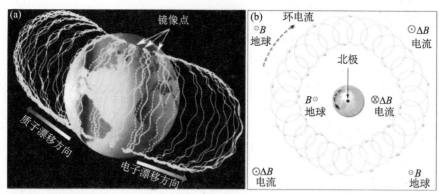

图 7-22 带电粒子周期性运动。（a）在偶极场中带电粒子回旋、弹跳和漂移运动的叠加结果。在生成该图像模拟中，正电荷（粉红色）和负电荷（绿色）带电粒子是被随意引入磁场中的，引入的位置如图所示。黄色曲线表示粒子回旋、弹跳和漂移而拉伸的运动轨迹。为了更清楚地显示，图中部分曲线采用虚线绘制，表示粒子从北半球弹跳到南半球的路径。粒子只在磁场强度相同的磁力线中漂移。如果要将粒子移动到更靠近地球、磁场更强的区域，那么粒子就需要获得更多的能量（美国航空公司 Joseph Mazur 供图）。（b）正离子在磁赤道面上的运动轨迹。虚线表示环状运动产生的电流方向。从北极往下看，电流是按顺时针的方向流动。在环电流以内，环电流产生的是向下的扰动磁场。在环电流以外，环电流产生的是向上的扰动磁场。向下的扰动磁场将使地面的磁场减小。[改绘自 Shulz and Lanzerotii, 1974]

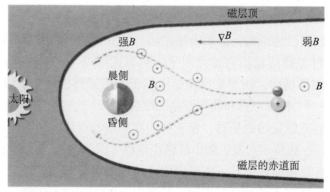

图 7-23 从极区俯视的漂移运动。漂移运动发生在 $L<8$ 的区域中，横越了磁力线。高能量的粒子将围绕地球做整圆漂移。（美国空军学院供图）

表 7-4 运动不变量周期。表中列出了在两个不同的 L 磁力线上 50 MeV 质子和 0.5 MeV 电子绝热不变（没有能量增加）运动周期。我们假设粒子磁赤道面上的投掷角为 45°。

周期近似值，单位秒				
	50 MeV 质子，$\alpha=45°$		0.5 MeV 电子，$\alpha=45°$	
位置	$L=1.5$	$L=4.5$	$L=1.5$	$L=4.5$
回旋	0.007	0.190	4×10^{-6}	1×10^{-4}
弹跳	0.35	1.1	0.08	0.25
漂移	39	13	3860	1290

　　在环电流以内区域，漂移所形成的西向环电流产生的磁场与背景磁场的方向相反。当

许多粒子加入到环电流中，在地面上就可以感受到环电流的影响，即全球赤道附近沿经度分布的地磁观测台网所测量到的磁暴期间的地磁场扰动。在地磁暴期间，中等能量的离子（～100 keV）产生了电流，该电流产生的磁场方向与地球内源场方向相反，所以扰动将使这些地面磁力计观测到磁场强度减小。地球表面磁场减小的幅度通常小于 100 nT，强大的环电流可使地面磁场强度降低 300 nT，甚至更多。

问答题 7-12

比较漂移运动与回旋和弹跳运动的周期。L 如何影响漂移运动？

问答题 7-13

在平静磁层发生磁场扰动时，哪一种绝热不变运动最容易被破坏掉？为什么？

问答题 7-14

计算出磁赤道面上投掷角为 90° 的 1 MeV 粒子在 $L = 4.5$ 处的漂移周期。

7.4 平静磁层的物理过程

磁层是抵御太阳风扰动的高度灵敏的缓冲器。即使在平静的条件下，磁层的边界也会发生膨胀、收缩和摆动。本章我们将介绍在平静期间所发生的一些物理过程，如质量和动量交换以及从一种形式的能量向另一种形式的能量转化。从磁层外边界开始介绍，之后逐步深入到磁层内部。

7.4.1 日侧磁层顶的形成

目标：读完本节，你应该能够……

♦ 通过压力平衡计算出日下点磁层顶的位置
♦ 解释日下点处磁层顶电流的形成及方向

日地连线附近的磁层顶大约位于地球上游 10 R_E 处。磁层边界层位置受太阳风和地球磁层之间的动量平衡所控制。通过物理压强（能量密度）平衡公式，可计算出磁层顶日下点（sub-solar magnetopause）平静时典型的位置（正午时刻，赤道面磁层顶）。平衡状态下满足

$$压强_{太阳风} = 压强_{磁层}$$

理论上讲，热压、动压和磁压对于动量平衡都有贡献。在第 6.3 节中，我们曾经计算过其中几个压强。

在太阳风和磁层中，热压通常比较小，因为等离子体很稀薄。因此，在一阶近似条件下，计算磁层顶位置，可以忽略热压。在磁层中，动压贡献也很小，因为磁层中大多数粒子运动速度要比太阳风速度慢很多。在压强平衡方程中，太阳风中剩下了动压和磁压，磁层中只剩下了磁压。

$$n_{SW} m_{ion} v_{SW}^2 + \frac{B_{SW}^2}{2\mu_0} = \frac{B_{MG}^2}{2\mu_0} \qquad (7\text{-}13a)$$

其中，SW 表示太阳风；

MG 表示磁层；

n_{SW} = 太阳风离子数密度 [#/m³]；

m_{ion} = 太阳风离子质量 [kg]；

$\frac{KE}{P}$ = 太阳风离子速率 [m/s]；

B = 指定位置的磁场强度 [T]；

μ_0 = 真空磁导率（1.26×10^{-6} N/A²）。

为了更深入地了解磁压项，需要考虑磁层附近带电粒子小尺度的运动。磁鞘中太阳风粒子在磁层顶边界层处撞击地球强磁场，并绕着磁层顶磁力线回旋。大多数的粒子在强磁场中旋转猛烈，被有效地反射。正如图 7-24 所示，这些粒子在变为反向运动的过程中回旋了半周。电子的情况和离子相似，只是其运动的轨道半径更小。带电粒子的半周回旋在边界层中产生了电流片。日侧磁层顶电流在磁层顶附近的太阳风中产生了磁场，该磁场通常减弱或抵消太阳风原有磁场。因此，取 $B_{SW}=0T$。在磁层顶内侧，磁层顶电流所产生的磁场使地磁场倍增。该电流是磁层顶磁场的源，是磁层顶动量平衡必不可少的一部分。

$$n_{SW} m_{ion} v_{SW}^2 + 0 = \frac{(2B_{MG})^2}{2\mu_0} \qquad (7\text{-}13b)$$

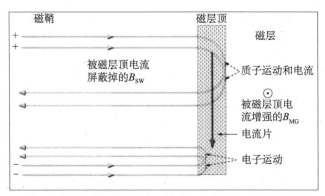

图 7-24　在一个小区域上，太阳风带电粒子撞击磁层强磁场。粒子从左侧朝向磁层运动，经过半个周期的回旋运动之后返回左侧。对右侧的影响是形成了一个电流片，导致磁场倍增。在左侧，电流片产生的磁场把太阳风的磁场抵消。（B_{SW} 是太阳风中的磁场；B_{MG} 是磁层中的磁场）[改绘自 Willis，1971]

为了获得太阳风和磁层顶位置之间的关系，需要利用偶极场的相关知识。在赤道面上，

纬度的余弦为 1，地磁场的强度为

$$B_{\mathrm{MG}} = B_{\mathrm{Seq}} \frac{1R_{\mathrm{E}}^3}{r^3}$$

将上述结果代入方程（7-13b）可得

$$n_{\mathrm{SW}} m_{\mathrm{ion}} v_{\mathrm{SW}}^2 = \frac{2B_{\mathrm{Seq}}^2}{\mu_0} \frac{R_{\mathrm{E}}^6}{r^6} \quad\quad （7\text{-}13\mathrm{c}）$$

从以上方程，可计算出磁层顶日下点位置：

$$r = R_{\mathrm{E}} \left(\frac{2B_{\mathrm{Seq}}^2}{\mu_0 n_{\mathrm{SW}} m_{\mathrm{ion}} v_{\mathrm{SW}}^2} \right)^{\frac{1}{6}} \approx 10 R_{\mathrm{E}} \quad\quad （7\text{-}13\mathrm{d}）$$

问答题 7–15

证明在典型太阳风条件下磁层顶日下点距离约为 $10R_{\mathrm{E}}$。

例题 7.6　磁层顶的宽度

- **问题**：估计磁层顶的厚度。
- **相关概念**：粒子在磁场中的回旋半径。
- **给定条件**：$B_{\mathrm{S}} = 3.1 \times 10^{-5}$ T，磁鞘中的太阳风速度为 1×10^5 m/s。
- **假设**：典型太阳风条件；磁层顶边界层的厚度为质子回旋半径；磁层顶日下点的距离为 $10\ R_{\mathrm{E}}$。
- **解答**：计算在磁层顶中的磁场强度

$$B = 2B_{\mathrm{S}} \frac{R_{\mathrm{E}}^3}{r^3}$$

$$B = 2 \times (31000 \times 10^{-9}\ \mathrm{T}) \frac{R_{\mathrm{E}}^3}{(10R_{\mathrm{E}})^3}$$

$$= 62\ \mathrm{nT}$$

计算质子的回旋半径：

$$r_{\mathrm{C}} = \frac{mv}{qB}$$

$$r_{\mathrm{C}} = \frac{(1.67 \times 10^{-27}\ \mathrm{kg})(1 \times 10^5\ \mathrm{m/s})}{(1.6 \times 10^{-19}\ \mathrm{C})(62 \times 10^{-9}\ \mathrm{T})}$$

$$r_{\mathrm{C}} \approx 16800\ \mathrm{m}$$

- **解释**：磁层顶是一个非常薄的边界层，其厚度的典型值大约在几千米到几十千米之间。

补充练习：利用典型热粒子的速率替换磁鞘中太阳风的速率，计算磁层顶的厚度。

7.4.2　质量、能量和动量向磁层的输运

目标：读完本节，你应该能够……

- ◆　解释为何太阳风的作用会在磁层中产生电场
- ◆　计算黏滞电场的大小和方向
- ◆　解释行星际磁场（IMF）方向对日侧磁重联的意义
- ◆　描述从日侧磁重联到夜侧磁重联的事件过程
- ◆　描述与磁重联和对流有关的磁层电场的大小和方向

在磁层平静时期，少量的太阳风质量、能量和动量可通过磁层顶边界层渗透到磁层。以下将描述太阳风注入磁层的两种途径。

通过黏滞作用的太阳风注入

在平静时期，磁层并不是完全不受太阳风的影响。通过粒子的散射和波的作用，太阳风可以影响到磁层顶以内的等离子体。在磁层的侧面，薄边界层中的等离子体是背离太阳方向运动的。根据磁通量冻结理论近似，等离子体回旋所围绕的磁力线将和等离子体一起背离太阳方向运动。根据质量和磁通量守恒理论，在磁层内部某个位置就需要有质量和磁通量朝太阳方向运动（图 7-25）。

1.4 节和图 1-25 已经展示了洛伦兹力如何引起这种运动。在赤道平面上，正电荷在晨侧通过回旋运动进入磁层，负电荷在昏侧通过回旋运动进入磁层。边界层上小的波动可以增强这一过程。在磁层顶两侧会产生电荷分离，形成晨昏电场。实际上，被捕获的带电粒子所产生的电场会给磁层增加少量的能量。在磁层内部，晨昏电场所引起的漂移运动使磁层内的等离子体回流，大致上形成了一个完整的循环过程，如图 7-25 所示。这一循环运动过程被称为黏滞作用（viscous interaction）。

在平静的磁层中，黏滞作用很弱，但持续不断地进行着。正如例题 7.7 结果所示，黏滞作用将产生出几千伏的电势，该电势使带电粒子运动，可将太阳风的能量传输到磁层。这一传输过程可以拓展到电离层。在太阳风能量向磁层输运过程中，黏滞作用所起的作用占 10%～20%。磁重联是一种偶发式的更加有效的输运过程，将在随后介绍。

问答题 7-16

利用你所掌握的电场和电势差之间关系的知识，解释太阳风施加的电场如何使磁层中的粒子获得能量。

问答题 7-17

利用电场和磁场相互作用的知识，解释在图 7-25 所示的电场影响下，在磁层中心区域带电粒子为何将朝着太阳方向运动。

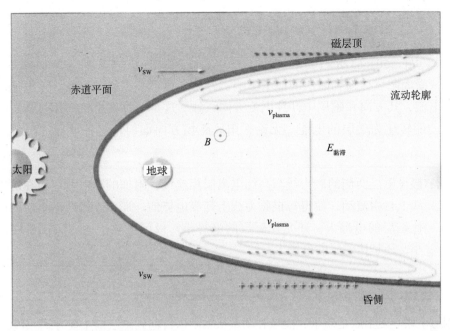

图 7-25 太阳风与磁层侧面的地磁场相互作用。图中展示了在磁层顶侧面太阳风和磁层之间的黏滞作用。视线方向是从磁层顶上方看向赤道面。（美国空军学院供图）

问答题 7–18

描述洛伦兹力如何产生如图 7-25 所示的电荷分离。

问答题 7–19

哪种类型的太阳风将会产生最强的黏滞电场？

（a）低速、低密度太阳风；

（b）低速、高密度太阳风；

（c）高速、低密度太阳风；

（d）高速、高密度太阳风。

例题 7.7 黏滞作用所产生的磁尾电场

- 问题：估算出在距离地球 $20R_E$ 处的磁尾区域，由于黏滞作用所产生的电场大小。

- 相关概念：$|\boldsymbol{E}| = \left| -\dfrac{\mathrm{d}V}{\mathrm{d}l} \right|$。

- 给定条件：黏滞作用所产生的电压大约为 30 kV。

- 假设：根据图 7-12 所示的空间尺度，求解本题。夜侧 $20R_E$ 处磁尾的宽度约为 $50R_E$（$= 50 \times 6378 \times 10^3$ m）。

- 解答:

$$|\boldsymbol{E}| = \left|-\frac{\mathrm{d}V}{\mathrm{d}l}\right| = \frac{30 \times 10^3 \text{ V}}{50 \times 6378 \times 10^3 \text{ m}} = 6.27 \times 10^{-5} \text{ V/m} \approx 0.06 \text{ mV/m}$$

- 解释: 受太阳风传输到磁层的能量影响, 磁尾形成了一个微弱电场。该电场驱动着晨昏电流, 其方向和磁尾中性片电流方向一致。这是一种发电机作用过程, 将太阳风的动能转化为磁层的电能。无论太阳风磁场方向如何, 这种过程每时每刻都在发生。

补充练习: 假设磁层两侧的磁力线与高纬电离层相连接, 附加的净电荷可以在这些磁力线上自由流动, 使得每根磁力线上是等电势的, 那么, 极区电离层的电势将比磁层的电势大, 还是比磁层的电势小? 极区电离层的电场比磁层的电场小, 还是比磁层的电场大?

通过磁重联和循环对流的太阳风注入

　　日侧磁重联。磁重联是质量、能量和动量从太阳风传输到磁层的主要方式。1961 年詹姆斯·邓基 (James Dungry) 首次描述了磁重联的过程。正如第 4 章所描述, 磁重联可以改变磁力线的拓扑结构, 这种变化意味着在高电流密度的局部阻抗区域磁通量冻结理论失效。这些特别的区域被称为电流片。在磁重联过程中, 起源于太阳风的磁通量将在通量管传输事件 (flux transfer event) 中穿过磁层顶。同时, 磁场的能量转化为等离子体动能。当方向相反的磁力线不断地相互靠近形成一个 X 线时, 将发生通量管传输事件 (图 4-29 和图 7-29)。

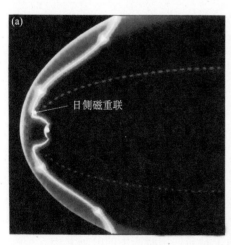
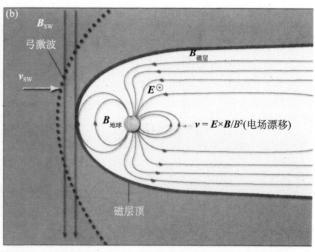

图 7-26　在南向行星际磁场条件下, 日侧磁层顶发生的磁重联。(a) 图中显示的是正午-子夜剖切面, 图中包含了磁层顶 (来源于美国大学大气研究联盟的业务气象、教育和培训合作计划项目)。(b) 图中显示了磁层顶内的磁力线。在南向行星际磁场时期, 太阳风行星际磁场与地球磁场重联。等离子体将从磁重联区域中逃离出来, 朝磁尾方向运动。(美国空军学院供图)

　　X 线的形成可以使回旋粒子从一根磁力线运动到另一根磁力线, 或者使磁力线呈现新的特性和方向。磁重联过程将产生瞬间的磁力线断裂，使原先磁场的拓扑结构发生改变，重新形成不同的磁场拓扑结构。当太阳风磁力线和地球近似偶极场的磁力线发生磁重联时，将形成一种混合的磁力线，磁力线的一端与太阳风相连，另一端与磁层相连。磁重联后新形成的磁力线高度扭结，并且存在着张力。在这些磁重联区域，很自然地通过改变磁力线方向以及流出等离子体的方式来解开磁力线的扭结。这些等离子体最终被加热、加速，扭结的磁力线也被拉直。

磁重联最终将在大尺度和小尺度上影响整个磁层。在小尺度上，磁层中的等离子体粒子获得了随机动能——被加热了。在大尺度上，冻结的等离子体和磁力线一起运动，形成了广泛的磁层扰动。正如第 4 章和第 6 章所述，磁力线的运动相当于太阳风产生了一个电场。在南向行星际磁场时期，该电场 $\boldsymbol{E}_{\mathrm{SW}}$ 从晨侧指向昏侧，大约每米几毫伏的量级。沿磁层磁力线的高电导率使得太阳风的电场被投射到地球极区。这些内容将在稍后进行介绍。

南向行星际磁场有时被认为是能量开关，因为南向行星际磁场（$\boldsymbol{B}_z$）容易通过电场将太阳风的能量传输给磁层。在长时间的磁重联事件中，能量通过电场被加载到磁尾中，最终通过这几种方式耗散掉：驱动各种电流体系；驱动等离子体整体运动；加热随机运动的个体粒子等。场向电流帮助维持着磁力线与其电离层足点处等离子体之间的联系。

在南向行星际磁场条件下，磁层作为一个整体通过磁场与太阳风很好地连接在一起。平静时期的南向行星际磁场来自于太阳磁场运动所产生的小扰动。稍强的南向行星际磁场扰动事件是由偏离黄道面的行星际磁场所引起，常常是由太阳风共转相互作用区以及与地球磁层发生碰撞的 CME 产生的。平均来讲，偏离黄道面的行星际磁场有一半的时间是南向的。

其他方向的行星际磁场也可能发生磁重联，只是能量传输的效率比较低。例如，当行星际磁场具有北向分量时，磁重联可能发生在比较高的高纬度区域。在北极附近区域，地球磁场是南向的（图 7-27），与北向行星际磁场具有相反的极性。在尾瓣区域，磁力线有一端是开放的，不断靠近的太阳风磁力线将与其发生重联。重联后磁力线的开放端将和太阳风一起流走，与地球相连的那一端仅发生小扰动，维持着尾瓣的结构。有限的能量传输仅发生在局部区域，传输的能量最终被存储到极隙区磁力线足点附近。

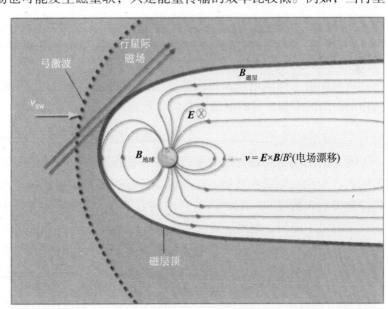

图 7-27　在北向行星际磁场条件下，日侧磁层顶发生的磁重联。图中显示的是正午－子夜剖面。在北向行星际磁场时期，行星际磁场与地球尾瓣磁场发生重联。这种磁重联方式是与地球闭合磁力线最弱的相互作用。（美国空军学院供图）

施加的电场和对流。太阳风与闭合地磁场磁力线发生重联，太阳风的电场将施加到地球磁层中。这种施加的电场有好几个名称，取决于电场所处的位置：太阳风磁重联电场、发电机电场、磁层对流电场、跨极盖电场。

从方程（6-14b）中可知，在一团磁层等离子体中，如果施加一电场，那么这团等离子体将做漂移运动。

$$v_{\text{plasma}} = \frac{E \times B}{B^2}$$

因此，在一个高电导性的等离子体中，例如，磁层中和太阳风中的等离子体，E 和 v_{plasma} 是紧紧地耦合在一起的。如果观测者与等离子体及冻结它的磁力线一起运动，那么观测者测到的电场为 0 V。但是，如果观测者是静止的，这团磁层等离子体的运动速度为 v_{plasma}，那么观测者测到的电场为

$$E = -v_{\text{plasma}} \times B$$

对于站在地球上静止的观测者来讲，动态的磁层出现的是晨昏电场，而不是运动的磁力线。

在下游磁尾，被拉伸的磁力线最终在磁尾区域相互重联，产生一个施加到等离子体上的张力。该张力与压力梯度力以及流动的太阳风在整个磁层中所产生的电势差，一起驱动闭合磁力线中的磁尾等离子体，使其朝向太阳运动，同时也在磁尾产生了磁层晨昏电场。

地球的磁力线（开放的或闭合的）通常被认为是等势的，因为沿磁力线的电导率非常高。一阶近似下，太阳风磁重联电场 E_{SW} 可沿着磁力线映射到电离层足点区域。因为重联磁力线的间距在磁层顶要比映射到极盖区的间距更大，因此，在极盖区的电场更强。太阳风磁重联电场 E_{SW} 沿着磁力线映射，在极盖区电离层产生出背离太阳方向的 $E \times B$ 等离子体漂移运动。映射到电离层的重联电场在极盖区以下的纬度区域产生了昏晨电场以及朝太阳方向运动的等离子体。所施加的电场最终形成了双涡旋结构的电离层运动，即*电离层对流*（ionospheric convection）（图 7-28）。

从施加的太阳风电场，可以确定出磁层的一个特征参量：跨磁层电势差。通过电场和其作用距离的乘积，可将电场和电势联系起来。

$$\Delta V = |V_{\text{f}} - V_{\text{i}}| = \left| \int -E \cdot \mathrm{d}l \right|$$

因为沿两条不同磁力线的平行电导率都很高，所以两磁力线之间的电势差 ΔV 大致是相同的，无论它们是在日侧、极盖区，还是夜侧。在极盖区电离层中，磁重联所施加的电势差典型值大约在 $50 \sim 100$ kV。可用仪器进行实地测量的参量不多，电场是其中一个。电场观测提供了磁层 - 电离层耦合系统大尺度结构视图。图 7-28（a）显示了太阳风磁重联电场 E_{SW} 从磁层顶映射到磁尾和电离层的总体情况。这种映射关系使得科学家可以对极盖区的电势进行天基测量或地基测量，并由此确定出整个系统中能量是如何传输的。

问答题 7-20

在图 7-28 中，磁重联区域的长度大约为 $5R_{\text{E}}$。利用例题 4.16 中的太阳风电场值证明磁重联电压大约为 80 kV。

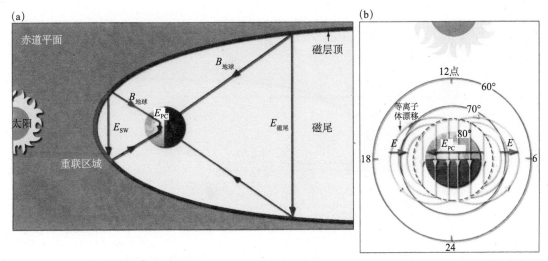

图 7-28 太阳风电场映射到地球极盖区。（a）太阳风和映射到电离层中的电场。图中是从北极往下看，显示了投影到磁赤道面上的磁重联电场和对流电场，也显示了太阳风电场如何映射到地球电离层极盖区以及磁层。E_{SW} 和 E_{PC} 分别表示太阳风电场和极盖区电场。图中的映射对应于南向行星际磁场条件（图片经由美国空军学院提供）。（b）极区对流。图中可以看到电离层等离子体的双涡旋对流结构，这种结构是在南向行星际磁场期间太阳风－磁层－电离层相互作用下产生的。

南向行星际磁场期间的对流和夜侧磁重联

因为动量守恒，一端在太阳风中的重联磁力线将和太阳风一起运动。因此，重联后的磁力线跨过极区，朝磁尾运动，最后被拉伸进入磁尾尾瓣中。在磁尾，一层层开放的磁力线相互叠加，产生了磁压。不断存储的重构磁力线使得磁尾磁能不断储存，所储存的能量可能变得不稳定，通过磁层亚暴（magnetospheric substorm）产生爆发性的释放。关注点 7.3 和图 7-29（正午－子夜截面图）重点介绍了向日面磁重联、对流和磁尾磁重联连续过程，图中的数字表示磁力线运动的时间序列。图 7-29 极盖区插图给出了这些磁力线与地球相连足点运动过程。

当磁尾磁压变得足够大，在磁尾 X 线处（图 7-29 中 6 的位置），准开放磁力线与另一半球准开放的磁力线发生重联。其物理过程和日侧磁重联一样，只是发生在不同的位置——磁尾深处。在重联过程中，磁张力使磁力线变短，将磁通量返回到日侧。只要行星际磁场仍然为南向，白天一侧将再次发生磁重联。

在发生夜侧磁重联形成准偶极磁力线之后，磁力线具有非常扭结的结构（类似于日侧磁力线扭结）。这表示准偶极磁力线的能量状态要高于偶极磁力线。这些能量将通过多种方式不断耗散掉。一个重要的方式叫偶极化（dipolarization）过程。在这个过程中，磁力线加速离开磁重联区域，就好像它们想变得更接近偶极场结构。磁重联区域靠近地球一侧的重联磁力线向地球运动，形成磁场梯度。当磁力线开始向地球方向长途运动时，等离子体粒子试图与它们各自的磁力线绑在一起。然而，磁场曲率和梯度，以及来源于磁重联的附加电场使得这些粒子很难与它们各自的磁力线绑在一起。正如 6.2 节和 7.3 节所提，这些粒子将进行一系列的漂移运动，在第 11 章将对此做进一步详细介绍。

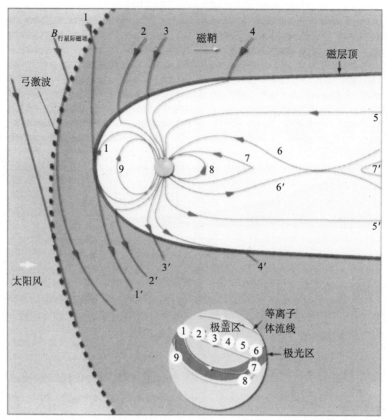

图 7-29 日侧磁重联、对流以及磁尾磁重联。 日侧磁重联重构了地球最外层的磁力线，打开了太阳风等离子体进入磁层的通道，驱动了磁层及耦合电离层中等离子体大尺度有序的运动。[改绘自 Cowley, 1996]

  磁力线的运动以及随之流动的等离子体耗散掉了磁场结构中的部分势能。在重联点的下游，物质会以等离子团的形式抛射出去。这些流动的物质也是能量收支的一部分——磁层的能量损失。

  除了磁层亚暴期间的能量释放，在日侧磁重联很活跃的时候，磁层会通过能量重新分配而发生整体变化。磁层的能量被重新分配给磁力线和等离子体做运动，而不是主要作为磁力线中的势能被存储起来。因此，外界太阳风所输入的能量最终使得系统的动能增加。重联过程增强了大尺度势能和动能（对流），并创造了能量爆发性释放的机会（磁层亚暴）。

  行星际磁场的波动影响到日侧磁重联的重联率，使得对流电场也发生相应的波动。夜侧电流片的中心区域也会发生磁重联，只是其开始时间要比日侧磁重联滞后。当夜侧磁重联开始时，存储在磁尾磁场中的能量将爆发性地释放出来。长时间波动的南向行星际磁场将驱动多次磁层亚暴，使得许多粒子被加速，并束缚在辐射带中。

例题 7.8   磁重联在电离层中所产生的电场

■ 问题：如果极盖区电离层的直径为 $2.0 \times 10^6\,\mathrm{m}$，那么极盖区的电场强度是多少？电场方向指向哪?

- 相关概念: $|E| = \left| -\dfrac{\mathrm{d}V}{\mathrm{d}l} \right|$。
- 给定条件: $\mathrm{d}l = 2 \times 10^6$ m, $\Delta V = 63$ kV。
- 假设: 沿地球磁力线的电导率无穷大,因此磁力线是等势的。
- 解答:

$$|E| = \left| -\frac{\mathrm{d}V}{\mathrm{d}l} \right| = \frac{6.3 \times 10^4 \text{ V}}{2 \times 10^6 \text{ m}} = 3.15 \times 10^{-2} \text{ V/m}$$

$E = -v_{\text{plasma}} \times B$,电场指向为晨昏方向。

- 解释: 磁重联电场映射到极盖区。虽然两磁力线之间的电势差大致上是一个常量,但是在汇聚的磁力线区域,电场的强度是增加的。

补充练习: 在极盖区磁力线是汇聚的。假设极盖区的磁场强度(约 60000 nT)是赤道上地表磁场强度的两倍。使用 $E \times B$ 漂移知识,计算出极盖区电离层等离子体的漂移速度和方向。

关注点 7.3 南向行星际磁场期间,磁层中的磁重联和对流

磁层中日侧磁重联、开放磁力线对流、磁尾磁重联和闭合磁力线对流过程:

1-2 和 1'-2':南向行星际磁力线靠近地球北向磁力线,它们将发生磁重联。扭结的磁力线会加速离开磁重联区域并被拉伸。

2-5 和 2'-5':因为太阳风动量守恒,磁重联后的混合磁力线将向磁尾运动,之后堆积到磁尾中,和磁尾原有磁场聚集在一起。

6 和 6':磁力线不断地聚集,在磁尾出现了磁力线方向相反的区域。地球磁力线发生重联。

7':重联断开后足点在太阳风中的磁力线继续向尾部运动,最后进入日球层,可能也携带走部分等离子体。

7-9:扭结的磁力线离开重联区域。重联后足点在地球的磁力线将返回到日侧(这个过程维持磁通量平衡)。

磁层亚暴和极光。日侧磁重联、对流和磁尾磁重联通常并不是以稳定的方式进行的。由于行星际磁场方向具有小的波动,平静但不稳定的太阳风所驱动的磁层亚暴平均来讲一天发生 3~4 次。在重联中性线形成之后,存储在磁尾的能量将一阵阵地释放出来。磁力线朝着地球加速运动。一些投掷角比较小的粒子将沿着磁力线加速运动,最终撞击到高层大气。这一活动将产生可见的现象,如*极光亚暴*(auroral substorm)(图 7-30)。当等离子体片遭受到这种方式的扰动,被加速的粒子沿着地球磁力线运动,最终轰击到极区上空的高层大气,即*极光卵*(auroral oval)区域。极光卵通常处于高纬区域。从地球上看,极光卵是观察磁层的窗口。在典型两小时磁层亚暴期间,释放到高层大气中的能量相当于一次非常强的地震(约 10^{17} J)。

图 7-30　美国阿拉斯加熊湖上空的极光。北极光图像显示了这种空间天气现象的明亮程度。（美国艾尔森空军基地空军下士 Joshua Strang 供图）

在太阳活动极小年以外时期，极光在每天晚上都会出现。少部分的极光来源于通过日侧极隙区进入磁层的粒子。极光也会发生在白天一侧，只是被太阳光所淹没，不易看见。当高能带电粒子加速进入极光卵，碰撞并激发高层大气中的中性原子和分子时，就产生了极光。根据磁层不同的扰动程度以及所释放的能量差异，极光呈现出各种各样的形态和颜色。第 8 章和第 12 章将介绍更多关于极光颜色和形态的内容。

当磁层相对比较平静时，极光在天空中飘动，就像绿色或白色的帘子。在南半球和北半球高纬区域居住的人可以目睹到夜空中漂亮的、绚丽多彩的、运动的极光。在北半球，这种奇观称为北极光（Aurora Borealis）。在南半球，这种奇观称为南极光（Aurora Australis）。在无月光的夜晚，极光的自然光辉足以让你在夜色下看书。居住在相对低纬区域的人，很少可以看到美丽动态的极光亚暴。在非常罕见的情况下，如强烈地磁暴期间，极光可以拓展到低纬区域。第 12 章将对太阳风 - 磁层 - 电离层 - 热层耦合过程所产生的这种视觉盛宴做更多的介绍。

稳定的日侧磁层重联、磁层对流和磁尾磁重联。在少数情况下，磁层能以一种稳定的方式处理磁重联所释放出来的能量。在稳定的持续几个小时的南向行星际磁场条件下，整个磁层有时会维持在稳定状态，这一时期被称为*稳态磁层对流*（steady magnetospheric convection, SMC）事件。在这种事件中，对流会增强，但并没有发生典型的磁层亚暴事件。当磁层处于这种相对比较稳定的状态时，日侧重联所产生的磁通量和夜侧重联所形成的闭合磁通量之间达到了平衡状态。

电离层等离子体以一种稳定的、双涡旋的对流方式运动。日侧的极光卵甚至可以到达低纬区域。夜侧的极光卵非常活跃，表现为极光膨胀和涌动的形式。第 11 章将对稳态磁层对流做更多的介绍。

7.4.3　等离子体层中的捕获过程

目标：读完本节，你应该能够……

- ◆　解释在共转运动过程中等离子体层粒子如何被捕获
- ◆　计算共转电场的方向和大小
- ◆　描述等离子体层的物质来源

地球等离子体层是电离层向外的延伸，处于磁层的内侧区域。在 $L = 5$ 以内的等离子体层，通常情况下不会受到磁层中大部分扰动和活动的影响。然而，等离子体层并不是静止不变的。

等离子体层粒子填充

正如第 3 章所描述，太阳短波辐射可以电离地球高层大气。低质量的电子获得大量的动能，其中许多电子获得了足够的能量可以摆脱地球重力的束缚，但是它们依然被限制在地球磁场中。由空间电荷分离所产生的电场吸引着电离层中的轻离子。在数小时到数天时间里，这些逃逸的等离子体将不断积累，直到流入和流出电离层的等离子体达到平衡。这种甜甜圈形状的冷等离子体（约 1 eV）环绕着地球，被称为等离子体层。

这些冷等离子体没有被重力所束缚，不过它们通过地磁场和地球建立起联系。当内地磁场和地球一起旋转时，束缚于磁力线上的等离子体也将一起旋转，不过通常滞后。等离子体层将随着空间天气活动的增强而收缩。在空间天气不活跃阶段，等离子体层将膨胀或被等离子体重新填充。在其收缩阶段，等离子体层的部分等离子体将脱离地球，朝着白天一侧磁层顶逃逸，这一过程被称为"等离子体剥蚀"。

等离子体层有几个特征。它有明显的边界，称为等离子体层顶。等离子体数密度在这里会迅速下降。当用极紫外波段从太空中观看，等离子体层通常呈现出一个羽状区域，该区域旋转的比地球略慢（图 7-31）。空间天气扰动会使等离子体层数密度出现下降或升高。

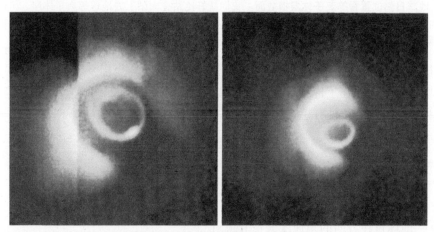

图 7-31 IMAGE 卫星极紫外波段拍摄到的地球等离子体层。地球处于图像中心。太阳在左上角方向。图片是从北极上空向下看，显示出了北极光。采用伪彩色显示等离子体层氦离子所辐射的 30.4 nm 光之后，等离子体层就像淡蓝色的云环绕着地球。地球日侧辐射最强。图中右下方处于地球的夜侧，辐射较弱，就像光圈被咬了一口。在右图中，等离子体层出现了一个微弱的尾状或羽状区域，该区域的物质来源于磁尾朝太阳方向运动的等离子体，这些物质正被运往日侧的磁层顶。（亚利桑那大学和美国航天局的 Bill Sandel 和 Terry Forrester 供图）

等离子体层共转

从第 4 章、第 6 章以及前一节的讨论中可知，导体切割磁力线运动将产生一个电场 $E = -v \times B$，该电场使等离子体和磁场相互冻结。对等离子体层来讲，这个过程意味着闭合的偶极磁力线捕获了从电离层上涌的相对冷的等离子体，并一起共转运动，如图 7-32 所示。

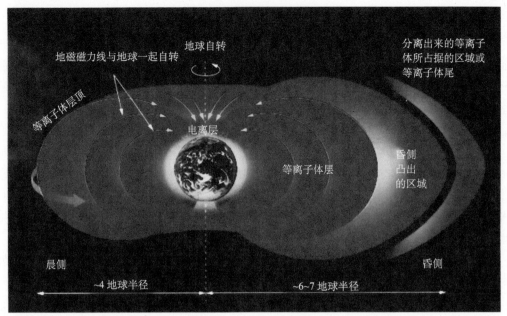

图 7-32　从地球日侧位置看等离子体层横截面。我们就好比站在太阳上看地球等离子体层，可以看到轻微的不对称性——昏侧的等离子体层向太空延伸得更远。左边半透明的箭头表示共转磁力线和等离子的运动方向。（来源于美国大学大气研究联盟和宇宙之窗）

　　为了描述这一过程，将采用第 7.1.2 节所介绍的地磁场球坐标系。等离子体层中的等离子体和磁场被牢牢地拴在了地球上，并一起共转，共转周期约 24 小时。因此，等离子体相对于太阳和静止的磁层就具有了与地球一起共转的运动速度 U。

　　在地球附近：

$$U = r\omega\hat{\varphi} \tag{7-14}$$

其中，U = 与地球自转相关的线速度矢量 [m/s]；

　　　　r = 到地球自转轴的距离 [m]；

　　　　$\omega\hat{\varphi}$ = 地球自转方向的角速度矢量 [rad/s]。

$$B = B_{\text{Seq}}\left(\frac{R_{\text{E}}}{r}\right)^3 \hat{\lambda} \tag{7-15}$$

其中，B = 纬度方向磁场矢量 [nT]；

　　　　B_{Seq} = 地球表面赤道处的地磁场强度 [nT]；

　　　　R_{E} = 赤道面地球半径（6378×10^3 m）；

　　　　$\hat{\lambda}$ = 纬度方向单位矢量 [无量纲]。

冻结的电场满足：

$$E_{\text{co-rotation}} = -U \times B = -r\omega\hat{\varphi} \times B_{\text{Seq}}\left(\frac{R_{\text{E}}}{r}\right)^3 \hat{\lambda} \tag{7-16a}$$

$$E_{\text{co-rotation}} = \omega \left(\frac{B_{\text{Seq}} R_{\text{E}}^3}{r^2} \right)(-\hat{\boldsymbol{r}}) \tag{7-16b}$$

参阅图 7-32，$U_{\text{co-rotation}}$ 的方向为宽箭头所指方向，$E_{\text{co-rotation}}$ 的方向向内朝向地球。磁场的方向为图中带箭头细曲线的切线方向。等离子体层受共转电场和共转速度影响。冷等离子体被束缚在等离子体层顶之内的闭合磁力线中。磁层受太阳风磁重联、对流电场，以及对流速度的控制。因为电场可以相互叠加，将共转电场和对流电场引起的运动轨迹相互叠加，就给出了磁层赤道平面上等离子体粒子的运动轨迹（图 7-33）。

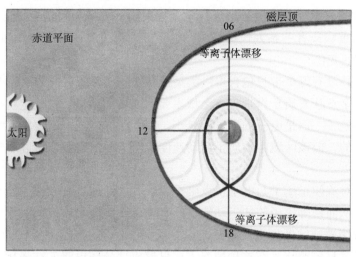

图 7-33　磁层赤道面上的等离子体对流。 在外磁层中，粒子大致的漂移方向是沿着黄色实线朝向太阳。在等离子体层中，冷的粒子被捕获在共转漂移路径中。这些粒子沿着黄色虚线做环形运动，轨迹近似于圆形。黑色的实线是粒子开放漂移路径（黄色实线）和闭合漂移路径（黄色虚线）的分界线。在分界线以内，粒子是做逆时针运动，和地球自转的方向一致。与图 7-32 一致，晨侧等离子体层顶更加靠近地球，该区域粒子运动的路径相互之间靠得更近。图 7-32 所显示昏侧凸起的等离子体层顶与本图中昏侧被拉长的等离子体层顶（黑色实线）相对应。［改绘自 Kavanagh et al.,1968］

问答题 7-21

图 7-33 显示了磁层赤道面上等离子体粒子运动轨迹。磁尾电场方向是指向哪里？在泪珠形状的等离子体层顶以内的区域，电场方向又是指向哪里？图中最强电场的位置在何处？最弱电场的位置又在何处？

如 7.2.2 节所介绍，地球被两个高密度的高能粒子环带所包围，这些高能粒子具有充足的能量电离其他物质。辐射带包含了电子、质子、氦离子、碳离子、氧离子和其他离子，能量从小于 1 keV 直到几百 MeV。高能电子和高能质子所占据的区域就像甜甜圈一样环绕着地球。辐射带是电中性的，与等离子体层部分重叠，如图 7-13 所示。7.2 节介绍了一团等离子体粒子在非均匀磁场中的运动——这些粒子被捕获了。在磁层稳定条件下，粒子不会逃出被捕获的区域。一些准稳态过程可以使一些粒子进入捕获区。

静态的内辐射带是由宇宙线所产生的。这些宇宙线来自于遥远恒星的诞生和死亡。宇宙线高能粒子与地球大气原子相互碰撞，产生出大量的次级粒子。次级粒子中有一部分为中子，随后衰变为高能质子。中子的半衰期很短（大约为 10 分钟），以至于大多数的质子都产生在地球低 L 值区域，被地球强磁场所捕获。关于衰变源的一个线索是质子的数量明显高于其他类型的离子。内辐射带较为稳定，因为粒子在该区域磁场中碰撞有限，粒子的寿命很长，且宇宙线输入变化缓慢。

静态外辐射带也包含了由宇宙线产生的高能电子，这与来源于太阳风的高能电子类似。电离层可能贡献冷粒子，这些冷粒子将从磁层各种活动过程中获得能量。反复的重联过程将产生更高能量的电子，这些电子形成外电子辐射带。电子也可能从电磁波中获得能量，电磁波由长时间重联或者一系列快速的周期性重联所激发。因此，太阳风控制着磁重联，驱动着外辐射带的变化。

地球辐射带并没有哪个带只包含单一类型的粒子。实际上，每个带都是电中性的。质子辐射带这个名字意味着质子携带着该区域主要的能量和动量。在稳定状态下，该区域中包含相同数量的电子。但是电子的质量比较小，它们所携带的能量要比质子少。外电子辐射带也是电中性的，但该区域中的质子运动速度要比电子慢得多，所以质子所携带的能量明显比电子少。

强的电场和对流使正离子与电子从夜侧重联区域向地球方向漂移。粒子漂移过程中将经历磁场梯度，从而使等离子体的运动轨迹产生偏离，有时会形成环电流。环电流的强度可以用来衡量围绕地球的低到中能离子（几十 keV）的能量密度。在平静时期，粒子可能只是绕过地球朝着日侧漂移。在这种情况下，只形成部分环电流。在强扰动时期（将在第 11 章中介绍），粒子环绕地球运动数小时至数天。在地球同步轨道高度，粒子数密度足够高，产生了在地面上可探测到的磁场。

例题 7.9　等离子体层共转产生的电场

- 问题：比较地球赤道面上等离子体层底部和顶部的共转电场。
- 相关概念：共转及地球自转速率所产生的电场，即方程（7-16）。
- 给定条件：$B_{Seq}=30000$ nT，等离子体层底部高度大约为 1000 km，等离子体层顶部 $r=5R_E$。
- 假设：地球自转周期为 24 小时（2π rad/86400 s）。
- 解答：

$$\omega=\frac{2\pi}{86400\text{ s}}=7.27\times10^{-5}\text{ rad/s}$$

$$E_{top}=\frac{\omega B_{Seq}R_E^3}{r^2}(-\hat{r})=\frac{(7.27\times10^{-5}\text{ rad/s})(3\times10^{-5}\text{ T})(6378\times10^3\text{ m})^3}{(5\times6378\times10^3\text{ m})^2}(-\hat{r})=5.56\times10^{-4}\text{ V/m}\ (-\hat{r})$$

$$E_{base} = \frac{\omega B_{Seq} R_E^3}{r^2}(-\hat{r}) = \frac{(7.27 \times 10^{-5} \text{ rad/s})(3 \times 10^{-5} \text{ T})(6378 \times 10^3 \text{ m})^3}{(1000 \times 10^3 \text{m} + 6378 \times 10^3 \text{m})^2}(-\hat{r}) = 1.03 \times 10^{-2} \text{ V/m} (-\hat{r})$$

■ 解释：共转电场指向地球。从等离子体层顶部到底部，共转电场强度大约增加2个量级。在共转电场最强的地方，等离子体受共转的控制也最紧密。相反，在等离子体层中，越往外共转电场越弱。磁暴时，增强的其他扰动通常会剥离弱电场区域的等离子体。扰动期间，图 7-32 中所显示光滑的共转等离子体将会变的"涟漪起伏"，产生出动态波动的结构。第 11 章将继续讨论这个问题。

补充练习： 请描述，在 $E_{co\text{-}rotation}$ 和 B_{Earth} 驱动的等离子体运动区域，什么条件使得等离子体和共转场一起运动？

总结

地磁场填充了围绕地球的磁层腔体。地磁场起源于地球内核所富含的液态铁和镍的流动。地磁场随时间的变化来自于内部液体的流动以及磁层和电离层中的电流。在向阳侧，日地连线附近的磁层外边界被很好地限定在距离地心约 $10R_E$ 处。磁层的外边界由电流片所构成，电流片所产生的磁场抵消了外侧大部分行星际磁场，同时使内侧磁场倍增。该电流片被称为磁层顶，它将地磁场与太阳风磁场及等离子体分离开来。该电流片并不是不可穿透的。在平静时期，少量的质量、动量和能量可以穿过该边界层。

根据场线的方向和粒子种类，磁层可分为不同的区域。在靠近地球的等离子体层中，冷等离子体被牢牢地束缚在旋转的准偶极场中。在相同区域，存在着质量密度要小很多的内辐射带和外辐射带。辐射带粒子的能量足以电离其他物质。在辐射带中，能量密度更能体现被捕获粒子的特征，而不是质量密度。

辐射带区域分布着电子、质子、氦离子、碳离子、氧离子以及其他重离子，能量从小于 1 keV 直到几百 MeV。被捕获的高能电子和质子所形成的两个区域就像甜甜圈一样环绕着地球。辐射带是电中性的，与等离子体层部分重叠。一些准稳态过程可以使粒子进入捕获区。

宇宙线产生了静态的内辐射带。这些高能粒子与地球大气中的原子相互碰撞，产生了大量的次级粒子。这些次级粒子中有一部分为中子，随后衰变为高能质子。中子的半衰期很短，以至于大多数的质子都产生在地球低 L 值区域，被地球强磁场所捕获。关于衰变源的一个线索是质子的数量明显高于其他类型的离子。内辐射带较为稳定，因为粒子在该区域磁场中碰撞有限，粒子的寿命很长，宇宙线输入变化缓慢。

静态外辐射带包含了宇宙线产生的高能电子、来自于太阳风的高能电子以及磁层各种过程所加速的电离层粒子。太阳风控制着磁重联，驱动着外辐射带的变化。电子也可能从电磁波中获得能量。电磁波由长时间重联或者一系列快速的周期性重联所激发。

地球辐射带并没有哪个带只包含单一类型的粒子。实际上，每个带都是电中性的。"质子"辐射带和"电子"辐射带的命名是为了指出携带该区域主要能量和动量的粒子。

对流电场使正离子与电子产生 $E \times B$ 漂移，从夜侧重联区域向地球方向运动。这些粒子在漂移过程中将经历磁场梯度，从而使等离子体的运动轨迹产生偏离，形成环电流。环电流的强度可以用来衡量扫向地球的低到中能粒子（几十 keV）的能量密度。在平静时期，粒子可能只是偏离绕过地球，朝着日侧漂移，只形成部分环电流。在强扰动时期，粒子环绕地球运动数小时至数天。在地球同步轨道高度，粒子数密度足够高，产生了在地面上可探测到的磁场。

太阳风通过两种方式影响着更远区域的磁层：黏滞作用和磁重联。黏滞作用发生在磁层的侧面，将太阳风的动量传输到磁层顶内部的闭合磁力线中。这些磁力线朝磁尾流动，产生了边界层，边界层中存在着朝向磁层内部的等离子体流。重联使行星际磁场和地磁场相连。重联的磁力线被太阳风传输跨过极区，沉积到地球背后一条长长的类似彗星形状的磁尾中。根据磁通量守恒定律，这些磁力线最终将重联，通过内部流动被带回到最初重联位置。黏滞作用和起主导作用的重联过程所产生的流动被称为磁层对流。对流在磁层中所产生的电场将沿着磁力线映射到电离层中，使电离层的等离子体发生扰动。

对于低能粒子而言，地球自转是另一个电场的来源。等离子体极化所产生的电场在任何位置都垂直于磁场。不考虑其他因素影响，在该电场和地球磁场共同作用下，带电粒子将和地球一起东向共转运动。当加入磁层晨昏电场时，共转电场使磁层出现不对称结构。其结果是，电子的漂移在昏侧更靠近地球，离子的漂移在晨侧更靠近地球。

磁重联率依赖于行星际磁场和地球磁场之间的夹角。当行星际磁场具有南向分量，即反平行于地球磁场，可能发生强烈的相互作用。因为该夹角在不断地变化，磁层对流及对流电场的强度也在变化。这些变化使磁层能够加速内部的粒子，并将其捕获形成辐射带，同时也是导致远磁尾发生能量爆发的主要原因。磁层亚暴是极光的源。极光是太阳风－磁层相互作用最明显的可见现象。

关键词

英文	中文	英文	中文
auroral oval	极光卵	plasmasheet boundary layer	
auroral substorm	极光亚暴		等离子体片边界层
declination D	磁偏角D		
dipolarization	偶极化	plasmapause	等离子体层顶
flux transfer event	通量管传输事件	plasmasphere	等离子体层
horizontal magnetic intensity vector H		plasmoid	等离子体团
	水平磁场强度矢量H	polar cusps	极隙区
		polar reversal	极性倒转
inclination I	磁倾角I	ring current	环电流
ionospheric convection	电离层对流	slot	槽
lobes	磁尾瓣	slot region	槽区
loss cone	损失锥	South Atlantic Anomaly (SAA)	
magnetopause	磁层顶		南大西洋异常区
magnetosphere	磁层	southern light (Aurora Australis)	
magnetospheric substorm	磁层亚暴		南极光
mirror point	磁镜点	steady magnetospheric convection (SMC)	
northern light (Aurora Borealis)			稳态磁层对流
	北极光	sub-solar magnetopause	日下点磁层顶
pitch angle α	投掷角α	total magnetic field vector F	
plasma mantle	等离子体幔		总磁场矢量F
plasmasheet	等离子体片	viscous interaction	黏滞作用

公式表

地球偶极场径向磁场分量大小：

$$B_r = \left(\frac{M\mu_0}{4\pi}\right)\left(\frac{-2\sin\lambda}{r^3}\right)$$

地球偶极场纬向磁场分量大小：

$$B_\lambda = \left(\frac{M\mu_0}{4\pi}\right)\left(\frac{\cos\lambda}{r^3}\right)$$

地球偶极场大小：

$$B_s = \sqrt{B_r^2 + B_\lambda^2} = \frac{M\mu_0}{4\pi R_E^3}\sqrt{1+3\sin^2(\lambda)}$$

地磁场 B 的 X 分量和 Y 分量，与磁偏角的函数关系：
$$X = H \cos D$$
$$Y = H \sin D$$
$$Y / X = \tan D$$
地磁场 B 的 Z 分量，与磁倾角的函数关系：
$$\tan I = Z / H$$
地磁场 B 的总磁场大小：
$$|\boldsymbol{F}|^2 = |\boldsymbol{B}|^2 = |\boldsymbol{Z}|^2 + |\boldsymbol{H}|^2$$
磁力线方程：

$$r = r_{\text{eq}} \cos^2(\lambda) = L \cos^2(\lambda)$$

带电粒子回旋运动所产生的电流：$I = q v_{\perp} / (2\pi r)$。

磁矩：$|\boldsymbol{\mu}| = IA = \left(\dfrac{q\Omega}{2\pi}\right)\pi r^2 = \left(\dfrac{q^2 B}{2m}\right)\left(\dfrac{m v_{\perp}}{qB}\right)^2 = \dfrac{(1/2)m v_{\perp}^2}{B}$。

投掷角：$\alpha = \tan^{-1}\left(\dfrac{v_{\perp}}{v_{\parallel}}\right)$。

磁场发生大时空尺度变化时的磁矩：$\mu = \dfrac{(1/2)m\left[v\sin(\alpha)\right]^2}{B} = \dfrac{KE_{\perp}}{B} \approx \text{constant}$。

质子弹跳周期：$\tau_{\text{bounce p}} = 0.65 \dfrac{L}{\sqrt{E}}(3.7 - 1.6\sin(\alpha_{\text{eq}}))$。

电子弹跳周期：$\tau_{\text{bounce e}} = 0.15 \dfrac{L}{\sqrt{E}}(3.7 - 1.6\sin(\alpha_{\text{eq}}))$。

漂移周期（单位：小时）：$\tau_{\text{drift e 或 p}} = \dfrac{0.367}{E \cdot L(0.35 + 0.15\sin(\alpha_{\text{eq}}))}$。

磁层顶日下点压强平衡：$n_{\text{SW}} m_{\text{ion}} v_{\text{SW}}^2 = \dfrac{2B_{\text{Seq}}^2}{\mu_0}\dfrac{R_{\text{E}}^6}{r^6}$。

日下点磁层顶位置：$r = R_{\text{E}}\left(\dfrac{2B_{\text{Seq}}^2}{\mu_0 n_{\text{SW}} m_{\text{ion}} v_{\text{SW}}^2}\right)^{\frac{1}{6}} \approx 10 R_{\text{E}}$。

近地空间等离子体相对于太阳的共转运动：$U = r\omega\hat{\boldsymbol{\varphi}}$。

磁场矢量纬度分量：$\boldsymbol{B} = B_{\text{Seq}}\left(\dfrac{R_{\text{E}}}{r}\right)^3 \hat{\boldsymbol{\lambda}}$。

等离子体层中的共转电场：

$$E_{\text{co-rotation}} = -U \times B = -r\omega\hat{\varphi} \times B_{\text{Seq}} \left(\frac{R_E}{r}\right)^3 \hat{\lambda}$$

$$E_{\text{co-rotation}} = \omega\left(\frac{B_{\text{Seq}} R_E^3}{r^2}\right)(-\hat{r})$$

问答题答案：

7-1：（a）在任意一个半球的对称圆环中。

7-2： 在磁极点，地球偶极场纯径向，只有垂直分量。

7-3：（e）以上所有情况

7-4： 参考方程 (7-4) 和图 7-8。

$$H^2 = F^2 - Z^2$$

$$Z = H \tan I$$

所以

$$H^2 + (H\tan I)^2 = F^2$$

$$H^2 + (1.38H)^2 = 2.89H^2 = (48500\,\text{nT})^2$$

$$H = 2.85 \times 10^{-5}\,\text{T} = 28500\,\text{nT}$$

$$Y = H\sin D = (28500\,\text{nT})\sin(-1°) = -498\,\text{nT}$$

磁场磁偏角北偏西 1°。

根据大的磁倾角和大的水平分量值可知，位置处于中纬区域。

7-5： L=磁力线与磁赤道面交点到地心距离与地球半径的比值。

从方程（7-6b）可知 $r = L\cos^2(\Lambda)$，即 $\Lambda = \cos^{-1}[(r/L)^{1/2}]$。

在地球表面 $r = 1R_E$，所以 $\Lambda = \cos^{-1}[(1/L)^{1/2}]$。

7-6： 月球围绕着地球运动，其轨道可近似成一个圆，圆的半径为 $60.4R_E$。月球轨道在下游 $r = 60.4R_E$ 处穿越地球磁尾。日侧月球轨道在地球上游距离地心 $60.4R_E$ 处。

7-7： 极隙区；等离子体幔；尾瓣；等离子体片；等离子体层；辐射带；远磁尾；磁层顶；中性片电流；环电流；等离子体层顶。

7-8：（d）从晨侧指向昏侧。

7-9： 电流环包含了一个电荷在环中做圆周运动，圆环的半径为 r，圆环的面积为 πr^2。电流的大小等于电荷 / 时间，等效于（电荷 × 路程）/（时间 × 路程），即等于电荷 × 速率 / 路程。路程为电流环的圆周，为 $2\pi r$。速率为 $r\Omega$。因此，磁矩 = $IA = (q\Omega r^2/2)$。将回旋频率和回旋半径代入方程，可得磁矩为 $(mv_\perp^2)/(2B)$，即为垂直动能和磁场强度的比值。

7-10: （b）$v_\perp = v\sin(\alpha)$。

7-11: 电流环必须是自东向西流动，在南半球磁矩的方向是从地心朝外的。

7-12: 漂移周期要比回旋周期和弹跳周期长很多。漂移周期与能量和 L 成反比。弹跳周期正比于 L，反比于能量的平方根。

7-13: 梯度漂移运动最可能被破坏掉。因为它需要最长时间的稳定磁场 $\boldsymbol{B}$。行星际磁场 IMF 很少能持续稳定数十分钟。

7-14: $\tau_{\text{longitudinal drift}} \approx \dfrac{0.367}{1 \times 4.5 \times (0.35 + 0.15\sin 90^\circ)} \approx 0.163 \text{ h}$

7-15: $r = R_E \left(\dfrac{2\left(31000 \times 10^{-9} \text{ T}\right)^2}{(1.26 \times 10^{-6} \text{ N/A}^2)(5 \times 10^6 \text{ ion/m}^3)} \right)^{\frac{1}{6}} \times \left(\dfrac{1}{(1.67 \times 10^{-27} \text{ kg/ion})(450000 \text{ m/s})^2} \right)^{\frac{1}{6}}$

$= 9.8 R_E$

7-16: 电压等于电场与距离乘积的积分。带电粒子在电势差中所得到的能量为 qV，即电荷和电势差的乘积。因此，磁层中被加速的粒子所获得的能量为电荷、电场和作用距离的乘积，即 $q\int(-E \cdot \mathrm{d}l)$。

7-17: 晨昏电场产生了朝太阳方向的 $E \times B$ 漂移运动，其方向可以用右手法则判断。因为电场漂移运动和电荷无关，所以电子和离子的电场漂移速度都为 $v_E = E \times B / B^2$（方程（6-14b））。

7-18: 当粒子朝太阳方向漂移，进入了磁场更加偶极化的区域时，它们将经历磁场梯度。因为梯度漂移与电荷有关，所以电荷将分离，正电荷朝地球昏侧运动，负电荷朝地球晨侧运动。

7-19: 高速、高密度的太阳风。

7-20: 施加的太阳风电场为 $|E| = 2.5$ mV/m，　$\mathrm{d}l = 5R_E = \sim 3.2 \times 10^7$ m，　$V = \int(-E \cdot \mathrm{d}l)$；$V = 79600$ V ≈ 80 kV。

7-21:

- 晨侧指向昏侧。
- 朝向地球。
- 最强的电场分布于晨侧等离子体层顶附近流线最密的区域。
- 最弱的电场分布于昏侧等离子体层顶附近流线分叉的区域。

参考文献

Dungey, James W. 1961. Interplanetary Magnetic Field and the Auroral Zones. *Physical Review Letters*, Vol. 6. American Physical Society. College Park, MD.

McIlwain, Carl E. 1961. Coordinates for Mapping the Distribution of Magnetically Trapped Particles. *Journal of Goephysical Research*, Vol. 66.American Geophysical Union. Washington, DC.

图片来源

Cowley, Stanley W. H. 1996. The Earth's Magnetosphere. *Earth in Space.*Vol. 8, No. 7.American Geophysical Union. Washington, DC.

Fraenz, M. and D. Harper. 2002. Heliospheric Coordinate Systems, *Planetary and Space Science.*Vol. 50. Elsevier Science. Amsterdam, Netherlands.

Kavanagh, Lawrence D., Jr., John W. Freeman Jr., and A. J. Chen. 1968. Plasma Flow in the Magnetosphere. *Journal of Geophysical Research*, Vol. 73. No. 17.American Geophysical Union. Washington, DC.

Pilipp, Werner G. and Gregor Morfill. 1978. The formation of the Plasma Sheet Resulting from Plasma Mantle Dynamics. *Journal of Geophysical Research*, Vol. 83(A12). American Geophysical Union. Washington, DC.

Russell, Christopher T. 1971. Geophysical Coordinate Transformations.*Cosmic Electrodynamics*, Vol. 2. Dordrecht-Holland: Reidel Publishing Company.

Schulz, Michael and Louis J. Lanzerotti. 1974. Particle Diffusion in the Radiation Belts. *Physics and Chemistry in Space*. New York, NY: Spring-Varlet.

Willis, D. M. 1971. Structure of the magnetopause. *Reviews in Geophysical Space Physics*. Vol. 9. American Geophysical Union. Washington, DC.

补充阅读

Jursa，Adolph S., ED. 1985. *Handbook of Goephysics and the Space Environment.*Air Force Geophysics Laboratory.

Cravens, Thomas E. 1997. *Physics of Solar System Plasmas*. Cambridge, UK:Cambridge University Press.

Glatzmaier, Gary A. and Peter Olson. 2005. Probing the Geodynamo; Our Ever Changing Earth.*Scientific American.*Nature America. New York, NY.

Hargreaves, John K. 1992. *The Solar Terrestrial Environment*. Cambridge, England: Cambridge University Press.

Lemaire, Joseph F. and Konstantin I. Gringauz. 1998. *The Earth's Plasmasphere*, Cambridge,

England: Cambridge University Press.

Stern, David P. 1989. A brief history of magnetospheric physics before the spaceflight era. *Reviews of Geophysics and Space Physics.* Vol. 27(1). American Geophysical Union. Washington, DC.

Stern, David P. 1989. A brief history of magnetospheric physics during the space age. *Reviews of Geophysics and Space Physics.* Vol. 27(1). American Geophysical Union. Washington, DC.

Walt, Martin. 1994. *Introduction to Geomagnetically Trapped Radiation.* Cambridge, UK: Cambridge University Press.

第 8 章　地球的平静大气：其在空间环境和空间天气中的作用

Stanley C. Solomon, Richard C. Olsen, and M. Geoff McHarg

你应该已经了解：

- 如何对指数方程进行相乘、积分、微分
- 地球大气的总体结构（第 1 章）
- 标高（第 3 章）
- 太阳辐射和大气层形成（第 3 章）
- 流体静力学平衡（第 3 章）
- 高纬区域场向电流位置（第 4 章）

本章你将学到：

- 地球的中间层、热层、地冕
- 地球高层大气的中性成分和结构
- 随纬度和高度变化的地球电离层
- 电离层分层详述
- 电子密度剖面（EDP）和总电子含量（TEC）
- 气辉与极光
- 电离层中的电波传播

- 电离层与近地空间的电流和离子联系
- 高层大气加热

本章目录

翻译：阿尔察；校对：薛向辉。

地球中性大气最冷和最热的部分是微弱离化的电离层背景。电离层与等离子体层最底部相连。地球平静的中性大气向外延伸至地球同步轨道高度。本章当中，我们将描述平静的中纬度电离层分层结构，以及电离层与磁层之间的联系。

8.1　地球的中性大气

目标：读完本节，你应该能够……

- ♦ 解释为什么中间层是冷的
- ♦ 描述夜光云的成因和发生地
- ♦ 描述钠气辉层的起源和位置
- ♦ 解释为何热层是热的，以及其如何重新分配能量
- ♦ 描述增强的热层加热和卫星阻力的关系
- ♦ 解释为何热层成分出现高度分化
- ♦ 描述逃逸层并理解其与地球中性大气的关系
- ♦ 解释为何地冕的主要成分是氢

中间层大气

中间层位于 50～90 km 高度，是地球大气最冷的区域。中间层大气的研究颇为困难，主要原因是：对于标准的探空气球而言，中间层大气过于稀薄，无法支持其飞行；对于卫星而言，中间层大气又过于浓厚，也无法允许其飞行。因此，探空火箭和遥感探测是探索这一区域动力学特征的主要手段。中间层大气的成分很少吸收阳光，因此大部分能量来自于其上方热层极紫外能量的热传导。中间层内微量的羟基（OH）和二氧化碳（CO_2）是非常有效的红外辐射体，辐射是重要的降温手段。比起较低高度而言，本层分子碰撞不是非常频繁。一方面，碰撞频率降低使得大气成分可按质量分选，较重的分子向下扩散。另一方面，碰撞又足够使得某些动量能通过小尺度涡流输运。

向上传播的大气潮汐、大气重力波及行星波中携带的动量是中间层大气全球环流的主要驱动源。这些波动大部分起源于大气对流层和平流层。当波动传播到中间层大气时，大气密度降低导致波动幅度放大，以致失去稳定性，将其携带的能量和动量释放在中间层大气中。最近的研究表明一些波动也可以穿过中间层大气，携带能量和动量到达热层高度。

中间层 80 km 和 105 km 高度是钠气辉层所在地。激发态的中性钠原子在 589.3 nm 发出微弱辐射，产生日夜都可见的微弱辉光。大部分钠元素来自流星，地球海盐也对大气钠元素有少量贡献。钠气辉强度呈现出太阳周期变化。气辉为科学家们研究这一难以触及的区域提供了遥测信号。

在夏末，当中间层温度降低至 180 K 时，部分成分会升华为极区中间层云（polar mesospheric cloud, PMC）。这些冰汽混合物被称为夜光云（noctilucent）。在晚上当它们被其下方落日照亮时，夜光云可以在地面被看见（图 8-1）。天地基联合观测表明，夜光云包含了直径为 20～100 nm 的冰水混合物晶体。冰晶生长并附着在水分子以及尘埃和污染物所提供的冰核上。夏天的风携带了低层大气湿润的水汽上行至中间层，而冰核的来源尚不明确。普通的对流层云从地表获取尘埃和海盐，而将尘埃抬升至中间层则困难得多。足以激发夜光云形成的冰核可能来自：通过火山爆发抬升至中间层高度的火山尘埃，由航天发射活动和行星际太空尘埃提供的物质，以及地球每天会收到数以吨记的流星体——来自彗星和小行星的微量碎片。

图 8-1　夜光云。这些波浪起伏的中间层云显示了高层大气是个高度动态的区域。其典型颜色是铁蓝色。（美国科罗拉多大学大气与空间物理实验室 Richard Keen 和 Gary Thomas 供图）

最近几年，夜光云出现得更频繁，且比以前的纬度更低。相关研究正在进行，以确定其发生是否与全球气候变化相关。高层大气中的温室气体可能是有效的辐射体，能增强中间层及以上大气的冷却率。在 2007 年中，美国国家航空航天局的中间层大气冰（AIM）航天器首次开启了夜光云的天基观测。AIM 的数据揭示了这些神秘云层在全球范围的震撼面貌。

热层

位于 90～1000 km 范围，包含中性成分的地球大气被称为热层（thermosphere）。正如我们在 3.4 节和即将在 8.2 节所讨论的，这一区域是吸收太阳短波能量而被加热的。大部分人类的太空活动和卫星运行轨道都位于热层。卫星会受到阻力作用而降低高度，最终导致其中一些脱离轨道。热层中碰撞并不频繁，所以热层粒子会按照分子标高而分层。较重的气体下沉至较低高度，较轻气体向上移动，这一过程被称为扩散（diffusion）。氩（Ar）、氧气（O_2）、氮气（N_2）随高度衰减最快，因为它们最重。每种气体根据其压高方程（公式（3-6））呈现出自身的标高分布。从 180 km 到 600 km，原子氧是主导成分；在 600 km 以上，氦和氢占据主导（图 8-2）。一些热层原子和分子可能会获得足够的能量，以逃逸地球重力，成为逃逸层的一部分。

在研究热层运动与成分时，科学家们使用了星载质谱仪（例题 6.4）、加速度计、火箭、雷达以及热层与电离层观测同化模型。此外，追踪流星电离余迹也是研究低热层运动的有效途径。

正如我们在图 8-3 所见，低热层温度从 90 km 左右的极小值随高度而迅速增加，最

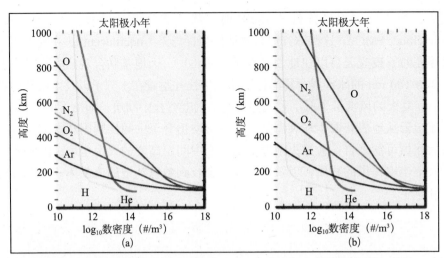

图 8-2　太阳活动极小年和极大年的热层成分密度的扩散平衡剖面图。这里绘制了氢、氦气、氩、氧分子、氮分子在 100~1000 km 高度的剖面图。在 200 km 高度之上，大气密度随太阳周期显著变化。（美国空军气象局供图）

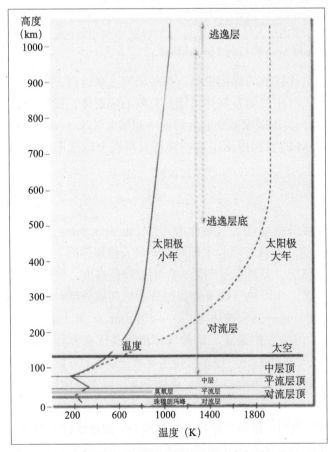

终变得与高度无关，在大于 2000 km 高度时趋向一个渐近值，称为逃逸层温度（exospheric temperature）。图 8-3 给出了太阳极小期与极大期的逃逸层温度。太阳辐射与这一区域的稀薄大气相互作用，产生了这一极端温度。在高海拔处的密度较低，这意味着个体粒子会从连续入射的短波光子流中获得极大能量（第 3 章）。大量的辐射能量转变为热层粒子的随机热运动，即以温度来衡量的热能。160 nm 的太阳短波辐射具有足够的能量，可在热层里电离原子和离解分子。通过热粒子与其他物质交换部分动能，使得热层的加热效率约为 33%。剩余能量向太空和低层大气重新辐射。由于大气加热与太阳极紫外辐射有关，因此热层温度、密度、成分也会明显受到太阳活动周期变化的影响。热层中部的平均温度

图 8-3　太阳活动极小期和极大期的地球大气温度剖面。温度随着高层大气臭氧和其他成分吸收辐射而增加，抑制了大气随高度自然冷却的趋势。（美国空军气象局供图）

在整个太阳活动周期变化约为 1000 K。在长时间尺度上，热层温度在加热与冷却之间达到平衡；而内外能量产生的短期变化很容易使系统脱离热力学平衡状态。

热层也会从低层大气的潮汐和重力波中获得能量。重力波主要来自对流层长时的雷暴系统和锋面系统，它从低层大气传至热层。科学家正试图确定重力波活动的幅度和主要的发生位置。

在高纬地区，非常多变的太阳风与地球磁层相互作用产生极光，成为热层又一能量来源。来自磁层的高能电子和质子与热层中性成分碰撞，导致了电离、离解、加热，这些相互作用产生了极光和气辉。在大多数情况下，极光粒子都伴随由百万安培的场向电流所驱动的大气 – 磁层耦合增强（4.4 节）。电流耗散也会强烈加热高纬热层。当有脉冲型的加热时，能量会以波的形式离开极区，称为行进式大气扰动。

问答题 8–1

在太阳活动极大期，700 km 处的主导粒子成分是什么？在太阳极小期呢？

问答题 8–2

500 km 处的高层大气粒子数量在太阳活动周如何变化？为何会有此种变化？

问答题 8–3

太阳活动极大期和极小期何时的标高较大？

问答题 8–4

参考图 8-2，在 500 km 高度处，原子氧密度在太阳活动极小期和极大期的变化幅度大约是？

（a）1%

（b）10%

（c）一个量级

（d）几个量级

传导和涡流传输。在 120 km 以上，大部分热层大气的冷却由热层分子向下的热传导所致。120 km 以下的大气足够稠密，能产生频繁的碰撞，能量的传输是通过涡流整体运动或者小的涡旋运动实现。低热层的涡流混合使得多余的能量可以向下传递至较冷的中间层。

辐射。热层能量损失的另一机制是辐射，但其波长一般要比入射光子长得多。这种辐射是气辉放射（airglow emission）的形式之一。气辉是由化学能量转化为光所致。在白天，短波太阳辐射将氧分子离解为氧原子，因为其无法有效复合，所以氧原子寿命较长，为夜间气辉形成储存了化学能量。在晚上，氧原子复合形成氧分子，在 557.7 nm 波长产生了微弱的可见气辉。由于大气分子的振动和转动能级跃迁，高层大气同样在一些红外波段发光：一氧化氮（5.3 μm）和二氧化碳（15 μm）。二氧化碳在 63 μm 也有强烈的热层辐射。为研究热层动力学，大量气辉探测器在夜间运作以观察这一辐射。在热层大气较稠密的地方，辐射冷却最为有效。

高层大气潮汐和风场： 地球自转使不同经度持续受到太阳加热和夜间冷却影响。太阳加热导致光照区域的热层大气膨胀以及热层气团的势能增加，而夜侧大气则冷却和收缩。相应的压强梯度产生了从日侧流向夜侧的水平风。在 300 km 高度附近，观测表明太阳加热模式和热层风模式在平静期有很好的对应。温度最大值出现在下午早些时候。压力随温度而增加，驱动热层风流向较冷的夜侧。图 8-4 绘制了平静期间与日侧热层加热相对应的流动模式。在接近 300 km 处，压强梯度驱动的水平风速可能超过 450 m/s。因为地球在热层下方旋转，这些风的加热模式是"潮汐的"，但我们将其称为热层风（thermospheric wind），以区别于低层大气向上传播的"潮汐"风场。

在较低高度上（约 120 km），图 8-4 的流动模式受到离子-中性成分碰撞和压强梯度的影响。洛伦兹力抑制了部分电离的气体穿越地球磁力线。大量离子会与中性成分碰撞并减缓其速度。120 km 高度的风速典型量级为 100 m/s。从低层大气向上传播的潮汐和波动也会影响低热层。在较高高度上，图 8-4 的日变化模式会被结构更清晰的半日变化所代替。半日变化模式（24 小时周期内有两个峰值和两个谷值）自然地产生于地球大气流体中。

太阳每日周期性加热和冷却引起的垂直运动，会引起显著的沿纬线方向（跨时区）环

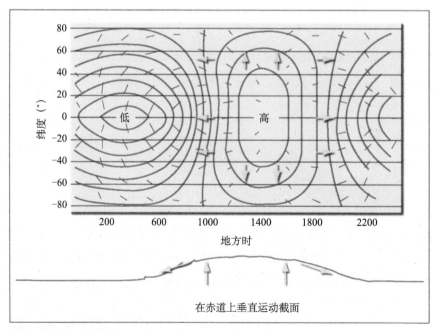

图 8-4　高层大气中性风流动模式。 此处可见高层大气风场运动，从高温高压区域流入低温区域。（美国空军气象局供图）

流模式；除此之外，季节性变化会导致子午向环流。在两分点（9月和3月），太阳加热会集中于赤道，赤道地区的大气上行运动会在每个半球产生环流圈，如图8-5（a）所示。当被加热的气体从极光区流出时，这些环流模式会根据地磁活动而改变。在两至点（12月和6月），太阳加热会集中接近于极区附近，高纬大气上行运动会产生覆盖全球的单一大环流模式。每种环流体系都会被地磁活动所改变。当地磁活动低时，高纬度热量输入很少，只会产生一个小环流模式，如图8-5（a）所示。当地磁活动增强时，极光热量输入变大，导致极区环流模式占据主导并扩展到中纬区域。

热层 – 电离层耦合

地球高层大气是在不断运动的，其受到以下四种加速作用：①太阳加热的潮汐；②低频行星波；③高频重力波；④强磁暴时从极光区脉冲输出的行进式波扰。电离层同样受到下层驱动的作用。近期研究显示，电离层15%～25%的观测电子密度变化是由起源于对流层的波所引起。在热层，与太阳加热相应的原位潮汐会达到200 m/s的速度。中低纬度中性大气的2日、5日、10日、16日周期波动会调节对流层顶和其上的大气。平流层臭氧和对

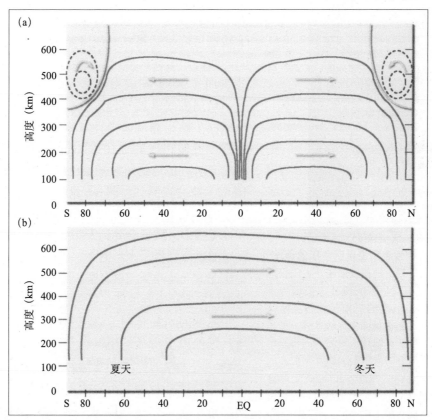

图8-5 热层大气子午向环流模式。纵坐标为高度，横坐标为纬度。实线表示太阳加热导致的环流，点线表示地磁暴引起的环流。（a）平静的两分点环流呈半球对称。粒子在赤道处上行，在两极沉降，图中没有显示出回流。（b）两至点环流由一元环流所主导，粒子从夏季半球向冬季半球流动。[Roble, 1977]

流层水蒸气对太阳辐射的吸收，是太阳驱动的周日潮汐和半日潮汐的主要来源。

来自月球引力等其他潮汐增加了大气运动的复杂性。如果没有电离粒子束缚在磁力线上绕其做回旋运动这一电磁制动，潮汐速度有可能更高。中性风试图推动电离粒子穿越磁场，但回旋运动的粒子会受到中性气体输运的反复碰撞，从而减缓中性风速。当中性风携带等离子体切割磁力线时，会引发感应电流，这个过程被称为大气发电机。

有些重力波是由雷暴和山脉所激发的，重力波幅度随高度的增加会导致电离层区域等离子体的大规模位移。假设这些重力波以类似于潮汐的方式引起电场，那么其也会对耦合的电离层－磁层产生显著影响。磁力线是良导体，能使大气激发的电场映射到磁层。在地磁活动较低时，地球风场（及其伴随电场）会对内磁层电流结构进行调节。

地冕

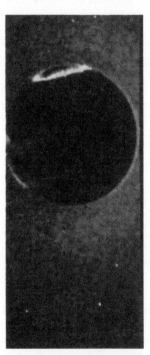

图 8-6　"动力探索者"卫星所拍摄的地球、极光、赤道气辉带、地冕成像图。太阳在地球后方，地球表面呈现的特征主要出现于 130.4 nm 和 135.6 nm 的氧原子辐射，以及氮分子辐射带，包括日侧大气的日辉、极光卵、赤道气辉等。在地球边缘之外的辉光主要来自于地冕散射的太阳 Lyman-α 辐射。成像高度为 16500 km，角度为北纬 67°。北极的极光卵在地表上形成了一轮光圈，而赤道气辉带在午夜前跨越了磁赤道。单独闪烁的光点是辐射紫外线的恒星。（爱荷华大学的 Louis Frank 和 NASA 供图）

阿波罗 16 号在月球拍摄的照片显示：地球被一层低密度的中性氢所覆盖，范围从大约 500 km 延伸至地球同步轨道高度以上。图 8-2 表明氢是高层大气中第二多的成分。高层中性大气碰撞频率下降能使氢原子上升至顶部。其中部分原子受太阳辐射加速而逃逸，形成了逃逸层。逃逸层粒子轨迹可能呈弹道状，或者是沿地球轨道绕行多圈的轨迹。中性氢薄层会散射太阳远紫外（FUV）的氢原子莱曼 -α 辐射，产生地冕（geocorona），这一微弱发光区域是地球大气向太空的扩展。在地球同步轨道高度，中性氢原子的密度与等离子体密度近似相当（约 10 个 / cm^3）。密度大小取决于地方时。地球的氢原子层可以在 100000 km（约 16 R_E）处被观测到。图 8-6 给出了"动力探索者"卫星的发光地冕成像图以及低高度的电离层特征。在地冕当中，粒子会受到太阳极紫外辐射光压、与磁层的电荷交换、光致电离、碰撞电离，以及逃逸层底部大气波动等因素影响。太阳辐射光压会推动逃逸层氢原子离开地球，形成中性氢尾迹。

地球的地冕充当了磁层和电离层离子的成像屏。这些离子与冷的中性粒子在地冕中进行电荷交换，产生冷的离子和快速运动的中性成分。天基探测器能够观测并记录下逃逸的中性成分，从而使科学家们获取内磁层－电离层－逃逸层相互作用的信息。逃逸层和地冕是大多数磁层等离子体的来源，磁层等离子体大部分位于等离子体层。

例题 8.1　热层质量

- 问题：试确定热层大气占大气总质量的百分比。
- 已知：地表的标准大气压约为 101300 Pa，而在 90 km 处约为 0.18 Pa。地球半径是 6378 km。热层底部处于 90 km。
- 假设：流体静力学平衡和质量均匀分布。地球重力加速度随高度变化。
- 解答：垂直的压强梯度力和重力相平衡，则可以求得地球表面单位面积的柱体气体质量，将该值与总表面积相乘即可得

$$F_p = mg = G\frac{mM_E}{R_E^2}$$

对于 1 m^2，该值为 $P = G\dfrac{mM_E}{(1\ m^2)R_E^2}$，故而单位面积的柱体气体质量为

$$\text{质量 / 单位面积} = \frac{PR_E^2}{GM_E} = \frac{(101300\ \text{N/m}^2)(6378000\ \text{m})^2}{(6.67\times10^{-11}\ \text{N}\cdot\text{m}^2/\text{kg}^2)(5.97\times10^{24}\ \text{kg})} = 10300\ \text{kg/m}^2$$

大气总质量为

$$\left(10300\ \text{kg/m}^2\right)\left(4\pi\right)\left(6378000\ \text{m}\right)^2 = 5.27\times10^{18}\ \text{kg}$$

在 90 km 热层高度，单位面积的柱体气体质量为

$$\text{质量 / 单位面积} = \frac{PR_E^2}{GM_E} = \frac{(0.18\ \text{N/m}^2)(6468000\ \text{m})^2}{(6.67\times10^{-11}\ \text{N}\cdot\text{m}^2/\text{kg}^2)(5.97\times10^{24}\ \text{kg})} = 0.0189\ \text{kg/m}^2$$

90 km 以上的气体总质量为

$$\left(0.0189\ \text{kg/m}^2\right)\left(4\pi\right)\left(6468000\ \text{m}\right)^2 = 9.94\times10^{12}\ \text{kg}$$

90 km 以上的气体占大气总质量百分比为

$$\left(9.94\times10^{12}\ \text{kg}\right)/\left(5.27\times10^{18}\ \text{kg}\right)\times100\% = 0.00018\%$$

- 解释：相对于低层大气而言，地球热层大气质量微乎其微。然而，太阳短波光子的持续输入会将热层大气加热至很高温度。这些热粒子会与低轨卫星不断碰撞，并最终导致卫星减速和高度下降。在 500 km 高度以下运行的卫星需要不断地重新推进，以维持其运行高度。

补充练习：　数据表明 300 km 高度日侧热层大气的平均上升速度为 1 m/s，则气体在 12 小时会上升多少？将气体抬升这段距离做功多少？假设 300 km 处的大气压为 1×10^{-5} Pa。太阳加热能提供这些能量吗？

附加练习：　使用图 8-2 和图 8-3 来计算太阳活动极大期和极小期时 400 km 的氧原子标高。

关注点 8.1　卫星阻力

我们从第 3 章的大气定律讨论中得知大气密度随高度呈指数衰减。图 8-2 给出若干不同大气成分的密度剖面。中性大气总密度变化对卫星在轨运行有着深远影响。在 500 km 以下，足够稠密的大气会对在轨航天器施加相当大的阻力。如果卫星推进系统

无法对阻力进行抵消，则卫星轨道会发生衰落，直至重新入轨。由于航天器和大气的空气动力学作用，大气密度效应也会影响航天器扭矩，在设计姿态控制系统时必须考虑这点。此外，密度变化也会影响航天器精密定轨，以及我们对低轨卫星和空间碎片追踪定位的能力。

对于 500 km 以下的低轨卫星而言，地球高层大气加热会造成轨道寿命衰减。高能分子碰撞会更加剧烈，大气会向上膨胀。稠密粒子的上行会导致更多卫星与粒子间的碰撞，阻力作用会缩短卫星在轨寿命。国际空间站需要以高昂代价频繁地重新推进才能维持在轨，尤其是当太阳发出大量能量时。图 8-7 给出了 Starshine 1 号卫星从 1999 年到 2000 年的轨道衰落。因为卫星与大气分子和原子持续碰撞，故而损失了其维持轨道所需的机械能。

航天任务设计者要对太阳活动周变化予以密切监测和长期预测。发射前的困难有时会导致卫星在太阳活动周某一不恰当的时段入轨，因为该时段内增强的阻力会使卫星任务寿命严重缩短。

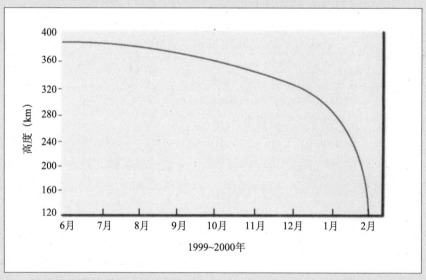

图 8-7　Starshine 1 号卫星的高度 – 时间变化图。卫星在轨大约 8 个月。当卫星在大气中加速而剧烈解体时，它损失了机械能，并将部分势能与动能交换。

问答题 8–5

等离子体层、逃逸层、地冕的关系是什么？

8.2 地球的电离大气

8.2.1 瞬态发光事件

目标：读完本节，你应该能够……

- 定义瞬态发光事件
- 区分"蓝色喷流"和"红色精灵"
- 了解伽马射线暴与闪电的关系

几十年来，飞机驾驶员报道了在雷暴顶端会出现向上的急逝闪电。在 20 世纪 80 年代晚期，科学家开始对这些被称为"红色精灵"和"蓝色喷流"的垂直发光事件进行成像（图 8-8）。1989 年开始的航天飞机视频记录确定了这些瞬时事件，这些事件大多伴随有强烈的雷暴。越来越多的证据显示，低层大气和高层大气的关联可以通过伴随闪电的瞬态发光事件（transient luminous event, TLE）形式而存在。闪电是低层大气最明显的电离过程。尽管电离事件在稠密的低层大气区域很短促，但其在暴雨云之上的区域持续时间则较长。瞬态发光事件是由暴雨云中不平衡的电荷分布产生的电场所引起的。"蓝色喷流"（blue jet）是蓝色的锥状放电，从雷暴的电核中以 10^5 m/s 量级的速度向上喷出。蓝色被认为是跟大气中电离的氮分子在 427.8 nm 波长的放射有关。喷流通常在 50 km 的平流层高度终止，但有些可能会延伸至 70～80 km。

红色精灵开始于接近电离层底部的中间层，并以十分之一的光速向下迅速传播，通常持续时间为几毫秒，而当正电荷被强闪电回击从云端带到地面时，"红色精灵"（red sprite）就会发生。这一从云端到地面的正回击，会在放电的云层顶端产生强烈的静电场。准静态的电场大到足以引发 70～80 km 高度处的大气击穿。红色精灵的红色来自于中性氮分子的可见光辐射。电流向下移动，然后从这一初始高度向上运动，从而以电流形式连接起平流层的闪电和电离层。红色精灵非常之亮，甚至亮过金星，但因为其持续时间短，要想看到它需要特制的带有低光度成像功能的高速照相机。红色精灵传播的电流有几千安培，并在中间层和低电离层储存百万至千万焦耳的能量，其扰动体积可能超过 10^4 km^3。引起红色精灵的电磁扰动会以瞬变电磁干扰的形式侧向扩散，被形象地称为"精灵光晕"（elf）。

喷流产生于中等雷暴。红色精灵的产生似乎需要强雷暴引发的更高能情况，从而将大量的正电冰晶移动至更高高度。这些雷暴的能量是如此之强，以至于它们从云顶向地面或是向另一朵云放电后，其残留电荷的电场仍然强到足以导致新一次上行放电。尽管对于不同形式的瞬态发光事件仍有大量未知，但科学家们基本确定的是：这是表征地空相连的全球电流的一个重要部分。

在 20 世纪 90 年代，用于寻找遥远银河系高能事件的康普顿伽马射线天文飞行器，发现了地球大气中有极高能伽马射线暴的证据。这些与强烈雷暴有关的射线暴被称为地源伽马射线暴（terrestrial gamma ray flash, TGF），其持续时间可达 1 ms。因为它们的辐射位于

γ 射线频段，所以人眼无法看见放电过程。

在一次雷暴上方，强有力的电场向上延伸至高层大气。这些电场将自由电子加速至接近光速。当这些电子与空气中的分子碰撞时，会释放出 γ 射线形式的高能轫致辐射和更多的电子，引发级联碰撞和更多的 TGF。在 TGF 里面的单一粒子有时会获得超过 20 MeV 的能量，比产生极光的粒子能量大约略高一千倍。粒子加速所需的电场强度最有可能位于 15~20 km，这正是观测到蓝色喷流的高度（图 8-8）。但目前研究尚未确定 TGF 和蓝色喷流是否有关。

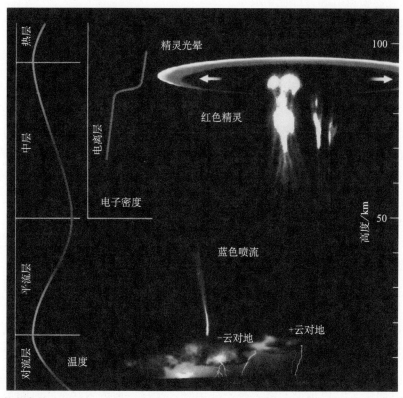

图 8-8　瞬态发光事件（TLE）。 这幅艺术效果图给出了对不同瞬态发光事件和对流层雷暴关系的形象演绎。左侧是大致的温度和电离层电子密度剖面。在能产生 TLE 的大气区域，最暖和的温度是在地表（~288 K）和平流层顶（~255 K）。电子密度在中间层顶急剧上升（第 8.2.2 节）。在对流层，闪电会导致带负电和正电的云－地电击。在一些雷暴上方，蓝色喷流会到达平流层。非常强的雷暴可能会伴随有红色精灵。红色精灵开始于 70~80 km，并产生向下的电流。红色精灵上方的空间扰动会产生"精灵光晕"现象。[Pasko, 2003]

科学家们尚不清楚 TGF 的发生次数，亦或是其全球分布。有限的观测显示每天会有 50 起 TGF，许多发生在赤道附近。然而，更多这样的射电暴可能会在足够低的高度产生，而无法从太空中被感知。科学家们正在积极调查 γ 射线暴和闪电之间的关联。目前尚不清楚 TGF 是强烈闪电事件的结果还是诱因。

8.2.2 随高度变化的电离

目标：读完本节，你应该能够……

- ◆ 对电离层电子密度和中性密度进行类比和对比
- ◆ 比较太阳天顶和非天顶处的电子密度剖面
- ◆ 区分电子密度剖面（EDP）和总电子含量（TEC）
- ◆ 给出对应于 1 个 TECU 的单位面积电子数

我们在第 3.4.2 节研究了地球大气中的太阳光致电离。我们将在此对电离层分层、电子密度剖面、TEC 提供更为量化的描述。我们也会将电子密度剖面的概念扩展至非太阳天顶的几何角度上。电离层电波传播强烈依赖于随高度变化的电子密度。通过测量电波在不同高度处的传播行为，观测者可以得到这些高度处的电子密度（8.3 节）。

电子密度剖面。在 90 km 以上，大气的部分成分处于持续电离状态，这部分带电的大气就是电离层（ionosphere），其中被电离的气体就是电离层等离子体（ionospheric plasma）。图 8-9 显示在 800 km 以下，中性粒子数量要远大于带电粒子。然而这一小部分带电粒子会强烈影响大气行为。电子－离子对会影响电波传播，并且是磁层等离子体的来源，故而非常重要。带电粒子使得高层大气成为一个导体，能够传导电流以耗散磁暴期间的能量。

电子密度对应于电离程度，或者电离层"强度"。我们经常用"电子密度"来代替"离子密度"。如果我们假设每个电离事件只产生一组电子－离子对，那么这种替代是恰当的。地基测高仪台站能用特定的电波选频天线来测量底部电离层电子密度。这些数据能给出指定位置峰值电离高度以下的垂直电子密度剖面（electron density profile, EDP）。卫星观测则能够给出峰值电离高度以上的电子密度剖面。

图 8-9（a）画出了在太阳活动极大期和极小期时，中纬度地区电子密度和中性成分密度的剖面；图 8-9（b）给出了其昼夜变化。在中纬度地区，夜间电子密度在所有高度上都减小。从太阳活动极大年的剖面可以看出电离增强，尤其是在电离层上部。实际的电子和离子密度随着高度、纬度、地磁活动、太阳活动而剧烈变化。

稳态电子密度。从图 8-9 和图 8-10 可见，在中纬度地区，对于太阳活动极大和极小期、夜间和白天，我们都能看到稳定状态的电子密度剖面。公式（8-1）的离子连续性方程在每个点上都适用，这个方程显示电离密度的局域变化是由电离产生项（R）、损失项（L）和输运项所致。

$$\frac{\partial n_e}{\partial t} = -\nabla \cdot (n_e \boldsymbol{v}) + R - L \qquad (8\text{-}1)$$

其中，$\partial n_e / \partial t$ = 电子密度局部变化率 [#/(m^3·s)]；

$\quad n_e$ = 自由电子数密度 [#/m^3]；

$\quad \boldsymbol{v}$ = 自由电子速度 [m/s]；

$\quad R$ = 电离产生率 [#/(m^3·s)]；

$\quad L$ = 电离损失率 [#/(m^3·s)]。

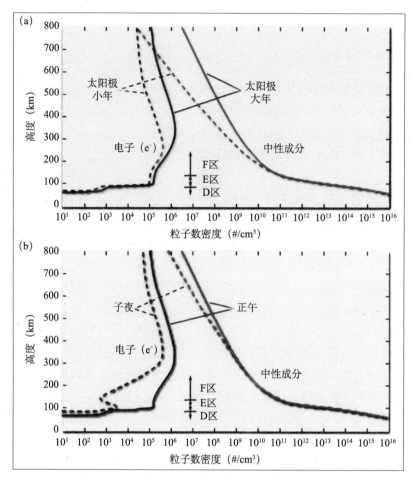

图 8-9 （a）太阳活动极大期和极小期的电子和中性成分密度剖面。红色实线（虚线）给出了太阳活动极大期（极小期）的全球平均中性成分密度；蓝色实线（虚线）给出了太阳活动极大期（极小期）的全球平均电子密度。电离层近似分层高度如字母 D、E、F 所示。在太阳活动极大期，额外的太阳短波辐射会影响高层大气，造成电离层所有区域电离程度和电子密度的增强。电子密度剖面和 TEC 随时间和地点显著变化。（b）电子和中性成分密度剖面的昼夜变化。红色实线（虚线）给出了中午（子夜）的全球平均中性成分密度；蓝色实线（虚线）给出了中午（子夜）的全球平均电子密度。（数据来自 NASA 的 MSIS 模型）

　　如果我们假设电子密度处于稳定状态，则输运项可以忽略，电离产生和损失项必须达到平衡。我们首先来研究产生项（较第 3 章有更多细节）。

　　波长在 10～125 nm 的太阳光子产生了大部分行星的日侧电离层。正如我们在第 3 章所述，电离层形成需要两个基本条件：①中性大气；②电离大气的能量来源。有两个过程可以产生电离层等离子体：光致电离和高能粒子碰撞。如要电离，光子或者粒子能量必须超过原子或者分子的电离阈值。表 8-1 概括了若干电离层成分的电离能量。

表 8-1 **不同电离能量。** 左侧中性成分单电子电离所需能量示于右侧。

中性成分	离子	电离能量
N_2	$N_2^+ + e^-$	（15.5 eV）
O	$O^+ + e^-$	（13.6 eV）
O_2	$O_2^+ + e^-$	（12.1 eV）
NO	$NO^+ + e^-$	（9.3 eV）

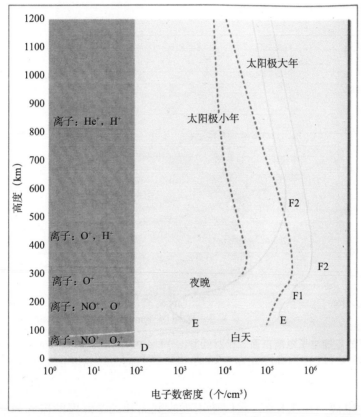

图 8-10 **在太阳活动极大期和极小期，中纬度地区电子密度剖面的昼夜对比。** 此处给出太阳活动极大期和极小期 70～1200 km 的电子密度剖面。电子密度剖面上的凸起表明电子密度局部峰值，这产生了电离层 D、E、F 分层，其特征将在下一节予以描述。图的左侧给出了每一层的电子主要来源。（美国空军气象局供图）

问答题 8-6

能够电离氮分子的最长光波波长是多少？

高能粒子碰撞电离。在磁层中生成的高能带电粒子会沿着地球偶极磁力线流入高纬度的高层大气。其中一部分会与中性大气粒子碰撞。在 100 km 以上，氮原子和氧原子是主要的撞击目标。在碰撞过程中，冲击粒子损失的动能会导致离解、电离、加热、韧致辐射、

电子激发等。高层大气粒子的电离能量处于几个电子伏的范围。高能粒子主要是电子，但质子也会储存能量。

图 8-11 给出了若干电子能量的电离剖面。剖面的形态类似于我们在第 3 章讨论的查普曼（Chapman）轮廓。形态类似是因为控制产生率的限制因素是一样的：即可用于电离的粒子以及可被电离的物质。很显然，更高能的粒子会穿透更深的大气。电离单一粒子所需能量只有几个电子伏，但图 8-11 里的粒子具有数千电子伏的能量。只具备单次电离所需最低能量的粒子会停留在大气的较高位置。为了有效地电离，一个冲击粒子需要很高能量以电离大量粒子。

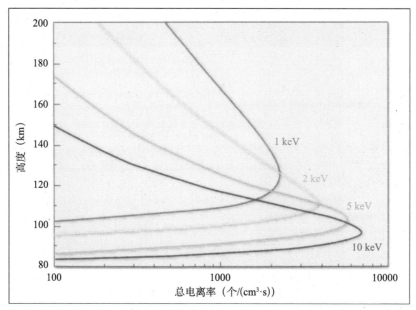

图 8-11　模型解算的高能电子电离剖面。相对低能（～1 keV）的电子在 120 km 左右产生最大电离，而 10 keV 的电子在 100 km 以下达到最大电离。大部分电离事件都会引发次级电离。（美国国家大气研究中心 Stan Solomon 供图）

非天顶光致电离。在 3.4 节，我们使用吸收截面和光学深度的概念来描述天顶处的光照如何形成电离层。公式（3-11a）表明对于单一成分、平面分层的大气而言，在任一波长和高度 z，其电离率 $R(z)$ 是辐射强度 I_z，吸收截面 σ，以及中性成分密度 $n(z)$ 的乘积。

下面重现的是离子产生率公式（3-11b）。它解释了中性大气指数变化以及天顶太阳入射辐射强度指数减少的效果。产生率（或光致电离率）是吸收截面、中性密度，以及辐射通量的函数：

$$R(z) = \sigma n(z) I(z) = \sigma \left[n_0 e^{\left(-\frac{\Delta z}{H}\right)} \right] \left[I_0 e^{(-\sigma n_0 H)} e^{\left(-\frac{\Delta z}{H}\right)} \right]$$

其中，$R(z)$= 随高度变化的电离率 [#/s]；

　　　Δz = 距离 [m]；

　　　σ = 吸收截面 [m^2]；

n_0 = 参考高度的中性粒子密度 [#/m³];

I_0 = 参考高度的辐射强度，通常为大气层顶 [W/m²];

H = 标高 [m];

$\sigma n_0 H$ = 光学深度 [无量纲]。

我们把非天顶方向更长传播路径的光照影响考虑进来（图 8-12），给辐射强度指数上的光学深度项乘以 $\sec(\chi)$。这一改进使得电子产生公式可以用 $\sec(\chi)$ 项来表示如下：

$$R(z)=\sigma\left[n_0\mathrm{e}^{\left(-\frac{\Delta z}{H}\right)}\right]\left[I_0\mathrm{e}^{(-\sigma H\sec(\chi)n_0)\mathrm{e}^{\left(-\frac{\Delta z}{H}\right)}}\right] \tag{8-2}$$

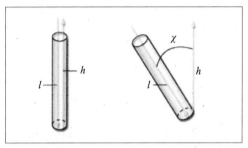

图 8-12 天顶和斜向视线方向的几何视图。垂直向上的箭头表示天顶方向，向下的箭头是测量路径。这里 $l = h\cos(\chi)$。在涉及非天顶轴的几何构型时，模型和观测都需要进一步修正。

光学深度是太阳天顶角和高度的函数，可以被写作：

$$\tau_z=\left(\sigma H\sec(\chi)n_z\right)=\left(\sigma H\sec(\chi)n_0\mathrm{e}^{\left(-\frac{\Delta z}{H}\right)}\right)$$

我们可以将公式（8-2）简化为

$$R(z)=\sigma I_0 n_0\mathrm{e}^{\left(-\frac{\Delta z}{H}-\tau_z\right)} \tag{8-3}$$

公式（8-3）描述了离子（或电子）产生率随高度的变化方式，这一改进公式包含了太阳天顶角、随高度呈指数衰减的大气密度，以及随路径长度而指数减少的辐射强度的影响。

通过对公式（8-3）进行微分并使其等于 0，我们可以判定产生率在何处最大。微分结果为

$$\frac{\mathrm{d}R(z)}{\mathrm{d}z}=\frac{\sigma I_0 n_0}{H}\left(-1+\left(\sigma H\sec(\chi)n_0\right)\mathrm{e}^{\left(-\frac{\Delta z}{H}\right)}\right)\mathrm{e}^{\left(-\frac{\Delta z}{H}-(\sigma H\sec(\chi)n_0)\mathrm{e}^{\left(-\frac{\Delta z}{H}\right)}\right)}=0 \tag{8-4a}$$

公式的第一项辐射强度项和最右端的指数项都是正值，所以只有中间项能够等于零。因此为满足公式（8-4a）的条件：

$$\left(\sigma H\sec(\chi)n_0\right)\mathrm{e}^{\left(-\frac{\Delta z}{H}\right)}=1 \tag{8-4b}$$

用 $n_z = n_0\mathrm{e}^{-\frac{\Delta z}{H}}$ 取代中性密度随高度的变化项，得到

$$\sigma H sec(\chi) n_z = 1 \qquad\qquad (8\text{-}4c)$$

方程左侧为光学深度 τ_z。

当光学深度 $\tau_z = 1$ 时，离子（或电子）的产生率达到峰值。在峰值两侧，产生率都随指数衰减（图 3-48 和图 8-12）。在图 8-10 里的曲线局部的峰值相应于电离峰值，是由图左侧列出的成分电离所致。因为在更高高度上复合率较低，所以电离平衡峰值在 F2 层顶上相对较高。

问答题 8-7

假设阳光以 30° 天顶角入射大气，则电离层峰值会发生在：

（a）较低密度和较高高度处

（b）较低密度和较低高度处

（c）较高密度和较高高度处

（d）较高密度和较低高度处

图 8-13 显示辐射能量吸收峰值高度（即光学深度为 1）是波长的函数。大部分极紫外辐射在热层高度被吸收，电离氧原子和氮原子。一个显著的例外是氢原子的莱曼 -α 辐射，在 121 nm 的一部分能量会穿透热层并储存在中间层，从而形成电离层最底层。更长的波长则穿透至平流层区域，被臭氧所吸收。

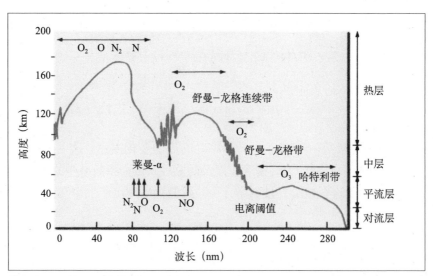

图 8-13　单位光学深度随波长的变化图。当光子经过电离层时，会被电离层成分吸收。在曲线所在高度上，辐射强度减少到 $1/e$。更长波长的光子会使大气成分离解，而非电离。[Chamberlain, 1978]

问答题 8-8

图 8-13 给出了在天顶光照下，光学深度等于 1 的大气高度面。对于非天顶光照下，光学深度等于 1 的高度面会在什么位置？

电离损失。公式（8-2）和（8-3）提供了关于电离产生率的信息，但我们仍然需要对电离损失率有所了解。电离层有两种主要的方式来消除电离：复合与附着。复合率 $L_{combination}$ 随现有可复合的电子和离子以及复合系数 α 而变化。

$$L_{recombination} = \alpha n_e n_i \approx \alpha n_e^2 \tag{8-5a}$$

其中，α = 复合系数 $[m^3/s]$；

　　　n_e = 电子密度 $[\#/m^3]$；

　　　n_i = 离子密度 $[\#/m^3]$。

在 100 km，复合系数大约是 $10^{-13}\ m^3/s$。

复合在较高高度上占据主导。附着则使得电子与较重的中性粒子结合，形成负离子。附着率 L_{attach} 随着存在的电子和附着率 β 而变化：

$$L_{attach} = \beta n_e n \tag{8-5b}$$

其中，β = 附着系数 $[m^3/s]$；

　　　n_e = 电子密度 $[\#/m^3]$；

　　　n = 中性密度 $[\#/m^3]$。

在 85 km 左右，氧分子的附着系数大约是 $10^{-12}\ m^3/s$。

总体而言，较低高度上的离子密度要小于中性成分密度，附着占据主导。当我们解释损失过程时，我们得到了如图 8-10 所示的电离层电子密度分布的平均特性。

图 8-14 提供了与高层大气成分产生相互作用的过程概览。高纬和中纬的电离和离解主要源自于光子作用或者高能电子碰撞（光子也会碰撞）。产生的大气产物可能被激发和发出极光，或者被电离以进行进一步化学作用。产物也有可能复合，生成新的产物，如 NO 或者 NO_x。这些产物可能会与电离光子或者粒子进一步作用；抑或它们仍旧处于激发态的话，会通过低能辐射——气辉，而衰落。源自不同氮氧化物形式的气辉是热层最重要的冷却机

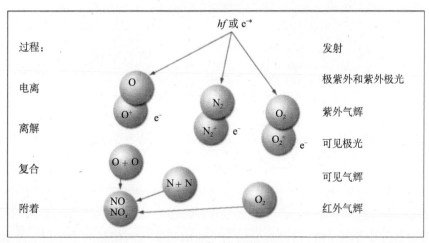

图 8-14　光子和高能粒子在电离层 – 热层中的能量流动概览图。 高能光子和高能电子 (e⁻) 通量会引起能量的级联流动，并引发后续非线性行为的相互作用。电离出现在热层，但主要是在较高高度上。电离会把光子能量转换为化学势能。离解同样源自辐射光子或高能电子撞击。离解复合将电离能量转换为离解产物和动能。复合过程主要发生在较低高度上。（NCAR 的 Stan Solomon 供图）

制之一，气辉主要位于光谱的红外段。在大磁暴后，高层大气会发光数个小时，有些情况会持续几天。本图仅仅提供极光和气辉背后复杂的高层大气化学过程的概览。要特别注意的是，本图并未反映出能量从高能光子和电子到次级（甚至三级）光子和电子的级联反应。实际上，次级反应是平衡电离产生和损失的真正因素。

总电子含量。与电子密度剖面紧密相关的一个概念是柱体总电子含量。总电子含量（total electron content, TEC）是 1 m^2 表面上电离层电子总量（或积分）。如果我们把图 8-9 中的剖面切成小片并且累加，就能得到典型剖面位置之上的 TEC。TEC 给出了电离层电子密度的柱状积分总量（公式（8-6））。我们通常使用总电子含量单位（TECU）来表示 TEC。一个 TECU 等于 10^{16} 个电子 $/m^2$。TEC 的典型范围在 5～120 TECU。图 8-15 画出了 2002 年 4 月 17 日磁暴期间全球 TEC 分布图。像预计一样，日侧电离层有着最高的 TEC 值。我们将在 8.2.3 节讨论磁赤道附近扩展的 TEC 峰值。

$$N(z_0) = \int_{z_0}^{\infty} n(z)\mathrm{d}z \qquad (8\text{-}6)$$

其中，N = TEC $[\#/m^2]$；

z_0 = 电离层底部高度 [m]，通常自 90 km 起算；

$n(z)$ = 随高度变化的电子密度 $[\#/m^3]$。

积分上限高度为电子密度变得可忽略不计时。

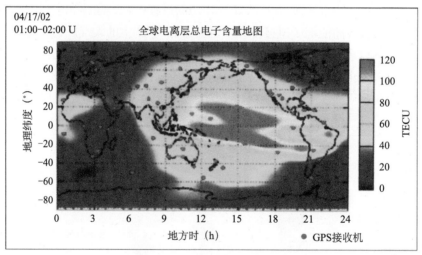

图 8-15　2002 年 4 月 17 日的 TEC 地图。日照区域的 TEC 值要比夜侧黑暗区域高。电离层的双峰结构出现在日侧赤道区域。（NASA/ 喷气动力实验室供图）

关注点 8.2　电离层 TEC 与 GPS 系统

从卫星观测中估计 TEC 已经被发展为无线电科学的一门新的子学科。全球定位系统（GPS）在 L1（1575.42 MHz）和 L2（1227.60 MHz）双频上播发时间代码和数据。无线电信号在 GPS 系统中的延迟与 TEC 有关并可用于对其进行估计。

许多卫星所估计的是在视线延长方向观测的斜路径 TEC，而非垂直路径 TEC。所以对于卫星与地面连线测量的电子含量而言，其路径要长于天顶方向。这些值需要被换算成垂直 TEC。GPS 系统并不直接测量 TEC，而是测量信号在发射器和接收机之间的延迟。电离层对 GPS 系统的效应取决于信号频率和电离层活动性水平，L1 频率的变化性更大。电子含量越多则延迟越大。信号延迟增加对应于更大的 GPS 定位误差。GPS L1 频率测量的最大垂直延迟大约是 15 m；但如果仰角较低，信号会穿越更长的电离层，上述误差会变成三倍。电离层可能会导致间歇性的信号衰落，极端情况还会导致信号丢失。

对于典型的单频用户而言，每颗卫星都会发布垂直延迟的幅度和模型周期等表征全球电离层的信息。信息大概每周更新一次，能为单频用户提供至少 50% 的误差修正。这些传输的信息中并不包含区域电离层突变行为。使用 L2 频段及相应的昂贵设备，可以为用户提供额外的参考信息，以帮助消除电离层误差。一些区域系统能够提供服务区内部特定网格点的 L1 频段误差修正。在太阳活动高年，网格点密度要与预期的电离层垂直延迟空间变化大致匹配。参量至少每隔几分钟就会更新，预期的电离层网格点垂直延迟残差要小于 0.5 m。

例题 8.2 电子密度

- **问题**：TEC 在中纬度的平均静日值为 10 TECU。试说明该值与图 8-9 的电子密度剖面相一致。
- **给定条件**：中纬度地区 TEC 为 10 TECU。
- **假设**：平静状况，电离层从 90 km 延伸至 1000 km。
- **解答**：TEC 与电子密度的关系为

$$N(z_0) = \int_{z_0}^{\infty} n(z)\mathrm{d}z = n_{\mathrm{avg}}\Delta z$$

- 将总电子含量除以电离层高度，可以得到电离层平均数密度

$$n = \frac{N}{\Delta z} = \frac{10\times 10^{16}\text{electrons/m}^2}{(1000\times 10^3\ \text{m} - 90\times 10^3\ \text{m})} = 1.1\times 10^{11}\ \text{电子数 /m}^3$$

- **解释**：在将图 8-9 的值从电子数 /cm³ 转换为电子数 /m³ 后，可以看出对于电离层 TEC 平均值而言，大约 1×10^{11} 电子数 /m³ 的平均电子密度是合理的。

补充思考题：地基测量的电子密度只能从电离层底部到峰值电子密度剖面处。一些卫星可以从其位置向下测量至峰值电子密度剖面。如果让你选择，何者更可取？为什么？

例题 8.3 电离层标高

- **背景**：图 8-9 显示低高度处的电离层的电子密度剖面与中性大气密度剖面差别很大。然而，在 400 km 之上，等离子体和中性剖面趋向一致。这些观测表明高海拔等离子体密度可能是按照调整后的标高为特征来分布的。
- **问题**：试确定 F2 层典型的等离子体标高。
- **相关概念**：标高 $H = \dfrac{k_B T}{mg}$；在等离子体内部，离子温度 T_i 和电子温度 T_e 通常是不同的。
- **给定条件**：高度 400 km，$T_i = 1200$ K，$T_e = 3500$ K。
- **假设**：400 km 高度，电离层主导粒子是 O^+（$m = 2.68 \times 10^{-26}$ kg）。
- **解答**：首先确定 400 km 的重力加速度 g

$$g = \frac{GM}{R^2} = \frac{6.67 \times 10^{-11} \text{ Nm}^2/\text{kg}^2 (5.97 \times 10^{24} \text{ kg})}{(6780 \times 10^3 \text{ m})^2} = 8.66 \text{ m/s}^2$$

计算等离子体标高

$$H_P = \frac{k_B T_P}{mg} = \frac{k_B (T_i + T_e)}{mg}$$

$$H_P = \frac{(1.38 \times 10^{-23} \text{ J/K})(1200 + 3500) \text{ K}}{2.68 \times 10^{-26} \text{ kg}(8.66 \text{ m/s}^2)} \approx 280 \text{ km}$$

- **解释**：同一地点的等离子体标高要比中性成分标高大。较轻的电子更热且更易移动。即使离子和电子温度相同，等离子体的标高也是同样温度中性成分的两倍。因为电子的热运动使压强增加，所以标高也会增加。

补充练习：试比较在太阳活动极大期和极小期，氮和氧的分子与原子在中性和电离情况下的标高。为简化起见，假设电子、离子、中性成分温度都相同。

8.2.3 电离层纬度和分层特征

目标：读完本节，你应该能够……

- ◆ 区分低纬度和高纬度电离层特征
- ◆ 了解电离层的哪一区域与磁层直接相连
- ◆ 将电离层分层电离水平进行类比和对比，并给出电离层峰值高度的大概位置
- ◆ 了解哪一层最为持久
- ◆ 解释中纬度槽和赤道异常

高度特征

我们通过纬度和高度来划分电离层不同区域。本节我们将对极区电离层、极光电离层、中纬度和低纬度电离层进行综述。我们将这些区域称为层，但它们的结构并不像层一样

简单。

中纬度电离层。在图 8-10 中，我们用字母来标识电离层的分层。D 层（D layer）是电离层的最低层，其底部高度取决于太阳活动性，一般位于 70~90 km，但太阳高能质子通量可能会在低至 50 km 处引起电离。X 射线辐射（$\lambda < 1.0$ nm）会引起所有的大气气体电离，而 121.6 nm（氢的莱曼-α 谱线）的太阳紫外辐射会电离氧和氮。因为 D 层主要是由太阳所控制，其影响在当地时正午和夏季最强，此时阳光入射角高。日落后，随着电子和离子复合，D 层迅速消失。大部分的氧分子离子和负离子位于 D 层。负离子形成是额外的电子暂时附着于原子或分子所致。在太阳活动极大年，D 层通常会略强些。

90~140 km 是较低的 E 层（E layer），X 射线（0.8 nm $< \lambda <$ 10.4 nm）和极紫外辐射会电离 O 和 O_2。E 层受太阳控制，在当地时正午和夏季最强。尽管 E 层通常在子夜后消失，但它比起 D 层要消散得更慢，因为较低的碰撞率减缓了复合。E 层电子密度在太阳活动极大年通常会翻倍。

在 140~500 km 的 F 层（F layer），太阳 X 射线和极紫外辐射会电离氧原子和氮分子。电子在 F 层达到最大密度。在夜间，通常只有单一的 F 层；而在白天，较低高度（140~200 km）通常会出现电离增强，被称为 F1 层（F1 layer），其一氧化氮离子（NO^+）密度较高。尽管会有一小部分电子密度持续增加，但 F1 层在日落后会逐渐消散。在最好的情况下，它们会给无线电通信造成小麻烦；在最坏的情况下，会造成电波信号偏差甚至吸收。

因为 E 层和 F1 层碰撞率较高，并且由于与原子成分相比，它们包含更易于与电子复合的分子成分，所以这两层会在夜间消失。对原子和电子而言，达到适当的能量与动量平衡以使其复合是较难的。在电离层里，电子-分子复合的概率要比电子-原子复合的概率高 10^5 倍。这一差别部分解释了接下来将要讨论的 F2 层持久性问题。

F2 层（F2 layer）从 200 km 开始向上延伸，在此区域占主导的氧原子很容易被 X 射线和波长小于 80 nm 的极紫外辐射电离。F2 层中电子和原子成分的碰撞和复合概率较低，意味着该层在夜间也存在。只有极区漫长昏暗的冬天才能提供充足的时间，使 F2 层部分电子和离子复合。在磁纬度 45°~55° 范围内，冬季的 F2 层要略强于夏季，在地磁活动高年尤其如此。太阳照射会使电离层 E 层和 F 层变强，而来自夏季半球这些层的等离子体输运导致了这一冬季异常。

顶部电离层（topside ionosphere）从 F2 层的峰值电子密度高度处开始，向上持续到 O^+ 少于 H^+ 和 He^+ 的过渡高度。过渡高度是变化的，但通常在夜间不低于 500 km，白天不低于 800 km，尽管其有时可达 1100 km 高度。顶部电离层与地冕是共存的。

太阳辐射并非是中纬度地区电离的唯一来源。银河宇宙线、太阳高能粒子、辐射带粒子都能导致电离；电离会到达非常低的高度，甚至低于 50 km。在 85~105 km，流星可提供电离和余迹，流星带入电离层的物质也会随之电离。第 14.2 节详细讨论了流星的效应。图 8-16 阐释了不同类型高能粒子的穿透深度。

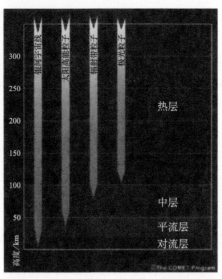

图 8-16　不同形式高能粒子的穿透深度。 高层大气与所有类型的高能粒子相互作用。最高能的银河宇宙线在大气中穿透最深。（美国大学大气研究联盟的 COMET 计划供图）

纬度特征

极区电离层。 极区电离层极端多变，其状态取决于季节，从完全明亮到彻底黑暗。正如我们在第 7 章所描述的，极盖区电离层（南北纬 75°～90°）通常与太阳风直接连接，这一区域对应于图 8-17 中被极光卵所包围的黑暗区域。太阳风粒子与中性原子和分子碰撞并将其电离。在极区电离层里，等离子体的密度改变是由太阳极紫外辐射、沉降粒子电离，以及较低纬度等离子体运动的变化所致。

在极光卵内部的磁极附近区域会经历电子密度的季节性极端变化。在夏季，电离层分层通常是清晰存在的。而在冬天，低热层缺乏太阳辐射形成了一个电子密度非常低的区域——极区空洞（polar hole）。电离层的最高层可能会存在，因为较高高度暴露于太阳辐射的时间较长，复合率相对较低。偶尔从极隙区进入的粒子流能量够高，在黑暗的情况下也能增强极区电离层。极少数情况下，太阳风场向高能粒子束可以直接到达极盖区。这产生了过量的电离，并导致通常是黑暗的极盖区发出 X 射线辐射。

在通常情况下，等离子体会从极区向外流动，称为 *极风*（polar wind）。一些在 1000～10000km 高度范围穿越极盖区的卫星会与极风相互作用。流动通量随时间的变化会超过一个量级。此外，在极盖区有时会出现极风密度更高的局地区域。这些增强显示了极风和其下方电离层或上方磁层的扰动情况是有关联的。

极光区和中纬度电离层。 高纬度电离层最显著的特性是极光，如图 8-17（a）和（b）所示。随着磁层能量状态的变化，极光卵区域会膨胀和收缩，正如例题 4.5 所述。*极光*（aurora）来自于磁层-电离层相互作用。在磁尾的磁重联事件中被加速的粒子会在几个地球半径处，通过沿磁力线的电压变化被进一步加速。当它们到达电离层上边界时，粒子能量会超过几个 keV。极光会出现于南北磁纬 60°～65° 附近的高纬区域，通常呈现以磁极为中心的椭圆形分布。产生极光的粒子主要是电子，但在特别高能的事件期，质子对局地极光能量也会有很大贡献。

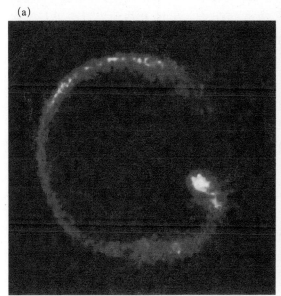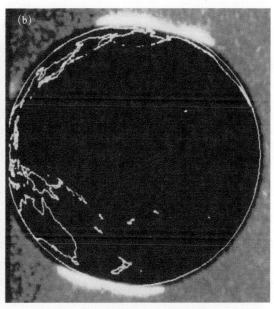

图 8-17 （a）沉降质子产生的极光卵。伪彩色图像显示了 IMAGE 卫星极紫外成像仪所观测到的北半球极光卵。这些极光辐射来自于沉降的高能质子。极点附近的亮点是磁层极隙区的足点，位于地球日侧接近地方时正午的地方（NASA 的 IMAGE 卫星计划和西南研究所供图）。**（b）两个半球的极光**。这个极紫外波长的伪彩色图像叠加在一幅海岸线地图上，以显示极区的极光卵。这些极光辐射主要产生于 130.4 nm 和 135.6 nm 的原子氧辐射，以及来自氮分子的 Lyman-Birge-Hopfield 辐射带。图像由动力探索者 1 号卫星在太平洋上空所摄。（美国爱荷华大学的 Louis Frank 和 NASA 供图）

大部分极光来自于碰撞激发，并且大部分极光电导率来自于碰撞电离。明亮可见的极光一般在当地时半夜发生。因为过量电离就是极光区（auroral zone）的特征，强烈的电流（电集流）可以在赤道和高纬度电离层被发现，从而导致等离子体不稳定，使雷达探测到多普勒频谱的变化。在高纬地区，极光电集流会产生"雷达极光"杂波，可能会混淆对天波超视距雷达扫描回波的解读。在平静期，稳定的低能电子流沉降到极光卵，产生了所谓的弥散极光（diffuse aurora）。电子流注入使得电离层免于通常情况下夜间的快速衰减。实际上极光电离层通常在夜间也会存在。

在自然界中，边界区域通常是最受关注的，在极光和中纬度电离层之间的边界区就是个好例子。在夜侧极光卵的低纬边缘，E 层和 F 层通常会出现一个电子密度槽（损耗区）。中纬度槽（mid-latitude trough）在夜间和冬季更为显著。电离层等离子体可能向上"渗漏"进磁层，而并没有得到周围电离层等离子体补充。这是磁层亚暴期间，场向电流增强引起的离子净损失所致。观测表明，赤道和中纬度电子密度在十二月的增强与地球近日点有关。由于地球在此时更接近太阳，所以在地理纬度 35°S 和 50°N 之间会出现电子密度午间增强。北半球在十二月朝远离太阳的方向倾斜。而电子密度增强直至北纬 50° 都有呈现，这一事实凸显了夏季半球向冬季半球输运引起的强烈影响，如图 8-5 所示。

赤道电离层和异常峰。赤道电离层（equatorial ionosphere）（南北纬 0°～30°）通常呈现出等离子体喷泉效应，能产生强烈的电子密度梯度。这些梯度会显著地干扰某些类型的通信和导航信号。当太阳恰好过顶时，由于其强烈的辐射，电子密度达到峰值。中性大气大尺度的上行运动会抬升电离层（8.1 节）。在赤道附近，磁场 **B** 与地表近乎平行。嵌入在中性大气中的离子和电子被中性风携带而跨越磁场。带电粒子的上行运动产生了电场（$E = -v \times B$）。电场在白天是东向的（例题 8.5）。磁场约束了上行等离子体，迫使其在重力和压强梯度力作用下沿磁力线朝南北向移动，其结果就是"喷泉效应"。这一喷泉效应造成赤道地区的等离子体损耗，并在南北纬十几度的地方增强。图 8-18 描绘了这一现象，电离峰值在赤道两侧形成——被称之为赤道电离异常（或赤道异常峰）。电离双峰大致位于磁纬度 ±15°，并沿经度方向延伸，如图 8-15 和图 8-19 所示。

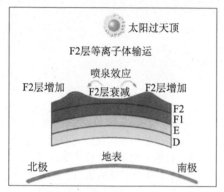

图 8-18　赤道电离异常。我们可以看到赤道电离层 F2 层的上行运动（$E \times B$），指向页面内部方向为东。日侧太阳加热引发了这一运动。在跨越赤道地区水平排列的磁力线时，F2 层的带电粒子会产生电场。但磁场同样也束缚了粒子运动，并建立起压强梯度，使粒子水平扩散，并在磁纬 ±15°的位置下降。重力对下降运动也有贡献。下降运动使得这些纬度的电子密度增加，并在赤道地区产生强烈的纬向梯度。（美国空军气象局供图）

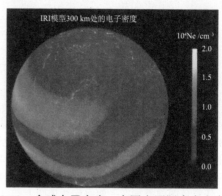

图 8-19　全球电子密度。本图由国际参考电离层（IRI）模型生成，左侧是白天。电子密度在日下点区域较高，喷泉效应在赤道两侧将电离粒子抬升至较高高度。高高度处更长的复合时间使得电离峰值持续至夜间。GPS 信号在通过赤道异常峰或其任一侧梯度区域时，通常会被不均匀的电子密度分布散射或引起闪烁。在南大西洋区域，较之于地理赤道，磁赤道向南倾斜。这一倾斜解释了图中心部分的峰值向南的些微移动。（NCAR 的 Stan Solomon 供图）

关注点 8.3　极光颜色

极光通常呈现出明亮的绿色，但也有可能是粉色、蓝色、紫色。当来自磁层的高能粒子与大气成分相碰撞时，能使分子和原子激发，产生极光。不同的成分在被激发时发出颜色不同的光。在 300 km 高度，氧原子会在 630 nm 产生红光。这一辐射仅在较高高度出现，因为这些原子会与 180 km 以下的氮分子碰撞而退激发。在 120～180 km，激发态的氮会与氧原子相互作用，在 557.5 nm 波长发出黄绿色的极光。在 100 km 以下，氧原子数量极少，绿色极光会消失。高能粒子穿透进入较低高度而激发氮分子，在涟漪

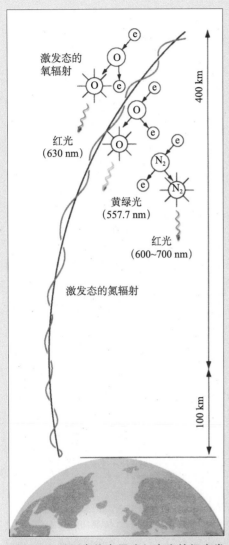

状的极光带下边缘发出紫色和深红色的光。有时候绿色的光波会跟随紫色光而出现，这是氧和氮激发的时间延迟所产生的效应。氧原子在衰变前，会在不稳定态持续 1 秒；而氮分子几乎是立即辐射。图 8-20 是对这些辐射的艺术演绎图。图 8-21 是航天员从侧面所拍摄的极光可见光图像，图中同样拍摄到了航天飞机的喷射辉光。

偶尔会有言论声称极光粒子直接来自于太阳，实际上这并不正确。一些太阳风粒子的确可以直接到达狭窄的电离层极隙区，极少数情况下会进入开放的极盖。然而，这些粒子所发出的光并不在可见光范围内，我们所能看见的极光发射源自于磁层粒子。

图 8-20 磁层高能电子注入产生的极光发射艺术效果图。电子在与大气中性成分碰撞前，绕磁力线做螺旋运动。在本图中，放射状亮光表明激发态。（NOAA 空间天气预报中心供图）

图 8-21 太空飞船与极光。氧原子产生了 180 km 以上的红光和 180 km 以下的蓝绿光。极光天幕映出入射电子路径的轮廓。（NASA 供图）

8.3　电离层中的电波传播

8.3.1　高频电波传播

目标：读完本节，你应该能够……

- ◆ 解释无线电波和电离层电子的相互作用
- ◆ 区分最高和最低可用频率
- ◆ 解释高频电波传播窗口
- ◆ 理解高频传播窗口随太阳照射变化的原因

我们现在探讨电离层对技术的重要影响。实际上，正是电离层促成了我们习以为常的一项技术——电波传播。在电波成为通信媒介后不久，无线电设备有效通信范围内就开始出现异常。偶尔，信号传输会在远超过仪器应该达到的最大范围之处被接收到。这些独特的效应在夜间尤为明显。研究者最终得出结论：在大气较高高度处有电离层的存在，无线电波会在距离其发射源很远的地方被反射回地球。早在人类或航天器能穿越电离层之前，无线电科学的发展就激发了人们研究电离层的兴趣。

当电磁波通过电离层传播时，电波的振荡电场会引起电子相对于更重、较为静态的离子的振荡。粒子相互作用改变了波的方向，结果是无线电波在电离层中发生折射（取决于电波频率），我们将在下一节对此进行详述。因为电离层在无线电频率足够低时的反射特性，电离层扮演了"天空之镜"的角色，并被常规用于短波通信、天波超视距雷达，以及无线电导航系统当中。总之，电离层对电波传播的影响随频率增加而衰减。电波频率大于等离子体频率时，就能穿过电离层而到达卫星。高频（3～30 MHz）无线电波在 F 层或日间 E 层反射回来，而甚低频（小于 30 kHz）电波在 D 层发生反射。

当电波在电离层中传输时，电子会在电波频率上振荡。当电子与中性成分碰撞时，一部分振荡能量会转换成随机热能而离开电波，其结果是无线电波减弱。电子与中性分子碰撞率越高，电波减弱越多。因此大部分电波减弱发生在 D 层，这里的中性分子密度和电子碰撞频率要高于其上层区域。

天波（sky wave）传播使用电离层作为两个天线之间的信号路径。无线电波在电子密度更高的区域发生折射，如图 8-22 所示。电子密度垂直梯度会使电波发生朝向地球及远离地球的折射。无线电波返回地

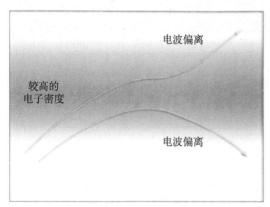

图 8-22　电波的电离层折射。 天波传输的几何形态取决于电波频率和电离层电子密度剖面。

球取决于其频率和角度，我们把这种情形称之为跳（hop）或跳跃传输（skip transmission）。无线电波在地表反射，并重复多跳传输过程。电波也可能束缚于电离层的层间，这种现象被称为电离层波导（ionospheric ducting）。如果电波在向上传播时没有足够的弯曲，则其会穿透电离层，成为跨电离层电波（trans-ionospheric wave）。

在 D 层高度，大量中性气体原子和分子与电离粒子共存。因为穿过的电波会造成离子和自由电子的振荡，它们会与中性大气粒子发生碰撞，使得振荡运动逐渐衰减并转化为热。因此 D 层会对电波信号产生吸收。频率越低，信号吸收越大。最低可用频率（lowest usable frequency, LUF）是指在此频率之下，电离层会吸收过多的信号，使其无法穿出 D 层。通常最低可用频率位于高频波段的较低部分。电离层当中电离程度最大的是 F 层（200～400 km）。F 层的自由电子会导致电波折射（弯曲），但频率越高，折射越小。最高可用频率（maximum usable frequency, MUF）是指高于此频率的无线电波所遇到的电离层折射（对给定的发射角）过小，使得其无法反射回地球表面，从而成为跨电离层电波。通常最高可用频率位于高频波段较高部分。MUF 和 LUF 使得中频到高频（300 kHz～30 MHz）波段可用于地对地电波通信。卫星通信（SATCOM）使用甚高频到极高频（30 MHz～300 GHz）波段以穿透电离层。

高频电波传播窗口（HF radia propagation window）是在 LUF（完全的 D 层信号吸收）和 MUF（信号在 F 层折射不足而无法返回）之间的频段。这一窗口随地点、地方时、季节、太阳和地磁活动水平而变化。高频通信会选择这一窗口内的频段，从而使信号穿过 D 层，继而在 F 层折射回来。如图 8-23 所示，典型的 LUF-MUF 曲线呈现出正常的昼夜变化。在下午早些时间，太阳辐射（部分 X 射线和 EUV，但主要是 FUV）的光致电离处于极大值，所以 D 层和 F 层较强，LUF 和 MUF 得到抬升。在夜间，光致电离的损失使得所有层电子密度减少（有些层整体消失），LUF 和 MUF 变低。例如，图 8-23 显示 6 MHz 的通信，只能存在于从日落到日出后几个小时。相反的是，10 MHz 的通信能够在地方时 8 点到 17 点

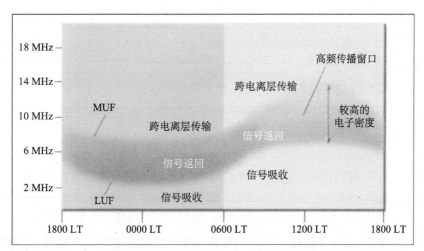

图 8-23 高频电波传播窗口。 传播频段随地方时变化，主要因为电离层对太阳辐射的吸收。频率在 LUF 和 MUF 之间的电波可以传输。频率高于 MUF 的电波会离开电离层，频率低于 LUF 的电波会被吸收而无法传播。（MUF 是最高可用频率，LUF 是最低可用频率）。（美国空军气象局供图）

之间存在。没有哪个频段在白天和晚上都能正常工作。因此，许多高频广播系统都至少会公布两个传输频率——低频用于夜间传输，高频用于日间传输。

问答题 8-9

地表无线电通信大多发生在电离层哪一高度之下？

问答题 8-10

假设图 8-23 代表太阳活动极小年，那么在太阳活动极大年的曲线和高频窗口会如何？

问答题 8-11

考虑图 8-23。想象你在值班时操作通信设备。你注意到一个大太阳耀斑，你应该提高还是降低传输频率？传输窗口会如何？

问答题 8-12

为什么最高可用频率在午后上升？
（a）因为 D 层高度上升；
（b）因为 F 层高度上升；
（c）因为 D 层电子密度上升；
（d）因为 F 层电子密度上升。

8.3.2 电离层电波传播的物理机制

目标：读完本节，你应该能够……

◆ 计算垂直电波剧烈折射而达到反射的频率
◆ 解释连续变化的折射指数如何反射斜向电波

要理解电波在电离层中如何折射，我们需要建立一些概念：折射指数、斯内尔折射定律、特征频率、临界频率。

正如我们在第 6 章所述，波的传播以两种方式度量：相速度和群速度。群速度（group speed）指的是整体波形或者波包在空间中传播的速度，群速度描述的是信息或能量在介质中的传播方式。相速度（phase speed）指的是波峰、波谷或其他等相位面的传播速度。电磁波的相速度可以大于真空中的光速，但这不意味着能量会超光速传播。我们此处感兴趣的是相速度。

折射指数。我们将一种介质的折射指数（refractive index）n 定义为电磁波在真空中的光速 c 与介质中的相速度 v_n 的比值

$$n = c/v_n \tag{8-7}$$

其中，n = 介质（如空气）的折射指数 [无量纲]；

c = 电磁波在真空中的速度（2.998×10^8 m/s）；

v_n = 电磁波在介质中的相速度 [m/s]。

在大部分物质中，折射指数是大于 1 的，并随频率而变化。紫光（高频）的折射指数更大，而红光（低频）的折射指数更小。在等离子体中，折射指数（忽略磁场）要小于 1，由下式给出：

$$n = \sqrt{1 - \frac{N_e e^2}{\varepsilon_0 m_e \omega^2}} \approx \sqrt{1 - \frac{80.6 N_e}{f^2}} \tag{8-8}$$

其中，N_e = 电子密度 [电子数 /m³]；

m_e = 电子质量（9.11×10^{-31} kg）；

e = 电子电量（1.6×10^{-19} C）；

ε_0 = 自由空间介电常数（8.85×10^{-12} C²/(N·m²)）；

ω = 角频率 [rad/s]；

f = 波频率 [Hz]。

在本节中，我们没有按照通常那样，用小写的 n 来表示电子密度，因为此处的 n 指的是折射指数。公式（8-8）给出了一个特征频率，以决定折射指数实部和虚部之间的界限。我们在第 6 章定义了这一特征频率，也称等离子体频率。当 $n = 0$ 条件成立时，有如下公式：

$$f_P = \sqrt{80.6 N_e} \text{ 或 } \omega_P = \sqrt{\frac{N_e e^2}{\varepsilon_0 m_e}} \tag{8-9}$$

其中，f_P = 等离子体频率 [Hz]；

ω_P = 等离子体角频率 [rad/s]。

公式（8-9）显示了电子在固定的离子周围的自然振荡频率。

问答题 8–13

一个从地面发射垂直传输的电波会遇到

（a）电子密度增加，折射指数下降；

（b）电子密度增加，折射指数增加；

（c）电子密度下降，折射指数下降；

（d）电子密度下降，折射指数增加。

斯内尔定律

斯内尔定律（Snell's Law）描述了折射指数改变时波的行为。它描述了一个入射电波在两种介质界面上是如何折射（弯曲）的（图 8-24）。

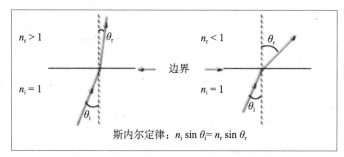

图 8-24　单一边界的斯内尔定律。入射波以角度 θ_i 接近介质边界，并以角度 θ_r 离开。

$$n_i\sin\theta_i = n_r\sin\theta_r \tag{8-10}$$

其中，θ_i = 入射角 [弧度或角度]；

　　　θ_r = 折射角 [弧度或角度]。

假想一个层状介质，每一层的折射指数都比其下面一层低，如图 8-25 所示。在每一层都应用斯内尔定律，可以得到

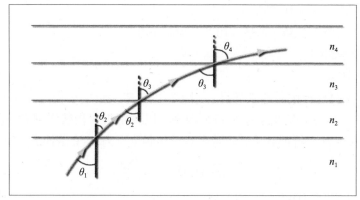

图 8-25　折射指数连续变化的斯内尔定律。入射辐射以特定的入射角 θ_i 到达每一边界，并以折射角 θ_r 离开。为求出最终的角度，我们需要在每一层连续应用斯内尔定律。

$$n_1\sin\theta_1 = n_2\sin\theta_2 = n_3\sin\theta_3 = \cdots = n_m\sin\theta_m$$

或总体来说

$$n\sin\theta = 常数 \tag{8-11}$$

我们将这一过程应用于电离层当中，如图 8-26 所示。

公式（8-11）必须对射线路径上所有点都有效。在电波进入电离层之前，θ 等于 θ_0，并且 $n \approx 1$。随着电波进入电离层，电子密度逐渐增加，折射指数开始减少。为满足斯内尔定律，角度 θ 必须增加，而射线必须进一步偏离开垂直方向。对于反射而言，在射线顶端折射后的角度 θ 必须达到 90°，所以有

$$n_m = \sin\theta_0 \tag{8-12}$$

我们计算上式成立所需的电子密度，使用公式（8-8）和公式（8-12）：

$$n = \sqrt{1 - \frac{N_e e^2}{\varepsilon_0 m_e \omega^2}} \approx \sqrt{1 - \frac{80.6 N_e}{f^2}}$$

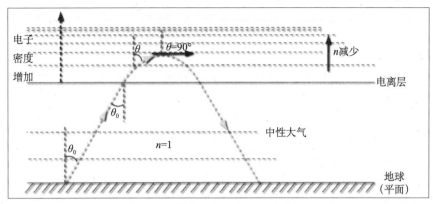

图 8-26 电离层中的斯内尔定律。 折射指数在电离层中连续变化，最终导致入射电波完全反射。

以角度 θ_0 离开地面的射线，在达到反射时所需的最小电子密度由下式给出：

$$\sin\theta_0 = n_{\mathrm{m}} = \sqrt{1 - \frac{80.6 N_{\mathrm{emin}}}{f^2}}$$

利用等式 $1 - \sin^2\theta_0 = \cos^2\theta_0$ 来求解 N_{emin}，可以得到

$$N_{\mathrm{emin}} = \frac{f^2}{80.6} \cos^2\theta_0 \tag{8-13}$$

其中，N_{emin} 的单位是电子数 $/\mathrm{m}^3$。

从公式（8-7）到公式（8-13）的相关理论对于具有无限范围的波和边界都适用，并且表明在反射高度时波的能量无法穿透介质。在现实世界中，波和边界都是有限的，会有少许的能量穿透边界。在边界远端激发的波，被称为消散波（evanescent wave），会随着离开边界的距离而呈指数衰减。

我们以上所描述的现象是一种内部全反射的类型，发生在当电磁波从高折射指数向低折射指数区域传播时。根据公式（8-8），电离层折射指数会随电子密度增加而减少，正如我们在图 8-26 所阐释的。图8-27 是两个电波在大气模型中的电离层折射可视图。图中两条电波的频率不同，并在不同的高度折射回地球。

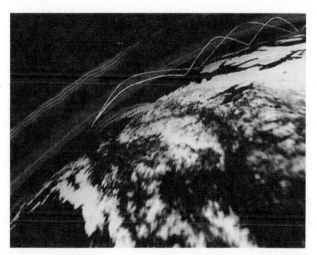

图 8-27 电波传播。 此处显示的是 7.5 MHz 和 15 MHz 的高频电波束在极区电离层传播的例子。该截图显示了电离层结构，以及低频波在被电子密度梯度折射时是如何折返回地球的。不同频率的电波会在折返前穿透到电离层不同高度。因此反射高度和传输距离取决于电子密度。（极区超算中心供图）

例题 8.4　电波传播

- 问题：假设频率为 4.032 MHz 的电波从地面以 30° 仰角发射，并在 220 km 高度反射。试计算反射点的电子密度，并估计信号会在多远的地方被接收。

- 给定条件：$f = 4.032$ MHz，反射高度为 220 km，仰角等于 30°。

- 假设：狭窄的一束电波，单次反射，忽略地球曲率。

- 解答：首先确定与临界频率相对应的电子密度

    斜向：$N_{emin} = \dfrac{f^2}{80.6} \cos^2\theta_0$。

    如果仰角为 30°，则相对于垂直方向的入射角为 60°，$\cos(60°) = 0.5$，电子密度

    $$N_e = [(0.5)(4.032 \times 10^6 \text{ Hz})]^2 / 80.6 = 5.04 \times 10^{10} \text{ 电子数 /m}^3$$

    接下来计算电波的跳距，跳距的一半等于 30° 角的临边长度。

    $\tan(30°) = 220$ km/（跳距的一半）。

    （跳距的一半）$= 220$ km/$\tan(30°) = 381$ km。

    跳距 $= 2 \times 381$ km $= 762$ km。

- 解释：这一相对低频的电波会在 F2 层峰值高度之下的某点发生反射。如果电波沿着南北方向传输，则其会穿越大概 7° 的纬度（每一纬度大约对应 110 km）。

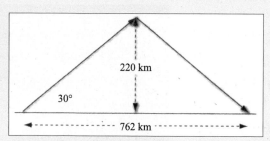

图 8-28　电波传播几何简化图。本图采用了直线对此问题进行简化表示，可使计算便捷，得到合理结果。

临界频率

随着折射指数接近零，波的法线变得水平。波发生反射，并开始返回地面。在反射高度处波的能量无法穿透介质。

在垂直入射 $(\theta_0 = 0°)$ 的特殊情况下，折射指数 $n = 0$ 时发生反射：

$$n = \sqrt{1 - \frac{80.6 N_{emin}}{f^2}} \approx \sqrt{1 - \frac{f_P^2}{f^2}} = 0 \quad\quad (8\text{-}14)$$

其中，$f =$ 电波频率；

　　　$f_P =$ 等离子体频率。

因此，对于垂直入射，当入射波频率 f 等于等离子体频率 f_P 的时候，$n = 0$，电波在电离层中发生反射。在此反射发生的高度处：$v_n = \infty$，相速度无限大；

　　　$v_g = 0$，群速度（能量传播的速度）为零。

能使 $\theta_0 = 0°$ 的垂直入射发生反射的最小电子密度由公式（8-13）给出：

$$\text{垂直情况:} \quad N_{\text{emin}} = \frac{f^2}{80.6}$$

其中,N_{emin} 的单位是电子数 $/m^3$。

斜线入射在反射时所需的电子密度较小。对于给定的最低电子密度,利用公式(8-13),我们可以建立起斜波频率 f_θ 与垂直反射频率 f_P 的关系:

$$f_\theta = \frac{f_P}{\cos\theta} = f_P\sec\theta \qquad (8\text{-}15)$$

所以一般而言 $f_\theta \geqslant f_P$。

如果 N_{emax} 是电离层峰值电子密度,则垂直入射所能反射的最高频率被称为该层的临频(critical frequency),由下式给出:

$$f_c = \sqrt{80.6 N_{\text{emax}}} \approx 9\sqrt{N_{\text{emax}}} \qquad (8\text{-}16)$$

其中,N_{emax} 是最大电子密度。

对于斜向入射,平坦地球的临频为

$$f_c(\theta) = f_c/\cos\theta = f_c\sec\theta \qquad (8\text{-}17)$$

对于入射角很大(接近于 90°)的情况,这一临频会使通信可用频率的数量显著上升。本公式并没有包含地球曲率的影响,并且对于较大的 θ 角,公式需要进一步修正。

上述分析都假设电离层只有一个临频。真实的电离层却有若干个临频,在每一层都对应于一个。在每一层和其下各层,电子会重新辐射入射波的能量,从而使电波传播,并在临频高度上通过反射电波来实现电波通信。如果电波频率高于临频(截止频率),则电波不会反射回来,而会穿透电离层向上传播。如果电波频率比最大的 F2 层临频还要高,则电波会逃向太空(或许到达某颗卫星)。

图 8-29 显示了两种类型的波的信息。在发射的电波开始穿过电离层后,地球磁场会将电波分裂为两种特性成分:寻常波(ordinary wave, o-wave)和非寻常波(extraordinary

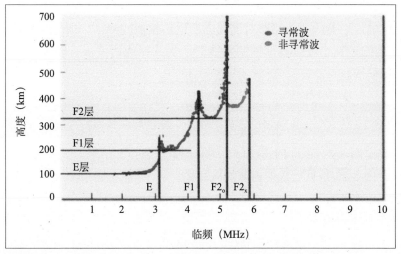

图 8-29 北半球欧洲某地正午的频高图示例。每条抛物线的平底是层的峰值高度位置。所以 E 层底部约为 100 km,F2 层底部约为 320 km。

wave, x-wave)。对寻常波而言，电场在与磁场平行的方向加速电子，所以磁场对电子没有影响，因为磁场只会对垂直其运动的电子施加作用力。对于非寻常波，入射辐射电场使自由电子在垂直于磁场的方向上被加速。磁场对电子施加作用力，因而改变其运动，使非寻常波的折射指数不同于寻常波。不同速度波的成分有着不同的折射指数。

　　每一条波都沿单独路径在电离层中传播。此外，每个传播的信号成分都对不同的功率混合级别起作用，整体组成了信号进入电离层前的全部功率。非寻常波通常是两者中较弱的，在较高频率上，寻常波和非寻常波会沿近似路径传播，在低频上它们则会分开传播。

　　寻常波和非寻常波的存在可以通过电离层探测的频高图（ionogram）所证实（图 8-29）。电离层不同分层有着不同的临频。对于 F2 层尤为明显。寻常波和非寻常波都有自己的最高可用频率（MUF），非寻常波的 MUF 相对较高。在计算 MUF 和其他输出参数时，几乎所有的传播预测程序都只能解释寻常波临频。由于非寻常波的折射特性，实际的 MUF 可能会比程序预测的更高。

关注点 8.4　电离层探测

　　知道了电波是如何在电离层中反射的，我们接下来将研究如何使用这一信息来"探测"电离层。一种叫做测高仪的设备可以产生脉冲电波，向上传播并被电离层反射回设备。传播时间被记录下来并除以 2，以计算反射点高度。通过平滑的改变发出脉冲频率，并记录其传播时间随频率的变化，我们可以生成频率相对于高度的记录。随着频率增加，每一条电波被电离层的折射会减少，因而能在被反射前穿透至更高。最终，电波会达到使其穿透电离层而不再反射的频率。对于寻常波而言，当传输频率超过峰值等离子体频率（临频）时，上述情况就会发生。这种频高图提供了关于不同反射层高度及其电子密度的信息。图 8-29 显示了一幅频高图，我们可以从中识别出 E 层、F1 层、F2 层的高度和频率。临频可由频高图中的尖端识别出来，从这些图中我们可以描绘出电离层底部电子密度剖面的特征。

　　带有无线电发射器的卫星能够对顶部电离层做相似的测量。顶部探测是确定电离层 F2 层以上结构的最佳手段。顶部探测可能会产生共振或回波，有助于定位出电离层等离子体不均匀结构。

例题 8.5　电离层峰值电子密度

- 问题：试确定图 8-29 里的 F1 层和 F2 层峰值电子密度。
- 给定条件：图 8-29 是垂直入射探测的频高图。
- 假设：电离层水平分层。
- 解答：等离子体临频为

$$f_P(Hz) = \sqrt{80.6 N_e}$$

$$N_e \approx f_P^2 / 80.6$$

$$N_{eF1} \approx (3.3 \times 10^6)^2/80.6 = 1.4 \times 10^{11}/m^3 = 1.4 \times 10^5 \text{ 电子数}/cm^3$$
$$N_{eF2} \approx (4.7 \times 10^6)^2/80.6 = 2.7 \times 10^{11}/m^3 = 2.7 \times 10^5 \text{ 电子数}/cm^3$$

■ 解释：这些电子密度要比图 8-10 所示的略大，但确实是在正确的量级上。然而，数据是来自高纬台站。我们预计在中低纬度台站的各层峰值密度要小一些。

补充练习 1： 使用图 8-10 里的 E 层和 F 层电子密度计算临频。

补充练习 2： 与图 8-29 每一层临频相对应的波长是多少？

8.4 电离层与其他区域的相互作用

8.4.1 平静的高纬电离层与磁层的联系

目标：读完本节，你应该能够……

♦ 描述连接高纬电离层和磁层的电流
♦ 区分霍尔电流和彼得森电流
♦ 区分坡印廷通量和粒子通量
♦ 描述高纬电离层对磁层能量输入是如何响应的

磁层–电离层耦合。大约 75% 的电离层能量来自于太阳辐射，其余大部分来自于磁层–电离层–大气耦合所涉及的过程。*磁层–电离层耦合*（magnetosphere-ionosphere coupling）指的是连接电离层等离子体与磁层高能等离子体的过程和机制。在磁层顶和内磁层，场向电流与高纬电离层相连。图 8-30 显示了从遥远的磁层区域映射到高纬电离层的磁力线。驱动这些电流的场起源于黏滞电荷分离（图 1-25 和第 7.4.2 节），以及太阳风感应电场（第 4.4.2 节、7.4.2 节、图 4-34、图 7-28）。电流在电离层和磁层之间传递动量和能量。

电离层中的能量传递有两个主要机制：伴随场向电流的电磁场所传送的能量（坡印廷通量），以及由粒子沉降所传送的能量。电离层中的能量耗散有三种形式：①场向电流在等势面闭合所产生的焦耳（欧姆）加热；②通过动量转移来加速中性成分；③高能粒子动能损失导致的加热和电离。

场向电流（FAC）。在第 4 章和第 7 章，我们描述了磁层是如何给电离层施加电场的。局部电场是由磁层等离子体压强梯度力和磁场压力所产生的。电场和其层状的场向电流沿着磁力线映射到电离层。这些电流主要是电子电流，向上的电流伴随的是磁层电子沉降，向下的电流由上行电离层电子所维持。垂直流动的电流在进入电离层时会偏离为水平电流（图 8-30 和图 8-31）。

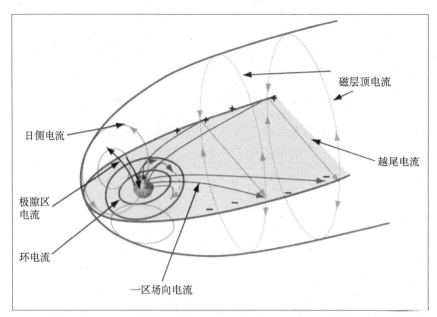

图 8-30　电离层－磁层电流系。本图是从远部的内磁层所视的与高纬电离层相连并在其中闭合的电流图。赤道面为黄色，其上的绿线显示了从晨侧流向昏侧的越尾电流。绿色的虚曲线是磁层顶电流，红色电流将磁层侧翼的电流和电荷与电离层相连。黑色电流将日侧磁层和极隙区与电离层相连。连接电离层的环电流（蓝色）是间歇性和非常局域化的。黏滞相互作用和其引发的电场会驱动来自磁层晨侧的电流流过极区和极光区电离层，并在夜侧返回。

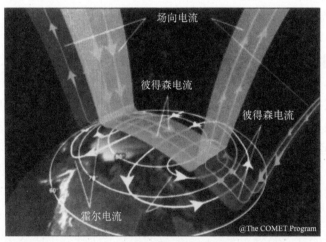

图 8-31　连接高纬电离层与磁层的电流系。电离层和磁层是通过场向电流耦合的。太阳位于左下侧的图外。橙色水平条带显示的是与电场平行的彼得森电流。彼得森电流系包含了来自磁层的场向电流，以及电离层中闭合的水平电流。黄色曲线是霍尔电流，其流向与电场和磁场都垂直。未画出的极光区位于纬度 65°～75°。为简化起见，磁力线并未显示出来。（美国大学大气研究联盟的 COMET 计划供图）

　　磁层扮演了电流发电机的角色，分隔带电粒子使其能成为有序的电流；磁层也是电压发电机，驱动粒子通过电离层电阻。参与场向电流形成的有四个区域：

- 高纬地区的日侧磁层顶产生极隙区电流（cusp current）。这些电流是行星际电场与磁层电场在日侧相互作用的标志。
- 磁层顶的赤道边缘是一个极化电场区域。产生的电流被称为一区场向电流（region-1 current），是由太阳风等离子体、行星际磁场与地磁场相互作用所引起。
- 等离子体片导致了环电流的分流。相应的电流被称为二区场向电流（region-2 current），这些高度变化的电流是由行星际磁场与地磁场相互作用导致的部分环电流梯度所引起的。二区场向电流在磁暴期间会变得很显著。
- 赤道等离子体片的重联区域会间歇性地产生流向夜侧极光卵的浪涌电流，被称之为亚暴电流楔（substorm current wedge），是由亚暴期间部分中性片电流通过电离层偏转而导致的。

图 8-31 给出了场向电流的特写图。一区场向电流位于高纬，二区场向电流位于较低纬度。图 8-32 给出了从地球北极视角的俯视图。

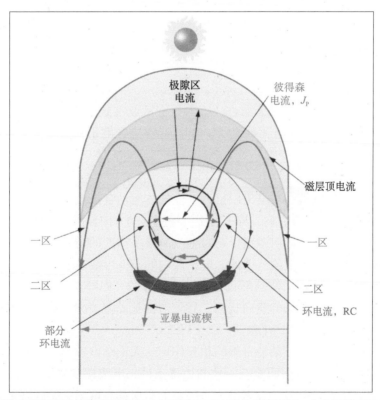

图 8-32 连接高纬电离层和磁层的主要电流。本图给出了地球北极俯视图。白色区域表示极盖，明亮的黄色区域代表极光区，暗黄色区域是中性片。极隙区电流变化很大，在活跃期的方向可能与图示相反。一区场向电流从晨侧磁层流入，以彼得森电流穿越极盖，并流入昏侧磁层。部分彼得森电流会偏离至极光区并通过二区场向电流来闭合。淡绿色所示为磁层顶电流（图 8-30 中的绿色虚曲线也是），一区场向电流会在磁层顶侧面汇入磁层顶电流。二区场向电流来自于环电流分支，分支来自于对流增强引起的环电流压力不均。二区场向电流在极光区闭合，有少许会穿越极盖。在磁暴时期，当磁尾缺乏足够的电流密度来闭合中性片电流时，高度变化的亚暴电流楔就会形成。南半球有着类似的电流结构。

电离层必须有水平电流系以使场向电流闭合。沿着电场流动的电离层闭合电流，被称为彼得森电流（Pederson current, J_P），即图 8-31 的水平橙色片和图 8-32 中穿越极盖的电流。它连接了进入和离开电离层的场向电流。彼得森电流为磁层提供了能量势阱。封闭电流发生在一定的电离层高度范围，其中中性成分的碰撞和等离子体密度变化支持了电流跨越磁力线流动。为简化起见，图 8-31 在一个高度积分的平层上绘制了水平闭合电流。

洛伦兹力导致垂直于磁力线运动的带电粒子发生偏移。因此，电离层彼得森电流的闭合产生了一个额外的电流系，被称为霍尔电流（Hall current, J_H）系（图 8-31 当中的黄色曲线）。在确定霍尔电流的流向时，我们还记得洛伦兹力会在 $J_P \times B$ 的方向上加速带电粒子，产生与 $E \times B$ 移动一致的粒子漂移。所导致的等离子体流会沿着映射电场的等势线流动，形成焦点分别在高纬电离层晨侧和昏侧的二元对流模式。因为等离子体是有碰撞的，电子会比大的离子漂移得更快更远，电流会沿着 $-E \times B$ 方向流动。这一霍尔电流会在地面产生磁场特征，我们可以用其来估计磁层 - 电离层的耦合程度。

问答题 8–14

假设电子是场向电流的电荷载流子。解释为什么霍尔电流在极盖区朝向太阳，已知电场从晨侧指向昏侧（图 7-28（b））。

问答题 8–15

假设电子是场向电流的电荷载流子。在图 8-31 中，电子在黄色曲线晨侧和昏侧的移动方向是什么？

电离层是个电流发电机。在电离层里，中性气体运动会拖拽带电粒子越过磁力线。这些粒子同样会受 $J \times B$ 作用力影响，从平行于电场的移动方向偏离。大部分电离产生的电流会在电离层内闭合。然而，任何源自于动力学或电导率梯度的局域电荷堆积都会导致向磁层延伸并在那里闭合的场向电流。因此，电离层内的条件可能需要场向电流流入和流出磁层。这些时间变化是以阿尔文波的形式在区域间传递的。回顾 5.1 节的内容可知，阿尔文波来自于背景磁场受感应电场的横向扰动，导致仿佛被固定（冻结）在磁场里的等离子体振荡。局部磁力线的小扰动会产生电流。

在电离层和磁层之间存在某种自然的相互作用。无论是由磁层还是电离层分别或共同驱动，闭合的电流环都需要在两端有一致的边界条件。电离层和磁层都必须能改变电场、等离子体数、电导率以支持另一方需求。磁层和电离层都有两个必要的特征：①能够改变和控制电流回路的极化电场；②能够变化沿磁力线传输的磁阿尔文波。电场和粒子的碰撞能改变电离层电导率和水平电流分布。这一性状确保了电离层水平电流与输送磁层电磁能和粒子能量的场向电流相一致。如果在任一端缺乏电荷载流子，电场强度就会自然地加强，直到电荷流动平衡和电流能够闭合为止。来自磁层的带电粒子携带了场向电流，改变了电离层电导率以促进电流闭合。太阳光致电离给电离层产生大量电荷储备，同样也为磁层提供了电流载流子。

焦耳加热率（焦耳功率）。场向电流为电离层和磁场之间的电磁能量交换提供了通道。电场和电流会在高纬产生焦耳加热。电场同样把动量转移给中性大气。焦耳和粒子加热改变了电离层中的等离子体压力，使等离子体沿磁力线上行移动。电离层离子通量外流会在磁层中被进一步加速，作为内磁层等离子体的主要来源。

当电场驱动粒子通过电阻介质时，能量会以热的形式耗散。这一焦耳加热率（Joule rate）导致了存储在高层大气约 90% 的能量耗散。在其最简单的形式中，加热率取决于彼得森电导率和电场的平方。

$$焦耳功率（焦耳加热率）= \sigma_p E^2$$

其中，焦耳功率 = 电离层和磁层之间的能量通量 [W/m²]；

    σ_P = 彼得森电导率 [1]；

    E = 电场强度 [N/C]。

半球积分的焦耳功率提供了一种对高纬耗散总功率的度量方式。在平静期，焦耳耗散的量级为 10 GW。在极端地磁扰动期会超过 1000 GW。

彼得森电导率的改变、从磁层映射下来的电场变化，以及离子与中性风的相互作用都会导致焦耳加热变化。在离子和中性成分速度差很大的一些区域，离子会受摩擦而加热，加热率正比于离子和中性成分速度差的平方。当离子和中性成分一起移动时，焦耳功率会达到最小。当中性风与离子漂移速度相当时，电离层会对能量输入施加控制以减少其幅度。在极区，电场更强且更多变，离子和中性成分的速度会频繁地不匹配。焦耳功率会在极区达到最大，从而提升中性成分和等离子体的温度、改变中性成分压力和相应风场、提高等离子体标高、驱动向外的场向等离子体流。磁暴驱动的粒子增强会以波的结构流出极光区（第 12 章）。扰动最终会导致额外的卫星阻力。

在稳态条件下，离子－中性成分的碰撞会在电离层中性粒子之上施加离子对流运动。通常电离层 10% 的储能被用于动能变化，这是由动量交换（momentum exchange）所导致的，动量交换与焦耳加热率在很大程度上依赖于同样因素。在极盖上，中性成分会受离子拖拽而从晨侧向夜侧越过极盖。日侧辐射加热同样会将中性成分推向较冷的夜侧，因此极盖区比起极光区，动量交换要少。

粒子能量通量。因为离子质量较大，所以磁层中的热能主要是由离子贡献。较轻的电子更易于加速，所以是平静期磁层－电离层耦合更主要的粒子。一些沿着磁力线流动的电子会与电离层里的中性成分相碰撞，并释放其能量以电离中性成分、激发氧分子与氮分子。极光电子是被平行于磁力线的电场从地球的等离子体片中加速出来的，这些粒子会被加速至 10~30 keV。阿尔文波可能会加速其他极光粒子。当被加速的电子撞击大气时，会释放出其能量，导致电离层加热。粒子加热在大部分极光区都有发生。在平静期，以粒子加热的形式在电离层里耗散的磁层能量小于 20%，但这一粒子加热很重要。电离层密度会被局部增强的电离进行强烈的调制，继而改变磁层－电离层电流体系的演变。图 8-33 给出了北半球在平静期最易受粒子加热影响的位置，南半球有类似的区域。

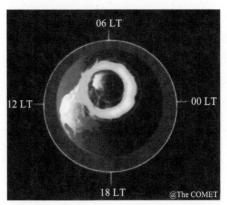

图 8-33　在地磁平静期粒子加热的可能区域。本图是艺术效果图，淡绿色的环对应于加热区域。环在光照侧较薄，并朝日侧倾斜。（美国大学大气研究联盟的 COMET 项目供图）

　　正如电子向下加速一样，离子会被加热并向上加速。碰撞会使得大部分离子留在大气里，它们同样也是局部热源。因为地球磁镜点作用力会使带电粒子从强磁场区域反射回来，被加热的离子在从极光区域上行时会获得水平和垂直速度分量而逃逸。

例题 8.6　极光区加热

- 问题：在 8 小时的磁暴期焦耳加热率为 20 mW/m²，试确定极光区里所储存的能量。
- 给定条件：焦耳加热率 20 mW/m²。
- 假设：极光区的内边缘为 75°，外边缘为 60°。纬度的每一度长度为 110 km。焦耳加热均匀分布。
- 解答：首先使用一个宽度为 15° 的简单环状区域模型来计算极光区面积。从半径为 30° 的圆形减去半径为 15° 的圆形面积（内边缘 75°，即距离极点 15°）。

$$环形面积 = \pi\left[\left(30\times110\times10^3\ \mathrm{m}\right)^2 - \left(15\times110\times10^3\ \mathrm{m}\right)^2\right] = 2.57\times10^{13}\ \mathrm{m}^2$$

$$注入半球极光区的功率 = \left(2.57\times10^{13}\ \mathrm{m}^2\right)\times0.020\ \mathrm{W/m}^2 = 5.14\times10^{11}\ \mathrm{W}$$

$$半球极光区储存的能量 = \left(5.14\times10^{11}\ \mathrm{W}\right)\times2.8\times10^4\ \mathrm{s} = 1.48\times10^{16}\ \mathrm{J}$$

$$全球极光区能量储存 = 1.48\times10^{16}\ \mathrm{J}\times2 \approx 3\times10^{16}\ \mathrm{J}$$

- 解释：这近似等于一个超级雷暴所耗散的能量（图 2-3）。然而，极光暴时能量会在更稀薄的大气中耗散。高层大气的每个粒子最终都被这一能量加热和抬升。因此，在长时间磁暴当中，高层大气会膨胀。高层大气焦耳加热是不均匀的，有些区域的焦耳加热更多，有些则更少。持续十几个小时的全球地磁暴会将能量扩散至磁层和地球高层大气，这一能量储存可高达 10^{18} J。

8.4.2 电离层物质外流

◆ 描述电离层如何为磁层贡献物质

地球的高层大气会通过极区向外层空间"渗漏"中性原子以及氧、氮、氢离子。对于像地球这样的行星，大部分的渗漏是太阳风在磁化的极区电离层近乎真空的边界条件施加作用使然，其导致了高纬大气增强的外流（图 8-34）。这些外流在等离子体层、等离子体片、尾瓣中储存了粒子，至少在近地区域为磁层贡献了相当多的乃至占主导部分的离子。以热的形式耗散于极光区电离层的太阳风能量会增加粒子外流通量。一些等离子体和所有快速的中性原子会从电离层向下游太阳风流失，但是大部分等离子体外流会通过磁尾中性片回流加速，从而形成高能等离子体。逃逸的中性气体会产生地冕状的电荷交换介质，有助于我们对高能离子成像。外流成

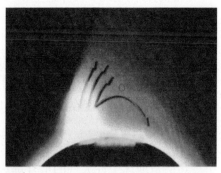

图 8-34 日侧高纬电离层对近地空间的粒子贡献。这幅艺术效果图描绘了 H^+、He^+、O^+ 从低高度极光区（浅绿色）向上流入电离层的场景。（SCIFER 探空火箭团队和 Arnoldy [1996] 供图）

分和数密度在太阳和地磁活动范围内变化很大。在平静期，大部分外流由氢原子和氦原子组成。这一平静期的总质量贡献的量级为 1 kg/s。

离子外流会有多种形式：超声速极风、亚声速极盖外流、极隙区离子上行，以及极光区的上行粒子束。除了这些高纬来源之外，在剧烈地磁活动期间会形成极光电离层强烈的氧原子外流。

问答题 8–16

计算用以维持电离层 1 kg/s 的粒子外流的氢、氦、氧离子通量。假设高层大气混合质量中有 85% 的氢、5% 的氦，以及 10% 的氧。同样假设是原子型离子，而非分子。

例题 8.7 低纬电离层电场

■ 问题：试确定赤道上方 200 km 处，由等离子体在地磁场中向上漂移产生的电场强度。

■ 相关概念：电场是由磁场中的等离子体运动产生（$E = -v \times B$）。

■ 给定条件：等离子体漂移速度 = 20 m/s，表面磁场强度 = 31000 nT。

■ 假设：地磁场为偶极场。

■ 解答：首先计算赤道上空 200 km 处的磁场强度，使用第 7 章给出的偶极场公式。

$$B_{\text{total}} = \sqrt{B_r^2 + B_\lambda^2} = B_{\text{S}} \frac{R_{\text{E}}^3}{r^3} \sqrt{1 + 3\sin^2(\lambda)}$$

$$= 3.1 \times 10^{-5}\,\text{T} \left(\frac{6378\,\text{km}}{6578\,\text{km}} \right)^3 \sqrt{1 + 3\sin^2(0)} = 2.8 \times 10^{-5}\,\text{T}$$

磁场方向朝北。在赤道上 $\lambda = 0$，磁场没有径向分量，故而与地球表面平行。接下来计算电场 E

$$E = -20\,\text{m/s （向上）} \times 2.8 \times 10^{-5}\,\text{T （北）} = 5.6 \times 10^{-4}\,\text{V/m （东）} = 0.56\,\text{mV/m （东）}$$

- 解释：这个小电场出现在日侧的赤道电离层，是由太阳加热驱动等离子体运动所致。但等离子体并不能沿着电场自由加速，而是被束缚于磁力线上做螺旋运动。正因如此，等离子体密度在赤道 10°～15° 范围内增加，如图 8-18 所示。

总结

热层是地球中性大气的最外部边界。因为碰撞不频繁，热层粒子根据质量而分层，较重的粒子更多地位于热层底部。作为中性体，地球高层人气会通过低层大气波动、太阳光子吸收、磁层电流和粒子而获得能量。热层会为下部的中间层和上部的地冕贡献能量。热层会经历周期性膨胀和收缩。周期之一与太阳日侧加热相关，另一个是 11 年太阳活动周。这种膨胀会导致卫星阻力和电离层响应的变化。

瞬态发光事件是近期所发现的，与闪电相关的瞬时现象。它们似乎是高层大气中快速的亚视觉速度的能量释放。科学家们尚不确定它们是否是低层大气闪电的结果或由其所引发。这些事件可能会在中高层大气产生瞬时的电离通道。

电子密度剖面和 TEC 是描述电离层强度的两个标准方法。电子密度剖面可以由随太阳天顶角变化的查普曼函数所量化表示。从中可以显示出离散的电离层分层：D、E、F 层。静态 D 层只存在于白天，由强烈的太阳极紫外辐射谱线所产生。E 层同样是太阳控制的电离峰值，由 X 射线和极紫外辐射电离氧原子和氧分子所产生。当夜间电离成分复合时，D 层和 E 层都会消失。F 层的较低部分同样会在夜间消失，其较高部分（F2 层和顶部电离层）在夜间会持续存在，这是电子和原子成分较低的碰撞率和复合率所致。TEC 是对大气柱体电离的度量。较高的 TEC 值会引起电离不稳定性，从而干扰电波信号传播。

电离层随纬度呈现出显著的变化。高纬区域会有更长的昼夜交替周期。另外，低、中、高能粒子沉降到极区，激发极光并提高了电离率和电导率。大多数高能粒子在磁层内部的加速过程中获得能量。在某些情况下，高能粒子来自于太阳风和太阳扰动。电离层峰值（TEC 增强）位于低纬电离层，这是由太阳加热和受地磁控制的电离作用共同引起的。峰值或扰动会在地方时下午和夜侧发展起来。在峰值边缘，电离不稳定性增加。

电离层电子密度梯度会对电波产生强烈影响。低频电波会与 D 层发生相互作用并将其加热，这样的波很有可能被吸收。地面天线所发出的特定波段的电波会受电子密度梯度的折射，以至于被电离层所反射而返回地球。更高频段的电波会穿透电离层到达太空。然而，电子密度的强烈梯度会使其路径弯曲，并造成高频电波的传播延迟。

电离层通过电流和电波与地球空间的其他区域相连。最强烈的联系是通过场向电流（FAC）。一区场向电流将远磁层与高纬电离层和极光区相连。二区场向电流将内磁层与极光区的低纬部分相连。极隙区电流和亚暴电流楔是变化最大的场向电流类型。场向电流和强烈的粒子沉降会在电离层和热层中储存能量，其中大部分会以焦耳加热的形式耗散。这一加热最终会导致热层膨胀，膨胀的形式可能是局部抬升、行进的波动、极区离子外流，以及全球热层抬升。

关键词

英文	中文	英文	中文
airglow emission	气辉放射	magnetosphere-ionosphre coupling	
auroral zone	极光区		磁层 - 电离层
aurora	极光		耦合
blue jet	蓝色喷流	maximum usable frequency (MUF)	
critical frequency	临频		最高可用频率
cusp current	极隙区电流	mid-latitude trough	中纬度槽
D layer	D层	momentum exchange	动量交换
diffuse aurora	弥散极光	noctilucent ("night-shining") cloud	
diffusion	扩散		夜光云
E layer	E层	ordinary wave (o-wave)	寻常波
electron density profile (EDP)		Pederson current (J_P)	彼得森电流
	电子密度剖面	phase speed	相速度
elf	精灵光晕	polar hole	极区空洞
equatorial ionosphere	赤道电离层	polar mesospheric cloud (PMC)	
evanescent wave	消散波		极区中间层云
exospheric temperature	逃逸层温度	polar wind	极风
extraordinary wave (x-wave)		red sprite	红色精灵
	非寻常波	refractive index	折射指数
F layer	F层	region-1 current	一区场向电流
F1 layer	F1层	region-2 current	二区场向电流
F2 layer	F2层	skip transmission	跨越传播
geocorona	地冕	sky wave	天波
group speed	群速度	Snell's Law	斯内尔定律
HF radio propagation window		substorm current wedge	亚暴电流楔
	高频电波传播	terrestrial gamma ray flash (TGF)	
	窗口		地源伽马射线暴
Hop transmission	跳跃传输	thermosphere	热层
ionogram	频高图	thermospheric wind	热层风
ionosphere	电离层	topside ionosphere	顶部电离层
ionospheric ducting	电离层波导	total electron content (TEC)	
ionospheric plasma	电离层等离子体		总电子含量
Joule rate	焦耳加热率	transient luminous event (TLE)	
lowest usable frequency (LUF)			瞬态发光事件
	最低可用频率	trans-ionospheric wave	跨电离层波

公式表

电子密度局部变化率：$\dfrac{\partial n_e}{\partial t} = -\nabla \cdot (n_e \boldsymbol{v}) + R - L$。

随高度变化的电离函数：

$$R(z) = \sigma \left[n_0 e^{\left(-\frac{\Delta z}{H}\right)} \right] \left[I_0 e^{(-\sigma H \sec(\chi) n_0) e^{\left(-\frac{\Delta z}{H}\right)}} \right]$$

$$R(z) = \sigma I_0 n_0 e^{\left(-\frac{\Delta z}{H} - \tau_z\right)}$$

最大电离率（一阶导数为零）：

$$\frac{dR(z)}{dz} = \frac{\sigma I_0 n_0}{H} \left(-1 + \left(\sigma H \sec(\chi) n_0 \right) e^{\left(-\frac{\Delta z}{H}\right)} \right) e^{\left(-\frac{\Delta z}{H} - (\sigma H \sec(\chi) n_0) e^{\left(-\frac{\Delta z}{H}\right)} \right)} = 0$$

电离损失率

$$L_{recombination} = \alpha n_e n_i \approx \alpha n_e^2$$

$$L_{attach} = \beta n_e n$$

折射指数定义：$n = c/v_n$。

等离子体折射指数：$n = \sqrt{1 - \dfrac{N_e e^2}{\varepsilon_0 m_e \omega^2}} \approx \sqrt{1 - \dfrac{80.6 N_e}{f^2}}$。

等离子体频率：$f_P \approx \sqrt{80.6 n_e}$。

等离子体角频率：$\omega_P = \sqrt{\dfrac{N_e e^2}{\varepsilon_0 m_e}}$。

斯内尔定律：$n_i \sin\theta_i = n_r \sin\theta_r$；$n \sin\theta =$ 常数。

全反射时的最低折射指数：$n_m = \sin\theta_0$。

斜波反射的最低电子密度：$N_{emin} = \dfrac{f^2}{80.6} \cos^2\theta_0$。

$f = f_P$ 时的垂直入射特殊情形：$n = \sqrt{1 - \dfrac{80.6 N_0}{f^2}} = \sqrt{1 - \dfrac{f_P^2}{f^2}} = 0$。

斜波入射与垂直反射的频率关系：$f_\theta = \dfrac{f_P}{\cos\theta} = f_P \sec\theta$。

垂直入射的临频：$f_c = \sqrt{80.6 N_{emax}} \approx 9\sqrt{N_{emax}}$。

斜向入射的临频：$f_c(\theta) = f_c \sec\theta$。

问答题答案

8-1：太阳活动极大期为氧原子（O），极小期为氦原子（He）。

8-2：高层大气（500 km）所有组成成分（O、H、N_2、O_2、He、Ar）的密度在太阳活动极大期都会上升，因为这一高度处的温度会变为两倍多，导致低高度粒子向上膨胀。

8-3：标高等于 $k_B T/mg$。因为标高直接取决于温度，而逃逸层温度在太阳活动极大期要更高，所以在太阳活动极大期的标高最大。图 8-2 显示密度在太阳活动极大期下降更为缓慢，这与该时期更大的标高是一致的。

8-4：（c）一个量级从 10^{13} 到 10^{14}。

8-5：逃逸层是地球大气的一部分，仅仅受到重力微弱的束缚。地冕和等离子体层的底部物质是逃逸层的一部分。地冕和等离子体层在空间中占据近乎同样的区域。地冕由中性原子组成，等离子体层由电离原子组成，因而会受到电磁作用力。

8-6：氮分子电离所需能量为 15.5 eV。我们知道 $E = hc/\lambda$，所以电离所需的波长为 $\lambda = hc/15.5$ eV $=[(6.62\times10^{-34}\ \mathrm{J\cdot s})(3\times10^{8}\ \mathrm{m/s})]/[(15.5\mathrm{eV})(1.6\times10^{-19}\ \mathrm{J/eV})]= 80$ nm。

8-7：（a）密度更低，高度更高。

8-8：光学深度等于 1 的表面会发生在更高高度。

8-9：F 层。

8-10：MUF 和 LUF 都会增加。通常而言 MUF 比 LUF 增加得更多，所以高频传播窗口在太阳活动极大年会更宽。

8-11：你应该将频率调高，寻找超过 LUF 的频率。因为 D 层吸收增加会导致 LUF 变高。传播窗口会因此变小。LUF 甚至有可能超过 MUF，使传播窗口完全关闭。

8-12：（d）因为 F 层电子密度增加。

8-13：（a）电子密度增加，折射指数降低。

8-14：在极盖区，离子和电子都会沿 $\boldsymbol{E}\times\boldsymbol{B}$ 方向漂移，即背对太阳方向。然而，离子会被碰撞减缓，所以电子漂移更快，从而产生了反向（朝向太阳）的电流。

8-15：朝向太阳方向。

8-16：氢的外流质量通量为 0.85 kg/s，氦的是 0.05 kg/s，氧的是 0.1 kg/s。
每秒钟需提供氢离子数量为：$(0.85\ \mathrm{kg/s})/[(1.67\times10^{-27}\ \mathrm{kg/amu})(1\ \mathrm{amu/}$ 氢离子 $)]= 5.09\times10^{26}$ 氢离子 /s；
每秒钟需提供氦离子数量为：$(0.05\ \mathrm{kg/s})/[(1.67\times10^{-27}\ \mathrm{kg/amu})(4\ \mathrm{amu/}$ 氦离子 $)]= 7.49\times10^{24}$ 氦离子 /s；
每秒钟需提供氧离子数量为：$(0.10\ \mathrm{kg/s})/[(1.67\times10^{-27}\ \mathrm{kg/amu})(16\ \mathrm{amu/}$ 氧离子 $)]= 3.74\times10^{24}$ 氧离子 /s。

图片来源

Arnoldy, Roger L., K. A. Lynch, P.M.Kintner, J. Bonnell, T.E. Moore, and C. J. Pollock. 1996. SCIFER-Structure of the cleft ion fountain at 1400 km altitude. *Geophysical Research Letters*. Vol. 23, NO. 14. American Geophysical Union. Washington, DC.

Chamberlain, Joseph W. 1978. Theory of Planetary Atmospheres: *An Introduction to their Physcis and Chemistry.* International Geophysical Series, Vol. 22. New York, NY: Academic Press.

Pasko, Victor P. 2003. Atmospheric Physics: Electric Jets. *Nature*. Vol. 423. Nature Publishing Group. New York, NY.

Roble, Ray G. 1977. The Thermosphere, Chapter 3 in the 'Upper Atmosphere and Magnetosphere' monograph for the Geophysical Research Board of the National Academy of Sciences. National Academy of Sciences. Washington, DC.

补充阅读

Cravens, Thomas E. 1997. *Physics of Solar System Plasmas*. Cambridge, UK: Cambridge University Press.

Hargreaves, John K. 1992. *The Solar Terrestrial Environment*. Cambridge, UK: Cambridge University Press.

Hines, Colin O., Irvine Paghis, Theodore R. Hartz, and Jules A. Fejer, eds. 1965. *Physics of the Earth's Upper Atmosphere*. Englewood Cliffs, NJ: Prentice-Hall.

Kelley, Michael, C. 2009. *The Earth's Ionosphere*. Burlington, MA: Academic Press.

Kivelson, Margaret G and Christopher T. Russell, eds. 1995. *Introduction to Space Physics*. Cambridge University Press. Cambridge, UK.

Prölss, Gerd W. 2004. *Physics of the Earth's Space Environment*. Berline: Springer-Verlag.

Silverman, Samule M. 1970. Night Airglow Phenomenology. *Space Science Reviews*. Vol. 11. Springer. Dordrecht, Netherlands.

第 9 章　活跃的太阳和其他恒星：空间天气的源头

美国空军气象局

你应该已经了解：

- 笛卡儿坐标系和极坐标系
- 光谱和热辐射（第 2 章）
- 相对论电子的动能（第 2 章）
- 能量密度（第 2、4 章）
- 太阳坐标系（第 3 章）
- 对流和发电机过程（第 3 章）
- 平静太阳磁场（第 3 章）
- 麦克斯韦方程组（第 4 章）
- 共转相互作用区（第 5 章）
- 等离子体特征和行为（第 6 章）

本章你将学到：

- 以太阳黑子和活动区为表现形式的磁通量浮现
- 11 年和更长时间的太阳活动周期
- 较差自转和环流

- 太阳耀斑、射电暴和它们的影响
- 日冕物质抛射的产生和影响
- 太阳高能粒子事件的产生和影响
- 来自太阳系以外高能粒子的影响

翻译：崔延美；校对：汪毓明。

9.1　太阳活动周及其起源

太阳具有周期性活动，这些活动与对流区中的各种运动相关。这些运动使对流区磁场增强，并上浮至太阳大气中。磁场浮现的时间尺度很宽，可以从几分钟到数个 11 年太阳活动周。

9.1.1　太阳发电机和它所驱动的运动

目标：读完本节，你应该能够……

- ♦　描述太阳发电机与垂直环流、子午环流和磁通量浮现的关系
- ♦　描述扭转振动与太阳活动周的关系

扭缠和汇聚的磁通量

太阳是个磁化的恒星。它能产生、扭曲磁场，并能将扭曲的磁场释放到空间中。太阳发电机将等离子体的对流、子午环流和较差自转的动能转化为电磁能，不断地补充和汇聚磁场。否则，磁场会通过欧姆耗散在几十年内衰减掉。太阳发电机是 11 年太阳活动周的产生原因。太阳活动周是以磁场极性和黑子位置为特征明确定义的（见 3.2.2 节）。

从以前的章节中我们知道，在太阳活动周期间，较差自转将太阳活动极小期中的极向场转变为强的环向场。在对流区中，速度剪切将磁场包裹成磁通量绳（图 9-1（a））。在保持压力平衡的同时，强磁场排挤等离子体使之上浮。在上浮中由于受到科里奥利力影响，磁通量绳发生扭缠。上浮和扭缠运动的共同作用使局部极向磁场的一个分量返回到原来的系统中，但方向与原来的偶极场方向相反（图 9-1（a））。这种垂直扭曲过程对 11 年周期的

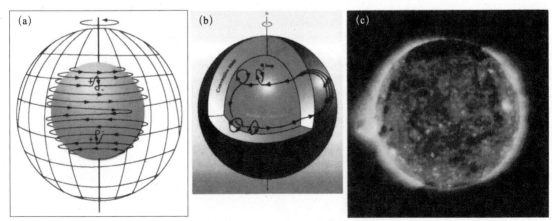

图 9-1　发电机的磁场行为。（a）在对流区底部，单根磁力线在较差自转和对流作用下的运动 [Dikpati and Gilman, 2008]；（b）穿过对流区的磁通量浮现 [Parker, 2000]；（c）太阳边缘活动区的 EUV 图像。在日面东（左侧）边缘有一个穿进日冕的活动区，形成冕环。北极被冕洞覆盖。（ESA/NASA-SOHO 计划供图）

偶极场反转（磁场反向）是必须的。

当一个强磁通量管穿透光球时，黑子就产生了。黑子通常成对出现，磁场以小的偶极场形式膨胀进入到低密度的太阳大气中。黑子对中前导黑子的纬度通常比后随黑子的低，即黑子对存在纬度倾斜。西侧的黑子主导了它所在半球的磁场极性。后随黑子与其他尾随区域向极区方向扩散和漂移，在极区附近形成大的单极区。

第 4 章讲过，磁场穿过太阳表面表现为磁通量。在*磁通量浮现*（flux emergence）（图 9-1（b））的过程中，一些增强的磁场会浮出表面。对流使磁通量不断地浮现入平静区和活动区。活动区中的浮现磁通量来自更深层区域，它们的能量更高，因此空间天气的观测者和预报员对它们更感兴趣。即使在一些磁通量向上浮现进入到太阳大气的时候，光球下面的对流运动仍在进一步增强磁力线的密度，扭曲和逼迫成股的磁力线向下进入差旋层。在差旋层中，磁场表现为长的、集中的磁绳结构。当磁场强度（或者说磁压）变大时，对流区底部的磁绳（通量管）开始上浮。在 3～10 个月的时间里，上浮的通量管不断上升从而穿出太阳表面。在上升过程中，对流起到了辅助的作用（例题 9.1）。尽管太阳宁静区的磁通量浮现率高于活动区中的磁通量浮现率，但活动区的浮现对大尺度磁场结构更有贡献。图 9-1（c）显示了在太阳东边缘上，一个浮现活动区的剖面。

在对流区和光球层中，热能密度远高于磁能密度，磁场"冻结"在等离子体上。但光球层以上的热能密度呈指数下降，磁场更容易影响等离子体的行为。中等强度的磁场通常把等离子体约束在光球上层和色球中。在日冕中，等离子体完全被电离，等离子体和日冕中磁场的相互作用更加强烈，磁场主导着其中的动力学过程。

活动区垂直延伸到日冕中，其磁力线在光球层小而密集的随机"磁毯"上方呈拱状，称为磁环。这些膨胀的磁环形成蓬盖状，由于束缚在闭环磁力线上的等离子体能够向外发出具有其温度特性的辐射，所以我们可以对它们进行成像。低温磁环的温度低于 10^5 K，高温磁环的温度远高于 10^6 K。大量持续不断的能量源驱动束缚在闭合磁力线上的等离子体上升到日冕高度，并保持较高的等离子体温度。来自底层的随机磁环间的波能耗散和磁并合是两个最可能的加热源。

开放磁力线区域也能穿入日冕。这些区域的磁通量有时被称为无符号通量。这些磁力线在太阳上没有明显的闭合，它们允许等离子体以高速流的形式离开太阳。在太阳活动周下降阶段，这样的区域是产生共转相互作用区的高速太阳风的源，也是日球层中高速流的源。稀薄的、自由流动的等离子体实际上不发光，因此这些区域在 X 射线成像观测中表现为黑暗的冕洞（图 9-1（c）的上部）。与冕洞相邻的活动区可能会不稳定，导致磁重联发生，引发日冕物质抛射。

环流和振荡

如第 3 章描述，天基和地基观测数据揭示了太阳等离子体的*子午环流*（meridional circulation），与地球上流动的大气和海洋环流很像。子午环流在多年周期中沿子午线输运磁通量，产生 22 年磁活动周，实现太阳主磁场方向的反转和重建。对流区上部的流动使来自低纬的气体和等离子体以 10～20 m/s 的速率向高纬移动。有迹象表明低纬地区存在向上的运动、高纬地区存在向下的运动。为了闭合环流、保持质量连续性，在对流区的深处必定存在从高纬向低纬的反向流动。由于对流区底部的密度很高，为了闭合环流，流动速度只需要在 2～5 m/s。

日震学观测揭示了内部极向流在太阳活动周中的变化。极向流的加速（或减速）能改变太阳活动周的起始时间，范围为数月到一年。聚集的流束也可能调节太阳活动周的强度和长度。某些太阳模型研究者认为，为了保持太阳活动周的节奏，子午流担当了系统时间计时员的任务。他们的模型包含了来自先前太阳活动周的流动"记忆项"。这些记忆项解释了近对流区底部超长期的流体扰动。这些扰动的影响可以持续两个（或更多个）太阳活动周的时间。

几十年来，科学家们已经知道：同一纬度上，有些区域的自转保持基本稳定，另一些区域的自转会快于或慢于周围区域的速度。在太阳活动周的时间尺度上，*扭转振荡*（torsional oscillation）是自转速度稍快或稍慢的纬度带，它在某一给定的纬度上形成交替的同向和逆向的运动（图 9-2）。振动幅度约 5 m/s，约为太阳背景自转速率的 1%。

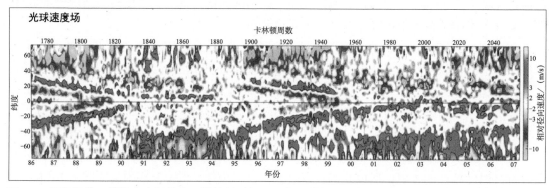

图 9-2　**扭转振荡**。纵轴为太阳纬度，横轴是时间，以年为单位。叠加在随机对流运动上的是速度为东西向的稍快或慢的长寿命波。波从高纬到低纬运动的周期约 11 年。同向运动非常明显，如图中指向右边的红色 "V" 形所示。蓝色表示速度约 5 m/s 的逆向运动，红色显示了速度约 5 m/s 的同向运动[①]。（美国加州大学洛杉矶分校的 Roger Ulrich 供图）

扭转振荡看起来有两个分支，一个向极区方向传播，另一个向赤道方向传播。较强的赤道分支产生于新活动周开始前的 2～3 年。黑子和活动区容易在纬度剪切增强的地方产生，即振荡快速流偏向极区的位置。日震学发现扭转振荡出现在对流区很深的位置。它们有可能来自作用在穿过对流区，且与周围等离子体旋转速率不同的磁通量管上的洛伦兹力效应。

例题 9.1　对流区中的磁通量管运动

■　问题：通量管从对流区底部静止开始，上浮到太阳表面需要 200 天的时间。求通量管上升的平均加速度。

---

① 英文图注中的同向、逆向说反了。——译者注

- 相关概念：运动学。
- 给定条件：时间为 200 天，对流区深度为 $0.3R_s$。
- 假设：加速度为常数。
- 解答：

$$y_f = y_0 + v_0 t + \frac{1}{2}at^2 = y_0 + \frac{1}{2}at^2 \quad (\text{因为 } v_0 = 0)$$

$$a = \frac{2(y_f - y_0)}{t^2} = \frac{2(0.3)(7 \times 10^8 \text{ m})}{(200 \times 86400 \text{ s})^2} = \frac{4.2 \times 10^8 \text{ m}}{2.99 \times 10^{14} \text{ s}^2} = 1.4 \times 10^{-6} \text{ m/s}^2$$

- 解释：上浮通量管穿过对流区的加速度看起来是非常小的。尽管如此，小的加速度经过长时间积累后能够产生很大的速度。事实上，加速度不可能为常数，由于磁力线结构中的不稳定它反而会增加。而且，通量管穿过对流区时质量会指数减少，这也让加速度增加。

补充练习：假设通量管以上题得到的加速度上升，它穿过太阳表面时的速度是多少？

例题 9.2 等离子体 β 的比较

- 问题：利用光球和日冕中的典型温度、密度和磁场强度，计算并比较它们的等离子体 β 值。
- 相关概念：等离子体 β 值是热能密度和磁能密度的比值。
- 假设：光球的温度、密度和磁场强度值分别是 $T = 5800 \text{ K}$，$n = 1.0 \times 10^{23}$ 个粒子 $/\text{m}^3$，$B = 0.003 \text{ T}$，日冕的温度、密度和磁场强度值分别是 $T = 1.0 \times 10^6 \text{ K}$，$n = 1.0 \times 10^{14}$ 个粒子 $/\text{m}^3$，$B = 0.1 \text{ T}$。
- 解答：

$$\beta = \frac{nk_B T}{B^2/(2\mu_0)}$$

$$\beta_{ph} = \frac{nk_B T}{B^2/(2\mu_0)} = \frac{10^{23} \text{ 粒子数 }/\text{m}^3(1.38 \times 10^{-23} \text{ J/K})5800 \text{ K}}{(0.003 \text{ T})^2/2(1.28 \times 10^{-6} \text{ N/A}^2)} = 2.27 \times 10^3$$

$$\beta_{co} = \frac{nk_B T}{B^2/(2\mu_0)} = \frac{10^{14} \text{ 粒子数 }/\text{m}^3(1.38 \times 10^{-23} \text{ J/K}) \, 1 \times 10^6 \text{ K}}{(0.1 \text{ T})^2/2(1.28 \times 10^{-6} \text{ N/A}^2)} = 3.53 \times 10^{-7}$$

- 解释：太阳光球 β 值很高，粒子的热运动控制着等离子体行为。日冕的 β 值较低，磁场控制着等离子体的行为。CME 是大尺度的空间天气结构，发生在磁场控制等离子体的色球上部和日冕中。

补充练习：比较太阳黑子与日冕中的等离子体 β 值。需要先确定黑子中合适的粒子数密度。

9.1.2　活动区及其组成

目标：读完本节，你应该能够……

♦　解释活动区的起源
♦　在直角坐标系下画出活动区的各个部分
♦　描述活动区与黑子、光斑、谱斑和磁通量浮现的关系

太阳大气中的活动区

　　活动区（active region, AR）是由磁场贯通的扰动太阳大气的立体区域。图 9-3 是 AR 9393 的多波段观测图像，显示了活动区在不同层的辐射叠加。这些扰动区域可以维持一周到几个月的时间。在 20 世纪 70 年代早期，空间实验室（Skylab）任务进行了一系列观测，这些观测证明了太阳活动现象的共同联系就是活动区。图 3-19 和图 9-4 以截面图的形式描绘了从对流区延伸至日冕的正在浮现的或已经浮现出的磁场区域。光球上，密集的磁场表现为寿命短的气孔、磁元、瞬现区和黑子。长寿命的黑子和上面的拱状磁环可被各种地基和星载探测器常规成像观测到。

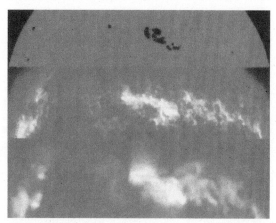

图 9-3　覆盖在黑子上的活动区。图中显示了活动区 9393 在可见光、EUV 和 X 射线波段的观测。这些图像从上到下分别对应着光球、色球和过渡区、日冕。（来自 SOHO MDI/EIT 团队和 Yohkoh 空间 X 射线望远镜计划的当日天文图像）

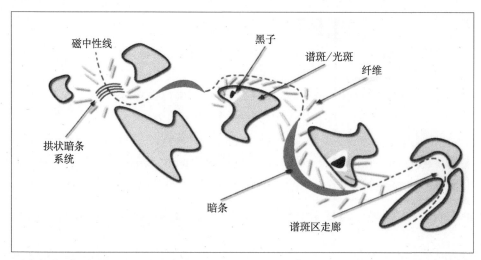

图 9-4　活动区的水平布局图。这里展示了图 9-3 和图 9-5 中活动区各部分的鸟瞰图。活动区的跨度很可能是成千上万公里。（美国空军气象局供图）

太阳黑子形成时，磁场起初表现为水平方向，但接着磁环进入光球上层和色球，形成拱状系统（arch system）（图 9-4）。由于光球的较差自转，活动区的浮现磁场在水平方向上会伸展很长的距离，有时甚至会跨越赤道。大多数活动区至少有两个主黑子，其周围围绕着光斑和谱斑（光斑和谱斑在 3.2.1 节中描述）。更复杂的活动区可能表现为多极性（图 9-5）。偶极活动区初始由低的磁拱连接，磁拱可能会垂直膨胀，形成磁环（图 3-19）。拱状系统会一直维持着，直到有其他的黑子形成并使磁场结构变得复杂。光斑和谱斑可能会出现在拱的周围。

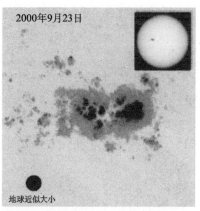

图 9-5　复杂黑子群。 大量的不同极性的黑子本影被复杂的半影包围。黑子群的复杂性增加了耀斑和 CME 爆发的可能性。右上角的插图给出了活动区在日面中的位置。左下角的插图代表地球的相对大小。黑子在日面位置的变化使人类发现了太阳自转。（图片来自 ESA/NASA 的太阳和日球层观测台（SOHO）计划）

一些活动区是瞬现的，存在时间很短，虽然它们被注意到了但未被编号。只有活动区的增强磁场在时、空上都能维持足够长的尺度范围才会被识别并编号。在相对稳定、成熟的活动区上方，浮现出的磁环可能在中间凹陷下去，束缚着因辐射而温度降低的色球等离子体。这些温度低、密度大的等离子体云就是暗条（相对于亮的日面观测）或日珥（相对于冷的太空背景观测）。宁静暗条与大尺度的太阳扇形边界相关。扇形边界将大尺度的、磁极反向的、强度相对弱的磁场区域分开。与活动区相邻的磁力线发生扭缠等相关动力学变化可能会使宁静暗条爆发，称为爆发暗条（或称日珥消失）。我们将在 CME 章节作出更详细的说明。

由于太阳黑子的磁场比谱斑强，它们通常在谱斑出现后出现，在谱斑消失前消散。谱斑可以出现在高纬（纬度>40°）地区，而黑子通常出现在太阳赤道两侧 40° 以内的地方。这种差异表明磁场在整个太阳表面浮现、形成活动区时，较强的磁场通常更多地被限制在较低的纬度。低纬区域的磁场足够强，能够使等离子体具有各种结构。大量的太阳黑子使光球变暗，而来自谱斑和光斑的 EUV 和 UV 波段的高能辐射输出能够使活跃的太阳变得更热。

单个太阳黑子的寿命为几小时到几个星期。黑子群（活动区）的寿命可以达几个月。太阳黑子以不规则的"斑点"出现在太阳表面（图 9-5）。内部较黑的区域为*本影*（umbra），磁场强度为 $0.2\sim0.4$ T。较亮的边缘为*半影*（penumbra），由大量细的、径向扩展的、亮暗相间的管道组成。这些管道充满往外流动的气体。在黑子边缘，磁场强度通常减弱到 ~0.1 T，磁力线更接近水平方向。典型黑子的直径尺度大约为 10^4 km，也有些黑子的直径超过了 10^5 km。黑子通常以偶极对形式出现，这些偶极对进而形成黑子群。偶极区的大小可能是不对称的。有时，其中一极会由于太过于弥散而会失去它在光球上作为黑子的特性。这样的弥散区域通过其增强的色球辐射更容易被追踪到。

通过观测太阳边缘的黑子，发现黑子是太阳表面的"凹陷"。由于磁场的压力，在满足黑子与周围环境处于压力平衡条件下，黑子必须有较低的热压（例题 6.11）。它的密度较低，来自内部的光被吸收的较少，因此我们能看到黑子中更深的区域。温度在本影墙急速上升从而产生更多辐射的区域，称之为*光斑*（faculae）。这些亮区从光球延伸到色球，当黑子处于日面边缘时，它们更易被观测到。

几乎垂直的强磁场抑制了等离子体在磁力线间的运动，从而减少了黑子内部的对流。对流是光球表面以下最主要的能量传输方式，因此通过黑子到达表面的能量很少。由此一来，黑子的温度相对低一些（～3500 K），这使其看上去较黑。如果我们能将一个黑子从太阳上移出来放置于更冷的太空背景下，它的发光强度就像3000～4000 K的天体一样（大约和满月时一样亮）。

图9-6展示了太阳亚表面重要又复杂的流动。科学家们现在认为这对黑子结构的完整性提出了挑战。太阳黑子如果要保持长寿和连续，那么产生它们的磁通量管必须经受住黑子间的对流运动。对流会连续不断地"推搡"通量管，只有汇聚程度最高的磁场才能经受这种冲击。通过对黑子以外的对流区进行三维模拟，结果显示极性相反的磁通量管之间的对流很强。这可能有助于极性相反的磁通量管保持分离，抑制湍流导致的衰减。

穿过对流区的活动区可能以脉冲形式出现在太阳表面，它们通常出现在之前的浮现区或其附近，如图9-7和图9-8所示。在好几个月的时间中，出现在同一个磁经度或附近的多个活动区就构成了复合的活动集群，被称作*活动经度带*（active longitude）。近来，深层发电机的模拟工作认为，深层对流区的经向组织方式支持了活动经度带的存在。这种行为允许磁通量在某些经度上长期积累，而这些活动经度带最终会由大尺度的发电机过程产生或破坏。

几周到几个月之后，衰减的活动区融入背景太阳磁场中。其中，靠向极区方向的部分在子午流的影响下漂移，慢慢地把增强的网状磁场拖入高纬区域。这些活动区磁场的残余是导致下一个太阳活动周极区磁场极性反转的种子磁场。衰减活动区中靠向赤道方向的部分向较低的纬度漂移，引发来自两个半球的反极性磁场在冕流带附近相互作用。在太阳活动周的峰年期间，这样的相互作用可能引发许多的物质抛射事件。

图9-6　太阳黑子图像和其亚表面的温度、流动示意图。黑子磁场抑制了表面以下约5000 km深处的热流动。较热的区域为红色，较冷的区域为蓝色。在太阳表面，等离子体从黑子向外流。在太阳深处，为了保持黑子内的压力，物质快速向内流。这个内流太过强大，以至于将磁场拉在一起，减少了来自太阳内部热量的流入。从而，黑子变冷，看上去比周围要黑。（图片来自NASA/ESA和斯坦福大学Philip Scherrer）

问答题 9-1

估算典型黑子中的磁通量。

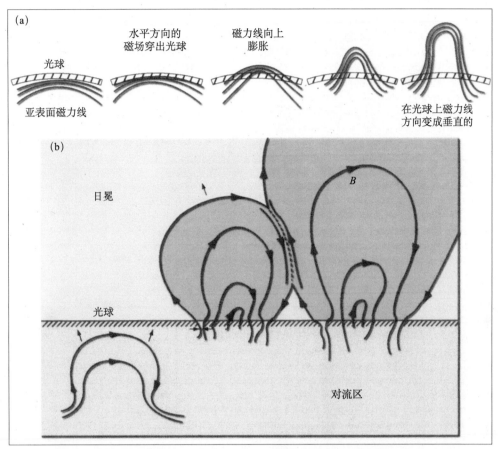

图 9-7 太阳活动区发展的截面示意图。(a)磁通量从对流区浮现进入太阳大气。(b)连续的通量浮现与日冕中来自两个活动区的反方向磁场的并合。

验证图 9-7 中浮现磁环的磁场方向在磁环并排位置满足磁并合发生的条件。

通过网络，找出图 9-3 中图像的大概日期。它拍摄于太阳活动周的上升段、极大期、下降段还是极小期？

人们对活动区可见标志物（太阳黑子）的计数和尺寸测量已经进行了几个世纪。尽管有许多黑子太小以至于我们人类用肉眼难以观测到，但仍有一些黑子是极其醒目的。

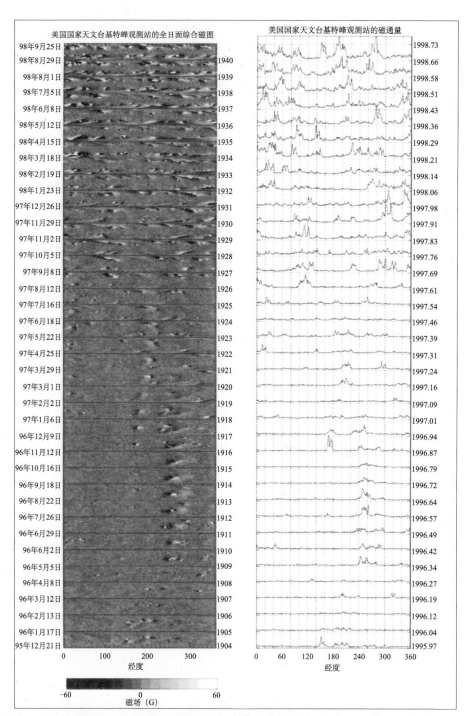

图 9-8　**1996 年 1 月到 1998 年 9 月期间，美国国家太阳天文台观测到的磁图中的活动经度带**。图中的时间发展是按照从下到上的顺序。每张小图对应一个卡林顿周中的一张磁图。卡林顿周数显示在右侧。图片是太阳南北纬度 50° 以内的区域。黑色和白色分别对应着磁场的负极和正极，表征的是像素点上的平均磁通量密度超过 60 Gs（6 mT）的活动区。从 1996 年中期到 1996 年晚期，南半球在经度 250° 的附近存在一个活动经度带。从 1997 年早期到 1997 年中期，北半球在经度 200° 的附近存在一个活动经度带。

来自古朝鲜文学的一个生动的比较是：太阳黑子与鸡蛋或梨的大小相当。当时，人们能够在赤道附近看到极光。1848 年，鲁道夫·沃尔夫通过对太阳表面单个黑子和黑子群计数，设计了一种估计太阳活动水平的日常方法。单个黑子的总个数和黑子群的总数目都不能单独用来完全描述太阳活动水平，沃尔夫通过将黑子群数目乘以 10 后加上单个黑子的总数目，定义了太阳黑子数。例如，我们看到 2 个黑子和 3 个黑子群（分别由 2、3、4 个黑子组成），那么沃尔夫黑子数为 41（10×3 群，加上 11 个单独的黑子）。因为没有其他的太阳活动指数能连续记录那么长的历史，沃尔夫黑子数至今仍在使用。沃尔夫确认了黑子数的周期性。通过早期的历史记录，他确定了周期的长度为 11.1 年。沃尔夫还担任过瑞士苏黎世天文台的台长，独立发现了黑子周期与地磁扰动的一致性。

今天，观测者用同样的方法计算每日的黑子数。许多人把黑子数称之为沃尔夫数（或苏黎世太阳黑子数）。由于黑子数的记录强烈地依赖于观测者的解释、经验和观测地的大气稳定性，所以黑子数的变化很大。以地球为平台记录黑子数也会导致黑子数的变化，这是太阳自转和发展着的黑子群沿太阳经度分布不均造成的。因此，为了弥补这一点，每天的国际黑子数是通过对合作天文台的黑子数进行加权平均而计算得到的。现在，国际社会已经认同一些其他的黑子计数方法（考虑天基观测在内）和黑子编组方法。

观测者也通过黑子的磁复杂性将黑子进行了分类。表 9-1 是威尔逊山天文台根据磁复杂性的增长水平对黑子进行的分类。

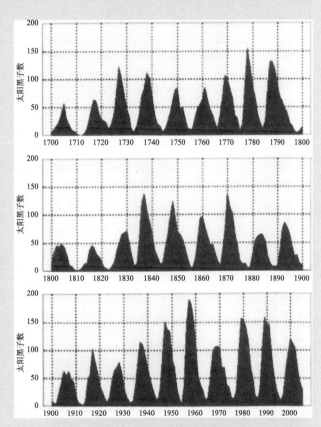

图 9-9 1700～2005 年期间的年均太阳黑子数。太阳黑子数的周期约为 11.1 年，但上升段和下降段是不对称的。黑子数从极小值到峰值的平均上升时间约 4.8 年，从峰值再次下降到极小值的时间约 6.2 年。最大的年均黑子数（190.2）发生在 1957 年。在活动周的极大期期间，黑子活动经常会有一点下降，由此产生双峰结构。（美国国家地球物理数据中心供图）

表 9-1　威尔逊山黑子分类体系。依据磁复杂性和黑子情况，表中描述了一种常用的黑子分类方法。"p" 表示"前导"，"f"表示"后随"。

单极的	α_p	黑子群中所有的磁场是同一个磁极，极性为本活动周中前导黑子应有的极性
	α_f	黑子群中所有的磁场是同一个磁极，极性为本活动周中后随黑子应有的极性
偶极的	β	偶极群，前导和后随黑子的磁场相当
	β_p	偶极群，前导黑子极性占优（是后随黑子的 2 倍或更多倍）
	β_f	偶极群，后随黑子极性占优（是前导黑子的 2 倍或更多倍）
多极的	β_γ	基本上是 β 型的偶极群，但有 1 个或多个黑子的极性颠倒
	γ	极性混杂的多极群
	δ	复杂磁结构，在同一半影内出现两个以上不同极性的本影 [①]
	δ_γ	该黑子群也属于上面分类的 δ 型结构。在该结构中，同一半影内出现两个以上不同极性的本影，但其间距小于 2 度
+反极群		若黑子群的极性不满足一般的黑子极性半球规则，则在磁分类的前面加上一个"+"号

问答题 9-4

参考图 9-8，比较 1996 年中期和 1998 年中期的活动区纬度。1996 年中期的活动区属于第 22 太阳活动周还是第 24 太阳活动周？

问答题 9-5

通过网络，确定 24 太阳活动周开始的年月，观测到的第一个黑子出现的纬度。

问答题 9-6

假设南半球的磁场为正极性，那么该半球上前导黑子的极性是什么？北半球上前导黑子的极性是什么？

太阳活动周的磁机制

大部分的光球强磁场区以相反极性的黑子对形式出现。根据太阳的自转方向，黑子对正、负极的前后顺序在同一半球上通常是相同的，但在南北半球上是相反的。有少量黑子对（5%～10%）的极性与主导极性相反，这通常发生在复杂黑子群中。

从一个太阳活动周到下一个活动周，每个半球上的黑子对都会发生一次磁极性反转。黑子很少会在靠近极区方向的纬度 40° 的位置出现，也不会跨越赤道。在太阳活动周中剪切最强的纬度位置从高纬向低纬移动，太阳活动现象的形成区域也随着太阳活动周从极小期

---

① 原表漏了此行，由译者补充。——译者注

到极大期的发展慢慢向赤道方向迁移。通过耀斑等太阳活动现象，增加的局部磁能密度慢慢耗散，太阳在该活动周结束的时候恢复至平静状态。图 9-10 给出了太阳黑子发展和演化的历史，像电影胶片一样的垂直条纹按时间顺序排列在一起。每个条纹块代表了所在纬度上黑子在太阳自转周上的平均面积。当按时间顺序组合起来的时候，太阳黑子的轮廓看起来像编队飞行的蝴蝶。

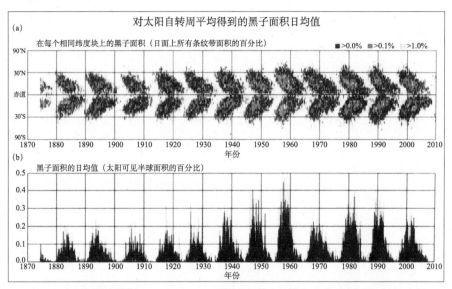

图 9-10 太阳黑子的 11 年活动周期。（a）显示了 12 个活动周中的黑子纬度位置。每个周期中，黑子开始形成于高纬，然后向低纬发展。周期长度是变化的，峰值活动的间隔时间从 8～15 年之间不等。活动周的幅度也是变化的，通常能达到 3 倍。（b）绘出了 12 个活动周中的黑子面积范围。活动周表现出了确切的时间不对称——黑子数从极小值快速上升到最大值，但衰减很慢。活动周的黑子越多，其上升时间越快。（NASA David Hathaway 供图）

在 11 年太阳活动周中，偶极磁场区浮现时，科里奥利力的作用使得西边（或前导）的黑子相对东边（或后随）的黑子稍微倾向赤道。由这些倾角引起的从北向南的偶极矩与初始极区磁场的偶极矩相反。这在一个活动周中的累积效果是反转太阳的净偶极矢量。在活动周开始时，极区磁场与前导黑子的极性相同，与后随黑子的极性相反。极区磁场的对消需要后随极性通量从活动区传输到极区有净剩余。较低纬度的前导通量倾向于跨越赤道扩散，与另外半球上极性相反的（前导）部分对消掉。在每个半球上，表面子午流在向极区迁移时都携带了后随极性通量的衰减残余。极区磁场在太阳活动峰年时发生反转。黑子和扩散区迁移产生了全球的磁场活动周，这个周期的长度大约为 22 年。

太阳辐射增强伴随着活动区的形成。在光球上，光斑在太阳活动峰年会更加明显。当浮现磁场变得更强、更垂直时，等离子体沿着磁力线向上进入光球上层和色球。增多的等离子体辐射更多能量，它们以谱斑的形式出现。即使磁场没有足够强到形成黑子，谱斑也可能出现。图 9-11 展示了太阳活动周行为中一个看似自相矛盾的现象：当更多的黑子出现在光球上时，可见光辐射会减少，总太阳辐射却增加了。那些来自光斑和谱斑的更短波长的辐射通量超过了可见光波段的减少量。

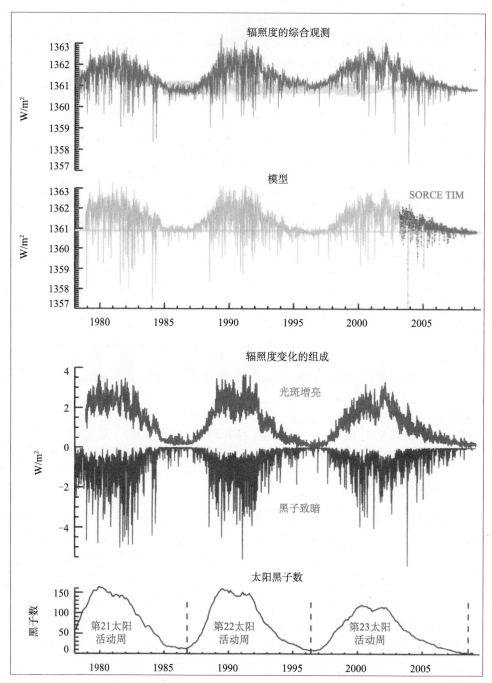

图 9-11　太阳辐射在 3 个太阳活动周中的比较。最上面的图是记录了总辐射照度（TSI），它是综合 3 种观测得到的均值。灰色的线显示了测量标准差。第二张图是经验模型中估计的辐射变化，考虑了光斑增亮和黑子变暗的影响。覆盖在模型记录末端的深绿色显示了与 SORCE 卫星上 TIM 仪器观测的比较。第三和第四张图是光斑增亮引起的 TSI 的增量和黑子变暗引起的 TSI 减量。在太阳活动周的极大期，由光斑引起的增量约 2.5 W/m²，黑子变暗引起的减量变化不定，其平均值约为 -1.5 W/m²。最下面的图是第 21、22 和 23 太阳活动周中的年均黑子数，虚线代表了黑子数极小值的时间。[Lean, 2010]

9.2 太阳爆发活动

磁通量上升进入太阳大气会引发空间天气暴。

9.2.1 磁重构的能量通道

目标：读完本节，你应该能够……

◆ 阐述磁并合是如何对太阳爆发作出贡献的

磁重构是大多数空间天气事件的根源。图 9-12 展示了太阳大尺度磁重构以耀斑、高能粒子和 CME 等形式的能量释放。*耀斑*（flare）是储存在太阳活动区中的色球和日冕磁场能量的爆发性释放。来自太阳耀斑的光辐射首先到达地球。增强的短波长光子通量电离和加热向阳面的大气，通常会改变电离层的电波传播特征。一些地面高频无线电波在此期间可能完全不能传播。热量和电离增强区域最终会传播到全球，对卫星轨道和无线电通信产生影响。与此同时，来自耀斑位置附近的射电暴可能干扰地球向阳面上依赖无线电的技术系统。

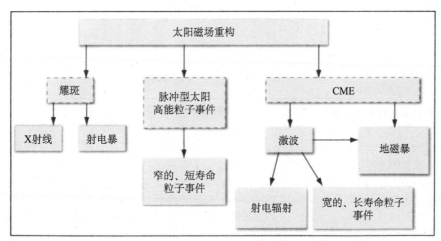

图 9-12 影响地球的太阳活动。 流程图描述了从太阳上基本的磁通量浮现和重构到光子、粒子和场的观测过程（显示在虚线框中）。大约有一半的磁重构能量进入耀斑，另一半进入物质抛射。尽管高能粒子事件中的单个粒子通常具有 MeV 范围的能量，但那样的高能粒子事件非常少，只能将很少的能量带到日球层中。

再回到太阳，在磁重构的位置，单个粒子会加速到很高的速度。一部分加速粒子进入太阳低层大气，在这里产生白光中观测到的耀斑带。另一部分加速粒子反方向沿着行星际磁力线传输，这些磁力线可能连接着耀斑源区和地球，从而这些粒子会以窄的脉冲束流形式到达地球。在许多太阳磁并合事件中也会发生 CME（图 9-13）。这些等离子体云和磁场会对地磁场产生多种影响。这些影响依赖于 CME 磁场相对于地球向阳面北向偶极场的方向、CME 速度和等离子体密度。一些高速 CME 可能驱动激波，而激波又在行星际介质中很宽广的范围内加速粒子。这些粒子在较长的时间范围中陆续到达地球。高能质子（1 MeV～1 GeV）常常会穿透地磁场。它们可能会撞到卫星材料；可能驻留在磁层中；或者可能穿透极区电离层，通过改变无线电波的传播特征而使无线电通信中断。

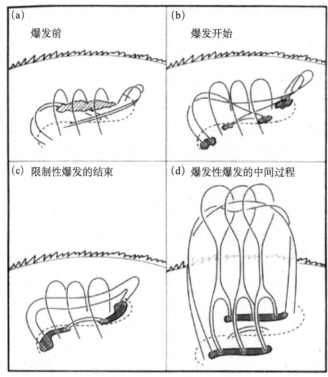

图 9-13　太阳爆发过程。太阳爆发包括耀斑、CME 和高能粒子。这里的一系列图片显示了太阳爆发期间磁力线的拉伸和重构。（a）爆发开始前，有一组拱起的、宁静的磁力线覆于拉伸的、可能正在浮现的磁力线上方。这些拱状磁力线在系统中维持着平衡，有时被称作束缚场。束缚场也覆于暗条（斜条纹表示）和磁中性线（虚线）的上方。（b）爆发开始，在拱状磁力线下方被拉伸的磁力线开始并合，形成扩展的磁通量绳。在并合磁力线的足点，并合过程中被向下加速的高能粒子产生了色球热斑点（黑色区域）。为简单起见，暗条未被画出。（c）有些并合事件的能量不够大，无法冲破上面的拱状磁力线。这样的爆发可能产生耀斑特征（黑色区域），但不会形成真正的爆发。（d）高能量的爆发拉伸束缚场的磁力线，在下面的挤压区继续发生磁并合。先前存在于暗条中的磁环和物质逃逸到太空中。在挤压磁力线的足点，高能粒子与色球中的粒子碰撞，产生耀斑带状特征。[Moore et al., 2001]

9.2.2　耀斑和射电暴

目标：读完本节，你应该能够……

◆　描述耀斑和射电暴的基本特征
◆　解释耀斑的发生过程
◆　描述耀斑的分类

◆ 描述射电暴和其他太阳现象的关系
◆ 描述射频干扰（RFI）的起源和影响

　　耀斑特征。耀斑发生时，磁力线的几何形状被重组，原来存储的一部分能量最终以光子的形式释放出去。强电场加速带电粒子向上进入日冕、向下进入密度较大的太阳大气层中（图 9-14）。每秒大约有 10^{36} 个电子被加速到 30 keV 的平均能量（例题 9.3）。大量的高能带电粒子接下来又会产生很高的电磁辐射，通过耀斑释放出去。大的太阳耀斑主要发生在成熟的活动区中。活动区的大小与 $0.1\sim0.8$ nm 的软 X 射线波段的通量有很强的相关性。尽管耀斑在活动区发展和扩散的任何时间里都有可能发生，但当活动区中的黑子达到最大面积时耀斑活动最频繁。一般来说，耀斑期间的能量释放率是 10^{20} W 的量级。大耀斑释放的功率能达到 10^{22} W。

　　耀斑辐射涵盖整个电磁辐射波段。一个典型耀斑的能量大约是太阳总辐射量的 10^{-5}。

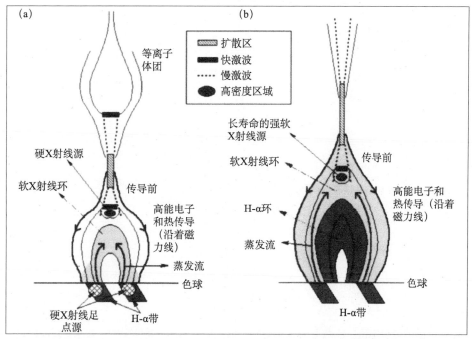

图 9-14　太阳耀斑概念图。大多数耀斑都有一个快速上升时间（脉冲相）和一个慢的衰减时间（缓变相）。（a）耀斑期间，电子在反向磁场连接的扩散区中通过磁并合过程得到加热和加速。当磁能转化为动能和热能时，脉冲型耀斑就发生了。来自扩散区的快速等离子体喷射流产生了高温等离子体的前沿。这些前沿与一些加速到很高速度的独立电子一起，同附近的物质相互作用。当高速电子猛烈撞击到密度大的气体区域时，它们产生了韧致辐射，硬 X 射线因此产生。来自等离子体前沿的高温电子会加热低层磁环中的热等离子体。色球中被加热的气体上升（蒸发）会加热覆盖于上面磁环中的热等离子体。在扩散区的上方，磁场和物质会以等离子体团（即 CME）的形式释放到行星际空间。（b）在强度不太大，但持续时间长的事件（长寿命事件）中，或者在脉冲型耀斑的下降时段，之前加热的气体因辐射而降温，从而在日冕中产生软 X 射线辐射，在色球中产生 H-α 辐射。这些事件，称为长寿命事件（LDE），持续数十分钟到数小时（图 9-16 和图 9-17）。[Magara et al., 1996]

然而，耀斑的光谱与太阳背景辐射的光谱差异很大。尽管一个耀斑可能会在某些可见光波段产生明显的增强，但相对背景太阳辐射，耀斑的最大辐射输出表现在 X 射线、极紫外和射电波段，增强系数在 100～10000 倍（图 9-15）。在射电和 X 射线波段，来自太阳相对小区域的耀斑辐射通常超过其他所有区域在这些波段的辐射量。大耀斑加热局部色球和日冕到极高的温度（10^7 K），加速粒子到相对论速度（为光速的 5%～87% 或 1 MeV～1 GeV 的动能）。最强的耀斑能够产生在地球上可见的白光增强。在第 1 章中，我们讨论了这样的事件——1859 年卡林顿白光耀斑。

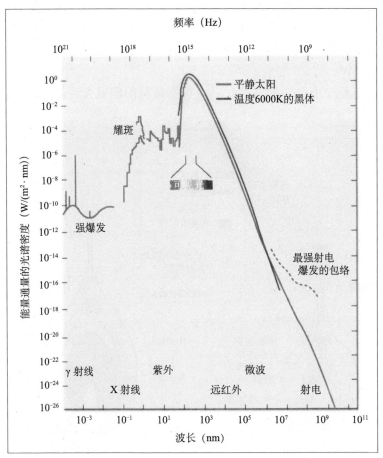

图 9-15　活跃太阳的辐射输出。活跃太阳在 X 射线和射电波段的辐射是巨大的。在 γ 射线波段也会发生尖峰。额外的 X 射线辐射与耀斑相关，通常来自于磁并合。射电辐射来自日冕等离子体振动、耀斑和 CME。高能耀斑粒子激发的原子核，依据它们各自不同的原子序数，向外辐射特定波长的 γ 射线。[White, 1977 和 Nicholson, 1982]

　　耀斑的起源。大耀斑通常从复杂光球黑子上方的日冕磁场的不稳定开始。这种不稳定让磁结构拉伸。最终，磁力线沿着中性线重联（并合），能量得到释放，并进一步促进不稳定性的发展（图 9-13）。重联过程爆发式增长，加热等离子体，引发耀斑的主相。来自并合磁力线（靠近挤压区）的等离子体获得加速，向下进入色球（引起压缩和激波加热），向上进入日冕（引起短波辐射和射电暴）。耀斑在 X 射线波段的大部分增强是由电子加速产生的。

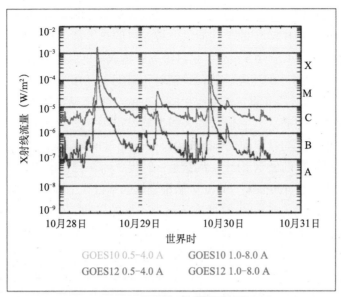

图 9-16　地球同步轨道观测到的全日面发生时耀斑的 X 射线通量。 图中显示了由两颗 GOES 卫星测量到的 0.05 nm 到 0.8 nm 波段辐射的多天记录。两颗卫星的测量常常重叠在一起。耀斑分类显示在右侧坐标刻度上。上面的曲线是软 X 射线，下面的曲线是硬 X 射线。最快的上升发生在耀斑的脉冲相。较为缓慢的辐射减少对应耀斑的衰减或缓变相。耀斑辐射能量的波段并不限于图中显示的。受技术限制，有些波长难以在太空中进行有效的监测。[NOAA 空间天气预报中心供图]

例题 9.3　耀斑的功率和能量

- 问题：计算每秒将 10^{36} 个电子加速到 30 keV 的耀斑功率。这类事件对应着中等以上强度的耀斑。
- 相关概念：功率。
- 给定条件：每秒将 10^{36} 个电子加速到 30 keV。
- 假设：能量平均分配到每个电子。
- 解答：功率 = 能量 / 时间

  总能量 $= 30000\ \text{eV/electron} \times 10^{36}\ \text{electrons}$

  $\qquad = 30000\ \text{eV/electron} \times (1.6 \times 10^{-19}\ \text{J/eV}) \times 10^{36}\ \text{electrons}$

  $\qquad = 4.8 \times 10^{21}\ \text{J}$

  功率 $= 4.8 \times 10^{21}\ \text{J/s} = 4.8 \times 10^{21}\ \text{W}$

- 解释：这个数值是耀斑的典型功率。实际上，能量不像假设的那样平均分布，而是一些粒子会获得更高的能量（图 9-15），另一些会得到较低的能量。

补充练习 1： 如果一个 30 keV 的电子突然减速，辐射出的光子波长是多少？

补充练习 2： 在相同的耀斑功率下，如果所有电子被加速到的能量等于 0.4 nm 光子的能量，那么有多少电子能得到加速？

　　磁并合位置附近的电子得到加热，一部分被加速离开耀斑区。加速电子获得的能量远高于其周围等离子体环境中电子的平均能量。被加热的热等离子体辐射软 X 射线，其相对应的温度在 10～30 MK（1.5～0.5 nm）。来自等离子体成分的某些特征谱线和热运动轫致辐射也增强了软 X 射线辐射。加速电子的轫致辐射和温度 30 MK 以上等离子体中的热运动轫致辐射对硬 X 射线到 γ 射线光谱（波长＜0.1 nm）的产生起主要作用。质子也能被加热和加速，但由于其质量相对较大，它们对输入能量响应很小。图 9-16 给出了 2003 年 10 月底的太阳风暴中，连续 3 天的软、硬 X 射线辐射。

　　有一些耀斑辐射大量的硬 X 射线，甚至是 γ 射线（图 9-13 的左侧）。γ 射线的发射是高能核相互作用的标志。在 400 keV～8 MeV 能量之间的 γ 射线中能观测到离子谱线。这些谱线形成于太阳大气中能量大于 1 MeV 的离子与原子核的碰撞。受激原子核向外辐射该原子核所具有的离散特征能量的光子。最为强烈的辐射来自于等离子体密度较高的低层太阳大气。一部分质子被加速到日球层中，可能会到达地球。

　　许多高能耀斑与被称作环状日珥系（loop prominence system, LPS）的动态结构一起发生。LPS 看起来像是被抛射到日冕中，然后又落回来的物质，它们在耀斑发生区域的上空形成亮结构。沿着亮区任一侧的磁拱，这些物质又流回到色球。那样的环状拱（扇）就形成了亮的日珥系，在磁中性线上架起了"桥梁"（图 9-17）。LPS 通常在耀斑极大值后的几分钟内产生，在软 X 射线和 EUV 图像中可能持续一个或多个小时。EUV 辐射的峰值通常在 X 射线辐射之后，这说明辐射物质是在慢慢变冷的。

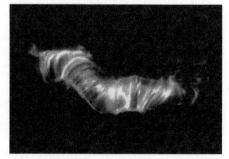

图 9-17　耀斑拱。活动区 9077 的这个特写是在大耀斑爆发后不久拍摄的。这个长寿命事件的伪彩色图片由过渡区和日冕探测卫星（TRACE）拍摄。TRACE 卫星记录了百万度的太阳等离子体悬浮在拱状磁环中的变冷过程。图片为极紫外观测，覆盖了太阳表面上 230000 km×170000 km 的面积。像"弹簧圈"玩具的巨大的磁环，实际上是些磁力线。这些磁力线在较冷的、相对较暗（在 X 射线下）的太阳表面上束缚了正在发光、变冷的等离子体。（NASA 和 TRACE 卫星供图）

　　较长波段上看到的耀斑是磁并合在低高度上的特征。传统的 H-α 耀斑是耀斑在色球上的足点。白光耀斑位于极强 X 射线耀斑的足点，是由加速的粒子向下碰撞光球产生的。1859 年的卡林顿耀斑（图 1-16）就是一个白光耀斑。

　　耀斑发生过程。耀斑的发生可分为几个阶段，每个阶段持续几秒到大约 1 个小时。功率输出通常上升很快，下降很慢。大耀斑辐射输出的大致情况是这样的：

- 先兆阶段：磁场重构释放磁能。高温的色球－日冕等离子体在 EUV 和软 X 射线波段发出热辐射，这对应于离子捕获能量＜10 keV 的电子时释放出的光子。
- 爆发阶段：γ 射线起源于最高能的电子（动能＞1 MeV）和聚变反应，包括电子－正电子湮灭。当高能电子（动能＞20 keV）加速离开中性点与其下面的浓密等离子体碰撞时就会产射硬 X 射线。高温等离子体中的电子碰撞将氢激发到 $n=3$ 的状态（巴尔末系）。

随后电子从 $n=3$ 向 $n=2$ 的轨道跃迁释放出 H-α 光子（656.3 nm）。在色球中，H-α 的发生可能表现为光带的形式，描绘出向下流动的等离子体所在磁力线的足点。加速进入到日冕的等离子体引起射电爆发。

● 衰减阶段：软 X 射线辐射缓慢停止。

耀斑期间的总释放能量为 $10^{21} \sim 10^{25}$ J。尽管很大，但其最大能量也不超过太阳每秒总辐射能量的 1/10。

问答题 9-7

比较耀斑能量与最大级（里氏 9 级）地震的能量。

问答题 9-8

验证例题 9.3 中的耀斑总能量值和图 9-16 中的耀斑持续时间。耀斑持续时间通常是以其功率输出超过背景值 150% 的时间来计算的。

耀斑倾向于发生在磁中性线上或其附近（图 9-4 和图 9-13），尤其是当中性线上有很多弯曲和扭结的复杂磁结构的时候。尽管多数耀斑产生于活动区中，但有些耀斑的发生远离活动区，与暗条的突然爆发或消失相关。这种耀斑的可见部分被称为*海德耀斑*（Hyder flare），它们显示了局部磁场结构的变化（图 9-18）。这些耀斑与 CME、太阳高能粒子事件强烈相关。

问答题 9-9

假设图 9-18 中左侧磁场的方向是从太阳表面竖直向外的，右侧磁场是向里的，那么左图暗条中的电流方向是怎样的？要破坏暗条，扰动电流的方向是怎样的？考虑安培定律。

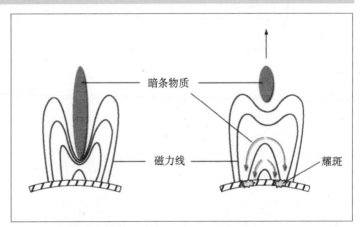

图 9-18 海德耀斑机制。宁静暗条可能在磁场的凹槽中被支持很长时间。如果这个凹槽突然破坏，在几分钟内，一部分物质可能沿着磁力线向下加速产生海德耀斑。1967 年，海德首先提出了这种机制，此类耀斑也因此得名。（澳大利亚电离层预报服务中心供图）

高能耀斑可能有激波伴随，激波从色球耀斑区向外传播。在时间序列图中可以看到，这些波看起来是膨胀的圆环，有时也被称作莫尔顿波（Moreton wave）。通常只有环的一部分是明显的。膨胀的速度一般约为 1000 km/s。偶尔，两个或多个分离很远的耀斑近乎同时发生。这种组合要求不同活动区间存在着磁场连接。这种连接可能在下面的光球，或上面的日冕中，或是通过莫尔顿波。当莫尔顿波穿过相邻活动区时触发活动区发生耀斑。莫尔顿波与 II 型射电暴强烈相关，我们将在下一节予以讨论。

有一种不同类型的日震波是由高能粒子从活动区的日冕中加速进入下面的色球层中所造成的。极端的加热产生一个瞬态的压力，驱动振动波进入太阳内部。在强烈的硬 X 射线耀斑中，这些粒子几乎都是集中在黑子的半影中。现在知道耀斑的日震源是突然、强烈，并在可见光波段连续辐射的白光耀斑区域。

耀斑分类。太阳耀斑的早期观测主要以白光分类的耀斑为主，因为其参量值能够从地基观测中确定。我们根据耀斑在光学波段观测中的大小和强度对耀斑进行分类。耀斑大小（等级（importance））是基于耀斑面积（通过 H-α 观测的多普勒速度偏移来确定）来定义的，以太阳半球面积的百万分之一为单位。光学耀斑的持续时间也与它的等级直接相关，见表 9-2。

表 9-2　光学耀斑的等级和持续时间。表中列出了光学耀斑的等级、面积大小、持续时间和相对发生频次。太阳半球的大小采用 $2\pi \times R_s^2 \approx 2\pi \times (696000\ \text{km})^2 = 3.04 \times 10^{12}\ \text{km}^2$。（美国空间气象局提供）

等级	以太阳半球面积百万分之一为单位的面积大小	面积大小（$\times 10^6\ \text{km}^2$）	平均持续时间 /min	所有耀斑中的比例	对应的典型 X 射线耀斑分类
0	≥10－<100	30～300	～15	75	C
1	≥100－<250	300～760	～30	19	M-2
2	≥250－<600	760～1800	～70	5	X-1
3	≥600－<1200	1800～3700	>120	<1	X-5
4	≥1200	>3700	>120	<1	X-9

随着卫星 24 小时不间断监测的到来，X 射线通量已经替代了光学测量作为耀斑强度的确定标准。X 射线通量是对整个太阳的积分量，而成像观测能够区分开同时发生的耀斑。0.05～0.8 nm 的 X 射线波段通量已经开展业务化测量。耀斑报告是以 0.1～0.8 nm 的软 X 射线的通量强度（W/m²）进行分类的（分为 A、B、C、M 和 X 级），见图 9-16。附录 A 对此进行了描述。短波成像仪已经在新的卫星上搭载，不久会建立 X 射线观测的新标准。

太阳射电暴。在物质完全被电离的日冕中，有几种机制能够产生微波和射电波。日冕等离子体产生等离子体频率的射电波，该频率与局地电子密度有关。另外，自由电子在离子附近减速时会发生轫致辐射。黑体辐射、等离子体波和轫致辐射是热运动射电源。因为日冕充满着磁场，构成日冕等离子体的带电粒子环绕盘旋在这些磁力线上，连续地发出回旋加速辐射。磁场强度或等离子体密度的变化会改变这种回旋加速辐射的特征和强度。较快的粒子会产生其他类型的射电辐射。如果一个带电粒子以接近光速运动，就会产生切连科夫等离子体波（Cerenkov plasma wave）。当带电粒子在介质中的运行速度超过该介质中光的相速度时，切连科夫辐射就会产生。带电粒子被周围的电场包围。当带电粒子运动时，电场跟随着粒子一起运动。电场是由光子携带的，因此它只能以光速运行。在背景介质中，如果粒子的运行速度超过周围介质的光速，那么在某种意义上，它就超过了它的电场。回旋加速辐射和切连科夫等离子体波是非热的射电辐射。

在地球上测量到的太阳射电输出具有独特的射电特征。这些特征传达了日冕活动的重要信息。

噪暴（noise storm）和缓慢上升和下降事件（gradual rise and fall event）包含了覆盖在射电背景上的持续时间长的连续增强辐射。有时，一个大活动区产生了稍微增强的射电噪声水平，频率主要在 400 MHz 以下。这个噪声可能会持续好多天。太阳活动区偶尔会产生射电波的强闪，称为射电爆发（radio burst），有两种类型：扫频爆发和微波爆发。

扫频爆发（sweep frequency burst）是在磁重构期间等离子体向上冲进日冕时产生的。等离子体发射与其所在区域电子密度相适应的特征频率的射电波，因而发射的射电波频率依赖于高度。随着喷射的等离子体的高度增加，电子密度下降。因此，等离子体发射的频率越来越低——从高频向低频扫过。

某些微波爆发（microwave burst）来自于色球和低日冕中的几个过程，通常与向下运动的等离子体相关。它们持续几分钟到几个小时。高于背景辐射的强度从几个太阳通量单位（1 SFU = 10^{-22} W/(m²·Hz)）到 10000 SFU。大于 1500 SFU 的射电爆发通常与大耀斑伴随，具有复杂的轮廓特征，持续时间很长，也更为罕见。脉冲型微波爆发（impulsive microwave burst）起源于单次爆发中向下运动电子产生的回旋加速辐射。在极为罕见的事件中，质子也对耀斑的辐射作出贡献。

当平行于磁场的电子束流超越周围较慢的电子时，就会发生静电爆发（electrostatic burst）。这些电子束流驱动突发的静电朗缪尔波。表 9-3 列出了射电暴类型和空间天气预报中的常用描述。

问答题 9-10

利用图 9-16 中的信息和 NOAA 空间天气等级（附录 A）完善下面的表格

X 射线耀斑分类	通量强度	NOAA 等级	发生频率
X-10			
		R-3	
			2000 次 / 活动周
	10^{-6} W/m²	等级以下	上千次 / 活动周

表 9-3　太阳射电暴的类型。表中总结了在太阳平静和扰动条件下，厘米到十米波之间的射电波段的辐射。（比利时皇家天文台太阳影响数据分析中心提供）

类型	描述
I 型	噪声暴包含了很多米波范围（50～300 MHz）的短的、窄带爆发。（噪暴）

类型	描述
II 型	开始以米波（300 MHz）的窄带辐射缓慢（几十分钟）向十米波（10 MHz）漂移。II 型辐射与大耀斑伴随，表明有激波穿过太阳大气层。（扫频爆发）
III 型	窄带爆发从分米波快速（几秒）向十米波漂移（0.5～500 MHz）。它们通常成群出现，是复杂活动区的偶然特征。（静电微波爆发）
IV 型	主要发生在米波范围（30～300 MHz）的光滑连续的宽波段爆发。它们伴随着一些大耀斑事件的发生，在耀斑峰值后 10～20min 内开始，持续数小时。（噪暴）

表 9-4　X 射线耀斑强度。表中列出了典型耀斑强度与对应的受影响的无线电频率和扰动持续时间。X 射线强度以 M 和 X 级来标注（图 9–15）。光学强度以亮度等级表示。（美国空军气象局提供）

X 射线强度（光学的）	最低可用频率	近似的持续时间
M1（0B）	12 MHz	20 min
M5（1B）	15 MHz	30 min
X1（2B）	20 MHz	40 min
X5（3B）	28 MHz	90 min
X9	32 MHz	120 min

关注点 9.2　活跃太阳辐射的对地影响

由于太阳辐射以光速传播，因此耀斑在被观测和分类的时候它的对地影响通常已经开始了。直接影响主要是发生在地球的向阳面，耀斑结束后通常很快就会消失。系统影响包括：高频（3～30 MHz）无线电通信吸收、卫星通信（SATCOM）的闪烁和增强背景噪声对雷达的干扰。

无线电通信。耀斑的 X 射线和 EUV 辐射会立即增加电离层中的电离率，特别是较低层。它们会导致电离层大部分层中的电子密度增加，产生电离层突然骚扰（sudden ionospheric disturbance, SID）或者 TEC 突然增加（SITEC）。由于电离层电离度的增强，无线电信号更易被吸收，从而降低了通信的可靠性。低频扰动事件发生于 X 射线耀斑的几分钟内，在 30 分钟到几个小时内消失。扰动强度依赖于太阳天顶角，太阳位于头顶时扰动最为强烈。表 9-4 提供了高频中断持续时间、受影响的无线电频率与耀斑大小之间的一种经验关系。

短波衰落（short wave fade, SWF）是由 D 层中 HF 无线电信号被异常的高度吸收（信号衰退）导致的。地基的无线电波必须穿过 D 层才能到达 F 层，但是每次穿越 D 层都会减少信号的强度。信号的增强吸收有时会强到完全关闭 HF（3～30 MHz）短波传播的窗口，引起短波中断（short wave blackout）（8.3 节）。信号损失的多少依赖于耀斑的 X 射线强度、HF 路径相对太阳的位置和系统的设计特征。某些短波衰落还会伴随着其他影响，这些影响可能引起 D 层底部高度的稍许下降，产生突然相位异常（sudden phase anomaly, SPA）。这种异常能影响甚低频（VLF, 3～30 kHz）和低频（LF, 30～300 kHz）信号的传输。

向阳面的卫星通信和无线电接收机干扰。耀斑增强了传输到地球向阳面的射电能量，在 30 MHz～30 GHz（超高频）范围上的增强比例为几万倍。较低频率上的射电爆发被吸收或反射，较高频率会穿透大气到达地面。视场范围内，如果太阳在一个合适的频率上产生一个特别强的射电爆发，那么在卫星通信链路上或在雷达探测和追踪的回路上就会发生射频干扰（RFI）。这种干扰通常只持续几分钟到十几分钟。对太阳射电爆发的了解，能够让卫星通信或雷达操作者找出 RFI 的原因，避免花费大量的时间去调查设备是否发生故障或设备是否受到干扰。

GPS 接收机对特别强的射电暴很敏感。2006 年 12 月，伴随 X 级耀斑发生了大量的射电噪暴。12 月 13 日，澳大利亚的利尔蒙思太阳天文台记录到噪暴已达到接收机的饱和值，超过 100000 SFU。事件发生后，GPS 卫星的失锁经历了大约两个小时，而有些接收机在 6～10 分钟内完全丧失导航能力。预报员仍然不能预报某个特定的扰动事件，而是基于耀斑发生的可能性来预测事件的发生概率。耀斑的发生概率则是通过对太阳特征和过去活动的全面分析后得到的。观测到耀斑发生后，预报员会快速地发布预警，预测受影响的频率以及信号被吸收的持续时间。

9.2.3 日冕物质抛射

目标：读完本节，你应该能够……

♦ 描述 CME 的起源和结构
♦ 描述耀斑和 CME 的相关性
♦ 描述 CME 的特征

CME 的特征和源区

CME 特征。CME 是太阳大气中大尺度磁场重组期间发生的爆发（图 9-13 和图 9-19）。这种抛射是巨大、瞬变的磁化等离子体泡，而其中的等离子体来自暗条和活动区附近的封闭磁场区域。CME 的发生常常与活动区相关，但也有 20% 的 CME 来自日面上无黑子的暗条。尽管 CME 最初是在日冕中观测到的，但有些喷射出来的物质可能来自色球。释放的物质（10^{12}～10^{13} kg）携带了大量脱离黄道面的磁场（图 9-19（b））。抛射通常具有膨胀的曲线形态，就像环、贝壳或泡状物的横截面。磁场将等离子体串起来，束缚着它们一起向行星际空间运行。

这些磁化的泡在行星际介质中扩展，如果方向合适，那么它们最终会吞噬地磁场。快速的 CME 会产生行星际激波，加速其周围的质子，引发太阳高能粒子事件和地磁暴。从空间时代（1958 年）以来，地基和天基设备已经观测到了超过 10000 个 CME。表 9-5 列出了在一个完整太阳活动周中 CME 的发生特征。相比太阳极小年，太阳极大年爆发的 CME 质

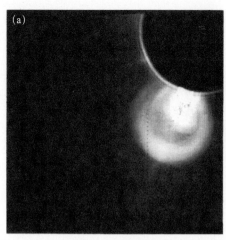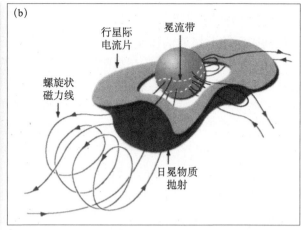

图 9-19　(a) 地基日冕仪观测到的 CME。许多 CME 都有一个明亮的外缘，被外缘包裹的暗腔和被暗腔包围的明亮的内核。内部结构可能是一个上升的暗条。这个 CME 已经扩展到了 2 个太阳半径以外，以大约 90° 的方向远离地球。图片右上角的均匀圆盘是挡板，用来遮住所有直射的太阳光（NCAR/HAO 供图）。**(b) 行星际 CME**。图片艺术地描述了来自冕流带的 CME 抛射磁场的螺旋特征。（波士顿大学的 Nancy Crooker 供图）

量、尺度和能量都更大，在太阳风中的减速更快。

　　CME 的结构多种多样，但最简单的具有三部分：明亮的外缘、暗的空腔和明亮的内核，见图 9-19 (a)。热的外缘由于物质聚集、密度高，看上去发亮。暗腔可能包含着磁场强度 $10^{-4} \sim 10^{-3}$ T 的磁通量绳，内核可能包含着来自色球的高密度的日珥或暗条物质。内核物质通常开始时温度较低（约 10^4 K），在耀斑过程中可能得到加热，然后当 CME 膨胀时温度降低。观测的视角影响了我们看到的是部分还是全部的 CME。外缘和内核的亮度依赖于物质的密度，这一密度会变化。例如，当 CME 慢速运动时，它可能不会引起外缘密度的较大增长。

　　CME 源区的温度可能超过 10 MK。外缘的温度通常为几个 MK。置于如此高温的物质通常被高度电离。CME 结构中的化学元素相对背景太阳风中的同样元素具有更高的电离态。因此在太阳风的原位探测中，通过对电荷态的比较就能确认抛射物质的存在。

表 9-5　太阳活动周中 CME 的统计特征。表中列出了太阳极小年、太阳峰年和太阳平均年中 CME 发生的几个特征。平均加速度的负号表示 CME 远离太阳运动。（美国空军研究实验室的 Steve Kahler 提供）

	太阳极小年	太阳平均年	太阳峰年	整个太阳活动周中
发生频率	<1/d	3/d	6/d	增加到 6 倍
质量		1.5×10^{12} kg		增加到 2 倍
速度	300 km/s		550 km/s	增加到 1.8 倍
宽度	43°		58°	增加到 1.4 倍
动能		10^{24} J		增加到 4 倍
加速度		-11 m/s^2		不清楚
源区纬度	22°		63°	增加到 3 倍

问答题 9-11

根据表 9-5，发生在太阳极小年的 CME 与冕流带是否相关？

CME 的起源。CME 的起源仍然是讨论和研究的热点。亚光球层中磁通量储存着磁场和能量。在大多数情况下，浮现的磁通量能够达到准静态平衡。图 9-20 显示了在色球和低层日冕中一个相对稳定的磁通量绳浮现。只要扭缠和剪切保持在阈值以下，磁结构就会保持平静。较差运动和对流能够使磁通量失去平衡。

图 9-20 宁静磁通量绳的模拟结果。亚表面磁场穿出光球形成偶极黑子。膨胀的环可在大气中保持这种结构。模拟中，上面拱状的编织在一起的磁场约束了浮现的通量绳。如果通量继续从下面浮现出来或者通量绳高度扭缠，那么上面的磁场可能因不够强大而约束不住上浮的通量。[Manchester et al., 2004]

当扭缠的磁通量在活动区的较低部分产生黑子群，并在中间和上层部分产生磁通量绳（活动暗条）时，在能量上就有利于太阳大气中发生爆发性磁并合。日冕爆发过程中，力平衡的一般状态（图 9-20）被一些触发机制所破坏。光球运动对日冕磁场进行剪切和扭缠可能会引起爆发。从第 4 章中我们知道，当扭缠和剪切所形成的反向平行的磁力线在 X 线重构并与"新伙伴"重新连接在一起时，磁并合就会发生（图 9-14）。磁并合快速地将磁能转化为辐射能和动能，并形成新的磁场拓扑结构。在二维中，能量来自 X 线的交汇点。在三维中，X 线实际为磁面之间的交线。由安培定律可知，在这些区域必定形成薄的电流片。磁场向着电流片运动，在磁零点处重联。电流片上的磁并合（图 9-13（d）的挤压区）在触发 CME 和维持爆发的过程中起到了重要的作用。

暗条沿着磁中性线形成，通过磁场抵抗重力来支撑，并受其上方日冕磁场的约束。暗条中的磁力线扭曲导致膨胀和不稳定，这样会使反极性的磁场聚集在一起。暗条磁场的扭缠也可能会使其磁场方向与约束它的偶极日冕磁场反向。

对一些 CME 而言，暗条物质的重量能够增强磁能，使其超过爆发阈值。如果暗条物质在激波或一些扭曲不稳定下被瓦解，开始朝太阳表面流动，日珥重量的突然减少就可能触发爆发。磁场重构的一种模型认为，磁并合发生于暗条物质的下方。我们在图 9-21（a）中描绘了常见的冕流模型结构。这样的结构基本是对应着低速到中等速度的抛射，被太阳风携带着向外运动，没有明显的加速。磁场的扭缠程度和抛射物质的量都少于快速的 CME。在有些事件中，尽管存在磁并合，但物质没有成功抛射出去。这是由于重力和其上方磁场的约束使得物质落回到太阳。

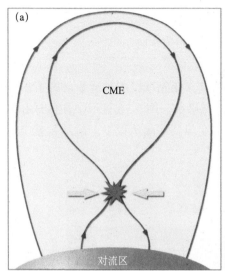
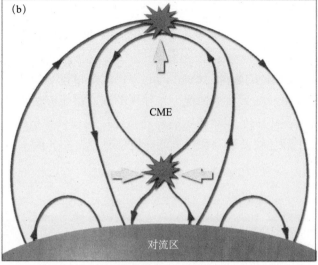

图 9-21 CME 结构。（a）这个二维图描绘了低－中等速度 CME 初期在低高度上的部分，其上面约束的日冕磁力线没有展示。磁并合开始时，这些低高度结构的顶端可能在 X 射线波段发光。磁力线的足点约束在活动区中。如果粒子在磁并合过程中向下加速，活动区可能产生耀斑带。（b）图中描述了在尖端（零点）上的另一个磁并合过程，它能使下面的磁场以很高的速度向外扩展。爆发的磁场可能携带了暗条物质。（美国海军研究实验室 Spiro Antiochos 供图）

在"爆裂"模型中，位于正上方的反向磁场能够削弱束缚暗条上升的日冕磁场（图 9-21（b））。束缚磁场的显著减弱会导致中心磁场结构膨胀并逃离太阳表面。磁场力平衡的打破触发了爆发，接下来是暗条下面的电流片形成和磁重联维持着爆发。这个过程中，扭缠的磁通量绳逃逸或爆发进入日球层中。这种释放使日冕抛出扭缠的磁力线，从而减少局部的磁能密度。

也有许多其他剪切和并合的拓扑结构被提出来。但无论源是什么，当一个复杂磁场结构发展演化时，自然会通过 X 线或面的磁并合来简化磁场几何构形并耗散电流片。这个过程将磁能转化为辐射能、热能和物质的运动。

日冕磁场的重组产生了耀斑和 CME。尽管这两种活动现象关系密切，但它们却是不同的，每一种活动现象都可以单独发生。将近一半的耀斑伴随有 CME。没有 CME 伴随的耀斑，释放的能量看起来主要用于加热，这表明小耀斑更多地用于日冕加热。在大的爆发事件中，约有一半的能量转化为辐射，一半的能量转化为物质的动能。一般而言，耀斑强度越高，对应的 CME 能量越高。X 射线辐射的峰值通常与 CME 加速度的峰值相对应。几十年的观测表明，有两种类型的 X 射线耀斑与 CME 伴随。与快速磁并合相联系的短寿命的脉冲型 X 射线耀斑（impulsive X-ray flare）；持续十几分钟到几个小时具有很宽强度范围的长寿命耀斑（long-duration flare）（有时也叫做长寿命事件）。它们出现在太阳大气中新形成的拱环和 CME 抬升过程中形成的通量绳的附近（图 9-17）。长寿命事件是太阳大气中磁并合的残余过程。

有时候会发生一连串的太阳爆发，在可见光或 EUV 图像中可以确定它们都来源于相同的主要足点。这些快速爆发事件叫做同源事件。一连串爆发（至少 5 次以上）的发生频率可能为每 10 小时 1 次。在这一连串爆发事件中，同源 CME 和耀斑的每次爆发与上次爆发都类似。这种相似性说明在太阳表面以下存在着相同的磁通量根源。

关注点 9.3　CME 的软 X 射线和可见光特征

有些活动区更容易爆发。当相邻活动区的磁场相互作用时，磁重联和大级别耀斑的发生可能性增加。因此，预报员想知道这些爆发活动如何、在哪里、什么时间可能形成、增强和扩展。太阳观测人员特别关注那些磁复杂性增长的活动区，在那里偶极活动区被邻近的多极活动区所取代。在软 X 射线图像上，来自底下磁场的极度扭缠表现为 S 形（sigmoid）（图 9-22）。有时，那样的 S 形或反 S 形特征在预报中会被注意到，它们形成爆发的可能性很大。

北半球通常表现出反 S 形，南半球倾向于表现出正 S 形。色球暗条有时也具有这种特征。光球矢量磁场的观测发现了一个小的、但统计上比较明显的趋势，即北半球倾向于左手（左旋的）扭缠而南半球倾向于右手（右旋的）扭缠。科学家认为这些 S 形特征是 CME 的先兆。这些结构表明支撑日珥物质抵抗重力的是下陷磁力线中储存的磁能（图 9-13）。S 形结构表明沿着扭缠磁通量绳的表面有电流片形成。热的、密度大的等离子体勾勒出了电流片，使之表现为 S 形。这个结构并不是预报 CME 的充分条件，但对监测该区域的活动是个提醒。如果 S 形结构活跃起来，在 X 射线图像上被尖端或拱状结构取代，那么物质抛射可能已经发生了。

在很多实例中，CME 的爆发减少了磁场中的扭缠，使活动区的扭缠减弱。然而，如果磁通量继续从太阳表面以下浮现出来，S 形结构可能在几个小时或几天时间中重新形成，再次增加爆发的可能性。

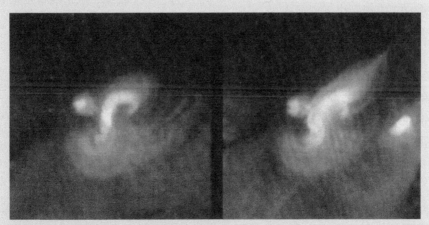

图 9-22　CME 的软 X 射线特征。 这些图片来自 Yohkoh 卫星，图中强调了 CME 活动根源的扭缠磁场区域。右图中的尖端结构与图 9-20 和图 9-21 中的 X 射线环的几何形状相一致。（Yohkoh 团队供图：由美国 NASA 和日本宇宙科学研究所资助的洛克希德·帕洛·阿尔托研究实验室、日本国家天文台和东京大学）

CME 的观测特征。 科学家从连续的 CME 爆发图像中能够确定出它的速度、角宽度和加速度。在天空平面测量到的速度从＜20 km/s 到＞3000 km/s 之间变化——速度范围从远低于日冕中的声速到高超声速。平均速度约为 470 km/s。记录到的最快速度约为 3387 km/s，该 CME 发生于 2004 年 11 月 10 日。CME 的平均速度会随着太阳黑子活动的增加而增大，与活动区中较扭曲的、储存大量能量的磁场相符合。有些活动区是极度活跃的。例如，活动区 10720 在 2005 年 1 月在从中央子午线的东侧穿越到西边缘时产生了 11 个 CME。其中的两个 CME 以很高的速度穿过地球，产生了强地磁暴。

投影效应和视角影响我们对 CME 的感知。抛射的角宽度从＜5° 到 360° 不等。角宽度明显为 360° 的 CME 被称作全晕 CME（full halo CME）。它们比一般 CME 的能量更大。起源于太阳正面的全晕 CME 能够直接影响地球。全晕 CME 在所有 CME 中的比例＜5%，角宽度≥120° 的 CME 的比例～10%，这部分 CME 有时被称作偏晕 CME（partial halo CME）。有些抛射能够从侧面清楚地看到，且在日地连线的垂直方向上运动，这类 CME 被称作边缘 CME（limb CME）。

在太阳附近，由于受到推力和阻力的作用，CME 的速度经常变化。CME 被抛射到介质中，介质会对 CME 的传播产生一定影响。例如，一个快的 CME 必须推动相对密度大的冕流物质运动，它将会减速，甚至可能减速到与背景太阳风的速度相当。相反，较慢的 CME 则会被加速到背景太阳风的速度。在高速流前面的抛射可能会被加速、偏转和扭曲。CME 加速度的统计平均值接近于 0。

数据分析表明，CME 大致可分为两种类别：逐渐加速的 CME，常常对应着日珥爆发；快速 CME，与大耀斑和活动区相关。大多数 CME 的加速发生在 $4R_S$ 以内。加速和减速的典型数值范围为 $10\sim30$ m/s^2。

问答题 9-12

在图 9-13 中识别出下列元素：

- 耀斑带；
- CME；
- 导致剪切的足点运动；
- 暗条；
- 磁中性线；
- 磁拱；
- 磁并合线或面。

逐渐加速的 CME 像气球状，中央核的加速相对其外缘要慢。它们通常表现为平滑的结构，加速到的极限速度为太阳风的典型速度。尽管它们的加速低于快速 CME，但缓变 CME 的传播有可能快到引起激波和粒子加速。

快速 CME 在日冕仪的成像中具有不规则的形状。原因归结于产生 CME 的爆发性磁重联和它们在低日冕中加速时与周围环境的强烈相互作用。加速后，快速 CME 能够在 30 个 R_S 以内以固定速度向外运动，但接下来它们会在行星际介质中推进时减速。即使减速，快速 CME 仍然能够继续与周围太阳风相互作用产生激波，进而加速太阳风中的某些粒子到很高的能量（10.3 节）。

在行星际介质中，大多数的抛射会形成巨大的绳状结构，而绳的两个端点位于太阳。卫星数据显示被抛射的等离子体附着在膨胀的绳状结构的螺旋磁力线上。如果这个绳连接在太阳上，高温电子就会从绳的两个端点注入形成双向流动的束流。当它们经过地球时，双向流动的高温粒子就能够帮助我们识别出这样的结构。

来自中央经线附近的抛射通常会沿径向向外传播。在地球上，规则缠绕的磁场被看作是*行星际磁通量绳*（interplanetary flux rope）或*磁云*（magnetic cloud）。磁云是太阳风中的瞬变结构，它是由相对强的磁场、在 1 AU 处以约 0.25 AU 的直径进行巨大且平滑的旋转的磁场方向，以及低的质子温度来定义的。它们的南、北向磁场常常具有很宽的间隔。没有磁云的 CME 源区大都距离中央经线很远，但也会存在一些明显的例外。

物质抛射通常在它们离开太阳后的 2～4 天内到达地球。最快的可在 24 小时内到达。典型全晕 CME 到达地球的时间是 3.5 天。在太阳极小年，大约每两天发生一次 CME；但在太阳峰年，发生率上升到约每天 4 次。它们中的一小部分会到达地球。

例题 9.4 CME 的动能

- 问题：在一次大的太阳爆发中，有多少能量转化为动能？
- 相关概念：动能 $= mv^2/2$。
- 给定条件：大 CME 的质量 $= 10^{13}$ kg。
- 假设：大的太阳爆发与快速 CME 相关，CME 的合理速度为 1000 km/s。
- 解答：

$$KE = \frac{1}{2} mv^2$$

$$KE = \frac{1}{2} (10^{13} \text{ kg})(10^6 \text{ m/s})^2 = 5 \times 10^{24} \text{ J}$$

- 解释：大的快速 CME 携带的能量与耀斑能量相当。约一半的爆发能量用于辐射，一半用于物质运动。

补充练习：为了在 10^7 km^3 中提供足够的能量密度使其爆发，平均磁场强度需要达到多少？

CME 的磁拓扑结构

在这里我们从概念上阐述通量绳状 CME 的发展过程。图 9-24 再现了图 9-13 和图 9-14 中的一些基本结构，但更强调二维和三维下的磁拓扑。活动区下方的光球运动对光球中性线上的拱状磁力线产生了剪切和扭缠，使磁能得到储存。剪切排列了磁场，以致电流片中的反向磁场靠得很近。磁并合重新组织了磁场，产生①下面的闭合磁力线和②以等离子体团或通量绳形式存在的上面的磁环，其抛射形成了 CME。并合的磁力线向下映射到色球上形成逐渐分离的耀斑带。这是由于磁力线上被加速的电子向下运动，与低层大气碰撞形成了在氢的莱曼 -α（L-α）线上的辐射。在等离子体团或通量绳抛射入日球层后，下方闭合磁力线的顶部可能发射 X 射线或 EUV 辐射（图 9-17），持续时间为几分钟到几小时。当从太阳的侧面观测边缘 CME 时，抛射的通量绳就像一个磁化的火球。

被抛射的磁力线上充满了被加热的电子。这些磁力线两端仍然连接在太阳上，热电子从连在太阳表面上的磁力线两端注入，形成双向电子流。对太阳风中电子通量的测量表明，在 1 AU 附近或之外的 CME 磁力线的端点通常（~60%）连接到太阳，如图 9-19（b）所示。偶尔，嵌入 CME 中的一些磁力线只有一个端点连接在太阳上。图 9-25 显示了多种层次连接的磁力线拓扑。图 9-25（a）中的拓扑与

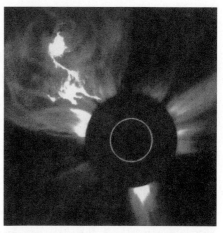

图 9-23 2002 年 1 月 4 日发生的一次壮观的 CME。 该 CME 源自于暗条爆发，尽管它的中心以几乎 90° 日地连线的方向传播，但该事件看起来为（弱的）全晕事件。（ESA/NASA-SOHO 供图）

图 9-24（b）中的拓扑一致。在磁重联位置有部分磁力线与太阳断开，但磁力线的端点依然连接着太阳。如果发生全部断开，CME 就会以等离子体团的形式抛射出来（图中没显示）。图 9-25（b）中显示了交换重联，也就是日冕中的开放磁力线和闭合的磁环之间发生了并合，变换了磁场拓扑。这个过程中没有磁力线从太阳上断开，但减少了延伸到日冕和日球

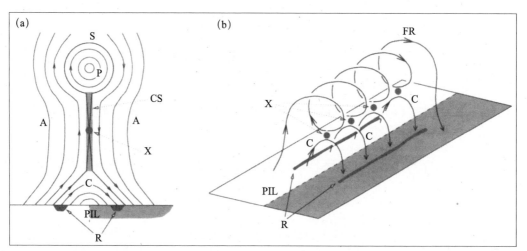

图 9-24 产生通量绳状 CME 的磁力线拓扑结构。（a）二维视图。当方向相反的拱形磁力线向拉长的电流片运动时，磁并合就发生了。在下方产生闭合磁力线，在上面产生磁通量绳。如果通量绳与太阳完全断开，就被称作等离子体团。在中性线及上方，磁力线方向发生改变。耀斑带就是加速粒子与下方高密度的色球和光球碰撞的位置。（b）三维视图。图中示意了磁并合爆发后磁场和冻结在它上面的等离子体的情况。沿着拱形磁力线的一条线，图中以点所示，发生了磁并合。磁力线的端点仍然连接在太阳上，但是以后在一些条件下会断开。（PIL 是极性反转线；CS 是电流片；A 是拱形磁力线；X 是 X 线重联；C 是闭合磁力线；P 是等离子体团；R 是耀斑带；S 是分隔线；FR 是通量绳）[Longcope and Beveridge, 2007]

层中的磁力线数目，从 3 根减少到 1 根。图 9-25（b）中的部分断开的磁场与另一根开放的磁力线（图中没显示）并合能够产生一个完全断开的通量绳（等离子体团）和一根额外的闭合磁力线。

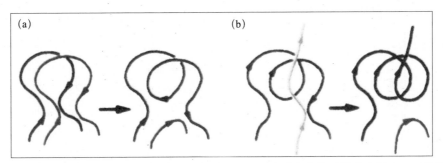

图 9-25 通量绳的连接与断开。（a）磁并合产生的通量绳的两个端点依然连接在太阳上。卫星数据显示到达地球的～60% 的通量绳具有这种结构。（b）磁并合产生的通量绳只有一个端点连接在太阳上。[Gosling et al.,1995]

9.2.4 太阳高能粒子

目标：读完本节，你应该能够……

♦ 描述太阳高能粒子事件的起源

♦ 区分缓变型和脉冲型高能粒子事件

♦ 描述太阳高能粒子的对地效应

太阳高能粒子的特征

太阳能量释放中，观测到发生频率很少的一类事件是太阳高能粒子（solar energetic particles, SEPs）事件。来源于耀斑和 CME 前端的高能太阳粒子并不是太阳风等离子体组成的一部分。它们的速度和加速方式使它们被归为不同的一类。SEP 是非常快的，它们到达地球的时间以分钟到小时来计量。例如，能量在 60 MeV 左右的质子大约半个小时就能到达地球。较低能的质子需要几个小时到达地球（图 9-26）。太阳高能粒子相对附近的太阳风粒子具有非常高的动能，但一般比银河宇宙线的能量要低。在宇宙辐射的范围中，太阳产生的粒子能量较低，一般在 1 GeV 以下，很少会超过 10 GeV。

这些快速到达的粒子可能会伤害太空中的人类，危害空间设施，妨碍电离层通信（附录 A 中 NOAA S- 等级）。第 13 章详细讨论了这些内容。图 2-13 显示了 SEP 事件对天基成像系统的影响。受能量在几个到 10 MeV 质子的影响，太阳能电池板严重损坏。在最大的 SEP 事件中，高能质子能直达地球表面，产生地面宇宙线增强事件（ground-level event, GLE）。在个别情况下，太阳高能粒子能够在地球磁层产生一个新的辐射带。

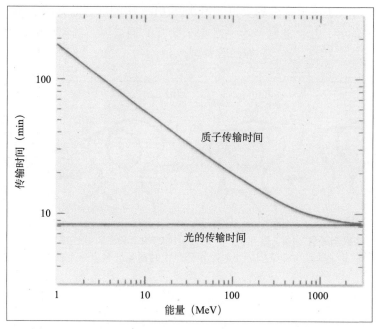

图 9-26　高能质子在日地之间的传播时间。 10 MeV 的高能质子会在 1 小时内到达地球。

太阳高能粒子的起源

　　太阳大气中磁场的爆发性重构将粒子加速到很高的速度。行星际磁场的帕克螺旋模型（第 5 章）表明：如果日冕中的加速粒子在太阳西经 50°～60° 附近注入行星际磁场，它们就会到达地球。一部分 SEP 事件，称作脉冲型短寿命事件，就符合这个模型。另外一些事件来自很宽的经度范围，具有较长的寿命。近些年，科学家把 SEP 事件归为两大基本类型和一个混合类型。

- 脉冲型短寿命事件（impulsive short-duration event）通常来自太阳上与地球之间有良好磁连接的位置。事件中的粒子更倾向于沿着帕克螺旋磁力线传播。帕克螺旋磁力线将太阳的西半球与地球相连。这些事件中以电子为主，与脉冲型 H-α 和 X 射线耀斑、射电暴有很强的相关性。较高的离子电荷态，以及从重离子上剥落的大量电子，表明了它们起源于被耀斑加热的等离子体。脉冲型事件只有几小时的寿命，来自很窄的经度带（<30°）。
- 缓变型事件（gradual event）持续几天的时间。它们具有丰富的质子，并且元素丰度和电离态与那些发生在日冕高层或太阳风中低密度等离子体环境中的事件相同。缓变型事件与缓变型 X 射线耀斑、日冕扫频射电辐射和 CME 相联系。在太阳很宽的经度范围上都能观测到这类事件。
- 当激波（可能由 CME 驱动的）进一步加速耀斑加热过的等离子体时，就发生了混合型事件（hybrid event）。

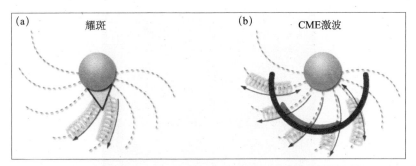

图 9-27　脉冲型和缓变型高能粒子事件。（a）脉冲型事件中的粒子。黄三角表示耀斑。窄的束流富含在耀斑区加速的电子。高能粒子中的重离子具有非常高的电荷态，显示与耀斑相关的高温。脉冲型事件比缓变型事件发生频率低。粒子束的经度范围大约为 30°，因此与地球相遇的时间仅在几个小时以内。（b）CME（红线）驱动的缓变型 SEP 事件。这样的事件具有很宽的经度范围。粒子被不断地加速。粒子通量从事件开始以 $1/r^2$ 的形式减少。（NASA 的 Donald Reames 供图）

　　在这里，我们将更加详细地讨论脉冲型 SEP，在第 10 章中将讨论缓变型事件。大多数脉冲型 SEP 来自视角直径 1° 或 2° 的活动区。20 世纪 90 年代，Yohkoh 卫星在一个活动区的软 X 射线环上观测到了致密硬 X 射线源，活动区中的磁场形成了一个尖端。电子在环上面的尖端得到加速。维持在尖端上方的磁力线可能最终回到太阳，也可能向行星际介质开放。如果它们向着行星际介质打开，它们就给高能耀斑粒子提供了一个直接逃离太阳的路径。即使脉冲型高能粒子的源耀斑远离名义上的帕克螺旋线足点几十度，它们偶尔也能到达地球。科学家已经发现粒子横跨磁力线扩散、沿着光球上方日冕磁场进行经向输运的可能。如果磁力线在源区附近快速运动，粒子就可能跨磁力线扩散。提高的太阳成像技术已经发现了这种快速运动的例子。如果活动区之上的磁力线结构是强烈发散的，经向输运也是可能的。

　　利用沿着开放的日冕磁流管运动的电子束流所产生的射电辐射，科学家对后一种情况进行了研究。穿过日冕的电子束流激发出接近当地电子等离子体频率的朗缪尔波。这些波被转化为接近当地电子等离子体频率或其谐波的电磁辐射。当电子束流从低日冕向行星际空间传播时，它们发射的频率随高度降低。这种类型的辐射经常被探测到，其频率在十几个 kHz 到几百个 MHz，被称作 III 型射电暴（9.2.3 节）。

　　观测表明开放磁力线植根于活动区，在光球和低日冕层具有很窄的经度范围，随着高度增加而快速地呈扇形展开。磁场外推和射电图像显示，极端的扩散（离耀斑源最多 50°）能通过扇形展开得到解释，在扇形中发散的磁力线向着螺旋结构中连接地球的磁力线弯曲。耀斑粒子从远处的源活动区中注入螺旋结构中。在有些例子中，证实了那样的源区位于太阳西边缘背后几十度的位置。这些结果同时也表明，那些与黄道面没有很好磁连接的高纬耀斑也能对地球空间轨道的脉冲型高能粒子做出贡献。

　　近来，科学家利用 SOHO 卫星的观测已经证明，许多与耀斑相关的高能粒子来自一个带电薄片（有时也称作扩散区），它从耀斑位置延伸至 CME 区的底部。这个电流片就像地球上加速粒子达到近光速的粒子加速器。SOHO 卫星上的仪器已经观测到了这样的电流片。图 9-28 描绘了围绕电流片的几何细节。

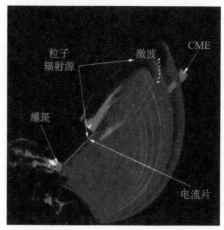

图 9-28 太阳高能粒子的两种源。SOHO 卫星上极紫外日冕成像光谱仪（UVCS）向我们展示了一个极窄的区域，在这里气体温度从 <1 MK 快速升到 >6 MK 位置。强烈的加热是电流片粒子加速模型的特征之一。（美国哈佛－史密森天体物理中心林隽、新罕布什尔大学的 Terry Forbes, ESA/NASA-SOHO 供图）

例题 9.5　太阳高能粒子的传播时间

- 问题：确定一个 100 MeV 的质子从太阳到地球的传播时间。

- 相关概念：动能 $= (\gamma - 1)m_0c^2$。

- 给定条件：10^8 eV= 质子动能。

- 假设：质子的静质量，m_0c^2 为 938.27 MeV。粒子在连接太阳中经线到地球的磁力线上传播。

- 解答：

$$KE = 100 \text{ MeV} = (\gamma - 1)938.27 \text{ MeV}$$

$$\gamma - 1 = 0.1066 \text{（无量纲）} = \frac{100 \text{ MeV}}{938.27 \text{ MeV}}$$

$$\gamma = 1.1066 \text{（无量纲）} = 1/\sqrt{1 - v^2/c^2}$$

求解 v 得到

$$v = 0.428c = 0.428 \times (3 \times 10^8 \text{ m/s})$$

从太阳到地球的传播时间 $= (1.5 \times 10^{11} \text{ m})/(1.28 \times 10^8 \text{ m/s}) \approx 1168 \text{ s} \approx 19 \text{ min}$。

- 解释：100 MeV 的粒子沿着从太阳直接连向地球的磁力线传播的时间少于 20 分钟。与经度更靠西的磁力线相连接的粒子，将会需要更长一点的时间到达地球。

补充练习：确定能量为 1 TeV 的质子的速度。

9.3 来自其他恒星的空间天气效应

有一些高能粒子和光子来自太阳以外的源。它们以不同的能量、通量和粒子成分为特征。粒子源受到日球层中随太阳活动周变化的磁场的调制。

9.3.1 来自宇宙的低能和高能粒子

目标：读完本节，你应该能够……

◆ 定义下面的名词：捕获离子、异常宇宙线和银河宇宙线

◆ 解释捕获离子如何产生和获得能量

◆ 描述高能带电粒子和中性粒子对空间环境的影响

异常宇宙线的源：有一些带电粒子，相对一般太阳风离子具有异常高的能量，但相对宇宙线的粒子能量要低，它们被称为异常宇宙线（anomalous cosmic rays, ACRs）。相对宇宙线，它们具有较低的电荷态和相对低的能量（<100 MeV），由难以电离的元素组成，包括氦、氮、氧、氖和氩。

异常宇宙线有好几种源。星际中性粒子不受阻碍地穿行在日球层磁场中。包含中性氢原子的星际微风在我们太阳系中的流速约为 25 km/s，密度约为 0.01 个原子 /cm³。当中性粒子接近太阳时，其中的一些粒子被光致电离或与太阳风离子交换电荷，成为单电荷带电离子。另外，行星形成的剩余物质中仍包含着尘埃和小行星，它们也对中性粒子有贡献。这些来自太阳系内外的低能捕获离子（pick-up ions）能够被太阳风收集并携带着向日球层顶传播。与共转相互作用区所伴随的高能激波区域也可能产生低能 ACR。捕获离子在终止激波的侧面与不规则磁场发生多次碰撞，获得能量。这个过程可能持续几个月到几年的时间。如图 9-29 所示，一些能化的粒子（5～50 MeV）从激波中逃逸，向内日球层扩散形成 ACR。

银河宇宙线的源和特征。银河宇宙线（Galactic cosmic rays, GCRs）是来自星系碰撞、恒星产生、死亡和残骸中的高能带电粒子。这些粒子虽然有质量，但由于历史的因素它们被称为宇宙"射线"。在星际介质中，恒星风和激波区也能激发粒子使其获得很高的能量，从而对宇宙线的通量做出贡献。大多数的银河宇宙线很可能是在我们银河系中的超新星爆发过程中被加速的。这些爆炸产生了包含长时间持续的磁化等离子体云。带电粒子来回弹跳，在紊乱的磁场中获取能量。磁场强度、加速区的大小以及粒子被束缚在那里的时间，决定了宇宙线的最大能量。粒子获得足够高的速度后逃逸到银河系中。但是，还有一些宇宙线的观测能量远高于超新星遗迹产生的能量。这些小部分宇宙线疑似与星系碰撞区域有关。

银河宇宙线具有极高的动能——高达 10^{21} eV（10^{12} GeV），典型的值在 GeV 能段范围。粒子成分由均匀的带电原子核组成，包括氢（87%）、氦（12%）和重离子（微量）。这些粒子具有相对低的通量（约 4 个粒子 /(cm²·s)），能量密度为 0.5～1.0 eV/cm³，与星光类似。

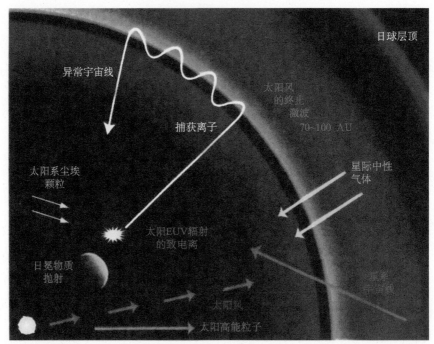

图 9-29　异常宇宙线 ACR。异常宇宙线可能起源于行星形成之外的剩余物质里的中性尘埃，或者星际中性原子。粒子转变为捕获离子，并最终成为 ACR。现在，科学家认为大部分的加速发生在终止激波的侧面附近，而不是激波的前端。（ACE 卫星团队和 NASA 供图）

当宇宙线与其他物质相互作用时，它们通常减速、发出 γ 或 X 射线。宇宙线能对人类和辐射敏感系统产生危害。但在大多数生物和技术活动的地球表面，我们极少与真正的高能宇宙线发生相互作用。

宇宙线离子一旦脱离源区，它们在银河系磁场中就会经历曲折的、随机的旅行。它们中的一部分向日球层顶前进。其中许多粒子（即便不是绝大部分）会被太阳控制区域边缘的磁场反射回去。而那些穿透过来的粒子必然在日球层的磁场中运动。这些磁场受 CME 和太阳风相互作用区影响。只有最高能的粒子才能穿透到内日球层中。

宇宙线具有巨大的速度。当它们集体流动时，能够激发磁场的不规则性（阿尔文波）。它们沿着大尺度的日球层或银河系磁场做螺旋轨道运动（洛伦兹力影响它们的运动）。而自身激发的和已经存在的磁场不规则性，会引起螺旋轨道不断发生着微小的变化。由于磁场的不规则结构随大尺度的太阳风流体一起运动，所以宇宙线尽管能量很高、速度很快，它们仍然会经历持续不断的碰撞。低能宇宙线在太阳风中很难"逆流而上"，而高能的粒子要容易得多。因此，宇宙线的能谱总是低能的粒子密度低，高能的粒子密度高。

地球大气保护了地球表面上的人类和技术系统免受大部分 GCR 的作用。由于 GCR 能量高，它们与上层大气中的原子碰撞，产生一连串的次级宇宙线到达地球表面，如图 9-30 所示。在这个过程中初级宇宙线中的粒子与大气中的原子核碰撞产生许多次级粒子，这一现象被称为宇宙线簇射（cosmic ray shower）（大气簇射）。每分钟有上千个粒子穿过我们的身体。这些次级宇宙线，在海平面上的平均通量约 100 个粒子 $/(\text{m}^2 \cdot \text{s})$，占自然背景辐射的几个百分比。正如我们在 7.4 节中注意到的，宇宙线形成的一些副产品会向外逃逸。如果副产品粒子是带电的，它可能成为内辐射带的一部分。

11 年周期变化。最容易监测到的宇宙线簇射的一种副产品是慢中子。图 9-31 给出了俄罗斯莫斯科站对慢中子的长期监测历史。中子数（或是产生它们的宇宙线）与太阳黑子数成反相关关系。这种反相关关系与日球层磁场的磁屏蔽有关。相对于太阳活动极小年的较弱磁场而言，当太阳活跃时，其增强的磁场能散射掉更多的宇宙线，太阳活动峰年时的宇宙线积分强度减小。太阳活动极小年时，太阳磁场变弱，地球更容易被宇宙线侵袭。尽管峰年时较低能量的宇宙线减少，但较高能量的宇宙线却没有明显减少。太阳活动极小年时行星际空间中宇宙线积分剂量率大约是太阳活动峰年时的 2.5 倍。CME 引起的内日球层扰动会对这些高能粒子的通量产生短期影响。因此，银河宇宙线是空间天气的示踪器。

22 年周期变化。从图 9-31 中，我们看到有些宇宙线的极大期是窄峰，而有些是持续时间长的宽峰。近来，一些解释日球层磁场方向的日球层磁场模型，显示了宇宙线穿透入内日球层具有明显的 22 年周

图 9-30　宇宙线簇射。图中艺术地再现了宇宙线（黄色）击中上层大气，产生粒子簇射（绿色）的过程。其中的一些粒子（主要为 π 介子）衰变为 μ 介子（红色）。大部分 μ 介子在飞行中就衰减掉了，因此只有一小部分 μ 介子能够到达地球表面。因此，在更高的高度上，衰减掉的 μ 介子会少一些，我们就能发现更多的 μ 介子。在海平面上，手指甲大小的面积上每分钟接收到一个 μ 介子。大约每周有一个能量 10^{20} eV 或以上的宇宙线粒子与地球表面 3000 km² 面积发生撞击。（美国斯坦福线性加速器中心 Terry Anderson 供图）

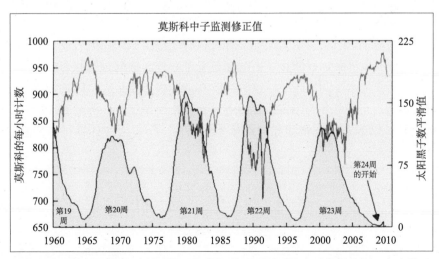

图 9-31　宇宙线计数与太阳黑子数。这是俄罗斯莫斯科站监测到的中子数据绘图。宇宙线（蓝色）与太阳活动周（黄色）具有反相关关系，这是由于日球层磁场在太阳峰年更强，保护地球免受宇宙线辐射。（NOAA 国家地球物理数据中心供图）

期。太阳磁场的方向调制了宇宙线通量，使得宇宙线计数的极大期在每 22 年中存在窄峰和宽峰的切换。这些相互作用可能有重要含义。宇宙线产生的电离导致微小的云凝结核形成，宇宙线可能以这种方式影响云层覆盖。伴随着太阳对宇宙线的调制，科学家们正在积极地寻找与太阳调制宇宙线相关的 22 年气候周期的迹象。

长久以来，科学家们就认识到了宇航员和航天系统遭受宇宙线和太阳质子流的风险。航空电子系统、乘客和乘务人员也面对相似的风险，但程度要轻许多。然而，由于缺乏系统的关于宇宙线计数和宇宙线在飞行中与地球大气相遇产生多少带电粒子和中子的数据，所以量化这种风险是困难的。幸亏有新发展的仪器，研究人员正在收集那样的数据。随着近来商业飞行中机载计算机管理的"电传飞行"控制系统的使用，了解航线上来自宇宙和太阳辐射的确切水平的需求也越来越重要。更多的极区商业飞行中，机组成员和频繁飞行的乘客所遭受的辐射水平还没有充分的记录。未来的航空飞机将采用更敏感的工艺，为保证航空系统的安全，需要更多的冗余度。我们需要数据，来对可容许的辐射暴露水平作出有依据的判断。

初步试验已经证明，来自宇宙线和它们所产生的粒子辐射剂量在较高的高度和纬度上会更强。也就是说，它们在北极和南极的上空中是最为强烈的。太阳和日球层产生的较低能量的高能粒子的强度在太阳风暴期间会特别高，这时大量的高能带电粒子会到达地球大气。加强该领域的研究、为航线规划者开发实用的新模型等新研究计划已经开始。

问答题 9-13

估计你身体的横截面积。计算来自宇宙线与大气相互作用产生的次级粒子每秒钟有多少个穿过你的身体？

关注点 9.4　高能粒子对地球和近地环境的影响

太空中的高能宇宙线会对航天器和高纬飞机产生严重威胁。航天器上的计算机硬件和敏感电子设备需要屏蔽，以防止宇宙线穿过电子芯片时引起逻辑状态的反转。宇航员也处于宇宙线高辐射水平的风险中。这种风险在太阳极小年最大，因为极小年时太阳的保护性磁场变弱，允许更多的宇宙线穿透进来。执行长期运行任务的航天员会遭受特别高的风险。图 9-32 示意了宇宙线如何产生生物损伤。宇宙线在计算机芯片制造过程中也能产生电子噪声。

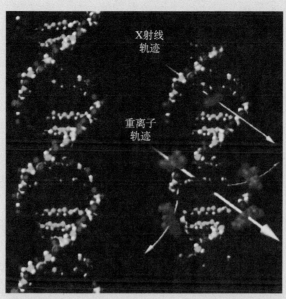

图 9-32 宇宙线与 DNA 相互作用。图中艺术地描绘了一串 DNA 对高能宇宙线的敏感性。能量高于 100 MeV 的粒子（重离子）可能产生最严重的伤害。（NASA 生物和物理研究办公室供图）

例题 9.6 宇宙线通量

- **问题**：求能量 0.1 TeV 量级的宇宙线输运到地球上的功率。
- **给定条件**：0.1 TeV 宇宙线的通量是 $1/(m^2 \cdot s)$。
- **假设**：通量各向同性。
- **解答**：

  地球的表面积为 $4\pi r^2 = 4\pi(6378 \times 10^3 \text{ m})^2 = 5.1 \times 10^{14} \text{ m}^2$。

  输运到地球上的总功率 = $[(0.1 \times 10^{12} \text{ eV} \times 5.1 \times 10^{14} \text{ m}^2) \times 1.6 \times 10^{-19} \text{ J/eV}] \times 1/(m^2 \cdot s)$
  $$= 8.16 \times 10^6 \text{ W}。$$

- **解释**：0.1 TeV 的宇宙线能量通量约为 8 MW。相对雷雨的平均能量（约 100 MW），这是一个很小的功率。

补充练习：能量约 10^{19} eV 的宇宙线到达地球的通量为 $1/(km^2 \cdot yr)$。每年经由这些粒子到达地球的总能量是多少？

9.3.2 来自宇宙的高能光子

目标：读完本节，你应该能够……

- ◆ 解释高能光子是如何产生的
- ◆ 描述高能光子的空间环境效应

宇宙中，在一些非常极端条件下产生的高温物质会产生 TeV 级别的 γ 射线。一个可能的产生机制来自电子被极强电磁场加速到极高能量的过程。在超新星和中子星中就发现了那样极强的电磁场。如果一个高能的电子与一个低能光子碰撞，电子通过非弹性碰撞把大量的能量转移给光子。在这个过程中，低能光子转变成一个 TeV 的 γ 射线。另一个可能的机制是快速运动的电子与极强磁场之间的相互作用。磁场使得电子做回旋加速运动，从而产生高能光子。

一些 TeV 的 γ 射线似乎产生于恒星的诞生地。在那里，年轻的恒星群产生了相互作用的强烈的星际风（和强烈的星际阵风）。星际风产生激波，激波中的磁场捕获带电粒子并将其加速到非常高的速度。一些带电粒子是超新星爆发的副产品，是由铁和其他重元素的裸核组成的宇宙射线。年轻的恒星也向外喷射高通量的 EUV 光子。EUV 光子能够穿透裸核，激发核共振。对于一个具备足够速度的裸核（高电荷态），一个能量为几个 MeV 的迎面而来的 EUV 光子（在源区参考系中的能量为几个 eV）足以激发共振。当共振衰减时，被抛射的光子能进一步获得从 MeV 到 TeV 的百万倍的能量增加。在一些情况下，受激原子核会分解产生另外的高能光子和较轻的元素，对宇宙线的数目产生贡献 [Anchordoqui et al., 2007]。

平均而言，地球上每秒钟每平方公里上会有一个宇宙中的 TeV γ 射线到达。实际上，其余所有的 γ 射线都与大气分子碰撞，在上层大气层中产生大量的次级高能粒子。正如在第 8 章中讨论的，那些次级粒子与闪电相关的瞬时发光事件的形成有关。

在极罕见的情况下，γ 射线的大爆发会充满整个近地环境。*磁星*（magnetars）（磁中子星的简称）是那些演变快、死亡早的大质量恒星的磁残留。它们每几秒钟完成一次旋转，向外发出 X 射线束和软 γ 射线束。当它们水晶样坚硬的外壳收得更紧时，它们也会偶尔发出强大的 γ 射线暴。1979 年 3 月、1998 年 8 月和 2004 年 12 月，来自磁星的 γ 射线使天基探测器达到饱和状态。一些仪器切换到安全防护模式。在那样的事件中，电离的高层大气可能发生突然的变化。电离层下边缘的高度可能短时降低，从 85 km 高度降到 65 km，甚至更低的高度。在那样的环境下，无线电传播严重中断。在 14 章中，我们将更详细地讨论磁星的影响。

总结

太阳对流区中，对流、子午环流和较差自转使磁场聚集成束。使初始为极区到极区的磁力线，跨越经度而扭曲，汇聚到上浮的磁通量中，上升穿出太阳表面。这种发电机运动发生在多种空间和时间尺度上，其中最为明显的是 11 年太阳活动周和 22 年太阳磁活动周。当聚集的磁通量浮现出太阳表面时，它们就产生了活动区并能扩展到日冕。活动区在光球的表现形式为光斑和偶极黑子。在较高的色球和过渡区，活动区表现为谱斑和暗条。在更高的太阳大气中，活动区表现为巨大的环状结构。活动区倾向于在一定的经度上重复出现，这表明与深深扎根在对流区下方的不稳定性密切相关。活动区也存在纬向漂移，这使它们在连续多个太阳活动周中呈现出蝴蝶图的模式。蝴蝶图显示：太阳半球上的前导黑子向赤道方向前进，后随黑子向极区进行较微弱的扩散；在 11 年太阳活动周的峰年，极区磁场发生方向反转。

　　汇聚和扭缠的磁场储存着能量并处在不稳定的状态。这种能量在磁并合事件中会以其他形式释放出来，表现为太阳耀斑、CME 和太阳高能粒子事件。当电子和其他带电粒子在磁并合区域或附近加速到很高能量时就形成辐射爆发（太阳耀斑）。爆发性磁并合过程中，局地磁场的碰撞和相互作用产生的辐射大约在 8 分钟后会在地球上监测到。部分粒子也会在耀斑源区得到加速。有些粒子冲进太阳大气的深层，产生另外的辐射；其他作为太阳高能粒子抛射到日球层中。如果磁力线连接到地球，那么这样的高能粒子会在耀斑开始后15～20 分钟内到达地球。很多情况下，磁能释放也伴随着来自日冕的等离子体云的加速。大量被磁场约束的相对较冷的等离子体泡就是 CME。到达地球的快速 CME 能够引起大地磁暴。快速 CME 也能产生激波，加速太阳风等离子体中的粒子到相对论速度，从而产生另一个长时间持续的高能粒子源。

　　其他一些恒星也是高能粒子和光子的源。宇宙线是从各个方向进入日球层中的带电高能粒子。在某种程度上，这些粒子受日球层磁场的引导和散射。太阳峰年期间，当频繁的CME 扰动日球层磁场时，宇宙线穿透到地球轨道的效率下降。宇宙线的通量与太阳活动周是反相的。这些高能粒子产生一定的空间环境扰动，在太阳极小年期间扰动最强。

　　除了宇宙线粒子，地球上层大气也拦截到来自恒星死亡、诞生区域和可能星系间相互作用区的高能光子。来自磁星的大通量的高能光子是偶发的，可能约每十年一次。磁星事件产生的能量冲击会对电离层产生扰动。

关键词

英文	中文	英文	中文
active longitude	活动经度带	interplanetary flux rope	行星际磁通量绳
active region (AR)	活动区	limb CME	边缘CME
anomalous cosmic rays (ACRs)		long-duration flare	长寿命耀斑
	异常宇宙线	loop prominence system (LPS)	
arch system	拱状系统		环状日珥系
Cerenkov plasma wave	切连科夫等离子体波	magnetars	磁星
		magnetic cloud	磁云
CME	日冕物质抛射	magnetic flux emergence	磁通量浮现
cosmic ray shower	宇宙线簇射	meridional circulation	子午环流
electrostatic burst	静电爆发	microwave burst	微波爆发
faculae	光斑	Moreton wave	莫尔顿波
flare	耀斑	noise storm	噪暴
full-halo CME	全晕CME	partial halo CME	偏晕CME
Galactic cosmic rays (GCRs)		penumbra	半影
	银河宇宙线	pick-up ions	捕获离子
gradual event	缓变型事件	radio-burst	射电爆发
gradual rise and fall event	缓变上升和下降事件	short wave blackout	短波中断
		short-wave fade (SWF)	短波衰落
ground-level event (GLE)	地面宇宙线增强事件	sigmoid	S形
		solar energetic particles (SEPs)	
hybrid event	混合型事件		太阳高能粒子
Hyder flare	海德耀斑	sudden ionospheric disturbance (SID)	
importance	（耀斑）等级		电离层突然骚扰
impulsive microwave burst	脉冲型微波爆发	sudden phase anomaly (SPA)	
impulsive short-duration event			突然相位异常
	脉冲型短寿命事件	sweep frequency burst	扫频爆发
		torsional oscillation	扭转振荡
impulsive X-ray flare	脉冲型X射线耀斑	umbra	本影

问答题答案

9–1： 因为太阳黑子的磁场垂直于太阳表面，因此我们得到：磁通量＝磁场×面积。太阳黑子的平均磁场强度为 0.3 T；黑子的典型直径为 10^4 km，对应的面积 $\pi r^2 = \pi(5\times10^6 \text{ m})^2 = 7.85\times10^{13} \text{ m}^2$。磁通量 ＝ 2.36×10^{13} Wb。

9-2： 当磁场方向向下的上升环与磁场方向向上的磁环并排时，磁场具有两个不同方向的分量，这是适合磁并合的结构的。

9-3： 图 9-3 显示的活动区的编号为 9393，是在 2001 年 4 月被观测到，接近 23 太阳活动周的峰值时间。

9-4： 1996 年中期的活动区位于赤道附近；1998 年中期的活动区出现在较高的纬度。1996 年的活动区是第 22 太阳活动周的残余。1997 年，新的 23 活动周的太阳黑子开始在较高的纬度形成。

9-5： 标志第 24 太阳活动周开始的第一个反极性太阳黑子，出现在 2008 年 1 月 4 日，北纬 30°。

9-6： 南半球的前导黑子为正极性；北半球的前导黑子为负极性。

9-7： 里氏 9 级地震释放的能量约为 10^{18} J。一个中等到大的耀斑释放的能量为 $10^{21} \sim 10^{25}$ J。

9-8： 从例题 9.3 中得到耀斑功率约为 5×10^{21} W。对照图 9-16，根据耀斑功率超过背景值 150% 标准可得到典型耀斑的持续时间为 3 个小时。功率乘以持续时间得到总能量值在 $10^{25} \sim 10^{26}$ J 范围。

9-9： 根据安培定律，暗条中的电流指向页面以外。为了减弱或释放磁场，扰动电流必然指向页面内。

9-10： 参考图 9-16 和附录 A

X 射线耀斑分类	通量强度	NOAA 等级	发生频率
X-10	10^{-3} W/m²	R-3	8 次 / 活动周
X-1	10^{-4} W/m²	R-3	175 次 / 活动周
M-1	10^{-5} W/m²	R-1	2000 次 / 活动周
C-1	10^{-6} W/m²	等级以下	上千次 / 活动周

9-11： 在太阳活动极小年，CME 最可能发生于冕流带中。它们的位置在近赤道纬度中。在太阳活动峰年，CME 在很宽的日面范围中发生。

9-12：

- 耀斑带：右下象限的底部；
- CME：右下象限的顶部；
- 产生剪切的足点运动：右上象限；
- 暗条：所有象限中；
- 磁中性线：所有象限中的虚线；
- 磁拱：右下象限中下半部分；
- 重联线或面：右下象限的中间。

9-13： 横截面积约 1 m²。每秒钟大约有 100 个次级粒子穿过你的身体。

参考文献

Anchordoqui, Luis A., John F. Beacom, Haim Goldberg, Sergio Palomares-Ruiz, and Thomas J. Weiler. 2007. TeV Gamma Rays from Photodisintegration and Daughter Deexcitation of Cosmic Ray Nuclei. *Physical Review Letters*. No. 98. American Physical Society. College Park, MD.

图片来源

de Toma, Giuliani, Oran R. White, and Karen L. Harvey. 2000. A Picture of Solar Minimum and the Onset of Solar Cycle 23. *The Astrophysical Journal*. Vol. 529. American Astronomical Society. Washington, DC.

Dikpati, Mausumi and Peter A. Gilman. 2008. Global Solar Dynamo Models: Simulations and Predicitons, *Journal of Astrophysics and Astronomy*. Vol. 29. Indian Academy of Sciences. Bangalore, India.

Gosling, John T., Joachim Birn, and Michael Hesse. 1995. Three-Dimensional Magnetic Reconnection and the Magnetic Topology of Coronal Mass Ejection Events. *Geophysical Research Letters*. Vol. 22. American Geophysical Union, Washington, DC.

Lean, Judith L. 2010. Cycles and trends in solar irradiance and climate. Wiley Interdisciplinary Reviews: Climate Change. Vol. 1. Issue 1. John Wiley & Sons, Ltd. Malden, MA.

Longcope, Dana W. and Colin Beveridge. 2007. A Quantitative Topological Model of Reconnection and Flux Rope Formation in a Two-ribbon Flare. *The Astrophysical Journal*. Vol. 669. American Astronomical Society. Washington, DC.

Magara, Tetsuya, Shin Mineshige, Takaaki Yokoyama, and Kazunari Shibata. 1996. Numerical Simulation of Magnetic Reconnection in Eruptive Flares, *The Astrophysical Journal*. Vol. 466. American Astronomical Society. Washington, DC.

Manchester, Ward IV, Tamas Gombosi, Darren L. DeZeeuw, and Yuhong Fan. 2004. Eruption of a Buoyantly Emerging Magnetic Flux Rope. *The Astrophysical Journal*. Vol. 610. Issue 1. American Astronomical Society. Washington, DC.

Moore, Ronald L., Alphonse C. Sterling, Hugh S. Hudson, and James R. Lemen. 2001. Onset of the Magnetic Explosion in Solar Flares and Coronal Mass Ejections. The Astrophysical Journal. Vol. 552. American Astronomical Society. Washington, DC.

Nicholson, Iain. 1982. *The Sun*. Published in association with the Royal Astronomical Society [by] Rand McNally, New York.

Parker, Eugene N. 2000. The physics of the Sun and the gateway to the stars. *Physics Today*. Vol. 53. American Institute of Physics. College Park, MD.

White, Oran R. (ed). 1977. *The Solar Output and Its Variation*. Boulder, CO: Colorado Associated Press.

补充阅读

Aschwanden, Markus J. 2005. Physics of the Solar Corona: *An Introduction with Problems and Solutions*. Berlin: Spripget Verlag.

Benz, Arnold O. 2007. Flare-Observations. *Living Reviews in Solar Physics*. No.3. Max-Planck Institute, Katlenburg-Lindau, Germany.

Golub, Leon and Jay M. Pasachoff. 2002. Nearest Star: *The Surprising Science of Our Sun*. Cambridge, MA: Harvard University Press.

第 10 章　扰动的行星际介质：空间天气的导体

你应该已经了解：

- 高速流（第 1、5、10 章）
- 高能粒子（第 2 章）
- 太阳暗条和日珥（第 3 章）
- 冕洞（第 3、5、10 章）
- 太阳磁通浮现（第 3、9 章）
- 日球层电流片（第 4、5 章）
- 磁场与等离子体运动如何互相控制（第 4、6 章）
- 行星际磁场和扇形结构（第 5 章）
- 阿尔文波（第 5、6 章）
- 日球冕流带（第 9 章）
- 日冕物质抛射（CME）（第 9 章）

本章你将学到：

- 准静态太阳风中的扰动
- 冕洞对行星际介质的影响
- 共转相互作用区（CIR）与融合相互作用区（MIR）
- 太阳风中的瞬变扰动
- CME 在行星际的识别标志
- 磁云及日冕物质抛射中行星际磁场方位的影响
- 快速 CME 的影响
- 激波加速的粒子

本章目录

翻译：罗冰显；校对：沈芳。

10.1　准静态太阳风中的扰动

10.1.1　低速太阳风中的准静态结构

目标：读完本节，你应该能够……

♦　描述准静态太阳风中引起非重现性地磁小扰动的源
♦　描述扰动源与太阳风速度、压力和磁场变化的联系

　　低速流中的扰动。如第 5 章所述，平静太阳风具有双模形态：高速流和低速流。由于以下原因，在一些文献中，低速流也被称为冕流，高速流被称为非冕流。一般情况下，高速流来自太阳上的磁场开放区域（冕洞），这些区域通常起源于日面上的高纬区域（图 5-21 (a）和图 5-23 左图）。在太阳活动极小期较为简单的太阳磁场结构中，日面上的开放磁场，即高速流源区，会向低纬扩张。扩张主要发生在内日冕和源表面之间，也就是太阳磁力线变为以径向为主的位置（图 10-1 (a））。磁通量管的膨胀因子 f 处于 4～10。受高速流区域的扩张的影响，来自太阳两个半球方向相反的磁力线被限制形成一个尖状的冕流结构（图 10-1），冕流等离子体在日球电流片（heliospheric current sheet, HCS）两侧形成了相对稠密的包裹。

　　平静低速太阳风来自于赤道附近的冕流区域（图 5-23），但人们对它的起源还没有深刻的理解。在冕流区末端（冕尖），存在向外运动的离散物质团块（冕团），但它们的质量太小，无法完全提供太阳风的（物质）通量。SOHO 卫星每天可观测到 3～4 次冕团释放，初始速度为 0～100 km/s，在 3～4 个太阳半径内加速到低速太阳风的速度。一些活动区边界和冕洞边缘的等离子体对低速太阳风也有贡献，特别是在太阳活动极大期。SOHO 卫星在冕流区外边缘及顶部都观测到过此类向外的太阳风流动。2007 年，多颗卫星的观测表明，在低速太阳风中存在小尺度瞬变扰动，与太阳活动极小期在 1 AU 处观测到的行星际 CME 相比，这些小尺度瞬变扰动的尺寸更小、速度变化范围更低、磁场强度更弱，它们的平均尺寸小于 0.1 AU，而大尺度 CME 的尺寸约为 0.25 AU。大部分的小尺度瞬变结构似乎产生于冕洞的边缘，以较低的太阳风速度流入行星际介质。

　　随着太阳活动水平逐渐上升，日冕和太阳风规则的双模特征被打破。极区冕洞发生收缩，冕流出现在日面更高的纬度区域。图 5-23 右图就显示了太阳活动极大期的多冕流太阳结构，此时，（较规则的）低速和高速太阳风结构被一种复杂的混合结构所取代，它由来自于小冕洞的高速太阳风以及来自所有纬度范围内的，包括低速到中速的各种瞬变太阳风所混杂而成。

　　相对于地球轨道面（黄道面）而言，太阳赤道是倾斜的，因此，日球层电流片会有规律地穿越地球空间。即便是以较低的太阳风速度，约 10 个地球半径厚的电流片穿过地球也只需要几分钟。在太阳活动极小期，地球经常长时间处于电流片内部或边缘。有时，电流片的上下波动或起伏使得地球处在一个广阔的过渡区内，这样地球在一天内可以多次

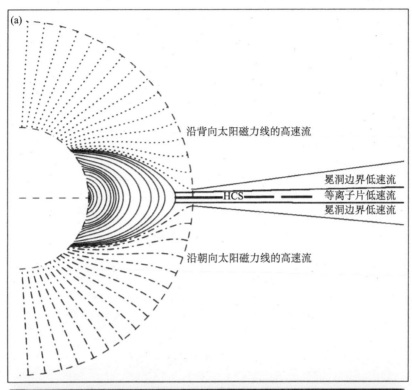

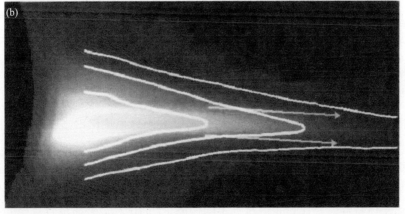

图 10-1 （a）冕流带形成过程的数值模拟。模型结果显示了太阳日冕的一个横截面。内侧虚线表示的是太阳表面，外侧虚线表示的是源表面（2.5R_S），在源表面处，磁场被认为是径向的。图中没有显示源表面以外的磁场。开放场线区域的磁通量管扩张并压迫闭合场线区域，在低纬形成一个窄的锥形结构。在开放／闭合区域的边界处，膨胀因子最大。尖端的区域被认为是大部分低速太阳风的源区。相比这种理想图像，实际观测到的冕流带结构经常会更宽、更扭曲［Wang and Sheeley, 2003］。**（b）伪彩色冕流。**光球和亮的内日冕被遮盖，多价氧原子、中性氢原子及电子散射光区域分别用紫色、蓝色和绿色来表示。由内至外，三条等值线分别表示 0、50 km/s 和 100 km/s 的向外太阳风流速。在箭头标出的位置上，冕团物质沿冕流两侧向外加速。来自冕流末端（冕尖）的物质有助于形成日球电流片两侧的高密度区域。（ESA/NASA 的太阳与日球层观测台计划（SOHO）供图）

穿越电流片。这些电流片边界会带来太阳风速度和密度的微小变化，以及行星际磁场的小幅波动。小的、短时的南向行星际磁场的偏移会向地球空间注入能量，并形成亚暴，如第 8 章和第 11 章所述。日球层等离子体片密度的增加有可能增大日球层电流片穿越地球引起的效应。

磁场波动特性会遍布于行星际介质中。诸如太阳风共转流这样的大尺度结构（第 10.1.2 节）是 10^{-6} Hz 波动的源。源自色球层并延伸至太阳风的磁通量管，产生了 $5 \times 10^{-6} \sim 10^{-5}$ Hz 的磁场波动。在磁通量管中，也存在 $10^{-4} \sim 1$ Hz 的阿尔文波（图 10-2）。这些波动一部分与来源于太阳米粒组织的压力扰动相关，另一部分则与 MHD 湍流有关。1 Hz 以上的波动与离子运动有关（回旋波和声波）。

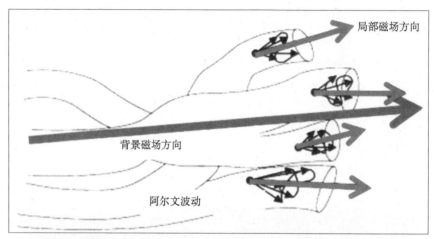

图 10-2　太阳风中磁通量管的艺术效果图。每一个通量管有自己的局部磁场方向，在每个通量管内部，阿尔文波动使磁场沿该方向随机变化。总的来说，磁通量管的方向与帕克螺旋线方向一致。太阳风速度越高，变化也越剧烈。越过地球的磁力线运动，会在行星际磁场观测中留下小尺度的随机性扰动印记。[Bruno et al., 2001]

天基太阳风监测数据表明，到达地球的中尺度太阳风呈现出由多根独立的磁通量管组成的束状结构，这些磁通量管可能源于超米粒组织边界。先进成分探测器（ACE）卫星的磁场观测数据显示，地球每 15～20 分钟经历一个不同的磁通量管。平均而言，这些磁通量管的背景磁场方向是与太阳风（帕克）螺旋结构一致的，但是每一根通量管又呈现出自己的运动和等离子体特性，相比背景流有一定的偏离（图 10-2）。磁通量管直径的中位数约为 5×10^5 km。

通常而言，磁冻结条件阻止了等离子体穿越通量管壁。在通量管内部，湍流产生了磁场和等离子体小尺度随机扰动。通量管边界的运动，生成了磁场间断面，这可能触发地球磁场的小扰动，这些扰动是随机和不周期性重复的。

低速太阳风也呈现出其他类型的扰动：压力脉冲、密度增强，或许还能引起磁重联事件。日冕中开放磁通量管与闭合磁通量管发生重联时，可能形成周期性的密度变化，导致开放磁力线边界有新等离子体注入。科学家们推测，太阳对流区中的压缩波可调控此类磁重联。

平静太阳风中的流体团离开太阳后会产生扰动。越来越多的证据表明，在低速太阳风中会发生百万公里尺度的磁重联，此时，部分行星际磁场与其在太阳上的磁力线足点脱离。磁重联过程中产生的射流，携带着密度增加的并经过加速的等离子体。在行星际介质的磁重联位置上，形成磁场剪切和阿尔文波动。这些间断面和波动在太阳风中传播，有时候会与地球相遇。在 ACE 卫星的太阳风监测记录中，科学家们已经辨认出几十个这样的事件。这类事件可能出现得更为频繁，只是其特征被其他过程所掩盖而难以辨认。这类磁重联事件的尺度正处于研究当中。

问答题 10-1

（a）对比地球处太阳风磁通量管与太阳超级米粒的直径。解释你所发现的不同。

（b）对比地球处太阳风磁通量管与地球磁层的直径。

（c）对比日球层等离子体片的宽度与地球磁层的直径。

例题 10.1　太阳风磁通量管速度

- 问题：利用太阳风磁通量管信息，计算太阳风磁通量管的典型流速。
- 相关概念：特征尺寸和穿越时间反映了通量管的速度。
- 假设：太阳风磁通量管的直径 = 5×10^5 km，穿过地球的时间 = 20 min。
- 解答：

$$速度 = \frac{距离}{时间} = \frac{5 \times 10^5 \text{ km}}{(20 \text{ min})(60 \text{ s/min})} \approx 417 \text{ km/s}$$

- 解释：太阳风携带其内的磁通量管和伴随的等离子体以典型的太阳风速度越过地球。

补充练习：地球会在高速太阳风磁通量管中停留多长时间？

10.1.2　太阳风中的共转结构

目标：读完本节，你应该能够……

- 描述 1973 年天空实验室仪器观测到的共转相互作用区（CIR）的源
- 描述太阳活动周哪些阶段与 CIR 相关联
- 解释 CIR 如何产生对地效应
- 描述融合相互作用区（MIR）的源

冕洞会发展并经常延伸至低纬区域（图 10-3），在日球层电流片中形成深的褶皱（图 10-4）。这种结构可能持续多个太阳自转周期。重现性高速流起源于冕洞。如第 5 章所述，高速流等离子体密度低，在很大的区域内是单极径向磁场。高速流会呈现出不对称性：

其速度先快速增加，然后在一个较长的时间间隔内逐渐降低。高速流与周边太阳风相互作用会产生扰动，从而可能在地球上引发中等强度的地磁暴。

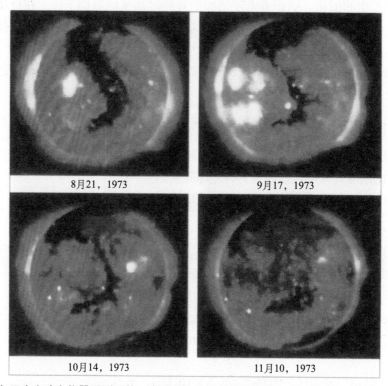

8月21，1973　　　　　9月17，1973

10月14，1973　　　　11月10，1973

图 10-3　1973 年天空实验室仪器观测到的一个冕洞六个月的发展历史。在 1973 年 8 月 21 日，一个跨赤道冕洞沿纬向延伸超过一百万公里。随着时间的推移，受周边冕拱的侵占，冕洞逐渐缩小，到 1973 年 11 月中旬，只在太阳的北极留下长期持续的冕洞。冕洞边界处的磁力线向外发散，但不会跨越冕洞的"裂口"。开放的磁力线特性使得等离子体高速逃离太阳，脱离太阳后两到三天，以高速流的形式到达地球。冕洞内的温度约为 10^6 K，是周边活动区的三分之一到一半，比周围"宁静"区域低约 50%。因此，在 X 射线图像上，这些区域显得较暗。密度是周边日冕的三分之一。在太阳其他地方能够看到的"闭合"或拱起的磁力线，赋予了日冕结构以独特的形态。令人好奇的是，冕洞就像附着在固体太阳上跟太阳一起旋转，而不像光球和色球层那样滑动，在赤道处比在两极转动快得多。（NASA 供图）

当不同速度的太阳风流碰撞时，会产生强烈的相互作用。当从冕洞向外发出的太阳风高速流赶超源自冕流带的低速太阳风时，会形成*流体交界面*（stream interface）（图 5-4 和图 10-4）。合并后的结构，称为*流相互作用区*（stream interaction region, SIR），会以很高的速度经过地球。相互作用界面有若干个特征，其中包括流动方向的改变、磁场的压缩，以及热速度和流体速度的急剧增加。在界面前或界面上，可能会出现等离子体密度峰值。如果日冕是准稳态的，太阳自转产生一系列 SIR，从而形成*共转相互作用区*（co-rotating interaction region, CIR）。在一个 27 天自转周期内，多冕洞结构可能会引发频繁的扰动。

冕洞在任何时候都可能形成和持续存在，但在太阳活动周下降段和极小期更加普遍。当持久冕洞及其相关联的太阳风高速流出现在日面低纬时，太阳风中日球层电流片及周边等离子体的一个重现性扰动模式将占据主导地位。冕洞通常占据不到日冕的 20%，但在太

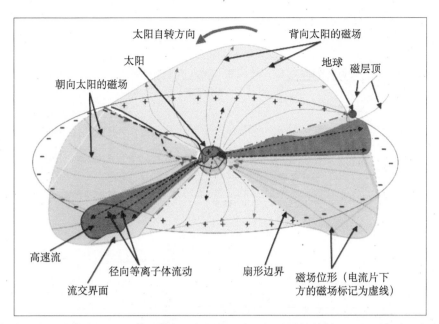

图 10-4 **受高速流扰动的电流片三维示意图。**太阳位于中心，逆时针旋转，北极磁场为正极性。电流片是一个 4 扇区结构。灰色曲线表示电流片两侧的磁场方向。在太阳的左侧，一组灰色的磁力线给出了电流片的横截面图。一组磁力线从偶极形态被轻微地拉伸，另一组磁力线被强烈地拉伸形成了电流片。地球的轨道是红色的曲线，蓝色的实心圆圈代表了地球，两条曲线表示磁层顶。扇形边界是红色的点划线。具有向外磁场的扇区（＋）显示为橙黄色，具有向内磁场的扇区（－）以蓝色显示。两个高速流区域显示为棕色，其中一个将要到达地球，其后缘显示为较淡的棕色，另外一个在前景中大致指向页面向外流动，该高速流前方的黄色区域是流体交界面。[改绘自 Alfvén, 1977]

阳活动周期的下降阶段，地球可能有高达 50% 的时间沉浸在高速流中，有时甚至能持续一个星期。在太阳活动峰年，来自延伸至或形成于中低纬高速流区域的太阳风也可达 30% 之多。但在太阳活动周下降阶段之外，高速流较为零星，持续时间更短，太阳风速度最大值相比太阳活动周下降阶段也略低。

问答题 10-2

CME 经常伴随流体交界面区域，你认为这是为什么？

在黄道面附近，CIR 通过产生压力增强和向外传输的波，调节行星际介质。在流的前缘，我们通常会发现等离子体密度、温度、磁场强度和压力的增加，而在后缘，等离子体和磁场变得越来越稀薄（图 5-5）。高速太阳风向低速太阳风输送动量和能量，在高速流前沿的压力增强会加速前方的低速太阳风，高速流损失动量从而减速。在流体交界面后面的快速太阳风中，等离子体的动能转化为热能，导致等离子体温度升高以及密度降低。图 10-5 显示了 1999 年 5 月 18 日一个高速流经过时观测到的压缩区、稀疏区以及流体交界面。

太阳风高速流通过某一点时，通常会在几天内维持高速，但在 CIR 之后的稀疏区，密度和磁场强度会降低到正常值以下。当压缩区经过时，它会使得径向太阳等离子体流发生

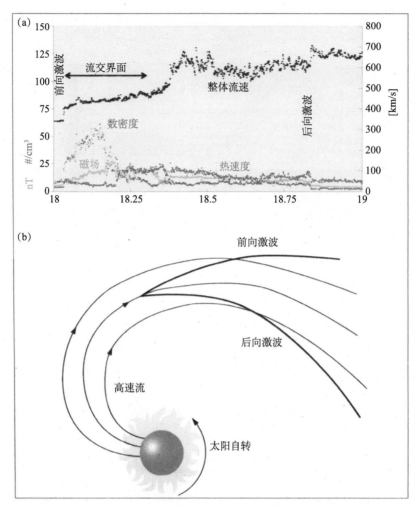

图 10-5　高速流和激波。（a）1999 年 5 月 18 日，探测器收集到的太阳风数据。流体交界面的影响向前扩展到低速太阳风，向后延伸到高速流。在许多情况下，确认一个激波的发生需要用到图中所有四个参数。图中太阳风整体速度表示为黑色；热速度为红色；数密度为淡蓝色；磁场强度为绿色。在流体交界面（前向激波）的前沿，太阳风密度上升，在密度扰动的后边缘，磁场和热速度增加。高速流在 19 UT 到达流体交界面的后边缘（后向激波）（图片来自 ESA/NASA 太阳与日球层观测台和马里兰大学）。（b）黑色曲线显示了行星际磁场的方向。不同太阳风流态区域，以及跨越帕克螺旋线在流体中扩展的前向激波和后向激波，都相应进行了标记。

轻微的偏转。在第 5 章我们提到，太阳风高速流的磁场更接近径向方向，而附近低速太阳风的磁场更加弯曲。随着距离太阳越来越远，这种几何形状的差异增强了太阳风流动之间的相互作用，间断面变陡，成为激波。

例题 10.2　高速流到达地球的时间和持续时间

■　问题：在给定太阳冕洞轮廓、太阳附近磁通量管平均膨胀因子和太阳风速度的条件下，计算冕洞高速流到达地球的时间和持续时间。

- **相关概念**：到达时间 $t_{arrival}$ 取决于冕洞西侧边缘（前端）移动到中心子午线的时间（自转），以及太阳风从太阳到地球的传输时间。太阳风从冕洞源区膨胀到日球层。
- **给定条件**：冕洞高速流速度为 600 km/s，太阳自转周期 τ 为 27 天，太阳风膨胀因子 f 为 8，冕洞西侧边缘位于 5°E，冕洞东侧边缘位于 12°E。
- **假设**：冕洞是静态的（太阳风离开 $2.5R_S$ 处的源表面后，不会再膨胀或者收缩）。
- **解答**：

  （1）到达时间 = 冕洞转到中心子午线的时间 + 传输到地球的时间

  $$t_{arrival} = t_{rot} + t_{Sun\text{-}Earth}$$

  $$t_{arrival} = \frac{\Delta\phi}{\omega} + \frac{d}{v}$$

  其中，$\Delta\phi$= 冕洞前边缘距离中心子午线的初始角度 [（°）]；

  ω= 太阳自转速度 [（°）/d]；

  d= 日地距离 [km]；

  $$v = \text{流速（km/s）} = \frac{5(°)}{13.3(°)/d} + \frac{1.5\times10^{11}\,m}{6\times10^5\,m/s}$$

  $$= (0.375\,d\times86400\,s/d) + 2.5\times10^5\,s = 2.82\times10^5\,s \approx 3.3\,d。$$

  （2）高速流持续时间 = 膨胀因子乘以冕洞部分旋转间隔时间

  $$\Delta\tau = f\tau(\Delta\phi/\phi)$$

  $$\Delta\tau = 8(27\,d)\left(\frac{7°}{360°}\right) = 4.2\,d$$

  其中，τ= 太阳自转周期；

  $\Delta\phi$= 冕洞宽度。

- **解释**：冕洞宽度 7°、西侧边缘距中心子午线 5°、太阳风速度为 600 km/s 的冕洞，其高速流大约三天后到达地球。如此狭窄的冕洞，其高速流在地球处的持续时间约为 4 天。

补充练习：在太阳活动周下降段，冕洞更大，宽度更宽，太阳风流速更高。假设冕洞西侧边缘位置不变，但宽度为 15°，流速为 800 km/s。重新计算该高速流的到达时间和持续时间。

如果流速波峰和前方波谷之间的流速差超过了小幅压力信号速度的两倍，则常压信号传播不够快，无法将前方的低速太阳风吹开，为即将到来的高速太阳风腾出道路。压力增高驱动波向两个方向传播，形成了一个远离太阳传播的前向波动，和一个被太阳风携带但朝着太阳传播的后向波动。最后压力非线性增长，在高压区域两侧形成一个激波对。两个激波都随太阳风的整体高速流动远离太阳。

压缩-稀疏结构往往在日地距离以外增长成激波。激波的形成是由波的非线性幅度增强（变陡）所致，因此在激波形成前，需要一些时间来变陡。卫星数据显示，在 1 AU 处偶尔会出现共转相互作用区驱动的激波，但大部分激波在 1～2 AU 发生。几乎所有的大幅度太阳风流在日心距离约 3 AU 以外能形成激波结构。通过质子、氦离子和电子等的速度、密度、温度的同时而突然的跃变，激波很容易被识别出来。

问答题 10–3

　　科学家经常将热速度和温度等同对待。对比流体交界面后面的热速度和表 5-1 给出的高速太阳风温度，关于高速流中的热速度，你得到了什么结论？

问答题 10–4

　　在最近的一个 11 年时间里，地球附近共记录到了大约 350 个 CIR。验证在一个太阳活动周内，地球处观测到 350 个 CIR 是个合理的数字。

　　在地球处，CIR 是重要的空间天气制造者。在 CIR 中普遍存在的强压缩磁场会引发重现性中等地磁暴，特别是当磁场中存在南向分量时。南向磁场和高速流的结合会产生强的行星际电场，通过磁场重联（第 4.4 节和第 8、11 章）向磁层传送能量。地球附近典型的行星际磁场强度约为 5～8 nT，在太阳风 CIR 中会上升到 10～15 nT，而有些 CIR 内甚至可以达到约 30 nT。

　　地磁活动随着流体交界面的通过而开始，在数小时内达到峰值。在很多情况下，一个 CIR 过后会跟随有行星际磁场持续数天的波动，这些波动是由冕洞发出的高速太阳风激发的波列（阿尔文波）。数天内，它们在磁层中制造轻度至中度扰动，在热层和电离层中注入 10^{16}～10^{17} J 的能量。它们击打地球磁层，在磁层腔内激发波动。与磁层电子的共振会将这种低质量的粒子加速至 MeV 水平。长时间的高能电子通量会破坏磁层中的航天器和仪器。

例题 10.3　高速流超越低速流

- 问题：计算两个不同流速太阳风的相遇地点。低速流从冕流区出发，另一个束流起源于第一个束流东 30° 处，速度是第一个的两倍。
- 相关概念：太阳磁场沿帕克螺旋线（类似于花园浇水旋转水管）向外扩张。帕克螺旋线的流线由如下比率描述：$v_r/v_\theta = v_{SW}/v_\theta$（参考方程 (5-5) 给出的帕克螺旋方程）。高速流追赶上低速流。
- 给定条件：太阳风自转速率为 2.69×10^{-6} rad/s。两个束流相隔 30° 太阳经度。第一个束流的速度为 v_{SW}，第二个束流的速度为 $2v_{SW}$。
- 假设：$v_{SW} = 450$ km/s。
- 解答：

$$\frac{dr}{d\theta} = \frac{dr}{dt}\frac{dt}{d\theta} = \frac{v_{SW}}{\omega}$$

每一个束流的运动遵从

$$\mathrm{d}r = \frac{v_{\mathrm{SW}}}{\omega} \mathrm{d}\theta$$

在两束流相遇的地方，$r_1 = r_2$。首先求解 θ：

$$\frac{v_{\mathrm{SW}}}{\omega} \theta_1 = \frac{2v_{\mathrm{SW}}}{\omega} \theta_2$$

$$\theta_1 = 2\theta_2$$

根据问题：$\theta_2 = \theta_1 - 30°$ 求解 θ_1 得到

$$\theta_1 = 60° = 1.047\,\mathrm{rad}$$

现在根据角度求解径向距离

$$\mathrm{d}r = \frac{v_{\mathrm{SW}}}{\omega} \mathrm{d}\theta_1$$

$$r - R_{\mathrm{S}} = \frac{v_{\mathrm{SW}}}{\omega} \theta_1$$

代入数值求得

$$r = \frac{4.5 \times 10^5\,\mathrm{m/s}}{2.69 \times 10^{-6}\,\mathrm{rad/s}} (1.046\,\mathrm{rad}) + 7 \times 10^8\,\mathrm{m}$$

$$r = 1.76 \times 10^{11}\,\mathrm{m} \approx 1.17\,\mathrm{AU}$$

■ 解释：问题中的两个束流相遇地点刚刚在地球以外。航天器观测表明大部分由流相互作用形成的激波发生在地球以外。

补充练习： 假设航天器观测到例题中的两个束流在 1.25 AU 的地方相遇，求解这两个束流在太阳上分离的初始角度。

问答题 10-5

大部分 CIR 在 1 AU 处没有激波，但是在 2 AU 处陡峭到形成激波，证明非线性陡峭形成激波的时间尺度大约为 5 天。

问答题 10-6

如果在图 10-5 中没有显示行星际磁场数据，你认为相对于流体交界面，磁场强度峰值会发生在什么时候？你的答案和图 10-5 一致么？

融合相互作用区（merged interaction region, MIR）由两个或更多的流动相互作用发展而来。在 1 AU，这些结构是重要的，因为其庞大的规模和强磁场可产生大的地磁暴，并强烈影响高能粒子和宇宙射线。CME 和 CIR 的碰撞可以在 1 AU 内产生 MIR。CIR 之间的相互作用通常在 1 AU 以外发生。旅行者号（Voyager）探测器的数据显示，CIR 经过地球以后继续发展，常形成可缠绕太阳多次的螺旋形状。在 10 AU 以外，多个 CIR 结构最终融合

并形成 MIR。20 AU 以外，单个的高速流特征已经消失，转化为压力波和激波。与热力学第二定律一致，这些区域将原先 CIR 中规则的结构转化为热能和湍流。 MIR 被认为是远日球层区域太阳风加热的部分源。这些复杂的相互作用和结构存在至很远的日球层距离。图 10-6 将图 5-18 扩展到更远的日球层距离，图中的脊状结构可能有助于 MIR 的产生。

科学家估计，几乎所有的赤道太阳风在 25 AU 处都会被 CIR 扫过。CIR 和 MIR 结构主宰了远日球层区域，并经常充当粒子加速器和偏转器。被这些结构边缘捕获的低能量离子可以被加速到几十兆电子伏。MIR 在行星际介质中制造的起伏不平的波动结构可能会散射一些入射的高能宇宙粒子。周期性的压力脊延伸至 50 AU 以外（图 10-6）。

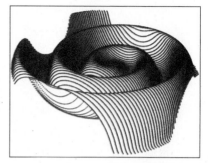

图 10-6　理想帕克螺旋太阳风结构的计算机模拟。当太阳的磁极相对于自转轴倾斜时，蜿蜒的日球层电流片，像一个芭蕾舞演员捻转的裙子。在这个简单的图像中，裙子的每一个脊对应一次不同的太阳自转，脊沿之间的径向距离约 4.7 AU。在地球以外，但在内层太阳系以内，多个 CIR 合并形成 MIR。临近太阳系的边缘，融合相互作用区会减弱为压力脊。

10.2　太阳风中的瞬变扰动

10.2.1　行星际介质中瞬变事件的特性

目标：读完本节，你应该能够……

◆　区分大尺度和小尺度行星际瞬变事件
◆　了解 CME 与日球冕流带之间的联系
◆　识别 CME 的行星际特征

行星际瞬变事件

规模大小。太阳以 CME 的形式释放存储的能量和磁螺度。一些科学家对太阳附近和那些逃逸进入行星际介质的 CME 进行区分。为方便起见，我们这里用的 CME 是个总称。太阳风中的这种大尺度瞬变结构最受空间天气预报员的关注。然而，不断进步的观测能力揭示了广泛存在的太阳瞬变事件。2007 年，运用多个卫星进行的一系列研究显示，低速太阳风中包含着小尺度瞬变事件。和太阳极小期行星际 CME 在 1 AU 处的平均值相比，这些小尺度瞬变事件的规模、速度变化、磁场强度都更小，往往也具有更小的经向宽度。这些结构的平均尺度要小于 0.1 AU，而大尺度的 CME 为 0.27 AU。大多数小尺度瞬变事件疑似发展于冕洞的边缘，以低太阳风速度流入行星际介质。表 10-1 对比了在冕流带中观察到的小尺度瞬变事件和大尺度 CME 的规模。

表 10-1　太阳风瞬变事件平均值。该表给出了小尺度太阳风瞬变事件和大尺度 CME 的磁场强度、速度变化和直径的大小。数据由 Jian et al. [2006] 和 Kilpua et al. [2009] 提供。

特征	B_{max}（nT）	$|\Delta v|$(km/s)	直径（AU）
小尺度瞬变事件（太阳极小期）	7.3	20	0.072
CME（太阳极小期）	13.9	80	0.27
CME（太阳极大期）	19.1	154	0.40

20 世纪 90 年代后期以来，人们就已经在观测数据中注意到了这些小尺度结构的踪迹。然而，它们的特征和背景太阳风接近，因此在日常的太阳风监测中往往被遗漏。如果高速流中带有这类瞬变结构，有可能引起中等到强磁暴。

CME 的行星际特征

大部分大尺度瞬变扰动起源于日面上的封闭磁场区域：极冠暗条区、低纬暗条区和活动区。在离开太阳数小时内，一个 CME 就发展成比太阳大许多倍的结构，到达地球的时候，它的横截面可能已经膨胀到 1/4 AU。抛射的太阳物质可能具有下面某些或全部的独特标志。图 10-7 和图 10-10 展示了其中的几个特点。

磁场环状（通量绳）拓扑结构。CME 中的磁场经常是螺旋状的（图 9-19）。在通过地球（或航天器）时，从太阳上缓慢升起的抛射物，可能保持平滑和几乎对称的磁场形态。这种结构通过时，在行星际磁场记录上常显示为正弦轨迹。这些 CME 就是*磁云*（magnetic cloud）。太阳上快速升起的喷出物往往具有更混乱的磁场和更加扭曲的磁环。在太阳活动极小期，大多数 CME 是磁云。在太阳活动极大期，磁云只占所有 CME 的 20% 左右。

双向粒子流。加热的（超热）电子往往被束缚在闭环的 CME 中沿磁力线的狭窄锥角内。当具有多个观测视角的卫星仪器，沿磁力线双方向都观测到电子流时，我们将其解释为闭合磁力线特征，因此双向电子流是 CME 的一个很好的表征。图 10-7 显示了闭环内沿磁场双方向的电子流。我们稍后再继续讨论这些粒子的其他特性。

瞬变行星际激波和高能粒子事件。快速运动的抛射物压缩上游太阳风，形成激波，激波扰动和挤压其前方的行星际介质。附近的行星际磁场被拉伸、扭曲或像帘子一样挂在快速运动的抛射物上，在 CME 本体前方形成一个相对稠密的鞘区（图 10-7（b））。稠密物质到达地球，压缩和重构地球磁场。这些扭曲的磁场，是在 CME 到达地球之前就引起地磁扰动的一种额外来源。快速移动的强磁场随时捕获和加速带电粒子，产生太阳高能粒子（solar energetic particle, SEP）事件。我们将在第 10.3 节描述这些现象。

降低的质子温度与等离子体 β 值。CME 在背景准稳态太阳风中传播时通常会发生膨胀，此过程降低了 CME 的温度和等离子体 β 值。有时 CME 会与太阳风中其他结构发生强烈相互作用而较少膨胀，因此可能不表现出这种特性。

独特的离子、元素和电荷态组成成分。在日冕中，电子密度下降非常迅速，等离子体变成无碰撞状态，日冕成分的相对电离状态变得恒定，从而也可以反映出产生这种变

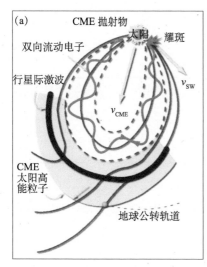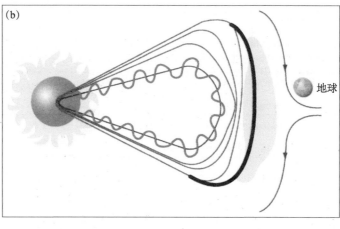

图 10-7　（a）从黄道面上方观察行星际 CME 的详图。该 CME 的艺术效果图描绘了冻结在一起的等离子体和磁场。抛射物没有被限制沿帕克螺旋线移动。虚线之间抛射磁绳不停膨胀，直到与周围的太阳风的压力达到平衡。通常情况下，磁力线的两端都根植于太阳大气上，使反向流动的热电子来来回回地在向外扩张的磁绳上运动。如果 CME 移动速度足够快，在其前方（蓝色区域）将产生激波加速的高能粒子 [Zurbuchen and Richardson, 2006]。**（b）CME 与等离子体和行星际磁场（IMF）相互作用**。此图描绘了 CME 前方区域的等离子体和磁场。周边等离子体和磁场被压缩，CME 可能会扭曲周围的行星际磁场。如果周边的磁场向南偏转，可能先于 CME 引发磁暴

化（独特组分）的日冕状况。CME 太阳风流中占比较少的离子（氢和氦之外的离子种类）的价态表明，CME 源区通常比正常条件下的日冕温度略高一些（即 $T > 2 \times 10^6$ K）。在某些 CME 的后端，存在着稠密的物质或者延伸的冷等离子流，它们可能来自暗条爆发。这种暗条物质往往位于 CME 前沿的后方。在许多大尺度 CME 中也会发现增强的氦粒子流。

宇宙线流量抑制（福布什下降）。当 CME 通过地球时，它们的强磁场会使宇宙线发生偏转，从而降低宇宙线强度（关注点 10.3）。

由于各种原因，一些 CME 并不完全呈现前述列表中所有的，甚至是任何一个特征。CME 和太阳风其他结构之间的相互作用，可以改变或消除磁绳特征。这些相互作用可以改变 CME 的等离子体 β 值。通常只有最快的 CME 具有加速高能粒子的激波。明显的宇宙射线衰减通常伴随着最大的 CME。

通过磁场交换重联，CME 的足部可能从太阳脱离。这一重联过程可以使开放磁力线（如冕洞附近）和封闭磁环合并（图 10-8），此后 CME 的一足就从太阳脱离，这样电子就可以向外流动，从而消除反向流动电子特征。大约一半到达地球的 CME 似乎发生过交换重联。

作为 CME 示踪物的超热电子

太阳风电子能量分布的测量表明，和预期的热平衡分布相比，有一部分电子要明显热得多。这些超热电子几乎是无碰撞的，并趋向于沿行星际磁场方向分布。因此，它们以数百电子伏特能量的射流形式将日冕热能传导到日球层中。冷一些的电子（热电子、数十电子伏特）通常在沿磁场回旋的方向有更多的能量。热电子有时被称为晕状电子，因为它

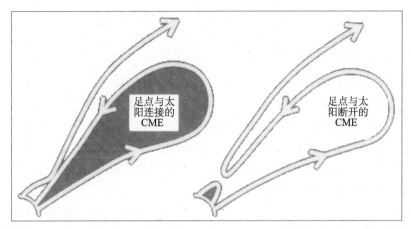

图 10-8　交换重联。一个两足都连着太阳的闭合磁绳与一根开放磁力线合并，太阳附近形成了一根更短的闭合通量管，之前的环状磁绳成为日球层开放磁通量的一部分。

们绕磁力线做回旋运动（图 10-9）。超热电子对研究太阳风磁场线的足点和拓扑结构非常有帮助。科学家经常用它们来追踪 CME 的足点（图 10-11）。当超热电子束流在连接地球与 CME 的磁力线上双方向流动时，表示该磁力线的两足仍然连接在太阳上。仅在一个方向有超热电子流移动时，意味着磁力线有一足与太阳相连，而另一只足点已开放到日球层中（图 10-11）。在极少数情况下，这些开放的磁力线会直接连接到地球的极盖区。当发生这种情况时，超热电子撞到地球的上层大气，产生可被卫星传感器探测到的 X 射线辉光现象。

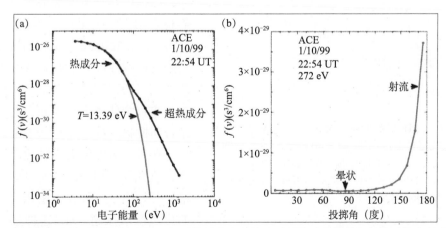

图 10-9　（a）超热电子与热电子。太阳风电子能量分布测量显示了热（晕状）和超热（场向射流）电子共存。纵轴表示在无穷小体积元中找到具有指定速度增量的粒子概率。红色曲线表示在对数坐标下特征能量为 13.39 eV 粒子的麦克斯韦 - 玻尔兹曼热速度分布，其中有大约一半的电子低于 13.39 eV 的能量，另一半分布在大于 13.39 eV 的一条长长的尾巴上。黑色曲线显示了超热电子的能量概率分布，尾巴部分的高能成分比例相比热电子分布显著增高。超热电子的特征能量约为 272 eV。**（b）电子投掷角分布**。超热电子流（272 eV）沿磁力线从太阳流出（投掷角接近 180°），只有一小部分沿磁力线回旋。（美国科罗拉多大学博尔德分校大气和空间物理实验室 Jack Gosling 供图）

关注点 10.1　利用行星际闪烁探测 CME

（John Kennewell 和 Bernard Jackson 撰写）

天基卫星图像能让我们更深入地洞察 CME 的起源和动力学，其他的地面和空间遥感技术也正得到发展。通过将射电望远镜聚焦于强大的无线电自然发射源（如类星体），借助于太阳抛射物引起的射电强度的波动（闪烁），科学家们可以推断太阳抛射物的位置。沿着无线电波束方向的物质越多，则闪烁越强。

在没有任何行星际介质干扰存在时，从这些无线电点源接收的信号振幅是恒定的。然而，如果无线电信号在到达地球的路径上穿过等离子体云（即 CME），它会被等离子体吸收和折射。从一个时刻到下一时刻，地球接收到的信号的幅度和相位会发生变化——这就是闪烁。来自类星体的信号发生"闪耀"，就像星星可见光通过大气层时"闪闪发光"一样（图 10-10）。

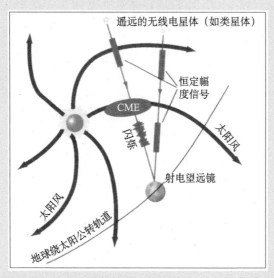

图 10-10　CME 引起的行星际闪烁。相比没有受到 CME 干扰路径上接收到的无线电信号，CME 内的额外密度改变了无线电信号的传播。（澳大利亚电离层预报服务中心电波和空间服务部门 John Kennewell 和 Andrew McDonald 供图）

射电望远镜所使用的频率范围通常为 80～300 MHz。较低的频率受到的闪烁较多，从而能够更好地探测到更小密度的等离子体。频率越高，则能看到更接近太阳的区域，因此理论上可以提供更多的预警时间。在这些频率下，射电望远镜的尺寸需要非常大，以提供足够窄的波束从而分辨相隔很近的无线电星体。例如，在 100 MHz（3 m 的波长）时，需要 200 m 的望远镜线性尺寸，形成该维度上 1° 的波束。通常在这些频率上使用的天线是数百个偶极天线阵列，通过电子结合和控制，对天空进行扫描。

在日本名古屋大学日地环境研究所，研究人员利用四个射电望远镜网络，开发出了一种在太阳和地球之间的广袤区域探测 CME 这种强大现象的运动的方法。他们可以通过精确测量特定波动或闪烁到达每个望远镜的时间，探测太阳风扰动的方向和速度。这些望远镜被分别安置在日本的 4 个无线电观测站，合适的分离角，使科学家能够关联闪烁图案从一个望远镜到达另一个望远镜的时间。通过计算机程序将所有信息进行结合，就能够制作出日地空间的三维画面，就像是对太阳风进行计算机断层扫描成像（CAT）。

CAT 扫描技术正被扩展应用于太阳物质抛射成像仪（SMEI）卫星的数据。SMEI

得到的天空地图首先剔除掉背景光，然后整合日球层电子散射的太阳光。通过收集行星际介质电子总含量及其变化信息，研究人员就可以对共转相互作用区和CME进行定位。目前确定这些结构的运动和动态发展的工作正在进行中。

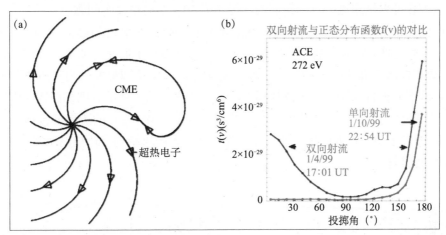

图 10-11 作为 CME 闭合磁力线示踪物的双向电子流。（a）在正常的太阳风中，磁力线是向日球层的外边界开放的，能够观测到单独的沿磁力线背向太阳传播的超热电子。CME 产生于日冕闭合磁场区域，因此 CME 内部磁力线的两端至少在初始阶段都是连接到太阳上的。（b）超热电子双向射流（蓝色）通常在闭合磁力线中观测到，有助于辨识太阳风中的 CME。（美国科罗拉多大学博尔德分校大气和空间物理实验室 Jack Gosling 供图）

10.2.2 行星际介质中瞬变事件的对地有效性

目标：读完本节，你应该能够⋯⋯

- ◆ 描述一个对地有效的 CME
- ◆ 解释为什么 CME 在不同的太阳活动周偏向不同的磁场方位
- ◆ 描述 CME 传播到 1 AU 的典型时间
- ◆ 描述行星际介质对 CME 传播的影响
- ◆ 描述 GMIR 的起源

对地有效 CME。为了驱动地磁暴，太阳抛射物（或它们的激波）需要到达地球。倾斜的冕流带使相邻的，但截然不同的太阳风流动到达黄道面（图 10-4）。低速太阳风中的抛射物，如果正好处于高速流前缘，会被共转相互作用区引导甚至捕获。在黄道面上，扇形边界附近遇到 CME 的可能性较高。平均宽度 45°～50°的 CME 通常在三天左右通过 1 AU，其分布以扇形边界为中心。

到达地球的 CME 具有五种产生地球空间扰动的要素：①高的速度；②增加的密度；③高磁场强度；④适合的磁场方向；⑤长的强磁场持续时间。在太阳上的爆发情况，以及 CME 传播的行星际介质的性质，确定哪些 CME 将影响到地球。当空间天气预报员谈到对地有效（geoeffective）的 CME 时，指的是那些引发扰动暴时指数（D_{st}）<-50 nT 的 CME（第 11 章）。这些磁暴与强的行星际磁场南向分量（IMF $-B_z$）和高速太阳风（v_{SW}）相关联。对地有效性也同样指的是 CME 引起高能粒子大范围、长时间增强的能力。驱动激波的快速 CME 可以做到这一点，我们稍后将在第 10.3 节讨论这个问题。

图 10-12（a）和（b）显示了 CME 从日冕传播到 1 AU 附近的磁流体力学模拟结果。CME 前沿的密度通常是最高的。通量绳在赤道的部分运动于低速、稠密的物质里，而高纬部分则运动在稀薄、高速的太阳风中。因此通量绳的形状从圆形发展为"薄饼"结构。如果 CME 赤道部分被日球层等离子体片稠密的物质减速，而中纬部分则与高速太阳风相互作用，"薄饼"则会变为一个回飞棒的形状。快速移动的 CME 在它的边界处传播波动，它们更趋向于向两极运动。在太阳极大期，在更为复杂的太阳风结构里传播的磁绳形状 CME 可能会变得高度扭曲。

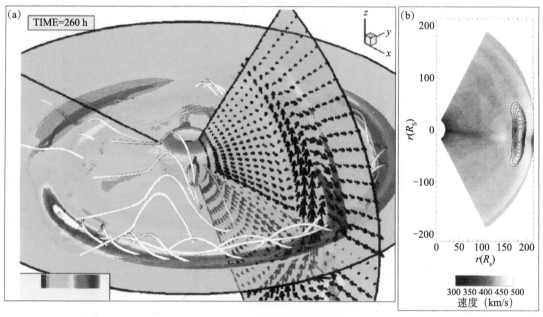

图 10-12　磁绳及其相关扰动在其接近 1 AU 处时的演化。（a）磁通量绳模拟。在这里，我们可以看到黄道面上的磁通量绳。横截面显示了太阳风速度矢量。颜色表示粒子数密度 n 的大小。在黄道面中所示的最高粒子数密度由白色表示，超过了 45 个 /cm^3（美国科罗拉多大学博尔德分校 Dusan Odstrcil 供图）。（b）CME 横截面模拟结果。随着时间的推移，具有圆形横截面的 CME 磁绳变成扁平的薄饼状结构。[Riley et al., 2003]

在 $B_z < -10$ nT 且持续至少 3 小时的所有事件中，有接近 80% 和 CME 有关。宽的快速 CME 会压缩和推开它们所通过的背景行星际磁场，如果背景磁场在扰动前方堆叠垂悬，形成增强的南向行星际磁场的鞘层，则扰动持续时间更长。强的南向磁场经常发生在 CME 或其前方的鞘层区域内，或两者都有。快速 CME 也会压缩周围的太阳风等离子体，有时在本体扰动前方驱动一个压力锋面（激波）。稠密等离子体也存在其他来源：CME 可能携带了

暗条物质，或者一个 CME 与一个 CIR 或另一个 CME 发生相互作用，产生一个较高密度的区域。据统计，那些有压力脉冲的 CME 的对地有效性更强。尽管对地有效事件中密度增强带来的具体影响难以准确描述，高的速度和密度组合压缩地球磁场，使它变成一个高于正常值的能量状态。

要到达地球，并制造地磁扰动，CME 发生时必须足够接近日地连线，其部分抛射物才能够遇到地球。CME 的平均宽度约 45°，所以大多数对地有效 CME 起源于中央子午线附近几十度范围内。无论其源区经度在哪里，CME 越宽，到达地球的可能性越大；越宽的 CME 也往往更快，导致前方的背景行星际介质受到更大的压缩。边缘 CME 通常不直接撞上地球，但快速的边缘 CME 在前端产生的激波和扰动的鞘区有时候能够击中地球。

问答题 10-7

为什么 CME 在行星际介质中膨胀？
提示：考虑磁压和日冕中磁力线的密集程度。

问答题 10-8

为什么 CME 内的等离子体 β 会降低？

有两种类型的 CME 尤其具有对地有效性：晕状 CME 和磁云。一些 CME 会在太阳周围（和用于观察日冕的挡板周围）产生晕状光环，这些被称为晕状 CME（halo CME）。它们往往较宽（>60°[①]），从而为地球上的观察者提供了一个良好的观测角度，用于观测被抛射物中的电子散射的可见光（图 1-19（b））。尽管全晕 CME 占 CME 总数不到 5%，但那些发生在太阳正面的全晕 CME 通常沿着日地连线传播，且比平均速度更高。得益于它们的速度，晕状 CME 在引起行星际激波、太阳高能粒子事件和地磁暴方面特别有效。在 1 AU，约 70% 的晕状 CME 与激波、双向电子流和其他抛射物标志相关联。

正面全晕 CME 最有可能产生地球穿越事件，相比日面边缘发生的 CME，科学家可以更详细地观察晕状事件的源区。而且，由于正面全晕 CME 倾向于沿日地连线传播，在地球前方监测太阳风的卫星可以对 CME 的内部物质进行原位测量。偏晕（椭圆形）CME 起源于中央子午线之外，但它们可能会足够宽，从而会侧击地球（图 1-20（b））。在第 23 太阳活动周，大约 70% 的强磁暴与具有绳状磁场结构的全晕或偏晕 CME 有关。在许多情况下，磁绳的足点保持与太阳相连，因此，我们经常观测到与磁云伴随的双向流动电子。

SOHO 卫星的极紫外成像望远镜（EIT）和 Yohkoh 卫星的软 X 射线望远镜（SXT）显示，与正面晕状 CME 有关的低日冕中的活动包括：

- 磁绳足点附近的暗区（大多数）；
- 暗条爆发（大多数）；

[①] 此处所指为 CME 三维张角宽度，并非平面投影角宽度。——译者注

- 持续时间较长的日冕环状磁拱；
- 正在发生耀斑的活动区；
- 从 CME 源区向外传播的大尺度日冕波动；
- 十米波射电暴。

  磁云 CME 拥有平滑、大尺度旋转的磁场矢量，磁场强度高于周围的行星际磁场。在磁云内，磁力线形成螺旋形磁绳（图 10-12（a）和图 10-13）。在磁绳内，磁场聚集于中心（轴向场）且随径向距离减弱，产生向外的磁压力。随着离中心距离的增加，磁场变得更加扭缠（图 10-13）。在这种结构中，必须存在电流才能使得磁场降低和扭缠。通常，磁绳外边缘的磁场几乎垂直于轴向场，这与指向内部的力相一致。这些力经常相互平衡。如果磁绳内的等离子体压力较弱，力平衡会造成一个无力场磁通量绳。虽然是无力场，磁通量绳进入低压的行星际介质区域时仍会产生膨胀。

  图 10-13（a）描绘了一个到达地球时携带了南向磁场的磁云通量绳，其背面的磁场是北向的。图 10-13（b）的磁场结构则正好相反。无论哪一种，都会引起地磁暴。高速的携带南向分量的磁云是最有效的磁暴制造者。大部分的 CME 在离开太阳时都是磁通量绳结构，然而，受投影效应和行星际相互作用的影响，只有 1/3 在到达地球时呈现出像图 10-13 那样清晰的通量绳标志。通量绳相对黄道面有可能是高度倾斜的，如图 10-13（c）和（d）所示那样。它们将强的 IMF B_y 分量（东西向磁场）带到地球。有时候在高度倾斜的电流片中或其附近产生的 CME，具有强的东向或西向磁场。直到最近，这些结构都被认为是对地无效的。但是越来越多的证据表明，这些位于黄道面外的结构在地球空间相连接，从而在地球磁层和电离层高纬度地区产生集中的能量沉积。

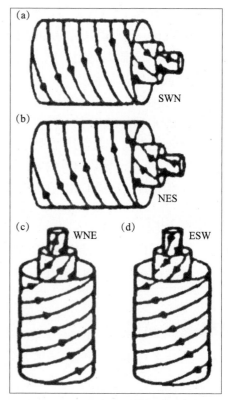

图 10-13 CME 中的磁通量绳方位。和图 10-12 类似，这些视图显示的是高度理想化的磁通量绳。磁通量绳是磁场和电流的连续分层结构。向外的磁压梯度力与向内的由沿轴线的扭曲磁场产生的曲率力平衡。电流的流动维持着磁场的扭曲。强的中心轴向场被几乎垂直于内部磁场的磁场壳层包围。（a）磁通量绳在黄道面内或附近行进。在这些图像中，黄道面是水平的。南向磁场（$-B_z$）首先到达，西向磁场紧随其后，最后是尾部的北向磁场。（b）北向磁场首先到达（$+B_z$），然后是东向磁场，最后是尾部的南向磁场。（c）磁通量管相对于黄道面呈 90°。西向磁场（$-B_y$）首先到达，然后是北向磁场，最后是尾部的东向磁场。（d）东向磁场（$+B_y$）首先到达，然后是南向磁场，最后是尾部的西向磁场。[改编自 Russell and Elphic, 1979]

  CME 与太阳活动周的关系。CME 的源区位置和太阳磁场的周期性有关，大致遵循太阳磁场的蝴蝶图。在太阳活动极小期和上升段早期，CME 源区位置往往远离赤道。然而，强大的偶极磁场引导它们进入或沿着电流片传播，其中很大一部分能够到达地球。从上升阶段到太阳活动峰年，大量的 CME 起源于低纬度地区。即使它们最初朝向地球，许多 CME 也完全或部分地受太阳风中各种结构的影响而偏转远离地球。在太阳活动周下降阶段，CME 与冕洞和 CIR 相互作用，有的被引导到达地球，有的则被驱离。成功预测到达地球的 CME，需要对行星际介质的结构有足够的认识。

太阳活动周也使得到达地球 CME 的垂直（北-南）磁场有特定方位。在偶数周向奇数周（例如，20-21 和 22-23）转换峰年之间，磁云的方位更趋向于图 10-13（a）所示。因为偶极场在太阳活动峰年改变极性，CME 和磁云前沿的磁场方向也应该在太阳活动峰年发生改变。在奇-偶周转换峰年之间（21-22 和 23-24），磁云的方位趋向于图 10-13（b）所示。在大多数太阳活动周，观测到的磁云极性的转换会滞后 1～2 年。大约 75% 的磁云 CME 遵循这样的磁场方向特点。

CME 这种特定的方位特点来源于图 9-13 和图 9-17 所示的结状或拱状磁场。这种拱形磁场经常和偶极场一致，它们形成了 CME 的最外层部分，并有可能是航天器或太阳系星体遇到的 CME 前沿磁场。这一特性意味着，CME 携带着太阳偶极子磁场方向的印记进入了日球层。当然，许多其他因素影响着 CME 磁场的方向。抛射物可能来自太阳上极其复杂的磁场区域，因此从太阳出发时，没有一个典型的方向。在到达地球的过程中，与 CIR 和其他 CME 的相互作用也会导致磁场方向的偏转和调整。

有些 CME 是在活动区之外产生的。太阳耀斑发出的激波也可能在日冕其他地方引发 CME。这种物质抛射不是从耀斑正上方的结构发出的，而是来自于其一侧。相互连接的 X 射线冕环可能突然消失，喷射出巨量的物质。对于这些不寻常的 CME，由耀斑产生的激波穿越一个巨大的相互连接的冕环，导致它变得不稳定并爆发。这种爆发抛射出的超热物质占了 CME 质量的一个相当大的比例。

一些位于冕流带之外的 CME 起源于极冠暗条的大规模喷发（图 10-14）。极冠暗条位于分离极区磁场区域和冕流带大尺度活动区的中性线上方。偶然会发现，这些扩展的暗条几乎连续环绕了太阳某一极区（纬度>50°）。在一些事件中，极冠暗条的大部分物质发生了爆发，产生很宽的 CME，CME 在到达地球的过程中，磁场可能会发生明显的扭曲。约 20% 的极冠暗条爆发是对地有效的，比例较低可能源自几何效应，因为这些喷发物来自太阳较高的纬度，经常会错过地球。

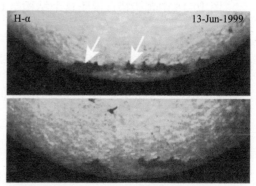

图 10-14　1999 年 6 月 13 日南部极冠暗条 H-α 图像。该暗条横贯整个南极区域，当天晚些时候，暗条最东边的部分产生爆发。（美国大熊湖天文台／新泽西理工学院供图）

图 10-15 给出了 2003 年 11 月 20 日一个快速 CME 通过地球并产生超级磁暴的观测记录。垂直磁场分量有约 12 小时是南向的（$-B_z$），高速的太阳风与南向磁场相结合，产生的行星际电场的量级大于正常值近一个数量级。当这个 CME 经过地球时，引发了第 23 太阳活动周的一个超强地磁暴。

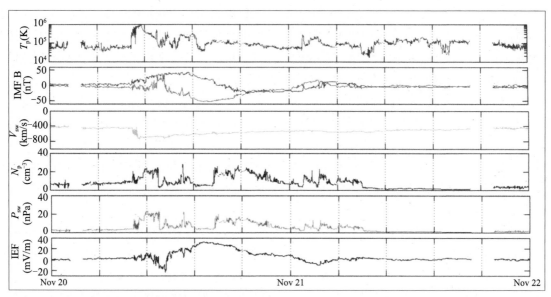

图 10-15　2003 年 11 月 19-21 日的太阳风和磁场数据。一个快速 CME 在 11 月 20 日中午前到达地球。（从上往下）第一条曲线：太阳风质子温度；第二条曲线：红色为行星际磁场 B_z，蓝色为行星际磁场 B_y；第三条曲线：太阳风速度；第四条曲线：等离子体密度；第五条曲线：太阳风动压；第六条曲线：行星际电场（IEF）。磁云 CME 的标志性特征是稳定、光滑的行星际磁场旋转。高速太阳风和强行星际磁场在地球上制造了一个大磁暴。（数据来自 ACE 卫星和 NASA Omniweb）

问答题 10-9

图 10-15 中哪些特点说明这个结构是 CME？哪些特点表明它是对地有效的?

问答题 10-10

在图 10-15 中，验证行星际电场的峰值。

问答题 10-11

图 10-13（a）和图 10-13（b）哪种通量绳图形符合图 10-15 中的数据?

问答题 10-12

根据图 10-15 中的数据，估算 CME 从太阳传播到地球的时间。

相互作用的 CME

CME 之间的碰撞对确定太阳抛射物在日球层的行星际特征和分布可能起着关键的作

用。SOHO 卫星的观测显示，快速移动的 CME 在传播过程中会超越慢速 CME（图 10-16），其结果是形成一个单一复杂的融合相互作用区。这种剧烈的合并使得高能电子与当地的等离子体环境相互作用，在碰撞区的附近产生不寻常的射电爆发。当前的仪器还不能探测到能量较低的事件产生的射电爆发。

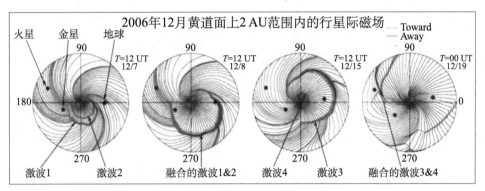

图 10-16 融合相互作用区（MIR）的产生。一个活动区接连发生了几个 CME。其中一组在 2006 年 12 月初合并，形成了一个融合相互作用区。同一个活动区在 12 月中旬发生了两个 CME，形成了一个新的融合相互作用区。到 12 月下旬，两个 MIR 在地球以外的地方发生相互作用，形成一个全局融合相互作用区（GMIR）。我们在这一节会进一步讨论 GMIR。[Intriligator et al., 2008]

例题 10.4　CME 中的阿尔文马赫数和等离子体 β

- **问题**：计算 2003 年 11 月 20 日在 CME 行星际磁场峰值时刻的阿尔文马赫数和等离子体 β，并与典型太阳风的值进行对比。
- **相关概念**：阿尔文马赫数为太阳风速度与阿尔文速度的比值，等离子体 β 是太阳风中热压与磁压的比值。
- **给定条件**：图 10-15 中的先进成分探测器（ACE）数据。
- **假设**：行星际磁场 B_z 是总磁场值中最大的分量，CME 期间平均数密度为 10 个粒子 / cm³。
- **解答**：

（a）阿尔文速度 $= v_A = \sqrt{\dfrac{B^2}{\mu_0 \rho}}$

$$v_A = \sqrt{\frac{\left(5\times10^{-8}\ \text{T}\right)^2}{\left(4\pi\times10^{-7}\ \text{C}^2/\left(\text{N}\cdot\text{m}^2\right)\right)\left(\dfrac{10\times10^6\ \text{particles}}{\text{m}^3}\right)\left(\dfrac{1.67\times10^{-27}\ \text{kg}}{\text{particle}}\right)}} = 3.45\times10^5\ \text{m/s}$$

阿尔文马赫数 $= v_{SW}/v_A = (6\times10^5\ \text{m/s})/(3.45\times10^5\ \text{m/s}) \approx 1.7$

（b）等离子体贝塔：$\beta = \dfrac{nk_B T}{(B^2/2\mu_0)}$

$$\beta = \frac{\left(10\times10^{6}\ \text{particles}\,/\,\text{m}^{3}\right)\left(1.38\times10^{-23}\ \text{J}\,/\,\text{K}\right)\left(1\times10^{5}\ \text{K}\right)}{\left(\dfrac{\left(5\times10^{-8}\ \text{T}\right)^{2}}{2\times4\pi\times10^{-7}\ \text{C}^{2}\,/\left(\text{N}\cdot\text{m}^{2}\right)}\right)} \approx 0.014$$

■ 解释：在这种强磁场条件下，阿尔文马赫数是 1.7。典型太阳风马赫数约为 10（例题 5.5）。此外，强磁场主宰着等离子体。等离子体 $\beta \ll 1$，表示磁场控制着等离子体的动力学过程。地球附近典型的太阳风等离子体 β 值约为 1。

补充练习 1： 验证太阳风阿尔文马赫数可近似为：$M_{A} = v_{\text{sw}}\,n^{1/2}/(22B)$，其中速度单位为 km/s，密度单位为质子数 /cm³，磁场单位为 nT。

补充练习 2： 验证等离子体 β 可近似为：$\beta \approx 35\,\text{nT}/B^{2}$，密度单位为质子数 /cm³，T 的单位为兆开尔文，磁场单位为 nT。

补充思考题： 阿尔文马赫数和等离子体 β 随太阳活动周如何变化？

关注点 10.2　太阳风中的瞬变空洞

　　有时太阳风会设法打破 40 多年的观测得出的"经验法则"。它没有破坏任何物理规律，相反，它揭示了一种新的行为，驱使科学家寻找一个更好的解释太阳的方法。1999 年 5 月 11～12 日的事件就困惑了科学家好几年，太阳风似乎消失了。其实它并没有真正消失，只是它变得如此缓慢，如此稀薄，只对磁层施加非常小的压力。磁层向外膨胀，接近月球轨道在地球向阳面一侧的位置（~60 R_{E}）。

　　这个太阳风中的"空洞"最终被追踪到一个瞬变冕洞（transient coronal hole, TCH）上。瞬变冕洞与极区冕洞不同，瞬变冕洞至少有两种形式——一种产生高速流动，而另一种产生非常低速的流动。产生高速流的瞬变冕洞，磁场在有限区域内扩展进入太空，磁场发生了膨胀，但不会过度；在产生低速流的瞬变冕洞里，膨胀因子非常大，大约是普通冕洞的 10～100 倍。有时，在大的低纬度活动区的附近，太阳开放磁力线会适度膨胀进入太空，同时附近的闭合磁力线被紧密地限制在活动区里。这样，就出现了一个巨大的空洞需要磁力线和等离子体去填补，因为附近的活动区将等离子体和磁力线紧紧地束缚在太阳上。这种瞬变结构也具有单极磁场特性，但速度和密度非常低。有一些瞬变结构从源区脱离，它们有可能朝向地球传播，带来速度小于 350 km/s 和密度小于 0.4 离子 /cm³ 的太阳风。

　　这些事件通常具有不超过 48 小时的寿命。它们往往运动缓慢，需要 4～5 天的时间到达地球，这使得将它们追溯回太阳变得相当困难。看起来，在太阳极大期，错综复杂的电流片结构提供了产生这种瞬变事件所需的磁场结构，因此相比其他时期，在太阳极大期更经常观测到这种事件。低速流瞬变冕洞对地球的影响是大大降低了地磁活动，特别是行星际磁场北向的时候，磁层膨胀并变得安静。

研究人员认为，合并后的结构，可能是相比一般性爆发来说尺度更大、结构更复杂的 CME 的来源，在太阳极大期也相当常见。这些特性使复杂的 CME 在包裹地球时引发持久的磁暴。这种抛射物经常包括伴有激波的高速流以及其他的 CME 标志，但磁场结构不清、磁力线紊乱。碰撞改变了抛射物传播的速度，因此预测这些事件及其对地球的影响相当具有挑战性。

即便快速传播的 CME 尚没有合并，也一样能引发空间天气事件。能量离子在 CME 结构之间弹跳，每一次弹跳都能获取能量。如果地球刚好像三明治一样被夹在这些 CME 结构中间，就正好位于 CME 驱动的高能粒子事件的中心。在第 10.3 节我们将进一步讨论这种不寻常的爆发事件。

由 CIR 形成的 MIR 的一种变体，发展于瞬变抛射物和共转流的边界上。在太阳活动周下降段，地球附近 CME 的行星际标志往往出现在穿越扇区边界时和 CIR 周围，相互作用区引导着来自太阳的抛射物。当来自封闭磁场区域的抛射物在连接冕流带的低速流通道中演化和膨胀时，这种现象就会发生。

在地球处，MIR 提高了磁场强度和太阳风动压。那些最强的与高速流相关联的重现性地磁暴，通常是由位于高速流前缘或附近的 CME 引起的，高速流压缩了 CME 的后侧翼。相反，CIR 后方的 CME 可能放大 CIR 中的磁场和密度。有一些 CIR 和 CME 破坏了它们路径上的背景流动，形成了具有太阳风扰动特性的鞘区。鞘区经常被夹在中间，变成 MIR 的一部分。正如在第 10.3 节所介绍的那样，这种 MIR 引发大地磁暴并强烈影响高能粒子和宇宙线。

在太阳极大期，有时候，太阳在很短的时间内喷发出很多激波，这些激波向各个方向传播离开太阳，最终合并形成一个几乎完全环绕太阳的、具有增强磁场和压缩等离子体的结构，这种结构就是全局融合相互作用区（globally merged interaction region, GMIR）。GMIR 有时可达几个 AU 宽，已经在遥远的日球层被旅行者 2 号飞船观测到。在 GMIR 结构前沿观察到增强的磁场强度、密度、温度和速度，这与激波的出现是一致的。

宽广的 GMIR 改变了日球层（图 10-16）。这看起来似乎是一个悖论，一个把朝向地球运动的粒子加速至高速的 MIR，可能会转变成 GMIR 从而阻止高能宇宙线到达地球。此外，成型后的 GMIR 向非对称的终止激波传播，先后与鼻部和尾部碰撞。与终止激波的碰撞使整个日球层来回振动产生"回响"，激发压力波，并最终形成激波进入星际介质。

问答题 10-13

假设一个活动区相隔数小时产生了两个 CME。如果两个 CME 以相同的速度被抛出，第二个有可能追赶上第一个。请提出，在行星际介质中发生了什么，从而导致这种情况的发生。

查看图 9-31，有记录的最大福布什下降发生在哪一年？

关注点 10.3 福布什下降
（NASA 的 Tony Phillips 和 Frank cucinotta 撰写）

在 2005 年 9 月初，编号为 798 和 808 的太阳活动区成为高能粒子的非凡来源——局地宇宙线工厂。X 射线电离地球上层大气，太阳质子布满月球。令人惊讶的是，在国际空间站上，辐射水平下降了 30%。科学家们早就知道这种现象，称之为福布什下降（Forbush decrease）（图 10-17），得名于美国物理学家斯科特·E·福布什，他在 20 世纪 30 年代和 40 年代开展了宇宙线研究。他发现，太阳活动较高时，银河宇宙射线的剂量会下降。大尺度磁场重联伴随的太阳抛射物，携带着等离子体、磁场及爆发时从太阳剥离的磁结节。这些磁场使带电粒子偏转，所以当 CME 扫过地球，它也卷走许多本来要撞向地球的带电银河宇宙射线。单个 CME 抑制宇宙射线几天，而持续的太阳活动抑制宇宙线更长的时间。

无论 CME 去向哪里，宇宙射线都会发生偏转。地面上以及地球轨道上的和平号空间站与国际空间站，都观测到过福布什下降。先驱者 10 号和 11 号以及旅行者 1 号和 2 号飞船都在海王星的轨道外经历过这种情况。讽刺的是，耀斑和 CME 自身就是致命辐射的来源。尤其是 CME，引起质子事件或太阳高能粒子（SEP）事件。在前往地球的途中，CME 在太阳外层大气中快速地行进，以产生激波的速度推动炙热的气体。在 CME 路径上被捕获的质子被加速到危险的能量。宇航员在 SEP 事件期间尤其面临风险，必须减少暴露，待在相对安全的航天器内。

宇宙射线是不同的——且更加糟糕。宇宙射线是具有超高能量的亚原子粒子，主要来自我们的太阳系以外。不像太阳质子，还是比较容易被铝或塑料等材料屏蔽，宇宙射线还不能被任何已知的屏蔽完全阻止。即使在飞船内，宇航员也暴露在许多危险的穿过船体的宇宙射线下。这些粒子穿透肌肤，在微观层面破坏人体组织。一个可能的副作用是 DNA 断裂，随着时间的推移会导致癌症、白内障和其他疾病。

除了 20 世纪 60 年代和 70 年代短暂的月球旅途中，宇航员从未完全暴露在银河宇宙射线下。靠近地球的国际空间站轨道上，工作人员得到船体、地球磁场，以及地球的巨大身躯的保护。6 个月的火星之旅，远离了这些自然盾牌将会更危险。长期风险是什么？多少屏蔽可以保障宇航员的安全？NASA 的研究人员正致力于此研究，但一件事是清楚的——减少暴露非常重要。

太阳也有帮助。每 11 年，太阳活动到达峰值。在太阳活动高峰期，每天都有 CME 发生，太阳风不停地将扭结的磁场吹进太阳系内。这些磁场可以对我们前往月球和火星提供额外的保护措施，将 100～1000 MeV 的宇宙线通量减少 30% 以上，这个能量范围内的宇宙线对生物能产生非常大的危害。未来的太空任务规划者，需要确定大致在太阳活动峰年进行星际旅行的收益和成本，以充分利用宇宙射线下降带来的好处。这样的取舍是有趣的，提供保护的 CME 和 CIR，自身就是低能量粒子的有效加速器。接下来我们将介绍这些本地的高能粒子。

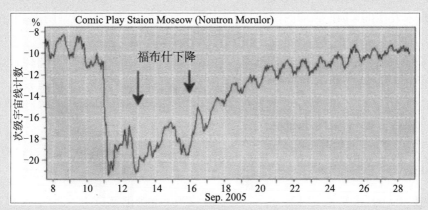

图 10-17 俄罗斯莫斯科一个宇宙线监测站的中子计数。在 2005 年 9 月初，一段剧烈的太阳活动时期，辐射水平产生下降。一整年里太阳都令人惊讶得活跃，观测者共记录到 14 个剧烈的 X 级太阳耀斑和更多的 CME。正因为此，这一年里国际空间站的机组人员吸收了较少的宇宙射线。（Science@NASA 和莫斯科中子监测站供图）

10.3 来自行星际激波的太阳高能粒子

10.3.1 行进激波和太阳高能粒子

目标：读完本节，你应该能够……

♦ 描述太阳风中的行进激波、CME 和能量粒子之间的关系

♦ 区分太阳高能粒子（SEP）和高能暴时粒子（ESP）的特征

太阳高能粒子、CME 和激波。地球空间沐浴在 keV 太阳风粒子通量和流量低得多的 GeV 宇宙射线中。地球偶尔被太阳粒子风暴袭击——一大批被太阳耀斑和 CME 激波加速到高速的电子、质子和重离子。这些 MeV 级别的太阳高能粒子（solar energetic particle, SEP）事件会产生相对高通量的带电粒子，其中一些被磁层捕获，其余则通过磁层穿透宇宙飞船、大气和飞机。当大于 10 MeV 的粒子通量超过 10 个 /(cm$^2 \cdot$ s $\cdot$ sr) 时（对应于 S1 级别的太阳高能粒子事件），预报机构就发布太阳高能粒子事件警报。在本节，我们对行星际介质中造成这种地球空间环境扰动的 CME 驱动的行进激波做一个概述。

在第 9 章，我们描述了在低日冕中太阳耀斑如何加速产生太阳高能粒子。这里，我们讨论一种长寿命、宽经度范围的 SEP 事件，它们是由高日冕和内日球层内的 CME 激波产生的。由 CME 驱动的 SEP 事件，通常在 CME 仍非常接近太阳（$<4R_S$）的时候就开始了，在这里，与之相关的激波可以加速日冕中相对稠密的粒子。这些事件往往呈现快速、剧烈的开始，以及粒子速度色散，高能量的粒子比低能粒子更早到达观测点。图 10-18 显示了 2005 年 1 月末发生的 CME 驱动的高通量 SEP 事件所对应的耀斑区域，随着抛射物撕开低日冕，1 AU 处的高能粒子在几分钟之内就增加了四个数量级。

在气体中，信号速度（信息传送速率）即是声速。一个磁化等离子体有两个重要的信号速度：阿尔文速度与声速。介质中，一个比信号速度移动更快的扰动会形成一个间断，将低速和高速区域分开，间断面两侧仍是各自连续的介质。在间断处，介质的性质发生突变（第 5 章）。

在 1 AU 内，大多数行星际激波是由 CME 驱动的。0.3～1.0 AU 的行进激波通常具有以下性质（激波参数（shock parameter））：

- 激波速度在 300～700 km/s（偶尔观测到大于 2000 km/s 的速度）；
- 激波角度范围在几十度到 180° 之间；
- 密度压缩比在 1～8；
- 磁场压缩比在 1～7。

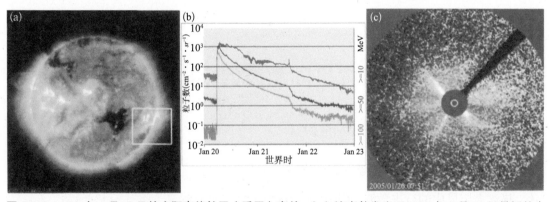

图 10-18　2005 年 1 月 20 日的太阳高能粒子（质子）事件。（a）该事件发生于 2005 年 1 月 20 日早间的太阳西边缘。耀斑和快速 CME 共同导致地球处高能质子通量的突然上升。（b）三个能段的粒子通量图。该图显示了地球静止业务环境卫星（GOES）观测的三个能段（>100 MeV，>50 MeV，>10 MeV）的粒子通量。1 月 21 日 >10 MeV 粒子通量的尖峰对应于激波的到达，这种突然的大幅上涨也被称为高能暴时粒子事件（数据来自美国空间天气预报中心）。（c）高能粒子影响了太阳和日球层观测台（SOHO）航天器，这些粒子穿透望远镜，它们的影响以光点或"假星"被电子仪器记录下来。（图片来自 SOHO[ESA and NASA]）

问答题 10–15

将图 10-18（b）中 SEP 事件的持续时间与典型耀斑时长进行对比，该事件有没有可能完全是耀斑驱动的？为什么或为什么不？

行进激波受到空间天气预报员的特别关注，因为它们将带电粒子加速到极高的能量。我们将在 10.3.2 节简要介绍它们的加速机制。

CME 驱动的激波在行星际介质中膨胀和传播（图 10-7）。强激波经度跨度可以达到 180°。如果激波足够强，它就可以加速沿行星际磁力线传播的粒子（图 9-27）。到达地球的 SEP 事件很可能起源于太阳中央子午线西边的区域，太阳西边部分的磁力线经常通过帕克螺旋线与地球相连，因此为 SEP 的传播提供了一个天然路径。行进激波可能产生最高能量达 GeV 的离子（典型为几十到几百 MeV）和约 100 MeV 能量的电子。与 SEP 事件的大小和寿命相关的事实是：被不断膨胀的 CME 所驱动的激波加速的离子填充了很宽经度范围的磁力线区域。大约 10% 的 CME 产生了 SEP，只有速度最快的 1% 产生了大的 SEP 事件。这些突发事件给没有防备的人类和空间技术系统带来显著的辐射危害（关注点 10.4）。绝大多数到达地球的被加速的粒子是离子。电子同样被太阳活动加速，但电子更加地机动，往往很容易被激波散射，它们在离子之前就以稍低的能量逃脱。因此，加速的电子比离子的地球效应要小。但是，它们可以对即将来临的 SEP 离子提供预警（关注点 10.6）。

CME 相关的 SEP 事件持续几十小时至数天，并具有很大的流量。这些粒子在 CME 发生后几分钟至几小时内到达（取决于粒子能量），提前预警是非常有限的。

极地大气被 SEP 电离产生硝酸盐，沉积并被束缚在极地冰中。冰核中沉积的硝酸盐的观测揭示了大的个体 SEP 事件，可以回溯到 400 年前。

很多大型 SEP 事件，都伴随着 10～100 MeV 能量范围（偶尔更高）粒子强度的进一步增强，并在对应 CME 驱动的激波到达观测者时达到峰值（例如，图 10-18（b）中 2005 年 1 月 21 日刚过 17 UT 时 10 MeV 粒子通量的峰值），这些增强事件被称之为高能暴时粒子（energetic storm particle, ESP）事件，因为它们与地磁暴高度伴随。除了在大部分极端事件之前，ESP 事件通常表现为在激波到达前的几个小时其强度逐渐上升。空间天气预报员通常以逐渐增强的离子强度作为即将到达的激波及可能跟随的 CME 的标志。图 10-18（b）显示，1 月 20 日早些时候一个 CME 驱动的 SEP 事件在太阳大气中发生了，随着 CME 在行星际介质中行进，它继续加速粒子，这些粒子不停地向地球飞驰。CME 抵达前几分钟，GOES 卫星观测到与 ESP 增强相一致的 10 MeV 粒子的简短增强。

在 1 AU，极端条件下，ESP 事件偶尔达到非常高的能量，给宇航员和空间硬件带来辐射剂量增加的风险。例如，1989 年 10 月的强 SEP 事件期间，当激波通过 1 AU 时，大于 100 MeV 的质子通量（已然非常强烈）突然上升了十倍并持续了数个小时。这些激波伴随粒子的增加对空间操作的影响往往会被放大，因为激波同时可能会引发地磁暴，使得粒子得以突然进入空间站所在的纬度。

激波速度。速度是对地有效 CME 的一个重要特征。因此，空间天气观测员为确定 CME 和激波的速度付出了巨大努力。当我们用日冕仪遮挡住明亮的太阳日面时，在周围较暗的空间中（天空平面）我们就可以看到抛射物从太阳离开。测量高度随时间的变化，就可以粗略估计 CME 的速度。

天空平面投影估算技术对日面中心处爆发的 CME（经常是全晕 CME）并不适用，因为地球上的目视观测被明亮的太阳所抑制。观测者使用宽频率范围的动态无线电测量来估计朝向地球的 CME 的速度。快速移动的 CME 产生的激波扰动日冕等离子体，引发来自于扰动前沿被加速电子的射电辐射。电子产生等离子体的振荡，随后转化为无线电波从激波逃离。无线电频谱图显示随着时间推移的无线电辐射变化（图 10-19）。例题 10.5 显示了如何从无线电频谱仪信息计算一个扰动在日冕（或行星际介质）中传播的速度。

等离子体振荡的频率由电子等离子体频率计算（方程 (6-6)）

$$f \approx 9\sqrt{n_e}$$

其中，f = 等离子体频率 [Hz]；
n_e = 电子数密度 [#/m^3]。

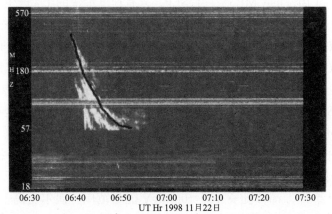

图 10-19　太阳射电频谱图。 射电辐射显示为蓝色背景下的黄色或白色，黑色曲线突出表示了扫频结果。几个不同频率上不间断的干扰来自人为辐射，瞬现射电辐射来自太阳活动。II 型暴（扫频）开始于 06:38（从此刻开始斜拉向下到右侧的条带）。从频率扫描的梯度可以确定 CME 的速度（例题 10.5），这个速度可提供到达 1 AU 处的大致时间。（澳大利亚电离层预报服务中心供图）

在低日冕，电子密度高，射电频率也高。当激波穿越低密度（在更高的高度）日冕区域时，射电频率降低，这种短持续时间的频率下降就是一个 II 型射电暴（type II radio burst）。II 型射电暴包括一个、两个，甚至更多频带的辐射增强。在多个频率观察到射电波，是因为等离子体振荡与低频等离子体波发生相互作用，产生基频发射，或等离子体振荡之间发生相互作用，产生谐波频率的射电波。

如果知道日冕中密度分布随半径的变化，即 $n_e = n_e(r)$，在频谱图上观测到的频率就对应于日冕的某一高度。频率漂移（斜率）对应于密度梯度方向上的激波的速度。将频率时间变化率和太阳电子密度模式相结合，就可以估算激波的速度（例题 10.5）。

大部分的 SEP 事件由空间仪器观测到，并与卫星的单粒子翻转和仪器损伤有关。然而，在最强的事件期间，甚至连地面的仪器都能观测到，称为地面宇宙线增强（ground-level enhancement, GLE）。GLE 事件是地面宇宙线探测器计数率短时的急剧增加。加速的带电粒子，主要是来自耀斑和 CME 的质子，具有足够的能量时，就可以穿透地磁场进入地球大气层。大量 1 GeV 以上的粒子使得背景辐射增强，以至于在地面上就可以探测到。自 1942 年斯科特·福布什发现 GLE 事件以来，仅仅记录到 70 次，其中有 16 次发生在第 23 太阳活动周。

发生在 1956 年 2 月 23 日的一次强烈的 GLE 事件，导致地面背景辐射（通常约为自然发生剂量的 50%）持续 15 分钟上升了近 50 倍，并在一个多小时内保持在正常值 10 倍以上。该 GLE 事件持续了 24 个小时。

2005 年 1 月 20 日，全球中子监测网络记录到一次在幅度上堪比 1956 年（在一些能段上）的 GLE 事件。得益于当前的空间和地面监测站，科学家们能够推断出 2005 年 1 月超级 GLE 是如何发展的。1 月 20 日 06:39 UT，在日面西边缘，NOAA 编号为 10720 的活动区爆发了一个 X7.1 级的太阳耀斑，并在 07:01 UT 达到峰值（图 10-18（a））。卫星图像显示，耀斑峰值之前，一个爆炸性的 CME 发生了，速度超过 3000 km/s。与 CME 驱动的激波相关联的射电爆发在 06:44 UT 开始。由 NOAA 的 GOES-11 号卫星测得的 >100MeV 的质子流量在半小时内上升到最高值（图 10-18（b））。实际上，因为受 SOHO/LASCO 搭载的 CCD 上背景太阳高能粒子的影响，我们在很大程度上没能观测到这次 CME（图 10-18(c)）。这次快速的爆发部分由发生在 67°W 的事件所引起，我们推测这个位置与地球可能在同一条磁力线上。一些观测站的地面背景辐射超过了正常值的 250%。

例题 10.5 计算电子密度和激波速度 [①]

■ 问题：利用图 10-19 中的频率和下表中的数据，求（1.03～1.30）R_S 之间的电子密度，同时确定在这个距离内的激波速度。

时间（s）	频率 f（MHz）	电子密度 n_e(#/m³)	距离太阳的高度（R_S）	激波速度 (km/s)
42	240.7		1.03	
96	189.3		1.09	
168	146.8		1.15	
254	116.4		1.22	
358	88.4		1.30	

■ 相关概念：浮现的物质引起等离子体以其自然等离子体频率振荡，从而发射射电波。
■ 给定条件：表中的数据以及 $R_S = 7 \times 10^8$ m。
■ 解答：利用方程 (6-6) 求解电子密度：$f(Hz) = 9\sqrt{n_e}$。
■ 解释：太阳射电频谱图可以用来追踪 CME 在太阳大气中的运动，并对高速 CME 进行预警。

时间（s）	频率 f（MHz）	电子密度 N_e(#/m³)	距离太阳的高度（R_S）	激波速度 (km/s)
42	240.7	7.15×10^{14}	1.03	—
96	189.3	4.42×10^{14}	1.09	777
168	146.8	2.66×10^{14}	1.15	583
254	116.4	1.67×10^{14}	1.22	570
358	88.4	9.65×10^{13}	1.30	538

[①] 原书中本题表格中数据有误，译者进行了修改。——译者注

关注点 10.4　高能粒子对地球的影响

高能质子代表了一种对宇航员和高空机组人员直接的辐射危险。高海拔、高纬度飞行也受到这些效应的影响。在 SEP 事件期间，国际空间站机组人员应在有防护的休息舱里躲避。非常高能的质子或其他重离子能够穿透航天器的外壳，通过之后，它们会电离卫星深处的粒子。单个质子或宇宙射线就能够沉积足够的电荷，导致电气翻转（回路开关切换、虚假命令、内存更改或丢失）或机载计算机或其他部件严重的物理损伤。因此，这些事件被称为单粒子翻转（single-event upset）事件。它们经常对暴露于这些粒子的宇宙飞船的设计起到推动作用。第 13.1 节将详细讲解这个话题。

质子事件期间带电粒子的轰击，会造成运载火箭或其有效载荷直接碰撞损伤，或者在航天器表面或内部沉积电荷，在航天器电活动（如执行船上指令）期间，沉积的静电荷可能发生放电（导致电弧）。卫星太阳能电池往往受高能粒子事件的重创。因此，来自于太阳活动事件的粒子是飞船设计师关心的问题之一。

许多卫星依靠光电传感器来保持自己在太空的方向。这些传感器锁定某种背景星图，并利用它们获得精确的定位精度。它们很容易受到宇宙射线和高能质子的影响，因为这些粒子撞击传感器会产生光闪烁。传感器产生的亮点可能被错误地理解为恒星（图 10-18（c））。当计算机软件无法在它的星表中找到这个虚假的恒星或错误地识别了它，卫星就失去了对地球的姿态的锁定。这种失锁（指向错误（disorientation）），可能需要人工干预才能恢复。定向通信天线、传感器和太阳能电池板偏离其预期的目标，结果可能是与卫星通信的丢失、卫星功率损失，在极端情况下，甚至会由于电池没电导致卫星的失效（不断的辐射下星敏感器也会逐渐退化）。指向错误主要发生在太阳活动活跃时，以及地球同步轨道或极轨卫星上。

在高纬，受太空粒子的撞击，电离层 D 层原子和分子的电离被增强，从而产生信号吸收。SEP 驱动的事件持续数小时到数天，并通常与其他无线电传输的问题相伴随，如非大圆传播和多径衰落或失真。当高能质子穿透到极区电离层的最低区域，并与大气的原子和分子碰撞时，就会发生高频极盖吸收（PCA）事件，这显著加剧了电离水平，从而产生高频无线电波的过量吸收，影响通信和一些雷达系统。这种现象，有时被称为"极盖通信中断"，可能持续数天，并通常伴随低能太阳质子和电子到来而引起的广泛地磁和电离层扰动。由于 PCA 事件期间电离层底部趋于降低，通常也会观测到低频导航系统并发错误。

问答题 10-16

利用图 10-19，确定与 II 型射电暴相关的典型射电波长。

问答题 10-17

图 10-20 中，哪张图最有可能和地面宇宙线增强事件相关联？为什么相比其他的 CME 伴随现象，我们记录到更多的激波和 II 型射电暴？

关注点 10.5 行星际扰动的太阳起源

图 10-20 显示了几种类型行星际扰动的源区位置。左列比较了磁云 CME 和其他类型 CME，具有清晰磁云特征的 CME 往往起源于中央子午线附近。中间栏给出了产生 II 型射电暴（上图）和行星际激波（下图）的 CME 源区位置，它们通常和快速 CME 起源相一致。右列是产生大的 SEP 事件和大地磁暴的 CME 的源区位置，产生大磁暴的分类与磁云的分类基本一致，产生 SEP 的 CME 源区向太阳西部边缘倾斜，在那里，帕克螺旋磁力线与地球相连。一些 SEP 事件甚至来自太阳西边缘的背面。

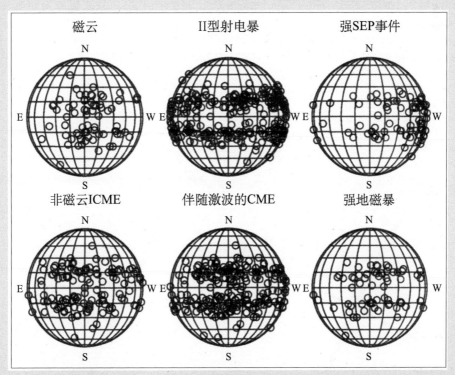

图 10-20 太阳和行星际扰动源区。太阳扰动源区趋向于聚集在低纬区域，地球上大的太阳高能粒子事件的源区趋向于集中在太阳西半球。[Gopalswamy et al., 2010]

10.3.2 激波加速机制

 ♦ 描述行星际激波如何加速粒子
 ♦ 区分散射加速和感应加速

通过湍流、共振和反射获得能量

在行星际激波边界，流体和磁场特性的急剧变化趋向于使磁场聚集，在磁场中产生小尺度随机结构。带电粒子来回跨越激波时可以获得能量。

空间物理学家们根据介质中磁力线与一个垂直于激波面的虚拟矢量之间的夹角来描述激波的位形，这个垂直矢量称为激波法向（shock normal）。通常情况下，激波法向矢量指向未被冲击的介质。在激波参考系中，法向矢量指向上游（图 10-21）。无碰撞激波的物理特性强烈依赖于上游磁力线和激波法向的夹角 θ_{Bn}。根据该夹角，激波被分为如下几类，如图 10-21 所示。

● 垂直激波：$\theta_{Bn}=90°$；
● 平行激波：$\theta_{Bn}=0°$；
● 斜激波：$0°<\theta_{Bn}<90°$；
● 准平行激波：$0°<\theta_{Bn}<45°$；
● 准垂直激波：$45°<\theta_{Bn}<90°$。

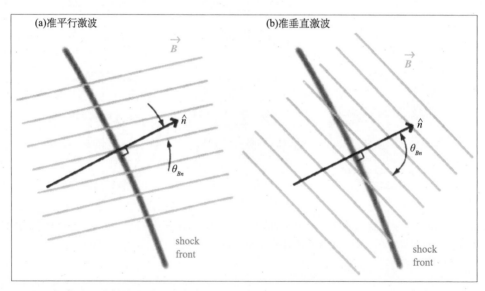

图 10-21 准平行激波和准垂直激波。（a）在准平行激波中，激波法向矢量与磁场方向大致平行。（b）在准垂直激波中，激波法向与磁场近似垂直。（美国海军研究实验室 Allan Tylka 供图）

在 1949 年，恩里科·费米（Enrico Fermi）认识到，当带电粒子与相对运动的随机分布磁性散射中心相互作用时，会得到加速，散射中心充当了磁镜。他的想法描述了两种不同类型的加速，称为随机过程和扩散过程，我们从平行激波的角度来讨论这些过程（图 10-22（a））。受激波影响的区域包含湍流场和产生波的加速粒子，这两者都产生能够散射粒子的不规则结构。在随机过程（stochastic process）中，当带电粒子碰到这些不规则结构时会获得能量。粒子与湍流或激波形成的运动磁镜发生正碰时，粒子被反射获得能量，如果磁镜在后退，则效果相反。因为正面碰撞比追尾碰撞更可能发生，最终整体结果是粒子能量的增加。这个过程效率相当低，但可以作为预加速器，为其他激波过程创造种子粒子。一些粒子可能与受激等离子体中的波共振，并获得更多的能量。太阳风中的超热粒子是很好的预加速种子粒子。随机过程有时被称为二阶加速过程，因为能量取决于磁镜速度的平方。

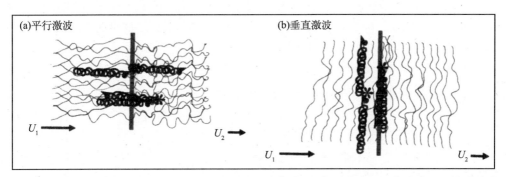

图 10-22 平行激波和垂直激波的离子加速。激波上游的速度 U_1 高于激波下游的速度 U_2，细曲线表示磁场，黑色曲线是粒子轨迹，星号表示轨迹发生变化。（a）在平行激波条件下，粒子穿过激波，当它们被上游接近激波的磁性不规则结构散射时获得能量，被下游的远离激波的不规则结构散射时损失能量。粒子整体是获取能量的，因为上游流速大于下游流速。（b）在垂直激波下，磁场中的梯度导致粒子沿着薄的激波前沿漂移并多次穿越，这种漂移与电场方向相同，因此粒子获得能量。[Jokipii and Thomas, 1981]

一种更有效的粒子加速形式来自粒子在激波前沿汇聚的等离子体中的重复反射。汇聚的湍流产生随机磁场聚集以及磁场梯度，从上游到下游穿越激波的带电粒子，遭遇充当局部磁镜的磁场移动变化，被反射回来穿越激波（下游到上游）的带电粒子会获得速度。如果在上游发生类似的过程，则粒子将再次获得能量。多次反射会大大增加其能量。这个过程比纯随机过程更快，这就是扩散激波加速（diffuse shock acceleration）。

行星际介质中的扩散加速时间通常为数小时至数十小时。有时，粒子（由于不稳定性）在磁场中产生自激发的波动，形成局地的不规则结构，将粒子散射回激波，从而减少粒子加速过程的时间。扩散过程有时被称为一阶过程，因为粒子穿越一次激波获得的能量与激波的速度成正比。

在某些情况下，散射中心离前进中的激波很远，被加速的粒子逃离激波，运动到一个遥远的散射位置（这也许是以前的 CME 或 MIR 产生的），然后反弹回激波。在数值模拟中，被日地间传播的激波加速的质子，向外流动到地球之外的行星际扰动中并返回，大约往返四次能够获得约 1 MeV 的能量。

最近有一些高能粒子事件被发现与间歇性的太阳爆发相关联，这些爆发在日球层填布了种子粒子和相互追赶的激波结构，地球可能会在数小时至数天内处于加速区。大 SEP 事件与连续的而不是孤立的 CME 关联性更强。此外，如果在快速、宽大的 CME 之前 12 小时内发生过慢速 CME，更有利于产生大的 SEP 事件。前序 CME 的传播可能会增加超热种子粒子、提高湍流的强度、增加粒子密度从而降低阿尔文速度，以及其他方面的影响，这些都有助于解释 SEP 的增强。

通过电场感应加速

当激波的法向矢量垂直于磁场时，非常快速的加速（激波漂移加速（shock drift acceleration））就会发生。在激波静止坐标系内，上游太阳风以速度 v_{sw} 流入激波，太阳风的运动沿激波面产生感应电场 $E = -v_{sw} \times B_{sw}$，当带电粒子冲击激波时，它开始沿感应电场漂移，获得能量。根据投掷角（7.3 节）和回旋相位，一些上游粒子在穿越激波前会沿激波漂移很长的距离。所以，准平行激波加速的主要是太阳风离子，而准垂直激波加速的主要是附近的高能离子，包括来自较早脉冲事件富含重离子的物质。激波加速的这一特点，似乎解释了高能粒子事件中经常观测到的高能量段成分的极端变化。

在进入扰动的激波下游区域后，一些粒子通过回旋和散射的方式，重新回到上游区域，沿着激波漂移（或冲浪）进一步获得加速。图 10-23 显示了一种理想化的情况，在上游区域粒子沿大轨道回旋，在下游磁场较强的区域沿较小的轨道回旋。粒子在上游区域大回旋时被感应电场加速，在下游区域小回旋期间被减速，从而整体上产生激波漂移加速。随着能量的增加，粒子速度增加，最终，当粒子速度分量超过激波速度时，粒子就从激波逃逸。上游不规则结构或汇聚区磁镜可能会散射一部分加速粒子回到激波，使它们得到进一步加速。实际上，磁场和激波结构是非常紊乱的，产生很多小的、随机游走的弯曲、回转段，为粒子的损失创造了机会，因此，只有少数的粒子获得与 SEP 事件相关的高的能量。

图 10-24 显示了 1989 年 9 月 29 日由激波产生的质子通量的能谱，伴随着地面宇宙线增强事件。粒子能谱倾向于包含大量的低能量粒子和少量的高能量粒子。曲线的形状遵循功率谱形式，也就是说，粒子通量随能量的幂函数而变化。预报员对理解和描述能量粒子的幂律

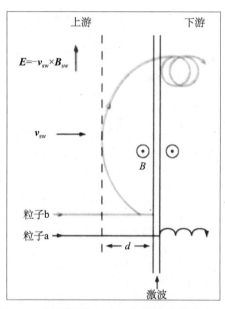

图 10-23　激波漂移加速。 在激波参考系中，上游太阳风将离子带到激波处。粒子 "a" 前进穿过激波而没有相互作用。粒子 "b" 可能受不规则结构的影响而被反射离开激波面，并通过太阳风电场加速。在存在磁场的情况下，运动产生感应电场，该感应电场沿激波加速粒子。粒子平行于激波漂移的时间取决于粒子垂直于激波的速度。如果垂直速度较小，粒子沿着激波行进的总加速时间会较长，否则它在获得大量能量之前就从激波逃逸。如果垂直速度高，粒子可能以很小的能量变化横穿激波，但是如果它与下游湍动等离子体中的磁岛结构相互作用而散射回来，则它可能在重新接近激波时存在一个大的平行运动分量而垂直速度较小，进而被激波加速。

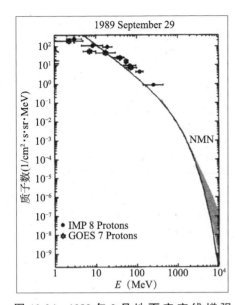

图 10-24 1989 年 9 月地面宇宙线增强事件的高能质子能谱。 质子通量和能量由 GOES-7 卫星和 IMP-8 卫星测量，极高能量质子的通量是从地面的中子监测器推算得到的，曲线是数据的模型拟合结果。(NMN 是中子监测网络。)[Lovell et al., 1998]

感兴趣，以便预测最高能量处的粒子通量。高于 50 MeV 的粒子通量受到关注，因为这些粒子能穿透宇航员的宇航服，更高能量的粒子损害航天器并穿透到大气中。

如果粒子沿感应场漂移更长的时间，它可以获得更多的能量。漂移时间取决于粒子垂直于激波的速度，如果它很小，粒子会附着于激波上；如果它比较大，粒子没有获得很高能量就逃逸了。粒子相对于激波的能量取决于粒子速度、激波速度、投掷角和 θ_{Bn}。

在加速之后，初始时各向同性的粒子分布，在上游区域形成非常强的沿磁场方向的射流，在下游区域形成垂直于磁场方向的较小的射流。垂直激波的加速非常快，具有几 keV 能量的粒子在几十分钟内被加速至 1 MeV。垂直激波是最有可能将粒子加速到极端 SEP 事件期间 GeV 能量水平的结构。

粒子加速的能量必须来自一些"储存区"。最近的研究表明，CME 能量的 1%～15% 被用于粒子加速过程，但通常都小于 10%。这种能量转移意味着 CME 会减速，即使仅略微地加速这些高能粒子。

与热力学第二定律一致，大尺度的有序运动被随机运动所取代。

关注点 10.6 预报太阳高能粒子事件
（Arik Posner 撰写）

太阳辐射风暴发展迅速，且众所周知地难以预测，总是让预报员们意想不到。在地面和低地球轨道上的宇航员受地球大气和磁场的保护，但宇航员在月球或火星任务中远

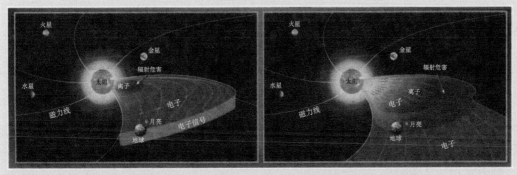

图 10-25 辐射风暴接近地球。（a）在这张艺术效果图上，在粒子加速之前，耀斑光子已经到达地球，电子的到达处于光子和即将到达的离子之间。（b）在几十分钟内，高能离子到达 1 AU。电子在离子之前到达。

离地球时就有危险了。宇航员安全专家最担心的粒子类型就是高能质子，它们损伤人体组织并破坏 DNA 链，引起从恶心到白内障甚至癌症等各类健康问题。

来自太阳和日球层观测台（SOHO）卫星的数据为预报强烈的太阳辐射风暴提供了新的机会，使最多提前一小时发出预警成为可能，让宇航员有时间寻求庇护，地面控制人员有时间保护他们的卫星。亚粒子撞击 CPU 和其他电子设备，导致机载计算机突然重新启动或发出无意义指令。当卫星操作人员意识到风暴即将来临时，可以将航天器置于保护性的"安全模式"，直到风暴过去。

电子的到达是新近意识到的可用于离子预报的途径。每个辐射风暴都是电子、质子和重离子的混合物。电子比较轻，跑在前面，预示着高能离子的到来。根据 SOHO 上的超热和高能粒子综合分析仪（COSTEP）记录的数百个辐射风暴的数据，NASA 研究者开发和测试了一种离子预测的经验方法，初始电子通量的上升时间和强度表明有多少离子正在跟随着并将于何时到达。然而，该方法还不完美。在某些情况下，预警时间太短，无法使用。该方法还产生虚假警报，这可能使宇航员不必要地冲向安全区域。

例题 10.6 CME 作为高能粒子的能量源

- 问题：据科学家们估算，2005 年 1 月 20 日的太阳事件加速了 2×10^{34} 个 30 MeV 粒子进入行星际空间。需要多少能量来加速这些极高能量的粒子？和太阳附近 3000 km/s 的 CME 的动能相比如何？

- 相关概念：粒子能量来自于 CME 激波过程。

- 假设：所有的粒子能量来自于 CME；CME 的质量约为 10^{13} kg。

- 给定条件：30 MeV 粒子的个数和 CME 速度。

- 解答：粒子总能量为 $(2 \times 10^{34} \text{ particles})(3.0 \times 10^7 \text{ eV/particle})(1.6 \times 10^{-19} \text{ J/eV}) \approx 10^{23} \text{ J}$

  CME 的动能为 $\left(\frac{1}{2} mv^2\right) = 0.5(1 \times 10^{13} \text{ kg})(3 \times 10^6 \text{ m/s})^2 \approx 5 \times 10^{25} \text{ J}$。因此，非常高能量的粒子具有 CME 约 0.002 的动能。事实上，粒子可能不是从静止开始的，所以能量增益略小于 10^{23} J。另一方面，具有较低能量的粒子也从 CME 获得能量。

- 解释：由于加速极高能量粒子引起的 CME 的减速是可忽略的，即使 CME 将其能量的 10% 传递给所有能量段的粒子，其速度也只减少约 5%。

补充练习：需要多少 1 MeV 粒子来消耗 5% 的 CME 能量？

例题 10.7 激波粒子能量和功率

- 问题：超热太阳风质子被 CME 驱动的激波加速变成 10 MeV 质子，汽车在 4 s 内从 0.5 mph 加速到 60 mph，比较一下二者单位质量相对能量增加的情况，在每种情况下，需要多大的功率来获得这样高的能量？

- 相关概念：功率＝能量／时间；单一粒子在激波附近经历大幅加速。
- 假设：超热太阳风质子的能量在 100 eV 量级；质子加速时间为 10 分钟；汽车质量＝1500 kg。
- 给定条件：质子质量＝$1.6×10^{-27}$ kg，60 mph＝26.8 m/s；0.5 mph＝0.224 m/s。
- 解答：

  质子动能相对变化＝$(KE_f−KE_i)/KE_i$＝$(10^7$ eV$−10^2$ eV$)/10^2$ eV＝10^5，能量增加 100000 倍，单位质量的相对能量增加为 $10^5/(1.67×10^{-27}$ kg$)≈6×10^{31}$/kg。

  汽车动能的相对变化＝$(KE_f−KE_i)/KE_i$＝$\left(\dfrac{1}{2}mv_f^2−\dfrac{1}{2}mv_i^2\right)\Big/\left(\dfrac{1}{2}mv_i^2\right)$＝$[(60$ mph$×0.447$ m/$(s·mph))^2−(0.5$ mph$×0.447$m/$(s·mph))^2]/(0.5$ mph$×0.447$m/$(s·mph))^2≈14400$ 倍能量增加。

  汽车单位质量的相对能量增加为 14400 倍能量增加 /1500 kg，或者说增加了～9.6/kg。

  对质子而言，单位质量相对功率为 $(6×10^{31}$/kg$)/600$ s，或者说为～10^{29}。

  对汽车而言，单位质量相对功率为 $(9.6$/kg$)/4$ s，或者说为～2.4。
- 解释：一小部分与激波保持接触，或反复穿越激波的超热太阳风质子的能量显著增加。这些粒子在传输到 1 AU 过程中损失非常少的能量，因此它们能够穿透卫星组件和太阳能电池板阵列。当它们减速时，它们向与之相互作用的材料中的单个原子和分子传递大量能量，在许多情况下，它们会电离或离解原子和分子，因此，这些粒子有时被称为电离辐射。

补充练习：（非实际情况下）假设质子在 $10R_S$ 和地球之间均匀加速，估计加速度的值，并将其与地球上的 g 值进行比较。

总结

平均来说，准静态太阳风每天给地球带来几次小规模的扰动，其中大多数与太阳风中湍流驱动的磁通量管运动相关。穿越扇形边界也会导致太阳风的变化。一些扇区边界穿越之后是来自冕洞的高速流动，来自这些持续开放磁场区域的流动反复以共转相互作用区（CIR）的形式通过地球，在太阳活动周下降和极小期间，CIR 经常产生重现性的中等地磁暴。在 1 AU 之外，这些扰动通常形成融合相互作用区和压力脊。

CME 形式的瞬变事件对背景太阳风和地球空间具有高度破坏性。晕状 CME 和磁云 CME 是两类对地有效的 CME，它们的几何形状、速度和磁场特性，增强了其产生地磁暴的能力。具有偏离黄道面较强磁场的抛射物，有可能使得 IMF 和地球磁场之间发生磁重联，长时间的这种耦合给地球空间和地球的高层大气注入了大量能量。此外，太阳上的快速喷射物通常产生激波，加速低太阳日冕和行星际介质中的高能粒子，并与先前喷射的物质合并，太阳西边缘产生的激波可能通过帕克磁场螺旋线与地球很好地连接起来。

CME 还制造 MIR。超阿尔文速 CME 扮演着行星际介质中持久的加速机制。另一方面，激波结构就像是在周围等离子体中运动的不完美的磁镜。行星际介质中的前后两个或更多的激波，放大了被束缚离子（就好像激波结构之间的乒乓球）的磁镜效应。激波的速度和等离子体参数决定了各类粒子获得的能量。与激波的一次碰撞通常将粒子的能量提高四倍，太阳风里的 keV 离子必须遭遇数次激波以加速到 MeV 能量。被激波加速的种子粒子是背景太阳风粒子和先前耀斑与 SEP 事件残留物的混合体，它们在大尺度行星际磁场和波粒相互作用下传输和加速。

多种激波加速机制的相对贡献取决于激波的性质。随机加速需要下游湍流的强烈增加才能有效，而扩散加速需要在上游和下游介质中有足够的散射。对于垂直激波，最大加速发生在感应电场最大的地方。激波参数，如压缩比和速度，决定了加速机制的效率。加速后的高能粒子可以穿透航天器部件，伤害人体组织，并在地球大气中形成粒子簇射。在极少的情况下，粒子被加速到足够高的能量，以至于在地球表面都可以观测到相互作用产生的次级粒子，这些被称为地面宇宙线增强事件（GLE）。

Nancy Crooker 就本章的材料提供了有益的讨论和见解。

关键词

英文	中文	英文	中文
co-rotating interaction region（CIR）		halo CME	晕状CME
	共转相互作用区	magnetic cloud	磁云
diffusive shock acceleration	激波扩散加速	merged interaction region (MIR)	
disorientation	指向错误		融合相互作用区
energetic storm particle (ESP)		shock drift acceleration	激波漂移加速
	高能暴时粒子	shock normal	激波法向
Forbush decrease	福布什下降	shock parameter	激波参数
geoeffective	对地有效	single-event upset	单粒子翻转
globally merged interaction region (GMIR)		stochastic process	随机过程
	全局融合相互作	stream interface	流体交界面
	用区	type II radio burst	II型射电暴
ground-level enhancement	地面宇宙线增强		
	（事件）		

问答题答案

10-1:（a）超米粒组织的直径约为 30 Mm，而地球处的太阳风通量管约 10 倍大。我们知道太阳风随着向外流动而膨胀，因此规模尺寸应该增长。地球通常在日球层电流片附近对通量管进行采样，这里通量管的膨胀受到抑制，并没有达到我们所期望的 R^2 增长。（b）地球磁层的直径大约为 30 R_E（$\sim 1.9 \times 10^8$ m），地球处一个太阳风通量管大约是磁层直径的 2.5 倍大小。（c）日球层等离子体片的厚度约为 100 R_E，大约是地球磁层最宽的地方的 3 倍。

10-2: 流体交界面区域束缚着闭合磁场区域，而闭合磁场区域是大多数 CME 的来源。如果 CME 刚好在高速流之前爆发，则它可能被来自高速区域的扩展流扫过，这些复杂的结构经常产生高于平均强度的地磁暴。

10-3: 界面后离子的平均热速度约为 70 km/s。利用 $(1/2)mv^2 = k_B T$ 求解温度，可以得到 $T \approx 3 \times 10^5$ K。该热速度（或等价地，温度）高于典型的太阳风温度，甚至高于高速流平均热温度。

10-4: 每个太阳周期 350 个 CIR 对应于每月大约 2.5 个 CIR。由于太阳赤道倾斜，在太阳活动极小期，地球应该每月经历两次扇形边界穿越[①]。许多CIR过境发生在太阳周期的下降阶段，因此每月 2.5 是合理的。

10-5: CIR 传播到 1 AU 大约需 3 天。激波是在它们到达 1 AU 之后但在它们到达 2 AU 之前形成的，因此，在离开太阳后 5 天由压力波变陡发展为激波是合理的时间。

---

① 原书有误，写成了一次。——译者注

10-6: 最大磁场出现在流体交界面的正前方或流体交界面处，在那里磁场被相互作用流压缩。

10-7: CME 具有施加压力的聚集磁场，如果磁压大于周围的太阳风，CME 将膨胀以实现压力平衡。

10-8: 等离子体 β 是热压和磁压之比。在膨胀的 CME 中温度和密度降低，因此等离子体 β 下降。

10-9: IMF 中的长时间正弦波结构（磁通量绳）表明 2003 年 11 月 20 日的磁结构为 CME，IMF 分量长时间平滑地旋转表明这是一个磁云，长时间的南向分量表明它是对地有效的。相应的等离子体速度表明这是一个快速的 CME。具有南向磁场分量的快速 CME 是最具地球效应的结构。

10-10: 根据行星际电场（IEF）$E = -v \times B$，$v = -600$ km/s 和 $B_z = -50$ nT 计算得到的行星际电场为 $+30$ mV/m，电场指向以地球为中心的磁场坐标系的 y 方向。

10-11: CME 到达时带有正的 z 分量，图 10-13（b）与这种情况最相符。

10-12: CME 到达时的速度 v_{SW} 为 700 km/s，距离 1.5×10^{11} m 除以该值得到传播时间为 2.14×10^5 s，或者约 2.5 天。

10-13: 第一个 CME 可能推开了太阳风物质，因此，第二个 CME 穿过密度较低的介质并且行进更快从而追赶上第一个 CME。

10-14: 1991，该年太阳产生大量的耀斑和 CME。

10-15: 图 10-17 中的 SEP 事件持续了近两天，太阳耀斑具有几分钟到几小时的时间尺度，因此，该 SEP 事件不可能完全由耀斑驱动，太阳耀斑不具备足够长的寿命以持续加速粒子。

10-16: 爆发的中值频率为 40 MHz。利用 $c = \lambda f$ 求解 λ 可得 λ 约为 7.5 m。

10-17: GLE 可能与大 SEP 事件相关联，然而，只有一小部分大 SEP 事件能够导致地面宇宙线增强事件（GLE）。激波和 II 型射电暴比 CME 更多，因为即使 CME 发生偏转或运动在不能到达地球的轨迹上，由 CME 产生的激波或射电暴仍可能到达地球。

参考文献

Jian, Lan, Christopher T. Russell, Janet G Luhmann, and Ruth M. Skoug. 2006. Properties of interplanetary coronal mass ejections at one AU during 1995—2004. *Solar Physics.* Vol. 239. Springer. Dordrecht, Netherlands.

Kilpua, Emilia K. J., Janet G Luhmann, Jack Gosling, Yan Li, Heather Elliott, Christopher T. Russell, Lan Jian, Antoinette B. Galvin, Davin Larson, Peter Schroeder, Kristin Simunac, and Gordon Petrie. 2009. Small Solar Wind Transients and Their Connection to the Large-Scale Coronal Structure. Solar Physics. Vol. 256. Springer. Dordrecht, Netherlands.

图片来源

Alfvén, Hannes. 1977. Electric Currents in the Cosmic Plasmas. *Reviews of Geophysics and Space Physics*. Vol.15. American Geophysical Union. Washington, DC.

Bruno, Roberto, Vincenzo Carbone, Pierluigi Veltri, Ermanno Pietropaolo, and Bruno Bavassano. 2001. Identifying intermittency events in the solar wind. *Planetary and Space Science*. Vol. 49. Elsevier. Amsterdam, Netherlands.

Crooker, Nancy U. and Timothy S. Horbury. (Kunow et al., eds.). 2006. Solar imprint on ICME, their magnetic connectivity, and heliospheric evolution, in Coronal Mass Ejections. ISSl Space Science Series. VoL 21. Springer. Dordrecht, NL.

Gopalswamy, Natchimuthuk, Sachiko Akiyama, Seiji Yashiro, and Pertti Mäkelä. 2010. Coronal Mass Ejections from Sunspot and non-Sunspot Regions. in "Magnetic Coupling between the Interior and the Atmosphere of the Sun," eds. S. S. Hasan and R. J. Rutten. *Astrophysics and Space Science Proceedings*. Springer-Verlag. Heidelberg. Germany.

Gosling, John T. 2007. "The Solar Wind." The Encyclopedia of the Solar System, 2nd Edition. (Eds. Lucy-Ann McFadden, Paul R. Weissman, and Torrence V. Johnson). Academic Press. New York, NY.

Gosling, John T. 1996. Magnetic topologies of coronal mass ejections: Effects of 3-dimensional reconnection, in Solar Wind Eight. (Eds. Daniel Winterhalter, John T. Gosling, Shadia R. Habbal, William S. Kurth, and Marcia Neugebauer).AIP Conference Proceedings. 382. Woodbuiy, NY.

Intriligator, Devrie S., Wei Sun, Murray Dryer, Craig D. Fry, Charles Deehr, and James Intriligator. 2005. From the Sun to the outer heliosphere: Modeling and analyses of the interplanetary propagation of the October/November (Halloween) 2003 solar events. *Journal of Geophysical Research*. Vol. 110. American Geophysical Union. Washington, DC.

Jokipii, Randy and Barry Thomas. 1981. Effects of Drift on the Transport of Cosmic Rays. IV — Modulation by a Wavy Interplanetary Current Sheet. *Astrophysical Journal*. Vol. 243. The American Astronomical Society. Washington, DC.

Lovell, Jenny, Mare L. Duldig, and John E. Humble. 1998. An Extended Analysis of the September 1989 Cosmic Ray Ground Level Event. *Journal of Geophysical Research*. Vol. 103. American Geophysical Union. Washington, DC.

Paschmann, Göetz, Gerhard Haerendel, Ioannis Papamastorakis, Norbert Sckopke, Samuel J. Bame, John T. Gosling, and Christopher T. Russell. 1982. Plasma and Magnetic Field

Characteristics of Magnetic Flux Transfer Events. *Journal of Geophysical Research*. Vol. 87. American Geophysical Union. Washington, DC.

Riley, Pete, Jon A. Linker, Zoran Miki'c, Drusan Odstrcil, Thomas H. Zurbuchen, David Lario,and Ronald P. Lepping. 2003. Using an MHD simulation to interpret the global context of a coronal mass ejection observed by two spacecraft. *Journal of Geophysical Research, Space Physics*. Vol. 108. Issue A7. American Geophysical Union. Washington, DC.

Russell, Christopher T. and Richard C. Elphic. 1979. Observations of magnetic flux ropes in the Venus ionosphere. *Nature*. Vol. 279. Nature Publishing Group. New York, NY.

Wang, Yi-Ming and Neil R. Sheeley, Jr. 2003. On the Topological Evolution of the Coronal Magnetic Field During the Solar Cycle. *The Astrophysical Journal*. Vol. 599. The American Astronomical Society. Washington, DC.

Zurbuchen, Thomas H., and Ian G. Richardson. 2006. In-situ solar wind and magnetic field signatures of interplanetary coronal mass ejections. *Space Science Reviews*. Vol. 123. Springer. Dordrecht, Netherlands.

补充阅读

Phillips, John L., John T. Gosling, David J. McComas, Samuel J. Bame, and William C. Feldman. 1992. Magnetic topology of coronal mass ejections based on ISEE-3 observations of bidirectional electron fluxes at 1 AU, in *Proceedings of the First SOLTIP Symposium*. Vol. 2. S. Fischer and M. Vandes, eds. Astronomical Institute of the Czechoslovak Academy of Sciences. Prague, Czech Republic.

Russell, Christopher T. and Richard C. Elphic. 1979. ISEE observations of flux transfer events at the dayside magnetopause. *Geophysical Research Letters*. Vol. 6. American Geophysical Union. Washington, DC.

第二单元　扰动的空间天气及其物理

第11章　扰动的地球磁层及其与太阳风和电离层之间的耦合

Robert McPherron

你应该已经了解：

- 高能粒子（第2章）
- 磁重联（第3章和第4章）
- 共转相互作用区（第5章和第10章）
- 粒子在不同磁场位形中的漂移运动，包括 μ、J、Φ 运动不变量的守恒（第6章和第7章）
- 磁层结构（第7章）
- L 壳层坐标系（第7章）
- 磁层中的粒子（第8章和第10章）
- 南向行星际磁场条件下的太阳风结构（第10章）

本章你将学到：

- 磁暴各相位与强度水平
- 太阳风坡印廷通量
- 磁暴指数和参数
- 暴时对流电场的增强，包括驱动过程和卸载过程

- 能量粒子在环电流、辐射带和极光增强过程中所扮演的角色
- 等离子体层在磁暴过程中的响应
- 磁暴期间的场向电流
- 暴时内磁层的屏蔽

本章目录：

11.1　磁暴的描述

11.1.1　行星际介质和磁暴

11.1.2　Dst指数及其与环电流和磁暴相位之间的关系

11.2　大尺度磁场扰动

11.2.1　来自太阳风的能量

11.2.2　与电离层关联的能量耗散过程

11.2.3　能量注入捕获区

11.3　磁暴期间场和电流的耦合

11.3.1　高纬磁层－电离层耦合

11.3.2　中纬和低纬磁层的屏蔽

翻译：师立勤；校对：宗秋刚。

11.1　磁暴的描述

11.1.1　行星际介质和磁暴

目标：读完本节，你应该能够……

- ♦ 描述引发磁暴的关键太阳风条件
- ♦ 解释为什么有些磁暴是偶发的，有些是重现的
- ♦ 列出磁暴的基本特性

磁暴（geomagnetic storm）是太阳风和行星际磁场经过地球时，引起近地空间环境多天的剧烈扰动。磁暴可分为重现性（recurrent）磁暴和偶发性（transient）磁暴。重现性磁暴的周期大约为 27 天，主要由冕洞高速流引起。冕洞高速流可以在太阳风中产生等离子体流相互作用区。如果相互作用区以约 27 天的周期重复出现，则为共转相互作用区（CIR）。地球遭遇到具有南向磁场分量和高动压的 CIR 时，会引发磁暴。重现性磁暴大多出现在太阳活动周的下降期和低年，其典型的特征是磁暴强度中等但持续时间较长。偶发性磁暴则相反，主要出现在太阳活动峰年附近，由 CME 驱动的行星际扰动引发，通常发生在地球磁层遭遇到行星际激波和驱动激波的 CME 情况下。

第 8 章讨论了太阳风的动压如何改变磁层的形状，但是控制磁层形状细节和磁层扰动水平（磁暴等级）的则是行星际磁场（IMF）。强 IMF 南向分量和高速太阳风是引发磁暴的关键条件。这种情况下，行星际介质能够更有效地向磁层传输能量，磁层吸收能量的效率也更高。地球磁场通过结构的变化，从准偶极子结构拉伸为一个伸长的位形结构，可以把太阳风部分动能转化为势能。地磁场相当于一个势能的存储池，一些内部和外部的触发过程可以引起势能的释放。在常规的太阳风压缩情况下，地球磁层通过亚暴和稳定的磁层对流释放能量。在快速变化和严重的挤压情况下，会出现其他的能量储存和释放方式，产生出更为全球化的扰动，称为磁暴。

驱动磁暴的一个关键要素是持续 3 个小时以上的强 IMF 南向分量（10～15 nT）。从第 5 章可知，未扰动的 IMF 方向平行于帕克螺旋线（类似花园喷水管），与黄道面的偏离很小。因此，螺旋结构的 IMF 主要具有 B_x 和 B_y 分量。像第 9 章中描述的，太阳风大尺度的扰动，如 CME 和 CIR，可以引起磁场螺旋结构的变化，使 IMF 明显偏离黄道面（大 B_z 值）。这一显著的 B_z 分量可以在太阳风中持续几个小时。

磁暴的特性是多方面的。识别磁暴的特性依赖于观测的位置。从天基观测看，磁暴的一个显著特性是内磁层的能量粒子环境增强，显示有能量存储到该区域被加热的等离子体中。地基观测强调的是另一个不同的特性：经、纬度方向上，分布范围广泛的地磁台站监测到全球性的地磁场扰动。该扰动反映了有能量存储到地球磁场中，并通过电流和粒子沉降耗散掉。尽管在磁暴的驱动机制上人们达成了共识，但在不同领域，术语"磁暴"的含义还是有轻微的差异。差异主要来自于不同的观测技术、业务影响和磁暴强度的分类方式

等。本章将介绍磁暴的多种含义，并从物理角度提供促进理解磁暴的背景知识。

磁暴的一般物理特征有：

- 太阳风－磁层－大气层的耦合增强；
- 带电粒子（keV~MeV 等离子体）的加速和捕获；
- 全球性的磁场扰动；
- 空间和地面的电流增强；
- 复杂的电离层动力学变化及电离层与磁层的耦合；
- 极盖区的扩张和极光现象向赤道方向扩展。

空间物理领域的一个主要目标就是基于太阳活动及其与地球磁层相互作用的知识预报磁暴的发生。下面将介绍已知的磁层扰动知识。

11.1.2　Dst 指数及其与环电流和磁暴相位之间的关系

目标：读完本节，你应该能够……

- ♦ 解释 Dst 指数与环电流的关系
- ♦ 根据 Dst 指数的变化趋势区分磁暴各相位
- ♦ 利用 Dst 指数描述磁暴强度的等级

磁暴指数。在最平静的状态下，磁层是一个闭合的、被拉伸的偶极子，只容许很少的质量、能量和动量穿过磁层边界。太阳风压缩地球磁场形成磁层顶电流片，并把地球磁场限定在一定的空间范围内。在向日面，地球磁场被压缩；在背日面，地球磁场被拉伸。当 IMF 转向南向时，磁层能量状态发生变化。与局地地球磁场方向相反的 IMF 将与地球磁场发生磁重联，改变磁场的拓扑结构，使磁层局部对外开放，并传输质量、能量和动量。在磁暴期间，磁重联的效率更高。在磁层内部，磁能转化为动能。沉积的能量加热、加速等离子体粒子，并改变内部磁场结构，从而驱动或增强电流体系。

在磁层顶内部，等离子体运动由地球磁场控制。磁层没有原生的等离子体成分。磁层会接收太阳风中一小部分等离子体。此外，特别在磁暴期间，磁层会从地球电离层中吸收冷等离子体。强磁暴期间，各种等离子体成分都会增多，但来自电离层的等离子体比例会急剧增加。

磁暴期间高能粒子也呈现系统性变化。粒子通量的监测显示，粒子的变化具有不同的特征。外辐射带高能电子的增强现象一般是由高速太阳风驱动的强度中等、持续时间长的磁暴引发。突发的、脉冲式的粒子增强现象一般是由高速 CME 引起的磁层扰动所诱发。这类增强的粒子可以形成新辐射带或填充辐射带槽区。这些脉冲事件也更有可能在低纬区域产生深红色的极光。

尽管有不同的手段对磁暴进行分类，但磁暴的标志性特点一直是低纬地区地球表面的地磁场强度出现全球性、系统性的下降和恢复，该结论从 20 世纪大部分时间一直延续到今。这种变化由暴时扰动指数（disturbance storm time index, Dst）度量，其单位是 nT。虽不全面，但 Dst 指数仍经常作为衡量磁暴能量的单一手段。

从早期的卫星探测中，研究者发现，在磁场重联所增强的电场影响下，中低能量离子由磁尾注入到近地磁层，而 Dst 指数本质上就是对这些中低能量离子（约几十 KeV）能量密度的度量。当能量粒子接近内磁层时，地球偶极场的梯度和曲率使离子向西漂移、电子向东漂移（4.4 节和图 7-22、图 7-23）。能量粒子的漂移在高高度区域形成环电流，中心位置在距地心 $4R_E$ 附近。大磁暴期间，环电流可以引起全球范围的磁场水平分量（H）的衰减（图 11-1）。

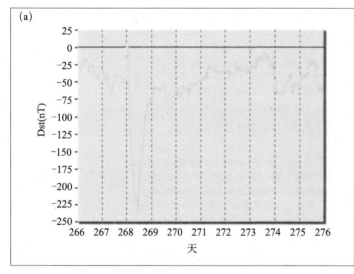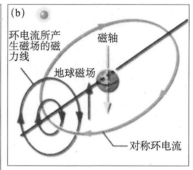

图 11-1　（a）1998 年后期某 10 天的 Dst 指数。在地表赤道面上，磁场强度下降的极值约 230 nT。在第 268 天（10 月 25 日），环电流先于磁暴的触发时刻出现活跃状态。在磁场强度急剧下降之前，有一个突然增强（正的尖状部分）的急始（数据由日本京都的世界地磁数据中心提供）。**（b）引起 Dst 指数下降的电流扰动**。黄色箭头代表地球偶极轴，绿色椭圆代表距离地心 $4R_E$ 处的理想环电流。深灰色的椭圆代表在某一经度上围绕环电流的磁场扰动。斜线为晨侧和昏侧的分界。深灰色的箭头代表环电流内磁场的衰减方向。在地表赤道面上，这种衰减表现为地磁场水平分量的下降。

对于强磁暴，水平磁场的减小强度占地表磁场强度的 0.5%～1%。磁暴主相的典型持续时间大约 1 天（在极端恶劣磁暴中有时可持续 2.5 天）。在主相期间，近地等离子体片中的带电粒子被加速，注入到更深的内磁层。图 11-1（b）显示了由环电流引起的磁场扰动。负 Dst 值表明带电粒子被驱动进入内磁层。Dst 值越负，表明进入内磁层的带电粒子越多，磁暴越剧烈。Dst 值低于 −50 nT，表示扰动达到磁暴水平。

Dst 指数由日本京都大学世界地磁数据中心发布。传统上，4 个监测台站提供了小时尺度的地表磁场水平分量数据（图 11-2）。分析者从小时尺度的地表磁场水平分量变化中去除平静日变化、年变化和长期变化。站点纬度的余弦因子把残余的变化等效到赤道上。以平静日（国际组织根据实际情况设定的）的指数平均值为 0 设定为参考水平点（0 nT）。任何给定时间，Dst 指数都是 4 个地磁台站所在经度上磁场变化的平均值。

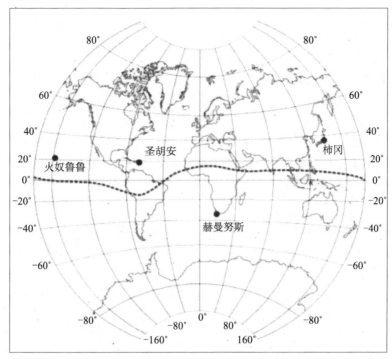

图 11-2　提供计算 Dst 指数数据的监测台站。从左到右，台站依次为美国夏威夷的火奴鲁鲁、美国波多黎各的圣胡安、南非赫曼努斯、日本柿冈。这些台站都偏离磁赤道，以避免赤道电集流对 Dst 指数的影响。（日本京都世界地磁数据中心供图）

空间的电场测量揭示，其他电流体系也对近赤道的磁场变化有贡献。有时其他电流体系所引起的磁场变化对 Dst 指数的影响可以达到 30%。尽管有批评说，Dst 不是一个完全真实的磁暴强度的度量，然而 Dst 的长期记录（从 1932 年开始）使其成为衡量磁暴的一个相当有价值的工具。

磁暴的相位。磁暴有明显的 Dst 相位，与太阳风耦合动力学过程相关。在*初相*（initial phase）阶段，有行星际等离子体结构到达地球。如果到达是冲击式的，则扰动太阳风压缩磁层，增强磁层顶电流和内磁层的磁场水平分量。中纬度台站的地面磁强计记录到水平分量增加，类似一个正脉冲变化（*突发脉冲*（sudden impulse, SI））。5～30 nT 的增强是许多磁暴发生前的征兆，但并非所有磁暴。对于极强磁暴，这种增强可能达到 50 nT。磁层压缩可能持续几分钟到 1 小时。如果 SI 期间和之后的 IMF 是北向的，则环电流不增强。反之，如果 IMF 是南向的，则能量开始进入磁层，离子被加速，并出现*磁暴急始*（sudden storm commencement, SSC）。图 11-1（a）显示了 1998 年第 268 天（10 月 25 日）开始时发生的一个 SI-SSC。

伴随有南向 IMF 的 SI 期间，日侧磁层顶试图达到一个新的平衡状态，同时磁层内的等离子体和场也发生响应。内磁层对太阳风 - 磁层耦合新状态的显著响应是磁暴的*主相*（main phase）。在几小时到一天的主相阶段，Dst 快速下降到一个极小值。当能量传输和存储到内磁层时，环电流开始增强。磁暴越强，就有更多、更接近地球的环电流离子。绕地球的西向电流越强，赤道表面磁场的衰减越大。11.2 节将更详细地介绍这些。

磁层通过多种能量和离子损失机制减少能量存储，包括离子在大气层和磁层顶的损失，与热中性原子的电荷交换以及波粒相互作用。在磁暴的恢复相（recovery phase），环电流中的能量损失超过能量存储，环电流开始衰减（Dst 值开始增加，但仍保持负值）。亚暴传送的额外小能量脉冲经常打断这一过程。前面已介绍，亚暴通常把主要能量沉积在极光区，但在强亚暴期间，一些能量明显注入到更低纬度。恢复相可以持续一天到几天，如果太阳风条件适宜，也可能被另一个磁暴的开始所中断。事实上，最强的磁暴经常具有双 Dst 极小值，这显示了太阳风具有复杂的结构或存在允许环电流二次增强的一种特殊磁层状态。表 11-1 列出了典型强磁暴期间的 Dst 值。

表 11-1　磁暴的相位。本表列出了磁暴时近赤道的磁场特性。

	暴前	急始	初相	主相	恢复相
地表赤道上的磁场	通常 ~30000 nT	5~30 nT 的轻微增加（并非都有）	缓慢增加 5~50 nT	大幅下降：50~100 nT，大磁暴期间下降更多	抬升到暴前水平
原因	—	强太阳风扰动到达	地球磁场的压缩	大量环电流粒子注入	环电流的缓慢衰减
持续时间	—	1~6 分钟	1~10 小时	~1 天	1~5 天

问答题 11-1

根据表 11-1 指出图 11-1（a）中 Dst 变化对应的磁暴相位。

问答题 11-2

判断图 11-1（b）中理想环电流内外的磁场扰动方向。

表 11-2 列出了研究者使用的其他磁暴分类指数。与 Dst 相比，这些指数缺乏时间分辨率以及与磁暴机制清晰的联系。Ap 和 Kp 指数是地磁扰动更全球化的度量，包含了极光电流信息而不是环电流。后面的部分，将对磁暴强度进行更量化的度量。

表 11-2　依据不同指数的磁暴强度分类。表中给出了 Dst、Ap、NOAA 标准和 Kp 指数的磁暴等级划分范围。

小时 Dst_{min} 值 /nT	磁暴等级	Ap 日值	Ap 磁暴等级
		Ap<8	平静
$Dst_{min} \geqslant -19$	微扰	8≤Ap≤15	微扰
$-20 \geqslant Dst_{min} \geqslant -49$	小磁暴	16≤Ap≤29	活跃
$-50 \geqslant Dst_{min} \geqslant -99$	中等磁暴	30≤Ap≤49	小磁暴
$-100 \geqslant Dst_{min} \geqslant -249$	强磁暴	50≤Ap≤99	大磁暴
$-250 \geqslant Dst_{min}$	超级磁暴	100≤Ap≤400	剧烈磁暴

NOAA 标准（附录 A）		地磁等级	
G1	小磁暴	Kp=5	小磁暴
G2	中等磁暴	Kp=6	中等磁暴
G3	强磁暴	Kp=7	强磁暴
G4	剧烈磁暴	Kp=8	剧烈磁暴
G5	极端磁暴	Kp=9	极端磁暴

注：有时 $-300 \geqslant Dst_{min}$ 称为极大磁暴。

例题 11.1

- 问题：计算图 11-1 中引起磁暴主相磁场下降所需的总环电流（I_{ring}）。
- 给定条件：本节环电流的定义。
- 假设：环电流处于 $L=4.5$ 位置上，环电流产生的磁场强度为 230 nT。
- 相关概念：根据毕奥－萨伐尔定律，一小段电流 $I \cdot \mathrm{d}l$ 产生的影响为

$$\boldsymbol{B} = \int \mathrm{d}\boldsymbol{B} = \frac{\mu_0}{4\pi} \frac{I \mathrm{d}\boldsymbol{l} \times \hat{\boldsymbol{r}}}{r^2}$$

对于半径为 r 的环电流，公式简化为

$$B = \frac{\mu_0}{4\pi} I \frac{2\pi r}{r^2}$$

- 解答：在电流为 I、半径为 $4.5 R_E$ 的圆环中心的磁场强度为

$$B_{loop} = \frac{\mu_0 I}{2(4.5 R_E)}$$

求解 I，得到

$$I = \frac{2(4.5R_E)B_{loop}}{\mu_0} = \frac{2 \times \left[4.5 \times (6378 \times 10^3\,\mathrm{m}) \right] \times (230 \times 10^{-9}\,\mathrm{T})}{4\pi \times 10^{-7}\,\mathrm{N}/\mathrm{A}^2}$$

$$= \frac{9 \times (6378 \times 10^3\,\mathrm{m}) \times (230 \times 10^{-9}\,\mathrm{T})}{4\pi \times 10^{-7}\,\mathrm{N}/\mathrm{A}^2} = 1.1 \times 10^7\,\mathrm{A}$$

- 解释：在强磁暴期间，大约有 11 MA 的环电流流入内磁层。

补充练习： 计算高 $2R_E$、宽 $1R_E$ 的矩形环电流系统模型中（图 11-3）的电流密度，单位取 $\mathrm{A/m}^2$。

补充问题： 如果每个辐射带粒子只携带一个电荷，在辐射带中有多少个粒子？这些粒子产生的热压多大？

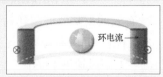

图 11-3　环电流绕地球理想示意图。图中视角是由太阳看向地球，环电流从左边流入纸面，从右边流出纸面。

11.2 大尺度磁场扰动

11.2.1 来自太阳风的能量

目标：读完本节，你应该能够……

♦ 描述太阳风如何向磁层传递（注入）能量
♦ 区别动能通量和坡印廷通量
♦ 描述太阳风传递的能量通量与阿卡索夫（Akasofu）参数的联系

如第 4、7、8 章中介绍，太阳风与磁层相互作用的增强产生了强磁层电流，增加了磁层的磁能密度。这种能量的增加可以引起：①磁层结构的重塑；②等离子体片中更快的磁层对流；③粒子的加热和加速；④更强的电流。所有这些都是大尺度磁场扰动的标志性特征。

来自行星际介质的能量通量。关于大尺度地磁扰动的一个重要问题是："形成和驱动一个磁层扰动及其暴时的动力学过程需要多少能量？"这个问题很难回答，因为缺乏全球能量输入数据，并且存在多种能量转化、传输的途径。然而，科学家已经建立了两种常规的太阳风能量度量参量：动能通量和坡印廷通量。这两个参量可以利用地球弓激波上游的卫星观测进行估计。太阳风粒子相对地球的运动产生动能通量。这种等离子体的能量负责塑造磁层的形状，而行星际磁场对磁层的影响则用坡印廷通量来描述。

动能通量（kinetic energy flux，$v(\rho v^2)$），更多地与塑造磁层的外形有关，而不是直接的能量注入。这是因为在近似条件下，磁通量冻结限制了太阳风与地球的相互作用，使得太阳风和磁层两个区域的场与等离子体不容易混合。许多研究表明动能进入磁层的效率非常低，平静期约为 0.3%，暴时可能增大一个数量级（例题 11.2）。虽然如此，由于磁层的形状控制着磁重联的效率，动能通量在磁层动力学过程中仍有显著的作用。

坡印廷通量（Poynting flux）是由电磁场传递的能量。Akasofu[1981] 构建了一个电磁能通量的估计量，代表磁重联过程中传递的太阳风能量（方程（11-1））。他假设仅 IMF 的切向分量 B_t 传递能量，所以分量 B_x 不起作用。方程（11-1）方括号的各项构成了坡印廷通量。括号外边的因子说明了由 IMF 的反向平行分量引起的能量进入磁层的效率。

$$\boldsymbol{P}=\left[(1/\mu_0)(\boldsymbol{E}_{\text{sw}}\times\boldsymbol{B}_{\text{sw}})\right]\left(\sin(\theta/2)\right)^4=(1/\mu_0)v_{\text{sw}}|\boldsymbol{B}_t|^2\left(\sin(\theta/2)\right)^4 \qquad (11\text{-}1)$$

其中，$\boldsymbol{P}$ = 有效的太阳风坡印廷通量 [W/m²]；

μ_0 = 自由空间的磁导率（1.26×10^6 N/A²）

v_{sw} = 太阳风速度 [m/s]；

$|\boldsymbol{B}_t|$ = 行星际磁场切向分量的强度，即 IMF = $\sqrt{B_y^2+B_z^2}$ [T]；

θ = IMF 在 GSE 坐标系中 y-z 平面内的时钟角，即 $\tan^{-1}(B_y/B_z)$[（°）或 rad]。

在许多暴时应用中，空间天气科学家最感兴趣的是磁层日向横截面上的能量传输功率。一种版本的功率估计量叫阿卡索夫 ε 参数（Akasofu epsilon parameter, ε），定义为有效太阳风坡印廷通量与一定比例的磁层顶迎太阳风横截面积的乘积。

$$\varepsilon = (4\pi/\mu_0)v_{SW}|B_t|^2\left(\sin(\theta/2)\right)^4 l^2 \tag{11-2}$$

其中，ε = 阿卡索夫 ε 参数 [W]；

l^2 = 磁重联区的有效横截面积 $\approx (7R_E)^2$。

科学家经常把 ε 用作磁暴能量估算的初值。然而，在剧烈磁暴期间，由于磁层顶横截面积的剧烈变化，或者其他未明确的因子对能量转化效率的影响，这一预估值可能存在较大偏差。表 11-3 列出了平静和不同磁暴条件下能量传输功率的量级。

表 11-3 流入地球空间系统的能量流。这里列出了平静和暴时地球空间系统的各种能量输入。

能量源：平静或暴时	可获取的能量 /（W/m²）	可获取的总能量 /W	位置	结果 / 评述
平静时的太阳总电磁辐射	1366	约 1.7×10^{17}	太阳照射的大气层顶部	驱动大气层
短波增强辐射	0.005	约 7×10^{14}		短波增强加热高层大气
平静时的太阳风动能通量 $v(\rho v^2)$	0.0001～0.001	约 1×10^{10}（假定转化效率 $\approx 0.3\%$）	磁层圆盘 $(20R_E)^2$	帮助塑造磁层形状
暴时的太阳风动能通量 $v(\rho v^2)$	0.001～0.01	$1\sim5\times10^{12}$（假定转化效率 $\approx 0.1\%$）		改变磁层的形状
平静时的有效太阳风坡印廷通量	0.0～1.0	$1\sim5\times10^{11}$	磁层顶圆盘 $(7R_E)^2$	驱动对流和亚暴
暴时有效太阳风坡印廷通量	1.0～10	$5\sim9\times10^{12}$ 或更多		驱动对流和磁暴

问答题 11-3

仔细思考方程（11-1）。证明从方程第 1 行到第 2 行的替换。

问答题 11-4

证明方程（11-1）中的有效太阳风坡印廷通量和动能通量的单位是 W/m²。

来自太阳风阿尔文波的能量输入。在高速流模式中，太阳风中包含阿尔文波，可以冲击磁层并与之发生共振。几小时到几天的携带阿尔文波的高速流流经地球时会产生中等磁暴，因为 IMF 南向分量以每 20～30 分钟间隔周期性地到达磁层顶。这一振荡现象可以在磁层内产生超低频波（ULF），超低频波可与中、低磁层的电子发生共振。与超低频波同步振荡的电子会快速获得能量。在高速流相互作用引起的中等磁暴恢复相期间，因为 IMF 南北向的振荡，有时会产生不间断的周期性亚暴。由此产生的时变场可能是内磁层电子获得丰富能量的一个重要来源。

例题 11.2　来自太阳风的动能

- 问题：给定太阳风的数密度为 10 ions/cm^3，速度为 800 km/s，能量的输入效率为 1%，估算磁暴期间穿入磁层的实际太阳风动能。
- 相关概念：动能通量 $= \rho v^3$。
- 给定条件：$n = 10$ ions/cm^3，$v = 800$ km/s，能量的输入效率为 1%。
- 假设：相对太阳风，磁层的有效面积为 $(20R_E)^2$。
- 解答：动能通量 $=(10\,\text{ions/cm}^3)(10^6\,\text{cm}^3/\text{m}^3)(1.67\times10^{-27}\,\text{kg/ion})(8\times10^5\,\text{m/s})^3$

  动能通量 $= 8.55\times10^{-3}$ W/m^2

  磁层面积 $=(20\,R_E)^2=(20\times6378\times10^3\,\text{m})^2=1.63\times10^{16}$ m^2

  动能功率 $=(8.55\times10^{-3}\,\text{W/m}^2)\times(1.63\times10^{16}\,\text{m}^2)=1.39\times10^{14}$ W

  采用 0.01 的效率得到：1.39×10^{14} W $\times 0.01 = 1.39\times10^{12}$ W
- 解释：在磁暴期间，太阳风大约传递 1 TW 的动能能量到磁层。根据图 2-3，大磁暴具有 10 TW 的能量。因此，磁暴需要通过一些其他的能量注入方式获取能量，如坡印廷通量。然而，这并不意味着动能通量不重要。磁层的形状决定了重联效率的多个方面，而重联又与进入磁层的坡印廷通量相关。因此，动能通量是重要的。

例题 11.3　IMF 控制电磁能量进入磁层

- 问题：比较 IMF 只有南向分量 $B_z=-5$ nT 时与 IMF 分量 $B_z=-4$ nT、$B_y=3$ nT 时输入磁层的有效能量。
- 相关概念：Epsilon 参数；IMF 时钟角 $=\tan^{-1}(B_y/B_z)$。
- 给定条件：情况 I：$B_z=-5$ nT、$B_y=0$ nT；情况 II：$B_z=-4$ nT、$B_y=3$ nT。
- 假设：两种情况中太阳风速度相同，正北向行星际磁场对应的时钟角为 0°。
- 解答：

$$\varepsilon=(4\pi/\mu_0)v_{SW}|B_t|^2\big[\sin(\theta/2)\big]^4 l^2$$

在两种情况中，$4\pi/\mu_0$、v_{SW}、l^2 是相同的。进一步，$B_{t1}^2=(-5\,\text{nT})^2=2.5\times10^{-17}$ T^2，$B_{t2}^2=((-4\,\text{nT})^2+(3\,\text{nT})^2)=2.5\times10^{-17}$ T^2。以唯一变化的量构建一个比率

$$\frac{[\sin(\theta_1/2)]^4}{[\sin(\theta_2/2)]^4}$$

$$\theta_1=\tan^{-1}\big[0\text{nT}/(-5\text{nT})\big]=180°,\ \big[\sin(180°/2)\big]^4=1$$

$$\theta_2=\tan^{-1}\big[3\text{nT}/(-4\text{nT})\big]=143°,\ \big[\sin(143°/2)\big]^4=0.81$$

$$\frac{[\sin(\theta_1/2)]^4}{[\sin(\theta_2/2)]^4}=1.0/0.81=1.23$$

- 解释：当 IMF 是南向时（180°），传输到磁层的有效能量比磁场强度相同但时钟角方向为 143°时大 23%。

11.2.2 与电离层关联的能量耗散过程

目标：读完本节，你应该能够……

- 描述磁层能量存储和耗散的方式
- 区别稳态磁层对流、亚暴和周期性振荡
- 描述亚暴在快速的、混乱的能量耗散中的作用
- 描述亚暴和周期性振荡的异同点

能量耗散。 11.1 节中讲到，地磁暴可持续几天，期间产生环电流的行星际磁场也引起地球表面赤道磁场显著的长时间的衰减。下一节将介绍与磁暴主相关联的耗散机制。在伴随太阳风高速流的长时间 IMF 南向或 IMF 波动期间，会出现暴时环电流的发展。在这类事件中，太阳风－磁层耦合产生不稳定的磁尾重联、伴随有爆发流特征的全球对流增强、能量粒子脉冲式地注入地球同步轨道，以及明亮的极光。环电流粒子和辐射带粒子在数量和能量上均出现增长。亚暴在粒子加速方面起了重要作用。

平静时，磁层通过对流和非周期性亚暴耗散太阳风电场提供的能量。亚暴是一种常见的地磁活动类型，持续 2～4 小时。亚暴通过向日侧磁层顶的磁重联、磁尾的能量存储，以及磁尾重联的能量释放这一循环过程实现能量在磁层中的流转。部分的能量释放参与了磁尾变形，使磁尾由拉伸的形态转变为更接近偶极子的形状（偶极化）。地向等离子体的对流运动沿着磁尾重联线流向地球，并环绕地球到达向日侧磁层顶。尾向对流运动与等离子体团的喷射以及随后的等离子体团流动相关联。典型的流向磁尾的能量消耗为 10^{15} J 量级。

像我们在 7.4 节中描述的，当向日侧磁重联被南向 IMF 持续增强时，磁层将出现下列几种响应方式之一：①稳态磁层对流事件（图 11-4（a））；②间歇的非周期性亚暴；③伴随环电流增长的强周期性亚暴（图 11-4（b））；④剧烈增强的对流、断断续续的大亚暴、环电流堆积（图 11-4（c））。尽管任何一类响应都可以产生磁暴，但最后一类响应覆盖了大多数磁层活动现象，通常被认为是磁暴。

对流或其驱动的能量耗散。 稳态磁层对流（steady magnetospheric convection, SMC）事件是具有稳定持续南向 IMF 的稳定低速太阳风流经地球期间所发生的全球性磁层扰动。相应的行星际电场（IEF）通常小于 1 mV/m。此类事件属于被驱动的事件类型（图 11-4（a））。它们持续 4～6 小时，或更长时间。在 SMC 期间，与对流系统相关联的是中磁尾（距地球 30 R_E～45 R_E）准稳态、平衡的重联。这类重联驱动等离子体产生 $v_{drift} = (\boldsymbol{E} \times \boldsymbol{B})/B^2$ 的稳定地向流，如图 11-4（a）所示。地向等离子体流绕内磁层偏转，不影响内磁层。尽管等离子体漂移增强了对流，但等离子体压强仅适度地增加，越尾电流仍保持稳定。同步轨道的粒子环境变化很小或没有变化。尽管 SMC 事件开始和结束时往往伴随亚暴，但 SMC 期间，没有亚暴和等离子体团产生。稳定的磁层对流耗散通常导致小磁暴或中等磁暴。极光动态变化过程的观测结果表明 SMC 将相当一部分的能量输送到电离层。这部分能量扩大和增强了极光卵以及与之相连的电流系。伴随极光电流系的地面地磁扰动强度通常达到约 200 nT。

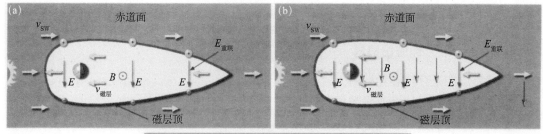

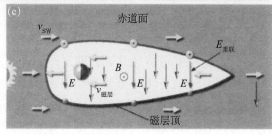

图 11-4　磁暴不同行为模式中赤道面上的对流电场。 重联通过越尾电场使等离子体产生运动。伴随南向 IMF 的高速太阳风产生强度和位置不断变化的磁重联。磁重联可产生大尺度结构的电场或小尺度的常常具有湍流结构的电场，以及在内磁层深部的能量沉积。运动方式有：（a）当等离子体横越磁场梯度变化线时，从对流运动中缓慢获得能量，形成相当稳定的低能等离子体漂移（稳态磁层对流）；（b）周期亚暴驱动的电场加速等离子体，使等离子体运动到更接近地球的区域（锯齿振荡）；（c）磁暴驱动的更高能量的等离子体脉冲注入内磁层。

SMC 是相当不常见的事件。磁层很少平滑地由缓慢对流、低耗散的状态转变为快速对流、高耗散的状态。相反的，这种转变更经常地出现在亚暴的一系列阶段当中。

非稳态（卸载）耗散。在非磁暴期间（Dst>-50 nT）并且磁场环境相对平静时所发生的亚暴，称为孤立非暴时亚暴（isolated non-stormtime substorm）。其平均的 IEF 为 1 mV/m。如果能量密度增长过多或过快，磁尾瓣中相对稳定的储能区将变得不稳定，产生零星的重联。暴时日侧磁重联允许磁尾瓣中磁通量快速累积。尾瓣增强的磁压压缩等离子体片直到其变薄（图 11-4（a）），使等离子体片电流变得不稳定，引发磁重联。重联能量释放区是变化的，但其典型区域分布在中磁尾和远磁尾 $20R_E \sim 60R_E$，有时超过 $100R_E$（图 11-4（b））。在这些区域，对流的等离子体流是不稳定、爆发性的。磁场的重联将磁能转化为动能，加热/加速等离子体，通常将能量卸载到远磁尾（等离子体团）、内磁层和极光区电离层。在孤立亚暴期间，夜侧地球同步轨道卫星高能电子测量结果显示：粒子环境通常仅有轻微的变化；极光会显著地扩展和增亮；来自极光电集流的磁场扰动通常约为 250 nT。

亚暴过程分为一系列的相位：增长相、膨胀相、恢复相。日侧磁重联开始后，能量在磁尾积累的过程为增长相（图 11-5（a）），直到能量爆发性释放的膨胀相开始。膨胀相起始（图 11-5（b））的标志是磁尾能量由相对缓慢的存储转变为快速的耗散和释放。能量释放期间，拉伸的磁场偶极化。亚暴期间，变化磁场产生的感应电场叠加到准稳定的对流电场上，甚至完全取代它。在膨胀相期间，相关的扰动和波粒相互作用将能量转移到漂移等离子体上（图 11-5（c））。在亚暴恢复相期间，电场的波动下降，磁层恢复到一个更平衡的状态（图 11-5（d））。在亚暴早期和中期，全球尺度的电场和磁场的波动通过向内的径向运动加速粒子，使带电粒子逐渐进入更强的磁场区域并被捕获（11.2.3 节）。

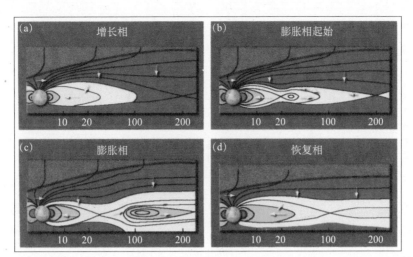

图 11-5　磁层亚暴的增长、膨胀、恢复过程。图中横轴的单位是地球半径，这是一个亚暴的常见过程。在增长相期间，磁层的磁通量增加。膨胀相起始是能量释放的开始。在膨胀相期间，磁尾磁场偶极化开始，电流、粒子的能量增强，等离子团被释放。恢复相期间，磁场恢复到一个更平静的状态。[改编自 Cowley，1981]

在膨胀相期间，偶极化磁场产生的电场增加了粒子能量。这些能量粒子向地球运动，进入更强的磁场区域。磁场极化也导致越尾电流偏转，在磁层的黎明侧流入下行（朝向地球）的场向电流（FAC），在黄昏侧流入上行（背离地球）的场向电流（图 8-31）。这些电流穿过极光区电离层形成闭合环路，产生了电集流（极光电集流），并在地面引起显著的地磁场扰动。同时，极光弧增亮并扩展，产生从地面到天空可见的色彩鲜艳的极光现象。由能量粒子的向内注入，增强的电离层电流引起的焦耳加热以及极光活动所耗散的能量占亚暴能量预算（约 10^{15} J）的 50%。剩余的 50% 耗散在近地中性线产生的地球尾向等离子体团中。

锯齿事件。有时磁层会进入一个准对流状态，展现出对流和零星耗散的特性。强周期性亚暴与夜侧间歇性的和局部的磁重联以及中磁尾地区等离子体流的爆发有关。驱动这些活动所需的 IEF 通常约为 3 mV/m。一些爆发性等离子体流可以进入内磁层，产生等离子体注入和磁场偶极化。地球同步轨道经常观测到能量粒子数突然尖锐地上升（注入），接着缓慢衰减。这种模式的现象每 2～4 小时重复发生。几个周期这样的粒子波动看上去像一列锯齿，有时被称为锯齿事件（sawtooth events）（图 11-6）。在这些全球性振荡中，内磁层的磁场被强烈地拉伸，随后快速向偶极化的状态塌陷（图 11-7）。磁场的这种振荡也有 2～4 小时的周期，其中包含持续 5～15 分钟的塌陷相。地球同步轨道上从黄昏到黎明经度上的磁场经常被强烈地拉伸。增强的部分环电流也经常在这一区域出现。

粒子和场振荡的幅度极大，几乎磁层中所有的监测数据都同时显示锯齿振荡的特性。也就是说，几乎在所有地方时均能观测到场的塌陷和粒子的扰动。有时磁力线被拉伸得非常大，以至于尾瓣磁力线在赤道面上可以到达地球同步轨道高度。锯齿事件通常可在强磁

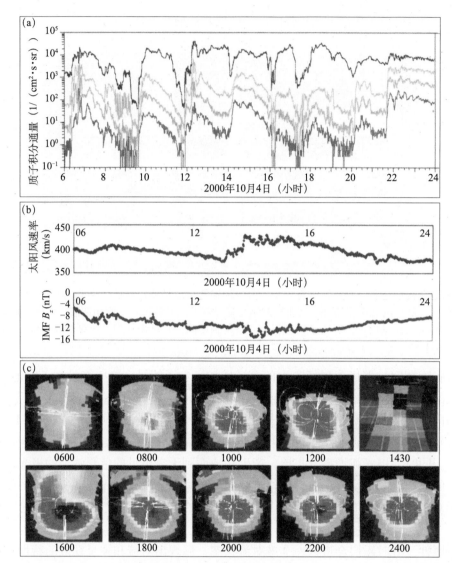

图 11-6 （a）2000 年 10 月 4 日的锯齿振荡。从世界时 10:00 前到 20:00 后，美国洛斯阿拉莫斯国家实验室 1989-046 卫星（LANL）上的粒子探测器记录到各种粒子通量的增强和衰减。最上面的曲线是 76～113 keV 范围的质子通量，单位为 protons/(cm² · s · sr)。下面的曲线依次对应 113～172 keV、172～260 keV 和 260～500 keV 的质子。（b）蓝线是 ACE 卫星监测到的太阳风速度和 IMF Bz 分量。（c）2000 年 10 月 4 号磁暴主相期间环电流的发展过程。2000 年 10 月 4 日 IMAGE 和 POLAR 卫星拍摄的中性能量原子（ENA）从世界时 6～24 时的图像。红色和褐色代表了最高的环电流粒子通量。ENA 图像用对数色标显示了 16～60 keV 粒子 10 分钟的积分通量。每两小时显示一幅 10 分钟的图像。除了 14:30 时刻，其他时刻的图像均来自 IMAGE。在世界时 12:00～16:00 时段，IMAGE 处于辐射带中，不能进行 ENA 观测。但是 POLAR 处于较好的位置，可以从类似的有利观测点进行相对粗糙一些的 ENA（E>37.5 keV）观测。所有图像均来自北半球，每张图片的顶部近似为地方时中午。来自散射光的明确像素污染已被剔除，但是在 L>8 日侧的一些光学污染仍存在，这些通量应该为忽略。[Reeves et al., 2003]

暴（Dst＜-100）中观测到。由于磁场在背
景对流电场中的极化，振荡产生了周期性
的脉冲式电场。在振荡事件中，通过在内
磁层中积累等离子体，周期性的脉冲式电
场对环电流的发展产生了累积效应，因此
振荡事件与强磁暴相关联。尽管与亚暴有
许多共同之处，但这些事件似乎在电离层
中的能量耗散比率更小。与同等水平的磁
层扰动相比，这类事件中的电离层电流更
小、极光亮度更弱。大多数能量直接注入
到环电流中。锯齿事件一般发生在太阳风
驱动比较强并且 IMF 南向分量持续时间较
长的磁暴中。

　　上面描述的一系列现象可能伴随更普
通的耗散类型，其中包括非周期性暴时亚
暴（aperiodic stormtime substorm）。图 11-8
显示了一次磁暴事件中的一系列亚暴。在
第一个亚暴的主相期间，极光向极区和赤
道方向扩展。与孤立亚暴相比，这些事件
会向更深的磁层耗散更多的能量。除了暴
时亚暴可能由 IMF 变化更剧烈、速度更
高的太阳风所驱动以外，就它们的行为而
言，暴时亚暴和孤立亚暴的区别还是不
明确的。在许多磁暴中，亚暴发生得很
快，以至于亚暴各自的影响不容易被确定
出来。

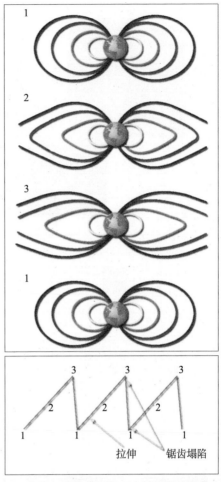

图 11-7　地磁场的全球振荡。这是锯齿振荡期间磁场
结构从偶极化—拉伸—偶极化过程的示意图。（美国
洛斯阿拉莫斯国家实验室的 Joe Borovsky 供图）

问答题 11–5

　　基于对稳定、持续的南向 IMF 的需要，稳态磁层对流事件最可能与什么相关联？
（a）高速流；
（b）平均速度的 CME；
（c）近日球层电流片的低速流。

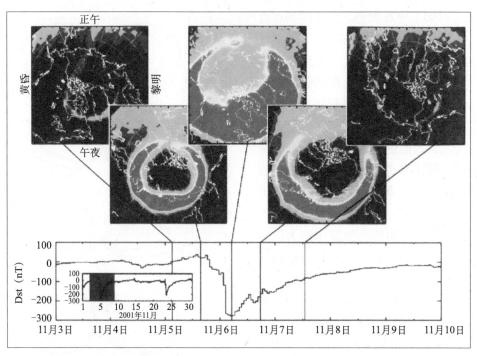

图 11-8　磁暴中的非周期性亚暴。 NASA 的 IMAGE 卫星拍摄的 2001 年 11 月超级磁暴期间的全球极光系列图像。图片显示了磁暴和多个亚暴期间极光椭圆带的发展过程。整个过程与度量环电流的 Dst 指数相关联。图中的内嵌小框给出了一整月的 Dst 值。[Milan et al.,2008]

11.2.3　能量注入捕获区

目标：读完本节，你应该能够……

♦　描述在内磁层中粒子如何被捕获

♦　描述捕获如何增强环电流

♦　描述捕获如何影响外辐射带

♦　描述等离子体层如何响应暴时磁层对流

变化的电场和磁场对捕获区域的贡献

　　暴时静态和变化磁场的结合、对流电场和感应电场的结合有助于捕获区捕获带电粒子。捕获区（trapping region）包括辐射带、环电流和等离子体层（图 7-13 和图 7-14）。这些区域本身也存储和耗散能量，下节将做介绍。图 11-9 提供了一个捕获区大尺度的图像。太阳风是捕获区粒子的重要来源，但并非是最主要的。在强磁暴期间，来自电离层的原子氧也成为了捕获区的重要成分。

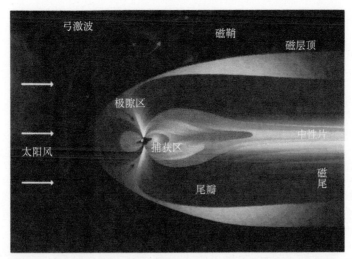

图 11-9 粒子被变化的电磁场强烈影响或捕获的区域。橙色代表强影响区域。（欧空局供图）

从前面的章节知道，存储后通过爆发性重联释放的能量可以加热等离子体、加速等离子体团，并驱动带电粒子横越磁力线的梯度面。一些来自重联的能量传输到磁层的最内部，那里磁场很强并且等离子体能量密度还没有饱和。磁暴越强，磁层中能量存储发生的区域越深。能量等离子体粒子可以被地球弯曲的磁场所捕获，成为环电流粒子或辐射带粒子，这主要取决于这些粒子的能量。并非所有等离子体均被捕获，有些粒子最终会损失到电离层中。尽管如此，朝日侧漂移并逃逸出磁层的自由等离子体具有更高的对流速度，可以重新将能量和物质输运到磁层的边界中。

地磁场中的粒子漂移

带电粒子漂移接近地球时，会经历磁场梯度变化，导致粒子的直线运动轨迹发生偏转。在磁场拉伸但相对均匀的区域，正离子和电子的漂移效果是相同的。等离子体的能量越高，穿入的区域越接近地球，粒子轨迹的偏转越明显。一些粒子可以到达等离子层顶附近，并被捕获进入环绕地球的轨道。进入内磁层的带电粒子将发生磁场曲率漂移和梯度漂移，使离子和电子分离。这种分离产生了与短期的粒子捕获相关联的环电流的显著变化特征。

图 7-22 和图 11-10 提供了地球内磁层区域单个粒子被捕获的示意图。与准偶极子结构一致，越靠近地球，磁场强度越强。对流驱动的地向带电粒子受磁场梯度的影响，因电荷符号不同发生分离。根据带电粒子的质量、能量和动量以及局地磁场的变化，在适当的条件下，它们可以在一段时间内成为捕获粒子，完整地环绕地球运动。在暴时，经常出现足够多的中等能量粒子（几十 keV），产生与环电流相关的净电荷流。能量更高的粒子（100 keV～几 MeV）也会发生电荷分离，但由于它们较低的密度和不规则的运动，因此不能产生显著的电流。

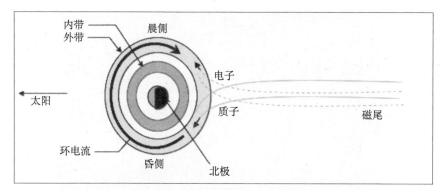

图 11-10 **图 7-23** 中北极上空所视的磁层梯度漂移运动。粒子由右流向地球，离子沿绿色实线轨迹运动，电子沿蓝色虚线轨迹运动。有些粒子会完整地环绕地球运动，有些粒子发生剧烈的偏转。图中没有显示内磁层的磁力线和其他粒子的运动细节。

方程（6-14b）和方程（6-15a）量化描述了漂移运动。方程（11-3）将上述两式合并：

$$v_{\mathrm{D}} = \underbrace{\frac{E \times B}{B^2}}_{(1)} + \underbrace{\frac{m\left(2v_{\parallel}^2 + v_{\perp}^2\right)}{2q}\frac{B \times \nabla B}{B^3}}_{(2)} \qquad （11\text{-}3）$$

其中，v_{D} = 带电粒子的漂移速度 [m/s]；

    E = 电场 [V/m]；

    B = 磁场 [T]；

    m = 粒子质量 [kg]；

    q = 粒子电荷 [C]；

    $v_{\parallel}$ = 平行于磁场的粒子速度分量 [m/s]；

    $v_{\perp}$ = 垂直于磁场的粒子速度分量 [m/s]。

漂移运动有两个贡献因素：①$E \times B$ 的对流漂移；②带电粒子在具有梯度变化磁场中运动所产生的漂移。如果没有电场，或电场的影响与热粒子的运动相比很小，那么可以忽略第一项。如果粒子的能量较低（冷），那么可以忽略第二项，粒子漂移主要受电场控制。增强的电场或其他增加粒子能量的因素增大了带电粒子的漂移速度，使它们可以进入以往不能进入的接近地球的区域。共转电场捕获了来自电离层的冷粒子。大量高能的粒子被捕获在偶极场的磁瓶中。根据能量守恒，这些粒子必须在磁赤道面 B 恒定的磁壳中运动。

问答题 11−6

图 11-10 中的哪些区域主要受方程（11-3）的第一项控制，哪些区域主要受方程的第二项控制？

从第 7 章知道，绝热量不变是缓慢变化系统维持稳定的物理特性。在磁暴快速的变化中，绝热量守恒被破坏。当磁层的扰动时间尺度分别小于或相当于回旋、弹跳、漂移的周期时，磁矩 μ、纵向不变量 J、闭合磁通不变量 Φ 的守恒将分别被破坏。

在磁层捕获区观测到的地磁扰动周期从毫秒到小时。不变量的破坏最可能发生在共振条件下，即地磁扰动的周期与磁层中粒子的回旋运动、弹跳运动或漂移运动中某一个运动周期相一致。

长周期的波动（$\tau \sim$ 小时）可以引起 Φ 守恒的破坏，从而允许粒子穿越磁力线发生径向扩散。径向扩散（radial diffusion）是保持能量与磁场强度之比守恒的结果。当粒子向内运动到更强的磁场区时，它们的能量增加，因此它们必须从外部获取能量。所需的能量由对流电场提供。这一过程被认为是粒子由磁层边界注入捕获区域的一个重要起源机制。

在更短周期的波动情况下，由于在一个粒子的漂移周期内效果被平均，通常维持 Φ 不变，但它们可以改变 μ 或 J（根据波动的频率），从而改变磁镜点的高度。如果高度足够低，捕获粒子将在高层大气的高密度区域经历碰撞，最终离开辐射带。这是辐射带高能粒子重要的损失过程。捕获粒子不断地沉降到大气层，可引起高磁纬地区的极光发射。因此能够在 LEO 上监视辐射带。

局地尺度的过程也可引起扩散和损失。这些过程包括：快速变化的亚暴磁场引起的强感应电场产生的快速局地加速、内磁层波和沿磁力线捕获的带电粒子间的能量交换。共振相互作用可以导致波粒之间的能量交换。典型的，捕获粒子可以提供能量，激发出地磁场波动现象。然而，在一定的环境下，波也可以向粒子传递能量或加速粒子。表 11-4 给出了磁层中的各种共振过程。

表 11-4　加速－扩散机制。表中列出了影响地球磁层带电粒子、改变粒子运动不变量的各种机制。投掷角可以给出垂直于磁场与平行于磁场的速度分量比值（$v_\perp/v_\parallel$）。表中 μ 是磁矩，J 是纵向不变量，Φ 是闭合磁通不变量，v 是速度，VLF 是甚低频，ELF 是极低频。[改编自 Roederer, 1970]

效应	守恒破坏量	变化	原因
磁层压缩	Φ	v	径向扩散
重现性的电离层或磁层电场引起的漂移加速	Φ	v	径向扩散
微脉动或空间电荷引起的弹跳加速	J	v	径向和投掷角扩散
VLF 或 ELF 波引起的回旋共振加速	μ 和 J	投掷角	投掷角扩散
与大气层的自由库仑相互作用	μ 和 J	投掷角	投掷角扩散

对流和径向扩散可以将粒子注入捕获区域。向内的对流通常被限制在等离子体层顶以外的区域。即使磁暴期间等离子体层顶向地球方向移动，新注入的辐射带高能质子和电子也被高密度的等离子体层有效地排斥在外。径向扩散导致能量粒子穿越漂移轨道，充当了捕获区热粒子的有效来源。但是这一传输过程的时间尺度非常长，这也说明了内辐射带粒子通量的长期稳定性。

磁暴期间的环电流

环电流是与磁暴关联最紧密的短时特征。尽管科学家们仍在争论这一电流系统的确切特性和范围，但对其通常的结构已有充分的理解，可以解释太阳风能量深入磁层的过程，并作为 Dst 指数的物理基础（11.1 节）。

例题 11.4　穿越 L 磁壳的能量要求

- **问题**：估计一个带电粒子朝向地球穿越内磁层中磁壳为 L 所需要增加的能量比例。
- **相关概念**：磁壳 L，一个偶极场的空间变化，第一绝热不变量

$$|\mu| = \frac{\frac{1}{2}mv_\perp^2}{B} = 常数$$

其中，$v_\perp$ 是垂直于磁场的粒子速度分量 [m/s]。

- **解答**：如果 B 增加，速度必须增加以维持 μ 为常数。在径向方向，B 随 $1/r^3$ 变化。当粒子运动到低 L 值磁壳，磁场强度随 r^3 增加。为保持 μ 守恒，$v_\perp$ 必须以 3/2 次方的因子增加。
- **解释**：漂移穿越偶极场磁力线的粒子必须有显著的能量来源。磁暴期间，这一能量来源于充当加速力的对流电场或来源于充当加速力或压缩力的感应电场。

　　通过这一例子，我们认识到带电粒子垂直于磁场的速度与平行于磁场速度的不同。这种情况的发展是因为沿磁场方向和垂直磁场方向所施加在带电粒子上的力是不同的。

补充练习：在以上过程中平行磁场的速度分量起到作用了吗？

　　磁暴主相，粒子累积。暴时，10～100 keV 环电流离子来源于局地感应电场和全球对流电场加速的等离子体片粒子。平静期，构成环电流的等离子体也来源于等离子体片，但所处位置不同，且能量较低。粒子倾向于沿着开放磁力线从磁尾经过地球。偶发亚暴传递的能量可以产生轻微的环电流。在南向 IMF 的条件下，被外加电场加速的中等能量粒子注入捕获区。捕获效果主要由地磁场梯度决定。由于地磁场的波动，一些粒子可以接近 L 值为 4 或更小的区域（图 11-11）。非常强的电场驱动等离子体由磁尾向地球运动，同时也从电离层吸引重离子（主要是氧离子）进入环电流。这就引起了磁暴主相期间环电流的增强。

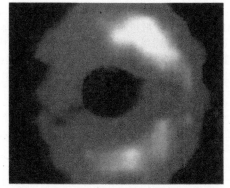

图 11-11　从地球环电流逃逸出来的中性原子所产生的辐射。地球图像叠加在图片中。图片来自于搭载在 NASA IMAGE 卫星上的高能中性原子成像仪（HENA）的拍摄。图中电流并不是平滑的，通常没有完全包围住地球赤道面区域。在夜侧，电流比较强（图片右侧）。在夜侧电流向日侧移动过程中，电流不断瓦解和消失，损失的粒子可能逃向磁层顶区域。（NASA 供图）

问答题 11-7

　　为什么环电流被认为是一种抗磁电流？

　　磁暴恢复相，粒子损失。当 IMF 的南向分量减弱并且环电流出现衰减时，磁暴的恢复

相开始。由于能量增加和向内传输的速率下降，各种损失机制减少环电流中的等离子体，使其开始向暴前状态恢复。如图 11-1（a）显示，磁暴恢复相通常比主相时间更长。随着地球周围中等能量粒子的积累，热能能量密度上升（$P = nk_BT$），很自然地在高密度区产生向外的压强梯度力，抑制粒子的堆积。然而，被捕获形成围绕磁力线做回旋运动的环电流粒子，只有在足够强的、能够克服磁场对其控制的力的作用下，才能离开原运动区域。这个力可以是压强梯度力、碰撞力或者来自波动起伏场的瞬态力。另一种可能性是带电等离子体粒子与一个质量更大的中性粒子交换电荷。例如，一个环电流离子从一个冷中性氢或氧原子中获得一个电子，成为一个高能的中性氢原子，而更重的冷原子则被电离。在这个过程中，更热的粒子变为中性，不再被磁场束缚，冷的粒子很难被磁场束缚，也逃逸离开。

问答题 11-8

回到方程（11-3），证明：如果粒子的能量比较低，方程右侧第二项变得不重要。

非对称性和不规则性。尽管环电流通常呈圆形（图 11-3），但扰动场一般是非轴对称的。因此，环电流的形状经常是团块的和非对称的，如图 11-11 光亮区域所示。环电流的非对称性和团块结构产生了压力增强，而自然过程将尽力消除增强的压力。沿某些经度的等离子体压力足够强，可以使低能的能量粒子沿磁力线流动，进入较低纬度的极光区，产生局地电流和加热效果。这些带电粒子的流入改变了电导率和电离层对暴时电场的响应。

进一步，磁场重联、漂移和粒子加热、加速都是不稳定的。磁暴主相初始驱动者，即产生磁层对流电场的行星际电场，易发生巨大的波动。此外，强亚暴会在不同时间和空间将强电场叠加到暴时对流电场上，打断磁尾活动。非各向同性的等离子体，以及磁场的拉伸和松弛都将增加暴时变化的水平。

磁暴期间的等离子体层

20 世纪 60 年代的早期，等离子体层作为一个独立的实体被卫星的粒子探测器直接观测到。许多研究结果给出了等离子体层平静期的形态，一个储存着冷等离子体（几个 eV）的圆环形闭合空间。图 7-31 显示了等离子体层的图像。第 7 章已经介绍，等离子体层中的等离子体是依靠共转电场来束缚的。内磁层的质量密度主要是由等离子体层贡献的，最高数密度可达 1000 个 /cm³。等离子体层的粒子（约 80% 的氢离子和 20% 单电荷的氦离子）主要来自磁纬 60° 及以下沿亚极光区磁力线外流的电离层等离子体。多数时间，等离子体层在内磁层中所占据的空间区域与环电流和辐射带重叠（在 $L=2\sim7$），其数密度最强的等离子体中心在 $L=4$ 以内。平静时期，等离子体层与环电流和辐射带的区别在于各自的粒子能量不同。

共转区的边沿是磁层对流等离子体的边界（图 7-31）。边界上有两个流动区，一个是日向流动，一个是共转流动。这两个流动区的相互作用，以及来自电离层的等离子体流共同决定了等离子体层的大小、形状和动力学过程。等离子体层变化强烈依赖于磁层活动水平。最近卫星的观测清楚地揭示了等离子体层的空间扩展受磁层电场的时序变化所控制。

在第 7 章中，我们将对流电场和共转电场相互叠加，得到内磁层的总电场和它的等势线。叠加产生了如图 11-12 所示的两类等势线。一类是绕地球闭合的环状等势线，冷等离子被其所束缚；另一类等势线开始于磁尾并绕地球弯曲到达磁层顶，更热的等离子体沿该等势线漂移。冷等离子体被随地球共转的磁力线所捕获，受到限制。奇异线（图 11-12 中的粗黑线）是电场分界线（electric field separatrix），分隔了两类流线。这一曲线在黄昏子午面上有一零点，在该点对流电场与共转电场大小相等、方向相反。这点上电场为零，等离子体不能漂移，所以称这点为停滞点（stagnation point）。昏侧停滞区域有时是短时的等离子体积聚区。分界线昏侧的流线[①] 会在昏侧绕过地球，分界线晨侧的流线也是如此。日侧磁层顶中大多数冷等离子体来自于途经晨侧的磁尾等离子体。

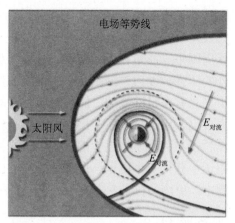

图 11-12　地向流动等离子体的磁层赤道横截面。本图是从北极上空俯视。粒子数密度为 $100\sim1000$ 个 $/cm^3$。地球磁场的方向指向纸外。黄线是电场等势线。电场 $E_{对流}$ 引起粒子日向漂移。环绕地球的分界线（黑线）内部是等离子体层。这一区域由共转电场 $E_{共转}$（红色箭头）控制。在这一区域，磁力线和附着的等离子体随地球共转。虚线表示地球同步轨道。[改编自 Kavanagh，1968]

早期科学家们认为等离子体层是一个比较不活跃的区域，然而多个航天器的观测数据，特别是 2000 年发射的 IMAGE 卫星，与地基 GPS 信号的比较使科学家们对等离子体层有了新的认识。这些数据揭示了等离子体层经常通过被称为长结构的等离子体层羽流（drainage plumes）向磁层甚至太阳风释放物质。图 11-13 显示了暴时被压缩的磁层中等离子体层羽流向日侧磁层顶输运等离子体的发展过程。

20 世纪 70 年代的卫星数据说明等离子体层的变形依赖于对流电场的强度。当电场强度增强，对流的等离子体侵入先前被等离子体层所占据的区域，压缩等离子体层使其更接近地球。图 11-13（a）显示等离子体层所占据的区域可以缩减 50% 以上。等离子体层顶的一些等离子体被剥离出来，形成孤立流体或冷而密的等离子体羽状结构（图 11-13（b）和（c））。紧邻等离子体羽状结构的可能是一个等离子体槽。这些孤立流体和等离子体羽状结构可能互相包裹，形成复杂的等离子体结构。这些结构造成电波信号的闪烁，如来自 GPS 的信号。统计研究发现超过 1/3 的时间等离子体层中存在羽状和尾状的结构，说明了仅仅依靠增强的对流就足以使等离子体层的物质重新分布。

等离子体羽状结构可长时间存在（数天），在接近等离子体层主体附近具有较大的经度跨度（$>90°$）和纬度跨度（可达 $50°＋$）。从主结构来看，等离子体羽状结构展现出类似等离子体层的密度和类似等离子体层顶的较大密度变化梯度（精细结构），在同步轨道上其经度跨度小于 $30°$。

暴时的等离子体层具有除羽状和尾状之外的其他典型特性。波也会在对流和共转的边

---

① 即停滞点下方的黄色流线。——译者注

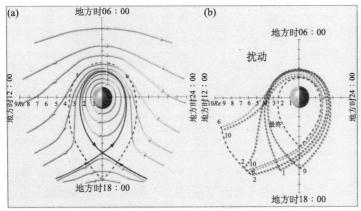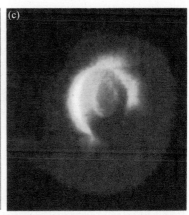

图 11-13　（a）和（b）等离子体层羽状结构的发展过程和等离子体的损失。图中可以看到一个日侧等离子体泄羽流的演化过程。在（a）中，准静态的等离子体层中等离子体被捕获在闭合线上，并且在近黄昏侧存在一个等离子体流的停滞区。（b）中显示了在强对流的影响下被加速的等离子体层向日侧 [Grebowsky, 1970]。**（c）暴时等离子体层**。IMAGE 飞船在北极上空拍摄的等离子体层的极紫外图像。图像显示了地球日侧的辉光和等离子体层的一个大致指向太阳的肢臂。太阳的位置在图像左上方的远处位置。地球的阴影区背离太阳。中心光亮区域是北半球上空的极光环，从地面上看到的就是北极光。等离子体肢臂向日摇摆，伴随着来自磁尾的对流等离子体。肢臂内部是一个等离子体槽。（NASA 供图）

界处形成。在环电流和等离子体层的重叠区域中，两类等离子体成分通过多种过程相互作用，如波粒相互作用和库仑碰撞。环电流的离子是激发等离子体波所需自由能的能量来源。当等离子体波经历阻尼衰减时，这一能量相应地在热粒子和能量粒子之间重新分配。环电流中包含的能量也可以通过库仑碰撞转移到等离子体层。束缚扰动等离子体的磁力线，通过振荡响应等离子体的湍动。地面可以观测到这些振荡。

磁暴期间，增加的能量加热了等离子体层中的热离子。加热率高的区域对应着 $<10\,keV$ 环电流离子密度峰值的位置。这类离子是等离子体层加热的主要贡献者。来自环电流的加热增加了 500 km 高度以上的离子温度。在磁暴触发后，离子温度可以连续增加两天以上。与没有环电流加热的情况相比，温度上升了 2/5。环电流也被相互作用影响。当热环电流离子漂移经过等离子体羽状结构时，它们可能被散射，偏离原漂移轨道，通过等离子体层沉降到大气层。

最近有研究者发现等离子体层这一相对稠密区域的暴时影响。极端的等离子体层结构变化增加或减少 GPS 卫星和地面接收机之间的总电子含量（TEC）。当 TEC 波动时，GPS 信号的强度和传播特性也发生波动。等离子体层羽流已经被指出与一些严重的 GPS 信号闪烁有关联。

等离子体层边界产生的波会影响电离层、等离子体层和环电流中的等离子体的行为，可以导致来自环电流的能量等离子体沉降进入并加热电离层。这一结果引起的电离层化学和动力学效应尚有待于全面地研究。

IMAGE 卫星和 GPS 信号分析提供的数据揭示了等离子体层有时是平滑的，有时是有波褶的，有时是有凹槽的。但无论其结构如何，它是暴时动力学过程的一个确定的参与者。目前对等离子体层的了解有：

- 向等离子体片提供粒子；
- 调整能量粒子的通量和飞船充电的强度；
- 影响超低频波（ULF）的产生和传播；
- 影响粒－粒和波－粒相互作用；
- 对总电子含量（TEC）的影响可达 50%，因此影响 GPS 信号的路径；
- 随地磁活动增加和损失氧离子（O^+），从而改变它的成分构成。

暴时辐射带

大部分辐射带必须从空间观测入手研究，因此辐射带科学相对年轻（开始于 1958 年）。极轨 LEO 卫星穿越辐射带低高度的尖端。HEO 和 GEO 卫星可以原位探测辐射带粒子。来自 LEO、HEO 和 GEO 卫星的数据绘制了图 11-14 所示的辐射带静态图像。

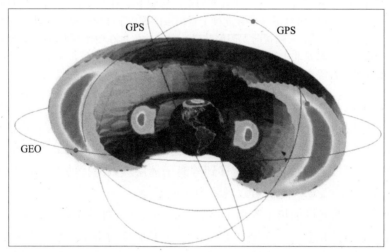

图 11-14　内外辐射带的气候学图像。图中显示了辐射带如何环绕地球。横截面显示了带电粒子的相对密度。高粒子密度以红色表示，低粒子密度以绿色表示。内外辐射带之间是低密度的槽区。磁暴期间，外辐射带向内外扩展。最外部的区域通常会包含地球同步轨道。GPS 卫星星座频繁地穿越外辐射带中心区域。北半球极区的亮带是外辐射带粒子在损失锥内沿磁力线沉降到大气层的区域。南半球有同样的区域。（美国空军研究实验室供图）

　　内辐射带的暴时响应。稳定的内辐射带由宇宙线形成。这些宇宙线是遥远恒星在形成和消亡时产生的。这些高能粒子与地球大气层的原子碰撞，产生大量次级粒子，其中一些作为反照粒子直接返回高空。碰撞中产生的中子最后衰变为高能质子，而高能质子易于被接近地球的磁力线捕获。内辐射带的稳定性是强磁场中粒子的寿命期长和进入地球空间的宇宙线变化缓慢相结合的结果。在短时间尺度上，除了最极端的太阳风动压压缩之外，内辐射带对其他影响都相对不敏感。

　　捕获的高能质子（>10 MeV 且位于<$2.5R_E$）存在太阳活动周时间尺度的变化。在非常稀少的环境条件下，太阳风中的一个极端激波可以在一分钟的时间尺度内增加粒子的数量（关注点 11.2）。科学家认为这类事件的过程是行星际太阳风中的激波撞击磁层，诱发强

烈的波前，波前涌过内磁层，引起粒子的快速加速（表 7-2 的第一行）。被激发的粒子形成新的辐射带，它的粒子寿命从几个月到几年。

来自太阳或太阳风中被激波加速能量略低的高能离子可产生短时的内辐射带离子（能量 5~10 MeV）分布，该类粒子可以在太阳能量喷发事件后被捕获数月。与大多数宇宙线诱发产生的粒子相比，这些能量稍低一些的高能粒子被捕获的程度更弱一些。与变化的对流电场有关的暴时能量输入所产生的 $3R_E$ 高度以上的弱捕获的高能质子，可能须花费几个星期到几个月才能恢复到暴前水平（表 7-2 第 2 行）。

来自内辐射带的粒子如此有破坏性，以至于宇航员和飞船要尽力规避或快速穿越该区域。然而，一些内辐射带的粒子在磁场比较弱的区域可以沉降到地球大气层中，主要是在南大西洋异常区（South Atlantic Anomaly, SAA）。暴时增强的内辐射带可以导致 LEO 飞船穿越 SAA 时辐射剂量过量（表 7-2 第 5 行）。

外辐射带的暴时响应。太阳风 - 磁层耦合作用的变化影响外辐射带中被捕获的高能电子和质子（几百 keV 到几 MeV）。外辐射带高能电子通量的峰值通常出现在 $4R_E$~$5R_E$（图 11-14）。外辐射带随太阳活动周、季节、太阳自转而变化，最显著的是随磁暴而变化。内外辐射带之间的槽区，由于波的作用，一般只有很少的粒子驻留，但在活跃期间则可能有粒子注入。太阳活动峰年太阳和地磁活动比较强，因此稀薄槽区的粒子通量依赖于太阳活动周。

图 11-15 显示了外辐射带三个能道的电子在第 23 太阳活动周上升阶段 18 个月的变化记录。记录中早期数据显示了辐射带通量的温和增加，这与 1997 年高速流经过所引起的亚暴增强有关。1998 年 5 月的早期有七次 CME 事件和两次 X 级耀斑。在这些事件之后，地球辐射带的相对论电子显著增强。

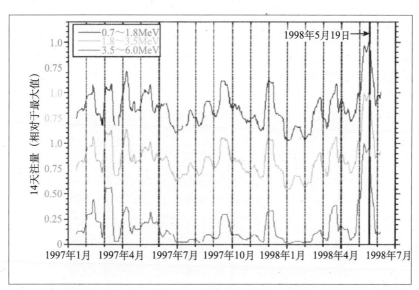

图 11-15 **从 1997 年 1 月到 1998 年 6 月的高能电子注量相对值。**1998 年 5 月之前，各能道相对论电子时间积分通量较低，呈现太阳活动低年的特征。能量较低的电子具有较高的注量。在 1998 年 5 月份事件中，持续辐射剂量的增强导致 NASA 的 POLAR 卫星出现异常，以至于关机数个小时。[Baker et al., 1998]

在暴时对流电场作用下，环电流和外辐射带的捕获粒子有一个共同的能量来源——暴时对流电场所驱动的朝向地球运动的等离子体片粒子（表 7-2 第 2 行）。最近卫星任务的数据显示潜在的外辐射带粒子来自于中远磁尾能量稍高的粒子，并且这些粒子更容易获得能量。在 $L=4\sim5$ 磁壳中，辐射带粒子能量比环电流粒子能量高许多，但数密度比环电流粒子低。低密度和极度随机的运动使辐射带粒子不能产生实质性的电流。因此，即使这些高能粒子与环电流粒子占据同样的区域，它们一般不产生电流。

相对论电子辐射带的强度和结构受传输、加速和损失之间的平衡所控制。亚暴过程（亚暴注入事件）产生朝向地球的急速流动的电子，使粒子漂移运动从开放轨迹进入闭合轨迹。假设粒子磁矩 μ 守恒，进入更强磁场区域的粒子需要垂直速度分量有一个增量，这将使粒子的能量增加（例题 11.4）。粒子增加的能量来自整个磁场结构快速变化对粒子做的功。电子向内的径向传输（径向扩散）增加了 90° 投掷角电子的通量。热电子运动产生的波使电子散射到其他投掷角上。有一些电子被波进一步加速。由于电子的波动特性，亚暴和锯齿振荡比稳定对流更可能驱动径向扩散。通过膨胀环电流外部的磁场，环电流可以充当外辐射带粒子的另一个源。磁场膨胀的结果是磁场强度增加，因此束缚磁场中的粒子必须做出适应调整。随磁场强度的增加，粒子的漂移运动和漂移壳向外移动。原本在 $4R_E$ 处漂移的粒子将可能移动到 $5R_E$ 处，因为粒子努力维持在固定 $\boldsymbol{B}$ 上运动。

粒子的损失机制包括大气层沉降或磁层顶逃逸（表 7-2 中的第 1 行和第 5 行）。磁层顶逃逸机制可能发生在磁暴期间外辐射带膨胀过程，因为磁暴过程与具有 IMF 南向分量的 CME 鞘区经过地球有关。CME 主体或一个附加的激波到达时，可以将磁层顶压缩到一些辐射带粒子所占据的区域，这些辐射带粒子就逃逸进入太阳风。

另一种损失机制与热粒子和等离子体层中大量的冷粒子的相互作用有关。这种相互作用产生散射波。等离子体层内部的这类波散射电子，使之进入投掷角损失锥，从而进入地球的高层大气。这种损失机制控制外辐射带的内边界。图 11-16 显示了一颗 LEO 卫星如何监测极区中散射进入损失锥的外辐射带粒子。

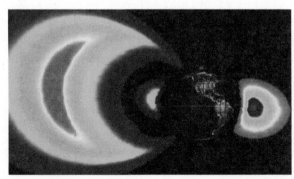

图 11-16　低地球轨道卫星对地球辐射带粒子的监测。 由 NASA 的经验辐射带模型计算而得的地球电子辐射带（左边）和质子辐射带（右边）。NASA 的 SAMPEX 卫星对辐射带的观测已经超过 10 年（关注点 11.1）。小的和中等的扰动可以使外辐射带粒子向高纬区域的沉降增强。只有极端的磁暴才能使内辐射带粒子向低纬区域的沉降增强。（采用美国空军研究实验室的 AF-GEO 空间软件，洛克希德马丁公司 Munther Hindi 供图）

当把它们视为孤立的能量转化机制时，我们能够以一种相当直截了当的方式理解每一种机制过程。然而，在程度不同的地磁活跃期间，所有机制过程都会对太阳风的短暂能量输入产生响应，此时要了解哪种机制占主导地位仍是非常具有挑战性的。

非对称性和不规则性。 与环电流中的粒子相比，辐射带中的热粒子具有更平滑的分布。然而，在一些磁暴期间，发生了全球性的外辐射带区域流失现象，并持续1～2天。先前镜像点在内磁层中的一些电子在扰动磁力线上运动时，被卸载到高层大气或被散射回到磁层。在以磁层突然压缩为开始的磁暴事件中，当磁层顶建立一个新的更接近地球的平衡位置时，外辐射带电子可能被迫进入太阳风。损失的粒子被前述机制快速地恢复。如果外辐射带粒子流失后，跟随一个持续时间长、具有高速的太阳风，那么高能电子可能以更高的通量、更高的能量重现。部分空间天气预报员和卫星操作人员需要对这类事件保持相当的警惕，因为此刻卫星易于发生严重充电。关注点11.1描述了一个非常严重的事件，甚至经验丰富的空间天气观测者对此次事件都感到惊讶。

问答题 11-9

图11-17中显示了1992～2001年2 MeV电子的记录。根据图中黑线显示的Dst指数，指出辐射带观测记录中的太阳活动低年。估计第23太阳活动周的开始时间。找出槽区被填充的时段。

关注点 11.1 解读辐射带数据记录

像第7章中描述的，磁壳参数 L 是研究辐射带区域的一个重要组织工具，对数据显示也非常有用。下面是SAMPEX卫星1992～2001期间的辐射带监测记录。图11-16显示了SAMPEX卫星轨道的近似几何形状。SAMPEX卫星每天多次穿越高纬区域，在高纬区域来自辐射带的一小部分高能粒子在卫星高度或低于卫星高度处被反弹，这些粒子被在轨卫星的粒子探测器探测到。大多数探测器都能监测到有粒子沉降进入大气。

图11-17最上部一栏显示的是内辐射带高能质子（19～27.4 MeV）的通量。图中简单给出了其随时间变化的曲线。质子通量对应的 L 在1.33～1.43。在同一栏中，黑线绘制的是太阳黑子数，坐标在右侧。

图最底部的一栏显示了2 MeV电子的探测数据。当卫星从北极向赤道飞行时，数据开始记录。卫星首先遭遇的是来自高 L 值的沉降粒子（远距离处的内磁尾），其次是来自低 L 值的，接着是来自 $L \approx 2.5$ 的，最后卫星飞入更低 L 值的区域，以至于监测到的高能电子非常少。卫星存储了这部分轨道的高能电子通量监测结果。接着卫星飞越南半球，以同样但 L 值顺序相反的方式穿越磁壳。当卫星再次回到北极点时，这样的情况重复两次。卫星一天的所有轨道完成后，处理所有 L 壳的通量数值并进行平均，像图11-17一样从顶部到底部以色条绘制出来。每天均这样处理，整幅图将逐渐显现。

通常，2 MeV 电子的最强通量处于 $L=3.5$ 到 $L=5$ 之间。图 11-17 中以红色表示这些高通量。更低一些的通量值以其他颜色表征。偶尔，可以看到某些时刻高通量扩展到 $L=5$ 以外和深入到 $L=2$ 区域。在 1996 年后期，辐射带中没有了 2 MeV 电子，但能量低一些的粒子却依然存在（图中未显示）。

图 11-17 最下面一栏中的黑色曲线代表 Dst 指数日值。2 MeV 电子通量与 Dst 指数之间紧密对应说明它们在暴时的磁层中有一个共同的驱动因素。

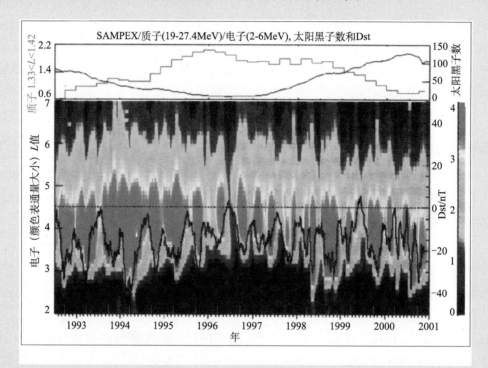

图 11-17 SAMPAX 卫星十年的辐射带粒子数据。顶部栏分别以红色和黑色曲线显示了 1992～2001 年期间辐射带质子通量和月均太阳黑子数。质子的能量范围是 19～27.4 MeV。底部栏给出了同一时期 SAMPAX 卫星在极区轨道观测到的电子通量。电子能量范围是 2～6 MeV。观测时的 L 壳参数在左侧的纵坐标中显示。右侧颜色棒显示了电子通量的对数值，通量单位为粒子个数 /（cm²·s·sr）。图 11-16 给出了卫星所在高度区域的示意。Dst 指数以黑色绘制，单位为 nT，对应于右侧的纵坐标。（美国科罗拉多大学大气和空间物理实验室李炘璘供图）

关注点 11.2   剧烈变化的辐射带行为
（由科罗拉多大学李炘璘和达特茅斯大学 Mary Hudson 提供）

近代最著名的空间天气事件之一是世界时 1991 年 3 月 22 日 22 点 46 分由南纬 26°、东经 28° 的太阳活动区爆发引起的。该活动区爆发产生了一个 3B 级的光学耀斑，并伴随有射电、X 射线和伽马射线的爆发以及一个巨大的 CME。几个小时后，在世界时 3 月 23 日 02 点 45 分，在同一个活动区爆发了一个持续时间长的软 X 射线事件。高能太阳粒子大约在世界时 3 月 23 日 07 点 30 分开始到达地球，领先于速度超过 1400

km/s 的行星际激波到达。该强激波刚好在世界时 3 月 24 日 03 点 42 分前到达地球，引起极端的磁暴急始（SSC），压缩磁层顶深入地球同步轨道以内。在 9 个小时内，Dst 指数下降到低于 −300 nT。

SSC 后 1 分钟内，在槽区形成了一个能量超过 13 MeV 的高能电子新辐射带（图 11-18（b））。一个能量为 13 MeV 的电子以 99.9% 的光速回旋。内磁层的大部分区域填充了能量低一些的 6 MeV 电子（图 11-18（a））。此外，在 SSC 后的延伸时段内，内磁层观测到来自日冕区的高能重离子和轻离子。

行星际激波严重压缩磁层，产生了巨大的感应电场。该电场使得在较大 L 值区域预先存在的电子（1～2 MeV）获得能量，并把它们带入较低 L 值（=2.5）的区域（槽区）（图 11-18）。

事件中的磁场测量显示有一个主要的脉冲，对应于压缩和扩张。电场显示了两个主要的脉冲。第一个与压缩有关，第二个与扩张有关。当磁场变化时，产生一个感应电场，该电场也在磁层中传播。该电场选择性地加速那些漂移速度与波的传播速度相当的已存在的粒子。磁层内部电磁场的变化可能是高能电子加速的能量来源。高能质子也被注入低 L 区。这些高能质子有着不同的能量来源。它们大部分是太阳高能粒子，临时填充到较大 L 值的区域。在磁层观测到的太阳高能粒子事件通常由瞬时的粒子引起。这些高能离子有着较大的回旋半径，不能被磁层捕获。然而，如果一个强行星际激波跟随太阳高能离子到达地球，一些太阳高能离子将被推送到更低 L 的区域从而被捕获。

整个新辐射带的形成过程仅需 1 分钟。一些粒子可维持被捕获状态数年。很明显，内磁层中的卫星，那些在 HEO、MEO 和 GEO 轨道上的卫星，需要充分的抗辐射加固，以便在这样长寿命的爆发事件中生存。模拟如此超级事件的动力学过程仍是空间天气研究的前沿。

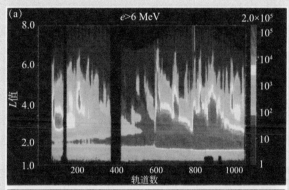
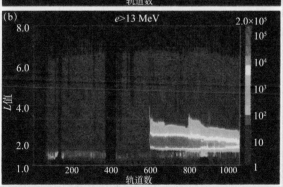

图 11-18　6 MeV 和 13 MeV 电子的辐射剂量。图中纵坐标是 L 值，横坐标是发射后的天数。最高的剂量率以红色显示。[Blake et al., 1992]

11.3　磁暴期间场和电流的耦合

11.3.1　高纬磁层 – 电离层耦合

目标：读完本节，你应该能够……

◆ 解释磁暴期间场向电流重要性

◆ 区分 1 区场向电流和 2 区场向电流

◆ 将场向电流和电离层水平电流联系起来

◆ 区分霍尔电流和彼得森电流

◆ 解释极光电集流的起源

◆ 解释亚暴电流楔的起源

◆ 区分亚暴电流楔和部分环电流

地磁场的结构需要 3 个主要的电流体系：磁层顶电流、环电流和磁尾电流。通常，这些电流方向与当地的磁场方向相互垂直。在磁暴期间，这些电流通过伯克兰电流（场向电流）与大气层相连接。暴时这些电流体系的相互关联就是本节我们感兴趣的内容。

我们已经知道，磁层发电机在磁层晨侧建立起多余的正电荷，在磁层的昏侧建立起多余的负电荷。这些电荷沿着高电导率的磁力线试图从源区扩散开来以缓解电荷的积累。电流的连续性要求水平电流的散度需要场向电流的变化相伴随。磁重联可以立即触发磁层顶和电离层之间场向电流的产生。如图 8-30 和图 8-31 所示，场向电流起源于：

● 赤道面磁层顶边缘附近——1 区电流（R-1）；

● 白天一侧高纬磁层顶处——极隙区电流；

● 等离子体片中具有散度的环电流区域——2 区电流（R-2）。

这些电流在电离层中通过几个水平电流体系构成闭合回路。

1 区和 2 区场向电流。在 4.4.1 节、7.4.2 节和 8.4.1 节中，我们已描述了由电荷积累和对流发电机所建立起来的电场和场向电流结构图。图 11-19 显示了几个电流系统的简化图。1 区电流主要由磁层顶电荷分离所驱动，在图 1-25 中已做了首次描述。1 区电流的存在与行星际磁场方向无关。当行星际磁场为南向时，1 区电流往往变得更强，与磁尾重联场的增强一致。

另外一套场向电流，即 2 区场向电流，在内磁

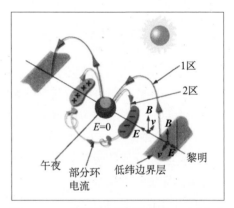

图 11-19　1 区和 2 区电流体系。1 区电流如红线所示。2 区电流如绿线和蓝线所示。晨侧电离层流出的电流通过子夜的部分环电流，之后沿着昏侧磁力线流动构成闭合回路。2 区环电流就在这闭合回路中持续流动。[McPherron, 1991]

526

层中有自己的源。虽然2区场向电流流动模式和1区场向电流流动模式类似，但它们的方向是相反的，并且它们与更低纬度的电离层区域相互连接。2区场向电流起源于地球偶极场中带电粒子漂移运动所产生的电荷分布。磁尾带电粒子的磁场梯度和曲率漂移使得电子朝晨侧偏转，质子朝昏侧偏转。电荷积累产生了昏晨电场，该电场抵消了电荷区内边缘以内的晨昏电场。由于在电荷区内边缘以内区域无电场，该区域之外有电场，因此在边界上就存在电场散度。场向电流必须用于增加或减少这个散度。在地磁暴期间，用于增加2区电流的电荷漂移会变强许多。因此，2区电流系统通常也被称为一种暴时电流。

在内磁尾区域中，2区电流通过粒子漂移横穿夜侧从而构成闭合回路。2区电流通过极光卵与1区电流相互连接，2区电流的影响和1区电流的影响往往相互抵消。因此，在地面上很难探测到2区电流的影响。

图11-20显示了磁暴来临时一个半经验模型所得的电离层高度上场向电流系统的分布。图中显示了1区和2区电流体系在北半球中的投影结果。1区电流往往投影于约70°磁纬处，然而2区电流的投影区域大约靠近60°磁纬处。在平静时期，两个电流体系都存在，不过处于更高的磁纬区域。在非磁暴期间，2区电流强度明显减小。

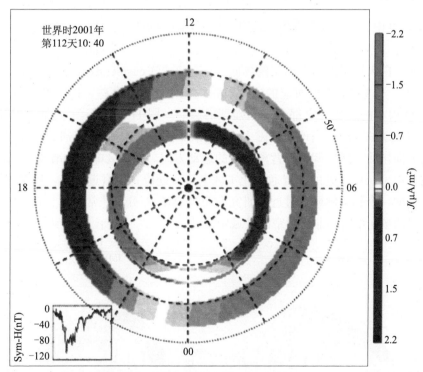

图11-20 2001年4月22日投影到北半球电离层中1区和2区场向电流。1区场向电流在晨侧流入电离层，在昏侧流出电离层。2区场向电流的结果刚好相反。典型的电流强度大约为1 μA/m²。图片左下角插入的是Sym-H指数时间序列图，它是1分钟精度的Dst指数。图中显示的是磁暴主相前期场向电流的分布结果，是利用暴时高空间分辨率地磁场动态数据建模所得。[Sitnov et al., 2008]

问答题 11–10

在图 11-19 中，在 2 区电流和部分环电流以外区域中绘制对流电场矢量。

问答题 11–11

类似于图 11-20，思考南半球 1 区和 2 区场向电流分布图。在南半球，1 区和 2 区场向电流向内和向外的分布情况如何？

问答题 11–12

在图 11-20 中，极隙区电流的位置和方向是什么样的？假设行星际磁场 B_y 分量忽略不计。

问答题 11–13

在图 11-20 中，绘制彼得森电流流动方向、场向电流以及各电流之间的连接。

此外，连接白天磁层顶和电离层的场向极隙区电流（cusp currents）在正午附近流入白天一侧的电离层。这些电流所对应的磁纬度稍微比 1 区电流高些。极隙区电流变化剧烈，甚至 IMF 方向很小的变化，它都会受到强烈的影响。图 11-21 显示了附加的 IMF B_y 分量如何影响电流流动的方向。当地磁场磁力线与东向或西向 IMF 相连接时，对流模式首先沿 IMF 分量的方向扭曲，然后调整到背离太阳的运动方向。极隙区电流的增强与 IMF B_y 的影响有关。它在电离层中所处的位置通常比 1 区电流所处位置更靠近极点。极隙区电流的变化是科学研究的一个热门领域。最近的研究表明当 IMF B_y 分量非常大时，在高纬区域观测到一部分最强的场向电流在非常狭窄的区域中流动。

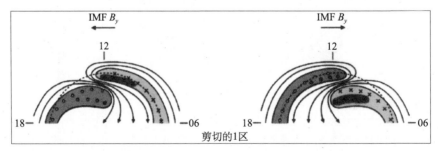

图 11-21　极隙区场向电流系统对 IMF B_y 分量变化的响应。1 区向上运动的电流用橙色表示；1 区向下运动的电流用蓝绿色表示。行星际磁场 B_y 分量扭转了新的开放磁力线。所产生的剪切需要一个场向电流来维持。

极光电集流：磁层电流对电离层的影响。在电离层中，电场可以驱动电流在电场的方向上运动。这个与电场平行的电流就是彼得森电流，正如图 8-31 中水平粉红色箭头所示。因为电流是连续的，所以彼得森电流只能起源于并终止于磁层磁力线。

电离层电场驱动另一个水平电流，即霍尔电流。霍尔电流起源于磁层的洛伦兹力，但是它通常被称为电离层 $E \times B$ 漂移电流。在相互垂直的磁场和电场存在的条件下，电子和离子沿着相同的方向漂移，漂移方向垂直于 E 和 B。漂移方向从正午跨过极盖区到子夜，然后从子夜沿着极光卵到正午。

例题 11.5 场向电流中所携带的电流

- 问题：估算图 11-20 中所示的 2 区电流系统中所携带的全部向上电流。
- 相关概念：电流密度。
- 给定条件：图 11-20 中的数据；2 区电流中心位于磁纬 60°；地球半径 = 6378 km；1° 磁纬度横跨 110 km，平均 2 区场向电流密度为 0.5 μA/m^2。
- 假设：假设电流的密度是均匀的，2 区电流横跨 5° 磁纬度。
- 解答：2 区场向电流足点的周长 = $(2\pi) 6378 \, \text{km} (\cos 60°) \approx 2 \times 10^7$ m，向上的电流覆盖了一半的周长，约 1×10^7 m。

  向上流动的 2 区场向电流足点所覆盖的面积等于宽度 × 长度，即

  $$(550 \times 10^3 \, \text{m})(1 \times 10^7 \, \text{m}) \approx 0.5 \times 10^{13} \, \text{m}^2$$

  总的向上流动的电流为

  $$(0.5 \, \mu\text{A/m}^2)(0.5 \times 10^{13} \, \text{m}^2) = 0.25 \times 10^7 \, \text{A} = 2.5 \, \text{MA}$$

- 解释：在 2 区场向电流体系中，向下和向上的电流相等。甚至在一些更加强烈的磁暴期间，2 区场向电流更强，有时可超过 10 MA。

补充练习：计算 1 区场向电流系统中向下的电流。

如果电子和离子具有相同的漂移速度，那么并不会产生电流，磁层中确实如此。然而，在电离层中，离子与中性原子碰撞要比电子与中性原子碰撞更加频繁，所以离子的漂移速度更慢。因此，产生了与离子漂移方向相反的电流。理想化的霍尔电流从子夜流向正午，然后沿着极光卵又流回到子夜（图 11-22）。虽然霍尔电流在极盖区和极光区流动，但是它往往集中于极光区，因为那里的电导率更高。

东向电集流和西向电集流统称为极光电集流（auroral electrojets）。图 11-23 显示了夜侧（朝着太阳看）1 区电流、2 区电流和霍尔电流。西向电集流大致从晨侧流向子夜，然而另外的东向电集流大致从昏侧流向子夜。在地磁平静时期，电集流大致出现在修正的南北磁纬度 67° 附近及更高磁纬区域。电流的强度直接正比于电导率和水平电场的乘积（σE）。东向和西向电集流最大值都在极光区。

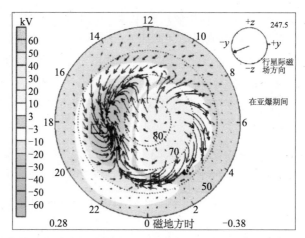

图 11-22　亚暴期间水平电流分布的半经验模型。水平电流矢量被叠加在电势等值线图中。峰值电流的大小在图下方显示，单位为 A/m，峰值电流位置用黑色的正方形来标记。在子夜附近西向电集流中，峰值电流大约为 0.4 A/m。东向电集流峰值处于昏侧，大约为 0.3A/m。对于这次事件，IMF 具有南向分量和西向分量。电势的分布图相对于正午－子夜子午面是偏斜的。电子沉降、电导率和 IMF B_y 分量不对称性产生了这种偏斜效果。在东向电集流下方，地面磁场的变化沿着北向（正的）。在西向电集流下方，地面磁场的变化沿着南向（负的）。（美国弗吉尼亚理工大学 Dan Weimer 供图）

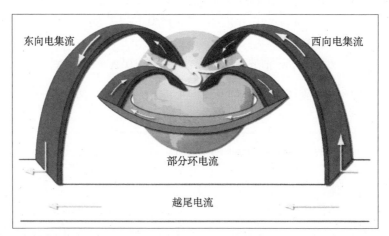

图 11-23　极光电集流及其供给电流。为了清晰起见，采用艺术效果图来表示各电流体系。蓝色弧段表示 1 区和 2 区场向电流，粉色区域表示部分环电流，黄色线和箭头表示电流方向。地球表面黄色线和箭头表示极光电集流，通常限制在纬度圈通道上，其核心区域纬度方向上的宽度为 5°～8°。[改编自 Swift, 1979]

问答题 11-14

利用图 11-22 或图 11-23，证明在东向电集流下方，地面磁场 H 分量或 X 分量的变化是沿着北向（正的）。在西向电集流下方，它们是沿着南向（负的）。

极光电集流与极光最亮的区域并不是同一个位置，因为极光最亮的区域对应于最强电离层电导率所在的区域。高电导率会使能产生电流的电场发生短路，因此强电流不能在此区域中流动。电场越低意味着电流越小（即使电导率很大）。因此，极光电集流中，强磁场扰动就需要有强电场，这些电场只存在于强极光亮度区的极向区域。

亚暴电流楔。图 11-24 显示了亚暴电流楔（current wedge）。电流楔是磁尾电流在子夜电离层发生短路的结果。在清晨几个时区中，电流向下朝电离层流动，在子夜区域在电离层中向西流动，之后在深夜几个时区中从电离层向上流动。磁尾电流短路的原因是电流研究的一个课题。许多科学家认为它是内磁尾中磁重联所产生的流动不断累积的结果。在极光区，亚暴电流楔的影响造成穿过子夜的西向电流强烈增强，如图 11-23 中所示。该西向电流导致磁场水平分量急剧下降。

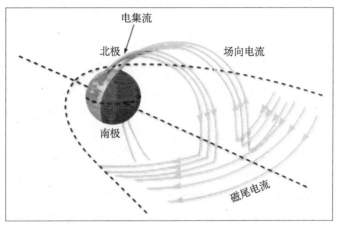

图 11-24 亚暴电流楔。电流楔从磁尾开始。多余的电流从越尾电流流出，并沿着磁力线流动，然后流入、流出极光带。电流在具有电阻的电离层中流动，会造成热层加热。在极光区中有一部分电流可能流入昏侧附近所示的部分环电流中（图 11-25），部分环电流通常可以拓展到子夜处。[改编自 McPherron et al., 1973]

部分环电流。另一个明显在亚暴期间发生，并在磁暴主相期间发展的电流是部分环电流。在图 11-25 中，变化的部分环电流在子夜附近用绿线表示，在昏侧附近用蓝线表示。除了部分环电流具有相反的极性以外，它的表现和亚暴电流楔很相似。部分环电流在地面上产生磁场负的扰动。当它的影响和环电流的影响叠加在一起时，扰动分布将呈现出非对称结构，昏侧将比晨侧具有更多的地磁场负扰动。实际上，环电流和部分环电流是相同电流体系的组成部分。部分环电流更可能出现在磁暴开始时段。它是由正离子绕昏侧漂移运动产生

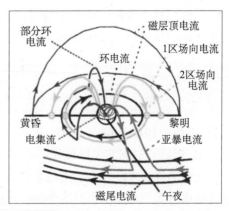

图 11-25 暴时电流体系。这些电流体系包含了在赤道面上和极隙区上方的磁层顶电流、1 区场向电流和 2 区场向电流，其中磁层顶电流供给于 1 区电流和极隙区电流。对称环电流和部分环电流供给于 2 区电流。等离子体片电流供给于亚暴电流楔。[McPherron, 1991]

的。当离子在偶极场中从晨侧向昏侧漂移时，它们将获得能量，该能量来自于对流所产生的越尾电场。所获得的能量使得昏侧附近的电流更强。

图 11-25 概括了暴时磁层电流体系。极隙区电流从白天一侧磁层顶，通过场向电流，穿过电离层，再回到白天一侧磁层顶从而构成回路。内磁层电流具有几个要素：①在晨侧，1 区场向电流从低纬边界层内边界向下朝地球流动。在昏侧，1 区场向电流向上流。1 区场向电流在电离层出现分叉，有一部分电流流过极盖区，剩余部分朝赤道方向流动。② 2 区场向电流起源于内磁层。2 区场向电流的方向与 1 区场向电流的方向从某种意义上讲是相反的。部分环电流也起源于内磁层，在磁暴的早期阶段发生。环电流是带电粒子梯度漂移和曲率漂移的结果。磁尾电流将电荷从晨侧磁层输运到昏侧磁层。在暴时电荷快速积累期间，部分磁尾电流可能转为流向子夜极光区的亚暴电流楔。所有这些电流都对电离层电流有贡献。

来自电流的能量存储。场向电流的强度及其相连的水平电流的强度对太阳风直接驱动的磁活动水平比较敏感。磁暴主相期间，1 区和 2 区场向电流体系所占据的空间膨胀，电流密度也增强。场向电流为磁层坡印廷通量流入电离层开辟了通道。所以，电磁能可以从磁层流入电离层。在高纬区域，坡印廷通量在极光区和极盖区主要是向下的。

由场向电流驱动的电集流在极光区产生了大量的电阻加热。在磁暴期间，全球的焦耳加热功率可能达到几千亿瓦。因此，暴时电流表示有大量的能量注入电离层和高层大气。亚暴所产生的临时电流通道将输运重联爆发所产生的过量电流。这些电流通道（亚暴电流楔）提供了磁尾电流局部偏转，将其输送到高层大气，并且被限制在子夜附近的地方时内（图 11-24）。在中等磁暴期间，电流楔的电流大约为 10^6 A。这一新电流体系临时增加的电流将用于极光区的加热和大气的膨胀。

正如第 12 章所讨论的，暴时注入电离层的能量主要有两种形式：电磁波和粒子。电磁能大约比粒子加热的能量大四倍。它可进一步分成焦耳加热（>90%）和动量交换（<10%）。焦耳加热将使中性粒子和等离子体温度增加，改变中性气体压强以及相关的风场，增加等离子体标高，产生场向等离子体外流。动量交换引起了中性气体运动。

关注点 11.3　极光电集流指数（改编自日本京都的世界地磁数据中心，京都极光电集流（AE）指数服务中心）

　　AE 指数最初在 1966 年由 Davis 和 Sugiura 提出，用于度量极光区全球电集流活动水平。AE 指数是根据北半球极光带上选定的（10～13 个）地磁台站观测到的地磁水平分量的变化演算而来的。为了规范数据，首先需要计算出每个台站每月的基准数据，该基准数据通过每个台站每个月 5 个国际磁静日期间所有数据求平均获得。将该月该台站 1 分钟精度的观测数据减去所得的基准数据，然后选出所有台站按以上方法处理后所得数据在每个时刻的最大值和最小值。AU 和 AL 指数分别为所得的最大值和最小值。AU 和 AL 值形成了各台站所有观测数据叠加绘制所得的上包络和下包络，它们随着 UT 而变化。二者之差（AU-AL）定义为 AE 指数。AU 和 AL 的平均值（（AU+AL）/2）定义为 AO 指数。AE 指数这个词代表了 4 个指数（AU、AL、AE 和 AO）。AU 和 AL 指数分别表示最强的东向和西向极光电集流的电流强度。AE 指数代表电集流的整体活动水平，AO 指数则用于衡量等效的极光带电流。AE 指数小于 100 nT 表示平静时期。图 11-26 显示了 1998 年 5 月 2～8 日期间的 AU、AE 和 AL 指数。

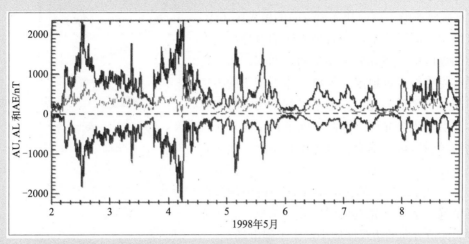

图 11-26　1998 年 5 月 2～8 日期间的 AU、AE 和 AL 指数。 最上面的黑线表示 AE 指数，中间的红线表示 AU 指数，最下面的黑线表示 AL 指数。1998 年 5 月 2～4 日期间，极端的极光电集流活动被记录到，因为有几个快速 CME 到达地球。（NCAR 的 Gang Lu 供图）

11.3.2　中纬和低纬磁层的屏蔽

目标：读完本节，你应该能够……

◆　描述欠屏蔽和过屏蔽是怎么产生的
◆　描述欠屏蔽和过屏蔽与 2 区场向电流的联系

在弱对流或没有对流的平衡条件下，磁层粒子经历了梯度漂移和曲率漂移（图 11-27（a））。它们跟随着磁层电势 Φ 等值线运动。当对流增强时，所产生的越尾电场 E 开始发展，等离子体片开始向太阳方向涌动，部分西向环电流也开始发展（图 11-27（b））。昏侧等离子体片边缘充正电，晨侧等离子体片边缘充负电。过量的电荷建立起昏晨极化电场（图 11-27（b））。对流电场和极化电场叠加往往会屏蔽近地空间区域增强的对流晨昏电场。屏蔽的结构通常阻止电场广泛地涌入内磁层以及中低纬电离层。

但是，屏蔽层和场并不会马上发展。因此，在短暂的时间内，内磁层、低纬电离层和中纬电离层可能暴露于增强的对流电场中，这种情况称为欠屏蔽。欠屏蔽只是对流增强期间晨昏电场临时穿透到内磁层中。在欠屏蔽期间，昏晨极化电场不足以抵消增强的对流电场。更强的对流电场沿着磁力线渗透到电离层中。此外，一部分过量的电荷可能沿着磁力线流动，成为 2 区电流系统的一部分。另一方面，当 IMF 转为北向，造成对流电场突然减小时，在整个内磁层中，昏晨极化电场占据主导（图 11-27（c））。过屏蔽就是昏晨极化电场超过减弱的晨昏对流电场，成为临时主导。

欠屏蔽将影响子夜前朝赤道方向的极光区边缘。在该区域中，电子通常控制着极光区的电导率。在子夜前的扇区中，在等离子体片加热期间，离子比电子漂移得更加靠近地球。等离子体中离子的内边界将对应于一个低 L 壳层。电子受到限制，将在更高的 L 壳层进入极光区。因此，电子在正离子所创建的电流通道区域中确实对电导率有贡献。离子在内磁层中产生大部分的压强，离子也驱动大部分的 2 区电流。因此，过多的 2 区电流在子夜前的扇区流入低电导率、亚极光电离层区域。结果，在极光区昏侧朝赤道方向的边缘区域中产生了强电场。

这些场增强了极光和亚极光等离子体流。用于监测极光等离子体的雷达在大磁暴前期阶段观测到电离层等离子体流朝太阳方向的亚极光喷射。在大磁暴来临阶段，这种子夜前亚极光流（sub-auroral plasma stream, SAPS）是磁层 – 电离层强烈耦合的一个标志。

产生屏蔽和过屏蔽的增强电场往往有一个东向分量。正如第 12 章所描述，渗透到低纬电离层的东向电场使得等离子体向上抬升。反过来，抬升的等离子体遭受到不稳定性，该不稳定性使得高密度和低密度的等离子体羽并列在一起。等离子体不均匀的分布最终将影响低纬区域无线电通信。电场屏蔽和渗透的观测和预报是热门的研究方向，对于精确的卫星导航信号来讲具有特殊的应用，因为导航信号严重受中纬和低纬电离层等离子体不规则体的影响。

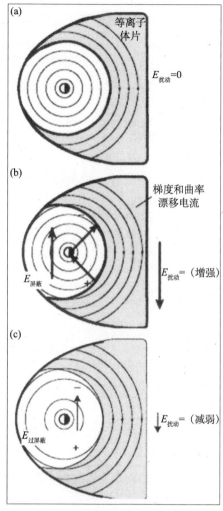

图 11-27　内磁层中变化的对流电场的影响。（a）此处显示了粒子在电势等势线中漂移（梯度漂移和曲率漂移）的平衡状态。（b）该图描绘的是增强的对流电场将等离子体片的内边界向内推，并建立起方向相反的极化（屏蔽）电场。在极化电场不断建立的过程中，内磁层暴露于渗透的对流电场中。（c）对流电场变弱，允许先前存在的极化电场短时处于主导地位。内磁层中，对流电场被短时过屏蔽。（来自莱斯大学 Robert Spiro）

总结

当太阳风携带着与地球磁场方向相反的行星际磁场时，白天一侧的地球磁层将打开，允许大量的能量传输进来。几个小时之后，输入的能量激发地球磁层，产生地磁暴。磁暴的强度用暴时地磁指数（Dst）来记录——这是近赤道地表磁场下降量的一种度量，该下降是由热离子绕地球运动形成的西向环电流所造成的。环电流所产生的磁场使得地表磁场下降，这种下降对 Dst 指数有贡献。

一个典型的磁暴包含有三个相位：初相、主相和恢复相。初相包含了磁层的压缩，Dst 值通常为正；主相期间环电流不断增长，造成了 Dst 值的快速下降；恢复相期间，环电流开始衰减，Dst 值变得没那么负，朝着 0 nT 值变化。空间预报者主要感兴趣的是主相期间带电粒子（keV～MeV）被局地加速和被捕获的发展趋势、空间和地面增强的电流，以及磁层－电离层系统增强的耦合。这种增强的耦合通常表现为极盖区的拓宽，以及极光向赤道方向的拓展。

行星际介质通过改变磁层的形状以及向磁层施加电场来影响和控制磁层。通常采用动能通量来表征磁层的形变，用坡印廷通量来描述电场传输的功率。磁层有几种方式来耗散太阳风所传输的能量。在相对平静的条件下，冷粒子朝地球方向漂移，许多粒子对流到白天一侧的磁层顶，这些粒子可以穿过磁层顶损失到磁鞘中。当大量能量被传输到磁层中时，最有效的耗散方式是发生全球磁暴。在磁暴期间，对流耗散能量，不过还有其他方式耗散能量。更小尺度的机制，如周期性强亚暴、稳定的磁层对流以及孤立亚暴，这几种方式可以在磁暴期间和磁暴之外的时间耗散能量。在这些机制中，部分或所有机制都可以使粒子获得能量。获得能量朝向地球运动的粒子在横越磁力线时，将经历梯度漂移和曲率漂移，事实确实如此。

获得能量的粒子可能成为环电流或外辐射带的一部分，这取决于粒子的能量。环电流和外辐射带的增强是地磁暴的一个标志。环电流在等离子体层顶边缘发展。磁暴使环电流增强，也影响了等离子体层，使得等离子体层收缩和扭曲。外辐射带很容易对磁暴做出响应。外辐射带电子数密度随着磁暴活动的增强一般会增加，辐射带也会拓宽，占据更多的 L 壳层。内辐射带通常只有在非常强的活动时才会受到影响。太阳风极端激波可以使内辐射带增加新的粒子，或者在槽区建立一个新的辐射带。

地磁暴另一个特征是电离层和磁层之间的耦合增强。这种耦合大部分是通过场向电流。1 区电流连接着侧面磁层顶和电离层，直接对太阳风作用做出响应。2 区电流连接着内磁层和电离层，由磁层动力学过程所驱动，对太阳风能量输入做出响应。1 区和 2 区电流对极光电集流有贡献，极光电集流也供给 1 区和 2 区电流。这些水平电集流在高电导率的极光区流动。沿着电场流动（彼得森电流）的粒子和垂直于电场流动（霍尔电流）的粒子对电集流都有贡献。电集流所产生地面上的信号大部分来自于霍尔电流。电集流的激增可能产生于亚暴电流楔形成过程中从中磁尾区域流出的电流所带来的脉冲式贡献。部分环电流对电集流的不对称性也有贡献。它们流过极光区，加热周边中性粒子，耗散掉部分来自磁层通过场向电流所提供的磁暴能量。

磁层对流中脉冲式的变化将在地球上产生电场和电流效应。欠屏蔽是磁层对流不断增强期间增强的晨昏电场临时渗透到内磁层中。这一现象普遍存在于磁暴的开始时期。欠屏蔽允许在磁暴的开始时期产生有效的磁层－电离层耦合。这种耦合的信号大部分出现在亚极光纬度带子夜前的扇区。过屏蔽就是昏晨极化电场超过减弱的晨昏对流电场，成为临时主导。欠屏蔽和过屏蔽电场对低纬电离层不稳定性有贡献。

关键词

英文	中文	英文	中文
Akasofu epsilon parameter(ε)		kinetic energy flux $v(\rho v^2)$	动能通量
	阿卡索夫ε参数	main phase	主相
aperiodic stormtime substorm		overshielding	过屏蔽
	非周期性暴时	Poynting flux	坡印廷通量
	亚暴	radial diffusion	径向扩散
auroral electrojets	极光电集流	recovery phase	恢复相
current wedge	电流楔	recurrent	重现性
cusp currents	极隙区电流	sawtooth events	锯齿事件
disturbance storm time (Dst) index		stagnation point	停滞点
	暴时扰动指数	steady magnetospheric convection (SMC)	
drainage plumes	等离子体层羽流		稳态磁层对流
electric field separatrix	电场分界线	sudden impulse (SI)	突发脉冲
geomagnetic storm	地磁暴	sudden storm commencement (SSC)	
Hall current	霍尔电流		磁暴急始
initial phase	初相	transient	瞬时
isolated non-stormtime substorm		trapping region	捕获区
	非暴时孤立亚暴	undershielding	欠屏蔽

公式表

太阳风对磁层顶的有效坡印廷通量

$$\boldsymbol{P} = \left[(1/\mu_0)(\boldsymbol{E}_{SW} \times \boldsymbol{B}_{SW})\right]\left(\sin(\theta/2)\right)^4$$
$$= (1/\mu_0)v_{SW}|\boldsymbol{B}_t|^2\left(\sin(\theta/2)\right)^4$$

Akasofu epsilon 参数

$$\varepsilon = (4\pi/\mu_0)v_{SW}|\boldsymbol{B}_t|^2\left(\sin(\theta/2)\right)^4 l^2$$

带电粒子漂移速度

$$\boldsymbol{v}_D = \frac{\boldsymbol{E} \times \boldsymbol{B}}{B^2} + \frac{m\left(2v_\parallel^2 + v_\perp^2\right)}{2q}\frac{\boldsymbol{B} \times \nabla \boldsymbol{B}}{B^3}$$

$$(1) \qquad\qquad\qquad (2)$$

问答题答案

11-1: 突发脉冲对应于 Dst 值剧烈上升阶段（在该例子中 Dst 值大约上升到 0 nT）。主相对应于 Dst 值快速下降阶段（0～-235 nT）。恢复相对应于 Dst 值从最负值（大约 -235 nT）慢慢上升到暴前水平值阶段（大约 -30 nT）。

11-2: 从北极往下看，环电流按顺时针方向绕地球流动（自东向西）。该电流环所产生的磁场扰动在电流环以内方向朝下，在电流环以外方向朝上。

11-3： 太阳风施加的电场为 $E_{SW}=-(v_{SW}\times B_{SW})$。假设太阳风只有一个径向分量（$x$），大小为 v_x，方向为负。通过行列式计算电场

$$E_{SW}=-(v_{SW}\times B_{SW})=\begin{vmatrix} x & y & z \\ v_x & 0 & 0 \\ B_x & B_y & B_z \end{vmatrix}=(0,E_y,E_z)=\left(0,-v_xB_z,v_xB_y\right)$$

将上式结果代入 $E_{SW}\times B_{SW}$ 行列式，得到

$$(E_{SW}\times B_{SW})=\begin{vmatrix} x & y & z \\ 0 & -v_xB_z & v_xB_y \\ B_x & B_y & B_z \end{vmatrix}=\left(-v_xB_zB_z-v_xB_yB_y,v_xB_yB_x,v_xB_zB_x\right)$$

因为只有朝向地球方向的坡印廷通量有贡献，即只有 x 方向 $E_{SW}\times B_{SW}$ 有贡献，所以

$$(E_{SW}\times B_{SW})=(-v_xB_zB_z-v_xB_yB_y,0,0)=v_{SW}\left|B_t^2\right|$$

其中 B_t 为切向磁场大小，$\left|B_t^2\right|=(B_y^2+B_z^2)$。

11-4： 方程（11-1）所得坡印廷矢量单位为 vB^2/μ_0 所得的量纲，即 $(m/s)(N/(A\cdot m))^2/(N/A^2)$，经处理可得

$$(m/s)(N/m^2)=J/(s\cdot m^2)=W/m^2$$

动能功率单位为 ρv^3 所得的量纲，即 $(kg/m^3)(m/s)^3$，经处理可得

$$(kg\cdot m^2/s^2)(1/s)(m/m^3)=J/(s\cdot m^2)=W/m^2$$

11-5： （b）平均速度的 CME。

11-6： 在右侧大部分区域受方程第 1 项 $\dfrac{E\times B}{B^2}$ 控制，那里的粒子朝着地球方向运动。在粒子绕地球做圆周运动的区域受方程第 2 项梯度漂移和曲率漂移控制。

11-7： 环电流被认为是抗磁的，因为它所产生的磁场与产生环电流的原磁场方向相反。

11-8： 当粒子的能量比较低时，粒子平行磁场方向上的速率和垂直磁场方向上的速率就比较小。这两参量在方程（11-3）右边第 2 项中使用到。因此，方程右边第 2 项变得不重要。

11-9： 在图 11-17 中，Dst 指数值按右边垂直刻度所示。在太阳活动低年期间，环电流不活跃，所以 Dst 值为负，往往也不大。在这个时段里，外辐射带拥有更少的高能粒子通量，这些粒子在更大的 L 值处被观测到。1996～1997 年，这些特征非常明显。该时间段刚好与图 11-17 上方黑线所绘制的太阳黑子数最小值所对应的时间相吻合。依据 Dst 指数的记录以及更加活跃的外辐射带，1996 年进入了第 23 太阳活动周。1994 年，槽区发生一次注入事件；1998 年槽区发生多次注入事件。

11-10： 对流电场矢量从晨侧指向昏侧。

11-11： 在南半球，1 区电流在晨侧是向内的（朝向地球），在昏侧是向外的（远离地

球）。在南半球，2 区电流在昏侧是向内的（朝向地球），在晨侧是向外的（远离地球）。该结果与在北半球的情况一样。

11-12: 在 IMF B_y 分量很小或者没有的情况下，白天一侧的极隙区电流形成了部分白天一侧的 1 区电流体系。在午前扇区，电流的流动方向朝向地球，在午后扇区，电流的流动方向背离地球。

11-13: 彼得森电流从晨侧流向昏侧，流过极盖区。在子夜后到黎明扇区，彼得森电流在 1 区电流和 2 区电流之间也从高纬区域流向低纬区域。在极光区黄昏到子夜前扇区，彼得森电流从低纬区域流向高纬区域。

11-14: 使用右手法则，右手握住电流，大拇指指向电流的方向，其余手指头所指的方向为磁场方向。东向电集流在地面所产生的磁场方向朝北。类似地，西向电集流在地面所产生的磁场方向朝南。

参考文献

Akosofu, Syun-Ichi, 1981, Energy coupling between the solar wind and the magnetosphere, *Space Science Review*, No. 28 Springer, Dordrecht, Netherlands.

Cowley, Stanley W.H. 1995, The Earth's Magnetosphere: A brief beginners guide. *Eos. Transactions-American Geophysical Union*.Vol. 76.American Geophysical Union. Washington, DC.

Davis, T. Neil and Masahisa Sugiura. 1996. Auroral electrojet activity index AE and its universal time variations. *Journal of Geophysical Research*.Vol. 71. American Geophysical Union. Washington, DC.

图片来源

Baker, Daniel, Joseph H. Allen, Shri G. Kanekal, and Geoff D. Reeves. 1998. Space environmental conditions during April and May 1998: An indicator for the upcoming solar maximum. *EOS*. Vol. 79. American Geophysical Union, Washington, DC.

Blake J. Bernard, Wojeiech A. Kolasinski, R.Walker Fillius, and E. Gary Mullen, 1992. Injection of electrons and protons with energies of tens of MeV into L<3 on March 24, 1991. *Geophysical Research letters*, Vol. 19, No. 821. American Geophysical Union, Washington, DC.

Grebowsky, Joseph M, 1970. Model study of plasmapause motion, *Journal of Geophysical Research*.Vol. 75. American Geophysical Union, Washington, DC.

Kavanagh, L. D., Jr., J. W. Freeman Jr., and A. J. Chen. 1968. Plasma Flow in the Magnetosphere. *Journal of Geophysical Research*. Vol. 73. American Geophysical Union,

Washington, DC.

McPherron, Robert L., Christopher T. Russell, and Michael P. Aubry. 1973. Satellite studies of magnetospheric substorms on August 15, 1978, 9, Phenomenological model for substorms, *Journal of Geophysical Research*. Vol. 78. American Geophysical Union, Washington, DC.

McPherron, Robert L., 1991.Physical processes producing magnetospheric substorms and magnetic storms.*Geomagnetism*. Vol. 4. Edited by J. Jacobs. Academic Press, Ltd. London, England.

Milan, Steve, Adrian F. Grocott, Colin Forsyth, Suzanne M. Imber, Peter D. Boakes, and Benoit Hubert. 2008. Looking through the oval window. *Astronomy and Geophysics*.Vol. 48. Royal Astronomical Society. West Sussex, UK.

Reeves, Geoff D., Michael G. Henderson, Ruth M. Skoug, Michelle F. Thomsen, Joseph E. Borovsky, H. O. Funsten, Pontius C. Brant, Donald J. Mitchell, JoergMicha Jahn, C. J. Pollock, David J. McComas, and Steven B. Mende, 2003. Image, POLAR, and Geosychronous Observations of Substorm and Ring Current Ion Injection. *Geophysical Monograph*. Vol. 142. American Geophysical Union. Washington, DC.

Roederer, Juan G. 1970. Dynamics of Geomagnetically Trapped Radiation.Vol. 2. *Physics and Chemistry in Space*. Springer-Verlag. New York, NY.

Sitnov, Mikhail I., Nikolai A. Tsyganenko, Aleksandr Y. Ukhorskiy, and Pontus C. Brandt, 2008. Dynamical data-based modeling of the storm -time geomagnetic field with enhanced spatial resolution. *Journal of geophysical Research*. Vol. 113. American Geophysical Union. Washington, DC.

Strangeway, Robert J., Christopher T. Russell, Charles W. Carison, James P. McFadden, Robert E. Ergun, Michael A. Temerin, David M. Klumpar, William K. Peterson, and Thomas E. Moore. 2000. Cusp field-aligned currents and ion outflows. *Journal of geophysical Research*. Vol. 105df. American Geophysical Union. Washington, DC.

Swift, Daniel W. 1979. Auroral Mechanism and Morphology. *Reviews of Geophysics and Space Physics*.Vol. 17. No. 4. American Geophysical Union. Washington, DC.

补充阅读

Cowley, Stanley W. H. 1981. Magnetospheric asymmetries associated with the Y component of the IMF. *Planetary Space Science*.Vol. 29. Elsevier Science, Ltd. Amsterdam, Netherlands.

Hargreaves, John K. 1992. *The Solar Terrestrial Environment*.Cambridge Atmospheric and Space Science Series. Cambridge University Press.

Kamide, Yohsuke and Abraham Chian (Editors). 2007. Handbook of Solar-Terrestrial Environment. Springer-Verlag. New York.

Kivelson, Margaret G. and Christopher T. Russell. 1995. *Introduction to Space Physics*. Cambridge University Press. Cambridge, UK.

Prolss, Gerd W. 2004. *Physics of the Earth's Space Environment*. Springer Verlag. Dordrecht, Netherlands.

第二单元 扰动的空间天气及其物理

第 12 章 地球大气中的空间天气扰动

Tim Fuller-Rowell and Devin Della-Rose

你应该已经了解：

❑ 场和电流的概念（第 4 章）

❑ 等离子体的概念（第 6 章）

❑ 平静的高层大气（第 7 和第 8 章）

❑ 耀斑和太阳高能粒子（第 9 和第 10 章）

❑ 暴时磁层（第 11 章）

本章你将学到：

❑ 能量从磁层流入高层大气

❑ 高层大气的太阳活动周变化

❑ 耀斑和太阳高能粒子对高层大气的影响

❑ 通过粒子和坡印廷通量进入极区大气的能量沉积

❑ 弥散极光、分立极光和宽带极光的贡献

❑ 行进式大气和电离层扰动的影响

❑ 极光带的物理和结构

❑ 电离层暴的定义，包括正相暴和负相暴

❑ 电离层暴期间电离层与热层的相互作用

❑ 电离层暴期间的等离子体化学和动力学过程

❑ 高纬、中纬和低纬的电离层扰动现象

翻译：钟秋珍；校对：刘立波。

12.1　高层大气扰动的驱动源

在热层和电离层中发生的高层大气暴主要是太阳活动和地磁暴作用的结果。响应时间覆盖从几分钟（受太阳耀斑影响）到几年甚至更长（受太阳活动周作用）。太阳爆发和地磁暴期间，累积的能量会改变热层大气的温度、密度、全球环流和中性成分。这种暴时过程会涉及电流、极光、等离子体输运、大气阻力、加热、发电机效应、中性风中的扰动、波动及成分的变化。中性大气和其中电离气体同时发生扰动。反过来，电离层和磁层之间强烈的相互作用会驱动热层大气的扰动。当然，暴时影响也包括卫星阻力变化和无线电波传播扰动。

12.1.1　典型太阳活动周行为

目标：读完本节，你应该能够⋯⋯

♦　描述高层大气密度和温度随太阳活动周的变化
♦　描述热层能量来源，并区分它们之间的不同

太阳和磁层能量输入的变化，会在地球高层大气中产生强烈的响应。图 12-1 显示的是中性大气的温度与密度以及电子密度在太阳活动周期间的变化。150 km 以上的区域受到的影响最大。图 12-1 的主要变化源自太阳 X 射线和极紫外辐射的太阳活动周变化，这些辐射能够光致电离 N_2（$\lambda<79.6$ nm）、O（$\lambda<91.1$ nm）和 O_2（$\lambda<102.5$ nm）。光致离解主要发生在波长大于 102.5 nm 的波段。吸收的能量被重新分配，约一半用于破坏电子－离子键，另一半能量以包括光电子的形式释放。被吸收的能量中约 60% 最终用于加热中性粒子。剩余能量中约一半用于将氧分子分解为氧原子，而氧原子是高层大气的主要成分。另一半能量以紫外气辉的方式出现。与暴时动力学相关的额外能量能够激发一氧化氮（NO），NO 转而以红外波段向外辐射能量。这种红外辐射可能在暴发生之后存在 1～3 天。

问答题 12-1

在一个太阳活动周中，图 12-1 中那些物理量的变化幅度有多大？以 300 km 高度处（最大值－最小值）/平均值给出你的答案。

平均来说，高层大气总能量的 80% 都来自于地球日侧的太阳能量贡献。表 12-1 给出了日球层和地球空间中各种能量源的贡献。源自粒子和电磁的能量主要出现于极光区。综合时间和空间的累计效应，热层的能量中，以坡印廷通量形式的电磁能贡献约占 15%，粒子贡献占 5%。在极端强的地磁暴期间，非太阳的能量输入可能超过来自太阳的能量输入。

图 12-2 描绘了来自太阳光子和能量粒子的电离率的变化范围。太阳光子和极光电子为稀薄高层大气提供了巨大的能量。在中磁层和内磁层被加速的高能电子和在日冕或行星际

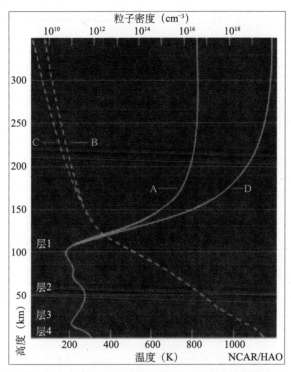

图 12-1　高层大气暴的基本影响。 来自太阳和磁层的能量输入会电离和加热高层大气成分。加热的大气向上膨胀，增加低轨卫星运行区域的大气密度。层 1 代表热层，曲线 D 是太阳极大年的温度廓线，曲线 A 是太阳极小年的温度廓线。曲线 B 是太阳极大年的密度廓线，曲线 C 是太阳极小年的密度廓线。图顶部的数值是热层密度的坐标刻度。（UCAR 的 COMET 项目供图）

表 12-1　地球空间的能量源。 左栏中的能量源对右侧两栏中的空间区域有贡献。高亮标出的能量源会产生显著的电离（图 12-2）。第二栏给出了能量通量。正负号后面的值代表能量通量随太阳活动周的变化幅度。在太阳 X 射线和极紫外波段，高值变化发生在太阳耀斑期间。磁层的能量以平静到暴时通量值的变化来表示。（美国海军研究实验室的 Judith Lean 提供）

能量源	能量通量（W/m²）	沉积高度（km）	纬度 / 经度
太阳辐射			日侧
X 射线 -EUV 5～120 nm	0.0032 ± 0.0009	100～500	
EUV-UV 121～300 nm	14.9 ± 0.1	30～120	
UV-RF 301～10000 nm	1350.5 ± 0.5	地面	
星际辐射			全球
总星光	0.0000018	地面～120	
UV 123～135 nm	0.000001	90～120	
粒子			
太阳高能质子	0.002 ± 0.002	10～90	极盖区
磁层质子	0.001～0.006	100～130	高纬
磁层电子	0.003～0.03	30～130	高纬
银河宇宙线	0.000007	0～90	
磁层坡印廷通量	0.000015～0.15	100～500	高纬
来自低层大气的潮汐作用	0.00005	100～125	日侧

介质中被加速的太阳质子，到达地球中层和平流层。这些粒子深入穿透的标记是大气的化学变化。

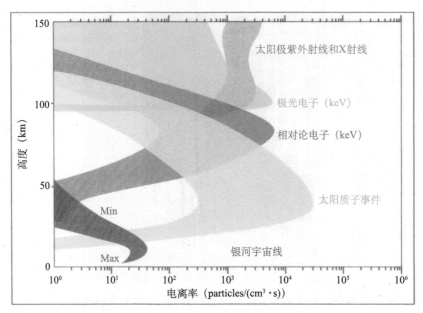

图 12-2　电离率的太阳活动周变化。 图中所示的变化范围是典型的太阳活动周变化。没有给出来自极光质子的电离率。图中的变化范围没有包含极端平静和极端爆发情况。在极其罕见的情况下，极端太阳质子事件产生的电离高度能一直到达地面。对于大部分曲线，太阳极大年的值在右侧，太阳极小年的值在左侧。但是，银河宇宙线在太阳活动低年更容易到达地球；因此，对于银河宇宙线，太阳极小年的值在右侧，太阳极大年的值在左侧。[基于 Richmond，1987 的数据，改绘自 Baker，2001]

问答题 12–2

图 12-2 所示的分类中，哪些仅在有磁暴的情况下存在？

12.1.2　耀斑和快速 CME 的能量响应

目标：读完本节，你应该能够……

♦　描述脉冲型太阳事件期间电离层和热层的响应

♦　讨论脉冲型事件的典型响应时间

耀斑和快速 CME 对耦合的电离层 - 热层产生的一些影响并没有在图 12-1 中体现出来。在极端耀斑期间，软 X 射线（2 nm ＜ λ ＜ 5 nm）、硬 X 射线（0.1 nm ＜ λ ＜ 1 nm）和来自氢 Lyman-α 波段（121 nm）的光子会穿透到较低的日侧热层和中层，产生 E 层和 D 层增强（图 12-3）。这些电离增强会导致电离层突然骚扰（sudden ionospheric disturbances, SIDs）和无线电传播中的突然频率漂移（sudden frequency deviations, SFDs），以及其他与 E 层和 F

层有关的无线电频率传播干扰（第 14 章）。图 12-4 展示了预测的受 2000 年 7 月 14 日 X3 级耀斑影响的无线电传播干扰的区域。

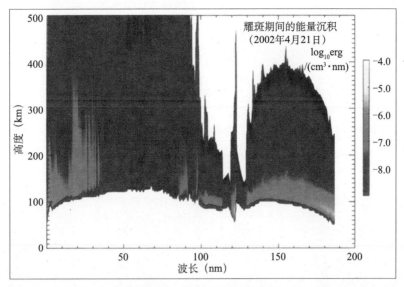

图 12-3 **2002 年 4 月 21 日太阳耀斑期间电离率的模拟值。**模拟的波长范围从小于 1 nm 到 185 nm。颜色棒显示的是能量沉积的对数值，单位是 erg/(cm³·nm)。能量沉积的变化幅度超过 5 个数量级。图中白色区域接收的能量沉积可以忽略。波长极短的 X 射线（波长小于 4 nm）和波长在 121 nm 附近的极紫外辐射能够穿透很深，进入较低高度的电离层和中层大气上部。（NCAR 的 Stan Solomon 供图）

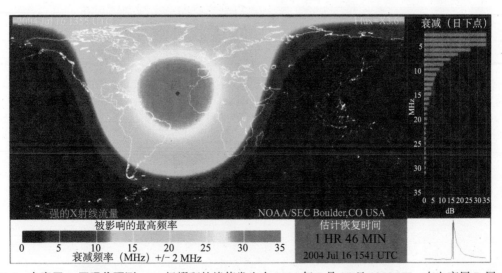

图 12-4 **电离层 D 区吸收预测。**X3 级耀斑的峰值发生在 2004 年 7 月 16 日 1355 UT。在电离层 D 层，自由电子吸收低频无线电波，并在重新辐射电波能量之前与中性成分发生碰撞。在大西洋中部的很大区域，波段频率低于 10 MHz 的无线电波遭遇吸收。据预测，对无线电影响的频率可高达 32 MHz。对于所有的无线电频段，预测的恢复时间是在耀斑峰值后的 1 小时 46 分钟。（NOAA 空间天气预报中心（SWPC）供图）

　　过量的电离会在日下区产生电流增强。在最极端的事件期间（脉冲型硬 X 射线耀斑），地基磁场信号就可以探测到日侧电离层的电流扰动。这些信号表明在赤道电集流中出现了以离化流形式存在的突然的、较大的、头顶上方的电流。在磁力仪记录中，可以看到一个陡然增长和长时间的衰减过程——图形看起来像钩针（图 1-17）。这样的事件也叫做地磁钩扰或耀斑钩扰。

问答题 12-3

思考图 12-4，为什么预测北极区比南极区有更多的电波衰减？

此外，在电离层的 E 层和 F 层，耀斑会导致总电子含量突然增加（SITEC）和高层大气快速加热。图 12-5(a)～(c) 给出一个大太阳耀斑爆发时 110 km 高度上电子密度变化的模

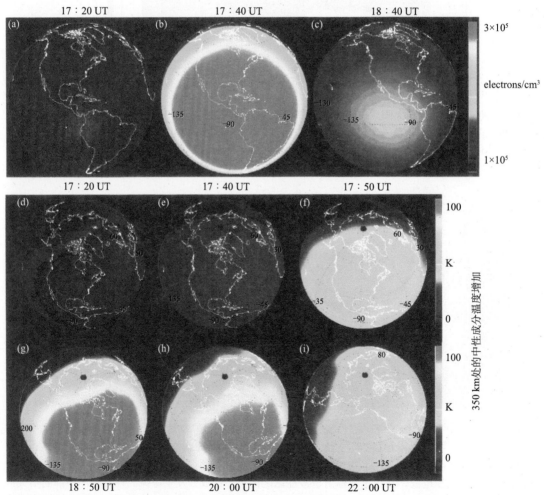

图 12-5　对 2005 年 9 月 7 日太阳耀斑影响的模拟。（a）～（c）110 km 高度处的电子密度。右侧的颜色棒显示的是电子密度。在很短的时间内，X17 级的耀斑使日侧 E 层电子密度变为 3 倍。（d）～（i）350 km 高度处中性温度变化。由耀斑产生的中性气体温度变化（增加了～100 K）发展较慢。温度变化的影响通过压强梯度力驱动的中性风浪涌传递到夜侧半球。（NCAR 的 Gang Lu 供图）

式计算值。随之而来的热膨胀（图 12-5(d)～(i)）会改变在固定高度上的成分混合比和压力梯度，从而驱动产生中性风。

太阳高能粒子（SEP）的相互作用。正如第 9 章和第 10 章中所描述的，太阳耀斑和 CME 会使电离层中的粒子能量增强。其中有小部分能量粒子沿着极盖区的开放磁力线进入高层大气。这些热粒子有足够的能量，能够在它们历经的路径上产生多次电离。大部分穿透的太阳高能粒子是离子，能量在 1～100 MeV 范围。它们的穿透深度范围是 30～90 km——从电离层一直延伸到平流层（图 12-5）。最高能量的离子（>1000 MeV）可穿透对流层，产生地面宇宙线增强事件。

比起加热效应而言，更重要的是这种能量粒子能引起极盖区突然的额外电离，以及影响中层和平流层的长期化学变化。极盖区 TEC 的突然变化会导致极盖区无线电通信中断几小时。因此，无线电通信中断将导致跨极区航班重新选择飞行航线。

在 SEP 事件几小时和几天之后，SEP 产生的一部分粒子会生成破坏臭氧的化学基，如 NO_x 和 HO_x。这些催化剂物质会把臭氧转化为氧分子。最近的一些 SEP 事件模拟显示，它们影响的大气层高度比之前预想的还要深，因为其次级产物，特别是由电子轫致辐射产生的 X 射线，在大气层深处产生电离。

在这些大的空间天气事件中的一个反例是福布什宇宙线下降和 SEP 增强的相互作用。大的 CME 有效限制了能产生电离的宇宙线到达地球。然而，大的、快速 CME 能够有效产生高通量的 SEP。虽然这些局地加速粒子比宇宙线的能量要低，但 SEP 通量更高，并能够直接进入磁场开放的极盖区。对空间物理学家来说，模拟耀斑 -CME 事件期间复杂的高能粒子通量变化是一个极大的挑战。

12.1.3 磁层能量源

目标：读完本节，你应该能够……

- ◆ 认识极光区的空间天气现象
- ◆ 描述极光沉降源及其随地磁活动的变化
- ◆ 解释极光粒子是如何给电离层和热层提供能量的

除了耀斑效应，热层大气扰动经常是由 CME 或者高速太阳风撞击地球磁场所导致的。地磁暴会给高层大气带来强烈的能量输入，持续几个小时，甚至超过一天。磁暴开始后 1～2 小时就会发生热层暴和电离层暴。全球的高层大气响应时间会滞后局地响应 2～8 小时。

磁暴期间，能量粒子沉降到低热层，甚至更低高度区域，使极光区范围扩展，并且增加了电离层电导率。电子（有时还有质子）经过磁尾过程的能量化，沿着磁场线螺旋下降，轰击地球高层大气，与大气分子相互作用，产生极光发射。卫星资料揭示了几种类型的极光能量沉积。非加速离子和电子产生弥散极光（diffuse aurora）。在分立极光（discrete aurora）

中，大部分的能通量来自电子，因为它们质量轻，因此速度快，比速度慢、更重的粒子能够传输更多的能量。加速、分离的电子以两种方式到达：①由准静态电场加速的单能量束；②由阿尔文波加速的宽波段电子沉积。低地球轨道卫星观测图像（图 12-6）揭示了分立极光和弥散极光的形成。

图 12-6　与高层大气暴相关的高纬过程。这幅图来自 DMSP 卫星，揭示了两种极光形态。无特征的发光区与弥散极光相关。有明亮特征的区域是分立极光的一部分。（美国空军气象局供图）

弥散极光。在平静期，到达高纬的大部分粒子被地球偶极场镜像反射又回到磁层。只有那些小投掷角的粒子能穿透大气，产生弥散极光，在平静期沉降粒子能量。典型的弥散极光形成于极光卵赤道向边界，在那里磁场线与地球磁尾的等离子体片连接。能量在几个 eV 到 1 keV 的镜像电子（还有一些质子）通过与磁层等离子体波的相互作用被散射进入损失锥。这些粒子因此会汇入高纬大气，与高层大气碰撞产生极光。由于这个过程扩展到一个相对宽的纬向区域，因此，弥散极光的强度通常比较弱。因此，在平静期，弥散极光在地面通常不可见，甚至在晚上也如此。图 12-7 给出了低、高两种地磁活动情况下弥散电子沉降能通量的空间分布。当对整个极光卵积分时，平静期弥散能量沉积率约 7 GW，大概是活跃期的 1/3。

一些质子会通过不同的途径来影响极光。沉降质子捕捉高层大气中的自由电子，变成中性氢。氢原子会朝各个方向漂移，不再受磁力线的束缚。它们可以重新电离和重新中性化很多次，直至它们的初始能量损失殆尽。因此质子极光扩展的范围很广，通常强度非常微弱。

分立极光。虽然极光电子电磁波谱变化范围从无线电波到紫外线再到 X 射线，但我们通常是通过分立极光发射的人类肉眼可以辨别的可见光来确定它的区域的。可见分立极光的谱范围从红光到绿光到蓝紫光，极光亮度用瑞利（Rayleigh）来衡量：

$$1 \text{ Rayleigh} = 10^6 \text{ photons}/(\text{cm}^2 \cdot \text{s})$$

1000 瑞利（kR）相当于晚上没有月光时银河系的亮度。而在空间天气暴期时，极光亮度可以达到几百 kR。

问答题 12-4

将图 12-7 中的最大能量沉积转化为 W/m²。

在单能分立极光中，沉降电子的能量弥散少，这意味着能量束中的大部分电子具有近乎相同的能量。图 12-8（a）给出了磁平静和活跃期的单能通量覆盖范围。在磁活跃期，分立结构控制了大部分昏侧区域。那些沉降电子占据较宽能量范围的极光常常与时变场有关。通常发现它们在接近子夜时出现。

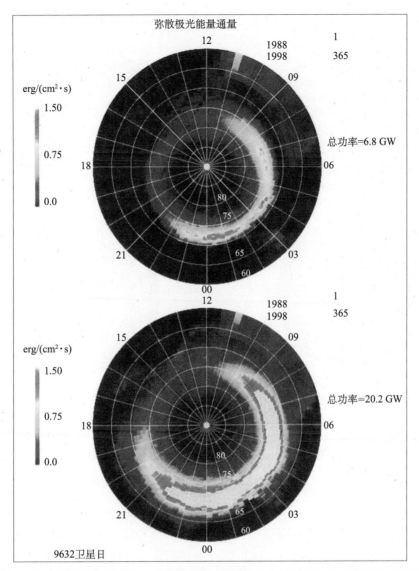

图 12-7 冬季半球在平静和活跃条件下，弥散极光电子能量沉积。这些数据来自 DMSP 卫星长达 11 年的观测。地方时中午在每幅图的顶部。这些数据已经经过分类和拟合用以显示平静和活跃地磁条件下能量沉积的变化。在地磁活动性增加时，极盖变得更广阔，极光卵范围也变宽。沉降电子能量也增加，随之能量沉积增加。[Newell et al., 2009]

    与分立极光相关联的结构比弥散极光更加明亮，通常发生在极光卵的更高纬度。这个区域的高层大气磁力线映射到外等离子体片（边界层），磁暴时可能映射到磁尾磁场重联点。光斑和光幕垂直扩展的高度范围是 10～100 km，通常的基本高度接近 100 km。卫星观测表明，能量大于 1 keV 的沉降电子可引起分立极光，需要一个能量化过程将其能量增加至热背景能量之上。许多科学家认为分立极光的形态是在连接磁层与高层大气的局地电流回路（不与 1 区和 2 区场向电流系统连接）的基础上发展起来的。这个回路可能是静电的（直流电流）或者交变的（交流电流）。

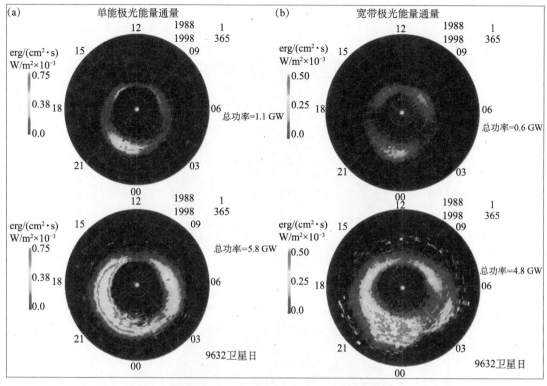

图 12-8　磁平静和活跃条件下分立极光的电子能量沉积。地方时中午在四幅图的顶部。（a）平静和活跃时单能极光的分布。（b）平静和活跃时宽带极光的分布。这些数据来自 DMSP 卫星长达 11 年的观测。这些数据已经经过分类和调整，用以显示平静（顶部）和活跃（底部）地磁条件下能量沉积的变化。当地磁活跃性增加时，单能极光光束会覆盖较多的昏侧区域。宽带极光在子夜前区域增强，同时沉降电子的能量增加，沉积能量也增加。[Newell et al., 2009]

产生分立极光的局地电流回路及与其相关的远磁尾的物理机制仍然是一个研究课题。然而，理论预测极光弧附近存在强烈无线电波辐射。这种辐射学术上称为*极光千米波辐射*（auroral kilometric radiation, AKR），AKR 已经被观测到，而且是我们太阳系中最明亮的射电源之一。欧空局 2000 年发射的 CLUSTER 星座，已经精确指出了极光卵亮斑处 540～550 kHz 的射电噪声源。向下加速的电子辐射会不定时地爆发射电频率哨声和噪声，辐射强度可能超过 10^9 W，这要比地基商业无线电信号强一万倍。幸运的是，这个噪声被上部电离层反射，不会干扰地基广播。

当磁力线上有电势差时，加速过程可能发生于 $0.2～2R_E$ 的高度。图 12-9 给出了向上（向下）的电场和向下（向上）的加速电子的示意图。向下的加速电子撞击中性大气，产生极光。窄的平行电子束，会被平行的 1 V/m 电势差所加速，典型的宽度是 3～10 km。一些卫星观测也表明，平行电场是一系列小的电位不连续阶跃，它们是由局地的等离子体不稳定性产生的。

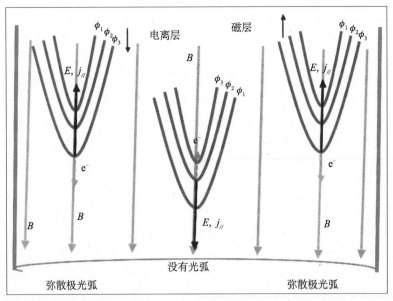

图 12-9 一系列极光弧的静电结构。在最外面的结构图中，接近中间场线的电场位势较低。电场和电流方向是向上的，电子向下运动。电子被加速增能到几个 keV。当它们撞击中性大气时，它们会电离和激发中性粒子。在中间的结构图中，在中间场线附近，位势是最高的。电场和电流的方向是向下的，电子是向上流动的。较重的离子被加速较少，无法穿透进电离层。由于较少粒子撞击，极光发射区形成了空腔。这个结构解释了被不发光区隔开的极光幕的几种形态。其他与时间变化场有关的结构也经常被观测到。[改绘自 Marklund et al., 2001]

在电场方向相反的结构上（图12-9的中段），电子被移出电离层。这种行为产生了极光幕间的空缺区，有时被称为黑极光（black aurora）。来自 Cluster 飞船的数据表明，产生黑极光区的位势结构能扩展到超过 20000 km 的高度，它们增长并且强度增加，然后在几分钟内瓦解。这些反极光具有和附近的极光结构一样或者更强的电场。一些证据表明，位势结构会扩展到更深层的大气中。

亚暴极光演化。在国际地球物理年（1957~1958 年），全球的空间科学家联合起来，同时在不同的地方记录极光。阿卡索夫（Shun-ichi Akasofu）利用 100 多个全天空照相机图像研究极光亚暴动力学，确定出亚暴的发展有一系列的相（图12-10）。

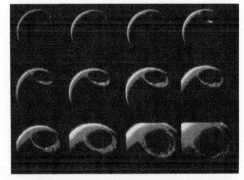

图 12-10 极光亚暴阶段。12 幅伪彩色图连续记录了北半球极光卵亚暴的起始和发展，这些图是 Dynamic Explorer 1 飞船 1982 年 4 月 2 日在 05:29 UT~07:55 UT 时段从远地点下降时所拍摄的。图像的时间间隔是 12 分钟。开始于 06:05 UT 的极向浪涌的隆起首先在第四幅图中看到。随后行进式浪涌沿着极光卵的极向边界向西传播，同时高度组织化的向东移动的极光形状在午夜后扇区发展起来。在每幅图的左上角可以看到太阳照射的大气。光学滤波器的带通是 123~155 nm，主要响应来自于氧原子在 130.4 nm 和 135.6 nm 的辐射以及氮分子发射波段。在系列图左上角的第一幅图中，飞船的位置在地理北纬 23°，地方时 22 点，高度是 $3.67R_E$，最后一幅遥测图拍摄时，飞船的位置恰好位于极光卵上空，高度是 $2.17R_E$。（IOWA 大学和 NASA 供图）

每一个亚暴都是不同的，但是大部分具有我们接下来要描述的共同特征。

在平静期，极光结构（拱（arch）和弧（arc））是较长的、结构不明显的延伸至天空的静态光带。亚暴的增长相（growth phase）从向磁尾传输磁通量的日侧重联增强开始（图 11-5（a））。在极光亚暴的增长相，之前平静的光弧会慢慢点亮，并且向赤道方向移动。

从增长相缓慢移动的光弧向带有更加结构化的光幕和光线的快速移动的极光的过渡，即为亚暴急始（substorm onset）（图 11-5（b））。磁通量以及磁能会在 60～90 分钟的间隔内累积于磁尾，亚暴急始就发生在这个过程之后的几秒钟之内。充足的能量使磁尾拉伸，越尾电流增加，等离子体片变薄。在这个结构重构的过程中，大部分赤道向极光弧通常变得更加明亮，并向极区方向移动。

在亚暴膨胀相（substorm expanstion phase）（也称破碎相（break-up phase）），极光辐射的隆起会沿着极光卵向极区扩展。从空中看，极光卵沿着南北方向增厚。极光辐射浪涌向西传播。从地面看，拍摄到的光线看起来是沿着光幕向下流动到更低高度，这些射线簇可能沿着光幕向西或向东流动。其他时间，高高度的红色极光带（band）、中高度的绿色极光带和低高度的紫色极光带在天空快速移动（图 12-11）。当光幕直接在头顶经过时，光线看起来就像雨一般从天而降。

大概 30 分钟之后，极光活动衰减，并且开始向极区收缩。在亚暴的恢复相期间，极光活动的最后阶段，通常看到的是弥散极光。在高纬，极光通常是呈现微绿色的。在更低纬度的强磁暴期间，常见的是伴随着质子沉降的红色弥散极光。

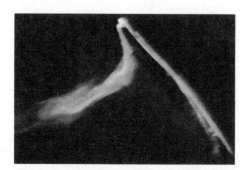

图 12-11 南极光的亚暴膨胀。这幅图由国际空间站上的宇航员在 2010 年 5 月拍摄，极光幕和极光射线非常明显。受激的氮分子与氧原子相互作用，产生 558 nm 波长绿色的发射线。极光的绿线发射在低到 100 km 的整个极光区都可以看到，使极光主要呈现出绿色。原子氧仅在非常高的高度发射 630 nm 红光。（NASA 供图）

对于人眼而言，弥散极光通常情况下非常弱。从地面看，大的弥散极光团在几秒内增亮和变暗，这对人眼来说是可见的，称为脉动极光（pulsating aurora）。从空中看，恢复相呈现出厚的极光卵，在南边和北边经常有两个明亮的区域。不间断的恢复相会持续几个小时。在这个系列过程的任何时间，如果地球磁尾区域的扰动触发了一个新的地磁亚暴事件，上个极光可能会爆发出另一起极光活动。

跨极区光弧。在行星际磁场（IMF）北向期间（图 12-12），在极盖区会发现跨极区光弧（transpolar arcs，TPAs）。当 IMF B_y 分量较大时，这些分立极光弧会逐步发展，并跨过极盖区迁徙。这些极光弧的典型宽度是 100 km，甚至更宽，能够从子夜横跨至中午。当出现在极盖区的中心时，TPA 看起来就像是希腊字母 θ。沿着光弧的亮度通常没有沿着极光卵的平均亮度强。在极光弧中观测到的粒子特征（光谱和离子成分）表明 θ 型极光由闭合场线产生。在夏半球，光弧更加显著。这是因为电离层电导率依赖于太阳光照，地球偶极倾角也会强烈影响 TPA 的亮度。TPA 会伴随有极光千米波辐射。

极光暴能量。在扰动期间，平均能量为 10 keV 的极光沉降电子会在极区较低的高度

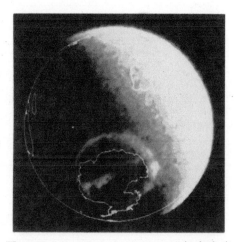

上沉积能量。这些能量实现了三个主要过程，即电离（ionization）高层大气、加热高层大气和产生极光。模拟显示，每次产生一个离子‑电子对，消耗的能量是 35 eV。电离热层大多数成分需要的能量是 15 eV。因此，实际电离只消耗略微小于一半的能量。大部分剩余能量用来加热高层大气。只有百分之几的能量用于极光发射。

这种沉积的极光电子能量，也称为半球能量（hemispheric power），与电磁能量传输一起，代表了给高层大气扰动提供能量的重要储备。表 12-2 总结了在平静和活跃情况下，由极光粒子提供的能量。每一类代表了平静情况。在极端扰动情况下，半球能量会超过 100 GW。极光和极区高层大气的电磁加热建立了强的温度梯度，这些温度梯度激发了巨大的中性风。这些风与暴时增加的极区电离一起，改变了发电机区的电流流动。反过来，新的电流模式反作用于并改变了最初的电磁能量转换率。

图 12-12 Dynamics Explorer 1 飞船在南半球观测到的跨极区光弧。这幅图拍摄于 1983 年 5 月 11 日 00:22 UT，显示了极光卵和跨极区光弧的空间分布。光弧从局地子夜扩展到极盖区，一直到地方时中午的极光卵区。跨极区光弧在晨昏方向的运动看起来被沿着晨昏方向的行星际磁场的方向所控制。在北半球，光弧向 IMF B_y 分量的方向移动。（Iowa 大学和 NASA 供图）

表 12-2 平静和地磁活跃条件下，极光粒子传输到每个半球的能量。数据由美国国防气象卫星（DMSP）计划中的低地球轨道飞船观测得到。百分数是半球能量的百分比。[Newell et al., 2009]

极光类型	半球能量：平静期（GW）	半球能量：活跃期（GW）	半球能量：所有情况下（GW）
弥散（e^-）	6.8（63%）	20.2（57.5%）	12.6（61.5%）
弥散（ion）	2.3（21%）	4.9（14%）	3.4（16%）
单能	1.1（10%）	5.8（15.5%）	3.3（16.5%）
宽带	0.6（6%）	4.8（13%）	1.5（6%）

例题 12.1 粒子能量沉积引起的加热率

- **问题：** 估计电离层 150 km 附近，粒子电离的体加热率，利用下面的事实，即每次电离消耗 35 eV 能量，而且 50% 的能量最终用来加热。

- **给定条件：** 加热效率 = 0.5，离子‑电子对产生需要的能量 = 35 eV，电子密度廓线如图 8-11 所示，复合系数 = 9×10^{-14} m³/s。

- **假设：** 关注的区域在 150 km 高度，处于光化学平衡状态。

  相关概念： 能量沉积率与电离率成正比（$W_{ionization} \propto P$），电离率与电离密度的平方成正比，即 $P \propto n^2$（方程（8-5a））。

- **解答：** 从图 8-11 中，可以得到 150 km 处的电子密度大约是 2×10^{11} electrons/m³

$$W_{ionization} = 0.5(35 \text{ eV})\alpha n^2$$
$$= 0.5(35 \text{ eV})(1.6 \times 10^{-19} \text{ J/eV})(9 \times 10^{-14} \text{ m}^3/\text{s})(2 \times 10^{11} \text{ electrons/m}^3)^2$$
$$= 1.008 \times 10^{-8} \text{ W/m}^3 \approx 10^{-8} \text{ W/m}^3$$

■ **解释**：150 km 粒子的加热率大约是 1×10^{-8} W/m^3。光子的加热率大约是 2×10^{-8} W/m^3。因此，在同样的高度上，来自电离的体加热率是来自太阳光子的一半。而且，在整个白天都有太阳光子入射，而粒子电离被限制在极光区，并且主要是夜侧的极光区。因此，对总加热来说光子贡献更多。虽然如此，对夜侧的热层大气来说，极光加热是一个强烈的加热源。

补充练习：确定 150 km 高度每个中性粒子的加热率。

关注点 12.1 极光区碰撞和光

极光跨越大部分电磁辐射光谱。完整的极光发射光谱是非常复杂的，量子力学有助于我们详细理解所涉及的所有过程。这里我们重点关注一些主要结果。

当高能电子（高达 10 keV）下降到极光区时，它们损失能量的方式类似于电子撞击电视显像管的内部，在这两种情况下，它们都会发光。然而，高层大气比电视显像管中的物质稀薄得多，因此，电子在与高层大气的一系列碰撞过程中损失能量。它们之间的相互作用激发、分解和电离极光初级电子（e_p）路径上的原子和分子。电离反应产生了额外的高能次级电子（e_s），进而引起一连串的高层大气碰撞反应。最终，初始电子能量会扩散到很多高层大气粒子之间。令人惊奇的是，即使在强地磁暴期间（磁暴之后更多），这些能量中仅有一小部分转化为极光。对于这些发射光，主要的发射过程应该是受激态（直接形成于极光电子的碰撞）的退激。然而，数值模式预测，初始电子碰撞后的化学反应产生了大部分受激粒子，这些粒子在它们退激时随后发射出极光。例如，黄绿光子（$\lambda = 557.7$ nm）由原子氧发射，通过反应链形成了发射线。

$$N^+ + O_2 \Longrightarrow NO^+ + O^*$$

随后的反应：

$$O^* \Longrightarrow O + 光子（557.7 \text{ nm}）$$

这里，O^* 代表受激态的氧。关于这个化学反应我们给出了两个有趣之处。第一点，在地球大气中，原子氮是一种示踪气体，那么如何存在足够多的氮离子（N^+）以产生明亮的绿极光？答案是当高能电子（初级或是次级，为了解释清楚我们假定它是初级电子）与 N_2 碰撞时，N^+ 形成。接下来离解会从它的母氮原子上剥离产生次级电子 e_s。

$$N_2 + e_p \Longrightarrow N + N^+ + e_p + e_s$$

第二点是发射 557.7 nm 光子的量子概率相对比较小，因此一开始科学家被发射原子的身份难住了。在 20 世纪 20 年代后期，一个新的元素 geocoronium 被提出来以解决这个难题。图 12-13 列出了其他主要的在可见光波段的极光发射。值得注意的是氧在 630 nm 和 630.4 nm 的红线不太可能来自这些激态氧的自发光子发射，因此发射必须来自 200 km

以上的高度。在较低的高度，更高密度意味着受激态氧原子还来不及自然发射光子就会与其他粒子发生碰撞而退激（在这种情况下，多余能量作为粒子动能出现）。

　　最后一个例子，我们回忆极光甚至包含 X 射线。碰撞激发和化学反应都不是这些光线的合理解释。实际上，初级电子有时在碰撞过程中快速减速，因此"韧致"（bremsstrahlung）（德语是刹车）辐射的结果是产生了高能的 X 射线光子。

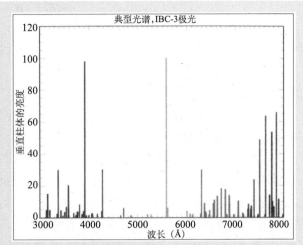

图 12-13　主要的极光发射线。 这幅图显示了波长范围在 300～800 nm 的极光辐射。主要的可见极光辐射的波长是 557.7 nm，630 nm 和 630.4 nm。（NCAR 的 Stan Solomon 供图）

12.1.4　坡印廷定理，坡印廷通量和焦耳加热

目标：读完本节，你应该能够……

◆　描述电磁波能量沉积和焦耳加热的联系

◆　通过给定的电场和扰动磁场来计算坡印廷通量

　　除了极光输入，磁层传输给高层大气的能量主要通过场向电流和阿尔文波的坡印廷通量增强，还有带电粒子沉积（上一节）。在行星际磁场南向期间，所有的能量源强度增加，并在纬度方向扩展（通常向赤道方向）。极光区大部分能量是由坡印廷通量传输的，并主要是以焦耳加热来耗散的。

　　我们在第 4 章中已经指出，在空间天气扰动时，太阳风携带的机械能量转化为电能，这一发电机过程（dynamo process）使得电场增强。结果是，良导电的空间等离子体携带电流，这些电流产生了各自的扰动磁场，它们叠加在地球偶极磁场之上。表 4-3 给出了这些场的大概强度。就像在 4.4.2 中所解释的，由太阳风发电机产生的发电机电场与高纬电离层相连接，与地球偶极磁场一起，驱动 $E \times B$ 等离子体漂移（对流（convection））。我们用坡印廷矢量（Poynting vector, S）（方程（4-6））和电磁能量密度（electromagnetic energy density, u_{EB}）（方程（4-9））来描述电磁波能量。如下改写为电磁波形式的关系式，在电场和磁场共存的空间区域都是有效的，即使对波不是这些场的唯一来源的情况也是如此。

$$S = \frac{E \times B}{\mu_0}$$

$$u_{EB} = \frac{\varepsilon_0 \boldsymbol{E}^2}{2} + \frac{\boldsymbol{B}^2}{2\mu_0}$$

其中，$\boldsymbol{S}$ = 电磁波所携带的坡印廷矢量能量通量 [W/m²]；

$\boldsymbol{E}$ = 电场强度矢量 [N/C]；

$\boldsymbol{B}$ = 磁场强度矢量 [T]；

μ_0 = 真空中的磁导率（$4\pi \times 10^{-7}$N/A² = 1.26×10^{-6}N/A²）；

u_{EB} = 电磁能量密度 [J/m³]；

ε_0 = 真空中的介电常数（8.85×10^{-12}C²/（N·m²））

在本节中，我们修改方程（4-6）来解释通过对流电场 $\boldsymbol{E}_{conv}$ 与来自场向电流的磁场扰动 $\Delta\boldsymbol{B}$ 之间的相互作用来传输的坡印廷通量。$\boldsymbol{E}_{conv}$ 和 $\Delta\boldsymbol{B}$ 的强度与产生它们的空间天气事件的强度直接相关。这种形式的坡印廷通量，有时也称为扰动坡印廷通量（perturbation Poynting flux, S_p）。图 12-14 给出了高纬沉积能量的系统截面。

$$\boldsymbol{S}_p = \frac{\boldsymbol{E}_{conv} \times \Delta\boldsymbol{B}}{\mu_0} \tag{12-1}$$

$$u_{EB} = \frac{\varepsilon_0 \boldsymbol{E}_{conv}^2}{2} + \frac{(\Delta\boldsymbol{B})^2}{2\mu_0} \tag{12-2}$$

其中，$\boldsymbol{E}_{conv}$ = 对流电场矢量 [N/C 或者 V/m]；

$\Delta\boldsymbol{B}$ = 由场向电流造成的磁场扰动 [T]。

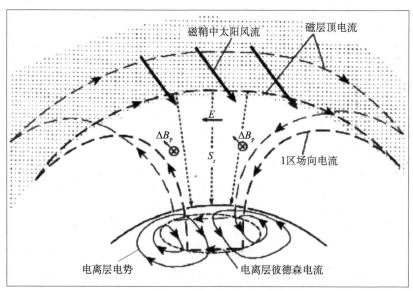

图 12-14　高纬地区的能量沉积。粗箭头表示流动在磁鞘中的太阳风，虚线表示电流。描绘出对流模态的电离层电势用细线表示。带点线的垂直箭头表征扰动坡印廷通量。在这幅理想化的图中，由场向电流（在这个例子中是 1 区电流）产生的极盖区磁场扰动 $\Delta\boldsymbol{B}$，与对流电场 $\boldsymbol{E}$ 相互作用，产生朝向电离层的坡印廷通量（S_z）（即方程（12-1）中的 S_p），下标 z 代表垂直扰动坡印廷通量。尽管这里强调了 1 区场向电流，其他场向电流也会产生坡印廷通量。1 区和 2 区电流之间的磁场扰动与极光区的对流电场相互作用，会在极光区产生显著的坡印廷通量沉积。[Cowley, 2000]

如图 12-14 所示，来自磁层的电磁能量沉积（汇聚）进入高层大气，加热高层大气的中性和带电粒子。我们利用坡印廷定理（Poynting's Theorem）这一电磁场能量守恒关系来定量描述这种效应，如方程（12-3）所示。坡印廷定理给出了能量密度和电磁场通量之间的关系。

$$\frac{\partial u_{EB}}{\partial t} + \nabla \cdot \boldsymbol{S} = -\boldsymbol{J} \cdot \boldsymbol{E} \qquad (12\text{-}3)$$

电磁能量密度的时间变化率　　电磁能量通量的散度　　电磁能量传输率

其中，$\boldsymbol{J}$ = 体电流密度矢量 [A/m^2]（方程（4-12a））。

左侧第一项代表电磁能量密度的时间变化率，第二项是电磁能量通量的散度。右边是电磁能量传输率（electromagnetic energy transfer rate），定量描述了由电磁能量变化产生的热能变化和粒子加速的总和。

用矢量计算恒等式转化关系，我们展开右侧的电磁能量转换率，以此来解释焦耳加热和粒子加速。

$$\boldsymbol{J} \cdot \boldsymbol{E} = \boldsymbol{J} \cdot (\boldsymbol{E} + \boldsymbol{v} \times \boldsymbol{B}) + (\boldsymbol{J} \times \boldsymbol{B}) \cdot \boldsymbol{v} \qquad (12\text{-}4)$$

其中，$\boldsymbol{v}$ = 等离子体速度 [km/s]。

方程（12-4）右侧第一项是焦耳加热（Joule heating），第二项是每单位体积介质中的力 $\boldsymbol{J} \times \boldsymbol{B}$ 与速度的标量乘积，这代表了动能产生率。通常情况下，焦耳加热所占比例超过电磁能量传输率的 90%。在空间天气暴期间，这种形式的能量沉积（和耗散）会极大地影响大气风场和成分变化。

若 $\boldsymbol{J} \cdot \boldsymbol{E}$ 是正值，即电流和电场方向一致，则电场对携带电流的带电粒子做正功，因此电磁能量会从驱动系统（通常是磁层）损失。能量作为热能（温度增加）和机械能（动能增加）出现在电离层-热层。当 $\boldsymbol{J} \cdot \boldsymbol{E}$ 是负值时，情况正好相反，系统的电磁能量随时间增加。

利用电路来类比，我们将空间天气暴模拟为电场电流的一部分，其中地球高层大气作为巨大的电阻器。电阻器将电能转化为热量。电磁驱动力也做了机械功，加速了带电粒子（带电粒子反过来通过拖曳力加速中性大气）。这两种过程驱动了大量的高层大气扰动，这些扰动扩展到所有纬度（第 12.2 和 12.3 节）。图 12-15 提供的统计图，显示了坡印廷通量映射到 110 km 沉积的强度和位置。各子图按照 IMF 的方向来组织。大部分能量沉积在 1 区和 2 区场向电流之间的极光区。IMF 南向期间，能量沉积是最强的。

坡印廷定理有助于我们理解一个包含电磁能和物质的空间体中的热动力学过程。首先，我们假设一种情况，总地来说，电磁能既不进入也不离开体积，也即意味着 $\nabla \cdot \boldsymbol{S}$ 等于 0（非常平静的情况）。如果 $\boldsymbol{J} \cdot \boldsymbol{E}$ 是正的，那么方程（12-3）右边项是负的。因此，在驱动系统中的电磁能量密度（u_{EB}）随时间减少，这与前面章节的描述一致。对于 $\boldsymbol{J} \cdot \boldsymbol{E}$ 是负值的情形，我们可以类似地推理。

对于另一种情形，我们假设体积内的物质和电磁能量是稳态的，因此 u_{EB} 的时间微分

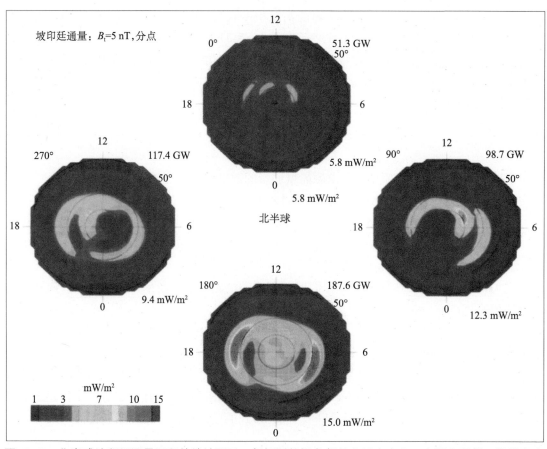

图 12-15 北半球坡印廷通量沉积的统计图示。每幅图的视角都是北极在中心，太阳在顶部。资料取自 Dynamics Explorer 2 卫星的测量。图形是按照 IMF 的方向来组织的。顶部的图是北向 IMF（0°），右边的图是朝向昏侧的 IMF（90°）。大部分的坡印廷通量沉积在极光区。每幅图右上角的值是半球积分的坡印廷通量沉积。（NCAR 的 Astrid Maute 供图）

是零。但是，我们现在要允许 $\nabla \cdot \boldsymbol{S}$ 非零（活跃状态下）。因为 u_{EB} 随时间是常量，因此 $\boldsymbol{S}$ 不管是发散还是汇聚，都必须被焦耳加热所抵消。举例来说，如果电磁能量通量汇聚进我们的体积，$\nabla \cdot \boldsymbol{S}$ 的大小必须精确地等于焦耳加热和粒子加速的总和。换种方式说，如果 $\nabla \cdot \boldsymbol{S} < 0$，方程（12-1）表明 $\boldsymbol{J} \cdot \boldsymbol{E} > 0$，意味着在我们的体积内，电磁能转化为热能和动能。对于坡印廷通量从这个体积辐散出去的情形，我们可以用类比的方法来推理。为了用坡印廷定理来进行空间天气计算，我们需要进一步明确暴时高纬的电场和磁场结构，也就是说，我们需要与图 12-15 相匹配的电场和磁场的数值。

例题 12.2 高纬地区的坡印廷通量

- 问题：研究表明，中等空间天气暴在高纬的高层大气中沉积的能量约为 10^{11} W（100 GW）。利用坡印廷定理来评估这个能量估计的准确性。
- 相关概念或方程：扰动坡印廷通量（方程（12-1）），对流电场 $\boldsymbol{E}_{\text{conv}}$，来自场向电流的

558

扰动磁场 $\Delta \boldsymbol{B}$，尺度分析见第 4 章。

- **给定条件：**在空间天气暴期间 $\boldsymbol{E}$ 和 $\Delta \boldsymbol{B}$ 的近似数值分别为：$|\boldsymbol{E}_{\mathrm{conv}}| \approx 50\,\mathrm{mV/m}$，$|\Delta \boldsymbol{B}| \approx 500\,\mathrm{nT}$。极光区域 50 km 厚，覆盖的水平面积大概是 $5 \times 10^6\,\mathrm{km}^2$。

- **假设：**空间天气暴中所有沉积的电磁能量转化为高层大气的热能。电离层电磁场变化非常缓慢，可以忽略电磁能量密度（u_{EB}）的时间变化项，因此 $\nabla \cdot \boldsymbol{S}_{\mathrm{p}} = -\boldsymbol{J} \cdot \boldsymbol{E}$。

- **解答：**为了计算扰动坡印廷通量 $\boldsymbol{S}_{\mathrm{p}}$，我们回到方程（12-1），

$$\boldsymbol{S}_{\mathrm{p}} = \frac{\boldsymbol{E}_{\mathrm{conv}} \times \Delta \boldsymbol{B}}{\mu_0}$$

为了找到叉乘积的幅度，我们需要理解 $\boldsymbol{E}$ 和 $\Delta \boldsymbol{B}$ 的方向，而不仅仅是它们的幅度。图 12-6 中显示了电场的方向，磁场由一系列如图 12-6 所示的场向电流产生。在 1 区和 2 区电流片之间，FAC 磁场近似平行于地面，指向背向太阳的方向，这个事实意味着 $\boldsymbol{E}$ 和 $\Delta \boldsymbol{B}$ 是互相垂直的，所以叉乘的幅度变为 $|\boldsymbol{E}||\Delta \boldsymbol{B}|$。坡印廷矢量向下，指向地球中心（图 12-4），这与我们的观点是相符的，即电磁能量通量汇聚进入高层大气。

$$\begin{aligned} |\boldsymbol{S}_{\mathrm{p}}| = \frac{|\boldsymbol{E}||\boldsymbol{B}|}{\mu_0} &\approx \left(50 \times 10^{-3}\,\mathrm{V/m}\right)\left(500 \times 10^{-9}\,\mathrm{T}\right) / \left(4\pi \times 10^{-7}\,\mathrm{N/A}^2\right) \\ &\approx 2 \times 10^{-2}\,\mathrm{W/m}^2 \end{aligned}$$

现在用尺度分析的方法，把坡印廷通量散度 $\nabla \cdot \boldsymbol{S}_{\mathrm{p}}$ 替换为坡印廷通量除以其特征长度尺度 L：

$$\frac{\boldsymbol{S}_{\mathrm{p}}}{L} = -\boldsymbol{J} \cdot \boldsymbol{E}$$

对于 L，我们采用极光区的厚度，即 50 km。最终，转换为焦耳加热的电磁能量是

$$|-\boldsymbol{J} \cdot \boldsymbol{E}| \approx \frac{\boldsymbol{S}_{\mathrm{p}}}{L} = \left(2 \times 10^{-2}\,\mathrm{W/m}^2\right) / \left(5 \times 10^4\,\mathrm{m}\right) = 4 \times 10^{-7}\,\mathrm{W/m}^3 = 0.4\,\mathrm{\mu W/m}^3$$

$$\text{极光区体积} = (\text{面积})(\text{厚度}) = \left(5 \times 10^{12}\,\mathrm{m}^2\right)\left(5 \times 10^4\,\mathrm{m}\right) = 2.5 \times 10^{17}\,\mathrm{m}^3$$

$$\text{暴时能量沉积} = \left(0.4 \times 10^{-6}\,\mathrm{W/m}^3\right)\left(2.5 \times 10^{17}\,\mathrm{m}^3\right) = 1.0 \times 10^{11}\,\mathrm{W}$$

- **解释：**在电磁能量源和加热沉积之间的能量传输值大约为 100 GW，这个值与 $|\boldsymbol{E}_{\mathrm{conv}}| \approx 50\,\mathrm{mV/m}$ 和 $|\Delta \boldsymbol{B}| \approx 500\,\mathrm{nT}$ 这些极光暴时值是一致的。

例题 12.2 给出了电离层 - 磁层系统中能量沉积的一些典型值。与空间天气扰动相关的磁场来自场向电流（FAC）系统（图 4-20 和图 4-29）。第 4.4 节阐述了 FAC 系统把高层大气和磁层的发电机区域联系起来。我们可以看到地球偶极磁场对坡印廷通量的散度没有贡献，在这个例子中，我们需要知道的是暴时电流的磁场。

问答题 12-5

证明坡印廷定理中每一项的量纲都是每单位时间单位体积的能量。

多年以来，卫星携带着粒子探测器和磁力仪来测量空间中场的属性。图 12-16（上面的关注点）描绘了这种物理场景。带有粒子探测器和磁力仪的极轨卫星，穿越晨昏子午面，

观测场向电流的 ΔB 和发电机电场 E，晨昏电场通常在极盖区被观测到，而昏晨电场通常在极光区被观测到。场向电流的磁场有两个背离太阳的区域（接近图中的垂直线），该区域中 $|\Delta B|$ 是最大的。这些极值发生在卫星穿过晨侧或者昏侧扇区 1 区和 2 区场向电流片时。

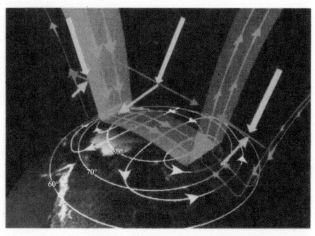

观测表明，对流电场和沿着磁场线进入地球高纬区域的大尺度直流电流[①]通常是极光区的主要能量源。然而，最近航天任务观测证据表明，来自沿着磁力线传播的电磁波扰动（阿尔文波）有额外的贡献。在极光高度，通常情况下，阿尔文波的频率是几个赫兹，对应的波长比地球半径大几倍。这些波沿着连接半球的闭合磁力线传播。这

图 12-16　坡印廷通量、对流电场和场向电流磁扰动。 电场（红色箭头）在极盖区是从晨侧指向昏侧，在极光区是从昏侧指向晨侧。绿色箭头表示扰动磁场，在极盖区指向太阳，在极光区背离太阳。橙色表示场向电流带状区域。沿高度积分的霍尔电流用黄色表示。所有区域的坡印廷通量（蓝色箭头）都指向地球。在其他高纬区域，这些矢量有略微不同的方向，但是坡印廷通量的方向总是指向地球。（美国大学大气研究联盟（UCAR）的 COMET 计划供图）

种形式的能量类似于扰动坡印廷通量，但是它来自交变电流。这种不同可归因于能量的波动本质。不同于相对稳态的对流电场，我们所处理的是阿尔文波引起的扰动电场 δE 和扰动磁场 δB（图 12-17）。阿尔文波坡印廷通量的形式为

$$S_A = \frac{\delta E \times \delta B}{\mu_0} \tag{12-5}$$

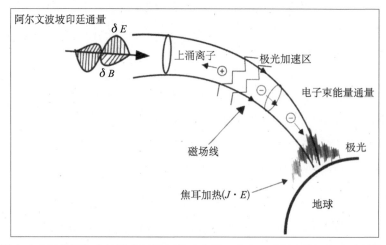

图 12-17　磁层流向电离层的阿尔文波坡印廷通量的示意图。 产生于磁层中的阿尔文波是扰动源，其周期在 6～180 s。来自阿尔文波坡印廷通量的部分能量用于加速极光区粒子。[Wygant et al., 2000]

---

① 即场向电流。——译者注

例题 12.3　坡印廷通量带来的热层加热

- 问题：证明在地磁暴的早期，100 GW 的能量沉积可以使得局地热层温度增加几百度。
- 相关概念或方程：能量密度，热层中性粒子密度，1 eV≈11600 K。
- 给定条件：从例题 12.2 我们知道，100 GW 的能量沉积大概是 $0.4×10^{-6}$ W/m³，地磁暴初相的持续时间是 3 小时，低热层大气密度大约是 10^{18} 个粒子 /m³。
- 假设：能量在所有中性粒子之间的分配相同。
- 解答：3 小时时间间隔内，能量密度沉积 $=(0.4×10^{-6}$ W/m³$)(10800$ s$)=0.00432$ J/m³。
  单个粒子的能量增加是 $(0.00432$ J/m³$)/(10^{18}$ particles/m³$)=4.32×10^{-21}$ J/particle。
  回忆 1 eV$=1.6×10^{-19}$ J，这粗略地相当于 0.03eV/particle。
  因此，如果我们能够把极光区粒子与其周围进行隔离，来自磁暴的焦耳加热足够使得极光区大气温度增加 $(0.03)(11600$ K$)≈350$ K。
- 解释：如果所有的能量都转化为焦耳加热，100 GW 左右的能量沉积相当于约 350 K 的温度增加。实际上，部分能量用来加速，增加粒子的速度，这转化成被增加的温度。然而，粒子能量沉积也应该被包含在能量预算中，许多暴持续时间超过 3 小时。在许多地磁暴期间，也经常观测到温度增加超过 350 K。

补充练习： 使用表 12-2 的数据来估计与粒子沉积相应的温度增加。

POLAR 飞船（高度在 25000～38000 km）的数据揭示，阿尔文波的电磁能量流集中进入极光卵。映射到电离层高度的典型通量范围为 1～5 mW/m²，在午后和子夜前的区域达到最强。因此，交变电流（阿尔文波）坡印廷通量大概是直流坡印廷通量（由准稳态场向电流传输）的 10%。研究人员认为，部分波能量可以进入极光加速区（前一节）来加速粒子，同时在电离层转化为焦耳加热。

12.2　热层扰动效应

12.2.1　内部扰动：热层潮汐和风

目标：读完本节，你应该能够……

- ◆ 区分迁移扰动和非迁移扰动
- ◆ 描述高层大气中太阳同步（迁移）潮汐的源和影响
- ◆ 描述高层大气中非迁移潮汐的源和影响

地球大气吸收太阳辐射，激发了热潮汐，产生了隆起和膨胀。对流层中强烈的潮汐特征被陆气和陆海之间的相互作用进一步调制。雷暴复合体中的潜热释放和季节辐合区对于时间滞后的潮汐作用也有贡献。在平流层中（～50 km），臭氧是太阳紫外辐射（UV）的强吸收器，150 km 处的分子氮和分子氧是热层大气中极紫外（EUV）辐射的很好的吸收器。直接潮汐效应是与太阳同步的，大气隆起发生在午后的经度范围。图 8-4 显示了由太阳加热引起的午后赤道附近的热高压中心。天基观测者会看到相对于太阳固定的大气隆起，而行星在隆起下转动。对于地基观测者而言，这个气压隆起向西运动，与每天一次的显而易见的太阳运动同步。这个压力隆起驱动热层风向地球夜侧运动，也就是说，在两个半球地方时的上午和下午扇区，大气向极区方向运动。此外，在晨侧附近，风向西吹，在昏侧附近，风向东吹。在夜侧，这些风继续吹向热低压，它们的中心位于子夜的赤道附近。典型的风速是 50～100 m/s。其他的大气过程会产生不随太阳迁移的潮汐。图 12-18 显示的是在磁赤道两侧，向上的非迁徙波对 F 层电离峰值的影响。

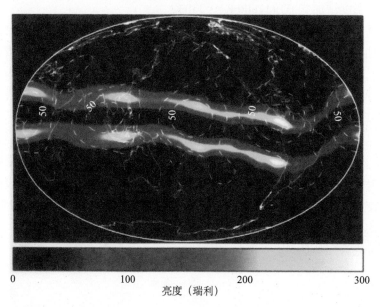

图 12-18 被低层大气潮汐放大的赤道气辉。 这幅图是根据 30 天（2002 年 3 月 20 日～4 月 20 日）的夜晚电离层赤道异常发射图而重构的。气辉增强有 1000 km 尺度的经向变化，这与热带对流相伴随的增强的上行潮汐的模态是吻合的。观测图像来自 IMAGE 卫星的远紫外成像仪和 TIMED 卫星。这幅图表征了地方时 20:00 的局地电离层的特性。叠加在图中的白色等高虚线是 115 km 高度处的气温日变化幅度，气温的变化来自向上传播的低大气层潮汐，这些报告结果来自全球尺度波动模型（GSWM）。温度等值线的间隔是 25 km。[Immel et al., 2006]

向上传播的潮汐对低热层大气的动量有贡献。通常情况下，潮汐能够垂直传播到更高、更稀薄的大气区域。因为大气密度呈指数衰减，所以波振幅随高度增加。波变得大且不稳定，产生湍流，并在大气中沉积热量和动量。动量沉积产生净子午向环流，并在高纬地区伴随有夏季半球的上升运动（冷却）和冬季半球的下沉运动（增温）。波长长的扰动向上传播，对低地球轨道卫星造成小的阻力效应。

最近的研究集中于热带地区由深层对流激发的重力波造成的局地效应。这些上下的初级运动在接近 F 层（～250 km）底部的热层高度上激发大尺度的次级重力波。这种次级波波长长达 2000～4000 km，产生的风速扰动是 70～150 m/s，密度扰动是 10%～15%。科研人员正在研究这种扰动在等离子体不稳定性中的作用，这些等离子体不稳定性会引起 GPS 信号闪烁。

12.2.2 来自高纬的外部扰动

目标：读完本节，你应该能够……

- ◆ 描述中性风加速离子的时间尺度
- ◆ 解释暴驱动的中性环流的源、方向和幅度
- ◆ 确定行进式大气扰动的源和速度

外部作用的风。在高层大气暴期间，来自电动力学相互作用与极光源的机械作用和强加热会加速热层风（图 12-19（a）和（b））。强电场增加了与电离层相连的场向电流。这些电流会传输坡印廷通量，来加热、加速离子，并把动量传递给大气中性成分。与场增强相对应的是极光粒子能量沉降的扩展和增强。

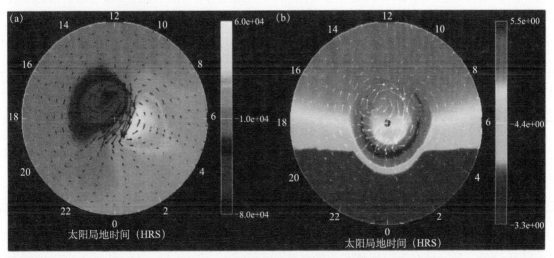

图 12-19 2002 年 4 月磁暴期间，离子 _E_×_B_ 漂移驱动的低热层中性粒子的模拟运动。（a）视角位于北半球极盖区上空，并扩展到纬度 27°。中午在顶部。晨昏电场叉乘向下的地球磁场，在极盖区产生背离太阳的离子漂移。我们注意到这个图中的环流与图 7-28（b）和图 12-14 之间的相似性。在这幅图中，背景色描述的是电势形态，电势会受太阳风较强的 IMF B_y 作用而略微偏离中午时区。最高位势约为 60 kV，最低位势约为 -80 kV。在这次磁暴中，离子和中性成分之间碰撞产生的风速超过了 100 m/s（最长的箭头）。（b）与图（a）所示运动一样，但叠加在电子密度地图之上。颜色代表电子密度的对数值（#/cm³）。在这幅图中，最高电子密度值在极光区。整个日侧也被强烈地电离。风场模式推动日侧的电离进入极盖区。（图片由 NCAR/HAO 提供）

在高纬区和较高高度，在 **_E_×_B_** 作用下，嵌套在热层中的离子会产生漂移，并通过与中性成分碰撞而驱动水平风。风速通常不到 1 km/s，但是在暴时会发展出风速超过 1 km/s

的狭窄通道。离子速度越高，意味着有更多的动量从离子传输给中性大气。离子通过碰撞带动中性成分的运动，因此电场成为中性粒子的动量源。然而，压强梯度力和科里奥利力会阻止中性大气完全像离子那样运动。合成风场是平静和暴时模式的叠加（图 12-20）。风在极盖区的流向是背向太阳的，在低纬是指向太阳的。中性粒子加速所消散的能量通常是焦耳加热消散能量的 1/10。

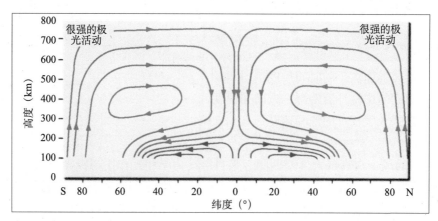

图 12-20　由极光区强磁暴加热驱动的日侧热层环流。极光区的焦耳加热增加中性气体的温度，令空气变得更加有浮力而使之上升。125 km 以上的空气会发生水平和垂直移动。在高高度的回流增强了中纬度的极向环流。[Roble, 1977]

随着电离率的增加，离子流变得更强。如果有足够的时间，暴驱动的等离子体对流所产生的热层风可与由太阳辐射加热产生的风相当。这个效应会有时间滞后，因为等离子密度至少比中性成分少 1000 倍。因此，产生暴时中性风的时间要求是从 30 分钟到几个小时。参与这一相互作用的等离子体主要是离子，因为电子太轻了，不能有效地把动量传输给热层较重的粒子。

在低高度处，频繁的碰撞使得离子加热中性粒子。极光加热在两个半球的极区产生高压隆起，这个压力会在所有的经度上驱动向赤道流动的风，风速达到 50～200 m/s（图 12-20）。一部分暴时能量消散在热层以外的区域。分子和湍流的热传导将热量从热层带到中层，那里的碰撞频率足够高，使得像 CO_2、O_3 和 H_2O 等多原子分子可以通过向外辐射红外波段能量来平衡暴时的能量输入。

在白天，暴时风与太阳加热产生的环流的方向相反（图 8-5（a））。此外，当磁轴朝太阳倾斜时，中性粒子与大量的离子会在向阳面发生碰撞，使中性风变慢。向赤道的风通常在夜间更强，因为它们附加在白天到夜间的背景环流之上，同时也因为磁层对流 $E \times B$ 漂移引起的背向太阳的离子拖曳而增强。响应最强的经度扇区趋向于夜侧。在子夜扇区，风会吹动物质远离极光卵。这种反向风之间竞争的胜者，取决于暴的严重程度，或者其他因素，例如，季节和太阳活动周的时段。

一些极光能量以**行进式大气扰动**（traveling atmospheric disturbance, TAD）的脉冲波动消散，TAD 从极光区发起，并且向赤道方向传播（图 12-21）。重力是垂直偏离气团的恢复力，因此这些扰动也被称为热层**重力波**（gravity wave）。在一些事例中，卫星高度处的大气密度增加超过一个量级。图 12-21 是一个示意图，给出了在磁暴期间，极光能量突然注入后，从两半球极光区向赤道的密度增强传播。在这些事件中，日侧 TAD 的典型密度变化幅度是 20%~30%，从南北半球的极光区向赤道传播，其相速度在 500~700 m/s 的量级。

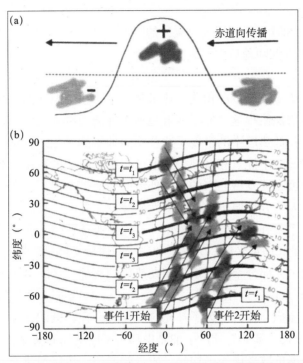

图 12-21 **TAD 示意图**。(a) 与 TAD 相关的密度差（增强和耗空）以轻灰和重灰的斑块来表示。(b) 示意图展示了两个假设的从极区向外延伸的密度增强区的传播。第一个事件从两半球极光带开始传播，第二个事件仅从南半球极光带开始传播。密度扰动假设沿着固定的磁纬线传播，这些密度扰动是由同时发生在两个半球的脉冲式焦耳加热事件引起的。几乎垂直的点线是 CHAMP 卫星的大概轨道位置。在 CHAMP 卫星和密度增强的交叉点上，预期出现的是正的密度差，在它的两侧是负的密度差。每个黑色的箭头追踪的是扰动极小或是极大的传播路径。粗黑曲线代表从事件开始之后，随后时刻（t_1, t_2, t_3）的扰动最大值。[Bruinsma and Forbes, 2007]

例题 12.4 行进式大气扰动

- 问题：产生在 70° 的 TAD 波动，需要多长时间传播到赤道？
- 给定条件：波动需要传播的距离等于 70° 纬度间的距离。波速是 700 m/s。
- 假设：波动在 300 km 高度传播。在 300 km 高度，单位纬度间距离大约相当于 115 km。
- 解答：

$$\frac{70° \times 115 \text{ km/(°)}}{0.70 \text{ km/s}} = 1.15 \times 10^4 \text{ s} \approx 3.2 \text{ h}$$

- 解释：在磁暴急始能量沉积后的大概 3 小时，中性大气能量在全球重新分布。起源于两个半球的波动，可能开始发展。在磁暴开始后的 3~4 小时，这些波动的重叠处可能会在接近赤道的位置产生一个显著的密度隆起。

12.2.3　热层中的外流，上涌和成分变化

◆　描述上涌效应

◆　描述产生、损失和输运对热层大气成分的影响

◆　描述空间天气事件期间地球大气成分的变化

外流。中性大气从暴时能量沉积获得热量和动量。在高温状态，热层的氢和氦受重力的束缚较弱。温度的增加使得这些原子能够逃逸（外流）进入太空，进而增加地冕中氢和氦的密度，而减少其在低热层中的密度。这些吹向地冕的风是非常稀薄的极区的微风。当热层温度升高时，逃逸的中性氢和氦减少了电离层中氢离子的数量。更为剧烈的中性成分外流是在磁暴驱动的极光区发展起来的。当外流的高能带电离子与背景中性原子发生电荷交换时，较重物质（大部分是原子氧）的中性成分发生外流。外流率，主要来自活跃的极光区，通常的量级水平是在 10^9 个粒子 $/(cm^2 \cdot s)$。在地磁暴持续期内，这些粒子会改变中磁层和内磁层里的质量和动量平衡。大气层和磁层的质量交换是磁暴研究的一个热点领域。

上涌和成分变化。大部分暴时能量沉积在热层的底部（100～150 km），这导致热层向上扩展（并非逃逸），来保持静压平衡。这种上涌（upwelling）（空气穿过等压面移动）会导致高纬地区分子气体成分上升。为了补充这一损失，在较低的纬度会发生沉降。在较高的高度，100～120 km 的大质量物质的上涌是中热层密度增加的来源。

上涌也造成了偏离扩散平衡和平均分子质量的增加。热层加热使得中高热层原子氧密度增加。尽管原子氧被重力束缚，温度上升仍增加了原子氧的标高。图 12-22 给出了地球

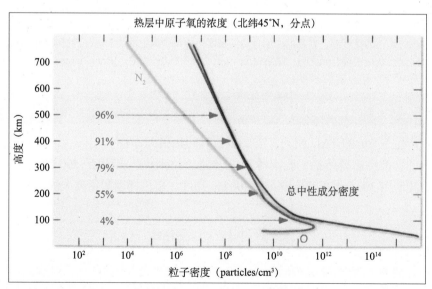

图 12-22　未受扰动的来自原子氧和分子氮对总密度和相对密度的贡献。图中数密度的单位是个 $/cm^3$。结果来自质谱与非相干散射雷达模型（MSIS）。红色线对应原子氧，绿色线对应分子氮，蓝色线对应总密度。百分比代表总中性密度中原子氧的比例。（美国大学大气研究联盟的 COMET 项目供图）

热层大气中主要的中性分子氮和原子氧的简化的高度廓线。在平静期，原子氧在热层底部占中性密度的4%，在500 km处，所占比例为96%。在强磁暴期间，上涌增强了较高高度处原子氧的密度。原子氧与分子氮这样较重的背景气体密度的比例上升，其中最常用的热层扰动的度量是氧氮比 $[O]/[N_2]$。

我们考虑上涌的动力学过程，假定每种气体成分都处于静压平衡，且每种气体成分"s"的密度随高度指数衰减，如大气定律方程（3-6b）所述。在这里我们重写大气定律，并且考虑到热层中存在多种气体成分。

$$n_s(z) = n_{s0}\exp\left(-\frac{z-z_0}{H_s}\right) \tag{12-6}$$

其中，$H_s = k_B T/m_s g$ = 成分"s"的标高（我们假定单一温度常数对所有成分都是有效的）；

n_{s0} = 成分"s"在高度 z_0（热层底部）处的数密度。

因为气体质量在标高的分母中，意味着越重的气体的标高越小。与方程（12-6）中的负号相对应，越重的气体成分，其密度随高度的指数衰减率越大。如图8-2（a）所示，在高高度它们存在的数量非常少，而越轻的成分含量越丰富。平静期200 km以上，原子氧占主要成分。在暴时情况有所改变。

质量连续性方程描述了气体成分"s"在单位体积中的数量是如何改变的。气体可能由于一些化学过程而增加（产生项 P_s），也可能由于其他化学反应而消耗（损失项 L_s）。进一步讲，气体可能流进或者流出单位体积（传输）。传输项是气体成分数密度 n_s 和漂移速度 u_s 的乘积（这里我们用矢量 u 来表示中性成分运动，以区分于等离子体粒子的速度 v）。乘积 $n_s u_s$ 定义了气体的粒子流量（数通量），量纲是每单位面积单位时间的粒子数。如果我们把 $n_s u_s$ 乘以每个粒子的质量，就得到单位面积单位时间的质量（质量通量）。

通常情况下，化学产生率、化学损失率和传输项（数通量或质量通量），这三个过程会同时起作用。这些过程的净效应是一个体积内的气体密度随时间变化（方程（12-7））。对于给定的气体，我们可以把连续性方程用传输项和局地化学反应项的和来表示。

$$\frac{\partial n_s}{\partial t} = -\nabla \cdot (n_s u_s) + P_s - L_s \tag{12-7}$$

其中，$\dfrac{\partial n_s}{\partial t}$ = 气体密度随时间的变化 $[\#/(m^3 \cdot s)]$；

$-\nabla \cdot (n_s u_s)$ = 粒子流量的散度（传输）$[\#/(m^3 \cdot s)]$；

u_s = 粒子漂移速度 $[m/s]$；

P_s = 成分"s"的化学产生率 $[\#/(m^3 \cdot s)]$；

L_s = 成分"s"的化学损失率 $[\#/(m^3 \cdot s)]$。

方程右边的第一项是数通量密度散度的负值，表征传输导致的气体种类"s"的数密度的变化。进的气体比出的多时，传输项改变单位体积内的气体数密度，反之亦然。

问答题 12-6

证明方程（12-7）的右边第一项的单位是 $[\#/(m^3 \cdot s)]$。

问答题 12-7

对比方程（8-1）和方程（12-7），它们有什么相同和不同之处？

关注点 12.2　暴时热层密度变化

通常情况下，我们假定产生和损失之间保持平衡，并且聚焦在气体运动上。为了展示方程（12-7）中的这个特性，我们考虑高度范围在 231～340 km，覆盖多个轨道的极轨卫星数据。图 12-23 显示的是氩、分子氮、原子氧和氦气的相对气体密度沿着卫星轨迹对磁纬的函数变化。在磁暴之前，所有量基本上都取值为 1。在磁暴开始时，原子氧密度保持稳定状态，然后略微下降。然而较重的稀有气体的相对密度在高纬度处表现出陡峭的上升（氩增加 80 倍，分子氮增加 10 倍），同时，较轻气体氦的相对密度在高纬度处减少 10 倍，结果是成分的隆起。

假定 $P_s - L_s \approx 0$，并且数通量的空间变化主要发生在垂直方向，我们把方程（12-7）重写为

$$\frac{\partial n_s}{\partial t} = -\frac{\partial}{\partial z}(n_s u_s)$$

从图 12-23 中，我们可以合理假定，在 1～2 倍的范围内，作为主要中性成分的原子氧的密度没有被磁暴改变。因此，原子氧数通量 $n_O u_O$ 近似为常量，但是热层暴加热肯定导致原子氧向上流动（$u_O > 0$）。因此，为了使得氧的数通量维持常量，数密度 n 的

指数衰减必须被随高度增加的速度 u_O 抵消，公式如下：$u_O(z) \propto \exp\left(+\frac{z - z_0}{H_O}\right)$。

强烈的垂直运动在热层稀薄区域发展。进一步地，原子氧拖曳微量中性粒子大概以相同的速度向上运动。但是，微量元素数通量随高度并非是常量，因此，对于微量成分：

$$n_M u_M = n_M u_O \propto \exp\left(-\frac{z - z_0}{H_M}\right)\exp\left(+\frac{z - z_0}{H_O}\right)$$

这里下标 M 表示这微量气体数密度和标高。

为了探索微量气体数通量是如何随时间变化的，我们利用垂直方向上的连续性方程（12-7），微量气体数通量可表达为

$$\frac{\partial n_s}{\partial t} = -\frac{\partial}{\partial z} n_M u_O \left(\exp\left[\frac{H_M(z - z_0) - H_O(z - z_0)}{H_M H_O}\right]\right)$$

$$= -\frac{\partial}{\partial z} n_M u_O \left(\exp\left[-\frac{(z - z_0)}{(H_M H_O)/(H_O - H_M)}\right]\right)$$

微分后，结果是：$\dfrac{\partial n_s}{\partial t} = n_M u_O \dfrac{1}{H'}\left(\exp\left[\dfrac{-(z - z_0)}{H'}\right]\right)$。这里 $H' = \dfrac{H_O H_M}{H_O - H_M}$ 是修正后的标

高，包含原子氧的质量和考虑在内的微量气体种类。

如果微量气体比原子氧重，则 H' 是正的（质量数越大的气体，其标高越小）。在这种情况下，微量气体密度随时间增加，这就像图 12-23 中氩和分子氮的情况。相反情况，对于较轻的气体，比如氦，H' 是负的，因此氦密度随时间衰减。在高度 231～280 km 范围内，加热和膨胀过程带来了分子氮和氧之间成为热层主要成分的竞争，并且使得整个大气密度上升三倍乃至更多。

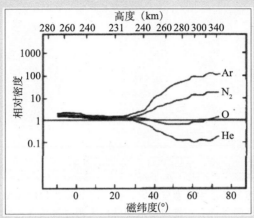

图 12-23 **磁暴前和磁暴期间中性气体成分比例随纬度的函数变化。**相对平静期的气体成分比例变化显示在垂直轴上。顶部水平轴显示的是飞船近地点高度，也是采样数据的观测高度。底部水平轴显示的是观测点的磁纬度。尽管这些观测值是离散的，为看图便利起见，它们被线条连接起来。观测的地方时是 09:00。在磁暴开始前，所有成分都是它们所示高度预期的密度值。在磁暴开始后，原子氧维持它们预期的密度值，而 N_2 密度增加。N_2 密度增加五倍，使其成为可与原子氧竞争的 250 km 高度的主要成分。在更高的高度（大于 300 km），N_2 密度的相对值增加更大，但是实际上 N_2 密度仍然只占原子氧的一小部分（图 12-22）。[Prölss, 1980]

子午向变化。暴时成分改变会扩展超出高纬热层。因为成分的改变，热层暴总的时间可能有几天。成分改变的区域有时候也称为**成分隆起**（composition bulge），它代表了一定体积内平均质量的增加（图 12-23）。额外的质量会产生高于平均的压力，这会导致气压梯度，进而改变全球热层环流。温度的改变会给空气施加作用力，这产生了区域环流单元和局部波动位移，但是会有全球的长距离效应。在磁暴早期，突然的上涌会产生大尺度的波动，即 TAD，能够全球传播（图 12-20）。后来，焦耳加热的大尺度变化会产生更大尺度的波，而更多的局地变化会产生更小尺度的波动。当磁暴继续时，极盖区水平方向的背离太阳的风得到加速，对于水平对流来说，上涌提供了充足的富含分子气体物质，这导致大范围的分子密度增加。增强的赤道向风会将成分变化传输到低纬。在夜晚时会有强的赤道向风，这一效应会较为明显。暴时中性风会将热层成分变化传输到中纬。有时，白天也能观测到成分的改变。

在地磁暴期间，双涡旋中性气体对流模式在子夜附近产生汇聚，就像图 12-19 和图 12-24 中所示。富含中性成分的气体可能形成羽流，羽流共旋朝向黎明方向移动。这导致向下的风和加热。当空气直接从极光卵向下移动时，这些下沉的风并不能补偿在极光区上涌产生的成分的变化。子夜地球的加热会产生气压梯度力，这会减弱周日潮汐作用。这暗示着在其他地方时也会有增加的辐合和加热。整个热层因此升温。暴时加热也在热层产生风，风会把成分变化传输到其他的纬度区域。

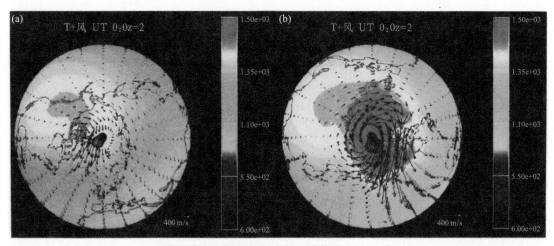

图 12-24　模拟的 250 km 高度的热层中性温度和风，模拟输出来自 TIEGCM 模式。视角是从地理北极轴向下看，中午在顶部。（a）平静条件。中性风以低速从白天跨过极盖向夜侧流动。（b）活跃条件。高温（~1600 K）以红色显示，低温（~850 K）以蓝色显示。中性风主要从日侧跨过极盖区向夜侧流动，暴时风速可超过 700 m/s。子夜区域的中性风汇聚导致垂直运动和中性成分的改变。（NCAR 的 Alan Burns 供图）

　　模拟显示，产生成分隆起之后，夜侧的赤道向风会把它传输到中纬地区，并且随地球自转带到日侧。在这个模拟中，也出现了季节效应。在夏季半球磁暴过后的 1~2 天，在两至期从夏季半球吹向冬季半球的盛行环流会将富含分子成分的气体传输到中、低纬地区。在冬季半球，极向风会限制成分向赤道方向移动。成分隆起的季节迁移会叠加在日变化振荡中。

　　在例题 12.4 中，我们的简单推理是与模式计算一致的，表明 TAD 振荡传播拥有足够的速度，能够在不到 4 小时的时间内从纬度 70° 传播到赤道。磁暴开始后不到 4 小时的时间内，与暴时相关的成分变化的最初迹象就会在低纬度出现。热层经常出现的不均匀膨胀也会产生气压梯度，驱动强的中性风。来自高纬的风潮在全球范围内传播，并且沿着磁场线传输等离子体，使区域内的化学成分发生改变，从而改变了离子复合率和总电子含量。扰动的热层环流改变了中性成分，并且使等离子体沿着磁场线上下移动，改变了电离成分的产生率和复合率。同时，当扰动的中性风与地球磁场中存在的等离子体碰撞时，通过发电机效应就产生了极化电场。这些电场会反过来影响等离子体和中性成分。

　　热层冷却。我们已经展示了能量输入、传输和消散到热层的许多方式。这些能量的绝大部分转变为热量。在太阳极小年，向低高度的分子传导是热层主要的冷却机制。除此之外，一些热量使得大气产生机械膨胀。波长 5.3 μm 的氮氧化物（NO_x）和波长 15 μm 的 CO_2 向太空产生的辐射冷却也同样重要。根据辐射损失，对于全球平均来说，NO_x 是较大的冷却机制。NO 在磁暴事件中非常重要。

峰值 NO 出现在约 110 km 高度处，变化比较大。其中一些变化是由 2～10 nm 波段的太阳 X 射线所致。太阳软 X 射线电离低热层的主要气体成分（分子氮和原子氧），产生高能光电子。这些光电子会级联产生另外的电离和更多的光电子。反过来，这些光电子会分解分子氮，并激发产物氮原子，它们与分子氧反应，产生氧化氮。热带地区太阳辐射最强烈，卫星在地球热带的观测揭示了在强太阳耀斑之后，氮氧化物会增加一个数量级。

太阳 X 射线只是 NO 变化的来源之一。大量的观测和模式研究把热层 NO 浓度和极光能量输入联系起来。高纬 NO 的丰度直接受到能电离和分解分子氮的沉降电子通量的影响。这些过程增强了受激态原子氮的浓度，这反过来又导致在更低的热层产生更多的 NO。焦耳加热对 NO 的产生也有贡献，主要是通过基态原子氮和分子氧之间的热敏反应。温度和分子氧密度的增加会导致 140 km 以上出现过量的 NO。

进一步讲，增强的极光能量沉积影响了 NO 的碰撞激发，主要是与原子氧的非弹性碰撞所致。因此，原子氮浓度的变化是与激发态 NO 分子数量的变化相伴随的。焦耳加热相伴随的背景温度的升高，增加了碰撞激发的比例。最近热层电离层能量和动力学卫星（TIMED）上搭载的红外辐射仪器的观测显示，在太阳和地磁活动增强期间，5.3 μm 辐射激增。5.3 μm 辐射冷却的增加抑制了由强地磁活动引起的热层温度上升，减小了磁暴恢复相温度弛豫的时间尺度。最近的模型和观测研究表明，子午向风把极光区过量的 NO 输送到中纬和低纬。太阳和极光活动会造成 NO 水平的增强，因而导致全球范围 5.3 μm 辐射冷却的增加。图 12-25 显示在磁暴前后氧化氮的辐射图像。增强的 NO 辐射是 2002 年 4 月 12～14 日强太阳活动的结果，紧随其后的是 2002 年 4 月 17～18 日的强地磁暴。

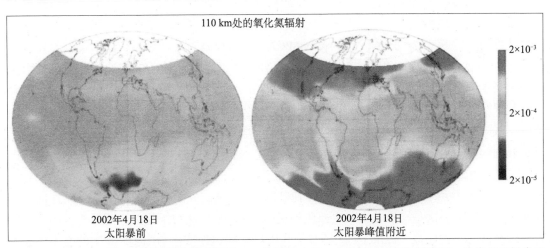

图 12-25　2002 年 4 月一系列太阳和地磁暴后 NO 的辐射。 在一个强的日地空间暴期间，极光和亚极光区 NO 辐射强度增加了一个数量级，数据来自极轨卫星 TIMED 的 SABER 探测器。大部分发生在 2002 年 4 月 18 日的辐射增加是地磁暴期间极光活动的结果，此次磁暴中 Dst 指数降到 -100 nT 以下。（美国犹他州立大学的空间动力实验室和 NASA 的 TIMED 任务组供图）

12.3　电离层暴时效应

我们了解了许多电离层等离子体变化的原因。正如第 8 章中描述的那样，电离层对太阳极紫外辐射的响应，造成了电离层电子密度的日变化、纬度变化、季节变化和随太阳活动 11 年周期的变化。极区电离层会受到快速移动 CME 加速的高能粒子的深度干扰。本质上，通过影响离子和电子的复合率，热层成分控制着电子密度。热层风通过碰撞使电离层等离子体沿着磁场线传输，从而抬升或降低电离层。进一步讲，磁场位形和电场的存在会使得等离子体产生跨越磁场线的漂移运动，并产生赤道异常这样的现象，即在磁赤道存在电离槽区，在磁赤道两侧存在两个电离峰区。

12.3.1　电离层极盖吸收事件

目标：读完本节，你应该能够⋯⋯

♦　描述极盖吸收事件的起因
♦　指出被极盖吸收事件影响的位置

太阳质子事件（SPEs）是重要（尽管次数少）的空间天气现象，它会抑制极区电离层的无线电通信。在太阳质子事件中，主要粒子是能量范围在 MeV 的质子，但也存在通量较低的重离子（如不同电荷态的 He，Fe，O）和电子。太阳质子事件会影响电离层，使得高纬 VHF 通信线路产生较大的信号损失。在低高度增加的电离也使得 LF 和 VLF 无线电信号的相位和振幅产生突然扰动。信号损失或吸收会在电离层探测设备中产生信号中断。这些事件被称为极盖吸收（polar cap absorption, PCA）事件。

PCA 事件源自快速 CME 对其周围一小部分日冕或太阳风粒子的加速，粒子速度会增加到相当于部分光速（100 MeV 质子速度约为 $0.4c$）。一些太阳耀斑也会加速到达地球的粒子。粒子被地球极区几乎垂直的磁场线捕获，穿透进入极区的 D 层。质子沿着极盖区开放的磁场线进入电离层；因为其能量较高，它们还可以穿过闭合磁场线进入极光区。扰动可以扩展到纬度 65°。在这些事件中，无线电传输的最低可用频率（LUF）超过了跨电离层的传输频率。在这种情况下，是不可能利用 E 和 F 层来进行无线电通信的。

图 12-26 显示的是 PCA 影响的两次时间廓线。一次与太阳中心经度磁场线相连的粒子加速相关，另外一次是与沿着太阳更西侧磁场线的 CME 加速粒子相关。起源于太阳西边缘附近的高能粒子被帕克（Parker）磁场螺旋线引导，到达地球。与图 10-20 中的右上图相一致，这些是与地球附近具有最佳连接的粒子。在极少的情况下，日面边缘背后的 CME 能产生 PCA 事件。

观察极盖吸收的主要地基设备是电离层相对浑浊仪（RIOMETER），它们可以测量宇宙线射电噪声在给定高频的吸收，通常是在 20～60 MHz。在 PCA 期间，大部分的无线电吸收发生在低高度，因为太阳高能质子（＞10 MeV）沉降产生的电离增强发生在低高度。这

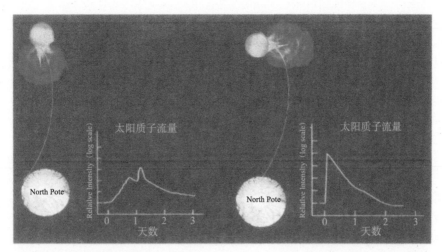

图12-26 PCA事件的相对强度和时序。 在左侧图上，由CME激发的高能质子通量是在日面中心经度产生的，其中大部分通量经过地球。在右侧图上，由CME加速的能量粒子与地球之间有很好的连接关系。PCA事件的开始曲线陡峭、强度大且持续时间长。（美国空军研究实验室的Margaret Shea供图）

些粒子的大气穿透性比典型的极光电子要大。图12-2显示的是太阳高能质子穿透的高度范围。100 MeV的质子的能量沉积高度可以低到30 km。

图12-27给出了2000年7月15日太阳质子事件期间，低地球轨道飞船观测的高能质子通量的位置。这些粒子的源头是一个X射线耀斑和朝向地球的CME。那天飞船所有的极

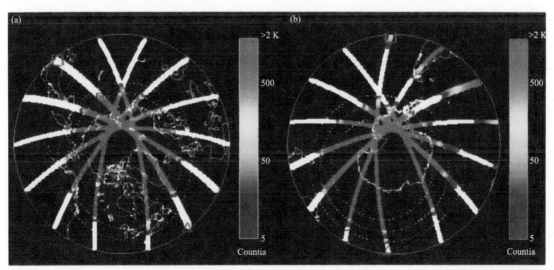

图12-27 与PCA事件相关的能量粒子穿透极区的程度。（a）POES NOAA-15卫星14次经过北极时的高能质子计数。（b）POES NOAA-14卫星13次经过北极时的高能质子计数。16秒平均的计数率以颜色编码来显示，图形是沿着卫星运行轨道来绘制的，这些数据来自每颗卫星的能量大于15 MeV（通常是15～70 MeV）的质子探测器。每个数据点的地理位置不是卫星星下点的位置，而是从卫星沿着地磁场映射到120 km高度处的位置，太阳质子能在这一高度穿透进入大气，并产生额外电离。红色方框是一天开始时的卫星位置，红色三角是数据最后下载时的位置点。（NOAA的空间天气预报中心供图）

区穿越都揭示了非常显著的粒子穿透进入大气的现象。白色曲线显示的是 L 坐标系下的三个等值线，最外面的是 $L=3$，中间的是 $L=4$，最里面的是 $L=6$。这些绘图提供了在太阳高能质子事件期间，南北极区受影响的程度。这也提供了因为信号吸收而受到强烈衰减的高频无线电传播的路径。

12.3.2　电离层暴和扰动特征

目标：读完本节，你应该能够……

- 描述 E 区发电机
- 比较和对比不同纬度的电离层扰动
- 解释为什么东向电场对低纬电离层扰动非常重要
- 描述赤道扩展 F 和赤道等离子体泡
- 解释极盖闪烁的源
- 解释在稳态电离层中，导致电离损失的化学反应链
- 比较和对比负相和正相电离层暴
- 描述电离层暴的普遍特征
- 描述中纬暴时密度增强（SED）羽状物的来源

预测特定地球空间暴带来影响的时空特征，仍然是当前研究的前沿课题，这里我们不继续阐述这个高深话题。但是，我们会概述引起等离子体密度变化的物理和动力学过程。在准备这个讨论时，关注点 12.3 拓展了第 8 章关于电离层形成的讨论，来解释高层大气中的电离过程是如何被破坏的。产生和破坏之间的平衡决定了地球电离层的等离子体密度。

高纬的扰动是随处可见的。仅需要弱的磁层作用就能破坏高纬区的分层结构。由于等离子体团和等离子体条带会被日侧与磁层对流相连的场线撕裂，并跨过极区移动，高纬区域经常遭受无线电信号闪烁。中纬地区，夏季和分点季节电子密度会下降，尤其在强的磁暴期间。冬季，在弱地磁活动期间，密度减少也更加常见。在中纬度，夜侧电离层比日侧电离层更加结构化。

名词"电离层暴"（ionospheric storm）是指等离子体密度和动力学对高层大气暴能量的响应变化过程。地磁暴在高纬沉积能量，产生大气波动，改变热层风和成分。电子密度的减少和增加都会发生。这些变化会阻碍高频（HF）和卫星通信，并且降低卫星精确导航的精度。行进式电离层扰动（TID）是电子密度水平传播时产生的波或涟漪。它们影响无线电波的折射，因此恶化定向仪性能。

在低纬地区，会产生低密度等离子体羽或等离子体泡等其他暴时特征（有时是孤立的）。这些等离子体空洞或排空区能够延伸到电离层顶部，直到 1500 km 高度。尤其是在晨昏线的夜侧位置和赤道两侧 $10°\sim20°$ 的位置，它们是低纬等离子泡产生的高发区域。强的磁暴作用能使低密度的等离子体羽扩散到夜侧大部分经度范围。当 GPS 系统中使用的无线电信号穿过这些高度结构化的羽状物时，就会遭受相位漂移和信号闪烁。

预报电离层对地磁暴的响应和局地扰动是非常重要的。起初，最大的需求是预报暴时扰动，来服务于通过电离层传播的高频无线电地－地通信。随着卫星和相关通信途径的出现，更高频信号的暴时效应成为关注点。区域和全球导航系统提出了新的预报挑战。不规则结构化的电离层区域能够对穿越电离层的无线电信号造成衍射和折射（闪烁），对接收机来说，这些受损信号呈现出随机的相位和幅度的瞬时脉冲。这些扰动也对飞船导航系统中的垂直延迟修正提出了挑战。最具有应用价值的参量是 F 区峰值电子密度（NmF2），或临界频率（foF2）、以及总电子含量。临界频率与斜向传播的无线电波的最大可用频率（MUF）有关。总电子含量对星－地高频导航信号的相位延迟非常重要。

关注点 12.3 电离层的化学过程

这里我们探索几种决定高层大气等离子体密度的化学因素。在第 3 章和第 8 章中，我们描述了电离层等离子体是如何产生的。尽管等离子体的产生过程可能是强烈和快速的，但等离子体密度也未必很高。复合和化学破坏作用可能也同样有力。我们从等离子体的产生与化学破坏的平衡来确定其密度。平静时，日侧电离层的大部分时间会维持着这种平衡。暴时打破了这种平衡。然而在讨论这个话题之前，我们需要对磁暴前存在的等离子密度平衡态做更多的介绍。

当中性粒子吸收太阳紫外辐射时（或被高能电子撞击时），就会在地球高层大气中产生等离子体，从每个中性粒子中产生出正离子和负的自由电子。例如，一个中性粒子种类"A"能按照下面的方程电离：

$$A + hf \longrightarrow A^+ + e^- \quad \text{光致电离}$$

在 150 km 高度之上，粒子"A"大部分是原子氧。在这个高度之下，分子氧和氮气（O_2 和 N_2）占主要成分。为简单起见，我们没有描述这一更复杂的情况。如第 8 章中，通过知道原子氧的密度和电离辐射的强度，我们计算氧离子 O^+（以及自由电子）的产生率。为了进行这个计算，我们也需要知道这个反应效率如何。换句话说，当氧原子和极紫外光子相遇时，这个反应的概率有多大？这个概率是由量子物理定律决定的，但这超出了本书的范围。然而，我们知道这个答案并非百分之百。我们可能会认为，通过颠倒反应方向来破坏等离子体（辐射型辐合），但是量子物理规律预测，与其他类型的化学反应相比这是极不可能的。实际上，破坏等离子体的主要途径是通过一连串的化学反应。第一个反应是把中性氧原子改变为离子。

$$O + hf \longrightarrow O^+ + e^- \quad \text{光致电离}$$

紧接着

$$O^+ + N_2 \longrightarrow NO^+ + N \quad \text{离子－原子交换}$$

在这种情况下，分子离子是一氧化氮。最后，分子离子和自由电子复合来破坏等离子体对。

$$NO^+ + e^- \longrightarrow N + O \quad \text{分解复合}$$

这个过程是分解复合（dissociative recombination），因为是把分子分解为两个原子。这种两步过程也包含分子氧，随后是离解分子氧为两个原子氧的复合过程。能量和动量守恒的要求使得分解反应比产生中性分子氧更加有可能。

$$O^+ + O_2 \longrightarrow O_2^+ + O \quad \text{离子 - 原子交换}$$

$$O_2^+ + e^- \longrightarrow O + O \quad \text{分解复合}$$

接下来，我们把扰动电离层影响特征按照低纬 - 中纬 - 高纬三个纬度带来组织，然后进一步讨论多纬度上的电离层扰动，即电离层暴和行进式电离层扰动。

低纬。图 4-26 给出了平静期日侧的电离层电流系统。日侧太阳驱动的大气加热和夜侧辐射冷却会产生潮汐风，驱动等离子体垂直于地磁场移动。等离子体的运动会在 100～140 km 高度的日侧发电机区感生出东向电场和电流。这个纬向电场也称为发电机电场，因为它使得风的机械能转化为等离子体的电场能。

近赤道内部场源。为了与横越水平磁场向上的等离子体漂移一致，电场必须是东向的。（我们回想一下，因为例题 12.5 所示的 $\boldsymbol{E} \times \boldsymbol{B}$ 的相互作用，横越磁场线的等离子体漂移的确如此）。在夜间，大气冷却，中性成分和等离子体下沉到更低的高度（称为下降流）。下沉运动产生了西向电场。感应电场驱动电流（图 4-26 和例题 12.5）。因为在晨昏线附近电导率的变化，这些电流在夜侧辐散，在晨侧辐合，分别产生正的和负的电荷积累。日侧电场是由～5 kV 的电势差所致。

图 12-28 揭示的是，赤道纬度的 E 区东向电场会沿着地球磁场线映射到磁赤道上空 F 区高度。$\boldsymbol{E} \times \boldsymbol{B}$ 漂移运动导致磁赤道 F 区的等离子体向上运动。于是上升等离子体在重力和压力梯度力的作用下，沿着几乎水平的磁场线向北和向南运动。结果形成了赤道电离异常（equatorial ionization anomaly），F 区电离密度在磁赤道区形成最低值，在磁赤道南北两侧 15°～20° 的两个峰值区形成了最大值。等离子体密度峰值包含能发出紫外辐射的原子氧（图 12-18）。电离峰值容易受局地和远处扰动的影响而产生不稳定。

内磁层中电场的突然变化能穿透到低纬 F 区，会大大增强或完全破坏发电机电场的方向。当这种现象发生时，低纬电离层等离子体会经历突然垂直上升或者下沉运动，进而转化成沿着弯曲磁力线的运动和显著的等离子体不稳定性。这种现象被称为扩展 F（spread F），这表明 F 层并没有在单一高度出现，而是垂直扩展。赤道扩展 F（ESF）是一种最麻烦的电离层空间天气难题。这种不稳定性能引起场向等离子体的耗空，有时称为赤道等离子体泡（equatorial plasma bubble, EPB），它快速上升到 F 层的顶部。陡峭的等离子体密度梯度破坏了无线电波的平滑传播。在最极端的情况下，卫星接收和发出的 UHF 信号可能完全丢失。

在接近日落时，E 区等离子体密度和发电机电场会降低，因此赤道异常开始衰弱。但是，另外一个发电机在 F 区发展起来。结果是在晨昏交界处存在电导率梯度，这里的极化电荷使东向电场在日落后有 1 小时的增强。这也是白天东向电流和夜间西向电流交会的地方。电导率梯度的源是热点研究课题，因为这种日落反转前增强（pre-reversal enhancement,

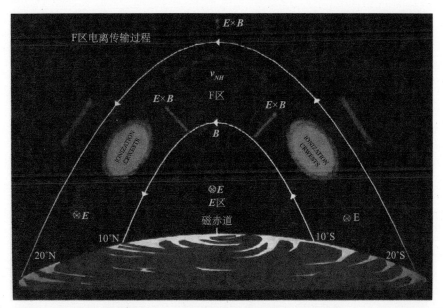

图 12-28　赤道 F 区（赤道电离异常区）电离密度随纬度变化的形成原因。 示意图显示在白天，磁赤道上空的 E 区的东向发电机电场沿着磁力线映射到 F 区高度。等离子体因 $E \times B$ 漂移而向上移动，然后沿着磁场扩散，形成了双峰结构。最大电离密度峰值位置在磁纬南北纬 15° 附近，最小电离密度在磁赤道。重力和压力梯度力会驱动等离子体沿着场线向下运动，并且离开它上升的区域。（美国空军研究实验室供图）

PRE）能够产生额外的等离子体向上漂移，能够进一步被其他不稳定性影响。这种日落后（反转前）电场使得电离层等离子体向上移动，能够增强赤道异常峰值。

日落后，在 F 层底部经常形成等离子体密度垂直梯度。在低高度等离子体重新复合而产生中性气体，但在较高的高度区域仍然受落日照射而保持电离状态，在这种情况下就形成了等离子体密度垂直梯度。向上的密度梯度的方向与重力相反。重的流体密度（电离度高）在轻的流体密度上方（电离度低），这种结构是不稳定的，所以等离子体密度不规则结构产生。在流体的描述中，这种不稳定性被称为瑞利－泰勒不稳定性（Rayleigh-Taylor instability）。低密度等离子体泡向上抬升，有时高度超过 1000 km（图 12-29）。在水平电场反转前增强期间，当向上的 $E \times B$ 等离子体漂移充分抬高 F 层而引发不稳定时，强的赤道扩展 F 和等离子体耗空区（等离子体泡）就会上升（关注点 12.3）。

外部场源。 除了内部电离层源对日落后区域的东向电场有贡献外，大气会通过其他途径产生电场。对流层重力波、热带风暴以及远处的闪电都被认为是贡献者。这些波源向上的推动，会产生局地水平电流和伴生的东向和西向电场。在不稳定性得到发展后，如果存在西向电场，西向电场的出现可能不足以抑制这种增长。除此之外，外部作用力来自于强磁暴期间的磁层穿透电场。南向行星际磁场的增强会影响赤道电离层的电流流动。相应地，整个磁层的晨昏电场 E_y 会增强。晨昏电场使得内磁层中的高能离子获得动能，并向地球流动，其结果是离子和电子的梯度－曲率漂移路径开始分开，以及环电流和部分环电流的增长。如果强的电场持续时间超过 1 小时，空间电荷就会建立起来，来庇护磁层的最内侧不受强的 E_y 的影响。

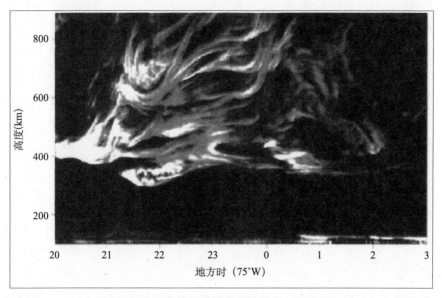

图 12-29　秘鲁的 Jicamarca 射电观测台观测到的等离子体湍流流羽。 图形是西经 75°，无线电信号在等离子体湍流中的持续 7 小时回波，这些等离子体湍流与电子密度的耗空有关。等离子体湍流和耗空区在东向电场和瑞利 – 泰勒不稳定性区域发展。对流电离层暴发生在 2006 年 10 月。东向（西向）日落后电场会增强（减弱）不稳定性。GPS 信号在穿过电子密度陡峭梯度区域时可能发生闪烁，以及出现接收机和卫星的信号失锁。在某些日子里，电场太小，在它的极性反转前，不能产生赤道异常峰或者电离层不规则体。[Kelley et al., 2006]

例题 12.5　东向电场和电集流

- 问题：证明在前面讨论描述的电动力学过程会在电离层 E 区产生东向赤道电场和赤道电集流。

- 给定条件：磁赤道上空 100 km 是北向的水平磁场。

- 假设：白天加热导致中性大气上涌，上涌的中性气体拖曳等离子体。电子的可移动性大于离子的可移动性。

- 解答：I

（a）漂移电场方向用公式 $E = -v \times B$ 来描述。

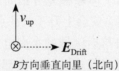

B 方向垂直向里（北向）

（b）电子和离子对漂移电场做出回应，它们都加速。然而，电子的移动性更强，因此它们加速向西，产生了东向电流 $j_{primary}$。电子的可移动性也产生了向上的极化电场 E_{pole}。

B 方向垂直向里（北向）

解释：与问题描述相一致，漂移电场和与之相联系的电流在 E 层的方向是向东的。然而，第二个示意图中的几何图形显示，也存在方向朝上的极化电场，这是由电荷可移动性的差异产生的。我们下面着手解决这个问题。

■ 解答：II

（c）电子垂直磁场线的西向运动与次生的垂直向下的霍尔电场 E_{Hall} 相一致。

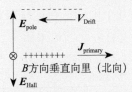

（d）移动电子通过向下的加速运动与极化电场 E_{pole} 响应，但是这个运动也跨越磁力线，电子产生 $E \times B$ 的向西的漂移运动，产生一个东向的次级电流叠加在一级电流上。

■ 解释：移动性电子经常受感生和极化电场调整。其结果是一个东向的主电场以及东向的主电流和次级电流的和，它们共同形成赤道电集流。这是一个跨越日侧的狭窄而强的东向电流。

补充练习： 针对夜侧过程，重新进行几何分析和思考。

地球低纬的磁力仪测量到由环电流增强引起的局地磁场南北分量的降低。当 Dst 指数斜率为负时（即指数下降，dDst/dt＜0），行星际磁场在内磁层（环电流的地球侧）施加有晨昏电场。

1 区和 2 区场向电流也会全球性地影响电场。这些电流究竟是压制还是激发赤道扩展 F 和赤道等离子体泡，取决于赤道区水平电场的方向。模拟表明，1 区场向电流恰好在晨昏线的昏侧东边产生～1 mV/m 的东向电场。2 区场向电流庇护赤道区域免受 1 区场向电流的影响，会抑制（而非翻转）电场。因此，高纬电流产生或抑制闪烁的效率取决于磁场扰动的相位。

最近的研究证明，等离子泡经常出现在地磁暴的初相和主相阶段。穿透电场是这些结构产生的最可能的触发器。暴时恢复相期间，在地方时的夜晚很少观测到等离子体泡。但是，在子夜到黎明的地方时扇区，它们很明显。等离子体泡在夜晚扇区被压制，在子夜后得到发展，这归因于穿透电场 E 或者夜间极光纬度能量沉积驱动的逆向发电机作用。

关注点 12.4　赤道等离子体泡物理——瑞利‒泰勒不稳定性

这里，我们简短地描述瑞利‒泰勒不稳定性的基本要素，因为它适用于等离子体泡的形成。不像大部分空间天气条件，在这种情况下，重力在等离子体行为中扮演了一定的角色。图 12-30 给出了几何图形。在这幅图中，g 指向下（朝向地球），B 指向页面（北向）。

刚开始，稠密等离子体驻留在非常稀薄的等离子上方。这种情况仅可能发生在日落以后，低电离层进入黑暗区域，并且等离子体开始复合。同时，F 层区域仍然处于阳光照射下，因此，F 区的低密度能保证等离子体的长寿命。

$g \times B$ 漂移导致离子向右漂移（东向）。在存在种子扰动情况下（例如，由某种局部或远处扰动引起的正弦波），离子在一侧堆积，电子在另一侧堆积。这些电荷位移产生了扰动电场 δE。局地 $\delta E \times \delta B$ 漂移导致峰上升谷加深。发展的峰携带耗空的等离子体向上移动。

　　不稳定性增长率 γ 依赖于几个因素。在这些因素当中有离子－中性成分间的碰撞频率 ν 和垂直密度梯度。密度梯度越大，增长率越大。离子－中性成分间的碰撞频率越小，增长率越大。F 层底部提供了不稳定性增长的理想条件。

$$\gamma \propto -\frac{g n_0}{\nu}\left(\frac{\partial n_0}{\partial z}\right)$$

　　小尺度的不稳定性在 1~2 小时之内增长到垂直方向跨越几百公里的结构。反过来，这些结构会级联为更小的尺度（30 cm~200 km）。来自初始种子扰动的非线性增长导致了不同形状的等离子耗空。振幅增长率依赖于种子扰动的尺寸（图 12-30）。

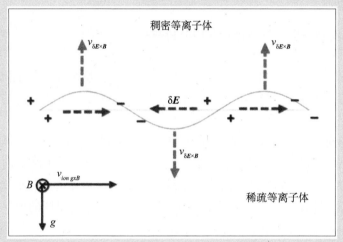

图 12-30　与瑞利－泰勒不稳定性相关的场的变化。图形是从南向北看。来自局地波源的小扰动激发了等离子体的不稳定性

　　高纬。地磁暴主要的影响发生在高纬的 E 区和 F 区，极隙区的粒子沉降和极光都能产生电离。很强的磁层对流电场沿着磁力线映射到极区电离层，在那里它们引导日侧密度更高的等离子体气体穿越极盖区，进入夜侧。有时候，这些等离子体羽看起来像从日侧伸出进入极盖区的舌状电离（图 12-31）。这些电子流在进入极盖区的过程中经常衰减为等离子体团或者等离子体条。如果对流速度中等到高，增强的电离流进夜侧，在那里由于极光粒子撞击会产生附加电离。一些离子流试图通过昏侧通道返回日侧，一些通过晨侧通道返回。共转电场倾向于使昏侧的流动变慢，使晨侧的流动加速。这些运动综合起来产生了电离梯度陡变的电离团块。这些导致极区和极光区电离层无线电传播特征发生较大变化。由此引起的数密度和 F_2 层高度的变化会导致 GPS 信号闪烁和超视距扫描雷达的不正常回波。尽管强对流是行星际磁场南向分量的标志，如果在极盖区有子夜－正午向的光弧发展，IMF 北向时也可能发生信号闪烁。

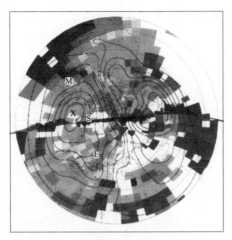

图 12-31 **利用多设备观测的舌状电离地图，上面叠加了 1993 年 11 月 20 日 17：30 UT 时的电离层对流形态**。中午在顶部，地磁北极在中间。纬度圈的间隔是 10°。对流形态图由超级双极光雷达网（SUPERDARN）和 DMSP 的 F-13 飞船提供。电离信息来自 GPS 的 TEC 观测。三个非相干散射雷达的位置位于图中的标示 M、S、E 处。在 17：30 UT，等离子体羽通过中午附近的极隙区对流辐合区扩展。舌状电离从日侧和昏侧中纬度跨极盖发展。后续观测表明，当电离舌向夜侧移动并循环返回极光和亚极光区时，电离会变得混乱且不均匀。[Foster et al., 2005]

　　我们回忆一下，在强地磁暴期间，等离子体和中性粒子之间的能量交换在 E 区最大，产生了大量的极光区焦耳加热。这些能量沉积的影响被观测到进入低纬。大尺度、赤道向流动（~150 m/s）和行进式大气扰动（TAD）从极光区涌现，产生子午向风，在科里奥利力的作用下，顺时针方向转向朝西。这些风的发电机作用，驱动朝向赤道的彼德森电流和随后的赤道区电荷堆积，电荷堆积随之产生朝向极区的电场。这个电场，当穿过图 12-28 所示的倾斜磁场时，产生由电子向西运动而形成的电流。电流在晨侧产生负的电荷堆积，在昏侧产生正的电荷堆积。这种电荷配置结构与平静期的相反。这种由扰动发电机产生的水平电场与平静期发电机电场相反。特别是在午夜后的区域，夜侧电场的扰动可能激发向上的等离子体漂移，而通常情况下这些区域是向下漂移的。模拟显示，日落后的扩展 F 扰动趋于减弱，午夜后的扰动会在强地磁活动期间增长。

　　中纬。中纬区域通常情况下与我们在 12.3.2 节中描述的扩展 F 动力学区域相距较远。然而，在极端强烈的磁暴期间，与其上的等离子体层的强电场相关联的等离子体传输效应，经常控制着极光区和亚极光区电离层的特征。在磁暴期间，随着地磁活动的增加，这些影响会向赤道方向扩展到更低的纬度。大尺度的电离层对流电场增强，驱动由太阳产生的 F 区电离层等离子体从中纬和低纬的午后扇区的源区，向太阳和赤道方向传输。

　　此外，暴产生的电场能穿透进入内磁层，在那里它们会抬升并重新分配低纬电离层的等离子体。昏侧附近的东向电场产生赤道电离异常的极向位移，产生午后等离子体层和中纬电离层的 TEC 增强。当暴时注入的高能粒子填入增强的环电流时，就会产生这些增强的磁层电场。同时，亚极光区极化电场会剥蚀等离子体边界层，产生等离子体泄羽流，把高高度上的物质带到向日侧磁层顶。等离子体层剥蚀事件的近地球足点被看作是中纬度暴时密度增强（storm-enhanced density, SED）流，它们朝向极区延伸（图 12-32）。随着时间的推移，电离层对流输送增强的 F 区等离子体进入极盖区（图 12-31）。这些过程产生暴的锋面和窄而稠密的热等离子体羽，它们从低纬进入并跨过极盖区连续扩展。

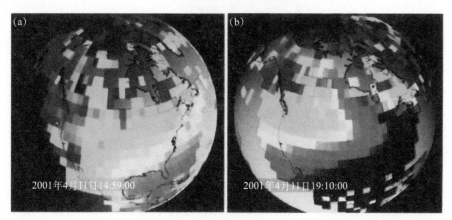

图 12-32　2001 年 4 月 11 日电离层暴时密度增强羽流的发展。图（a）是暴前的 TEC 地图，图（b）是暴时的 TEC 地图。蓝色代表 TEC 的低值，红色和棕色代表 TEC 高值。两幅图的时间间隔是 4 小时。地图显示的是在大地磁暴期间，整个美国大陆电子密度特征剧烈的发展过程。TEC 的测量由分布在全球的 GPS 接收机给出。右边的图形显示具有高 TEC 值的羽状区域是如何从美国南部、中部和东部以及加拿大东部向西北方向移动的。（麻省理工学院磨石山雷达观象台的 John Foster 和 Anthea Coster，以及美国国家科学基金会和 NASA 供图）

　　暴时密度增强羽流具有连续、大尺度特征，横跨位于极盖区和中到低纬源区之间的午后扇区。这些羽状条带解释了中纬度区域接近昏侧的电离层密度的显著增强。SED 能在一些磁暴的早期阶段观测到。在 TEC 地图上能够找到它们。我们知道 TEC 测量是从地面经过电离层一直扩展到等离子体层的垂直柱体中的总电子数。在 SED 羽流内，TEC 会极大地增强；当 SED 扩展进入昏侧亚极光区域时，TEC 会出现陡峭的纬度梯度。最近的研究已经发现，SED 和极大提升的 TEC 羽流与外层的等离子体层侵蚀通过强的亚极光区电场相关联。IMAGE 飞船的 EUV 成像观测显示，在低高度地图上识别的 SED-TEC 羽流可以映射到日侧等离子体层排空区羽流的边界处（图 11-13）。

　　一些研究表明，强 SED 活动偏爱出现在北美洲大陆地区，这是因为南大西洋异常区弱的磁场使得来自赤道异常峰的等离子体传输更加容易。

　　多纬暴时特征。电离层暴尽管很复杂，但是呈现几个普遍特征：发生在不同区域的电子密度的增强（正相）和降低（负相）。扰动的位置和时间依赖于地磁活动的强度和暴开始的地方时。一些暴时效应看起来从高纬往低纬传播。电离层暴会给电离层密度分布、总电子含量和电离层电流体系等方面带来很大的变化。在一个地磁暴演化过程中，一个给定纬度带的电离层电子密度可能增加，也可能减少。前者称为电离层正暴（positive ionospheric storm），后者称为电离层负暴（negative ionospheric storm）。这些电离层暴效应的发展与地磁暴一致。它们经常依赖于地方时和暴开始的时间。图 12-33 给出了在中纬地区意大利罗马台站的电离层暴相位随时间的变化。

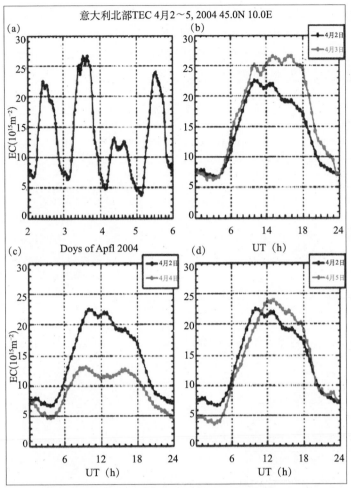

图 12-33 2004 年 4 月 2～5 日电离层 TEC 正相暴和负相暴。（a）图显示的是意大利罗马四天的 TEC 记录，TEC 的单位是 TECU，1TECU = 10^{16} 个电子 /m²。4 月 2 日是用作参考的平静日，其 TEC 在其他三个图形中用黑色曲线表示。（b）4 月 3 日发展为正相暴。（c）4 月 4 日出现了负相暴。（d）显示 4 月 5 日 TEC 恢复到正常情况。（意大利罗马的国家地球物理和地质力学研究所供图）

正相暴通常发生在磁暴的早期阶段，出现于极区或接近极区。来自电流消散的焦耳加热和来自磁层粒子流的能量沉积，导致高纬大气压力增加。来自极区的子午向风，被快速移动的 TAD 携带，向低纬传播能量。在电离层 F 区，增强的赤道向风把等离子体抬升到更高的高度，那里中性成分更少，复合比较慢，因此电子密度增加。这种向上的漂移运动也可能由暴时穿透进入地球日侧的磁层对流电场引起。

当 [O]/[N₂] 和 [O]/[O₂] 比率减少时，负相暴得到发展。上涌区（增加 N₂ 和 O₂）加强了复合，因此导致电离层衰减更快，产生负相暴。这些成分扰动通常是由地磁暴驱动的热层风环流所致。子夜扇区的风涌将这种成分扰动区域向中纬拓展。扰动区域在夜间到达最低的纬度，但之后随着地球的自转进入早晨扇区。在地磁活动的恢复相，这种成分扰动区域继续向午前扇区行进。在午后这一区域的赤道侧可能会形成极向中性风，进而产生辐合和下沉运动。

　　图 12-34 中给出了电离层暴相位沿地理位置的发展过程。尽管 [O]/[N₂] 比率在夜晚到白天的过渡期恢复，但是扰动仍然足够大，足以产生日间的电离层负暴效应。负向暴通常在地磁暴开始很多小时后出现，有时候时间滞后超过 24 个小时。白天电离层的负相暴经常滞后于磁暴急始几个小时。通常 F2 层离子密度扰动比 F1 层更大。

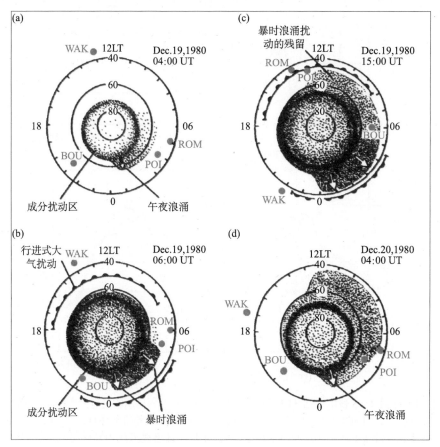

图 12-34　1980 年 12 月 19～20 日电离层暴时特征的空间分布。（a）四个中纬度台站的暴前电离层环境，日本雅内（Wakkanai, WAK），美国博尔德（Boulder, BOU），法国普瓦捷（Poitier, POI），意大利罗马（Rome, ROM），图中的阴影部分是电子密度减少的区域。（b）在电离层暴刚开始时，在 POI 和 ROM 站有弱的正暴效应，暴时浪涌从子夜扇区涌出，贝壳形曲线代表 TAD。（c）地磁活动的出现又增强了 TAD，当台站随地球自转进入早晨扰动扇区时（之前扰动出现在子夜后扇区），BOU 台站出现了强的负相扰动，在之后的这个阶段，地方时在正午前后的 POI 和 ROM 台站出现了正相暴效应。这些可能与穿透电场相关。（d）在暴的恢复相，弱的成分扰动区随地球自转进入午前扇区，包括 ROM 和 POI 站。[Tsagouri et al., 2000]

　　最近的统计研究表明，在赤道异常峰和极光卵附近，正相暴发展得最大，持续时间最长（14～15 h）。负相暴在很多纬度都能观测到。暴在高纬到中纬地区持续时间最长，存在季节和地方时的依赖性。观测表明，正相暴更可能发生在中纬的冬季，负相暴更可能发生在夏季。从统计上来看，在夏季成分扰动区比在冬季更易到达较低的纬度。跨赤道夏－冬盛行气流会在冬季限制成分扰动向赤道方向运动，但在夏季则允许它们到达更低的纬度。

进一步讲，在冬季中纬，分子种类的减少伴随着下沉运动，维持和产生了正相暴。

磁暴期间，在低纬度区域，穿透电场也对全球电离层有重要的影响。白天，电离层的东向穿透电场把等离子体抬升到更高的高度，导致了中纬和低纬的高电子密度和电离层的正相暴。穿透电场也会增强赤道喷泉效应，引起整个赤道地区电子密度下降和赤道电离异常区的电子密度增加。

在磁暴期间，穿透电场和中性扰动发电机电场出现在低纬。时间是区分不同驱动源的关键因素。对于开始的几个（2～3）小时，穿透电场能同时引起低纬的电离层扰动，并主导了日侧电离层演化。相对而言，大尺度大气重力波需要2～3小时从极光区传播至赤道电离层，在不同纬度会有显著的传播延迟。在磁暴开始后的2～3个小时，中性扰动发电机电场在低纬变得重要。

行进式电离层扰动。另一种更瞬变的跨纬度电离层扰动形式是行进式电离层扰动。许多F2层峰值电子密度和TEC的增加是由TAD引起的。在电离层高度，TAD中的中性气体运动会驱使电离层等离子体运动。这个波使得等离子体位移，引起*行进式电离层扰动*（traveling ionospheric disturbance, TID）。这些扰动会表现为电离层中出现行波，它们能够严重影响高频HF无线电通信、监视传播和侦查。

大尺度行进式电离层扰动在极光区产生，波峰间距离（波长）有1000 km，甚至更多，经常以300～600 m/s的速度从极区向赤道移动。大尺度行进式电离层扰动会导致约20%的TEC变化。中等和小尺度的行进式电离层扰动，波长在几百公里，由雷暴、冷锋面、飓风、晨昏交界面处电离层电导率变化、地震和海啸等引起，这些小尺度结构造成的TEC扰动经常在10%，或者更少。行进式电离层扰动有时可在气辉图像和高频雷达的观测中看到。图12-35描述了由地面密集的GPS接收机观测到的横跨日本的行进式电离层扰动。这个小尺度行进式电离层扰动的速度大概为0.1 m/s。

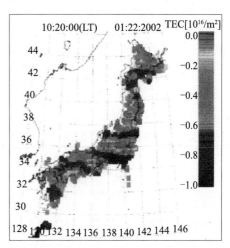

图 12-35 日本上空的小尺度行进式电离层扰动。在行进式电离层扰动中，一连串的波谷和波峰覆盖整个日本。扰动的波长大概是100 km，振幅大概是1 TECU。[Sekido et al., 2004 和改绘自 Saito et al., 1998]

总结

地球高层大气对变化的太阳和磁层能量输入的响应是显著的。太阳活动几乎影响所有高度的地球中性大气。太阳变化性调制高层大气参量的主导因素是其EUV波段辐射。所有入射到地球大气中的太阳EUV通量都被热层吸收。在11年的太阳活动周期内，太阳EUV辐射的积分强度有大约两倍的变化。因此，中性大气温度变化两倍，中性大气密度却至少变化一个数量级，电子密度甚至会变化得更多。太阳辐射为高层大气加热提供了大概80%的能量。剩余的大部分能量来自地磁活动，它的能量主要集中在极光区。有时，极光区的加热超过来自日侧太阳的输入。太阳高能粒子，虽然它们并不是大的能量来源，但作为耀斑和 CME 加速的产物，当它们通量上升时，对无线电通信和极区的电离层化学有着深远的影响。

地磁对地球高层大气的影响在极光可见的高纬区域最为明显。弥散极光基本上在所有时间都存在。分立极光更多地与活跃地磁环境相关，并且倾向于向夜侧电离层输入更多的能量。地磁活动对中性大气的主要影响是极区和极光区高层大气强烈的局地加热。加热一方面来自带电高能粒子沉降的动能加热，另一方面来自极光区增强的电离层电流的焦耳加热。

热层大气的不均匀膨胀会产生气压梯度，驱动强的中性风。受扰动的热层大气环流会改变中性成分，驱动等离子体沿磁场线上下移动，改变电离成分的产生率和复合率。同时，当扰动中性风与等离子体相互碰撞时，因为存在地球磁场，会由于发电机效应而产生极化电场。这些电场反过来同样影响中性成分和等离子体，这表明高层大气中电离成分和中性成分是紧密耦合的。

由部分电离磁化等离子体组成的地球电离层是一个相对薄层，高度范围从 90 km 到 500 km。电离层中典型的等离子密度变化范围是 $10^3 \sim 10^6$ 个粒子 $/cm^3$，在磁暴期间经常至少增加 2 倍。因为电离层和太阳、地球大气、磁层之间的强耦合，电离层的现象学是复杂的。为了对不同暴时现象进行分类，电离层在纬度上划分为两个或者三个区域，并且把白天和晚上分开。随着全球卫星导航系统的出现，低纬电离层受到了更多的关注，其原因是导航信号在平滑变化的电离层中传播。赤道电离层，尤其是赤道异常，容易产生等离子体不稳定性，裹挟低密度的等离子体羽上升到天顶处高电离的区域。这些等离子体羽通常在日落附近出现，经常持续几个小时，一直到夜晚。强地磁暴能够产生变化电场，从内磁场穿透进入电离层，会引起等离体泡，这种现象甚至发生在典型的比较稳定的午夜后区域。

强地磁暴开始后，等离子体不规则体也出现在中纬度和极区。在磁暴期间，过量的等离子体流会被等离子体层和磁层的对流分配到通常较平滑的层。

磁层－电离层－热层相互作用也产生不同纬度的扰动。热层成分变化和暴时能量驱动的风会重新反馈给电离层。有观点认为，F 层密度和 TEC 的大部分增加都是由 TAD 所导致的。风的扩散特性使富含中性成分的热层气体从较低的高度上涌。F 层高度分子种类增多或者成分隆起的这些区域被原来就存在的背景风场或者被暴时风传输。这些上涌的区域（增加了 N_2 或者 O_2）能导致电离层衰减更快，并且产生负相暴（电子密度异常低）。在暴时，电离层电子密度能够减少或者增加一到两倍，甚至更多。

行进式大气扰动可以产生电离层中的波动，称为行进式电离层扰动。类似波的特征不均匀地反射无线电波。地面和低层大气中的扰动产生了更小尺度的行进式电离层扰动。

关键词

英文	中文	英文	中文
arch	拱	ionospheric storm	电离层暴
arc	弧	Joule heating	焦耳加热
auroral kilometric radiation (AKR)		negative ionospheric storm	负相电离层暴
	极光千米波辐射	plar cap absorption (PCA)	极盖吸收
band	光带	positive ionospheric storm	正相电离层暴
black aurora	黑极光	Poynting vector S	坡印廷矢量
break-up phase	破碎相	Poynting Theorem	坡印廷定理
bremsstrahlung	韧致辐射	pre-reversal enhancement (PRE)	
composition bulge	成分隆起		反转前增强
convection	对流	pulsating aurora	脉动极光
diffuse aurora	弥散极光	Rayleigh	瑞利
discrete aurora	分立极光	Rayleigh-Taylor instability	瑞利–泰勒不稳
dissociative recombination	分解复合		定性
dynamo process	发电机过程	region-1	1区
electromagnetic (EM) energy transfer rate		region-2	2区
	电磁能量转换率	spread F	扩展F
electromagnetic energy density u_{EB}		storm-enhanced density (SED)	
	电磁能量密度		暴时密度增强
equatorial ionization anomaly		substorm expansion phase	亚暴膨胀相
	赤道电离异常	substorm onset	亚暴急始
equatorial plasma bubble（EPB）		traveling atmospheric disturbance (TAD)	
	赤道等离子体泡		行进式大气扰动
gravity wave	重力波	traveling ionospheric disturbance (TID)	
growth phase	增长相		行进式电离层
hemispheric power	半球能量		扰动
ionization	电离	upwelling	上涌

公式表

扰动坡印廷通量：$S_{p}=\dfrac{E_{conv}\times\Delta B}{\mu_{0}}$。

电磁能量密度：$u_{EB}=\dfrac{\varepsilon_{0}E_{conv}^{2}}{2}+\dfrac{(\Delta B)^{2}}{2\mu_{0}}$。

坡印廷定理：$\dfrac{\partial u_{EB}}{\partial t}+\nabla\cdot S=-J\cdot E$。

电磁能量转换率：$J\cdot E=J\cdot(E+v\times B)+(J\times B)\cdot v$。

阿尔文坡印廷通量：$S_A = \dfrac{\delta E \times \delta B}{\mu_0}$。

大气定律：$n_s(z) = n_{s0}\exp\left(-\dfrac{z - z_0}{H_s}\right)$。

质量守恒方程：$\dfrac{\partial n_s}{\partial t} = -\nabla \cdot (n_s u_s) + P_s - L_s$。

问答题答案

12-1： 300 km 总的中性成分数密度变化：

$$\left[\left(1.2\times10^{10} - 6\times10^9\right)\big/\mathrm{cm}^3\right]\big/\left[\left(9.0\times10^9\right)\big/\mathrm{cm}^3\right] = 0.67 \approx 67\%$$

中性成分温度变化：

$$\left[(1500 - 800)\ \mathrm{K}\right]\big/\left[(1150\ \mathrm{K})\right] = 0.61 \approx 61\%$$

12-2： 相对论电子和太阳质子。

12-3： 根据图形标题和图中包含的信息可以判断，事件发生在 7 月，这时北半球是夏季，因此吸收大量的太阳极紫外辐射。

12-4： $1.5\ \mathrm{erg}\big/(\mathrm{cm}^2\cdot\mathrm{s}) = 1.5\left[\left(10^{-7}\ \mathrm{J/erg}\right)\mathrm{erg}\right]\big/\left[\left(1\ \mathrm{m}^2/10^4\ \mathrm{cm}^2\right)\mathrm{cm}^2\right]\mathrm{s}$
$= 1.5\times10^{-3}\ \mathrm{W/m}^2 = 1.5\ \mathrm{mW/m}^2$

12-5： 左侧第一项的单位是能量密度的时间变化率：$\mathrm{J}\big/(\mathrm{m}^3\cdot\mathrm{s}) = \mathrm{W/m}^3$；
左侧第二项的单位是能量通量 / 长度 $= \left(\mathrm{W/m}^2\right)\big/\mathrm{m} = \mathrm{W/m}^3$；
右边项的单位是电流密度 × 电场 $= \left(\mathrm{A/m}^2\right)\left(\mathrm{N/C}\right) = \left[\mathrm{C}\big/\left(\mathrm{m}^2\cdot\mathrm{s}\right)\right]\left(\mathrm{N/C}\right)$
$= \mathrm{N}\big/\left(\mathrm{m}^2\cdot\mathrm{s}\right) = \mathrm{J}\big/\left(\mathrm{m}^3\cdot\mathrm{s}\right) = \mathrm{W/m}^3$。

12-6： 梯度项的单位是 $1/\mathrm{m}$；因此整项的单位是 $\left(\text{粒子数}/\mathrm{m}^3\right)(\mathrm{m/s})/\mathrm{m} = \text{粒子数}\big/\left(\mathrm{m}^3\cdot\mathrm{s}\right)$。

12-7： 两个连续性方程代表通量的物理过程。方程（8-1）应用于电离的物质；方程（12-7）应用于中性物质。

图片来源

Baker, Daniel N. 2001. Coupling between the solar wind, magnetosphere, ionosphere, and neutral atmosphere. *Encyclopedia of Astromomy and Astrophysics.* Ed. P. Murdin. Institute of Physics Publishing. Bristol, UK.

Bruinsma. Sean L. and Jeffrey M. Forbes. 2007. Global observation of travelling atmospheric disturbances (TADs) in the thermoshere. *Geophysical Research Letters.* Vol. 34. American Geophysical Union. Washington, DC.

Foster, John C., Anthea J. Coster, Philip J. Erickson, John M. Holt, Frank D. Lind, William Rideout, Mary McCready, Ahthony P. van Eyken, Robin J. Barnes, Raymond A. Greenwald, and Frederick J. Rich. 2005. Multiradar observations of the polar tongue of ionization. *Journal of the Geophysical Research*. Vol. 110. American Geophysical Union. Washington,

DC.

Immel, Thomas J., Eiichi Sagawa, Scott L. England, Sidney B. Henderson, Maura E. Hagan, Stephen B. Mende, Harlod U. Frey, Control of equatorial ionosperic morphology by atmospheric tides. *Geophysical Research Letters.* Vol. 3308. American Geophysical Union. Washington, DC.

Kelly, Michael C., Jonathan J. Makela, and Odile de la Beaujardiére. 2006. Convection Ionospheric Storms: A Major Space Weather Problem. *Space Weather Quarterly Digest.* Vol. 3. American Geophysical Union Washington, DC.

Marklund, Göran T., Nicklay Icchenko, Tomas Karlsson, Andrew Fazakerley, Malcolm Dunlop, P. A. Lindqvist, S. Buchert, C. Owen, Matthew Taylor, A. Vaivalds, P. Carter, M. André and André Balogh. 2001. Temporal evolution of the electric field accelerating electrons away from the auroral ionosohere. *Nature.* Vol. 414. Nature Publishing Group. New York, NY.

Newell, Patrick T., Tom Sotirelis, and Simon wing. 2009. Diffuse, monoenergetic, and broadband aurora: The global precipitation budget. *Journal of the Geophysical Research.* Vol. 114. American Geophysical Union. Washington, DC.

Prölss, Gerd W. 1980. Magnetic Storm Associated Perturbations of the Upper Atmospheric: Recent Results Obtained by Satellite-Borne Gas Analyzers. *Reviews of Geophysics and Space Physics.* Vol. 18. No. 1. American Geophysical Union. Washington, DC.

Richmond, Arthur. 1987. The Ionospher. *The Solar Wind and the Earth.* Syun-Ichi Akasofu and Yohsuke Kamide, (eds). Dordrechtm, Netherlands: Reidel Publishing Co.

Roble, Ray G. 1977. The Thermosphere, Chapter 3 in the 'Upper Atmosphere and Magnetospher' monograph for the Geophysical Research Board of the National Academy of Sciences. National Academy of Sciences. Washington, DC.

Saito, Akinori, Shoichiro Fukao, and Shin'ichi Miyazaki. 1998. High resolution mapping of TEC perturbations with the GSI GPS network over Japan. *Geophysical Research Letters.* Vol. 25. American Geophysical Union. Washington, DC.

Sekido, Mamoru, Tetsuro Kondo, Eiji Kawai, and Michito Imae. 2004. Evaluation of Global Ionosoher TEC by Comparison with VLBI Data, International. Very Long Base Line Interferometer Services, (IVS). 2004 General Meeting Proceedings, Ottawa, Canada.

Tsagouri, Ioanna, Anna Belehaki, George Moraitis, and Helen Navromichalaki. 2000. Positive and negative ionospheric disturbances at middle latitude during geomagnetic storms.

Geophysical Research Letters. Vol. 27. American Geophysical Union. Washington, DC.

Wygant, Hohn R., Andreas Keilings, Cynthia A. Cattell, Michael T. Johnson, Robert L. Lysak, Michael A. Temerin, Forrest S. Mozer, Craig A. Kletzing, Jack D. Scudder, William K. Peterson, Christopher T. Russell, George K. Parks, Mitchell J. Brittnacher, Glynn A. Germany, and James Spann. 2000. Polar spacecraft based comparisons of intense electric fields and Poynting flux near and within the plasmasheet-tail lobe boundary to UVI images: An energy source for the aurora. *Journal of the Geophysical Research.* Vol. 105. No. A8. American Geophysical Union. Washington, DC.

补充阅读

Cravens, Thomas E. 1997. Physics of Solar System Plasmas. Cambridge, UK: Cambridge University Press.

Hargreaves, John K. 1992. The Solar Terrestrial Environment. Cambridge, UK: Cambridge University Press.

Hines, Colin O., Irvine Paghis, Theodore R. Hartz, and Jules A. Fejer, eds. 1965. *Physics of the Earth's Upper Atmosphere*. Englewood Cliffs, NJ: Prentice-Hall.

Kamide, Yohsuke and Abraham Chian, eds. 2007. Handbook of Solar-Terrestrial Environment. New York: Springer-Verlag.

Kelley, Michael C. 2009. *The Earth's Ionospher.* Berlington, MA:Academic Press.

Kivelson, Margaret G. and Christopher T. Russell. eds. 1995. *Introductions to Space Physics.* Cambridge, UK:Cambridge University Press.

Magnetospher-Ionophere Interactions: A Tutorial, in Magnetospher Current System. 2000. Geophysical Monograph 118. American Geophysical Union. Washington, DC.

Midlatitude Ionospheric Dynamics and Disturbances. 2008. Geophysical Monograph 181. American Geophysical Union. Washington, DC.

Prölss, Gerd W. 2004. *Physics of the Earth's Space Environment.* Berlin, Germany: Springer-Verlag.

Schunk, Robert and Andrew Nagy. 2000. *Ionospheres.* Cambridge, UK: Cambridge University Press.

第 13 章　近地空间——影响装备 与人类之域

George Davenport, R. Chris Olsen, W. Ken Tobiska, Steve Johnson, Eugene Normand

美国空军研究实验室、NOAA 空间天气预报中心

你应该已经了解：

- ❏ 场、粒子、光子所传输的能量（第 2 章）
- ❏ 麦克斯韦方程组（第 4 章）
- ❏ 等离子体运动（第 6 章）
- ❏ 磁层电流体系（第 7、11 章）
- ❏ 磁层等离子体种类（第 7、11 章）
- ❏ 地磁场变化（第 7、11 章）
- ❏ 热层变化（第 8、12 章）
- ❏ 空间天气扰动的驱动源（第 9~12 章）

本章你将学到：

- ❏ 地磁场变化会如何影响天地基技术系统
- ❏ 地面感应电流及其效应
- ❏ 辐射的术语和单位
- ❏ 单粒子效应
- ❏ 空间天气如何影响在轨航天员
- ❏ 高能等离子体效应
- ❏ 卫星阻力
- ❏ 流星体和空间碎片环境
- ❏ 空间天气的经济和社会效应

本章目录：

翻译：陈东、陈善强、孟雪洁；校对：蔡震波。

13.1　粒子和光子的危害及影响

粒子和光子引起的空间危害包括很多不同的种类。图 13-1 按粒子能量大小分类描述了空间环境的危害。最高能量的粒子会引起辐射损伤。能量稍低一些的高能粒子和中能等离子体引起充电效应。能量更低一些的等离子体或光子引起表面退化。与地球高层大气的化学反应导致材料表面完整性受到侵蚀和损失。最后是碎片和流星撞击引起的损伤。单个粒子的能量较低，但大量粒子依然会给在轨航天器带来预期之外的能量和动量。

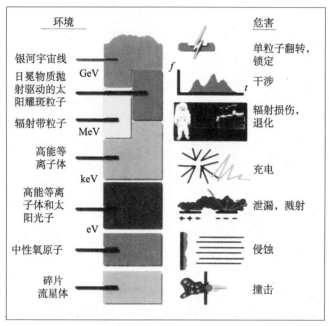

图 13-1　按照能量分类的空间环境危害因素。左栏给出空间环境因素，右栏给出相应的危害。（改编自欧空局——空间环境和效应分析部供图）

13.1.1　粒子辐射环境

目标：读完本节，你应该能够……

- ◆　了解描述空间辐射环境的专业术语
- ◆　描述辐射如何影响宇航员和高空飞行员
- ◆　描述单粒子翻转、传感器性能退化等辐射效应，以及可能导致的发射延迟

空间辐射效应

定义。本节将讲述空间环境中为人所熟知的危害——空间辐射效应。一般意义上，辐射（radiation）是指能量不经其他媒介从一个物体传递到另一个物体。高能粒子和光子经介质传播，但不依靠它传递能量。银河宇宙线、太阳宇宙线、辐射带粒子能够穿透材料，引起航天器的生物学效应、太阳电池损伤、探测器故障或是性能衰退、光学系统性能下降、存储单元状态改变、控制系统功能故障或失效。空间辐射的来源有恒星坍缩、激波相互作用、磁重联、回旋加速、地球磁尾加速。

电离辐射（ionizing radiation）是从原子或分子中移除电子的过程。大多数材料的电离能量阈值依赖于靶原子，但通常的范围在 $5\sim25$ eV。一般来说，这一能量仅能电离松散的外层电子，电离内层电子需要高达数千电子伏的能量。薄层材料仅能吸收数十电子伏的能量（一张纸就可以有效减缓紫外线）。除了浅表皮肤反应外，至少数十千电子伏的能量才能引起显著的生物学效应。中子不受此规则的约束，因为中子不带电。这些中性粒子穿过材料原子核外电子云的电磁势垒，激发材料原子核的放射性。

更高能量的粒子能够深入材料内部，使其成分电离。在某些情况下，足够能量的离子和中子能够取代晶格结构中的原子，甚至发生核反应，并产生次级粒子。这些次级产物被称为核辐射（nuclear radiation）。

表 13-1 显示了与空间环境相关的辐射类型。每种辐射与材料相互作用的方式不同。一种工程上减缓辐射效应的手段是采用高密度材料提供屏蔽。然而，对于最高能量的粒子，即使大量屏蔽也会失效。结构复杂的日球层磁场和地球磁场能够有效地屏蔽多种类型的粒子辐射。

表 13-1　辐射术语。这里我们列出了与空间环境和空间天气效应相关的辐射类型。

能量载体	辐射术语
UV-EUV 能段的高能光子（＞4 eV）	电离辐射
X 射线、γ 射线能段的超高能光子	X 射线和 γ 辐射
中性粒子——主要是中子	高能中子辐射
电子和正电子	β 辐射
高能质子	$Z=1$ 辐射
高能 α 粒子（完全电离的氦原子）	$Z=2$ 或 α 辐射
高能重离子，几乎完全电离 *	高电荷高能量（HZE）辐射
核反应次级产物	核辐射或放射性辐射

* 空间辐射效应中的生物学损伤的最重要来源。

轨道倾角和地磁截止刚度决定了航天器或宇航员接收的辐射剂量。对于地球轨道卫星，轨道倾角是航天器绕地球运行的轨道平面与地球赤道平面之间的夹角，如图 13-2 所示。除穿越南大西洋异常区的内辐射带尖端之外，低高度、低倾角轨道受到地磁屏蔽的良好防护。

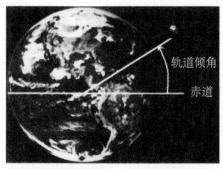

图 13-2 轨道几何图。 轨道倾角是指轨道面与赤道面的夹角。

高倾角轨道经过极区，会遇到极区向行星际开放的磁力线。因此，高倾角轨道上的自然屏蔽较差。银河宇宙线和太阳宇宙线的高能粒子沿开放磁力线进入极区，在阻挡它们的材料中沉积能量。

地磁截止刚度（geomagnetic cutoff rigidity）是对地磁场屏蔽的定量描述。刚度是指粒子单位电荷的动量。刚度值（单位：V）给出了高能带电粒子在地磁场中沿不同方向到达某一位置的传输能力。带电粒子在磁场中受洛伦兹力作用做回旋运动。带电粒子的动量越大，改变粒子运动轨迹需要的磁场强度也越大。如果粒子的动量较小，它将不能到达磁场中的某一位置，被称为"截止"。图 13-3 显示了大气层高度上的地磁截止刚度全球分布图。在低纬度的闭合磁力线能够有效地限制低能粒子的进入。由于地磁场是非对称的，粒子的截止刚度是纬度、经度、磁地方时、地磁活动状况、粒子方向的函数。

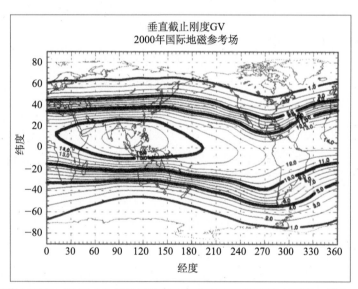

图 13-3 全球地磁截止刚度。 图 13-3 为偶极子磁场近似假设下的地磁截止刚度，其中 x 轴为经度，y 轴为纬度。截止刚度的单位为伏特（V），图中采用吉伏特（GV）。地磁截止刚度越大，初级粒子越难进入地磁场。（美国空军研究实验室的 Margaret Ann Shea 和 Don Smart 供图）

关注点 13.1 高能粒子单位

相对于国际制单位，高能粒子的单位可能看上去有些奇怪。选择这样的单位只是为了方便。在粒子物理学中，能量的标准单位是电子伏特（eV）。电子伏特代表一个电子在真空中经过 1 V 的电势差加速后所获得的能量。1 GeV 等于 10^9 eV。质子或中子的静止能量大约为 1 GeV。高能粒子物理学家并不用 kg 来描述质量，而是用质能方程 $E = mc^2$

将质量单位 kg 转换为能量单位 eV。$1eV = 1.602 \times 10^{-19}$ J。质子的静止质量为 1.67×10^{-27} kg。利用质能方程，得到

$$E = 1.67 \times 10^{-27} \text{ kg} \times (3 \times 10^8 \text{ m/s})^2 = 1.503 \times 10^{-10} \text{ J} = 9.38 \times 10^8 \text{ eV}$$

同样地，电子的静止质量为 511 keV。

如果我们求解质量 m 的质能方程，可以得到 $m = E/c^2$，由此有人可能会认为质量单位是 $eV/(m/s)^2$。c^2 去哪里了呢？为方便起见，粒子物理学家假设光速为 1。这种单位系统有时也被称为自然单位制（natural system of unit）。只要我们理解了这种单位制，只需要一个转换系数就可以将自然单位制转换为"真实"单位（国际制单位）。

我们采用同样的方法推导动量，于是得到 $p = E/c$，单位电荷动量 $p/q = E/qc$，高能粒子动量（单位电荷）常以伏特单位表示。能量采用 eV 为单位，粒子电荷采用 e 为单位，则公式可转换为 $p/q = V/c$，采用光速等于 1 为单位，则自然单位制的动量单位为伏特（或吉伏特）。银河宇宙线的能量主要集中在 GeV 能段。

带电粒子的入射和位移

在原子尺度观察，普通物质（原子和分子）是非常开阔的。如果我们用 0.1 mm 的点（勉强可见）表示一个原子核，固体中的另一个原子核大约位于此原子核 10 m 之外的地方。因此原子间具有广阔空间允许足够能量的粒子进入。原子之间被电子云所占据，虽然电子云质量小，但能够产生强电磁场。

当入射带电粒子与原子核发生库仑作用时，电子和原子核之间的非弹性碰撞产生具有连续谱的 X 射线的韧致辐射（第 2 章）。电子有很大概率在一次碰撞中就损失能量，并将其转移给光子，同时原子核能态发生跃迁。例如，高能电子入射至高层大气产生可测量的 X 射线。电子与原子核相互作用时，更可能发生弹性碰撞。在弹性碰撞中，电子的径迹发生改变，但它的动能和速度保持不变。这一过程也被称为电子背散射。

这些背散射电子也能与靶材料的电子云发生作用。因为这些携带电荷的电子会产生电场，它们可以与其他电子在不接触的情况下发生作用。在穿过材料的过程中，入射电子会排开路径上的其他电子。如果上述作用力能够使得靶核失去电子，这个结果就称为电离。另一种情况是使靶核上升到较高的能态（激发态）。无论何种相互作用类型，入射电子都将损失部分能量。在一系列的能量损失过程中，电子最终热化（降低至背景温度）。

电子在材料中的能量损失被称为线性能量转移（LET），表示在单位路径上的能量损失。线性能量转移的典型单位是 keV/μm。在人体组织等材料中，LET 值的大小由入射电子的能量决定。粒子在材料中运动直至能量完全损失，走过的路径长度称为射程（range）。粒子射程的决定因素有粒子的初始能量和材料密度。电子相互作用的一个重要特征是具有相同能量的电子在同一种材料中的平均射程是相同的。250 keV 的电子在水或软组织中的射程略大于 0.5 mm。

质子或阿尔法粒子（He^{++}）等重带电粒子入射固体材料时，粒子几乎会与全部的电子发生相互作用。我们从普通力学可知，重的物体撞击轻的物体（如一个保龄球撞击乒乓球）

时，只有很少一部分能量从入射粒子转移至靶材料。因此一个相对大质量的粒子穿过电子云时，它将经历多次碰撞，每次损失很少的能量直至停止。这些损失的能量足够电离一个或多个电子。大的带电粒子具有确定的射程。

高能粒子的入射也能够引起晶格结构中的原子发生位移（displacement），在晶格结构中产生缺陷，表现为低电势点（势阱）。这些势阱束缚了导带电子，导致材料的电阻增加。使原子离开原晶格位置的最小能量称为位移阈值能量（threshold displacement energy）。位移损伤对太阳能电池尤为有害，累积的位移损伤和持续增大的电阻导致太阳电池的输出功率下降。

中子不带电，因此中子主要跟致密而较重的原子核发生相互作用。有时靶材料原子俘获中子处于非稳定状态，产生核反应。核反应的次级辐射粒子经常具有足够大的能量，产生级联反应，例如，计算结果表明一个超高能中子轰击高层大气将在海平面产生 10^{11} 个次级粒子。当超高能中子轰击航天器的屏蔽材料时，屏蔽（产生的次级粒子）会成为一个重要的辐射来源。

辐射单位

能量、能量率及其效应。1978 年，国际制单位被用来描述辐射及其效应，然而旧制单位依然经常伴随国际单位制出现。特别是能量单位的描述，仍然使用电子伏（keV、MeV、GeV、TeV）而不是焦耳。尽管具有经核准的国际单位制中还有一个带前缀的焦耳单位（attojoule $= 10^{-18}$ J），但目前为止很少被用到。

对于放射性材料，采用放射性活度描述在单位时间内的衰变数。放射性原先的测量单位是"居里"（Ci），用以描述 1 g 镭每秒的衰变数，衰变率国际单位制是贝克勒尔（Bq），简称贝克（每秒有一个原子衰变），1 Ci 等于 3.7×10^{10} Bq。

表 13-2 列出了部分辐射测量单位之间的转换。剂量（dose）是指粒子通过电离辐射在特定材料中所沉积的能量。拉德（rad）是旧制的辐射吸收剂量（radiation absorbed dose）的单位，是指每千克材料中吸收 10 mJ 的能量，吸收剂量的国际单位制是戈瑞（Gy），等于 1 J/kg（100 rad）。

表 13-2　旧辐射单位和国际制辐射单位。这一单位转换非常实用，因为很多老旧但有用的文献仍采用旧单位制。

旧单位制	国际单位制
辐射活度 1 居里（Ci）$= 3.7 \times 10^{10}$ Bq	辐射活度 1 贝克（Bq）$= 27.03$ pCi
能量沉积 1 rad $= 10$ mJ/kg	能量沉积 1 戈瑞（Gy）$= 100$ rad $= 1$ J/kg
剂量当量 1 雷姆（rem）$=$ 相对生物效能（RBE）$\times$ 拉德（rad）	剂量当量 1 希沃特（Sv）$=$ 品质因子（QF）$\times$ 戈瑞（Gy）

不同辐射的生物效应是不同的。对于活体组织，在相同的剂量下，α 粒子比伽马辐射（gamma radiation）的损伤更大。因为 α 粒子与靶材料有更多的相互作用。为评估电离辐射对人体的潜在损伤，科学家用剂量当量（dose equivalent）（生物剂量）描述不同的辐射类型。不同辐射产生的剂量当量具有相同的癌症死亡率风险。剂量当量的旧单位是雷姆

（rem，即拉德生物当量（rad equivalent mammal/man ））。对于特定辐射而言，需要通过相对生物效应（RBE）因子来建立起雷姆与拉德的关系。这一因子比较了不同辐射类型产生相同效应（细胞死亡、致癌等）的有效性。生物剂量的国际单位是希沃特（Sievert, Sv ）。品质因子（quality factor, QF ）综合考虑了辐射类型和其能量共同引起的生物癌症风险效应。

$$1 \text{希沃特（Sv）} \approx 100 \text{雷姆（rem）}$$

使用约等于号表示相对生物学效应和品质因子并不完全相同。一次胸透的剂量当量大约为 20 μSv。以后人体的剂量当量单位将采用希沃特。

辐射源

高能粒子有多个来源，分别具有不同的粒子种类、能量和通量。大部分辐射源受太阳活动周变化的调制，图 13-4 和表 13-3 列出了相关术语和关系。

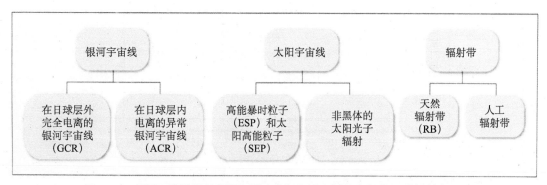

图 13-4　空间环境的辐射来源。影响我们生活和近地空间的三种辐射来源。

表 13-3　高能粒子和光子特征。本表列出了高能粒子和光子的主要特征。空间尺度是以日球层大小为标准的，全空间尺度指的是整个日球层，局部尺度指的是行星际距离尺度。（美国空军研究实验室的 Margaret Ann Shea 提供）

分类	时间尺度	空间尺度	能量范围 *	加速机制
银河宇宙线（GCR）	长期	全空间	GeV～TeV	超新星激波
异常宇宙线（ACR）	长期	全空间	10～100 MeV	激波扩散 - 日球层鞘
太阳高能粒子（SEP）	几秒至几小时	局部 - 大尺度	keV～100 MeV	重联，激波随机加热
高能暴时粒子（ESP）	几天	大尺度	keV～10 MeV	激波扩散和激波漂移
共转相互作用区（CIR）	27 天	大尺度	keV～10 MeV	激波扩散
弓激波	长期	局部	keV～MeV	激波漂移
人工核爆	极少	局部	keV～MeV	人工核爆
X 射线，伽马射线	几分钟	局部	keV～MeV	重联，核反应

* 室温粒子的能量大约为 1/40 eV。

银河宇宙线辐射。银河宇宙线（galactic cosmic ray, GCR）起源于太阳系之外，其粒子成分主要包括从氢到铀所有元素的电离原子核，包括质子（87%）、α 粒子（12%），每种原子核都有极大的动能，最高值可达 10^{21} eV，但主要集中在 GeV 能段。银河宇宙线各向同性，且通量较低。银河宇宙线的能量密度为 0.5～1.0 eV/cm^3，与星光的能量密度近似。四种银河宇宙线同位素在太阳活动低年和高年的积分能谱如图 13-5 所示。粒子通量在能量超过 1 GeV/核子之后急剧下降。虽然没有在图 13-5 中展示，但电子也是银河宇宙线的成分之一；电子成分的主要影响是宇宙无线电波，而不是与物质的相互作用。

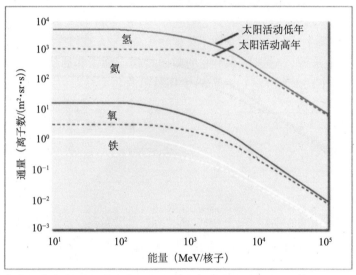

图 13-5　太阳活动低年和高年银河宇宙线主要成分的积分能谱。曲线显示了氢、氦、氧、铁离子的银河宇宙线（GCR）通量。对于所有同位素而言，宇宙线通量在太阳活动低年更高，此时太阳所提供的屏蔽较低。[NASA, 1993 和 Badhwar and O'Neill, 1994]

在太阳活动高年，太阳产生的行星际磁场对太阳系内部提供了一定的保护作用，降低了银河宇宙线能谱（图 9-31）。低能银河宇宙线与太阳高能粒子通量呈反相关。低能粒子通量减弱，而高能粒子的衰减则不明显，幸运的是，随着能量的增大，银河宇宙线粒子通量呈指数式衰减。

2009 年，银河宇宙线强度比前一个活动周上升了 19%（图 13-6），主因是第 23 和 24 个太阳活动周之间存在长时间的太阳活动低年。太阳的磁场强度从正常的 6～8 nT 下降至 4 nT，而太阳风动压处于 50 年来的低点，并且日球层电流片异常扁平。日球层电流片非常重要，因为银河宇宙线受电流片褶皱的影响，更容易通过一个扁平的电流片进入太阳系内。

异常宇宙线。异常宇宙线（anomalous cosmic ray, ACR）是指低电荷态及低能量的宇宙线粒子，其能量一般说来不会高于 10^8 eV。银河宇宙线的异常成分包括难以电离的氦、氮、氧、氖、氩等。一种理论认为高能银河宇宙线与日球层顶激波前沿相互作用，被减速而产生低能异常成分；另一种理论认为异常成分来自于银河宇宙线的电中性粒子。因为电中性粒子不受磁场的影响，能够进入日球层并被极紫外光子电离。从太阳向外流出的磁场将这些带电粒子与日球层终止激波——日球层鞘内边界相连接。与终止激波磁场连接是产生异

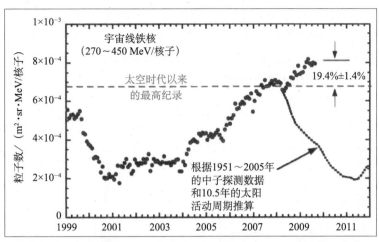

图 13-6 1999～2009 年银河宇宙线变化趋势。ACE 卫星银河宇宙线同位素质谱仪（CRIS）的高能铁核探测数据表明银河宇宙线强度比太空时代以来的最高纪录高了 19%。右下角虚线为根据气候学预测的铁核通量。（加州理工大学和 NASA 的 Richard Mewaldt 供图）

常银河宇宙线的必要条件。激波的钝头结构允许捕获粒子与激波有长达几个月的相互作用时间，并缓慢地获取能量。与此同时，磁场和捕获粒子回流至终止激波的侧翼，粒子在短时间内获得更多能量。图 13-7 为非真实比例的终止激波示意图。

来自太阳和太阳大气的高能粒子。太阳活动具有周期性，在太阳剧烈扰动事件期间，会爆发大量高能粒子。这些事件将高能电子、质子、α 粒子、重粒子抛射至行星际空间。上述事件的发生频率与太阳活动周有关，如图 13-8 所示。质子和中子的能量高达 10^{11} eV，但主要集中在 $10^7 \sim 10^9$ eV。来自耀斑的粒子被称为太阳高能粒子（solar energetic particle, SEP），来自 CME 伴随的激波加速的粒子被称为高能暴时粒子（energetic storm particle, ESP）。在太阳活动极大年，太阳爆发的频率和强度都会增强。大部分爆发都不会引起显著的灾害，因为它们要么太小不足以产生大量的高能粒子，要么爆发位置在太阳两侧，粒子不能沿行星际磁力线到达

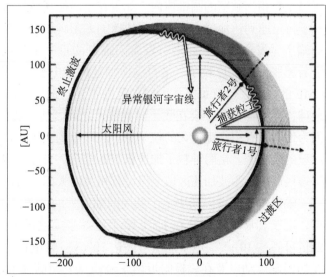

图 13-7 日球层终止激波。此示意图为终止激波在赤道上的剖面。图中间处为太阳。此外还给出 2004 年旅行者 1 号和旅行者 2 号的位置。前者已经进入终止激波钝头结构中，离开日球层鞘过渡区，后者还在终止激波以内。这种钝头结构是日球层在恒星际介质中运动形成的。在钝头结构处，太阳磁场与终止激波相连，粒子被输运到这里并加速。大部分加速发生在磁场和粒子回流至侧翼的过程中。一部分足够高能量的粒子向前扩散并返回至近地空间，形成异常宇宙线。[McComas and Schwadron, 2006]

地球附近。然而，高强度或是快速连续的 CME 事件可能会引发大质子事件。在 1 AU 处，30 MeV 全向质子积分通量超过 $1×10^9$ 个 /cm² 的事件称为特大质子事件。特大质子事件会影响宇航员和航天设备。航天器需要配备具有有效屏蔽的庇护所，能够将辐射剂量降低至允许的范围内，保护或关闭对软错误和辐射损伤敏感的仪器设备。上述特大质子事件在一个太阳活动周内往往仅发生 1～2 次。

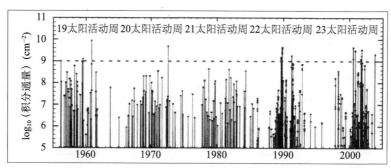

图 13-8　第 19 个太阳活动周以来发生的能量大于 30 MeV 的太阳质子事件。图中虚线标示出在 1 AU 处具有极高通量的事件（整个事件的积分）在一个太阳活动周出现 1 次左右。（美国空军研究实验室 Don Smart 供图）

　　太阳爆发活动的多样性和方向性使预报变得复杂。耀斑引起的质子事件的空间区域被磁场限制在相当狭窄的圆锥体内。如果粒子沿磁场传播的路径与地球相连，脉冲型耀斑产生的粒子将迅速到达地球。快速影响地球的太阳耀斑高能粒子是由位于中央子午线西侧 50°～60° 的耀斑爆发产生的。如果引发太阳耀斑的重联事件同时驱动了一个快速 CME，激波可能沿着膨胀方向加速粒子。来自激波加速的带电粒子虽然趋向于沿行星际磁力线运动，但受 CME 的影响，也有可能从大经度范围带到达地球。最高能量的粒子会在 1 个小时之内到达地球，而大部分粒子会在数小时到数天之内到达。我们更多地观测到激波加速的质子事件，因为他们具有更广更持久的粒子源。最严重的质子事件一般起源于日面上磁场与地球相连的区域的活动区，是两种粒子加速机制的结合。日面西边缘偶尔会爆发大的磁重联事件，并产生连接地球的激波加速区域，但没有相关的太阳耀斑迹象。此类事件通常是无法预测的。

　　辐射带。地球磁场决定了其周围辐射带的形态。正如我们在第 6、7、11 章所描述的那样，电子和质子被俘获在 1.5～10 个地球半径之间的圆环形区域内。在极端情况下，质子能量可高达 10^9 eV，电子能量可高达 10^7 eV。带电粒子在上述区域运动时，主要包括绕磁力线的回旋运动以及在磁极附近两个磁镜点之间的弹跳运动。地球周围被俘获的质子和电子的分布如图 11-14 所示。由于磁偏角以及南大西洋负磁异常区的存在，质子辐射带在南大西洋异常区（SAA）可延伸至大气层。

　　在接近地球大气层的区域，高能质子的通量较高，这是因为质子是由银河宇宙线和大气层的相互作用产生（并俘获于此）的，这就是内范艾伦辐射带。电子在远离地球的区域（外辐射带）通量较高，这是因为电子的主要来源是磁尾等离子体片，受来自太阳风的外力影响。在外辐射带质子通量很小，因为质子深入大气层，发生相互碰撞导致质子耗损。

　　新辐射带。在极少的情况下，会形成新的辐射带。在 1991 年 3 月 24 日，1 分钟之内槽区就形成了一个能量大于 13 MeV 的电子辐射带（关注点 11.2），同时研究人员也观测到了内质子辐射带的增强现象。一天前的太阳活动引起了一个速度大于 1400 km/s 的行星际激波。激波压缩磁层，形成感应电场，将原来在 $L=8$ 处的 1～2 MeV 电子加速携带至 $L=2.5$ 处。1962 年 6 月 19 日，美国进行了第一次太空核爆，代号 STARFISH。发生在 400 km 高度上的核爆将高能电子注入地球磁场形成人造辐射带。此次产生的人造辐射带一直持续到了 20 世纪 70 年代早期。STARFISH 产生的核辐射在 7 个月内摧毁了 7 颗卫星，主要原因是太阳能电池损伤。上述损失使得卫星制造部门加强了系统的抗辐射性能。

核爆炸与空间环境的相互影响是所有致力于太空探索的国家关心的问题。一些研究正在确定如何在高空核爆炸中保护太空资产，其目标是清除俘获粒子，称为辐射带修复计划。在 1967 年，一个国际协定禁止了太空核爆炸。如果人类能够遵守这些协定，只有自然过程能够产生新的辐射带。

13.1.2 高能粒子辐射环境对人类和设备的影响

目标：读完本节，你应该能够……

♦ 描述生物组织的辐射效应
♦ 解释为什么在轨道上质量越大不等于屏蔽越好
♦ 比较高倾角、低倾角的低地球轨道在辐射效应屏蔽中的相对优劣
♦ 描述在极区航线环境下辐射对人类的危害

粒子辐射环境对人类的损伤和影响

人类太空旅行的环境。因为高能粒子引起的生物学损伤比典型的地面辐射灾害更加严重，航天员所受到的辐射剂量有时会超过地面辐射操作人员（表 13-4）。高能粒子穿过细胞时，沿粒子径迹形成强电离区域。水和其他细胞成分的电离会损害粒子径迹附近的 DNA 分子，改变细胞的化学性质，因此会抑制细胞功能。直接轰击 DNA 分子会造成更大的损伤。造血细胞以及使用或产生造血细胞的器官的功能障碍尤为明显。

表 13-4 辐射暴露的当量限值建议。此处列出了人类在不同类型辐射暴露下所能承受的最大剂量。[美国 Nuclear Regulatory Commission，第 20 部分]

接触者	最大剂量（mSv）	剂量当量（rem）
职业接触	每年 50	每年约 5
宇航员	每年 50	每年约 5
美国公众	每年 5	每年约 0.5
初期胎儿	每月 0.5	每月约 0.05
X 射线胸透平均	0.01～0.05	约 0.001～0.005
本底辐射	每年约 3	每年约 0.3

辐射暴露有时会导致急性、迟发性、慢性疾病。辐射病症状可分为轻微、短暂、严重三个等级。造血器官和血液处理器官的损伤将导致食欲不振、消化不良、脑损伤或是死亡。小剂量辐照也有长期影响基因的可能性以及增加患癌症的风险，需加以关注。然而，一次航天飞机飞行或驻留国际空间站的辐照风险很小，因为地球大气和磁场提供了足够多的屏蔽。

NASA 跟踪每一个宇航员在航天飞机和空间站轨道任务中的累积辐射剂量，如果到达一定的量，则不允许其进行航天飞行。到目前为止，轨道驻留的最长时间为几个月。未来可能的长期太空飞行会使累积剂量的问题比过去显得更为重要。根据 NASA 在 2001 年的研究，很多前宇航员在航天飞行之后会出现白内障的问题。这些航天员大部分有高辐射任务的经历，如阿波罗登月。晶状体纤维细胞的辐射损伤导致透明细胞变得浑浊，形成白内障。

1989 年，美国国家辐射防护和测量委员会发表了人类辐射暴露的限值建议报告。表 13-4 归纳了这些辐射限值。NASA 在剂量限值中采用合理可行尽量低（ALARA）原则。对于 ALARA 原则，辐射防护应该在考虑合理利益的情况下，将辐射剂量保持在低水平。

电离辐射有时会导致 DNA 链断裂，主要是单链断裂。双链断裂较少见，但它们是长期风险的主要组成部分。细胞的自生机制可以修复 DNA 链断裂，但一系列的 DNA 损伤可导致细胞死亡。对于大多数类型的细胞，单一细胞的死亡不是灾难性的，正常情况下细胞也会自然死亡，并被新的细胞替代。非致死的 DNA 分子改变是更加危险的，它可能导致细胞增生——癌症的一种形式。有证据表明在退休宇航员群体中存在早衰、冠心病风险增加、肺部疾病等问题。相关研究正在跟踪宇航员的健康变化。

虽然银河宇宙线引起的总剂量很小，但银河宇宙线的能量很高，能够轻松穿透大部分表层。在太阳活动低年，行星际银河宇宙线在无防护的宇航员造血器官中沉积的剂量大约为每年 0.6 Sv，明显超过表 13-4 中的允许剂量。有些宇航员报告闭上眼睛时会看到闪光。闪光证明高能粒子与视网膜作用，触发一个假信号，大脑理解为闪光。健康专家试图解释这些事件是否会导致长期视力损伤。人类星际旅行中必须有某种形式的屏蔽保护。

薄屏蔽或中等厚度屏蔽能够有效降低剂量当量率，但继续加大屏蔽厚度的屏蔽效果并不明显。这是因为银河宇宙线与屏蔽材料之间的核反应会产生大量的中子等次级粒子。造血器官在不同屏蔽材料下每年接收的剂量当量如图 13-9 所示。这些粒子的总剂量很小（几 rad/ 年 = 几十 mJ/(kg·年)）。

在国际空间站轨道上，地磁场屏蔽了大部分银河宇宙线低能成分，将辐射剂量减少为自由空间的 1/10 左右。地磁场屏蔽效果主要与纬度有关（而非高度），国际空间站上的组织等效正比计数器（TEPC）剂量监测数据如图 13-10 所示。高倾角轨道的航天

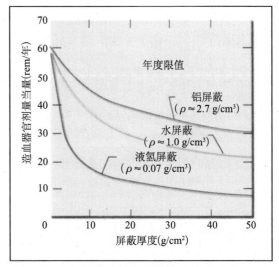

图 13-9　不同材料对于太阳活动低年银河宇宙线的屏蔽效果。本图显示了针对造血器官铝、水、液体氢屏蔽宇宙线的程度。[NASA, 1993]

器在途经高纬度地区时，会受到更严重的银河宇宙线辐照。在地磁暴期间，太阳风暴压缩地磁场，减弱磁场的屏蔽效果，使得银河宇宙线能够到达低纬度区域。

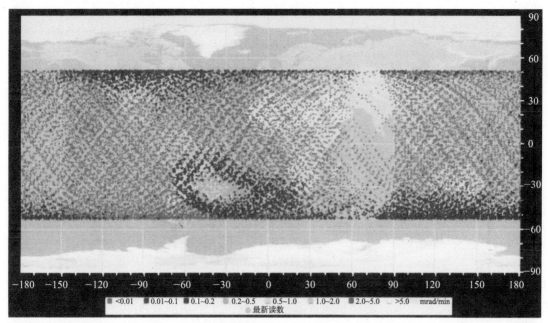

图 13-10　国际空间站组织等效正比计数器剂量率分布。剂量率单位 mrad/min。此图以格林尼治子午线为中心，2002 年 5 月 1～27 日期间，国际空间站星下点处的剂量率分布。国际空间站的轨道高度在 385～395 km。当国际空间站运行到南北两侧高地磁纬度地区时，剂量率略有上升。在南大西洋异常区附近，剂量率显著上升。（NASA 供图）

　　在地球磁场内，质子能谱和通量与航天器的高度和纬度密切相关。低倾角的低轨道卫星一般来说辐照最小。在更高轨道上，辐照主要来自俘获质子通量较高的南大西洋异常区（SAA）。在低轨道上，南大西洋异常区的质子与剩余大气相互作用，一些质子漂移导致质子存在各向异性。东向质子通量是西向通量的两倍。除了高度，累积剂量还与太阳活动周有关。太阳活动增强导致大气密度上升，进而增加了低轨道上质子的损失。因此低轨道上的辐射带质子剂量在太阳活动高年减少，在太阳活动低年增加。

　　虽然极低倾角卫星不会穿越南大西洋异常区通量最大的区域，但卫星会长时间经过南大西洋异常区边缘。低倾角卫星每天一般会穿越南大西洋异常区 6～7 次。中等倾角卫星在南北纬 58° 之间运行，经过南大西洋异常区的最大通量区域，但穿越时间比低倾角卫星短。因此对于同一高度，中等倾角轨道上的宇航员接收的辐射带辐照比低倾角轨道小。

　　太阳高能粒子的强度和能谱分布严重影响屏蔽效果。3 次大质子事件的屏蔽效果如图 13-11 所示。幸运的是，大多数太阳事件的持续事件较短（1～2 天），使得在轨的小体积"防护舱"有了可行性。为减少辐照，宇航员会在太阳质子事件的最强时间段进入防护舱，大约为几小时。屏蔽效果大约是 20 g/cm^2（200 kg/m^2）或以上的等效水屏蔽材料的防护舱能够有效地保护宇航员。

　　太阳高能粒子是极轨或行星际轨道上的无防护宇航员最大的短时威胁。到目前为止，

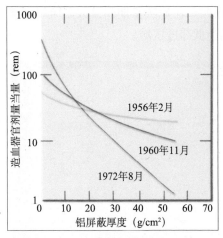

图 13-11　**3 次大质子事件的屏蔽效果。**此图显示在 3 次太阳质子事件期间屏蔽如何降低辐射对造血器官的影响。[NASA, 1993]

宇航员受到的最大辐照风险发生在阿波罗计划（20世纪 60 年代末~70 年代初）期间。阿波罗计划的宇航员是幸运的，在登月期间没有发生极端的太阳高能粒子事件。1972 年 8 月份的特大太阳质子事件发生在两次任务之间。从 2000 年开始的太阳监测显著提高了对于大质子事件前兆的理解，但太阳爆发依然很少有预警。在太阳质子事件爆发之前，很难确定它的大小和强度。

人类航空辐射环境

对于飞越极区的商业航线而言，空间天气是需要关注的。太阳辐射暴增加了极区上空飞机上乘客和机组人员的辐照。近年来，一些航空机构开始关心辐射风险，因此美国联邦航空管理局（FAA）建议航空公司管理者对机组人员进行辐射灾害培训。欧盟要求航空公司追踪机组人员的辐照水平，并对他们进行风险教育。美国联邦航空管理局推荐了商业航空机组人员的辐照剂量限值，包括五年平均剂量为 20 mSv，单一年份不得超过 50 mSv。对于怀孕的机组人员，胎儿的推荐限值是 1 mSv，单一月份不得超过 0.5 mSv。

美国联邦航空管理局民用航天医学研究所（CAMI）提供世界上两个机场间航线上接收的银河宇宙线剂量。例如，纽约飞东京的航班接收的剂量大约是 67 µSv。CAMI 的模型虽然不包括太阳质子事件的剂量，但这一领域是研究的热点。美国疾病控制中心、美国职业安全卫生研究所、民用航天医学研究所一直致力于辐射危害的研究。

粒子辐射环境——对硬件设备的物理损伤和影响

粒子入射材料。三种不同来源（银河宇宙线、太阳宇宙线、地球辐射带）的高能粒子能够穿透航天器屏蔽材料，在人造元器件中沉积能量，可能会导致故障，称为单粒子事件。一般来说，微电子器件（集成电路）最容易受高能粒子影响，造成性能衰退，光学器件和高分子聚合材料也会受到影响。在本节中，我们主要涉及单个带电粒子造成的损伤。在下节中，我们主要考虑多个高能粒子引起的问题。

能量最大的银河宇宙线是亚原子粒子，携带宏观粒子量级的能量。大于 10 MeV 的质子能够穿透典型航天器的屏蔽，造成沉积能量的风险。大于 30 MeV 的粒子能够进入集成电路，进而导致错误。对集成电路的主要危害是单粒子效应（single-event effect, SEE）。单粒子效应是指单个粒子在模拟电路、数字电路、功率电路中沉积能量引起的功能故障。

在低地球轨道（LEO，小于 500 km），南大西洋异常区（在巴西和南大西洋上空）是航天器单粒子效应的高发区，因为质子辐射带在此区域高度到达最低。在更高的高度上，单粒子效应可发生在任意经纬度位置。在地球表面也可能发生单粒子效应，虽然其发生率很

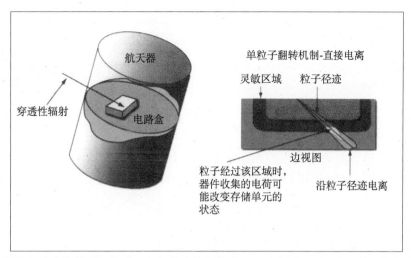

图 13-12 高能粒子引发单粒子翻转（SEU）的途径和方式。此示意图展示了太阳粒子如何穿透卫星及其电子设备引发单粒子翻转，例如，存储单元的状态改变。[改绘自 Baker, 2002]

低。在靠近极区附近，地球磁场磁力线是开放的，与太阳风相连；银河宇宙线粒子会引起单粒子效应。单粒子效应造成系统失效，如果没有修复也会引起器件长期物理损伤。太空维修任务非常昂贵且危险，故而很难完成。因此，在航天器系统中，需要针对微电子器件的单粒子效应进行设计。此设计可以通过选择经过地面试验、结合冗余设计和错误检测与纠正（EDAC，能够修复单位错误）等故障减缓措施的集成电路完成。

当高能带电粒子穿过航天器或飞机内的集成电路器件，形成电子-空穴对时，可能出现单粒子翻转（single-event upset, SEU）。质子、α 粒子或重粒子诱发瞬时电流脉冲，电路状态的非预期改变将发送错误命令，导致随机存储单元中某位的逻辑状态翻转。单粒子翻转是一种软错误，可以通过重写存储器或重启系统恢复。单粒子翻转有时也被称为位翻转（bit flip）。

单粒子锁定（single-event latchup, SEL）是一种由能量沉积导致的大电流状态，器件不能正常工作。互补金属氧化物半导体（CMOS）对单粒子锁定最敏感。单粒子锁定往往会导致器件过度加热而损坏。新型 CMOS 器件一般会出现非破坏性的微锁定，但依然不能正常工作。集成电路的单粒子锁定只能通过断开电源解除，因此它被认为是永久性辐射损伤。功率晶体管或其他高电压器件有时会发生单粒子烧毁（single-event burnout）而被损坏，单粒子烧毁依赖于另一个参数，漏极-源极电压。另外一种单粒子效应被称为单粒子功能中断（single-event functional interrupt, SEFI），发生在控制单元或其他特殊单元的错误导致复杂的集成电路故障。单粒子功能中断会引起系统锁定或其他运行错误。

屏蔽能够降低单粒子效应发生率。倾角小于 60° 的低轨道卫星受益于地球磁场对太阳高能粒子的天然屏蔽，太阳高能粒子的影响较小。

单粒子效应不受限于轨道高度。飞机高度和地面上的单粒子效应主要来源于银河宇宙线。银河宇宙线与大气相互作用产生的中子在约 18 km 高度上达到峰值 4 个 /(cm² · s)。在 9 km 高度上，中子通量约为峰值通量的 1/3，而在地面上的中子通量为峰值通量的 0.0025

倍。虽然存在质子、介子等次级粒子，但中子引起的单粒子翻转占绝大多数。与轨道上的银河宇宙线一样，纬度越高，中子通量越大。

关注点 13.2 高能粒子对人类和大气的影响

1972 年 8 月。在 1972 年 8 月 2～12 日，阿波罗 16 号和阿波罗 17 号的发射间隙，一个大太阳活动区出现了，产生一系列爆发活动和一个特大质子事件。在第一天世界时的 06:20 地面台站观测到一个大的光学耀斑，几小时后，高能质子到达地球空间。假设此时有指令舱外的宇航员活动，则截至世界时 14:00，他已经接收了造血器官 30 天最大辐照，眼睛一年的辐照。截止世界时 17:00，该宇航员接收的剂量已经超过职业生涯的皮肤辐照限值。

诸如此类事件驱使人们研究不同材料的屏蔽效果。屏蔽效果采用质量 / 面积这个单位衡量。

- 典型航天服：0.25 g/cm^2；
- 阿波罗指令舱：7～8 g/cm^2；
- 现代航天飞机：10～11 g/cm^2；
- 国际空间站（屏蔽最厚区域）：15 g/cm^2；
- 未来月球基地的防护舱：可能超过 20 g/cm^2。

NASA 从理论上估计行走在月球上的宇航员在一次太阳爆发中接收的剂量为 400 rem（4000 mSv）。阿波罗指令舱将造血器官的辐射剂量从 400 rem 降低到至少 35 rem，前者的后续治疗可能需要骨髓移植，但后者仅需要口服药物即可。

1989 年 9 月。1989 年 9 月 29 日，已经转出日面西边缘的活动区爆发的太阳耀斑产生了一个大的地面宇宙线增强事件（ground-level event, GLE）。地面宇宙线增强事件是指地面可测的超高能太阳质子事件。在不同状况下，人们计算了此次事件造成的宇航员潜在的全身辐射剂量。对于月球表面或是诸如火星等深空探测任务出舱活动的无防护宇航员，这次事件的辐照很显著。有些模型认为轻屏蔽的深空舱内的宇航员致死率在 10% 左右，另一些模型采用不同的假设，认为不会致死，但会有严重的辐射病。

根据 NASA 的一项研究，采用巡航高度 18km 的协和超音速客机上的辐射探测器数据，其结果表明在 1989 年 9 月份的太阳质子事件期间，协和超音速客机上的乘客和机组人员接收的剂量相当于做一次胸透。美国空军使用这些事件数据来修改高空飞机驾驶员的辐照剂量标准。

1989 年 10 月。NASA 在 1989 年 10 月 18 日发射了亚特兰蒂斯号航天飞机。10 月 19 日发生特大质子事件，是第 22 个太阳活动周中的特大质子事件之一（图 13-13）。此次任务期间，宇航员眼中出现刺激性"闪光"。这些闪光直到事件结束才消退。

2003 年 10 月。太阳耀斑促使 NASA 飞行控制中心下达应急指令，要求国际空间站远征 8 号机组人员暂时搬迁至星尘号服务舱和美国实验室临时睡眠站的尾部。机组人员短暂停留在国际空间站屏蔽最厚的服务舱尾部。10 月 28 日，星期二，机组人员在星尘

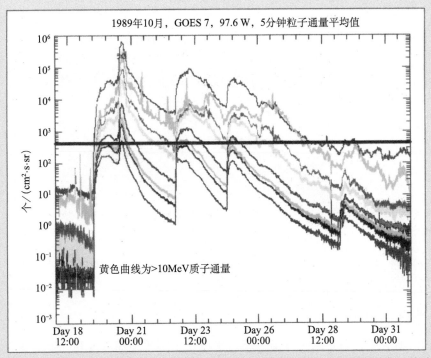

图 13-13 **1989 年 10 月下半月高能电子和质子通量随时间的变化曲线。**如图所示，在一系列太阳爆发活动中，高能质子和电子通量达到太阳高能粒子事件水平。太阳质子有 10 天超过警报阈值。最上层曲线为大于 2 MeV 电子积分通量，其下曲线分别为大于 1MeV、5 MeV、10 MeV、30 MeV、50 MeV、60 MeV、100 MeV 质子通量。随着粒子能量的增加，粒子通量下降。NOAA 采用图中黄色曲线（10 MeV 质子通量）表征太阳辐射警报。黑色直线为 1997 年 11 月太阳质子事件中的最大通量。（NOAA 供图）

号尾部停留了 5 次，每次 20 分钟。这些措施大约降低了机组人员 50% 的潜在辐照。类似事件以前只发生过一次：2000 年 11 月，在太阳辐射风暴期间，NASA 官方要求国际空间站机组人员进入防护舱。

美国联邦航空局发布了以下关于 2003 年 10 月 28 日航空辐射剂量的评论：

"卫星探测数据表明来自太阳的电离辐射处于异常高水平。这可能导致在修正地磁坐标系下，大于南北纬 35° 区域内的航空旅客接收过多的辐照剂量。怀孕期间避免过多的辐照非常重要。将飞行高度从 40 000 英尺（1 英尺 = 3.048×10⁻¹ 米）降低到 36 000 英尺，辐射剂量可降低 30%。降低纬度或许也能够降低辐照剂量，但幅度不确定。"

高纬度区域情形如图 13-14 所示。

2005 年 1 月。此事件的影响扩展至地球大气。2005 年 1 月 16~21 日的太阳爆发导致地球大气中出现大量带电粒子。太阳质子通量的增大使得中间层 OH 产物增多。随着质子及其次级电子对氮分子的分解，此次事件也导致氮氧化物（一氧化氮、二氧化氮）产物的增加。大气化学家报告长期存在的平流层臭氧发生改变，导致臭氧减少，并持续了几周。

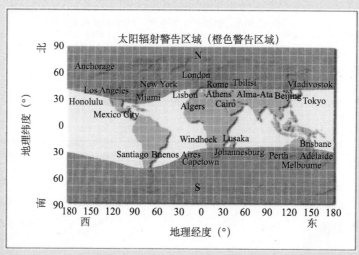

图 13-14　2003 年 10 月 28 日太阳辐射风暴期间，美国联邦航空局辐射剂量升高的警告区域。橙色区域最容易受高能粒子通量和辐射剂量增长的影响，我们注意到易受影响区域与图 13-3 中的低截止刚度区域一致。美国联邦航空局建议机务组在太阳风暴期间降低飞行高度和纬度，以减少上述区域的辐射剂量风险。[NOAA, 2004]

在最近的研究中，科学家发现航空飞行中单粒子翻转率随高度和纬度的变化与大气中子通量的变化有关。他们还发现带有大容量存储的地面计算机系统的单粒子翻转率与基于实验室中子束和地面银河宇宙线中子通量的测量结果一致。因此地面和航空高度上相同类型的器件和电路板单粒子翻转来自同一个辐射源。20 世纪 90 年代采用的集成电路在地面和航空高度上的单粒子翻转率如表 13-5 所示。由于 IC 设计和工艺的快速发展，新 RAM 有更多的比特位，使得每个比特位的单粒子翻转敏感区域降低了数个量级。科学家正尝试确定太阳活动周期对这些效应的调制作用和极端太阳事件可能导致的偶发事件。

表 13-5　地面和航空高度上的单粒子翻转率。此处列出了计算机和航天设备受高能带电粒子翻转的频次。（波音辐射效应实验室 Eugene Normand 提供）

位置	计算机类型	单粒子翻转率
地面单粒子翻转率	大型计算机内存库	~2×10^{-12} 次 /（位·小时）
航空单粒子翻转率（中子通量约 300 倍）	航空电子设备	~6×10^{-10} 次 /（位·小时）

航空工程师在飞行控制中采用错误检测与纠正（EDAC）和系统冗余措施来减缓单粒子翻转率的影响。计算机工程师也采用错误检测与纠正，并寻求其他的减缓措施。

航天器上的另一种粒子穿透引起的效应是深层介质充电（deep dielectric charging），大量高能粒子进入材料形成电荷沉积。当 $2\sim10$ MeV 的电子穿入航天器结构，介质材料（绝缘的，非导电的）在几天内发生电荷沉积。如果电荷泄漏率小于电荷收集率，则形成内部电场。尽管多余的电荷会在导体表面均匀分布，但会在介质中产生非均匀电势分布。此电势差足够大时会导致静电放电，如图 13-15 所示。静电放电在几微秒或更短的时间产生大量低电压电流。放电发生在航天器内部电路的不同组件之间。良好的接地和屏蔽可以降低深层充放电的概率。

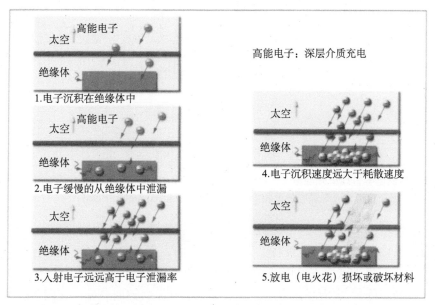

图 13-15 深层介质充电。 电子穿透卫星电子设备引起深层介质充电的过程。环境中的高能电子在一段时间内维持高通量的情况最容易引发深层充电，因为在此期间电荷没有时间从沉积位置扩散。（洛斯阿拉莫斯国家实验室的 Geoff Reeves 供图）

深层充电非常危险，因为它发生在介质材料和与周围绝缘的导体之中，接近敏感的电子回路。放电概率随着电子通量的增加急剧升高。一般说来，通量为 $10^{10}\sim10^{11}$ 个电子 /cm^2（相对于介质泄漏率的一段时间内）的电子能够形成足够弧光放电的电场。地球同步轨道（GEO）卫星大部分时间运行在电子辐射带中，因此最容易受深层充放电的影响。

美国空军实验室基于释放和辐射综合效应卫星（CRRES）在同步轨道上的探测数据的一项研究表明：大部分空间环境引起航天器异常都是由深层充放电引起，而不是来自表面充电或单粒子翻转。CRRES 卫星 18 月内共记录 674 次异常，与高能电子暴通量的相关性很好，而与其他的空间环境参量的相关性较差。图 13-16 说明同步轨道高能电子（>2 MeV）通量与欧洲同步轨道通信卫星异常发生率的相关性。

直接加热。 粒子入射会引起另一种不易觉察的影响——星载仪器和传感器加热。能量守恒定律要求入射粒子损失的动能以其他形式释放，如*直接加热*（direct heating）。一些卫星利用周围环境温度保持星载红外传感器所需的超低温。这项技术并不昂贵，因为它不需要低温工程。但如果很多来自太阳耀斑或 CME 的粒子与传感器碰撞并加热，使得传感器温度超出允许范围，将导致传感器不能正常工作。

姿态控制失灵。 很多卫星依赖电光传感器维持在太空中的姿态。这些传感器自动跟踪特定模式的背景恒星以完成精确指向。这些星敏感器易受银河宇宙线和高能质子的影响，粒子入射星敏感器会产生光斑（图 13-17）。耀眼的光斑可能会被认为是一颗恒星。当计算

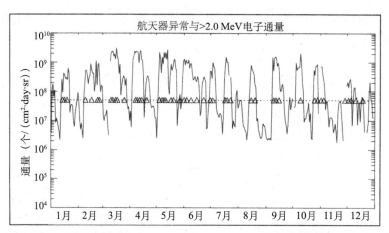

图 13-16　同步轨道电子日均积分通量（＞2 MeV）与 **DRA-delta** 同步轨道卫星异常记录的对比。横坐标为 1994 年月份。小三角形代表与静电放电相关的异常。[Wrenn and Smith, 1996]

机程序不能在恒星目录中找到这个虚假的恒星，或识别错误时，卫星将失去对地姿态定向。定向通信天线、传感太阳能电池板将丢失其预定方向。上述问题可能导致与卫星通信失败，卫星功率下降，在极端状况下，电池耗尽可能导致卫星丢失（在持续的辐照下，星敏感器的性能也会逐渐降低）。定向障碍多发生在太阳活动水平较高时，发生在同步轨道卫星或极轨卫星上。

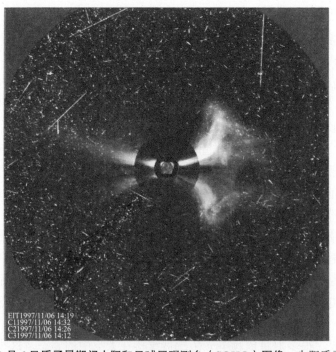

图 13-17　**1997 年 11 月 6 日质子暴期间太阳和日球层观测台（SOHO）图像。**太阳质子轰击探测器的数码相机，在图像中形成斑点。靠近太阳的白色阴影是驱动粒子加速的 CME。（ESA/NASA-SOHO 计划供图）

关注点 13.3   器件单粒子事件

（基于同美国 NOAA 空间天气预报中心员工的讨论编写）**1982 年 11 月**。GOES-4 卫星上用来绘制云图的可见和红外自旋扫描辐射计在来自大太阳耀斑的高能质子到达之后，关机了数分钟。

1989 年 3 月。有好几天，GOES-7 卫星上的探测器显示高能质子通量间歇性地超过事件水平。由日本电话电报公司运控管理的同步轨道通信卫星 CS-3b 在此期间失效。在世界时 1989 年 3 月 17 日 20:00 之前，粒子通量重新开始急剧上升。MARECS-1 是欧洲海事通信卫星，由欧空局（ESA）替国际海事卫星组织（Inmarsat）进行运控管理，该卫星恰巧在 GOES-7 卫星探测到高能质子急剧增加之前出现操作问题。在 1989 年 3 月 18 日，国际通信卫星组织通报他们的同步轨道通信卫星受到"轰击"，此时高能质子通量远远超过事件阈值。MARECS-1 在出现多个与空间环境相关的问题之后，于 1991 年失效。

1989 年 9 月。1989 年 9 月 29 日，测量到了卫星时代以来大于 450 MeV 的相对论太阳质子的最大通量。麦哲伦号金星探测器的光敏元件被损毁。GOES 卫星的输出功率出现永久性降低。GOES-5 和 GOES-6 卫星出现单粒子翻转。13 颗同步轨道卫星记录到 46 次"轰击"。NASA 的跟踪与数据中继卫星（TDRS-1）记录到 53 次随机存储器翻转。NOAA-10 卫星经历少见的幽灵指令。新墨西哥州 Embudo 地面宇宙线探测器监测到了这次太阳质子事件，证实了这次事件强度之高，该地面探测站的地磁截止刚度为 19 GV。这是地面银河宇宙线介子望远镜第一次观测到太阳宇宙射线事件，这次事件很明显远远超过了背景银河宇宙线强度。

1991 年 7 月。欧空局发射的地球资源卫星（ERS-1）搭载多项不同实验设备。在轨运行 5 天之后，卫星搭载的主动微波仪因瞬态电流过载而关机，且不能重新开机。这次事件发生在卫星穿越南大西洋异常区时。随后的质子地面模拟实验证实高能质子在 64kbit 静态随机存储器中引起单粒子锁定。[Adams et al.,1992]

2001 年 9 月。阿拉斯加州科迪亚克岛发射场因一系列问题，首次发射推迟了两周。操作人员解决了这些问题，火箭于 2001 年 9 月 24 日做好了发射准备。然而，一个大太阳耀斑（X2.6/2B）和高能质子事件再次推迟了发射时间。雅典娜 -1 号火箭的导航系统易受高通量的高能质子影响，因而发射时间推迟到质子事件结束。2001 年 9 月 29 日，雅典娜 -1 号火箭终于将 NASA 和美国空军的 4 颗科研卫星送入太空。

2003 年 10 月。奥德赛火星探测器在严重的辐射暴中进入安全模式。在 10 月 29 日的数据下传中，探测器出现存储错误，通过 31 日的冷重启得以纠正。10 月 28 日，火星辐射环境试验（MARIE）设备出现红色温度警告，操作人员关闭了该设备。从此该设备没有再恢复运行。讽刺的是，MARIE 的任务就是评估火星空间辐射环境，确定火星任务中宇航员可能遭受的辐射风险。

关注点 13.4　卫星定向故障

2000 年 11 月份。星尘号行星际宇宙飞船于 1999 年发射。在 2004 年飞越维尔特 2 号彗星。星尘号的任务是在飞过慧核时收集彗星尘埃样本，以及在太阳系飞行中收集星际粒子。当一个威力巨大的太阳耀斑在 2000 年 11 月 8 日爆发时，星尘号距太阳仅有 1.4 个 AU。有一个高能粒子云直奔地球和星尘号方向。大量高能质子轰击星尘号。两个用来定向的星象仪布满了胡椒面似的辐射白点。来自太阳耀斑的质子使星象仪像素点带电，产生被星象仪误认为是恒星的白点。卫星用于导航的 12 个最亮白点呈现为虚假恒星。上百个类似恒星的白点覆盖整个星象仪视场，阻止它计算自己的姿态。

卫星进入待命模式，将它的太阳帆板对准太阳，等待地面操作人员的指令。在待命期间，卫星继续尝试用其他两套不同的星象仪确定自己的姿态。但粒子不断地在星象仪上产生上百个虚假恒星。

2000 年 11 月 13 日，星尘号离开安全模式。星象仪重新开始工作，完美控制卫星姿态。2006 年星尘号重返地球，留下了返回舱中的样本。

卫星电力。太阳电池阵遭受与空间环境有关的多种问题。太阳电池是在轨运行航天器最常见的电源，很多航天器运行在具有显著辐射的区域，且必须面向太阳才能发电。在航天器的运行周期中，受关注点 13.5 中描述的辐射损伤的影响，太阳电池的输出功率会下降 30%～40%，甚至更多。

一般来说，在太阳活动高年，太阳质子事件的强度和发生频率都会更高。太阳质子事件导致卫星电力呈阶梯状下降。图 13-18 显示在 1997～2002 年长期辐射和偶发性的太阳质

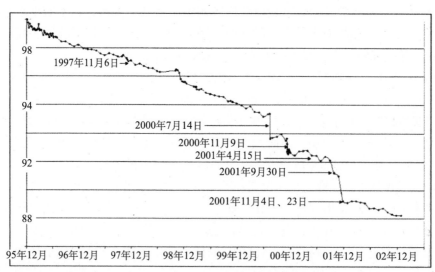

图 13-18　太阳和日球层观测台（SOHO）太阳电池功率衰退。纵坐标为输出功率百分比，横坐标为时间。暴露在银河宇宙线和低通量太阳质子事件中会导致卫星太阳电池的输出功率缓慢衰退。2001 年 11 月太阳质子事件数小时的剂量导致了近乎平静时 1 年的输出功率衰退。上述数据来自太阳电池阵列的两个组件。（欧空局 Paul Brekke 供图）

子事件对 SOHO 卫星太阳电池输出功率的影响。持续时间几小时到一天的事件对太阳电池造成的老化效果相当于卫星在轨一年或多年。然而，辐射损伤不仅限于太阳粒子。在太阳活动低年，太阳电池受到来自银河宇宙线的持续辐射，也使得太阳电池板的寿命降低。

总剂量效应。总剂量效应影响航天器电子设备和仪器的工作寿命。固态元件电学参数的变化与辐照剂量有关。随着剂量的累积，这些变化促使元件参数超出电路设计范围，最终导致电路完全停止工作。例如，NOAA POES 卫星的星载空间环境监测仪上多个固态探测器一直遭受正常水平的辐射损伤，导致它们的敏感度降低。

关注点 13.5　太阳能电池板衰退

1989 年 9 月和 10 月。1989 年 9 月，GOES-7 是 NOAA 唯一一颗具备观测地球气象环境、监测太阳和同步轨道空间环境的全功能卫星。GOES-7 在世界时 1989 年 9 月 29 日 11:33 观测到一个 X9.8 级太阳耀斑。在随之而来的质子事件中，GOES-7 的太阳电池在一天之内的输出功率衰减超过正常情况下一年的辐射退化效果。

几周过后，在 1989 年 10 月的一连串几次太阳质子事件中（图 13-13），持续的高通量的高能粒子轰击卫星的太阳电池板。几天内的输出功率衰减等于卫星正常运行寿命内的功率衰减的一半。

关注点 13.6　航天器太阳能电池工作原理（背景介绍来自美国国家可再生能源实验室（NREL））

典型太阳电池由特殊材料制成，能够产生电子流。这些材料通常为层状晶体结构，能够在晶格中将吸收光子转换为电子（图 13-19（a））。太阳能电池结构为 p-n 结，在表面零点几个微米以下为 n 型材料占据表面和 p-n 结之间的区域。太阳电池的基底材料大部分为 p 型材料，其中"p"代表正电荷。"n"表示材料与可见光谱中的蓝光作用产

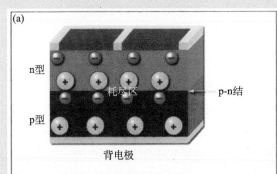
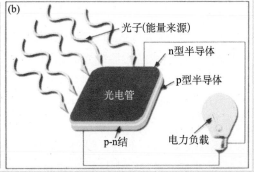

图 13-19　（**a**）**p-n 结近视图**。在 n 型半导体材料表面 2 μm 内，蓝光吸收率 99%，而在 p 型半导体材料 200 μm 内，红光吸收率 99%。（**b**）**太阳电池电路**。二极管电场允许电流由单一方向流过 p-n 结，通过外部连接太阳电池两端，可使电子流向 p 极与空穴复合。

生自由电子。能量足够高的光子将能量转移给价带中的晶格电子，将其激发到导带中，形成自由电子。这些电子迁移至上电极，在耗尽层留下空穴，空穴从 p 型材料吸引电子。基底 p 型材料阻止波长更长的红光，将电子从价带激发至导带。这些激发电子向上扩散至耗尽区，被 n 型材料中的正电荷中心加速。最终结果是负电荷迁移至上部电极，正电荷迁移至底部电极，从而形成大约 1 V 的电势差。通过外部电路连接电极就会产生电流（图 13-19（b））。电压和电流的乘积为功率（$P=IV$）。一般太阳电池的效率为 15%～20%，这意味着 80% 的入射太阳辐射以热量的形式损失。实际上，一个非常重要的设计问题就是如何使太阳电池运行在最佳温度。

对于在空间运行的太阳电池板，通常在其上放置透明覆盖层（对于可见光）用来减轻更高能量光子对 p-n 材料的损伤。辐射影响太阳电池的方式主要有两种：使透明盖板变暗和降低载流子寿命。玻璃盖板中产生的自由电子可能被俘获形成带电缺陷，称为色心。色心吸收本应该传递给 p-n 型材料的光子，降低了入射到其下方太阳电池的辐射通量，从而减少太阳电池的输出功率。

辐射会引起晶格结构中的原子位移，于是形成带正电的间隙原子。电子通过晶格向 n-p 结扩散的过程中可能被间隙原子捕获，这些电子对电流没有贡献。上述过程降低了自由载流子的平均寿命，这意味着到达 p-n 结的电子和输出电流减少。来自太阳耀斑和 CME 激波加速的高能质子是引起此类太阳电池性能衰退的主要因素。

13.1.3 高能等离子体、光子以及中性大气对设备的影响

目标：读完本节，你应该能够……

- 区分介质深层充电和表面充电
- 区分表面充电和溅射的物理根源
- 解释紫外（UV）、极紫外（EUV）以及 X 射线光子造成航天器充电和表面退化的物理过程
- 解释 LEO 航天器表面材料在长期暴露的情况下发生退化的物理过程
- 描述可能造成航天器辉光的原因

本节的关注重点是图 13-1 中能量阶梯上较低位置的粒子。相对于单个能量更高的粒子，这一能量段的粒子不会穿透航天器表面，常以等离子体形式对航天器造成影响。这些粒子是背景等离子体的一部分，但与背景等离子体中能量更低的粒子不同，它们依然能够作用于航天器表面，引起导电材料（如隔热涂层）以及电阻涂层退化，降低航天器或其搭载部件的在轨寿命。

表面充放电和溅射对航天器部件的损害

航天器充放电是空间环境"中能"粒子引起的航天器异常中最常见的一种。在周围等离子体环境的作用下，航天器表面相对周围等离子体的静电电势不断增加，这一过程称为航天器的表面充电。高电势差引起的放电能够造成开关电信号错误、隔热涂层击穿，引起放大电路、太阳能电池以及光敏器件退化。大部分发生这类异常的卫星来自于较高高度（$>5R_E$）的磁尾区域，这里的粒子通量较大，是航天器充放电效应的高发区。

引起表面充电的原因有：①航天器在带电粒子环境中运动（称为"尾流充电"），这对于航天飞机或国际空间站等体积较大的航天器尤为明显；②地磁暴和质子事件发生期间，粒子直接轰击航天器表面；③太阳光照射航天器表面造成光电效应，电子从表面逃脱。上述三种过程都受航天器表面形状和材料的影响。当航天器表面电势差累积到一定阈值时会自然发生放电，从而损坏、扰乱航天器表面或靠近表面的部件。放电可能引起航天器发生一系列工作异常，包括电弧造成的表面材料和传感器退化、电子电路干扰等。

在一定条件下，航天器周围环绕着一个能够储存电荷的区域，称为德拜鞘（Debye sheath）（我们可以重温一下第 6 章中关于德拜球的内容）。受三种过程的影响，电流会在电荷储存区和航天器表面流入流出。电荷流动造成航天器表面发生充电，有时还会引起相关的溅射现象。航天器表面电荷的变化，即表面充电可以由三种原因造成：

- 离子、电子运动差别导致周围等离子体在表面上的电荷累积——也称为等离子体诱导充电（plasma induced charging）；
- 航天器表面光电子发射（photoelectron emission）引起的充电（注意：本节中我们将光子视为粒子）；
- 等离子体轰击表面造成二次电子发射（secondary electron emission）所引起的充电。

图 13-20 给出了充电过程一般情况的示意图，图中标注了不同的电流来源。充电过程一般将导致卫星体（以及表面）携带电荷，从而具有非零电势。实际情况中卫星表面电势值往往比较大，甚至能达到几千伏特。

等离子体引起的充电过程。假设初始时刻卫星不带电，若环境等离子体离子成分和电子成分的温度和密度大致相同，则卫星表面电子电流密度至少高于离子电流密度一个量级以上。等离子体温度与离子、电子成分热速度的关系可以用如下公式表示：

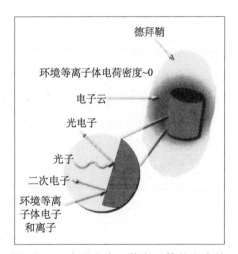

图 13-20　表面充电。等离子体的电中性是由强长程静电力维持的。电中性要求电子和正离子平均来说具有相同密度（准中性）。电子、离子的平均动能（温度）一般大致相等，但由于它们质量相差很多，速度通常也具有很大差别。（美国海军研究生院 R. Chris Olsen 供图）

图中标注：德拜鞘、环境等离子体电荷密度~0、电子云、光电子、光子、二次电子、环境等离子体电子和离子

$$\langle E \rangle = \frac{3}{2} k_B T = \frac{1}{2} m v_i^2 = \frac{1}{2} m v_e^2$$

其中，$\langle E\rangle$＝粒子能量（假设热能等于动能）[kg·m²/s²]；

k_B＝玻尔兹曼常量（1.38×10^{-23} J/K）；

T＝粒子温度 [K]；

m＝粒子质量 [kg]；

v_i＝离子速度 [m/s]；

v_e＝电子速度 [m/s]。

进一步假设大部分离子为质子，可以得到电子与离子热速度的比值较高

$$\frac{v_e}{v_i}=\frac{\sqrt{m_i}}{\sqrt{m_e}}\approx43$$

由此可见在相同温度下电子速度远高于离子速度，这说明电子具有很强的"运动特性"。因此，负电荷将先一步在卫星表面累积，排斥入射电子同时吸引入射离子。当卫星表面负电势与电子平均能量（以 eV 为单位）达到相同量级时，卫星电势会达到平衡状态。这种情况一般适用于处于地球阴影区、表面没有光电子产生的高轨卫星。若此时环境电子能量很高（keV 范围），则卫星电势将达到负几千伏。

在不考虑卫星运动和等离子体流动的情况下，入射卫星表面的电流密度 $\boldsymbol{J}$（电流与面积之比）可用如下公式计算：

$$\boldsymbol{J}=qnv$$

其中，$\boldsymbol{J}$＝局地电流密度矢量 [A/m²]；

q＝粒子电荷量（1.6×10^{-19} C）；

n＝粒子数密度 [1/m³]；*

$\boldsymbol{v}$＝粒子速度 [m/s]。

由于电子、离子具有相同的电量、密度，电子的电流密度会远高于离子的电流密度（对于离子成分为质子的等离子体，电子电流密度是离子的 43 倍）。

光电子发射引起的充电过程。当轰击材料表面的光子能量足够高时，会从材料表面激发出电子，材料携带正电荷。图 13-21 给出这一过程的示意图。

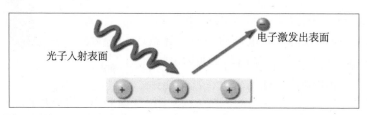

图 13-21　光子造成的表面充电。光子会激发出电子，使材料表面带正电。同时带正电的表面吸引自由电子抑制这一过程。

根据能量守恒，

$$hf=\phi+KE_e$$

其中，h＝普朗克常量（4.136×10^{-15}eV·s）；

---

* 　原文为 n＝粒子数 [无单位]，有误——译者注。

f = 光子频率 [1/s]；

hf = 入射光子能量 [eV]；

ϕ = 逸出功（电子被从材料中激发出所需的最低能量）[eV]；

KE_e = 出射电子动能 [eV]。

大部分航天器表面材料的逸出功为 4～5 eV，因此只有紫外线、X 射线波段（$\lambda \leqslant 300\,\text{nm}$）的光子能够激发出光电子。然而由于空间环境中紫外线、软 X 射线（尤其是莱曼 α 发射线）通量很高，光电效应仍然是在轨航天器发生正电势充电的首要原因。这一过程只会在航天器处于光照条件下发生，因此在轨航天器进出地球阴影区期间会发生周期性的充电。

在一般情况下，流出表面的光电子远多于周围环境中入射的电子。随着航天器表面相对周围等离子体充正电，表面光电子的发射被抑制（一般光电子能量较低，最多能达到几 eV），周围入射电子增加。当进出电流达到平衡时航天器表面电势达到稳定，一般为几伏的正电势。在这一过程中，周围入射航天器表面的离子对充电过程影响不大。这是由于在充电开始时入射离子电流很小，并且当卫星表面具有正电势时离子电流会进一步降低。周围环境中的高能电子在通量较高时常常能够导致处于无光照条件（如地球阴影区）的航天器发生电势值很大的表面负充电。但在光照条件下，高通量的出射光电子能够明显缓解航天器表面的负充电。

二次电子发射引起的充电过程。能量范围在几百电子伏（100～500 eV）的电子构成入射航天器表面电流的主要成分。这些低到中能的电子能够对一些表面材料造成电离，产生二次电子。二次电子从材料表面逃逸，能量一般在几个 eV 左右。某些特殊材料能够产生多于一个的二次电子。对于这种材料，环境电子入射反而会在材料表面造成净流入的正电流。这时二次电子鞘层将会阻挡入射电子，抑制上述过程的发生。

高能量的入射电子会穿透进入材料内部，在内部激发二次电子，出射的二次电子能量不足以脱离出卫星表面。因此当环境等离子体温度超过 10 keV 时，二次电子净发射数明显下降。此时二次电子鞘层无法抑制环境电子的入射，电子开始在航天器表面沉积。由此可见，周围等离子体环境中存在大量能量大于 10 keV 的电子是航天器表面有净电子流入、充负电的必要条件。这样的等离子体环境常出现在地磁暴发生期间，此时磁尾电子加速向内磁层注入并向晨侧漂移，造成位于磁地方时午夜到黎明段的卫星发生充电异常事件。图 13-22 给出了地球同步轨道卫星的充电情况。在午夜到黎明段中，高轨道和中轨道卫星发生充电异常的概率与同步轨道相近。

溅射。具有足够能量的原子或离子轰击固体，造成固体近表面原子逃逸的过程称为溅射（sputtering）。一般材料发生溅射的能量阈值为几十电子伏。轨道环境中的大气原子与运动的航天器表面之间的碰撞能量通常低于这个阈值，因此航天器运行不会引起明显的溅射效应。然而在轨期间卫星表面常常带负电，电势值可能达到负几千伏，极高的电势差能够吸引并加速环境中带正电的离子。被加速到几百电子伏至上千电子伏的离子撞击航天器表面，能够造成明显的溅射效应。在长时间任务中，航天器表面材料尤其是金属材料的溅射能够改变材料特性，腐蚀材料表面，使下层材料无保护地暴露在原子氧的环境中。溅射效应对太阳能电池阵光学涂层的影响尤为明显，可以造成长期暴露在空间等离子体中的光学涂层材料性质退化、透光率降低，影响太阳能电池阵效率。

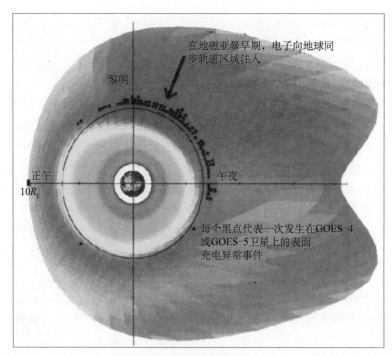

图 13-22　从地球北极上方看到的内磁层、中磁层模型图。 橙、红色区域为高能电子高通量区域，黄、绿、蓝色区域为高能电子低通量区域。黑色圆圈为地球同步轨道位置，黑点表示同步轨道卫星 GOES-4 和 GOES-5 发生表面充电异常事件的位置。（美国国家地球物理数据中心和莱斯大学的 John Freeman 供图）

光子与航天器表面的相互作用

　　光子与物质相互作用的过程与带电粒子有本质的区别。带电粒子以多次碰撞的方式与物质发生作用，而光子会一次性地将能量传递给与其作用的物质并消失殆尽。因此随着穿透深度的增加，光强呈指数下降，见第 3 章内容。

　　几乎所有波长小于 0.3 μm（~4 eV）的太阳辐射在到达地面前都会被地球大气层完全吸收。然而在轨卫星会直接暴露在无线电到 X 射线波段的太阳辐射中。波长 0.13~0.82 μm 的光子能够破坏碳基、氧基和氮基化学键，进而改变航天器表面材料的物理特性。极紫外波段的光子能够在航天器表面材料（如油漆涂层和隔热材料）上造成细微裂纹，这些缺损进一步扩散形成脆性结构。久而久之，航天器表层以下的材料也可能受到原子氧和热循环的影响。

　　航天器表面材料的太阳吸收率 α_s 是航天器热控的一个重要指标。它的值从 0 到 1，分别表示材料对光子的完全反射和完全吸收。有观测指出，在 1000 小时量级的紫外线辐照下，一些材料的太阳吸收率变化很大，甚至能达到 50% 左右。

中性原子导致表面材料、传感器和太阳能电池板退化

　　空间环境中的原子氧以及一些原子序数更高的元素会与航天器表面材料、传感器以及太阳能电池板发生化学反应，引起逐渐累积的退化效应。在轨时间几月至几年的低地球轨

道航天器长期暴露在原子氧环境中，退化损害最为严重。

300 km 高度环境大气密度比海平面大气密度（约为每立方米 10^{15} 个氧原子）小十个量级左右。航天器在这一高度以 8 km/s 左右运行，每一个轨道周期内单位面积会被 10^{19} 个原子碰撞，产生 5 eV 左右的有效碰撞能量。由于原子氧活性很强，这些碰撞将导致航天器表面材料氧化和腐蚀。

中性原子造成航天器辉光

观测表明 LEO 航天器表面会出现可见的辉光现象，在大气层探测卫星（AE）和航天飞机上均发现过这种现象。图 13-23 为航天飞机表面上的辉光。辉光范围从在轨航天器表面向外延伸至 0.1 m，辉光光谱极值位于波长 680 nm 左右。在高度更低的轨道上，这种辉光现象更为常见。辉光最可能来源于高层大气中的高速氧原子与航天飞机表面附着的氧化氮或航天器推力器释放的气体发生的复合反应，反应产生了被激发的 NO_2，NO_2 从航天

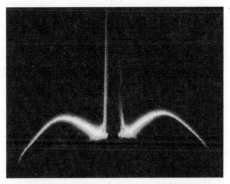

图 13-23　垂直稳定翼和轨道机动系统舱周围的辉光现象。这张照片拍摄自进入地球黑夜区域的哥伦比亚号航天飞船表面，辉光波长位于可见光红色波段，约为 680 nm。（NASA 供图）

器表面脱离同时发光。航天器辉光可能对天基光谱测量造成干扰，大气层探测卫星测量到的异常气辉就来源于这种光谱污染。

关注点 13.7　航天器污染

除上文提到的单纯由空间环境引起的效应之外，航天工程师还要考虑更多的复杂问题。航天器在运行中会对周围环境造成污染，因此工程师所考虑的*航天器环境*（spacecraft environment）应该包括自然的空间环境以及航天器造成的污染环境两个部分。

航天器污染（contamination）可以大致分为两大类：微粒子污染和分子污染。微粒子污染物是大小可被观测到的物质颗粒（微米级或更大）——尘埃。航天器本身是尘埃污染物的最大来源，虽然工程师做了大量的工作来减少这种污染，但基本不可能完全消除。尘埃来自航天器内部元件，在航天器建造、运输、发射的环境中产生。发射过程中，航天器剧烈振动造成更多的微粒子随航天器被发射入轨。航天器运行期间这些尘埃微粒子悬浮动荡，与空间环境相互作用。表 13-6 给出尘埃粒子洁净度水平。1 级水平最为严苛。

表 13-6　颗粒洁净度水平。这里列出了环境科学技术研究所 IEST–STD–CC1246D 文件给出的航天器颗粒污染控制的各级水平要求。

洁净度水平	颗粒尺寸 /μm	大于标准尺寸的颗粒数（每 0.1 m³）
1	1	1
10	1	8
	2	7
	5	3
	10	1
100	15	265
	25	78
	50	11
	100	1
1000	100	42 658
	250	1022
	500	39
	750	4
	1000	1

　　分子污染（molecular contamination）指的是在航天器表面分子发生累积，污染物来源于航天器自身材料。这些分子能够在载荷传感器、太阳能电池板、热控表面等航天器表面上形成一层几百微米厚的薄膜，引起一些工程上不希望出现的效应。理论上我们可以消除微粒子污染，但分子污染来源于航天器自身，是无法根除的。航天器材料通过解吸附、扩散和分解三种过程从表面释放分子，这一现象称为释气（outgassing）。其中受化学力束缚的分子从航天器表面释放出来的过程，称为解吸附（desorption）；分子通过随机热运动沿着浓度梯度向航天器表面转移的物理过程，称为扩散（diffusion）；化合物通过化学反应分解为两种或多种简单物质并通过解吸附、扩散释气到空间中的过程，称为分解（decomposition）。工程师在选择航天器材料时应考虑材料的释气效应，避免选择容易发生释气的材料。

　　在航天器工程中我们必须同时关注自然空间环境、空间天气和污染效应三个方面。观测表明，早期发射的 GPS 卫星在轨期间太阳能产生率的降低速度是辐射损伤模型预测值的两倍。工程师认为这一现象的原因可能是受光照影响分子在太阳能电池板上发生沉积。

13.1.4　航天器阻力

目标：读完本节，你应该能够……

- ◆ 阐述影响航天器阻力最重要的因素
- ◆ 阐述航天器阻力预报不确定度的一般水平
- ◆ 对航天器受阻力影响会发生加速的现象进行解释

太阳活动水平的变化能够影响热层大气密度以及热环境。当太阳活动水平较高时，地球高层大气在太阳极紫外辐射作用下加热、膨胀，地磁暴引起极光区粒子沉降和坡印廷通量堆积，能量注入。这种脉冲式的能量会以行进式大气扰动、标高改变、大气成分改变等方式从极光区传播出去，引发高层大气中性成分密度上升，造成航天器阻力增加以及与阻力相关的轨道衰减率增加。其中，大气阻力增加是大气层中原子或分子对航天器的动量转移增加造成的。航天器在轨遇到的原子、分子数越多，动量转移越大，阻力也越大。

为了准确地预报航天器寿命，航天器控制人员需要获得以下几个方面的信息：航天器初始轨道参数、航天器阻力系数、航天器质量与迎风面横断面积的比、高层大气密度及其对能量注入的响应。其中高层大气密度及响应也需要预报得出。在上述大部分参数已知的情况下，航天器寿命预估值依然具有 10% 左右的不确定度。也就是说，假设某航天器运行寿命预计为 10 年，则预测误差约为 1 年；若某终止运行的航天器预计将在 24 小时后再入地球大气层，则预测精度为 2 小时左右。增加探测数据和提高模型精度可以降低短期预报的不确定度。

太阳活动周期的极紫外辐射变化等因素能够引起大气密度的长期变化。大气密度的长期变化直接影响低轨航天器寿命的数量级。图 13-24 给出了不同初始高度的圆轨道航天器

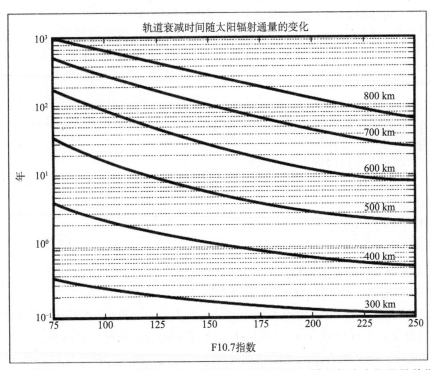

图 13-24　卫星轨道寿命与 F10.7 指数描述的太阳辐射之间的关系。横坐标为太阳通量单位（1 SFU = 10^{-22} W/($m^2 \cdot$ Hz)）的 F10.7 cm 无线电指数，它是太阳极紫外辐射对高层大气加热的重要指征。纵坐标是以年为单位的卫星寿命。假设卫星处于圆轨道并在寿命期间空间环境不变。图中可见在 F10.7 取最低值条件下 400 km 高度圆轨道卫星在轨寿命约为 4 年，位于同样高度轨道的卫星在 F10.7 取最高值条件下在轨寿命低于 1 年。[Gorney, 1990]

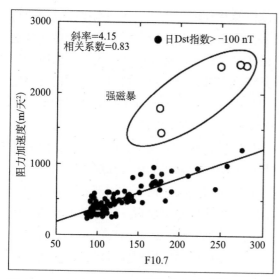

图 13-25 KOMPSAT-1 卫星阻力加速度随 F10.7 指数变化散点图。根据 Dst 指数，高层大气处于平静到中等扰动（Dst 指数绝对值在 100 nT 以下）时得到的测量值用实心点表示。强磁暴造成高层大气密度剧烈扰动（Dst 指数绝对值高于 250 nT）时获得的测量值用圈点表示。左上角的数值给出平静到中等扰动条件下测量点的线性相关系数和斜率。KOMPSAT-1 卫星发射于 1999 年，位于轨道高度 685 km 左右的太阳同步轨道。2003 年下半年的强磁暴发生时，卫星轨道高度约为 660 km。[Kim et al., 2006]

寿命随太阳 10.7 cm 射电流量（F10.7）的变化情况，图中假设在航天器运行期间太阳辐射保持不变。在航天器的工程设计中，燃料搭载需求研究、寿命预测以及机动推进计划设计，都需要对太阳极紫外辐射变化进行长期预报。大气密度的短期变化常发生在地磁暴期间。这种短期密度变化能够扰乱低轨航天器的在轨运动，影响这一区域航天器的动力学姿态控制、精确追踪以及目标编目工作。另一方面，短期密度扰动为航天器再入大气层位置的预报工作增加了不确定度，是再入航天器碰撞预警的难点问题。

图 13-25 表明超强磁暴能够造成航天器阻力发生剧烈变化。黑点表示不同太阳辐射条件下地磁平静时期航天器的加速度，可以看到加速度随 F10.7 值的上升基本呈线性变化。然而磁暴期间脉动式的能量累积造成加速度急剧增加，如圈点所示。

阻力对航天器动力学的作用效果可以说有些"违反直觉"。遭遇高密度大气时航天器阻力上升，机械能下降，卫星高度降低，但同时卫星速度会上升。这是由于在阻力的持续作用下，航天器的部分机械能转化为动能。

卫星受到的阻力可以用如下公式表示：

$$D = (1/2)\rho v^2 A C_d$$

其中，D = 阻力 [N]；

ρ = 大气密度 [kg/m^3]；

v = 卫星速度 [m/s]；

A = 卫星垂直运动方向的横截面积 [m^2]；

C_d = 阻力系数，通常假设约等于 2[无单位]。

随着卫星高度下降，卫星周围大气密度呈指数上升，与此同时卫星速度的增加进一步造成空气阻力上升（与 v^2 成正比）。实际上，大部分的卫星轨道不是圆轨道。在卫星穿越大气层的过程中，空气阻力造成非圆轨道向圆轨道转化。图 13-26 所示为 1999 年发射的近 400 km 高度圆轨道卫星 STARSHINE-1 的高度与速度随时间的变化情况。可以看到随着卫星高度降低，速度不断上升。

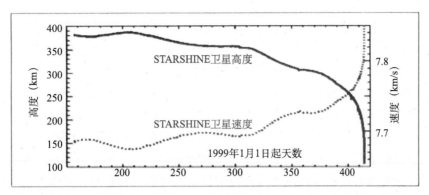

图 13-26　STARSHINE-1 卫星的高度、速度随时间的变化情况。 卫星在轨运行了 8 个月左右的时间，在 2000 年 2 月进入地球大气层烧毁。数据表明前期卫星下降速度较慢，随后速度加快，落入地球低层稠密大气中。（美国海军研究实验室 Judith Lean 供图）

　　卫星速度上升的一个重要结果是轨道周期缩短。由于卫星速度高于预测值，卫星会提前飞过地基雷达波束的测量位置，就会给卫星位置监测造成困难。强磁暴发生时很多卫星可能同时出现这样的状况，跟踪和识别工作很难甚至无法完成。致力于卫星跟踪工作的研究机构常常花费大量的精力开发大气密度变化预报模型，从而更好地预报卫星位置。图 13-27 为卫星监测情况示意图。

图 13-27　由于阻力，卫星提前通过预测位置。 阻力增加造成航天器出现在地面雷达预测位置前方，并低于预测位置。

关注点 13.8　卫星阻力

　　1973 年 5 月 14 日，天空实验室空间站（图 13-28）搭乘土星五号运载火箭自肯尼迪航天中心发射升空。土星五号曾经成功运载阿波罗计划航天器，因此也被称为月球火箭。1974 年天空实验室完成工作任务，被控制在一个稳定的姿态后系统关机。按照地面控制人员的预计，天空实验室将停留在轨道上 8～10 年。然而 1977 年秋工程师们发现天空实验室姿态不稳，原因是太阳活动造成超出预期的大气层扩张，使航天器遭受了过大的空气阻力。1979 年 7 月 11 日，天空实验室再入大气层，坠落在地面上，碎片散落分布在东南印度洋至人烟稀少的西澳大利亚之间。

1984 年 4 月 7 日，NASA 发射了长期辐照设施科学卫星（LDEF）。该卫星由挑战者号航天飞机携带进入低地球轨道，轨道高度约为 509 km。LDEF 卫星的任务是开展无人操作的科学实验，研究自然空间环境以及轨道碎片对航天器材料的影响。根据最初的计划，该卫星在运行一年之后将被航天飞机送回地面，科学家可以研究它的载荷状况。但计划没能如期执行，不久挑战者号在发射后发生爆炸，所有航天飞机停飞，LDEF 卫星便滞留在轨道上。由于空气阻力的作用，LDEF 卫星不断向地球大气层坠落。1990 年 1 月正好处于第 22 太阳活动周的太阳极大值附近，卫星在此期间每天高度下降 1 km 左右，几周之内 LDEF 卫星就可能在大气层中解体。然而，哥伦比亚号航天飞机在 1990 年 1 月 12 日捕捉到了它，此时它已经在轨道上运行了 32422 圈。LDEF 卫星成功返回，为研究空间环境对航天器材料的效应提供了很多有价值的信息。

图 13-28　天空实验室空间站。该航天器在轨运行了六年多的时间。太阳活动水平上升引起大气膨胀，航天器受到高于预期的大气阻力，提前再入大气层。（NASA 供图）

1989 年 3 月，磁暴引起空气阻力上升，超过 1000 个在轨目标的轨道受到影响，美国航天司令部不得不对这些目标重新跟踪。1989 年 3 月 13～14 日大磁暴期间，北美防空司令部（NORAD）跟踪的几千个空间目标丢失，工作人员花费数日才重新搜索到这些目标，与原来相比它们的新轨道高度降低、速度上升。在这次磁暴中，一颗低地球轨道卫星高度降低了超过 30 千米，卫星寿命大大缩短。

2000 年 7 月，大气阻力增高造成宇宙和天体物理前沿卫星（ASCA）发生故障。该卫星是日本宇宙科学研究所研制，于 1993 年 2 月发射，最初曾被命名为 ASTRO-D（图 13-29）。卫星重 417 kg，星上携带有 X 射线望远镜以及一对用于拍摄望远镜观测图片的照相机。这颗卫星的设计目标包括寻找黑

图 13-29　日本宇宙和天体物理前沿卫星（ASCA）。太阳风暴期间大气阻力造成卫星力矩上升。姿态控制系统无法抵消这一力矩，卫星最终完全失控。（NASA 以及日本宇宙科学研究所供图）

洞、研究暗物质以及研究黑洞、暗物质的化学演化等。2000 年 7 月 15 日 ASCA 卫星遭受到强烈的空气阻力，进而出现异常。Kp 等于 9 的强磁暴引起稀薄的高层大气扩张，新增的空气阻力在卫星上产生了一个额外转矩，卫星姿态控制系统无法消除转矩，开始以 3 分钟为周期自旋。虽然卫星控制开启了安全保护模式，但转矩过大造成卫星太阳能电池板方向与太阳方向发生了偏移，供能下降，电池放电。控制人员尝试重新对电池储能和充电但未能成功，电池组出现了无法逆转的严重损伤，卫星功能完全丧失。2001 年 3 月 2 日 ASCA 卫星再入大气层烧毁。

13.2　流星体和空间碎片环境造成的撞击和损伤

航天器可能遭受自然流星体及来自人类空间活动的碎片带来的超高速撞击，这些撞击有可能导致航天器表面穿透、凹痕、穿孔、裂纹甚至碎裂，上述每一条均会引起部件或系统故障。直径小于 0.5 mm 的撞击物大多数为流星体，直径大于 1 mm 的则主要为空间碎片。

13.2.1　流星体环境

目标：读完本节，你应该能够……

♦ 区分不同种类流星体的材料
♦ 描述流星体对大气及卫星的影响

特征描述

彗星及小行星磨蚀产生了太阳系中天然的颗粒及尘埃，称为流星体（meteoroid）。表 13-7 列举了进入大气层前流星体的尺寸。

表 13-7　进入大气层的微流星体和流星体大小对比。流星体越大越罕见。

流星体>10 m	0.01 m<流星体<10 m	微流星体<1 cm
非常罕见	罕见	<0.5 mm 的流星体通量最大

这些物体以 2～25 km/s 的速度进入地球大气，平均速度约为 18 km/s。进入大气层后，流星体就变为我们常说的流星（meteor）。体积较大、速度超过 30 km/s 的流星与大气作用有可能发生爆裂并发出明显的响声，进而作为事件被公众报道。这些爆裂的流星称为火流星（bolide）。在大气中没有消耗殆尽的流星落在地面便成了陨石。实际上，对航天器部件以及航天员来说，微流星体就已经十分危险了。

流星通常可以分为宇宙尘埃、散流星，以及流星雨三种。宇宙尘埃由高通量率的微流星体组成，速度相对较低，在 11 km/s 左右。这些微小的颗粒持续不断地轰击地球大气。散流星不属于公认的流星雨群，但它们是目前地球流星体的主要部分，一般体积较小。散流星的来源可能是小行星带或很久前受扰动的彗星碎片。流星雨起源于绕太阳运动的彗星，也有一些流星雨与小行星有关。这些流星体从源头星体中喷射出来，通常按照其源头星体的轨道运动，一般认为产生于一万年以内，相对较年轻。半径较大（ > 0.5 m ）且能够产生强烈的火流星的流星体一般来自于小行星。较大的流星及其轨迹有时会被人们误认为航天器、导弹以及不明飞行物，因此雷达操作员、跟踪卫星和识别空间目标的工作人员必须了解流星雨的预报情况。

地球重力场对流星体的汇聚效应造成地球周围流星体通量增加。任意时刻距地球表面 2000 km 的范围内的流星体总质量将近 200 kg。大部分流星体颗粒的密度和质量很低（密度为 0.1~0.5 g/cm³），质量通量是准各向同性的，由于地球遮挡，传感器或航天器朝向地球的一面受到流星体撞击的概率较小。

对大气的影响

流星体和尘埃的成分在高层大气中产生了一个富含钠、锂元素薄层。流星体和尘埃可能还包含铁、镁、铝、钙等元素，以及在大气中产生这些元素的离子。这些物质能通过共振白昼辉光和激光雷达技术被地面研究人员观测到。这些离子动能很高，能在大气层中产生电离余迹，对人类活动同时存在正面和负面的影响。寿命长的余迹产生电离层偶发 E 层（E_s），工作人员可以利用流星余迹猝发通信对小容量数据进行传输。另一方面，余迹能够被雷达检测到进而干扰雷达的运作。尘埃以及微流星体颗粒可以为夜光云形成提供成核中心。体积最小的微流星体（半径小于 100 μm）在与大气层作用的过程中不会完全消融，反而会完整地落到地球表面。14.2 节将详细描述流星体对通信的影响。

对航天器的影响

由于流星体与航天器之间相对速度较高，即使是很微小的流星体也能够对航天器造成严重的撞击损伤。NASA 的研究指出哈勃空间望远镜太阳能电池板上存在流星体造成的损伤，包括电池单元和覆盖材料穿孔等。在流星雨爆发期间，航天器的地面控制人员一般会关闭敏感部件孔径，有时甚至会改变航天器朝向。细小的颗粒会在光学表面或镜面造成坑洞，引起关键传感器性能降低。无保护表面的涂层出现退化甚至剥离。

此外，撞击可能在航天器附近形成电离通道，引起表面静电放电，进一步对航天器造成损害。短路是航天器最主要的危害之一。流星体撞击航天器后碎裂，形成带电的等离子体云。在特殊条件下，这种等离子体云能够引起一系列反应，造成大量的短路回路。1993年，英仙座流星雨撞击造成欧空局奥林帕斯通信卫星发生等离子体放电，电子元件损坏，整颗卫星丧失功能。表 13-8 将自然碎片与人类活动产生的碎片进行了对比，具体内容将在下一节中描述。

表 13-8　碎片对比。这里列举了一些近地空间中自然碎片和人类活动造成的碎片。

自然碎片——流星体和尘埃	人类活动造成的碎片
● 来自彗星和小行星	● >9000 个可跟踪碎片
● 2000 km 高度以内总质量达 200 kg	● 2000 km 高度以内总质量 $1.5\times10^{6}\sim3\times10^{6}$ kg
● 0.5 mm 以下大小的碎片通量最大	● 最大通量对应的尺寸大于 1 mm
● 密度、质量低（$0.1\sim0.5$ g/cm³）	● 密度、质量较高（$2\sim9$ g/cm³）
● 速度高：平均速度约为 18 km/s	● 速度低：平均速度约为 10 km/s
● 长时间内通量稳定	● 通量随时间上升
● 略微受太阳活动周期影响	● 受发射日期、发射操作及太阳活动周期影响
● 准各向同性的通量（需要部分考虑地球屏蔽因素）	● 主要在高利用率的轨道上

关注点 13.9　狮子座流星雨——每年 11 月造访地球
（美国航空航天公司和 NASA 提供）

　　每当地球穿越坦普尔-塔特尔彗星碎片云时，狮子座流星雨就会降临地球。彗星喷射出的颗粒受重力和其他力的推移作用，经过几个世纪的时间，在彗星轨道附近形成了一条广阔的尘埃带。每年 11 月 18 日左右，地球从这些古老的彗星碎片中穿行而过，我们就能在地面看到平均每小时 10～15 颗流星划过。

　　我们之所以将坦普尔-塔特尔彗星造成的流星雨称为狮子座流星雨，是因为在夜空中看来流星来自于狮子座方向。1998～2002 年，地球从彗星新喷射出的碎片带中经过，上演了规模不同寻常的狮子座流星雨。这颗彗星每 33 年绕太阳一周，不断在轨道上留下尘埃。每当地球穿越两百年彗星运动造成的密集碎片轨迹时，就会爆发每小时上百甚至上千流量的流星雨（图 13-30）。

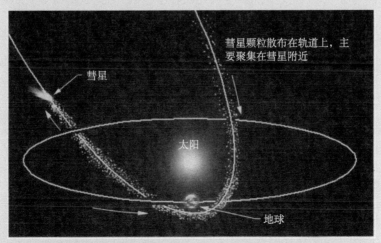

图 13-30　坦普尔-塔特尔彗星轨道和地球轨道。来自彗星的碎片散布在彗星轨道上，在地球每年穿越彗星经过的区域时造成狮子座流星雨。（美国航空航天公司 William H. Ailor 供图）

坦普尔-塔特尔彗星由威廉·坦普尔和贺拉斯·塔特尔分别在 1865 年和 1866 年发现并命名，直径约为 4 km。当彗星处在近日点附近时，会与地球轨道十分接近。彗星最近一次过近日点在 1998 年 2 月 28 日，由于彗星经过，在轨道上产生了新的碎片，估算地球遭遇的流星数量会高于一般水平。不出所料，11 月 17 日左右狮子座流星雨出现了规模空前的大爆发（图 13-31）。

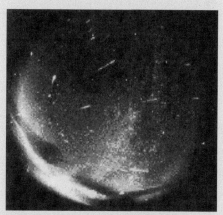

根据历史资料，狮子座流星雨最大规模的爆发发生在彗星经过近日点后一年的十一月，而不是经过近日点当年（图 13-32）。这是由于在近日点后一年地球才会从彗星新喷发出的流星体带中穿行而过。例如，1965 年坦普尔-塔特尔彗星经过近日点，1966 年 11 月狮子座流星雨发生了超大爆发。何为超大爆发？往年的 11 月 17 日，我们每小时可以观测到 15 颗左右的流星。但 1966 年 11 月 17 日夜里，流星流量接近每小时 150000 颗，成为有史以来最大的一次爆发。一般来讲地球穿越坦普尔-塔特尔彗星造成的碎片云需要几天的时间，但穿越碎片最密集的区域、发生流星雨爆发的典型时长是两到三个小时。

图 13-31　1998 年 11 月 "火球的袭击"。这张流星雨图片拍摄于斯洛伐克莫德拉天文台的全天镜头。[Toth et al., 2000]

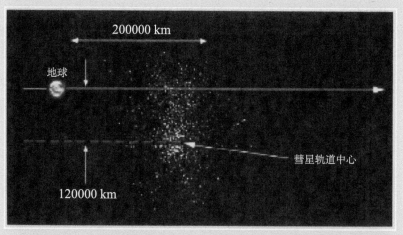

图 13-32　地球遭遇坦普尔-塔特尔彗星的碎片云。地球每年从彗星轨道附近穿行而过，彗星轨道中心位于月球轨道以内，月球轨道距离地球 384000 km 左右。彗星尘埃和碎片密度分布不均匀，因此无法对流星雨强度进行精确预报。（美国航空航天公司 William H. Ailor 供图）

尽管岩石和尘埃颗粒非常细小，但其速度很高——约为 71 km/s，是声速的 200 多倍。针尖大小的一粒沙具有的能量相当于一个 0.22 口径的子弹。在这样高的速度下，比人头发丝直径还小的颗粒撞击就能够产生带电粒子云——等离子体，进而引起突发电脉冲，扰乱卫星敏感元件。

13.2.2 空间碎片环境

◆ 区分自然与人类活动造成的空间碎片
◆ 阐释人类活动造成的空间碎片对空间活动存在长期威胁的原因
◆ 列举人类活动空间碎片的来源
◆ 阐释人类活动空间碎片对 LEO 卫星（相比 GEO）威胁更大的原因

特征描述

在所有地球在轨航天器中，仅有低于 20% 的航天器在工作。轨道上无法工作的航天器目标被归为空间碎片。从 1957 年以来，人类开展了将近 4000 次空间任务，在地球附近空间留下了上千个大目标以及几千万个中等大小的物体。与流星体短期经过近地空间不同，人类活动产生的空间碎片一般会长期停留在绕地轨道上。现在地球轨道上直径超过 10 cm 的目标物体数量超过 19000 个，其中大部分预计将在轨道上停留几十甚至上百年。

空间碎片的来源包括：

● 丧失功能的航天器；
● 火箭箭体；
● 有意释放的爆炸螺栓部件、弹簧脱开装置、自旋加速装置、照相机封盖以及和平号空间站、航天飞机和国际空间站的垃圾产物；
● 任务操控、机动产生物和固体火箭发动机废物等；
● 爆炸、退化和碰撞产生的碎片。

图 13-33 给出 2009 年年中时 2000 km 以下在轨碎片空间密度。由于 2009 年铱星 33 和宇宙 2251 卫星碰撞产生了大量碎片，在轨碎片密度在 800 km 高度附近体现出一个极值。图 13-34 为目前在地球轨道被长期跟踪的在轨物体分布电脑模拟图，其中接近 95% 的物体为在轨碎片（即失效航天器）。图中的点表示了目标的位置，为了在图中可以辨识，研究人员对碎片进行了放大，实际碎片大小与地球的比例要远小于图中的比例。

组成空间碎片的绝大部分为航天器解体产物，占美国空间目标编目的 40% 以上，相信在未编目的空间物体中所占比例会更高。解体产物在被航天器解体释放出来的时候具有不同的初始速度，因此会环绕地球形成一个环状碎片云，并且最终演化成为一个具有最大倾角及高度的碎片云，如图 13-35 所示，该碎片云的演化速率与最初的轨道特征以及解体碎片获得的初始速度有关，一般来说，碎片具有的初始速度越大，碎片云的演化就越快。

在碎片进入轨道之后，摄动力能够造成碎片轨道改变或者脱离轨道，对于中高度轨道的碎片而言（通常大于 800 km），太阳和月球的引力摄动是很重要的因素，小型碎片也会受到太阳光压、等离子体阻力，以及电磁力的影响，其中后两项的影响较小。

低轨道物体（轨道高度小于 800 km）除了受到地球的引力之外，更重要的是受到地球

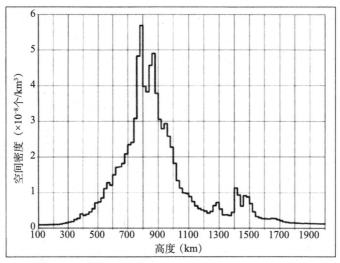

图 13-33　大型在轨碎片的空间密度。纵坐标单位为 ×10^{-8} 个 /km^3。横坐标为高度。800 km 以上高度的碎片长期在轨。[NASA, 2009]

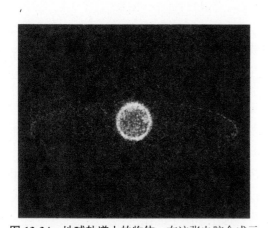

图 13-34　地球轨道上的物体。在这张电脑合成示意图中，在轨碎片大小与地球大小的比例被放大到能看到的程度。图中可以看到低地球轨道和地球同步轨道区域存在大量在轨碎片。（NASA 供图）

图 13-35　解体碎片的轨道演化。这一系列示意图反映了单颗卫星解体变为碎片带并最终演化为碎片环的过程。

的扁球形状造成的引力摄动及大气阻力。一般来说引力摄动不会严重影响轨道寿命，而阻力则会。这种阻力随太阳活动周变化造成在轨物体的高度下降，下降程度受物体质量、垂直运动方向截面积，以及大气密度控制。如第 8 章 * 所述，尽管地球的大气能够延伸到很高的高度，但在 800 km 以上大气对物体产生的阻力随着高度的升高迅速减小。大气密度在特

---

* 原文为"第 7 章"，有误。

定的高度不是恒定不变的，日夜交替带来的大气加热、太阳 11 年的活动周期以及地磁暴的影响，均会使大气密度随之发生剧烈变化（特别是在小于 1000 km 高度）。在太阳活动高年时，这些自然因素对碎片轨道的衰减起到很大的加速作用。例如，在太阳活动第 21 及 22 周，所有在轨物体的数目均发生下降，这是由于轨道衰减速率大于卫星发射及解体产生新碎片的速率。而在太阳活动第 23 周至 24 周延长的低年，碎片衰减速率降低。

影响碎片衰减的三大因素有：①面质比（横截面积与质量的比）较低的碎片，衰减速度比面质比较高的碎片慢；②低轨碎片衰减速度比高轨快（由于更高的大气阻力）；③太阳高年衰减速度比低年快。从人类航天时代开始，上述三种因素导致大约有 16000 个在轨编目物体进入大气层。在近几年内，每天有 2～3 个大型编目物体以及众多小型碎片进入大气层。按该速率发展，一年的时间内会累积数百吨质量的物体，其中大多是进入低轨的大型物体（几吨重的火箭箭体）以及具有较高截面面质比的小型物体，很少有入轨时轨道高度超过 600 km 的物体在阻力的作用下再入大气层。

空间碎片的影响，碰撞规避及减灾

空间碎片对卫星造成的最主要影响为超高速撞击。碎片撞击的概率取决于卫星尺寸、特定轨道高度的碎片通量，以及卫星暴露在空间环境中的时间。碎片撞击产生的损伤取决于碰撞的动能，而这碰撞动能由碎片相对卫星的速度决定。图 13-36 给出了以约 6.8 km/s 的速度运动的铝球与铝制挡板撞击产生的实验结果。

图 13-36　超高速撞击实验结果。一个直径 1.2 cm，重 1.7 g 的铝球以 6.8 km/s 的速度对 18 cm 厚的铝板产生的撞击结果，该实验反映出小型空间碎片对卫星的影响，撞坑直径约为 9 cm，深度为 5.3 cm。该类型的撞击产生的压强及温度均超过了地球地心处的大小（压强大于 365 GPa，温度大于 6000 K）。（ESA 供图）

由于 LEO 轨道卫星与碎片的相对速度较 GEO 轨道而言更高，因此前者碰撞产生的损伤更严重。一般在 GEO 轨道运行的卫星及碎片几乎以同样的速度及方向运动，它们之间的相对速度很小，因此很少发生碰撞。

流星体带来的碎片撞击效果主要为剥蚀（spalling），即卫星主体产生碎片或块状材料并飞离。这种撞击能够产生材料反向喷射，并有可能污染传感器，或生成电离通道、传导杂散电流。

直径小于 1 cm 的碎片虽然不能造成灾难性的损伤，但却会导致卫星表面的侵蚀以及穿孔。卫星遭受的最大威胁来自中等尺寸的碎片（其直径通常为 1～10 cm）。这些碎片不容易被追踪，但大小却足够对卫星造成灾难性的损伤。直径大于 10 cm 的碎片，能够被 USSPACECOM 雷达追踪并编目。飞船及卫星可以通过变轨绕过这些大型碎片以防止撞击。例如，科学家会定期对空间碎片的轨道进行分析，以评估对国际空间站及一些飞船的可能撞击。如果判断出一个编目的碎片与卫星的距离可以接近到几公里以内的话，空间站通常会进行轨道机动。其他大型卫星偶尔也会实施类似的操作，例如，NASA 的对地观测卫星就曾经三次实施轨道转移以规避碰撞。

NASA 记录的直径为 1～30 cm 的碎片数据基本来自麻省理工学院林肯实验室的 Haystack 雷达观测。该雷达与美国国防部达成协议，已为 NASA 记录了超过二十年的碎片数据。Haystack 雷达以特定的观测角对进入其视角的碎片进行记录、统计。基于这些数据，科学家对碎片的尺寸、高度、倾角进行分类，发现在轨碎片中直径小于 1 cm 的碎片数目超过了 500 000 个。

美国国防部、美国政府的其他机构以及很多国际机构都有相应研究资助，致力于更好地理解中性大气阻力对碎片的影响，一些卫星还专门配备了加速度计以测量卫星受到的大气阻力。中性大气密度的精确计算有助于提高卫星轨道演化算法的精度，有助于航天器工作人员实施碰撞规避的机动计划。卫星设计时也需要考虑来自不可追踪碎片的超高速撞击的危害，对此实验人员常常通过对卫星及其相应部件的超高速撞击实验来进行研究。此外，工程师致力于采用新的材料以及部件来减轻撞击的损伤。例如一种称为"激波系"的防护结构，通过采用几层较轻的陶瓷材料作为缓冲，可以将具有很强撞击能量的弹丸融化（或气化），并在其撞击到卫星面板时将其阻挡吸收。国际空间站上就采用了这种轻质防护结构。

由于空间在轨物体的数量逐年上升，NASA 及其他国家的相关机构采取了一系列的准则及程序以降低在轨失效卫星及火箭末级的数量。一种主动的碎片减缓策略为航天任务后对卫星进行处置，对卫星进行回收。卫星回收采用人为可控方式或不可控方式，使碎片再次进入大气层。另外一种加速轨道衰减的方法是减小碎片轨道近地点高度，大气阻力会加快碎片落入大气层的速度。这种做法存在一个缺点，那就是碎片坠落到地面的位置不可控，无法保证远离人们的居住区域。可控的回收技术通常需要卫星携带更为大型的推进系统，保证卫星再入大气层时具有更大的航迹角。这样飞行器进入大气层的经纬度将更为准确，确保碎片的坠落在远离居住区的位置，如海洋等。

关注点 13.10　遭遇空间碎片

每次飞行任务中航天飞机均会遭受微小的空间碎片的撞击，这些碎片包括非常小的自然流星体以及失效航天器的微小残骸。例如自 1983 年起的系列任务中，至少有十八个舷窗遭到了严重撞击并最终被 NASA 更换。在一次事故中，仅盐粒大小的一块涂层碎片就造成航天飞机的舷窗撞击穿孔。每个舷窗价值约为 50 000 美元。

1996 年 7 月，重约 50 kg 的名为 Cerise 的法国国防部微小卫星受到了人造空间碎片的威胁，遭到了一个手提箱大小的阿里安号火箭本体残骸的撞击。1985 年 11 月该火箭将法国 Spot 1 号遥感卫星发射入轨，此后火箭本体一直在轨。碎片撞断了 6 m 长的卫星姿态稳定杆，使卫星来回滚动，随后该稳定杆也成为另一个空间碎片。

哈勃太空望远镜从 1990 年发射至今遭受过许多小型空间碎片的轰击，导致卫星表面布满了上百个变形结构以及一个坑洞，由此可见空间碎片环境的危险性。平均而言哈勃望远镜表面每平方米面积每年均会遭到五个沙粒大小的碎片撞击，这些碎片由于太小而无法被地面追踪，但幸运的是这些撞击还没有对望远镜的功能产生影响。

13.3 场变化造成的硬件影响和损伤

13.3.1 高能电子

目标：读完本节，你应该能够……

♦ 描述同步轨道高度相对论电子的可能来源
♦ 描述相对论电子增长与太阳风的驱动关系

外磁层超低频磁场扰动和"杀手电子"

在某些情况下，同步轨道高度及以下能量大于 0.5 MeV 的相对论电子通量会急剧上升。这些高能电子能穿透进卫星星体深处，可能引发静电放电造成卫星失效，因此这样的事件也被称为"杀手电子事件"（killer electron event）。杀手电子事件常常发生在长时间的高速太阳风到达地球的 1～2 天以后。中等速度太阳风伴随长时间的行星际磁场（IMF）南向也会引发同样的相对论电子通量增长，这种情况的通量增长速度一般比前一种情况快。此外，杀手电子通量还会随太阳风激波而上升。研究人员认为，普通电子加速到杀手电子能量有两种方式，分别与 3～30 kHz 的甚低频（VLF）波和 0.001～1 Hz 的超低频（ULF）波有关。两种波都能够加速地球辐射带电子，但是加速过程的时间尺度有所不同。与 VLF 波相比，ULF 波的振幅较大，因此在短时间内后者加速电子的效率更高。在内磁层的等离子体层顶边界层处，VLF 波的加速过程更为重要。

法拉第定律表明，变化的磁场能够产生变化的电场。模拟计算显示，在磁暴期间，缓慢振荡的磁场能够产生感应电场，磁尾电子受力环绕地球运动（包括 $\boldsymbol{E} \times \boldsymbol{B}$、梯度和曲率漂移）。当电场振荡与电子漂移运动具有相同相位时，电子发生加速运动。其他与电场振荡相位不同的电子发生减速。图 13-37 给出了电子通量随时间的变化[*]，下面我们对电子加速的本质原因进行简单描述。

杀手电子被束缚在地球外辐射带内（地球表面以上 4～8 R_E 高度范围内）。在高速太阳风持续作用期间和 CME 到达地球后一段时间，其通量可能增加三个数量级左右。在高速太阳风到达地球时，磁层顶和磁层顶以内的区域受扰动的太阳风速度、密度、磁场影响不断压缩振荡，造成磁层顶日下点和侧边界的 ULF 波传入磁层内。在 1～2 天的时间内，ULF 波驱动一部分中等能量电子从 L 值为 7～10[**] 的位置向 L 值更低的区域注入。实际上这种径向扩散是粒子从波中获得能量的结果。加速电子向低 L 值区域运动，由于周围磁场增强，粒子受新磁场的曲率和梯度作用，以接近圆轨道被束缚在中磁层区域内（L 值为 3～7）。磁层内产生的周期为 10 分钟左右的磁场波动，会与围绕地球以相同频率漂移的电子发生相位共振。如同冲浪时运动员乘上海浪一样，电子在环绕地球的过程中通过共振能够迅速获得

---

[*] 原文有"见关注点 13.10"，有误——译者著。
[**] 原文为"7～10R_E"，有误——译者著。

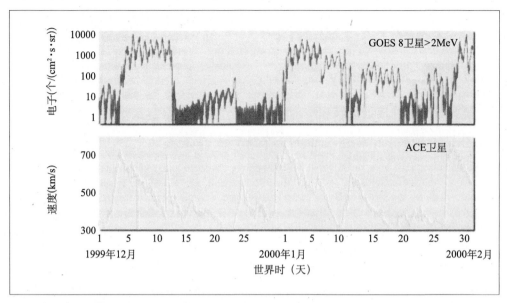

图 13-37　高能电子通量上升与太阳风速度上升的关系。上图曲线给出能量大于 2 MeV 的高能电子通量。下图曲线给出了 ACE 卫星记录的太阳风速度。（NOAA 空间天气预报中心 Terry Onsager 供图）

几 MeV 的能量，与波相位不同的电子损失能量。

突发的磁暴事件中，ULF 波加速电子的过程可以分为两个步骤。首先，强激波到达地球引起磁场压缩，造成电子加速。其次，在行星际激波到达地球后，地球磁力线很快开始以超低频率剧烈抖动。时变的磁场产生感应电场，将第一步产生的种子电子加速为杀手电子。

一些研究提出另一种与 VLF 波相关的加速机制。研究指出，黎明侧等离子体层顶处等离子体不稳定性产生的强烈 VLF 波动能够与能量在 100 keV 左右的电子发生共振，造成电子加速。当被 ULF 波初步加速的热电子进入黎明侧等离子体层顶附近区域时，这种 VLF 波加速机制的效率将大大提高。然而在 VLF 波作用过程中电子可能会被散射落入大气层，也就是说 VLF 波在加速电子的同时也会造成电子从被加速的地方消失，这使 VLF 波加速机制更加复杂。

我们发现，高速太阳风与杀手电子产生之间有很强的联系。太阳风速度超过 500 km/s 时，高能电子数量上升，且太阳风速度越高，数量上升幅度越大。在大约两天的时间内，太阳风高速流加速机制造成内磁层相对论电子通量显著上升，此后高通量水平会持续几天甚至几周（如 1994 年 1 月上旬的高通量事件，见关注点 13.11）的时间。在少数情况下，虽然太阳风速度较低，但行星际磁场长时间南向且稳定，也会发生同样的电子通量上升现象，并且电子通量增长速度比前面情况快很多。然而研究表明，地球附近的行星际磁场很少处于稳定状态，因此这种情况很少发生。在更为罕见的情形下，高速传播的 CME 冲击磁层，在整个磁层内激发磁声波，造成高能电子通量上升。1991 年 3 月发生过这样一次 CME 冲击事件。这种迅速发生且分布广泛的扰动造成电子剧烈加速，高通量的高能电子甚至形成了一个新的辐射带。

无论上述哪种原因造成电子加速，事件发生时，GEO 卫星和半同步轨道卫星（如 GPS 系列卫星）最终会突然遭遇大量相对论电子，这些电子的能量足够穿透卫星表面进入卫星内部电子元件，最终导致深层介质充放电，对卫星部件安全造成威胁（见 13.1 节内容）。

关注点 13.11　相对论（杀手）电子

1993 年 8 月的一次高速太阳风事件中，5 颗位于同步轨道的国际通信卫星（Intelsat）发生了短时间的指向错误。原因是静电放电影响了姿态控制系统，使其在无指令的情况下发生了系统状态改变。

1994 年 1 月，高能电子通量长时间处于高水平。20 ～ 21 日，两颗加拿大通信卫星（ANIK E-1 和 E-2）发生了动量轮失控。卫星内部累积的电荷引起了破坏性的静电放电。几小时后，ANIK E-1 卫星成功恢复控制。但 ANIK E-2 卫星在数周之后才通过另一种方式恢复控制。在 1994 年 1 月 20 日的这次事件之前，Intelsat-K 卫星运行期间在轨道上发生了几小时摆动，同时短时间停止工作。

2004 年 11 月 7 日行星际激波及紧随其后的巨大的磁云结构扫过在轨的太阳和日球层观测台（SOHO）卫星以及先进成分探测器（ACE）卫星。太阳风速度由 500 km/s 迅速上升至 700 km/s。很快，激波结构到达地球磁层，冲击造成的波前以高于 1200 km/s 的速度传入磁层内部到达地球同步轨道。同时，欧空局 Cluster 系列卫星在外辐射带观测到了快速上升的高能电子通量。

13.3.2　地磁场与卫星的相互作用

目标：读完本节，你应该能够……

♦ 解释磁层顶穿越时卫星受到的影响
♦ 描述地磁暴如何对利用地磁场导航的卫星产生影响
♦ 解释动量卸载过程

姿态控制失效及动量卸载困难

一些卫星在维持其轨道高度时利用地球磁场作为参考标准。当卫星突然进入磁鞘（或由于磁层压缩进入太阳风）时，这种参考基准会被破坏。两种机制可能导致上述事件的发生：磁层顶压缩和侵蚀。

尽管日侧磁层顶一般位于距地心 $8\sim10\,R_E$ 处，但当太阳风参数发生变化或其他因素发生时，其位置常常发生改变。例如，在太阳风流速及密度很大的情况下，磁层顶边界可被压缩至地球同步轨道（GEO）$6.6\,R_E$ 高度附近，如图 13-38 所示。同样地，在南向行星际磁场较强时，磁层顶也可能由于磁重联过程被侵蚀到 GEO 轨道高度。此时 GEO 轨道的卫星可能在磁鞘中停留数分钟甚至几个小时。

当进入磁鞘时卫星会突然进入压缩、湍动的行星际磁场环境，磁场仪器测量结果从 200 nT 左右的稳定北向磁场不规则地下降至 0 nT 左右，从而引发异常。这一过程一般称为地球静止轨道磁层顶穿越（geostationary magnetopause crossing, GMC）。GOES 卫星携带的磁强计可以准确地辨认出磁层顶穿越事件，并记录下卫星的位置。然而由于磁层顶压缩程度是随时间变化的，且不同卫星位于不同经度，因此磁层顶穿越事件一般不会同时发生在所有 GOES 卫星上。

地磁暴期间卫星轨道高度上的磁场强度和方向常发生较大扰动，一些利用地球磁场确定旋转轴的卫星就会受到影响，此时需要人为地对卫星姿态进行控制干预。

CME 或行星际激波会在磁层顶产生很高的等离子体压力，然而这并不是引起卫星磁层顶穿越的唯一原因。如果此时行星际磁场恰好处于南向，那么由此引发的磁重联有可能将日侧原先闭合的磁力线剥离。这种剥离速度大于磁尾对流填充磁力线的速度，因此磁层顶将会内侵至地球同步轨道。这类侵蚀事件通常持续不长，磁层对流速度加快会重新平衡磁通量，使磁层顶位置向原先更靠近太阳的位置恢复。

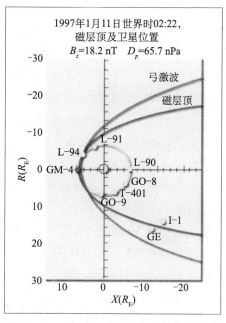

图 13-38　1997 年 1 月 11 日空间天气事件时磁层顶位置。太阳风动压强达 66 nPa，且 IMF 具有很强的南向分量（-18 nT）。图中黄圈表示地球同步轨道。如图可见磁层顶的强烈压缩已使一颗日侧同步轨道卫星及一颗深夜侧中磁尾卫星离开磁层。（NASA 的 Jih-Hong Shue 供图）

关注点 13.12　地球静止轨道磁层顶穿越

1989 年 3 月，GOES-7 号卫星（图 13-39）数次穿越了向内运动的磁层顶（时间分别为 1989 年 3 月 13、14 日）。由于卫星天线指向参考了背景磁场方向，这些磁暴造成的穿越事件对卫星造成了严重影响。

2003 年 10 月大磁暴期间，电视卫星的地面控制人员报告了几起卫星无法维持常规操作的故障。磁层顶穿越导致两颗以上的卫星姿态控制系统出现问题，控制人员只得对卫星实施长达 18~24 小时的"人为姿态控制"。与此同时一颗卫星

图 13-39　地球同步轨道业务环境卫星（GOES-7）。这颗 GEO 轨道的天气预报卫星穿越了磁层顶，当时强磁暴将弓激波压缩至 4.7 R_E 附近。（NOAA 供图）

未接地电路箱内的一个部件被烧毁，控制人员只能采用其他方法替代其功能。

动量卸载困难

一些卫星利用地磁场进行姿态稳定和机动操作。这些卫星配备有三个垂直反应轮，除进行姿态变化操作之外，飞轮动量保持为零。在姿态变化操作时，卫星的控制系统会使一个或多个飞轮旋转，受动量守恒影响，卫星会向相反方向转动。操作结束时控制系统使轮速下降为零，与此同时卫星停止转动，处于指定姿态。在静外力矩为零的情况下，卫星才能够保持在这种零动量的状态。引力梯度、太阳光压梯度、大气阻力及其他效应都能够在卫星上产生微小的外部力矩。这种外部力矩几乎时时存在，能够造成系统总动量净增加。

一般每隔几个小时（或数天），卫星需要对动量进行卸载，使其保持在零值。卸载的常用做法是采用反作用喷流向卫星提供一个受控的外力矩，或利用大型静电线圈（在内部提供 $E \times B$ 力）使卫星沿逆地球磁场方向转动。地磁暴时磁场会发生大幅变化，采用磁力矩来减小卫星的自旋非常困难，甚至无法完成。

13.3.3 地磁场与地面设备的相互作用

> **目标：读完本节，你应该能够……**
>
> ♦ 描述地磁变化在磁测、钻探和导航中所起的作用
> ♦ 描述电网和电缆中的地磁感应电流效应
> ♦ 描述管网和铁路网中的地磁感应电流效应

磁暴引起地磁场扰动在地球表面的影响

尽管现在定向工作大多都采用全球定位系统（GPS），但在特殊情况下定向工作需要依赖稳定的地磁场。

地质勘测。地球物理学家利用磁测研究地球地表结构。有时候，这些研究需要在大陆和海洋进行大面积勘测。时变的磁场经常会掩盖重要的细节，因此研究人员需要尽可能避免磁场扰动，或者从数据中将时间变化去除。在陆地勘测的情况下，研究人员会采用附近的磁强计读数作为基线去除扰动变化。如果是海洋勘测，最好的办法就是避免在地磁扰动期间进行勘测活动。

定向钻探。在石油勘探和采油工程中，有时会从一个钻探平台钻多个井。钻探中通过地磁测量来确定方向。深钻工程依赖的磁场数据精度为 1/10 度，当地磁场比较活跃、有几度的变化时，钻探工作就会停止。

地面感应电流

正如前面第 4、7、8、11 和 12 章中描述的，磁层和电离层之中和之间的一些电流能够在地面感知到。快速变化的电流结构在极光区和亚极光区纬度的地球表面尤其明显。在严重的空间天气扰动事件期间，电离层中产生超过兆安培、不稳定的电集流。在地面，电离

层电流效应表现为地磁场中的扰动，这又反过来引起地电场的扰动。电场在地面系统中产生驱动电流，称之为地磁感应电流（geomagnetically induced current, GIC）。GIC 会流过地表上存在的人工导体（管道或电缆）。实际上，电力网、通信电缆、延伸管道和铁路线中的 GIC 构成了空间天气链的地面和地底端。大量的 GIC 导体网络，像河流一样遍布于大多数发达国家和发展中国家。

　　GIC 的事件链从地球外部的时变磁场开始，它在地表上和地表下的导电材料中产生感应电流。这些电流通常在极光带电集流区最强，但热带地区也可能发生类似的短时效应，这是由地球日侧磁场的严重压缩产生的异常电集流所引起的。这些时变电流产生次级（内部）磁场。根据法拉第感应定律，时变的磁场在地球表面引起感应电场。这种电场使 GIC 流入地表的任一导电材料。GIC 感应电场（通常以 V/km 度量）会在电力输送网、石油天然气管线、海底通信电缆、电话电报网络和铁路中成为电压源。

　　电力系统。图 13-40 表示电流通过电力网的接地点进入输电网。如果地表土壤是不良导电体，如火成岩，GIC 对长的导电线或电缆的影响会增加。北美地区有大量的火成岩，因此特别容易受到 GIC 的影响。在海洋中的电流沿着海岸线进入电力网络，增强 GIC，并且局部变化的电导率会进一步放大电流。问题通常不是出在土壤或高压线路中，而是在连接它们的变压器中。受 GIC 的影响，变压器有时会发生跳闸或过热。

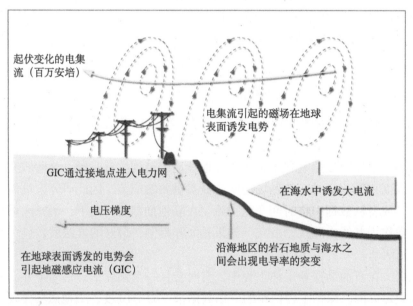

图 13-40　电离层时变电流。地磁暴时电离层动力学驱动产生电流（大黄色箭头）。电流产生相同频率和相位的磁场。磁力线穿透地球表面和其他导电体。根据法拉第定律，导体（蓝色所示的电动势）内电压增加。电流在地上和地下的导电材料中产生。这些电流在导体中的流动方向通常垂直于电离层（感生磁场）的磁力线，但是可能受到导体的几何形状和导体中的不规则性的限制。地表之下的电流在导体处产生与初级磁场方向相反的次级磁力线。为了简单起见，我们没有画出次级磁力线。（磁暴分析顾问公司 John Kappenman 供图）

　　地磁波动变化的相关特征时间在秒和分钟的量级。因此，1 Hz 是 GIC 的重要特征频率。许多国家的电力传输系统采用频率为 50/60 Hz 的交流电（AC），与之相比 GIC 可以看作是准直流电（DC）。流过变压器绕组的 GIC 产生额外磁化，在 AC 磁化方向与之处于相同半周期时，能够造成变压器的铁芯饱和（图 13-41）。饱和变压器将能量转换成热量，从而消耗了可用于传输的能量，降低电压。过热还会导致变压器内部损坏。较大的 GIC 事件可以造成整个网络中的升压和降压变压器、继电器和其他设备的操作中断，最终导致小到单个线路跳闸、大到整个系统崩溃的故障问题。虽然大型 GIC 事件相对较少，但这些事件会对很大区域产生几乎瞬时的影响。（关注点 13.13）。

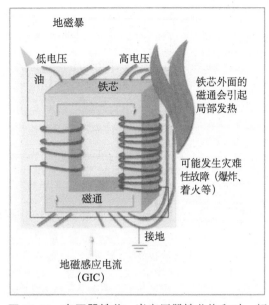

图 13-41　变压器铁芯。当变压器铁芯饱和时，额外的涡旋电流在铁芯和支撑结构中产生，加热变压器。通常，高压电力变压器的热容很大，这种加热对整个变压器温度影响可以忽略，但有时局部的发热点可能导致变压器绕组损坏。

现代电力输电系统由发电厂和互联的电力线路组成，可以通过变电站控制在固定传输电压下运行。电网电压很大程度上取决于这些变电站之间的路径长度。在大多数系统中 200 kV 的电压较为常见。我们一般采用增加电压、降低线路电阻的方式以减少在更长路径长度上的传输损耗。低线路电阻有利于 GIC 的传播。

电网的应急设计人员最关注的是 4800 nT/min（或更大）的磁扰动产生的 GIC 对跨越大陆的长距离电网可能具有的潜在危害。1921 年 5 月曾经发生过这样的磁扰动。1859 年卡林顿风暴伴随的磁扰动可能比这一数值更大。1989 年 3 月造成魁北克水电系统故障的磁扰动约为 500 nT/min。

关注点 13.13　地磁感应电流

　　尽管变压器故障较为罕见，统计数据显示，极光和亚极光区域的变压器寿命明显短于中低纬度地区。研究人员指出，这种寿命损耗是多次发生的低水平 GIC 造成的，强度低因而没被记录下来。从统计上来看，故障率随太阳活动周变化，但是存在三年的滞后。为公共事业公司的变压器、发电机和其他电气设备承保的保险公司对这种故障率十分关切。

　　通常电力变压器中的电压变换仅需要几安培的激励交流电（AC）来提供磁通量。在变压器的操作范围内，电压与激励电流线性相关。然而，在近似直流的 GIC 影响下，工作曲线移动到非线性区间，导致非常大的激励电流产生（几百安培）。变压器直流电流会引起半周期饱和、谐波、过热，并且造成可闻噪声和机械应力增加。这些效应在电力系统中产生巨大的无功功率损耗，从而导致电压下降。系统中一系列互相关联的有害过程可能造成电力完全崩溃和中断。

谐波和无功功率有时会对变压器运行造成巨大的压力。它们将系统中过剩的功率转化为热，产生的高温足以造成涂料起泡、内部绝缘体分解。由于饱和钢芯的振动，变压器的噪声会从嗡嗡声变为轰鸣。此外饱和度改变了变压器中的磁通量路径，可能使通量密度变得非常大，导致过热。这些局部发热点会永久性地损坏绝缘体，导致变压器油的释气，造成变压器内部严重故障（图 13-42）。

图 13-42　地磁暴引起变压器损坏。 1989 年 3 月 13～14 日的磁暴期间，过热造成新泽西州塞勒姆一批升压变压器发生灾难性故障。（新泽西州电力和天然气公共服务公司供图）

1989 年 3 月 13 日，发生了极为罕见的"超大"磁暴。极光带通常位于地磁纬度 65°～75° 椭圆区域内，但这次磁暴期间墨西哥坎昆这样的南部地区也能够看见极光。

强度达到 400 nT/min 的地磁变化引起的 GIC 导致 21 GW 的魁北克水电站系统停电 9 小时，600 万客户无电可用。在大约两分钟的时间内，电网中发生了一系列"多米诺效应"。

在此次事件中，丹麦地磁观测站记录到了 2000 nT/min 的地磁扰动。与此同时，瑞典有七条高压线路跳闸，核电站转子的温度升高 5℃。美国几个安全系统跳闸，新泽西一个核电厂的大型升压变压器损坏，无法修复。替换变压器需要花费几百万美元。这种昂贵的装置通常只按订单生产，需要一年时间交货。幸运的是当时刚好有用于更换的变压器，交付和安装只用了六个星期。即使如此，变压器损坏造成萨利姆发电站的可交付电力减少，从邻近公用事业公司购买电力的费用约为 1700 万美元，远远超出了变压器的费用。

2002 年 4 月，太阳 9393 活动区产生 12 年来最大的太阳耀斑。随后的地磁风暴导致威斯康星州、纽约和其他东北地区的变压器安全开关反复翻转。由于预警能力有所改善，电网运营商得以采取缓解措施，避免了对区域电网的严重损害。

2003 年 10 月下旬发生了另一场大磁暴。苏格兰电网当局报告称 GIC 峰值达到 42 A，工作人员采取了措施，但电流远远超过了电网运行的 25 A "警惕阈值"。2003 年 10 月 30 日测量到的 GIC 达到了英国近代有记录以来的最高值。超级地磁暴还造成瑞典南部高压输电系统部分发生故障，导致约 50000 客户停电持续 1 小时。

在南非，非洲最大的电力供应商——南非国家电网系统中的变压器发生损坏，损坏处在几天后的每周例行检查时被发现，变压器冷却油和绝缘纸受热，变压器线圈由于过热损坏。总共有 15 台变压器在这次超级地磁暴中受损。每个变压器的价值在 200～300 万美元。根据官方计算，在较长的一段时间内每天的收入损失总额达到 7300 万美元。令人惊讶的是，这些变压器故障发生在中纬度电网中。

电信电缆。海底电话电缆从海洋底部穿行而过，超长的跨洋长度意味着地磁暴期间电缆中的诱导电势很容易达到数百甚至数千伏，可能导致一系列问题。随时间变化的磁场造成电缆通信系统中出现电势差。电信电缆系统以地球表面作为其电路的地回路，因此这些电缆成为了电流集中的高导电路径。这种电势差受海水流动影响，在跨大西洋和跨太平洋电缆以及一些较短的海洋电缆上都能被监测到。

虽然现代光纤电缆不会承载 GIC，但由于中继器的功率由可以产生 GIC 的金属电缆馈送，光纤电缆也不能完全避免 GIC 的问题。此外，电信中使用的电子系统比以前更加复杂和小型化，因此即使小 GIC 也可能产生之前未被认识到的有害影响。

1972 年 8 月 4 日，一次严重的地磁扰动期间美国中西部的同轴电缆系统发生停电。在停电发生时，地球的磁场被太阳风中的激波剧烈压缩。这导致在加拿大埃德蒙顿附近的米努克磁场观测站观测到了变化率峰值达到 2200 nT/min 的磁扰动，电缆位置处的磁场变化率估算为 700 nT/min。根据计算，电缆中的感应电场达到 7.4 V/km，超过线路中 6.5 V/km 的高电流关断的阈值。

管道线路。GIC 在管道线路的某些位置处从管道进入周围土壤（或者说电子从周围土壤进入管道），会对该处造成腐蚀。通常管道钢材料通过管道涂层上的微小孔可能与土壤、水或湿空气接触并发生腐蚀。大多数钢管涂以保护性的高电阻涂层，用绝缘的方法减少腐蚀效应。然而，在涂层缺陷处的管道与土壤之间仍然可能产生大的电势差。为了最大程度地降低风险，工程师采用阴极保护系统确保管道相对于土壤保持在较低电势（1 V 左右），电势大小与土壤性质有关。在电流流入和流出管道的位置，GIC 很容易造成管道与土壤之间的电势差超过保护电势，进而干扰保护系统。此外，磁扰动期间管道与土壤间电势的控制测量往往是不可靠的，这可能导致电势调节出现错误。

管道与土壤之间最大的 GIC 一般出现在不连续点附近，例如，管道材料或尺寸发生变化的位置、土地导电性不均匀的位置以及管线的弯曲和分叉处等。不连续点周围管道与土壤之间存在显著电势差，这一区域的大小用"调节距离"来表示，通常为几十公里。为了减轻腐蚀，工程师们有时会通过建立长而不间断的管道等方法，努力使整个系统保持良好的电连续性。图 13-43 展示了第 23 个太阳活动周的大磁暴期间，加拿大管道线路上测量到的 GIC 事件的情况。

铁路。铁路构成了一个巨大的导体网络，其中同样会产生 GIC。从物理上来讲，铁路系统通常由离散接地的电力系统和连续接地的埋地管道组成。虽然铁路系统电线与地面隔离，但是轨道与地面间的接触却是连续的。1982 年 7 月的磁暴期间，GIC 造成瑞典铁路交通信号灯错误地转为红色。与 GIC 有关的电势变化使自动安全设备误认为火车引起轨道短路。

西伯利亚东部铁路位于中纬度地区（51°~56°N），该铁路系统 2004~2005 年自动信号和列车控制设备的最新统计研究表明：大地磁暴期间（当地地磁指数 A > 30）发生异常故障的时间比平时

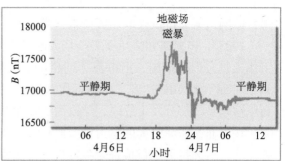

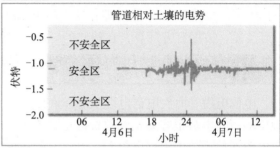

图 13-43　2000 年 4 月加拿大管道线路测量到的地磁感应电流。 上图为安大略省渥太华地区地球磁场一个分量的变化；下图给出了对应的管道与土壤之间的电势。（加拿大自然资源部供图）

增加了 3~4 倍。故障主要包括自动交通控制系统（铁路链、开关、机车控制装置等）功能不稳定以及误操作，常常会导致铁路轨道误判断为被占用状态（信号灯由绿色变为红色）。此外根据观察发现一列火车的相对异常数具有季节性变化，这种变化与地磁活动的季节性变化很相似。有研究统计分析了 2004 年火车异常故障数与地磁条件之间的关系，结果表明异常故障均发生在地磁暴的主相阶段。

13.4　空间天气对系统的影响概述 Ⅰ

目标：读完本节，你应该能够……

◆　了解空间天气对硬件设备、人和环境的危害，以及对经济和社会产生的影响

从前面的章节中，我们知道空间天气对空间和地面活动有着显著的影响。在这里，我们把这些影响用表格列出。表 13-9 列出了空间天气对人类、硬件设备和系统的危害。由于粒子的影响范围很广泛，我们在表 13-10 中依据轨道位置对这些影响进行了总结。表格中红色表示能量粒子和光子对航天器以及进行空间操作的人类的健康状态的影响十分重要。

表 13-9 空间天气危害及其影响。在这里我们给出了空间环境对人类、硬件设备和系统的影响。每个影响或事件的相关类别在第 1 列的副标题中列出。（改编自 NASA Reference Publication 1396 的附录）

环境变化因素	对人类、硬件设备和系统的影响
太阳光子 ● 太阳活动，耀斑（X 射线、紫外线） ● 太阳活动周变化 参见 14 章射电暴	**大气** ● 卫星阻力效应影响轨道跟踪、轨道预测、卫星姿态和指向、任务规划、制导、导航与控制、空间碎片在轨时间 **人类** ● 晒伤、皮肤癌 **硬件设备** ● 影响太阳电池设计 ● 影响航天器热控设计 ● 造成热、电、光学性能衰退 ● 影响结构完整性
电离辐射 ● 辐射带质子、电子 ● 银河宇宙线 ● 太阳能量粒子事件 ● 高度核效应 参见 14 章对信号的影响	**大气** ● 改变大气化学成分和电导率 **人类** ● 辐射剂量限制航天员出舱和在轨停留时间 ● 影响长时在轨任务的规划 ● 可能限制跨极区或高纬区的航空飞行 **硬件设备** ● 辐射剂量造成航天器太阳电池、材料、结构退化 ● 深层充电、单粒子效应造成暂时或永久危害 ● 损坏星体追踪器 ● 造成图像噪声或数据损坏 ● 造成航天器电路或仪器损坏 ● 损坏航空电子器件
等离子体环境 ● 电离层等离子体 ● 极光等离子体 ● 等离子体层等离子体 ● 磁层等离子体 参见 14 章对信号的影响	**硬件设备** ● 弧光放电产生电磁干扰导致翻转 ● 浮动电位漂移和脉冲 ● 导致电流和功率损失 ● 仪器读数偏移 ● 二次污染 ● 改变吸收、发射性能 ● 导致溅射污染
中性环境 ● 大气密度 ● 密度改变 ● 大气成分（原子氧）、风场	**大气** ● 卫星拖曳效应影响轨道跟踪、轨道预测、卫星姿态和指向、任务规划、制导、导航与控制、空间碎片在轨时间 **硬件设备** ● 材料原子氧衰退 ● 导致航天器辉光、干扰探测器
微流星体和流星暴 ● 大小分布 ● 质量分布 ● 速度分布 ● 方向分布	**硬件设备** ● 撞击产生电磁干扰 ● 损坏太阳电池 ● 损坏航天器表面材料 ● 增加屏蔽和推进需求 ● 影响航天员安全 ● 可能造成压力容器破裂

续表

环境变化因素	对人类、硬件设备和系统的影响
磁场改变 ● 磁场变化率 ● 与粒子产生共振 ● 驱动大气层中的电流	**地球空间 / 磁层** ● 产生高能"杀手"电子 **大气** ● 加热极区和高层大气 **硬件设备** ● 影响航天器姿态
地面事件	对硬件设备和系统的影响
快速磁场变化 ● 变化率和位置	**地面感应电流** ● 损害或破坏变压器 ● 损害或破坏电网 ● 长距离通信电缆产生电压幅摆 ● 腐蚀管道 ● 导致航天器充电，造成表面或内部材料性能下降 ● 增加磁勘探和磁导航的不确定性
地面辐射增强 ● 粒子能谱	**大气** ● 产生化学改变 **硬件设备** ● 造成电子器件的制造缺陷

表 13-10　空间环境危害。 这里我们给出了空间高能粒子产生的各种危害。（LEO<60° 代表倾角小于 60° 的低地球轨道；LEO>60° 代表倾角大于 60° 的低地球轨道；MEO 代表中高度地球轨道；GPS 代表全球定位系统；GTO 代表地球同步转移轨道；GEO 代表地球同步轨道；HEO 代表大椭圆轨道。）（美国宇航公司提供）

危害	航天器充电		单粒子效应			总剂量效应		表面材料衰退	
原因	表面	内部	宇宙线	辐射带	太阳粒子	辐射带	太阳粒子	离子溅射	原子氧剥蚀
LEO<60°									
LEO>60°									
MEO									
GPS									
GTO									
GEO									
HEO									
行星际									

■ 重要　　□ 一定影响　　■ 不适用

如今，空间天气的影响已经在学术杂志、工业界和大众文学中被广泛讨论。以下列举了太阳 22～23 活动周期间空间天气造成的影响，这些信息大部分来自 NOAA 空间天气预报中心和美国国家研究委员会发布的报告。

● 据估算 1989 年 3 月的太阳风暴给两个大型公用设施（加拿大的魁北克水电公司和新泽西的电力与天然气公共服务公司）造成了 3000 万美元的直接损失。为了解决停电问题，魁北克水电公司安装了一系列设备以防止地磁暴产生的电流通过其传输线路。不幸的是，这一方案非常复杂和昂贵（12亿美元）。全面实时的空间天气预报保障服务可以大大减少损害和成本。

- 根据美国国家科学基金会支持的一项研究，Forbes和St. Cyr（2004）对一个跨州输电系统进行了多变量经济分析，该系统将能源从发电站传输到分站，得出的结论是，空间天气使该系统的负荷增加。对2000年6月1日至2001年12月31日期间的数据研究表明，太阳活动引发的地磁活动使电力批发价格上升了将近3.7%，即约5亿美元。这项分析的经济结论引起了一些争议，进一步的讨论和分析正在进行中。

- 航空保险承保公司估计，1994年到1999年有5亿美元的卫星保险索赔是空间天气直接或间接造成的。

- 国防部估计，空间天气对政府卫星的干扰每年约造成1亿美元的损失。

- 太阳引发的地磁暴可能是导致第22和23太阳活动周中几颗通信卫星失效的原因。大型通信卫星的研制和发射成本从2亿美元到2.5亿美元不等。

- 空间天气信息已经成为确保航天飞机和国际空间站的发射和在轨操作活动（包括太空行走）的重要输入参量。

- 在2003年10月下旬和11月初，一系列特殊的太阳事件前所未有地影响了大量的技术系统。在那段时间里正在进行的许多深空任务都受到这次剧烈太阳活动的影响。科学家强调太阳风暴期间空间环境态势感知的重要性。星尘号飞船的团队说，"如果我们不知道耀斑发生，我们可能会好几天都不知所措，甚至可能发出错误的命令。"

- **火星漫步者号**——由于影响星追踪器的异常事件太多，航天器进入了"安全"模式以等待事件结束并恢复。

- **微波异向性探测卫星**——航天器星敏感器复位，备用敏感器自主打开，主敏感器恢复。

- **火星快车**——由于耀斑对使用恒星作为参考点的导航造成干扰，航天器必须使用陀螺仪进行稳定。辐射风暴使轨道器的星追踪器失效15个小时。耀斑还造成小猎犬2自检程序的计划延迟进行。

- **先进成分探测器（ACE）卫星**——EPAM低能磁性光谱仪（LEMS 30）损坏。几个离子通道的噪声水平增加并持续保持在异常的高水平。仪器尚未恢复。

- **Kodama数据中继测试卫星**——10月29日上午强太阳辐射风暴（S4级）发生期间这颗地球静止通信卫星进入安全模式。该卫星通常在低地球轨道（300~1000 km高度）航天器（包括国际空间站）和地面站之间进行数据中继。地面传感器接收到的信号噪声过大，这意味着持续的质子轰击对卫星造成了影响。Kodama于2003年11月7日恢复正常。

- **CHIPS卫星**——卫星计算机在10月29日离线，地面与航天器有18个小时失去联系。由于它携带的单台计算机停止工作，三轴控制失效。当恢复联系时，航天器处于翻滚状态，但后来成功恢复姿态。总离线时间长达27小时。

- **GOES-9、GOES-10和GOES-12卫星**——NOAA指出太阳活动造成GOES-9和10出现高位错误率，且磁矩使GOES-12失效。

- **Inmarsat 卫星**（九颗编队的地球同步卫星）——卫星控制中心的控制人员必须对太阳活动作出快速反应，以控制地球同步卫星 Inmarsat 的编队状态。其中两颗卫星动量轮速度增加，需要打开推进器进行调整，一颗卫星由于 CPU 停机而出现服务中断。
- 在此期间出现异常的其他卫星包括：**FedSat、POLAR、GALEX、Cluster、RXTE、RHESSI、Integral、Genesis** 等。2003 年 10 月 28 日，NOAA-17 的 AMSU-A1 的扫描电机出现了一个重大问题。仪器断电，至今没有恢复。
- **付费无线电服务卫星**——付费无线电服务卫星有几个时间段出现卫星失锁。
- **美国国防部**——三个运行在高利益地区的卫星出现异常或被关闭以避免空间天气造成损坏，情况持续了 29 小时。
- **以下卫星或仪器进入"安全"模式：Aqua、LandSat、Terra、TOMS、TRMM、高层大气研究卫星 HALOE 仪器、SIRTF 和 CHANDRA**。位于 L1 点的 SOHO 卫星 CDS 仪器进入安全模式三天（10 月 28~30 日）。
- 在美国观察到超过 100 A 的**地磁感应电流**，在全球都观测到较大的 GIC。北美的电力公司遇到了一些异常问题。电网运营商报告的影响和应对措施包括：减少系统之间的使用和切换；在全国各观察站监测到高水平的中性电流；西北部（普遍认为更容易受到 GIC 影响）电容器跳闸；东部变压器发热（采取了预防措施）；一个变压器发出了巨大的"咆哮"声，启用后备变压器以帮助其冷却。在北欧地区 GIC 的影响更为显著，据报道，瑞典的马尔默 10 月 30 日发生了核电站变压器过热事件，引起电力系统故障，造成停电。
- 美国核管理委员会的"动力堆状态报告"中提到了 2003 年 10 月 30 日采取的一系列应对措施（表 13-11）。

（来自 *Severe Space Weather Events*，2008；NOAA，2004）。

表 13-11　**2003 年 10 月 30 日反应堆状态报告**。该表列出了 2003 年 10 月 30 日到 11 月 7 日太阳风暴期间美国 6 个动力反应堆的状态。（来自 NOAA 关于 2003 年 10~11 月太阳风暴的报告）

反应堆	功率	说明
Hope Creek 1	80 MW	由于太阳磁扰动降低功率
Salem 1	80 MW	由于太阳磁扰动降低功率
Braidwood 2	90 MW	换料停堆，重新修改了系统规划操作指南中关于太阳耀斑响应的内容
Arkansas Nuclear 1	100 MW	由于太阳耀斑暂缓配电所维护
Palo Verde 1	98 MW	由于太阳耀斑，限制了反应堆高温热源温度，增加了电场计算机读数次数
Point Beach 1	83 MW	电网受地磁扰动影响，功率先增加随后降低

总结

　　硬件设备影响：空间环境中的时变磁场能够影响空间和地面上的系统。中等速度到快速变化的磁场激发能量粒子，与航天器材料相互作用，甚至形成新的辐射带。场的空间和时间变化能够影响航天器导航，并对一些航天器姿态维持造成影响。

能量粒子主要来自宇宙星系和太阳，其次来自地球磁层。单粒子翻转（SEU）效应、总剂量效应和深层介质充电效应均由高能粒子引起。在飞机航空电子设备中有时也会观察到单粒子效应。中到低能粒子可以造成表面充电和材料退化。

太阳光子会造成光电子设备噪声，影响航天器定向以及航天器表面充电。随太阳周期变化的 X 射线和 EUV 光子能够引起在轨卫星阻力变化，此外阻力变化还与造成极光区加热的地磁暴有关。

碎片和陨石撞击主要与硬件设备的动力学效应有关。高速撞击通常会损坏卫星或造成卫星失效。

对人类的影响： 大多数航天飞行操作都处于地球磁场的保护之内，地球磁场为航天员屏蔽了大量太阳粒子引起的辐射事件以及大部分的银河宇宙线。对于美国空间计划中较为常见的低地球轨道任务，大部分辐照来自地球磁场强度异常偏低的南大西洋异常区。其余的辐照来自高能量银河宇宙线辐射。在月球任务期间，宇航员快速穿过辐射带进入不受保护的磁层外部空间。在这一区域内，偶发的太阳发射或 CME 加速的能量粒子事件时刻威胁航天员的安全。这些能量粒子事件难以预测，并且对未得到充分保护的航天员可能造成生命危险。没有适当的屏蔽保护，暴露于强太阳粒子事件中的航天员将可能出现严重的健康问题，日常活动能力下降。

地磁场无法对长期探索任务中宇航员受到的宇宙辐射和高能太阳质子起到屏蔽作用。在太阳活动低年，薄屏蔽航天器内的宇航员受到的银河宇宙线辐照值超出现行的宇航员的辐照限制标准。

关键词

英文	中文	英文	中文
anomalous cosmic ray (ACR)	异常宇宙线	meteor	流星
		molecular contamination	分子污染
bit flip	位翻转	nuclear radiation	核辐射
bolide	火流星	outgassing	释气
contamination	污染	photoelectron emission	光电子发射
Debye sheath	德拜鞘	plasma induced charging	等离子体诱导充电
decomposition	分解		
deep dielectric charging	深层介质充电	quality factor	品质因子
desorption	解吸附	rad equivalent mammal/man	拉德生物当量
diffusion	扩散		
direct heating	直接加热	radiation	辐射
displacement	位移	radiation absorbed dose	辐射吸收剂量
dose	剂量	secondary electron emission	二次电子发射
dose equivalent	剂量当量		
energetic storm particle (ESP)	高能暴时粒子	Sivert (Sv)	希沃特
		single-event burnout (SEB)	单粒子烧毁
galactic cosmic ray (GCR)	银河宇宙线	single-event effect (SEE)	单粒子效应
gamma radiation	伽马辐射	single-event functional interrupt (SEFI)	单粒子功能中断
geomagnetic cutoff rigidity	地磁截止刚度		
geomagnetically induced current (GIC)	地磁感应电流	single-event latchup (SEL)	单粒子锁定
		single-event upset (SEU)	单粒子翻转
geostationary magnetopause crossing (GMC)	地球静止轨道磁层顶穿越	solar energetic particle (SEP)	太阳高能粒子
		spacecraft environment	航天器环境
ground-level event	地面宇宙线增强事件	spalling	剥蚀
		sputtering	溅射
ionizing radiation	电离辐射	threshold displacement energy	位移阈值能量
killer electron event	杀手电子事件		
meteoroid	流星体		

参考文献

Adams, L. Eamonn Daly, Reno Harboe-Sorensen, Robert Nickson, James Haines, W, Schafer, MConrad, H Griech, J Merkel, T Schwall, 1992, "A Verified Proton Induced Latchup in Space." *IEEE Transactions on Nuclear Science*, Vol, 39, No. 6, Nuclear and Plasma Science

Society. Los Alamitos, CA.

NOAA Service Assessment, Intense Space Weather Storm October 19-November 7, 2003. 2004. U.S. Department of Commerce, National Oceanic and Atmosphere Administration.

NOAA, Solar Storms Cause Significant Economic and Other Impacts on Earth, *NOAA Magazine*, April 5, 2004. Archived online at http://www.magazine.noaa.gov/stories/ mag131.htm.

Nuclear Regulatory Commission. Title 10, Code of Federal Regulation Part 2—Standards for Protection Against Radiation. Annual update.

Severe Space Weather Societal Economic Impacts: A Workshop Report, Committee on the Societal and Economic Impacts of Severe Space Weather Events, The National Academics Press, 2008.

Vaughan, William W. Keith O. Niehuss, Margaret B, Alexander, 1990. Spacecraft Environments Interactions: Solar Activity and Effects on Spacecraft, NASA Reference Publication 396, Marshall Space Flight Center, Alabama.

图片来源

Badhwar, Cautam D. and Patrick M, O'Neill, 1994, Lone term modulation of galactic cosmic radiation and its model for space exploration, *Advances in Space Research*, Vol, 14, Elsevier, Amsterdam, NL.

Baker, Daniel N, 2002: Flow to Cope with Space Weather. Science Vol.2 97, Vol 5586. American Association for the Advancement of Science, Washington, DC.

Gorney, David J, 1990. Solar cycle effects on the near-Earth space environment. *Reviews of Geophysics*, Vol, 28, American Geophysical Union, Washington, DC.

Kim, Kyong-Jae Moon, Kyung Suk Cho, H, D. Kim and Jong-Y. Park, 2006, Atmosphere drag effects on the KOMPSAT-1 satellite during geomagnetic superstorms. Earth Planet and Space. Vol-58, Terra Scientific Company, Tokyo Japan.

McComas, David J. and Nathan A. Schwadron, 2006. An explanation of the Voyager paradox: Particle acceleration at a blunt termination shock, Geophysical Research Letter, Vol, 33, American Geophysical Union, DC.

NASA, 1993. NASA Technical Memorandum 104782, Radiation Health Lyndon B, Johnson Space Center.

NASA, 2009, *Orbital Debris Quarterly News*, Vol. 13, Issue 3. July 2009, A publication of The NASA Orbital Debris Program Office.

NOAA. 2004. Service Assessment, Intense Space Weather October 19-November 07, 2003, US Department of Commerce, National Oceanic Atmospheric Administration, Silver Spring, MD.

Toth, Juraj, Leonard Kornos, and Vladimir Porubcan, 2000. Photographic Leonids 1998 Observed at Modra Observatory. *Earth, Moon and Planet*, Vol, 82-83.

Wrenn, Gordon L, and Rob K. Smith, 1996, Probability factors governing ESD in geosynchronous. *IEEE Transactions on Nuclear Science*. NS-43, Vol, 6, Nuclear and Plasma Sciences Society, Los Alamitos, CA.

补充阅读

Allen, Joe Daniel C, Wilkinson, 1993. Solar- Terrestrial Afflicting Systems in Space and on Earth, *Solar- Terrestrial Prediction – IV*, Volume I, Proceedings Workshop Ottawa, Canada, May 18-22, 1992, Hruska, J, M,A, Shea, D.F. Smart and G Heckman (eds.), NOAA, September 1993.

Anderson, C, W, Louis Lanzerorri and Carol G Maclennan, 1974, Outage of the L-4 system and the geomagnetic disturbances of August 4, 1972, *Bell System Technical Journal*, 53, 1817-1837.

Baker, Daniel N. J, Bernhard Blake, Shrikanth Kanekal, B, Klecker, and Gordon Rostoker, 1994, *Satellite anomalies linked to electron increase in the magnetosphere*, EOS, 75, 401.

Baker, Daniel N., Joe H. Shrikanth Kanekal, and Geoffrey D. Reeves. 1998. *Disturbed space environment may have been related to pager satellite failure*. EOS, 79, 477.

Blais, Georges and Paul Metsa. 1993, Operating the Hydro-Quebee Grid Under Magnetic Storm Since the Storm of 13 March 1989, Solar- Terrestrial Prediction – IV, Volume I, Proceedings of a Workshop Ottawa, Canada, May 18-22, 1992, Hruska, J., M,A, Shea, D,E. Smart and G. Heckman(eds.), NOAA, September 1993.

Dorman, L., l., N., G.Ptitsyna, H. Villoeresi. V., V., Kasinsky, N, N, Lyakhov. M. I. Tyasto, 2008, Space storms as natural hazards, *Advances in Geoscience*. Vol, 14.

Jansen, Frank, Risto Pirjoia, and René Favre, *Space Weather, Hazard to the Earth*? 2000. Swiss Reinsurance Company, Zurich.

Kapperman, J., G. 1996, Geomagnetic Storm and Their Impact on Power Systems, *IEEE Power Engineering Review*. Vol. 58.

Koskinen, H., E. Tanskanen, R, Pirjoia, A, Pulkkingen, C, Dyer D, Rodgers, P, Cannon J, -C, Mandeville, and D, Boscher, 2001. *Space Weather Effects Catalogue*, European Space

Weather Study, FMI-RP-0001, Issue 2.2.

Normand, Eugene, Single Event Effects Avionics and on the Ground Radiation Effects Soft Errors in Integrated Circuits and Electronic Devices, Selected Topics in Electronics and Systems, Vel, 34, *International Journal of High Speed Electronics and Systems*, Vol, 14, No, 2, Ron Schrimpf and Dan Fleetwood, Editors, World Scientific.

Pirjoia, R., A, Viljanen, A, Pulkkinen, and O. Amm, 2000, Space weather risk in power systems and pipelines, Physics and Chemistry of the Earth, Part C, *Solar and Planetary Science*, Vol 25, Issue 4.

Rodgers, David L, Vestey M, Murphy, and Clive S, Dyer, 2000, *Benefits of a Europen Space Weather Programma*. DERA/KIS/SPACE/ TR000349, ESWPS-DER-TN-0001, Issue 2.1.

Rodger, Craig Murk A, Cliverd, Thomas Ulich, Pekka T, Veronnen, Esa Turunen, and Neil R., Thomson, 2006. The atmospheric implications of radiation belt remediation, *Annual of Geophysics*, VOL 24.

Scherer, Klaus, Horst Fichtner, Bernd Herber, and Urs Mall (Eds,). 2005, Space Weather, The Physics Behind A Slogan. Lecture Notes for Physics 656. Springer, Berlin.

Smart, Don F, and Margaret A. Shea. 2005, A review of geomagnetic cutoff rigidities for earth-orbiting spacecraft. *Advances in Space Research*. Vol. 36, Issue 10. Solar Wind-Magnetosphere-Ionosphere Dynamics and Radiation Models.

Space Storms and Space Weather Hazards (NATO SCIENCE SERIES: 11: Mathematics, Physics and (NATO Science Series II: Mathematics, Physics and Chemistry)[Hardcover] Ioannis Daglis, Editor, 2000.

Spacecraft System Failures and Anomalies Attributed to the Natural Space Environment. K. L. Bedingfield, R. D. Leach, and M. B. Alexander Editors. NASA Reference Publication 1390, August 1996.

Tribble, Alan C. and James W. Haffner, 1991. Estimates of Photochemically Deposited Contamination on the GPS Satellites. *Journal of Spacecraft and Rockets*, ALAA. Vol. 28, No. 2, March—April 1991.

Tribble, Alan, 2003. *The Space Environment, Implications for Spacecraft Design*. Princeton University Press.

Walker, M., T. Dennis, and J. Kirschvink. *The Magnetic Sense and its Use in Long-distance Navigation by Animals*. Current Opinion in Neurobiology 2002, 12:735—744, Elsevier Science Ltd. Published online 11 November 2002.

第 14 章　空间天气和空间环境对信号与系统的影响

George Davenport and Richard C. Olsen
美国空军气象局、空军研究实验室

你应该已经了解：

❑ 电离层分层和电离辐射（第 3 章和第 8 章）

❑ 电波传播和折射指数（第 8 章）

❑ 最高和最低可用频率（第 8 章）

❑ 太阳射电噪声（第 9 章）

❑ 空间天气的驱动源（第 9～12 章）

❑ 扩展 F、闪烁和行进式大气扰动（第 12 章）

❑ 极盖吸收事件（第 12 章）

本章你将学到：

❑ 空间环境对波传播的影响

❑ 射频干扰

❑ 闪烁效应

❑ 区域异常引起的电波信号传播效应

❑ 流星对信号的影响

❑ 磁星对信号的影响

翻译：陈艳红；校对：赵正予。

导航、通信和很多侦察设备都依赖于电波传播，因而它们也都依赖于电离层电波折射（弯曲）指数。空间天气的影响会使折射指数时空分布发生剧烈变化，引起电离层各层的扰动。我们了解的许多空间天气对电离层的影响，都是基于无线电波对等离子体行为的探测而得来的。

14.1　背景和来自太阳的影响

14.1.1　背景电离层的影响

目标：读完本节，你应该能够……

- ♦ 解释为什么有些电波信号不沿大圆轨道传播
- ♦ 描述电离层造成的电波中断效应

在深入探讨太阳活动事件对通信信号的严重影响之前，我们先给出电波在电离层中传播的一些背景知识。

非大圆传播

一个没有扰动的电波信号经过电离层时，将会无偏离地沿着地球曲率表面传播。这个信号传播的路径叫大圆路径（great-circle route）。在这条路径上，信号绕着地球传播并最终回到起点。这个想象的圆圈的中心和地心重合。波传播的距离就是地球的周长，因此叫大圆。

经度线就是大圆路线，但纬度线不是（除了赤道外），越靠近南北两极时，纬圈的半径越小。一般情况下，除了在赤道地区，东向或者西向传播的信号不会一直维持东向或者西向。图 14-1 显示了这些特征。

没有扰动的电波信号会沿着大圆路径传播，由此我们知道向南北方向传播的未受干扰的信号仍然沿着原来的路径传播。但如果信号沿东西方向开始传播，会发生什么呢？从图 14-2（或者用一个地球仪），我们可以看到信号一定逐渐向赤道偏离，因为

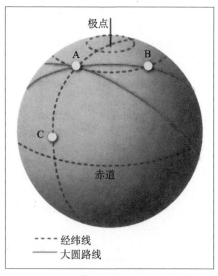

图 14-1　大圆传播路线和纬度经度线。 曲线 A～C 是大圆通信传播路径，就如同赤道一样。一个大圆传播路径可能会连接 A 和 B，但不会沿着纬度线将两点连起来。（图片改编自美国空军气象局）

它要沿着大圆的传播方向。若电波站 A 向正东方向发射信号，它发射的信号不能被在正东边的 B 站接收。相反，A 站发射的信号必须东偏北一点，这样由于向赤道的偏离，信号才能被处于正东边的 B 站接收。

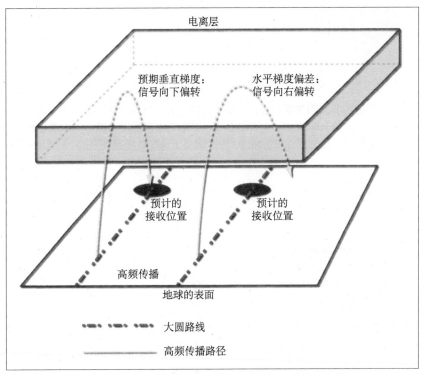

图 14-2 标准传播与非大圆传播。异常的电子密度梯度结构使得信号偏离其预期的路径。偏差的大小与频率有关。（图片改编自美国空军气象局）

非大圆传播（non-great circle propagation）是指电波传播时偏离通常的大圆路线，意味着信号向左或向右偏离其预期路径。电离层会在最大电子密度区域折射高频电波，电子密度在垂直方向上的梯度导致了电波向上或向下的弯曲，非大圆传播是由水平电子密度梯度引起的电波向左或向右折射弯曲。

当电波用户彼此通信时，他们的信号沿着大圆传播，这可能会使得信号传输到电子密度变化的区域。电子密度的变化会引起信号的异常传播。图 14-2 显示了期望的传播路径和实际传播路径的偏差。

非大圆传播会导致信号衰减或者损失，这是因为发射天线的主瓣能量并没有达到目标区域，而被接收到的是旁瓣能量。信号损失程度取决于定向无线电波束的狭窄度。

晨昏效应。在晨昏线附近的电离层电子密度水平梯度会引起高频（HF）和甚高频（VHF）信号的非大圆传播。图 14-3（a）显示了近似平行于晨昏线的电波信号是怎样从白天高浓度的电子区偏离向夜侧的。晨昏线附近电离层中水平电子密度梯度也会引起电离层的波导现象。穿过晨昏线进入夜侧的信号有时会在电离层 E 层和 F2 层之间被捕获，如图 14-3（b）所示。

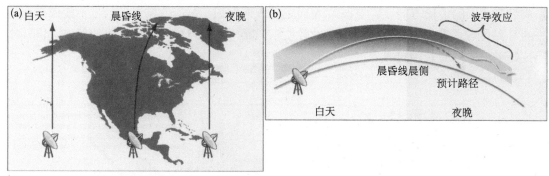

图 14-3　（a）晨昏线附近的非大圆传播。 每日清晨和傍晚，沿大致南北向的高频（以及甚高频）信号传输容易短时受到非大圆传播影响，因为此时会有晨昏线水平电子密度梯度过顶。**（b）晨昏波导效应。** 这幅图显示了信号进入夜侧电离层后是怎样在 E 层和 F2 层之间由于波导效应被捕获的。（图片改编自美国空军气象局）

14.1.2　信号快速影响

目标：读完本节，你应该能够……

- 描述太阳爆发事件的辐射及其对信号的影响
- 描述电离层突然骚扰现象（SID）
- 描述电离层突然骚扰对电波频率系统的影响
- 描述太阳 X 射线耀斑事件怎样影响总电子含量（TEC）

空间天气对电波信号的影响通常起源于太阳。我们用图 14-4 说明这些影响何时达到和持续多长时间。太阳上的强磁场重联事件会产生强烈的太阳耀斑和快速的 CME。当太阳朝向地球时，这些快速的 CME 产生激波，沿着连接地球方向的磁力线加速高能粒子。一般地，太阳活动越强、爆发事件越朝向地球，对地球电波信号和系统的影响越大。

一些空间环境对电波信号和电波发射接收系统的影响几乎与太阳上磁重联引起的耀斑同时发生。其他的影响有的延迟几个小时或几天。

来自耀斑的 X 射线、可见光和太阳射电辐射以光速传播，大约 8 分 20 秒后到达地球。耀斑引起的电波效应一般包括电离层突然骚扰、突然信号增强和突然相位异常。

电离层突然骚扰

在电离层的最低层（D 层，通常 80～95 km 高度），大量的中性原子、分子和带电粒子同时存在，当一束电波通过这个区域时，会引起离子和自由电子的振荡，带电粒子与中性粒子碰撞使得振荡衰减并转化为热能，因此，D 区经常吸收穿过其中的电波能量。信号的频率越低，吸收越强。最低可用频率（lowest usable frequency, LUF）是指在这个频率之下，电波信号由于电离层吸收而不能穿过 D 区。8.3 节详细讨论了这点。

通常 LUF 位于高频波段的低端部分。任何引起 D 区电离异常增加的事件都会影响 HF

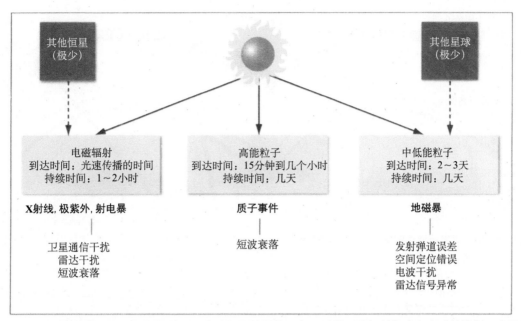

图 14-4 太阳爆发事件引起的辐射以及对电波信号的影响。每一种类型的辐射都有它自己的特征，以及瞬时或延迟的系统影响。有些效应不只是由一种事件引起的。太阳以外的辐射源也对信号产生一些影响，我们将在后面的章节中讨论。（EUV 指极紫外）（美国空军气象局供图）

传播，通常也会引起 LUF 的变化。吸收效应既影响天波也影响地－空－地的传播，但受影响最大的还是前者。

图 14-5 展示了电离层突然骚扰（sudden ionospheric disturbance, SID）所包含的几个现象——局部和区域电离层 TEC 和电子密度剖面发生扰动。在一个太阳耀斑或者如图 9-16 所示一系列的太阳耀斑事件期间，太阳 X 射线和极紫外电磁辐射的流量会显著增加，有时能增加 2～3 个甚至更多个数量级。这对电离层的影响是非常显著的。当太阳波长极短部分的电磁能量通过电离层时，会引起电离增加，在日侧的低电离层，特别是 D 区很可能出现电子密度增强，电离层变厚。通常，D 区的高度会略微降低。这些变化影响了整个电波谱段的传播条件。X 级的耀斑几乎确定会产生 SID 现象。

太阳 X 射线耀斑事件引起的 TEC 的起伏

一个明显的太阳耀斑事件和其引起的 SID，会导致电离层 TEC 短时间内快速变化，耀斑时间尺度大概是几分钟。由于 TEC 的起伏，当雷达信号穿过电离层时，侦察和跟踪雷达系统会经常发生测距、测速和测向误差。

电离层突然骚扰对低频系统的影响

在电离层突然骚扰期间，一些穿过电离层的电波通常会由于 D 区电离增强而被吸收。电波信号的能量转化为电子的随机运动——热量。

在地球上空，雷暴每秒产生数以千计的闪电，大多数产生低频射电噪声。在全球范围

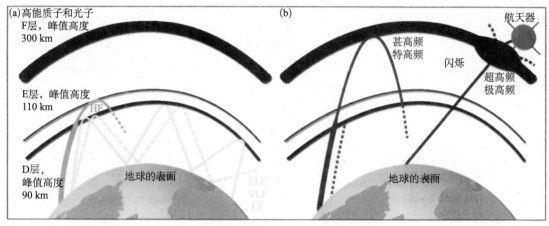

图 14-5 SID 对电波通信的影响。（a）在 SID 事件期间，极低频至低频电波（黄色）由于反射高度的变化，传播路径可能会发生变化。高频电波（绿色）可能会由于 D 层电子密度增加而被吸收。（b）高频至特高频（红色）电波也可能由于 D 区电子密度增加或 F 层变化引起的异常折射效应而产生吸收。如果电波用户增加电波频率来克服中断效应，稍不注意，这些电波又有可能穿过电离层而不能返回地面。超高频和极高频电波（蓝色）可能会遭受不正常的折射或幅度、相位的偏移，使得电波通信失效。虚的蓝线表示发射的电波没有到达它们预定的目的地。闪烁效应通常认为是影响电波的另一个单独类别，在这里不讨论。[改编自 George Davenport]

内，这种射电噪声的幅度基本上是一个常数。它听起来就像是电台调频错误而发出的嘶嘶声。然而，在太阳耀斑期间，在地球向日面 D 区反射率增加，闪电脉冲在波导中的传播更加有效，产生**天电突然增强**（sudden enhancement of atmospherics, SEA）现象。电台扬声器中噪声增强，这通常会给听众带来小小的烦恼。

信号突然增强（sudden enhancement of signal, SES）与 SEA 类似。不同的是信号源是另一台电波发射器。在太阳耀斑期间，接收到的远距离发射的甚低频（VLF）信号会增强。

观测者们利用 SEA 来监测太阳耀斑活动。他们仅仅通过监测低频接收机接收到的噪声信号强度就可以分析太阳耀斑事件的大小。

相位突然异常（相位突然超前）（sudden phase anomaly/advance, SPA）是远距离低频和甚低频信号的突然相位偏移。当太阳耀斑增加 D 区电离时，效应是降低反射层的高度。在地球和电离层波导之间的传输路径变短，接收到的远距离发射的信号的相位发生变化，产生 SPA。图 14-5 中的黄色曲线就说明了这一点。

诸如罗兰 -C 这样的地基导航系统是依赖于稳定的 D 区来提供可信的地点信息。罗兰 -C 发射的信号频率约为 100 kHz，接收装置用的是低频信号的相位来计算准确的位置。相位偏移导致定位误差显著增加。

电离层突然骚扰对高频系统的影响

SID 导致的短波衰落和突然频率偏移，主要影响电波频段中的高频（HF）部分。长距离的高频通信利用电波在电离层 F 区的折射。高频电波信号在电离层 F 区反射后朝向地球表面传播，信号会被接收到或者在地面再次反射回到电离层。当 D 区阻止高频电波信号到达 F 区或者返回到地面时，发生短波衰落（short-wave fade, SWF）现象。

图 14-5 中的红色点划线显示了 SWF 现象。如果大的太阳耀斑事件增强了 D 区电离，高频信号可能会在其传播路径上被吸收，结果引起高频信号强度在向日面减弱，引起该地区的最低可用频率（LUF）升高。

图 14-6 显示了一个假设的高频电波路径的传播窗口。频率在最高可用频率和最低可用频率之间的高频电波是那时可用于发射和接收之间传播的电波频率。在中午前，用户需要将电波频率设定在 LUF（4 MHz）和 MUF（8 MHz）之间，以维持有效的通信。

偶尔 SWF 引起 LUF 增大甚至大于 MUF。高频电波传播窗口完全关闭，如图 14-6 中早晨时段的情况。其结果是完全的短波衰落（中断）。在整个太阳耀斑事件期间，短波中断会持续影响地球向日面的高频电波传播。图 14-7

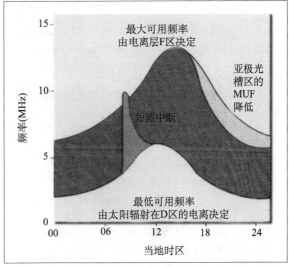

图 14-6 高频电波传播窗口。在一天当中，最高和最低可用频率随着太阳天顶角的变化而变化，如图中的传输频率波带所示。MUF 与电离层的动力学变化十分相关，通常在中午过后达到峰值。太阳耀斑改变了 D 区的电离强度，引起了 LUF 的升高。对于大耀斑而言，LUF 可能超过 MUF，引起高频传播通道的关闭。地磁暴会引起极光带赤道一侧区域的电离的减少，尤其是在夜间。电离减少会引起 MUF 的降低，使得高频传播通道变窄。（美国空军气象局供图）

显示了在 2003 年 11 月 4 日 X17 级耀斑期间高频电波中断区域的分布。

最佳传输频率（frequency of optimum transmission, FOT）是在给定的时间和路径上能够提供最可信赖通信的频率。这个频率通常刚好低于 MUF。因为最低可用频率容易发散，因此电波用户往往避免使用频率窗口的下边界（LUF）。在 LUF 附近发射的电波容易在不断变化的电波环境中遭到吸收。

频率突然偏移（sudden frequency deviation, SFD）是接收到的远距离传播的高频信号小而快速的频率变化。太阳耀斑爆发后，增强的 X 射线和极紫外辐射增强了 F1 区和 E 区的电离。高频电波在这些区域会突然被反射，而不是在较高的 F2 区被反射。这些在较低高度反射的信号会产生多普勒频移，这个频率的偏移就叫做 SFD。

关注点 14.1 高频电波的短波衰落事件

1989 年 3 月。在 1989 年 3 月 9～10 日大的太阳耀斑事件期间，美国空间环境预报中心接收到了非常规的 VHF 电波传播的报告。科罗拉多州的一个调度员报告称移动设备探测信号遭到扭曲和严重破坏。寻呼机和移动电话也有相似的问题。在明尼苏达的一位业余电报员也称收到了来自于加利福尼亚高速公路巡警的很强信号。

2000 年 7 月。从 2000 年 7 月 15 日 15:00 UT 至 2000 年 7 月 16 日 03:00 UT 地球经历了严重的空间天气风暴。美国航空无线电设备公司（ARINC）位于纽约波西米亚的高频地－空语音通信站报道了两次电波衰落事件，一次是 2000 年 7 月 15 日 22:00 UT，另一次是 7 月 15 日 22:35 UT 至 7 月 16 日 01:20 UT。

2001 年 4 月。这是 12 年以来观测到的最大太阳耀斑，发生在 2001 年 4 月 2 日晚些时候。耀斑产生的辐射强度过大使得卫星探测器达到饱和，科学家只能推测它的级别为 X22。由于耀斑正对着地球的电离层，对电波传播产生了强烈影响，影响级别为 R5级，即极强的电波中断。引起高纬发射和接收的电波信号产生极大的嘶声和爆音。

2003 年 10～11 月。在 2003 年 10～11 月的太阳活动爆发期间，航空和地面控制系统几乎每天都要遇到通信问题。最初（10 月 19～23 日），X 射线流量的上升引起高频通信信号的衰减。在 10 月 19 日，随着 X1 级耀斑的发生，空中交通中心所有的高频系统都受到中等——严重级别的影响。高频服务衰落了 2 个多小时。这是几次通信严重衰落中的第一个阶段。随着每一个大耀斑的发生，中低纬的高频通信也经历了信号轻微衰减到完全中断等一系列影响。

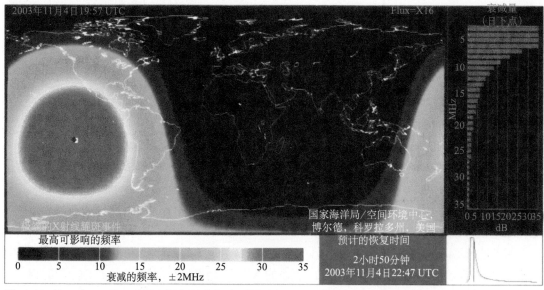

图 14-7　2003 年 11 月 4 日极大耀斑引起的高频电波中断。2003 年 11 月 4 日 19:43～19:56 期间，天基 X 射线探测器由于极强的耀斑辐射而达到饱和。最合理的估计是在 11 月 4 日 19:50 耀斑达到 X28 级。这幅图给出的是 X16 级的结果。地图中的亮色部分显示电波中断的区域。太平洋地区 10 MHz 以下的频率受到严重影响（信号衰落 10 个 dB 以上）。右边的图给出了高频电波衰减 dB 数。底部的蓝色框里面显示的是预计的恢复时间。图中底部右端插入的小图给出了这次事件强度的时变相对值剖面。从耀斑强度上升到最大，然后再逐渐恢复到平静水平的时间经历了近 3 个小时。（NOAA 空间天气预报中心供图）

电离层突然骚扰对甚高频、特高频、超高频和极高频系统的影响

SID 也会对更高频率和更短波长的电波频谱产生影响。这些频段的电波信号会穿过电离层进入宇宙空间，D 层越厚、密度越高，就越能阻碍信号指令从地面向航天器传播。

D 区吸收了从航天器向地面的下行遥测信号，同时也吸收了地面向航天器的上行指令信号。图 14-5 的蓝色虚线显示航天器的遥测信号被衰减了，这是因为 D 区增强对信号的吸收作用。这个现象并没有一个既定的名字，但它导致了航天器的指令信号和遥测信号衰减。尽管这个现象很少见，但还是被航天器操作人员观测到并且记录下来，人们认为这些事件与大的太阳耀斑事件，通常是 X 级耀斑相关。

恒星和其他星系产生可以检测到的射电噪声。利用工作频率在 30 Hz 左右的电离层相对混浊仪（RIOMETERS），天文学家们多年来已经测量到银河射电噪声。他们知道射电噪声的强度与空间中所处的位置有关。随着地球旋转，一边测量宇宙噪声强度，一边与它的预计值进行对比。当耀斑引起 D 区变厚并且比通常密度更大时，观测到的宇宙噪声的强度比预计值要小。D 区吸收了一些宇宙噪声信号，这就是宇宙噪声突然吸收（sudden cosmic noise absorption, SCNA）。

关注点 14.2　太阳 X 射线耀斑事件引起的 TEC 变化

2000 年 7 月。2000 年 7 月 14 日 10:03 UT，发生了一个 X5.7/3B 耀斑。GPS 观测揭示了纬度在 30°～45°N，经度在 15°～45°E 范围内的电离层 TEC 的时空变化。在太阳天顶角较小的区域，白天的 TEC 值在耀斑期间增加了 5 个 TECU（1 TECU $= 10^{16}$ 电子 $/m^2$）。这种 TEC 的增加往往在日下点最大，但是在全球有些不对称，在相同的太阳天顶角下，当地时间的上午比下午小，南半球比北半球大。这种不对称性表明电离层和热层的背景水平影响了 TEC 的增加。TEC 的时间变化显示在 10:15～10:27 UT 之间有一个小的扰动，此时正值太阳耀斑峰值期间。这个小的扰动很可能是由耀斑极紫外辐射变化引起的。

2003 年 10～11 月。最近的历史中，在 0.1～0.8 nm 波段的 X 射线测量的最强耀斑，有一些都发生在 2003 年底。时间分辨率高达 30 秒的地基 GPS 数据和星载远紫外（FUV）白天气辉的观测数据被用于检验耀斑和电离层之间的关系。数据显示耀斑和耀斑之间，EUV 和 FUV 辐射显示出很强的变化。10 月 28 日，日下点 TEC 的峰值增强了约 25 TECU（高于背景 30%）。相比之下，11 月 4 日，10 月 29 日以及巴士底狱事件，TEC 的峰值增加了 5～7 个 TECU。10 月 28 日 TEC 增加持续了约 3 个小时，远远大于耀斑本身的持续时间。这一电离层的变化特征与中高度电离层 EUV 光子引起的电子产生率增强有关，那里电子复合率低。科学家们相信耀斑发生的位置是产生这些差别的部分原因。例如，2003 年 11 月 4 日的耀斑产生于日面西边缘。太阳大气可能吸收了部分耀斑辐射的 EUV 和 FUV 光子，因此阻止他们传向地球。

来自太阳的射频干扰

电波信号是淹没在大气中的。射频干扰（radio frequency interference, RFI）是指接收到意料之外的电波信号。这个信号可能是自然存在的也可能是人工产生的。自然的干扰源包括闪电、极光、太阳、一些行星（木星和土星），一些恒星以及银河系。人工干扰源包括电台、电视广播、私人电波用户、飞机、轮船、计算装置、电话、卫星、电线和雷达。RFI 使预期的信号变得模糊。在第二次世界大战期间，雷达信号是英国防卫德国纳粹炸弹轰炸的主要手段。太阳射电噪声有时会充满信道影响雷达预警，促使英国对德国电磁干扰能力进行研究。实际上，1942 年，在一次大的太阳耀斑事件期间，特别严重的雷达干扰导致了太阳射电暴的发现（在战争结束后就进行了报道）。

当太阳产生一个射电爆发时，部分电磁波直接轰击向日面半球，对于离日下点特别近的天线阵列，或者旁瓣指向太阳的天线，会引起 RFI 现象。在搜寻目标时，雷达扫描的区域最容易受到射电爆发引起的 RFI 影响。

在一个大的耀斑事件期间，太阳射电辐射通量会急剧增加。太阳发出的射电噪声覆盖了整个射电频谱段，因此，对于任何一个工作频率能穿透电离层的系统而言，太阳射电暴能降低其性能。有时，一个大的太阳射电暴发生时，并没有伴随 X 级耀斑事件。

关注点 3.4 讨论了接收到来自太阳的预期之外的电波。当太阳、航天器和地面台站在一条视线上时，太阳会干扰航天器接收电波信号。在太阳射电暴期间，当太阳位于地面天线的一个波瓣内，太阳也会产生干扰。雷达操作者们通常避免让太阳位于雷达主波束内，所以当接收天线的副瓣指向太阳时，高频通信系统很有可能遭受意想不到的 RFI。有时雷达操控员并不能避免雷达波束指向太阳。当航天器指令或者跟踪地面站的接收天线的波瓣指向太阳时，也会受到 RFI 的影响。指向地球同步卫星的地面站，太阳一年有两次穿过天线的主瓣方向，分别是在春分点和秋分点附近。

空间天气 RFI 主要是一个空-地探测的问题。军用电台和雷达操作用户必须区分自然和敌方的射频干扰。因为敌方的电波频率干扰是一种侵略行为。错误地将自然的 RFI 误认为一种敌方的攻击行为，可能会引起一些尴尬和误解。

关注点 14.3　射频干扰

2000 年 11 月。美国航空无线电设备公司在纽约波西米亚的 HF 电波地空通信站向联邦通信委员会提供信息称：在 2000 年 11 月 25 日白天不同时段，两个频率的电波信号受到严重的射频干扰衰减。

在同一天，马萨诸塞州萨加莫尔山的电波观测站报道了太阳射电爆发，245 MHz 波段流量超出背景 17000 SFU，410 MHz 波段流量超出背景 15000 SFU (1 SFU = 10^{-22} W/(m^2·Hz))。夏威夷的佩内华太阳射电观测站也报道了 606 MHz 的射电爆发，流量超出背景 10000 SFU。在澳大利亚的利尔蒙斯太阳射电观测站报道了 2695 MHz 的射电爆发，流量高于背景 11000 SFU。

2004 年 11 月。在 2004 年 11 月 3 日和 4 日，GOES-9、GOES-10 和 GOES-12 卫星遇到射电噪声。这些卫星有几个系统接收 401~406 MHz 的信号，包括卫星辅助搜索和救援中继系统。在这些事件中，GOES-12 在强度和持续时间上（大约 100 分钟）是最严重的。这个问题归因于太阳射电暴，尤其是在低频率端 400 MHz 附近。这个事件发生在活动区 696 产生的一个太阳耀斑期间，410 MHz 的射电流量为 7200 SFU。关注点

9.2 描述了其他额外的影响。

多年研究结果。来自新泽西理工大学和朗讯科技贝尔实验室的研究团队已经将 40 年的太阳观测数据与手机信号掉线关联起来。当伴随射电爆发的无线电波到达手机基站时，产生的静电信号使得作为通话中继的转播塔信号被淹没。研究者们发现，平均每年会发生 10～20 次能够中断无线通信的太阳射电暴事件。

14.1.3　突发太阳质子事件产生极盖吸收

目标：读完本节，你应该能够……

◆　描述极盖吸收和电波系统的极盖中断效应

极盖吸收事件。在有些事件中，太阳喷射出高能带电粒子，传播速度可达每秒数千至上万公里。高速的 CME 驱动的激波也会产生大量高能质子，这些质子在日冕物质进入行星际空间后 20 分钟～几个小时到达地面。带电粒子通过地球磁力线进入极隙区附近和整个极区，在这些区域，粒子穿透和轰击大气层，快速地增加 D 区和低 E 区（50～100 km）电离，产生*极盖吸收事件*（polar cap absorption (PCA) event），事件中无线电波由于电离的增加而被吸收。

PCA 对 D 区的影响与 SID 的影响类似，只是它们在太阳爆发事件结束后持续的时间更长。图 12-27 说明了 PCA 事件对低电离层的影响。高能粒子受约束只能进入地球的极盖区域，PCA 的影响就仅限于高纬地区。通常 PCA 发生时也会同时发生其他的电波传播问题。长时间持续的 PCA 事件叫*极盖中断*（polar cap blackout），这些事件通常跟随着或者伴随着范围更广的地磁和电离层扰动，这是由于伴随 CME 的低能等离子体和磁场扰动到达了地球。由于电离层的底部在 PCA 事件期间往往会降低，长波导航系统的同步错误也会被观测到。

D 区作为 ELF、VLF 和 LF 电波传播波导的上边界，极盖吸收事件对这些频率的影响与 SID 很相似。尤其，罗兰 -C 导航系统会因为 PCA 事件引起明显的定位错误。

长距离的 HF 电波传播需要信号"弹离"电离层的 F 区而返回到超出视线之外的地面。在电波到达 F 区之前，D 区会吸收一些信号，或者阻止信号返回到地球表面。在一个大耀斑事件后，极盖吸收事件可能会造成跨极区高频电波传播中断几天（或者多达一个星期）。

在有些情况下，跨极区的航线会被更改到能维持高频通信的更低的纬度。而更改航线可能会产生额外的中转和燃油费用。

关注点 14.4　极盖吸收影响

1989 年 3 月。1989 年 3 月 9 日，来自大耀斑事件或者可能由于 CME 加速产生的高能带电粒子进入地球轨道，产生了太阳质子事件。这些带电粒子引起持续时间异常长的强 PCA 事件。PCA 一直持续到 1989 年 3 月 14 日才结束。罗兰系统遭遇到大的定位误差。D 区高度变化 7～10 km 就会产生 1～12 km 的定位误差。另外，格陵兰岛的图勒高频监测站报道了因为吸收而导致大部分的频率不可用。从 75°N 到北极地区，高频通信条件几乎不存在。

第 23 太阳活动周。在格陵兰岛的图勒监测站的电台工作人员发现电波系统多天发生奇怪的中断，他们将其归咎于系统维护的问题。系统维护部门花了好多天将电台拆开，各处查找问题，也没有发现原因。然后他们开始收到空间天气相关支持信息，发现 PCA 事件是电波长期中断的原因，而跟电台性能本身并无关系。

2003 年 10～11 月。此段时期的第一个地磁暴就发生了极盖吸收事件。一个大航空公司将三个极区航线更改到较低的纬度地区，以便于获得更好的数据链路和卫星通信。这个行动需要额外的 26600 英镑的燃油费用和由于货运能力降低导致的超过 16500 英镑的货运损失。在 10 月 24 日第二个地磁暴发生之后也报道了额外的影响。这期间，虽然太阳辐射保持在背景水平，但高纬地区的通信信号严重衰减。在 10 月 26 日太阳质子事件之后，更高的纬度地区通信更困难。在 10 月 26～11 月 5 日期间，航空交通操作部门每天都有高频通信受到或强或弱的影响。10 月 30 日的通信状况非常之差，以至于需要增加额外的工作人员来处理空中交通的问题。

14.1.4　地磁暴和季节对信号的影响

目标：读完本节，你应该能够……

- ◆　描述极光杂波、噪声和干扰
- ◆　描述地磁暴对电波频率系统的影响
- ◆　区分突发 E 层和扩展 F 事件
- ◆　描述闪烁的影响与导航信号衰落的联系

大多数地磁暴对信号的影响发生在 HF～EHF 波段。等离子体层－电离层是电波受影响的媒介。太阳风间断面给地球磁层注入能量，在地磁亚暴期间，磁尾中的粒子被加速，向太阳方向运行，许多粒子沿着地磁场进入极光带区域。那些没有到达它们磁镜点位置的粒子直接进入上层大气，产生分立极光。低能粒子在地球电离层 F 区停下来，而更高能量的粒子能穿透到 E 区。极光现象妨碍了电波通信和雷达操作，引起一些电离层扰动和直接的电波干扰。许多效应与暴时电场和磁场变化有关，它们能产生电离层 TEC 的变化和局地电子密度剖面（EDP）的显著变化。其他有关的影响包括极光带所产生的射频干扰。

雷达杂波、噪声和干扰

在第二次世界大战刚刚结束和冷战开始时期，雷达成为将信号跨越地平线远距离传输的有力工具。频率在 200～600 MHz 的指向极区的波束偶尔会接收到不明目标的雷达后向散射信号。雷达操作员发现这些奇怪的返回信号经常出现在一个太阳耀斑发生 48 小时之后。今天我们知道这些回波是雷达极区杂波（radar auroral clutter, RAC），它们是由雷达回波信号从极光区不规则的等离子体结构后向散射产生的。杂波信号与近处目标散射的回波信号同时到达雷达。

雷达杂波产生目标错误和跟踪错误。当雷达波束垂直于磁力线时，杂波的影响最明显，因为大量的极光粒子绕磁力线在做回旋运动。当侦察和跟踪雷达的信号入射到或者穿过活跃的极光区时，系统就会遭受杂波、噪声和干扰。消除后向散射信号是不容易的，雷达用户需要确认和画出极光分布图，这已经作为空间环境态势感知的一部分。

工作在 VHF 频段范围的天基雷达也有相关的问题。它们观测到的雷达后向散射信号来自于电离层电子密度的不规则体，这些电子密度不规则体是由极区和赤道电集流区域不稳定的电流系统而产生的。为了预测电集流引起的雷达杂波，相关的电离层电子密度、温度、电场模型正在开发之中。

地磁暴对高频系统的影响

在地磁暴期间，远距离传播的高频电波信号通常会衰减。这种效应在高磁纬地区尤为显著，高磁纬电离层中存在的不规则体使得电离层不能稳定地折射 HF 电波。有趣的是，业余无线电爱好者经常报道在中等地磁暴期间，跨赤道的电波传播增强。湍动的电离层出现了一些不常出现的通信传播路径，但这些路径通常无法被可靠地用来作为关键通信通道。

地磁暴导致电子密度剧烈扰动并形成不规则体，引起电波信号覆盖范围和强度的变化，有时会减少用户可用频率的数量。此外，地磁暴是引起行进式电离层扰动的原因之一，电离层行进式扰动会引起异常的传播效应。正如第 12 章所描述的，磁暴会增加或者降低电离层局地电子密度，甚至有时让电子密度大致保持不变，但是电离层的分层结构会受到严重扰动。

地磁暴激发的极区活动扰动高纬电离层的 E 区，引起传向 F 区或者离开 F 区的电波传播偏离大圆路径。穿过 E 区或在 E 区反射的 HF 电波信号会发生弯曲和变向，就如同可见光通过一个透镜或者从一个不规则的镜面反射一样。

这些路径偏差的源头是突发 E 层（sporadic E），它伴随着 E 层电子密度不规则的增强。正如名字所示，突发 E 层（E_s）描述了电离层 E 层变得不规则的现象。它的特征是一片片临时的和不规则的 E 层电子密度增强区域。E_s 块状区域有几十至几百公里长，大约 1 公里厚。突发 E 层持续几分钟至几个小时，它们会强烈地折射 HF 电波，偶尔也会折射较低的 VHF 频段，使部分信号衰落，另一部分信号增强。强的 E_s 块状区域会在极光带区或近地磁赤道区形成。尤其是在夏季月份，中纬度地区也会形成强的 E_s 云团。这些云团通常直径小于 100 km，覆盖的地理区域相对较小。它们随机形成，往往在几个小时内消失。突发 E 层在白天和晚上都会出现，并且随着纬度显著变化。它和下面现象有关：

- 太阳耀斑，它能带来极强的电离和相关的电子密度梯度；
- 地磁活动，在极光带地磁活动引起粒子沉降和电集流的变化；
- 等离子体泡——有季节变化，也会由地磁暴引起；
- 雷暴、海啸以及其他的自然现象，它们能产生从地面到中性大气垂直传播的波；

- 流星余迹。

　　当极光区粒子的沉降使极光电离层的电离增强时，亚极光区的电离有可能减少。极光区带电粒子向赤道方向的运动与连接环电流和极光电集流的场向电流相关。这些电流突然的急增会激发*行进式电离层扰动*（traveling ionospheric disturbance, TID）。TID 能向赤道方向传播几千公里。F 区电子密度的损失降低了 HF 传播的最高可用频率（MUF），从而使长距离传播的可用频率窗口变窄。这种效应在夜间更为明显，如图 14-6 所示，在地方时 18:00～24:00，HF 电波传播的窗口变窄。电子密度异常低的结构叫电子密度槽区或者*亚极光槽*（sub-auroral trough）。槽区主要位于极光椭圆带的赤道侧，特别是在地球的夜侧。

　　在磁暴期间情况会更加糟糕，化学过程和动力学过程引起离子－电子的复合，电子密度降低。极光椭圆带扩展，它的赤道侧边界会向低纬方向移动。当地球磁场扰动时，亚极光槽变得更深（电子密度比通常更小）。这些效应综合导致了磁暴期间高纬 HF 电波传播信号的衰落。

　　在磁赤道南北 20°～30° 的区域，电离层对大气和磁场结构特征的反应大于对太阳光照的反应。高频电波在赤道电离异常区的传播比其他区域更不可靠。正如我们在第 8 章和第 12 章描述的，*赤道电离异常*（equatorial ionization anomaly）与 F2 区或者 F2 区以下的等离子体向上漂移有关。赤道异常包括与其他典型电离层区域不同的一些不规则体和结构。它们有时能折射高频电波使其返回地面，有时则不能。图 14-8 是垂直 TEC 的模拟结果，给出了中纬和低纬垂直 TEC 的等值线图。赤道电离峰显示为 TEC 增强的区域。我们在 12 章讲过，这些区域的等离子体往往不稳定，特别是在昏侧。

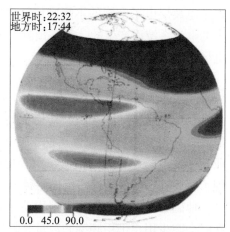

图 14-8　赤道电离层异常区等离子体增强的模拟。 这幅图给出了 TEC 的等值线彩色图。TEC 是穿过电离层的电子密度的线积分。1 个 TEC 单位是 10^{16} 电子 /m^2。这个模拟覆盖了 ±60° 的地磁纬度，清楚地显示了赤道异常峰出现在离磁赤道 ±15° 的位置。峰受电离层不稳定性引起，能够导致电波信号偏离正常路径。太阳是在图中的左边，电离增强在白天开始并延伸到夜侧。（美国海军实验室 Joseph Huba 供图）

地磁暴对甚高频（VHF）和极高频（EHF）系统的影响

　　航天器用户使用 30 MHz～100 GHz（甚高频至极高频）频段的电波来进行卫星和深空通信。不像 HF 和更低频率的频段，这些电波信号能够穿过电离层，到达在轨航天器或者深空探测器。光和粒子造成高层大气的电离，产生自由电子集中的区域。电离层 TEC 是描述电离层对星地电波链路影响的一个关键参数。电波信号经过电离层时变向和减速。折射指数的积分引起延迟，这种信号的延迟变化是 TEC 和电波频率的函数。对于 L1 频率 1575.42 MHz，电离层路径上的延迟约为 0.162 m/TECU。

　　TEC 的扰动产生介质折射指数的变化，引起信号折射和延迟的改变。在 GPS 的 L 波段，延迟可达几十米。此外，当这些信号通过扰动的电离层时，它们有时会改变方向或者发生相位移动、极化方向改变或者信号衰减。电离层行进式扰动（第12章）和局部的随机的电离层不规则体都会降低信号质量。

　　电离层E区和F区有最高的电子密度，它们会引起闪烁效应。闪烁在等离子体浓度梯度大的磁赤道附近和高纬极光带（65°～75°）最常见。在罕见的强地磁暴期间，中纬也可以观测到闪烁（见12.3节）。图14-9说明了航天器电波信号通过电离层向地面站传播时，闪烁可能发生的位置。

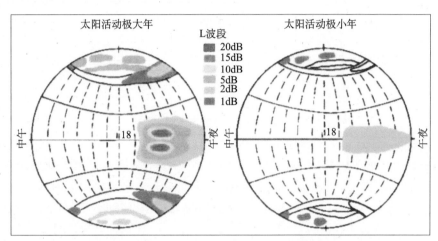

图14-9　电离层闪烁的全球气候学分布。 在每一幅图中，极区在顶部和底部。图中心是黄昏，颜色代码表示的是GPS L波段信号的衰减大小。在太阳活动高年，闪烁在午夜前高纬地区很明显。磁赤道两边的赤道异常区域是闪烁发生最高的区域。（美国空军研究实验室 Santi Basu 供图）

　　电波穿过不均匀电离的介质时，会出现折射指数的无规则变化，电波就可能发生信号闪烁，即信号相位和幅度的随机变化，如图14-9所示。因为等离子体浓度决定了电波的折射指数，电波对于电离层中的等离子体浓度不规则体十分敏感。在闪烁事件期间，电子密度的变化在最极端情况下可高达10%。另外，电子密度不规则体作为散射体，它的影响程度还与不规则体相对于信号波长的尺度密切相关。

　　强的地磁暴扰动了磁层中的磁力线，也对这些磁力线所连接的等离子体层－电离层等离子体产生扰动。等离子体层中暴时驱动的突然移动是当前科学研究的课题。等离子体层的尺度和形状强烈地受到磁层电场对其外边界的控制（图11-13）。电场的突然变化会膨胀或者压缩等离子体层，产生电子密度空间和时间变化较大的波状结构。在边界层以内（在图11-13（a）闭合的黑色曲线以内），电子含量变化剧烈。这种结构提供了高高度处的等离子体不规则体，通过这些不规则体时，电波可能会发生散射和闪烁（见关注点14.5和14.6）。

　　在磁暴开始后不久，在午后扇区，中纬冷等离子体TEC增加。在这些区域的极向边缘，增强的TEC羽状结构会移动到高高度和高纬度地区（图12-32）。在昏侧，从磁层传过来的扰动电场引起暴时电子密度的羽状增强结构，从而剥离了等离子体－电离层的外层。这个过程产生极窄的冷等离子体羽状泄流，沿着磁层和电离层之间的磁力线延伸。这些冷等离子体在扰动电场的影响下向太阳方向流动（$v \approx E \times B$）。

离地球更近的地方，电离层中的磁场吸附等离子体进入与磁暴和亚暴有关的环流。在 F 层赤道异常区，大量的等离子体通过对流被带到中纬和高纬地区。在这些暴时扰动前沿的 TEC 梯度极大，会产生严重的 GPS 信号闪烁。

关注点 14.5　闪烁的量化计算

　　幅度和相位的变化是闪烁效应的特征。这里我们讨论闪烁幅度 S_4 指数的测量。S_4 指数（S_4 index）表示在一定的时间范围内（通常是 1 分钟）接收信号功率幅度变化的大小。尽管闪烁完全发生在空间传输段，但接收到的信号闪烁大小通常在地面进行测量。这个无量纲的指数表达式如下（图 14-10）：

$$S_4 = \sqrt{\frac{\langle I^2 \rangle - \langle I \rangle^2}{\langle I^2 \rangle}}$$

这里，I 是信号强度；$\langle I \rangle$ 是强度的平均值。

　　图 14-10 显示在低地磁活动的某天发生强闪烁时单个台站 S_4 指数的变化曲线。指数值的范围在 0～1 变化。当 S_4 指数大于 0.6 时，可能会发生强的电离层闪烁和信号散射。当 S_4 指数超过 0.8 时，将可能发生信号失锁和导航定位精度降低。S_4 指数在 0.3～0.6 是弱闪烁。S_4 指数在 0.3 以下时对于信号接收和处理没有明显的影响。图 14-11 显示在 3 个电波频率的信号闪烁。较高的频率容易发生更多更强的闪烁。

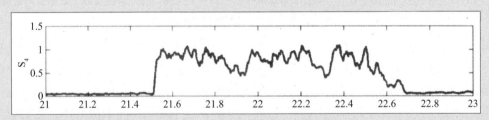

图 14-10　在南大西洋英国海外领土的阿松森岛的两小时 S_4 指数变化。2000 年 3 月 27 日单个卫星记录到很高闪烁的信号。这一天地磁活动低，但在赤道异常区附近低纬等离子体不规则体仍然存在。（美国空军研究实验室供图）

　　自然和局地的反射体能够增加信号源和接收装置之间的路径长度，进而增大 S_4 指数。除了被电离层中的不规则体散射外，当 GPS 信号在局地的反射体发生反射时，比如建筑物或者不平的山崖，会产生多路径信号（multipath signal）。众所周知，造船厂和风力发电厂是多路径信号较多的地方。除此之外，低仰角的 GPS 卫星信号往往有更高的 S_4 指数，这是因为信号在到达接收机之前在电离层中传播了更长的距离。

　　对于局地静止的环境，多路径的变化以 24 小时的周期重复。用户从本地的资源环境来识别多路径的污染，试图通过比较信号在连续几天的变化来消除 S_4 指数中的多路径效应的影响。这个处理使得 S_4 指数能更好地反映电离层闪烁。

　　图 14-12 呈现了一个全球模式给出的 S_4 指数增强的结果。在地域性方面，我们看到

在地磁活动期间极光带和极盖区 S_4 指数有适度的增加。在夏季半球的低纬度地区，以及日落后至午夜前的中低纬度地区，可以看到更显著的、持续时间更长的 S_4 指数的增加。除了在极大的地磁暴期间，S_4 指数往往会在日出前减小。

在季节变化上，地磁扰动和电离层不规则结构在 3～4 月、9～10 月的春秋分点附近比其他月份出现更多。在这些季节里，下午晚些时候，特别是在黄昏和日落后，会发生周期性的 GPS 性能降低。这些扰动通常发生在每天相同的时间段，并且持续几天甚至几个星期。

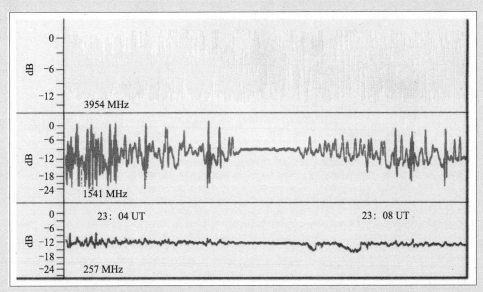

图 14-11 扰动的电离层对电波的影响。这幅图给出了 UHF、SHF 波段三个频率的信号与闪烁相关的变化。上面的曲线是 UHF 卫星通信频率的闪烁。中间的曲线是 GPS 频率的闪烁。底部的曲线是监测卫星频率的闪烁。（美国空军研究实验室供图）

沿着卫星至接收机视线路径上的 TEC 会对电波信号（一般特别指 GPS）如何穿过电离层产生影响。TEC 的变化改变了 GPS 信号传播的速度，所以它与模式计算的距离值就不同。这个速度的改变反过来影响了距离测量。当 GPS 信号穿过 TEC 梯度大的区域时，距离测量误差就会增加。

TEC 的空间和时间梯度引起差分增强 GPS 系统的误差，比如美国联邦航空局的广域增强系统（WAAS）。在极端的条件下，它们引起信号跟踪丢失（关注点 14.7）。在中纬地区，磁暴期间 TEC 梯度达到 10 TECU/ 分钟，在这种情况下，WAAS 系统既不能准确地测量 TEC 的梯度（参考站的空间分布数量还是太少），也不能更新电离层修正模式（数据不足）。每次事件中，这样的梯度会引起商业航空中的 WAAS 和 GPS 导航信号连续几十个小时内不可用。在热带地区，不同的物理过程引起相似的 TEC 梯度，使WAAS 技术系统和服务的正常使用陷入混乱。在极区纬度，伴随极光弧的 TEC 梯度改变非常快，以至于双频 GPS 接收机的相位信号无法锁定，引起周跳。

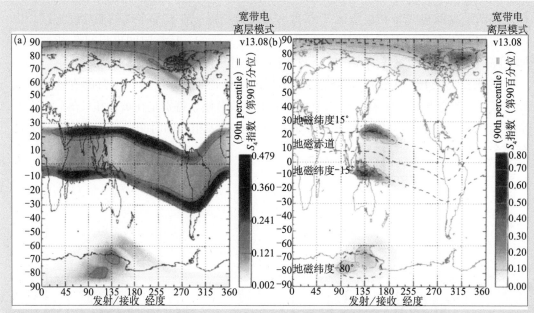

图 14-12　电波信号闪烁的气候分布。（a）这幅图给出了在低地磁活动高太阳活动条件下模式预测的闪烁指数分布，计算的时间是南半球秋分（91 天），地方时为 23:00，信号频率是 GPS L1（1575.42 MHz）频率。x 轴的每一个小刻度（15°）是 1 小时。沿着地磁～15° 的等值线上有两个很强的闪烁带。极区也有增强的闪烁。中纬地区通常是没有闪烁的，特别是对于 GHz 频率的电波而言。然而在接近 100 MHz 这样更低的频率处，偶尔也会记录到明显的闪烁。大的地磁暴能产生中纬闪烁。（b）这幅图给出了 12:00 UT 时模式预测的闪烁分析，其他条件与（a）相同，但不是在一个固定的地方时（图中从左至右）。图中垂直中心线（180° 经度）对应于地方时午夜 0 点，黄昏在 90° 经度。在夜侧的大部分时间，赤道电离层闪烁强度逐渐降低。磁赤道地区，闪烁峰值出现在地方时 21:00～22:00（135°～150° 的经度）。（澳大利亚电离层预报服务中心供图）

关注点 14.6　信号的衰落

　　TEC 的空间梯度以及它们伴随的不规则体可以通过信号载噪比的起伏探测到。GPS 信号的失锁与信号载噪比降低（衰减）的幅度、衰减的时间长度以及接收机定位算法参数有关。信号衰落的幅度与电离层不规则体的尺寸和 TEC 的梯度有关，但衰落的时间尺度则依赖于参考系。一级近似下，用水平运动速度为 50～1000 m/s 的典型空间电离层不规则体来模拟衰落。这样，如果移动的接收机（比如航天器）正好和不规则体变换的速度符合，衰落的时间可能是几秒或者更长一点。如果衰落时载噪比很小，就会经常发生失锁。在信号相位动态变化较大的时间段内失锁的可能性更大。

　　在电离层中，假定分布着尺度为 d_0 的不规则体，与发射源的距离是 D，波长为 λ 的信号满足下面的关系时最易受到闪烁的影响：

$$\lambda \geq 2\,\frac{\pi^2 d_0^2}{D}$$

　　利用这个关系，对于频率在 1541 MHz（$\lambda \approx 0.7$ m）、来自 20000 km 的 GPS 卫星信号而言，通过电离层传播时，可能受到的最大影响来自于尺寸为 500 m 量级的不规则体。

在制定闪烁的预报方案时，系统设计者们必须确定：

- 不规则体的存在或统计上的可能性；
- 不规则体的幅度（不规则的区域的电子密度是否明显降低）；
- 尺度大小分布。

研究得出不规则体尺度的概率分布函数和降低的深度后，预报员就可以确定当电波穿过这些扰动的介质时，信噪比强度减少的一阶近似。

闪烁的影响如此广泛，美国空军研究实验室和宇航公司因此开发了中断导航预报系统（C/NOFS）来实时监测和预报全球电离层闪烁。C/NOFS 由一个低倾角的 LEO 卫星和地基支持系统组成，向用户发出由于赤道电离层闪烁影响所致的警报信息，包括即将发生的通信中断信息、GPS 导航信号衰减以及天基雷达跟踪误差。图 14-13 是卫星经过一个雷达观测区域时 C/NOFS 地基－天基系统的操作示意艺术效果图。

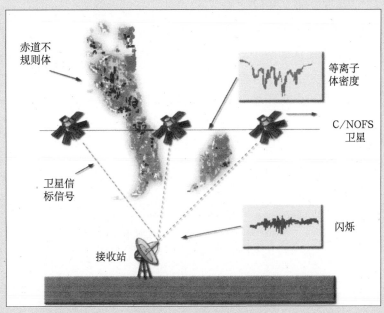

图 14-13 通信导航中断预报系统（C/NOFS）的天基和地基组成。 C/NOFS 是一个原型操作系统，设计用来实时监视和预测全球的电离层闪烁。它包含 3 个关键的部分：①一个低轨天基探测系统，有 7 个探测器具备提供实时数据和 4 小时预报的能力；②增强天基探测器的高精度覆盖范围的一系列地面区域监测站网；③提供空间环境预报和信号中断地图的预测和辅助决策软件包。（图片改编自美国空军气象局）

关注点 14.7　GPS 广域增强系统（由波士顿学院的 Patricia Doherty 提供）

广域增强系统（WAAS）是由美国联邦航空局和交通部设计作为航空导航定位的首要手段。在 2003 年 7 月，WAAS 被委任于提供垂直导航服务（vertical guidance approach, APV）。APV 是一种服务水平，在能见度很差的情况下，它能指导航天器从跑道飞到 250 英尺的高度。WAAS APV 服务的覆盖范围目前还仅限于美国及周边区域（CONUS）。自从被委任后，WAAS 性能分析表明在极端地磁暴事件期间，APV 服务的可用性受到限制（图 14-14）。

在 WAAS 系统中，标准的 GPS 服务通过时间修正、GPS 卫星轨道误差修正和电离层延迟修正得到了增强。这些增强使 WAAS 系统能够满足航空系统对精度、可用性和完好性的严格需求。WAAS 系统计划对服务进行改进，通过现代化的方法来扩展覆盖的区域，提高可用性。这些提升最终会使精密方法服务达到更高的水平。

性能报告指出，WAAS 面临的最大的一个挑战是在极端地磁暴事件期间获得连续的 APV 服务的能力。图 14-14 说明了这个效应。图中画出了在 2003 年 10～11 月一系列地磁暴事件期间 WAAS 可用性统计和地磁活动的比较。上面的图显示了 CONUS 在 95% 的时间内有 APV 服务所占的百分比。底部的图显示的是每天最小的 Dst 指数，代表地磁活动的状况。Dst 下降最大表明处于极大的地磁暴期间。两幅图都覆盖了 2003 年 7 月 1 日至 2004 年 3 月 1 日这个时间段。这些图说明在非地磁暴期间，WAAS 能够在 CONUS 95% 的区域内维持 95% 的可用率。然而，在 2003 年 10 月 29～30 日以及 2003 年 11 月 20 日极端的地磁扰动期间，在所有 CONUS 区域，APV 服务约有 15 和 10 个小时不可用。

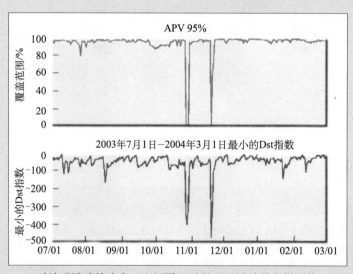

图 14-14 WAAS APV 对地磁活动的响应。这幅图显示了地磁活动是怎样干扰 WAAS APV 可用性的。当太阳风暴引起 Dst 指数降到 -400 或以下时，APV 值降到 0，在短时间内，飞行员采用精确导航方法飞行时会失去一些关键的信息。（波士顿学院的 Patricia Doherty 供图）

季节效应对高频系统的影响

F 区异常。除了太阳辐射引起电离层 F2 区电子密度的变化，我们将其他原因引起的变化都称之为"异常"。这些异常来自于：

- 温度和相应的标高的季节以及太阳活动周变化；
- O/O_2 和 O/N_2 的季节变化；
- 通过扩散、全球环流和电磁漂移（喷泉效应）等引起的电子的传输；
- 地磁共轭点间电子的传输。

季节变化。从第 3 章和第 8 章我们知道太阳加热引起向阳面大气向上运动。向阳面抬升运动又会引起电离层周日、季节，以及太阳周的变化。另外，地球相对于太阳的方向也影响电波传播的某些方面。

分点变化。在分点附近（9 月和 3 月），太阳加热在沿赤道地区最显著。赤道地区大气的上升运动带来两个子环流——每个半球一个。然而，这两个环流的模式随着地磁活动而变化。当地磁活动很低时，高纬输入的热量较小，只是一些小的循环的变化，如图 8-5 中的虚线。随着地磁活动的升高，热量输入也增加，引起的极区环流模式控制着中纬更大的区域，如图 12-20 所示。图 14-16 显示了一个暴时模式的发展过程，来自极区的环流将中性成分和等离子体输送到中低纬地区。这些相互作用的区域处于高度湍流的状态，是经常产生等离子体不稳定性的区域。

当太阳在两分点直射赤道上空时，因为强烈的辐射电离，E 层和 F1 层电离层电子密度达到最大。中性大气大尺度的移动引起电离层的抬升。这一区域被抬升的等离子体将沿着磁力线进入南北半球磁纬较高的地区。这个过程就是"喷泉效应"（fountain effect），在第 8 章已经讲过。图 14-15 的环流图显示了在一般地磁活动期间，"喷泉效应"是怎样将 F2 层的等离子体带离赤道地区，并在离赤道 ±20° 的地方沉降的。如果地磁活动低或者高，环流模式将会破坏。当环流改变局地等离子体密度梯度时，HF 和 VHF 电波信号很可能发生非大圆传播和波导效应。

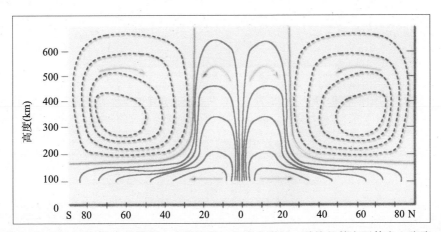

图 14-15　分点附近暴时子午环流的发展：赤道异常。在分点附近，受热的等离子体向上膨胀。它一边上升一边向极区流动。这里没有显示更低高度的回流。图中虚线表示极光带受地磁的影响，在地磁活跃期间受热形成自身的环流并向赤道方向扩展。赤道向上的抬升区域因为受到极区环流的影响抬升受到抑制。在两种环流的交界面，不同特征的等离子同时存在。等离子体不规则体形成，引起电波的散射、闪烁和波导效应。（NCAR 的 Ray Roble 供图）

F2 层冬季异常。观测表明 45°～55° 地磁纬度区域内，冬季的 F2 层较强一些，特别是在地磁活动水平较高时。这种异常是 E 区和 F 区夏季向冬季半球的传输效应引起的，太阳的辐射增强了夏季半球的 E 层和 F 层。图 14-16 底部的图显示了至点的热层环流图，图中显示了太阳加热引起的夏季热层环流和极光加热引起的冬季热层环流（夏季半球也有极光加热，但是它仅仅是太阳加热的一小部分）。这两个环流汇聚于冬季半球，在中纬 F2 层沉积等离子体。

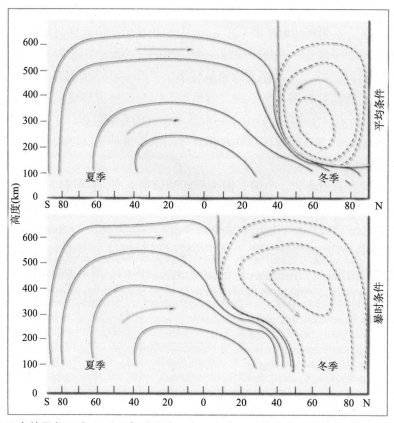

图 14-16　在至日点的子午环流：F2 层冬季异常。 在两至点，受热的等离子体从太阳直射的半球向上膨胀，它们一边上升一边向另一个半球扩展。这里我们没有显示更低高度的回流。图中虚线表示极光带受地磁的影响，在地磁活跃期间受热形成自身的环流并向赤道方向扩展。在两种环流的交界面，不同特征的等离子体同时存在。等离子体不规则体形成，引起电波的散射、闪烁和波导效应。（NCAR 的 Ray Roble 供图）

关注点 14.8　利用电波散射和噪声来探测环境

在 19 世纪晚期，科学家们了解到浸没在电磁场中的自由电子会被电场加速，又重新辐射出它的一部分能量。这个道理说明了电波在等离子体中的非相干散射的原理。在知道了电子的质量和电荷之后，科学家能计算出电子在电磁波中的散射截面。这个值非常小（10^{-24} m^2 的量级），以至于科学家们认为此过程没有多大的实际意义。

　　然而，第二次世界大战期间大功率 VHF 和 UHF 雷达的发展推动了一个重要的电离层探测技术的发展，科学家们和雷达工程师意识到，如果有足够大的雷达，他们就能够探测到从电离层等离子体中返回的非相干的后向散射雷达信号。利用这些信号，他们就能得到 F 层峰值以上的电子密度，而这是普通的测高仪探测不到的。在 19 世纪 60 年代的早期，不同的实验室进行了相关的实验，结果显示能在地面上观测到后向散射的雷达信号。令研究者们吃惊的是，最初对信号的强度和信息内容的预测过于局限，实际上雷达回波包含了散射等离子体的丰富信息。这项发现催生了 20 世纪 60 年代至 70 年代世界许多区域相当数量的专门的非相干散射雷达（ISR）的建立。图 14-17 给出了由美国国家科学基金会管理的非相干散射雷达台链，用于磁层－电离层耦合系统的研究。我们在这部分描述的空间天气对电波的许多影响都是由这些 ISR 设备得到或者证明的。

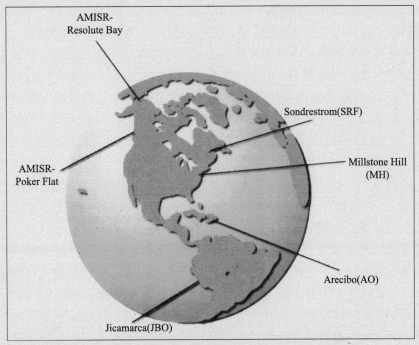

图 14-17　美国国家科学基金会负责运行的非相干散射台链。这些雷达都独立运行，用于研究当地的等离子体过程或者参与空间天气事件研究的联合观测。（来自美国国家科学基金会）

14.2　非太阳因素对电波传播的影响

14.2.1　流星的影响

当一颗流星进入地球大气层时，它通过碰撞将能量和粒子传到大气中。部分融化的物质（通常是金属）能使大气分子电离或与之交换电荷，因此流星的大部分动能转移到其浓度明显高的等离子体尾迹上，然后随着时间消散。尾迹可能有几十公里长，通常在地球表面 $80\sim120$ km 的高度上。电离的降低和增加都能反射或者散射电波能量，使流星等离子体能被雷达探测到。流星也产生重的金属层、突发 E 层和导致全球 TEC 的增加。

流星尾迹存在两种结构：电子密度降低的尾迹和增加的尾迹。在流星路径上，分布着亚微米级的流星尘埃，引起离子-电子的复合，在电离层中留下电离降低的区域。这些尾迹的寿命在 $100\sim300$ ms 的范围内。在这些电离的尾迹中，电离降低的区域产生不规则反射和漫反射，从而改变电波传播的路径，分散了电波的强度。当摩擦产生的融化物产生额外的电离时，电离增强的尾迹就形成了（图 14-18）。在大约 100 km 的高度上，摩擦产生的热量很大，以至于能把电子从原子中剥离出来，形成一个临时的尾迹。这个尾迹持续几秒至几分钟。电离层中的极化电场可能会延长尾迹的寿命。这个短暂的尾迹可用来进行半径 2000 km 以内的一个点和另一个点之间的突发模式的通信，而不需要中继器的帮助。

流星突发通信是流星和电离层相互作用产生的有利的一面。但它在电离层中的其他影响，包括重金属层和突发 E 层，更多的是带来麻烦而非益处。一些流星的影响只有害处。例如，在很强的流星雨期间，类似如 1966 年的狮子座流星雨，电离层模式预测显示在长达一天的时间内电子密度上升 100 倍。在这样的事件中，电波传播将会被严重破坏。

雷达从流星等离子体反射的回波称为头回波，以及镜面（像在镜子上反射一样）和非镜面尾迹回波。发射的电波信号可能从流星圆柱形的轨迹或者流星的头部反射。热的流星等离子体快速加热电离层 E 区形成电离增加的团状区域。这些团状的流星区域对于一些特殊类型的波的传播是不稳定的，法利-布尼曼（Farley-Buneman）梯度漂移波变得不稳定，产生大量的场向不规则体。当扰动的电场与流星引起的等离子体密度扰动相互作用时，这些不规则体将会上升。它们引起雷达的反射叫流星尾迹的非镜面反射。雷达从流星尾迹获取的这些信息能提供流星进入地球大气层的速度、质量和方向。

流星尾迹的地点和时间是随机的，但是观测表明流星更容易在黎明时段划过大气层，它们在日落时的出现率更低。流星的出现也随着季节变化，因为流星轨道和地球轨道的交界面并不是均匀分布的，而是集中在一起，所以交界面在 8 月份最大，在 2 月份最小。

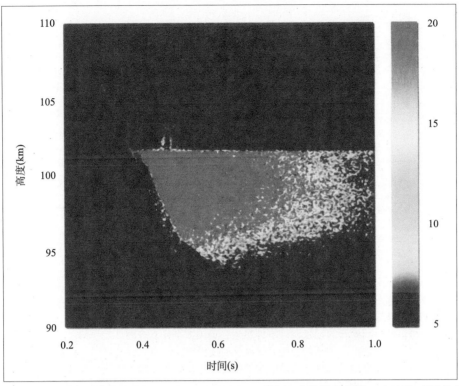

图 14-18　流星头回波和非镜面回波。 图中在流星尾迹左边的细直线是头回波。右边长时间存在的宽回波是等离子体引起的非镜面回波，这种长时间存在的等离子体是由流星产生的。（波士顿大学的 Meers Oppenheim 供图）

14.2.2　磁星影响

目标：读完本节，你应该能够……

◆　描述磁中子星是怎样影响近地空间环境的

　　1979 年 3 月 5 日，太阳系 9 号飞船 γ 射线探测器记录了一个很强的辐射脉冲信号，信号持续约 0.2 秒，接下来 200 秒的辐射显示出非常明显的 8 秒脉冲周期。大多数脉冲的能量集中在 γ 射线。天文学家将这归因于银河系的姊妹星系大麦哲伦星云的超新星爆发遗迹。他们估计这次爆发的能量超过太阳在过去 1000 年间发出的总量。

　　1998 年 8 月 27 日，一个从 20000 光年远的更高强度的高能辐射到达地球。辐射能量使第 7 号科学飞船探测器饱和。NASA 的行星际探测器，彗星小行星近距离探测器（CRAF）被迫进入保护关机模式。γ 射线在太平洋中部地区夜间到达地球。在那段时间，正巧斯坦福大学的观测者们在收集甚低频电波绕地球传播的数据。他们注意到在地球上层大气电离的快速变化。电离层的底部边界在 5 分钟内从 85 km 突降到 60 km，并且以 5.16 秒为周期跳变（图 14-19）。辐射的源是一个快速自旋的磁中子星（磁星）发出的毁灭性磁耀斑。

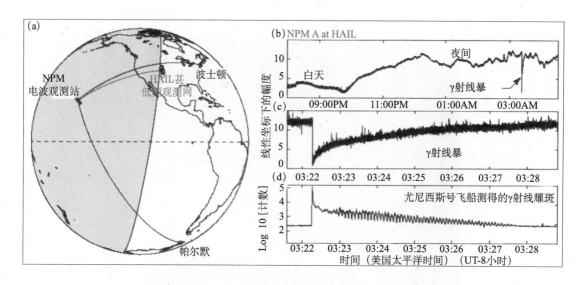

图 14-19　21.4 kHz 的甚低频大圆传播路径，从美国夏威夷（NPM）分别传到美国马萨诸塞州的波士顿、南极帕尔默，以及美国科罗拉多州的 HAIL 甚低频观测网。（a）阴影部分显示的是全球被 γ 射线暴照亮的区域。（b）上面的曲线是美国科罗拉多州特立尼达观测的 21.4 kHz NPM 信号的幅度。（c）中间的曲线是一次在 γ 射线耀斑事件时间展开的记录，该事件发生在美国太平洋夏令时 3:22 AM。（d）底部曲线是尤利西斯（Ulysses）号飞船观测的巨型暴的强度，这次 γ 射线使得 30～90 km 高度范围内的电离增强，这是通过观测甚低频波在地球－电离层波导之间传播时的幅度和相位发生异常大变化而得到的。[Inan et al., 1999 和斯坦福大学的 HAIL 团队供图]

磁星是由一颗非常大的普通恒星超新星爆发所形成的。恒星在引力的作用下坍缩形成一个高密度的中子星。外层剩余部分凝结成一个刚性的、高度不稳定的铁外壳。这个外壳具有宇宙间最强的磁场。当这个外壳变形时，能量就以恒星爆发的形式释放，继而会有很强的 γ 射线和 X 射线射向星际空间。图 14-20 是磁星爆发的一个艺术构想图。目前有超过 12 个磁星已经被鉴别出来。大多数都位于银河系平面内。

在 2004 年 12 月 27 日，超过 12 个航天器都接收到来自我们银河系外另一边的（50000 光年）的一个很强的 γ 射线爆发。它们在 0.2 秒内将很高的能量射向地球，这些能量比以前在太阳系外观测到的任何目标的能量都更高。几乎所有的能量都是以 γ 射线的形式喷射出来。这次事件使 NASA Swift 卫星的 γ 射线探测仪完全饱和，而这颗卫星刚刚在 5 个星期前发射入轨。

斯坦福大学的电波观测设备又一次观测到了 γ 射线的到达，但这一次是在白天。耀斑在美国上空的影响是巨大的，比太阳引起的电离要强得多。这个白天的耀斑比 1998 年夜间的耀斑要强得多和亮得多，它向地球高层大气倾送了比 1998 年耀斑多 1000 倍的能量。在很短的时间内，它在低到 20 km 的高度上电离地球大气，这个高度恰在航空高度的上方。它最强的影响是电离地球大气，峰值时间有几秒钟。第二个重要的影响是振荡的尾迹持续了 5 分钟。再次之的影响是事发后的气辉效应，持续约 1 个小时。这个耀斑使地球 60 km 处的电子密度增加了 6 个量级。即使是在白天全日照的情况下，电离层也花了一个小时才从扰动恢复到正常的状态。大部分频段的电波信号都受到扰动。

图 14-20　磁星爆发。（a）这幅构想图显示了磁星外壳爆发出的 γ 射线和 X 射线产生的激波。（b）这幅构想图显示了密集的带电粒子环是怎样沿着磁星的强磁场运动的。磁场可能弯曲，产生极强的大尺度电流。磁星上强磁化的等离子体会产生不稳定性，有助于产生磁重联。太阳上的磁重联喷发出高达 10^{25} J 的能量。得益于其更强的磁场，磁星上的耀斑的能量可达太阳磁重联能量的 10^{12} 倍（$\sim10^{37}$ J）。（NASA 供图）

14.2.3　高空核爆对信号的影响

目标：读完本节，你应该能够……

◆　描述核爆炸对近地空间环境的影响

尽管高空（外大气层）核爆炸事件的影响并不是空间天气事件，但它们产生的冲击波有很多类似极端空间天气事件的有害影响。对于研究空间态势感知的专家们，他们需要区分哪些是空间天气的影响，哪些是高空核爆炸的影响。

核爆炸在短时间内和相对小的空间内释放出大量的能量和辐射。爆炸的高度很大程度上决定着能量和辐射怎样与周围的环境耦合。高空核爆效应（high-altitude nuclear effect, HANE）严重降低了通信系统的质量，损坏卫星平台，用毁灭性的辐射和电磁能量席卷广大的区域，使人类暴露在对生命有威胁的辐射环境中。在本节中，我们主要关注第一种影响。

高空核爆炸发生在 30 km 的高度以上，大多数的能量是以爆发开始时的辐射（X 射线、γ 射线和中子，75%～80%），碎片动能（15%～20%）和残余的、延迟的辐射（γ 射线，5%）形式存在的。另外，大气加热产生的红外辐射将持续几分钟到几个小时。

高空核爆事件所伴随的电磁辐射与空间天气现象在三个方面有重要的不同：①空间天气现象中的 X 射线和 γ 射线持续几秒至几分钟，而 HANE 持续时间为纳秒级；②来自 HANE 的辐射随着离辐射源距离的平方下降，而耀斑的辐射在地球的向日面半球几乎是一个常数；③耀斑的辐射影响整个向日面半球，而 HANE 的影响仅限于（爆炸点）视线方向或者磁场包含的空间区域，范围要小得多。表 14-1 提供了强空间天气事件和 HANE 的比较图。

表 14-1 自然和人为事件的影响。这里我们比较了自然事件和人为事件出现的可能性（位置）、持续时间和能量。（HANE 是高空核爆效应；UV 是极紫外；IR 是红外；EMP 是电磁脉冲；SGEMP 是系统产生的电磁脉冲）。（美国国家安全局提供）

光子类型	太阳耀斑			磁暴			HANE		
	可能性	持续时间	能量	位置	持续时间	能量	可能性	持续时间	能量
γ 射线	极少	秒	0.5～100 MeV	无			经常	10～20 ns	0.5～10 MeV
X 射线	经常	分钟	～MeV	强极光区	分钟	几 keV	经常	10～20 μs	<15 keV
UV	经常	小时	～eV	极光区	几天	eV	经常	分钟	～eV
可见光	少量	分钟		极光区	几天		经常	分钟	
IR	少量	分钟		极光区	几天		经常	小时	
电波	经常	秒 - 小时	MHz～GHz	极光区噪声	几天		经常	月	MHz
EMP	有时		SGEMP	电网	分钟		经常	μs	100 V/m

大气的电离效应。辐射从 HANE 爆炸源向外传播。辐射穿透的高度定义为由大气通过吸收电离辐射沉积了大部分能量（通常是 90%）的高度。这个沉积的区域代表了被爆发产生的高速 X 射线和 γ 射线电离的高层大气区域。

上层大气的电离严重影响雷达和通信系统。电磁波和雷达波通过辐射沉积的区域时，会遭受衰减、信号变形，在某些情况下信号完全被吸收。依赖于相位平移和频率平移技术的卫星通信系统会遇到不利的相移和频移，这是因为电磁波通过沉积区域时，由于大气电离而改变了传播速度。

对其他系统的影响。其他可能遭受 HANE 对电波传播影响的系统包括红外线（IR）、可见光和紫外（UV）波段的探测器和可能受到背景 IR 影响的激光通信。受到 HANE 的影响，大气温度较高（但是透明）的区域像一个透镜，能折射激光通信的波束，使得激光通信路径偏离预定的接收机。在 300 MHz 以上频率（UHF、SHF 和 EHF）的电波，信号可能受到闪烁的扰动，主要表现为间歇性的衰落和多路径的传播。这些影响可能会持续很长的时间，并且降低或者中断信号而使信号不能识别（例如，等离子体云是色散的，所以电磁辐射所有频段电波速度在等离子体云中是不一致的）。电波信号的时间和频率的相干性遭到破坏。

电磁脉冲。核爆炸伴随着电磁脉冲（electromagnetic pulse, EMP），电磁场在几纳秒内上升增强，随后的几十纳秒中衰减，产生一个电磁辐射的尖脉冲。电磁脉冲的能量包含在电磁波中，在前边有一个很强的能量峰值。这些能量通过强电流影响和传输到卫星元器件和设备，严重毁坏设备。

快速 γ 射线的康普顿散射产生了 EMP。康普顿散射是高能的光子与物质（通常是电子）的相互作用。电子接收到部分能量（使它反冲），光子在剩余能量的影响下从最初的方向向各个方向辐射，因此整个系统的动量是守恒的。当 γ 射线与物质相互作用时，反冲电子获得了约 0.5 MeV 的能量。这些电子以近光速从爆炸点向外传播，它们在与空气分子碰撞之前一般沿着磁力线做螺旋运动。电子围绕磁力线的运动产生垂直于 γ 射线传播方向的强电流。这些横向电流辐射出电磁波，就是 EMP。在各个高度的辐射近似是同向的，因此大大增加了电磁脉冲的强度。

不同于闪电产生的局部电磁场，EMP 的电磁场强度级别更高，分布更广。仅一个高空核爆炸产生的 EMP 就能使离爆发点几千公里范围内的电子系统和电力网络瘫痪。高能的碎片进入电离层产生电离并加热上层大气。这些影响继而引起地磁波动，产生延迟的 EMP，叫做磁流体力学波信号（magnetohydrodynamic (MHD) heave signal）。

最初，高空核爆炸产生的等离子体是弱导电的，地磁场不能穿透进入里面，而是发生偏移，这种偏移在磁场中产生阿尔文振荡。尽管这个过程中扰动不大，但连接长距离线路的系统也会产生类似于我们在第 13 章所介绍的地磁感应电流效应。电线、电话线和有线跟踪天线由于大感应电流而面临风险。MHD-EMP 的联合效应将毁坏依赖或者使用长距离电缆的民用和军用无保护系统，小的、独立的系统往往不受影响。

另外一个伴随 HANE 的显著影响是硬件内部产生的电磁脉冲，称为系统自生电磁脉冲（system generated EMP, SGEMP）或者内部电磁脉冲（internal EMP, IEMP）。这种类型的电磁脉冲是高空核爆炸产生的电离辐射（通常是 γ 射线和 X 射线）与卫星本体相互作用产生的。辐照后的材料由于康普顿散射和光电效应释放出电子，产生大电子发射电流和强电磁场。这一电磁环境与内部结构耦合，叫做系统自生电磁脉冲（SGEMP）。另外，航天器内部会感应出很强的电场，继而引起卫星在轨电气系统、电子器件的感生电流。

14.3　空间天气对系统的影响概述 II

目标：读完本节，你应该能够……

♦　理解信号的空间天气效应所产生的经济和社会影响

在前面的章节，我们主要聚焦于空间天气是怎样影响电波传播的。但是它也影响更大的硬件系统、指挥和控制系统。在下面的图表和描述中，我们指出系统由空间天气引发的更广泛的问题。表 14-2 列出了一些受空间天气事件影响的通信系统。

表 14-2　受空间天气事件影响的通信系统。这个表列出了空间天气事件对通信系统不利影响的类型。（ULF 是极低频；LF 是低频；HF 是高频；VHF 是甚高频；SHF 是超高频。）[改编自 Louis Lanzerotti]

通信系统的影响	
ULF-LF 通信 ● 异常传播 ● 吸收增加 **HF 通信** ● 吸收增加 ● 最高可用频率（MUF）降低 ● 最低可用频率（LUF）升高 ● 衰减和不稳定（散射）增加 **VHF-SHF 通信** ● 闪烁	**卫星系统** ● 闪烁 ● 相位失锁 ● 射频干扰（RFI） **导航系统** ● 定位错误 **雷达监测系统** ● 雷达能量散射（极光干扰） ● 位置误差（距离、仰角、方位角） ● 跟踪误差

无论是无线还是有线传输，无论是在电离层下方还是穿过电离层，信号都会对高层大气和空间环境的变化作出反应。空间天气对信号传播的影响在过去一个多世纪里是通信专家最重视的课题。下面是在第 23 太阳活动周期间，空间天气对通信系统影响的几个例子：

● 南极科考团和工作人员利用麦考利（MacRelay）电波工作站提供麦克墨多（McMurdo）站和南极遥测站之间必要的通信。麦考利也负责与支持美国南极计划的飞机和船只的通信。主要的通信方式是 HF 通信。在 2003 年 10～11 月的太阳活动中，麦考利站共经历了 130 个小时的 HF 通信中断。

● 在第 23 太阳活动周的早期，随着太阳耀斑引起的 HF 通信中断越来越多，麦克墨多站的员工制订了一个突发事件计划，利用铱星卫星电话作为 HF 通信中断时的备份方式。在 2003 年 10～11 月的太阳活动期间，服务于遥测站的 LC-130 飞机利用铱星电话与麦克墨多站和遥测站进行通信。在 HF 电波中断期间，还为了保证安全改变了起飞和着陆限制条件。平时的限制要求是 150 m 的云层高度和 3.2 km 的可见度；在 HF 电波中断期间增加为 900 m 的云层高度和 4.8 km 的可见度。

● 在同样的时间段，一次需要 100% 有效通信的美国国防部海军秘密任务因为美国空军空间天气运行中心对闪烁的预报而取消。

● 10 月 29 日和 10 月 30 日电离层发生剧烈扰动，分别有 15 个小时和 11 个小时超出了 GPSWAAS 系统垂直距离误差的上限，这个上限是美国联邦航空局的横向导航垂直导航（LNAV/VNAV）所指定的：不超过 50 m。这个问题进一步影响到商用飞行，它们不能够使用 GPSWAAS 来进行准确定位。

● 在 2003 年 10～11 月的太阳活动期间，相关公司延迟了高精度的陆地勘测、推迟了空降兵和海军调查任务、取消了钻孔任务。一些与 C.R. Luigs 深海钻井轮船相关的通信被恢复到备份系统，以保证不间断的操作。一个国际油田服务公司通过分布在世界各地的网络发布"内部警报"，警告他们的勘探和钻井人员注意太阳风暴带来的影响。他们报道了六个来自全球各站点的勘探仪器在 10 月底受到干扰的例子。

● 在 2006 年的极大太阳耀斑事件期间，太阳射电暴噪声淹没了地基的 GPS 接收机信号，引起一些系统失锁。表 14-3 列出了与空间天气和空间环境相伴随的通信扰动的主要类别。

表 14-3 空间天气和空间环境对通信影响的总结。这些事件造成的电波衰减往往引起依赖于电子通信的任务的延期、取消或者昂贵的应急费用。

事件	信号直接的影响
电离层变化 ● 影响民用信号、精确导航、地理定位信号以及为国防、国土安全和地方安全提供的指挥和控制信号 ● 无线信号的反射、传播和衰减 ● 通信卫星信号干扰和闪烁	**赤道异常** ● 在<20°的磁赤道区穿过电离层的电波闪烁 ● 非大圆传播 ● 传过赤道路径的 HF 通信质量降低 **地磁扰动 – 高纬** ● 极区杂波和噪声 ● 通过极光椭圆带的非大圆传播 ● 卫星跟踪困难 ● 引起雷达误差的电离层扰动 ● MUF 的降低 ● 高纬通信质量的降低 ● 通过极光带和极盖区的闪烁 **地磁扰动 – 中纬** ● 穿过电离层的扰动 ● 增强的暴时密度羽状结构引起的电波闪烁
X 射线和 EUV 耀斑 ● 影响民用、国防信号和航空通信	**白天** ● 引起雷达误差的电离层扰动 ● LUF 的升高 ● 向日面路径上的短波衰落
微流星和流星暴 ● 影响数据传输和通信	**世界范围内** ● 增强或者抑制流星尾迹的反射信号
太阳射电暴 ● 影响手机通信、精确导航和地理定位 ● 干扰雷达和电波接收机	**白天** ● 引起无线通信系统的大噪声 ● 电波频率干扰：雾状区域或者目标遮蔽 ● 极端事件中 GPS 接收机不能工作
高能粒子事件 ● 影响民用、国防信号和航空通信	**高纬** ● 极盖吸收：降低极盖区域的 HF 通信质量
事件	**对系统或者通信硬件的影响**
带电粒子辐射	**近地空间 / 磁层** ● 航天器太阳电池损坏 ● 半导体装置损坏和失效 ● 航天器表面充电和深层充电 ● 航空通信和电子设备的影响
磁场变化	**近地空间 / 磁层** ● 通信卫星航天器的姿态控制

事件	信号直接的影响
微流星和流星暴	**近地空间 / 磁层** ● 航天器太阳电池损坏 ● 表面、内部材料甚至整个设备的损坏 ● 通信卫星的姿态控制

总结

电离层能够实现电波通信，同时也能妨碍电波通信。即使是在相对平静没有扰动的电离层，昼夜和季节的变化也会引起电波偏离预计的大圆传播路径。在更活跃的地磁条件下，这些效应会更加严重。有许多机制能引起电波传播扰动，包括直接的太阳光辐射（太阳 EUV 和 X 射线辐射），太阳耀斑和 CME 驱动的高能粒子（直接影响极盖区域的电离层），以及磁暴期间磁层向极光带的沉降粒子。来自太阳的短波辐射的突然增加引起电离层总电子含量的增加，引起白天高频传播路径上的短波衰落（SWF）现象。伴随太阳耀斑通常会有很强的长波射电暴，产生射频干扰（RFI）。这样的射电暴使地基系统的信号淹没在噪声中，使接收机饱和。手机接收和发射塔、全球 GPS 接收机都经历了这样饱和的影响。

高能粒子有时来自于太阳耀斑，但更多来自于高速 CME 的前向扰动。它们能够轻易地到达地球的极区。这些粒子能够深入到极区电离层，产生额外的电离，使普通电波的反射受到抑制。通常在这样的事件中，最低可用频率超出了最高可用频率，这时原来能在 F 区反射的电波传播则直接离开电离层向空间传播。

在磁暴期间，磁层能量较低的粒子激发出极光，并在极光区域产生不规则的额外电离。相应的等离子体扰动是极区雷达杂波（RAC）产生的原因。电离层暴时的扰动环境在所有地磁纬度都会引起额外的 GPS 导航定位问题。在赤道电离层异常区、极光带区域、偶尔中纬暴时的电子密度增强区域，电子密度的梯度变化会引起电波信号的闪烁。在近赤道区，信号的闪烁是黄昏至午夜扇区的一个重要问题。这些电离层的扰动降低了定位计算的准确性，因而限制了天基导航技术在空中交通管控、海军导航，以及许多国防安全系统中的使用。

除了空间天气事件以外，其他的事件也会引起通信的扰动。微流星产生电离尾迹，使短波通信增强；另一方面会产生雷达杂波。罕见而不寻常的来自遥远星球的 γ 射线和 X 射线暴会深入地球的中性大气层，引起额外的电离。高空核爆炸引起的极端事件会产生区域的电离和加热。这样的事件也会产生电磁脉冲，对天基和地基通信系统产生长期的影响。

随着对无线电依赖和使用的增加，信号系统更易受到太阳和恒星辐射、人工电磁能量释放产生的脉冲辐射的影响。一些影响是与传播信号的电离媒介的变化直接相关的。其他的影响则来自于平台和通信硬件对高能粒子和场的变化很敏感，而这些粒子和场的变化在空间天气事件期间发生率会大大增加。

关键词

英文	中文	英文	中文
amplitude scintillation index S_4	幅度闪烁指数S_4	short-wave fade(SWF)	短波衰落
electromagnetic pulse (EMP)	电磁脉冲	spacecraft commanding and telemetry	航天器指挥和遥测
equatorial ionization anomaly	赤道电离异常	sporadic E	突发E层
fountain effect	喷泉效应	sub-auroral trough	亚极光槽
frequency of optimum transmission (FOT)	最佳传输频率	sudden cosmic noise absorption (SCNA)	宇宙噪声突然吸收
great-circle route	大圆路径	sudden enhancement of signal(SES)	信号突然增强
high-altitude nuclear effect (HANE)	高空核爆效应	sudden enhancement of atmospherics (SEA)	天电突然增强
lowest usable frequency (LUF)	最低可用频率	sudden frequency deviation (SFD)	频率突然偏移
magnetohydrodynamic(MHD) heave signal	磁流体力学波动信号	sudden ionospheric disturbance (SID)	电离层突然骚扰
non-great circle propagation	非大圆传播	sudden phase anomaly (sudden phase advance)(SPA)	相位突然异常（相位突然超前）
phase scintillation index P_{rms}	相位闪烁指数	system-generated EMP/internal EMP (SG-EMP/IEMP)	系统自生电磁脉冲/内部电磁脉冲
polar cap absorption (PCA) event	极盖吸收事件	traveling ionospheric disturbance (TID)	行进式电离层扰动
polar cap blackout	极盖中断		
radio frequency interference (RFI)	射频干扰		

参考文献

Lanzerotti, Louis J. 2001. Space weather effects on communications. In: Daglis, Ioannis A. (ed.) *Space Storms and Space Weather Hazards*. Dordrecht, Netherlands: Kluwer Publishing.

图片来源

Inan, Umran S. et al. 1999. Ionization of the Lower Ionosphere by γ-rays from a Magnetar: Detection of a Low Energy (3-10 keV) Component. *Geophysical Research Letters*. Vol.26, No.22. American Geophysical Union. Washington, DC.

补充阅读

Daglis, Ioannis A.(ed.) 2000. Space Storms and Space Weather Hazards (NATO Science Series II:Mathematics, Physics and Chemistry).

Kamide, Y. and A. Chian(eds.).2007. Handbook of the Solar-Terrestrial Environment. Springer-Verlag. Berlin Heidelberg.

Koskinen,H.,E.Tanskanen, R. Pirjola, A. Pulkkinen,C.Dyer,D. Rodgers, P.Cannon J.-C. Mandeville, and D.Boscher.2001. *Space Weather effects catalogue. European Space Weather Study*. FMI-RP-0001. Issue 2.2.

NOAA. 2004. Service Assessment, Intense Space Weather Storms. October 19-November 07, 2003. US Department of Commerce. National Oceanic and Atmospheric Administration. Silver Spring, MD.

Severe Space Weather Events-Understanding Societal and Economic Impacts: A Workshop Report, Committee on the Societal and Economic Impacts of Severe Space Weather Events, 2008. The National Academies Press.

附录 A　美国国家海洋和大气管理局 空间天气等级

　　此处为读者介绍美国国家海洋和大气管理局（NOAA）的空间天气标准，以便向公众传达当前和未来的空间天气状况，及其对人类和系统的可能影响。空间天气预报中心的许多产品描述了空间环境，但很少有产品是用来描述由于环境干扰而遭受的可能的影响。此处的等级标准描述了三种事件类型的空间环境扰动：地磁暴（G 等级），太阳辐射暴（S 等级），电波中断（R 等级）。每个等级均有级别编目，类似于表示飓风、龙卷风和地震严重程度的等级划分。每一级都列出了可能的效应、事件发生的频次，并对相关的指数大小或物理原因有量化描述。

类别		效应	物理观测	平均频次（11 年太阳活动周）
级别	描述	事件持续时间及影响程度	3 小时 Kp 指数*	事件数（达到暴级别的天数*）
		地磁暴		
G5	极端	电力系统：出现普通的电压控制和系统保护问题，部分电网会完全崩溃或中断，变压器毁损。 航天器运行：卫星部件会出现较为严重的表面充电，发生影响信号上行／下行、卫星追踪、姿态控制等问题。 其他系统：管线电流可能达到上百安培，部分地区的高频电波传播会经历 1~2 天的中断，卫星导航会有数天恶化，低频电波导航系统会出现几小时中断，极光可以在低至佛罗里达和德州南部的纬度被看到（磁纬 40° 左右）**	Kp = 9	每活动周 4 次（每活动周 4 天）
G4	剧烈	电力系统：可能出现大量的电压控制问题，有些保护装置可能会错误地使电网关键部件停机。 航天器运行：卫星部件可能会发生表面充电和追踪问题，可能需要姿态调整。 其他系统：管线感应电流会影响预防措施，高频无线电通信会突发干扰，卫星导航会有数小时恶化，低频电波导航会受干扰，极光可以在低至阿拉巴马和加利福尼亚州北部的纬度被看到（磁纬 45° 左右）**	Kp = 8，包括 9-	每活动周 100 次（每个活动周 60 天）
G3	强	电力系统：可能需要电压改正，有些保护装置可能会发出假警报。 航天器运行：卫星部件可能会发生表面充电，低物体轨道阻力可能增强，姿态问题可能需要调整。 其他系统：卫星导航和低频无线电导航可能出现间歇现象，高频无线电通信可能时断时续，极光可以在低至伊利诺伊和俄勒冈州的纬度被看到（磁纬 50° 左右）**	Kp = 7	每活动周 200 次（每个活动周 130 天）
G2	中	电力系统：高纬电网会发出电压警报，长时间磁暴会使变压器损毁。 航天器运行：地基控制系统需对其进行姿态修正，阻力变化会影响轨道预报。 其他系统：较高纬度处会出现高频无线电传播衰落，极光可以在低至纽约和爱达荷州的纬度被看到（磁纬 55° 左右）**	Kp = 6	每活动周 600 次（每个活动周 360 天）
G1	小	电力系统：会出现弱电网的波动。 航天器运行：对卫星运行有微弱影响。 其他系统：动物正在依纬度判断看到极光的可能，极光可在高纬地区被看到（密歇根和缅因州北部）**	Kp = 5	每活动周 1700 次（每个活动周 900 天）

* 该等级水平是根据这个物理量测量确定的，但其他的物理量测量也可作为参考。

** 对于全球不同地点，可使用地磁纬度判断看到极光的可能（www.sec.noaa.gov/Aurora）。

类别		效应	物理观测	平均频次（11 年太阳活动周）
级别	描述	事件持续时间及影响程度	≥10 MeV 粒子通量*	事件数**
		太阳辐射暴		
S5	极端	生物：航天员舱外活动会不可避免地受到极高的辐射危害，在高纬高空飞行的机组人员和乘客会暴露在辐射危险中。*** 卫星运行：卫星可能丧失功能，内存受损会导致其失灵，太阳能帆板会永久性受损。 其他系统：穿过极区的高频无线电传输会完全中断，定位误差会使得导航极为困难	10^5	每个活动周不足 1 次
S4	剧烈	生物：航天员舱外活动会不可避免地受到极高的辐射危害，在高纬高空飞行的机组人员和乘客会暴露在辐射危险中。*** 卫星运行：卫星可能出现内存组件问题和图像噪声，星追踪器可能会导致姿态问题，太阳能帆板效率会有所下降。 其他系统：穿过极区的高频无线电传输会出现中断，数天之内可能会出现导航误差	10^4	每个活动周 3 次
S3	强	生物：建议出舱宇航员采取规避辐射危害。高纬高空飞行的机组人员和乘客可能会暴露在辐射危险中。*** 卫星运行：卫星会出现单粒子翻转，图像噪声和太阳帆板效率的轻度下降现象。 其他系统：可能出现过极区高频无线电传播信号的衰减和导航可能的位置误差	10^3	每个活动周 10 次
S2	中	生物：高纬高空飞行的机组人员和乘客可能会暴露在辐射危险中。*** 卫星操作：偶发性地出现单粒子翻转事件。 其他系统：过极区的高频无线电传播可能受影响	10^2	每个活动周 25 次
S1	小	生物：无。*** 卫星操作：无。 其他系统：过极区的高频无线电传播受到轻微影响	10	每个活动周 50 次

* 通量水平是 5 分钟的平均值。通量的单位是单位时间（秒）单位立体角（球面度）单位面积（平方厘米）的粒子数 [#/(s·sr·cm²)]。该等级水平是根据这个物理量来确定的，但其他的物理量也可作为参考。

** 事件持续时间可超过一天。

*** 高能粒子通量（>100 MeV）对飞机乘客和机组人员是更好的辐射危险指示。孕妇是特别易受影响人群。

类别		效应	物理观测	平均频次（11 年太阳活动周）
级别	描述	事件持续时间及影响程度	GOES X 射线峰值通量*	事件数
R5	极端	高频无线电：地球向阳面出现持续数小时的高频无线电完全中断，致使航空航海的高频通信完全阻断。** 导航：航海和航空系统在地球向阳面的低频导航信号会经历数小时的剧烈扰动，导致无法定位。处于地球向阴面的卫星导航信号会经历数小时的定位误差增大，并可能扩展到夜侧	X20 (2×10^{-3})	每个活动周不足 1 次
R4	剧烈	高频无线电：地球向阳面大部分地区出现 1~2 小时的高频无线电完全中断，无法使用高频通信。导航：低频导航信号的剧烈扰动会使得定位误差在 1~2 小时内增加；处于地球向阴面的卫星导航信号会受到微弱干扰	X10 (10^{-3})	每个活动周 8 次（每个活动周 8 天）
R3	强	高频无线电：地球向阳面出现大面积的高频无线电中断，高频通信会中断大约 1 小时。导航：低频导航信号会出现大约 1 小时的衰落	X1 (10^{-4})	每个活动周 175 次（每个活动周 140 天）
R2	中	高频无线电：地球向阳面部分地区出现高频无线电中断，高频通信中断大约数十分钟。导航：低频导航信号会出现大约数十分钟的衰落	M5 (5×10^{-5})	每个活动周 350 次（每个活动周 300 天）
R1	小	高频无线电：地球向阳面部分地区出现微弱的高频无线电中断，高频通信会偶发性中断。导航：低频导航信号会出现短暂的衰落	M1 (10^{-5})	每个活动周 2000 次（每个活动周 950 天）

* 通量，0.1~0.8 nm 范围，单位 W/m²。该等级水平是根据这个物理量来定的，但其他的物理量也可作为参考。
** 其他频率也可能受到影响。
网址：www.sec.noaa.gov/NOAAScales.

附录 B　电磁波与光速

此处为读者展示如何通过麦克斯韦方程组求解光速。真空中的麦克斯韦方程组如下所示：

$$\nabla \cdot \boldsymbol{E} = 0 \tag{B-1}$$

$$\nabla \times \boldsymbol{E} = -\partial \boldsymbol{B}/\partial t \tag{B-2}$$

$$\nabla \cdot \boldsymbol{B} = 0 \tag{B-3}$$

$$\nabla \times \boldsymbol{B} = \mu_0 \varepsilon_0 \partial \boldsymbol{E}/\partial t \tag{B-4}$$

因为此处假设真空中点电荷或者线电流密度为零（没有电荷载流子），所以右侧是简化后的结果。为了推导电磁波方程，我们将法拉第定律（B-2）再次求旋度，并代入安培定律（B-4）和高斯定律（B-1），结果是一个仅关于 $\boldsymbol{E}$ 的方程。方程（B-5）的第一行使用了附录 C 矢量恒等式的第 14 条。注意到电场散度的梯度为零，对散度求梯度生成了第一行的最后一项。方程（B-5）的第二行将第一行的推演结果与磁场旋度的时变项关联起来；第三行把前两行的推演结果与电场的二阶导数项关联起来。

$$\begin{aligned}\nabla \times (\nabla \times \boldsymbol{E}) &= \nabla(\nabla \cdot \boldsymbol{E}) - \nabla^2 \boldsymbol{E} \\ &= -\nabla \times \frac{\partial \boldsymbol{B}}{\partial t} = -\frac{\partial}{\partial t}(\nabla \times \boldsymbol{B}) \\ &= -\frac{\partial}{\partial t}\left(\mu_0 \varepsilon_0 \frac{\partial \boldsymbol{E}}{\partial t}\right)\end{aligned} \tag{B-5}$$

所以

$$\nabla^2 \boldsymbol{E} = \mu_0 \varepsilon_0 \frac{\partial^2 \boldsymbol{E}}{\partial^2 t} \tag{B-6}$$

该方程具有四维波函数的一般形式

$$\nabla^2 \boldsymbol{Y} = \frac{1}{v_p^2} \frac{\partial^2 \boldsymbol{Y}}{\partial^2 t} \tag{B-7}$$

其中，v_p 是波矢量振荡和扰动传播的速度，即波的相速度。对比上述两式，可得真空中电磁波速度为

$$c = v_p = \frac{1}{\sqrt{\mu_0 \varepsilon_0}} \tag{B-8}$$

其中，μ_0 是自由空间的磁导率，$\mu_0 = 4\pi \times 10^{-7}\left[\text{N/A}^2\right] = 1.26 \times 10^{-6}\left[\text{N/A}^2\right]$；$\varepsilon_0$ 是自由空间的介电常数，$\varepsilon_0 = 8.85 \times 10^{-12}\left[\text{C}^2/\left(\text{N·m}^2\right)\right]$；

相速度就是真空中的光速，用麦克斯韦方程中的比例常数表示。

真空中的光速和介质中的光速之比即为折射指数

$$n = \frac{c}{v} \tag{B-9}$$

其中，c 为真空中的光速 [m/s]；v 为介质中的光速 [m/s]。

折射指数的变化会引起重要的电离层空间环境和空间天气的效应。

附录 C 矢量恒等式

以下矢量等式选自 2009 年版美国海军研究实验室发布的等离子体公式表（请见第 6 章末参考文献）。注意：f, g 是标量；A, B, C, D 是矢量。

（1）$A \cdot B \times C = A \times B \cdot C = B \cdot C \times A = B \times C \cdot A = C \cdot A \times B = C \times A \cdot B$；

（2）$A \times (B \times C) = (C \times B) \times A = (A \cdot C)B - (A \cdot B)C$；

（3）$A \times (B \times C) + B \times (C \times A) + C \times (A \times B) = 0$；

（4）$(A \times B) \cdot (C \times D) = (A \cdot C)(B \cdot D) - (A \cdot D)(B \cdot C)$；

（5）$(A \times B) \cdot (C \times D) = (A \times B \cdot D)C - (A \times B \cdot C)D$；

（6）$\nabla(fg) = \nabla(gf) = f\nabla g + g\nabla f$；

（7）$\nabla \cdot (fA) = f\nabla \cdot A + A \cdot \nabla f$；

（8）$\nabla \times (fA) = f\nabla \times A + \nabla f \times A$；

（9）$\nabla \cdot (A \times B) = B \cdot \nabla \times A - A \cdot \nabla \times B$；

（10）$\nabla \times (A \times B) = A(\nabla \cdot B) - B(\nabla \cdot A) + (B \cdot \nabla)A - (A \cdot \nabla)B$；

（11）$A \times (\nabla \times B) = (\nabla B) \cdot A - (A \cdot \nabla)B$；

（12）$\nabla(A \cdot B) = A \times (\nabla \times B) + B \times (\nabla \times A) + (A \cdot \nabla)B + (B \cdot \nabla)A$；

（13）$\nabla^2 f = \nabla \cdot \nabla f$；

（14）$\nabla^2 A = \nabla(\nabla \cdot A) - \nabla \times \nabla \times A$；

（15）$\nabla \times \nabla f = 0$；

（16）$\nabla \cdot \nabla \times A = 0$。

附录 D　物理常数和太阳物理、地球物理常数

物理常数	符号	取值
光速	c	2.998×10^8 m/s
电子电荷	e	1.6×10^{-19} C
电子质量	m_e	9.11×10^{-31} kg
质子质量	m_p	1.67×10^{-27} kg
万有引力常量	G	6.67×10^{-11} N · m^2/kg^2
介电常数	ε_0	8.85×10^{-12} C^2/(N · m^2)
磁导率	μ_0	$4\pi \times 10^{-7}$ N/A^2
玻尔兹曼常量	k_B	1.38×10^{-23} J/K
斯特藩 - 玻尔兹曼常数	σ	5.67×10^{-8} W/(m^2 · K^4)
普朗克常量	h	6.63×10^{-34} J · s
普适气体常量	R	8.31 J/(K · mol)
阿伏伽德罗常量	N_A	6.02×10^{23} mol^{-1}
太阳半径	R_S	6.96×10^8 m
太阳质量	M_S	1.99×10^{30} kg
太阳光度	L_S	3.83×10^{26} W
日地距离	AU	1.5×10^{11} m
平均太阳自转周	Ω_S	27.3 天
地球半径	R_E	6.378×10^6 m
地球质量	M_E	5.97×10^{24} kg
地磁磁矩	M	8.0×10^{22} A · m^2
地球绕日公转周期	Y_r	3.16×10^7 s
地球赤道磁场	B_0	3.1×10^{-5} T

索　引